KSSC-21-04
KSEA 742-21

강구조 접합부 설계매뉴얼

Steel Structure Connection Design Manual

한국강구조학회
한국건축구조기술사회

사단법인 한국강구조학회
KOREAN SOCIETY OF STEEL CONSTRUCTION

(사)한국건축구조기술사회
THE KOREAN STRUCTURAL ENGINEERS ASSOCIATIO

이 책은 건축물 강구조 설계기준(KDS)과 KS규격 자재의 사용을 원칙으로 작성된 매뉴얼입니다. 구조기준에 따라 책임구조기술자가 확인한 경우에 설계할 수 있거나 구조기준에는 포함되어있지 않으나 해외기준에서 일반적으로 사용하는 설계방법도 일부 포함되어 있습니다. 이 책의 내용에 대하여 많은 검토를 하였으나 정확성과 적합성을 보증하는 것은 아닙니다. 특정한 곳에 사용하는 경우에는 반드시 책임구조기술자(사)의 책임으로 검증 절차를 거쳐야 합니다.

이 매뉴얼에 대한 문의사항이 있는 경우에는 구조설계, 상세 등을 포함한 기술적인 사항에 대하여는 (사)한국건축구조기술사회 또는 (사)한국강구조학회에 문의하시기 바랍니다. 강구조 제품규격 및 강구조제품들의 이용기술과 관련된 내용은 (사)한국강구조학회 또는 현대제철(주)에 문의해 주시기 바랍니다.

발간사

PREFACE

접합부는 강구조물이 건전성을 유지하고 일체성을 확보하기 위한 필수 요건입니다. 따라서 주어진 상황이나 조건에 맞는 합리적인 접합방식을 선정하고, 적합하게 설계하며, 각종 오차, 변형 등을 감안하여 제작, 설치하는 것은 매우 중요한 일입니다. 이러한 이유로 다양한 접합재료와 접합방식을 알려주고, 설계 방법과 절차를 이해할 수 있으며, 제작 및 설치 시 고려 사항을 제시하는 매뉴얼이 필요합니다.

2016년 첫 출간되고 이번에 개정된 「강구조 접합부 설계매뉴얼」과 「강구조 접합부 설계예제집」은 이러한 상황에서 우리에게 꼭 필요한 매뉴얼입니다. 이전에는 강구조 전체를 다루는 매뉴얼이나 지침서의 일부분으로 접합부를 다루어 그 내용에 한계가 있었으나, 「강구조 접합부 설계매뉴얼」과 「강구조 접합부 설계예제집」은 접합부 만을 대상으로 하여, 볼트와 용접부 및 접합요소, 일반접합부, 내진접합부에 대한 요구사항, 설계 시 고려사항, 설계도움표 및 설계예제 등 상세한 내용을 담고 있어 설계자와 제작, 설치자 등 강구조분야에 종사하는 엔지니어에게 매우 유용합니다. 특히 복잡한 계산 과정을 거치지 않고 설계도움표를 통해 손쉽게 접합부를 설계할 수 있고, 그 과정을 설계예제를 통해 잘 설명하고 있어 널리 사용될 것으로 기대합니다.

한국강구조학회와 건축구조기술사회는 상호 교류·협력과 우호 증진을 통해 기술적·혁신적 가치를 만들어 강구조 기술의 발전에 함께 기여하고 있으며, 이를 위해 강구조물 설계, 구조, 시공에 관계되는 기준 정립, 워크숍 및 기술세미나 등 학술행사의 협력, 양 기관의 필요에 의한 교육, 연구 및 자문 지원, 인력 및 정보, 기타 사항 등 다양한 상호 교류 활동을 진행해 오고 있습니다. 이 중에 공동 연구 및 도서 출간은 양 기관이 오랫동안 협력을 유지해 온 분야로 그동안 축적된 연구 성과와 실무 경험을 토대로 각종 설계예제집, 매뉴얼, 표준접합상세도 등을 공동 출간하는 성과를 이루어 내고 있습니다.

이번에 개정, 출간되는 「강구조 접합부 설계매뉴얼」과 「강구조 접합부 설계예제집」을 통해 양 기관의 협력관계를 다시 한번 확인하게 되었으며, 앞으로도 지속적인 연구와 설계기술 개발을 통해 양 기관의 협력이 지속적으로 발전해 나갈 수 있기를 기대합니다.

코로나 19 등 어려운 상황에서 심혈을 기울여 주신 집필진과 검토, 자문위원 그리고 첫 출간부터 아낌없는 지원을 해주신 ㈜현대제철 관계자 여러분의 노고에 감사드립니다.

2021년 4월

(사)한국강구조학회 회장 **신 경 재**

(사)건축구조기술사회 회장 **김 상 식**

머리말

PREFACE

강구조 접합부 설계매뉴얼은 (사)한국강구조학회가 (사)한국건축구조기술사회와 함께 강구조 설계기준(KDS)의 개정내용과 건설용 강재에 대한 국가기술표준원의 개정고시를 반영하여 발간한 것입니다. 이 책의 근간이 되는 'H형강 접합부 설계매뉴얼'은 (사)건축구조기술사회에서 발간(2016.6.)되었습니다. 그 후 건설용 철강재에 대한 KS 개정고시 시행(2017.1.1.)으로 강재의 강도상향 등 물성이 변경되고, 건설기준체계의 전환에 따라 건축구조기준(KBC)이 'KDS 41 31 00 건축물 강구조 설계기준'으로 통합정비 및 개정(2019.3.)되었습니다. 아울러 KS D 3502의 개정고시(2021.2.8.)로 KS의 H형강 단면규격이 확대되는 등 여러 변화가 있었습니다. 이에 실무자들의 편의와 강구조 건설 산업계의 발전을 도모하기 위하여 학회와 기술사회가 협력하여 이 책을 발간하게 되었습니다.

이 매뉴얼에는 강구조 접합부의 개요, 볼트와 용접부를 포함한 각종 접합재 및 접합요소, H형강의 단순전단접합부와 완전강접 접합부 그리고 내진접합부에 대한 설계절차 및 설계도움표 등이 포함되어 있습니다. 이전의 'H형강 접합부 설계매뉴얼'과는 달리 예제는 별도로 발행하게 되었습니다. 이에 따라 이 매뉴얼에서는 강구조 접합부에 대한 이론과 설계절차, 각종 유의사항과 설계 도움표를 이용할 수 있으며, 설계예제들은 한국강구조학회와 한국건축구조기술사회가 함께 발간하는 '강구조 접합부 설계예제집'을 참고할 수 있습니다. 이는 현재의 여건을 수용하고 장래를 함께 고려한 결과입니다. 강구조 관련 실무담당자는 물론 연구자와 강구조를 공부하는 많은 분들께서 편리하고 유익하게 사용하시기를 기대합니다. 미비한 점들과 추가 또는 보완해야 할 부분을 포함한 여러분들의 많은 의견을 모으고 반영하여 차후 더 좋은 설계매뉴얼이 되도록 하겠습니다.

이 책은 그동안 집필과 상호검토에 수고하신 집필진, 원고내용을 세심하게 검토해 주신 검토위원님들과 자문위원님들, 지원과 격려를 해주신 한국강구조학회와 한국건축구조기술사회 회장님과 관계자님, 어려운 여건 속에서도 후원을 계속해 주신 현대제철(주) 관계자 여러분들께서 노력해 주신 결과입니다. 좋은 책이 되도록 각별한 노력을 기울여주신 구미서관 사장님, 그리고 담당자님들과 더불어 모든 분들께 감사를 드립니다.

2021년 4월

집필위원장 **최 선 규**

목 차

TABLE OF CONTENTS

01 CHAPTER 접합부 개요

1.1 일반사항 ···· 3

1.2 강재의 분류 ···· 8

1.3 제품규격 ···· 11

1.4 강재 ···· 28

제1장 참고문헌 ···· 36

02 CHAPTER 접합재 및 접합요소

2.1 볼트 ···· 39

2.2 용접부 ···· 53

2.3 접합요소 ···· 89

2.4 도움표 ···· 106

제2장 참고문헌 ···· 283

03 CHAPTER H형강 일반접합부의 설계

3.1 단순전단접합부의 설계 ······ 287

3.2 완전강접 접합부 ······ 338

3.3 도움표 ······ 345

제3장 참고문헌 ······ 515

04 CHAPTER 내진접합부

4.1 내진설계 기본개념 ······ 519

4.2 H형강 내진 모멘트 접합부 설계매뉴얼 개발 ······ 521

4.3 도움표 ······ 533

제4장 참고문헌 ······ 668

집필진 ······ 669

도움표 목차

TABLE OF CONTENTS: Design Tables

01 CHAPTER 접합부 개요

02 CHAPTER 접합재 및 접합요소

2.1.1 볼트의 설계전단강도 ······ 106

2.1.2 볼트의 설계인장강도 ······ 106

2.1.3 볼트의 설계미끄럼강도 ······ 107

2.1.4 볼트구멍의 판두께당 설계지압강도(볼트간격 별) ······ 109

2.1.5 볼트구멍의 판두께당 설계지압강도(연단거리 별) ······ 110

2.1.6 편심하중을 받는 볼트군의 계수 C ······ 111

2.1.7 편심하중을 받는 볼트군의 계수 C ······ 117

2.1.8 편심하중을 받는 볼트군의 계수 C ······ 123

2.1.9 편심하중을 받는 볼트군의 계수 C ······ 129

2.1.10 편심하중을 받는 볼트군의 계수 C ······ 135

2.1.11 편심하중을 받는 볼트군의 계수 C ······ 141

2.1.12 편심하중을 받는 볼트군의 계수 C ······ 147

2.1.13 편심하중을 받는 볼트군의 계수 C ······ 153

2.1.14 고장력볼트 구성품의 치수 ······ 159

2.1.15 고장력볼트의 최소설치간격 ······ 160

2.2.1 용접부상세 표시 약어 및 제한사항 ······ 161
2.2.2 필릿용접부상세 ······ 163
2.2.3 부분용입 용접부상세 ······ 164
2.2.4 완전용입 용접부상세 ······ 175
2.2.5 용접이음부 강도 ······ 191
2.2.6 용접재료 강도 ······ 192
2.2.7 용접재 강도계수, C_1 ······ 193
2.2.8 중심하중을 받는 필릿용접군의 요소 강도계수, C ······ 193
2.2.9 편심하중을 받는 용접군의 계수, C ······ 194
2.2.10 용접부치수별 개략 용접봉 통과(패스)횟수 ······ 252

2.3.1 볼트구멍의 공제단면적 ······ 253
2.3.2 따낸(Coped) H형강보의 탄성단면계수 ······ 255
2.3.3 블록전단 ······ 263
2.3.4 H형강보의 지압상수 ······ 267

03 CHAPTER H형강 일반접합부의 설계

3.1.1 쌍ㄱ형강 볼트접합 설계강도 ······ 345
3.1.2 쌍ㄱ형강 용접/볼트접합 설계강도 ······ 389
3.1.3 쌍ㄱ형강 용접접합 설계강도 ······ 390
3.1.4 전단접합부 볼트/용접 접합 ······ 392
3.1.5 비보강받침 볼트접합 ······ 480
3.1.6 비보강받침 용접접합 ······ 482

3.1.7 보강받침 용접접합 ········· 484
3.1.8 보강받침 볼트/용접접합 ········· 485
3.1.9 단일판 접합 설계강도 ········· 488
3.1.10 단일ㄱ형강 볼트접합 ········· 512
3.1.11 단일ㄱ형강 볼트/용접 접합 ········· 513

3.2.1 H형강 축력-휨 조합력 ········· 514

04 CHAPTER 내진접합부

4.1 기둥(SHN355)-보(SHN275), 광폭계열기둥 ········· 533
4.2 기둥(SHN355)-보(SHN275), 협폭계열기둥 ········· 551
4.3 기둥(SHN355)-보(SHN355), 광폭계열기둥 ········· 603
4.4 기둥(SHN355)-보(SHN355), 협폭계열기둥 ········· 620

01 CHAPTER

접합부 개요

1.1 일반사항

1.2 강재의 분류

1.3 제품규격

1.4 강재

제1장 참고문헌

01 CHAPTER 접합부 개요

1.1 일반사항

1.1.1 강구조 접합부의 중요성

강구조 접합부는 건설 산업의 필수도구로 개발되고 발전되어 왔다. 강구조 부재를 만들고 그것을 접합하기 위해서는 볼트와 용접부 그리고 접합요소가 필요하다. 오늘날 강구조의 접합에는 신뢰성과 가격경쟁력을 가진 고장력볼트와 용접이 널리 사용된다.

강구조의 접합부에는 주로 고장력볼트와 용접재 그리고 접합요소인 ㄱ형강, 압연형강, 판재들의 조합으로 이루어진다. 용접 시에는 고장력볼트 등 기계적 패스너와 연관 접합재(ㄱ형강과 같은 접합요소)가 필요 없이 강재 부품들을 직접 접합할 수 있다. 접합부는 외관도 바람직하여야 하며, "형태는 기능을 따른다."는 명제를 만족하도록 해야 한다. 다양한 강도수준 또는 두께의 강재들을 서로 이음할 수 있고, 높은 응력이 필요한 부분에 고성능 재료를 전략적으로 배치하여 최적화 설계가 가능하다. 고장력볼트와 용접부의 적절하고 다양성 있는 조합은 설계자의 커다란 재량을 필요로 한다.

모든 접합부는 예외 없이 구조체계의 성능유지에 필수적이다. 따라서 접합부의 설계와 상세가 불합리하거나 제작이나 설치과정에서 접합부가 부적절하게 만들어지면, 접합부와 함께 구조물 전체가 붕괴할 수 있다. 강구조물의 설계, 상세, 제작, 설치 및 검사에 관계하는 거의 모든 사람들은 접합에 대한 적절한 지식을 가질 필요가 있으며, 이 매뉴얼에는 강구조물의 건설을 위한 접합부 관련 중요한 사항들이 포함되어 있다. 이 매뉴얼은 강구조물의 비용대비 효율적인 접합부를 달성하기 위한 원칙들을 제시하고 정립한다.

1.1.2 접합부 매뉴얼의 범위

접합설계는 강구조 부재의 설계과정에 필요한 지식과 함께 접합재인 볼트(주로 고장력볼트)와 용접에 대한 지식이 필요하며, 구조설계와 상세설계, 강구조 관련 재료학, 다양한 용접공정의 생산개념 및 검사와 관련하여 복잡한 절차가 포함된 공학설계분야이다. 용접접합부의 설계를 예로 들면 이음부 형태의 선정, 용접부의 형태(Weld types), 용접부치수 및 소요 용접금속의 강도 뿐 아니라 모재금속의 등급과 종류의 선택 등이 관련된다. 상세설계는 용접접근공, 따냄(copes), 뒷댐재, 일면 또는 양면용접부, 홈용접부의 형태(예를 들면, V형 개선과 일면 개선 등) 및 용접탭 등이 포함된다. 재료공학은 재료의 구성원소(철, 탄소, 인 등), 물리적 및 기계적 성질, 재료의 적합성(Compatibility), 용접재의 강도선정과 모재의 용접성, 용접부 균열의 방지대책에 대한 판단 등을 다룬다. 주어진 조건에 가장 적합한 접합방법을 선정한다는 것은 프로젝트의 특정한 부분에 대한 특수한 환경에 따라 다른 해법이 도출되는 복잡한 문제이다.

접합부에 대한 검토와 검사에서 볼트접합에 대한 것으로는 볼트의 등급선정을 포함하여, 조임종류, 구멍종류와 전단면에 나사부의 포함여부, 마찰면의 처리 등에 대한 적정성 검사를 포함한다. 용접부에 대하여는 육안검사와 다양한 종류의 비파괴검사방법의 선정 등을 포함한다. 이와 같은 접합부의 모든 요소들은 완성된 구조물과 프로젝트의 공사비 및 공사기간 등에 상당한 영향을 미치게 된다.

이 매뉴얼에서는 강구조접합부에 관련된 일반적인 사항들에 대한 설명과 설계수식의 전개 및 다양한 종류의 설계도움표를 통하여 체계적인 방법으로 다룬다. 이 매뉴얼을 통해 설계자/제작자/시공자가 규격 확대에 따른 강구조 접합부를 용이하게 적용할 수 있도록 다양한 접합방식과 이에 대한 설계방법과 설계도움표를 제공하여 건축구조용 압연강재 H형강을 이용한 강구조 설계의 활성화를 도모하고자 한다.

이 접합부 매뉴얼은 다음과 같은 장절들로 구성되어 있다.

제1장 접합부 개요
- 1.1 일반사항
- 1.2 강재의 분류
- 1.3 제품규격
- 1.4 강재

제2장 접합재 및 접합요소
- 2.1 볼트
- 2.2 용접부
- 2.3 접합요소
- 2.4 도움표

제3장 H형강 일반접합부의 설계
- 3.1 단순전단접합부의 설계
- 3.2 완전강접 접합부
- 3.3 도움표

제4장 내진접합부
- 4.1 내진설계 기본개념
- 4.2 H형강 내진 모멘트 접합부 설계매뉴얼 개발
- 4.3 도움표

1.1.3 접합부 관련 기준 및 시방서 등

강구조접합부에 관련된 기준과 시방서들은 강구조의 설계, 제작 및 검사에 적용된다. KDS 41 31 00 건축물 강구조 설계기준은 일반적으로 강구조에 대한 설계요구조건들에 대하여 규정하고 있으며, 한국강구조학회/한국건축구조기술사회 발행의 '건축강구조 표준접합상세지침'(2차 개정판)에는 표준적으로 접합에 관련된 다양한 상세들이 제시되어 있다. 그동안 구조기준이 '허용응력설계법(ASD)'에서 '한계상태설계법(LRFD)'으로 개정(건축구조기준(KBC) 2005부터)되고 접합부의 설계개념들과 설계방법 및 설계강도 등이 변경되어 국내외의 많은 연구자들에 의해 수행된 접합부 관련 연구실적들을 한데모아 설계실무에 적용하기 위한 도서의 출판과 강구조접합부만을 위한 편람의 발행이 추진되었다. 그에 따라 사)건축구조기술사회에서 'H형강 접합부 설계매뉴얼'을 발간(2016.6)하였다. 그 후 건설용 철강재에 대한 KS 개정고시 시행(2017.1.1.)으로 강재의 강도가 상향되고, 건설기준 코드체계 전환에 따라 건축구조기준(KBC)이 'KDS 41 31 00 건축물 강구조 설계기준'으로 통합 정비 및 개정(2019.3) 되었다. 아울러 KS의 H형강 단면규격이 추가되어 접합부 설계매뉴얼의 개정이 필요하게 되었다.

강구조접합부설계와 관련된 일반적인 사항과 참고자료 등은 다음과 같다.

1.1.3.1 건축물 강구조 설계기준(KDS 41 31 00: 2019)

국내 강구조물의 건설을 위한 기본적인 기준인 KDS 41 31 00 건축물 강구조 설계기준은 건축물과 구조물을 위한 설계기준으로, 이하에서는 기준(또는 KDS)이라 부른다. 이 매뉴얼은 개정된 KDS의 규정들을 사용한다. KDS에는 다양한 접합관련 요구사항들이 포함되어 있으며, 아래의 항목들이 포함되어 있으나 이에 한정되지는 않는다.

- 사용 가능한 강재 구분
- 사용 가능한 용가재
- 보의 따냄 및 용접접근공
- 용접과 볼트의 조합
- 고장력볼트의 전인장 조임 또는 용접접합이 필요한 위치
- 홈용접부 상세
- 필릿(모살)용접부 상세
- 용접조인트의 설계강도
- 공장제작/용접문제
- 현장조립/용접문제
- 용접부 품질관리 문제
- 피로설계에 대한 문제
- 물고임, 치올림 등 사용성 관련 문제 등

1.1.3.2 강구조설계를 위한 일반사항

강구조기준은 포괄적인 기준으로서, 접합부상세, 사용가능한 모재금속, 볼트와 용접재를 포함한 용가재와 볼트, 용접조인트 상세, 제작과 설치 요구사항, 합성구조를 위한 스터드설계(용접)규정 및 검사요구조건 등을 포함한 접합부의 설계에 적용한다.

KDS 41 10 05, KDS 41 10 10 및 KDS 41 31 00의 접합부관련 중요 사항들은 다음을 포함한다.

- KDS 41 10 05–건축구조기준 총칙; 기준의 적용범위, 사용상의 제한사항, 주요 용어의 정의, 강구조를 포함한 건축물들의 중요도분류, 구조설계, 각종검사와 실험 및 구조재료의 성능검증, 구조안전의 확인 및 책임구조기술자 등 중요 담당자들의 책임 개요를 포함한다.
- KDS 41 10 10–건축구조기준 구조검사 및 실험; 10개의 부분으로 구분되어 있다. 검사 승인, 재료의 강도, 강구조 접합부 인증실험, 풍동실험, 현장재하실험 및 시공 전 하중실험 등 규준을 적용해야 하는 모든 구조물의 공통 규정들을 다룬다.
- KDS 41 31 00–건축물 강구조 설계기준; 강구조설계에 필요한 요구사항들인 강재, 볼트, 용접재, 접합요소 및 용접조인트 상세 등이 포함되어 있다.

1.1.3.3 건축구조기준의 강구조 내진설계

내진접합부는 탄성범위를 초과하는 반복 지진하중에 대해 골조가 소정의 연성거동을 발휘해야 하는 접합부로서 일반하중에 대한 설계보다 주의를 요한다. 특히 취성파단에 잘 저항하도록 설계되어야 하므로 지진력저항시스템(SLRS)에 따라서는 모재, 용접재 및 상세에 대한 제한사항을(KDS 41 31 00의 4.10참조)을 준수해야 한다.

1.1.3.4 건축강구조 표준접합상세지침

한국강구조학회 발행 '건축강구조 표준접합상세지침'(2차개정판)은 I. 일반표준상세와 II. 권장표준상세로 구성되어 있다.

I. 일반표준상세에는 강구조건축 전반에 적용되어 왔던 기존의 표준상세로서, 1. 일반사항, 2.기둥-보 접합, 3. 이음 및 단순전단접합, 4. 강관의 이음 및 트러스접합, 5. 가새접합, 6. 인장재, 7. 주각부접합, 8. 고장력볼트표준접합 및 8. 용접접합표준으로 구성되어있다.

II. 권장표준상세는 신규 또는 인증에 따라 검증되어 권장하는 표준상세로서, 1R. 권장표준상세 일반사항, 2R.부터 6R.까지는 일반표준상세의 번호와 동일한 제목의 권장 표준상세로 구성되어 있다.

이 지침은 KDS 41 31 00 건축물 강구조 설계기준에 다음과 같이 적용하도록 규정하고 있다. 4.7.1.1 설계일반(4) 접합부는 '건축강구조 표준접합상세지침'에 따른다. 그 이외의 경우는 구조안전상 이상이 없도록 해야 한다.

이 지침 9. '용접접합표준'의 내용은 이 접합 매뉴얼 제2장 2절의 용접부 상세에 포함시켜 용접조인트 설계 등에 편리하게 참고하도록 하였다.

1.1.3.5 강구조공사 표준시방서(KCS 14 31 00: 2019)

국토교통부발행 KCS 14 31 00 강구조공사는 '주요부재를 강재로 사용하는 강구조물 공사에 적용한다.' 이 표준시방서는 다음과 같은 장절들로 구성되어 있다;

KCS 14 31 05 강구조공사 일반사항 (1. 일반사항, 2. 자재 3. 시공)
KCS 14 31 10 제작 (1. 일반사항, 2. 자재, 3. 시공)
KCS 14 31 20 용접 (1. 일반사항, 2.-자재, 3. 시공)
KCS 14 31 25 볼트 접합 및 핀 연결 (1. 일반사항, 2. 자재, 3. 시공)
KCS 14 31 30 조립 및 설치 (1. 일반사항, 2. 자재, 3. 시공)
KCS 14 31 40 도장 (1. 일반사항, 2. 자재, 3. 시공)
KCS 14 31 45 용융아연도금 (1. 일반사항, 2. 자재, 3. 시공)
KCS 14 31 50 내화피복 (1. 일반사항, 2. 자재, 3. 시공)
KCS 14 31 70 데크플레이트 바닥슬래브 (1. 일반사항, 2. 자재, 3. 시공) 및
부록 (1. 제작치수 허용오차 및 가조립 정밀도, 2. 도료의 품질관리 기준, 3. 일반 중방식 도장, 4.친환경 중방식 도장)

1.1.3.6 AWS D1.1 구조용접규준-강재(AWS D1.1 Structural Welding Code-Steel)

미국의 강구조 용접규준인 AWS D1.1 구조용접규준-강재(이하에서는 AWS D1.1이라 한다)은 접합부설계의 포괄적인 용접규준으로서, 접합부 상세, 용접절차서, 사용가능한 모재금속, 용가재 및 용접조인트 상세, 제작과 설치 요구사항, 용접사 자격 요구조건, 스터드 용접규정, 검사 요구조건 및 기존구조물에 대한 용접규정을 포함하고 있다. 또한, 이 규

준에는 열절단과 열만곡(열굽힘가공; heat curving)과 같은 비-용접작업 공정을 위한 요구조건들이 포함되어 있다. AWS D1.1은 두께가 3mm이상이며, 최소 기준항복강도가 690MPa를 초과하지 않는 강재와 관련된 공사에 적용하기 위한 규준이다.

AWS D1.1의 각 장은 다음과 같이 구성되어 있다:

- 제1장-일반요구사항
- 제2장-용접접합부의 설계
- 제3장-사전인증
- 제4장-인증(Qualification)
- 제5장-제작
- 제6장-검사
- 제7장-스터드용접
- 제8장-기존구조물의 보강 및 보수

AWS D1.1에는 규준의 올바른 적용을 돕기 위한 여러 부록들과 유용한 해설이 포함되어 있다. 몇몇 부록들은 강제조항(즉, 규준의 일부)이나, 그렇지 않은 것들도 있다. 부록 B에는 규준에서 사용되는 용어의 정의가 포함되어 있다.

1.1.3.7 AWS D1.8 구조용접규준-내진관련 추가규정(AWS D1.8 Structural Welding Code-Seismic Supplement)

AWS D1.8에는 조인트나 또는 부재들로서 설계 지진이 작용하는 동안 항복수준의 응력이나 변형률로 저항하도록 설계하는 조인트들과 부재들에 적용하기 위한 추가의 규정들을 포함하고 있다. AISC내진규정이 AISC기준을 보충하는 것처럼, AWS D1.8도 AWS D1.1기준을 보충한다. AWS D1.8에 의해 수정되거나 또는 대체하지 않는 한 AWS D1.8을 적용할 경우에도 AWS D1.1의 모든 규정을 여전히 적용해야 한다. AWS D1.8에서는 구조물이 AISC내진기준에 근거하여 설계된 것으로 간주한다(즉, AISC내진규정과 AWS 7D1.8을 함께 적용해야 한다).

1.2 강재의 분류

강재는 그 성분이나 용도, 제조방법 및 형상 등에 따라서 적절하게 분류할 수 있으며, 이러한 분류는 구조용강재의 선택 시 기준으로 적용할 수 있다. 일반적으로 통용되는 강재의 분류법은 다음과 같다.

표 1.2.1 강재의 분류

구분	종류	내용
성분	순철	탄소함유량이 0.02% 미만, 불순물이 적은 철
	선철	탄소함유량이 2.5~4.5%, 철광석을 제련하여 맨 처음 얻어지는 것
	강철	탄소함유량이 0.02~2.0%, 선철을 정련한 강
용도	일반강	일반구조용 강으로 탄소(0.1~0.9%) 이외에 소량의 규소(Si), 망간(Mn), 인(P), 황(S) 등을 함유한 강
	특수강(합금강)	공구강, 기계구조용 강, 특수용도강으로 함유 원소(Cr, Ni, Mo, V) 등을 첨가시킨 강
제조법	열간압연제품	제강된 반제품을 재결정 온도 이상(800~1,200℃)에서 압연, 인발 등에 의해 제품화한 것
	냉간압연제품	열간압연제품을 더 가공해서 제품화하기 위하여 재결정 온도 이하(800℃ 이하)에서 냉간압연한 것
	주강품	소정의 형상틀에 주물을 부어 일정 형상으로 가공한 제품
	단강품	소정의 재료를 단조를 통하여 제품화한 것
형상	조강류	형강(H, ㄱ, ㄷ, T, I형강, 레일, 강널말뚝 등), 봉강(원형강, 각강, 육각, 팔각강, 이형봉강 등), 선재(원형, 이형)
	강판류	후판, 중판, 열연 · 냉연박판, 표면처리강판 등
	강관류	무계목(seamless)강관, 용접강관, 단접관

1.2.1 강재의 화학성분

(1) 주요 화학성분

강재를 구성하는 화학성분들 중 강재의 특성에 큰 영향을 미치는 주요 화학성분들을 정리하면 다음과 같다.

표 1.2.2 강재의 주요 화학성분

화학성분	특성
탄소(C)	철(Fe)은 탄소와 함께 함으로써 철강재의 우수한 특성을 발휘할 수 있다. 탄소량이 증가하면 항복점, 인장강도, 경도는 증가되지만 신율, 수축률, 연성은 감소한다.
규소(Si)	규소량이 증가하면 인장강도, 항복점이 상승하고 0.2~0.4% 정도에서 신율 및 수축률도 급격히 상승한다.
망간(Mn)	강의 강도를 개선하고 충격특성에 영향을 미친다. 또한 압연성을 좋게 하고 취성을 감소시킨다.
인(P)	인은 강재의 내후성을 향상시키는 효과가 기대되는 반면 용접성, 냉간가공성, 충격특성을 저하시킨다.
황(S)	1,300℃ 이상의 고온에서 용해되고 온도취성, 연신율, 강도, 충격치 저하 등의 영향을 미치므로 0.05% 이하로 규제한다.

(2) 첨가 화학성분

강재에 특정한 성능을 부여하기 위해 제작단계에서 별도로 투입되는 주요한 화학성분들은 다음과 같다.

표 1.2.3 강재의 첨가 화학성분

화학성분	특성
바나듐 (V) 나이오븀 (Nb)	열처리시 강도 증가 바나듐의 경우 고온에서 조직 성장 방해 : 공구강에서 중요 나이오븀은 스테인리스강에서 탄소가 입계로 전이되어 부식을 촉진하지 못하도록 방해함
니켈 (Ni)	강도, 경도를 향상시킴 다른 원소들에 의한 취성을 감소시킴
크롬 (Cr) 몰리브덴 (Mo)	강도, 경도를 향상시킴, 열처리 효과 증대시킴 크롬이 12% 이상이면 스테인리스강 특성을 가짐 몰리브덴은 공구강에 사용함
텅스텐 (W) 코발트 (Co)	고온에서 안정되고 경도가 높아 고합금 공구강으로 사용함

(3) 기타 화학성분

강재 제작 시 인위적으로 투입되는 성분은 아니지만 강재의 특성에 영향을 미치는 화학성분을 정리하면 다음과 같다.

표 1.2.4 강재의 기타 화학성분

화학성분	특성
수소 (H)	철의 결정격자 속에 침투·확산되어 충격치 감소, 지연파괴, 용접비드, 터짐, 기포발생 등의 원인이 된다. 용접시 물, 습기가 분해되어 발생하는 수소를 줄이기 위해 비온 후 또는 저온시 용접할 때는 예열이 요구된다.
산소 (O)	철광석이 강으로 변할 때 산소가 관계하는 반응이 전 공정에서 중요한 역할을 한다. 다만, 일부는 산화물계 비금속 개재물로 존재하여 강재에 연성 및 충격특성, 열화, 적열, 청열취성, 담금질, 경화성, 열화 등을 발생시켜 품질에 유해한 영향을 미친다.
질소 (N)	질소가 증가하면 강도는 증가하나 신율, 충격특성이 저하된다. 또한 질소가 지나치게 높으면 고온가공성이 나빠진다.

1.2.2 강재의 규격 표기

(1) KS 강종 표기

한국산업규격(이하 KS)에서 규정하고 있는 강종(steel grade)의 표기방법을 표 1.2.5에 나타내었다.

(2) 강재의 형상과 치수

KS에서 규정하고 있는 형강의 단면치수 표기방법은 다음과 같다.

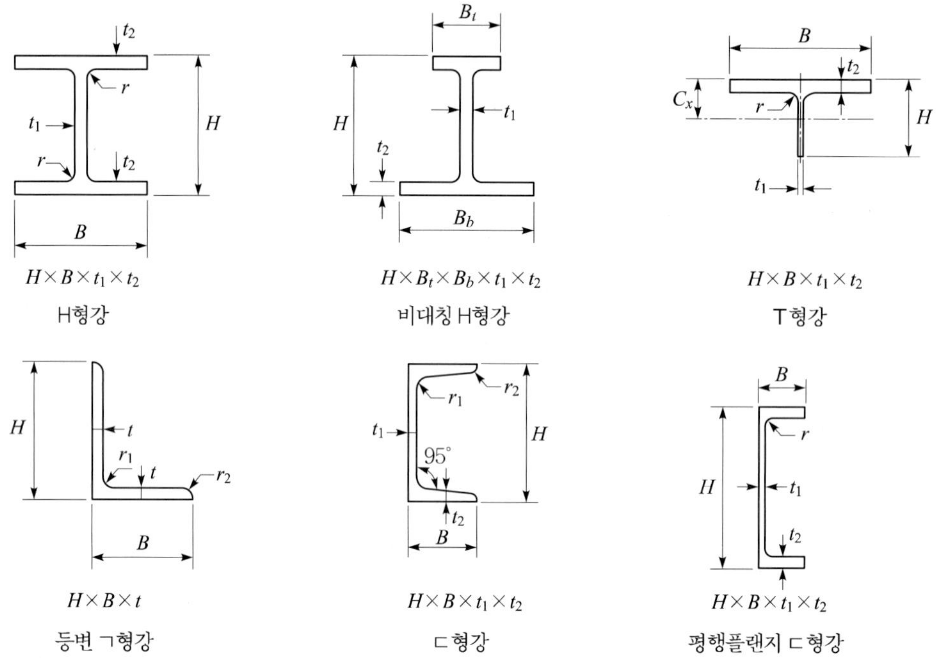

그림 1.2.1 강재의 단면형상과 치수 표기법

표 1.2.5 강종의 규격

SM		***	B	W	N	Zc
명칭 및 주 용도		**항복 강도**	**샤르피 흡수에너지 (CVN값)**	**내후성 등급**	**열처리 종류**	**내라멜라티어링 등급**
SS (Steel Structure)	일반 구조용 강재	*** (MPa)	A : ≥27J(20℃) B : ≥27J(0℃) C :≥27J(−20℃) 단, SHN275/355 ≥27J(0℃) SHN420/460 ≥47J(−5℃)	W : 압연 그대로, 녹안정화처리 P : 일반도장처리 후 사용	N : 불림 (Normalizing) QT : 조질처리 (Quenching & Tempering) TMC : 열가공제어 (Thermo Mechanical Control) 표기하지 않을 경우 As−Rolled	ZA : S≤0.008% ZB : S≤0.008% RAav≥15% RAmin≥10% ZC : S≤0.006% RAav≥25% RAmin≥15% ZD : 고객사와 협의
SM (Steel Marine)	용접 구조용 강재					
SHN (Steel New for H−beam)	건축 구조용 형강					
SN (Steel New)	건축 구조용 판재					
SMA (Steel Marine Atmosphire)	용접용 내후성강재					
FR (Fire Resistance)	내화강재					
SHP (Steel H−Pile)	H말뚝					

1.3 제품규격

현재 국내에서 생산 가능한 강재제품의 규격은 다음과 같다.
표 3.1.2의 H형강은 KS D 3502 기존 규격 82종과 KS D 3502 추가 규격 13종(고시번호 2021-0024) 및 별도 주문 제작이 가능한 94종 등 총 176종이 포함되어 있다.

표 1.3.1 강재의 규격 표시

<table>
<tr><th colspan="2">명칭</th><th>공칭치수</th><th>강종기호</th><th>적용 표준규격</th></tr>
<tr><td colspan="2" rowspan="2">H형강
Wide Flange Beams</td><td>Metric Series
H100×100~H900×300</td><td rowspan="4">SS275
SS315
SS410
SM275A
SM275B
SM355A
SM355B
SM420B
SHN275
SHN355
SHN420
SHN460</td><td rowspan="4">KS D 3503, 3515
*3866/3502
F 4603
JIS G 3101, 3106/3192
A 5526
ASTM A36-36M, 242,
283, 572, 992/6-M
DIN 17100/1019, 1020
1025, 1026, 1028,
1029
IS 226/808/1852
EN 10025/10034</td></tr>
<tr><td>Inch Series
W4(4"×4")~W36(36"×12")</td></tr>
<tr><td colspan="2">비대칭H형강
Asymmetric H-Beams</td><td>H312×234×344~H336×240×350</td></tr>
<tr><td colspan="2">T형강
Structural Tees
(Cut Tee)</td><td>Metric Series
T50×100~450×300</td></tr>
<tr><td colspan="2">등변ㄱ형강
Equal Angles</td><td>25×25~250×250</td><td rowspan="3">SS275
SS315
SS410
SM275A
SM275B
SM355A
SM355B
SHN275
SHN355</td><td rowspan="3">KS D 3503, 3515/3502
F 4603
JIS G 3101, 3106/3192
A 5526
ASTM A36-36M, 242, 283
572, 992/6-M
DIN 17100/1019, 1020
1025, 1026, 1028,
1029
IS 226/808/1852
EN 10025/10034</td></tr>
<tr><td rowspan="2">ㄷ형강
Channels</td><td>TFC</td><td>75×40~380×100</td></tr>
<tr><td>PFC</td><td>100×20~380×100</td></tr>
<tr><td colspan="2">냉간압연
스테인리스강판 및 강대
Cold Rolled
Stainless Steel Sheets,
Coils & Strips</td><td>0.3~4.0mm</td><td>STS304 STS304L
STS316 STS316L
STS410 STS410L
STS430 STS409L
STS436L
STS304J1
HD D-11</td><td>KS D 3698
[JIS G 4305] ASTM A240</td></tr>
</table>

1.3.1 H형강

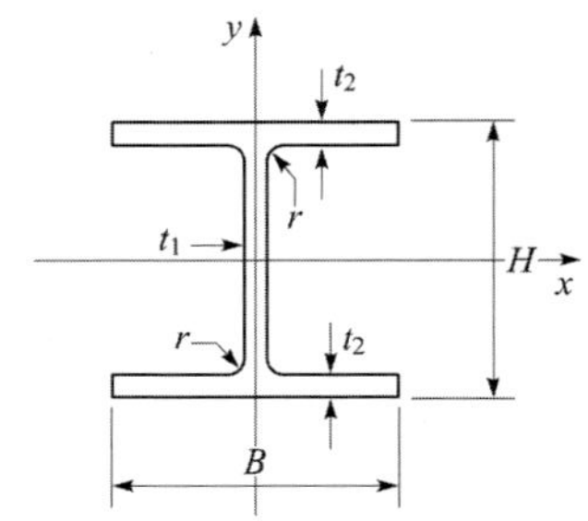

표 1.3.2 H형강의 표준치수와 단면성능

공칭치수 (mm)	표준단면치수 (mm)					단면적 (mm^2)	단위 무게 (kg/m)	단면2차모멘트 (mm^4)		단면2차반경 (mm)		단면계수 (mm^3)		소성단면계수 (mm^3)		뒤틀림상수 (mm^6)	비틀림상수 (mm^4)
	H	B	t_1	t_2	r	A	W	I_x	I_y	r_x	r_y	S_x	S_y	Z_x	Z_y	C_w	J
100 x 50	100	50	5	7	8	1.19×10^3	9.3	1.81×10^6	148×10^3	39.8	11.2	37.5×10^3	5.91×10^3	44.1×10^3	9.53×10^3	320×10^6	14.0×10^3
100 x 100	100	100	6	8	10	2.19×10^3	17.2	3.83×10^6	1.34×10^6	41.8	24.7	76.5×10^3	26.7×10^4	87.6×10^3	41.2×10^3	2.83×10^9	51.7×10^3
125 x 60	125	60	6	8	9	1.68×10^3	13.2	4.13×10^6	292×10^3	49.5	13.2	66.1×10^3	9.73×10^3	77.6×10^3	15.7×10^3	1.00×10^9	37.5×10^3
125 x 125	125	125	6.5	9	10	3.03×10^3	23.8	8.47×10^6	2.94×10^6	52.9	31.1	136×10^3	47.0×10^3	154×10^3	71.9×10^3	9.87×10^9	84.3×10^3
150 x 75	150	75	5	7	8	1.79×10^3	14.0	6.66×10^6	495×10^3	61.1	16.6	88.8×10^3	13.2×10^3	102×10^3	20.8×10^3	2.53×10^9	28.1×10^3
150 x 100	148	100	6	9	11	2.68×10^3	21.1	10.2×10^6	1.51×10^6	61.7	23.7	138×10^3	30.1×10^3	157×10^3	46.7×10^3	7.27×10^9	73.7×10^3
150 x 150	150	150	7	10	11	4.01×10^3	31.5	16.4×10^6	5.63×10^6	63.9	37.5	219×10^3	75.1×10^3	246×10^3	115×10^3	27.6×10^9	135×10^3
	**154	151	8	12	11	4.77×10^3	37.4	20.2×10^6	6.90×10^6	65.1	38.0	262×10^3	91.3×10^3	298×10^3	140×10^3	34.8×10^9	222×10^3
	**158	152	9	14	11	5.53×10^3	43.4	24.2×10^6	8.21×10^6	66.1	38.5	306×10^3	108×10^3	351×10^3	165×10^3	42.5×10^9	342×10^3
175 x 90	175	90	5	8	9	2.31×10^3	18.1	12.1×10^6	975×10^3	72.5	20.6	139×10^3	21.7×10^3	157×10^3	33.7×10^3	68.0×10^9	45.0×10^3
175 x 175	175	175	7.5	11	12	5.12×10^3	40.2	28.8×10^6	9.84×10^6	75.0	43.8	330×10^3	112×10^3	369×10^3	171×10^3	66.2×10^9	205×10^3
200 x 100	198	99	4.5	7	11	2.32×10^3	18.2	15.8×10^6	1.14×10^6	82.6	22.1	160×10^3	23.0×10^3	180×10^3	35.7×10^3	10.4×10^9	38.6×10^3
	200	100	5.5	8	11	2.72×10^3	21.3	18.4×10^6	1.34×10^6	82.4	22.2	184×10^3	26.8×10^3	209×10^3	41.9×10^3	12.3×10^9	57.7×10^3
200 x 150	194	150	6	9	13	3.90×10^3	30.6	26.9×10^6	5.07×10^6	83.0	36.1	277×10^3	67.6×10^3	309×10^3	104×10^3	43.4×10^9	109×10^3
200 x 200	200	200	8	12	13	6.35×10^3	49.9	47.2×10^6	16.0×10^6	86.2	50.2	472×10^3	160×10^3	526×10^3	244×10^3	142×10^9	298×10^3
	200	204	12	12	13	7.15×10^3	56.2	49.8×10^6	17.0×10^6	83.5	48.8	498×10^3	167×10^3	566×10^3	257×10^3	150×10^9	396×10^3
	208	202	10	16	13	8.37×10^3	65.7	65.3×10^6	22.0×10^6	88.3	51.3	628×10^3	218×10^3	710×10^3	332×10^5	203×10^9	667×10^3

* KS개정(2021.02) 고시된 추가 규격

** 별도 주문 규격 (RH+)

표 1.3.2 H형강 표준치수와 단면성능 (계속)

공칭치수 (mm)	표준단면치수 (mm)					단면적 (mm²)	단위 무게 (kg/m)	단면2차모멘트 (mm⁴)		단면2차반경 (mm)		단면계수 (mm³)		소성단면계수 (mm³)		뒤틀림상수 (mm⁶)	비틀림상수 (mm⁴)
	H	B	t_1	t_2	r	A	W	I_x	I_y	r_x	r_y	S_x	S_y	Z_x	Z_y	C_w	J
210 x 210	**215	206	10	17	13	8.96×10^3	70.3	74.9×10^6	24.8×10^6	91.4	52.6	697×10^3	241×10^3	788×10^3	366×10^3	243×10^9	792×10^3
	**223	209	13	21	13	11.3×10^3	88.5	97.4×10^6	32.0×10^6	92.9	53.3	874×10^3	306×10^3	1.01×10^6	468×10^3	326×10^9	1.51×10^6
	**229	211	15	24	13	13.0×10^3	102.0	115×10^6	37.6×10^6	94.3	53.8	1.01×10^6	357×10^3	1.17×10^6	546×10^3	395×10^9	2.25×10^6
250 x 125	248	124	5	8	12	3.27×10^3	25.7	35.4×10^6	2.55×10^6	104	27.9	285×10^3	41.1×10^3	319×10^3	63.6×10^3	36.7×10^9	67.4×10^3
	250	125	6	9	12	3.77×10^3	29.6	40.5×10^6	2.94×10^6	104	27.9	324×10^3	47.0×10^3	366×10^3	73.1×10^3	42.7×10^9	96.8×10^3
250 x 175	244	175	7	11	16	5.62×10^3	44.1	61.2×10^6	9.84×10^6	104	41.8	502×10^3	113×10^3	558×10^3	173×10^3	134×10^9	232×10^3
	**248	175	5	9.5	16	4.69×10^3	36.8	55.0×10^6	8.50×10^6	108	42.6	444×10^3	97.1×10^3	486×10^3	148×10^3	121×10^9	147×10^3
250 x 250	244	252	11	11	16	8.21×10^3	64.4	87.9×10^6	29.4×10^6	103	59.8	720×10^3	233×10^3	805×10^3	358×10^3	399×10^9	395×10^3
	248	249	8	13	16	8.47×10^3	66.5	99.3×10^6	3.35×10^6	108	62.9	801×10^3	269×10^3	883×10^3	408×10^3	462×10^9	468×10^3
	250	250	9	14	16	9.22×10^3	72.4	108×10^6	36.5×10^6	108	62.9	867×10^3	292×10^3	961×10^3	444×10^3	508×10^9	588×10^3
	250	255	14	14	16	10.5×10^3	82.2	115×10^6	38.8×10^6	105	60.8	919×10^3	304×10^3	1.04×10^6	468×10^3	540×10^9	790×10^3
300 x 100	**303	101	5	6	11	2.77×10^3	21.8	39.1×10^6	1.04×10^6	119	19.3	258×10^3	20.5×10^3	301×10^3	32.9×10^3	22.9×10^9	36.3×10^3
	**305	102	6	7	11	3.28×10^3	25.7	46.2×10^6	1.25×10^6	119	19.5	303×10^3	24.5×10^3	355×10^3	39.6×10^3	27.7×10^9	56.9×10^3
	**309	102	6	9	11	3.69×10^3	28.9	55.8×10^6	1.60×10^6	123	20.8	361×10^3	31.4×10^3	417×10^3	50.0×10^3	36.0×10^9	86.3×10^3
	**313	103	7	11	11	4.41×10^3	34.6	68.2×10^6	2.02×10^6	124	21.4	436×10^3	39.1×10^3	505×10^3	62.5×10^3	46.0×10^9	146×10^3
300 x 150	298	149	5.5	8	13	4.08×10^3	32.0	63.2×10^6	4.42×10^6	124	32.9	424×10^3	59.3×10^3	475×10^3	91.8×10^3	92.9×10^9	86.6×10^3
	300	150	6.5	9	13	4.68×10^3	36.7	72.1×10^6	5.08×10^6	124	32.9	481×10^3	67.7×10^3	542×10^3	105×10^3	107×10^9	124×10^3
300 x 200	294	200	8	12	18	7.24×10^3	56.8	113×10^6	16.0×10^6	125	47.1	771×10^3	160×10^3	859×10^3	247×10^3	319×10^9	358×10^3
	298	201	9	14	18	8.34×10^3	65.4	133×10^6	19.0×10^6	126	47.7	893×10^3	189×10^3	1.00×10^6	291×10^3	383×10^9	534×10^3
300 x 300	294	302	12	12	18	10.8×10^3	84.5	169×10^6	55.2×10^6	125	71.6	1.15×10^6	365×10^3	1.28×10^6	560×10^3	1.10×10^{12}	614×10^3
	298	299	9	14	18	11.1×10^3	87.0	188×10^6	62.4×10^6	130	75.1	1.27×10^6	417×10^3	1.39×10^6	634×10^3	1.26×10^{12}	714×10^3
	300	300	10	15	18	12.0×10^3	94.0	204×10^6	67.5×10^6	131	75.1	1.36×10^6	450×10^3	1.50×10^6	684×10^3	1.37×10^{12}	882×10^3
	300	305	15	15	18	13.5×10^3	106	215×10^6	71.0×10^6	126	72.6	1.44×10^6	466×10^3	1.61×10^6	716×10^3	1.44×10^{12}	1.16×10^6
	304	301	11	17	18	13.5×10^3	106	234×10^6	77.3×10^6	132	75.7	1.54×10^6	514×10^3	1.71×10^6	781×10^3	1.59×10^{12}	1.25×10^6
	310	305	15	20	18	16.5×10^3	130	286×10^6	94.7×10^6	132	75.7	1.85×10^6	621×10^3	2.08×10^6	949×10^3	1.99×10^{12}	2.16×10^6
	310	310	20	20	18	18.1×10^3	142	299×10^6	99.5×10^6	129	74.2	1.93×10^6	645×10^3	2.20×10^6	992×10^3	2.09×10^{12}	2.71×10^6

* KS개정(2021.02) 고시된 추가 규격

** 별도 주문 규격 (RH+)

표 1.3.2 H형강 표준치수와 단면성능 (계속)

공칭치수 (mm)	표준단면치수 (mm)					단면적 (mm^2)	단위 무게 (kg/m)	단면2차모멘트 (mm^4)		단면2차반경 (mm)		단면계수 (mm^3)		소성단면계수 (mm^3)		뒤틀림상수 (mm^6)	비틀림상수 (mm^4)
	H	B	t_1	t_2	r	A	W	I_x	I_y	r_x	r_y	S_x	S_y	Z_x	Z_y	C_w	J
350 x 175	346	174	6	9	14	5.27×10^{3}	41.4	111×10^{6}	7.92×10^{6}	145	38.8	641×10^{3}	91.0×10^{3}	716×10^{3}	140×10^{3}	225×10^{9}	136×10^{3}
	350	175	7	11	14	6.31×10^{3}	49.6	136×10^{6}	9.86×10^{6}	147	39.5	775×10^{3}	112×10^{3}	868×10^{3}	174×10^{3}	283×10^{9}	230×10^{3}
	354	176	8	13	14	7.37×10^{3}	57.8	161×10^{6}	11.8×10^{6}	148	40.1	909×10^{3}	135×10^{3}	1.02×10^{6}	208×10^{3}	344×10^{9}	361×10^{3}
350 x 250	336	249	8	12	20	8.82×10^{3}	69.2	185×10^{6}	30.9×10^{6}	145	59.2	1.10×10^{6}	248×10^{3}	1.21×10^{6}	380×10^{3}	811×10^{9}	447×10^{3}
	340	250	9	14	20	10.2×10^{3}	79.7	217×10^{6}	36.5×10^{6}	146	60.0	1.28×10^{6}	292×10^{3}	1.41×10^{6}	447×10^{3}	970×10^{9}	664×10^{3}
350 x 320	**333	312	18	28	19	22.8×10^{3}	179	445×10^{6}	142×10^{6}	140	78.9	2.67×10^{6}	910×10^{3}	3.05×10^{6}	1.39×10^{6}	3.30×10^{12}	5.47×10^{6}
	**341	314	20	32	19	26.0×10^{3}	204	522×10^{6}	165×10^{6}	142	79.8	3.06×10^{6}	1.05×10^{6}	3.53×10^{6}	1.61×10^{6}	3.95×10^{12}	8.03×10^{6}
	**349	316	22	36	19	29.2×10^{3}	229	604×10^{6}	190×10^{6}	144	80.6	3.46×10^{6}	1.20×10^{6}	4.02×10^{6}	1.84×10^{6}	4.64×10^{12}	11.3×10^{6}
	**357	318	24	40	19	32.4×10^{3}	254	691×10^{6}	215×10^{6}	146	81.4	3.87×10^{6}	1.35×10^{6}	4.53×10^{6}	2.07×10^{6}	5.40×10^{12}	15.3×10^{6}
	**365	321	27	44	19	36.0×10^{3}	283	786×10^{6}	243×10^{6}	148	82.1	4.30×10^{6}	1.51×10^{6}	5.09×10^{6}	2.32×10^{6}	6.26×10^{12}	20.6×10^{6}
	**373	324	30	48	19	39.7×10^{3}	312	886×10^{6}	273×10^{6}	149	82.9	4.75×10^{6}	1.68×10^{6}	5.67×10^{6}	2.59×10^{6}	7.20×10^{12}	27.0×10^{6}
	**383	327	33	53	19	44.1×10^{3}	346	1.02×10^{9}	310×10^{6}	152	83.8	5.30×10^{6}	1.89×10^{6}	6.39×10^{6}	2.92×10^{6}	8.44×10^{12}	36.3×10^{6}
	**391	329	35	57	19	47.5×10^{3}	373	1.12×10^{9}	339×10^{6}	154	84.5	5.75×10^{6}	2.06×10^{6}	6.98×10^{6}	3.18×10^{6}	9.47×10^{12}	44.9×10^{6}
350 x 350	338	351	13	13	20	13.5×10^{3}	106	282×10^{6}	93.8×10^{6}	144	83.3	1.67×10^{6}	534×10^{3}	1.85×10^{6}	818×10^{3}	2.48×10^{12}	900×10^{3}
	344	348	10	16	20	14.6×10^{3}	115	333×10^{6}	112×10^{6}	151	87.8	1.94×10^{6}	646×10^{3}	2.12×10^{6}	980×10^{3}	3.02×10^{12}	1.21×10^{6}
	344	354	16	16	20	16.7×10^{3}	131	353×10^{6}	118×10^{6}	146	84.3	2.05×10^{6}	669×10^{3}	2.30×10^{6}	1.03×10^{6}	3.19×10^{12}	1.64×10^{6}
	350	350	12	19	20	17.4×10^{3}	137	403×10^{6}	136×10^{6}	152	88.4	2.30×10^{6}	776×10^{3}	2.55×10^{6}	1.18×10^{6}	3.72×10^{12}	1.99×10^{6}
	350	357	19	19	20	19.8×10^{3}	156	428×10^{6}	144×10^{6}	147	85.3	2.45×10^{6}	809×10^{3}	2.76×10^{6}	1.24×10^{6}	3.95×10^{12}	2.70×10^{6}
400 x 140	**399	140	6	9	14	4.97×10^{3}	39.0	129×10^{6}	4.13×10^{6}	161	28.8	649×10^{3}	59.0×10^{3}	741×10^{3}	92.7×10^{3}	157×10^{9}	124×10^{3}
	**403	141	7	11	14	5.94×10^{3}	46.6	157×10^{6}	5.16×10^{6}	163	29.5	781×10^{3}	73.2×10^{3}	894×10^{3}	115×10^{3}	198×10^{9}	206×10^{3}
400 x 200	396	199	7	11	16	7.22×10^{3}	56.6	200×10^{6}	14.5×10^{6}	167	44.8	101×10^{3}	145×10^{3}	1.13×10^{6}	224×10^{3}	536×10^{9}	271×10^{3}
	400	200	8	13	16	8.41×10^{3}	66.0	237×10^{6}	17.4×10^{6}	168	45.4	1.19×10^{6}	174×10^{3}	1.33×10^{6}	268×10^{3}	650×10^{9}	422×10^{6}
400 x 300	390	300	10	16	22	13.6×10^{3}	107	387×10^{6}	72.1×10^{6}	169	72.8	1.98×10^{6}	481×10^{3}	2.19×10^{6}	733×10^{3}	2.52×10^{12}	1.14×10^{6}

* KS개정(2021.02) 고시된 추가 규격

** 별도 주문 규격 (RH+)

표 1.3.2 H형강 표준치수와 단면성능 (계속)

공칭치수 (mm)	표준단면치수 (mm)					단면적 (mm^2)	단위 무게 (kg/m)	단면2차모멘트 (mm^4)		단면2차반경 (mm)		단면계수 (mm^3)		소성단면계수 (mm^3)		뒤틀림상수 (mm^6)	비틀림상수 (mm^4)
	H	B	t_1	t_2	r	A	W	I_x	I_y	r_x	r_y	S_x	S_y	Z_x	Z_y	C_w	J
400 x 400	388	402	15	15	22	17.9×10^3	140	490×10^6	163×10^6	166	95.4	2.52×10^6	809×10^3	$2.80\text{x}10^6$	1.24×10^6	5.66×10^{12}	1.57×10^6
	394	398	11	18	22	18.7×10^3	147	561×10^6	189×10^6	173	101	2.85×10^6	951×10^3	3.12×10^6	1.44×10^6	6.69×10^{12}	1.94×10^6
	394	405	18	18	22	21.4×10^3	168	597×10^6	200×10^6	167	96.5	3.03×10^6	985×10^3	3.39×10^6	1.51×10^6	7.05×10^{12}	2.64×10^6
	400	400	13	21	22	21.9×10^3	172	666×10^6	224×10^6	175	101	3.33×10^6	1.12×10^6	3.67×10^6	1.70×10^6	8.05×10^{12}	3.03×10^6
	400	408	21	21	22	25.1×10^3	197	7.09×10^9	238×10^6	168	97.5	3.54×10^6	1.17×10^6	3.99×10^6	1.79×10^6	8.55×10^{12}	4.15×10^6
	406	403	16	24	22	25.5×10^3	200	780×10^6	262×10^6	175	101	3.84×10^6	1.30×10^6	4.28×10^6	1.98×10^6	9.56×10^{12}	4.62×10^6
	414	405	18	28	22	29.5×10^3	232	928×10^6	310×10^6	177	102	4.48×10^6	1.53×10^6	5.03×10^6	2.33×10^6	11.6×10^{12}	7.14×10^6
	**422	407	20	32	22	33.6×10^3	264	1.08×10^9	360×10^6	179	103	5.13×10^6	1.77×10^6	5.79×10^6	2.69×10^6	13.7×10^{12}	10.5×10^6
	428	407	20	35	22	36.1×10^3	283	1.19×10^9	394×10^6	182	104	5.57×10^6	1.93×10^6	6.31×10^6	2.94×10^6	15.2×10^{12}	13.2×10^6
	**432	410	23	37	22	39.0×10^3	306	1.29×10^9	425×10^6	182	104	5.96×10^6	2.08×10^6	6.80×10^6	3.16×10^6	16.6×10^{12}	16.1×10^6
	*442	413	26	42	22	44.4×10^3	349	1.50×10^9	494×10^6	184	105	6.81×10^6	2.39×10^6	7.84×10^6	3.65×10^6	19.8×10^{12}	23.4×10^6
	*452	416	29	47	22	49.9×10^3	392	1.73×10^9	565×10^6	186	106	7.67×10^6	2.72×10^6	8.92×10^6	4.15×10^6	23.2×10^{12}	32.7×10^6
	458	417	30	50	22	52.9×10^3	415	1.87×10^9	605×10^6	188	107	8.17×10^6	2.90×10^6	9.54×10^6	4.44×10^6	25.2×10^{12}	38.9×10^6
	*462	419	32	52	22	55.5×10^3	435	1.98×10^9	639×10^6	189	107	8.55×10^6	3.05×10^6	10.0×10^6	4.66×10^6	26.8×10^{12}	44.2×10^6
	*472	422	35	57	22	61.1×10^3	479	2.23×10^9	715×10^6	191	108	9.45×10^6	3.39×10^6	11.2×10^6	5.19×10^6	30.8×10^{12}	58.2×10^6
	*484	426	39	63	22	68.1×10^3	534	2.56×10^9	814×10^6	194	109	10.6×10^6	3.82×10^6	12.6×10^6	5.86×10^6	36.1×10^{12}	78.9×10^6
	498	432	45	70	22	77.0×10^3	605	2.98×10^9	944×10^6	197	111	12.0×10^6	4.37×10^6	14.5×10^6	6.72×10^6	43.2×10^{12}	111×10^6
410 x 400	**376	393	17	28	21	27.8×10^3	218	723×10^6	283×10^6	161	101	3.85×10^6	1.44×10^6	4.32×10^6	2.19×10^6	8.58×10^{12}	6.70×10^6
	**380	395	19	30	21	30.2×10^3	237	789×10^6	308×10^6	162	101	4.15×10^6	1.56×10^6	4.69×10^6	2.37×10^6	94.5×10^{12}	8.35×10^6
	**386	397	21	33	21	33.3×10^3	261	885×10^6	344×10^6	163	102	4.59×10^6	1.74×10^6	5.22×10^6	2.64×10^6	10.7×10^{12}	11.7×10^6
	**400	401	25	40	21	40.5×10^3	318	1.12×10^9	430×10^6	166	103	5.61×10^6	2.15×10^6	6.47×10^6	3.27×10^6	13.9×10^{12}	19.5×10^6
	**408	403	27	44	21	44.5×10^3	349	1.26×10^9	481×10^6	169	104	6.19×10^6	2.39×10^6	7.20×10^6	3.64×10^6	15.9×10^{12}	25.8×10^6
	**416	406	30	48	21	49.0×10^3	384	1.42×10^9	536×10^6	170	105	6.82×10^6	2.64×10^6	8.00×10^6	4.04×10^6	18.2×10^{12}	33.7×10^6
	**434	412	36	57	21	58.9×10^3	462	1.79×10^9	666×10^6	174	106	8.24×10^6	3.23×10^6	9.83×10^6	4.95×10^6	23.7×10^{12}	56.8×10^6
	**446	415	39	63	21	65.2×10^3	511	2.05×10^9	752×10^6	177	107	9.20×10^6	3.63×10^6	11.1×10^6	5.56×10^6	27.6×10^{12}	76.1×10^6
	**456	418	42	68	21	70.7×10^3	555	2.29×10^9	830×10^6	180	108	10.0×10^6	3.97×10^6	12.2×10^6	6.09×10^6	31.3×10^{12}	95.7×10^6

* KS개정(2021.02) 고시된 추가 규격

** 별도 주문 규격 (RH+)

표 1.3.2 H형강 표준치수와 단면성능 (계속)

공칭치수 (mm)	표준단면치수 (mm)					단면적 (mm^2)	단위 무게 (kg/m)	단면2차모멘트 (mm^4)		단면2차반경 (mm)		단면계수 (mm^3)		소성단면계수 (mm^3)		뒤틀림상수 (mm^6)	비틀림상수 (mm^4)
	H	B	t_1	t_2	r	A	W	I_x	I_y	r_x	r_y	S_x	S_y	Z_x	Z_y	C_w	J
450 x 150	**450	154	8	11	18	7.09×10^3	55.7	228×10^6	6.74×10^6	179	30.8	1.01×10^6	87.5×10^3	1.17×10^6	140×10^3	324×10^9	286×10^3
	**454	154	8	13	18	7.71×10^3	60.5	259×10^6	7.95×10^6	183	32.1	1.14×10^6	103×10^3	1.31×10^6	163×10^3	387×10^9	386×10^3
450 x 200	446	199	8	12	18	8.43×10^3	66.2	287×10^6	15.8×10^6	185	43.3	1.29×10^6	159×10^3	1.45×10^6	247×10^3	744×10^9	383×10^3
	450	200	9	14	18	9.68×10^3	76.0	335×10^6	18.7×10^6	186	44.0	1.49×10^6	187×10^3	1.68×10^6	291×10^3	889×10^9	569×10^3
	**456	200	9	17	18	10.9×10^3	85.4	396×10^6	22.7×10^6	191	45.7	1.74×10^6	227×10^3	1.95×10^6	351×10^3	1.09×10^{12}	871×10^3
	**460	201	10	19	18	12.1×10^3	95.3	446×10^6	25.8×10^6	192	46.1	1.94×10^6	256×10^3	2.19×10^6	397×10^3	1.25×10^{12}	1.19×10^6
450 x 300	434	299	10	15	24	13.5×10^3	106	468×10^6	66.9×10^6	186	70.4	2.16×10^6	448×10^3	2.38×10^6	686×10^3	2.94×10^{12}	1.04×10^6
	440	300	11	18	24	15.7×10^3	124	561×10^6	81.1×10^6	189	71.8	2.55×10^6	541×10^3	2.83×10^6	828×10^3	3.61×10^{12}	1.63×10^6
	**444	300	11	20	24	16.9×10^3	133	619×10^6	90.1×10^6	191	72.9	2.79×10^6	601×10^3	3.09×10^6	918×10^3	4.05×10^{12}	2.09×10^6
	**450	301	12	23	24	19.2×10^3	151	717×10^6	105×10^6	193	73.9	3.19×10^6	695×10^3	3.54×10^6	1.06×10^6	4.77×10^{12}	3.04×10^6
500 x 200	496	199	9	14	20	10.1×10^3	79.5	419×10^6	18.4×10^6	203	42.7	1.69×10^6	185×10^3	1.91×10^6	290×10^3	1.07×10^{12}	608×10^3
	500	200	10	16	20	11.4×10^3	89.6	478×10^6	21.4×10^6	205	43.3	1.91×10^6	214×10^3	2.18×10^6	335×10^3	1.25×10^{12}	859×10^3
	506	201	11	19	20	13.1×10^3	103	565×10^6	25.8×10^6	207	44.3	2.33×10^6	257×10^3	2.54×10^6	401×10^3	1.53×10^{12}	1.32×10^6
	**514	202	12	23	20	15.3×10^3	120	681×10^6	31.7×10^6	211	45.6	2.65×10^6	314×10^3	3.02×10^6	490×10^3	1.91×10^{12}	2.13×10^6
500 x 300	482	300	11	15	26	14.6×10^3	114	604×10^6	67.6×10^6	204	68.2	2.50×10^6	451×10^3	2.79×10^6	695×10^3	3.69×10^{12}	1.18×10^6
	488	300	11	18	26	16.4×10^3	128	710×10^6	81.1×10^6	208	70.4	2.91×10^6	541×10^3	3.23×10^6	830×10^3	4.48×10^{12}	1.72×10^6
	**494	300	11	21	26	18.2×10^3	142	818×10^6	94.6×10^6	212	72.2	3.31×10^6	631×10^3	3.67×10^6	965×10^3	5.29×10^{12}	2.45×10^6
520 x 300	**490	285	17	31	18	25.2×10^3	198	1.06×10^9	120×10^6	205	68.9	4.31×10^6	841×10^3	4.89×10^6	1.29×10^6	6.31×10^{12}	6.61×10^6
	**496	287	19	34	18	27.9×10^3	219	1.18×10^9	134×10^6	206	69.3	4.76×10^6	936×10^3	5.44×10^6	1.44×10^6	7.16×10^{12}	8.78×10^6
	**502	289	21	37	18	30.7×10^3	241	1.31×10^9	149×10^6	207	69.8	5.21×10^6	1.03×10^6	5.99×10^6	1.60×10^6	8.07×10^{12}	11.4×10^6
	**508	291	23	40	18	33.4×10^3	262	1.44×10^9	165×10^8	208	70.2	5.67×10^6	1.13×10^6	6.56×10^6	1.75×10^6	9.02×10^{12}	14.5×10^6
	**516	292	24	44	18	36.3×10^3	285	1.60×10^9	183×10^6	210	71.1	6.22×10^6	1.25×10^6	7.22×10^6	1.94×10^6	10.2×10^{12}	18.7×10^6
	**526	295	27	49	18	40.7×10^3	320	1.84×10^9	210×10^6	212	71.9	6.99×10^6	1.43×10^6	8.19×10^6	2.21×10^6	12.0×10^{12}	26.0×10^6
	**536	298	30	54	18	45.3×10^3	356	2.09×10^9	239×10^6	215	72.7	7.78×10^6	1.61×10^6	9.19×10^6	2.50×10^6	13.9×10^{12}	34.9×10^6
	**544	301	33	58	18	49.3×10^3	387	2.30×10^9	265×10^6	216	73.3	8.45×10^6	1.76×10^6	10.1×10^6	2.75×10^6	15.6×10^{12}	43.8×10^6
	**556	304	36	64	18	54.6×10^3	429	2.62×10^9	301×10^6	219	74.3	9.41×10^6	1.98×10^6	11.3×10^6	3.10×10^6	18.2×10^{12}	58.6×10^6
	**568	307	39	70	18	60.0×10^3	471	2.95×10^9	340×10^6	222	75.3	10.4×10^6	2.21×10^6	12.3×10^6	3.47×10^6	21.1×10^{12}	76.3×10^6

* KS개정(2021.02) 고시된 추가 규격

** 별도 주문 규격 (RH+)

표 1.3.2 H형강 표준치수와 단면성능 (계속)

공칭치수 (mm)	표준단면치수 (mm)					단면적 (mm²)	단위 무게 (kg/m)	단면2차모멘트 (mm⁴)		단면2차반경 (mm)		단면계수 (mm³)		소성단면계수 (mm³)		뒤틀림상수 (mm⁶)	비틀림상수 (mm⁴)
	H	B	t_1	t_2	r	A	W	I_x	I_y	r_x	r_y	S_x	S_y	Z_x	Z_y	C_w	J
530 x 170	**530	166	10	14	20	10.0×10^{3}	78.6	436×10^{6}	10.8×10^{6}	209	32.8	1.64×10^{6}	130×10^{3}	1.91×10^{6}	209×10^{3}	716×10^{9}	612×10^{3}
	**536	166	10	17	20	11.0×10^{3}	86.4	506×10^{6}	13.0×10^{6}	214	34.4	1.89×10^{6}	157×10^{3}	2.18×10^{6}	250×10^{3}	878×10^{9}	875×10^{3}
550 x 200	**534	208	10	16	20	12.0×10^{3}	94.4	573×10^{6}	24.1×10^{6}	218	44.8	2.15×10^{6}	231×10^{3}	2.44×10^{6}	362×10^{3}	1.61×10^{12}	892×10^{3}
	**536	209	11	17	20	13.0×10^{3}	102	616×10^{6}	26.0×10^{6}	218	44.7	2.30×10^{6}	248×10^{3}	2.62×10^{6}	390×10^{3}	1.75×10^{12}	1.09×10^{6}
	**540	210	12	19	20	14.4×10^{3}	113	689×10^{8}	29.4×10^{6}	219	45.3	2.55×10^{6}	280×10^{3}	2.92×10^{6}	441×10^{3}	2.00×10^{12}	1.46×10^{6}
	**544	211	13	21	20	15.7×10^{3}	123	764×10^{6}	33.0×10^{6}	220	45.8	2.81×10^{6}	313×10^{3}	3.22×10^{6}	492×10^{3}	2.26×10^{12}	1.91×10^{6}
	**550	213	15	24	20	18.1×10^{3}	142	887×10^{6}	38.8×10^{6}	221	46.3	3.22×10^{6}	365×10^{3}	3.72×10^{6}	577×10^{3}	2.69×10^{12}	2.83×10^{6}
600 x 180	**599	178	10	13	24	10.9×10^{3}	85.2	593×10^{6}	12.3×10^{6}	234	33.7	1.98×10^{6}	139×10^{3}	2.32×10^{6}	225×10^{3}	1.06×10^{12}	659×10^{3}
	**603	179	11	15	24	12.2×10^{3}	95.5	676×10^{6}	14.5×10^{6}	236	34.5	2.24×10^{6}	162×10^{3}	2.62×10^{6}	263×10^{3}	1.25×10^{12}	907×10^{3}
600 x 200	596	199	10	15	22	12.1×10^{3}	94.6	687×10^{6}	19.8×10^{6}	239	40.5	2.31×10^{6}	199×10^{3}	2.65×10^{6}	315×10^{3}	1.67×10^{12}	825×10^{3}
	600	200	11	17	22	13.4×10^{3}	106	776×10^{6}	22.8×10^{6}	240	41.2	2.59×10^{6}	228×10^{3}	2.98×10^{6}	361×10^{3}	1.94×10^{12}	1.13×10^{6}
	606	201	12	20	22	15.3×10^{3}	120	904×10^{6}	27.2×10^{6}	243	42.2	2.98×10^{6}	271×10^{3}	3.43×10^{6}	429×10^{3}	2.34×10^{12}	1.67×10^{6}
	612	202	13	23	22	17.1×10^{3}	134	1.03×10^{9}	31.8×10^{6}	246	43.1	3.38×10^{6}	314×10^{3}	3.89×10^{6}	498×10^{3}	2.75×10^{12}	2.37×10^{6}
600 x 300	582	300	12	17	28	17.5×10^{3}	137	1.03×10^{9}	76.7×10^{6}	243	66.3	3.53×10^{6}	511×10^{3}	3.96×10^{6}	793×10^{3}	6.12×10^{12}	1.73×10^{6}
	588	300	12	20	28	19.3×10^{3}	151	1.18×10^{9}	90.2×10^{6}	248	68.5	4.02×10^{6}	601×10^{3}	4.49×10^{6}	928×10^{3}	7.28×10^{12}	2.41×10^{6}
	594	302	14	23	28	22.2×10^{3}	175	1.37×10^{9}	106×10^{6}	248	69.0	4.62×10^{6}	701×10^{3}	5.20×10^{6}	1.08×10^{6}	8.63×10^{12}	3.57×10^{6}
	**600	302	14	26	28	24.1×10^{3}	189	1.53×10^{9}	120×10^{6}	253	70.5	5.12×10^{6}	792×10^{3}	5.74×10^{6}	1.22×10^{6}	9.85×10^{12}	4.70×10^{6}
	**606	303	15	29	28	26.5×10^{3}	208	1.72×10^{9}	135×10^{6}	255	71.4	5.67×10^{6}	889×10^{3}	6.38×10^{6}	1.37×10^{6}	11.2×10^{12}	6.28×10^{6}
650 x 350	**635	328	18	31	24	31.1×10^{3}	244	2.18×10^{9}	183×10^{6}	264	76.6	6.8×10^{6}	1.11×10^{6}	7.76×10^{6}	1.72×10^{6}	16.7×10^{12}	8.27×10^{6}
	**641	329	19	34	24	33.8×10^{3}	265	2.40×10^{9}	202×10^{6}	267	77.4	7.49×10^{6}	1.23×10^{6}	8.49×10^{6}	1.90×10^{6}	18.6×10^{12}	10.6×10^{6}
	**647	331	21	37	24	37.0×10^{3}	291	2.65×10^{9}	224×10^{6}	268	77.8	8.19×10^{6}	1.35×10^{6}	9.33×10^{6}	2.10×10^{6}	20.9×10^{12}	13.7×10^{6}
	**653	332	22	40	24	39.7×10^{3}	311	2.88×10^{9}	245×10^{6}	270	78.5	8.83×10^{6}	1.47×10^{6}	10.1×10^{6}	2.28×10^{6}	23.0×10^{12}	17.0×10^{6}
	**661	334	24	44	24	43.6×10^{3}	343	3.22×10^{9}	274×10^{6}	272	79.2	9.73×10^{6}	1.64×10^{6}	11.2×10^{6}	2.55×10^{6}	26.1×10^{12}	22.4×10^{6}
	**669	336	26	48	24	47.7×10^{3}	374	3.56×10^{9}	304×10^{6}	273	79.9	10.7×10^{6}	1.81×10^{6}	12.3×10^{6}	2.82×10^{6}	29.4×10^{12}	28.9×10^{6}
	**679	340	30	53	24	53.7×10^{3}	422	4.05×10^{9}	349×10^{6}	275	80.6	11.9×10^{6}	2.05×10^{6}	13.9×10^{6}	3.20×10^{6}	34.2×10^{12}	39.8×10^{6}
	**689	342	32	58	24	58.5×10^{3}	459	4.50×10^{9}	388×10^{6}	277	81.5	13.1×10^{6}	2.27×10^{6}	15.3×10^{6}	3.55×10^{6}	38.7×10^{12}	51.3×10^{6}

* KS개정(2021.02) 고시된 추가 규격

** 별도 주문 규격 (RH+)

표 1.3.2 H형강 표준치수와 단면성능 (계속)

공칭치수 (mm)	표준단면치수 (mm)					단면적 (mm^2)	단위 무게 (kg/m)	단면2차모멘트 (mm^4)		단면2차반경 (mm)		단면계수 (mm^3)		소성단면계수 (mm^3)		뒤틀림상수 (mm^6)	비틀림상수 (mm^4)
	H	B	t_1	t_2	r	A	W	I_x	I_y	r_x	r_y	S_x	S_y	Z_x	Z_y	C_w	J
700 x 250	**684	252	12	19	28	18.0×10^3	141	1.40×10^9	50.9×10^6	278	53.2	4.08×10^6	404×10^3	4.65×10^6	635×10^3	5.63×10^{12}	2.00×10^6
	**688	253	13	21	28	19.7×10^3	155	1.54×10^9	56.9×10^6	280	53.8	4.48×10^6	450×10^3	5.11×10^6	708×10^3	6.33×10^{12}	2.58×10^6
700 x 300	692	300	13	20	28	21.2×10^3	166	1.72×10^9	90.2×10^6	286	65.3	4.98×10^6	602×10^3	5.63×10^6	936×10^3	10.2×10^{12}	2.60×10^6
	*696	300	13	22	28	22.4×10^3	175	1.87×10^9	99.2×10^6	289	66.6	5.37×10^6	662×10^3	6.05×10^6	1.03×10^6	11.3×10^{12}	3.17×10^6
	700	300	13	24	28	23.6×10^3	185	2.01×10^9	108×10^6	293	67.8	5.76×10^6	722×10^3	6.46×10^6	1.12×10^6	12.4×10^{12}	3.83×10^6
	*702	301	14	25	28	24.9×10^3	195	2.12×10^9	114×10^6	292	67.7	6.03×10^6	757×10^3	6.80×10^6	1.17×10^6	13.1×10^{12}	4.38×10^6
	708	302	15	28	28	27.4×10^3	215	2.37×10^9	129×10^6	294	68.6	6.70×10^6	853×10^3	7.56×10^6	1.32×10^6	14.9×10^{12}	5.88×10^6
	*714	303	16	31	28	29.9×10^3	235	2.63×10^9	144×10^6	297	69.4	7.37×10^6	951×10^3	8.33×10^6	1.47×10^6	16.8×10^{12}	7.72×10^6
750 x 300	**758	265	14	19	28	20.8×10^3	163	1.89×10^9	59.2×10^6	302	53.3	5.00×10^6	447×10^3	5.77×10^6	711×10^3	8.09×10^{12}	2.40×10^6
	**764	265	14	22	28	22.4×10^3	176	2.13×10^9	68.5×10^6	308	55.3	5.56×10^6	517×10^3	6.38×10^6	817×10^3	9.43×10^{12}	3.14×10^6
	**768	266	15	24	28	24.2×10^3	190	2.32×10^9	75.6×10^6	309	55.9	6.04×10^6	569×10^3	6.93×10^6	899×10^3	10.5×10^{12}	3.94×10^6
800 x 300	792	300	14	22	28	24.3×10^3	191	2.54×10^9	99.3×10^6	323	63.9	6.41×10^6	662×10^3	7.29×10^6	1.04×10^6	14.7×10^{12}	3.41×10^6
	*796	300	14	24	28	25.5×10^3	200	2.73×10^9	108×10^6	327	65.1	6.85×10^6	722×10^3	7.76×10^6	1.13×10^6	16.1×10^{12}	4.08×10^6
	800	300	14	26	28	26.7×10^3	210	2.92×10^9	117×10^6	330	66.2	7.29×10^6	782×10^3	8.24×10^6	1.22×10^6	17.6×10^{12}	4.86×10^6
	*802	301	15	27	28	28.2×10^3	221	3.06×10^9	123×10^6	329	66.1	7.62×10^6	818×10^3	8.64×10^6	1.27×10^6	18.5×10^{12}	5.51×10^6
	808	302	16	30	28	30.8×10^3	241	3.39×10^9	138×10^6	332	67.0	8.40×10^6	915×10^3	9.53×10^6	1.43×10^6	20.9×10^{12}	7.26×10^6
	*814	303	17	33	28	33.4×10^3	262	3.74×10^9	153×10^6	334	67.8	9.18×10^6	1.01×10^6	10.4×10^6	1.58×10^6	23.4×10^{12}	9.36×10^6
850 x 300	**841	291	15	22	30	25.5×10^3	200	2.90×10^9	90.8×10^6	337	59.6	6.89×10^6	624×10^3	7.93×10^6	987×10^3	15.2×10^{12}	3.71×10^6
	**845	291	15	24	30	26.7×10^3	210	3.11×10^9	99.0×10^6	341	60.9	7.35×10^6	680×10^3	8.42×10^6	1.07×10^6	16.7×10^{12}	4.39×10^6
	**851	292	16	27	30	29.3×10^3	230	3.47×10^9	113×10^6	344	62.0	8.19×10^6	771×10^3	9.34×10^6	1.21×10^6	19.1×10^{12}	5.83×10^6
	**859	293	17	31	30	23.2×10^3	255	3.95×10^9	130×10^6	349	63.4	9.20×10^6	891×10^3	10.5×10^6	1.40×10^6	22.4×10^{12}	8.16×10^6

* KS개정(2021.02) 고시된 추가 규격

** 별도 주문 규격 (RH+)

표 1.3.2 H형강 표준치수와 단면성능 (계속)

공칭치수 (mm)	표준단면치수 (mm)					단면적 (mm²)	단위 무게 (kg/m)	단면2차모멘트 (mm⁴)		단면2차반경 (mm)		단면계수 (mm³)		소성단면계수 (mm³)		뒤틀림상수 (mm⁶)	비틀림상수 (mm⁴)
	H	B	t_1	t_2	r	A	W	I_x	I_y	r_x	r_y	S_x	S_y	Z_x	Z_y	C_w	J
900 x 300	890	299	15	23	28	27.1×10^3	213	3.45×10^9	103×10^6	357	61.6	7.76×10^6	688×10^3	8.91×10^6	1.08×10^6	19.3×10^{12}	4.03×10^6
	*894	299	15	25	28	28.3×10^3	222	3.69×10^9	112×10^6	361	62.9	8.26×10^6	748×10^3	9.45×10^6	1.17×10^6	21.1×10^{12}	4.76×10^6
	900	300	16	28	28	31.0×10^3	243	4.11×10^9	126×10^6	364	63.9	9.14×10^6	843×10^3	10.5×10^6	1.32×10^6	24.0×10^{12}	6.33×10^6
	*906	301	17	31	28	33.7×10^3	264	4.54×10^9	141×10^6	367	64.8	10.0×10^6	940×10^3	11.5×10^6	1.48×10^6	27.1×10^{12}	8.23×10^6
	912	302	18	34	28	36.4×10^3	286	4.98×10^9	157×106	370	65.6	10.9×10^6	1.04×10^6	12.5×10^6	1.63×10^6	30.2×10^{12}	10.5×10^6
	918	303	19	37	28	39.1×10^3	307	5.42×10^9	172×10^6	372	66.3	11.8×10^6	1.14×10^6	13.5×10^6	1.79×10^6	33.4×10^{12}	13.2×10^6
950 x 300	**919	304	17	28	30	32.5×10^3	255	4.43×10^9	132×10^6	369	63.7	9.64×10^6	866×10^3	11.1×10^6	1.37×10^6	26.1×10^{12}	6.85×10^6
	**923	305	18	30	30	34.6×10^3	272	4.75×10^9	142×10^6	371	64.2	10.3×10^6	934×10^3	11.9×10^6	1.48×10^6	28.4×10^{12}	8.26×10^6
	**933	308	21	35	30	40.5×10^3	318	5.61×10^9	171×10^6	372	65.1	12.0×10^6	1.11×10^6	13.9×10^6	1.77×10^6	34.5×10^{12}	12.9×10^6
	**943	309	22	40	30	44.5×10^3	349	6.36×10^9	198×10^6	378	66.7	13.5×10^6	1.28×10^6	15.6×10^6	2.03×10^6	40.3×10^{12}	17.7×10^6

* KS개정(2021.02) 고시된 추가 규격

** 별도 주문 규격 (RH+)

1.3.2 비대칭H형강

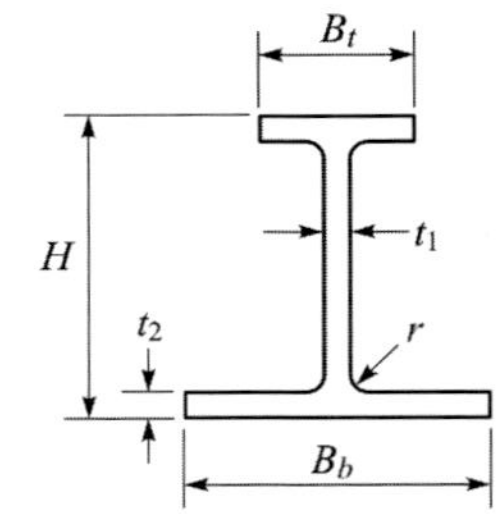

표 1.3.3 비대칭H형강의 표준치수와 단면성능

공칭치수 (mm)	표준단면치수 (mm)						단면적 (mm²)	단위 무게 (kg/m)	단면2차모멘트 (mm⁴)		단면2차반경 (mm)		단면계수 (mm³)			소성단면계수 (mm³)		뒤틀림 상수 (mm⁶)	비틀림 상수 (mm⁴)
	H	B_t	B_b	t_1	t_2	r	A	W	I_x	I_y	r_x	r_y	S_{xt}	S_{xb}	S_y	Z_x	Z_y	C_w	J
AH-312×234×344	312	234	344	12	18	22	14.1×10^3	111	24.8×10^6	8.04×10^6	132	75.4	1.40×10^6	1.83×10^6	467×10^3	1.73×10^6	793×10^3	1.26×10^{12}	153×10^3
AH-320×236×346	320	236	346	14	22	22	17.1×10^3	134	30.9×10^6	10.0×10^6	135	76.6	1.71×10^6	2.23×10^6	579×10^3	2.13×10^6	983×10^3	1.62×10^{12}	265×10^3
AH-328×238×348	328	238	348	16	26	22	20.1×10^3	158	37.4×10^6	12.1×10^6	137	77.6	2.02×10^6	2.63×10^6	694×10^3	2.53×10^6	1.18×10^6	2.02×10^{12}	424×10^3
AH-336×240×350	336	240	350	18	30	22	23.1×10^3	181	44.4×10^6	14.2×10^6	139	78.4	2.34×10^6	3.04×10^6	811×10^3	2.95×10^6	1.38×10^6	2.45×10^{12}	636×10^3

1.3.3 T형강

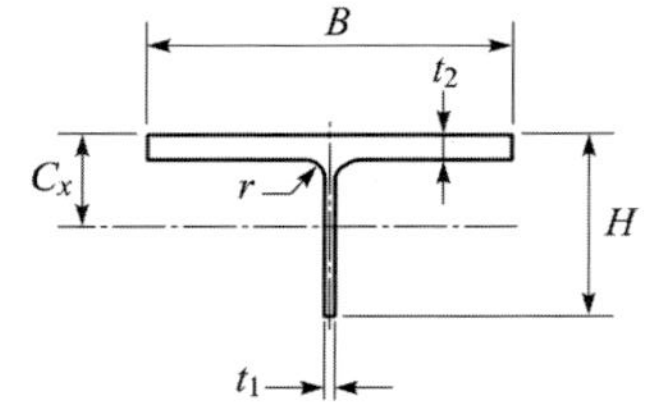

표 1.3.4 T형강의 표준치수와 단면성능

공칭치수 (mm)	표준단면치수 (mm)					단면적 (mm²)	단위 무게 (kg/m)	단면2차모멘트 (mm⁴)		단면2차반경 (mm)		단면계수 (mm³)		중심위치 (mm)
	H	B	t_1	t_2	r	A	W	I_x	I_y	r_x	r_y	S_x	S_y	C_x
50×100	50	100	6	8	10	1.10×10^3	8.60	161×10^3	669×10^3	12.1	24.7	4.03×10^3	13.4×10^3	10.0
62.5×125	62.5	125	6.5	9	10	1.52×10^3	11.9	350×10^3	1.47×10^6	15.2	31.1	6.91×10^3	23.5×10^3	11.9
75×75	75	75	5	7	8	893	7.01	426×10^3	247×10^3	21.8	16.6	7.46×10^3	6.59×10^3	17.9
75×100	75	100	6	9	11	1.34×10^3	10.5	517×10^3	753×10^3	19.6	23.7	8.84×10^3	15.1×10^3	15.5
75×150	75	150	7	10	11	2.01×10^3	15.8	664×10^3	2.82×10^6	18.2	37.5	10.8×10^3	37.6×10^3	13.7
100×100	100	100	5.5	8	11	1.36×10^3	10.7	1.14×10^6	670×10^3	29.0	22.2	14.8×10^3	13.4×10^3	22.9
100×150	97	150	6	9	13	1.95×10^3	15.3	1.25×10^6	2.54×10^6	25.3	36.1	15.8×10^3	33.8×10^3	17.9
100×200	100	200	8	12	13	3.18×10^3	24.9	1.84×10^6	8.01×10^6	24.1	50.2	22.3×10^3	80.1×10^3	17.3
	100	204	12	12	13	3.58×10^3	28.1	2.56×10^6	8.51×10^6	26.7	48.8	32.4×10^3	83.4×10^3	20.9
	104	202	10	16	13	4.19×10^3	32.8	2.51×10^6	11.0×10^6	24.5	51.3	29.5×10^3	109×10^3	19.1
125×125	124	124	5	8	12	1.63×10^3	12.8	2.08×10^6	1.27×10^6	35.7	27.9	21.3×10^3	20.5×10^3	26.3
	125	125	6	9	12	1.88×10^3	14.8	2.48×10^6	1.47×10^6	36.3	27.9	25.6×10^3	23.5×10^3	27.8
125×175	122	175	7	11	16	2.81×10^3	22.1	2.89×10^6	4.92×10^6	32.0	41.8	29.1×10^3	56.3×10^3	22.7
125×250	122	252	11	11	16	4.10×10^3	32.2	4.45×10^6	14.7×10^6	32.9	59.8	45.3×10^3	117×10^3	23.9
	124	249	8	13	16	4.24×10^3	33.2	3.64×10^6	16.7×10^6	29.3	62.9	34.9×10^3	134×10^3	19.8
	125	250	9	14	16	4.61×10^3	36.2	4.12×10^6	18.2×10^6	29.9	62.9	39.5×10^3	146×10^3	20.8
	125	255	14	14	16	5.23×10^3	41.1	5.89×10^6	19.4×10^6	33.6	60.9	59.4×10^3	152×10^3	25.8
150×150	149	149	5.5	8	13	2.04×10^3	16.0	3.93×10^6	2.21×10^6	43.9	32.9	33.8×10^3	29.7×10^3	32.6
	150	150	6.5	9	13	2.34×10^3	18.4	4.64×10^6	2.54×10^6	44.5	32.9	40.0×10^3	33.8×10	34.1
150×200	147	200	8	12	18	3.62×10^3	28.4	5.72×10^6	8.02×10^6	39.7	47.1	48.2×10^3	80.2×10^3	28.3
	149	201	9	14	18	4.17×10^3	32.7	6.62×10^6	9.49×10^6	39.9	47.1	55.2×10^3	94.4×10^3	29.1

표 1.3.4 T형강의 표준치수와 단면성능 (계속)

공칭치수 (mm)	표준단면치수 (mm)					단면적 (mm^2)	단위 무게 (kg/m)	단면2차모멘트 (mm^4)		단면2차반경 (mm)		단면계수 (mm^3)		중심위치 (mm)
	H	B	t_1	t_2	r	A	W	I_x	I_y	r_x	r_y	S_x	S_y	C_x
150×300	147	302	12	12	18	5.38×10^3	42.3	8.58×10^6	27.6×10^6	39.9	71.6	72.3×10^3	183×10^3	28.4
	149	299	9	14	18	5.54×10^3	43.5	7.15×10^6	31.2×10^6	35.9	75.1	57.0×10^3	209×10^3	23.6
	150	300	10	15	18	5.99×10^3	47.0	7.98×10^6	33.8×10^6	36.5	75.1	63.7×10^3	225×10^3	24.7
	150	305	15	15	18	6.74×10^3	52.9	11.1×10^6	35.5×10^6	40.5	72.6	92.5×10^3	233×10^3	30.3
	152	301	11	17	18	6.74×10^3	52.9	9.03×10^6	38.7×10^6	36.6	75.7	71.4×10^3	257×10^3	25.5
175×175	173	174	6	9	14	2.63×10^3	20.7	6.79×10^6	3.96×10^6	50.8	38.8	50.0×10^3	45.5×10^3	37.1
	175	175	7	11	14	3.16×10^3	24.8	8.15×10^6	4.92×10^6	50.8	39.5	59.3×10^3	56.2×10^3	37.5
175×250	168	249	8	12	20	4.41×10^3	34.6	8.81×10^6	15.4×10^6	44.7	59.2	64.0×10^3	124×10^3	30.2
	170	250	9	14	20	5.08×10^3	39.8	10.2×10^6	18.3×10^6	44.8	60.0	73.1×10^3	146×10^3	30.9
175×350	172	348	10	16	20	7.30×10^3	57.3	12.3×10^6	56.2×10^6	41.1	87.8	84.7×10^3	323×10^3	26.7
	172	354	16	16	20	8.33×10^3	65.4	18.0×10^6	59.2×10^6	46.5	84.3	131×10^3	335×10^3	34.0
	175	350	12	19	20	8.69×10^3	68.2	15.2×10^6	67.9×10^6	41.8	88.4	104×10^3	388×10^3	28.6
	175	357	19	19	20	9.92×10^3	77.9	22.0×10^6	72.2×10^6	47.1	85.3	158×10^3	404×10^3	35.9
	169	351	13	13	20	6.76×10^3	53.1	14.2×10^6	46.9×10^6	45.9	83.3	104×10^3	267×10^3	32.1
200×200	198	199	7	11	16	3.61×10^3	28.3	11.9×10^6	7.23×10^6	57.6	44.8	76.4×10^3	72.7×10^3	41.7
	200	200	8	13	16	4.21×10^3	33.0	14.0×10^6	8.68×10^6	57.6	45.4	88.6×10^3	86.8×10^3	42.3
200×300	193	299	9	14	22	6.01×10^3	47.1	15.3×10^6	31.2×10^6	50.4	72.1	95.5×10^3	209×10^3	33.3
	195	300	10	16	22	6.80×10^3	53.4	17.3×10^6	36.0×10^6	50.5	72.8	108×10^3	240×10^3	34.1
200×400	249	432	45	70	22	38.5×10^3	302	132×10^6	471×10^6	58.7	111	706×10^3	2.18×10^6	61.3
	229	417	30	50	22	26.4×10^3	207	74.7×10^6	302×10^6	53.2	107	414×10^3	1.45×10^6	48.5
	214	407	20	35	22	18.0×10^3	142	43.8×10^6	197×10^6	49.3	104	250×10^3	967×10^3	39.0
	207	405	18	28	22	14.8×10^3	116	33.6×10^6	155×10^6	49.5	102	213×10^3	766×10^3	36.8
	203	403	16	24	22	12.7×10^3	100	30.9×10^6	131×10^6	49.2	100	184×10^3	650×10^3	35.1
	200	408	21	21	22	12.5×10^3	98.4	36.5×10^6	119×10^6	54.0	97.5	229×10^3	584×10^3	40.7
	200	400	13	21	22	10.9×10^3	85.8	24.8×10^6	112×10^6	47.6	101	147×10^3	560×10^3	32.1
	197	405	18	18	22	10.7×10^3	84.1	30.5×10^6	99.8×10^6	53.4	96.5	193×10^3	493×10^3	38.9
	197	398	11	18	22	9.34×10^3	73.3	20.5×10^6	94.6×10^6	46.8	101	123×10^3	475×10^3	30.1
	194	402	15	15	22	8.92×10^3	70.0	24.8×10^6	81.3×10^6	52.7	95.4	158×10^3	404×10^3	37.0

표 1.3.4 T형강의 표준치수와 단면성능 (계속)

공칭치수 (mm)	표준단면치수 (mm)					단면적 (mm^2)	단위 무게 (kg/m)	단면2차모멘트 (mm^4)		단면2차반경 (mm)		단면계수 (mm^3)		중심위치 (mm)
	H	B	t_1	t_2	r	A	W	I_x	I_y	r_x	r_y	S_x	S_y	C_x
225×200	223	199	8	12	18	4.22×10^3	33.1	18.8×10^6	7.90×10^6	66.7	43.3	109×10^3	79.4×10^3	51.0
	225	200	9	14	18	4.34×10^3	38.0	21.6×10^6	9.36×10^6	66.8	44.0	124×10^3	93.6×10^3	51.5
225×300	217	299	10	15	24	6.75×10^3	53.0	23.5×10^6	33.5×10^6	58.9	70.4	133×10^3	224×10^3	40.4
	220	300	11	18	24	7.87×10^3	61.8	26.8×10^6	40.6×10^6	58.4	76.8	149×10^3	270×10^3	40.5
250×200	248	199	9	14	20	5.06×10^3	39.7	28.4×10^6	9.22×10^6	74.9	42.7	150×10^3	92.6×10^3	59.0
	250	200	10	16	20	5.71×10^3	44.8	32.1×10^6	10.7×10^6	75.0	43.3	169×10^3	107×10^3	59.6
	253	201	11	19	20	6.57×10^3	51.5	36.7×10^6	12.9×10^6	74.8	43.3	190×10^3	128×10^3	59.5
250×300	241	300	11	15	26	7.28×10^3	57.1	34.2×10^6	33.8×10^6	68.5	68.2	178×10^3	225×10^3	49.2
	244	300	11	18	26	8.18×10^3	64.2	36.2×10^6	40.6×10^6	66.6	70.7	184×10^3	270×10^3	46.6
300×200	298	199	10	15	22	6.02×10^3	47.3	51.9×10^6	9.89×10^6	92.9	40.5	236×10^3	99.4×10^3	77.9
	300	200	11	17	22	6.72×10^3	52.8	58.1×10^6	11.4×10^6	93.0	41.2	262×10^3	114×10^3	78.4
	303	201	12	20	22	7.62×10^3	59.8	65.7×10^6	13.6×10^6	92.8	42.2	292×10^3	135×10^3	77.9
	306	202	13	23	22	8.53×10^3	67.0	73.4×10^6	15.9×10^6	92.7	43.1	322×10^3	157×10^3	77.9
300×300	291	300	12	17	28	8.72×10^3	68.0	63.6×10^6	38.3×10^6	85.4	66.3	280×10^3	256×10^3	63.9
	294	300	12	20	28	9.62×10^3	75.6	61.7×10^6	45.1×10^6	83.5	68.5	288×10^3	301×10^3	60.8
	297	302	14	23	28	11.1×10^3	87.3	79.1×10^6	52.9×10^6	84.4	69.0	339×10^3	350×10^3	63.3
350×300	354	302	15	28	28	13.7×10^3	107	142×10^6	64.4×10^6	102	68.6	513×10^3	426×10^3	77.8
	350	300	13	24	28	11.8×10^3	92.4	120×10^6	54.1×10^6	101	67.8	438×10^3	361×10^3	75.5
	346	300	13	20	28	10.6×10^3	83.0	113×10^6	45.1×10^6	103	65.3	425×10^3	301×10^3	79.9
400×300	396	300	14	22	28	12.2×10^3	95.6	177×10^6	49.6×10^6	121	63.8	593×10^3	331×10^3	96.6
	400	300	14	26	28	13.4×10^3	105	188×10^6	68.6×10^6	119	66.2	610×10^3	391×10^3	91.8
	404	302	16	30	28	15.4×10^3	121	219×10^6	69.0×10^6	119	67.0	705×10^3	457×10^3	94.1

1.3.4 등변ㄱ형강

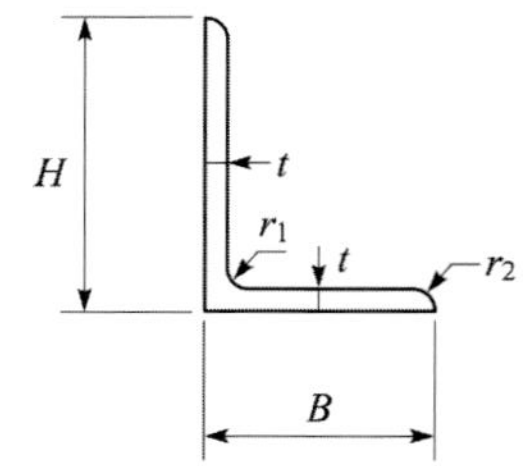

표 1.3.5 등변ㄱ형강의 표준치수와 단면성능

공칭치수 (mm)	표준단면치수 (mm)				단면적 (mm^2)	단위 무게 (kg/m)	중심의 위치 (mm)	단면2차모멘트 (mm^4)			단면2차반경 (mm)			단면계수 (mm^3)
	$H \times B$	t	r_1	r_2	A	W	$C_x = C_y$	$I_x = I_y$	$\max. I_u$	$\min I_v$	$r_x = r_y$	$\max. r_u$	$\min r_v$	$S_x = S_y$
25×25	25×25	3	4	2	143	1.12	7.19	7.97×10^3	12.6×10^3	3.32×10^3	7.47	9.40	4.83	448
30×30	30×30	3	4	2	173	1.36	8.44	14.2×10^3	22.6×10^3	5.90×10^3	9.08	11.4	5.85	661
40×40	40×40	5	4.5	3	376	2.95	11.7	54.2×10^3	85.9×10^3	22.5×10^3	12.0	15.1	7.74	1.91×10^3
45×45	45×45	4	6.5	3	349	2.74	12.4	65.0×10^3	103×10^3	26.9×10^3	13.6	17.2	8.80	2.00×10^3
	45×45	5	6.5	3	430	3.38	12.8	79.1×10^3	125×10^3	32.9×10^3	13.6	17.1	8.74	2.46×10^3
50×50	50×50	4	6.5	3	389	3.06	13.7	90.6×10^3	144×10^3	37.6×10^3	15.3	19.2	9.83	2.49×10^3
	50×50	5	6.5	3	480	3.77	14.1	111×10^3	175×10^3	45.8×10^3	15.2	19.1	9.76	3.08×10^3
	50×50	6	6.5	4.5	564	4.43	14.4	126×10^3	200×10^3	52.3×10^3	15.0	18.8	9.63	3.55×10^3
60×60	60×60	4	6.5	3	469	3.68	16.1	160×10^3	254×10^3	66.2×10^3	18.5	23.3	11.9	3.66×10^3
	60×60	5	6.5	3	580	4.55	16.6	196×10^3	312×10^3	80.9×10^3	18.4	23.2	11.8	4.52×10^3
	60×60	6	6.5	4.5	684	5.37	16.9	226×10^3	359×10^3	93.0×10^3	18.2	22.9	11.7	5.24×10^3
65×65	65×65	5	8.5	3	637	5.00	17.7	253×10^3	401×10^3	105×10^3	19.9	25.1	12.8	5.36×10^3
	65×65	6	8.5	4	753	5.91	18.1	294×10^3	466×10^3	122×10^3	19.8	24.9	12.7	6.26×10^3
	65×65	8	8.5	6	976	7.66	18.8	368×10^3	583×10^3	153×10^3	19.4	24.4	12.5	7.96×10^3
70×70	70×70	6	8.5	4	813	6.38	19.3	371×10^3	589×10^3	153×10^3	21.4	26.9	13.7	7.33×10^3
75×75	75×75	6	8.5	4	873	6.85	20.6	461×10^3	732×10^3	190×10^3	23.0	29.0	14.8	8.47×10^3
	75×75	9	8.5	6	1.27×10^3	9.96	21.7	644×10^3	1.02×10^6	267×10^3	22.5	28.4	14.5	12.1×10^3
	75×75	12	8.5	6	1.66×10^3	13.0	22.9	819×10^3	1.29×10^6	345×10^3	22.2	27.9	14.4	15.7×10^3
80×80	80×80	6	8.5	4	933	7.32	21.8	564×10^3	896×10^3	232×10^3	24.6	31.0	15.8	9.70×10^3
	80×80	7	8.5	4	1.08×10^3	8.48	22.3	642×10^3	1.02×10^6	268×10^3	24.4	30.8	15.8	11.1×10^3

표 1.3.5 등변ㄱ형강의 표준치수와 단면성능 (계속)

공칭치수 (mm)	표준단면치수 (mm)				단면적 (mm^2)	단위 무게 (kg/m)	중심의 위치 (mm)	단면2차모멘트 (mm^4)			단면2차반경 (mm)			단면계수 (mm^3)
	$H \times B$	t	r_1	r_2	A	W	$C_x = C_y$	$I_x = I_y$	max. I_u	min I_v	$r_x = r_y$	max. r_u	min r_v	$S_x = S_y$
90×90	90×90	6	10	5	1.06×10^3	8.28	24.2	807×10^3	1.28×10^6	334×10^3	27.7	34.8	17.8	12.3×10^3
	90×90	7	10	5	1.22×10^3	9.59	24.6	930×10^3	1.48×10^6	383×10^3	27.6	34.8	17.7	14.2×10^3
	90×90	8	10	7	1.38×10^3	10.8	25.0	1.04×10^6	1.65×10^6	428×10^3	27.4	34.6	17.6	16.0×10^3
	90×90	9	10	7	1.54×10^3	12.1	25.4	1.14×10^6	1.82×10^6	473×10^3	27.2	34.4	17.5	17.7×10^3
	90×90	10	10	7	1.70×10^3	13.3	25.7	1.25×10^6	1.99×10^6	517×10^3	27.1	34.2	17.4	19.5×10^3
	90×90	13	10	7	2.17×10^3	17.0	26.9	1.56×10^6	2.48×10^6	653×10^3	26.8	33.8	17.3	24.8×10^3
100×100	100×100	7	10	5	1.36×10^3	10.7	27.1	1.29×10^6	2.05×10^6	532×10^3	30.8	38.8	19.8	17.7×10^3
	100×100	8	10	8	1.54×10^3	12.1	27.5	1.44×10^6	2.29×10^6	594×10^3	30.6	38.6	19.7	19.9×10^3
	100×100	10	10	7	1.90×10^3	14.9	28.2	1.75×10^6	2.78×10^6	720×10^3	30.4	38.3	19.5	24.4×10^3
	100×100	13	10	7	2.43×10^3	19.1	29.4	2.20×10^6	3.48×10^6	911×10^3	30.0	37.8	19.4	31.1×10^3
120×120	120×120	8	12	5	1.88×10^3	14.7	32.4	2.58×10^6	4.10×10^6	1.06×10^6	37.1	46.7	23.8	29.5×10^3
130×130	130×130	9	12	6	2.27×10^3	17.9	35.3	3.66×10^6	5.83×10^6	1.50×10^6	40.1	50.6	25.7	38.7×10^3
	130×130	10	12	6	2.52×10^3	19.7	35.7	4.03×10^6	6.41×10^6	1.65×10^6	40.0	50.5	25.6	42.8×10^3
	130×130	12	12	8.5	2.98×10^3	23.4	36.4	4.67×10^6	7.43×10^6	1.92×10^6	39.6	50.0	25.4	49.9×10^3
	130×130	15	12	8.5	3.68×10^3	28.8	37.6	5.68×10^6	9.02×10^6	2.34×10^6	39.3	49.5	25.3	61.5×10^3
150×150	150×150	10	14	7	2.92×10^3	22.9	40.6	6.27×10^6	9.97×10^6	2.58×10^6	46.3	58.4	29.7	57.3×10^3
	150×150	12	14	7	3.48×10^3	27.3	41.4	7.40×10^6	11.8×10^6	3.04×10^6	46.1	58.2	29.6	68.1×10^3
	150×150	15	14	10	4.27×10^3	33.6	42.4	8.88×10^6	11.4×10^6	3.65×10^6	45.6	57.5	29.2	82.6×10^3
	150×150	19	14	10	5.34×10^3	41.9	44.0	10.9×10^6	17.3×10^6	4.51×10^6	45.2	56.9	29.1	103×10^3
175×175	175×175	12	15	11	4.05×10^3	31.8	47.3	11.7×10^6	18.6×10^6	4.80×10^6	53.8	67.8	34.4	91.8×10^3
	175×175	15	15	11	5.02×10^3	39.4	48.5	14.4×10^6	22.9×10^6	5.89×10^6	53.5	67.5	34.2	114×10^3
200×200	200×200	15	17	12	5.78×10^3	45.3	54.6	21.8×10^6	34.7×10^6	8.91×10^6	61.4	77.5	39.3	150×10^3
	200×200	20	17	12	7.60×10^3	59.7	56.7	28.2×10^6	44.9×10^6	11.6×10^6	60.9	76.8	39.0	197×10^3
	200×200	25	17	12	9.38×10^3	73.6	58.6	34.2×10^6	54.2×10^6	14.1×10^6	60.4	76.1	38.8	242×10^3
250×250	250×250	25	24	12	11.9×10^3	93.7	71.0	69.5×10^6	110×10^6	28.6×10^6	76.3	96.2	49.0	388×10^3
	250×250	35	24	18	16.3×10^3	128	74.5	91.1×10^6	144×10^6	37.9×10^6	74.9	94.2	48.3	519×10^3

1.3.5 ㄷ형강

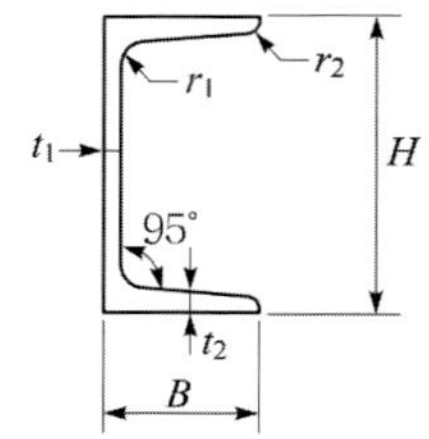

표 1.3.6 ㄷ형강의 표준치수와 단면성능

표준단면치수 (mm)					단면적 (mm^2)	단위무게 (kg/m)	중심의 위치 (mm)		단면2차모멘트 (mm^4)		단면2차반경 (mm)		단면계수 (mm^3)	
$H \times B$	t_1	t_2	r_1	r_2	A	W	C_x	C_y	I_x	I_y	r_x	r_y	S_x	S_y
75×40	5	7	8	4	882	6.92	0	12.8	753×10^3	122×10^3	29.2	11.7	20.1×10^3	4.47×10^3
100×50	5	7.5	8	4	1.19×10^3	9.36	0	15.4	1.88×10^6	260×10^3	39.7	14.8	37.6×10^3	7.52×10^3
125×65	6	8	8	4	1.71×10^3	13.4	0	19.0	4.24×10^6	618×10^3	49.8	19.0	67.8×10^3	13.4×10^3
150×75	6.5	10	10	5	2.37×10^3	18.6	0	22.8	8.61×10^6	1.17×10^6	60.3	22.2	115×10^3	22.4×10^3
200×80	7.5	11	12	6	3.13×10^3	24.6	0	22.1	19.5×10^3	1.68×10^6	78.8	23.2	195×10^3	29.1×10^3
200×90	8	13.5	14	7	3.87×10^3	30.3	0	27.4	24.9×10^3	2.77×10^6	80.2	26.8	249×10^3	44.2×10^3
250×90	9	13	14	7	4.41×10^3	34.6	0	24.0	41.8×10^3	2.94×10^6	97.4	25.8	334×10^3	44.5×10^3
300×90	9	13	14	7	4.86×10^3	38.1	0	22.2	64.4×10^3	3.09×10^6	115	25.2	429×10^3	45.7×10^3
380×100	10.5	16	18	9	6.94×10^3	54.5	0	24.1	145×10^3	5.35×10^6	145	27.8	763×10^3	70.5×10^3
380×100	13	20	24	12	8.57×10^3	67.3	0	25.4	176×10^3	6.55×10^6	143	27.6	926×10^3	87.8×10^3

1.3.6 스테인리스강판 및 강대

표 1.3.7 생산규격 및 표준규격

<table>
<tr><th rowspan="2">제품
형상</th><th colspan="2">두께</th><th colspan="2">폭</th><th colspan="2">길이</th><th rowspan="2">표면상태</th></tr>
<tr><th>공급</th><th>표준</th><th>공급</th><th>표준</th><th>공급</th><th>표준</th></tr>
<tr><td>SHEET</td><td rowspan="2">0.3mm~
0.4mm</td><td rowspan="2">0.3
0.4
0.5
0.6
0.7
0.8
0.9
1.0
1.2
0.5
2.0
2.5
3.0
3.5
4.0</td><td>500mm~
1,300mm</td><td>1M(1,000mm)
3FEET(914mm)
4FEET(1,219mm)</td><td>1M~7.5M</td><td>2M(2,000mm)
8FEET(2,438mm)
3M(3,000mm)
10FEET(3,048mm)
4M(4,000mm)</td><td rowspan="2">NO.1D
NO.2D
NO.2B
NO.4
HL
L-HL
NO.8
SUPER
MIRROR</td></tr>
<tr><td>COIL</td><td>45mm~
1,300mm</td><td>규정 없음</td><td colspan="2">COIL 단중 : 평균 1M/T~4M/T
(MAX 20M/T)
COIL 내경 : 508mm, 610mm
외경 : MAX 2,000mm
(내경 Paper Spool 삽입시
2,200mm)</td></tr>
</table>

표 1.3.8 표면상태에 의한 분류

표면광택	내용
NO.1D	열간압연 후 열처리·산 세척하여 스케일(scale)을 제거한 것. 공업용 탱크제작이나 화학공업장치 등 내식성만 중시하고 두꺼운 판재를 사용하는 경우 사용됨.
NO.2D	냉간압연 후 열처리·산 세척 또는 이에 준하는 처리를 한 것으로 광택이 요구되지 않는 제품에 사용되며 심교(deep drawing)성이 양호함
NO.2B	냉간압연 후 열처리·산 세척 또는 이에 준하는 처리를 한 후 적당한 광택을 얻을 정도로 약간의 냉간압연을 한 것. NO.2D에 비하여 광택과 표면평활도가 양호하며 일반용도에 사용되는 대표적인 냉간압연제품으로 거의 전체 용도에 사용됨
NO.4	KS L 6001(연마재입도)의 규정에 따라 150~180 메쉬(mesh)로 연마한 것으로 NO.3보다 연마상태가 미세함. 욕조, 건축내외장재, 식품설비 등 NO.3와 유사하게 사용됨
HL	NO.4제품에 적당한 입도의 연마재를 사용하여 연속된 연마 흔적이 나타나도록 한 제품으로, 연마 흔적의 연속성으로 인하여 건축내외장재로서 가장 많이 이용되며, 건축물의 새시(sash), 문, 패널 등에 다양하게 사용됨
L-HL	NO.4제품에 연속적인 미세한 연마무늬를 나타내어서 기존 HL보다 부드럽고 우아한 제품으로 컬러판 및 에칭(etching)용 기판으로 이용
NO.8	상당한 광택 및 반사기능을 가진 연마제품으로 800 메쉬 이상의 연마재로 버프(buff)를 회전시켜 연마하여 만들어짐. 반사경, 인쇄용 프레스판, 소형거울, 가구장식, 건축내외장재 등에 사용
SM	NO.8보다 훨씬 상회하는 고광택표면으로서 광택도의 기준은 유리거울에 준함

1.4 강재

1.4.1 재료의 특성 및 관련 정수

건축구조기준에서 건축구조물에 사용하는 구조용강재는 한국산업규격(KS)의 인증을 취득한 제품을 사용하도록 규정하고 있다. 현재 국내에서 건축구조용으로 사용 가능한 주요 KS강재의 재료적 특성 및 재료정수를 정리하면 다음과 같다.

(1) 일반 구조용 압연 강재 (KS D 3503)

일반 구조용 압연 강재(이하 'SS강재')는 인장강도 410, 490 및 540급 강종이 KS에 규정되어 있다. 이들 중 SS315와 SS410, SS450 강종은 탄소함유량이 높아 용접 사용을 금하고 있으며, SS275의 경우 용접과 관련한 특별한 규정사항은 없으나, 용접성능이 구조물의 거동에 중요한 영향을 미치는 구조물의 경우 탄소량 및 탄소당량 규정 등을 통하여 용접성이 개선된 강재(SHN275)의 사용이 권장된다.

표 1.4.1 일반 구조용 압연 강재의 화학성분

종류의 기호 \ 화학성분 (%)	C	Si	Mn	P	S
SS275	0.25 이하	0.45 이하	1.40 이하	0.050 이하	0.050 이하
SS315	0.28 이하	0.50 이하	1.50 이하	0.050 이하	0.050 이하
SS410	0.30 이하	0.55 이하	1.60 이하	0.040 이하	0.040 이하
SS450	0.30 이하	0.55 이하	1.60 이하	0.040 이하	0.040 이하

표 1.4.2 일반 구조용 압연 강재의 기계적 성질

종류의 기호	인장시험							
	항복점 또는 항복강도 (MPa)				인장강도 (MPa)	연신율		
	강재의 두께 (mm)					강재의 두께 (mm)	시험편	연신율 (%)
	16 이하	16 초과 40 이하	40 초과 100 이하	100 초과				
SS275	275 이상	265 이상	245 이상	235 이상	410~550	16 이하 16 초과 40 이하 40 초과	1A호 1A호 4호	18 이상 21 이상 23 이상
SS315	315 이상	305 이상	295 이상	275 이상	490~630	16 이하 16 초과 40 이하 40 초과	1A호 1A호 4호	16 이상 19 이상 21 이상
SS410	410 이상	400 이상	–	–	540 이상	16 이하 16 초과 40 이하	1A호 1A호	14 이상 17 이상
SS450	450 이상	440 이상	–	–	590 이상	5 이하 5 초과 16 이하 16 초과 40 이하	5호 1A호 1A호	14 이상 12 이상 15 이상

(2) **용접 구조용 압연 강재** (KS D 3515)

용접 구조용 압연 강재(이하 'SM강재')는 조선분야에서 개발된 강재로 SS강재에 비해 탄소량(C)을 관리하여 용접성이 개선된 강재이다.

SM강재의 경우 저온인성의 판단기준이 되는 샤르피흡수에너지(CVN)에 따라 4종류의 규격이 있으며, 그중 A재는 20℃에서 27J, B재는 0℃에서 27J 이상, C재는 −20℃에서 27J 이상, D재는 −40℃에서 27J 이상으로 규정되어 있다(표 1.4.4 참조, SM460B의 경우 0℃에서 47J이상).

표 1.4.3 용접 구조용 압연 강재의 화학성분

종류의 기호 \ 화학성분 (%)		C		Si	Mn	P	S
		50mm 이하	50mm 초과				
SM275	A	0.23 이하	0.25 이하	–	2.5×C 이상	0.035 이하	0.035 이하
	B	0.20 이하	0.22 이하	0.35 이하	0.5~1.40	0.030 이하	0.030 이하
	C	0.18 이하	0.20 이하	0.35 이하	1.40 이하	0.025 이하	0.025 이하
	D	0.18 이하	0.20 이하	0.35 이하	1.40 이하	0.020 이하	0.020 이하
SM355	A	0.20 이하	0.22 이하	0.55 이하	1.60 이하	0.035 이하	0.035 이하
	B	0.18 이하	0.20 이하	0.55 이하	1.60 이하	0.030 이하	0.030 이하
	C	0.18 이하	0.20 이하	0.55 이하	1.60 이하	0.025 이하	0.025 이하
	D	0.18 이하	0.20 이하	0.55 이하	1.60 이하	0.020 이하	0.020 이하
SM420	A	0.20 이하	0.22 이하	0.55 이하	1.60 이하	0.035 이하	0.035 이하
	B	0.20 이하	0.22 이하	0.55 이하	1.60 이하	0.030 이하	0.030 이하
	C	0.18 이하	0.20 이하	0.55 이하	1.60 이하	0.025 이하	0.025 이하
	D	0.18 이하	0.20 이하	0.55 이하	1.60 이하	0.020 이하	0.020 이하
SM460	B	0.18 이하	0.20 이하	0.55 이하	1.70 이하	0.030 이하	0.030 이하
	C	0.18 이하	0.20 이하	0.55 이하	1.70 이하	0.025 이하	0.025 이하

표 1.4.4 용접 구조용 압연 강재의 기계적 성질

종류의 기호	인장시험								충격시험		
	항복점 또는 항복강도 (MPa)				인장강도 (MPa)	연신율			기호	시험 온도 (℃)	샤르피 흡수 에너지 (J)
	강재의 두께 (mm)					강재의 두께 (mm)	시험편	연신율 (%)			
	16 이하	16 초과 40 이하	40 초과 75 이하	75 초과 100 이하							
SM275	275 이상	265 이상	255 이상	245 이상	410~550	16 이하 16 초과~40 이하 40 초과	1A호 1A호 4호	18 이상 22 이상 24 이상	A B C	20 0 −20	27 이상 27 이상 27 이상
SM355	355 이상	345 이상	335 이상	325 이상	490~630	16 이하 16 초과~40 이하 40 초과	1A호 1A호 4호	17 이상 21 이상 23 이상	A B C	20 0 −20	27 이상 27 이상 27 이상
SM420	420 이상	410 이상	400 이상	390 이상	520~700	16 이하 16 초과~40 이하 40 초과	1A호 1A호 4호	15 이상 19 이상 21 이상	B C	0 −20	27 이상 27 이상
SM460	460 이상	450 이상	430 이상	420 이상	570~720	16 이하 16 초과~40 이하 40 초과	5호 1A호 4호	19 이상 17 이상 20 이상	B C	0 −20	47 이상 27 이상

(3) 건축 구조용 열간 압연 형강 (KS D 3866)

건축 구조용 열간 압연 형강(이하 'SHN강재')은 건축구조전용 형강 규격이며, 화학성분의 첨가원소와 Mn/S비, 항복강도의 상·하한치, 항복비, 탄소당량, 충격흡수에너지값을 엄격하게 제한하여 내진성능이 향상된 강재이다. 이러한 SHN강종의 우수한 구조적 성능으로 인하여 강구조물의 내진설계 시 그 적용이 적극 권장되고 있으며, 건축구조기준에서 특정 지진력저항시스템에서는 그 적용이 의무화되어 있다. SHN강종의 특성을 요약하면 다음과 같다.

① 항복강도의 상·하한값 동시 규정

기존의 대부분 강종(SS재, SM재)은 강도의 하한값만을 규정해왔다. 하지만 설계기준항복강도 F_y와 실제 강재의 항복강도 차이가 클 경우 정확한 붕괴메커니즘의 예측이 어렵게 되므로 SHN강종은 항복강도의 상한값과 하한값을 동시에 규정하여 항복강도의 범위를 한정하고, 이를 통해 설계강도와 관련한 신뢰성을 향상시켰다.

② 항복비 상한값 규정

항복비는 항복강도와 인장강도의 비를 나타내는 수치로써 일반적으로 구조물의 소성변형능력과 깊은 관련이 있다. AISC Seismic Provisions for Structural Steel Buildings(ANSI/AISC 341-16)의 해설편에서는 내진설계를 위한 W-Shape(국내의 H형강)의 선택시 항복비 0.85 이하의 강종 선택을 권장하고 있다. SHN강종은 항복비 0.85 이하를 규정하고 있어 구조물의 소성변형능력 향상에 기여할 수 있다.

③ 탄소당량 상한값 규정

강재의 용접성을 나타내는 지표로 탄소(C) 함유량이 주로 언급되어왔다. 하지만 탄소 이외의 화학성분들도 용접성능, 특히 용접경화에 영향을 미치게 된다. 따라서 탄소 이외의 성분의 영향을 고려하기 위해 이들의 영향을 탄소량으로 치환한 표기법이 탄소당량이며, SHN강종은 이를 규제하여 SM강종에 비해 우수한 용접성을 기대할 수 있다.

표 1.4.5 건축 구조용 열간 압연 형강의 화학성분

종류의 기호	적용두께 (mm)	화학성분 (단위 : %)												탄소당량 C_{eq} (%)
		C	Si	Mn	P	S	Cu	Ni	Cr	Mo	V	Nb	Mn/S	
SHN275	75 이하	0.20 이하	0.40 이하	C×2.5 이상	0.035 이하	0.030 이하	0.60 이하	0.45 이하	0.35 이하	0.15 이하	-	-	20 이상	0.40 이하
SHN355	75 이하	0.20 이하	0.40 이하	0.5~1.5	0.035 이하	0.030 이하	0.60 이하	0.45 이하	0.35 이하	0.15 이하	0.11 이하	0.05 이하	20 이상	0.45 이하
SHN420	75 이하	0.20 이하	0.40 이하	0.5~1.5	0.035 이하	0.030 이하	0.60 이하	0.45 이하	0.35 이하	0.15 이하	0.11 이하	0.05 이하	20 이상	0.45 이하
SHN460	75 이하	0.20 이하	0.40 이하	1.0~1.6	0.035 이하	0.030 이하	0.60 이하	0.45 이하	0.35 이하	0.15 이하	0.11 이하	0.05 이하	20 이상	0.45 이하

표 1.4.6 건축 구조용 열간 압연 형강의 기계적 특성

<table>
<tr><th rowspan="3">종류의 기호</th><th rowspan="3">적용두께
(mm)</th><th colspan="5">기계적 성질
(75mm 이하)</th><th colspan="3">충격시험</th></tr>
<tr><th rowspan="2">항복점 또는
항복강도
(MPa)</th><th rowspan="2">인장강도
(MPa)</th><th rowspan="2">항복비
(%)</th><th colspan="2">연신율
(%)</th><th rowspan="2">시험온도
(℃)</th><th rowspan="2">샤르피 흡수
에너지 (J)</th><th rowspan="2">시험편</th></tr>
<tr><th>두께 40mm이하
(1A호 시험편)</th><th>두께 40mm초과
(4호 시험편)</th></tr>
<tr><td>SHN275</td><td>75 이하</td><td>275–395</td><td>410–520</td><td>85 이하</td><td>21 이상</td><td>24 이상</td><td>0</td><td>27 이상</td><td rowspan="4">V노치
압연방향</td></tr>
<tr><td>SHN355</td><td>75 이하</td><td>355–475</td><td>490~610</td><td>85 이하</td><td>21 이상</td><td>23 이상</td><td>0</td><td>27 이상</td></tr>
<tr><td>SHN420</td><td>75 이하</td><td>420~540</td><td>520~640</td><td>85 이하</td><td>19 이상</td><td>22 이상</td><td>–5</td><td>47 이상</td></tr>
<tr><td>SHN460</td><td>75 이하</td><td>460 이상</td><td>570~720</td><td>85 이하</td><td>17 이상</td><td>20 이상</td><td>–5</td><td>47 이상</td></tr>
</table>

④ 샤르피흡수에너지 최솟값 규정

샤르피흡수에너지가 보증된 강재는 인성(toughness)이 향상된 강재로서 강재의 에너지흡수능력면에서 안정된 결과를 나타낸다. SHN강종은 기본적으로 SM강종 B급의 흡수에너지(0℃에서 27J)를 보증하며(단, SHN420, SHN460은 –5℃에서 47J), 따라서 인성측면에서도 신뢰할 수 있는 성능을 나타낸다.

1.4.2 강재의 설계기준강도 및 재료정수

강구조설계의 기준이 되는 KDS 41 31 00 건축물 강구조 설계기준에서는 기존의 KS 재료강도 규격과 상이한 설계기준강도 산정의 불합리한 점이 확인되어, 설계기준강도 산정기준을 명확하게 하기 위해 각 강종별 플랜지 두께 16~40mm의 KS강도를 기준으로 설계기준강도가 결정되었다.

상기의 사항을 기반으로 설정한 설계기준강도는 다음과 같다.

표 1.4.7 주요 구조용 강재의 재료강도(MPa) : 기준표 3.3–1

<table>
<tr><th>강도</th><th>강재 기호 / 판 두께</th><th>SS275</th><th>SM275
SMA275</th><th>SM355
SMA355</th><th>SM420</th><th>SM460</th><th>SN275</th><th>SN355</th><th>SHN275</th><th>SHN355</th></tr>
<tr><td rowspan="4">F_y</td><td>16mm 이하</td><td>275</td><td>275</td><td>355</td><td>420</td><td>460</td><td rowspan="2">275</td><td rowspan="2">355</td><td rowspan="3">275</td><td rowspan="3">355</td></tr>
<tr><td>16mm 초과
40mm 이하</td><td>265</td><td>265</td><td>345</td><td>410</td><td>450</td></tr>
<tr><td>40mm 초과
75mm 이하</td><td rowspan="2">245</td><td>255</td><td>335</td><td>400</td><td>430</td><td rowspan="2">255</td><td rowspan="2">335</td></tr>
<tr><td>75mm 초과
100mm 이하</td><td>245</td><td>325</td><td>390</td><td>420</td><td>–</td><td>–</td></tr>
<tr><td rowspan="2">F_u</td><td>75mm 이하</td><td rowspan="2">410</td><td rowspan="2">410</td><td rowspan="2">490</td><td rowspan="2">520</td><td rowspan="2">570</td><td rowspan="2">410</td><td rowspan="2">490</td><td>410</td><td>490</td></tr>
<tr><td>75mm 초과
100mm 이하</td><td>–</td><td>–</td></tr>
</table>

설계기준강도 이외에 강구조설계에 사용되는 구조용강재의 재료정수는 다음과 같다.

표 1.4.8 강재의 재료정수 : 기준표 3.4-1

정 수 / 재 료	탄성계수 E (MPa)	전단탄성계수 G (MPa)	푸아송비 ν	선팽창계수 α (1/℃)
강 재	210×10^3	81×10^3	0.3	12×10^{-6}

표 1.4.9 고장력볼트 및 볼트의 재료강도(MPa) : 기준표 3.3-5, 3.3-6

볼트등급 / 최소강도	F8T	F10T	F13T[1)]	4.6[2)]
F_y	640	900	1,170	240
F_u	800	1,000	1,300	400

주 1) KS B 1010에 의하여 수소지연파괴민감도에 대하여 합격된 시험성적표가 첨부된 제품에 한하여 사용하여야 한다.
2) KS B 1002에 따른 강도 구분

1.4.3 볼트, 스터드 및 용접의 강도

표 1.4.10 볼트의 공칭강도(MPa) : 기준표 4.7-8

강도 \ 볼트등급		고장력볼트			일반볼트
		F8T	F10T	F13T[1]	4.6[2]
공칭인장강도 F_{nt}		600	750	975	300
지압접합의 공칭전단강도 F_{nv}	나사부가 전단면에 포함되는 경우	320	400	520	160
	나사부가 전단면에 포함되지 않을 경우	400	500	650	

주 1) KS B 1010에 의하여 수소지연파괴민감도에 대하여 합격된 시험성적표가 첨부된 제품에 한하여 사용하여야 한다.
2) KS B 1002에 따른 강도 구분

표 1.4.11 스터드의 강도 : KS B 1062(2014)

강도 기호	항복점 또는 항복강도 (MPa)	인장 강도 (MPa)	연신율 (%)
HS1	235	400~550	20 이상
HS2	350	500-650	17 이상

표 1.4.12 스터드의 모양·치수와 용접부 인장시험하중 : KS B 1062(2014)

호칭직경 d (mm)			13	16	19	22
머리[1]지름 D (mm)			22	29	32	35
호칭길이[2] l (mm)			80, 100, 120		80, 100, 130, 150	
인장하중[3] (kN)	HS1	최소	53.1	80.4	113	152
		최대	73.0	111	156	209
	HS2	최소	66.4	101	142	190
		최대	86.3	131	184	247

주 1) 최소머리두께 T는 모두 10mm임.
2) 호칭길이 l는 용접 후 마무리길이의 목표값임.
3) 인장하중은 스터드공칭단면적에 인장강도의 최소값 또는 최대값을 곱한 값임.
4) 머리지름 D 와 호칭직경 d 사이 목 밑의 둥글기(필렛반경)은 모두 $r \geq 2\mathrm{mm}$임.
5) 스터드의 호칭 ; 호칭직경 d×호칭길이 l

제1장

국가기술표준원(2010), KS B 1010 마찰 접합용 고장력 6각 볼트·6각 너트·평 와셔의 세트

국가기술표준원(2020), KS B 1062 머리붙이 스터드

국가기술표준원(2021), KS D 3502 열간 압연 형강의 모양·치수·무게 및 그 허용차

국가기술표준원(2018), KS D 3503 일반구조용압연강재

국가기술표준원(2018), KS D 3515 용접구조용압연강재

국가기술표준원(2019), KS D 3866 건축구조용열간압연형강

국토해양부(2009), 건축구조기준 및 해설(KBC2009), 대한건축학회, 기문당

대한건축학회(2016), 건축구조기준 제7장 강구조(KBC), 한국강구조학회

국가건설기준센터(2019), KCS 14 31 00:2019 강구조공사 표준시방서

국가건설기준센터(2019), KDS 41 31 00:2019 건축물 강구조 설계기준

국토교통부(2014), 하중저항계수설계법에 의한 강구조설계기준, 한국강구조학회

국토교통부(2013. 7), 건축공사표준시방서(제6장 강구조공사), 대한건축학회

국토해양부(2012), 강구조공사 표준시방서, 한국강구조학회

한국건축구조기술사회(2012), H형강구조설계매뉴얼(해설 및 예제), 기문당

한국강구조학회(2018), 건축강구조 표준접합상세지침(2차 개정판), 한국강구조학회, 한국건축구조기술사회, 도서출판 기문사

최선규(2012), 건축강구조 표준접합상세지침의 권장접합상세, 한국강구조학회 2012년 학술대회발표집

최선규(2014), KS ㄱ형강의 단면특성과 표준단면의 추가에 대한 연구, 한국강구조학회 2014년 학술대회발표집

최선규, 정석재, 김태진(2014), 개정되는 KBC를 반영한 H형강구조 접합부매뉴얼, 한국강구조학회 2014년 학술대회발표집

최선규(2014), 강구조접합부(접합, 절점 및 파스너), 한국강구조학회 2014년 강재이용기술발표회 자료집

최선규(2014), 건축강구조 및 강재의 특성, 한국시설안전공단 2014년 정밀안전진단기술자교육 건축반자료집(Ⅲ)

최선규(2014), 강구조기준 및 시방서(접합부 품질관리), 한국시설안전공단 2014년 정밀안전진단기술자교육 건축반자료집(Ⅱ)

한국철강협회(2017), 건설용 철강재 KS개정 안내

한국건축구조기술사회(2016), KBC2016 H형강접합부설계매뉴얼, 도서출판 구미서관

최준식, 최선규, 이철호(2019), 건설구조용 H형강 규격 확대, 한국건축구조기술사회지 2019.7-8월호

AWS D1.1/D1.1M:2015 Structural Welding Code-Steel, American Welding Society

AWS D1.8/D1.8M:2016 Structural Welding Code-Seismic Supplement, American Welding Society

02
CHAPTER

접합재 및 접합요소

2.1 볼트

2.2 용접부

2.3 접합요소

2.4 도움표

제2장 참고문헌

02 CHAPTER 접합재 및 접합요소

이 장에는 강구조에 적용하는 볼트, 용접부 및 접합요소에 대한 설계방법, 설계도움표, 상세설계도움표 및 설계예제들이 포함되어 있다. 2.1절에는 볼트, 2.2절에는 용접부 그리고 2.3절에서는 접합요소에 대한 설계를 다루고 있다.

2.1 볼트

2.1.1 개요

이 절에서는 강재와 강재 사이의 접합에 사용하는 볼트에 대한 「건축물 강구조 설계기준 KDS 41 31 00 : 2019」(이하 기준)의 요구사항과 설계에서 고려해야 하는 기타 사항을 정리하였다. 기준에서 별도로 규정하지 않은 사항은 한국강구조학회의 「강구조 고력볼트 접합부의 설계 및 시방규정 개선을 위한 기초연구(안)」에 포함된 「고력볼트 접합부 설계규준 및 시방서 개선안」(이하 개선안)과 AISC의 "Steel Construction Manual"을 참조하였다. 볼트는 일반볼트와 고장력볼트로 구분되며 본 설계예제집에서 언급하는 볼트는 고장력볼트를 의미한다. 볼트설계를 위한 추가의 참고 자료로는 "AISC Design Guide 17. High Strength Bolts-A Primer for Structural Engineers, Kulak, 2002"와 Research Council on Structural Connections(RCSC)의 "Specification for Structural Joints Using High-Strength Bolts" 등이 있다. 반응수정계수가 3을 초과하는 내진구조물의 볼트접합은 기준의 강구조 내진규정을 적용하여야 하며 이는 제4장에 정리하였다.

2.1.2 볼트접합에 대한 일반 요구사항

(1) 볼트접합의 구성품

기준 「3.1.2 접합재료」에서는 볼트와 고장력볼트, 너트, 와셔 등의 구성품은 한국산업규격(Korean Industrial Standards, 이하 KS)에 적합한 것을 사용하도록 규정하고 있다. 이 중에서 강구조 접합부에 사용하여야 하는 고장력볼트의 부품은 6각 볼트, 6각 너트, 2개의 평 와셔로 구성되는데 이들의 종류 및 등급에 따른 기계적 성질, 표면처리, 모양 및 치수 등은 KS B 1010에 적합하여야 한다. 볼트의 머리에는 기계적 성질에 따른 등급을 나타내는 표시(F8T, F10T, F13T)가 있고, 너트의 윗면에는 등급을 나타내는 표시기호가 있으나, 와셔에는 등급을 나타내는 기호를 표시하지 않는다. 볼트의 등급과는 무관하게 일반적으로 선호하는 볼트는 M20, M22, M24 등이다. M24보다 큰 볼트는 재고가 있는지도 알아보아야 하지만 인장조임이 필요한 경우에는 조임 작업의 가능성에 대한 고려도 하여야 한다. 지름이 큰 볼트를 조이기 위해서는 특수 장비가 필요할 수도 있기 때문이다.

(2) 볼트길이의 선정

적절하게 조인 볼트는 볼트의 끝 면이 적어도 너트 면과 일치하거나 너트 면 밖으로 돌출하도록 여유길이를 가져야 한다. 이와 같이 되도록 고장력볼트를 설치하기 위해서는 볼트의 길이를 다음과 같이 계산하여 선정한다. 그림 2.1.1에 표시된 조임두께에, 인장표시기를 사용할 때에는 그 두께를 더하고 이 값에 와셔의 개수(양면와셔, 편면와셔)에 따라 〈도움표 2.1.14〉에 표기한 값을 더하여 소요 볼트길이를 계산한다. 이 때 KS B 1010에서는 볼트길이를 5mm 단위로 정하고 있으므로 산정한 볼트길이를 5mm 단위에 맞추어 올리거나 내림하여 볼트길이를 선정하여야 한다. 또한, 볼트길이를 너무 길게 선정하여 너트가 나사산의 경계에 물려서 걸리게 되면 조임이 불가능하므로 주의하여야 한다. KS에서 정한 볼트의 최대길이(mm)는 M16;120, M20;140, M22;160, M24;180, M27;200, M30;220이다.

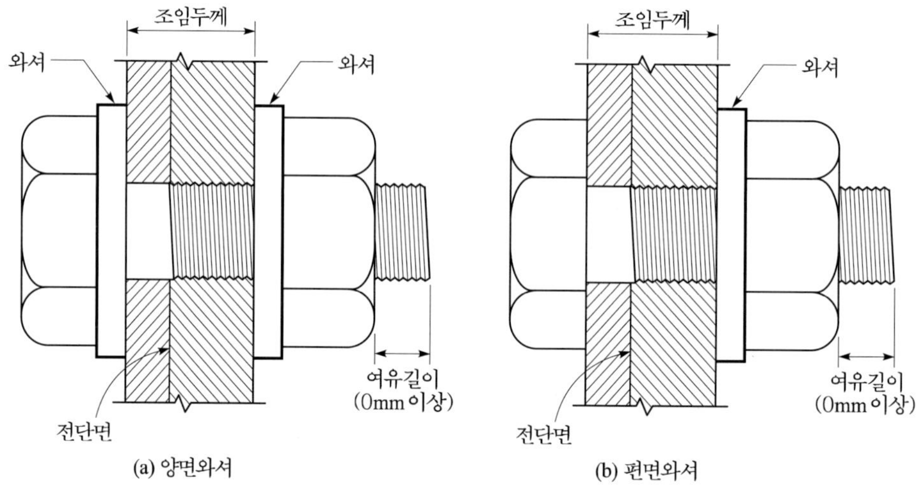

그림 2.1.1 볼트길이 선정을 위한 조임두께와 기타 요소

주 : 조임두께(grip) ; 와셔나 직접인장표시기를 제외한 볼트로 관통되는 접합부의 총 두께

(3) 와셔에 대한 요구사항

KS B 1010에 마찰 접합용 고장력 6각 볼트, 6각 너트 그리고 평와셔에 대한 요구사항이 수록되어 있다. KS B24와 KS B26에는 원형평와셔와 스프링와셔에 대한 요구사항이 각각 수록되어 있다. 와셔의 사용에 대한 제반 요구사항은 개선안 「6. 와셔의 사용」을 참조할 수 있다.

(4) 너트에 대한 요구사항

KS B 1012에는 육각너트에 대한 요구사항이 수록되어 있다.

(5) 볼트 접합부

접합층, 접합면, 볼트구멍에 대한 요구사항과 볼트 간격과 연단거리에 대한 요구사항은 기준에 규정되어 있다.

2.1.3 고장력볼트의 접합유형

고장력볼트를 사용하는 접합부의 유형에는 밀착조임접합(snug-tightened joint), 전인장조임접합(pretensioned joint), 마찰접합(미끄럼방지접합)(slip-critical joint)이 있다. 책임구조기술자는 이러한 접합부의 유형을 적절하게 선정하여 설계도서에 명기하여야 한다. 또한 설계는 시공공정을 고려해야하므로 볼트의 이음 혹은 접합부의 미끄러에 의해 소음이 발생할 수 있다는 점을 고려해야 한다. 소음 발생을 방지해야 하는 경우에는 고장력볼트 표준볼트 장력으로 체결력을 관리하는 것을 권장한다.

(1) 밀착조임접합

밀착조임접합은 접합판이 완전히 밀착되도록 단순히 임팩트렌치로 수 회 또는 일반렌치로 최대로 조인 접합상태를 말한다. 밀착조임접합은 설계, 시공, 검사가 단순하므로 전인장조임접합 또는 마찰접합이 요구되지 않는 경우에는 밀착조임접합으로 설계하는 것이 경제적이다. 개선안 「4.1 밀착조임접합」에 밀착조임접합의 사용적합성, 설계요구사항, 설치요구사항, 검사요구사항이 규정되어 있다. 밀착조임접합부의 전단설계강도는 지압한계상태의 강도만 검토하면 되기 때문에 접합면은 개선안 「3.2 접합면」 및 「3.2.1 밀착조임접합 및 프리텐션접합」의 요구조건에 적합하여야 하지만, 개선안 「3.2.2 미끄럼한계접합」의 마찰접합에 대한 요구조건은 적용할 필요가 없다. 또한 밀착조임접합에서는 볼트장력에 대한 구체적인 요구사항이 없으므로 이에 대한 검사 또한 필요하지 않다.

(2) 전인장조임접합

전인장조임접합은 마찰접합과 마찬가지로 기준에서 규정한 고장력볼트의 설계볼트장력으로 볼트를 조여야 하지만 미끄럼한계상태의 강도는 검토할 필요가 없는 접합유형이다. 개선안 「4.2 프리텐션접합」에 전인장조임접합의 사용적합성, 설계요구사항, 설치요구사항, 검사요구사항이 규정되어 있다. 전인장조임접합부의 전단설계강도는 밀착조임접합과 마찬가지로 지압한계상태의 강도만 검토하면 되기 때문에 개선안 「3.2 접합면」 및 「3.2.1 밀착조임접합 및 프리텐션접합」의 요구조건에 적합하여야 하지만, 개선안 「3.2.2 미끄럼한계접합」의 마찰접합에 대한 요구조건은 적용할 필요가 없다. 개선안 「4.2 프리텐션접합」에 따르면 다음 조건의 접합부는 전인장조임접합(프리텐션접합)으로 하여야 한다.

(1) 기준이나 시방서에서 볼트의 전인장조임을 요구하는 접합
(2) 상당한 반복하중을 받는 접합
(3) 하중의 역전이 없이 피로하중을 받는 접합
(4) 인장피로를 받는 접합
(5) 피로하중의 유무와는 상관없이 인장력 또는 전단과 인장의 조합력을 받는 접합

또한, 기준 「4.7.1.9 볼트와 용접접합의 제한」에서는 다음의 접합에 대해서는 용접접합, 마찰접합 또는 전인장조임을 적용하도록 규정하고 있다.

(1) 높이가 38m 이상 되는 다층구조물의 기둥이음부
(2) 높이가 38m 이상 되는 구조물에서, 모든 보와 기둥의 접합부 그리고 기둥에 횡지지를 제공하는 기타의 모든 보의 접합부
(3) 용량 50kN 이상의 크레인구조물 중 지붕트러스이음, 기둥과 트러스접합, 기둥이음, 기둥횡지지가새, 크레인지지부
(4) 기계류 지지부 접합부 또는 충격이나 하중의 반전을 일으키는 활하중을 지지하는 접합부

(3) 마찰접합(미끄럼한계접합)

마찰접합(미끄럼한계접합)은 기준에서 규정한 고장력볼트의 설계볼트장력으로 볼트를 조임하고 지압한계상태의 강도뿐만 아니라 미끄럼한계상태의 강도도 검토하여야하는 접합유형이다.

개선안 「4.3 미끄럼한계접합」에 마찰접합의 사용적합성, 설계요구사항, 설치요구사항 및 검사 요구사항이 규정되어 있다. 마찰접합부의 전단설계강도는 미끄럼한계상태의 강도도 검토하여야 되기 때문에 접합면은 개선안 「3.2.2 미끄럼한계접합」의 요구사항을 충족하여야 한다. 개선안에서는 접합면을 "하나의 이음부에서 2개의 판이 만나는 접촉면"으로

정의하고 있으므로 볼트머리, 와셔, 너트의 하부 면은 접합면이 아니라는 점을 유의하여야 한다. 마찰접합은 접합면의 처리 비용 때문에 다른 접합유형에 비하여 많은 비용이 소요되므로 꼭 필요한 접합부에만 사용하여야 한다. 강재의 표면을 도장하여야하는 경우에는 필요한 미끄럼저항을 확보할 수 있는 가장 경제적인 방법을 찾아야할 것이다. 미끄럼저항용 특수도장을 사용할 수도 있고 접합면만 가리고 일반도장을 하는 방법도 있다.

개선안 「4.3 미끄럼한계접합」에 따르면 전단력 또는 전단과 인장의 조합력을 포함하는 다음과 같은 경우에는 미끄럼한계접합으로 하여야 한다.

(1) 하중의 반전을 수반하는 피로하중을 받는 접합
(2) 대형볼트구멍을 사용하는 접합
(3) 슬롯의 길이방향에 직각으로(80° ~ 100°) 하중이 작용하는 경우를 제외한 슬롯구멍으로 된 볼트접합
(4) 접합면에서의 미끄러짐이 구조물의 성능에 유해한 영향을 줄 수 있는 접합

이러한 조건은 건물에서는 매우 드물게 나타나므로 마찰접합은 일반적인 건물에서는 거의 적용할 필요가 없음을 알 수 있다. 책임구조기술자는 전단력 또는 전단과 인장의 조합력을 받는 접합부에 대해서는 밀착조임접합, 전인장조임접합 또는 마찰접합 중에서 적절한 접합형식을, 인장력만 받는 접합부에 대해서는 밀착조임접합 또는 전인장조임접합 중에서 적절한 접합 형식을 선정하여 설계도서에 명기해야 한다. 개선안의 제반 규정에 따른 3가지 접합형식의 적용조건과 요구사항을 표 2.1.1에 요약하여 정리하였다.

표 2.1.1 볼트의 접합형식에 대한 적용조건 및 요구사항 (개선안 표 4.1)

작용하중	적용	접합 형식[a,b]	접합면 처리여부	설치에 관한 절	검사에 관한 절	10장에 따른 조정 필요 여부
전단력만 작용	전단과 지압에 의한 전단력 저항.	ST	X	8.1	9.1	X
	전단과 지압에 의한 전단력 저항. 미끄럼방지 이외의 이유로 인한 볼트 프리텐션이 요구됨.	PT	X	8.2	9.2	X
	접합면의 마찰에 의한 전단력 저항이 요구됨.	SC	O[d]	8.2	9.3	O
전단과 인장의 조합력	전단과 지압에 의해 조합력에 저항. 인장력은 정적하중인 경우만 적용.[c]	ST	X	8.1	9.1	X
	전단과 지압에 의해 조합력에 저항. 미끄럼 방지 이외의 이유로 인한 볼트 프리텐션이 요구됨.	PT	X	8.2	9.2	O
	접합면의 마찰에 의한 전단력 저항이 요구됨.	SC	O[d]	8.2	9.3	O
인장력만 작용	정하중만 적용.[c]	ST	X	8.1	9.1	X
	다른 조건의 인장력.	PT	X	8.2	9.2	O

[a] 접합 형식 : ST=밀착조임, PT=프리텐션, SC=미끄럼한계 (제4장 참조)
[b] 각 접합 형식에 대한 설계 요구사항은 제4장 및 제5장 참조.
[c] 4.2절의 규정에 따라 밀착조임접합은 인장력이 작용하는 접합에 사용을 금함.
[d] 3.2.2 참조

2.1.4 설계요구사항

볼트에 관한 설계요구사항은 다음과 같이 기준에서 규정하고 있다. 이 규정에 따라 산정한 설계강도는 소요강도 이상이어야 한다.

(1) 전단
전단에 대한 설계강도는 기준 「4.7.3.3 볼트의 인장강도와 전단강도」에 따라 산정하며, 필요하면 개선안 「5.1 설계전단강도 및 설계인장강도」를 참고한다. 이 때 끼움재 또는 쐐기가 있으면 기준 「4.7.5 끼움재」에 따라 전단강도를 감소하여야 한다. 또한, 기준 「4.7.3.3 볼트의 인장강도와 전단강도」의 해설에서는 볼트접합부의 길이가 1.2m를 초과하면 볼트의 전단강도를 20% 감소하라고 되어 있다.

(2) 인장
인장에 대한 설계강도는 기준 「4.7.3.3 볼트의 인장강도와 전단강도」에 따라 산정하며, 필요하면 개선안 「5.1 설계전단강도 및 설계인장강도」를 참고한다. 이 때 지레작용이 발생하면 그 효과를 고려하여야 한다. 지레작용은 볼트에 인장력이 작용할 때 접합재의 변형으로 인하여 볼트의 인장력이 증가되는 현상으로 볼트접합부에서만 발생한다. 지레작용 효과는 볼트설계와 관련한 것이지만, 그 효과는 주로 접합재의 강도와 강성의 영향을 받는다. 지레작용에 대해서는 2.3절에서 상세히 다룬다.

(3) 인장과 전단의 조합
인장과 전단의 조합에 대한 설계강도는 기준 「4.7.3.4 지압접합에서 인장과 전단의 조합」, 「4.7.3.7 마찰접합에서 인장과 전단의 조합」에 따라 산정한다. 또한, 개선안 「5.2 전단과 인장의 조합력」을 참고할 수 있다.

(4) 볼트구멍의 지압강도
볼트구멍의 설계지압강도는 기준 「4.7.3.5 볼트구멍의 지압강도」에 따라 산정한다.

(5) 미끄럼강도
마찰접합의 설계미끄럼강도는 기준 「4.7.3.6 고장력볼트의 미끄럼강도」에 따라 산정한다.

2.1.5 편심하중을 받는 볼트군

2.1.5.1 접합면내 편심

접합면의 면내에 편심이 생길 경우에는 모든 볼트는 직접전단력 P_u와 편심모멘트 $P_u e$에 의한 추가의 전단력을 조합한 효과에 저항하도록 설계하여야 한다. 이러한 유형의 편심모멘트에 대한 해석방법에는 소성회전중심법(instantaneous center of rotation method)과 탄성법(elastic method)의 2가지가 있다. 소성회전중심법이 보다 정확하기는 하지만 일반적으로 도표의 값을 사용하거나 반복해석을 통한 해법이 필요하다. 탄성법은 해법이 단순한 반면에 볼트군의 연성과 전단력의 재분배 가능성을 무시하기 때문에 지나치게 안전 측의 설계가 된다.

이러한 해석방법에 대해서는 기준에서는 별도로 규정하고 있지 않으므로, AISC의 Steel Construction Manual에서 소개하고 있는 2가지 해석방법을 적용하여 편심하중을 받는 볼트군을 설계할 수 있다.

(1) 소성회전중심법

편심하중은 접합재 사이에 회전과 이동을 동시에 발생시킨다. 이와 같은 회전과 이동의 복합작용은 그림 2.1.2(a)에 표시한 특정한 점을 중심으로 회전하는 효과와 동일한데, 이 점을 소성회전중심(IC)이라고 부른다. 소성회전중심의 위치는 볼트군의 배열 형상, 하중의 작용점, 작용방향에 따라서 결정된다.

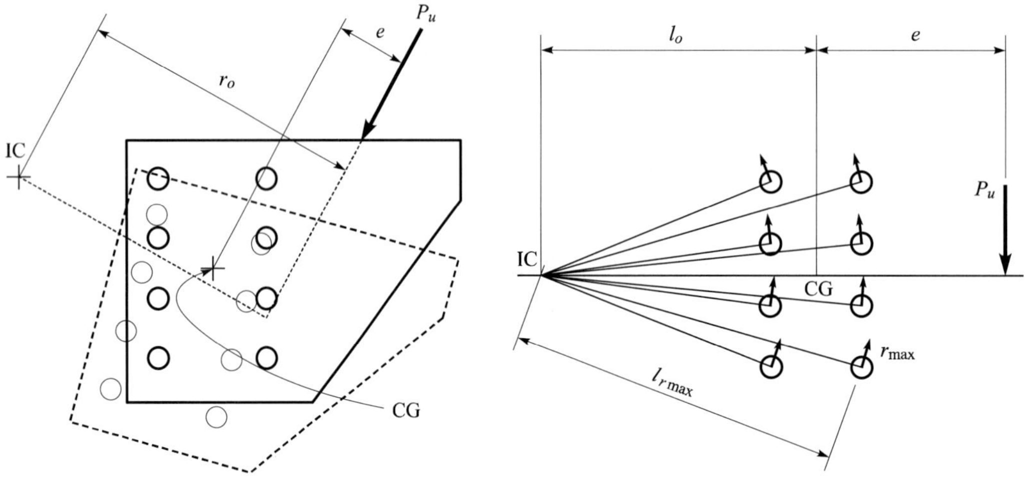

(a) 소성회전중심(IC)　　(b) 볼트군에 작용하는 힘(하중각도=0°)

그림 2.1.2 소성회전중심법

1개의 볼트에 대한 하중-변형 관계는 그림 2.1.3과 같으며 식 (2.1.1)로 표현된다.

$$R = R_{ult}(1 - e^{-10\Delta})^{0.55} \qquad (2.1.1)$$

여기서, R : 변형 Δ에 대한 볼트 1개의 공칭전단강도, kips

R_{ult} : 볼트 1개의 극한전단강도, kips

Δ : 볼트의 전단변형, 지압변형, 휨변형과 접합재의 지압변형을 포함한 총변형, in.

e : 2.718⋯, 자연대수의 밑

소성회전중심으로부터 가장 먼 볼트의 공칭전단강도는 그 볼트에 최대변형 Δ_{max}을 적용하여 산정할 수 있다. 그림 2.1.3의 하중-변형 관계도는 R_{ult} =74kips와 Δ_{max} =0.34in.인 직경 3/4in.의 ASTM A325볼트에 대한 실험으로부터 얻은 자료에 근거한 것이다.

볼트군 내의 나머지 볼트들에 대한 공칭전단강도는 소성회전중심으로부터의 거리에 비례하는 변형 Δ를 구하여 식 (2.1.1)에 따라 산정한다. 이 때 각 볼트 저항은 그림 2.1.2(b)와 같이 소성회전중심과 각 볼트의 중심을 통과하는 선에 직각으로 작용하는 것으로 가정한다. 그 다음에, 각 볼트의 공칭전단강도의 합력을 구하면 볼트군 전체의 전단강도가 된다. 만일 소성회전중심의 위치를 올바르게 선정한다면 3개의 정역학적 평형식($\Sigma F_x = 0$, $\Sigma F_y = 0$, $\Sigma M = 0$)이 성립할 것이다.

이 외의 자료들은 Crawford and Kulak(1971)의 문헌을 참고한다.

SI단위를 적용할 경우에는 식(2.1.1a)를 이용한다(그림 2.1.3a참조).

$$R = R_{ult}(1 - e^{-0.3937\Delta})^{0.55} \tag{2.1.1a}$$

여기서, R : 변형 Δ에 대한 볼트 1개의 공칭전단강도, N

R_{ult} : 볼트 1개의 극한전단강도, N

Δ : 볼트의 전단변형, 지압변형, 휨변형과 접합재의 지압변형을 포함한 총변형, mm

Δ_{max} : 8.636 mm

e : 2.718⋯, 자연대수의 밑

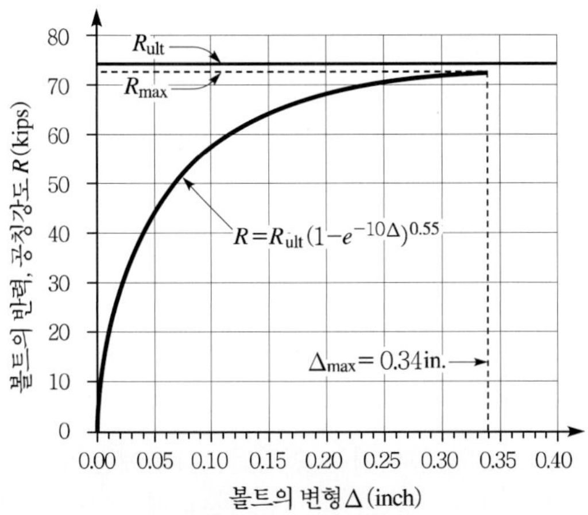

그림 2.1.3 볼트의 하중-변형 관계도

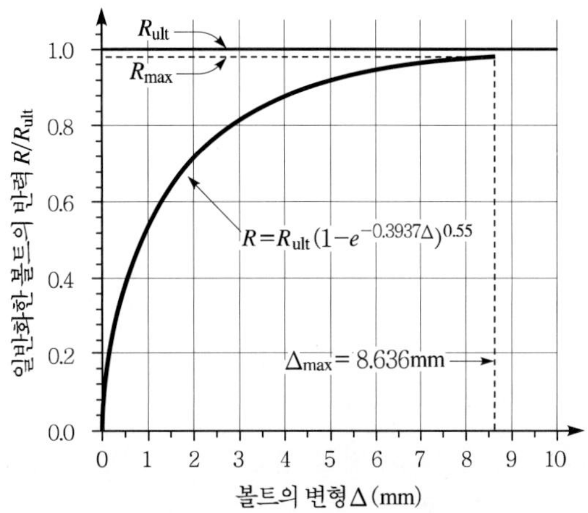

그림 2.1.3a 볼트의 하중-변형 관계도(SI단위)

(2) **탄성법**

그림 2.1.4와 같이 하중이 작용할 때 편심하중 P_u는 볼트군의 중심(CG)에 작용하는 직접전단력 P_u와 편심모멘트 $P_u e$로 분리할 수 있다. 직접전단력 P_u는 각 볼트들이 균등하게 분담하고, 편심모멘트 $P_u e$는 볼트군의 중심으로부터의 거리에 비례하여 분담하는 것으로 가정할 수 있다. 각 볼트가 분담하는 이 2가지 힘의 벡터 합력이 그 볼트에 대한 소요강도 r_u가 된다.

볼트의 개수가 n이라면 중심하중 P_u에 의한 볼트 당 전단력 r_p는 식(2.1.2)로 구한다.

$$r_p = \frac{P_u}{n} \tag{2.1.2}$$

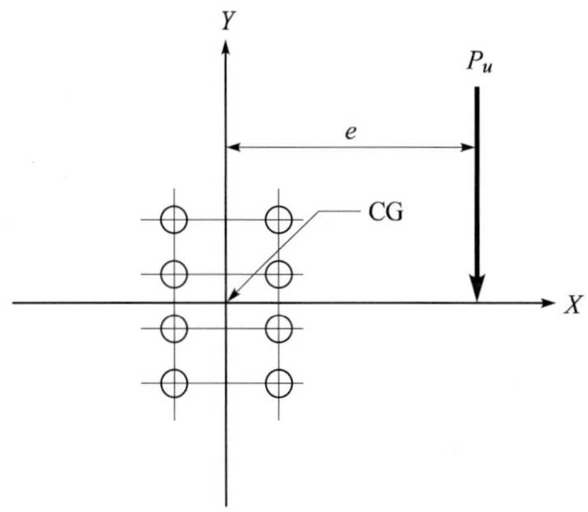

그림 2.1.4 탄성법

P_u가 수직방향에 대한 각도 θ로 작용하는 경우에는 각 볼트의 전단력 r_p를 수평성분 r_{px}와 수직성분 r_{py}로 다음과 같이 분해하여야 한다.

$$r_{px} = r_p \sin\theta, \quad r_{py} = r_p \cos\theta$$

편심모멘트 $P_u e$에 의하여 중심에서 가장 먼 볼트가 받는 전단력 r_m은 식 (2.1.3)과 같이 산정한다.

$$r_m = \frac{P_u ec}{I_p} \tag{2.1.3}$$

여기서, c : 볼트군의 중심에서 가장 먼 볼트의 중심까지의 거리, mm

I_p : $I_x + I_y$ =볼트군의 극단면2차모멘트, mm^4/mm^2

가장 큰 응력을 받는 볼트의 합력을 산정하기 위해서는 r_m을 식 (2.1.4a) 및 식 (2.1.4b)와 같이 수평성분 r_{mx}와 수직성분 r_{my}로 분리하여야 한다.

$$r_{mx} = \frac{P_u ec_y}{I_p} \tag{2.1.4a}$$

$$r_{my} = \frac{P_u ec_x}{I_p} \tag{2.1.4b}$$

여기서, c_x와 c_y는 대각선거리 c에 대한 수평 및 수직성분이다. 볼트 당 소요강도 r_u는 식 (2.1.5)로 산정한다.

$$r_u = \sqrt{(r_{px} + r_{mx})^2 + (r_{py} + r_{my})^2} \tag{2.1.5}$$

보다 상세한 자료는 Higgins(1971)를 참조한다.

2.1.5.2 접합면에 수직인 편심

그림 2.1.5의 브래킷 접합부처럼 접합면에 수직인 편심은 중립축(NA)의 상부에는 인장을, 하부에는 압축을 일으킨다. 편심하중 P_u는 접합면에 작용하는 직접전단력 P_u와 접합면에 수직방향으로 작용하는 편심모멘트 $P_u e$로 분리하여 생각할 수 있다. 중심하중 P_u는 각 볼트들이 균등하게 분담하여 저항하고, 편심모멘트 $P_u e$는 중립축 상부 볼트는 인장으로, 중립축 하부는 압축으로 저항한다고 가정한다.

이러한 유형의 편심에 대한 설계법은 중립축을 볼트군의 중심(CG)과 일치시키지 않는 중립축불일치법과 중립축을 볼트군의 중심과 일치시키는 중립축일치법의 2가지 방법이 있다.

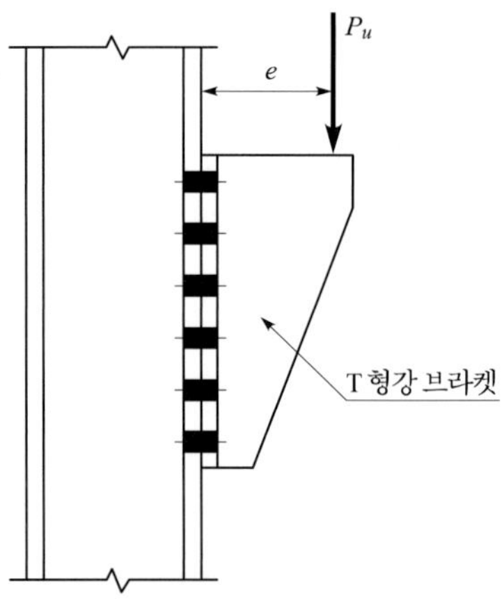

그림 2.1.5 접합면에 수직인 편심하중

(1) 중립축불일치법

볼트의 개수가 n이라면 중심하중 P_u에 의한 볼트 당 전단력 r_{uv}는 식 (2.1.6)으로 구한다.

$$r_{uv} = \frac{P_u}{n} \tag{2.1.6}$$

중립축의 초기 가정위치는 그림 2.1.6(a)와 같이 브래킷 하단에서 브래킷 전체 춤의 1/6 높이로 한다. 접합재의 휨강성을 고려하여 압축대의 유효폭 b_{eff}는 아래와 같이 취한다.

$$b_{eff} = 8t_f \le b_f \tag{2.1.7}$$

여기서, t_f : 접합재의 두께 중 작은 값 , mm

b_f : 접합재의 폭, mm

이 유효폭은 H형강, I형강, 용접판, ㄱ형강 등으로 이루어진 브래킷 플랜지에 적용할 수 있다. 브래킷 플랜지의 두께가 일정하지 아니한 경우에는 플랜지두께의 평균값을 사용하여야한다.

중립축의 가정위치는 탄성응력분포에 따른 정역학적 평형식을 검토하여 평가할 수 있다. 중립축 상부의 볼트 단면적에 의한 모멘트와 중립축 하부의 압축블록의 면적에 의한 모멘트가 같아야 하므로 등식 (2.1.8)이 성립하여야한다.

$$\Sigma A_b \times y = b_{eff} \times d \times d/2 \tag{2.1.8}$$

여기서, ΣA_b : 중립축 상부 볼트의 총단면적, mm^2

y : 중립축에서 중립축 상부의 볼트군 중심까지의 거리, mm

d : 압축블록의 춤, mm

여러 번의 시행착오를 거쳐서 이 등식이 적절한 수준으로 성립되도록 d를 구한다. 중립축이 결정되면 그림 2.1.6(b)에 나타낸 볼트의 최대인장력 r_{ut}를 식 (2.1.9)로 산정할 수 있다.

$$r_{ut} = \frac{P_u e c}{I_x} A_b \tag{2.1.9}$$

여기서, c : 중립축으로부터 볼트군에서 가장 먼 볼트까지 거리, mm

I_x : 볼트군과 압축블록의 중립축에 대한 단면2차모멘트, mm^4

중립축 상부의 볼트는 전단력, 인장력, 지레작용 효과에 따른 추가의 인장력을 받게 되며 중립축 하부의 볼트는 전단력만을 받는다.

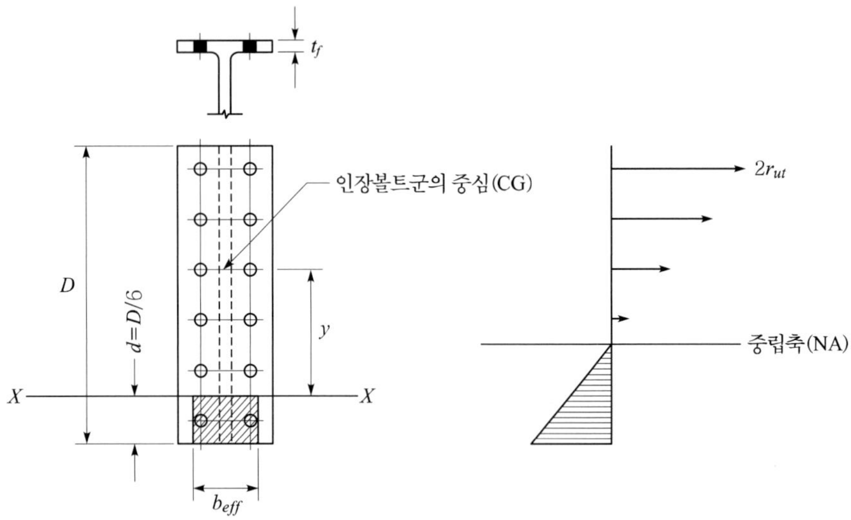

(a) 중립축의 초기 가정위치 (b) 결정된 중립축에 대한 힘의 분배

그림 2.1.6 접합면에 수직인 편심하중에 대한 중립축 – 중립축불일치법

(2) 중립축일치법

이 방법은 중립축불일치법보다 간편한 반면에 너무 안전 측의 설계가 될 수 있다. 볼트의 개수가 n이라면 중심하중 P_u에 의한 볼트 당 전단력 r_{uv}는 식 (2.1.10)으로 구한다.

$$r_{uv} = \frac{P_u}{n} \tag{2.1.10}$$

중립축(NA)은 그림 2.1.7과 같이 볼트군의 중심(CG)과 일치한다고 가정한다. 중립축 상부의 볼트들은 인장을, 중립축 하부 볼트들은 실제로는 아니지만 압축을 받는다고 가정한다. 보다 더 정확한 결과를 얻기 위하여 볼트의 축력을 소성응력 분포로 가정하는데, 이는 이러한 가정하에서도 이 방법이 중립축불일치법보다 안전 측의 결과를 가져오기 때문이다. 편심모멘트 $P_u e$에 의한 중립축 상부에 있는 모든 볼트의 인장력 r_{ut}는 식 (2.1.11)로 산정한다.

$$r_{ut} = \frac{P_u e}{n' d_m} \tag{2.1.11}$$

여기서, n' : 중립축 상부의 볼트 수

d_m : 인장력의 합력 중심과 압축력의 합력 중심사이의 거리, mm

중립축 상부의 볼트는 전단력, 인장력, 지레작용 효과에 따른 추가의 인장력을 받게 되며 중립축 하부의 볼트는 전단력만을 받는다.

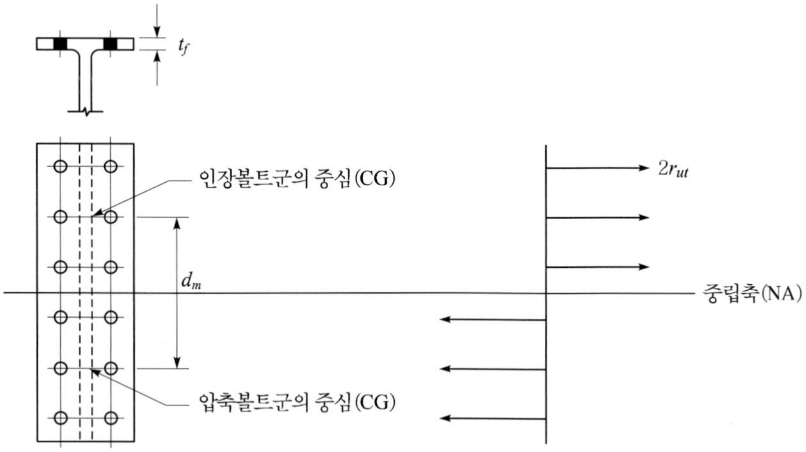

그림 2.1.7 접합면에 수직인 편심하중에 대한 중립축 - 중립축일치법

2.1.6 기타의 요구사항과 설계 고려사항

다음과 같은 기타의 요구사항과 설계 고려사항을 볼트 설계에 적용하여야 한다.

(1) 볼트군의 배열

축하중을 받는 부재의 단부에서의 볼트군의 배치에 대한 요구사항은 기준 「4.7.1.7 용접 또는 볼트의 배열」에 규정하고 있다.

(2) 용접과 볼트의 병용

볼트가 용접과 함께 사용될 때에는 기준 「4.7.1.8 용접 또는 볼트의 병용」, 「4.7.1.9 볼트와 용접접합의 제한」에 따라야 한다.

(3) 고장력볼트와 너트의 아연도금

고장력볼트의 아연도금은 개선안 「8.2 프리텐션 접합」의 해설을 참조한다.

(4) 볼트의 재사용

고장력볼트의 재사용은 개선안 「2.3.3 재사용」에 따라 제한을 받는다. Bowman & Betancourt(1991)의 문헌도 참고한다.

(5) 피로

피로하중이 작용하는 볼트접합부에 대해서는 개선안 4.2절, 4.3절을 참조한다.

(6) 볼트의 설치공간

볼트를 끼워 넣거나 임펙트렌치로 조이기 위해서는 최소한의 설치공간이 필요하다. 일반적인 고장력볼트에 대하여 설치공간을 확보하기 위한 볼트 사이의 최소간격을 도움표 2.1.15에 볼트의 크기 별로 정리하였다.

2.1.7 설계 도움표

이 매뉴얼에서는 다음과 같이, 볼트의 설계 및 설치와 관련된 설계도움표를 수록하였다.

도움표 2.1.1, 볼트의 설계전단강도
볼트의 설계전단강도를 볼트의 등급, 전단면의 위치, 전단면의 수에 따라 볼트의 크기별로 정리하였다.

도움표 2.1.2, 볼트의 설계인장강도
볼트의 설계인장강도를 볼트의 등급과 볼트의 크기 별로 정리하였다.

도움표 2.1.3, 볼트의 설계미끄럼강도
볼트의 설계미끄럼강도를 볼트의 등급, 볼트구멍의 유형과 하중의 방향, 전단면의 수에 따라 볼트의 크기별로 정리하였다. 여기서는 필러계수 $h_f = 1.0$ 인 경우와 $h_f = 0.85$ 인 경우의 도움표를 별도로 작성하였으므로, 기준 「4.7.3.6 고장력볼트의 미끄럼강도」에 따라 필러계수를 먼저 결정한 후에 적절한 도움표를 사용하여야한다.

도움표 2.1.4, 볼트구멍의 판두께당 설계지압강도-볼트간격별
볼트구멍의 유형과 하중의 방향, 볼트간격, 접합판의 인장강도에 따른 접합판 두께 1mm 당의 설계지압강도를 볼트의 크기별로 정리하였다. 따라서 볼트구멍의 볼트간격에 따른 설계지압강도는 이 값에 접합판의 두께를 곱하여 산정한다.

도움표 2.1.5, 볼트구멍의 판두께당 설계지압강도-연단거리별
볼트구멍의 유형과 하중의 방향, 연단거리, 접합판의 인장강도에 따른 접합판 두께 1mm 당의 설계지압강도를 볼트의 크기별로 정리하였다. 따라서 볼트구멍의 연단거리에 따른 설계지압강도는 이 값에 접합판의 두께를 곱하여 산정한다.
도움표 2.1.4와 2.1.5는 접시머리볼트에도 사용할 수 있는데, 이때는 접합판 두께에서 볼트머리 매입깊이의 1/2를 공제하여야 한다. 그림 2.1.8의 경우를 보면 매입깊이가 $d_b/2$이므로 접합판의 두께에서 $d_b/4$를 공제한 두께로 설계지압강도를 산정하여야 한다.

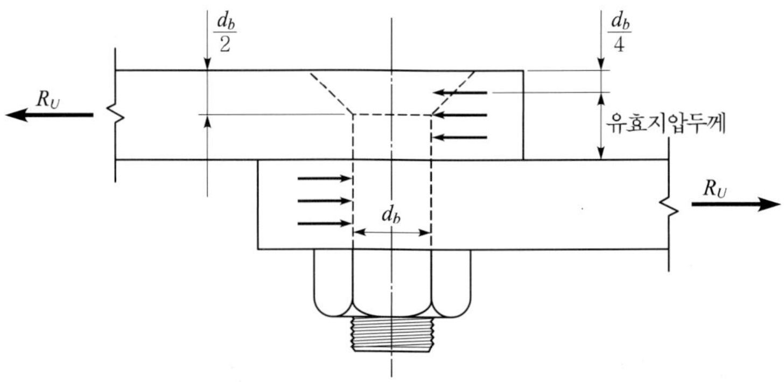

그림 2.1.8 접시머리볼트의 유효지압두께

도움표 2.1.6~도움표 2.1.13, 편심하중을 받는 볼트군의 계수 C
이 도움표는 편심하중을 받는 볼트군을 소성회전중심법으로 간편하게 설계할 수 있도록 볼트의 배열형태, 편심조건, 하중의 경사각도(0°, 15°, 30°, 45°, 60°, 75°)에 따라서 편심하중계수 C를 구하여 정리한 것이다. 편심하중계수 C는

단위가 없는 계수로서, 편심전단하중에 유효하게 저항하는 볼트의 수로 볼 수도 있다.

- 배열형태가 정해진 볼트군의 강도검토

볼트군의 배열형태가 정해진 경우에는 편심하중에 대한 볼트군의 설계강도 ϕR_n를 다음과 같이 산정한다.

$$\phi R_n = C\ \phi r_n \tag{2.1.12}$$

여기서, ϕr_n은 볼트 1개에 대한 설계전단강도로서 볼트구멍의 설계지압강도와 설계미끄럼강도(마찰접합 사용 시) 중에서 작은 값을 사용한다. 이렇게 산정한 설계강도 ϕR_n이 소요강도 P_u이상임을 확인하여 볼트군의 강도를 검토한다.

- 볼트군의 배열형태를 선정할 때

설계강도 ϕR_n는 소요강도 P_u이상이어야 하므로 소요강도 P_u를 볼트 1개의 설계강도 ϕr_n으로 나누어 계수 C의 최소 소요값을 구한다. 하중의 각도와 수평방향 편심 e_x에 따라서 도움표의 계수 C가 최소 소요값 이상이 되는 볼트군을 선정하면 된다. 이 도움표는 어떤 크기의 볼트에도 적용할 수 있으며, ASTM A490볼트에 대해서는 언제나 안전 측의 설계가 된다고 알려져 있다(Kulak, 1975). 동일한 도움표 내에서는 편심 e_x에 대한 직선보간이 허용된다. 이 도움표에 따라 산정한 설계강도의 신뢰도는 접합부의 길이가 1270mm미만인 지압접합부 또는 마찰접합부에서 중심하중에 의한 전단력을 받는 볼트의 강도에 대한 신뢰도와 동일하다고 한다.

이 설계방법은 미끄럼이 발생할 수 있는 접합부에 근거한 것이지만, 하중시험과 해석적 연구에 따르면 마찰접합부에도 안전 측으로 적용할 수 있음을 보여 주고 있다(Kulak, 1975).

도움표의 계수 C의 값은 1% 수렴조건을 사용하여 반복해법으로 소성회전중심을 구하여 산정한 것이다. 도움표 상의 각도와 일치하지 않는 각도의 하중에 대해서 이를 직선보간하는 것은 상당히 불안전 측의 결과를 초래할 수도 있다. 이 경우에는 소성회전중심법 해석을 직접 수행하거나, 도움표 상에 있는 더 작은 각도 또는 더 큰 각도에 대한 C값 중에서 작은 값을 읽어서 설계강도를 산정하여야 한다. 대부분의 경우에는 하중의 각도가 커질수록 C값이 커지지만 볼트의 배열형태에 따라서는 C값이 오히려 작아질 수도 있다. 이 도움표에 없는 볼트군의 배열형태에 대해서는 소성회전중심법 해석을 직접 수행하여야 한다.

확장단일판접합(extended single plate connection)에서 판의 최대두께를 산정하거나, 그 외의 어떤 경우에는 볼트군의 순수 모멘트강도를 알아야 할 필요가 있다. 이런 경우에 대비하여 C'값이 도움표의 하중각도 0°에 정리되어 있다. 이 경우에는 볼트군에 모멘트만이 작용하므로 소성회전중심과 볼트군의 중심이 일치한다. 도움표의 C'값은 AISC의 Steel Construction Manual에 따라 다음 식으로 산정한 것이다.

$$C' = \sum\left[l_i\left(1-e^{-\left(\frac{10 l_i \Delta_{\max}}{l_{\max}}\right)}\right)^{0.55}\right]\text{, in.} \qquad C' = \sum\left[l_i\left(1-e^{-\left(\frac{0.3937 l_i \Delta_{\max}}{l_{\max}}\right)}\right)^{0.55}\right]\text{, mm}$$

여기서, l_i : 볼트군의 중심으로부터 i번째 볼트까지의 거리, in.(mm)

$\Delta_{\max}$: 중심으로부터 가장 먼 볼트의 최대 변형(=0.34in.)(8.636mm)

$l_{\max}$: 볼트군의 중심으로부터 가장 먼 볼트의 중심까지 거리, in.(mm)

도움표에 나타낸 C'값의 단위는 m이다.

확장단일판접합에서는 판의 모멘트강도가 볼트의 전단강도에 의한 볼트군의 모멘트강도를 초과하지 않도록 판의 최대 두께 t_{max}를 식 (2.1.13)으로 제한하고 있다.

$$t_{max} = \frac{6M_{max}}{F_y d^2}$$

여기서, M_{max} : $\frac{F_{nv}}{0.9}(A_b C')$ (2.1.13)

F_{nv} : 기준 표 4.7-8에 따른 볼트의 전단강도

A_b : 볼트 1개의 단면적, mm^2

F_y : 판의 항복강도, MPa

d : 판의 깊이, mm

도움표 2.1.14, 고장력볼트 구성품의 치수

여기서는 KS B1010에 따른 고장력볼트(F8T, F10T, F13T)와 너트 및 와셔의 치수가 수록되어 있다.

도움표 2.1.15, 고장력볼트 최소설치간격

볼트를 끼워 넣거나 임팩트렌치로 조이기 위해서는 최소한의 설치공간이 필요하다. 일반적인 고장력볼트에 대하여 설치공간을 확보하기 위한 볼트 사이의 최소설치간격을 정리하였다.

2.2 용접부

2.2.1 개요

이 절에서는 강구조 용접조인트에 대한 기준의 요구사항과 기타 설계에 고려해야 하는 사항들을 서술한다.

접합요소의 설계에 대하여는 2.3절을 참고한다. 단순전단접합부의 설계는 3.1절을 참고한다. 모멘트 접합부의 설계는 이 매뉴얼의 3.2절을 참고한다. 지진력 저항시스템의 일부인 용접조인트로 내진반응수정계수 R이 3을 초과(R>3)할 경우에는 건축물 강구조 설계기준(KDS 41 31 00: 2019)의 4.10 "강구조의 내진설계"를 함께 적용해야 하며, 이 매뉴얼의 4장을 참고한다. 또한, 한국건축구조기술사회 발행 '강구조내진설계매뉴얼'을 참고한다.

2.2.2 용접조인트에 대한 일반요구사항

강구조에서의 용접은 문서로 된 용접절차시방서(Welding Procedure Specification: WPS)에 따라서 수행해야 한다. 용접절차시방서는 시험에 의해 검증받거나 또는 관련기준(예: AWS D1.1)에 의해 사전검증(WPS Qualification: 용접이 시방된 절차에 따라 실시되어 규정된 기준에 맞음을 증명하는 것)을 받아야 한다. 용접절차시방서는 용접조인트의 모재, 소모재, 조인트형상 및 기타 필수변수(용접부의 기계적 성질에 영향을 미치는 변수들로 이것이 변동될 경우에는 용접절차서를 다시 검증해야 하는 변수들. 예: SMAW 용접 시 모재의 두께가 인증된 두께범위를 초과 시 재인증이 필요함)들을 관리하기 위하여 사용된다. 또한, KDS 41 31 00의 4.7(접합, 절점 및 파스너)과 강구조공사 표준시방서 KCS 14 31 0 10: 2019 제작 및 KCS 14 31 20: 2019 용접에 따라야 한다.

미국 AISC 360-10의 M2.4(용접시공)에서는 J2(용접)의 기준을 제외한 나머지는 AWS D1.1을 사용하도록 요구하고 있다. 반면에 국내 기준인 KDS 41 31 00의 4.12.3.4(용접시공)에는 단순히 "용접시공 및 용접보수는 건축공사표준시방서의 제6장 강구조공사의 규정을 따른다."라고 기술되어 있다. 그러나 건축공사표준시방서의 제6장 강구조공사의 규정으로는 충분하지 않다. 보다 상세한 내용은 AWS D1.1과 링컨아크용접재단 발행의 자료(Blodgett et al, 1999) 등을 참조한다.

2.2.2.1 용접소모재(Welding consumables)

용접소모재에 대한 요구사항들은 기준(KDS 41 31 00)의 경우 3.1.2 접합재료 (2)용접재료의 품질, '표 3.1-6 용접재료의 규격'에 용접봉과 플럭스코어선 또는 솔리드와이어 등에 대한 KS규정이 있다. 미국 AISC에서는 A3.5: 용접소모재(Filler Metal and Flux for Welding), J2.6: 용가재의 요구사항(Filler Metal Requirements) 및 J2.7: 혼합용착금속(Mixed Weld Metal)에 주어져 있다.

사용가능한 용가재의 강도(Filler Metal Strength)는 기준(KDS 41 31 00)의 4.7.2.5에 있는 표 4.7-7 용접조인트 강도표에 규정되어 있으며 이 책의 도움표 2.2.5 용접이음부 강도에 주어져 있다. 참고로 AISC의 경우에는 AWS D1.1 표 3.1에 있는 상응하는 용가재에 근거한 표 J2.5(Available Strength of Welded Joints; Requirement Filler Metal Strength Level)에 규정되어 있다. 용가재의 노치인성 요구사항은 AISC J2.6에 주어져 있다.

SMAW[실드메탈아크용접(기준용어), 피복아크용접(용접학회 용어)]용의 저수소계 용접봉(Low-Hydrogen Electrodes)에 대한 요구사항은 AWS D1.1 표 3.1과 같다(KS D7004, D7006 연강용 및 고장력강용 피복아크용접봉 참조). 저수소계 SMAW용접봉은 노출시간에 대한 제한과 저장을 위하여 사용처 가까이에 용접봉용 오븐이 필요하다.

용접소모재의 제조자, 등급구분 및 포장에 대한 요구사항은 AWS 시방서에 주어져 있다. 소모재는 용접공정(용접방법)에 따라 다르다. 실드메탈아크용접(SMAW) 또는 '스틱'(stick)용접은 수동용접이다. 서브머지드아크용접(SAW)은 반자동 또는 자동용접이다. 용착금속의 성질은 용접봉과 플럭스(flux)의 두 조합에 따라 다르기 때문에 소모재들은 용접봉과 플럭스의 조합으로 분류한다. SAW는 긴 직선 또는 원주(圓周)용접에 적합하나 수평 또는 하향자세로 용접하여야 한다. 플럭스코어드아크용접(FCAW)은 코어선의 중앙에 플럭스가 포함된 선형(와이어)용접봉을 사용한다. FCAW용접봉은 가스쉴드(보호가스)와 함께 또는 자체쉴드를 사용한다. 쉴드용 가스는 아르곤(Ar), 탄산가스(CO_2) 또는 이들 2가지를 조합한 것이다. 가스메탈아크용접(GMAW)은 속이 차거나 메탈코어가 있는 선형 용접봉을 사용하며 가스쉴드와 함께 수행된다.

2.2.2.2 열절단

산소연료가스절단은 상업적으로 사용가능한 거의 모든 두께의 판을 절단하는데 사용할 수 있다. 만일 절단면에 큰 불연속이나 비금속성 내재물이 포함되어 있으면 절단선에 교란을 일으켜서 노치 또는 흠(가우지; gouges)을 발생시킨다. 플라즈마아크절단은 훨씬 빠르며 불연속이나 비금속성 내재물의 효과에 덜 민감하나, 절단부에서 플라즈마의 경사에 따라 약간 빗면이 나타나게 되고, 약 38mm 두께까지에만 사용할 수 있다.

건축물 강구조 설계기준과 AWS D1.1에서 주어진 제한두께 내에서 일반적으로 플라즈마 절단이 연삭(그라인딩)에 의한 노치 또는 흠을 제거하고 매끄러운 면으로 정리하는 것보다 더 나은 방법이다. 그러나 어느 경우에나 절단부는 완만한 완화부가 되도록 반경을 두어 만들어야 한다.

2.2.2.3 공기아크 가우징

이 방법에서는 탄소아크를 사용하는데 압축공기를 분사시켜 제거할 모재금속 부분을 덩어리 형태로 녹인다. 용접결함의 제거와 용접루트부를 건실한 용착금속으로 채우기 위한 홈파기 그리고 평행(I형)맞댐이음(squire butt joint)의 한쪽에 U형 홈을 만들거나 기타 이와 유사한 작업에 공기-아크가우징을 사용할 수 있다.

2.2.2.4 검사

용접부검사를 위해 가장 일반적으로 사용하고 있는 5가지 방법이 아래에 기술되어 있다. 이 방법들은 대한건축학회 발행 '강구조건축물 용접부의 비파괴검사기준(안)'과 'AWS 용접부 비파괴검사지침(B1.10, AWS 2016)'에 포함되어 있다. 계약자나 건축주는 용접부검사방법을 결정하여야 한다. 이것은 제작자와 설치자의 작업에 방해가 최소화되도록 만들어져야 한다.

설계자는 필요한 검사형태는 물론 적용할 검사 각각의 종류와 범위를 설계도서(계약문서)에 시방하여야 한다. 용접검사에 대한 지시가 없는 경우에는 단지 육안검사에 의해 발견되는 용접 불연속에 대하여만 제작자 또는 설치자에게 책임이 있다(AWS D1.1 참조).

만일 추가로 육안검사보다 엄격한 검사가 추후에 필요한 경우에는 일반적으로 육안검사의 요구조건에 의해 정의되는 것 이외의 검사와 보수비용에 대하여는 발주자에게 책임이 있다. 수행하기가 어려우며 다른 관점에서 볼 때에 접합부에 잠재적인 손상을 일으킬 수 있는 용접보수는 설계자의 기록에 따라서 목적에 합당한지를 충분히 고려하고 수정의 필요성을 결정하는 것이 가장 좋은 방법이다.

육안검사는 가장 일반적으로 요구되는 검사방법이다. 설계자는 검사를 위한 더욱 엄격한 요구들이 불필요하게 공사비를 증가시킴을 이해하고, 구조물의 완전성에 필수적인 경우에만 이러한 요구사항들을 시방해야 한다.

(1) 육안검사 (Visual Testing: VT)

육안검사는 용접부의 품질을 검사하기 위한 가장 경제적인 방법이며, 또한 가장 보편적으로 사용되는 방법이다. 이음부들은 용접을 시작하기 전에 맞춤, 개선, 띄움, 정렬 및 다른 변수들에 대하여 세밀하게 검사하여야 한다. 이음부가 용접된 후에는 AWS D1.1에 따라 육안검사를 한다. 만일 불연속이 있다고 의심되면 용접부를 보수하거나 다른 검사방법으로 일체성을 확인한다. 대부분의 경우는 경험이 풍부한 검사자에 의한 적기의 육안검사로 충분하고, 육안검사는 비용이 많이 드는 다른 방법에 비해 가장 실용적이고 효과적인 검사방법이다. 육안검사에 대한 보다 상세한 자료들로는 AWS B1.11-Guide for Visual Examination of Welds(2015)와 Miller(1996) 등이 있다. 용접부에 대한 육안검사는 용접 전 검사, 용접 중 검사 및 용접 후 검사(KS B ISO 3834-1~4 참조)가 있으며, 다음 항목들에 대한 검사와 시험을 포함한다. ① 균열, ② 언더컷, ③ 오버랩, ④ 피트, ⑤ 크레이터, ⑥ 아크 스트라이크, ⑦ 스패터, ⑧ 덧살높이 과대, ⑨ 비드표면 부정형 ⑩ 맞댐이음의 어긋남.

(2) 침투탐상검사 (Penetrant Testing: PT)

이 검사는 압력분사통에서 용접부에 뿌리는 붉은 염료(색소)침투액을 사용한다. 염료는 표면의 균열 또는 틈사이로 침투한다. 표면에 남아있는 염료를 닦아낸 후에 백색 현상제를 그 위에 뿌린다. 염료가 균열 밖으로 스며나와 백색현상제 위에 붉은 형상이 생긴다(그림 2.2.1 참조).

침투탐상검사는 균열이 표면으로 열려져 있는 한 촘촘한 균열을 검출하는데 사용할 수 있다. 그러나 단지 표면균열만을 검출할 수 있다. 또한 침투탐상검사를 사용할 때 깊은 용접파문과 긁힌 자국이 있으면 균열처럼 보이게 된다. 염료침투시험은 청결하지 못하고 느린 경향이 있으나 육안검사에 의해 발견된 결함의 범위를 산정할 때 유용하게 사용할 수 있다. 이 검사는 용접부 보수를 위해 가우징 또는 연삭에 의해 결함을 제거할 때, 결함이 완전히 제거되었는가를 확인하는 데 특히 적합하다.

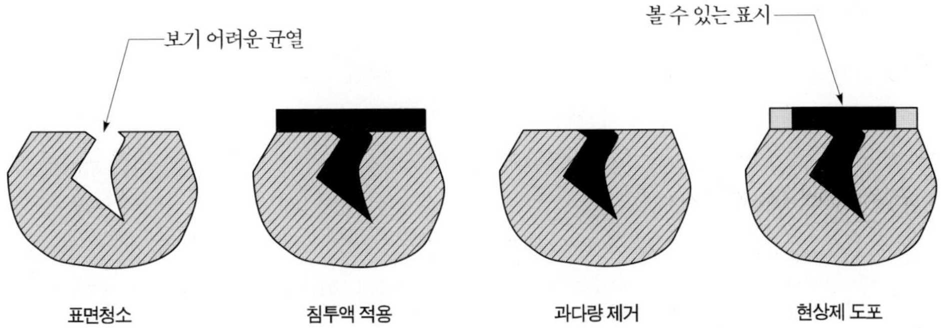

그림 2.2.1 침투탐상검사(PT)의 절차

(3) 자분탐상검사 (Magnetic-Particle Testing: MT)

이 검사는 자화(磁化)시킨 전류를 그림 2.2.2와 같이 검사틀 또는 탐침을 통하여 검사할 용접물에 도입한다. 이렇게 용접물 내에 도입된 자기장은 표면 또는 표면 가까이(대략 2.5mm 이내)에 있는 균열, 이음새, 내재물 등에 의해 자기장이 일그러지게 된다. 분사기로 표면에 가볍게 뿌려진 건조상태의 자상분말은 불연속과 같은 부분에 뚜렷한 표시가 나타나게 한다. 자성을 가진 미립자들은 불연속의 위치, 크기와 형태를 나타낸다.

이 검사방법은 적절한 자기화로 액체침투의 진입이 곤란한 대략 2.5mm 두께의 표면균열을 탐지할 수 있다. 투명 플라스틱테이프로 분말형태를 찍어내어 기록을 유지할 수 있다. 검사 후 청소는 쉬우나 필요 시 자기장의 제거는 쉽지 않을 수 있다. 만일 전류가 계속 흐르고 있는 동안에 자화기 탐침(magnetizing prod)을 용접물로부터 들어 올리면 균열을 유발할 수 있는 아크스트라이크(arc-strike; 용접재료 또는 전극을 사용하여 모재표면에 순간적으로 아크를 발생시켰다가 끊는 조작, 또는 그것에 의해 생기는 모재표면의 결함)가 생길 수 있다. 아크스트라이크가 발생하면 접지하여 밖으로 나가게 해야 한다.

자분탐상검사는 육안검사에 의해 결함이 의심되거나 또는 구속도가 높은 부분에서 균열이 없음을 확인할 때 유용하게 사용할 수 있다. 자분탐상검사를 하기 위해서는 비교적 매끄러운 표면이 요구되며, 이 검사는 상당히 경제적이다. 균열지연이 의심되는 부분의 비파괴실험은 약 48시간 정도의 냉각 후에 실시하여야 할 것이다.

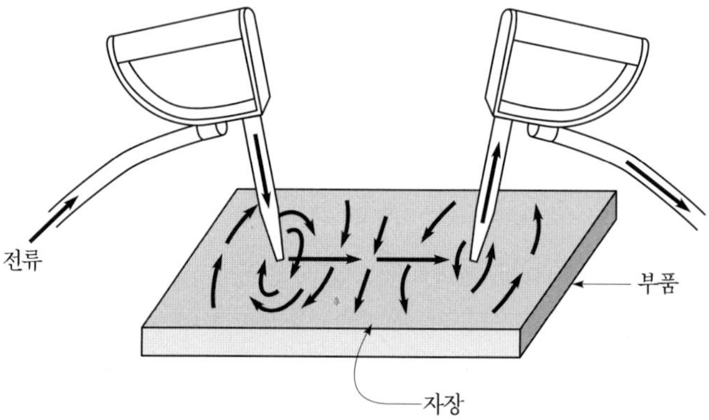

그림 2.2.2 자분탐상검사(MT)

(4) 초음파검사 (Ultrasonic Testing: UT) reflection variations

초음파검사의 방법은 전파탐지기와 유사하다. 크리스탈에서 나오는 고주파 단파음을 검사하고자 하는 금속의 내부로 투과시킨 다음에 이 단파음이 금속의 끝에서 되돌아오는 반사파를 측정하여 금속내부에 결함이 있는지를 탐색한다. 이 기법은 단파반향법(短波反響法)이라고 한다. 크리스탈에 전류를 통과시키면 크리스탈이 진동하면서 단파음이 생기며 액체인 접촉 매질(媒質)을 통하여 금속에 전파된다. 반사음은 음극선관에 '삐'소리로 나타나는데 수평 값은 금속내부의 위치를 나타내고 수직 값은 강도(또는 면적)를 나타낸다. 그림 2.2.3은 이 시스템을 체계적으로 보여주고 있다.

초음파검사의 정확도는 검사자의 훈련과 숙련도 그리고 검사장비를 얼마나 자주 조정하는지에 따라 크게 좌우된다. 측정 사각영역(死角領域)도 있는데 대부분의 송수파기(送受波機)는 두께가 약 8mm 미만인 부재를 검사하기가 매우 어렵다. 오스테나이트계 스테인레스강과 입자가 지나치게 거칠은 강, 예를 들면 일렉트로슬래그용접같은 것은 검사 하기가 어렵지만 구조용탄소강과 저합금강인 경우에는 0.4mm 이하의 결함도 찾아낸다. 크리스탈은 크기(9.5~25mm)가 작아 쉽게 옮기면서 여러 방향에서 검사할 수 있고 금속내부에 90°, 70°, 60° 그리고 45° 로 음파를 보낼 수 있다. 70°와 60° 그리고 45°로 보낸 음파는 금속 내부에서 반사되어 나오면서 지나가는 길에 결함이 있으면 반향음을 내게 된다.

초음파검사는 방사선검사보다 융통성이 더 많으며, 빠르고 경제적인 금속검사방법이지만 X-광선필름과 같은 항구적인 기록을 남기지 않는 단점이 있다. 검사자는 음극선관에 나타나는 결함의 증거를 손으로 기록을 작성해 두어야 한다. 어떤 접합부는 그 기하학적인 형상으로 인해서 초음파검사의 사용이 제한을 받게 된다.

어떤 경우에는 예를 들면 강관제품과 같은 특별한 경우에는 초음파검사의 사용에 많은 제약을 받는다. 비교적 얇은 단면이나 접합부의 형상이 다양할 경우에는 경험이 있는 전문검사자라 할지라도 음향신호를 해석하기가 어려워진다. 초음파검사는 일반적으로 필릿용접부와 작은 부분용입 그루브용접부에는 부적합하다. 완전용입용접부의 음향신호도 여러 가지의 다른 해석들을 유발할 수 있다. 초음파검사는 인장을 받고 있는 완전용입용접부의 완전성을 확인하는 데에 사용할 수 있다. 까다로운 완전용입용접부의 검사에는 차츰 방사선검사 대신에 초음파검사가 널리 사용되고 있다.

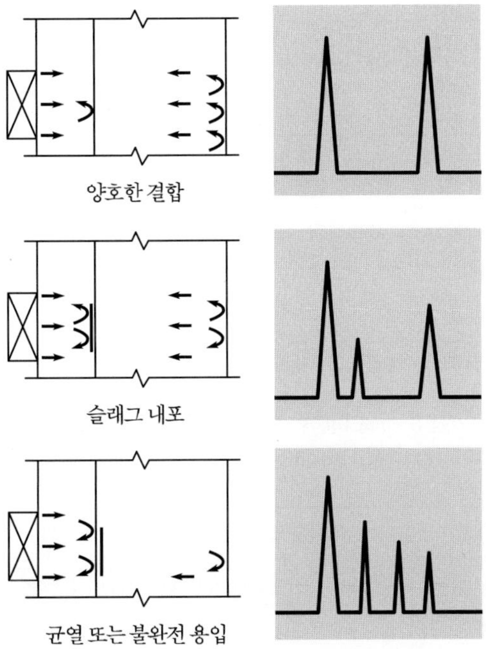

그림 2.2.3 용접경계부의 결함에 의한 UT반사의 변화

(5) 방사선검사 (Radiographic Testing: RT)

방사선검사는 근본적으로 X광선 필름을 찍는 것이다. 방사선검사로 탐지할 수 있는 균열은 방사선의 투사방향과 대략 평행하게 놓여 있어야 하고 균열의 크기가 방사선이 지나가는 두께의 1.5% 이상이 되어야 한다. 필릿과 티 그리고 모서리 이음부들은 방사선이 여러 가지의 매우 다양한 두께를 지나가야 하기 때문에 방사선검사를 하는 데에 문제가 있다. 방사선으로 인한 위험을 방지하는 비용과 필름의 비용 그리고 고가의 장비 때문에 방사선검사는 금속의 결함을 검사하는 방법 중에서 가장 비싼 방법이다. 그래서 방사선검사 대신에 차츰 초음파검사가 사용되고 있다.

예를 들면 강관제품과 같은 경우에는 방사선검사의 사용에 많은 제약을 받는다. 이것은 접합부의 형상이 불규칙하고 X광선이 지나가는 금속의 두께가 여러 가지로 다양하기 때문이다. 맞댐이음부의 검사에는 방사선검사를 성공적으로 사용할 수 있지만 뒷댐재와 가까운 뿌리의 모서리 부분에서 용입에는 제한적인 정보만을 얻을 수 있다. 강관제품의 내부에는 방사선 광원이나 또는 필름을 설치하기가 쉽지 않기 때문에 보통 필름을 뒷면 바깥쪽에 붙이고 X광선을 단면의 앞면과 뒷면에서 두 번 투사한다. 접합부를 전부 검사하기 위해서는 이런 촬영을 여러 번 해야 한다.

(6) 용접부 검사방법의 특성과 제한사항

이상에서 설명한 일반적인 용접부검사 방법들의 특성 및 적용과 제한사항들을 정리하면 표 2.2.1과 같다.

표 2.2.1 일반적인 용접부검사방법의 특성과 제한

검사방법	특성 및 적용	제한사항
VT	•가장 일반적이며 가장 경제적인 검사 •특히 단일 패스 용접부에 적합	•표면결함만 검출 가능
PT	•표면으로 열린 밀실균열 검출	•표면결함만 검출. •깊은 용접결[1] 및 긁힌 자국도 착오 검출
MT	•적정 자화로 표면균열 및 약 2.5mm 이내 표피면균열 검출. •표식은 투명 프라스틱 테이프로 떠내어 저장 가능	•상대적으로 매끄러운 표면이 요구됨 •자화탐침봉의 부주의한 사용은 아크스트라이크 결함을 남김
RT	•기공[2], 슬래그, 공극균열, 불균질, 용입불량 감지 •음화필름(negative film)으로 기록을 영구보존 가능	•결함은 탐사두께의 1.5% 이상이 되어야 한다. •탐사광선과 평행한 방향인 균열만 검출 가능 •방사능 위험 •두께에 따라 노출시간 증가
UT	•임의방향 배치 시 균열, 슬래그, 용입불량, 내재물, 라멜러테어, 공극 등을 검출 •적절하게 배치한 평면반사기로 0.8mm 미만인 결함검출 가능 •직경 1.6mm 구멍으로 정기적인 조정 가능 •거의 모든 상업용 두께 투사 가능	•표면이 매끈해야 한다. •기기를 자주 조정해야 한다. •검사자는 자격이 있어야 한다. •과다하게 거친 입자는 착오 검출될 수 있다.

주 1) 용접결(ripple); 용접비드 형성 시 용융지내의 금속이 여러 원인으로 용착금속 내에서 발생되는 파형(波形)의 선
2) 기공(porosity); 용융금속 내에 용해된 수소의 방출 또는 산소가 산화물과 반응하여 일산화탄소(CO)가스를 만들고 용착금속내에 잔존하거나 방출중에 응고가 완료되어 발생되는 공극형 불연속을 말하며, 가스포켓이라고도 한다. 응고속도에 따라 핀홀(pinhole), 블로우홀(blowhole), 웜홀(wormhole)형태가 있다.

2.2.3 용접부 및 조인트 형태의 적정 시방

2.2.3.1 용접부 형태의 선정

가장 일반적인 용접부 형태는 필릿(fillet: 모살)용접부와 그루브(groove: 맞댐, 홈)용접부이다. 필릿용접부는 그루브용접부보다 일반적으로 더 경제적이며, 그루브용접의 적용이 요구되지 않는 곳에 사용해야 한다. 또한 필릿용접부는 용접봉의 경사를 수용하기 위하여 구멍의 직경이나 슬롯의 폭을 크게 해야 함에도 불구하고 동일사이즈의 플러그 또는 슬롯용접부보다 용착금속이 덜 필요하다. 부분용입(PJP; Partial Joint Penetration)용접부는 완전용입(CJP; Complete Joint Penetration)용접부보다 더 경제적이다. 그루브용접부가 필요할 때 불꽃절단으로 만들 수 있는 베벨과 V형 용접부는 보통 공기-아크가우징 또는 선반가공이 필요한 J형 및 U형 용접부보다 경제적이다. 또한 양면-베벨, 양면-V 및 양면-U형 용접부는 일반적으로 작은 용착금속을 사용하며 특히, 용접해야 할 접합요소의 두께가 증가할 때 동일형태의 1면개선보다 더 경제적이다. 또한 대칭성(양면가공에 의한)은 결과적으로 적은 회전변형을 가져온다. 그러나 얇은 접합요소에서 용접-금속량의 절약은 양면 연단가공, 용접뿌리(Root) 청소(백가우징)와 용접자세 재조정의 추가비용을 상쇄하지 못할 수 있다.

일반적으로 양면 조인트가공은 보통 두께 25mm 이상에서 1면가공보다 저렴하다.

구조적으로 사용되는 4가지 이음형태에 대한 적용 가능한 용접부 종류를 표 2.2.2에 나타낸다. 표 2.2.3은 다양한 조건들에 대한 용접부의 적합성을 평가하는 데에 참고할 수 있다.

(1) 용접기호

용접기호들의 적절한 사용에 대한 지침으로 도움표 2.2.1-2를 참고할 수 있다. 용접기호들에 대한 보다 광범위한 자료는 KS B 0052 (용접기호; 2017) 또는 AWS A2.4(용접납땜 및 비파괴검사 표준기호)에서 찾아볼 수 있다. 개정된 KS B 0052의 특징적인 요소는 ISO에 따라 이전에는 화살표로 지시면의 용접부를 표시할 때 기준선의 아래쪽에 용접기호를 표시하는 방법에서, 기준선의 아래 또는 위쪽에 점선을 함께 표시하여 용접부 또는 개선을 실시할 면을 실선 위쪽에 표시하고, 화살표 반대쪽을 점선쪽에 표시하도록 한 것이다.

표 2.2.2 이음형태와 용접부 형태의 상관관계

이음형태	완전용입용접부	부분용입용접부	필릿용접부	그루브/필릿용접부조합	플러그 또는 슬롯용접부
맞댐	O	O	X	X	X
T(티)	O	O	O	O	X
모서리-외부	O	O	X	X	X
모서리-내부	O	O	O	O	X
겹침	X	X	O	X	O

주) ‘O’ ; 적용가능, ‘X’ ; 적용불가

표 2.2.3 하중종류와 이음형태별 용접부 형태의 선정

이음형태	하중종류[1]	하중수준[2]	용접부 축에 수직	용접부 축에 평행	전단
맞댐이음	인장	경	PJP	PJP	
		중	CJP	PJP	
	압축	경	PJP	PJP	
		중	PJP와 지압을 고려, CJP	PJP	
	전단	경			PJP
		중			CJP
티-이음	인장	경	필릿	필릿	
		중	필릿, PJP, PJP/필릿, CJP	필릿	
	압축	경	필릿	필릿	
		중	PJP와 지압을 고려, CJP	필릿	
	전단	경			필릿
		중			필릿, PJP, PJP/필릿, CJP

표 2.2.3 하중종류와 이음형태별 용접부 형태의 선정(계속)

이음형태	하중종류[1]	하중수준[2]	용접부 축에 수직	용접부 축에 평행	전단
모서리-외부	인장	경	PJP	PJP	
		중	CJP	PJP	
	압축	경	PJP	PJP	
		중	PJP와 지압을 고려, CJP	PJP	
	전단	경			PJP
		중			CJP
모서리-내부	인장	경	필릿	필릿	
		중	필릿, PJP, PJP/필릿, CJP	필릿	
	압축	경	필릿	필릿	
		중	PJP와 지압을 고려, CJP	필릿	
	전단	경			필릿
		중			필릿, PJP, PJP/필릿, CJP
겹침이음	전단	경			필릿, 플러그/슬롯
		중			필릿, 플러그/슬롯, 필릿/플러그/슬롯

주 1) 하중종류는 이음부에 대한 것이며, 용접부에 대한 것이 아님.
2) 하중수준은 엄밀하게 계산된 값이 아니며, 이음부에서 소요성능의 발휘가 가능한 정도의 수준.

(2) 용접재료의 강도

용접재료의 강도는 도움표 2.2.6에 있는 값으로 한다. 용접재료는 기준(KDS 41 31 00) 3.3.2 (3)에 따라서 책임구조기술자가 확인하고, 이를 구조감리자가 승인하는 절차를 통하여 선택 후 적용한다.

2.2.3.2 용접이음부의 설계강도

용접이음부의 설계강도 ϕR_n은 다음과 같이 인장파단 및 전단파단 한계상태에 따라서 결정된 모재의 강도와 파단한계상태에 따라서 결정된 용접재의 강도 중에서 작은 값으로 한다.

(1) 모재 강도

$$R_n = F_{n\,BM} A_{BM}$$ 기준(4.7.2.5) 식(4.7-1)

여기서, F_{nBM} : 모재의 공칭강도, MPa

A_{BM} : 모재의 단면적, mm^2

(2) 용접재 강도

$$R_n = F_{nw} A_{we}$$ 기준(4.7.2.5) 식(4.7-2)

여기서, F_{nw} : 용접재의 공칭강도, MPa

A_{we} : 용접재의 유효면적, mm^2

ϕ, F_{nBM}, F_{nw} 값은 기준(4.7.2.5)의 표 4.7-7에 따른다.

(3) 필릿용접부의 대체설계강도

하중저항계수설계법에 의한 강구조설계기준(국토교통부 제정, 2014.5.) '9.1.1.4 편심접합'과 이전 건축구조기준(KBC 2016)의 해설 '0710.1.4. 편심접합'에서는 편심접합부의 해석과 설계에 책임구조기술자가 확인한 경우에 소성회전중심법을 적용할 수 있도록 하였다. 필릿용접군의 설계에 각 용접요소들의 하중각도의 영향과 변형적합성을 고려하는 AISC 360-10의 J2.4의 설계방법은 매우 합리적이다. 따라서 이 매뉴얼에는 다음과 같이 국내 강구조기준의 근간인 AISC 360-10에 있는 J2.4의 필릿용접부의 대체설계강도를 도입하였다. 대안으로서, 각 용접요소들의 변형적합성을 고려하는 경우에는 다음과 같이 AISC 360-10의 J2.4(a) 조항을 적용할 수 있다. AISC 360-10의 J2.4(b)와 (c)는 변형적합성을 고려하는 AISC J2.4(a)의 특별한 조건에 해당한다.

AISC 360-10 J2.4 필릿용접부의 대체 설계강도

필릿용접의 설계강도는 다음과 같은 대체 방법으로 결정하는 것이 허용된다.
다음 3가지 (a), (b) 및 (c)에 대한 각각의 예는 그림 2.2.4를 참조한다.

(a) 용접치수가 균일한 선형용접군의 중심에 하중이 가해지는 경우,

$$R_n = F_{nw} A_{we}$$ AISC(J2-4)

여기서,

$$F_{nw} = 0.6F_w(1.0+0.5\sin^{1.5}\theta)$$ AISC(J2-5)

$\theta =$ 용접길이방향 축과 하중방향 사이의 각도

주) 선형용접군이란 모든 용접요소가 한 선상에 있는 용접군 또는 병렬로 배치되어있는 용접군을 의미한다.

(b) 용접군이 편심하중을 받는 경우에는 소성회전중심법에 의해 해석한 용접군에 속한 용접요소에 대한 공칭강도 R_{nx} 와 R_{ny} 및 공칭모멘트강도 M_n의 성분은 다음과 같이 구할 수 있다.

$$R_{nx} = \Sigma F_{nwix} A_{wei}$$ AISC(J2-6a)

$$R_{ny} = \Sigma F_{nwiy} A_{wei}$$ AISC(J2-6b)

$$M_n = \Sigma[F_{nwiy} A_{wei}(x_i) - F_{nwix} A_{wei}(y_i)]$$ AISC(J2-7)

여기서,

A_{wei} = i번째 용접요소의 용접목에 대한 유효면적, mm^2

F_{nwi} = $F_{nw} = 0.6F_w(1.0+0.5\sin^{1.5}\theta)f(p_i)$ AISC(J2-8)

$f(p_i)$ = $[p_i(1.9-0.9p_i)]^{0.3}$ AISC(J2-9)

F_{nwi} = i번째 용접요소의 공칭응력

F_{nwix} = F_{nwi}의 x성분에 대한 공칭응력, F_{nwi}, MPa

F_{nwiy} = F_{nwi}의 y성분에 대한 공칭응력, F_{nwi}, MPa

p_i = Δ_i/Δ_{mi}, 최대응력에서의 변형에 대한 i요소의 변형비

r_{cr} = 소성회전중심으로부터 최소 Δ_{ui}/r_i 비를 갖는 용접요소까지의 거리

r_i = 소성회전중심으로부터 i번째 용접요소까지의 거리, mm

x_i = r_i의 x성분 거리, mm

y_i = r_i의 y성분 거리, mm

Δ_i = $r_i\Delta_{ucr}/r_{cr}$ =임계요소 이외의 i번째 용접요소의 변형. 소성회전중심으로부터의 거리에 기초한 임계변형에 선형비례한다.

Δ_{mi} = $0.209(\theta_i+2)^{-0.32}w$, 최대응력에서의 i번째 용접요소의 변형, mm

Δ_{ucr} = 극한응력(파단)에서의 최소 Δ_{ui}/r_i 비를 갖는 용접요소의 변형, 일반적으로 소성회전중심으로부터 가장 멀리 있는 요소의 변형

Δ_{ui} = $1.087(\theta_i+6)^{-0.65}w \le 0.17w$, 극한응력(파단)에서의 i번째 용접요소의 변형, mm

θ_i = i번째 용접요소의 길이방향축과 요소에 작용하는 합력방향 간의 각도

(c) 필릿용접군이 중심하중을 받고 하중의 방향에 대해 종방향 및 횡방향으로 양 방향에 균일한 용접치수를 갖는 요소로 구성된 경우, 필릿용접군의 조합강도 R_n은 다음 값 중에서 큰 값으로 결정한다.

$$R_n = R_{nwl} + R_{nwt} \qquad \text{AISC(J2-10a)}$$

$$R_n = 0.85R_{nwl} + 1.5R_{nwt} \qquad \text{AISC(J2-10b)}$$

여기서,

R_{nwl} = 기준 표 4.7-7에 따라서 결정된 종방향하중을 받는 필릿용접의 총 공칭강도, N

R_{nwt} = AISC J2.4(a)의 대체방법을 적용하지 않고 기준 표 4.7-7에 따라서 결정된 횡방향하중을 받는 필릿용접의 총 공칭강도, N

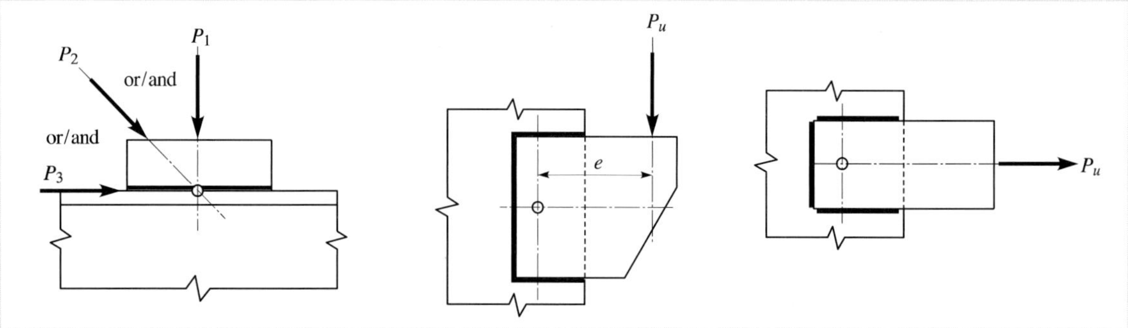

(a)에 해당하는 예 (b)에 해당하는 예 (c)에 해당하는 예

그림 2.2.4 필릿용접군에 작용하는 하중의 각도와 위치

주) 위 그림에서 ○표시는 용접군의 중심위치(c.g)이다.

2.2.4 그루브용접부의 설계

2.2.4.1 유효면적

그루브용접부의 유효면적은 용접부의 유효길이에 유효목두께를 곱한 값으로 한다.

2.2.4.2 유효목두께와 유효길이

완전용입된 그루브용접부의 유효목두께는 그림 2.2.5의 (a)와 (b)처럼 얇은 쪽 이음부의 두께로 한다.

부분용입된 그루브용접부의 유효목두께는 홈의 깊이보다 작게 하여야 하는 경우도 있다. 예를 들면, 그림 2.2.5의 (c)처럼 홈(그루브)의 각도가 45°에서 60° 미만에 있는 경우, SMAW나 SAW 용접법을 사용할 때 또는 GMAW나 FCAW 용접을 수직이나 상부 위치에 사용할 때의 유효목두께는 홈의 깊이에서 3mm를 감해야 한다. 반면에 그림 2.2.5의 (d)처럼 홈의 각도가 60° 이상인 경우의 유효목두께는 홈의 전 깊이로 한다.

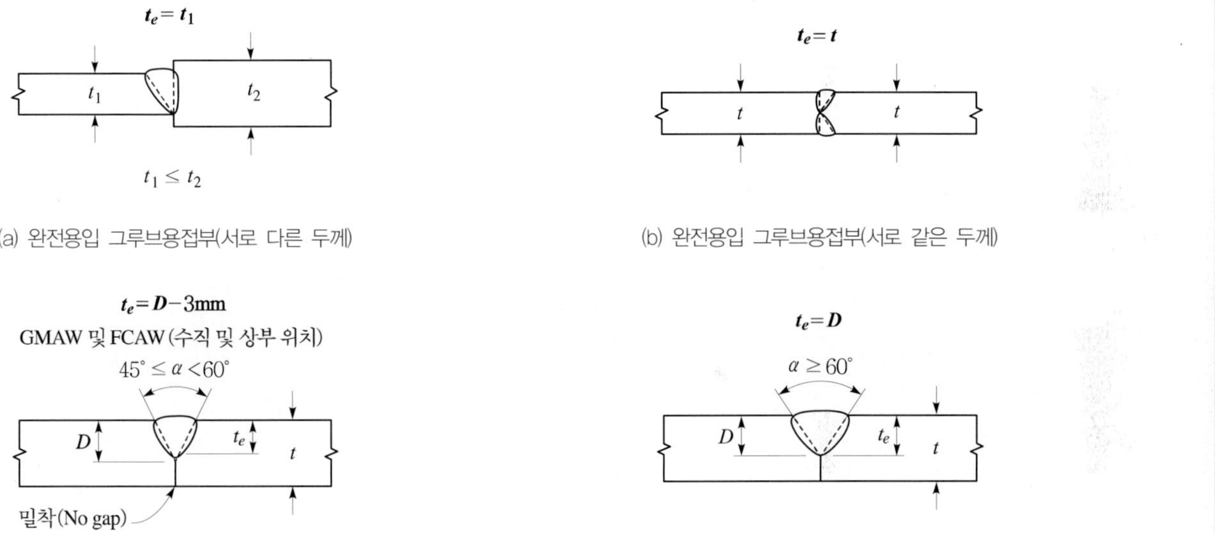

(a) 완전용입 그루브용접부(서로 다른 두께)

(b) 완전용입 그루브용접부(서로 같은 두께)

(c) 부분용입 그루브용접부(베벨 또는 V자 홈)

(d) 부분용입 그루브용접부(베벨 또는 V자 홈)

그림 2.2.5 그루브용접부의 유효목두께

2.2.4.3 그루브용접부의 제한사항

(1) 부분용입 그루브접부의 최소유효목두께는 계산에 의한 응력전달에 필요한 값 이상, 또한 표 2.2.4a의 값 이상으로 한다(그림 2.2.6 참조). 다만, 표에서 t는 접합되는 얇은 쪽 판두께이다.

(2) 부분용입용접부의 단면형상에 따른 유효목두께 산정은 표 2.2.4b에 따른다.

(3) 원형단면이나 각형의 90° 원호모서리의 표면에 평탄하게 채우는 플래어홈용접부의 유효목두께는 실험에 의해 입증되지 않는 한 표 2.2.4c에 따른다.

(4) 그루브용접부의 유효길이는 접합되는 부분의 폭으로 한다.

(5) 그루브용접부의 유효길이는 양 끝에 엔드탭을 사용할 경우에는 그루브용접부 총길이로, 양 끝에 엔드탭을 사용하지 않을 경우에는 그루브용접부 총길이에 용접목두께의 2배를 공제한 값으로 하여야 한다. 한쪽 끝만 앤드탭을 사용하지 않을 경우에는 그루브용접부 총길이에 용접부목두께를 공제한다.

표 2.2.4a 부분용입용접부(PJP)의 최소 유효목두께(기준 표 4.7-3)

결합모재 중에서 얇은 두께 t (mm)	최소 유효목두께 t_e (mm)
$t \le 6$	3
$6 < t \le 13$	5
$13 < t \le 19$	6
$19 < t \le 38$	8
$38 < t \le 57$	10
$57 < t \le 150$	13
$t > 150$	16

표 2.2.4b 부분용입용접의 유효목두께(기준 표 4.7-4)

<table>
<tr><th>용접방법</th><th>용접자세
F(하향)
H(수평)
V(수직)
OH(상향)</th><th>루트부의 개선각도</th><th>유효목두께</th></tr>
<tr><td>실드메탈 아크용접</td><td rowspan="2">전자세</td><td rowspan="2">J 또는 U자 홈
60° V자 홈</td><td rowspan="3">홈의 깊이</td></tr>
<tr><td>가스메탈 아크용접
플럭스코어드 아크용접</td></tr>
<tr><td>서브머지드 아크용접</td><td>F</td><td>J 또는 U자 홈
60° 베벨 또는 V자 홈</td></tr>
<tr><td>가스메탈 아크용접
플럭스코어드 아크용접</td><td>F, H</td><td>45° 베벨</td><td>홈의 깊이</td></tr>
<tr><td>실드메탈 아크용접</td><td>전자세</td><td rowspan="2">45° 베벨</td><td rowspan="2">홈의 깊이에서
3mm 공제</td></tr>
<tr><td>가스메탈 아크용접
플럭스코어드 아크용접</td><td>V, OH</td></tr>
</table>

표 2.2.4c 플레어그루브용접부의 유효 목두께(기준 표 4.7-5)

플레어그루브용접부의 유효목두께		
용접 방법	플레어베벨용접	플레어V용접
가스메탈 아크용접, 플럭스코어드 아크용접-G	5/8 R	3/4 R
실드메탈 아크용접, 플럭스코어드 아크용접-S	5/16 R	5/8 R
서브머지드 아크용접	5/16 R	1/2 R

주) 플레어베벨용접에서 반경이 10mm 이내(R<10mm)인 경우, 민면으로(평평하게) 채운 조인트에 보강필릿용접만을 사용한다.
R=조인트 표면의 반경(강관의 경우 2t로 산정할 수 있다.)

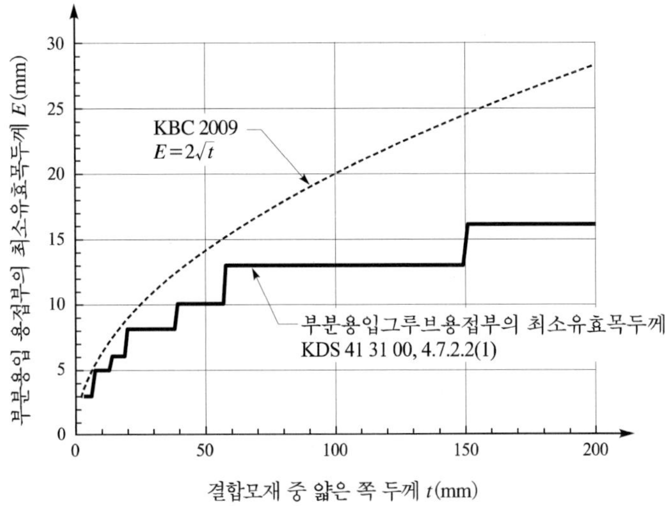

그림 2.2.6 부분용입그루브용접부의 최소유효목두께

2.2.4.4 그루브용접이음부의 설계강도

그루브용접이음부의 설계강도는 '2.2.3.2 용접이음부의 설계강도(기준 4.7.2.5 설계강도)'와 '도움표 2.2.5 용접이음부 강도(기준 4.7.2.5의 표 4.7-7)'에 따라서 결정한다.

2.2.5 필릿용접부의 설계

필릿용접부의 설계강도는 하중각도의 영향을 고려하지 않은 단순설계법 또는 하중각도의 영향을 고려한 상세설계법에 의해 구할 수 있다. 단순설계법은 기준 4.7.2.5의 식 4.7-2에 의한 방법이고, 상세설계법은 앞에 소개한 2.2.3.2(3) 'AISC 360-10 J2.4 필릿용접부의 대체 설계강도'에 의한 방법이다. 뒤에 기술한 '2.2.6 중심하중을 받는 용접군'과 '2.2.7 편심하중을 받는 용접군'에 있는 2.2.7.1의 '(1) 소성회전중심법'은 상세설계법에 속한다.

2.2.5.1 필릿용접부의 응력

그림 2.2.7과 같이 용접군에 하중이 가해질 때, 하중각도에 따라서 용접부의 목 단면에는 그림 2.2.8과 같이 4가지 응력 중에서 한 가지 또는 여러 가지 응력이 동시에 발생한다. 이 중에서 용접부 축의 길이방향 주응력 $\sigma_{\parallel}$은 용접부의 설계에 고려하지 않는다. 그림 2.2.7의 (a) 경우에는 용접부 축의 길이방향 전단응력 $\tau_{\parallel}$이 발생되고, (b)의 경우에는 용접목 단면(음영부분)의 수직방향 인장응력 $\sigma_{\perp}$과 용접부 축의 수직방향 전단응력 $\tau_{\perp}$이 발생된다. 그림 2.2.7의 (c) 경우에는 $\sigma_{\perp}$, $\tau_{\perp}$, $\tau_{\parallel}$ 응력이 동시에 발생된다. 필릿용접부는 이 용접목 단면의 파단한계상태를 기준하여 설계된다.

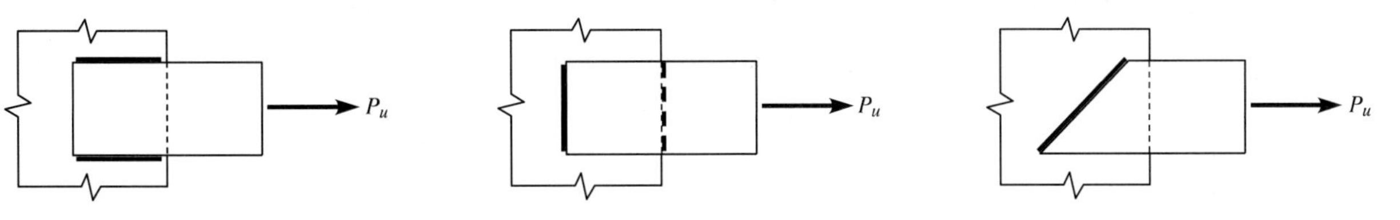

(a) $\theta = 0°$ (b) $\theta = 90°$ (c) $\theta = 45°$

그림 2.2.7 용접부의 축에 대한 하중각도의 예

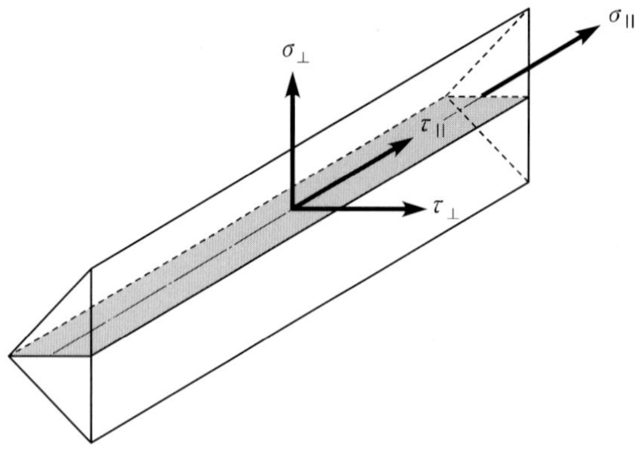

그림 2.2.8 필릿용접부의 유효목 단면에서의 응력

2.2.5.2 필릿용접부의 유효면적 A_{we}

(1) 필릿용접부의 유효면적은 유효길이 l_{we}에 유효목두께 t_{we}를 곱한 값으로 한다.

(2) 필릿용접부의 유효길이는 필릿용접의 총길이에서 2배의 필릿치수를 공제한 값으로 한다.

(3) 필릿용접부의 유효목두께 t_{we}는 그림 2.2.9와 같이 계산하며, 그림 2.2.10과 같이 용접부루트로부터 용접부표면까지의 최단거리로 한다. 단, 그림 2.2.9의 (a)처럼 이음면이 직각이고 각 이음면의 필릿치수가 동일한 경우에는 필릿사이즈 s의 0.7배로 한다.

(4) 깊이 용입된 필릿용접부의 유효목두께는 그림 2.2.11과 같이 용입깊이를 추가한 값으로 할 수 있다. 단, 추가 용입깊이는 사전 실험에 의하여 확인되고 검증되어야 한다.

(5) 구멍필릿과 슬롯필릿의 용접부 유효길이는 목두께의 중심을 잇는 용접부중심선의 길이로 한다.

$$t_{we} = 0.707s$$

(a) 각 이음면의 필릿치수가 동일한 경우

$$t_{we} = \frac{s_1 s_2}{\sqrt{s_1^2 + s_2^2}}$$

(b) 각 이음면의 필릿치수가 다른 경우

그림 2.2.9 필릿용접부의 유효목두께 계산

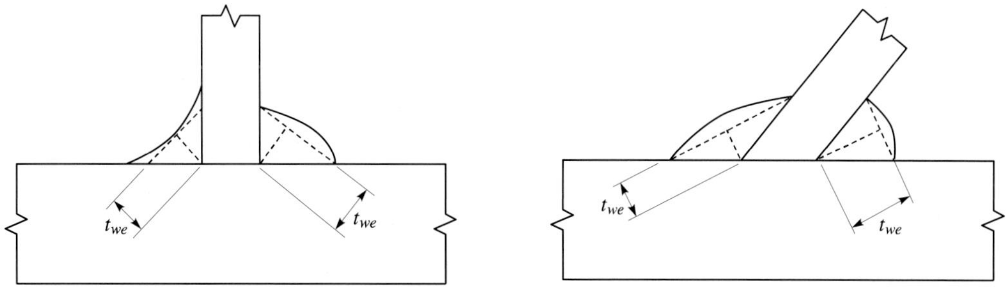

그림 2.2.10 필릿용접부의 유효목두께

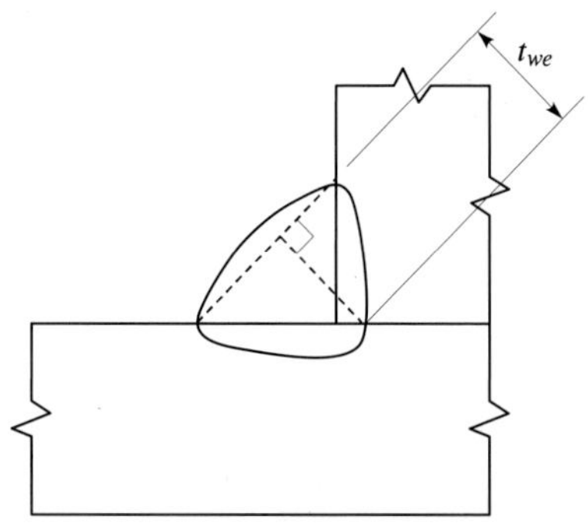

그림 2.2.11 깊이 용입된 필릿용접부의 유효목두께

2.2.5.3 필릿용접부의 제한사항

(1) 필릿용접의 최소사이즈는 표 2.2.5에 따른다(그림 2.2.12참조).

표 2.2.5 필릿용접의 최소 사이즈(기준 4.7.2.3의 표 4.7-6)

결합모재의 얇은 쪽 두께 t (mm)	필릿용접의 최소 사이즈 s (mm)
$t \leq 6$	3
$6 < t \leq 13$	5
$13 < t \leq 19$	6
$t > 19$	8

(2) 겹침이음부에서 필릿용접의 최대사이즈는 다음에 따른다(그림 2.2.12참조).

① $t < 6\text{mm}$ 일 때, $s = t$

② $t \geq 6\text{mm}$ 일 때, $s = t - 2\text{mm}$

(3) 강도를 기반으로 하여 설계되는 필릿용접의 최소길이는 공칭용접사이즈의 4배 이상으로 해야 한다. 또는 유효용접사이즈는 그 용접길이의 1/4 이하가 되어야 한다.

(4) 평판인장재의 단부에 길이방향으로 필릿용접이 될 경우 각 필릿용접의 길이는 필릿용접 수직방향 간격보다 길게 해야 한다. 이때 인장재의 유효순단면적은 기준(KDS 41 31 00)의 4.1.3.3에 따른다.

(5) 단부하중을 받는 필릿용접에서 용접길이가 용접사이즈의 100배 이하일 경우에는 유효길이를 실제길이와 같은 값으로 간주할 수 있다. 100배를 초과하는 경우에는 실제길이에 저감계수 $\beta(=1.2-0.002(l/s)\leq 1.0)$를 곱하여 유효길이를 산정한다. 여기서 l은 단부하중을 받는 용접부의 실제길이 (mm), s는 필릿용접치수이다. 용접길이가 용접치수의 300배를 초과하는 경우에는 유효길이를 $180s$로 택한다(다음의 2.2.5.4를 참조).

(6) 단속필릿용접은 접합부나 접합면을 따라 응력을 전달하고 용접조립부재의 구성요소들을 연결하는데 활용한다. 단속필릿용접에서 모든 부위의 길이는 용접사이즈의 4배 이상이면서 최소 38mm이어야 한다.

(7) 겹침이음에 있어서의 최소겹침길이는 얇은 부재 두께의 5배가 되어야 하고 최소 25mm이어야 한다. 수직방향 필릿용접으로만 축방향 응력을 전달하는 겹침이음의 경우 양쪽단부를 필릿용접해야 한다. 그러나 최대하중 시 겹친 부분의 처짐이 접합부의 열림현상을 충분히 방지할 수 있도록 구속될 경우는 예외로 한다.

(8) 돌출요소의 유연성이 요구되는 접합부에서 단부돌림용접이 사용되는 경우, 단부돌림용접의 길이는 공칭용접사이즈의 4배 이하, 용접되는 부분 폭의 1/2 이하이어야 한다.

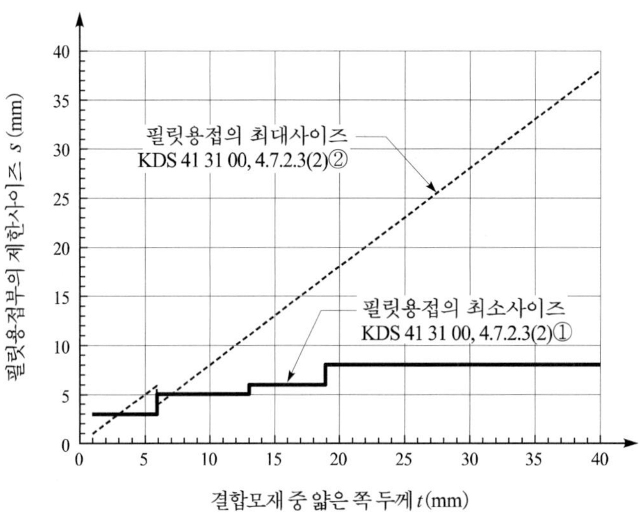

그림 2.2.12 필릿용접부의 최소치수와 최대치수

2.2.5.4 단부하중을 받는 길이방향 필릿용접부의 유효길이와 설계강도

(1) 용접부의 유효길이

그림 2.2.13의 (a)와 같이 용접부길이 L_w가 $100s$ 이하인 경우에는 용접부목에서의 전단응력이 균일하다고 간주하여 용접부 유효길이 l_{we}는 실제 용접부길이 L_w로 한다. 반면에 (b)와 같이 용접부길이가 $100s$를 초과하는 경우에는 용접부목에서의 전단응력이 균일하지 않게 분포하므로 용접부 유효길이는 (c)의 그래프에 나타낸 길이영향 저감계수 β를 실제 용접부길이 L_w에 곱한 값으로 한다. 즉, 용접부의 유효길이는 $l_{we}=\beta L_w$로 표현할 수 있다.

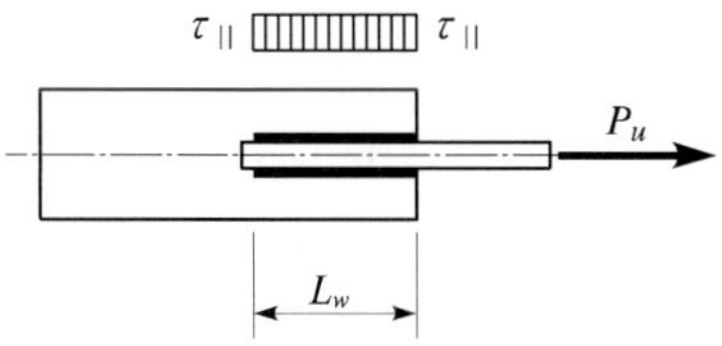

(a) 균일한 전단응력의 분포

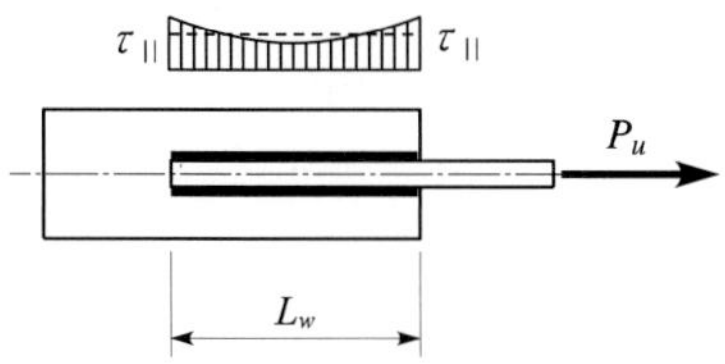

(b) 전단지연에 의한 균일하지 않은 전단응력의 분포

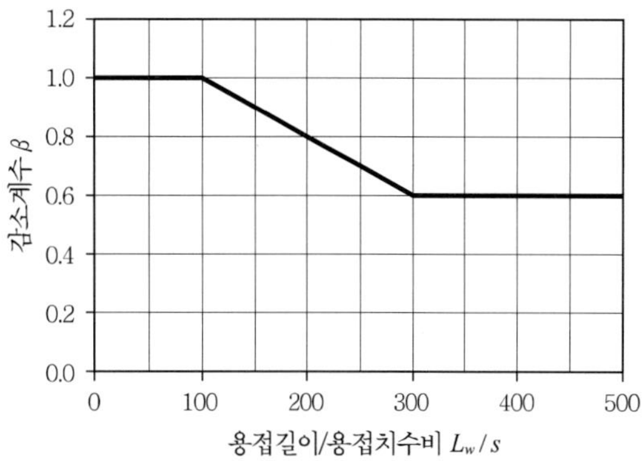

(c) 필릿용접부의 길이영향 저감계수 β

$L_w/s \le 100$인 경우, $\beta = 1$

$100 < L_w/s \le 300$인 경우, $\beta = 1.2 - 0.002(L_w/s) \le 1.0$

$L_w/s > 300$인 경우, $\beta = 0.6$

그림 2.2.13 단부 길이방향하중을 받는 필릿용접부의 길이영향

(2) 길이방향하중을 받는 필릿용접부의 설계강도

용접이음부의 설계강도는 '2.2.3.2 용접이음부의 설계강도(기준 4.7.2.5 설계강도)'와 '도움표 2.2.5 용접이음부 강도(기준 4.7.2.5의 표 4.7-7)'에 따라서 결정한다.

길이방향하중을 받는 필릿용접부의 설계강도는 도움표 2.2.5와 기준 4.7.2.5의 식(4.7-2)에 의해 단순하게 계산할 수 있다. 이음면이 직각이고 각 이음면의 필릿치수 s가 동일할 때, 용접부길이가 $100s$ 이하인 필릿용접부의 설계강도 ϕR_n은 다음과 같이 계산한다.

$$\phi R_n = \phi F_{nw}(A_{we}) = \phi F_{nw}(t_{we})(l_{we}) = \phi(0.6F_w)(s/\sqrt{2})(l_{we}) \qquad (2.2.5\text{-}1)$$

여기서, $\phi = 0.75$

F_{nw} = 용접재의 공칭강도, MPa

F_w = 용접재의 인장강도, MPa

A_{we} = 용접부 유효면적, mm^2

t_{we} = 필릿용접부 유효목두께, mm

s = 필릿용접부치수, mm

l_{we} = 용접부 유효길이, mm

용접재의 인장강도 F_w가 490MPa인 경우의 필릿용접부길이 1mm에 대한 기본설계강도는 다음과 같이 단순화할 수 있다.

$$\begin{aligned}\phi R_n &= 0.75(0.6 \times 490)(10^{-3})(s/\sqrt{2}) \\ &= 0.156s\,(\text{kN/mm}) \qquad (2.2.5\text{-}2)\end{aligned}$$

AISC 360-10에 필릿용접부가 길이방향(용접선 길이방향)이 아닌 방향으로 하중을 받을 때에는 하중의 각도에 따라 강도가 증가하는 AISC J2.4a 규정을 사용할 수 있다. 최대의 강도증가는 길이방향에 수직인 횡방향(용접에 직각인 방향)으로 하중을 받는 경우인데 길이방향 하중을 받는 동일한 필릿용접부보다 강도가 50% 증가한다.

(3) 하중각도의 영향

필릿용접부를 설계할 때 AISC 360-10의 식(J2-5)에 주어져 있는 것처럼, 하중각도의 영향으로 증가된 강도는 도움표 2.2.5 용접이음부 강도(기준 4.7.2.5의 표 4.7-7)에 있는 기본 필릿용접부강도에 다음 식으로부터 구한 값을 곱하여 구할 수 있다.

$$(1.0 + 0.5\sin^{1.5}\theta) \qquad (2.2.5\text{-}3)$$

여기서, θ는 용접부 선의 길이방향 축과 하중방향 사이의 각도이다.

길이방향에 수직인 횡방향으로 하중을 받는 용접부의 하중각도는 $\theta = 90°$이다. 이 횡방향 하중을 받는 용접부의 강도는 길이방향 하중을 받는 용접부에 비하여 50% 증가된다. 그러나 이와 같은 용접부강도의 증가는 연성의 감소를 수반하게 된다. 단선용접부(single line weld)에서 감소된 연성은 대부분의 경우에는 중요하지 않다. 그러나 다양한 각도로 하중을 받는 용접부로 구성된 용접군에서는 이와 같은 연성의 변동은 설계자가 하중-변형적합성을 고려해야 한다는 것을 의미한다.

다음 그림 2.2.14의 (b)는 식(2.2.5-3)에 의해 하중각도에 따른 용접강도를 나타낸 그래프이다.

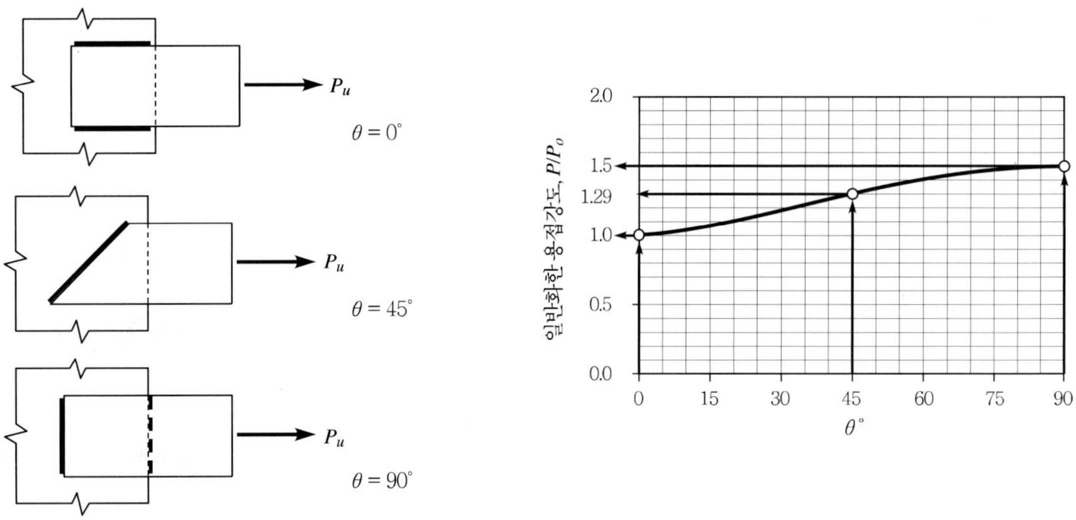

(a) 하중각도 (b) 일반화한 용접부강도

그림 2.2.14 하중각도에 따른 필릿용접부강도

2.2.6 중심하중을 받는 용접군

그림 2.2.16의 하중-변형곡선은 용접군의 설계에 변형적합성에 대한 고려가 필요함을 보여준다. 용접군 내에 길이방향하중을 받는 용접부가 자체의 최대강도에 이르기 전에 횡방향하중을 받는 용접부가 먼저 파단되기 때문이다.

설계 도움표 2.2.8을 이용하여 중심축하중을 받는 필릿용접군의 설계강도를 산정하기 위한 단순한 절차는 아래

2.2.9.2 (4)의 설명과 기타 참고문헌(이전 매뉴얼의 예제 등)을 참조한다. 이 절차를 사용하는 대신에 하중각도에 따른 강도 증가가 없다고 가정하여 하중-변형 적합성을 무시하고, 각 용접요소의 성능을 합하는 단순설계법이 허용된다.

2.2.7 편심하중을 받는 용접군

2.2.7.1 접합면내 편심

접합면의 면내 편심은 추가의 전단을 일으킨다. 용접은 직접전단력 P_u와 편심모멘트 $P_u e$에 의한 추가전단력을 조합한 영향에 저항하도록 설계해야 한다. 이러한 유형의 편심에 대한 해석방법에는 소성회전중심법(Instantaneous Center of Rotation Method)과 탄성법(Elastic Method)이 있다. 소성회전중심법이 더 정확하지만 일반적으로 도표화된 값을 사용하거나 또는 반복해석을 통한 해법이 필요하다. 탄성법은 해법이 단순하지만 용접군의 연성과 하중증가 능력을 무시하기 때문에 지나치게 안전 측으로 설계된다.

(1) 소성회전중심법

편심하중은 접합재 사이에 회전과 이동을 동시에 발생시킨다. 이러한 회전과 이동의 복합작용은 그림 2.2.15의 (a)에서 표시한 특정한 점을 중심으로 회전하는 효과와 같은데 이 특정한 점을 소성회전중심(IC: Instantaneous Center)이라고 부른다. 소성회전중심의 위치는 용접군의 형상, 하중방향과 하중작용점의 위치에 따라 다르다.

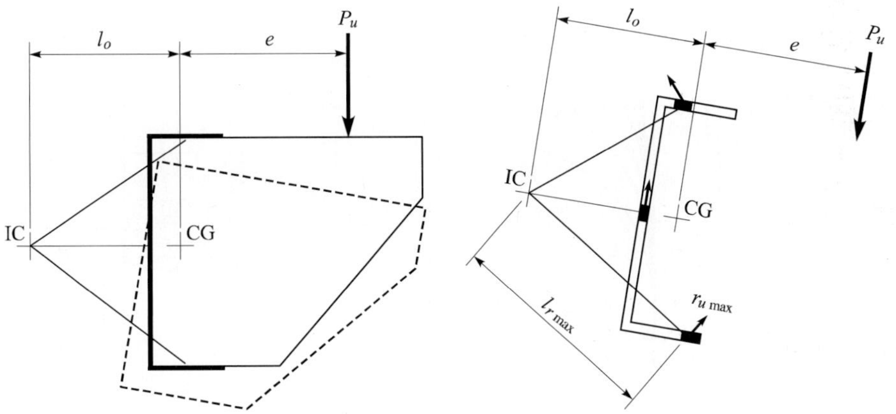

(a) 소성회전중심(IC)　　(b) 용접요소들에 작용하는 힘

그림 2.2.15 소성회전중심법

그림 2.2.16의 그래프에 나타낸 용접부의 단위길이요소에 대한 하중-변형관계는 Lesik & Kennedy(1990)가 제안한 근사식으로 구할 수 있다. 용접요소의 공칭전단강도 F_{nwi}는 가장 먼저 변형한계에 도달하는 용접요소의 변형 Δ_{ui}에 의해 제한된다. 각 용접요소의 공칭전단강도 F_{nwi}는 다음 식으로 구할 수 있다.

$$F_{nwi} = 0.60F_w(1.0 + 0.50\sin^{1.5}\theta_i)[p_i(1.9 - 0.9p_i)]^{0.3} \tag{2.2.7-1}$$

여기서, F_{nwi} = 어느 특정 변형 Δ에서의 분할용접요소에 대한 공칭전단강도, kN

F_w = 용접재의 인장강도, MPa

θ_i = i용접부요소의 길이방향 축과 그 요소에 작용하는 합력방향 간의 각도

p_i = 최대응력에서의 변형에 대한 i요소의 변형비, Δ_i/Δ_{mi}

Δ_i = 임계요소 이외의 i용접부요소의 변형, $r_i\Delta_{ucr}/r_{cr}$ 소성회전중심으로부터의 거리에 기초한 임계변형에 선형비례한다.

Δ_{ucr} = 용접군에 속한 분할용접요소 중에서 극한응력(파단)에서의 최소 Δ_{ui}/r_i비를 갖는 요소의 변형. 일반적으로 소성회전중심으로부터 가장 멀리 있는 요소의 변형, mm

$\Delta_{mi} = 0.209s(\theta_i + 2)^{-0.32}$, i요소의 최대응력에서의 변형, mm (2.2.7-2)

$\Delta_{ui} = 1.087s(\theta_i + 6)^{-0.65} \le 0.17s$, 극한응력(파단)에서의 i용접부요소의 변형, mm (2.2.7-3)

r_i = 소성회전중심으로부터 i용접부요소의 중심까지의 거리, mm

r_{cr} = 소성회전중심으로부터 최소 Δ_{ui}/r_i비를 갖는 용접부요소의 중심까지 거리, mm

s = 필릿용접부치수, mm

볼트에 대한 하중-변형관계와는 달리 용접부의 강도와 변형은 용접부요소의 길이방향 축과 합력방향이 만드는 각도 θ_i에 따라 결정된다. 그림 2.2.16의 하중-변형곡선은 $\theta = 0°$, 15°, 45°, 60°, 75° 및 90°에 대한 공칭전단강도 P를 $P_0 = 0.6F_w$에 대한 상대비율로 나타낸 것이다. 보다 상세한 자료들은 AISC 360-10의 J2.4와 해설을 참고한다.

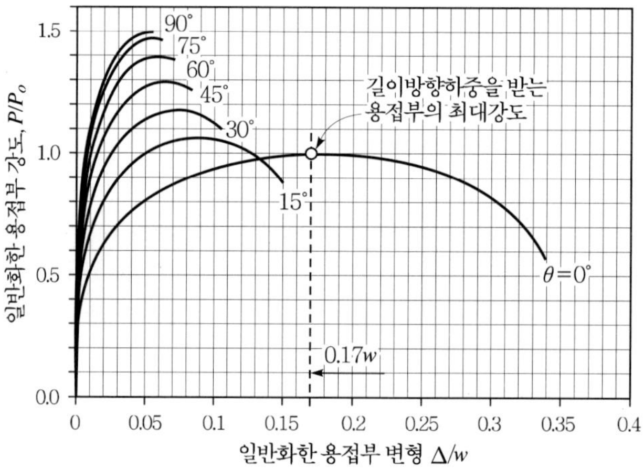

그림 2.2.16 하중각도 θ에 따른 필릿용접부의 강도와 변형

용접군 내에서 가장 먼저 변형한계에 도달한 용접부요소 이외의 용접부요소의 공칭전단강도는 IC로부터의 거리에 따라서 선형으로 변화하는 변형 Δ를 적용하여 산정할 수 있다. 용접군의 공칭전단강도는 이 조건에 있는 각 용접요소들의 강도를 모두 합한 값이 된다. 반복해석이 필요한 비선형의 특성 때문에 충분한 정확도를 얻기 위해서는 가장 긴 용접선에 대하여 보통 최소 20개 요소로 분할할 것을 권장한다.

각 용접부요소 개개의 저항력은 그림 2.2.13의 (b)와 같이 IC와 용접요소의 중심을 통과하는 선에 직각인 방향으로 작용하는 것으로 가정한다. 만일 정확한 IC의 위치를 찾아서 계산하였다면, 평면 내 정역학의 평형조건식($\Sigma F_x = 0$, $\Sigma F_y = 0$, $\Sigma M = 0$)을 만족하게 될 것이다. 보다 상세한 자료들은 Buttler, Pal & Kulak (1972)의 문헌을 참고한다.

(2) **탄성법**

그림 2.2.15와 같이 작용하는 편심하중은 용접군의 중심(CG)을 통하여 작용하는 전단력 P_u와 편심모멘트 $P_u e$로 분리할 수 있다. 여기서 e는 편심이다.

각 용접부요소들은 직접 전단력 P_u를 균등하게 분담하여 저항하고, 편심모멘트 $P_u e$는 중심 CG로부터 각 요소까지의 거리에 비례하여 분담한다고 가정한다. 이들 힘의 벡터합력 r_u가 용접부의 소요강도가 된다.

중심하중에 의한 용접부의 단위길이(mm) 당 전단력은 다음과 같이 산정한다.

$$r_{pu} = \frac{P_u}{l} \tag{2.2.7-3}$$

위의 식에서, l = 용접군내의 총 용접길이.

용접부 단위길이 당 전단력의 합을 산정하기 위해서는 r_{pu}를 수평성분 $r_{pux} = r_{pu}\sin\theta$ 와 수직성분 $r_{puy} = r_{pu}\cos\theta$ 로 분리해야 한다. 모멘트 $P_u e$에 의한 용접부 단위길이(mm) 당 전단력 r_{mu}는 다음과 같이 산정한다.

$$r_{mu} = \frac{P_u e\, c}{I_p} \tag{2.2.7-4}$$

위의 식에서, c : 중심 CG로부터 용접군의 가장 먼 점까지의 거리, mm

I_p : 용접군의 극단면2차모멘트, mm^4/mm^2; $I_p = I_x + I_y$, 그림 2.2.17을 참고한다.

다양한 용접부형태에 대한 단면계수와 비틀림상수들에 대하여는 참고문헌(Blodgett, 1966, 7장 표5)을 참고한다.

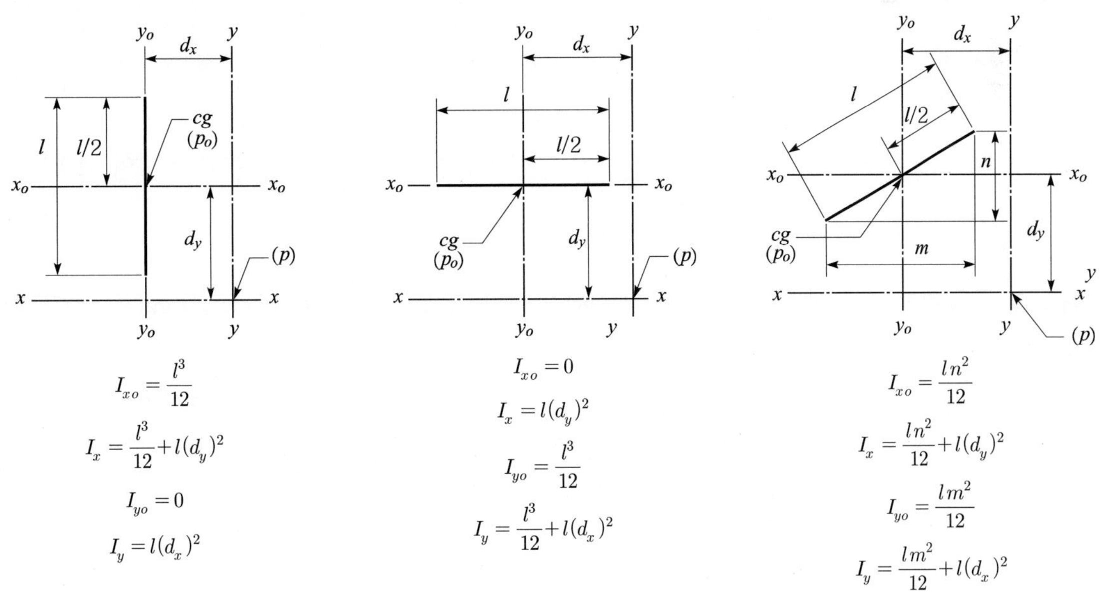

그림 2.2.17 용접부 요소들의 단면2차모멘트

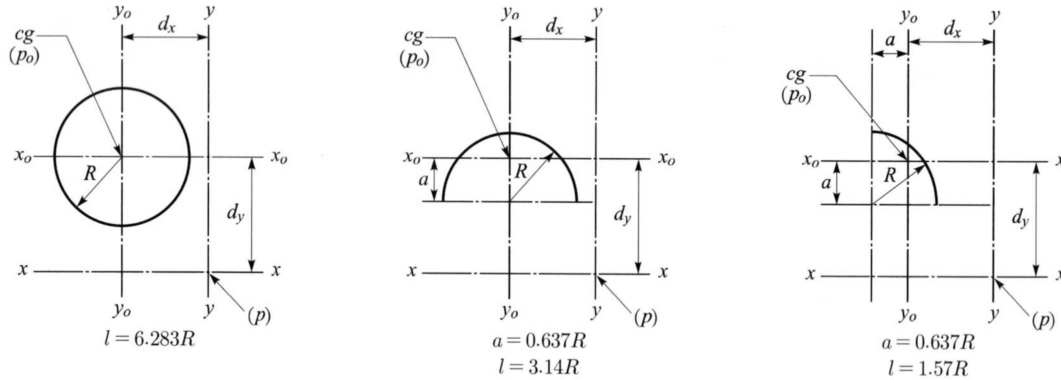

$$I_{xo} = \pi R^3$$
$$I_x = \pi R^3 + l(d_y)^2$$
$$I_{yo} = \pi R^3$$
$$I_y = \pi R^3 + l(d_x)^2$$

$$I_{yo} = \frac{\pi}{2} R^3$$
$$I_y = \frac{\pi}{2} R^3 + l(d_x)^2$$
$$I_{xo} = \left(\frac{\pi}{2} - \frac{4}{\pi}\right) R^3$$
$$I_x = \left(\frac{\pi}{2} - \frac{4}{\pi}\right) R^3 + l(d_y)^2$$

$$I_{xo} = \left(\frac{\pi}{4} - \frac{2}{\pi}\right) R^3$$
$$I_x = \left(\frac{\pi}{4} - \frac{2}{\pi}\right) R^3 + l(d_y)^2$$
$$I_{yo} = \left(\frac{\pi}{4} - \frac{2}{\pi}\right) R^3$$
$$I_y = \left(\frac{\pi}{4} - \frac{2}{\pi}\right) R^3 + l(d_x)^2$$

그림 2.2.17 용접부 요소들의 단면2차모멘트(계속)

응력이 가장 높은 용접부 요소의 합력을 산정하기 위하여 r_{mu}를 수평성분 r_{mux}와 수직성분 r_{muy}로 분리해야 한다.

$$r_{mux} = \frac{P_u e c_y}{I_p} \tag{2.2.7-5}$$

$$r_{muy} = \frac{P_u e c_x}{I_p} \tag{2.2.7-6}$$

위의 식들에서 c_x와 c_y는 반경거리 c의 수평 또는 수직요소이다. 따라서 합력 r_u는 다음과 같이 산정한다.

$$r_u = \sqrt{(r_{pux} + r_{mux})^2 + (r_{puy} + r_{muy})^2} \tag{2.2.7-7}$$

구해진 합력 r_u는 용접부의 설계강도와 비교하여 검토한다. 보다 상세한 자료들은 히긴스(Higgins, 1971)의 문헌을 참고한다.

2.2.7.2 접합면에 수직인 편심

그림 2.2.18의 브래킷(bracket)접합부처럼 접합면에 수직인 편심은 중립축의 상부에는 인장을 그리고 하부에는 압축을 일으킨다. 편심하중 P_u는 접합면에 작용하는 직접전단력 P_u와 접합면에 수직방향으로 작용하는 편심모멘트 $P_u e$로 분리하여 생각할 수 있다(여기서 e는 편심이다). 그 다음에 중심하중 P_u에 대해서 용접부의 각 단위길이 요소가 균등하게 분담하여 저항하고, 편심모멘트 $P_u e$에 대해서는 중립축 상부 용접부가 인장으로 저항하고, 중립축 하부 용접부가 압축으로 저항한다고 가정한다.

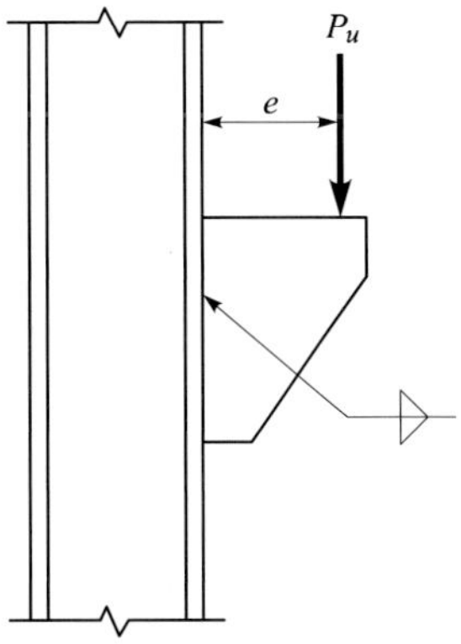

그림 2.2.18 접합평면에 직각인 편심을 받는 접합부

전단과 인장의 상관관계를 고려해야 하는 볼트와는 달리 용접부에서는 전단과 인장은 벡터로 합성하여 전단합력으로 만들 수 있다. 따라서 접합평면에 수직인 편심하중을 받는 용접부에 대한 해석은 앞에 기술한 2.2.7.1 접합면의 면내 편심하중을 받는 용접부와 유사하다.

2.2.8 기준의 기타 요구사항 및 설계고려사항

용접이음부의 설계에 적용해야 할 그 밖의 기준에서의 요구사항과 설계고려사항은 다음과 같다.

2.2.8.1 중량의 압연형강 및 판에 대한 특별요구사항

플랜지두께가 50mm를 초과하는 중량의 압연형강 또는 두께가 50mm를 초과하는 플레이트를 포함하는 조립단면(built-up section)에 대한 완전용입용접 이음은 AISC 360-10의 A3.1d를 참고한다.

2.2.8.2 용접군의 배열

축력을 받는 부재의 단부에서 용접군의 배열에 대한 요구사항은 기준 4.7.1.7을 참고한다.

(1) 편심에 대한 별도의 지정이 없는 경우, 축방향 힘을 전달하는 부재의 단부에서 용접군이나 볼트군은 그 군의 중심이 부재의 중심과 일치하도록 배열해야 한다.

(2) 정적으로 재하되는 ㄱ형강, 쌍ㄱ형강부재 또는 이와 유사한 부재의 단부접합에서는 기준 4.7.1.7(1) [중심의 일치]은 적용되지 않는다.

2.2.8.3 볼트와 용접부의 조합

볼트와 조합하여 사용하는 용접부에 대하여는 기준 4.7.1.8 용접과 볼트의 병용을 참고한다.

(1) 볼트는 용접부와 조합해서 하중을 부담시킬 수 없다. 이러한 경우 용접부에 전체하중을 부담시키도록 한다.

(2) 다만 전단접합 시에는 용접과 볼트의 병용이 허용된다. 전단접합 시 표준구멍과 하중방향에 수직인 단슬롯구멍의 경우에는 볼트와 하중방향에 평행한 필릿용접이 하중을 각각 분담할 수 있다. 이때 볼트의 설계강도는 설계지압강도의 50%를 초과하지 않아야 한다.

(3) 미끄럼방지접합으로 기 시공된 구조물을 개축할 경우 고장력볼트는 기 시공된 하중을 받는 것으로 가정하고 병용되는 용접은 추가된 소요강도를 받는 것으로 용접설계를 병용할 수 있다.

2.2.8.4 피로

피로와 관련된 내용은 기준 1.5.2.8 피로설계 내용 및 해설과 AISC 360-10의 부록3을 참고한다.

2.2.8.5 1면 필릿용접부

횡변위가 방지되지 않으면 1면 용접부에는 심한 노치(notch)가 형성될 수 있다. 그림 2.2.19와 같은 필릿용접부는 용접되지 않는 쪽은 인장에 대한 강도가 없으며, 용접되지 않은 쪽으로부터 노치가 형성될 수 있다. 각각의 면에 필릿용접을 실시하면 이와 같은 조건을 피할 수 있다. 이와 같은 조건은 부분용입용접부에서도 동일하다.

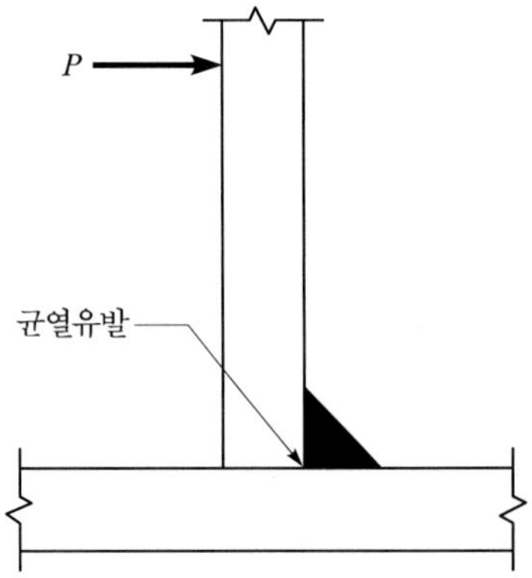

그림 2.2.19 1면용접부의 노치영향

2.2.8.6 용접작업에 대한 고려사항 및 부속품

(1) 용접작업을 위한 여유공간

용접자가 원활하게 용접작업을 하기 위해서는 소정의 여유공간이 필요하다. 용접사 또는 용접기 운용자(welding operator)가 용접봉을 조작하고 채워지고 있는 용접부를 관찰하기 위한 충분한 공간을 마련해야 한다.

실드메탈아크용접(SMAW)에서 수평자세로 용접할 경우에는 용접봉의 바람직한 위치는 형성되고 있는 필릿용접부의 수직면과 30도를 이루는 면내에 있다. 그러나 그림 2.2.20에 x로 나타낸 이 각도는 제작품 돌출부와의 접촉을 피하기 위하여 어느 정도 변경될 수 있다. 수평의 필릿용접에서 용접봉 운용을 위한 충분한 공간을 마련하기 위해서 내민요소에 대한 순띄움거리는 그림 2.2.20의 (b)와 같이 적어도 돌출길이(y)의 1/2, 즉 $y/2$ 이상이어야 한다. 직선용접봉으로 용접할 때 최소 여유공간에 대한 특별한 경우를 그림 2.2.21에 표시하였다.

20°는 ㄱ형강의 하부를 따라 만족스럽게 용접하기 위한 최소각도이며, 이에 따라 보의 단부에 대한 띄움(setback)이 결정된다. 만일 띄움간격이 12mm이고 9.5mm 직경의 용접봉이 사용된다면 ㄱ형강과 보플랜지 사이의 여유공간은 ㄱ형강의 다리길이 w가 75mm일 때에는 32mm보다 작아서는 안 되며, w가 100mm일 때에는 42mm보다 작아서는 안 된다. 이 여유공간을 마련할 수 없는 경우에는 필요한 각도를 확보하기 위하여 그림 2.2.20에 표시한 대안절단과 같이 ㄱ형강을 절단할 수 있다. 그러나 이와 같은 2차 절단가공은 접합부의 제작비용이 증가될 수 있다.

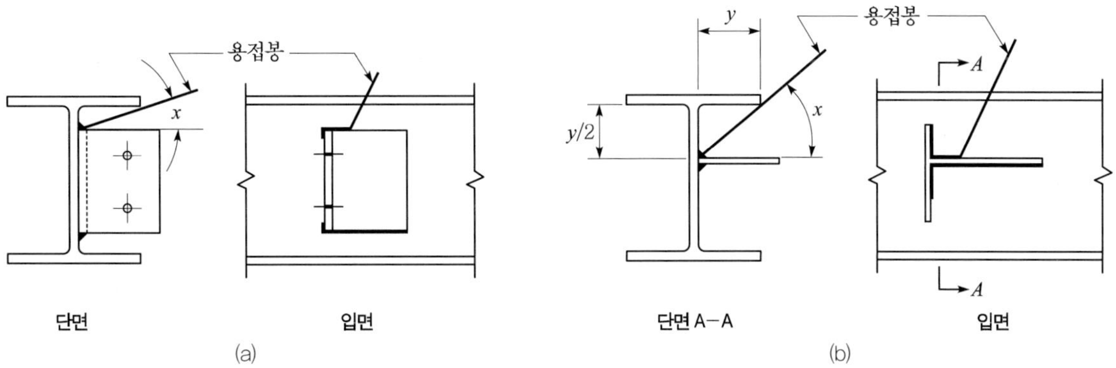

그림 2.2.20 SMAW용접을 위한 여유공간

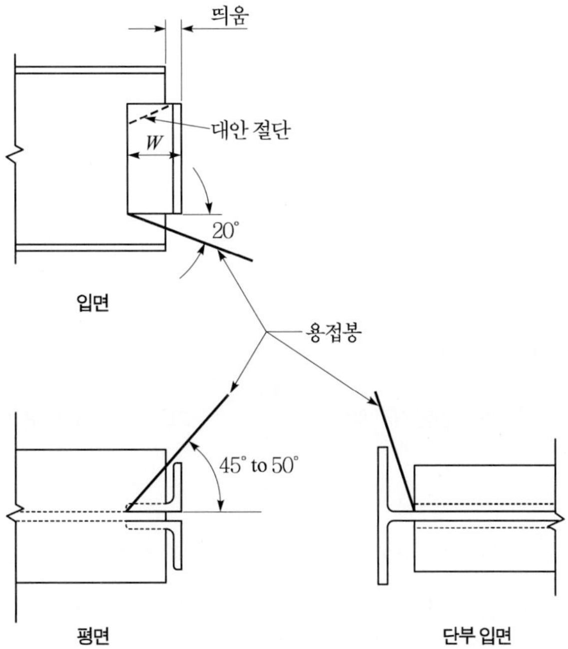

그림 2.2.21 SMAW용접을 위한 여유공간

(2) 과도한 용접

초과용접이나 과도한 용접시방은 이음부에 입열량이 증가되어 접합부의 변형이 추가로 증가한다. 조인트의 변형은 용접과정과 용접 후에 발생되는 다음의 3가지 주요 치수변화로 인해 생긴다.

① 용접선에 직각으로 발생되는 횡방향수축
② 용접선에 평행하게 발생되는 종방향수축
③ 용접선 주위 회전을 포함한 각도의 변화

만일 이들 치수의 변화가 제작 오차범위를 벗어나서 이음부가 달라지면 이음부를 제작오차 범위 이내로 되돌리기 위해 추가의 열을 가하는 보수가 필요하게 된다. 이와 같은 추가작업으로 인해 고가의 보수비용이 발생한다. 용접사이즈의 과대는 구조적인 이점이 없이 용접비용을 증가시키게 된다.

(3) 필릿용접부를 위한 최소 연단거리치수(shelf dimension)

보통사이즈의 SMAW 필릿용접을 위해 권장되는 연단거리치수들이 그림 2.2.22에 요약되어 있다. SAW 필릿용접부는 용접연단을 위해 보조재를 부재에 체결하더라고 플럭스를 포함하기 위해 더 큰 연단거리치수가 필요하다. 그림 2.2.23의 치수 b는 ㄱ형강길이, 따냄높이, 보춤 및 용접사이즈 등의 치수변화를 종합하여 수용할 수 있도록 충분해야 한다.

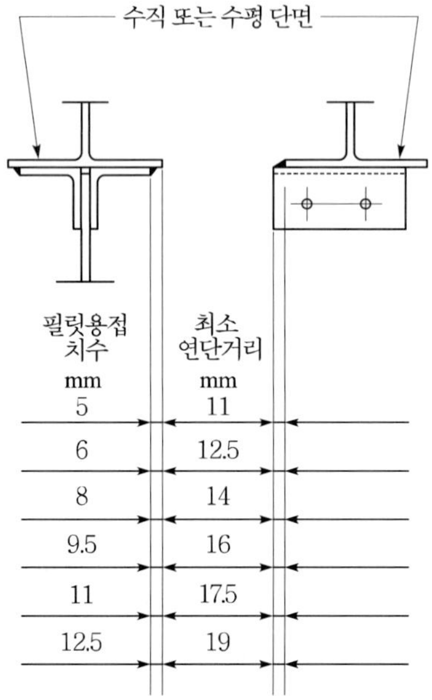

그림 2.2.22 SMAW 필릿용접부 최소 연단거리치수

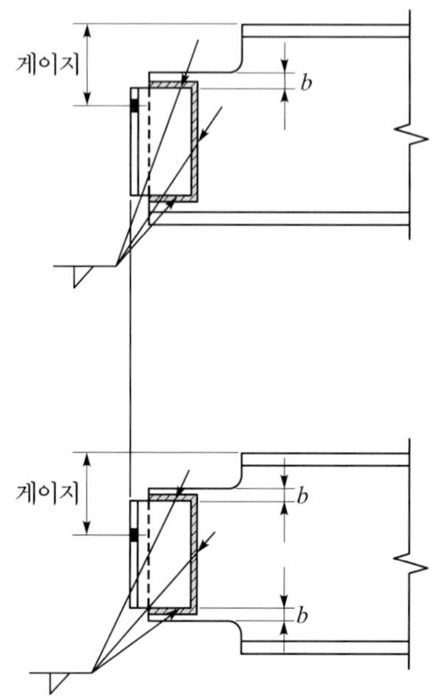

그림 2.2.23 필릿용접부의 연단거리치수 표시

(4) 보의 따냄과 용접접근공

보의 따냄과 용접접근공에 대한 요구사항들은 AISC 360-10의 J1.6에 주어져 있다. 그림 2.2.24와 같은 용접접근공은 보의 하부플랜지는 물론 보의 상부플랜지 아래에 연속된 뒷댐재(backing bar)를 설치하기 위하여 사용된다. 용접접근공은 용접부의 신축변형 영향을 완화시키거나 직각방향 용접부의 교차 또는 근접접속을 피하는데 도움을 준다. 용접접근공은 용착금속으로 채우지 않아야 한다. 채우면 하중재하시에 3축응력상태가 되기 때문이다.

(5) 모서리 자르기

스티프너 및 이와 유사한 요소들의 모서리는 이와 같은 모서리에서 생기기 쉬운 용입불량을 피하기 위하여 여유 있게 잘라내야 한다. 일반적으로 20mm를 잘라내면 충분하다. 필릿반경이 크거나 또는 20mm보다 작을 때에는 이 치수를 조건에 맞도록 적절하게 조정할 수 있다. 보다 상세한 자료는 Buttler 등(1972)과 Blodgett(1980)의 문헌들을 참고한다.

(6) 뒷댐재

그림 2.2.24와 같은 뒷댐재는 AWS D1.1의 5.2.2.2의 규정에서 시방한 것과 같은 승인된 용접용 재료를 사용해야 한다. AWS D1.1의 규정에 따라서 그루브용접 이음부의 뒷댐재는 응력집중 또는 불연속을 피하기 위하여 연속되거나 또는 용접부 금속으로 전체가 용접되어야 한다. 뒷댐재 제거는 AISC 360-10의 A3, 3.5 및 AWS D1.1에 규정되어 있다.

(7) 간격재

그림 2.2.24와 같은 간격재는 AWS D1.1의 5.2.2.3의 규정에 따라서 모재와 동일한 강재이어야 한다. 이 간격재들은 소량만 필요하기 때문에 시방된 KS(또는 ASTM 등)규격을 구하기 곤란할 수 있어 조달문제가 발생될 수 있다.

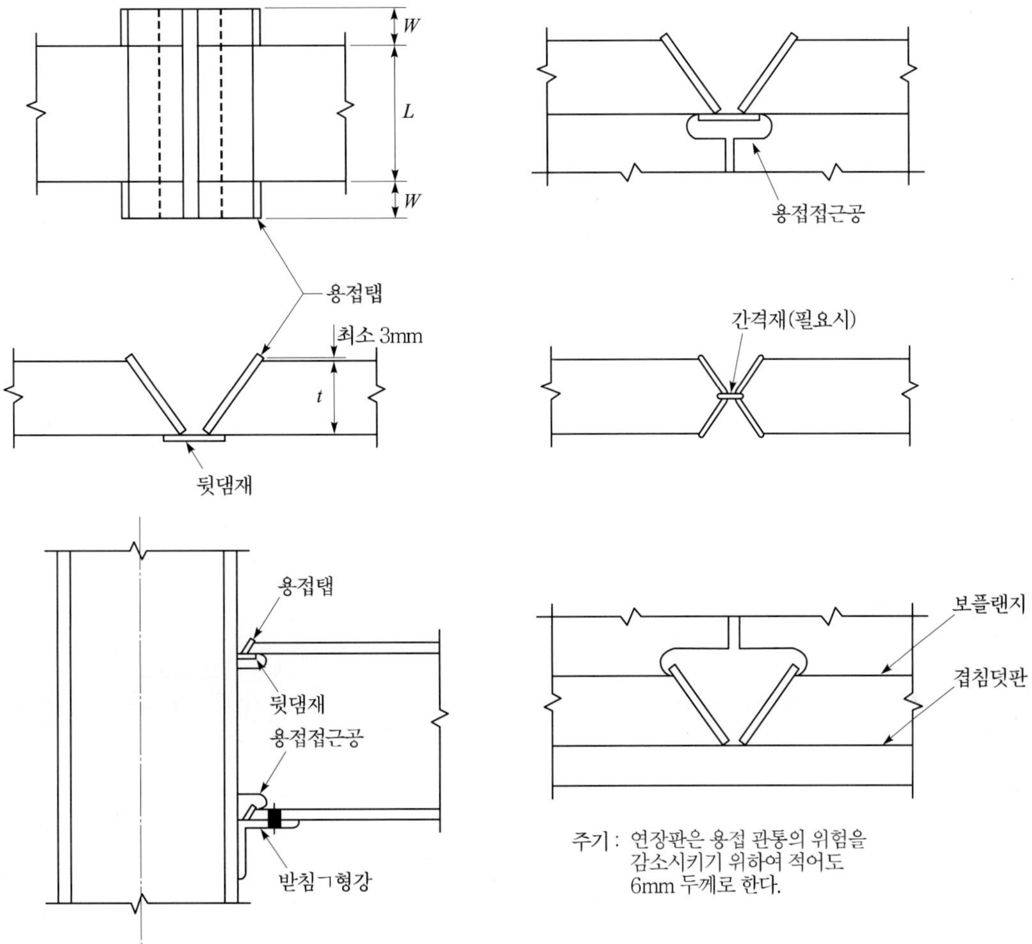

그림 2.2.24 뒷댐재, 간격재, 엔드탭 및 기타 용접부속품

(8) 용접탭

완전용접단면을 얻기 위하여 조인트의 양쪽 끝의 말단부는 건실한 용착금속으로 만들어져야 한다. 그림 2.2.24와 같은 용접탭은 AWS D1.1의 5.2.2.1의 규정에 따라 승인받은 용접가능한 재료를 사용해야 한다. 일반적으로 베벨과 V-그루브용접부에 사용되는 평면형탭과 J 및 U형 그루브용접부에 사용되는 곡면형탭 등 다양한 용접탭의 형상들이 그림 2.2.25에 표시되어 있다. 용접탭의 제거는 AWS D1.1에 규정되어 있다.

(9) 가용접

그림 2.2.26의 (a)와 같은 가용접은 노치의 원인이 될 수 있으므로 피해야 한다. 그림 2.2.26의 (b)는 가용접이 최종용접부에 녹아 들어가는 보다 나은 상세의 한 예이다. 다른 상세에 대하여는 제2장의 관련 참고문헌을 참고할 수 있다.

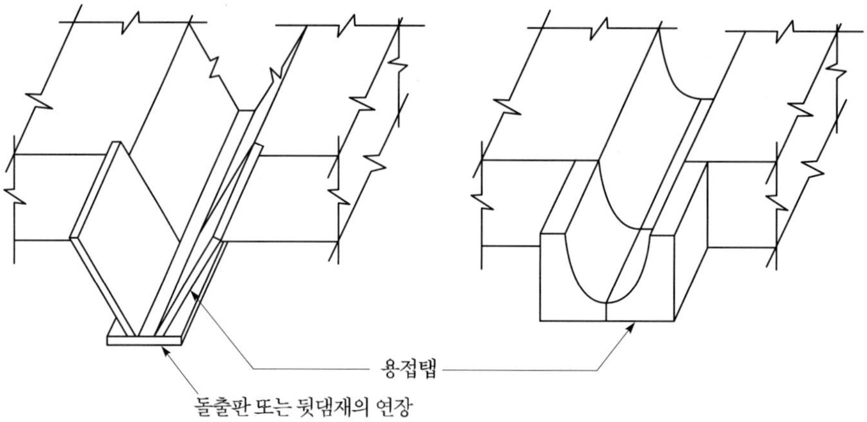

그림 2.2.25 용접탭

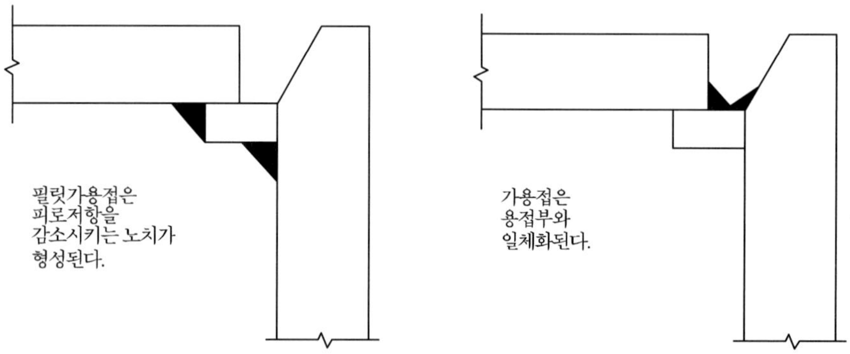

(a) 바람직하지 않은 상세 (b) 개선 상세

그림 2.2.26 뒷댐재 가용접의 한 예

2.2.8.7 라멜라테어링

그림 2.2.27과 그림 2.2.28은 라멜라테어링을 방지하기 위한 용접조인트들과 접합형상들이다. 상세한 내용은 AISC매뉴얼 Part2(AISC, 2010) 'Avoiding lamellar tearing'을 참고한다.

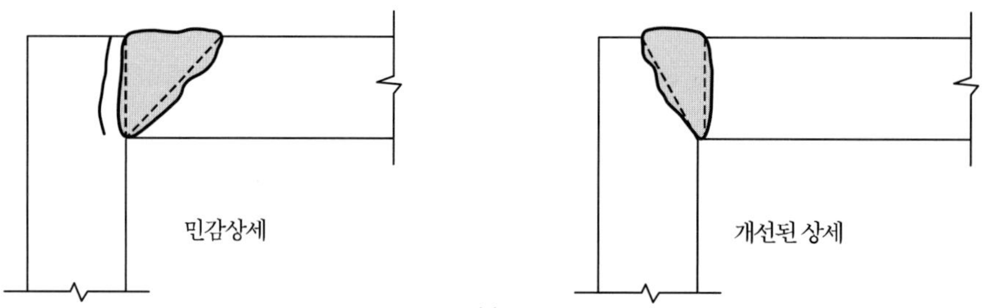

(a)

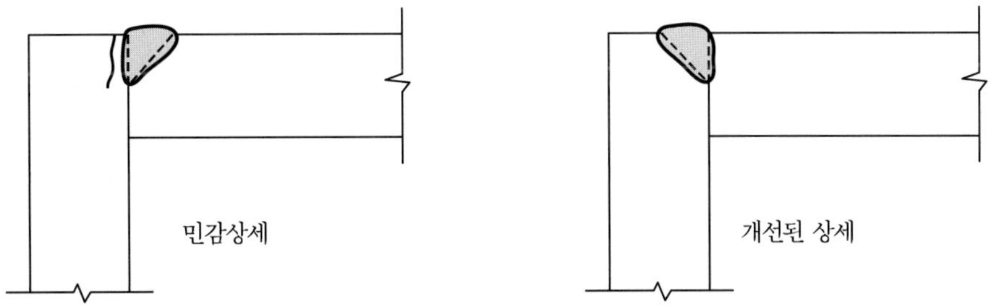

(b)

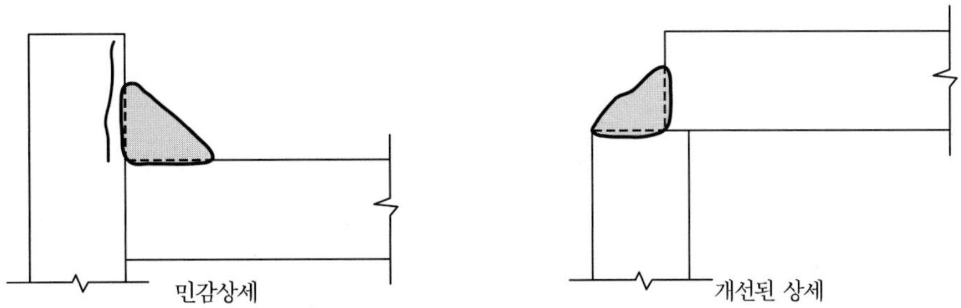

(c)

그림 2.2.27 라멜라테어링 발생감소를 위한 불리한 상세와 개선된 상세

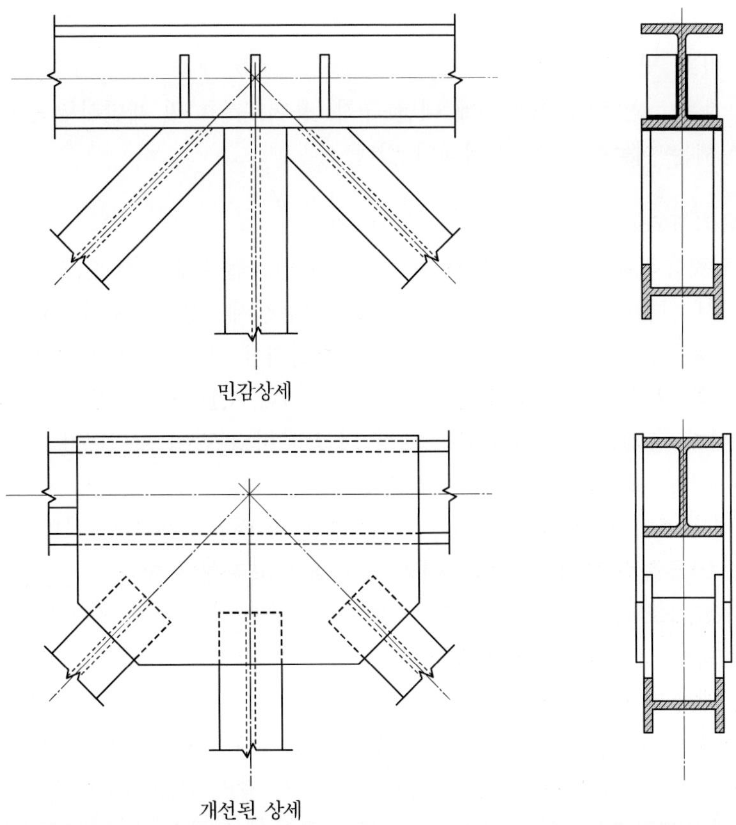

그림 2.2.28 높은 구속력을 갖는 교차용접을 피하기 위한 불리한 상세와 개선된 상세의 예

2.2.8.8 용접절차의 사전검사

용접절차, 용접사, 용접작업자 또는 가용접사에 대한 사전심사 증빙자료들은 발주자가 설계를 위해 선임한 대리인의 재량으로 승인할 수 있게 하면, 비용도 절감된다. AISC 품질보증계획(Quality Certification Program)에 참여하는 제작자는 이러한 사전심사의 승인을 보증하는 데에 필요한 경험과 입증자료를 가지고 있어야 한다.

2.2.8.9 용접부의 도장

현장용접부분에는 기준 4.12.4.4에 따라 일반적으로 도장하지 않는다. 공장조립접합부에는 도장이 통상 용접후에 실시되므로 이와 같은 요구사항이 적용되지 않음을 유의한다. 필요한 경우에는 도장을 하지 않아야 하는 작은 부분을 일반주의사항으로 표시한다(예, 'ㄱ형강접합부의 OSL에는 도장하지 않음' 등. 여기서 OSL은 내민다리(outstanding leg)를 뜻한다.)

2.2.9 용접부설계 도움표의 해설

용접부설계 도움표에는 용접부상세설계와 용접부강도계산에 관련된 도움표들이 포함되어 있다. 이들을 이용하여 용접부설계를 단순화할 수 있다. 용접상세설계 도움표와 필릿용접군의 강도설계 도움표에 대한 목록이 표 2.2.7과 표 2.2.8에 각각 정리되어 있다.

2.2.9.1 용접부상세에 관련된 설계도움표

(1) 용접부에 대한 용어, 기호 및 제한사항

도움표 2.2.1-1과 2.2.1-2에는 조인트 및 용접부에 대한 규칙, 용어, 기호 및 제한사항 등이 포함되어 있으며, 도움표에 있는 인증용접이음부 상세는 이들에 따라 정리되어 있다.

(2) 인증용접이음부 (PQWJ; Prequalified Welded Joints)

도움표 2.2.2~2.2.4에는 필릿용접부, 부분용입용접부 및 완전용입용접부에 대한 인증용접이음부 상세들이 제공되어 있다. 이들은 강구조학회에서 발행한 2차 개정판 건축강구조 표준상세지침(2018)의 제8장 용접접합표준을 재정리한 것이다. 도움표에 주어진 인증용접이음부 상세들은 용접재가 확실하게 용입될 수 있는 이음부의 형상, 즉 루트간격과 각도, 여유간격(그림 2.2.29와 그림 2.2.30 참조)들을 제시하고 있다. 인증용접이음부 그 자체만으로는 용접설계상세를 충분히 고려된 것은 아니며, AISC 360-10의 J2.2에서 언급한 바와 같이 AWS D1.1의 다른 규정들도 만족시켜야 한다.

용접공사를 성공적으로 하기 위해서, 설계와 상세는 크기, 형태 및 전달해야 하는 힘의 분배, 접근, 용접수축에 대한 구속, 접합할 재료의 두께, 잔류응력 및 변형 등과 이외 요인들도 고려해야 한다.

인증용접이음부들은 SMAW, SAW, GMAW [단, 단락이행형(short circuit transfer) 제외] 및 FCAW 용접절차에 의해 만들어지는 것들로 한정되어 있다. 홈(그루브)의 치수 및 각도에 대한 작은 차이와 홈(그루브)용접부 춤의 범위는 도움표에 주어진 오차범위 내에서 허용된다.

일반적으로 모든 필릿용접부들은 인증되어 있고, AWS의 D1.1의 요구사항에 적합한 것들이 제공되어 있다. 홈(그루브)용접부 상세들은 도움표 2.2.1-1, 2.2.1-2에 있는 내용에 따라서 정리되어 있다. 인증되지 않은 다른 용접이음부들은 적정한 시방서나 기준(예; AWS D1.1 등)에 따라서 시험을 통하여 적합성이 증명되면 인증될 수 있다.

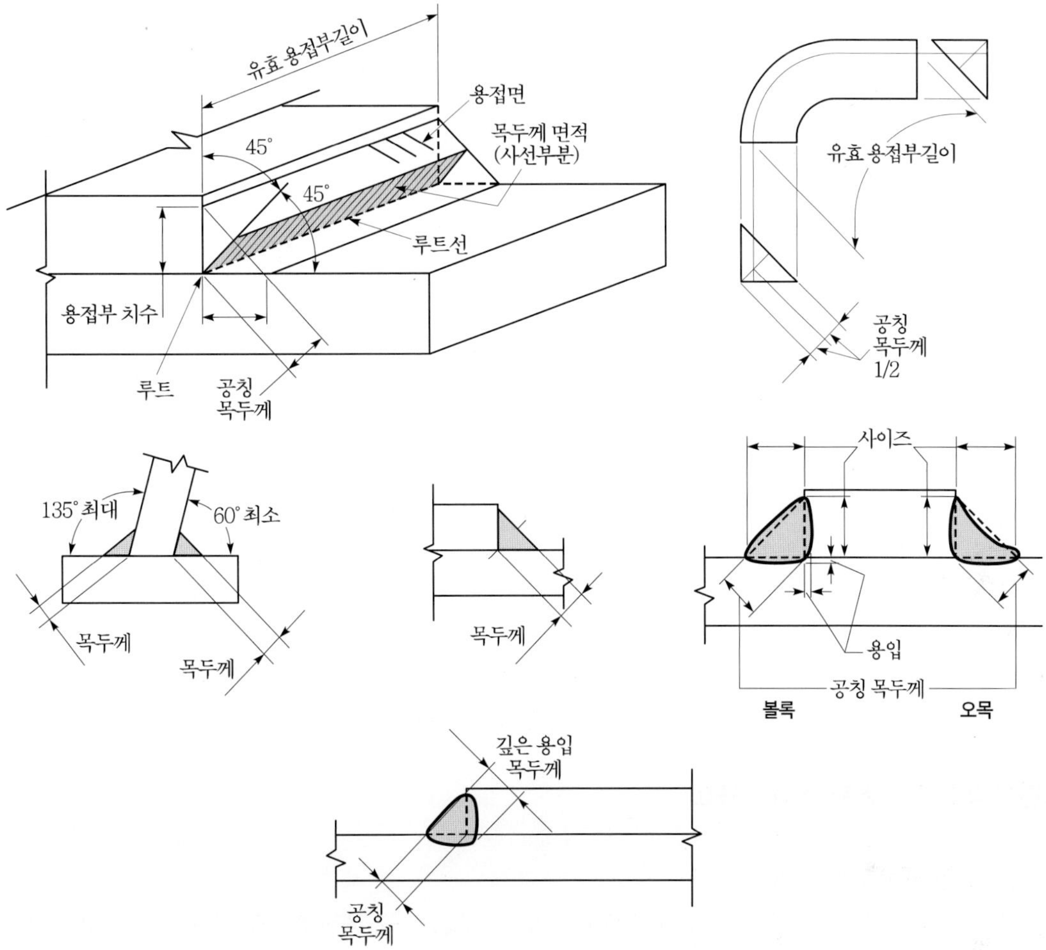

그림 2.2.29 필릿용접부 상세에 관련된 치수와 표시

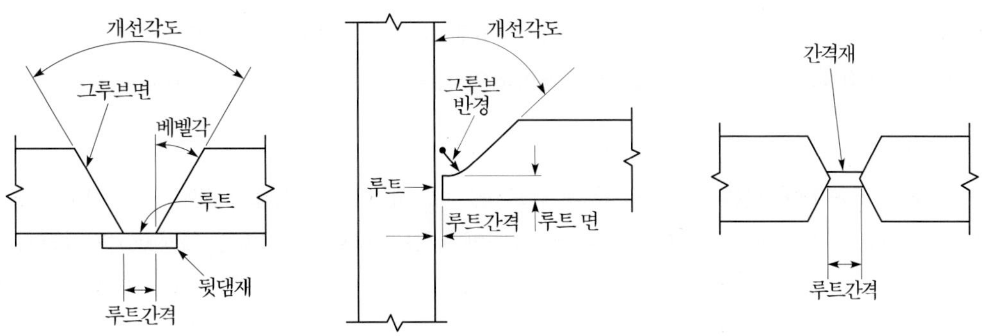

(a) 개선준비

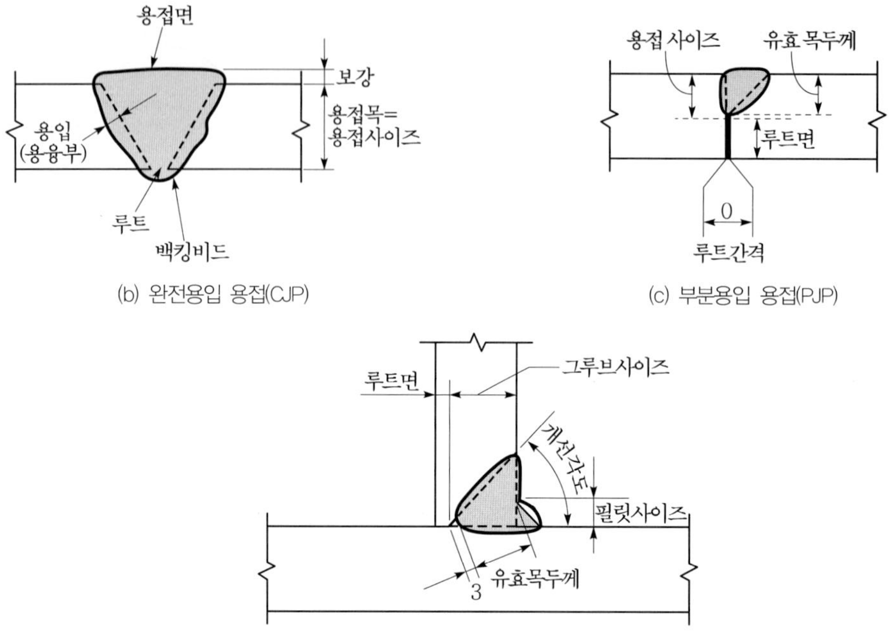

(b) 완전용입 용접(CJP)

(c) 부분용입 용접(PJP)

(d) 부분용입 용접(보강필릿이 요구된 경우)

그림 2.2.30 그루브용접부 상세에 관련된 치수와 표시

2.2.9.2 용접부강도에 관련된 설계도움표

(1) 도움표 2.2.5 용접이음부 강도

이 도움표는 기준(KDS 41 31 00)의 4.7.2.5에 포함되어 있는 '표 4.7-7 용접조인트 강도표'의 내용과 같으며 용접부의 기본설계강도를 결정하는데 사용한다.

(2) 도움표 2.2.6 용접재료의 강도

이 도움표는 기준(KDS 41 31 00) 3.1.2 접합재료 표 3.1-6 용접재료의 규격에 규정된 KS D 7004, 7006, 7025, 7101, 7104, 7106, 7109와 KS B ISO 14171 및 KS B ISO 26304에 있는 용접재료(용접봉)들에 대한 항복강도와 인장강도를 포함하고 있으며, 각 용접재료에 적합한 강종들도 포함되어 있다.

(3) 도움표 2.2.7 용접재 강도계수 C_1

도움표 2.2.9-1에서 2.2.9-8에 있는 필릿용접군의 강도계수 C 값은 용접재의 인장강도가 490MPa인 경우를 기준한 것이다. 따라서 용접재의 인장강도가 490MPa가 아닌 경우에도 설계도움표 2.2.9를 사용할 수 있도록 이 도움표 2.2.7을 제공하였다. 이 도움표의 용접재 강도계수 C_1은 용접재의 인장강도 490MPa에 대한 인장강도비($F_w/490$)이고, 인장강도가 490MPa를 초과하는 550MPa와 620MPa의 용접재는 0.9, 690MPa와 760MPa의 용접재는 0.85의 감소계수를 인장강도비($F_w/490$)에 추가로 곱한 값이다. 이 감소계수들은 고강도용접봉에 대한 불확실성을 고려하여 보완하기 위한 것이다.

(4) 도움표 2.2.8 중심하중을 받는 용접군요소의 계수 C

중심하중을 받는 필릿용접군의 강도는 하중의 각도와 변형적합성의 영향을 고려해야 한다. 각 용접요소의 유효강도는 도움표 2.2.8로부터 각 용접요소에 해당하는 C값을 각 용접요소의 기본설계강도에 곱하여 산정한다. 용접군의 설계강도는 용접군내의 모든 요소들의 유효강도들을 합하여 산정할 수 있다. 이 도움표를 이용할 때는 표에서 용접군의 요소에서 가장 큰 하중각도 열로 들어가서 각 용접요소의 하중각도에 해당하는 계수를 구하여야 한다. 그림 2.2.31과 같은 용접군의 설계강도는 도움표 2.2.8을 이용하여 다음과 같이 계산할 수 있다.

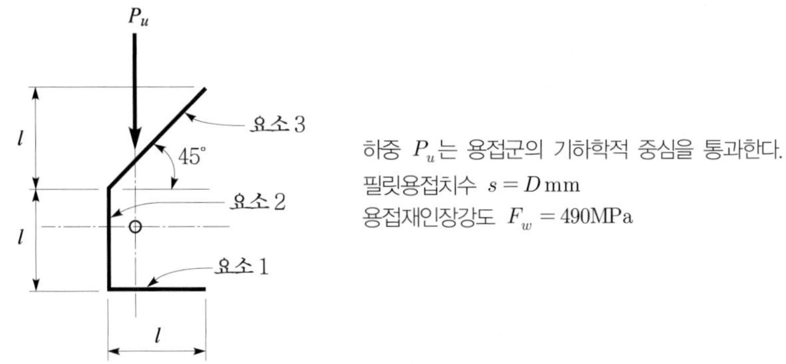

그림 2.2.31 중심하중을 받는 용접군의 예

용접재의 인장강도 F_w가 490MPa인 경우의 필릿용접부 길이 1mm에 대한 기본설계강도는 다음 식(2.2.9-1)과 같이 단순화할 수 있다. 이 식은 이미 앞에서 구한 식(2.2.5-2)에서 필릿용접치수 s 대신 D로 표현한 것이다.

$$\begin{aligned}\phi R_n &= 0.75(0.6\times 490)(10^{-3})(D/\sqrt{2})\\ &= 0.156D(\text{kN/mm})\end{aligned} \tag{2.2.9-1}$$

중심하중을 받는 용접군의 설계강도는 위 단위길이에 대한 기본설계강도를 반영한 다음 식으로 표현할 수 있다.

$$P_u = 0.156DC_1\sum_{i=1}^{n} C_{(i)}\,l_{(i)} \tag{2.2.9-2}$$

도움표 2.2.8에서 구한 각 용접부요소에 대한 강도계수 $C_{(i)}$와 각 용접요소의 길이 $l_{(i)}$는 표 2.2.6과 같다.

표 2.2.6 그림 2.2.31 예의 강도계수 및 용접요소의 길이

용접부요소 번호 i	도움표 2.2.8에서 읽은 값		각 용접부 요소의 길이 $l_{(i)}$
	90° 하중방향에 대한 각 용접부요소의 각도	강도계수 $C_{(i)}$	
1	90°	1.5	$1.0l$
2	0°	0.825	$1.0l$
3	45°	1.29	$1.414l$

표 2.2.6의 값들$\left(\sum_{i=1}^{n=3} C_{(i)} l_{(i)}\right)$을 식 (2.2.9-2)에 대입하여 다음과 같이 용접군의 설계강도를 구한다.

$$\begin{aligned}\phi R_n &= 0.156D[1.5(1.0)+1.29(1.414)+0.825(1.0)]l \\ &= 0.647Dl \ (\text{kN})\end{aligned}$$

(5) 도움표 2.2.9-1~2.2.9-8a의 편심하중을 받는 필릿용접군의 강도계수 C

이 도움표들은 편심하중을 받는 필릿용접군의 강도를 AISC 360-10의 J2.4에 따른 소성회전중심법에 의해 계산할 때 사용된다.

도움표들은 용접군의 형상, 편심위치 및 하중 경사각(0°, 15°, 30°, 45°, 60° 및 75°)에 따라 구분하여 작성되었다. 도움표에 있는 계수 C는 편심전단력에 저항하는 용접군의 유효강도계수를 나타낸다. 이 도움표의 C값은 AISC Manual(2010)의 Table 8-1의 값에 아래의 C_s값(=0.112)을 곱한 값이다. 미국 AISC Manual의 C값은 용접재의 인장강도 $F_w = 70\text{ksi}$, 필릿사이즈 $D = 1/16\text{in.}$를 기준한 값이다. 따라서 이 매뉴얼에 있는 도움표의 C값은 SI단위($F_w = 490\text{MPa}$, $D = 1.0\text{mm}$)로 사용하기 위하여 다음의 단위보정계수 C_s를 곱한 값들이다.

$$C_s = \frac{490}{70} \times \frac{16}{1{,}000} = 0.112$$

알고 있는 형상의 용접군을 해석할 때, 즉, 도움표에 나타낸 임의의 용접군 형상에 대하여 편심하중을 받는 용접군의 설계강도 ϕR_n은 다음과 같이 산정한다.

$$\begin{aligned}R_n &= CC_1Dl \\ \phi &= 0.75\end{aligned} \qquad (2.2.9\text{-}3)$$

여기서, C = 도움표 2.2.9-1~2.2.9-8a로부터 구한 용접군의 강도계수

C_1 = 도움표 2.2.7로부터 구한 용접재 강도계수

D = 필릿용접사이즈, mm

l = 기준용접부의 길이, mm

이들 도움표의 개발에는 소성회전중심법(ICM)을 사용하였으며 수렴조건은 0.5% 이내이고, 인접 용접부요소들의 변형적합성을 고려하였다. 각 표들의 첫째줄($a = 0$)에는 중심하중을 받는 용접군의 설계강도가 주어져 있다. 도움표의 a 또는 k와 일치하지 않는 경우의 C값은 인접 a 또는 k값 사이의 값을 선형보간하여 구한다.

그러나 도움표에 주어진 하중각도 사이에 있는 하중각도에 대해 선형보간한 C값은 매우 불안전측일 수 있다. 따라서 실제 하중각도에 대한 해석을 통하여 설계하거나, 도움표의 이웃 하중각도 가운데 C값이 낮은 쪽을 사용하여 설계하여야 한다. 도움표에서 취급하지 않은 형태의 용접군은 실제 형태에 대한 해석을 통하여 설계하여야 한다.

2.2.9.3 기타 도움표

(1) 도움표 2.2.10 용접부 치수별 개략 용접봉 통과횟수(패스 수)

이 도움표는 AISC Manual(2010)의 Table 8-12와 같은 내용이며, 다양한 용접부에 소요되는 개략적인 용접봉 통과회수를 나타낸다. 실제 통과횟수는 사용되는 용접위치와 용접방법에 따라 달라질 수 있다. 소요 노동력은 통과횟수와 비례하기 때문에 이 도움표는 경제적인 용접법을 선택하기 위한 지침으로 사용될 수 있다.

표 2.2.7 용접상세 설계 도움표 목록

번호	제목	세부제목
2.2.1-1	용접부상세표시 약어 및 제한사항	
2.2.1-2	용접부상세 기호	
2.2.2	필릿용접부 상세	
2.2.3-1	부분용입 용접부상세	(1) I형 그루브용접부 - 맞댐이음
		(2) I형 그루브용접부 - 맞댐이음
2.2.3-2	부분용입 용접부상세	(3) 일면 V-그루브용접부 - 맞댐이음, 모서리이음4
		(4) 양면 V-그루브용접부 - 맞댐이음
2.2.3-3	부분용입 용접부상세	(5) 일면개선-그루브용접부 - 맞댐이음, T-이음, 모서리이음
		(6) 양면개선-그루브용접부 - 맞댐이음, T-이음, 모서리이음
2.2.3-4	부분용입 용접부상세	(7) 일면 U형-그루브용접부 - 맞댐이음, 모서리이음
		(8) 양면 U형-그루브용접부 - 맞댐이음
2.2.3-5	부분용입 용접부상세	(9) 일면 J형-그루브용접부 - 맞댐이음, T-이음, 모서리이음
2.2.3-6	부분용입 용접부상세	(10) 양면 J형-그루브용접부 - 맞댐이음, T-이음, 모서리이음
2.2.3-7	플레어 용접부상세	(11) 플레어 베벨-그루브용접부 - 맞댐이음, T-이음, 모서리이음
2.2.3-8	플레어 용접부상세	(12) 플레어-V-그루브용접부 - 맞댐이음
2.2.4-1	완전용입 용접부상세	(1) I형 그루브용접부 - 맞댐이음, 모서리이음
		(2) I형 그루브용접부 - 맞댐이음
2.2.4-2	완전용입 용접부상세	(3) I형 그루브용접부 - T-이음, 모서리이음
		(4) 일면 V-그루브용접부 - 맞댐이음
2.2.4-3	완전용입 용접부상세	(5) 일면 V-그루브용접부 - 모서리이음
2.2.4-4	완전용입 용접부상세	(6) 일면 V-그루브용접부 - 맞댐이음
2.2.4-5	완전용입 용접부상세	(7) 일면 V-그루브용접부 - 모서리이음
		(8) 양면 V-그루브용접부 - 맞댐이음
2.2.4-6	완전용입 용접부상세	(9) 양면 V-그루브용접부 - 맞댐이음
2.2.4-7	완전용입 용접부상세	(10) 일면개선 그루브용접부 - 맞댐이음
		(11) 일면개선 그루브용접부 - T-이음, 모서리이음
2.2.4-8	완전용입 용접부상세	(12) 일면개선 그루브용접부 - 맞댐이음
		(13) 일면개선 그루브용접부 - T-이음, 모서리이음
2.2.4-9	완전용입 용접부상세	(14) 양면개선 그루브용접부 - 맞댐이음, T-이음, 모서리이음
		(15) 양면개선 그루브용접부 - 맞댐이음
2.2.4-10	완전용입 용접부상세	(16) 양면개선 그루브용접부 - T-이음, 모서리이음
2.2.4-11	완전용입 용접부상세	(17) 일면 U-그루브용접부 - 맞댐이음, 모서리이음
2.2.4-12	완전용입 용접부상세	(18) 양면 U-그루브용접부 - 맞댐이음
2.2.4-13	완전용입 용접부상세	(19) 일면 J-그루브용접부 - 맞댐이음
2.2.4-14	완전용입 용접부상세	(20) 일면 J-그루브용접부 - T-이음, 모서리이음
2.2.4-15	완전용입 용접부상세	(21) 양면 J-그루브용접부 - 맞댐이음
		(22) 양면 J-그루브용접부 - T-이음, 모서리이음

표 2.2.8 필릿용접군의 강도설계 도움표 목록

번호	제목	세부제목
2.2.5	용접이음부 강도	강구조기준 표 4.7-7 용접조인트 강도표
2.2.6	용접재료 강도	강구조기준 표 3.3-7 용접재의 강도표
2.2.7	용접재 강도계수 C_1	
2.2.8	중심하중을 받는 필릿용접군의 요소 강도계수 C	
2.2.9-1	편심하중을 받는 필릿용접군의 강도계수 C	(수직2열 병렬)
2.2.9-2	편심하중을 받는 필릿용접군의 강도계수 C	(수평2열 병렬)
2.2.9-3	편심하중을 받는 필릿용접군의 강도계수 C	(수직직사각형)
2.2.9-4	편심하중을 받는 필릿용접군의 강도계수 C	(수평직사각형)
2.2.9-5	편심하중을 받는 필릿용접군의 강도계수 C	(ㄷ형상, 우측하중)
2.2.9-6	편심하중을 받는 필릿용접군의 강도계수 C	(ㄷ형상, 좌측하중)
2.2.9-7	편심하중을 받는 필릿용접군의 강도계수 C	(ㄱ 또는 ㄴ형상, 우측-짧은다리 하중)
2.2.9-7a	편심하중을 받는 필릿용접군의 강도계수 C	(ㄱ 또는 ㄴ형상, 우측-긴다리 하중)
2.2.9-8	편심하중을 받는 필릿용접군의 강도계수 C	(ㄱ 또는 ㄴ형상, 좌측-짧은다리 하중)
2.2.9-8a	편심하중을 받는 필릿용접군의 강도계수 C	(ㄱ 또는 ㄴ형상, 좌측-긴다리 하중)
2.2.10	용접부 치수별 개략 용접봉 통과횟수	

2.3 접합요소

2.3.1 개요 및 범위

이 절에서는 접합요소(Connecting Elements)에 대한 기준의 요구사항과 설계 시에 고려해야 할 기타의 사항을 요약하여 설명한다.

접합요소란 하나의 구조부재로부터 다른 구조부재로 하중을 전달하기 위해서 사용하는 접합요소(ㄱ형강, T형강, 거셋플레이트, 연결판 등)와 이에 영향을 받는 구조부재의 요소(보의 웨브와 플랜지, 기둥의 웨브와 플랜지 등)를 말한다. 반응수정계수가 3보다 큰($R > 3$) 지진력저항시스템에 포함된 접합요소는 건축물 강구조 설계기준(KDS 41 31 00)의 4.10 강구조의 내진설계 규정도 함께 만족하여야 하며, 이는 이 매뉴얼 제4장을 참고한다. 아울러 강구조의 내진설계는 (사)한국건축구조기술사회 발행(2010. 10) '강구조내진설계매뉴얼'을 참고할 수 있다.

2.3.2 총단면적, 유효순단면적 및 위트모어단면

접합요소들의 설계강도를 결정할 때, 항복한계상태를 검토할 경우 총단면적을 사용하고, 파단한계상태를 검토할 경우에는 순단면적을 사용한다. 어느 경우에나, 위트모어단면의 유효폭은 연결요소의 전체폭보다 작게 제한할 수 있다.

2.3.2.1 총단면적

총단면적 A_g는 건축물 강구조 설계기준(KDS 41 31 00)의 1.5.2.12(총단면적과 순단면적의 산정)(1) 규정에 따라 산정하며, 아래 2.3.2.3항의 위트모어단면에 따라 유효폭을 제한하여야 한다.

2.3.2.2 유효순단면적

유효순단면적 A_n은 기준 1.5.2.12(2)의 규정에 따라 산정하며, 아래 2.3.2.3항의 위트모어단면에 따라 유효폭을 제한하여야 한다.

2.3.2.3 위트모어단면(유효폭)

접합요소들이 그 범위 안에 있는 볼트체결부 또는 용접부에 비해 클 때, 위트모어단면은 접합요소의 총단면적 또는 순단면적이 전체면적보다 작도록 제한할 것이다(Whitmore, 1952).

그림 2.3.1에 나타낸 것처럼, 위트모어단면의 유효폭 l_w는 접합부의 시작점으로부터 힘의 작용선을 따라 접합요소(볼트열 또는 용접선)의 양측으로 30도로 펼쳐 접합부의 끝에서 결정된다.

위트모어단면은 연결 요소 사이의 연결부를 가로 질러 확장할 수 있지만 연결되지 않은 가장자리를 넘어 확장할 수 없다.

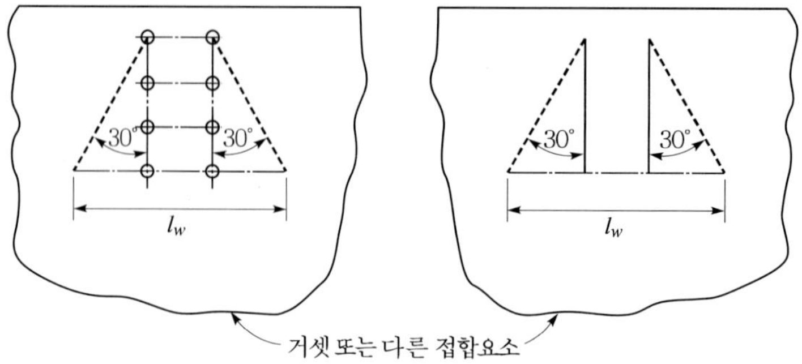

(a) 볼트접합 (b) 용접접합

그림 2.3.1 위트모어단면의 유효폭

2.3.3 조합하중을 받는 접합요소

접합부는 전통적으로 조합응력을 고려하지 않고 전단, 인장, 압축 또는 휨과 같은 단일응력(simple stress)에 기초하여 설계되어 왔다. 일반적으로 접합요소들이 상호작용분포가 형성되지 않을 정도로 작거나 짧기 때문에 이러한 단순설계 방법은 적합하다. 평면응력(plane stress)에 대한 폰-미세스 항복조건(Von-Mises Criterion)을 사용하는 이론적 조합해석 조차도 단순설계방법보다 더 이상 정확하지 않다. 이 점을 설명하기 위해 폰-미세스 항복조건을 식 (2.3.3-1)로 나타내었다.

$$f_e = \sqrt{f_x^2 - f_x f_y + f_y^2 + 3f_{xy}^2} \quad \leq \quad F_y \tag{2.3.3-1}$$

여기서, f_x와 f_y : 주(수직)응력, MPa

f_{xy} : 전단응력, MPa

F_y : 항복응력, MPa

이 구성방정식은 임의의 한 점에서 3개의 응력이 필요하다. 어느 한 절단면에서 f_{xy}와 f_x는 알고 있으나 절단면에 대해 수직에 있는 f_y가 정의되지 못했다고 가정하면, 구성방정식의 체계로 보아 부정확하게 된다. 이러한 경우, 어쩔 수 없이 f_y를 0으로 가정하거나, f_x와 같은 크기로 하여 같은 부호로 가정하거나, 또는 f_x와 같은 크기로 하여 반대 부호로 가정해야 할 것이다. 폰-미세스 항복조건식은 접합부의 해석과 설계에 더 정밀한 접근방법처럼 보이지만, 앞의 이유 때문에 설계결과의 신뢰도를 항상 더 높이지는 못한다.

전단과 주응력의 상호작용은 기준의 일반적인 설계절차에 전반적으로 포함되어 있지 않지만, 확장형 단일판접합부의 설계 등에서는 반드시 고려되어야 한다. 이것은 확장형 단일판접합부의 설계가 다른 한계상태들에 의해 결정되는 것을 방지하기 위한 것이다.

2.3.4 전단을 받는 접합요소

전단항복과 전단파단에 대한 설계강도 ϕR_n은 소요전단강도 R_u 이상이어야 하며, 기준 4.7.4.2에 따라 산정한다.

2.3.5 인장을 받는 접합요소

인장항복과 인장파단에 대한 설계강도 ϕR_n은 소요전단강도 R_u이상이어야 하며, 기준 4.7.4.1에 따라 산정한다.

2.3.6 접합요소의 블록전단파단

블록전단파단에 대한 설계강도 ϕR_n은 소요전단강도 R_u이상이어야 하며 기준 4.7.4.3(블록전단강도)에 따라 산정한다.

2.3.7 용접부에서의 접합요소 파단강도

대부분의 경우에 용접부로부터 접합요소까지의 하중경로는 접합요소의 강도를 직접 계산할 수 있도록 되어 있다. 그러나 어떤 경우에는 접합요소의 설계강도를 직접 계산할 수 없다. 예를 들면 쌍ㄱ형강접합에서 보 웨브 용접부의 강도는 직접 계산이 가능하지만 이 용접부에서 보 웨브의 강도는 직접 계산할 수가 없다. 이와 같은 경우에는 일반적으로 모재의 설계전단파단강도가 용접부의 설계전단파단강도와 대등하도록 모재의 최소두께를 산정하는 편이 편리하다.

① 1면 필릿(모살)용접부

$$t_{\min}=\frac{0.6F_w(s/\sqrt{2})}{0.6F_u}=\frac{0.6(490)(s/\sqrt{2})}{0.6F_u}=346.5\,s/F_u \tag{2.3.7-1}$$

($F_u=410\mathrm{MPa}$의 경우 $t_{\min}=0.845s$, $F_u=490\mathrm{MPa}$의 경우 $t_{\min}=0.707s$)

② 2면 필릿(모살)용접부
식 (2.3.7-1)에 2배 한다.

$$t_{\min}=2(346.5s/F_u)=693s/F_u \tag{2.3.7-1a}$$

여기서, s : 필릿용접부사이즈, mm
F_u : 접합요소의 인장강도, MPa
F_w : 용접재의 인장강도, MPa

2.3.8 압축을 받는 접합요소의 항복과 좌굴

접합요소가 압축을 받을 때 설계강도 ϕP_n은 소요압축강도 P_u이상이어야 하며, $KL/r\le 25$인 경우에는 기준 4.7.4.4 규정에 따라 산정할 수 있다. $KL/r>25$인 경우에는 4.2(압축재)규정에 따라 압축강도를 산정한다.

2.3.9 휨을 받는 부재의 접합부와 접합요소

접합요소는 일반적으로 충분히 짧고 두꺼워서 휨 작용이 있다하더라도 설계에는 거의 영향을 미치지 아니한다. 그러나 접합요소가 길고 얇아서 휨의 영향을 고려하여야 하는 경우, 다음의 규정에 따라 설계강도를 산정하여야 한다.

2.3.9.1 항복, 휨-비틀림좌굴 및 국부좌굴

일반적으로 휨설계강도 ϕM_n은 소요휨강도 M_u 이상이어야 하며 기준 4.3(휨부재)의 규정에 따라 산정한다. 기준 표 4.3-1(휨재단면의 분류)에 기준 4.3의 규정을 적용해야 하는 단면에 대한 기본 지침이 들어 있다. 따낸보에 대하여는 다음의 2.3.9.3 규정에 따른다.

2.3.9.2 파단

보의 인장플랜지에 볼트구멍이 있는 경우에는 기준 4.3.13(휨부재의 단면산정) 규정을 참조한다. 부재의 접합부 및 접합요소에 대한 설계휨파단강도 ϕM_n은 다음과 같이 산정한다.

$$M_n = F_u \cdot Z_{\text{net}} \tag{2.3.9.2-1}$$

$$\phi_b = 0.75$$

여기서, Z_{net} : 부재의 접합부 또는 접합요소의 순소성단면계수, mm^3

2.3.9.3 따낸보의 강도

보 단부의 따낸 길이가 접합요소인 ㄱ형강, 판(플레이트) 또는 T형강의 길이보다 짧은 경우에는 일반적으로 휨국부웨브좌굴이 발생되지 않으나, 그렇지 않은 경우 따낸보의 단부 반력은 항복, 파단, 휨국부좌굴 또는 횡비틀림좌굴의 휨한계상태에 의해 제한될 것이다. 이 책 제3장에 있는 볼트에 의한 각종 단순전단접합부에서 따낸보의 강도는 좀처럼 휨파단에 의해 지배받지 않는다. 이러한 접합부의 강도는 일반적으로 블록전단파단, 볼트전단파단 및 볼트지압에 의해 결정된다.

(1) 따낸보의 소요휨강도

$$M_u = R_u \cdot e \tag{2.3.9.3-1}$$

여기서, R_u : 보의 단부반력, N

e : 따낸보의 플랜지가 절단된 부분부터 보의 변곡점까지의 거리, mm

변곡점은 그림 2.3.2에 표시한 것처럼 일반적으로 지지부재의 접합면에 있는 것으로 가정한다. 그러나 접합형식, 강성 또는 지지조건에 따라 변곡점의 위치가 지지부재의 접합면으로부터 멀어질 수 있다. 이러한 경우에는 e의 값이 작아지게 되므로 그림 2.3.2에 표시한 e의 값은 언제나 안전측이다.

(2) 따낸보의 설계휨강도

보의 상부플랜지만 따낸보 또는 상·하부플랜지 모두를 따낸보의 설계휨국부좌굴강도는 소요강도 이상이어야 하며 다음과 같이 산정한다.

$$M_n = F_{cr} \cdot S_{net} \tag{2.3.9.3-2}$$

$$\phi_b = 0.9$$

여기서, F_{cr} : 다음의 ①, ② 또는 ③에 따라 결정된 휨국부좌굴응력, MPa

S_{net} : 순탄성단면계수, mm^3, 상부플랜지만을 따낸보의 S_{net} 값은 도움표 2.3.2에 도표화되어 있다.

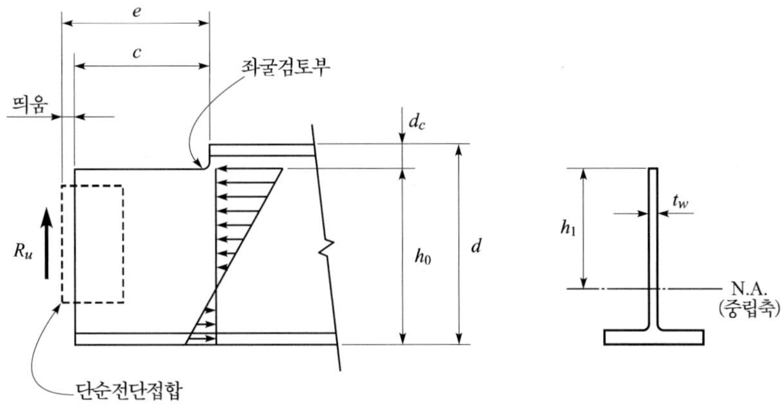

그림 2.3.2 상부플랜지만 따낸보 웨브의 휨국부좌굴

① 상부 플랜지만 따낸 경우의 휨국부좌굴응력

보의 상부플랜지만 따낸 경우, 설계좌굴응력은 3면이 단순지지되고 1면이 자유단 조건인 판의 좌굴공식에 근거하여 k 계수로 계산한다. 다른 하나의 계수 f는 따낸 부분의 응력집중을 고려하고, 실험결과와 해석 사이를 상호 연관시키기 위해 적용한다(Cheng, et al., 1984).

상부플랜지만을 따낸보의 설계좌굴응력 ϕF_{cr}은 $c \le 2d$ 및 $d_c \le d/2$(그림 2.3.2 참조)일 때 다음과 같이 산정한다.

$$F_{cr} = \frac{\pi^2 E}{12(1-\nu^2)}\left(\frac{t_w}{h_0}\right)^2 fk$$

$$= 190{,}000\left(\frac{t_w}{h_o}\right)^2 fk \le F_y \qquad (2.3.9.3-3)$$

여기서, ϕ : 0.9

E : 210,000MPa (기준 표 3.4-1)

v : 0.3, 푸아송비

f : 판좌굴 모델 조정계수

$\frac{c}{d} \le 1.0$일 때 ; $f = \frac{2c}{d}$

$\frac{c}{d} > 1.0$일 때 ; $f = 1 + \frac{c}{d}$

t_w : 보웨브두께

k : 판좌굴계수

$\frac{c}{h_0} \le 1.0$ 일 때; $k = 2.2\left(\frac{h_0}{c}\right)^{1.65}$

$\frac{c}{h_0} > 1.0$ 일 때; $k = \frac{2.2h_0}{c}$

h_o : $d - d_c$, 그림 2.3.2에 있는 감소된 보춤, mm

계산의 편의상 따낸보의 중립축 위치를 구하는 상세계산을 피하기 위하여, 그림 2.3.2에 표시한 정확한 치수인 h_1대신에 h_0를 사용하였음을 유의한다. 보다 정확한 계산이 필요하면 h_0 대신에 h_1을 사용할 수 있다.

c ; 그림 2.3.2와 같은 따낸 길이, mm

d ; 보춤, mm

d_c ; 그림 2.3.2와 같은 따낸 높이, mm

② 보의 상·하부 플랜지를 모두 따낸 경우의 휨국부좌굴응력

보의 상부플랜지와 하부 플랜지를 모두 따내고 상·하부의 따낸 길이가 같은 경우, 설계 좌굴응력 ϕF_{cr}은 조정계수 f_d를 사용한 횡좌굴 모델에 근거하여 산정한다(Cheng, et al., 1984). 보의 양쪽 플랜지를 동일하게 따낸보의 설계좌굴응력은 $c < 2d$ 및 $d_c \le 0.2d$일 때(그림 2.3.3 참조) 다음과 같이 산정한다.

$$F_{cr} = 0.62\pi E \frac{t_w^2}{ch_o} f_d \le F_y \tag{2.3.9.3-4}$$

여기서, f_d : $3.5 - 7.5\left(\frac{d_{ct}}{d}\right)$

d_{ct} : 압축 플랜지에서 따낸 높이, mm

h_o : 그림 2.3.3에 있는 감소된 보춤, mm

기타, 다른 모든 변수들은 앞에서 정의한 바와 같다.

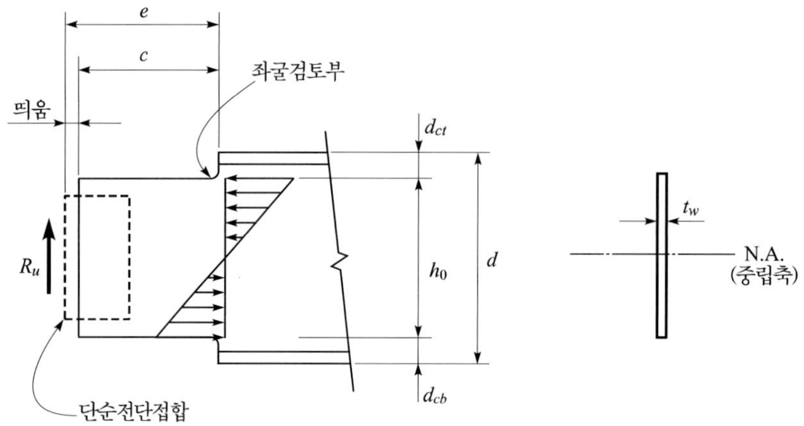

그림 2.3.3 양쪽플랜지를 모두 따낸보 웨브의 휨국부좌굴

③ 보의 양쪽 플랜지를 모두 따낸 기타 조건의 경우

보의 양쪽 플랜지를 모두 따낸 기타 조건의 경우, 고전적 판좌굴 이론에 근거한 식을 사용하여 안전측으로 계산할 수 있다. 탄성좌굴과 비탄성좌굴을 모두 포함하는 설계좌굴응력 ϕF_{cr}은 다음과 같이 산정한다.

$$F_{cr} = QF_y \tag{2.3.9.3-5}$$

여기서, $\lambda \le 0.7$일 때 : $Q = 1$

$0.7 < \lambda \le 1.41$일 때 : $Q = 1.34 - 0.486\lambda$

$$\lambda > 1.41\text{일 때 : } Q = \frac{1.30}{\lambda^2}$$

$$\lambda = \frac{h_0\sqrt{F_y}}{26.3t_w\sqrt{475+280\left(\frac{h_0}{c}\right)^2}} \quad (2.3.9.3\text{-}6)$$

여기서, c : 압축력 방향에 평행한 판의 길이, mm

h_o : 그림 2.3.3에 있는 감소된 보춤, mm

t_w : 웨브판두께, mm

F_y : 항복강도, MPa

④ 인장측 플랜지의 따낸 길이가 압축측 따낸 길이보다 긴 경우

인장측 플랜지의 따낸 길이가 압축측 따낸 길이보다 길 경우 인장측 플랜지측 따낸 단면 끝에서 휨항복을 검토해야 한다. 설계강도 $\phi_b M_n$은 다음과 같이 산정한다.

$$M_n = F_y \cdot S_{net} \quad \text{식}(2.3.9.3\text{-}7)$$

$$\phi_b = 0.9$$

여기서, S_{net} : 인장플랜지측 따낸 단면 끝에서의 순탄성단면계수, mm^3

2.3.10 지압한계상태

2.3.10.1 볼트구멍에서의 지압강도

볼트구멍에 대한 설계지압강도는 2.1절을 참조한다.

2.3.10.2 강재와 강재사이의 지압강도(볼트구멍 제외)

볼트구멍을 제외한 강재와 강재 사이에 적용하는 설계지압강도는 기준 4.7.7(지압강도)의 규정에 따라 산정한다. 제작과 설치에 대한 요구사항인 기준 4.12.3 제작에서 4.12.3.6 밀착접합, 4.12.3.8 주각부의 마감, 4.12.5.4 기둥의 밀착접합부이음 등은 강재와 밀착하여 지압으로 하중을 전달하는 접합요소에 적용할 수 있다.

2.3.10.3 콘크리트의 지압강도

콘크리트에 대한 지압강도는 기준 4.7.8 주각부 및 콘크리트의 지압 규정에 따라 산정한다. 제작과 설치에 대한 요구사항인 기준 4.12.3에서 4.12.3.8 주각부의 마감은 콘크리트와 밀착하여 지압으로 하중을 전달하는 접합요소에 적용할 수 있다.

2.3.11 기준의 기타 요구사항 및 설계 고려사항

다음과 같은 기준의 요구사항과 설계 고려사항을 접합요소의 설계에 적용한다.

2.3.11.1 지레작용

지레작용은 인장력을 받는 접합요소의 변형으로 인해 인장볼트의 인장력이 가해진 인장력보다 증가하는 현상이다. 지레작용에 대한 설계는 접합요소가 충분한 강성과 강도를 가지도록 플랜지 두께를 선정하고, 볼트가 충분한 강도를 가지도록 볼트직경을 선정하는 일이다. 여기에 있는 지레작용에 대한 공식들의 개발에 대해서는 Thornton(1992)과 Swanson(2002)의 문헌을 참고한다.

그림 2.3.4와 같이 달대의 인장접합에서 사용되는 T형강 또는 ㄱ형강을 예를 들어 보자. 접합된 T플랜지 또는 ㄱ형강다리의 변형은 복곡률(그림 2.3.4의 점선변형선)을 갖게 될 것이다. 치수 p는 각 볼트에 대한 (플랜지의 휨저항) 분담길이로 볼 수 있지만, p는 연단에 가장 가까운 볼트에 대한 판의 연단에 의해 제한될 수 있음을 유의해야 한다.

지레작용을 방지하기 위하여 필요한 최소두께 t_{min}은 식 (2.3.11.1-1)로 산정할 수 있다.

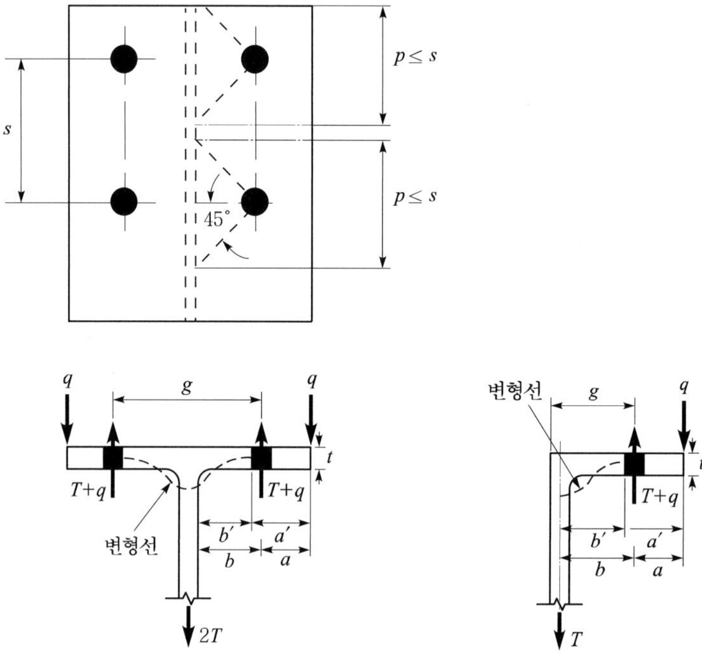

(a) T형강의 지레힘 (b) ㄱ형강의 지레힘

그림 2.3.4 지레작용 계산 변수

$$t_{min} = \sqrt{\frac{4Tb'}{\phi p F_u}}, \ \phi = 0.9 \qquad (2.3.11.1\text{-}1)$$

여기서, F_u : 접합요소의 인장강도, MPa

T : 볼트 당 소요강도, r_{ut}, N

b' : $b - \dfrac{d_b}{2}$, mm

b : T형강 접합요소에서 볼트 중심과 T형강의 웨브 면 사이의 거리, 또는, ㄱ형강 접합요소에서 볼트 중심과 ㄱ형강의 다리 중심 사이의 거리, mm

d_b : 볼트지름, mm

p : 볼트 당 분담길이, 실험으로 증명하지 않는 한 최대 분담길이는 $2b \le s$, mm

s : 볼트 간격, mm

접합요소의 두께 t가 위 식으로 산정한 최소두께 $t_{\min}$보다 크면 더 이상의 지레작용에 대한 검토를 할 필요가 없다. 즉, 지레작용에 의해 볼트에 추가되는 지레힘 q는 영(0)이 된다.

접합요소의 두께를 최소두께보다 얇게 하고, 지레작용에 의한 실제 효과에 따라 볼트의 추가 인장력 q를 산정하여 접합요소와 볼트를 설계하는 것도 가능하다. 이러한 설계는 먼저 휨항복에 근거한 접합요소의 최소두께 t를 식 (2.3.11.1-2)를 만족하도록 하여 산정한다.

$$T \le \frac{\phi F_u t^2 p}{2b},\ \phi = 0.9 \qquad (2.3.11.1\text{-}2)$$

이어서, 접합요소의 강도와 강성 그리고 볼트의 강도에 적합한 최소두께 $t_{\min}$을 식 (2.3.11.1-3)으로 구한다.

$$t_{\min} = \sqrt{\frac{4Tb'}{\phi p F_u (1+\delta\alpha')}},\ \phi = 0.9 \qquad (2.3.11.1\text{-}3)$$

여기서, δ : $1-\dfrac{d'}{p}$, T형강의 웨브면 또는 ㄱ형강의 다리면에서의 총길이에 대한 볼트열에서의 순길이의 비

α' : $\beta \ge 1$일 때, 1.0

$\beta < 1$일 때, 1과 $\dfrac{1}{\delta}\left(\dfrac{\beta}{1-\beta}\right)$ 중 작은 쪽

d' : 접합요소의 길이방향 볼트구멍의 폭, mm

β : $\dfrac{1}{\rho}\left(\dfrac{B}{T}-1\right)$

ρ : $\dfrac{b'}{a'}$

a' : $\left(a+\dfrac{d_b}{2}\right) \le \left(1.25b+\dfrac{d_b}{2}\right)$

a : 볼트중심선부터 접합요소의 연단까지의 거리, mm ($\le 1.25b$)

B : 볼트당 설계 인장력 ϕr_n, $\phi = 0.75$, kN

만일 $t_{\min} \le t$이면, 접합요소의 두께 t는 만족한 것이고, 반면에 $t_{\min} > t$이면, 접합요소의 두께 t를 더 두껍게 하거나 b와 p 등의 치수를 조정하여 볼트의 배열을 변경하여야 한다. 볼트의 지레력 q는 반드시 구할 필요는 없으나, 필요하면 식 (2.3.11.1-4) 및 식 (2.3.11.1-5)로 구할 수 있다.

$$q = B\left[\delta\alpha\rho\left(\frac{t}{t_c}\right)^2\right] \qquad (2.3.11.1\text{-}4)$$

$$\alpha = \frac{1}{\delta}\left[\frac{T}{B}\left(\frac{t_c}{t}\right)^2 - 1\right],\quad 0 \le \alpha \le 1.0 \qquad (2.3.11.1\text{-}5)$$

앞의 식에서 변수 α는 볼트열에서의 모멘트에 대한 T형강 웨브의 면(또는 연결되지 않은 앵글 다리두께의 중심)에서의 모멘트 비이다. $\alpha = 0$일 때는 지레작용을 방지할 수 있을 정도로 접합부가 충분히 강한 것이고, $\alpha > 1$일 때는 접합부가 적합하지 않은 것이다.

$$t_c = \sqrt{\frac{4Bb'}{0.9pF_u}} \qquad (2.3.11.1-6)$$

여기서, t_c는 지레작용이 없는 볼트의 설계인장강도 B를 발휘하기 위한 플랜지의 소요두께이다.

지레작용의 효과를 포함한 볼트 당 총인장력은 $T+q$로 산정할 수 있다.

대안으로서 접합부의 세부치수를 알고 있을 때, 지레작용효과를 포함한 설계인장강도 T_{avail}은 다음과 같이 기준 4.7.3.3 볼트의 인장과 전단강도 또는 기준 4.7.3.4 지압접합에서 인장과 전단의 조합에 따라 결정한 설계인장강도 B에 Q를 곱하여 결정할 수 있다.

$$T_{avail} = BQ \qquad (2.3.11.1-7)$$

$\alpha' < 0$(접합요소가 볼트의 설계인장강도를 완전히 발휘할 만큼 충분한 강도와 강성을 갖고 있음을 의미)일 때;

$$Q = 1$$

$0 \le \alpha' \le 1$(접합요소가 볼트의 설계인장강도를 완전히 발휘할 만큼 충분한 강도를 갖고 있으나 지레작용을 방지하기에는 접합요소의 강성이 부족함을 의미)일 때;

$$Q = \left(\frac{t}{t_c}\right)^2 (1+\delta\alpha')$$

$\alpha' > 1$(접합요소가 볼트의 설계인장강도를 완전히 발휘할 만큼 충분한 강도를 갖고 있지 못함을 의미)일 때;

$$Q = \left(\frac{t}{t_c}\right)^2 (1+\delta)$$

여기서, $\alpha' = \frac{1}{\delta(1+\rho)}\left[\left(\frac{t_c}{t}\right)^2 - 1\right]$, 정해진 두께에 대한 볼트의 최대 설계인장강도를 산정하거나 정해진 볼트의 설계인장강도에 대하여 필요한 최소두께를 산정하기 위한 α값.

2.3.11.2 회전연성

단순전단접합부는 기준 4.7.1.2(단순접합)에서 요구하는 회전능력(회전연성)을 가지도록 다음과 같이 설계하여야 한다.

① 쌍ㄱ형강접합, 전단단부판접합, 단일ㄱ형강접합 및 T형강전단접합의 접합부 형상과 지지부재에 부착되는 접합요소(ㄱ형강의 다리, 연결판 또는 T형강의 플랜지)의 형상과 두께는 접합요소가 휘어져서 단순보의 단부회전을 수용할 수 있도록 하여야 한다.

② 비보강받침접합과 보강받침접합의 접합부 형상과 상부 또는 측면의 안정용 ㄱ형강의 형상과 두께는 접합요소가 휘어져서 단순보의 단부회전을 수용할 수 있도록 하여야 한다.

③ 단일판접합부에서 판의 형상과 두께는 파괴 시 용접부나 볼트의 파괴에 앞서 판의 항복, 볼트군의 회전 및 볼트구멍이 늘어날 수 있도록 하여야 한다.

T형강전단접합을 제외한 각 단순전단접합에 대한 회전연성은 3.1절에 규정한 관행적인 지침에 따라 확보할 수 있으며, T형강전단접합의 회전연성은 다음 방법으로 확보할 수 있다. 이 방법은 3.1절에서 규정하고 있는 단순전단접합부와 다

른 형상의 단순전단접합부에서도 회전연성을 확보하기 위하여 사용할 수 있다.

접합요소(T형강)를 지지부재에는 용접으로 단순보의 웨브에는 볼트로 접합할 때에 용접재의 강도가 $F_w = 490\text{MPa}$이면 필릿용접사이즈 $s_{\min}$은 다음과 같아야 한다. 그러나 $t_w(5/8)$보다 클 필요는 없다.

$$s_{\min} = \frac{1}{453}\frac{F_y t_f^2}{b}\left(\frac{b^2}{L^2}+2\right) < (5/8)t_w \qquad (2.3.11.2\text{-}1)$$

여기서, t_f : T형강의 플랜지 두께, mm

t_w : T형강의 웨브 두께, mm

b : 그림 2.3.5에 표시한 접합요소의 유연부 폭, mm

L : 그림 2.3.5에 표시한 접합요소의 길이, mm

접합요소(T형강)를 지지부재에는 볼트로 단순보의 웨브에는 볼트 또는 용접으로 접합할 때에 연성을 고려하기 위하여 T형강 플랜지를 관통하는 볼트의 최소지름은 다음과 같아야 한다. 그러나 $3.48\sqrt{t_w}$ 보다 클 필요는 없다.

손턴(Thornton, 1996, 1995a)의 식으로부터;

$$d_b = 0.892t\sqrt{\frac{F_y S}{F_t b}\left(\frac{b^2}{L^2}+2\right)} \qquad (2.3.11.2\text{-}2)$$

볼트 간격, $S = 75\text{mm}$와 KS F8T볼트로 가정하여 $F_t = 600\text{MPa}$를 대입하면,

$$d_{b_{\min}} = 0.315t_f\sqrt{\frac{F_y}{b}\left(\frac{b^2}{L^2}+2\right)} \le 3.48\sqrt{t_w} \qquad (2.3.11.2\text{-}3)$$

접합요소(T형강)의 웨브를 단순보의 웨브에 볼트로 접합할 때는 회전연성을 가지도록 T형강의 웨브의 최대두께를 식 (2.3.11.2-4)로 산정한다.

$$t_{w\,\max} = \frac{d_b}{2} + 2\text{mm} \qquad (2.3.11.2\text{-}4)$$

접합요소(T형강)의 웨브를 단순보의 웨브에 용접할 때에는 이 용접부에 별다른 회전연성의 문제는 없다.

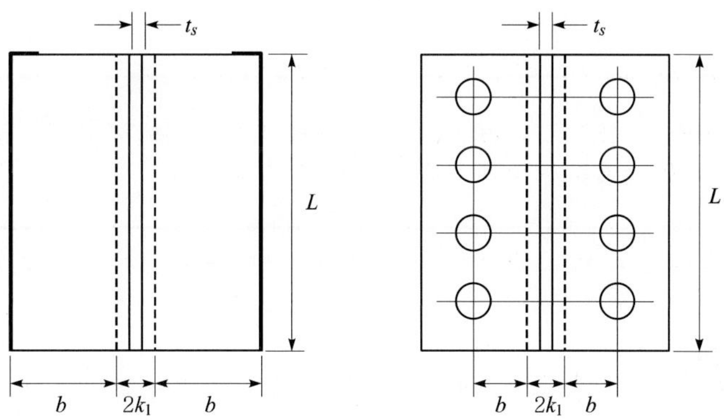

주기 : 기준 4.7.2.3(2)⑥에 따라
T형강 상부에 단부돌림용접(2w)

(a) 용접접합된 플랜지 (b) 볼트접합된 플랜지

그림 2.3.5 T형강전단접합부의 회전연성 검토용 변수

2.3.11.3 집중하중

만일 접합요소가 부재 또는 다른 접합요소에 집중하중을 전달할 때에는 기준 4.7.10(집중하중을 받는 플랜지와 웨브)을 참조한다. 또한 AISC Design Guide 13 'Stiffening of Wide-Flange Columns at Moment Connections: Wind and Seismic Applications'을 참조할 수 있다.

2.3.11.4 끼움재(shim)와 채움재(filler)

끼움재는 단순전단접합, 부분강접합과 완전강접합 그리고 베이스플레이트 및 기둥의 이음부 등의 접합부에 있는 현장 여유간격(Field Clearance)을 고려한 공간을 메우는 데 사용하도록 조립자에게 제공된다.

끼움재는 그림 2.3.6과 같이 구멍들이 뚫린 띠와 같은 띠형 끼움재(Strip Shims)와 원형구멍과 연단 사이를 잘라낸 손가락형 끼움재(Finger Shims)가 있다. 띠형 끼움재는 제작비가 저렴하고, 손가락형 끼움재는 이미 설치된 핀이나 시공용 볼트들을 제거하지 않고 측면에서 끼워 넣을 수 있다. 볼트몸체까지 완전히 삽입한 손가락형 끼움재는 마찰접합(미끄럼방지접합)에 허용되며, 접합부의 설계강도를 결정할 때 슬롯구멍을 가진 내부판으로 간주하지 않는다. 그 이유는 손가락형 끼움재로 인한 접촉면적의 손실은 25% 미만이며, 이 정도로는 이음부의 성능에 영향을 주지 않기 때문이다.

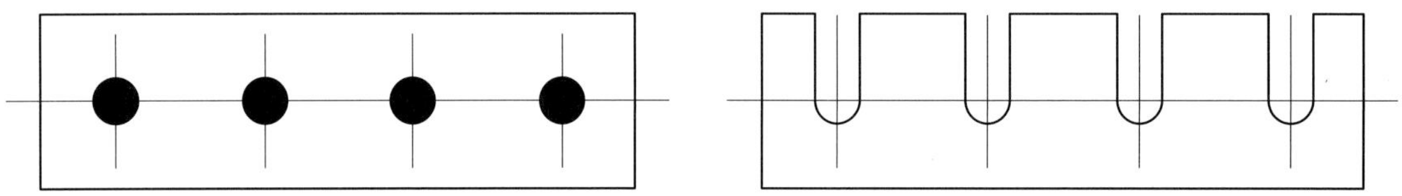

그림 2.3.6 끼움재(Shims)

채움재는 하중전달 방향과 수직방향으로 접합요소 사이의 치수가 달라서 발생하는 공간을 채우기 위해 사용한다. 채움재가 사용되는 예로는 기둥 또는 보 위에 보를 편심으로 접합하는 경우이다. 끼움재 또는 채움재가 접합부의 설계강도에 미치는 영향에 대해서는 강구조 고력볼트 접합부의 설계 및 시방규정 개선을 위한 기초연구(안)(이철호외, 2009, 한국강구조학회) 5.1을 참조할 수 있다.

참고

끼움재(shim) : 접촉면이나 지압면 사이의 두께 차이에 따른 공간을 메우기 위해 사용하는 얇은 판재
채움재, 필러(filler) : 부재의 두께를 조절하기 위해 사용하는 판재

2.3.11.5 따냄, 블록 및 절단

구조부재를 조립하기 위해서는 가능하면 최소한 10mm의 여유간격이 있어야 한다. 이러한 여유간격을 두기 위하여 필요하면 그림 2.3.7과 같이 따냄(coping), 블록(blocking) 또는 절단(cutting) 등의 방법으로 부재의 일부를 제거할 수 있다. 부재의 일부를 제거하는 데는 비용이 소요되므로 가능하면 피해야 한다. 경우에 따라서는 끼워 넣는 보의 상부면을 큰보의 상부면 아래로 필렛 반경과 충분한 거리를 두고 설치하여 부재의 일부를 제거하지 아니하고 접합하는 것이

가능할 수도 있다. 대안으로는 그림 2.3.8(b)와 같은 접합을 사용할 수도 있다. 부재의 일부를 제거하여야 한다면 따냄이 통상적으로 가장 경제적인 방법이다.

그림 2.3.9(b)는 따냄을 할 때에 권장하는 방법을 보여준다. 첫 번째 절단에 의해서 생길 수 있는 노치(notch)부분은 버려지는 재료에 생기게 하여 이어지는 2차 절단에 의해 이것을 제거한다. 단방향이 바뀌는 모든 오목한 모서리는 규정(강구조 시방서나 AWS D1.1 등 참조)에 따라 반경을 두어 노치가 없는 형상으로 가공되어야 한다. 이러한 모서리는 개략적으로 최소반경이 13mm로 가공되어야 한다.

따냄, 블록 및 절단은 구조부재의 설계강도를 상당히 감소시키므로, 웨브 보강이 필요할 수도 있는데, 웨브를 보강하기 보다는 더 큰 부재를 사용하는 것이 오히려 경제적일 수도 있다.

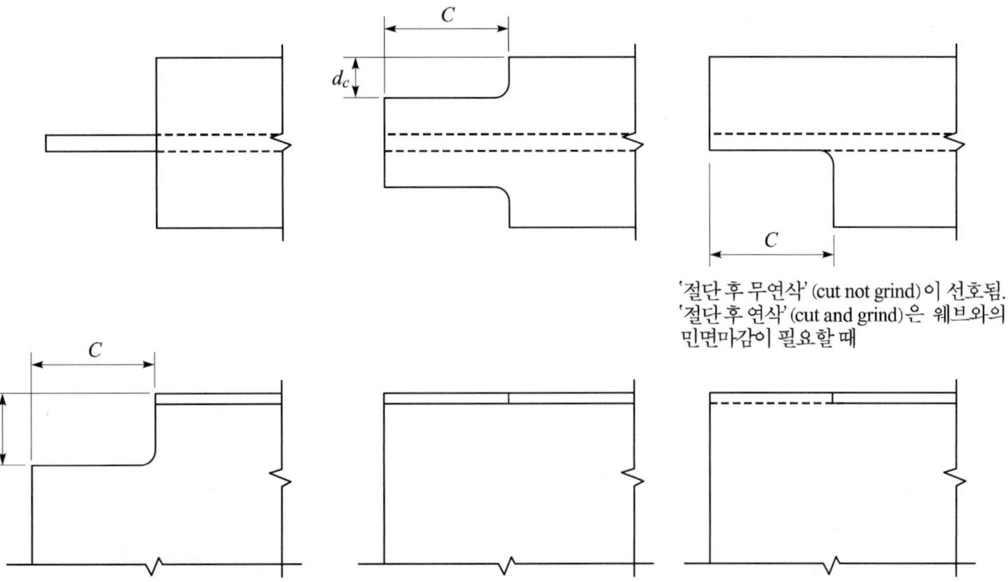

(a) 따냄(cope) (b) 블록(block) (c) 절단(cut)

그림 2.3.7 따냄, 블록 및 절단

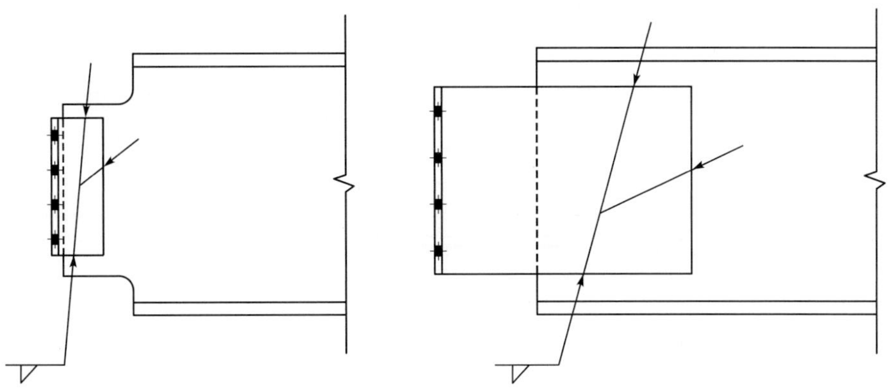

(a) 따냄 필요 (b) 따냄이 필요 없음

그림 2.3.8 따낼 필요가 없는 방법

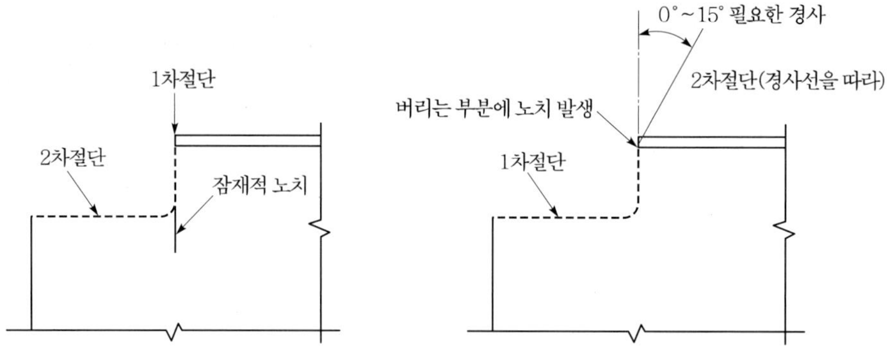

(a) 피해야 할 방법　　(b) 권장 방법

그림 2.3.9 권장하는 따냄 방법

2.3.11.6 따낸보의 웨브 보강

따낸보의 강도가 부족할 때는 보강이 필요 없는 더 큰 부재를 선정하거나 보강을 하여 강도를 증가시켜야 한다. 스티프너 또는 덧판으로 보강하는데 따른 인건비를 고려하면 재료비가 증가하더라도 더 큰 부재를 선정하는 것이 경제적인 대안일 수 있다. 보강을 하는 경우에는 그림 2.3.10과 같은 몇 가지 표준 보강상세를 참조할 수 있다.

$h/t_w \leq 60$인 열연강재 단면에서는 그림 2.3.10(a)와 같이 덧판 또는 그림 2.3.10(b)의 종방향스티프너를 사용하여 보강한다. 덧판의 소요두께 $t_{d\,req}$는 휨항복과 국부웨브좌굴에 대한 설계강도 계산에서 t_w 대신에 $(t_w + t_{d\,req})$를 사용하여 산정할 수 있다.

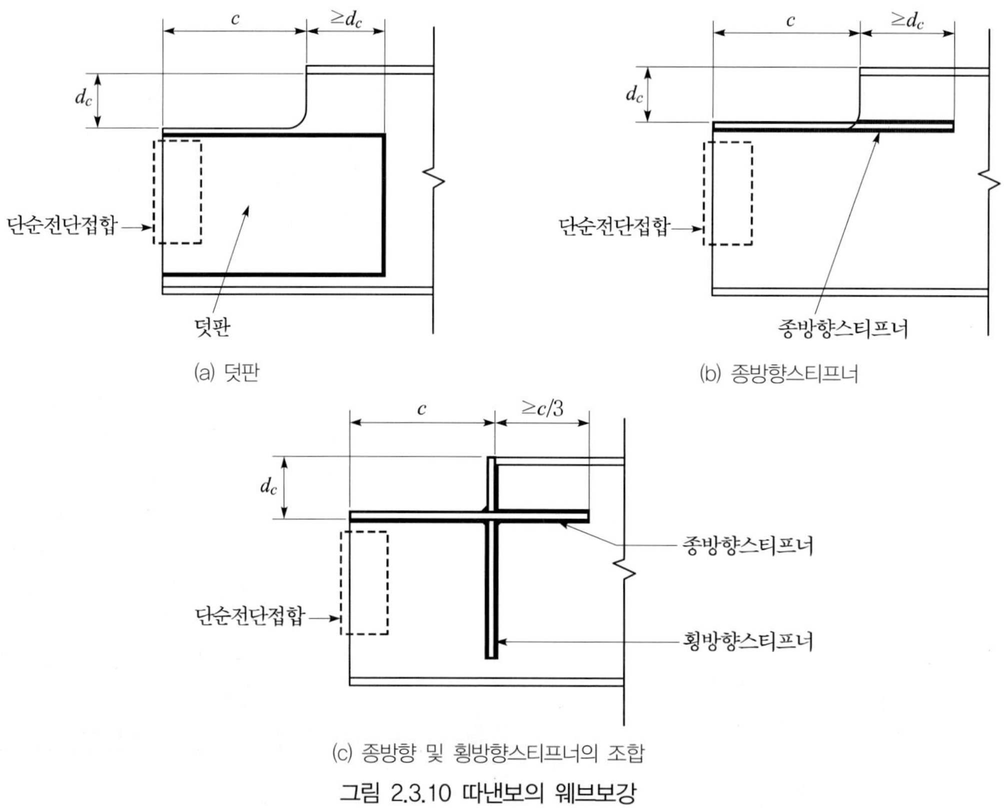

(a) 덧판　　(b) 종방향스티프너

(c) 종방향 및 횡방향스티프너의 조합

그림 2.3.10 따낸보의 웨브보강

보 웨브의 국부크리플링을 방지하기 위해서는 덧판을 그림 2.3.10(a)과 같이 따낸 면을 지나 따낸 높이 d_c 이상으로 연장하여야 한다. 종방향스티프너의 판폭두께비는 기준 표 1.5-1(압축판요소의 판폭두께비 제한값)의 제한값에 적합하여야 한다. 종방향스티프너로 보강된 단면은 휨항복에 대하여 검토해야 하나 국부웨브좌굴에 대하여는 검토할 필요가 없다. 보 웨브의 국부크리플링을 방지하기 위해서는 종방향스티프너를 그림 2.3.10(b)과 같이 따낸 면을 지나 따낸 높이 d_c 이상으로 연장하여야 한다.

$h/t_w > 60$인 플레이트거더처럼 얇은 웨브를 가진 보에서는 그림 2.3.10(c)와 같이 종방향과 횡방향 스티프너를 조합하여 보강할 필요도 있다. 이 때에도 스티프너의 판폭두께비는 기준 표 1.5-1의 제한값에 적합하여야 한다. 보강된 단면은 휨항복에 대하여 검토해야 하나 국부웨브좌굴에 대하여는 검토할 필요가 없다. 보 웨브의 국부크리플링을 방지하기 위해서는 종방향스티프너를 그림 2.3.10(c)와 같이 따낸 면을 지나 $c/3$ 이상으로 연장하여야 한다.

2.3.12 설계도움표 해설

접합요소의 설계에 유용한 설계도움표에 대한 근거와 제한사항들은 아래와 같다.

2.3.12.1 도움표 2.3.1 볼트구멍의 공제단면적

이 도움표에는 다양한 판두께에서의 볼트직경별 표준구멍, 대형구멍, 단슬롯구멍 및 장슬롯구멍에 대한 공제단면적이 주어져 있다. 이 공제단면적들은 접합요소의 순단면적을 구하는 데 사용된다. 도움표에 없는 판두께에 대해서는 10mm 두께에 해당하는 공제단면적 값에 두께의 비를 곱하여 구할 수 있다.

이전의 강구조기준인 KBC2009의 0702.3.12.2 순단면적의 산정항에서는 현장에서 볼트구멍을 천공할 때 펀치 등을 사용하는 경우를 고려하여 고장력볼트의 구멍치수보다 2mm 더 큰 폭으로 계산하도록 되어 있었다. 이전 KBC2016의 조항 및 현행 KDS의 1.5.2.12 총단면적과 순단면적의 산정 항은 '인장과 전단을 받는 부재의 순단면적을 산정하는 경우 볼트구멍의 폭은 표 4.7-1의 공칭구멍치수 값으로 한다.'로 개정되었다. 도움표는 개정된 기준에 따라 볼트구멍의 폭만을 고려한 도움표 2.3.1과 이전 기준인 KBC2009에 따라 고장력볼트의 구멍치수보다 2mm 더 큰 폭으로 계산한 도움표 2.3.1'를 작성하여 설계자가 필요에 따라서 실제 볼트구멍 뚫기 방법을 고려하거나, 또는 이전 기준에 의한 검토가 필요한 경우에 사용할 수 있도록 하였다.

<table>
<tr><th>구분</th><th>적용 볼트직경[1)]</th><th>적용 볼트구멍형상</th><th>적용 판두께</th></tr>
<tr><td>KDS에 따른 도움표 2.3.1</td><td rowspan="2">M16, M20, M22, M24, M27, M30, (M33, M36)</td><td rowspan="2">표준구멍, 대형구멍, 단슬롯구멍, 장슬롯구멍</td><td rowspan="2">4.5mm~25mm(△=2mm, 3mm)</td></tr>
<tr><td>KBC 2009에 따른 도움표 2.3.1'</td></tr>
</table>

주 1) 고장력볼트의 직경; KS(B 1010)에 M33, M36 고장력볼트는 규정되지 않음.

2.3.12.2 도움표 2.3.2 따낸 H형강보의 탄성단면계수 S

이 도움표에는 각 도움표의 상부에 도시한 형상처럼 전체 단면과 상부의 양쪽 플랜지만 잘라낸 단면 그리고 상부플랜지와 웨브를 함께 따낸 H형강의 탄성단면계수 값이 주어져있다. 따낸 높이 d_c가 보 높이의 1/2을 초과하는 경우와 플랜지 두께가 따낸 춤보다 큰 경우에는 그 값을 나타내지 않았다.

구분	적용 H형강 단면종류	탄성단면계수 종류
도움표 2.3.2	H-200~H-900	3가지 (도움표 참조)

2.3.12.3 도움표 2.3.3 블록전단파단

이 도움표에는 기준 4.7.4.3의 블록전단강도 산정식에 포함된 3종류(인장파단, 전단항복 및 전단파단)의 강도 값들이 두 재료강도 $F_y = 275\text{MPa}(F_u = 410\text{MPa})$, $F_y = 355\text{MPa}(F_u = 490\text{MPa})$에 대하여 도표화되어 있다. 이 도움표들을 이용하면 블록전단강도 산정 식의 순단면적에 대한 인장파단강도, 총단면적에 대한 전단항복강도 및 순단면적에 대한 전단파단강도 값을 간편하게 구할 수 있다. 도움표의 값들은 응력분포가 균등한 경우($U_{bs} = 1.0$)에 대한 판두께 1mm 당의 강도를 나타내고 있다. 따라서 응력분포가 균등하지 않을 경우에는 도움표 2.3.3a의 값에 U_{bs}값 0.5를 곱한 값을 사용하여야 한다.

구분		적용 치수	적용 재료강도	비고
도움표 2.3.3a	인장파단요소	d_b = M16, M20, M22, M24 $L_{eh} = 25 \sim 75$ mm	$F_u = 410, 490$ MPa	
도움표 2.3.3b	전단항복요소	$n_b = 12 \sim 2$, $L_{ev} = 32 \sim 75$ mm	$F_y = 275, 355$ MPa	
도움표 2.3.3c	전단파단요소	$n_b = 12 \sim 2$, $L_{ev} = 32 \sim 75$ mm d_b = M16, M20, M22, M24	$F_u = 410, 490$ MPa	

2.3.12.4 도움표 2.3.4 H형강보 단부의 지압 검토용 상수

H형강보의 단부에 반력으로 인하여 웨브에 압축력이 작용할 때는, 기준 4.7.10.2에 따른 웨브국부항복강도와 기준 4.7.10.3에 따른 웨브크리플링강도를 검토하여야 한다. 이 도움표에서는 다음과 같은 상수 $R_1 \sim R_6$과 지압길이 N을 사용하여 웨브국부항복과 웨브크리플링에 대한 설계강도 ϕR_n을 간편하게 구할 수 있도록 하였다.

$$R_1 = 2.5kF_{yw}t_w \tag{2.3.12.4-1}$$

$$R_2 = F_{yw}t_w \tag{2.3.12.4-2}$$

$$R_3 = 0.4t_w^2\sqrt{\frac{EF_{yw}t_f}{t_w}} \tag{2.3.12.4-3}$$

$$R_4 = 0.4t_w^2\left(\frac{3}{d}\right)\left(\frac{t_w}{t_f}\right)^{1.5}\sqrt{\frac{EF_{yw}t_f}{t_w}} \tag{2.3.12.4-4}$$

$$R_5 = 0.4t_w^2\left[1 - 0.2\left(\frac{t_w}{t_f}\right)^{1.5}\right]\sqrt{\frac{EF_{yw}t_f}{t_w}} \tag{2.3.12.4-5}$$

$$R_6 = 0.4t_w^2\left(\frac{4}{d}\right)\left(\frac{t_w}{t_f}\right)^{1.5}\sqrt{\frac{EF_{yw}t_f}{t_w}} \tag{2.3.12.4-6}$$

(1) 보 단부의 웨브국부항복강도

H형강보 단부의 웨브국부항복에 대한 설계강도 ϕR_n은 기준 4.7.10.2의 규정에 따라 기준식(4.7-25)와 기준식(4.7-26)을 단순화한 상수 ϕR_1과 ϕR_2를 도움표 2.3.4에서 구하여 다음과 같이 산정할 수 있다.

- 압축력이 보의 단부로 부터 보의 춤 d 이하인 거리 x에 작용할 때($x \leq d$);

$$\phi R_n = \phi R_1 + N(\phi R_2) \quad (2.3.12.4\text{-}7)$$

- 압축력이 보의 단부로 부터 보의 춤 d를 초과하는 거리 x에 작용할 때($x > d$);

$$\phi R_n = 2(\phi R_1) + N(\phi R_2) \quad (2.3.12.4\text{-}8)$$

여기서, 지압길이 N은 기준 4.7.10.2의 규정에 따라 k(플랜지두께+필렛반경)보다 작지 않도록 하여야 함을 유의하여야 한다.*

참고

지압길이 N은 개정된 기준에서는 보의 단부반력에 한해서만 k보다 작지 않도록 규정하고 있으나, 이전 기준(KBC 2009) 0710.10.2.에서는 단순히 '다만 k보다 작지 않을 것'으로 규정하고 있어서 불합리한 면이 있었다. 예를 들면, H형강 플랜지에 H형강 보를 모멘트접합하는 경우에는 보의 플랜지 두께가 지압길이 N이 되므로, 이를 단지 접합을 위하여 k 이상으로 할 수는 없기 때문이다.

(2) 보 단부의 웨브크리플링강도

H형강보 단부의 웨브크리플링에 대한 설계강도 ϕR_n은 기준 4.7.10.3의 규정에 따라 기준식(4.7-27), 기준식(4.7-28)과 기준식(4.7-29)를 단순화한 상수 ϕR_3, ϕR_4, ϕR_5와 ϕR_6을 도움표 2.3.4에서 구하여 다음과 같이 산정할 수 있다.

- 압축력이 보의 단부로 부터 보 춤 d의 1/2보다 작은 거리 x에 작용할 때($x < d/2$);

  $N/d \leq 0.2$일 때;

$$\phi R_n = \phi R_3 + N(\phi R_4) \quad (2.3.12.4\text{-}9)$$

  $N/d > 0.2$일 때;

$$\phi R_n = \phi R_5 + N(\phi R_6) \quad (2.3.12.4\text{-}10)$$

- 압축력이 보의 단부로 부터 보 춤 d의 1/2 이상의 거리 x에 작용할 때($x \geq d/2$);

$$\phi R_n = 2[\phi R_3 + N(\phi R_4)] \quad (2.3.12.4\text{-}11)$$

이 도움표에서는 다음과 같이 H형강보 단부의 지압 검토용 상수를 도표화하였다.

구분	재료강도	비고
도움표 2.3.4a	$F_y = 275\text{MPa}$	H형강보 단부의 지압 검토용 상수
도움표 2.3.4b	$F_y = 355\text{MPa}$	H형강보 단부의 지압 검토용 상수

2.4 도움표

도움표 2.1.1 볼트의 설계전단강도, ϕr_n (kN)

$\phi = 0.75$

볼트 등급	나사 조건	공칭전단강도 F_{nv} (MPa)	전단면 수	볼트의 호칭					
				M16	M20	M22	M24	M27	M30
F8T	N	320	1면	48.2	75.4	91.2	108	138	170
			2면	96.5	151	182	217	275	339
	X	400	1면	60.3	94.2	114	136	172	212
			2면	121	188	228	271	344	424
F10T	N	400	1면	60.3	94.2	114	136	172	212
			2면	121	188	228	271	344	424
	X	500	1면	75.4	118	143	170	215	265
			2면	151	236	285	339	430	530
F13T	N	520	1면	78.4	122	148	176	223	276
			2면	157	245	296	353	447	551
	X	650	1면	98.0	153	185	220	279	345
			2면	196	306	371	441	559	689
일반볼트	–	160	1면	24.1	37.7	45.6	54.2	68.8	84.8
			2면	48.2	75.4	91.2	108	138	170

N : 전단면에 나사부 포함, X : 전단면에 나사부 불 포함

도움표 2.1.2 볼트의 설계인장강도, ϕr_n (kN)

$\phi = 0.75$

볼트 등급	공칭인장강도 F_{nt} (MPa)	볼트의 호칭					
		M16	M20	M22	M24	M27	M30
F8T	600	90.5	141	171	203	258	318
F10T	750	113	177	214	254	322	398
F13T	975	147	230	278	331	419	517
일반볼트	300	45.2	70.7	85.5	102	129	159

도움표 2.1.3 볼트의 설계미끄럼강도, ϕr_n (kN)

필러계수 $h_f = 1.0$

강종	볼트구멍 유형	ϕ	전단면 수	M16	M20	M22	M24	M27	M30
F8T	STD SSLT	1.0	1면	42.0	66.0	80.0	95.0	121	149
			2면	84.0	132	160	190	241	297
	OVS SSLP	0.85	1면	35.7	56.1	68.0	80.8	102	126
			2면	71.4	112	136	162	205	252
	LSLT LSLP	0.70	1면	29.4	46.2	56.0	66.5	84.3	104
			2면	58.8	92.4	112	133	169	208
F10T	STD SSLT	1.0	1면	53.0	82.5	100	119	151	186
			2면	106	165	200	237	301	371
	OVS SSLP	0.85	1면	45.0	70.1	85.0	101	128	158
			2면	90.1	140	170	201	256	315
	LSLT LSLP	0.70	1면	37.1	57.7	70.0	83.0	105	130
			2면	74.2	115	140	166	211	260
F13T	STD SSLT	1.0	1면	68.5	107	130	154	196	242
			2면	137	214	259	308	391	483
	OVS SSLP	0.85	1면	58.2	91.0	110	131	166	205
			2면	116	182	220	262	332	411
	LSLT LSLP	0.70	1면	48.0	74.9	90.7	108	137	169
			2면	95.9	150	181	216	274	338

(열 제목 M16~M30은 "볼트의 호칭"에 속함)

STD : 표준구멍　　SSLT : 하중 방향과 직각인 단슬롯구멍　　LSLT : 하중 방향과 직각인 장슬롯구멍
OVS : 대형구멍　　SSLP : 하중 방향과 평행한 단슬롯구멍　　LSLP : 하중 방향과 평행한 장슬롯구멍

도움표 2.1.3 볼트의 설계미끄럼강도, ϕr_n (kN)

필러계수 $h_f = 0.85$

	볼트구멍 유형	ϕ	전단면 수	볼트의 호칭					
				M16	M20	M22	M24	M27	M30
F8T	STD SSLT	1.0	1면	35.7	56.1	68.0	80.8	102	126
			2면	71.4	112	136	162	205	252
	OVS SSLP	0.85	1면	30.3	47.7	57.8	68.6	87.1	107
			2면	60.7	95.4	116	137	174	215
	LSLT LSLP	0.70	1면	25.0	39.3	47.6	56.5	71.7	88.4
			2면	50.0	78.5	95.2	113	143	177
F10T	볼트구멍 유형	ϕ	전단면 수	M16	M20	M22	M24	M27	M30
	STD SSLT	1.0	1면	45.0	70.1	85.0	101	128	158
			2면	90.1	140	170	201	256	315
	OVS SSLP	0.85	1면	38.3	59.6	72.2	85.6	109	134
			2면	76.6	119	144	171	217	268
	LSLT LSLP	0.70	1면	31.5	49.1	59.5	70.5	89.5	110
			2면	63.1	98.2	119	141	179	221
F13T	볼트구멍 유형	ϕ	전단면 수	M16	M20	M22	M24	M27	M30
	STD SSLT	1.0	1면	58.2	91.0	110	131	166	205
			2면	116	182	220	262	332	411
	OVS SSLP	0.85	1면	49.5	77.3	93.6	111	141	174
			2면	99.0	155	187	223	282	349
	LSLT LSLP	0.70	1면	40.8	63.7	77.1	91.6	116	144
			2면	81.5	127	154	183	233	287

STD : 표준구멍　SSLT : 하중 방향과 직각인 단슬롯구멍　LSLT : 하중 방향과 직각인 장슬롯구멍
OVS : 대형구멍　SSLP : 하중 방향과 평행한 단슬롯구멍　LSLP : 하중 방향과 평행한 장슬롯구멍

도움표 2.1.4 볼트구멍의 판두께당 설계지압강도 (kN/mm) 볼트간격 별

$\phi = 0.75$

볼트구멍 유형	볼트간격 s (mm)	판의 인장강도 F_u (MPa)	볼트의 호칭					
			M16	M20	M22	M24	M27	M30
STD SSLT	$2.5d_b$	410	8.12	10.3	11.4	12.2	13.8	15.5
		490	9.70	12.3	13.7	14.6	16.5	18.5
	75	410	11.8	14.8	16.2	17.7	16.6	15.5
		490	14.1	17.6	19.4	21.2	19.8	18.5
SSLP	$2.5d_b$	410	6.64	8.86	9.23	10.3	11.3	12.9
		490	7.94	10.6	11.0	12.3	13.5	15.4
	75	410	11.8	14.8	16.2	15.9	14.0	12.9
		490	14.1	17.6	19.4	19.0	16.8	15.4
OVS	$2.5d_b$	410	7.38	9.59	9.96	11.1	12.0	13.7
		490	8.82	11.5	11.9	13.2	14.3	16.3
	75	410	11.8	14.8	16.2	16.6	14.8	13.7
		490	14.1	17.6	19.4	19.8	17.6	16.3
LSLP	$2.5d_b$	410	–	–	–	–	0.19	–
		490	–	–	–	–	0.22	–
	75	410	10.1	9.23	7.38	5.54	2.95	–
		490	12.1	11.0	8.82	6.62	3.53	–
LSLT	$2.5d_b$	410	6.77	8.61	9.53	10.1	11.5	12.9
		490	8.09	10.3	11.4	12.1	13.8	15.4
	75	410	9.84	12.3	13.5	14.8	13.8	12.9
		490	11.8	14.7	16.2	17.6	16.5	15.4
STD, SSLT SSLP, OVS LSLP	$s \geq s_{full}$	410	11.8	14.8	16.2	17.7	19.9	22.1
		490	14.1	17.6	19.4	21.2	23.8	26.5
LSLT	$s \geq s_{full}$	410	9.94	12.3	13.5	14.8	16.6	18.5
		490	11.8	14.7	16.2	17.6	19.8	22.1
최대설계지압강도 볼트간격 s_{full} (mm)		STD, SSLT, LSLT	50	62	68	75	84	93
		OVS	52	64	72	78	89	98
		SSLP	54	66	74	80	91	100
		LSLP	72	90	99	108	121	135
최소볼트간격 (mm)			40	50	55	60	67.5	75

STD : 표준구멍　SSLT : 하중 방향과 직각인 단슬롯구멍　LSLT : 하중 방향과 직각인 장슬롯구멍
OVS : 대형구멍　SSLP : 하중 방향과 평행한 단슬롯구멍　LSLP : 하중 방향과 평행한 장슬롯구멍

볼트간격 s는 인접한 볼트구멍 중심 간의 하중방향 간격임.
볼트구멍의 변형을 고려한 값임.
볼트구멍의 변형을 고려하지 않을 경우에는 기준 4.7.3.5 참조.
– : 볼트간격이 작아서 남은 부분이 없는 경우임.

도움표 2.1.5 볼트구멍의 판두께당 설계지압강도 (kN/mm) 연단거리 별

$\phi = 0.75$

볼트구멍 유형	연단거리 L_e (mm)	판의 인장강도 F_u (MPa)	볼트의 호칭					
			M16	M20	M22	M24	M27	M30
STD SSLT	30	410	7.75	7.01	6.64	6.09	5.54	4.98
		490	9.26	8.38	7.94	7.28	6.62	5.95
	50	410	11.8	14.4	14.0	13.5	12.9	12.4
		490	14.1	17.2	16.8	16.1	15.4	14.8
SSLP	30	410	7.01	6.27	5.54	5.17	4.24	3.69
		490	8.38	7.50	6.62	6.17	5.07	4.41
	50	410	11.8	13.7	12.9	12.5	11.6	11.1
		490	14.1	16.3	15.4	15	13.9	13.2
OVS	30	410	7.38	6.64	5.90	5.54	4.61	4.06
		490	8.82	7.94	7.06	6.62	5.51	4.85
	50	410	11.8	14.0	13.3	12.9	12.0	11.4
		490	14.1	16.8	15.9	15.4	14.3	13.7
LSLP	30	410	3.69	1.85	0.02			–
		490	4.41	2.21	1.10	–	–	–
	50	410	11.1	9.23	8.30	7.38	6.09	4.61
		490	13.2	11.0	9.92	8.82	7.28	5.51
LSLT	30	410	6.46	5.84	5.54	5.07	4.61	4.15
		490	7.72	6.98	6.62	6.06	5.51	4.96
	50	410	9.84	12.0	11.7	11.2	10.8	10.3
		490	11.8	14.3	14.0	13.4	12.9	12.3
STD, SSLT SSLP, OVS LSLP	$L_e \geq L_{e\ full}$	410	11.8	14.8	16.2	17.7	19.9	22.1
		490	14.1	17.6	19.4	21.2	23.8	26.5
LSLT	$L_e \geq L_{e\ full}$	410	9.94	12.3	13.5	14.8	16.6	18.5
		490	11.8	14.7	16.2	17.6	19.8	22.1
최대설계지압강도 연단거리 $L_{e\ full}$ (mm)		STD, SSLT, SLT	41	51	56	62	69	77
		OVS	42	52	58	63	72	79
		SSLP	43	53	59	64	73	80
		LSLP	52	65	72	78	88	98

STD : 표준구멍　SSLT : 하중 방향과 직각인 단슬롯구멍　LSLT : 하중 방향과 직각인 장슬롯구멍
OVS : 대형구멍　SSLP : 하중 방향과 평행한 단슬롯구멍　LSLP : 하중 방향과 평행한 장슬롯구멍

연단거리 L_e는 볼트구멍의 중심에서 하중방향으로 피접합재의 연단까지의 거리임.
볼트구멍의 변형을 고려한 값임.
볼트구멍의 변형을 고려하지 않을 경우에는 기준 4.7.3.5 참조.
– : 연단거리가 작아서 남은 부분이 없는 경우임.

도움표 2.1.6(1) 편심하중을 받는 볼트군의 계수 C

하중각도=0°

볼트군은 다음 식을 만족하도록 배열하여야 한다.

$\phi R_n \geq P_u$
또는
$C \geq P_u / \phi r_n$

ϕR_n : 볼트군의 설계강도($= C \times \phi r_n$)
C : 도움표 상의 볼트군의 계수
ϕr_n : 볼트 1개당 설계강도
P_u : 계수하중
e_x : 하중의 수평방향 편심
s : 수직열의 볼트 간격

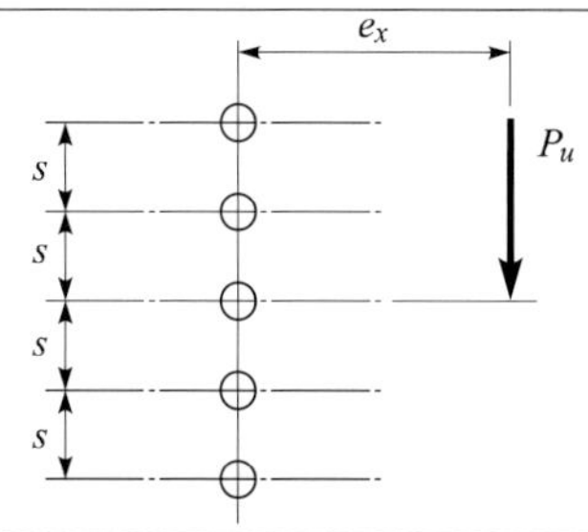

s mm	e_x mm	수직열 당 볼트 수										
		2	3	4	5	6	7	8	9	10	11	12
75	50	1.18	2.22	3.32	4.39	5.45	6.48	7.51	8.52	9.53	10.5	11.5
	60	1.04	2.03	3.12	4.20	5.27	6.33	7.37	8.39	9.42	10.4	11.4
	70	0.93	1.84	2.91	4.00	5.08	6.15	7.20	8.25	9.28	10.3	11.3
	80	0.83	1.67	2.72	3.80	4.88	5.96	7.03	8.08	9.13	10.2	11.2
	90	0.76	1.53	2.53	3.59	4.68	5.76	6.84	7.91	8.96	10.0	11.0
	100	0.69	1.40	2.36	3.40	4.47	5.56	6.64	7.72	8.78	9.84	10.9
	150	0.48	0.97	1.73	2.58	3.55	4.57	5.63	6.70	7.79	8.87	9.96
	200	0.36	0.73	1.34	2.04	2.85	3.75	4.72	5.73	6.78	7.85	8.93
	250	0.29	0.59	1.09	1.66	2.36	3.14	4.00	4.92	5.89	6.90	7.94
	300	0.24	0.49	0.92	1.40	2.00	2.68	3.44	4.27	5.15	6.09	7.06
	350	0.21	0.42	0.79	1.21	1.74	2.33	3.01	3.75	4.55	5.41	6.31
	400	0.18	0.37	0.70	1.06	1.53	2.06	2.67	3.33	4.06	4.85	5.68
	450	0.16	0.33	0.62	0.95	1.37	1.84	2.39	3.00	3.66	4.38	5.15
	500	0.15	0.29	0.56	0.85	1.24	1.67	2.16	2.72	3.33	3.99	4.70
	600	0.12	0.25	0.47	0.71	1.03	1.40	1.82	2.29	2.81	3.37	3.99
	700	0.11	0.21	0.40	0.61	0.89	1.20	1.57	1.97	2.42	2.92	3.45
	800	0.09	0.18	0.35	0.54	0.78	1.05	1.37	1.73	2.13	2.57	3.04
	900	0.08	0.16	0.31	0.48	0.69	0.94	1.22	1.54	1.90	2.29	2.72
	C', m	0.07	0.15	0.28	0.43	0.63	0.84	1.11	1.40	1.73	2.09	2.49
150	50	1.63	2.71	3.75	4.77	5.77	6.77	7.76	8.75	9.74	10.7	11.7
	60	1.53	2.63	3.68	4.71	5.72	6.73	7.72	8.72	9.71	10.7	11.7
	70	1.44	2.53	3.60	4.64	5.66	6.67	7.68	8.68	9.68	10.7	11.7
	80	1.34	2.43	3.51	4.56	5.60	6.62	7.63	8.63	9.63	10.6	11.6
	90	1.26	2.33	3.42	4.48	5.52	6.55	7.57	8.58	9.59	10.6	11.6
	100	1.18	2.22	3.32	4.39	5.45	6.48	7.51	8.52	9.53	10.5	11.5
	150	0.88	1.75	2.81	3.90	4.98	6.06	7.12	8.17	9.20	10.2	11.3
	200	0.69	1.40	2.36	3.40	4.47	5.56	6.64	7.72	8.78	9.84	10.9
	250	0.56	1.15	2.01	2.95	3.98	5.05	6.13	7.22	8.30	9.38	10.4
	300	0.48	0.97	1.73	2.58	3.55	4.57	5.63	6.70	7.79	8.87	9.96
	350	0.41	0.83	1.51	2.28	3.17	4.13	5.15	6.20	7.27	8.36	9.44
	400	0.36	0.73	1.34	2.04	2.85	3.75	4.72	5.73	6.78	7.85	8.93
	450	0.32	0.65	1.21	1.83	2.59	3.42	4.34	5.31	6.32	7.36	8.42
	500	0.29	0.59	1.09	1.66	2.36	3.14	4.00	4.92	5.89	6.90	7.94
	600	0.24	0.49	0.92	1.40	2.00	2.68	3.44	4.27	5.15	6.09	7.06
	700	0.21	0.42	0.79	1.21	1.74	2.33	3.01	3.75	4.55	5.41	6.31
	800	0.18	0.37	0.70	1.06	1.53	2.06	2.67	3.33	4.06	4.85	5.68
	900	0.16	0.33	0.62	0.95	1.37	1.84	2.39	3.00	3.66	4.38	5.15
	C', m	0.15	0.29	0.56	0.86	1.25	1.69	2.22	2.80	3.46	4.17	4.98

도움표 2.1.6(2) 편심하중을 받는 볼트군의 계수 C

하중각도=15°

볼트군은 다음 식을 만족하도록 배열하여야 한다.

$\phi R_n \geq P_u$
또는
$C \geq P_u / \phi r_n$

ϕR_n : 볼트군의 설계강도 $(= C \times \phi r_n)$
C : 도움표 상의 볼트군의 계수
ϕr_n : 볼트 1개당 설계강도
P_u : 계수하중
e_x : 하중의 수평방향 편심
s : 수직열의 볼트 간격

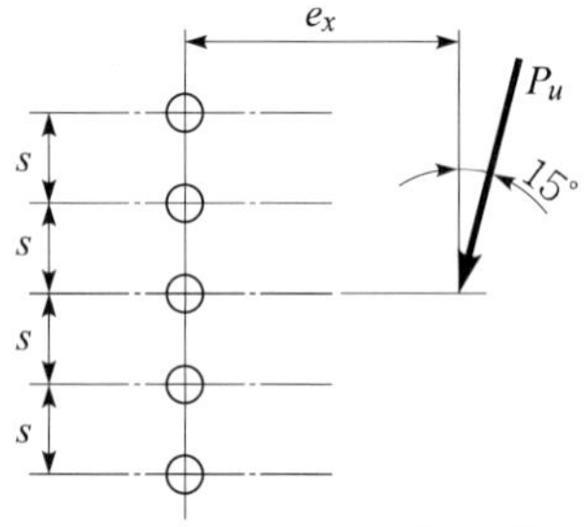

s mm	e_x mm	수직열 당 볼트 수										
		2	3	4	5	6	7	8	9	10	11	12
75	50	1.15	2.20	3.28	4.34	5.39	6.42	7.44	8.46	9.47	10.5	11.5
	60	1.01	2.01	3.07	4.15	5.21	6.26	7.29	8.32	9.34	10.4	11.4
	70	0.90	1.84	2.88	3.95	5.01	6.07	7.12	8.16	9.19	10.2	11.2
	80	0.81	1.68	2.69	3.74	4.81	5.88	6.94	7.99	9.03	10.1	11.1
	90	0.74	1.54	2.51	3.55	4.61	5.68	6.75	7.80	8.85	9.90	10.9
	100	0.67	1.42	2.35	3.36	4.41	5.48	6.55	7.61	8.67	9.72	10.8
	150	0.47	0.99	1.73	2.58	3.52	4.52	5.55	6.61	7.67	8.74	9.81
	200	0.36	0.76	1.35	2.06	2.86	3.74	4.69	5.68	6.70	7.74	8.80
	250	0.29	0.61	1.10	1.69	2.38	3.15	4.00	4.90	5.85	6.84	7.85
	300	0.25	0.51	0.93	1.43	2.03	2.71	3.46	4.28	5.15	6.06	7.01
	350	0.21	0.44	0.81	1.24	1.76	2.37	3.04	3.78	4.57	5.41	6.30
	400	0.19	0.38	0.71	1.09	1.56	2.10	2.70	3.37	4.09	4.87	5.69
	450	0.17	0.34	0.63	0.97	1.39	1.88	2.43	3.04	3.70	4.42	5.18
	500	0.15	0.30	0.57	0.88	1.26	1.70	2.20	2.76	3.37	4.03	4.74
	600	0.13	0.25	0.48	0.73	1.06	1.43	1.86	2.33	2.86	3.43	4.04
	700	0.11	0.22	0.41	0.63	0.91	1.23	1.60	2.02	2.47	2.97	3.51
	800	0.09	0.19	0.36	0.55	0.80	1.08	1.41	1.77	2.18	2.62	3.10
	900	0.08	0.17	0.32	0.49	0.71	0.96	1.26	1.58	1.95	2.34	2.78
150	50	1.61	2.69	3.72	4.74	5.74	6.74	7.73	8.72	9.71	10.7	11.7
	60	1.51	2.60	3.65	4.67	5.68	6.69	7.69	8.68	9.67	10.7	11.7
	70	1.41	2.50	3.56	4.60	5.62	6.63	7.63	8.63	9.63	10.6	11.6
	80	1.32	2.40	3.47	4.52	5.55	6.57	7.58	8.58	9.58	10.6	11.6
	90	1.23	2.30	3.38	4.43	5.47	6.50	7.51	8.52	9.53	10.5	11.5
	100	1.15	2.20	3.28	4.34	5.39	6.42	7.44	8.46	9.47	10.5	11.5
	150	0.86	1.76	2.78	3.85	4.92	5.98	7.03	8.08	9.11	10.1	11.2
	200	0.67	1.42	2.35	3.36	4.41	5.48	6.55	7.61	8.67	9.72	10.8
	250	0.55	1.17	2.00	2.94	3.94	4.98	6.04	7.11	8.18	9.24	10.3
	300	0.47	0.99	1.73	2.58	3.52	4.52	5.55	6.61	7.67	8.74	9.81
	350	0.41	0.86	1.52	2.30	3.16	4.11	5.10	6.13	7.17	8.23	9.30
	400	0.36	0.76	1.35	2.06	2.86	3.74	4.69	5.68	6.70	7.74	8.80
	450	0.32	0.67	1.22	1.86	2.60	3.43	4.32	5.27	6.26	7.27	8.31
	500	0.29	0.61	1.10	1.69	2.38	3.15	4.00	4.90	5.85	6.84	7.85
	600	0.25	0.51	0.93	1.43	2.03	2.71	3.46	4.28	5.15	6.06	7.01
	700	0.21	0.44	0.81	1.24	1.76	2.37	3.04	3.78	4.57	5.41	6.30
	800	0.19	0.38	0.71	1.09	1.56	2.10	2.70	3.37	4.09	4.87	5.69
	900	0.17	0.34	0.63	0.97	1.39	1.88	2.43	3.04	3.70	4.42	5.18

도움표 2.1.6(3) 편심하중을 받는 볼트군의 계수 C

하중각도=30°

볼트군은 다음 식을 만족하도록 배열하여야 한다.

$\phi R_n \geq P_u$

또는

$C \geq P_u / \phi r_n$

ϕR_n : 볼트군의 설계강도$(= C \times \phi r_n)$
C : 도움표 상의 볼트군의 계수
ϕr_n : 볼트 1개당 설계강도
P_u : 계수하중
e_x : 하중의 수평방향 편심
s : 수직열의 볼트 간격

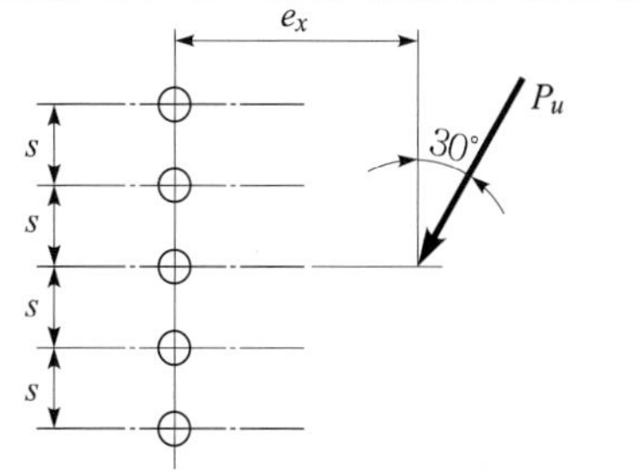

s mm	e_x mm	수직열 당 볼트 수										
		2	3	4	5	6	7	8	9	10	11	12
75	50	1.14	2.20	3.25	4.29	5.33	6.36	7.37	8.39	9.39	10.4	11.4
	60	1.01	2.03	3.06	4.11	5.15	6.19	7.22	8.24	9.25	10.3	11.3
	70	0.91	1.87	2.88	3.92	4.97	6.01	7.04	8.07	9.10	10.1	11.1
	80	0.82	1.73	2.71	3.74	4.78	5.82	6.86	7.90	8.93	9.95	11.0
	90	0.75	1.61	2.55	3.56	4.59	5.63	6.68	7.72	8.75	9.78	10.8
	100	0.69	1.50	2.40	3.39	4.41	5.45	6.49	7.53	8.57	9.61	10.6
	150	0.49	1.09	1.82	2.67	3.60	4.57	5.58	6.60	7.64	8.68	9.72
	200	0.38	0.83	1.44	2.17	2.98	3.86	4.79	5.76	6.75	7.77	8.79
	250	0.31	0.67	1.19	1.82	2.52	3.31	4.15	5.05	5.98	6.95	7.93
	300	0.26	0.56	1.01	1.55	2.17	2.87	3.64	4.46	5.33	6.24	7.17
	350	0.23	0.48	0.87	1.35	1.90	2.53	3.23	3.98	4.78	5.63	6.51
	400	0.20	0.42	0.77	1.20	1.69	2.26	2.89	3.58	4.33	5.11	5.94
	450	0.18	0.38	0.69	1.07	1.52	2.04	2.62	3.25	3.94	4.67	5.45
	500	0.16	0.34	0.62	0.97	1.37	1.85	2.38	2.97	3.61	4.29	5.02
	600	0.14	0.28	0.53	0.81	1.16	1.57	2.02	2.53	3.09	3.69	4.33
	700	0.12	0.24	0.45	0.70	1.00	1.36	1.75	2.20	2.69	3.22	3.79
	800	0.10	0.21	0.40	0.61	0.88	1.19	1.54	1.94	2.38	2.85	3.37
	900	0.09	0.19	0.35	0.55	0.79	1.07	1.38	1.74	2.13	2.56	3.03
150	50	1.59	2.66	3.69	4.70	5.70	6.70	7.69	8.68	9.67	10.7	11.6
	60	1.48	2.57	3.61	4.63	5.64	6.64	7.64	8.64	9.63	10.6	11.6
	70	1.38	2.48	3.53	4.56	5.57	6.58	7.58	8.58	9.58	10.6	11.6
	80	1.29	2.38	3.44	4.47	5.50	6.51	7.52	8.52	9.52	10.5	11.5
	90	1.21	2.29	3.34	4.39	5.42	6.44	7.45	8.46	9.46	10.5	11.5
	100	1.14	2.20	3.25	4.29	5.33	6.36	7.37	8.39	9.39	10.4	11.4
	150	0.86	1.80	2.79	3.83	4.87	5.92	6.95	7.99	9.01	10.0	11.1
	200	0.69	1.50	2.40	3.39	4.41	5.45	6.49	7.53	8.57	9.61	10.6
	250	0.57	1.27	2.08	3.00	3.98	4.99	6.02	7.06	8.10	9.15	10.2
	300	0.49	1.09	1.82	2.67	3.60	4.57	5.58	6.60	7.64	8.68	9.72
	350	0.43	0.95	1.61	2.40	3.27	4.20	5.17	6.17	7.18	8.21	9.25
	400	0.38	0.83	1.44	2.17	2.98	3.86	4.79	5.76	6.75	7.77	8.79
	450	0.34	0.75	1.30	1.98	2.74	3.57	4.46	5.39	6.35	7.34	8.35
	500	0.31	0.67	1.19	1.82	2.52	3.31	4.15	5.05	5.98	6.95	7.93
	600	0.26	0.56	1.01	1.55	2.17	2.87	3.64	4.46	5.33	6.24	7.17
	700	0.23	0.48	0.87	1.35	1.90	2.53	3.23	3.98	4.78	5.63	6.51
	800	0.20	0.42	0.77	1.20	1.69	2.26	2.89	3.58	4.33	5.11	5.94
	900	0.18	0.38	0.69	1.07	1.52	2.04	2.62	3.25	3.94	4.67	5.45

도움표 2.1.6(4) 편심하중을 받는 볼트군의 계수 C

하중각도=45°

볼트군은 다음 식을 만족하도록 배열하여야 한다.

$\phi R_n \geq P_u$

또는

$C \geq P_u / \phi r_n$

ϕR_n : 볼트군의 설계강도(= $C \times \phi r_n$)

C : 도움표 상의 볼트군의 계수

ϕr_n : 볼트 1개당 설계강도

P_u : 계수하중

e_x : 하중의 수평방향 편심

s : 수직열의 볼트 간격

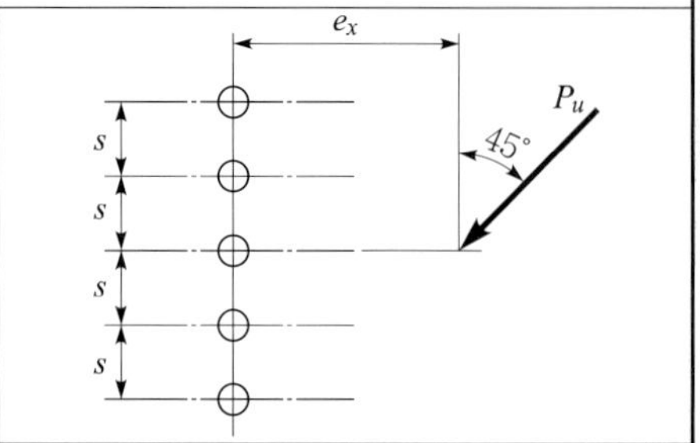

s mm	e_x mm	수직열 당 볼트 수										
		2	3	4	5	6	7	8	9	10	11	12
75	50	1.17	2.23	3.25	4.27	5.29	6.30	7.31	8.31	9.31	10.3	11.3
	60	1.05	2.09	3.09	4.11	5.13	6.14	7.15	8.16	9.17	10.2	11.2
	70	0.96	1.95	2.94	3.95	4.96	5.98	6.99	8.00	9.01	10.0	11.0
	80	0.88	1.83	2.80	3.79	4.80	5.82	6.83	7.84	8.86	9.87	10.9
	90	0.81	1.72	2.66	3.64	4.64	5.65	6.67	7.68	8.69	9.71	10.7
	100	0.75	1.63	2.54	3.50	4.49	5.49	6.50	7.52	8.53	9.54	10.6
	150	0.55	1.25	2.01	2.88	3.80	4.76	5.73	6.72	7.72	8.73	9.74
	200	0.44	0.99	1.64	2.41	3.25	4.14	5.06	6.01	6.98	7.96	8.95
	250	0.36	0.81	1.37	2.06	2.82	3.63	4.49	5.39	6.32	7.27	8.23
	300	0.31	0.69	1.17	1.79	2.47	3.22	4.02	4.86	5.74	6.65	7.58
	350	0.27	0.59	1.03	1.58	2.20	2.88	3.62	4.41	5.24	6.11	6.99
	400	0.24	0.52	0.91	1.41	1.97	2.60	3.29	4.03	4.81	5.63	6.48
	450	0.21	0.46	0.82	1.27	1.78	2.36	3.00	3.70	4.43	5.21	6.02
	500	0.19	0.42	0.74	1.16	1.62	2.16	2.76	3.41	4.10	4.84	5.61
	600	0.16	0.35	0.63	0.98	1.38	1.85	2.37	2.94	3.56	4.22	4.92
	700	0.14	0.30	0.54	0.85	1.19	1.61	2.08	2.58	3.14	3.73	4.37
	800	0.12	0.26	0.48	0.75	1.05	1.43	1.84	2.30	2.80	3.34	3.92
	900	0.11	0.23	0.43	0.67	0.94	1.28	1.65	2.07	2.53	3.02	3.55
150	50	1.57	2.64	3.66	4.67	5.66	6.66	7.65	8.64	9.63	10.6	11.6
	60	1.48	2.56	3.58	4.59	5.60	6.59	7.59	8.58	9.57	10.6	11.5
	70	1.39	2.47	3.50	4.52	5.52	6.53	7.52	8.52	9.51	10.5	11.5
	80	1.31	2.39	3.42	4.44	5.45	6.45	7.46	8.45	9.45	10.4	11.4
	90	1.24	2.31	3.34	4.36	5.37	6.38	7.38	8.38	9.38	10.4	11.4
	100	1.17	2.23	3.25	4.27	5.29	6.30	7.31	8.31	9.31	10.3	11.3
	150	0.92	1.89	2.87	3.87	4.88	5.90	6.91	7.92	8.94	9.94	11.0
	200	0.75	1.63	2.54	3.50	4.49	5.49	6.50	7.52	8.53	9.54	10.6
	250	0.64	1.42	2.25	3.17	4.13	5.11	6.11	7.11	8.12	9.14	10.1
	300	0.55	1.25	2.01	2.88	3.80	4.76	5.73	6.72	7.72	8.73	9.74
	350	0.49	1.11	1.81	2.63	3.51	4.43	5.38	6.36	7.34	8.34	9.34
	400	0.44	0.99	1.64	2.41	3.25	4.14	5.06	6.01	6.98	7.96	8.95
	450	0.40	0.90	1.49	2.22	3.02	3.87	4.77	5.69	6.64	7.61	8.58
	500	0.36	0.81	1.37	2.06	2.82	3.63	4.49	5.39	6.32	7.27	8.23
	600	0.31	0.69	1.17	1.79	2.47	3.22	4.02	4.86	5.74	6.65	7.58
	700	0.27	0.59	1.03	1.58	2.20	2.88	3.62	4.41	5.24	6.11	6.99
	800	0.24	0.52	0.91	1.41	1.97	2.60	3.29	4.03	4.81	5.63	6.48
	900	0.21	0.46	0.82	1.27	1.78	2.36	3.00	3.70	4.43	5.21	6.02

도움표 2.1.6(5) 편심하중을 받는 볼트군의 계수 C

하중각도=60°

볼트군은 다음 식을 만족하도록 배열하여야 한다.

$\phi R_n \geq P_u$
또는
$C \geq P_u / \phi r_n$

ϕR_n : 볼트군의 설계강도($= C \times \phi r_n$)
C : 도움표 상의 볼트군의 계수
ϕr_n : 볼트 1개당 설계강도
P_u : 계수하중
e_x : 하중의 수평방향 편심
s : 수직열의 볼트 간격

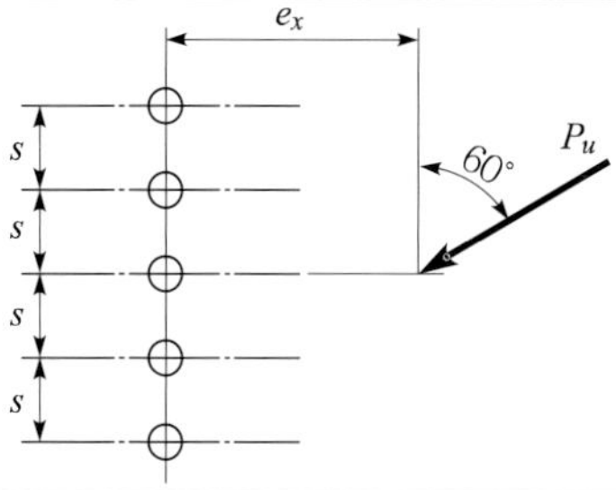

s mm	e_x mm	수직열 당 볼트 수										
		2	3	4	5	6	7	8	9	10	11	12
75	50	1.27	2.32	3.32	4.31	5.30	6.29	7.28	8.27	9.26	10.3	11.2
	60	1.17	2.20	3.20	4.18	5.17	6.16	7.15	8.14	9.13	10.1	11.1
	70	1.09	2.10	3.08	4.06	5.04	6.03	7.02	8.01	9.00	9.99	11.0
	80	1.01	2.00	2.97	3.94	4.92	5.90	6.89	7.88	8.87	9.85	10.8
	90	0.95	1.91	2.87	3.83	4.80	5.78	6.76	7.75	8.73	9.72	10.7
	100	0.89	1.83	2.77	3.72	4.69	5.66	6.64	7.62	8.61	9.59	10.6
	150	0.68	1.49	2.34	3.24	4.16	5.10	6.06	7.02	7.99	8.97	9.94
	200	0.56	1.26	2.01	2.83	3.71	4.61	5.54	6.48	7.43	8.39	9.35
	250	0.47	1.07	1.74	2.50	3.32	4.19	5.08	5.99	6.92	7.86	8.80
	300	0.40	0.93	1.52	2.22	3.00	3.82	4.67	5.55	6.45	7.37	8.30
	350	0.35	0.82	1.35	2.00	2.73	3.50	4.32	5.16	6.03	6.92	7.83
	400	0.32	0.72	1.21	1.81	2.49	3.23	4.00	4.81	5.65	6.51	7.40
	450	0.29	0.65	1.09	1.66	2.30	2.98	3.72	4.50	5.31	6.14	7.00
	500	0.26	0.58	1.00	1.53	2.12	2.77	3.47	4.21	4.99	5.80	6.63
	600	0.22	0.49	0.85	1.32	1.84	2.41	3.05	3.73	4.45	5.21	5.99
	700	0.19	0.42	0.74	1.15	1.61	2.13	2.71	3.34	4.00	4.70	5.44
	800	0.17	0.37	0.65	1.02	1.43	1.91	2.44	3.02	3.63	4.28	4.97
	900	0.15	0.33	0.59	0.92	1.29	1.72	2.21	2.74	3.31	3.92	4.57
150	50	1.60	2.65	3.65	4.64	5.63	6.62	7.60	8.59	9.58	10.6	11.5
	60	1.53	2.58	3.58	4.57	5.56	6.55	7.54	8.53	9.52	10.5	11.5
	70	1.45	2.51	3.51	4.51	5.50	6.49	7.48	8.47	9.45	10.4	11.4
	80	1.39	2.44	3.45	4.44	5.43	6.42	7.41	8.40	9.39	10.4	11.4
	90	1.33	2.38	3.38	4.38	5.37	6.36	7.35	8.34	9.33	10.3	11.3
	100	1.27	2.32	3.32	4.31	5.30	6.29	7.28	8.27	9.26	10.3	11.2
	150	1.05	2.05	3.02	4.00	4.98	5.97	6.95	7.94	8.93	9.92	10.9
	200	0.89	1.83	2.77	3.72	4.69	5.66	6.64	7.62	8.61	9.59	10.6
	250	0.77	1.65	2.54	3.47	4.41	5.37	6.34	7.31	8.29	9.27	10.3
	300	0.68	1.49	2.34	3.24	4.16	5.10	6.06	7.02	7.99	8.97	9.94
	350	0.61	1.37	2.17	3.03	3.92	4.85	5.79	6.74	7.70	8.67	9.64
	400	0.56	1.26	2.01	2.83	3.71	4.61	5.54	6.48	7.43	8.39	9.35
	450	0.51	1.16	1.87	2.66	3.51	4.39	5.30	6.23	7.17	8.12	9.07
	500	0.47	1.07	1.74	2.50	3.32	4.19	5.08	5.99	6.92	7.86	8.80
	600	0.40	0.93	1.52	2.22	3.00	3.82	4.67	5.55	6.45	7.37	8.30
	700	0.35	0.82	1.35	2.00	2.73	3.50	4.32	5.16	6.03	6.92	7.83
	800	0.32	0.72	1.21	1.81	2.49	3.23	4.00	4.81	5.65	6.51	7.40
	900	0.29	0.65	1.09	1.66	2.30	2.98	3.72	4.50	5.31	6.14	7.00

도움표 2.1.6(6) 편심하중을 받는 볼트군의 계수 C

하중각도=75°

볼트군은 다음 식을 만족하도록 배열하여야 한다.

$\phi R_n \geq P_u$
또는
$C \geq P_u / \phi r_n$

ϕR_n : 볼트군의 설계강도 $(= C \times \phi r_n)$
C : 도움표 상의 볼트군의 계수
ϕr_n : 볼트 1개당 설계강도
P_u : 계수하중
e_x : 하중의 수평방향 편심
s : 수직열의 볼트 간격

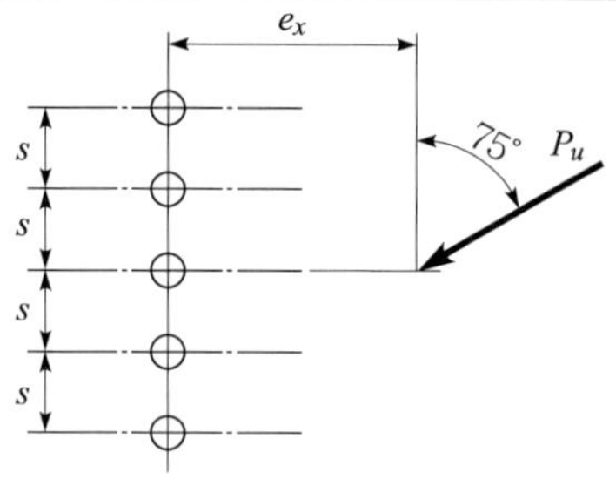

s mm	e_x mm	수직열 당 볼트 수										
		2	3	4	5	6	7	8	9	10	11	12
75	50	1.49	2.51	3.49	4.46	5.44	6.41	7.39	8.36	9.34	10.3	11.3
	60	1.42	2.44	3.41	4.38	5.35	6.32	7.30	8.27	9.25	10.2	11.2
	70	1.35	2.37	3.34	4.31	5.27	6.24	7.21	8.19	9.16	10.1	11.1
	80	1.29	2.30	3.27	4.23	5.20	6.16	7.13	8.10	9.07	10.0	11.0
	90	1.24	2.24	3.20	4.16	5.12	6.09	7.05	8.02	8.99	9.96	10.9
	100	1.18	2.18	3.14	4.09	5.05	6.01	6.97	7.94	8.91	9.88	10.9
	150	0.98	1.92	2.85	3.79	4.73	5.67	6.62	7.57	8.53	9.49	10.4
	200	0.84	1.72	2.62	3.52	4.44	5.37	6.30	7.24	8.19	9.13	10.1
	250	0.73	1.55	2.41	3.29	4.19	5.10	6.02	6.94	7.88	8.81	9.75
	300	0.65	1.41	2.23	3.07	3.95	4.84	5.75	6.66	7.59	8.51	9.45
	350	0.58	1.30	2.06	2.88	3.73	4.60	5.50	6.40	7.31	8.23	9.15
	400	0.53	1.20	1.92	2.70	3.52	4.38	5.26	6.15	7.05	7.96	8.88
	450	0.48	1.11	1.78	2.53	3.33	4.17	5.03	5.91	6.80	7.70	8.61
	500	0.44	1.03	1.66	2.38	3.16	3.97	4.82	5.68	6.56	7.45	8.35
	600	0.38	0.89	1.46	2.12	2.85	3.63	4.44	5.27	6.13	6.99	7.87
	700	0.34	0.79	1.29	1.90	2.59	3.33	4.11	4.91	5.73	6.57	7.43
	800	0.30	0.70	1.16	1.73	2.38	3.08	3.81	4.58	5.37	6.19	7.02
	900	0.27	0.62	1.05	1.58	2.19	2.85	3.55	4.28	5.05	5.84	6.65
150	50	1.71	2.72	3.70	4.68	5.66	6.64	7.62	8.59	9.57	10.6	11.5
	60	1.66	2.67	3.66	4.63	5.61	6.59	7.57	8.55	9.53	10.5	11.5
	70	1.62	2.63	3.61	4.59	5.57	6.54	7.52	8.50	9.48	10.5	11.4
	80	1.57	2.59	3.57	4.55	5.52	6.50	7.48	8.45	9.43	10.4	11.4
	90	1.53	2.55	3.53	4.50	5.48	6.45	7.43	8.41	9.39	10.4	11.3
	100	1.49	2.51	3.49	4.46	5.44	6.41	7.39	8.36	9.34	10.3	11.3
	150	1.32	2.33	3.30	4.27	5.23	6.20	7.17	8.14	9.12	10.1	11.1
	200	1.18	2.18	3.14	4.09	5.05	6.01	6.97	7.94	8.91	9.88	10.9
	250	1.07	2.04	2.99	3.93	4.88	5.83	6.79	7.75	8.71	9.68	10.6
	300	0.98	1.92	2.85	3.79	4.73	5.67	6.62	7.57	8.53	9.49	10.4
	350	0.90	1.82	2.73	3.65	4.58	5.52	6.46	7.40	8.35	9.31	10.3
	400	0.84	1.72	2.62	3.52	4.44	5.37	6.30	7.24	8.19	9.13	10.1
	450	0.78	1.63	2.51	3.40	4.31	5.23	6.16	7.09	8.03	8.97	9.92
	500	0.73	1.55	2.41	3.29	4.19	5.10	6.02	6.94	7.88	8.81	9.75
	600	0.65	1.41	2.23	3.07	3.95	4.84	5.75	6.66	7.59	8.51	9.45
	700	0.58	1.30	2.06	2.88	3.73	4.60	5.50	6.40	7.31	8.23	9.15
	800	0.53	1.20	1.92	2.70	3.52	4.38	5.26	6.15	7.05	7.96	8.88
	900	0.48	1.11	1.78	2.53	3.33	4.17	5.03	5.91	6.80	7.70	8.61

도움표 2.1.7(1) 편심하중을 받는 볼트군의 계수 C

하중각도＝0°

볼트군은 다음 식을 만족하도록 배열하여야 한다.

$\phi R_n \geq P_u$
또는
$C \geq P_u / \phi r_n$

ϕR_n : 볼트군의 설계강도($= C \times \phi r_n$)
C : 도움표 상의 볼트군의 계수
ϕr_n : 볼트 1개당 설계강도
P_u : 계수하중
e_x : 하중의 수평방향 편심
s : 수직열의 볼트 간격

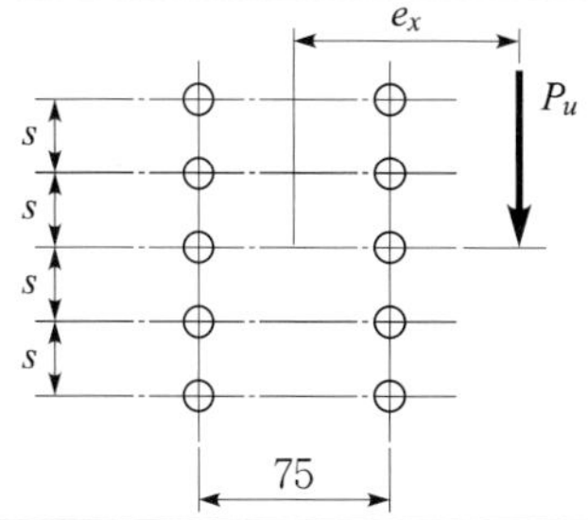

s mm	e_x mm	수직열 당 볼트 수											
		1	2	3	4	5	6	7	8	9	10	11	12
	50	0.84	2.54	4.48	6.59	8.72	10.8	12.9	15.0	17.0	19.0	21.0	23.0
	60	0.76	2.32	4.14	6.22	8.35	10.5	12.6	14.7	16.7	18.8	20.8	22.8
	70	0.69	2.12	3.82	5.85	7.96	10.1	12.2	14.3	16.4	18.5	20.5	22.6
	80	0.63	1.95	3.54	5.49	7.58	9.71	11.9	14.0	16.1	18.2	20.3	22.3
	90	0.58	1.80	3.28	5.16	7.20	9.32	11.5	13.6	15.7	17.8	19.9	22.0
	100	0.54	1.67	3.06	4.86	6.84	8.93	11.1	13.2	15.4	17.5	19.6	21.7
	150	0.39	1.22	2.25	3.69	5.32	7.17	9.16	11.2	13.4	15.5	17.7	19.8
	200	0.31	0.96	1.78	2.93	4.27	5.86	7.60	9.49	11.5	13.6	15.7	17.8
	250	0.26	0.79	1.46	2.42	3.53	4.90	6.42	8.10	9.91	11.8	13.8	15.9
75	300	0.22	0.66	1.24	2.06	3.01	4.19	5.51	7.01	8.63	10.4	12.2	14.1
	350	0.19	0.57	1.08	1.78	2.62	3.66	4.82	6.15	7.61	9.19	10.9	12.7
	400	0.17	0.51	0.95	1.57	2.32	3.24	4.27	5.47	6.79	8.23	9.78	11.4
	450	0.15	0.45	0.85	1.41	2.07	2.90	3.83	4.92	6.11	7.43	8.85	10.4
	500	0.14	0.41	0.77	1.27	1.88	2.63	3.48	4.47	5.55	6.76	8.07	9.48
	600	0.12	0.34	0.65	1.07	1.58	2.21	2.93	3.77	4.69	5.72	6.85	8.06
	700	0.10	0.29	0.56	0.92	1.36	1.90	2.53	3.25	4.05	4.95	5.93	7.00
	800	0.09	0.26	0.49	0.81	1.19	1.67	2.22	2.86	3.57	4.36	5.23	6.18
	900	0.08	0.23	0.43	0.72	1.06	1.49	1.98	2.55	3.18	3.90	4.67	5.52
	C', m	0.07	0.21	0.40	0.65	0.97	1.35	1.80	2.33	2.91	3.57	4.29	5.09
	50	0.84	3.24	5.39	7.47	9.51	11.5	13.5	15.5	17.5	19.5	21.5	23.4
	60	0.76	3.06	5.22	7.32	9.39	11.4	13.4	15.4	17.4	19.4	21.4	23.4
	70	0.69	2.88	5.03	7.16	9.25	11.3	13.3	15.3	17.3	19.3	21.3	23.3
	80	0.63	2.71	4.83	6.98	9.09	11.2	13.2	15.2	17.2	19.2	21.2	23.2
	90	0.58	2.55	4.63	6.80	8.92	11.0	13.1	15.1	17.1	19.1	21.2	23.2
	100	0.54	2.41	4.44	6.60	8.75	10.9	12.9	15.0	17.0	19.0	21.1	23.1
	150	0.39	1.85	3.55	5.62	7.77	9.93	12.1	14.2	16.3	18.4	20.4	22.5
	200	0.31	1.47	2.87	4.75	6.79	8.92	11.1	13.2	15.4	17.5	19.6	21.7
	250	0.26	1.22	2.39	4.06	5.92	7.96	10.1	12.2	14.4	16.6	18.7	20.8
150	300	0.22	1.04	2.04	3.52	5.20	7.10	9.12	11.2	13.4	15.5	17.7	19.9
	350	0.19	0.90	1.77	3.09	4.61	6.36	8.27	10.3	12.4	14.5	16.7	18.8
	400	0.17	0.80	1.57	2.75	4.12	5.74	7.52	9.44	11.5	13.5	15.7	17.8
	450	0.15	0.71	1.41	2.48	3.72	5.21	6.87	8.68	10.6	12.6	14.7	16.8
	500	0.14	0.64	1.28	2.25	3.38	4.77	6.31	8.02	9.85	11.8	13.8	15.9
	600	0.12	0.54	1.07	1.90	2.86	4.06	5.40	6.91	8.55	10.3	12.2	14.1
	700	0.10	0.46	0.93	1.64	2.47	3.52	4.70	6.05	7.52	9.12	10.8	12.6
	800	0.09	0.41	0.81	1.44	2.18	3.11	4.16	5.36	6.69	8.15	9.71	11.4
	900	0.08	0.36	0.72	1.29	1.94	2.78	3.72	4.81	6.02	7.34	8.78	10.3
	C', m	0.07	0.33	0.66	1.17	1.78	2.56	3.45	4.50	5.66	6.98	8.42	10.0

도움표 2.1.7(2) 편심하중을 받는 볼트군의 계수 C

하중각도=15°

볼트군은 다음 식을 만족하도록 배열하여야 한다.

$\phi R_n \geq P_u$

또는

$C \geq P_u / \phi r_n$

ϕR_n : 볼트군의 설계강도(= $C \times \phi r_n$)

C : 도움표 상의 볼트군의 계수

ϕr_n : 볼트 1개당 설계강도

P_u : 계수하중

e_x : 하중의 수평방향 편심

s : 수직열의 볼트 간격

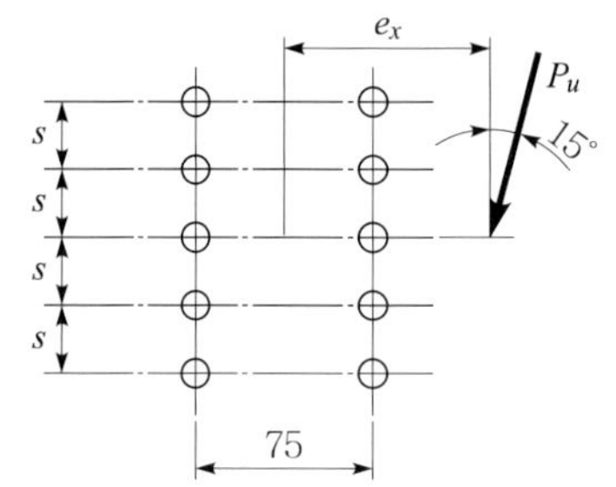

s mm	e_x mm	수직열 당 볼트 수											
		1	2	3	4	5	6	7	8	9	10	11	12
75	50	0.87	2.54	4.47	6.53	8.63	10.7	12.8	14.8	16.9	18.9	20.9	22.9
	60	0.78	2.31	4.14	6.17	8.26	10.4	12.5	14.5	16.6	18.6	20.7	22.7
	70	0.71	2.12	3.84	5.81	7.88	9.99	12.1	14.2	16.3	18.3	20.4	22.4
	80	0.65	1.96	3.57	5.46	7.50	9.60	11.7	13.8	15.9	18.0	20.1	22.1
	90	0.60	1.81	3.33	5.14	7.14	9.22	11.3	13.4	15.5	17.6	19.7	21.8
	100	0.55	1.69	3.11	4.85	6.79	8.84	10.9	13.1	15.2	17.3	19.4	21.5
	150	0.41	1.25	2.31	3.70	5.34	7.15	9.09	11.1	13.2	15.3	17.4	19.6
	200	0.32	0.98	1.83	2.96	4.32	5.07	7.00	0.45	11.4	13.4	15.5	17.6
	250	0.27	0.81	1.51	2.45	3.61	4.93	6.45	8.11	9.88	11.8	13.7	15.7
	300	0.23	0.68	1.28	2.09	3.08	4.24	5.58	7.05	8.66	10.4	12.2	14.1
	350	0.20	0.59	1.11	1.82	2.69	3.71	4.90	6.21	7.67	9.23	10.9	12.7
	400	0.17	0.52	0.98	1.61	2.38	3.29	4.36	5.54	6.86	8.29	9.83	11.5
	450	0.16	0.47	0.88	1.44	2.13	2.96	3.92	4.99	6.20	7.51	8.93	10.4
	500	0.14	0.42	0.79	1.31	1.93	2.68	3.56	4.54	5.65	6.85	8.16	9.57
	600	0.12	0.35	0.67	1.10	1.62	2.26	3.00	3.84	4.79	5.82	6.96	8.17
	700	0.10	0.30	0.57	0.94	1.40	1.95	2.59	3.32	4.15	5.05	6.05	7.12
	800	0.09	0.27	0.50	0.83	1.23	1.72	2.28	2.93	3.66	4.46	5.34	6.29
	900	0.08	0.24	0.45	0.74	1.10	1.53	2.04	2.61	3.27	3.98	4.78	5.64
150	50	0.87	3.21	5.35	7.42	9.45	11.5	13.5	15.4	17.4	19.4	21.4	23.4
	60	0.78	3.02	5.17	7.26	9.32	11.3	13.4	15.4	17.3	19.3	21.3	23.3
	70	0.71	2.84	4.98	7.09	9.17	11.2	13.2	15.2	17.2	19.2	21.2	23.2
	80	0.65	2.68	4.79	6.91	9.01	11.1	13.1	15.1	17.1	19.1	21.1	23.1
	90	0.60	2.52	4.59	6.72	8.83	10.9	13.0	15.0	17.0	19.0	21.0	23.0
	100	0.55	2.38	4.40	6.53	8.65	10.7	12.8	14.9	16.9	18.9	20.9	22.9
	150	0.41	1.83	3.56	5.56	7.67	9.80	11.9	14.0	16.1	18.2	20.2	22.3
	200	0.32	1.47	2.92	4.73	6.72	8.81	10.9	13.1	15.2	17.3	19.4	21.5
	250	0.27	1.23	2.45	4.05	5.90	7.88	9.95	12.1	14.2	16.3	18.5	20.6
	300	0.23	1.05	2.09	3.53	5.21	7.06	9.04	11.1	13.2	15.3	17.4	19.6
	350	0.20	0.91	1.83	3.11	4.64	6.35	8.22	10.2	12.2	14.3	16.4	18.6
	400	0.17	0.81	1.62	2.77	4.17	5.75	7.51	9.38	11.4	13.4	15.5	17.6
	450	0.16	0.72	1.45	2.50	3.77	5.24	6.88	8.66	10.5	12.5	14.5	16.6
	500	0.14	0.66	1.32	2.28	3.45	4.80	6.34	8.02	9.81	11.7	13.7	15.7
	600	0.12	0.55	1.11	1.93	2.93	4.10	5.46	6.95	8.57	10.3	12.1	14.0
	700	0.10	0.48	0.96	1.67	2.54	3.57	4.77	6.11	7.57	9.15	10.8	12.6
	800	0.09	0.42	0.84	1.47	2.24	3.16	4.24	5.43	6.77	8.21	9.75	11.4
	900	0.08	0.37	0.75	1.32	2.00	2.83	3.80	4.89	6.10	7.42	8.85	10.4

도움표 2.1.7(3) 편심하중을 받는 볼트군의 계수 C

하중각도=30°

볼트군은 다음 식을 만족하도록 배열하여야 한다.

$\phi R_n \geq P_u$
또는
$C \geq P_u / \phi r_n$

ϕR_n : 볼트군의 설계강도(= $C \times \phi r_n$)
C : 도움표 상의 볼트군의 계수
ϕr_n : 볼트 1개당 설계강도
P_u : 계수하중
e_x : 하중의 수평방향 편심
s : 수직열의 볼트 간격

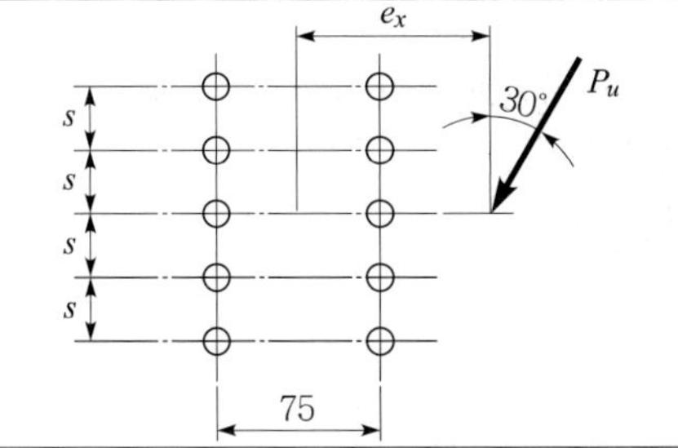

s mm	e_x mm	수직열 당 볼트 수											
		1	2	3	4	5	6	7	8	9	10	11	12
75	50	0.97	2.60	4.52	6.53	8.58	10.6	12.7	14.7	16.7	18.8	20.8	22.8
	60	0.87	2.38	4.23	6.19	8.23	10.3	12.3	14.4	16.4	18.5	20.5	22.5
	70	0.79	2.20	3.96	5.87	7.88	9.93	12.0	14.1	16.1	18.2	20.2	22.2
	80	0.72	2.04	3.71	5.56	7.54	9.57	11.6	13.7	15.8	17.8	19.9	21.9
	90	0.67	1.90	3.49	5.26	7.20	9.22	11.3	13.3	15.4	17.5	19.5	21.6
	100	0.62	1.78	3.29	4.99	6.88	8.87	10.9	13.0	15.0	17.1	19.2	21.2
	150	0.45	1.34	2.51	3.89	5.54	7.33	9.23	11.2	13.2	15.3	17.3	19.4
	200	0.36	1.07	2.00	3.15	4.57	6.14	7.86	9.68	11.6	13.5	15.6	17.6
	250	0.29	0.88	1.66	2.64	3.86	5.24	6.77	8.43	10.2	12.0	13.9	15.9
	300	0.25	0.75	1.41	2.27	3.33	4.54	5.91	7.43	9.04	10.8	12.5	14.4
	350	0.22	0.65	1.23	1.98	2.93	3.99	5.24	6.61	8.09	9.67	11.3	13.1
	400	0.19	0.58	1.08	1.76	2.60	3.56	4.69	5.94	7.30	8.77	10.3	12.0
	450	0.17	0.52	0.97	1.58	2.34	3.21	4.24	5.38	6.64	8.00	9.45	11.0
	500	0.16	0.47	0.88	1.43	2.12	2.92	3.87	4.92	6.08	7.34	8.70	10.1
	600	0.13	0.39	0.74	1.21	1.79	2.48	3.29	4.18	5.19	6.29	7.48	8.75
	700	0.12	0.34	0.64	1.04	1.55	2.14	2.85	3.63	4.52	5.49	6.54	7.68
	800	0.10	0.30	0.56	0.92	1.36	1.89	2.51	3.21	4.00	4.87	5.81	6.83
	900	0.09	0.26	0.50	0.82	1.21	1.69	2.25	2.87	3.59	4.37	5.22	6.15
150	50	0.97	3.20	5.31	7.36	9.39	11.4	13.4	15.4	17.4	19.3	21.3	23.3
	60	0.87	3.01	5.14	7.20	9.24	11.3	13.3	15.3	17.3	19.2	21.2	23.2
	70	0.79	2.84	4.95	7.03	9.09	11.1	13.1	15.1	17.1	19.1	21.1	23.1
	80	0.72	2.67	4.77	6.86	8.92	11.0	13.0	15.0	17.0	19.0	21.0	23.0
	90	0.67	2.53	4.60	6.68	8.75	10.8	12.8	14.9	16.9	18.9	20.9	22.9
	100	0.62	2.39	4.42	6.49	8.57	10.6	12.7	14.7	16.8	18.8	20.8	22.8
	150	0.45	1.87	3.67	5.61	7.66	9.73	11.8	13.9	15.9	18.0	20.0	22.1
	200	0.36	1.53	3.08	4.84	6.79	8.82	10.9	13.0	15.0	17.1	19.2	21.3
	250	0.29	1.29	2.63	4.21	6.04	7.98	9.99	12.0	14.1	16.2	18.3	20.4
	300	0.25	1.12	2.28	3.70	5.39	7.23	9.16	11.2	13.2	15.3	17.3	19.4
	350	0.22	0.98	2.00	3.29	4.86	6.57	8.41	10.3	12.3	14.4	16.4	18.5
	400	0.19	0.87	1.78	2.95	4.40	6.01	7.75	9.60	11.5	13.5	15.5	17.6
	450	0.17	0.79	1.60	2.68	4.02	5.52	7.17	8.93	10.8	12.7	14.7	16.7
	500	0.16	0.71	1.45	2.45	3.69	5.09	6.65	8.33	10.1	12.0	13.9	15.9
	600	0.13	0.60	1.23	2.08	3.17	4.39	5.79	7.32	8.95	10.7	12.5	14.3
	700	0.12	0.52	1.06	1.82	2.77	3.85	5.11	6.49	7.99	9.59	11.3	13.0
	800	0.10	0.46	0.93	1.61	2.45	3.42	4.56	5.82	7.20	8.68	10.2	11.9
	900	0.09	0.41	0.83	1.44	2.20	3.08	4.12	5.27	6.53	7.90	9.37	10.9

도움표 2.1.7(4) 편심하중을 받는 볼트군의 계수 C

하중각도=45°

볼트군은 다음 식을 만족하도록 배열하여야 한다.

$\phi R_n \ge P_u$

또는

$C \ge P_u / \phi r_n$

ϕR_n : 볼트군의 설계강도 $(= C \times \phi r_n)$

C : 도움표 상의 볼트군의 계수

ϕr_n : 볼트 1개당 설계강도

P_u : 계수하중

e_x : 하중의 수평방향 편심

s : 수직열의 볼트 간격

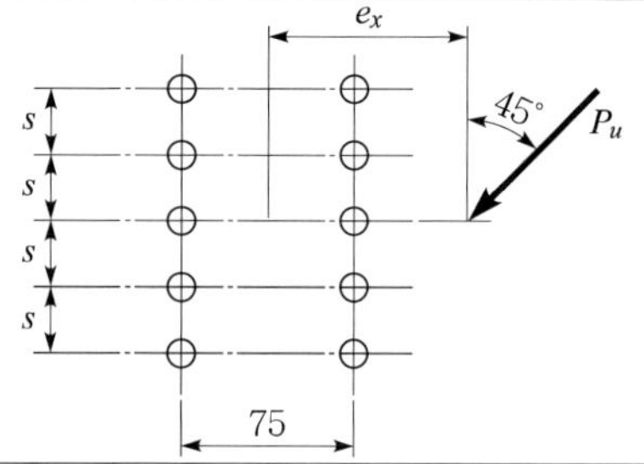

s mm	e_x mm	수직열 당 볼트 수											
		1	2	3	4	5	6	7	8	9	10	11	12
75	50	1.17	2.79	4.67	6.62	8.61	10.6	12.6	14.6	16.6	18.6	20.6	22.6
	60	1.05	2.58	4.41	6.33	8.30	10.3	12.3	14.3	16.3	18.3	20.3	22.3
	70	0.96	2.40	4.17	6.05	8.00	9.99	12.0	14.0	16.0	18.0	20.0	22.0
	80	0.88	2.25	3.95	5.79	7.71	9.68	11.7	13.7	15.7	17.7	19.7	21.7
	90	0.81	2.11	3.75	5.54	7.43	9.38	11.4	13.4	15.4	17.4	19.4	21.4
	100	0.75	1.99	3.57	5.31	7.16	9.08	11.1	13.1	15.1	17.1	19.1	21.1
	150	0.55	1.54	2.84	4.33	5.98	7.76	9.63	11.6	13.5	15.5	17.5	19.5
	200	0.44	1.25	2.33	3.60	5.06	6.70	8.43	10.2	12.1	14.0	16.0	17.9
	250	0.36	1.05	1.96	3.06	4.36	5.85	7.44	9.13	10.9	12.7	14.6	16.5
	300	0.31	0.90	1.68	2.65	3.83	5.17	6.63	8.20	9.86	11.6	13.4	15.2
	350	0.27	0.78	1.47	2.33	3.40	4.61	5.95	7.41	8.97	10.6	12.3	14.1
	400	0.24	0.69	1.31	2.08	3.05	4.16	5.38	6.74	8.20	9.75	11.4	13.0
	450	0.21	0.62	1.17	1.88	2.76	3.77	4.91	6.18	7.55	9.00	10.5	12.1
	500	0.19	0.57	1.06	1.71	2.52	3.45	4.51	5.69	6.97	8.34	9.80	11.3
	600	0.16	0.48	0.90	1.45	2.14	2.94	3.87	4.91	6.04	7.26	8.57	9.95
	700	0.14	0.41	0.77	1.26	1.86	2.56	3.38	4.30	5.30	6.41	7.59	8.85
	800	0.12	0.36	0.68	1.11	1.64	2.27	3.00	3.82	4.73	5.73	6.80	7.94
	900	0.11	0.32	0.61	0.99	1.47	2.03	2.70	3.44	4.26	5.17	6.15	7.20
150	50	1.17	3.24	5.30	7.32	9.32	11.3	13.3	15.3	17.3	19.2	21.2	23.2
	60	1.05	3.07	5.14	7.17	9.18	11.2	13.2	15.2	17.2	19.1	21.1	23.1
	70	0.96	2.91	4.98	7.01	9.03	11.0	13.0	15.0	17.0	19.0	21.0	23.0
	80	0.88	2.77	4.82	6.85	8.87	10.9	12.9	14.9	16.9	18.9	20.9	22.9
	90	0.81	2.63	4.66	6.69	8.71	10.7	12.7	14.8	16.8	18.8	20.7	22.7
	100	0.75	2.51	4.52	6.53	8.55	10.6	12.6	14.6	16.6	18.6	20.6	22.6
	150	0.55	2.03	3.86	5.78	7.76	9.77	11.8	13.8	15.8	17.9	19.9	21.9
	200	0.44	1.70	3.35	5.13	7.03	9.00	11.0	13.0	15.0	17.1	19.1	21.1
	250	0.36	1.46	2.94	4.58	6.38	8.28	10.2	12.2	14.2	16.2	18.3	20.3
	300	0.31	1.28	2.60	4.11	5.81	7.64	9.54	11.5	13.5	15.4	17.5	19.5
	350	0.27	1.13	2.32	3.71	5.31	7.06	8.89	10.8	12.7	14.7	16.7	18.7
	400	0.24	1.01	2.09	3.36	4.88	6.55	8.31	10.1	12.0	14.0	15.9	17.9
	450	0.21	0.92	1.90	3.07	4.50	6.09	7.78	9.56	11.4	13.3	15.2	17.2
	500	0.19	0.84	1.73	2.83	4.18	5.69	7.31	9.02	10.8	12.7	14.5	16.5
	600	0.16	0.71	1.47	2.43	3.64	5.00	6.48	8.08	9.76	11.5	13.3	15.2
	700	0.14	0.62	1.28	2.13	3.22	4.45	5.80	7.28	8.86	10.5	12.2	14.0
	800	0.12	0.55	1.13	1.90	2.88	3.99	5.24	6.62	8.09	9.65	11.3	13.0
	900	0.11	0.49	1.01	1.71	2.61	3.62	4.77	6.05	7.43	8.90	10.4	12.1

도움표 2.1.7(5) 편심하중을 받는 볼트군의 계수 C

하중각도=60°

볼트군은 다음 식을 만족하도록 배열하여야 한다.

$\phi R_n \geq P_u$

또는

$C \geq P_u / \phi r_n$

ϕR_n : 볼트군의 설계강도(= $C \times \phi r_n$)

C : 도움표 상의 볼트군의 계수

ϕr_n : 볼트 1개당 설계강도

P_u : 계수하중

e_x : 하중의 수평방향 편심

s : 수직열의 볼트 간격

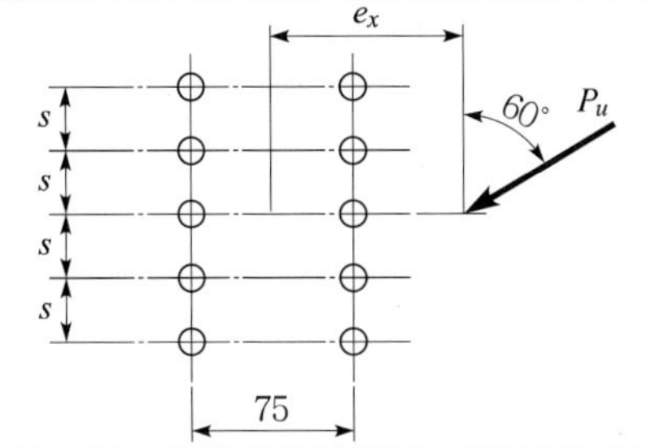

s mm	e_x mm	수직열 당 볼트 수											
		1	2	3	4	5	6	7	8	9	10	11	12
75	50	1.51	3.17	4.97	6.85	8.77	10.7	12.7	14.6	16.6	18.6	20.5	22.5
	60	1.39	3.00	4.76	6.62	8.53	10.5	12.4	14.4	16.3	18.3	20.3	22.2
	70	1.29	2.83	4.56	6.40	8.30	10.2	12.2	14.1	16.1	18.0	20.0	22.0
	80	1.19	2.69	4.38	6.19	8.07	9.98	11.9	13.9	15.8	17.8	19.8	21.7
	90	1.11	2.55	4.20	5.99	7.86	9.75	11.7	13.6	15.6	17.5	19.5	21.5
	100	1.04	2.43	4.04	5.81	7.65	9.53	11.4	13.4	15.3	17.3	19.2	21.2
	150	0.77	1.95	3.40	5.01	6.73	8.52	10.4	12.2	14.1	16.1	18.0	19.9
	200	0.61	1.62	2.90	4.37	5.96	7.65	9.42	11.2	13.1	15.0	16.9	18.8
	250	0.51	1.38	2.52	3.84	5.31	6.89	8.58	10.3	12.1	14.0	15.8	17.7
	300	0.43	1.20	2.21	3.40	4.76	6.25	7.85	9.53	11.3	13.0	14.9	16.7
	350	0.38	1.06	1.96	3.05	4.30	5.71	7.23	8.83	10.5	12.2	14.0	15.8
	400	0.34	0.95	1.76	2.75	3.92	5.24	6.68	8.20	9.79	11.5	13.2	14.9
	450	0.30	0.85	1.60	2.51	3.59	4.84	6.19	7.64	9.16	10.8	12.4	14.1
	500	0.27	0.78	1.46	2.30	3.32	4.48	5.76	7.14	8.60	10.1	11.7	13.4
	600	0.23	0.66	1.24	1.97	2.87	3.90	5.04	6.29	7.64	9.06	10.6	12.1
	700	0.20	0.57	1.07	1.72	2.52	3.44	4.47	5.61	6.85	8.17	9.55	11.0
	800	0.18	0.50	0.95	1.52	2.24	3.07	4.01	5.06	6.20	7.41	8.70	10.1
	900	0.16	0.45	0.85	1.37	2.02	2.77	3.63	4.59	5.65	6.77	7.98	9.26
150	50	1.51	3.39	5.36	7.33	9.30	11.3	13.2	15.2	17.2	19.2	21.1	23.1
	60	1.39	3.26	5.23	7.20	9.17	11.1	13.1	15.1	17.1	19.0	21.0	23.0
	70	1.29	3.14	5.10	7.07	9.04	11.0	13.0	15.0	16.9	18.9	20.9	22.9
	80	1.19	3.02	4.97	6.94	8.91	10.9	12.9	14.8	16.8	18.8	20.8	22.7
	90	1.11	2.91	4.85	6.82	8.78	10.8	12.7	14.7	16.7	18.7	20.6	22.6
	100	1.04	2.80	4.73	6.69	8.66	10.6	12.6	14.6	16.5	18.5	20.5	22.5
	150	0.77	2.37	4.20	6.11	8.05	10.0	12.0	13.9	15.9	17.9	19.8	21.8
	200	0.61	2.04	3.77	5.61	7.49	9.41	11.3	13.3	15.3	17.2	19.2	21.2
	250	0.51	1.80	3.42	5.17	6.99	8.87	10.8	12.7	14.6	16.6	18.6	20.5
	300	0.43	1.60	3.11	4.78	6.54	8.37	10.2	12.1	14.1	16.0	17.9	19.9
	350	0.38	1.44	2.85	4.43	6.13	7.91	9.74	11.6	13.5	15.4	17.4	19.3
	400	0.34	1.31	2.63	4.12	5.74	7.47	9.27	11.1	13.0	14.9	16.8	18.7
	450	0.30	1.20	2.43	3.84	5.40	7.08	8.83	10.6	12.5	14.4	16.3	18.2
	500	0.27	1.10	2.26	3.58	5.08	6.71	8.43	10.2	12.0	13.9	15.7	17.6
	600	0.23	0.95	1.97	3.15	4.53	6.06	7.69	9.39	11.1	12.9	14.8	16.6
	700	0.20	0.84	1.73	2.80	4.08	5.52	7.06	8.68	10.4	12.1	13.9	15.7
	800	0.18	0.75	1.54	2.52	3.70	5.05	6.51	8.05	9.66	11.3	13.1	14.8
	900	0.16	0.67	1.39	2.28	3.39	4.65	6.02	7.49	9.03	10.6	12.3	14.0

도움표 2.1.7(6) 편심하중을 받는 볼트군의 계수 C

하중각도=75°

볼트군은 다음 식을 만족하도록 배열하여야 한다.

$\phi R_n \geq P_u$
또는
$C \geq P_u / \phi r_n$

ϕR_n : 볼트군의 설계강도$(= C \times \phi r_n)$
C : 도움표 상의 볼트군의 계수
ϕr_n : 볼트 1개당 설계강도
P_u : 계수하중
e_x : 하중의 수평방향 편심
s : 수직열의 볼트 간격

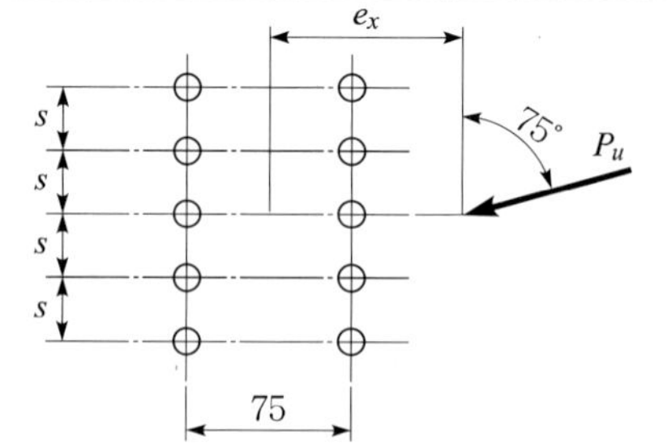

s mm	e_x mm	수직열 당 볼트 수											
		1	2	3	4	5	6	7	8	9	10	11	12
75	50	1.84	3.63	5.44	7.28	9.16	11.1	13.0	14.9	16.8	18.8	20.7	22.7
	60	1.79	3.54	5.33	7.16	9.02	10.9	12.8	14.7	16.7	18.6	20.5	22.5
	70	1.74	3.46	5.22	7.03	8.89	10.8	12.7	14.6	16.5	18.4	20.4	22.3
	80	1.68	3.37	5.11	6.91	8.75	10.6	12.5	14.4	16.3	18.3	20.2	22.1
	90	1.63	3.28	5.00	6.79	8.62	10.5	12.4	14.3	16.2	18.1	20.0	22.0
	100	1.57	3.19	4.90	6.67	8.49	10.3	12.2	14.1	16.0	17.9	19.9	21.8
	150	1.31	2.79	4.41	6.12	7.89	9.71	11.6	13.4	15.3	17.2	19.1	21.0
	200	1.10	2.45	3.99	5.65	7.37	9.14	11.0	12.8	14.6	16.5	18.4	20.3
	250	0.93	2.18	3.63	5.23	6.91	8.65	10.4	12.2	14.1	15.9	17.8	19.6
	300	0.81	1.95	3.33	4.86	6.49	8.19	9.94	11.7	13.5	15.3	17.2	19.0
	350	0.71	1.76	3.06	4.53	6.10	7.76	9.47	11.2	13.0	14.8	16.6	18.4
	400	0.64	1.61	2.83	4.23	5.75	7.36	9.03	10.7	12.5	14.3	16.1	17.9
	450	0.57	1.48	2.63	3.96	5.42	6.98	8.61	10.3	12.0	13.8	15.6	17.4
	500	0.52	1.36	2.45	3.72	5.12	6.63	8.23	9.88	11.6	13.3	15.1	16.8
	600	0.44	1.18	2.15	3.30	4.60	6.02	7.53	9.12	10.8	12.4	14.2	15.9
	700	0.38	1.04	1.91	2.95	4.16	5.49	6.93	8.45	10.0	11.7	13.3	15.0
	800	0.34	0.92	1.71	2.67	3.78	5.04	6.41	7.86	9.37	10.9	12.6	14.2
	900	0.30	0.83	1.55	2.43	3.47	4.65	5.94	7.32	8.78	10.3	11.9	13.5
150	50	1.84	3.65	5.54	7.47	9.40	11.3	13.3	15.3	17.2	19.2	21.1	23.1
	60	1.79	3.59	5.47	7.39	9.32	11.3	13.2	15.2	17.1	19.1	21.0	23.0
	70	1.74	3.52	5.39	7.31	9.24	11.2	13.1	15.1	17.0	19.0	20.9	22.9
	80	1.68	3.45	5.32	7.23	9.15	11.1	13.0	15.0	16.9	18.9	20.8	22.8
	90	1.63	3.39	5.25	7.15	9.07	11.0	12.9	14.9	16.8	18.8	20.7	22.7
	100	1.57	3.32	5.18	7.08	8.99	10.9	12.9	14.8	16.8	18.7	20.7	22.6
	150	1.31	3.01	4.84	6.72	8.62	10.5	12.5	14.4	16.3	18.3	20.2	22.2
	200	1.10	2.75	4.54	6.39	8.27	10.2	12.1	14.0	15.9	17.8	19.8	21.7
	250	0.93	2.52	4.27	6.09	7.95	9.83	11.7	13.6	15.5	17.5	19.4	21.3
	300	0.81	2.32	4.03	5.82	7.65	9.51	11.4	13.3	15.2	17.1	19.0	20.9
	350	0.71	2.15	3.82	5.57	7.38	9.22	11.1	13.0	14.8	16.7	18.6	20.6
	400	0.64	2.00	3.62	5.35	7.13	8.95	10.8	12.7	14.5	16.4	18.3	20.2
	450	0.57	1.87	3.44	5.14	6.90	8.69	10.5	12.4	14.2	16.1	18.0	19.9
	500	0.52	1.75	3.28	4.94	6.67	8.45	10.3	12.1	13.9	15.8	17.7	19.5
	600	0.44	1.55	2.98	4.57	6.24	7.98	9.75	11.6	13.4	15.2	17.1	18.9
	700	0.38	1.40	2.74	4.24	5.85	7.54	9.28	11.0	12.8	14.7	16.5	18.3
	800	0.34	1.27	2.52	3.95	5.49	7.13	8.83	10.6	12.3	14.1	16.0	17.8
	900	0.30	1.16	2.33	3.68	5.16	6.75	8.41	10.1	11.9	13.6	15.4	17.3

도움표 2.1.8(1) 편심하중을 받는 볼트군의 계수 C

하중각도=0°

볼트군은 다음 식을 만족하도록 배열하여야 한다.

$\phi R_n \geq P_u$

또는

$C \geq P_u / \phi r_n$

ϕR_n : 볼트군의 설계강도 $(= C \times \phi r_n)$
C : 도움표 상의 볼트군의 계수
ϕr_n : 볼트 1개당 설계강도
P_u : 계수하중
e_x : 하중의 수평방향 편심
s : 수직열의 볼트 간격

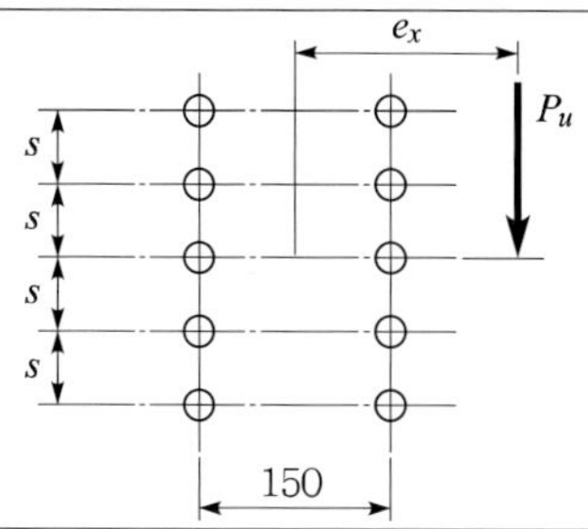

s mm	e_x mm	수직열 당 볼트 수											
		1	2	3	4	5	6	7	8	9	10	11	12
75	50	1.18	2.79	4.61	6.62	8.69	10.8	12.8	14.9	16.9	19.0	21.0	23.0
	60	1.09	2.60	4.34	6.29	8.35	10.4	12.5	14.6	16.7	18.7	20.8	22.8
	70	1.02	2.44	4.09	5.98	8.00	10.1	12.2	14.3	16.4	18.4	20.5	22.5
	80	0.95	2.29	3.86	5.69	7.66	9.73	11.8	13.9	16.0	18.1	20.2	22.3
	90	0.89	2.16	3.64	5.41	7.33	9.37	11.5	13.6	15.7	17.8	19.9	22.0
	100	0.84	2.04	3.45	5.15	7.01	9.02	11.1	13.2	15.3	17.4	19.5	21.6
	150	0.65	1.59	2.69	4.09	5.67	7.43	9.34	11.3	13.4	15.5	17.7	19.8
	200	0.54	1.30	2.21	3.37	4.68	6.22	7.90	9.72	11.6	13.7	15.7	17.8
	250	0.45	1.09	1.86	2.85	3.97	5.30	6.77	8.40	10.1	12.0	14.0	16.0
	300	0.39	0.94	1.61	2.46	3.44	4.60	5.89	7.35	8.93	10.6	12.4	14.3
	350	0.35	0.83	1.42	2.16	3.03	4.06	5.20	6.51	7.93	9.48	11.1	12.9
	400	0.31	0.74	1.27	1.93	2.70	3.62	4.65	5.83	7.12	8.53	10.0	11.7
	450	0.28	0.67	1.14	1.74	2.44	3.27	4.21	5.28	6.45	7.74	9.13	10.6
	500	0.26	0.61	1.04	1.58	2.22	2.98	3.84	4.81	5.88	7.08	8.36	9.75
	600	0.22	0.51	0.88	1.34	1.88	2.52	3.25	4.09	5.01	6.03	7.13	8.34
	700	0.19	0.45	0.76	1.16	1.63	2.19	2.82	3.55	4.35	5.24	6.21	7.27
	800	0.17	0.39	0.67	1.02	1.44	1.93	2.49	3.13	3.84	4.63	5.49	6.43
	900	0.15	0.35	0.60	0.91	1.28	1.72	2.23	2.80	3.44	4.15	4.92	5.77
	C', m	0.15	0.33	0.56	0.84	1.19	1.59	2.06	2.59	3.19	3.85	4.59	5.38
150	50	1.18	3.26	5.36	7.44	9.48	11.5	13.5	15.5	17.5	19.5	21.4	23.4
	60	1.09	3.10	5.19	7.29	9.36	11.4	13.4	15.4	17.4	19.4	21.4	23.4
	70	1.02	2.95	5.02	7.13	9.21	11.3	13.3	15.3	17.3	19.3	21.3	23.3
	80	0.95	2.80	4.84	6.96	9.06	11.1	13.2	15.2	17.2	19.2	21.2	23.2
	90	0.89	2.67	4.66	6.78	8.89	11.0	13.0	15.1	17.1	19.1	21.1	23.1
	100	0.84	2.54	4.48	6.59	8.72	10.8	12.9	15.0	17.0	19.0	21.0	23.0
	150	0.65	2.03	3.68	5.67	7.77	9.91	12.0	14.2	16.3	18.3	20.4	22.5
	200	0.54	1.67	3.06	4.86	6.84	8.93	11.1	13.2	15.4	17.5	19.6	21.7
	250	0.45	1.42	2.59	4.21	6.01	8.00	10.1	12.2	14.4	16.5	18.7	20.8
	300	0.39	1.22	2.25	3.69	5.32	7.17	9.16	11.2	13.4	15.5	17.7	19.8
	350	0.35	1.08	1.99	3.27	4.74	6.46	8.33	10.3	12.4	14.5	16.7	18.8
	400	0.31	0.96	1.78	2.93	4.27	5.86	7.60	9.49	11.5	13.6	15.7	17.8
	450	0.28	0.86	1.60	2.65	3.87	5.34	6.97	8.75	10.7	12.6	14.7	16.8
	500	0.26	0.79	1.46	2.42	3.53	4.90	6.42	8.10	9.91	11.8	13.8	15.9
	600	0.22	0.66	1.24	2.06	3.01	4.19	5.51	7.01	8.63	10.4	12.2	14.1
	700	0.19	0.57	1.08	1.78	2.62	3.66	4.82	6.15	7.61	9.19	10.9	12.7
	800	0.17	0.51	0.95	1.57	2.32	3.24	4.27	5.47	6.79	8.23	9.78	11.4
	900	0.15	0.45	0.85	1.41	2.07	2.90	3.83	4.92	6.11	7.43	8.85	10.4
	C', m	0.15	0.42	0.79	1.30	1.93	2.71	3.61	4.65	5.83	7.14	8.59	10.2

도움표 2.1.8(2) 편심하중을 받는 볼트군의 계수 C

하중각도=15°

볼트군은 다음 식을 만족하도록 배열하여야 한다.

$\phi R_n \geq P_u$

또는

$C \geq P_u / \phi r_n$

ϕR_n : 볼트군의 설계강도 $(= C \times \phi r_n)$

C : 도움표 상의 볼트군의 계수

ϕr_n : 볼트 1개당 설계강도

P_u : 계수하중

e_x : 하중의 수평방향 편심

s : 수직열의 볼트 간격

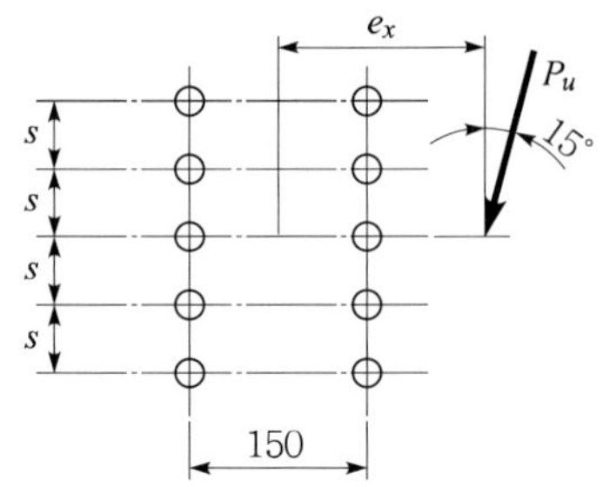

s mm	e_x mm	수직열 당 볼트 수											
		1	2	3	4	5	6	7	8	9	10	11	12
75	50	1.22	2.82	4.64	6.60	8.64	10.7	12.7	14.8	16.8	18.8	20.9	22.9
	60	1.13	2.63	4.38	6.29	8.30	10.4	12.4	14.5	16.5	18.6	20.6	22.6
	70	1.05	2.47	4.13	5.99	7.97	10.0	12.1	14.2	16.2	18.3	20.3	22.4
	80	0.98	2.32	3.91	5.70	7.64	9.66	11.7	13.8	15.9	18.0	20.0	22.1
	90	0.92	2.19	3.70	5.42	7.32	9.31	11.4	13.4	15.5	17.6	19.7	21.8
	100	0.87	2.08	3.51	5.17	7.01	8.97	11.0	13.1	15.2	17.2	19.3	21.4
	150	0.68	1.63	2.77	4.13	5.71	7.44	9.31	11.3	13.3	15.4	17.5	19.6
	200	0.55	1.33	2.27	3.41	4.76	6.25	7.92	9.70	11.6	13.6	15.6	17.6
	250	0.47	1.12	1.92	2.90	4.05	5.35	6.83	8.43	10.1	12.0	13.9	15.8
	300	0.41	0.97	1.66	2.51	3.52	4.66	5.97	7.40	8.97	10.6	12.4	14.2
	350	0.36	0.85	1.46	2.21	3.10	4.12	5.30	6.58	8.00	9.53	11.2	12.9
	400	0.32	0.76	1.30	1.98	2.77	3.69	4.75	5.91	7.21	8.60	10.1	11.7
	450	0.29	0.69	1.18	1.78	2.50	3.34	4.30	5.35	6.55	7.83	9.22	10.7
	500	0.27	0.63	1.07	1.62	2.28	3.05	3.92	4.90	5.99	7.17	8.46	9.84
	600	0.23	0.53	0.91	1.38	1.93	2.59	3.33	4.17	5.11	6.13	7.25	8.45
	700	0.20	0.46	0.79	1.19	1.68	2.24	2.90	3.63	4.45	5.34	6.33	7.39
	800	0.17	0.41	0.70	1.05	1.48	1.98	2.56	3.21	3.94	4.73	5.61	6.55
	900	0.16	0.36	0.62	0.94	1.32	1.77	2.29	2.87	3.53	4.25	5.04	5.89
150	50	1.22	3.25	5.33	7.40	9.43	11.4	13.4	15.4	17.4	19.4	21.4	23.4
	60	1.13	3.09	5.16	7.24	9.29	11.3	13.3	15.3	17.3	19.3	21.3	23.3
	70	1.05	2.94	4.99	7.07	9.14	11.2	13.2	15.2	17.2	19.2	21.2	23.2
	80	0.98	2.80	4.81	6.90	8.98	11.0	13.1	15.1	17.1	19.1	21.1	23.1
	90	0.92	2.66	4.64	6.72	8.81	10.9	12.9	15.0	17.0	19.0	21.0	23.0
	100	0.87	2.54	4.47	6.53	8.63	10.7	12.8	14.8	16.9	18.9	20.9	22.9
	150	0.68	2.04	3.71	5.63	7.69	9.79	11.9	14.0	16.1	18.2	20.2	22.3
	200	0.55	1.69	3.11	4.85	6.79	8.84	10.9	13.1	15.2	17.3	19.4	21.5
	250	0.47	1.44	2.66	4.21	6.00	7.94	9.98	12.1	14.2	16.3	18.4	20.5
	300	0.41	1.25	2.31	3.70	5.34	7.15	9.09	11.1	13.2	15.3	17.4	19.6
	350	0.36	1.10	2.04	3.29	4.79	6.46	8.30	10.2	12.3	14.3	16.4	18.6
	400	0.32	0.98	1.83	2.96	4.32	5.87	7.60	9.45	11.4	13.4	15.5	17.6
	450	0.29	0.89	1.65	2.68	3.94	5.37	6.99	8.74	10.6	12.5	14.6	16.6
	500	0.27	0.81	1.51	2.45	3.61	4.93	6.45	8.11	9.88	11.8	13.7	15.7
	600	0.23	0.68	1.28	2.09	3.08	4.24	5.58	7.05	8.66	10.4	12.2	14.1
	700	0.20	0.59	1.11	1.82	2.69	3.71	4.90	6.21	7.67	9.23	10.9	12.7
	800	0.17	0.52	0.98	1.61	2.38	3.29	4.36	5.54	6.86	8.29	9.83	11.5
	900	0.16	0.47	0.88	1.44	2.13	2.96	3.92	4.99	6.20	7.51	8.93	10.4

도움표 2.1.8(3) 편심하중을 받는 볼트군의 계수 C

하중각도=30°

볼트군은 다음 식을 만족하도록 배열하여야 한다.

$\phi R_n \geq P_u$

또는

$C \geq P_u / \phi r_n$

ϕR_n : 볼트군의 설계강도(= $C \times \phi r_n$)

C : 도움표 상의 볼트군의 계수

ϕr_n : 볼트 1개당 설계강도

P_u : 계수하중

e_x : 하중의 수평방향 편심

s : 수직열의 볼트 간격

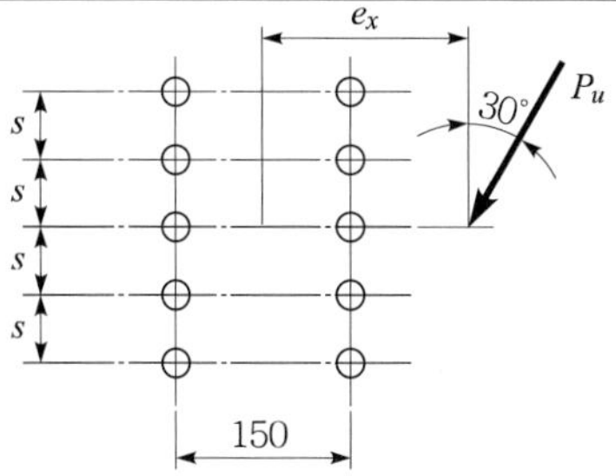

s mm	e_x mm	수직열 당 볼트 수											
		1	2	3	4	5	6	7	8	9	10	11	12
75	50	1.35	2.95	4.76	6.68	8.67	10.7	12.7	14.7	16.7	18.7	20.7	22.7
	60	1.25	2.76	4.52	6.40	8.36	10.4	12.4	14.4	16.4	18.5	20.5	22.5
	70	1.17	2.60	4.29	6.12	8.05	10.0	12.1	14.1	16.1	18.1	20.2	22.2
	80	1.09	2.46	4.08	5.85	7.74	9.71	11.7	13.7	15.8	17.8	19.9	21.9
	90	1.03	2.32	3.89	5.60	7.45	9.39	11.4	13.4	15.4	17.5	19.5	21.6
	100	0.97	2.21	3.71	5.37	7.17	9.08	11.0	13.1	15.1	17.1	19.2	21.2
	150	0.75	1.75	2.99	4.37	5.95	7.67	9.50	11.4	13.4	15.4	17.4	19.5
	200	0.62	1.45	2.48	3.65	5.03	6.56	8.21	9.97	11.8	13.7	15.7	17.7
	250	0.52	1.23	2.11	3.13	4.34	5.69	7.17	8.78	10.5	12.3	14.1	16.1
	300	0.45	1.07	1.83	2.73	3.80	5.00	6.33	7.81	9.38	11.0	12.8	14.6
	350	0.40	0.94	1.61	2.42	3.37	4.45	5.66	7.00	8.45	9.99	11.6	13.3
	400	0.36	0.84	1.44	2.16	3.03	4.00	5.11	6.34	7.66	9.10	10.6	12.2
	450	0.32	0.76	1.30	1.96	2.74	3.63	4.65	5.78	7.00	8.34	9.76	11.3
	500	0.29	0.69	1.19	1.79	2.50	3.32	4.26	5.30	6.44	7.68	9.01	10.4
	600	0.25	0.59	1.01	1.52	2.13	2.83	3.64	4.54	5.54	6.63	7.79	9.05
	700	0.22	0.51	0.87	1.32	1.85	2.47	3.18	3.97	4.85	5.81	6.85	7.97
	800	0.19	0.45	0.77	1.16	1.63	2.18	2.81	3.52	4.30	5.17	6.10	7.11
	900	0.17	0.41	0.69	1.04	1.46	1.96	2.52	3.16	3.87	4.65	5.49	6.42
150	50	1.35	3.29	5.33	7.36	9.38	11.4	13.4	15.4	17.3	19.3	21.3	23.3
	60	1.25	3.13	5.17	7.21	9.24	11.3	13.3	15.3	17.2	19.2	21.2	23.2
	70	1.17	2.99	5.00	7.05	9.09	11.1	13.1	15.1	17.1	19.1	21.1	23.1
	80	1.09	2.85	4.84	6.88	8.92	11.0	13.0	15.0	17.0	19.0	21.0	23.0
	90	1.03	2.72	4.68	6.71	8.76	10.8	12.8	14.9	16.9	18.9	20.9	22.9
	100	0.97	2.60	4.52	6.53	8.58	10.6	12.7	14.7	16.7	18.8	20.8	22.8
	150	0.75	2.12	3.83	5.71	7.71	9.75	11.8	13.9	15.9	18.0	20.0	22.1
	200	0.62	1.78	3.29	4.99	6.88	8.87	10.9	13.0	15.0	17.1	19.2	21.2
	250	0.52	1.53	2.85	4.39	6.16	8.06	10.0	12.1	14.1	16.2	18.3	20.3
	300	0.45	1.34	2.51	3.89	5.54	7.33	9.23	11.2	13.2	15.3	17.3	19.4
	350	0.40	1.19	2.23	3.48	5.01	6.70	8.50	10.4	12.4	14.4	16.4	18.5
	400	0.36	1.07	2.00	3.15	4.57	6.14	7.86	9.68	11.6	13.5	15.6	17.6
	450	0.32	0.97	1.81	2.87	4.19	5.66	7.28	9.02	10.9	12.8	14.7	16.7
	500	0.29	0.88	1.66	2.64	3.86	5.24	6.77	8.43	10.2	12.0	13.9	15.9
	600	0.25	0.75	1.41	2.27	3.33	4.54	5.91	7.43	9.04	10.8	12.5	14.4
	700	0.22	0.65	1.23	1.98	2.93	3.99	5.24	6.61	8.09	9.67	11.3	13.1
	800	0.19	0.58	1.08	1.76	2.60	3.56	4.69	5.94	7.30	8.77	10.3	12.0
	900	0.17	0.52	0.97	1.58	2.34	3.21	4.24	5.38	6.64	8.00	9.45	11.0

도움표 2.1.8(4) 편심하중을 받는 볼트군의 계수 C

하중각도=45°

볼트군은 다음 식을 만족하도록 배열하여야 한다.

$\phi R_n \geq P_u$
또는
$C \geq P_u / \phi r_n$

ϕR_n : 볼트군의 설계강도(= $C \times \phi r_n$)
C : 도움표 상의 볼트군의 계수
ϕr_n : 볼트 1개당 설계강도
P_u : 계수하중
e_x : 하중의 수평방향 편심
s : 수직열의 볼트 간격

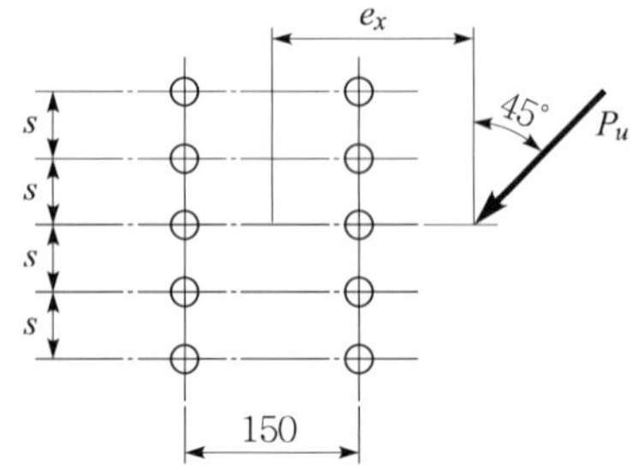

s mm	e_x mm	수직열 당 볼트 수											
		1	2	3	4	5	6	7	8	9	10	11	12
75	50	1.57	3.24	5.02	6.89	8.80	10.8	12.7	14.7	16.7	18.7	20.6	22.6
	60	1.48	3.07	4.80	6.64	8.54	10.5	12.4	14.4	16.4	18.4	20.4	22.4
	70	1.39	2.91	4.59	6.40	8.27	10.2	12.1	14.1	16.1	18.1	20.1	22.1
	80	1.31	2.77	4.40	6.17	8.01	9.92	11.9	13.8	15.8	17.8	19.8	21.8
	90	1.24	2.63	4.22	5.95	7.76	9.64	11.6	13.5	15.5	17.5	19.5	21.5
	100	1.17	2.51	4.05	5.74	7.52	9.38	11.3	13.2	15.2	17.2	19.2	21.2
	150	0.92	2.03	3.36	4.85	6.46	8.17	9.97	11.8	13.7	15.7	17.6	19.6
	200	0.75	1.70	2.86	4.16	5.59	7.16	8.84	10.6	12.4	14.3	16.2	18.1
	250	0.64	1.46	2.47	3.62	4.90	6.34	7.89	9.53	11.2	13.0	14.0	16.7
	300	0.55	1.28	2.16	3.19	4.35	5.67	7.10	8.62	10.2	11.9	13.7	15.5
	350	0.49	1.13	1.92	2.84	3.91	5.11	6.43	7.84	9.36	11.0	12.6	14.4
	400	0.44	1.01	1.72	2.56	3.54	4.64	5.86	7.18	8.61	10.1	11.7	13.3
	450	0.40	0.92	1.56	2.33	3.23	4.25	5.37	6.61	7.95	9.38	10.9	12.4
	500	0.36	0.84	1.43	2.13	2.96	3.91	4.96	6.12	7.38	8.72	10.1	11.6
	600	0.31	0.71	1.22	1.82	2.54	3.36	4.28	5.31	6.43	7.63	8.92	10.3
	700	0.27	0.62	1.06	1.59	2.22	2.94	3.76	4.68	5.68	6.77	7.93	9.17
	800	0.24	0.55	0.94	1.41	1.97	2.61	3.35	4.18	5.08	6.07	7.13	8.26
	900	0.21	0.49	0.84	1.26	1.77	2.35	3.02	3.77	4.59	5.49	6.47	7.51
150	50	1.57	3.42	5.38	7.36	9.34	11.3	13.3	15.3	17.3	19.2	21.2	23.2
	60	1.48	3.28	5.23	7.22	9.21	11.2	13.2	15.2	17.2	19.1	21.1	23.1
	70	1.39	3.15	5.09	7.07	9.06	11.1	13.1	15.0	17.0	19.0	21.0	23.0
	80	1.31	3.02	4.94	6.92	8.91	10.9	12.9	14.9	16.9	18.9	20.9	22.9
	90	1.24	2.90	4.80	6.77	8.76	10.8	12.8	14.8	16.8	18.8	20.7	22.7
	100	1.17	2.79	4.67	6.62	8.61	10.6	12.6	14.6	16.6	18.6	20.6	22.6
	150	0.92	2.32	4.06	5.92	7.85	9.83	11.8	13.8	15.9	17.9	19.9	21.9
	200	0.75	1.99	3.57	5.31	7.16	9.08	11.1	13.1	15.1	17.1	19.1	21.1
	250	0.64	1.74	3.17	4.78	6.53	8.39	10.3	12.3	14.3	16.3	18.3	20.3
	300	0.55	1.54	2.84	4.33	5.98	7.76	9.63	11.6	13.5	15.5	17.5	19.5
	350	0.49	1.38	2.57	3.93	5.49	7.20	9.00	10.9	12.8	14.7	16.7	18.7
	400	0.44	1.25	2.33	3.60	5.06	6.70	8.43	10.2	12.1	14.0	16.0	17.9
	450	0.40	1.14	2.13	3.31	4.69	6.25	7.91	9.67	11.5	13.4	15.3	17.2
	500	0.36	1.05	1.96	3.06	4.36	5.85	7.44	9.13	10.9	12.7	14.6	16.5
	600	0.31	0.90	1.68	2.65	3.83	5.17	6.63	8.20	9.86	11.6	13.4	15.2
	700	0.27	0.78	1.47	2.33	3.40	4.61	5.95	7.41	8.97	10.6	12.3	14.1
	800	0.24	0.69	1.31	2.08	3.05	4.16	5.38	6.74	8.20	9.75	11.4	13.0
	900	0.21	0.62	1.17	1.88	2.76	3.77	4.91	6.18	7.55	9.00	10.5	12.1

도움표 2.1.8(5) 편심하중을 받는 볼트군의 계수 C

하중각도=60°

볼트군은 다음 식을 만족하도록 배열하여야 한다.

$\phi R_n \geq P_u$

또는

$C \geq P_u / \phi r_n$

ϕR_n : 볼트군의 설계강도$(= C \times \phi r_n)$

C : 도움표 상의 볼트군의 계수

ϕr_n : 볼트 1개당 설계강도

P_u : 계수하중

e_x : 하중의 수평방향 편심

s : 수직열의 볼트 간격

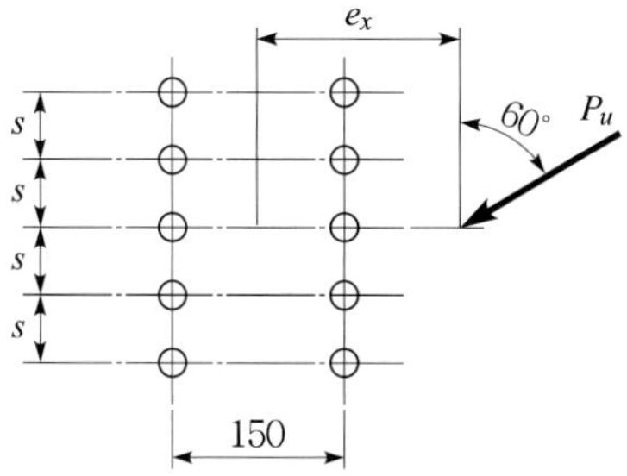

s mm	e_x mm	수직열 당 볼트 수											
		1	2	3	4	5	6	7	8	9	10	11	12
75	50	1.80	3.59	5.40	7.23	9.09	11.0	12.9	14.8	16.7	18.7	20.6	22.6
	60	1.75	3.49	5.25	7.06	8.90	10.8	12.7	14.6	16.5	18.5	20.4	22.4
	70	1.69	3.38	5.11	6.88	8.70	10.6	12.5	14.4	16.3	18.2	20.2	22.1
	80	1.63	3.27	4.96	6.71	8.51	10.4	12.2	14.1	16.0	18.0	19.9	21.9
	90	1.57	3.16	4.81	6.53	8.31	10.1	12.0	13.9	15.8	17.7	19.7	21.6
	100	1.51	3.05	4.67	6.36	8.12	9.94	11.8	13.7	15.6	17.5	19.4	21.4
	150	1.24	2.57	4.03	5.60	7.25	8.99	10.8	12.6	14.5	16.3	18.2	20.2
	200	1.04	2.21	3.53	4.99	6.55	8.19	9.89	11.6	13.4	15.3	17.1	19.0
	250	0.89	1.92	3.13	4.47	5.93	7.47	9.09	10.8	12.5	14.3	16.1	18.0
	300	0.77	1.70	2.80	4.04	5.39	6.84	8.38	10.0	11.7	13.4	15.2	17.0
	350	0.68	1.52	2.53	3.66	4.92	6.29	7.76	9.32	10.9	12.6	14.3	16.1
	400	0.61	1.38	2.30	3.35	4.52	5.82	7.22	8.70	10.3	11.9	13.5	15.3
	450	0.56	1.25	2.10	3.07	4.18	5.40	6.73	8.15	9.64	11.2	12.8	14.5
	500	0.51	1.15	1.93	2.84	3.87	5.03	6.29	7.64	9.07	10.6	12.1	13.8
	600	0.43	0.99	1.66	2.46	3.38	4.41	5.55	6.78	8.10	9.50	11.0	12.5
	700	0.38	0.86	1.46	2.16	2.98	3.92	4.95	6.08	7.30	8.60	9.96	11.4
	800	0.34	0.77	1.30	1.93	2.67	3.52	4.46	5.50	6.63	7.83	9.10	10.4
	900	0.30	0.69	1.17	1.74	2.41	3.18	4.05	5.01	6.06	7.18	8.37	9.63
150	50	1.80	3.62	5.50	7.42	9.36	11.3	13.3	15.2	17.2	19.2	21.1	23.1
	60	1.75	3.54	5.40	7.31	9.25	11.2	13.2	15.1	17.1	19.1	21.0	23.0
	70	1.69	3.44	5.29	7.20	9.13	11.1	13.0	15.0	17.0	18.9	20.9	22.9
	80	1.63	3.35	5.18	7.08	9.01	11.0	12.9	14.9	16.8	18.8	20.8	22.7
	90	1.57	3.26	5.08	6.96	8.89	10.8	12.8	14.8	16.7	18.7	20.7	22.6
	100	1.51	3.17	4.97	6.85	8.77	10.7	12.7	14.6	16.6	18.6	20.5	22.5
	150	1.24	2.76	4.47	6.30	8.18	10.1	12.0	14.0	16.0	17.9	19.9	21.9
	200	1.04	2.43	4.04	5.81	7.65	9.53	11.4	13.4	15.3	17.3	19.2	21.2
	250	0.89	2.16	3.70	5.39	7.17	9.01	10.9	12.8	14.7	16.7	18.6	20.6
	300	0.77	1.95	3.40	5.01	6.73	8.52	10.4	12.2	14.1	16.1	18.0	19.9
	350	0.68	1.77	3.13	4.67	6.33	8.07	9.88	11.7	13.6	15.5	17.4	19.4
	400	0.61	1.62	2.90	4.37	5.96	7.65	9.42	11.2	13.1	15.0	16.9	18.8
	450	0.56	1.49	2.70	4.09	5.62	7.26	8.98	10.8	12.6	14.5	16.3	18.2
	500	0.51	1.38	2.52	3.84	5.31	6.89	8.58	10.3	12.1	14.0	15.8	17.7
	600	0.43	1.20	2.21	3.40	4.76	6.25	7.85	9.53	11.3	13.0	14.9	16.7
	700	0.38	1.06	1.96	3.05	4.30	5.71	7.23	8.83	10.5	12.2	14.0	15.8
	800	0.34	0.95	1.76	2.75	3.92	5.24	6.68	8.20	9.79	11.5	13.2	14.9
	900	0.30	0.85	1.60	2.51	3.59	4.84	6.19	7.64	9.16	10.8	12.4	14.1

도움표 2.1.8(6) 편심하중을 받는 볼트군의 계수 C

하중각도=75°

볼트군은 다음 식을 만족하도록 배열하여야 한다.

$\phi R_n \geq P_u$

또는

$C \geq P_u / \phi r_n$

ϕR_n : 볼트군의 설계강도$(= C \times \phi r_n)$
C : 도움표 상의 볼트군의 계수
ϕr_n : 볼트 1개당 설계강도
P_u : 계수하중
e_x : 하중의 수평방향 편심
s : 수직열의 볼트 간격

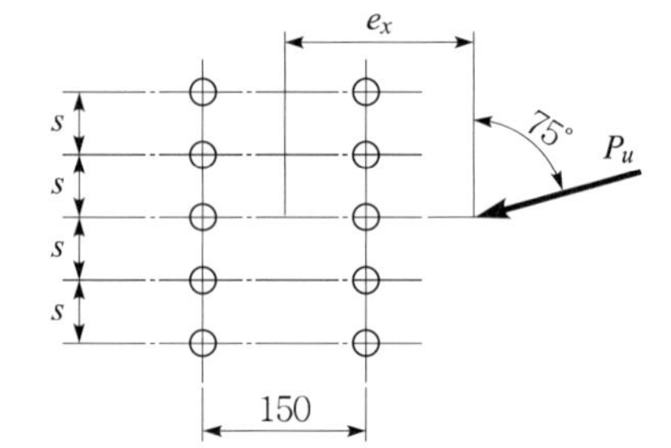

s mm	e_x mm	수직열 당 볼트 수											
		1	2	3	4	5	6	7	8	9	10	11	12
75	50	1.93	3.83	5.72	7.60	9.48	11.4	13.3	15.2	17.1	19.0	20.9	22.8
	60	1.91	3.80	5.67	7.53	9.39	11.3	13.1	15.0	16.9	18.8	20.8	22.7
	70	1.90	3.76	5.61	7.45	9.30	11.2	13.0	14.9	16.8	18.7	20.6	22.5
	80	1.88	3.73	5.55	7.38	9.21	11.0	12.9	14.8	16.7	18.6	20.5	22.4
	90	1.86	3.68	5.49	7.29	9.11	10.9	12.8	14.6	16.5	18.4	20.3	22.2
	100	1.84	3.64	5.43	7.21	9.01	10.8	12.7	14.5	16.4	18.3	20.2	22.1
	150	1.71	3.40	5.08	6.79	8.52	10.3	12.1	13.9	15.7	17.6	19.5	21.3
	200	1.57	3.14	4.74	6.37	8.05	9.76	11.6	13.3	15.1	16.9	18.8	20.6
	250	1.44	2.90	4.41	5.98	7.60	9.28	11.0	12.7	14.5	16.3	18.2	20.0
	300	1.31	2.67	4.10	5.61	7.19	8.83	10.5	12.2	14.0	15.8	17.6	19.4
	350	1.20	2.46	3.83	5.28	6.81	8.41	10.1	11.8	13.5	15.2	17.0	18.8
	400	1.10	2.28	3.58	4.97	6.46	8.02	9.64	11.3	13.0	14.8	16.5	18.3
	450	1.01	2.12	3.35	4.70	6.14	7.66	9.24	10.9	12.6	14.3	16.0	17.8
	500	0.93	1.98	3.15	4.44	5.84	7.31	8.86	10.5	12.1	13.8	15.5	17.3
	600	0.81	1.74	2.81	4.00	5.30	6.69	8.17	9.71	11.3	12.9	14.6	16.3
	700	0.71	1.55	2.52	3.62	4.83	6.15	7.56	9.04	10.6	12.2	13.8	15.5
	800	0.64	1.39	2.28	3.30	4.43	5.68	7.02	8.43	9.92	11.5	13.0	14.7
	900	0.57	1.26	2.08	3.03	4.09	5.26	6.54	7.89	9.32	10.8	12.3	13.9
150	50	1.93	3.82	5.70	7.60	9.51	11.4	13.4	15.3	17.3	19.2	21.2	23.1
	60	1.91	3.78	5.65	7.54	9.44	11.4	13.3	15.2	17.2	19.1	21.1	23.0
	70	1.90	3.75	5.60	7.47	9.37	11.3	13.2	15.1	17.1	19.0	21.0	22.9
	80	1.88	3.71	5.55	7.41	9.30	11.2	13.1	15.1	17.0	18.9	20.9	22.8
	90	1.86	3.67	5.49	7.35	9.23	11.1	13.1	15.0	16.9	18.9	20.8	22.8
	100	1.84	3.63	5.44	7.28	9.16	11.1	13.0	14.9	16.8	18.8	20.7	22.7
	150	1.71	3.41	5.16	6.97	8.82	10.7	12.6	14.5	16.4	18.3	20.3	22.2
	200	1.57	3.19	4.90	6.67	8.49	10.3	12.2	14.1	16.0	17.9	19.9	21.8
	250	1.44	2.98	4.64	6.39	8.18	10.0	11.9	13.8	15.7	17.6	19.5	21.4
	300	1.31	2.79	4.41	6.12	7.89	9.71	11.6	13.4	15.3	17.2	19.1	21.0
	350	1.20	2.61	4.19	5.88	7.62	9.42	11.2	13.1	15.0	16.9	18.7	20.6
	400	1.10	2.45	3.99	5.65	7.37	9.14	11.0	12.8	14.6	16.5	18.4	20.3
	450	1.01	2.31	3.81	5.43	7.14	8.89	10.7	12.5	14.3	16.2	18.1	20.0
	500	0.93	2.18	3.63	5.23	6.91	8.65	10.4	12.2	14.1	15.9	17.8	19.6
	600	0.81	1.95	3.33	4.86	6.49	8.19	9.94	11.7	13.5	15.3	17.2	19.0
	700	0.71	1.76	3.06	4.53	6.10	7.76	9.47	11.2	13.0	14.8	16.6	18.4
	800	0.64	1.61	2.83	4.23	5.75	7.36	9.03	10.7	12.5	14.3	16.1	17.9
	900	0.57	1.48	2.63	3.96	5.42	6.98	8.61	10.3	12.0	13.8	15.6	17.4

도움표 2.1.9(1) 편심하중을 받는 볼트군의 계수 C

하중각도=0°

볼트군은 다음 식을 만족하도록 배열하여야 한다.

$\phi R_n \geq P_u$
또는
$C \geq P_u / \phi r_n$

ϕR_n : 볼트군의 설계강도(= $C \times \phi r_n$)
C : 도움표 상의 볼트군의 계수
ϕr_n : 볼트 1개당 설계강도
P_u : 계수하중
e_x : 하중의 수평방향 편심
s : 수직열의 볼트 간격

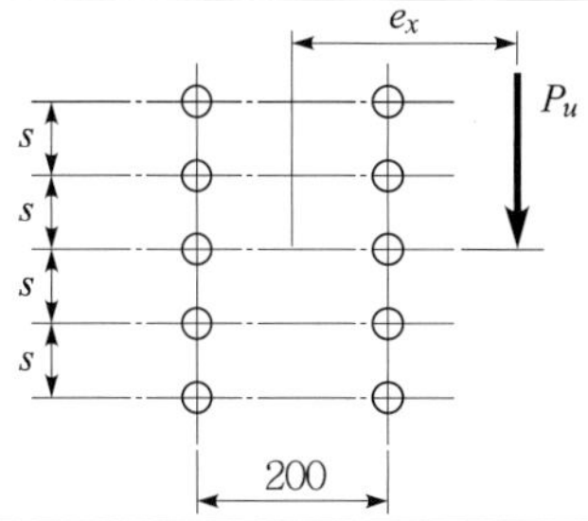

s mm	e_x mm	수직열 당 볼트 수 1	2	3	4	5	6	7	8	9	10	11	12
75	50	1.31	2.91	4.71	6.65	8.68	10.7	12.8	14.9	16.9	18.9	21.0	23.0
	60	1.23	2.75	4.47	6.37	8.37	10.4	12.5	14.6	16.6	18.7	20.7	22.7
	70	1.15	2.60	4.24	6.09	8.05	10.1	12.2	14.2	16.3	18.4	20.5	22.5
	80	1.09	2.47	4.04	5.82	7.74	9.76	11.8	13.9	16.0	18.1	20.2	22.2
	90	1.03	2.35	3.84	5.57	7.44	9.43	11.5	13.6	15.7	17.8	19.8	21.9
	100	0.98	2.24	3.66	5.33	7.15	9.10	11.1	13.2	15.3	17.4	19.5	21.6
	150	0.79	1.80	2.95	4.35	5.90	7.63	9.49	11.5	13.5	15.6	17.7	19.8
	200	0.65	1.49	2.46	3.65	4.97	6.48	8.13	9.91	11.8	13.8	15.8	17.9
	250	0.56	1.28	2.11	3.13	4.27	5.59	7.04	8.64	10.4	12.2	14.1	16.1
	300	0.49	1.11	1.84	2.73	3.73	4.90	6.19	7.63	9.18	10.8	12.6	14.5
	350	0.44	0.99	1.63	2.42	3.31	4.36	5.50	6.80	8.20	9.73	11.4	13.1
	400	0.39	0.89	1.47	2.17	2.98	3.91	4.95	6.13	7.40	8.80	10.3	11.9
	450	0.36	0.80	1.33	1.97	2.70	3.55	4.50	5.57	6.73	8.02	9.39	10.9
	500	0.33	0.73	1.22	1.80	2.47	3.25	4.12	5.10	6.17	7.35	8.62	9.99
	600	0.28	0.63	1.04	1.53	2.10	2.77	3.51	4.35	5.28	6.30	7.39	8.59
	700	0.25	0.55	0.91	1.33	1.83	2.41	3.06	3.79	4.60	5.50	6.46	7.51
	800	0.22	0.48	0.80	1.18	1.62	2.13	2.71	3.36	4.08	4.87	5.73	6.67
	900	0.20	0.44	0.72	1.06	1.45	1.91	2.43	3.01	3.66	4.37	5.15	5.99
	C', m	0.20	0.42	0.68	1.00	1.36	1.79	2.27	2.82	3.43	4.11	4.85	5.66
150	50	1.31	3.28	5.35	7.42	9.46	11.5	13.5	15.5	17.5	19.5	21.4	23.4
	60	1.23	3.14	5.19	7.27	9.34	11.4	13.4	15.4	17.4	19.4	21.4	23.3
	70	1.15	3.00	5.02	7.11	9.19	11.2	13.3	15.3	17.3	19.3	21.3	23.3
	80	1.09	2.87	4.85	6.95	9.04	11.1	13.2	15.2	17.2	19.2	21.2	23.2
	90	1.03	2.75	4.68	6.77	8.87	11.0	13.0	15.1	17.1	19.1	21.1	23.1
	100	0.98	2.63	4.52	6.59	8.70	10.8	12.9	14.9	17.0	19.0	21.0	23.0
	150	0.79	2.15	3.78	5.72	7.78	9.90	12.0	14.1	16.2	18.3	20.4	22.4
	200	0.65	1.81	3.19	4.95	6.89	8.95	11.1	13.2	15.3	17.5	19.6	21.7
	250	0.56	1.55	2.75	4.33	6.10	8.05	10.1	12.2	14.4	16.5	18.7	20.8
	300	0.49	1.35	2.40	3.82	5.43	7.25	9.21	11.3	13.4	15.5	17.7	19.8
	350	0.44	1.20	2.14	3.41	4.86	6.56	8.40	10.4	12.4	14.5	16.7	18.8
	400	0.39	1.08	1.92	3.07	4.40	5.96	7.69	9.56	11.5	13.6	15.7	17.8
	450	0.36	0.97	1.75	2.79	4.00	5.46	7.06	8.83	10.7	12.7	14.7	16.8
	500	0.33	0.89	1.60	2.56	3.67	5.02	6.52	8.18	9.97	11.9	13.8	15.9
	600	0.28	0.76	1.37	2.18	3.14	4.32	5.62	7.11	8.71	10.4	12.3	14.2
	700	0.25	0.66	1.19	1.90	2.75	3.78	4.93	6.26	7.70	9.27	11.0	12.7
	800	0.22	0.58	1.05	1.68	2.44	3.35	4.38	5.58	6.88	8.31	9.85	11.5
	900	0.20	0.52	0.95	1.51	2.19	3.01	3.94	5.02	6.21	7.52	8.93	10.4
	C', m	0.20	0.49	0.89	1.42	2.06	2.84	3.75	4.80	5.98	7.30	8.75	10.3

도움표 2.1.9(2) 편심하중을 받는 볼트군의 계수 C

하중각도=15°

볼트군은 다음 식을 만족하도록 배열하여야 한다.

$\phi R_n \geq P_u$
또는
$C \geq P_u / \phi r_n$

ϕR_n : 볼트군의 설계강도$(= C \times \phi r_n)$
C : 도움표 상의 볼트군의 계수
ϕr_n : 볼트 1개당 설계강도
P_u : 계수하중
e_x : 하중의 수평방향 편심
s : 수직열의 볼트 간격

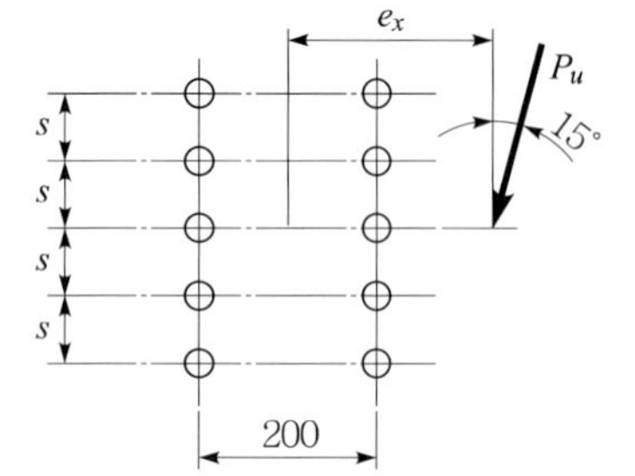

s mm	e_x mm	수직열 당 볼트 수											
		1	2	3	4	5	6	7	8	9	10	11	12
75	50	1.35	2.96	4.75	6.67	8.66	10.7	12.7	14.8	16.8	18.8	20.8	22.8
	60	1.27	2.79	4.51	6.38	8.35	10.4	12.4	14.5	16.5	18.6	20.6	22.6
	70	1.19	2.65	4.30	6.11	8.05	10.1	12.1	14.1	16.2	18.3	20.3	22.3
	80	1.13	2.51	4.10	5.85	7.74	9.72	11.8	13.8	15.9	17.9	20.0	22.0
	90	1.07	2.39	3.91	5.60	7.45	9.40	11.4	13.5	15.5	17.6	19.7	21.7
	100	1.02	2.28	3.73	5.37	7.17	9.08	11.1	13.1	15.2	17.2	19.3	21.4
	150	0.81	1.84	3.03	4.40	5.96	7.66	9.48	11.4	13.4	15.4	17.5	19.6
	200	0.68	1.53	2.53	3.70	5.05	6.53	8.17	9.91	11.8	13.7	15.7	17.7
	250	0.58	1.31	2.17	3.19	4.36	5.66	7.12	8.69	10.4	12.2	14.0	16.0
	300	0.51	1.15	1.90	2.79	3.82	4.97	6.28	7.69	9.23	10.9	12.6	14.4
	350	0.45	1.02	1.69	2.48	3.40	4.43	5.61	6.88	8.28	9.79	11.4	13.1
	400	0.41	0.91	1.51	2.23	3.05	3.99	5.05	6.21	7.50	8.88	10.4	11.9
	450	0.37	0.83	1.37	2.02	2.77	3.63	4.60	5.66	6.84	8.11	9.48	10.9
	500	0.34	0.76	1.26	1.85	2.54	3.32	4.21	5.19	6.28	7.45	8.73	10.1
	600	0.29	0.65	1.07	1.58	2.16	2.84	3.60	4.45	5.39	6.40	7.52	8.71
	700	0.25	0.57	0.94	1.37	1.89	2.47	3.14	3.88	4.71	5.61	6.59	7.64
	800	0.23	0.50	0.83	1.22	1.67	2.19	2.78	3.44	4.18	4.98	5.86	6.80
	900	0.20	0.45	0.74	1.09	1.50	1.96	2.49	3.09	3.75	4.47	5.27	6.12
150	50	1.35	3.29	5.33	7.38	9.42	11.4	13.4	15.4	17.4	19.4	21.4	23.3
	60	1.27	3.14	5.17	7.23	9.28	11.3	13.3	15.3	17.3	19.3	21.3	23.3
	70	1.19	3.01	5.01	7.07	9.13	11.2	13.2	15.2	17.2	19.2	21.2	23.2
	80	1.13	2.88	4.84	6.90	8.97	11.0	13.1	15.1	17.1	19.1	21.1	23.1
	90	1.07	2.75	4.68	6.73	8.80	10.9	12.9	15.0	17.0	19.0	21.0	23.0
	100	1.02	2.64	4.52	6.55	8.63	10.7	12.8	14.8	16.9	18.9	20.9	22.9
	150	0.81	2.17	3.81	5.70	7.72	9.80	11.9	14.0	16.1	18.1	20.2	22.2
	200	0.68	1.83	3.25	4.95	6.86	8.87	10.9	13.1	15.2	17.3	19.4	21.4
	250	0.58	1.58	2.81	4.34	6.10	8.00	10.0	12.1	14.2	16.3	18.4	20.5
	300	0.51	1.38	2.47	3.84	5.45	7.23	9.15	11.2	13.2	15.3	17.4	19.6
	350	0.45	1.23	2.20	3.44	4.91	6.56	8.38	10.3	12.3	14.4	16.5	18.6
	400	0.41	1.10	1.98	3.11	4.46	5.98	7.69	9.52	11.4	13.4	15.5	17.6
	450	0.37	1.00	1.80	2.83	4.08	5.49	7.09	8.82	10.7	12.6	14.6	16.6
	500	0.34	0.92	1.65	2.60	3.75	5.06	6.56	8.20	9.96	11.8	13.7	15.7
	600	0.29	0.78	1.41	2.23	3.22	4.36	5.70	7.15	8.74	10.4	12.2	14.1
	700	0.25	0.68	1.23	1.95	2.82	3.83	5.02	6.32	7.76	9.31	11.0	12.7
	800	0.23	0.60	1.09	1.73	2.50	3.41	4.47	5.64	6.96	8.38	9.90	11.5
	900	0.20	0.54	0.97	1.55	2.25	3.07	4.03	5.09	6.30	7.60	9.01	10.5

도움표 2.1.9(3) 편심하중을 받는 볼트군의 계수 C

하중각도=30°

볼트군은 다음 식을 만족하도록 배열하여야 한다.

$\phi R_n \geq P_u$

또는

$C \geq P_u / \phi r_n$

ϕR_n : 볼트군의 설계강도(= $C \times \phi r_n$)
C : 도움표 상의 볼트군의 계수
ϕr_n : 볼트 1개당 설계강도
P_u : 계수하중
e_x : 하중의 수평방향 편심
s : 수직열의 볼트 간격

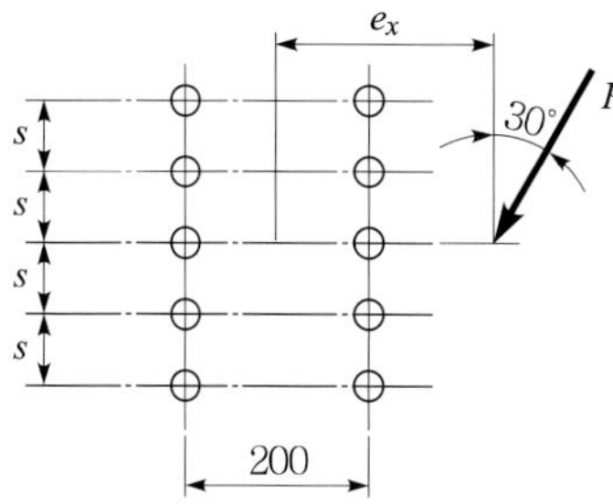

s mm	e_x mm	수직열 당 볼트 수											
		1	2	3	4	5	6	7	8	9	10	11	12
75	50	1.49	3.12	4.91	6.80	8.74	10.7	12.7	14.7	16.7	18.7	20.7	22.7
	60	1.40	2.96	4.69	6.54	8.46	10.4	12.4	14.4	16.4	18.5	20.5	22.5
	70	1.32	2.81	4.49	6.29	8.18	10.1	12.1	14.1	16.1	18.2	20.2	22.2
	80	1.25	2.67	4.29	6.04	7.90	9.83	11.8	13.8	15.8	17.8	19.9	21.9
	90	1.19	2.54	4.11	5.82	7.63	9.53	11.5	13.5	15.5	17.5	19.6	21.6
	100	1.13	2.43	3.95	5.60	7.37	9.24	11.2	13.2	15.2	17.2	19.2	21.3
	150	0.91	1.98	3.26	4.67	6.23	7.93	9.72	11.6	13.5	15.5	17.5	19.5
	200	0.75	1.67	2.76	3.97	5.35	6.87	8.49	10.2	12.0	13.9	15.8	17.8
	250	0.65	1.44	2.38	3.44	4.66	6.02	7.49	9.07	10.8	12.5	14.3	16.2
	300	0.57	1.26	2.09	3.03	4.13	5.34	6.66	8.12	9.67	11.3	13.0	14.8
	350	0.50	1.12	1.86	2.71	3.69	4.78	5.99	7.33	8.75	10.3	11.9	13.6
	400	0.45	1.01	1.67	2.44	3.33	4.33	5.44	6.66	7.98	9.39	10.9	12.5
	450	0.41	0.92	1.52	2.22	3.03	3.95	4.97	6.10	7.32	8.64	10.0	11.5
	500	0.38	0.84	1.39	2.03	2.78	3.62	4.57	5.62	6.75	7.98	9.30	10.7
	600	0.32	0.72	1.19	1.74	2.38	3.11	3.93	4.84	5.83	6.92	8.08	9.32
	700	0.28	0.63	1.04	1.52	2.08	2.72	3.44	4.24	5.13	6.09	7.12	8.24
	800	0.25	0.56	0.92	1.35	1.84	2.41	3.06	3.77	4.57	5.43	6.36	7.37
	900	0.23	0.50	0.83	1.21	1.66	2.17	2.75	3.39	4.11	4.89	5.74	6.66
150	50	1.49	3.36	5.36	7.37	9.38	11.4	13.4	15.4	17.3	19.3	21.3	23.3
	60	1.40	3.22	5.20	7.22	9.24	11.3	13.3	15.2	17.2	19.2	21.2	23.2
	70	1.32	3.09	5.05	7.07	9.09	11.1	13.1	15.1	17.1	19.1	21.1	23.1
	80	1.25	2.96	4.90	6.90	8.93	11.0	13.0	15.0	17.0	19.0	21.0	23.0
	90	1.19	2.84	4.75	6.74	8.77	10.8	12.8	14.9	16.9	18.9	20.9	22.9
	100	1.13	2.73	4.60	6.58	8.61	10.6	12.7	14.7	16.7	18.7	20.8	22.8
	150	0.91	2.27	3.96	5.80	7.76	9.78	11.8	13.9	15.9	18.0	20.0	22.1
	200	0.75	1.93	3.43	5.11	6.97	8.93	10.9	13.0	15.1	17.1	19.2	21.2
	250	0.65	1.68	3.01	4.53	6.27	8.14	10.1	12.1	14.1	16.2	18.3	20.3
	300	0.57	1.49	2.67	4.05	5.67	7.43	9.31	11.3	13.3	15.3	17.4	19.4
	350	0.50	1.33	2.39	3.65	5.15	6.81	8.60	10.5	12.4	14.4	16.5	18.5
	400	0.45	1.20	2.16	3.31	4.71	6.27	7.96	9.76	11.6	13.6	15.6	17.6
	450	0.41	1.09	1.97	3.03	4.34	5.79	7.39	9.12	10.9	12.8	14.8	16.8
	500	0.38	1.00	1.81	2.80	4.01	5.37	6.88	8.53	10.3	12.1	14.0	15.9
	600	0.32	0.86	1.55	2.41	3.48	4.68	6.04	7.53	9.14	10.8	12.6	14.5
	700	0.28	0.75	1.35	2.12	3.06	4.13	5.36	6.72	8.19	9.76	11.4	13.2
	800	0.25	0.67	1.20	1.89	2.73	3.69	4.81	6.05	7.40	8.86	10.4	12.0
	900	0.23	0.60	1.08	1.70	2.46	3.34	4.36	5.50	6.74	8.09	9.53	11.1

도움표 2.1.9(4) 편심하중을 받는 볼트군의 계수 C

하중각도=45°

볼트군은 다음 식을 만족하도록 배열하여야 한다.

$\phi R_n \geq P_u$

또는

$C \geq P_u / \phi r_n$

ϕR_n : 볼트군의 설계강도(= $C \times \phi r_n$)

C : 도움표 상의 볼트군의 계수

ϕr_n : 볼트 1개당 설계강도

P_u : 계수하중

e_x : 하중의 수평방향 편심

s : 수직열의 볼트 간격

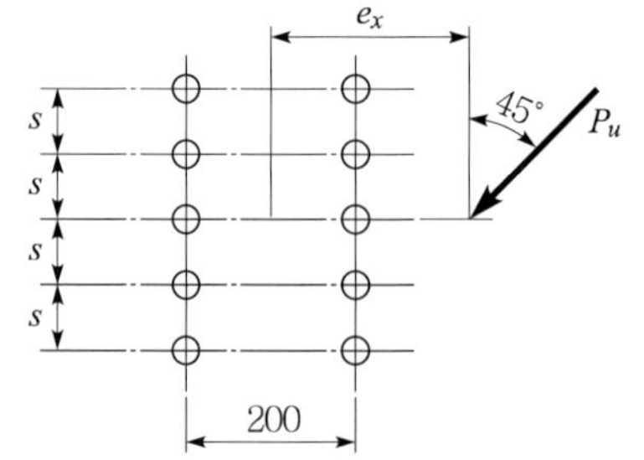

s mm	e_x mm	수직열 당 볼트 수											
		1	2	3	4	5	6	7	8	9	10	11	12
75	50	1.70	3.43	5.22	7.06	8.95	10.9	12.8	14.8	16.7	18.7	20.7	22.7
	60	1.62	3.29	5.03	6.84	8.71	10.6	12.6	14.5	16.5	18.4	20.4	22.4
	70	1.55	3.15	4.85	6.63	8.47	10.4	12.3	14.2	16.2	18.2	20.1	22.1
	80	1.48	3.02	4.67	6.42	8.23	10.1	12.0	14.0	15.9	17.9	19.9	21.8
	90	1.41	2.90	4.50	6.21	8.00	9.85	11.7	13.7	15.6	17.6	19.6	21.6
	100	1.35	2.78	4.34	6.01	7.78	9.60	11.5	13.4	15.3	17.3	19.3	21.3
	150	1.10	2.30	3.67	5.17	6.78	8.47	10.2	12.1	13.9	15.8	17.8	19.7
	200	0.92	1.06	3.17	4.51	5.96	7.51	9.15	10.9	12.7	14.5	16.4	18.3
	250	0.79	1.70	2.78	3.97	5.28	6.70	8.24	9.85	11.5	13.3	15.1	16.9
	300	0.69	1.50	2.46	3.54	4.73	6.04	7.46	8.97	10.6	12.2	13.9	15.7
	350	0.61	1.34	2.21	3.18	4.27	5.48	6.80	8.20	9.70	11.3	12.9	14.6
	400	0.55	1.21	2.00	2.88	3.89	5.01	6.23	7.54	8.95	10.4	12.0	13.6
	450	0.50	1.11	1.82	2.64	3.56	4.60	5.74	6.97	8.30	9.71	11.2	12.7
	500	0.46	1.02	1.67	2.42	3.29	4.25	5.31	6.47	7.73	9.06	10.5	11.9
	600	0.40	0.87	1.43	2.09	2.84	3.68	4.62	5.65	6.77	7.96	9.23	10.6
	700	0.35	0.76	1.26	1.83	2.49	3.24	4.07	5.00	6.00	7.08	8.24	9.47
	800	0.31	0.68	1.12	1.63	2.22	2.89	3.64	4.47	5.38	6.37	7.43	8.56
	900	0.28	0.61	1.00	1.46	2.00	2.60	3.29	4.04	4.87	5.78	6.75	7.79
150	50	1.70	3.52	5.44	7.40	9.37	11.3	13.3	15.3	17.3	19.2	21.2	23.2
	60	1.62	3.41	5.31	7.26	9.24	11.2	13.2	15.2	17.2	19.1	21.1	23.1
	70	1.55	3.29	5.18	7.13	9.10	11.1	13.1	15.1	17.0	19.0	21.0	23.0
	80	1.48	3.18	5.05	6.99	8.96	10.9	12.9	14.9	16.9	18.9	20.9	22.9
	90	1.41	3.07	4.91	6.85	8.81	10.8	12.8	14.8	16.8	18.8	20.8	22.7
	100	1.35	2.96	4.78	6.70	8.67	10.7	12.6	14.6	16.6	18.6	20.6	22.6
	150	1.10	2.51	4.20	6.03	7.94	9.90	11.9	13.9	15.9	17.9	19.9	21.9
	200	0.92	2.18	3.73	5.45	7.27	9.17	11.1	13.1	15.1	17.1	19.1	21.1
	250	0.79	1.92	3.35	4.94	6.67	8.50	10.4	12.3	14.3	16.3	18.3	20.3
	300	0.69	1.71	3.02	4.50	6.13	7.88	9.73	11.6	13.6	15.5	17.5	19.5
	350	0.61	1.55	2.75	4.12	5.65	7.33	9.11	11.0	12.9	14.8	16.8	18.7
	400	0.55	1.41	2.51	3.78	5.22	6.83	8.55	10.3	12.2	14.1	16.0	18.0
	450	0.50	1.29	2.31	3.49	4.85	6.39	8.04	9.77	11.6	13.4	15.3	17.3
	500	0.46	1.19	2.13	3.24	4.53	6.00	7.57	9.25	11.0	12.8	14.7	16.6
	600	0.40	1.03	1.84	2.82	3.99	5.32	6.76	8.32	9.97	11.7	13.5	15.3
	700	0.35	0.90	1.62	2.50	3.55	4.76	6.09	7.53	9.08	10.7	12.4	14.2
	800	0.31	0.80	1.44	2.23	3.20	4.30	5.52	6.86	8.32	9.85	11.5	13.1
	900	0.28	0.72	1.30	2.02	2.90	3.91	5.04	6.30	7.66	9.10	10.6	12.2

도움표 2.1.9(5) 편심하중을 받는 볼트군의 계수 C

하중각도=60°

볼트군은 다음 식을 만족하도록 배열하여야 한다.

$\phi R_n \geq P_u$

또는

$C \geq P_u / \phi r_n$

ϕR_n : 볼트군의 설계강도($= C \times \phi r_n$)
C : 도움표 상의 볼트군의 계수
ϕr_n : 볼트 1개당 설계강도
P_u : 계수하중
e_x : 하중의 수평방향 편심
s : 수직열의 볼트 간격

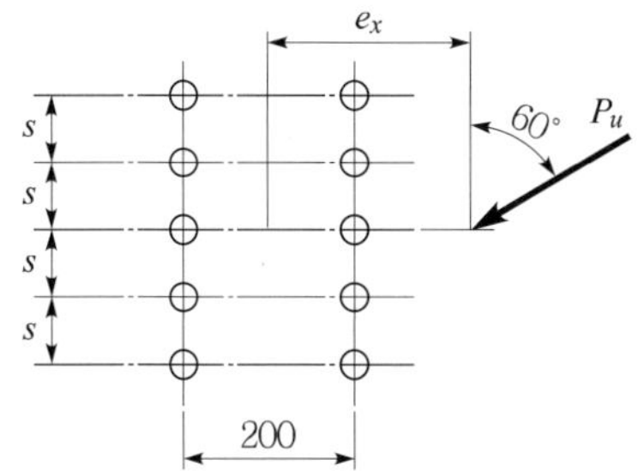

s mm	e_x mm	수직열 당 볼트 수											
		1	2	3	4	5	6	7	8	9	10	11	12
75	50	1.86	3.71	5.56	7.41	9.27	11.2	13.0	15.0	16.9	18.8	20.7	22.7
	60	1.83	3.64	5.45	7.28	9.12	11.0	12.9	14.8	16.7	18.6	20.5	22.5
	70	1.79	3.56	5.34	7.14	8.96	10.8	12.7	14.6	16.5	18.4	20.3	22.2
	80	1.75	3.48	5.23	6.99	8.79	10.6	12.5	14.3	16.2	18.2	20.1	22.0
	90	1.70	3.40	5.11	6.85	8.62	10.4	12.3	14.1	16.0	17.9	19.8	21.8
	100	1.66	3.31	4.99	6.70	8.45	10.2	12.1	13.9	15.8	17.7	19.6	21.5
	150	1.43	2.90	4.41	6.00	7.64	9.35	11.1	12.9	14.7	16.6	18.5	20.4
	200	1.24	2.53	3.92	5.39	6.94	8.56	10.2	12.0	13.8	15.6	17.4	19.3
	250	1.08	2.24	3.51	4.88	6.34	7.89	9.49	11.2	12.9	14.6	16.4	18.2
	300	0.96	2.00	3.17	4.44	5.82	7.28	8.81	10.4	12.1	13.8	15.5	17.3
	350	0.85	1.81	2.88	4.07	5.36	6.73	8.19	9.72	11.3	13.0	14.7	16.4
	400	0.77	1.64	2.64	3.74	4.95	6.25	7.64	9.11	10.6	12.2	13.9	15.6
	450	0.70	1.51	2.43	3.46	4.59	5.83	7.15	8.56	10.0	11.6	13.2	14.8
	500	0.65	1.39	2.25	3.21	4.28	5.45	6.71	8.06	9.48	11.0	12.5	14.1
	600	0.56	1.20	1.95	2.80	3.76	4.81	5.96	7.19	8.50	9.88	11.3	12.8
	700	0.49	1.06	1.72	2.48	3.34	4.29	5.34	6.47	7.68	8.97	10.3	11.7
	800	0.43	0.94	1.54	2.22	3.00	3.87	4.83	5.87	6.99	8.19	9.46	10.8
	900	0.39	0.85	1.39	2.01	2.72	3.52	4.40	5.36	6.41	7.53	8.71	9.96
150	50	1.86	3.72	5.59	7.49	9.42	11.4	13.3	15.3	17.2	19.2	21.1	23.1
	60	1.83	3.65	5.51	7.40	9.32	11.3	13.2	15.2	17.1	19.1	21.0	23.0
	70	1.79	3.58	5.42	7.30	9.21	11.1	13.1	15.0	17.0	19.0	20.9	22.9
	80	1.75	3.51	5.32	7.19	9.10	11.0	13.0	14.9	16.9	18.8	20.8	22.8
	90	1.70	3.43	5.23	7.09	8.99	10.9	12.9	14.8	16.8	18.7	20.7	22.6
	100	1.66	3.36	5.13	6.98	8.87	10.8	12.7	14.7	16.6	18.6	20.6	22.5
	150	1.43	2.99	4.67	6.46	8.31	10.2	12.1	14.1	16.0	18.0	19.9	21.9
	200	1.24	2.67	4.26	5.98	7.79	9.65	11.5	13.5	15.4	17.3	19.3	21.2
	250	1.08	2.40	3.91	5.56	7.32	9.13	11.0	12.9	14.8	16.7	18.7	20.6
	300	0.96	2.17	3.61	5.20	6.90	8.66	10.5	12.3	14.2	16.1	18.1	20.0
	350	0.85	1.98	3.35	4.87	6.51	8.23	10.0	11.8	13.7	15.6	17.5	19.4
	400	0.77	1.82	3.11	4.57	6.15	7.81	9.55	11.4	13.2	15.1	16.9	18.8
	450	0.70	1.69	2.91	4.30	5.81	7.43	9.13	10.9	12.7	14.5	16.4	18.3
	500	0.65	1.57	2.72	4.05	5.50	7.07	8.73	10.5	12.2	14.1	15.9	17.8
	600	0.56	1.37	2.41	3.61	4.96	6.43	8.00	9.67	11.4	13.1	14.9	16.8
	700	0.49	1.22	2.15	3.25	4.49	5.88	7.38	8.97	10.6	12.3	14.1	15.9
	800	0.43	1.09	1.94	2.94	4.10	5.41	6.83	8.34	9.92	11.6	13.3	15.0
	900	0.39	0.99	1.76	2.69	3.77	5.00	6.35	7.78	9.30	10.9	12.5	14.2

도움표 2.1.9(6) 편심하중을 받는 볼트군의 계수 C

하중각도=75°

볼트군은 다음 식을 만족하도록 배열하여야 한다.

$\phi R_n \geq P_u$
또는
$C \geq P_u / \phi r_n$

ϕR_n : 볼트군의 설계강도$(= C \times \phi r_n)$
C : 도움표 상의 볼트군의 계수
ϕr_n : 볼트 1개당 설계강도
P_u : 계수하중
e_x : 하중의 수평방향 편심
s : 수직열의 볼트 간격

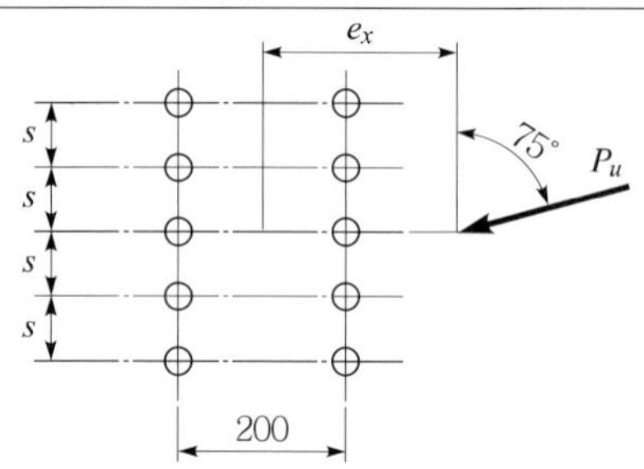

s mm	e_x mm	수직열 당 볼트 수											
		1	2	3	4	5	6	7	8	9	10	11	12
75	50	1.94	3.87	5.79	7.70	9.60	11.5	13.4	15.3	17.2	19.1	21.0	23.0
	60	1.93	3.85	5.75	7.65	9.54	11.4	13.3	15.2	17.1	19.0	20.9	22.8
	70	1.92	3.83	5.72	7.60	9.47	11.3	13.2	15.1	17.0	18.9	20.8	22.7
	80	1.91	3.80	5.68	7.55	9.40	11.3	13.1	15.0	16.9	18.8	20.7	22.6
	90	1.90	3.78	5.64	7.49	9.33	11.2	13.0	14.9	16.8	18.6	20.5	22.4
	100	1.89	3.75	5.60	7.43	9.26	11.1	12.9	14.8	16.6	18.5	20.4	22.3
	150	1.81	3.59	5.35	7.11	8.87	10.6	12.4	14.2	16.1	17.9	19.7	21.6
	200	1.71	3.40	5.08	6.76	8.46	10.2	11.9	13.7	15.5	17.3	19.1	21.0
	250	1.61	3.20	4.80	6.42	8.06	9.73	11.4	13.2	14.9	16.7	18.5	20.3
	300	1.51	3.01	4.53	6.08	7.67	9.30	11.0	12.7	14.4	16.2	17.9	19.7
	350	1.41	2.82	4.27	5.76	7.31	8.90	10.5	12.2	13.9	15.6	17.4	19.2
	400	1.31	2.65	4.03	5.46	6.96	8.52	10.1	11.8	13.4	15.1	16.9	18.6
	450	1.23	2.48	3.80	5.19	6.64	8.16	9.73	11.3	13.0	14.7	16.4	18.1
	500	1.15	2.34	3.60	4.93	6.34	7.82	9.35	10.9	12.6	14.2	15.9	17.6
	600	1.01	2.08	3.23	4.48	5.80	7.20	8.67	10.2	11.8	13.4	15.0	16.7
	700	0.90	1.87	2.93	4.08	5.33	6.65	8.05	9.52	11.0	12.6	14.2	15.9
	800	0.81	1.69	2.67	3.75	4.91	6.17	7.51	8.91	10.4	11.9	13.5	15.1
	900	0.73	1.54	2.45	3.45	4.55	5.74	7.01	8.36	9.77	11.2	12.8	14.3
150	50	1.94	3.86	5.76	7.67	9.58	11.5	13.4	15.4	17.3	19.2	21.2	23.1
	60	1.93	3.84	5.73	7.62	9.52	11.4	13.4	15.3	17.2	19.2	21.1	23.1
	70	1.92	3.82	5.69	7.57	9.46	11.4	13.3	15.2	17.1	19.1	21.0	23.0
	80	1.91	3.79	5.65	7.52	9.41	11.3	13.2	15.1	17.1	19.0	20.9	22.9
	90	1.90	3.76	5.61	7.47	9.34	11.2	13.1	15.1	17.0	18.9	20.9	22.8
	100	1.89	3.74	5.57	7.42	9.28	11.2	13.1	15.0	16.9	18.8	20.8	22.7
	150	1.81	3.58	5.35	7.15	8.98	10.8	12.7	14.6	16.5	18.4	20.4	22.3
	200	1.71	3.40	5.12	6.87	8.67	10.5	12.4	14.2	16.1	18.0	20.0	21.9
	250	1.61	3.22	4.89	6.61	8.38	10.2	12.0	13.9	15.8	17.7	19.6	21.5
	300	1.51	3.05	4.67	6.36	8.10	9.89	11.7	13.6	15.4	17.3	19.2	21.1
	350	1.41	2.88	4.46	6.12	7.84	9.60	11.4	13.2	15.1	17.0	18.8	20.7
	400	1.31	2.73	4.26	5.89	7.59	9.33	11.1	12.9	14.8	16.6	18.5	20.4
	450	1.23	2.58	4.08	5.67	7.35	9.08	10.8	12.6	14.5	16.3	18.2	20.1
	500	1.15	2.45	3.90	5.47	7.13	8.83	10.6	12.4	14.2	16.0	17.9	19.7
	600	1.01	2.21	3.59	5.10	6.71	8.38	10.1	11.9	13.6	15.4	17.3	19.1
	700	0.90	2.01	3.32	4.77	6.32	7.96	9.65	11.4	13.1	14.9	16.7	18.5
	800	0.81	1.84	3.08	4.47	5.97	7.56	9.21	10.9	12.6	14.4	16.2	18.0
	900	0.73	1.70	2.87	4.19	5.64	7.19	8.80	10.5	12.2	13.9	15.7	17.5

도움표 2.1.10(1) 편심하중을 받는 볼트군의 계수 C

하중각도=0°

볼트군은 다음 식을 만족하도록 배열하여야 한다.

$\phi R_n \geq P_u$

또는

$C \geq P_u / \phi r_n$

ϕR_n : 볼트군의 설계강도$(= C \times \phi r_n)$
C : 도움표 상의 볼트군의 계수
ϕr_n : 볼트 1개당 설계강도
P_u : 계수하중
e_x : 하중의 수평방향 편심
s : 수직열의 볼트 간격

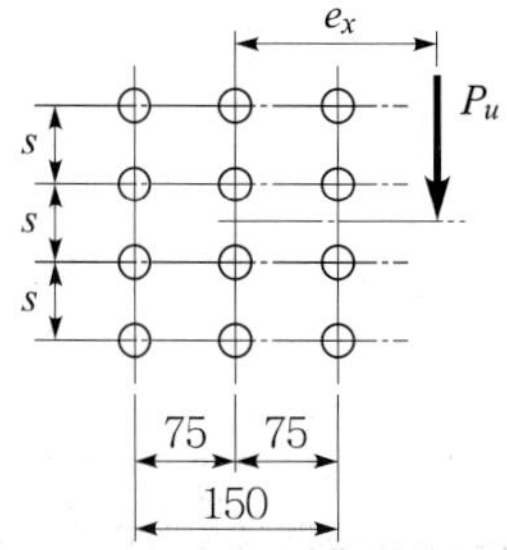

s mm	e_x mm	수직열 당 볼트 수											
		1	2	3	4	5	6	7	8	9	10	11	12
75	50	1.71	4.07	6.81	9.86	13.0	16.1	19.2	22.3	25.4	28.5	31.5	34.5
	60	1.58	3.78	6.38	9.35	12.5	15.6	18.8	21.9	25.0	28.1	31.1	34.2
	70	1.47	3.52	5.97	8.85	11.9	15.1	18.2	21.4	24.5	27.6	30.7	33.8
	80	1.37	3.29	5.61	8.38	11.4	14.5	17.7	20.9	24.0	27.2	30.3	33.4
	90	1.29	3.09	5.27	7.94	10.9	14.0	17.1	20.3	23.5	26.7	29.8	32.9
	100	1.21	2.90	4.97	7.53	10.4	13.4	16.6	19.7	22.9	26.1	29.3	32.4
	150	0.92	2.21	3.85	5.91	8.27	11.0	13.9	16.9	20.0	23.2	26.4	29.7
	200	0.72	1.76	3.11	4.80	6.78	9.09	11.6	14.4	17.3	20.4	23.5	26.7
	250	0.58	1.46	2.59	4.02	5.71	7.70	9.91	12.4	15.0	17.8	20.8	23.8
	300	0.49	1.24	2.21	3.44	4.91	6.65	8.59	10.8	13.2	15.7	18.5	21.3
	350	0.42	1.08	1.92	3.00	4.30	5.83	7.57	9.53	11.7	14.0	16.5	19.1
	400	0.37	0.95	1.70	2.66	3.82	5.19	6.75	8.51	10.4	12.6	14.9	17.3
	450	0.33	0.85	1.52	2.39	3.43	4.67	6.08	7.68	9.45	11.4	13.5	15.8
	500	0.29	0.77	1.37	2.16	3.11	4.24	5.53	6.99	8.61	10.4	12.3	14.4
	600	0.25	0.65	1.15	1.82	2.62	3.57	4.67	5.92	7.30	8.84	10.5	12.3
	700	0.21	0.56	0.99	1.57	2.26	3.08	4.04	5.12	6.33	7.67	9.13	10.7
	800	0.18	0.49	0.87	1.38	1.98	2.71	3.55	4.51	5.58	6.77	8.06	9.47
	900	0.16	0.43	0.77	1.23	1.77	2.42	3.17	4.03	4.99	6.05	7.21	8.48
	C', m	0.15	0.40	0.70	1.12	1.61	2.21	2.90	3.69	4.58	5.58	6.67	7.87
150	50	1.71	4.85	8.03	11.2	14.2	17.2	20.3	23.2	26.2	29.2	32.2	35.1
	60	1.58	4.60	7.77	10.9	14.0	17.1	20.1	23.1	26.1	29.1	32.1	35.0
	70	1.47	4.36	7.50	10.7	13.8	16.9	19.9	23.0	26.0	29.0	32.0	34.9
	80	1.37	4.13	7.22	10.4	13.6	16.7	19.8	22.8	25.8	28.8	31.8	34.8
	90	1.29	3.92	6.94	10.1	13.3	16.5	19.6	22.6	25.7	28.7	31.7	34.7
	100	1.21	3.72	6.66	9.86	13.1	16.2	19.3	22.4	25.5	28.5	31.6	34.6
	150	0.92	2.93	5.41	8.44	11.6	14.8	18.1	21.2	24.4	27.5	30.6	33.7
	200	0.72	2.38	4.46	7.20	10.2	13.4	16.6	19.8	23.0	26.2	29.4	32.5
	250	0.58	2.00	3.78	6.20	8.94	11.9	15.1	18.3	21.5	24.8	28.0	31.2
	300	0.49	1.71	3.27	5.41	7.88	10.7	13.7	16.8	20.0	23.3	26.5	29.7
	350	0.42	1.49	2.87	4.78	7.01	9.61	12.4	15.4	18.6	21.7	25.0	28.2
	400	0.37	1.32	2.55	4.28	6.29	8.69	11.3	14.2	17.2	20.3	23.5	26.7
	450	0.33	1.19	2.30	3.86	5.70	7.91	10.4	13.1	15.9	18.9	22.0	25.2
	500	0.29	1.08	2.09	3.51	5.20	7.25	9.54	12.1	14.8	17.7	20.7	23.8
	600	0.25	0.91	1.76	2.97	4.42	6.19	8.18	10.4	12.9	15.5	18.3	21.2
	700	0.21	0.78	1.52	2.57	3.84	5.39	7.14	9.15	11.3	13.7	16.3	19.0
	800	0.18	0.69	1.33	2.27	3.39	4.77	6.33	8.13	10.1	12.3	14.6	17.1
	900	0.16	0.61	1.19	2.03	3.03	4.27	5.67	7.30	9.10	11.1	13.2	15.5
	C', m	0.15	0.56	1.08	1.86	2.79	3.96	5.30	6.87	8.62	10.6	12.8	15.1

도움표 2.1.10(2) 편심하중을 받는 볼트군의 계수 C

하중각도=15°

볼트군은 다음 식을 만족하도록 배열하여야 한다.

$\phi R_n \geq P_u$

또는

$C \geq P_u / \phi r_n$

ϕR_n : 볼트군의 설계강도(= $C \times \phi r_n$)
C : 도움표 상의 볼트군의 계수
ϕr_n : 볼트 1개당 설계강도
P_u : 계수하중
e_x : 하중의 수평방향 편심
s : 수직열의 볼트 간격

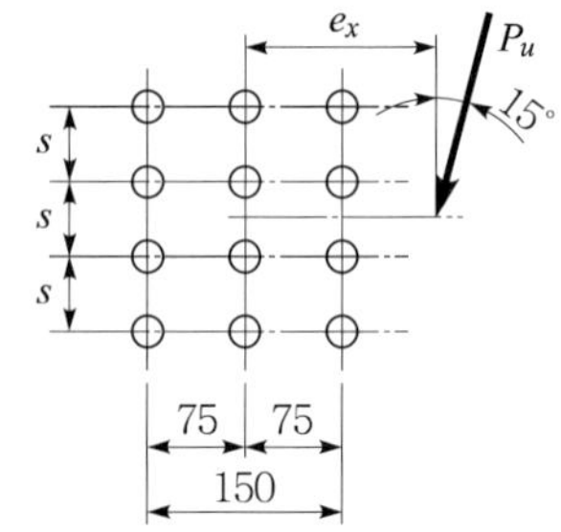

s mm	e_x mm	수직열 당 볼트 수											
		1	2	3	4	5	6	7	8	9	10	11	12
75	50	1.77	4.10	6.84	9.82	12.9	16.0	19.1	22.2	25.2	28.3	31.3	34.3
	60	1.64	3.81	6.42	9.32	12.4	15.5	18.6	21.7	24.8	27.9	30.9	33.9
	70	1.52	3.56	6.04	8.84	11.8	14.9	18.1	21.2	24.3	27.4	30.5	33.5
	80	1.42	3.34	5.68	8.38	11.3	14.4	17.5	20.7	23.8	26.9	30.0	33.1
	90	1.33	3.13	5.36	7.95	10.8	13.9	17.0	20.1	23.2	26.4	29.5	32.6
	100	1.25	2.95	5.07	7.55	10.3	13.3	16.4	19.5	22.7	25.8	29.0	32.1
	150	0.95	2.26	3.93	5.96	8.33	10.9	13.8	16.8	19.8	23.0	26.1	29.3
	200	0.74	1.81	3.18	4.87	6.88	9.13	11.6	14.4	17.2	20.2	23.2	26.4
	250	0.60	1.50	2.65	4.10	5.81	7.76	9.99	12.4	15.0	17.8	20.7	23.6
	300	0.50	1.28	2.27	3.52	5.01	6.74	8.71	10.9	13.2	15.8	18.4	21.2
	350	0.43	1.11	1.98	3.08	4.40	5.93	7.69	9.62	11.8	14.1	16.5	19.1
	400	0.38	0.98	1.75	2.73	3.91	5.29	6.87	8.62	10.6	12.7	15.0	17.4
	450	0.34	0.88	1.57	2.45	3.51	4.77	6.20	7.80	9.59	11.5	13.6	15.9
	500	0.30	0.79	1.42	2.22	3.19	4.33	5.65	7.12	8.76	10.5	12.5	14.6
	600	0.25	0.67	1.19	1.87	2.69	3.66	4.78	6.04	7.45	8.99	10.7	12.5
	700	0.22	0.57	1.02	1.61	2.32	3.17	4.14	5.24	6.47	7.82	9.31	10.9
	800	0.19	0.50	0.90	1.42	2.04	2.79	3.65	4.62	5.72	6.92	8.24	9.66
	900	0.17	0.45	0.80	1.26	1.82	2.49	3.26	4.13	5.11	6.19	7.38	8.66
150	50	1.77	4.83	7.98	11.1	14.1	17.2	20.2	23.1	26.1	29.1	32.1	35.0
	60	1.64	4.58	7.72	10.9	13.9	17.0	20.0	23.0	26.0	29.0	31.9	34.9
	70	1.52	4.34	7.45	10.6	13.7	16.8	19.8	22.8	25.8	28.8	31.8	34.8
	80	1.42	4.11	7.17	10.3	13.5	16.6	19.6	22.7	25.7	28.7	31.7	34.7
	90	1.33	3.90	6.90	10.1	13.2	16.3	19.4	22.5	25.5	28.5	31.5	34.5
	100	1.25	3.71	6.63	9.77	12.9	16.1	19.2	22.2	25.3	28.3	31.4	34.4
	150	0.95	2.94	5.45	8.38	11.5	14.7	17.8	21.0	24.1	27.2	30.3	33.4
	200	0.74	2.40	4.55	7.17	10.1	13.2	16.4	19.6	22.7	25.9	29.1	32.2
	250	0.60	2.02	3.86	6.20	8.92	11.8	14.9	18.1	21.3	24.4	27.6	30.8
	300	0.50	1.74	3.34	5.43	7.91	10.6	13.6	16.6	19.8	22.9	26.1	29.3
	350	0.43	1.52	2.94	4.82	7.07	9.60	12.4	15.3	18.4	21.5	24.6	27.8
	400	0.38	1.35	2.62	4.32	6.38	8.71	11.3	14.1	17.0	20.1	23.2	26.3
	450	0.34	1.22	2.36	3.91	5.79	7.95	10.4	13.0	15.8	18.8	21.8	24.9
	500	0.30	1.10	2.14	3.57	5.30	7.30	9.59	12.1	14.8	17.6	20.5	23.5
	600	0.25	0.93	1.81	3.03	4.52	6.26	8.28	10.5	12.9	15.5	18.2	21.0
	700	0.22	0.80	1.56	2.63	3.93	5.47	7.26	9.24	11.4	13.8	16.3	18.9
	800	0.19	0.71	1.37	2.32	3.47	4.85	6.45	8.23	10.2	12.4	14.7	17.1
	900	0.17	0.63	1.23	2.08	3.11	4.35	5.80	7.41	9.23	11.2	13.3	15.6

도움표 2.1.10(3) 편심하중을 받는 볼트군의 계수 C

하중각도=30°

볼트군은 다음 식을 만족하도록 배열하여야 한다.

$\phi R_n \geq P_u$

또는

$C \geq P_u / \phi r_n$

ϕR_n : 볼트군의 설계강도(= $C \times \phi r_n$)
C : 도움표 상의 볼트군의 계수
ϕr_n : 볼트 1개당 설계강도
P_u : 계수하중
e_x : 하중의 수평방향 편심
s : 수직열의 볼트 간격

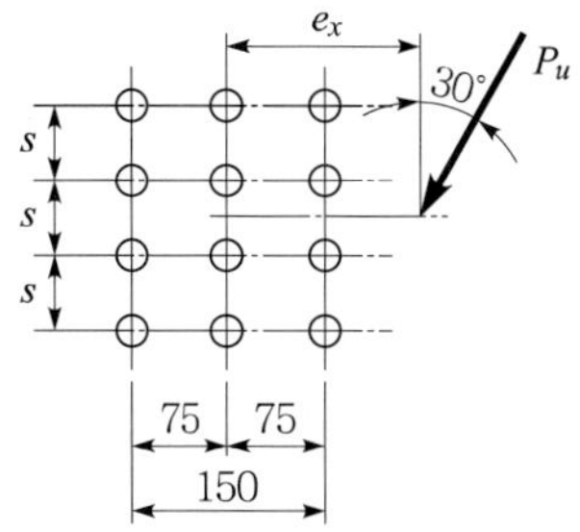

s mm	e_x mm	수직열 당 볼트 수											
		1	2	3	4	5	6	7	8	9	10	11	12
75	50	1.94	4.26	6.99	9.90	12.9	15.9	19.0	22.0	25.1	28.1	31.1	34.1
	60	1.80	3.99	6.61	9.45	12.4	15.5	18.5	21.6	24.6	27.7	30.7	33.7
	70	1.67	3.74	6.25	9.01	11.9	14.9	18.0	21.1	24.1	27.2	30.2	33.3
	80	1.56	3.53	5.93	8.59	11.5	14.4	17.5	20.5	23.6	26.7	29.8	32.8
	90	1.46	3.33	5.63	8.20	11.0	13.9	17.0	20.0	23.1	26.2	29.3	32.3
	100	1.37	3.15	5.35	7.83	10.6	13.5	16.4	19.5	22.6	25.7	28.7	31.8
	150	1.04	2.45	4.23	6.30	8.67	11.3	14.1	16.9	19.9	23.0	26.0	29.1
	200	0.82	1.98	3.45	5.22	7.27	9.58	12.1	14.7	17.5	20.4	23.4	26.4
	250	0.67	1.65	2.90	4.42	6.22	8.26	10.5	12.9	15.5	18.2	21.1	24.0
	300	0.56	1.41	2.49	3.82	5.41	7.22	9.23	11.5	13.8	16.4	19.0	21.7
	350	0.48	1.23	2.18	3.36	4.78	6.40	8.22	10.2	12.4	14.8	17.2	19.8
	400	0.42	1.08	1.93	2.99	4.26	5.73	7.40	9.25	11.2	13.4	15.7	18.2
	450	0.38	0.97	1.73	2.69	3.85	5.18	6.71	8.41	10.3	12.3	14.4	16.7
	500	0.34	0.88	1.57	2.44	3.50	4.73	6.14	7.70	9.42	11.3	13.3	15.4
	600	0.28	0.74	1.32	2.06	2.96	4.01	5.22	6.58	8.08	9.72	11.5	13.4
	700	0.24	0.64	1.14	1.78	2.56	3.48	4.54	5.73	7.05	8.51	10.1	11.8
	800	0.21	0.56	1.00	1.57	2.26	3.07	4.01	5.07	6.25	7.55	8.96	10.5
	900	0.19	0.50	0.89	1.40	2.02	2.75	3.59	4.54	5.61	6.78	8.06	9.44
150	50	1.94	4.86	7.96	11.0	14.1	17.1	20.1	23.0	26.0	29.0	32.0	34.9
	60	1.80	4.61	7.71	10.8	13.8	16.9	19.9	22.9	25.9	28.8	31.8	34.8
	70	1.67	4.38	7.45	10.5	13.6	16.7	19.7	22.7	25.7	28.7	31.7	34.6
	80	1.56	4.17	7.20	10.3	13.4	16.4	19.5	22.5	25.5	28.5	31.5	34.5
	90	1.46	3.97	6.95	10.0	13.1	16.2	19.2	22.3	25.3	28.3	31.3	34.3
	100	1.37	3.78	6.70	9.75	12.8	15.9	19.0	22.1	25.1	28.1	31.1	34.1
	150	1.04	3.06	5.64	8.48	11.5	14.6	17.7	20.8	23.9	27.0	30.0	33.1
	200	0.82	2.54	4.80	7.38	10.2	13.3	16.3	19.4	22.5	25.7	28.8	31.8
	250	0.67	2.16	4.14	6.46	9.14	12.0	15.0	18.1	21.2	24.3	27.4	30.5
	300	0.56	1.87	3.61	5.71	8.20	10.9	13.8	16.8	19.8	22.9	26.0	29.1
	350	0.48	1.65	3.20	5.10	7.41	9.95	12.7	15.6	18.5	21.5	24.6	27.7
	400	0.42	1.47	2.86	4.60	6.74	9.11	11.7	14.5	17.3	20.3	23.3	26.3
	450	0.38	1.33	2.58	4.19	6.17	8.39	10.8	13.5	16.2	19.1	22.0	25.0
	500	0.34	1.21	2.35	3.84	5.68	7.75	10.1	12.6	15.2	18.0	20.9	23.8
	600	0.28	1.02	2.00	3.28	4.89	6.71	8.78	11.1	13.5	16.1	18.8	21.5
	700	0.24	0.88	1.73	2.86	4.28	5.90	7.77	9.83	12.1	14.4	17.0	19.6
	800	0.21	0.78	1.52	2.54	3.80	5.25	6.95	8.83	10.9	13.1	15.4	17.9
	900	0.19	0.70	1.36	2.27	3.41	4.73	6.28	8.00	9.88	11.9	14.1	16.4

도움표 2.1.10(4) 편심하중을 받는 볼트군의 계수 C

하중각도=45°

<table>
<tr>
<td>볼트군은 다음 식을 만족하도록 배열하여야 한다.

$\phi R_n \geq P_u$
또는
$C \geq P_u / \phi r_n$</td>
<td>ϕR_n : 볼트군의 설계강도$(= C \times \phi r_n)$
C : 도움표 상의 볼트군의 계수
ϕr_n : 볼트 1개당 설계강도
P_u : 계수하중
e_x : 하중의 수평방향 편심
s : 수직열의 볼트 간격</td>
<td>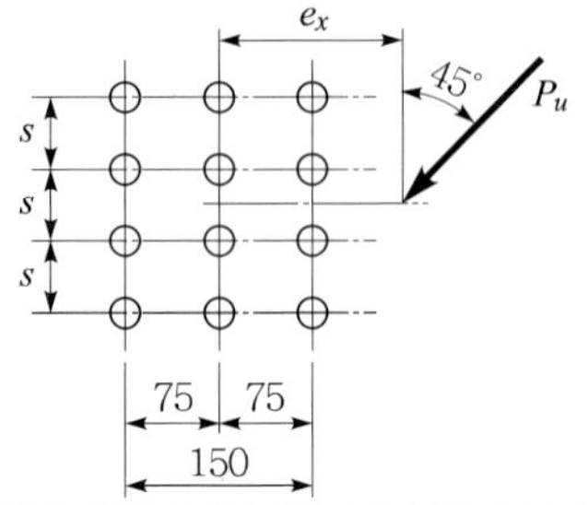
</td>
</tr>
</table>

s mm	e_x mm	수직열 당 볼트 수											
		1	2	3	4	5	6	7	8	9	10	11	12
75	50	2.23	4.67	7.33	10.2	13.1	16.0	19.0	22.0	25.0	27.9	30.9	33.9
	60	2.09	4.41	6.98	9.76	12.6	15.6	18.5	21.5	24.5	27.5	30.5	33.5
	70	1.95	4.17	6.66	9.38	12.2	15.1	18.1	21.1	24.1	27.1	30.1	33.1
	80	1.83	3.95	6.36	9.02	11.8	14.7	17.6	20.6	23.6	26.6	29.6	32.6
	90	1.72	3.75	6.09	8.68	11.4	14.3	17.2	20.2	23.1	26.1	29.2	32.2
	100	1.63	3.57	5.84	8.36	11.1	13.9	16.8	19.7	22.7	25.7	28.7	31.7
	150	1.25	2.84	4.78	6.99	9.40	12.0	14.7	17.5	20.4	23.4	26.3	29.3
	200	0.99	2.33	3.99	5.92	8.09	10.4	13.0	15.7	18.4	21.2	24.1	27.0
	250	0.81	1.96	3.40	5.10	7.05	9.21	11.6	14.0	16.6	19.3	22.1	24.0
	300	0.69	1.68	2.95	4.46	6.22	8.19	10.3	12.7	15.1	17.7	20.3	23.0
	350	0.59	1.47	2.59	3.95	5.55	7.35	9.34	11.5	13.8	16.2	18.7	21.3
	400	0.52	1.31	2.31	3.54	4.99	6.65	8.49	10.5	12.6	14.9	17.3	19.8
	450	0.46	1.17	2.08	3.20	4.54	6.06	7.77	9.64	11.7	13.8	16.1	18.5
	500	0.42	1.06	1.89	2.92	4.15	5.56	7.15	8.90	10.8	12.8	15.0	17.2
	600	0.35	0.90	1.60	2.48	3.54	4.76	6.15	7.70	9.39	11.2	13.1	15.2
	700	0.30	0.77	1.38	2.15	3.08	4.16	5.39	6.77	8.27	9.91	11.7	13.5
	800	0.26	0.68	1.22	1.89	2.72	3.68	4.79	6.03	7.39	8.87	10.5	12.2
	900	0.23	0.61	1.08	1.69	2.44	3.30	4.30	5.42	6.66	8.02	9.49	11.1
150	50	2.23	5.02	8.00	11.0	14.0	17.0	20.0	22.9	25.9	28.9	31.8	34.8
	60	2.09	4.80	7.78	10.8	13.8	16.8	19.8	22.7	25.7	28.7	31.7	34.6
	70	1.95	4.59	7.55	10.6	13.6	16.6	19.6	22.5	25.5	28.5	31.5	34.5
	80	1.83	4.40	7.32	10.3	13.3	16.3	19.3	22.3	25.3	28.3	31.3	34.3
	90	1.72	4.22	7.10	10.1	13.1	16.1	19.1	22.1	25.1	28.1	31.1	34.1
	100	1.63	4.05	6.89	9.86	12.9	15.9	18.9	21.9	24.9	27.9	30.9	33.9
	150	1.25	3.36	5.96	8.78	11.7	14.7	17.7	20.7	23.8	26.8	29.8	32.8
	200	0.99	2.86	5.22	7.84	10.6	13.6	16.5	19.5	22.6	25.6	28.6	31.6
	250	0.81	2.47	4.61	7.04	9.69	12.5	15.4	18.4	21.4	24.4	27.4	30.4
	300	0.69	2.16	4.11	6.35	8.85	11.6	14.4	17.3	20.2	23.2	26.2	29.2
	350	0.59	1.92	3.69	5.75	8.11	10.7	13.4	16.2	19.1	22.1	25.0	28.0
	400	0.52	1.72	3.34	5.25	7.47	9.94	12.6	15.3	18.1	21.0	23.9	26.9
	450	0.46	1.56	3.04	4.82	6.91	9.26	11.8	14.4	17.2	20.0	22.9	25.8
	500	0.42	1.43	2.79	4.44	6.43	8.66	11.1	13.6	16.3	19.0	21.9	24.7
	600	0.35	1.22	2.38	3.84	5.62	7.64	9.84	12.2	14.7	17.3	20.0	22.8
	700	0.30	1.06	2.08	3.37	4.98	6.81	8.82	11.0	13.4	15.8	18.4	21.1
	800	0.26	0.94	1.84	3.00	4.46	6.12	7.97	10.0	12.2	14.5	17.0	19.5
	900	0.23	0.84	1.65	2.71	4.04	5.56	7.27	9.18	11.2	13.4	15.7	18.1

도움표 2.1.10(5) 편심하중을 받는 볼트군의 계수 C

하중각도=60°

볼트군은 다음 식을 만족하도록 배열하여야 한다.

$\phi R_n \geq P_u$
또는
$C \geq P_u / \phi r_n$

ϕR_n : 볼트군의 설계강도(= $C \times \phi r_n$)
C : 도움표 상의 볼트군의 계수
ϕr_n : 볼트 1개당 설계강도
P_u : 계수하중
e_x : 하중의 수평방향 편심
s : 수직열의 볼트 간격

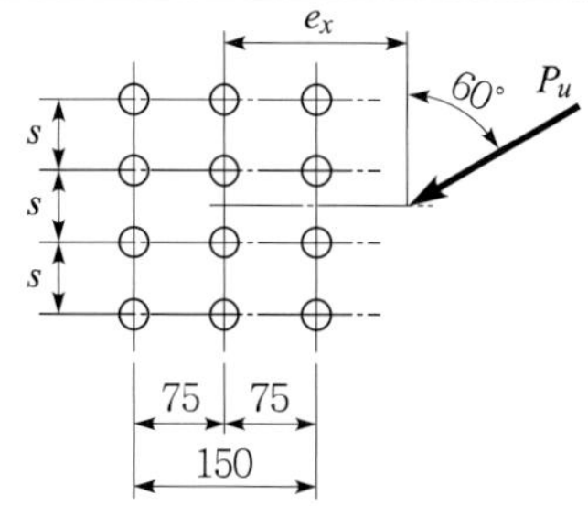

s mm	e_x mm	수직열 당 볼트 수											
		1	2	3	4	5	6	7	8	9	10	11	12
75	50	2.59	5.21	7.88	10.6	13.4	16.3	19.2	22.1	25.0	27.9	30.9	33.8
	60	2.49	5.02	7.63	10.3	13.1	16.0	18.8	21.7	24.6	27.6	30.5	33.5
	70	2.38	4.83	7.39	10.0	12.8	15.6	18.5	21.4	24.3	27.2	30.1	33.1
	80	2.27	4.64	7.15	9.77	12.5	15.3	18.1	21.0	23.9	26.8	29.8	32.7
	90	2.16	4.46	6.91	9.49	12.2	15.0	17.8	20.7	23.5	26.5	29.4	32.3
	100	2.07	4.29	6.69	9.23	11.9	14.6	17.5	20.3	23.2	26.1	29.0	31.9
	150	1.65	3.56	5.73	8.08	10.6	13.2	15.9	18.7	21.5	24.3	27.2	30.1
	200	1.35	3.01	4.95	7.13	9.48	12.0	14.5	17.2	19.9	22.7	25.5	28.4
	250	1.12	2.58	4.34	6.33	8.52	10.9	13.3	15.9	18.5	21.2	24.0	26.8
	300	0.96	2.25	3.84	5.67	7.70	9.91	12.3	14.7	17.3	19.9	22.6	25.3
	350	0.83	1.98	3.43	5.11	7.00	9.08	11.3	13.7	16.1	18.7	21.3	23.9
	400	0.73	1.77	3.09	4.64	6.40	8.36	10.5	12.7	15.1	17.5	20.1	22.6
	450	0.65	1.60	2.81	4.24	5.89	7.73	9.74	11.9	14.2	16.5	18.9	21.5
	500	0.58	1.46	2.57	3.90	5.44	7.18	9.09	11.1	13.3	15.6	17.9	20.4
	600	0.49	1.24	2.20	3.35	4.72	6.27	7.99	9.85	11.9	14.0	16.2	18.5
	700	0.42	1.07	1.91	2.93	4.15	5.55	7.10	8.81	10.6	12.6	14.7	16.8
	800	0.37	0.95	1.69	2.60	3.70	4.97	6.38	7.95	9.65	11.5	13.4	15.4
	900	0.33	0.85	1.51	2.34	3.34	4.49	5.79	7.23	8.80	10.5	12.3	14.2
150	50	2.59	5.32	8.16	11.1	14.0	16.9	19.9	22.8	25.8	28.7	31.7	34.6
	60	2.49	5.16	7.99	10.9	13.8	16.8	19.7	22.7	25.6	28.6	31.5	34.5
	70	2.38	5.01	7.82	10.7	13.6	16.6	19.5	22.5	25.4	28.4	31.3	34.3
	80	2.27	4.86	7.64	10.5	13.4	16.4	19.3	22.3	25.2	28.2	31.1	34.1
	90	2.16	4.71	7.47	10.3	13.3	16.2	19.1	22.1	25.0	28.0	31.0	33.9
	100	2.07	4.57	7.31	10.2	13.1	16.0	18.9	21.9	24.9	27.8	30.8	33.7
	150	1.65	3.95	6.55	9.32	12.2	15.1	18.0	20.9	23.9	26.8	29.8	32.8
	200	1.35	3.46	5.92	8.58	11.4	14.2	17.1	20.0	22.9	25.9	28.8	31.8
	250	1.12	3.06	5.39	7.94	10.6	13.4	16.2	19.1	22.0	24.9	27.9	30.8
	300	0.96	2.73	4.92	7.37	9.97	12.7	15.5	18.3	21.2	24.0	27.0	29.9
	350	0.83	2.46	4.52	6.85	9.36	12.0	14.7	17.5	20.3	23.2	26.1	29.0
	400	0.73	2.23	4.18	6.39	8.80	11.4	14.0	16.8	19.6	22.4	25.2	28.1
	450	0.65	2.04	3.87	5.97	8.28	10.8	13.4	16.1	18.8	21.6	24.4	27.3
	500	0.58	1.88	3.60	5.59	7.81	10.2	12.8	15.4	18.1	20.9	23.7	26.5
	600	0.49	1.63	3.15	4.94	6.99	9.25	11.7	14.2	16.8	19.5	22.2	25.0
	700	0.42	1.43	2.79	4.41	6.31	8.44	10.7	13.1	15.6	18.2	20.9	23.6
	800	0.37	1.27	2.49	3.97	5.74	7.74	9.90	12.2	14.6	17.1	19.7	22.3
	900	0.33	1.15	2.25	3.61	5.26	7.13	9.17	11.4	13.7	16.1	18.6	21.1

도움표 2.1.10(6) 편심하중을 받는 볼트군의 계수 C

하중각도=75°

볼트군은 다음 식을 만족하도록 배열하여야 한다. $\phi R_n \geq P_u$ 또는 $C \geq P_u / \phi r_n$	ϕR_n : 볼트군의 설계강도$(= C \times \phi r_n)$ C : 도움표 상의 볼트군의 계수 ϕr_n : 볼트 1개당 설계강도 P_u : 계수하중 e_x : 하중의 수평방향 편심 s : 수직열의 볼트 간격	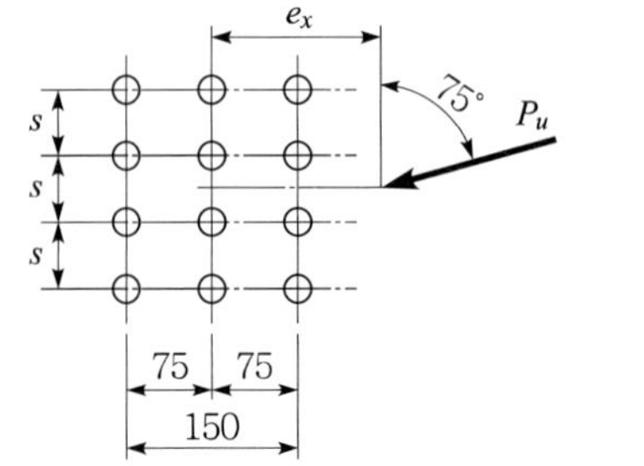

s mm	e_x mm	수직열 당 볼트 수											
		1	2	3	4	5	6	7	8	9	10	11	12
75	50	2.86	5.68	8.47	11.3	14.1	16.9	19.7	22.6	25.5	28.3	31.2	34.1
	60	2.83	5.61	8.36	11.1	13.9	16.7	19.5	22.4	25.2	28.1	31.0	33.9
	70	2.79	5.53	8.25	11.0	13.7	16.5	19.3	22.2	25.0	27.9	30.8	33.7
	80	2.75	5.45	8.13	10.8	13.6	16.3	19.1	22.0	24.8	27.7	30.5	33.4
	90	2.70	5.36	8.01	10.7	13.4	16.1	18.9	21.7	24.6	27.4	30.3	33.2
	100	2.66	5.27	7.89	10.5	13.2	16.0	18.7	21.5	24.4	27.2	30.1	32.9
	150	2.40	4.80	7.27	9.81	12.4	15.1	17.8	20.5	23.3	26.1	29.0	31.8
	200	2.13	4.35	6.68	9.13	11.7	14.3	16.9	19.6	22.4	25.1	27.9	30.7
	250	1.89	3.93	6.15	8.51	11.0	13.5	16.1	18.8	21.5	24.2	27.0	29.7
	300	1.67	3.56	5.67	7.95	10.3	12.8	15.4	18.0	20.7	23.4	26.1	28.8
	350	1.49	3.25	5.25	7.44	9.77	12.2	14.7	17.3	19.9	22.6	25.3	28.0
	400	1.34	2.97	4.87	6.98	9.23	11.6	14.1	16.6	19.2	21.8	24.5	27.2
	450	1.21	2.73	4.54	6.56	8.74	11.0	13.5	15.9	18.5	21.1	23.7	26.4
	500	1.10	2.53	4.24	6.18	8.28	10.5	12.9	15.3	17.8	20.4	23.0	25.6
	600	0.93	2.19	3.75	5.52	7.48	9.59	11.8	14.2	16.6	19.1	21.6	24.2
	700	0.80	1.93	3.34	4.97	6.79	8.78	10.9	13.2	15.5	17.9	20.4	22.9
	800	0.71	1.72	3.01	4.51	6.20	8.08	10.1	12.3	14.5	16.8	19.2	21.7
	900	0.63	1.55	2.74	4.12	5.70	7.47	9.40	11.5	13.6	15.9	18.2	20.6
150	50	2.86	5.66	8.47	11.3	14.2	17.1	20.0	22.9	25.9	28.8	31.7	34.6
	60	2.83	5.59	8.38	11.2	14.1	17.0	19.9	22.8	25.7	28.6	31.6	34.5
	70	2.79	5.52	8.29	11.1	14.0	16.9	19.8	22.7	25.6	28.5	31.4	34.4
	80	2.75	5.45	8.20	11.0	13.9	16.7	19.6	22.5	25.5	28.4	31.3	34.2
	90	2.70	5.37	8.11	10.9	13.7	16.6	19.5	22.4	25.3	28.2	31.2	34.1
	100	2.66	5.30	8.01	10.8	13.6	16.5	19.4	22.3	25.2	28.1	31.0	34.0
	150	2.40	4.91	7.56	10.3	13.1	15.9	18.8	21.7	24.6	27.5	30.4	33.3
	200	2.13	4.54	7.14	9.83	12.6	15.4	18.2	21.1	24.0	26.9	29.7	32.6
	250	1.89	4.21	6.75	9.40	12.1	14.9	17.7	20.6	23.4	26.3	29.2	32.0
	300	1.67	3.90	6.39	9.00	11.7	14.4	17.2	20.0	22.9	25.7	28.6	31.5
	350	1.49	3.63	6.06	8.63	11.3	14.0	16.8	19.5	22.4	25.2	28.0	30.9
	400	1.34	3.39	5.75	8.29	10.9	13.6	16.3	19.1	21.9	24.7	27.5	30.4
	450	1.21	3.17	5.47	7.96	10.6	13.2	15.9	18.7	21.4	24.2	27.0	29.9
	500	1.10	2.97	5.22	7.65	10.2	12.8	15.5	18.2	21.0	23.8	26.6	29.4
	600	0.93	2.65	4.76	7.10	9.57	12.1	14.8	17.5	20.2	22.9	25.7	28.5
	700	0.80	2.38	4.37	6.60	8.99	11.5	14.1	16.7	19.4	22.1	24.8	27.6
	800	0.71	2.16	4.03	6.15	8.45	10.9	13.4	16.0	18.6	21.3	24.0	26.8
	900	0.63	1.97	3.73	5.75	7.96	10.3	12.8	15.3	17.9	20.6	23.3	26.0

도움표 2.1.11(1) 편심하중을 받는 볼트군의 계수 C

하중각도=0°

볼트군은 다음 식을 만족하도록 배열하여야 한다.

$\phi R_n \geq P_u$
또는
$C \geq P_u / \phi r_n$

ϕR_n : 볼트군의 설계강도(= $C \times \phi r_n$)
C : 도움표 상의 볼트군의 계수
ϕr_n : 볼트 1개당 설계강도
P_u : 계수하중
e_x : 하중의 수평방향 편심
s : 수직열의 볼트 간격

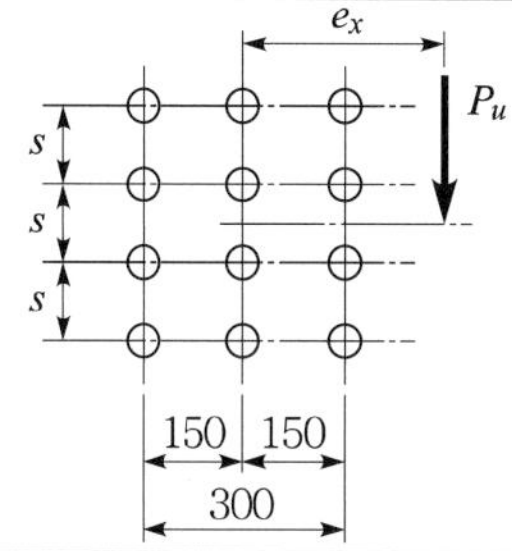

s mm	e_x mm	수직열 당 볼트 수											
		1	2	3	4	5	6	7	8	9	10	11	12
75	50	2.15	4.55	7.17	10.0	13.0	16.0	19.1	22.2	25.2	28.3	31.3	34.4
	60	2.04	4.34	6.86	9.62	12.5	15.6	18.6	21.7	24.8	27.9	31.0	34.0
	70	1.95	4.15	6.57	9.24	12.1	15.1	18.2	21.3	24.4	27.5	30.6	33.6
	80	1.86	3.97	6.29	8.89	11.7	14.6	17.7	20.8	23.9	27.0	30.1	33.2
	90	1.79	3.81	6.04	8.55	11.3	14.2	17.2	20.3	23.4	26.5	29.6	32.7
	100	1.71	3.65	5.80	8.23	10.9	13.7	16.7	19.8	22.9	26.0	29.1	32.3
	150	1.42	3.02	4.82	6.88	9.16	11.7	14.4	17.3	20.2	23.3	26.4	29.6
	200	1.21	2.56	4.10	5.87	7.85	10.1	12.5	15.1	17.8	20.7	23.7	26.8
	250	1.05	2.21	3.55	5.09	6.84	8.79	10.9	13.3	15.8	18.5	21.3	24.2
	300	0.92	1.94	3.12	4.48	6.03	7.78	9.70	11.8	14.1	16.5	19.1	21.9
	350	0.81	1.72	2.77	3.99	5.38	6.95	8.69	10.6	12.7	14.9	17.3	19.9
	400	0.72	1.53	2.48	3.58	4.84	6.27	7.85	9.60	11.5	13.6	15.8	18.1
	450	0.64	1.38	2.25	3.25	4.40	5.70	7.15	8.75	10.5	12.4	14.4	16.6
	500	0.58	1.26	2.05	2.96	4.02	5.21	6.55	8.03	9.65	11.4	13.3	15.3
	600	0.49	1.06	1.73	2.52	3.42	4.45	5.60	6.88	8.29	9.82	11.5	13.2
	700	0.42	0.92	1.50	2.19	2.97	3.87	4.88	6.00	7.24	8.59	10.0	11.6
	800	0.37	0.81	1.32	1.93	2.63	3.42	4.32	5.32	6.42	7.62	8.93	10.3
	900	0.33	0.72	1.18	1.72	2.35	3.06	3.87	4.77	5.76	6.84	8.02	9.29
	C', m	0.29	0.66	1.08	1.59	2.17	2.85	3.60	4.45	5.39	6.43	7.56	8.79
150	50	2.15	4.94	7.98	11.1	14.1	17.2	20.2	23.2	26.2	29.2	32.1	35.1
	60	2.04	4.75	7.75	10.9	13.9	17.0	20.0	23.1	26.1	29.0	32.0	35.0
	70	1.95	4.57	7.51	10.6	13.7	16.8	19.9	22.9	25.9	28.9	31.9	34.9
	80	1.86	4.39	7.27	10.4	13.5	16.6	19.7	22.7	25.8	28.8	31.8	34.8
	90	1.79	4.22	7.04	10.1	13.2	16.4	19.5	22.5	25.6	28.6	31.6	34.6
	100	1.71	4.07	6.81	9.86	13.0	16.1	19.2	22.3	25.4	28.5	31.5	34.5
	150	1.42	3.40	5.78	8.61	11.7	14.8	18.0	21.1	24.3	27.4	30.5	33.6
	200	1.21	2.90	4.97	7.53	10.4	13.4	16.6	19.7	22.9	26.1	29.3	32.4
	250	1.05	2.51	4.34	6.64	9.24	12.1	15.2	18.3	21.5	24.7	27.9	31.1
	300	0.92	2.21	3.85	5.91	8.27	11.0	13.9	16.9	20.0	23.2	26.4	29.7
	350	0.81	1.96	3.44	5.31	7.46	9.95	12.7	15.6	18.6	21.8	24.9	28.2
	400	0.72	1.76	3.11	4.80	6.78	9.09	11.6	14.4	17.3	20.4	23.5	26.7
	450	0.64	1.60	2.83	4.38	6.20	8.34	10.7	13.3	16.1	19.1	22.1	25.2
	500	0.58	1.46	2.59	4.02	5.71	7.70	9.91	12.4	15.0	17.8	20.8	23.8
	600	0.49	1.24	2.21	3.44	4.91	6.65	8.59	10.8	13.2	15.7	18.5	21.3
	700	0.42	1.08	1.92	3.00	4.30	5.83	7.57	9.53	11.7	14.0	16.5	19.1
	800	0.37	0.95	1.70	2.66	3.82	5.19	6.75	8.51	10.4	12.6	14.9	17.3
	900	0.33	0.85	1.52	2.39	3.43	4.67	6.08	7.68	9.45	11.4	13.5	15.8
	C', m	0.29	0.79	1.40	2.24	3.22	4.42	5.79	7.39	9.16	11.2	13.3	15.7

도움표 2.1.11(2) 편심하중을 받는 볼트군의 계수 C

하중각도=15°

볼트군은 다음 식을 만족하도록 배열하여야 한다. $\phi R_n \geq P_u$ 또는 $C \geq P_u / \phi r_n$	ϕR_n : 볼트군의 설계강도(= $C \times \phi r_n$) C : 도움표 상의 볼트군의 계수 ϕr_n : 볼트 1개당 설계강도 P_u : 계수하중 e_x : 하중의 수평방향 편심 s : 수직열의 볼트 간격	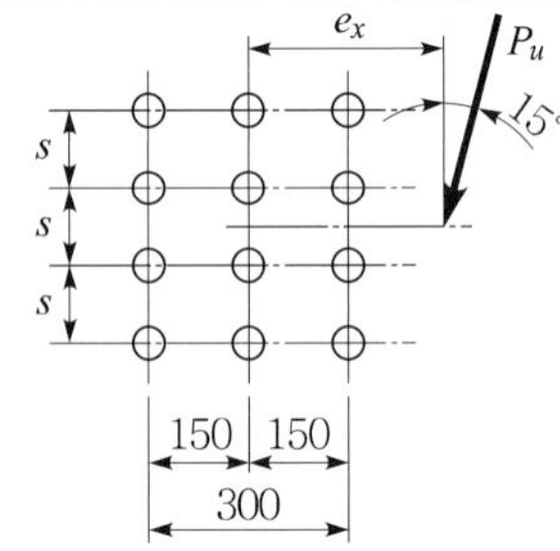

s mm	e_x mm	수직열 당 볼트 수											
		1	2	3	4	5	6	7	8	9	10	11	12
75	50	2.22	4.62	7.25	10.1	13.0	16.0	19.0	22.1	25.1	28.2	31.2	34.2
	60	2.11	4.41	6.95	9.67	12.6	15.5	18.6	21.6	24.7	27.7	30.8	33.8
	70	2.01	4.22	6.66	9.31	12.1	15.1	18.1	21.1	24.2	27.3	30.4	33.4
	80	1.93	4.04	6.40	8.96	11.7	14.6	17.6	20.7	23.7	26.8	29.9	33.0
	90	1.84	3.87	6.15	8.63	11.3	14.2	17.1	20.2	23.2	26.3	29.4	32.5
	100	1.77	3.72	5.91	8.31	10.9	13.7	16.7	19.7	22.7	25.8	28.9	32.0
	150	1.47	3.10	4.93	6.98	9.28	11.8	14.4	17.2	20.2	23.2	26.2	29.3
	200	1.25	2.63	4.21	5.98	7.98	10.2	12.6	15.1	17.8	20.7	23.6	26.6
	250	1.08	2.28	3.65	5.21	6.97	8.92	11.1	13.4	15.9	18.5	21.2	24.1
	300	0.95	2.00	3.20	4.59	6.16	7.91	9.84	11.9	14.2	16.6	19.2	21.8
	350	0.83	1.77	2.85	4.09	5.50	7.08	8.84	10.7	12.8	15.0	17.4	19.9
	400	0.74	1.58	2.56	3.68	4.96	6.40	8.00	9.75	11.7	13.7	15.9	18.2
	450	0.67	1.43	2.31	3.34	4.51	5.83	7.30	8.91	10.7	12.6	14.6	16.8
	500	0.60	1.30	2.11	3.05	4.12	5.34	6.70	8.19	9.82	11.6	13.5	15.5
	600	0.50	1.10	1.79	2.59	3.52	4.56	5.74	7.03	8.45	10.0	11.7	13.4
	700	0.43	0.95	1.55	2.25	3.06	3.98	5.01	6.15	7.40	8.77	10.2	11.8
	800	0.38	0.84	1.37	1.99	2.70	3.52	4.43	5.45	6.57	7.79	9.12	10.5
	900	0.34	0.75	1.22	1.78	2.42	3.15	3.98	4.89	5.90	7.01	8.20	9.49
150	50	2.22	4.97	7.97	11.0	14.1	17.1	20.1	23.1	26.1	29.1	32.0	35.0
	60	2.11	4.77	7.74	10.8	13.9	16.9	19.9	22.9	25.9	28.9	31.9	34.9
	70	2.01	4.59	7.51	10.6	13.6	16.7	19.8	22.8	25.8	28.8	31.8	34.8
	80	1.93	4.42	7.28	10.3	13.4	16.5	19.6	22.6	25.6	28.6	31.6	34.6
	90	1.84	4.25	7.06	10.1	13.2	16.3	19.3	22.4	25.4	28.5	31.5	34.5
	100	1.77	4.10	6.84	9.82	12.9	16.0	19.1	22.2	25.2	28.3	31.3	34.3
	150	1.47	3.45	5.86	8.61	11.6	14.7	17.8	20.9	24.1	27.2	30.2	33.3
	200	1.25	2.95	5.07	7.55	10.3	13.3	16.4	19.5	22.7	25.8	29.0	32.1
	250	1.08	2.57	4.44	6.67	9.26	12.1	15.0	18.1	21.3	24.4	27.6	30.7
	300	0.95	2.26	3.93	5.96	8.33	10.9	13.8	16.8	19.8	23.0	26.1	29.3
	350	0.83	2.01	3.52	5.37	7.55	9.97	12.7	15.5	18.5	21.5	24.7	27.8
	400	0.74	1.81	3.18	4.87	6.88	9.13	11.6	14.4	17.2	20.2	23.2	26.4
	450	0.67	1.64	2.90	4.45	6.30	8.39	10.8	13.3	16.1	18.9	21.9	25.0
	500	0.60	1.50	2.65	4.10	5.81	7.76	9.99	12.4	15.0	17.8	20.7	23.6
	600	0.50	1.28	2.27	3.52	5.01	6.74	8.71	10.9	13.2	15.8	18.4	21.2
	700	0.43	1.11	1.98	3.08	4.40	5.93	7.69	9.62	11.8	14.1	16.5	19.1
	800	0.38	0.98	1.75	2.73	3.91	5.29	6.87	8.62	10.6	12.7	15.0	17.4
	900	0.34	0.88	1.57	2.45	3.51	4.77	6.20	7.80	9.59	11.5	13.6	15.9

도움표 2.1.11(3) 편심하중을 받는 볼트군의 계수 C

하중각도=30°

볼트군은 다음 식을 만족하도록 배열하여야 한다.

$\phi R_n \geq P_u$
또는
$C \geq P_u / \phi r_n$

ϕR_n : 볼트군의 설계강도($= C \times \phi r_n$)
C : 도움표 상의 볼트군의 계수
ϕr_n : 볼트 1개당 설계강도
P_u : 계수하중
e_x : 하중의 수평방향 편심
s : 수직열의 볼트 간격

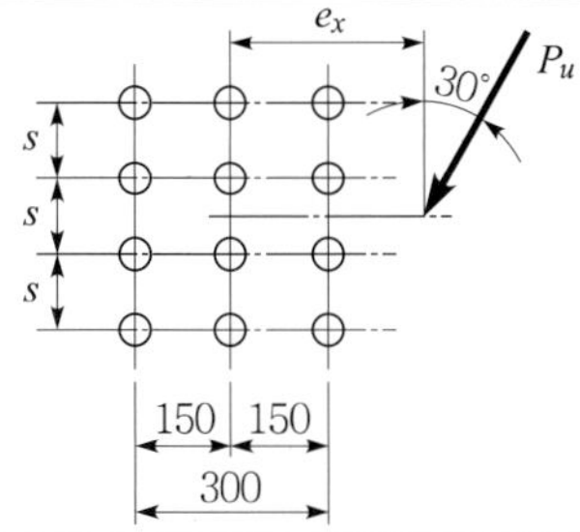

s mm	e_x mm	수직열 당 볼트 수											
		1	2	3	4	5	6	7	8	9	10	11	12
75	50	2.40	4.89	7.53	10.3	13.2	16.1	19.1	22.1	25.1	28.1	31.1	34.1
	60	2.30	4.69	7.24	9.96	12.8	15.7	18.7	21.6	24.6	27.7	30.7	33.7
	70	2.20	4.49	6.97	9.62	12.4	15.3	18.2	21.2	24.2	27.2	30.2	33.3
	80	2.11	4.31	6.71	9.29	12.0	14.9	17.8	20.7	23.7	26.8	29.8	32.8
	90	2.02	4.15	6.47	8.98	11.6	14.4	17.3	20.3	23.3	26.3	29.3	32.3
	100	1.94	3.99	6.24	8.69	11.3	14.0	16.9	19.8	22.8	25.8	28.8	31.9
	150	1.61	3.35	5.29	7.42	9.72	12.2	14.8	17.6	20.4	23.4	26.3	29.3
	200	1.37	2.87	4.55	6.42	8.47	10.7	13.1	15.6	18.3	21.1	23.9	26.8
	250	1.19	2.49	3.97	5.63	7.47	9.49	11.7	14.0	16.5	19.1	21.8	24.6
	300	1.04	2.19	3.50	4.98	6.64	8.48	10.5	12.6	14.9	17.3	19.9	22.5
	350	0.92	1.95	3.12	4.46	5.97	7.64	9.46	11.4	13.6	15.8	18.2	20.7
	400	0.82	1.75	2.81	4.03	5.40	6.93	8.61	10.4	12.4	14.5	16.7	19.1
	450	0.74	1.58	2.55	3.66	4.92	6.33	7.89	9.59	11.4	13.4	15.5	17.7
	500	0.67	1.44	2.33	3.35	4.52	5.82	7.27	8.85	10.6	12.4	14.4	16.4
	600	0.56	1.22	1.98	2.86	3.87	5.00	6.26	7.65	9.16	10.8	12.5	14.4
	700	0.48	1.06	1.72	2.49	3.37	4.37	5.48	6.71	8.06	9.51	11.1	12.7
	800	0.42	0.93	1.52	2.20	2.99	3.88	4.87	5.97	7.18	8.49	9.91	11.4
	900	0.38	0.83	1.36	1.97	2.68	3.48	4.38	5.38	6.47	7.66	8.95	10.3
150	50	2.40	5.11	8.05	11.0	14.0	17.0	20.0	23.0	26.0	29.0	31.9	34.9
	60	2.30	4.93	7.83	10.8	13.8	16.9	19.9	22.8	25.8	28.8	31.8	34.8
	70	2.20	4.75	7.62	10.6	13.6	16.6	19.7	22.7	25.7	28.6	31.6	34.6
	80	2.11	4.58	7.40	10.4	13.4	16.4	19.4	22.5	25.5	28.5	31.5	34.5
	90	2.02	4.41	7.19	10.1	13.2	16.2	19.2	22.3	25.3	28.3	31.3	34.3
	100	1.94	4.26	6.99	9.90	12.9	15.9	19.0	22.0	25.1	28.1	31.1	34.1
	150	1.61	3.63	6.09	8.80	11.7	14.7	17.7	20.8	23.9	26.9	30.0	33.0
	200	1.37	3.15	5.35	7.83	10.6	13.5	16.4	19.5	22.6	25.7	28.7	31.8
	250	1.19	2.77	4.74	7.00	9.54	12.3	15.2	18.2	21.2	24.3	27.4	30.5
	300	1.04	2.45	4.23	6.30	8.67	11.3	14.1	16.9	19.9	23.0	26.0	29.1
	350	0.92	2.19	3.81	5.71	7.92	10.4	13.0	15.8	18.7	21.7	24.7	27.8
	400	0.82	1.98	3.45	5.22	7.27	9.58	12.1	14.7	17.5	20.4	23.4	26.4
	450	0.74	1.80	3.16	4.79	6.71	8.88	11.2	13.8	16.5	19.3	22.2	25.2
	500	0.67	1.65	2.90	4.42	6.22	8.26	10.5	12.9	15.5	18.2	21.1	24.0
	600	0.56	1.41	2.49	3.82	5.41	7.22	9.23	11.5	13.8	16.4	19.0	21.7
	700	0.48	1.23	2.18	3.36	4.78	6.40	8.22	10.2	12.4	14.8	17.2	19.8
	800	0.42	1.08	1.93	2.99	4.26	5.73	7.40	9.25	11.2	13.4	15.7	18.2
	900	0.38	0.97	1.73	2.69	3.85	5.18	6.71	8.41	10.3	12.3	14.4	16.7

도움표 2.1.11(4) 편심하중을 받는 볼트군의 계수 C

하중각도=45°

볼트군은 다음 식을 만족하도록 배열하여야 한다.

$\phi R_n \geq P_u$

또는

$C \geq P_u / \phi r_n$

ϕR_n : 볼트군의 설계강도$(= C \times \phi r_n)$

C : 도움표 상의 볼트군의 계수

ϕr_n : 볼트 1개당 설계강도

P_u : 계수하중

e_x : 하중의 수평방향 편심

s : 수직열의 볼트 간격

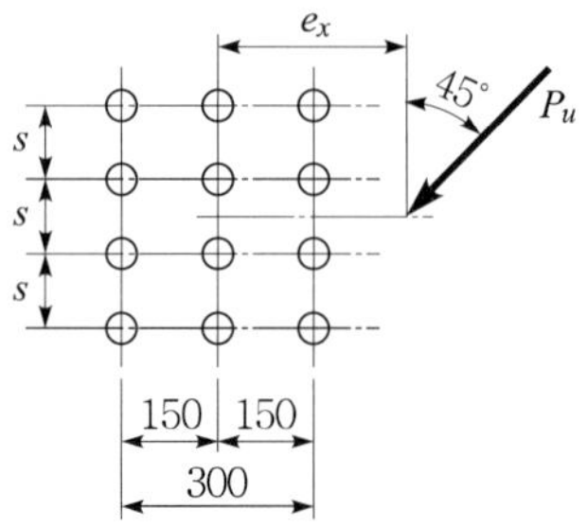

s mm	e_x mm	수직열 당 볼트 수											
		1	2	3	4	5	6	7	8	9	10	11	12
75	50	2.64	5.30	8.00	10.8	13.6	16.4	19.3	22.2	25.2	28.1	31.0	34.0
	60	2.56	5.14	7.78	10.5	13.3	16.1	19.0	21.9	24.8	27.7	30.7	33.6
	70	2.47	4.98	7.55	10.2	12.9	15.7	18.6	21.5	24.4	27.3	30.3	33.2
	80	2.39	4.82	7.32	9.92	12.6	15.4	18.2	21.1	24.0	26.9	29.9	32.8
	90	2.31	4.66	7.10	9.64	12.3	15.0	17.8	20.7	23.6	26.5	29.4	32.4
	100	2.23	4.52	6.89	9.38	12.0	14.7	17.5	20.3	23.2	26.1	29.0	32.0
	150	1.89	3.86	5.96	8.20	10.6	13.1	15.7	18.4	21.2	24.0	26.9	29.8
	200	1.63	3.35	5.22	7.25	9.43	11.7	14.2	16.7	19.3	22.1	24.8	27.7
	250	1.42	2.94	4.61	6.45	8.44	10.6	12.8	15.2	17.7	20.3	23.0	25.7
	300	1.25	2.60	4.11	5.78	7.60	9.58	11.7	13.9	16.3	18.7	21.3	23.9
	350	1.11	2.32	3.69	5.21	6.90	8.73	10.7	12.8	15.0	17.4	19.8	22.3
	400	0.99	2.09	3.34	4.74	6.29	8.00	9.85	11.8	13.9	16.1	18.5	20.9
	450	0.90	1.90	3.04	4.33	5.77	7.36	9.10	11.0	12.9	15.0	17.2	19.5
	500	0.81	1.73	2.79	3.98	5.33	6.81	8.44	10.2	12.1	14.1	16.2	18.4
	600	0.69	1.47	2.38	3.42	4.60	5.91	7.35	8.91	10.6	12.4	14.3	16.3
	700	0.59	1.28	2.08	2.99	4.03	5.20	6.49	7.90	9.42	11.1	12.8	14.6
	800	0.52	1.13	1.84	2.65	3.59	4.63	5.80	7.07	8.46	9.95	11.6	13.2
	900	0.46	1.01	1.65	2.38	3.23	4.17	5.23	6.40	7.67	9.04	10.5	12.1
150	50	2.64	5.38	8.22	11.1	14.1	17.0	20.0	22.9	25.9	28.9	31.8	34.8
	60	2.56	5.23	8.05	10.9	13.9	16.8	19.8	22.8	25.7	28.7	31.7	34.6
	70	2.47	5.09	7.87	10.8	13.7	16.6	19.6	22.6	25.6	28.5	31.5	34.5
	80	2.39	4.94	7.69	10.6	13.5	16.4	19.4	22.4	25.4	28.3	31.3	34.3
	90	2.31	4.80	7.51	10.4	13.3	16.2	19.2	22.2	25.2	28.1	31.1	34.1
	100	2.23	4.67	7.33	10.2	13.1	16.0	19.0	22.0	25.0	27.9	30.9	33.9
	150	1.89	4.06	6.50	9.19	12.0	14.9	17.9	20.8	23.8	26.8	29.8	32.8
	200	1.63	3.57	5.84	8.36	11.1	13.9	16.8	19.7	22.7	25.7	28.7	31.7
	250	1.42	3.17	5.27	7.63	10.2	12.9	15.7	18.6	21.5	24.5	27.5	30.5
	300	1.25	2.84	4.78	6.99	9.40	12.0	14.7	17.5	20.4	23.4	26.3	29.3
	350	1.11	2.57	4.36	6.42	8.70	11.2	13.8	16.6	19.4	22.3	25.2	28.2
	400	0.99	2.33	3.99	5.92	8.09	10.4	13.0	15.7	18.4	21.2	24.1	27.0
	450	0.90	2.13	3.68	5.49	7.54	9.80	12.2	14.8	17.5	20.3	23.1	26.0
	500	0.81	1.96	3.40	5.10	7.05	9.21	11.6	14.0	16.6	19.3	22.1	24.9
	600	0.69	1.68	2.95	4.46	6.22	8.19	10.3	12.7	15.1	17.7	20.3	23.0
	700	0.59	1.47	2.59	3.95	5.55	7.35	9.34	11.5	13.8	16.2	18.7	21.3
	800	0.52	1.31	2.31	3.54	4.99	6.65	8.49	10.5	12.6	14.9	17.3	19.8
	900	0.46	1.17	2.08	3.20	4.54	6.06	7.77	9.64	11.7	13.8	16.1	18.5

도움표 2.1.11(5) 편심하중을 받는 볼트군의 계수 C

하중각도=60°

볼트군은 다음 식을 만족하도록 배열하여야 한다. $\phi R_n \geq P_u$ 또는 $C \geq P_u / \phi r_n$	ϕR_n : 볼트군의 설계강도$(= C \times \phi r_n)$ C : 도움표 상의 볼트군의 계수 ϕr_n : 볼트 1개당 설계강도 P_u : 계수하중 e_x : 하중의 수평방향 편심 s : 수직열의 볼트 간격	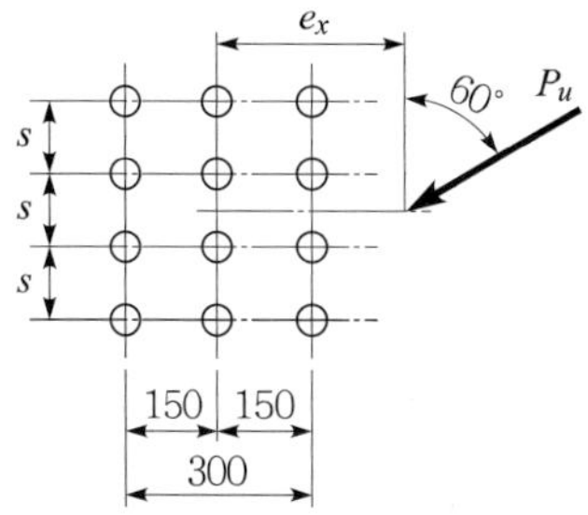

s mm	e_x mm	수직열 당 볼트 수											
		1	2	3	4	5	6	7	8	9	10	11	12
75	50	2.83	5.64	8.45	11.2	14.1	16.9	19.7	22.6	25.5	28.3	31.2	34.1
	60	2.79	5.56	8.32	11.1	13.9	16.7	19.5	22.3	25.2	28.0	30.9	33.8
	70	2.74	5.47	8.19	10.9	13.7	16.4	19.2	22.1	24.9	27.8	30.6	33.5
	80	2.70	5.38	8.06	10.7	13.5	16.2	19.0	21.8	24.6	27.4	30.3	33.2
	90	2.65	5.28	7.91	10.6	13.2	16.0	18.7	21.5	24.3	27.1	30.0	32.9
	100	2.59	5.18	7.77	10.4	13.0	15.7	18.4	21.2	24.0	26.8	29.7	32.5
	150	2.32	4.66	7.03	9.46	11.9	14.5	17.1	19.8	22.5	25.2	28.0	30.8
	200	2.07	4.17	6.35	8.61	11.0	13.4	15.9	18.4	21.1	23.7	26.5	29.2
	250	1.84	3.74	5.75	7.86	10.1	12.4	14.8	17.3	19.8	22.4	25.0	27.7
	300	1.65	3.38	5.22	7.19	9.28	11.5	13.8	16.2	18.6	21.1	23.7	26.3
	350	1.49	3.06	4.76	6.61	8.58	10.7	12.9	15.2	17.5	20.0	22.5	25.0
	400	1.35	2.79	4.37	6.09	7.95	9.93	12.0	14.2	16.5	18.9	21.3	23.8
	450	1.23	2.55	4.02	5.64	7.39	9.28	11.3	13.4	15.6	17.9	20.3	22.7
	500	1.12	2.35	3.72	5.24	6.90	8.69	10.6	12.6	14.8	17.0	19.3	21.6
	600	0.96	2.02	3.22	4.57	6.06	7.68	9.43	11.3	13.3	15.4	17.5	19.8
	700	0.83	1.76	2.84	4.04	5.39	6.86	8.47	10.2	12.0	14.0	16.0	18.1
	800	0.73	1.56	2.53	3.61	4.84	6.19	7.66	9.26	11.0	12.8	14.7	16.7
	900	0.65	1.40	2.27	3.26	4.38	5.62	6.98	8.46	10.1	11.7	13.5	15.4
150	50	2.83	5.64	8.46	11.3	14.2	17.1	20.0	22.9	25.9	28.8	31.7	34.7
	60	2.79	5.56	8.36	11.2	14.1	16.9	19.9	22.8	25.7	28.6	31.6	34.5
	70	2.74	5.48	8.24	11.1	13.9	16.8	19.7	22.6	25.5	28.5	31.4	34.4
	80	2.70	5.39	8.13	10.9	13.8	16.6	19.5	22.4	25.4	28.3	31.2	34.2
	90	2.65	5.30	8.00	10.8	13.6	16.5	19.4	22.3	25.2	28.1	31.1	34.0
	100	2.59	5.21	7.88	10.6	13.4	16.3	19.2	22.1	25.0	27.9	30.9	33.8
	150	2.32	4.73	7.26	9.91	12.6	15.5	18.3	21.2	24.1	27.0	29.9	32.9
	200	2.07	4.29	6.69	9.23	11.9	14.6	17.5	20.3	23.2	26.1	29.0	31.9
	250	1.84	3.90	6.18	8.63	11.2	13.9	16.6	19.5	22.3	25.2	28.1	31.0
	300	1.65	3.56	5.73	8.08	10.6	13.2	15.9	18.7	21.5	24.3	27.2	30.1
	350	1.49	3.27	5.32	7.59	10.0	12.6	15.2	17.9	20.7	23.5	26.3	29.2
	400	1.35	3.01	4.95	7.13	9.48	12.0	14.5	17.2	19.9	22.7	25.5	28.4
	450	1.23	2.78	4.63	6.71	8.98	11.4	13.9	16.5	19.2	21.9	24.7	27.5
	500	1.12	2.58	4.34	6.33	8.52	10.9	13.3	15.9	18.5	21.2	24.0	26.8
	600	0.96	2.25	3.84	5.67	7.70	9.91	12.3	14.7	17.3	19.9	22.6	25.3
	700	0.83	1.98	3.43	5.11	7.00	9.08	11.3	13.7	16.1	18.7	21.3	23.9
	800	0.73	1.77	3.09	4.64	6.40	8.36	10.5	12.7	15.1	17.5	20.1	22.6
	900	0.65	1.60	2.81	4.24	5.89	7.73	9.74	11.9	14.2	16.5	18.9	21.5

도움표 2.1.11(6) 편심하중을 받는 볼트군의 계수 C

하중각도=75°

볼트군은 다음 식을 만족하도록 배열하여야 한다.

$\phi R_n \geq P_u$

또는

$C \geq P_u / \phi r_n$

ϕR_n : 볼트군의 설계강도$(= C \times \phi r_n)$
C : 도움표 상의 볼트군의 계수
ϕr_n : 볼트 1개당 설계강도
P_u : 계수하중
e_x : 하중의 수평방향 편심
s : 수직열의 볼트 간격

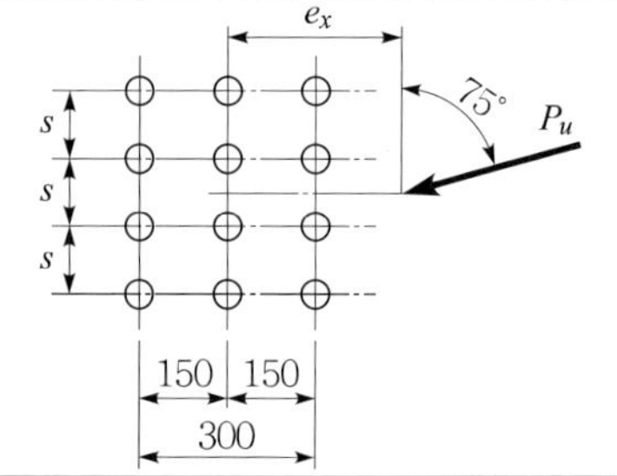

s mm	e_x mm	수직열 당 볼트 수											
		1	2	3	4	5	6	7	8	9	10	11	12
75	50	2.92	5.83	8.72	11.6	14.5	17.4	20.2	23.1	26.0	28.8	31.7	34.6
	60	2.91	5.81	8.69	11.6	14.4	17.3	20.1	23.0	25.8	28.7	31.6	34.4
	70	2.90	5.78	8.65	11.5	14.3	17.2	20.0	22.9	25.7	28.5	31.4	34.3
	80	2.89	5.76	8.61	11.4	14.3	17.1	19.9	22.7	25.5	28.4	31.2	34.1
	90	2.87	5.73	8.56	11.4	14.2	17.0	19.8	22.6	25.4	28.2	31.0	33.9
	100	2.86	5.70	8.51	11.3	14.1	16.9	19.7	22.5	25.2	28.1	30.9	33.7
	150	2.77	5.51	8.22	10.9	13.6	16.3	19.0	21.7	24.5	27.2	30.0	32.8
	200	2.66	5.28	7.89	10.5	13.1	15.7	18.3	21.0	23.7	26.4	29.1	31.8
	250	2.53	5.04	7.53	10.0	12.5	15.1	17.7	20.3	22.9	25.6	28.2	30.9
	300	2.40	4.78	7.16	9.57	12.0	14.5	17.0	19.6	22.1	24.8	27.4	30.1
	350	2.26	4.52	6.80	9.12	11.5	13.9	16.4	18.9	21.4	24.0	26.6	29.3
	400	2.13	4.27	6.45	8.68	11.0	13.3	15.7	18.2	20.7	23.3	25.9	28.5
	450	2.00	4.03	6.12	8.27	10.5	12.8	15.2	17.6	20.1	22.6	25.1	27.7
	500	1.89	3.81	5.80	7.88	10.0	12.3	14.6	17.0	19.4	21.9	24.4	27.0
	600	1.67	3.41	5.24	7.17	9.22	11.4	13.6	15.9	18.2	20.6	23.1	25.6
	700	1.49	3.06	4.75	6.56	8.49	10.5	12.6	14.9	17.1	19.5	21.9	24.3
	800	1.34	2.77	4.33	6.02	7.84	9.77	11.8	13.9	16.1	18.4	20.7	23.1
	900	1.21	2.52	3.97	5.56	7.27	9.10	11.0	13.1	15.2	17.4	19.7	22.0
150	50	2.92	5.82	8.69	11.6	14.4	17.3	20.2	23.1	26.0	28.9	31.8	34.8
	60	2.91	5.79	8.65	11.5	14.4	17.2	20.1	23.0	25.9	28.8	31.7	34.6
	70	2.90	5.77	8.61	11.5	14.3	17.2	20.0	22.9	25.8	28.7	31.6	34.5
	80	2.89	5.74	8.57	11.4	14.2	17.1	19.9	22.8	25.7	28.6	31.5	34.4
	90	2.87	5.71	8.52	11.3	14.1	17.0	19.8	22.7	25.6	28.5	31.4	34.3
	100	2.86	5.68	8.47	11.3	14.1	16.9	19.7	22.6	25.5	28.3	31.2	34.1
	150	2.77	5.49	8.19	10.9	13.7	16.4	19.2	22.1	24.9	27.8	30.6	33.5
	200	2.66	5.27	7.89	10.5	13.2	16.0	18.7	21.5	24.4	27.2	30.1	32.9
	250	2.53	5.04	7.58	10.2	12.8	15.5	18.3	21.0	23.8	26.7	29.5	32.4
	300	2.40	4.80	7.27	9.81	12.4	15.1	17.8	20.5	23.3	26.1	29.0	31.8
	350	2.26	4.57	6.97	9.47	12.0	14.7	17.4	20.1	22.8	25.6	28.4	31.3
	400	2.13	4.35	6.68	9.13	11.7	14.3	16.9	19.6	22.4	25.1	27.9	30.7
	450	2.00	4.13	6.41	8.82	11.3	13.9	16.5	19.2	21.9	24.7	27.4	30.2
	500	1.89	3.93	6.15	8.51	11.0	13.5	16.1	18.8	21.5	24.2	27.0	29.7
	600	1.67	3.56	5.67	7.95	10.3	12.8	15.4	18.0	20.7	23.4	26.1	28.8
	700	1.49	3.25	5.25	7.44	9.77	12.2	14.7	17.3	19.9	22.6	25.3	28.0
	800	1.34	2.97	4.87	6.98	9.23	11.6	14.1	16.6	19.2	21.8	24.5	27.2
	900	1.21	2.73	4.54	6.56	8.74	11.0	13.5	15.9	18.5	21.1	23.7	26.4

도움표 2.1.12(1) 편심하중을 받는 볼트군의 계수 C

하중각도=0°

볼트군은 다음 식을 만족하도록 배열하여야 한다.

$\phi R_n \geq P_u$
또는
$C \geq P_u / \phi r_n$

ϕR_n : 볼트군의 설계강도$(= C \times \phi r_n)$
C : 도움표 상의 볼트군의 계수
ϕr_n : 볼트 1개당 설계강도
P_u : 계수하중
e_x : 하중의 수평방향 편심
s : 수직열의 볼트 간격

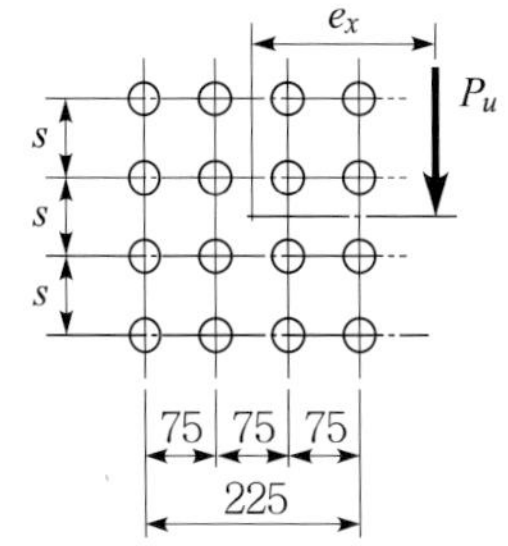

s mm	e_x mm	수직열 당 볼트 수											
		1	2	3	4	5	6	7	8	9	10	11	12
75	50	2.60	5.70	9.24	13.2	17.2	21.4	25.5	29.7	33.8	37.8	41.9	45.9
	60	2.44	5.37	8.74	12.5	16.6	20.7	24.9	29.1	33.2	37.3	41.4	45.5
	70	2.30	5.07	8.27	12.0	15.9	20.0	24.2	28.4	32.6	36.7	40.8	44.9
	80	2.17	4.79	7.84	11.4	15.3	19.3	23.5	27.7	31.9	36.1	40.3	44.4
	90	2.05	4.53	7.45	10.9	14.6	18.6	22.8	27.0	31.2	35.4	39.6	43.8
	100	1.94	4.30	7.09	10.4	14.0	18.0	22.1	26.3	30.5	34.7	38.9	43.1
	150	1.49	3.37	5.65	8.37	11.4	14.9	18.7	22.6	26.7	30.9	35.2	39.4
	200	1.18	2.74	4.63	6.92	9.56	12.6	15.9	19.5	23.3	27.2	31.3	35.5
	250	0.98	2.29	3.89	5.86	8.15	10.8	13.7	16.9	20.3	24.0	27.9	31.9
	300	0.83	1.96	3.34	5.06	7.06	9.37	12.0	14.8	17.9	21.3	24.9	28.6
	350	0.73	1.72	2.92	4.44	6.21	8.27	10.6	13.2	16.0	19.1	22.3	25.8
	400	0.65	1.52	2.59	3.95	5.54	7.39	9.48	11.8	14.4	17.2	20.2	23.4
	450	0.58	1.37	2.33	3.55	4.99	6.67	8.57	10.7	13.1	15.6	18.4	21.3
	500	0.53	1.24	2.11	3.23	4.53	6.07	7.81	9.77	11.9	14.3	16.9	19.6
	600	0.44	1.04	1.78	2.72	3.83	5.14	6.62	8.30	10.2	12.2	14.4	16.8
	700	0.38	0.90	1.54	2.35	3.31	4.45	5.73	7.20	8.82	10.6	12.6	14.7
	800	0.34	0.79	1.36	2.07	2.91	3.92	5.05	6.35	7.79	9.38	11.1	13.0
	900	0.30	0.71	1.21	1.85	2.60	3.50	4.51	5.68	6.96	8.39	9.95	11.6
	C', m	0.28	0.65	1.12	1.70	2.40	3.23	4.17	5.25	6.46	7.80	9.27	10.9
150	50	2.60	6.48	10.7	14.8	18.9	23.0	27.0	31.0	34.9	38.9	42.9	46.8
	60	2.44	6.18	10.3	14.5	18.6	22.7	26.8	30.8	34.8	38.8	42.7	46.7
	70	2.30	5.89	9.96	14.2	18.4	22.5	26.5	30.6	34.6	38.6	42.6	46.6
	80	2.17	5.62	9.61	13.8	18.0	22.2	26.3	30.4	34.4	38.4	42.4	46.4
	90	2.05	5.36	9.26	13.5	17.7	21.9	26.0	30.1	34.2	38.2	42.2	46.2
	100	1.94	5.12	8.91	13.1	17.4	21.6	25.7	29.8	33.9	38.0	42.0	46.0
	150	1.49	4.13	7.37	11.3	15.5	19.7	24.0	28.2	32.4	36.6	40.7	44.9
	200	1.18	3.41	6.20	9.73	13.6	17.8	22.1	26.4	30.6	34.9	39.1	43.3
	250	0.98	2.89	5.31	8.45	12.0	16.0	20.1	24.4	28.7	33.0	37.3	41.5
	300	0.83	2.50	4.63	7.43	10.7	14.3	18.3	22.4	26.7	31.0	35.3	39.6
	350	0.73	2.19	4.09	6.60	9.53	12.9	16.7	20.6	24.7	29.0	33.2	37.6
	400	0.65	1.95	3.65	5.93	8.59	11.7	15.2	19.0	22.9	27.0	31.3	35.5
	450	0.58	1.76	3.29	5.37	7.81	10.7	14.0	17.5	21.3	25.3	29.4	33.6
	500	0.53	1.60	2.99	4.90	7.15	9.85	12.9	16.2	19.8	23.6	27.6	31.7
	600	0.44	1.35	2.53	4.16	6.10	8.44	11.1	14.0	17.3	20.7	24.4	28.3
	700	0.38	1.17	2.19	3.61	5.31	7.37	9.69	12.3	15.2	18.4	21.8	25.3
	800	0.34	1.03	1.93	3.19	4.69	6.53	8.61	11.0	13.6	16.5	19.6	22.9
	900	0.30	0.92	1.72	2.85	4.20	5.85	7.73	9.89	12.3	14.9	17.7	20.8
	C', m	0.28	0.84	1.59	2.64	3.91	5.47	7.27	9.37	11.7	14.4	17.3	20.4

도움표 2.1.12(2) 편심하중을 받는 볼트군의 계수 C

하중각도=15°

볼트군은 다음 식을 만족하도록 배열하여야 한다. $\phi R_n \geq P_u$ 또는 $C \geq P_u / \phi r_n$	ϕR_n : 볼트군의 설계강도(= $C \times \phi r_n$) C : 도움표 상의 볼트군의 계수 ϕr_n : 볼트 1개당 설계강도 P_u : 계수하중 e_x : 하중의 수평방향 편심 s : 수직열의 볼트 간격	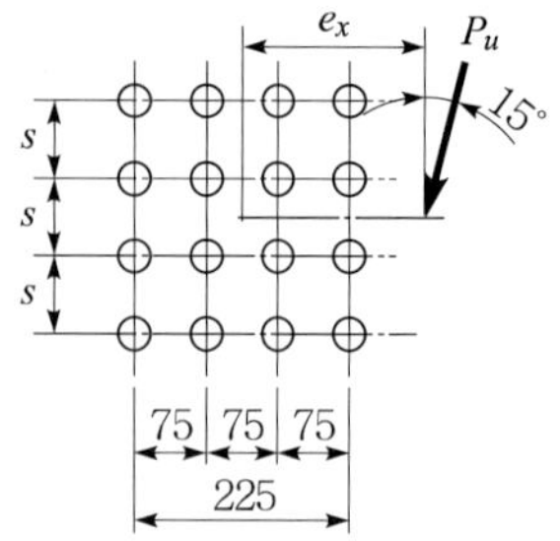

s mm	e_x mm	수직열 당 볼트 수											
		1	2	3	4	5	6	7	8	9	10	11	12
75	50	2.68	5.77	9.31	13.2	17.2	21.3	25.4	29.5	33.5	37.6	41.6	45.7
	60	2.51	5.44	8.83	12.6	16.5	20.6	24.7	28.8	33.0	37.0	41.1	45.2
	70	2.37	5.14	8.38	12.0	15.9	19.9	24.0	28.2	32.3	36.4	40.5	44.6
	80	2.23	4.87	7.96	11.4	15.2	19.2	23.3	27.5	31.6	35.8	39.9	44.0
	90	2.11	4.62	7.58	10.9	14.6	18.6	22.6	26.8	30.9	35.1	39.2	43.4
	100	1.99	4.38	7.22	10.4	14.0	17.9	21.9	26.0	30.2	34.4	38.5	42.7
	150	1.53	3.45	5.77	8.47	11.6	15.0	18.6	22.5	26.5	30.6	34.8	39.0
	200	1.22	2.81	4.74	7.05	9.70	12.7	15.9	19.5	23.2	27.1	31.1	35.2
	250	1.01	2.36	4.00	5.98	8.29	10.9	13.8	17.0	20.4	24.0	27.7	31.6
	300	0.86	2.02	3.44	5.18	7.21	9.52	12.1	15.0	18.0	21.4	24.8	28.5
	350	0.75	1.77	3.01	4.55	6.36	8.43	10.8	13.3	16.1	19.2	22.4	25.8
	400	0.67	1.57	2.68	4.05	5.67	7.54	9.66	12.0	14.6	17.3	20.3	23.5
	450	0.60	1.41	2.40	3.65	5.12	6.81	8.74	10.9	13.2	15.8	18.6	21.5
	500	0.55	1.28	2.18	3.32	4.66	6.21	7.98	9.95	12.1	14.5	17.1	19.8
	600	0.46	1.08	1.84	2.80	3.94	5.26	6.78	8.47	10.4	12.4	14.6	17.0
	700	0.40	0.93	1.59	2.43	3.41	4.56	5.89	7.37	9.02	10.8	12.8	14.9
	800	0.35	0.82	1.40	2.14	3.00	4.03	5.19	6.51	7.98	9.59	11.3	13.2
	900	0.31	0.73	1.25	1.91	2.68	3.60	4.65	5.83	7.15	8.59	10.2	11.9
150	50	2.68	6.48	10.6	14.7	18.8	22.8	26.8	30.8	34.8	38.8	42.7	46.7
	60	2.51	6.18	10.3	14.4	18.5	22.6	26.6	30.6	34.6	38.6	42.6	46.5
	70	2.37	5.89	9.92	14.1	18.2	22.3	26.4	30.4	34.4	38.4	42.4	46.4
	80	2.23	5.62	9.58	13.7	17.9	22.0	26.1	30.2	34.2	38.2	42.2	46.2
	90	2.11	5.37	9.24	13.4	17.6	21.7	25.8	29.9	33.9	38.0	42.0	46.0
	100	1.99	5.13	8.91	13.0	17.2	21.4	25.5	29.6	33.7	37.7	41.8	45.8
	150	1.53	4.17	7.45	11.2	15.3	19.5	23.7	27.9	32.1	36.3	40.4	44.5
	200	1.22	3.46	6.30	9.71	13.6	17.6	21.8	26.0	30.3	34.5	38.7	42.9
	250	1.01	2.94	5.42	8.47	12.0	15.9	19.9	24.1	28.3	32.5	36.8	41.0
	300	0.86	2.55	4.73	7.47	10.7	14.3	18.2	22.2	26.4	30.6	34.8	39.1
	350	0.75	2.24	4.18	6.66	9.62	12.9	16.6	20.5	24.5	28.6	32.8	37.1
	400	0.67	2.00	3.74	6.00	8.71	11.8	15.2	18.9	22.8	26.8	30.9	35.1
	450	0.60	1.80	3.38	5.45	7.94	10.8	14.0	17.5	21.2	25.1	29.1	33.2
	500	0.55	1.64	3.08	4.98	7.28	9.92	12.9	16.2	19.8	23.5	27.4	31.4
	600	0.46	1.39	2.60	4.25	6.23	8.54	11.2	14.1	17.3	20.7	24.3	28.1
	700	0.40	1.20	2.26	3.69	5.43	7.48	9.85	12.5	15.4	18.5	21.8	25.3
	800	0.35	1.06	1.99	3.26	4.81	6.65	8.77	11.1	13.8	16.6	19.7	22.9
	900	0.31	0.94	1.78	2.92	4.31	5.97	7.89	10.0	12.4	15.1	17.9	20.9

도움표 2.1.12(3) 편심하중을 받는 볼트군의 계수 C

하중각도=30°

볼트군은 다음 식을 만족하도록 배열하여야 한다.

$\phi R_n \geq P_u$
또는
$C \geq P_u / \phi r_n$

ϕR_n : 볼트군의 설계강도(= $C \times \phi r_n$)
C : 도움표 상의 볼트군의 계수
ϕr_n : 볼트 1개당 설계강도
P_u : 계수하중
e_x : 하중의 수평방향 편심
s : 수직열의 볼트 간격

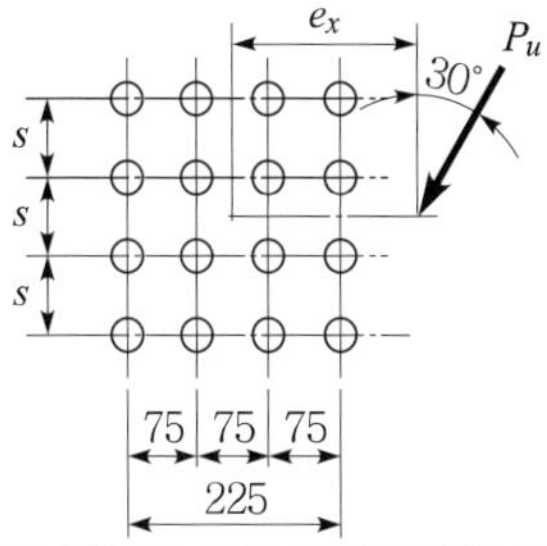

s mm	e_x mm	수직열 당 볼트 수											
		1	2	3	4	5	6	7	8	9	10	11	12
75	50	2.90	6.06	9.59	13.4	17.3	21.3	25.3	29.4	33.4	37.4	41.4	45.4
	60	2.73	5.74	9.13	12.8	16.7	20.7	24.7	28.7	32.8	36.8	40.9	44.9
	70	2.57	5.45	8.71	12.3	16.1	20.0	24.0	28.1	32.2	36.2	40.3	44.3
	80	2.43	5.18	8.33	11.8	15.5	19.4	23.4	27.4	31.5	35.6	39.6	43.7
	90	2.30	4.93	7.96	11.3	15.0	18.8	22.7	26.8	30.8	34.9	39.0	43.1
	100	2.18	4.70	7.62	10.9	14.4	18.2	22.1	26.1	30.1	34.2	38.3	42.4
	150	1.69	3.75	6.19	8.98	12.1	15.5	19.1	22.8	26.7	30.7	34.8	38.9
	200	1.36	3.07	5.14	7.55	10.3	13.3	16.6	20.0	23.7	27.5	31.4	35.4
	250	1.13	2.59	4.37	6.46	8.88	11.6	14.5	17.7	21.1	24.6	28.3	32.1
	300	0.96	2.23	3.78	5.62	7.78	10.2	12.9	15.8	18.9	22.2	25.7	29.3
	350	0.84	1.95	3.32	4.96	6.90	9.08	11.5	14.2	17.1	20.1	23.4	26.8
	400	0.75	1.73	2.96	4.43	6.19	8.17	10.4	12.9	15.5	18.3	21.4	24.6
	450	0.67	1.56	2.66	4.00	5.60	7.41	9.46	11.7	14.2	16.8	19.7	22.7
	500	0.61	1.42	2.42	3.65	5.11	6.77	8.67	10.8	13.1	15.5	18.2	21.0
	600	0.51	1.20	2.04	3.09	4.34	5.77	7.41	9.22	11.2	13.4	15.7	18.2
	700	0.44	1.03	1.77	2.68	3.77	5.01	6.46	8.05	9.82	11.8	13.8	16.1
	800	0.39	0.91	1.56	2.36	3.32	4.43	5.71	7.14	8.72	10.5	12.3	14.4
	900	0.35	0.81	1.39	2.11	2.97	3.97	5.12	6.40	7.84	9.41	11.1	12.9
150	50	2.90	6.59	10.6	14.7	18.7	22.7	26.7	30.7	34.7	38.6	42.6	46.5
	60	2.73	6.30	10.3	14.4	18.4	22.5	26.5	30.5	34.5	38.4	42.4	46.4
	70	2.57	6.02	9.99	14.1	18.1	22.2	26.2	30.2	34.2	38.2	42.2	46.2
	80	2.43	5.76	9.67	13.7	17.8	21.9	25.9	30.0	34.0	38.0	42.0	46.0
	90	2.30	5.52	9.35	13.4	17.5	21.6	25.6	29.7	33.7	37.7	41.7	45.7
	100	2.18	5.30	9.05	13.0	17.1	21.2	25.3	29.4	33.4	37.5	41.5	45.5
	150	1.69	4.38	7.72	11.4	15.4	19.5	23.6	27.7	31.8	35.9	40.0	44.1
	200	1.36	3.69	6.64	10.0	13.8	17.7	21.8	25.9	30.0	34.2	38.3	42.4
	250	1.13	3.16	5.79	8.85	12.3	16.1	20.1	24.1	28.2	32.3	36.5	40.6
	300	0.96	2.76	5.09	7.88	11.1	14.7	18.5	22.4	26.4	30.5	34.6	38.8
	350	0.84	2.44	4.54	7.08	10.1	13.4	17.0	20.8	24.7	28.7	32.8	36.9
	400	0.75	2.18	4.08	6.41	9.21	12.3	15.7	19.4	23.2	27.1	31.1	35.1
	450	0.67	1.97	3.70	5.85	8.45	11.4	14.6	18.1	21.7	25.5	29.4	33.4
	500	0.61	1.80	3.38	5.37	7.80	10.5	13.6	16.9	20.4	24.1	27.9	31.8
	600	0.51	1.53	2.87	4.61	6.74	9.16	11.9	14.9	18.1	21.5	25.1	28.8
	700	0.44	1.32	2.49	4.02	5.91	8.07	10.5	13.3	16.2	19.4	22.7	26.2
	800	0.39	1.17	2.20	3.57	5.26	7.20	9.45	11.9	14.6	17.6	20.7	23.9
	900	0.35	1.05	1.97	3.21	4.73	6.49	8.55	10.8	13.3	16.0	18.9	22.0

도움표 2.1.12(4) 편심하중을 받는 볼트군의 계수 C

하중각도=45°

볼트군은 다음 식을 만족하도록 배열하여야 한다.

$\phi R_n \geq P_u$
또는
$C \geq P_u / \phi r_n$

ϕR_n : 볼트군의 설계강도(= $C \times \phi r_n$)
C : 도움표 상의 볼트군의 계수
ϕr_n : 볼트 1개당 설계강도
P_u : 계수하중
e_x : 하중의 수평방향 편심
s : 수직열의 볼트 간격

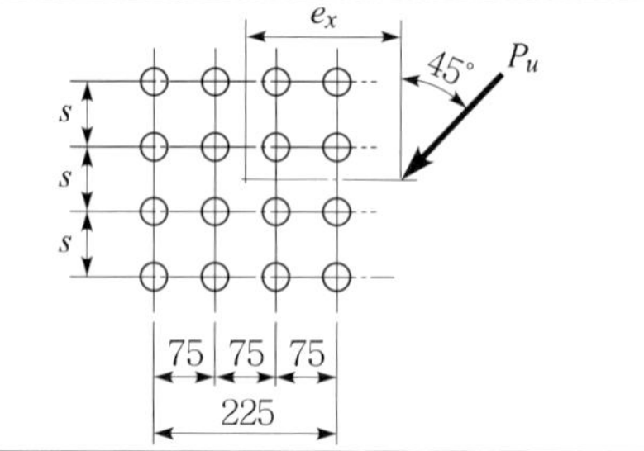

s mm	e_x mm	수직열 당 볼트 수											
		1	2	3	4	5	6	7	8	9	10	11	12
75	50	3.25	6.62	10.2	13.8	17.6	21.5	25.4	29.4	33.3	37.3	41.3	45.2
	60	3.09	6.33	9.76	13.4	17.1	21.0	24.9	28.8	32.8	36.7	40.7	44.7
	70	2.94	6.05	9.38	12.9	16.6	20.4	24.3	28.2	32.2	36.2	40.1	44.1
	80	2.80	5.79	9.02	12.5	16.1	19.9	23.7	27.7	31.6	35.6	39.6	43.5
	90	2.66	5.54	8.68	12.0	15.6	19.4	23.2	27.1	31.0	35.0	39.0	42.9
	100	2.54	5.31	8.36	11.7	15.2	18.8	22.6	26.5	30.4	34.4	38.3	42.3
	150	2.01	4.33	6.99	9.94	13.1	16.5	20.1	23.7	27.5	31.4	35.3	39.2
	200	1.64	3.60	5.92	8.55	11.4	14.5	17.8	21.3	24.9	28.6	32.4	36.3
	250	1.37	3.06	5.10	7.44	10.1	12.9	16.0	19.2	22.6	26.2	29.8	33.5
	300	1.17	2.65	4.46	6.55	8.93	11.6	14.4	17.4	20.6	24.0	27.5	31.1
	350	1.03	2.33	3.95	5.83	8.00	10.4	13.1	15.9	18.9	22.1	25.4	28.8
	400	0.91	2.08	3.54	5.24	7.23	9.47	11.9	14.6	17.4	20.4	23.6	26.8
	450	0.82	1.88	3.20	4.75	6.59	8.65	10.9	13.4	16.1	18.9	21.9	25.0
	500	0.74	1.71	2.92	4.35	6.04	7.96	10.1	12.4	14.9	17.6	20.5	23.4
	600	0.63	1.45	2.48	3.71	5.18	6.84	8.71	10.8	13.0	15.4	18.0	20.7
	700	0.54	1.26	2.15	3.23	4.52	5.99	7.65	9.50	11.5	13.7	16.0	18.5
	800	0.48	1.11	1.89	2.86	4.00	5.31	6.81	8.48	10.3	12.3	14.4	16.7
	900	0.43	0.99	1.69	2.56	3.59	4.77	6.13	7.64	9.30	11.1	13.1	15.2
150	50	3.25	6.89	10.8	14.7	18.7	22.6	26.6	30.6	34.5	38.5	42.4	46.4
	60	3.09	6.64	10.5	14.4	18.4	22.4	26.4	30.3	34.3	38.2	42.2	46.2
	70	2.94	6.40	10.2	14.1	18.1	22.1	26.1	30.1	34.0	38.0	42.0	45.9
	80	2.80	6.17	9.92	13.8	17.8	21.8	25.8	29.8	33.8	37.8	41.7	45.7
	90	2.66	5.95	9.64	13.5	17.5	21.5	25.5	29.5	33.5	37.5	41.5	45.4
	100	2.54	5.74	9.38	13.3	17.2	21.2	25.2	29.2	33.2	37.2	41.2	45.2
	150	2.01	4.85	8.20	11.9	15.7	19.7	23.7	27.7	31.7	35.7	39.7	43.8
	200	1.64	4.16	7.25	10.7	14.4	18.2	22.1	26.1	30.1	34.1	38.2	42.2
	250	1.37	3.62	6.45	9.65	13.1	16.8	20.6	24.6	28.5	32.5	36.5	40.6
	300	1.17	3.19	5.78	8.75	12.0	15.6	19.3	23.1	27.0	31.0	35.0	39.0
	350	1.03	2.84	5.21	7.97	11.1	14.5	18.0	21.8	25.6	29.5	33.4	37.4
	400	0.91	2.56	4.74	7.30	10.2	13.5	16.9	20.5	24.3	28.1	32.0	35.9
	450	0.82	2.33	4.33	6.72	9.48	12.6	15.9	19.4	23.0	26.7	30.6	34.4
	500	0.74	2.13	3.98	6.21	8.83	11.8	14.9	18.3	21.8	25.5	29.2	33.0
	600	0.63	1.82	3.42	5.38	7.74	10.4	13.3	16.4	19.8	23.2	26.8	30.5
	700	0.54	1.59	2.99	4.74	6.87	9.30	12.0	14.9	18.0	21.3	24.7	28.2
	800	0.48	1.41	2.65	4.22	6.17	8.38	10.8	13.5	16.5	19.5	22.8	26.1
	900	0.43	1.26	2.38	3.81	5.59	7.62	9.89	12.4	15.1	18.0	21.1	24.3

도움표 2.1.12(5) 편심하중을 받는 볼트군의 계수 C

하중각도=60°

볼트군은 다음 식을 만족하도록 배열하여야 한다.

$\phi R_n \geq P_u$

또는

$C \geq P_u / \phi r_n$

ϕR_n : 볼트군의 설계강도$(= C \times \phi r_n)$
C : 도움표 상의 볼트군의 계수
ϕr_n : 볼트 1개당 설계강도
P_u : 계수하중
e_x : 하중의 수평방향 편심
s : 수직열의 볼트 간격

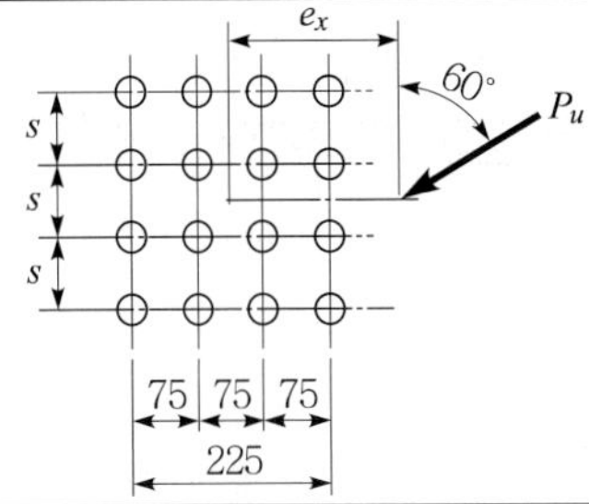

s mm	e_x mm	수직열 당 볼트 수											
		1	2	3	4	5	6	7	8	9	10	11	12
75	50	3.63	7.24	10.9	14.5	18.3	22.0	25.8	29.7	33.5	37.4	41.3	45.2
	60	3.53	7.06	10.6	14.2	17.9	21.6	25.4	29.2	33.1	37.0	40.9	44.8
	70	3.43	6.86	10.3	13.9	17.5	21.2	25.0	28.8	32.6	36.5	40.4	44.3
	80	3.32	6.67	10.1	13.6	17.2	20.8	24.6	28.4	32.2	36.0	39.9	43.8
	90	3.21	6.47	9.81	13.3	16.8	20.4	24.1	27.9	31.7	35.6	39.4	43.3
	100	3.10	6.27	9.55	12.9	16.4	20.0	23.7	27.5	31.3	35.1	38.9	42.8
	150	2.60	5.36	8.33	11.5	14.8	18.2	21.7	25.4	29.0	32.8	36.6	40.4
	200	2.19	4.60	7.30	10.2	13.3	16.6	20.0	23.5	27.1	30.7	34.4	38.2
	250	1.87	3.99	6.45	9.17	12.1	15.2	18.4	21.8	25.3	28.8	32.4	36.1
	300	1.62	3.51	5.75	8.27	11.0	13.9	17.0	20.3	23.6	27.0	30.6	34.1
	350	1.43	3.12	5.18	7.50	10.1	12.8	15.8	18.9	22.1	25.4	28.9	32.3
	400	1.27	2.81	4.70	6.85	9.23	11.8	14.7	17.6	20.7	24.0	27.3	30.7
	450	1.15	2.56	4.29	6.28	8.52	11.0	13.7	16.5	19.5	22.6	25.8	29.1
	500	1.04	2.34	3.95	5.80	7.89	10.2	12.8	15.5	18.4	21.4	24.5	27.7
	600	0.88	2.00	3.39	5.01	6.87	8.98	11.3	13.8	16.4	19.2	22.1	25.2
	700	0.76	1.74	2.96	4.39	6.07	7.97	10.1	12.3	14.8	17.4	20.1	23.0
	800	0.67	1.54	2.63	3.91	5.43	7.15	9.06	11.1	13.4	15.8	18.4	21.1
	900	0.60	1.38	2.36	3.52	4.91	6.48	8.22	10.2	12.3	14.5	16.9	19.4
150	50	3.63	7.29	11.0	14.9	18.7	22.6	26.6	30.5	34.4	38.3	42.3	46.2
	60	3.53	7.13	10.8	14.7	18.5	22.4	26.3	30.2	34.2	38.1	42.0	46.0
	70	3.43	6.97	10.6	14.4	18.3	22.2	26.1	30.0	33.9	37.9	41.8	45.7
	80	3.32	6.80	10.4	14.2	18.1	21.9	25.8	29.8	33.7	37.6	41.6	45.5
	90	3.21	6.63	10.2	14.0	17.8	21.7	25.6	29.5	33.4	37.4	41.3	45.2
	100	3.10	6.46	10.0	13.8	17.6	21.5	25.3	29.3	33.2	37.1	41.1	45.0
	150	2.60	5.69	9.09	12.7	16.4	20.2	24.1	28.0	31.9	35.8	39.8	43.7
	200	2.19	5.03	8.27	11.7	15.4	19.1	22.9	26.8	30.7	34.6	38.5	42.4
	250	1.87	4.47	7.55	10.9	14.4	18.1	21.8	25.6	29.5	33.3	37.2	41.1
	300	1.62	4.01	6.93	10.1	13.6	17.1	20.8	24.5	28.3	32.2	36.0	39.9
	350	1.43	3.63	6.38	9.46	12.8	16.2	19.8	23.5	27.2	31.0	34.9	38.7
	400	1.27	3.31	5.91	8.84	12.0	15.4	18.9	22.5	26.2	30.0	33.8	37.6
	450	1.15	3.04	5.49	8.28	11.3	14.6	18.0	21.6	25.2	28.9	32.7	36.5
	500	1.04	2.81	5.12	7.77	10.7	13.9	17.2	20.7	24.3	28.0	31.7	35.4
	600	0.88	2.44	4.49	6.90	9.62	12.6	15.8	19.1	22.6	26.1	29.7	33.4
	700	0.76	2.15	3.99	6.18	8.70	11.5	14.5	17.7	21.0	24.5	28.0	31.6
	800	0.67	1.91	3.58	5.58	7.93	10.6	13.4	16.5	19.7	23.0	26.4	29.9
	900	0.60	1.73	3.24	5.08	7.27	9.76	12.5	15.4	18.4	21.6	24.9	28.3

도움표 2.1.12(6) 편심하중을 받는 볼트군의 계수 C

하중각도=75°

볼트군은 다음 식을 만족하도록 배열하여야 한다.

$\phi R_n \geq P_u$
또는
$C \geq P_u / \phi r_n$

ϕR_n : 볼트군의 설계강도$(= C \times \phi r_n)$
C : 도움표 상의 볼트군의 계수
ϕr_n : 볼트 1개당 설계강도
P_u : 계수하중
e_x : 하중의 수평방향 편심
s : 수직열의 볼트 간격

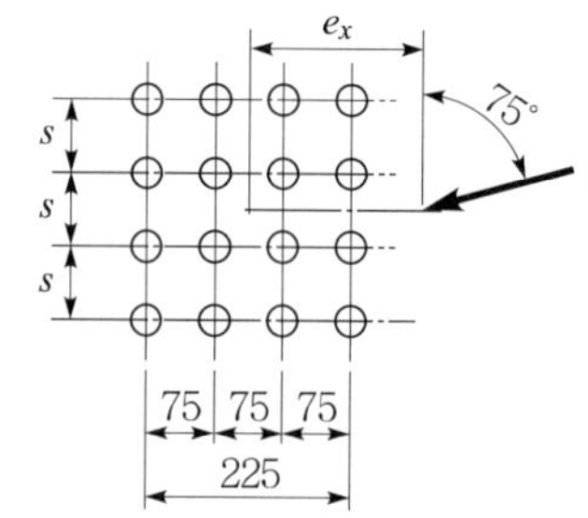

s mm	e_x mm	수직열 당 볼트 수											
		1	2	3	4	5	6	7	8	9	10	11	12
75	50	3.86	7.68	11.5	15.3	19.0	22.8	26.6	30.4	34.2	38.1	41.9	45.8
	60	3.83	7.63	11.4	15.1	18.9	22.6	26.4	30.2	34.0	37.8	41.6	45.5
	70	3.80	7.56	11.3	15.0	18.7	22.4	26.2	29.9	33.7	37.5	41.3	45.2
	80	3.77	7.50	11.2	14.9	18.5	22.2	25.9	29.7	33.5	37.2	41.0	44.9
	90	3.74	7.42	11.1	14.7	18.4	22.0	25.7	29.4	33.2	37.0	40.8	44.6
	100	3.70	7.34	11.0	14.6	18.2	21.8	25.5	29.2	32.9	36.7	40.5	44.3
	150	3.47	6.89	10.3	13.8	17.2	20.8	24.4	28.0	31.7	35.4	39.1	42.8
	200	3.20	6.40	9.64	12.9	16.3	19.8	23.3	26.8	30.4	34.1	37.8	41.5
	250	2.94	5.91	8.98	12.2	15.4	18.8	22.2	25.7	29.3	32.9	36.5	40.2
	300	2.68	5.45	8.36	11.4	14.6	17.9	21.3	24.7	28.2	31.8	35.3	39.0
	350	2.45	5.03	7.79	10.7	13.8	17.0	20.4	23.8	27.2	30.7	34.3	37.8
	400	2.24	4.65	7.28	10.1	13.1	16.3	19.5	22.9	26.3	29.7	33.2	36.8
	450	2.06	4.31	6.81	9.54	12.5	15.5	18.7	22.0	25.3	28.8	32.2	35.7
	500	1.90	4.01	6.40	9.03	11.9	14.8	18.0	21.2	24.5	27.8	31.3	34.8
	600	1.63	3.51	5.69	8.13	10.8	13.6	16.6	19.6	22.8	26.1	29.5	32.9
	700	1.43	3.11	5.11	7.36	9.83	12.5	15.3	18.3	21.4	24.6	27.8	31.1
	800	1.27	2.79	4.62	6.71	9.02	11.5	14.2	17.1	20.0	23.1	26.3	29.5
	900	1.14	2.53	4.22	6.15	8.31	10.7	13.3	16.0	18.8	21.8	24.9	28.0
150	50	3.86	7.66	11.4	15.2	19.1	22.9	26.8	30.7	34.5	38.4	42.3	46.2
	60	3.83	7.60	11.4	15.1	18.9	22.8	26.6	30.5	34.4	38.3	42.2	46.1
	70	3.80	7.54	11.3	15.0	18.8	22.6	26.5	30.3	34.2	38.1	42.0	45.9
	80	3.77	7.47	11.2	14.9	18.7	22.5	26.3	30.2	34.0	37.9	41.8	45.7
	90	3.74	7.40	11.1	14.8	18.5	22.3	26.2	30.0	33.9	37.7	41.6	45.5
	100	3.70	7.32	11.0	14.6	18.4	22.2	26.0	29.8	33.7	37.6	41.5	45.3
	150	3.47	6.91	10.4	14.0	17.7	21.5	25.3	29.1	32.9	36.7	40.6	44.5
	200	3.20	6.49	9.91	13.5	17.1	20.8	24.5	28.3	32.1	35.9	39.8	43.6
	250	2.94	6.08	9.42	12.9	16.5	20.1	23.9	27.6	31.4	35.2	39.0	42.8
	300	2.68	5.69	8.95	12.4	15.9	19.5	23.2	26.9	30.7	34.5	38.3	42.1
	350	2.45	5.33	8.51	11.9	15.4	19.0	22.6	26.3	30.0	33.8	37.5	41.3
	400	2.24	4.99	8.10	11.4	14.9	18.4	22.0	25.7	29.4	33.1	36.9	40.6
	450	2.06	4.69	7.72	11.0	14.4	17.9	21.5	25.1	28.8	32.5	36.2	40.0
	500	1.90	4.42	7.36	10.6	13.9	17.4	21.0	24.5	28.2	31.9	35.6	39.3
	600	1.63	3.95	6.74	9.83	13.1	16.5	20.0	23.5	27.1	30.7	34.4	38.1
	700	1.43	3.57	6.21	9.16	12.3	15.6	19.0	22.5	26.1	29.7	33.3	36.9
	800	1.27	3.25	5.74	8.56	11.6	14.8	18.2	21.6	25.1	28.6	32.2	35.8
	900	1.14	2.98	5.33	8.01	10.9	14.1	17.3	20.7	24.1	27.6	31.2	34.8

도움표 2.1.13(1) 편심하중을 받는 볼트군의 계수 C

하중각도=0°

볼트군은 다음 식을 만족하도록 배열하여야 한다.

$\phi R_n \geq P_u$
또는
$C \geq P_u / \phi r_n$

ϕR_n : 볼트군의 설계강도$(= C \times \phi r_n)$
C : 도움표 상의 볼트군의 계수
ϕr_n : 볼트 1개당 설계강도
P_u : 계수하중
e_x : 하중의 수평방향 편심
s : 수직열의 볼트 간격

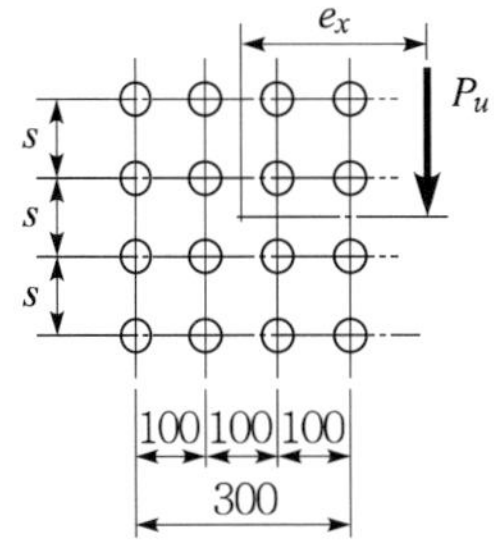

s mm	e_x mm	수직열 당 볼트 수 1	2	3	4	5	6	7	8	9	10	11	12
75	50	2.82	5.98	9.46	13.3	17.2	21.3	25.5	29.6	33.7	37.7	41.8	45.8
	60	2.68	5.70	9.03	12.7	16.6	20.7	24.8	29.0	33.1	37.2	41.3	45.4
	70	2.56	5.43	8.63	12.2	16.0	20.1	24.2	28.3	32.5	36.6	40.7	44.8
	80	2.44	5.19	8.25	11.7	15.5	19.4	23.5	27.6	31.8	36.0	40.1	44.3
	90	2.33	4.96	7.90	11.2	14.9	18.8	22.8	27.0	31.1	35.3	39.5	43.6
	100	2.23	4.74	7.58	10.8	14.3	18.2	22.1	26.3	30.4	34.6	38.8	43.0
	150	1.81	3.86	6.24	8.96	12.0	15.4	19.0	22.9	26.9	31.0	35.2	39.4
	200	1.49	3.22	5.24	7.57	10.2	13.2	16.4	19.9	23.6	27.5	31.5	35.6
	250	1.25	2.73	4.47	6.51	8.83	11.4	14.3	17.4	20.8	24.4	28.2	32.1
	300	1.07	2.37	3.89	5.68	7.74	10.1	12.6	15.5	18.5	21.8	25.3	28.9
	350	0.94	2.08	3.42	5.02	6.86	8.95	11.3	13.8	16.6	19.6	22.8	26.2
	400	0.83	1.86	3.05	4.49	6.15	8.04	10.2	12.5	15.0	17.8	20.7	23.9
	450	0.75	1.67	2.75	4.06	5.56	7.29	9.22	11.4	13.7	16.2	19.0	21.9
	500	0.68	1.52	2.50	3.70	5.07	6.65	8.43	10.4	12.6	14.9	17.5	20.2
	600	0.58	1.29	2.12	3.14	4.30	5.66	7.18	8.88	10.8	12.8	15.0	17.4
	700	0.50	1.12	1.84	2.72	3.73	4.92	6.24	7.73	9.37	11.2	13.1	15.2
	800	0.44	0.98	1.62	2.40	3.30	4.34	5.51	6.84	8.29	9.90	11.6	13.5
	900	0.40	0.88	1.45	2.15	2.95	3.89	4.94	6.12	7.43	8.88	10.4	12.1
	C', m	0.38	0.82	1.36	2.00	2.75	3.62	4.61	5.72	6.96	8.33	9.83	11.5
150	50	2.82	6.54	10.6	14.8	18.9	22.9	26.9	30.9	34.9	38.9	42.8	46.8
	60	2.68	6.28	10.3	14.5	18.6	22.7	26.7	30.7	34.7	38.7	42.7	46.7
	70	2.56	6.02	9.97	14.1	18.3	22.4	26.5	30.5	34.6	38.6	42.5	46.5
	80	2.44	5.78	9.65	13.8	18.0	22.1	26.2	30.3	34.3	38.4	42.4	46.4
	90	2.33	5.55	9.33	13.5	17.6	21.8	26.0	30.1	34.1	38.2	42.2	46.2
	100	2.23	5.33	9.01	13.1	17.3	21.5	25.7	29.8	33.9	37.9	42.0	46.0
	150	1.81	4.42	7.60	11.4	15.5	19.7	23.9	28.2	32.4	36.5	40.7	44.8
	200	1.49	3.73	6.51	9.93	13.7	17.8	22.0	26.3	30.6	34.8	39.1	43.3
	250	1.25	3.20	5.66	8.72	12.2	16.1	20.1	24.4	28.6	32.9	37.2	41.5
	300	1.07	2.80	4.98	7.73	10.9	14.5	18.4	22.5	26.7	30.9	35.2	39.5
	350	0.94	2.47	4.43	6.92	9.81	13.2	16.8	20.7	24.8	29.0	33.2	37.5
	400	0.83	2.21	3.98	6.25	8.90	12.0	15.4	19.1	23.0	27.1	31.3	35.5
	450	0.75	2.00	3.60	5.68	8.13	11.0	14.2	17.7	21.4	25.3	29.4	33.6
	500	0.68	1.82	3.29	5.21	7.47	10.1	13.1	16.4	19.9	23.7	27.7	31.7
	600	0.58	1.55	2.79	4.45	6.40	8.72	11.3	14.3	17.5	20.9	24.5	28.3
	700	0.50	1.34	2.42	3.87	5.59	7.64	9.96	12.6	15.4	18.6	21.9	25.4
	800	0.44	1.18	2.14	3.43	4.95	6.79	8.87	11.2	13.8	16.7	19.7	23.0
	900	0.40	1.06	1.92	3.07	4.44	6.10	7.98	10.1	12.5	15.1	17.9	20.9
	C', m	0.38	0.99	1.79	2.87	4.18	5.76	7.59	9.70	12.1	14.7	17.6	20.8

도움표 2.1.13(2) 편심하중을 받는 볼트군의 계수 C

하중각도=15°

볼트군은 다음 식을 만족하도록 배열하여야 한다.

$\phi R_n \geq P_u$
또는
$C \geq P_u / \phi r_n$

ϕR_n : 볼트군의 설계강도$(= C \times \phi r_n)$
C : 도움표 상의 볼트군의 계수
ϕr_n : 볼트 1개당 설계강도
P_u : 계수하중
e_x : 하중의 수평방향 편심
s : 수직열의 볼트 간격

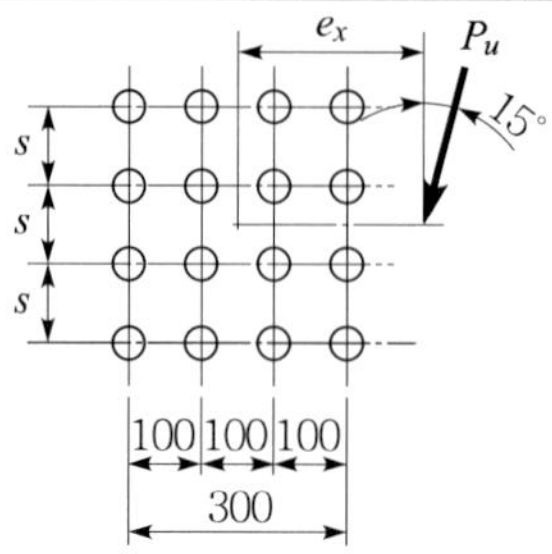

s mm	e_x mm	수직열 당 볼트 수											
		1	2	3	4	5	6	7	8	9	10	11	12
75	50	2.91	6.06	9.56	13.3	17.2	21.3	25.3	29.4	33.5	37.5	41.6	45.6
	60	2.76	5.78	9.14	12.8	16.6	20.6	24.7	28.8	32.9	37.0	41.0	45.1
	70	2.63	5.52	8.75	12.3	16.1	20.0	24.1	28.1	32.3	36.4	40.4	44.5
	80	2.51	5.28	8.39	11.8	15.5	19.4	23.4	27.5	31.6	35.7	39.8	43.9
	90	2.40	5.05	8.04	11.3	14.9	18.8	22.7	26.8	30.9	35.0	39.2	43.3
	100	2.30	4.84	7.72	10.9	14.4	18.2	22.1	26.1	30.2	34.3	38.5	42.6
	150	1.86	3.96	6.37	9.09	12.1	15.5	19.0	22.8	26.7	30.8	34.9	39.0
	200	1.53	3.31	5.36	7.72	10.4	13.3	16.5	19.9	23.6	27.4	31.3	35.3
	250	1.29	2.81	4.59	6.65	8.99	11.6	14.5	17.6	20.9	24.4	28.1	31.9
	300	1.11	2.44	3.99	5.82	7.90	10.2	12.8	15.6	18.7	21.9	25.3	28.9
	350	0.97	2.15	3.52	5.15	7.02	9.12	11.5	14.0	16.8	19.8	22.9	26.3
	400	0.86	1.92	3.15	4.61	6.30	8.21	10.3	12.7	15.2	18.0	20.9	24.0
	450	0.78	1.73	2.84	4.17	5.71	7.45	9.41	11.6	13.9	16.5	19.2	22.1
	500	0.71	1.57	2.59	3.80	5.21	6.81	8.61	10.6	12.8	15.1	17.7	20.4
	600	0.60	1.33	2.19	3.23	4.43	5.80	7.36	9.07	11.0	13.0	15.3	17.6
	700	0.52	1.15	1.90	2.80	3.85	5.05	6.41	7.91	9.58	11.4	13.4	15.5
	800	0.46	1.02	1.68	2.48	3.40	4.46	5.67	7.01	8.50	10.1	11.9	13.8
	900	0.41	0.91	1.50	2.22	3.04	4.00	5.08	6.29	7.63	9.09	10.7	12.4
150	50	2.91	6.57	10.6	14.7	18.8	22.8	26.8	30.8	34.8	38.7	42.7	46.7
	60	2.76	6.30	10.3	14.4	18.5	22.6	26.6	30.6	34.6	38.6	42.5	46.5
	70	2.63	6.05	9.96	14.1	18.2	22.3	26.3	30.4	34.4	38.4	42.4	46.3
	80	2.51	5.81	9.65	13.7	17.9	22.0	26.1	30.1	34.2	38.2	42.2	46.2
	90	2.40	5.58	9.34	13.4	17.5	21.7	25.8	29.8	33.9	37.9	42.0	46.0
	100	2.30	5.37	9.04	13.0	17.2	21.3	25.5	29.6	33.6	37.7	41.7	45.7
	150	1.86	4.48	7.70	11.4	15.4	19.5	23.7	27.9	32.1	36.2	40.3	44.4
	200	1.53	3.80	6.62	9.94	13.7	17.7	21.8	26.0	30.2	34.4	38.6	42.8
	250	1.29	3.27	5.77	8.76	12.2	16.0	20.0	24.1	28.3	32.5	36.7	41.0
	300	1.11	2.86	5.09	7.80	11.0	14.5	18.3	22.3	26.4	30.6	34.8	39.0
	350	0.97	2.54	4.53	7.00	9.92	13.2	16.8	20.6	24.6	28.7	32.8	37.0
	400	0.86	2.27	4.08	6.34	9.02	12.0	15.4	19.0	22.9	26.9	30.9	35.1
	450	0.78	2.06	3.70	5.78	8.25	11.1	14.2	17.7	21.3	25.2	29.1	33.2
	500	0.71	1.88	3.38	5.30	7.60	10.2	13.2	16.4	19.9	23.6	27.5	31.4
	600	0.60	1.59	2.88	4.54	6.54	8.84	11.5	14.4	17.5	20.9	24.5	28.2
	700	0.52	1.38	2.50	3.96	5.72	7.77	10.1	12.7	15.6	18.7	22.0	25.4
	800	0.46	1.22	2.21	3.51	5.08	6.92	9.03	11.4	14.0	16.8	19.8	23.1
	900	0.41	1.09	1.98	3.15	4.56	6.22	8.14	10.3	12.7	15.3	18.1	21.0

도움표 2.1.13(3) 편심하중을 받는 볼트군의 계수 C

하중각도=30°

볼트군은 다음 식을 만족하도록 배열하여야 한다.

$\phi R_n \geq P_u$

또는

$C \geq P_u / \phi r_n$

ϕR_n : 볼트군의 설계강도($= C \times \phi r_n$)
C : 도움표 상의 볼트군의 계수
ϕr_n : 볼트 1개당 설계강도
P_u : 계수하중
e_x : 하중의 수평방향 편심
s : 수직열의 볼트 간격

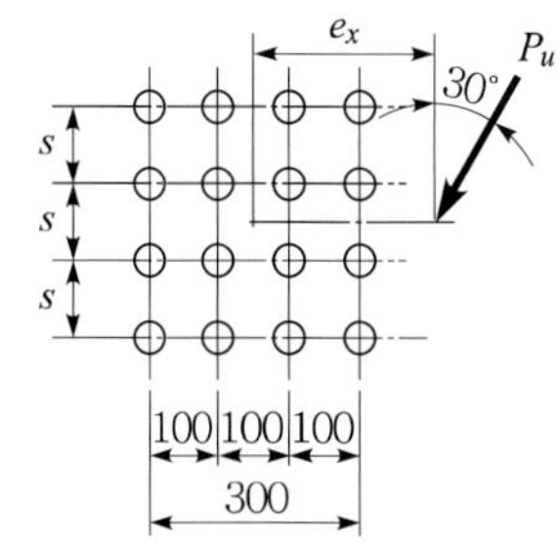

s mm	e_x mm	수직열 당 볼트 수											
		1	2	3	4	5	6	7	8	9	10	11	12
75	50	3.14	6.41	9.91	13.6	17.5	21.4	25.4	29.4	33.4	37.4	41.4	45.4
	60	2.99	6.13	9.51	13.1	16.9	20.8	24.8	28.8	32.8	36.8	40.8	44.9
	70	2.86	5.87	9.13	12.7	16.4	20.2	24.2	28.2	32.2	36.2	40.3	44.3
	80	2.73	5.63	8.78	12.2	15.9	19.7	23.6	27.5	31.6	35.6	39.6	43.7
	90	2.61	5.40	8.46	11.8	15.4	19.1	23.0	26.9	30.9	35.0	39.0	43.1
	100	2.50	5.19	8.16	11.4	14.9	18.5	22.4	26.3	30.3	34.3	38.3	42.4
	150	2.04	4.29	6.83	9.65	12.7	16.0	19.6	23.2	27.1	31.0	35.0	39.0
	200	1.69	3.61	5.80	8.27	11.0	14.0	17.2	20.6	24.2	27.9	31.7	35.6
	250	1.43	3.08	5.00	7.19	9.64	12.3	15.2	18.4	21.7	25.2	28.8	32.5
	300	1.23	2.68	4.37	6.32	8.52	11.0	13.6	16.5	19.6	22.8	26.2	29.7
	350	1.08	2.36	3.87	5.62	7.61	9.83	12.3	14.9	17.8	20.8	24.0	27.3
	400	0.96	2.11	3.47	5.05	6.86	8.89	11.1	13.6	16.2	19.0	22.0	25.2
	450	0.87	1.91	3.14	4.57	6.24	8.10	10.2	12.4	14.9	17.5	20.3	23.3
	500	0.79	1.74	2.86	4.18	5.71	7.43	9.35	11.5	13.8	16.2	18.8	21.6
	600	0.67	1.48	2.43	3.56	4.88	6.36	8.03	9.87	11.9	14.1	16.4	18.9
	700	0.58	1.28	2.11	3.10	4.25	5.55	7.02	8.65	10.4	12.4	14.5	16.7
	800	0.51	1.13	1.86	2.74	3.76	4.92	6.23	7.69	9.29	11.0	12.9	14.9
	900	0.46	1.01	1.67	2.45	3.37	4.41	5.60	6.91	8.36	9.95	11.7	13.5
150	50	3.14	6.74	10.7	14.7	18.7	22.7	26.7	30.7	34.6	38.6	42.6	46.5
	60	2.99	6.49	10.4	14.4	18.4	22.5	26.5	30.5	34.4	38.4	42.4	46.3
	70	2.86	6.24	10.1	14.1	18.1	22.2	26.2	30.2	34.2	38.2	42.2	46.1
	80	2.73	6.00	9.79	13.8	17.8	21.9	25.9	29.9	34.0	38.0	41.9	45.9
	90	2.61	5.79	9.51	13.5	17.5	21.6	25.6	29.7	33.7	37.7	41.7	45.7
	100	2.50	5.58	9.23	13.1	17.2	21.2	25.3	29.4	33.4	37.4	41.5	45.5
	150	2.04	4.73	8.00	11.6	15.5	19.5	23.6	27.7	31.8	35.9	40.0	44.1
	200	1.69	4.06	6.98	10.3	14.0	17.9	21.9	25.9	30.1	34.2	38.3	42.4
	250	1.43	3.53	6.15	9.18	12.6	16.3	20.2	24.2	28.3	32.4	36.5	40.6
	300	1.23	3.10	5.47	8.24	11.4	14.9	18.6	22.5	26.5	30.6	34.7	38.8
	350	1.08	2.76	4.90	7.46	10.4	13.7	17.2	21.0	24.8	28.8	32.9	37.0
	400	0.96	2.48	4.43	6.79	9.54	12.6	16.0	19.6	23.3	27.2	31.2	35.2
	450	0.87	2.25	4.04	6.22	8.79	11.7	14.9	18.3	21.9	25.7	29.5	33.5
	500	0.79	2.06	3.70	5.72	8.14	10.9	13.9	17.1	20.6	24.2	28.0	31.9
	600	0.67	1.76	3.17	4.93	7.06	9.48	12.2	15.1	18.3	21.7	25.2	28.9
	700	0.58	1.53	2.76	4.32	6.22	8.38	10.8	13.5	16.4	19.6	22.9	26.3
	800	0.51	1.35	2.45	3.84	5.54	7.50	9.73	12.2	14.9	17.8	20.9	24.1
	900	0.46	1.21	2.19	3.46	5.00	6.77	8.82	11.1	13.6	16.3	19.1	22.2

도움표 2.1.13(4) 편심하중을 받는 볼트군의 계수 C

하중각도=45°

볼트군은 다음 식을 만족하도록 배열하여야 한다.

$\phi R_n \geq P_u$
또는
$C \geq P_u / \phi r_n$

ϕR_n : 볼트군의 설계강도(= $C \times \phi r_n$)
C : 도움표 상의 볼트군의 계수
ϕr_n : 볼트 1개당 설계강도
P_u : 계수하중
e_x : 하중의 수평방향 편심
s : 수직열의 볼트 간격

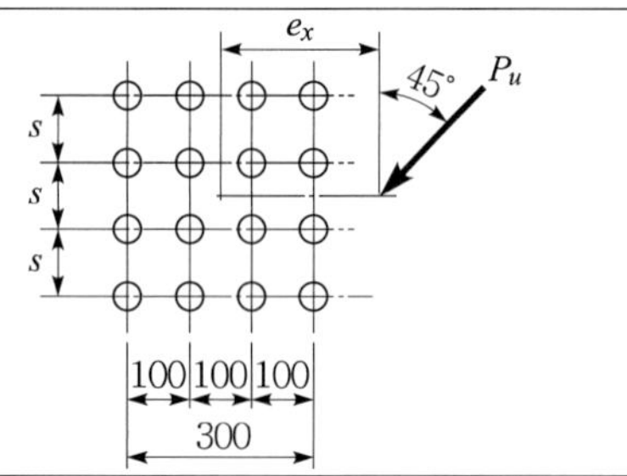

s mm	e_x mm	수직열 당 볼트 수											
		1	2	3	4	5	6	7	8	9	10	11	12
75	50	3.46	6.96	10.5	14.2	18.0	21.8	25.6	29.5	33.5	37.4	41.3	45.3
	60	3.34	6.72	10.2	13.8	17.5	21.3	25.1	29.0	32.9	36.9	40.8	44.8
	70	3.21	6.49	9.88	13.4	17.1	20.8	24.6	28.5	32.4	36.3	40.3	44.2
	80	3.09	6.27	9.57	13.0	16.6	20.3	24.1	27.9	31.8	35.8	39.7	43.7
	90	2.98	6.05	9.27	12.6	16.2	19.8	23.6	27.4	31.3	35.2	39.1	43.1
	100	2.87	5.84	8.97	12.3	15.7	19.3	23.1	26.9	30.7	34.6	38.6	42.5
	150	2.39	4.93	7.69	10.7	13.8	17.2	20.7	24.3	28.0	31.8	35.6	39.5
	200	2.01	4.21	6.66	9.34	12.2	15.3	18.6	22.0	25.5	29.2	32.9	36.7
	250	1.72	3.63	5.82	8.24	10.9	13.8	16.8	20.0	23.3	26.8	30.4	34.0
	300	1.49	3.18	5.14	7.33	9.76	12.4	15.2	18.2	21.4	24.7	28.1	31.6
	350	1.31	2.82	4.59	6.58	8.81	11.3	13.9	16.7	19.7	22.8	26.1	29.5
	400	1.17	2.53	4.14	5.95	8.00	10.3	12.7	15.4	18.2	21.2	24.3	27.5
	450	1.06	2.29	3.76	5.43	7.32	9.44	11.7	14.2	16.9	19.7	22.7	25.7
	500	0.96	2.10	3.44	4.98	6.74	8.71	10.9	13.2	15.7	18.4	21.2	24.2
	600	0.82	1.79	2.94	4.26	5.81	7.53	9.43	11.5	13.8	16.2	18.7	21.4
	700	0.71	1.56	2.56	3.73	5.09	6.61	8.31	10.2	12.2	14.4	16.7	19.2
	800	0.63	1.38	2.26	3.31	4.52	5.89	7.42	9.11	11.0	12.9	15.1	17.3
	900	0.56	1.23	2.03	2.97	4.06	5.30	6.69	8.23	9.91	11.7	13.7	15.8
150	50	3.46	7.09	10.9	14.8	18.7	22.7	26.6	30.6	34.5	38.5	42.4	46.4
	60	3.34	6.89	10.6	14.5	18.5	22.4	26.4	30.3	34.3	38.2	42.2	46.2
	70	3.21	6.68	10.4	14.3	18.2	22.1	26.1	30.1	34.0	38.0	42.0	45.9
	80	3.09	6.48	10.1	14.0	17.9	21.9	25.8	29.8	33.8	37.8	41.7	45.7
	90	2.98	6.28	9.89	13.7	17.6	21.6	25.6	29.5	33.5	37.5	41.5	45.4
	100	2.87	6.09	9.65	13.4	17.3	21.3	25.3	29.3	33.2	37.2	41.2	45.2
	150	2.39	5.26	8.54	12.1	15.9	19.8	23.8	27.7	31.7	35.8	39.8	43.8
	200	2.01	4.59	7.63	11.0	14.6	18.4	22.3	26.2	30.2	34.2	38.2	42.2
	250	1.72	4.04	6.85	10.0	13.4	17.1	20.8	24.7	28.6	32.6	36.6	40.6
	300	1.49	3.59	6.19	9.14	12.4	15.9	19.5	23.3	27.2	31.1	35.0	39.0
	350	1.31	3.22	5.62	8.38	11.4	14.8	18.3	22.0	25.8	29.6	33.5	37.5
	400	1.17	2.91	5.13	7.71	10.6	13.8	17.2	20.8	24.4	28.2	32.1	36.0
	450	1.06	2.66	4.71	7.12	9.87	12.9	16.2	19.6	23.2	26.9	30.7	34.5
	500	0.96	2.44	4.35	6.61	9.22	12.1	15.3	18.6	22.1	25.7	29.4	33.2
	600	0.82	2.10	3.76	5.76	8.11	10.8	13.6	16.7	20.0	23.4	27.0	30.6
	700	0.71	1.83	3.30	5.08	7.22	9.64	12.3	15.2	18.2	21.5	24.9	28.3
	800	0.63	1.63	2.94	4.54	6.50	8.71	11.2	13.8	16.7	19.8	23.0	26.3
	900	0.56	1.46	2.64	4.11	5.89	7.93	10.2	12.7	15.4	18.3	21.3	24.5

도움표 2.1.13(5) 편심하중을 받는 볼트군의 계수 C

하중각도=60°

볼트군은 다음 식을 만족하도록 배열하여야 한다.

$\phi R_n \geq P_u$
또는
$C \geq P_u / \phi r_n$

ϕR_n : 볼트군의 설계강도$(= C \times \phi r_n)$
C : 도움표 상의 볼트군의 계수
ϕr_n : 볼트 1개당 설계강도
P_u : 계수하중
e_x : 하중의 수평방향 편심
s : 수직열의 볼트 간격

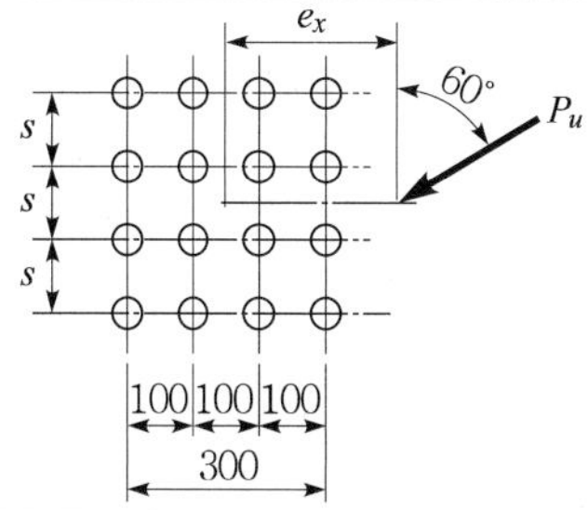

s mm	e_x mm	수직열 당 볼트 수											
		1	2	3	4	5	6	7	8	9	10	11	12
75	50	3.74	7.46	11.2	14.9	18.6	22.4	26.2	30.0	33.8	37.7	41.5	45.4
	60	3.68	7.33	11.0	14.6	18.3	22.1	25.8	29.6	33.4	37.3	41.1	45.0
	70	3.61	7.19	10.8	14.4	18.0	21.7	25.5	29.2	33.0	36.8	40.7	44.6
	80	3.53	7.05	10.6	14.1	17.7	21.4	25.1	28.8	32.6	36.4	40.2	44.1
	90	3.45	6.90	10.4	13.9	17.4	21.0	24.7	28.4	32.2	36.0	39.8	43.6
	100	3.37	6.75	10.1	13.6	17.1	20.7	24.3	28.0	31.8	35.5	39.3	43.2
	150	2.97	5.99	9.09	12.3	15.6	19.0	22.5	26.1	29.7	33.4	37.1	40.9
	200	2.60	5.29	8.13	11.1	14.2	17.5	20.8	24.3	27.8	31.3	35.0	38.7
	250	2.28	4.69	7.28	10.1	13.0	16.1	19.3	22.6	26.1	29.5	33.1	36.7
	300	2.02	4.18	6.56	9.16	11.9	14.9	18.0	21.2	24.4	27.8	31.3	34.8
	350	1.80	3.76	5.95	8.38	11.0	13.8	16.7	19.8	23.0	26.3	29.6	33.1
	400	1.62	3.40	5.43	7.70	10.2	12.8	15.6	18.6	21.6	24.8	28.1	31.4
	450	1.47	3.10	4.99	7.11	9.42	11.9	14.6	17.4	20.4	23.5	26.6	29.9
	500	1.34	2.85	4.61	6.59	8.76	11.1	13.7	16.4	19.3	22.2	25.3	28.5
	600	1.15	2.45	3.99	5.73	7.67	9.82	12.2	14.6	17.3	20.1	23.0	26.0
	700	1.00	2.15	3.51	5.06	6.80	8.76	10.9	13.2	15.6	18.2	20.9	23.8
	800	0.88	1.91	3.13	4.52	6.11	7.89	9.83	11.9	14.2	16.6	19.2	21.8
	900	0.79	1.72	2.81	4.08	5.53	7.16	8.95	10.9	13.0	15.3	17.7	20.2
150	50	3.74	7.46	11.2	15.0	18.9	22.7	26.6	30.5	34.5	38.4	42.3	46.2
	60	3.68	7.35	11.1	14.8	18.7	22.5	26.4	30.3	34.2	38.2	42.1	46.0
	70	3.61	7.22	10.9	14.6	18.5	22.3	26.2	30.1	34.0	37.9	41.8	45.8
	80	3.53	7.09	10.7	14.5	18.2	22.1	26.0	29.9	33.8	37.7	41.6	45.5
	90	3.45	6.95	10.6	14.3	18.0	21.9	25.7	29.6	33.5	37.4	41.4	45.3
	100	3.37	6.82	10.4	14.0	17.8	21.6	25.5	29.4	33.3	37.2	41.1	45.1
	150	2.97	6.14	9.52	13.1	16.7	20.5	24.3	28.2	32.1	36.0	39.9	43.8
	200	2.60	5.52	8.73	12.1	15.7	19.4	23.2	27.0	30.8	34.7	38.6	42.5
	250	2.28	4.98	8.03	11.3	14.8	18.4	22.1	25.8	29.6	33.5	37.4	41.3
	300	2.02	4.51	7.41	10.6	13.9	17.5	21.1	24.8	28.5	32.3	36.2	40.0
	350	1.80	4.10	6.86	9.91	13.2	16.6	20.1	23.8	27.5	31.2	35.0	38.9
	400	1.62	3.76	6.37	9.29	12.4	15.8	19.2	22.8	26.5	30.2	33.9	37.7
	450	1.47	3.46	5.94	8.74	11.8	15.0	18.4	21.9	25.5	29.2	32.9	36.6
	500	1.34	3.21	5.56	8.23	11.2	14.3	17.6	21.0	24.6	28.2	31.9	35.6
	600	1.15	2.79	4.91	7.34	10.1	13.0	16.2	19.5	22.9	26.4	30.0	33.6
	700	1.00	2.47	4.38	6.61	9.13	11.9	14.9	18.1	21.3	24.7	28.2	31.8
	800	0.88	2.21	3.94	5.99	8.33	11.0	13.8	16.8	20.0	23.2	26.6	30.1
	900	0.79	2.00	3.58	5.46	7.65	10.1	12.8	15.7	18.7	21.9	25.1	28.5

도움표 2.1.13(6) 편심하중을 받는 볼트군의 계수 C

하중각도=75°

볼트군은 다음 식을 만족하도록 배열하여야 한다.

$\phi R_n \geq P_u$
또는
$C \geq P_u / \phi r_n$

ϕR_n : 볼트군의 설계강도(= $C \times \phi r_n$)
C : 도움표 상의 볼트군의 계수
ϕr_n : 볼트 1개당 설계강도
P_u : 계수하중
e_x : 하중의 수평방향 편심
s : 수직열의 볼트 간격

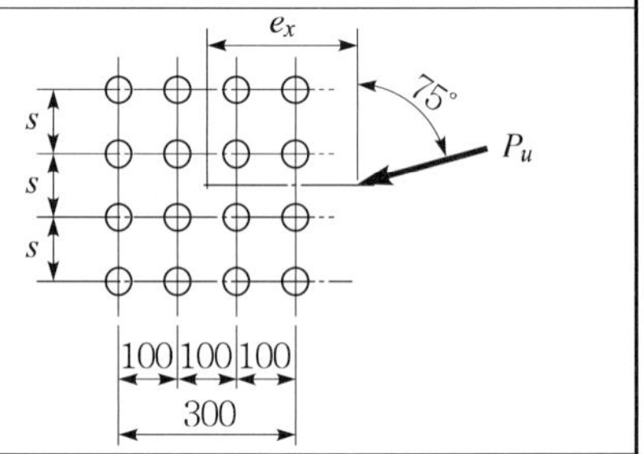

s mm	e_x mm	수직열 당 볼트 수											
		1	2	3	4	5	6	7	8	9	10	11	12
75	50	3.89	7.75	11.6	15.4	19.3	23.1	26.9	30.7	34.5	38.4	42.2	46.0
	60	3.87	7.72	11.5	15.3	19.1	22.9	26.7	30.5	34.3	38.1	42.0	45.8
	70	3.85	7.68	11.5	15.3	19.0	22.8	26.6	30.3	34.1	37.9	41.7	45.5
	80	3.83	7.64	11.4	15.2	18.9	22.6	26.4	30.1	33.9	37.7	41.5	45.3
	90	3.81	7.59	11.3	15.1	18.8	22.5	26.2	29.9	33.7	37.4	41.2	45.0
	100	3.79	7.54	11.3	15.0	18.6	22.3	26.0	29.7	33.5	37.2	41.0	44.7
	150	3.64	7.25	10.8	14.4	17.9	21.5	25.1	28.7	32.4	36.0	39.7	43.4
	200	3.47	6.90	10.3	13.7	17.2	20.6	24.1	27.7	31.2	34.9	38.5	42.2
	250	3.27	6.52	9.77	13.0	16.4	19.7	23.2	26.6	30.2	33.7	37.3	40.9
	300	3.07	6.13	9.23	12.4	15.6	18.9	22.3	25.7	29.1	32.6	36.2	39.8
	350	2.87	5.76	8.71	11.7	14.9	18.1	21.4	24.7	28.1	31.6	35.1	38.6
	400	2.68	5.40	8.22	11.1	14.2	17.3	20.5	23.8	27.2	30.6	34.1	37.6
	450	2.50	5.07	7.76	10.6	13.5	16.6	19.7	23.0	26.3	29.7	33.1	36.6
	500	2.34	4.76	7.33	10.0	12.9	15.9	19.0	22.2	25.4	28.8	32.2	35.6
	600	2.06	4.23	6.57	9.10	11.8	14.6	17.6	20.7	23.8	27.1	30.4	33.7
	700	1.82	3.78	5.94	8.30	10.8	13.5	16.4	19.3	22.4	25.5	28.7	32.0
	800	1.63	3.41	5.41	7.61	10.0	12.6	15.3	18.1	21.0	24.1	27.2	30.4
	900	1.48	3.11	4.95	7.01	9.26	11.7	14.3	17.0	19.8	22.8	25.8	28.9
150	50	3.89	7.73	11.6	15.4	19.2	23.0	26.9	30.8	34.6	38.5	42.4	46.3
	60	3.87	7.70	11.5	15.3	19.1	22.9	26.8	30.6	34.5	38.4	42.3	46.1
	70	3.85	7.66	11.4	15.2	19.0	22.8	26.6	30.5	34.3	38.2	42.1	46.0
	80	3.83	7.61	11.4	15.1	18.9	22.7	26.5	30.3	34.2	38.0	41.9	45.8
	90	3.81	7.56	11.3	15.0	18.8	22.5	26.4	30.2	34.0	37.9	41.8	45.6
	100	3.79	7.51	11.2	14.9	18.7	22.4	26.2	30.0	33.9	37.7	41.6	45.5
	150	3.64	7.22	10.8	14.4	18.1	21.8	25.5	29.3	33.1	36.9	40.8	44.6
	200	3.47	6.90	10.4	13.9	17.5	21.1	24.8	28.6	32.4	36.2	40.0	43.8
	250	3.27	6.55	9.92	13.4	16.9	20.5	24.2	27.9	31.7	35.4	39.2	43.0
	300	3.07	6.21	9.48	12.9	16.4	19.9	23.6	27.2	31.0	34.7	38.5	42.3
	350	2.87	5.88	9.06	12.4	15.8	19.4	23.0	26.6	30.3	34.0	37.8	41.6
	400	2.68	5.56	8.67	11.9	15.3	18.8	22.4	26.0	29.7	33.4	37.1	40.9
	450	2.50	5.27	8.29	11.5	14.9	18.3	21.9	25.4	29.1	32.7	36.5	40.2
	500	2.34	4.99	7.93	11.1	14.4	17.8	21.3	24.9	28.5	32.1	35.8	39.5
	600	2.06	4.50	7.29	10.3	13.6	16.9	20.4	23.9	27.4	31.0	34.6	38.3
	700	1.82	4.08	6.73	9.67	12.8	16.1	19.4	22.9	26.4	30.0	33.6	37.2
	800	1.63	3.73	6.25	9.06	12.1	15.3	18.6	22.0	25.4	28.9	32.5	36.1
	900	1.48	3.43	5.82	8.51	11.4	14.5	17.7	21.1	24.5	28.0	31.5	35.1

도움표 2.1.14 고장력볼트 구성품의 치수, mm

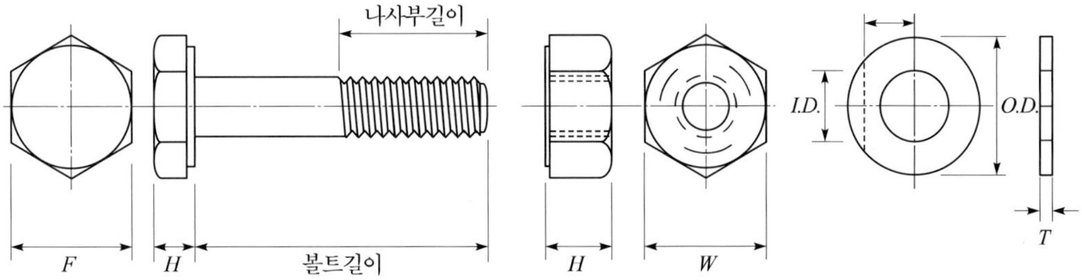

치수[1)]			볼트의 호칭					
			M16	M20	M22	M24	M27	M30
볼트	F		27	32	36	41	46	50
	H		10	13	14	15	17	19
	나사부 길이		30	35	40	45	50	55
	볼트길이 = 조임두께 + →	양면와셔	30	35	40	45	50	55
		편면와셔	25	30	35	40	40	50
너트	W		27	32	36	41	46	50
	H		16	20	22	24	27	30
와셔	O.D.		32	40	44	48	56	60
	I.D.		17	21	23	25	28	31
	T		4.5	4.5	6	6	6	8
	최소연단거리, E [2)]		14	17	20	22	25	28

1) 허용오차는 KS B 1010에 따름.
2) 모떼기 와셔에 적용함.

도움표 2.1.15 고장력볼트의 최소설치간격, mm

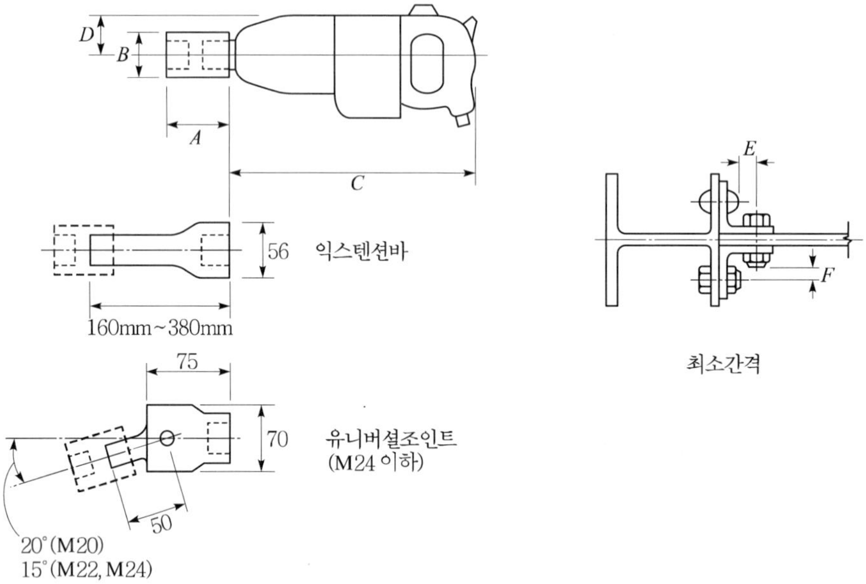

볼트의 호칭	소켓		렌치		최소간격	
	A	B	C	D	E	F
M16	80	45	337~356	54	25	28
M20	85	54	337~356	54	30	34
M22	90	57	337~356	54	32	36
M24	95	60	337~356	54	34	38
			375~438	64		
M27	100	70	375~438	64	38	42
M30	110	75	375~438	64	41	45

도움표 2.2.1-1 용접부상세 표시 약어 및 제한사항

구분	내용
이음형상 기호	B – 맞댐이음(butt joint) BC – 맞댐 이음 또는 모서리이음 C – 모서리이음(corner joint) TC – T-이음 또는 모서리이음 T – T형이음(T-joint) BTC – 맞댐이음, T-이음 또는 모서리이음
용접종류	SMAW – 실드메탈아크용접 FCAW – 플럭스코아드아크용접 GMAW – 가스메탈아크용접 SAW – 서브머지드아크용접
용접종류 기호	기호없음 – SMAW S – SAW G – GMAW F – FCAW
용접자세 기호	F – 하향(flat) H – 수평(horizontal) V – 수직(vertical) OH – 상향(overhead)
치수 기호	R – 루트간격(Root Opening) α, β – 홈각도(Groove Angles) f – 루트면(Root Face) r – J형홈 또는 U형홈의 개선반경, C – 플레어-V홈용접부 또는 플레어-베벨홈용접부의 곡면반경 S, S1, S2 – 부분용입용접부의 홈 깊이 E, E1, E2 – 부분용입용접부의 S, S1, S2에 대응하는 용접부치수
용접부 호칭	용접부 호칭이 중복되는 경우 소문자 a, b, c 등을 덧붙여서 이를 세분함.
용입깊이와 모재두께 제한 기호	P – 부분용입용접부 L – 두께의 제한이 있는 완전용입용접부 U – 두께의 제한이 없는 완전용입용접부
그루브형상 기호	1 – I형 그루브 (square groove) 6 – 일면U형 그루브(single-U-groove) 2 – 일면V형 그루브(single-V-groove) 7 – 양면U형 그루브(double-U-groove) 3 – 양면V형 그루브(double-V-groove) 8 – 일면J형 그루브(single-J-groove) 4 – 일면개선 그루브(single-bevel-groove) 9 – 양면J형 그루브 (double-J-groove) 5 – 양면개선 그루브(double-bevel-groove) 10 – 플레어개선 그루브(flare-bevel-groove)

인증용접이음부 제한사항

1) 단락이행 가스메탈아크용접(GMAW-S)과 가스텅스텐아크용접(GTAW)에 대한 용접부는 인증되지 않았음. AWS D1.1 Annex A 참조
2) 이음부는 한 면에서만 용접한다.
3) 반복하중을 받는 이음부는 수평 용접자세만 사용하도록 제한한다.
4) 두 번째 면을 용접하기 전에 루트부분에서 견실한 금속까지 뒷면가우징(backgouge)을 해야 한다.
5) SMAW의 인증용접부를 GMAW(GMAW-S 제외) 및 FCAW에서도 인증용접부로 사용할 수 있다.
6) 용접부 치수(E)는 표 2.2.4a의 최소값 이상이어야 하며 S는 도면상에 명시된 값으로 한다.
7) 정적하중을 받는 구조물의 모서리이음부와 T형이음부의 그루브용접부를 보강하기 위하여 필릿용접부를 사용할 경우 용접부칫수는 $T_1/4$ 이상이어야 하나 10mm를 초과할 필요는 없다. 반복하중을 받는 구조물의 모서리이음부와 T형이음부의 그루브용접부는 필릿용접부로 보강하여야 하며 용접부 치수는 $T_1/4$ 이상이어야 하나 10mm를 초과할 필요는 없다.
8) 양면 그루브용접부는 그루브 깊이를 다르게 할 수 있으며 얕은 그루브의 깊이는 얇은 모재두께의 1/4이상이어야 한다.
9) 제한사항 6을 만족한다면 양면 그루브용접부는 그루브 깊이를 다르게 할 수 있으며 용접부 치수(E)는 각 그루브에 적용하여야 한다.
10) 이음부에서 두 모재 사이의 각도는 맞댐이음은 135°~180°, 모서리이음은 45°~135°, T형이음은 45°~90°로 할 수 있다.
11) 모서리이음에서 기본적인 그루브의 형상이 변하지 않고, 과도한 단부용융 없이 용접작업을 할 수 있도록 단부거리가 적절하게 유지된다면 바깥쪽 그루브는 모재의 어느 한쪽 또는 양쪽 모두에 둘 수 있다.
12) 용접부 치수(E)는 평평하게 용접한 이음부를 기준으로 한다.
13) 각형강관 단면에 대한 플레어-V 그루브용접부와 플레어-베벨 그루브용접부에서 곡면반경 C는 부재 두께의 2배로 한다.
14) 곡면반경 C가 서로 다른 면에 대한 플레어-V 그루브용접부는 작은 쪽 C를 사용한다.

도움표 2.2.1-2 용접부상세 기호

기본 용접부 기호

뒷면(이면) Back	필릿(모살) Fillet	프러그 또는 슬롯	그루브 또는 홈						
			I형 Square	브이 V	개선 Bevel	유 U	제이 J	플레어 V	플레어베벨

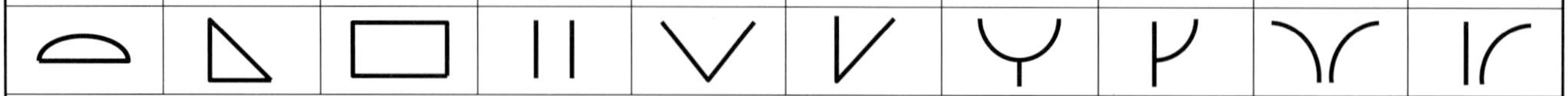

보조 용접부 기호

뒷댐재 Backing	간격재 Spacer	일주용접부 Weld All Around	현장용접부 Field Weld	표면형상			기타 기본 및 보조 용접부기호는 KS B 0052(AWS A2.4)참조
				민면 Flush	볼록 Convex	오목 Concave	

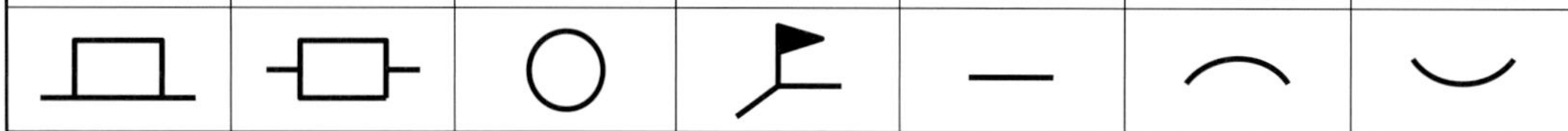

용접기호 요소들의 표준 위치

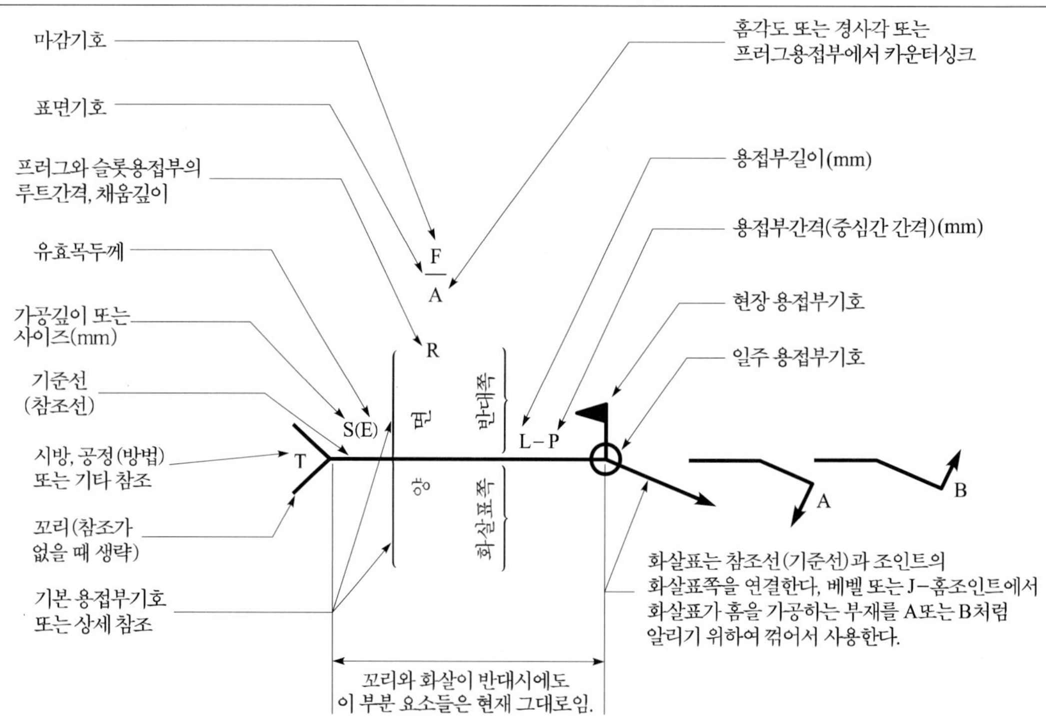

주 :

1) 사이즈, 용접부기호, 용접부길이 및 간격을 왼쪽부터 오른쪽으로 기준선(참조선)을 따라 순서대로 읽는다. 기준선의 방향이나 화살표의 위치에 따라 이 법칙(순서)은 바뀌지 않는다.
2) 용접부기호 의 수직선(다리)은 언제나 왼쪽에 둔다.
3) 화살표쪽 용접부와 반대쪽 용접부는 별도로 표시하지 않는 한 동일한 사이즈다. 필릿용접부치수는 화살표쪽과 반대쪽 기호 모두에 기재해야 한다.
4) 현장용접부기호(깃발)는 꼬리쪽을 향하여 표시한다.
5) 기호들은 일주용접부 또는 기재된 치수에 의해 결정되지 않는 한 용접방향이 급격하게 변경되는 사이에 적용한다.
6) 강구조공사에서는 스티프너와 같은 보강재를 웨브 또는 거셋플레이트의 양면에 동일하게 용접하는 경우가 자주 발생하는데, 이 용접기호들로는 후면의 보강재에 대한 사양을 명시적으로 나타낼 수 없다. 따라서 상세자재의 수량산출서에 후면에도 전면과 동일한 보강재가 있음을 명시하여 후면의 보강재도 전면과 동일하게 용접하도록 하는 것이 업계의 관행이다.

도움표 2.2.2 필릿용접부상세

1) 겹침이음부 연단 필릿용접부의 최대 용접부치수

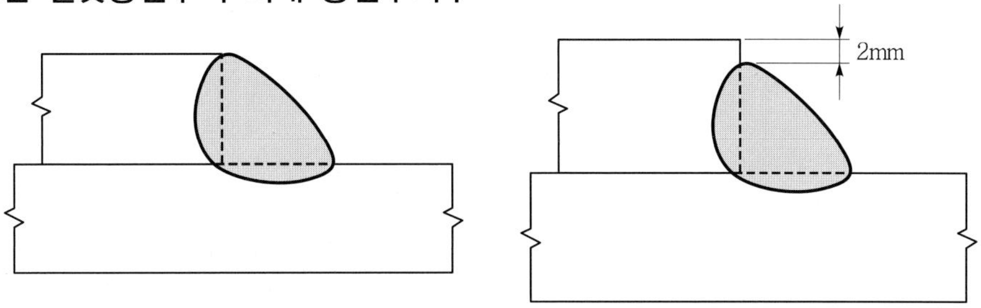

모재두께
6mm 미만

(A)

모재두께
6mm 이상

(B)

2) 빗각 T형 이음부 필릿용접부상세

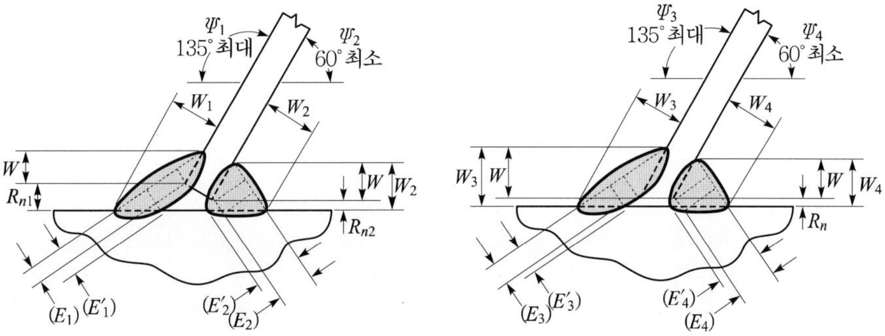

(A)

(B)

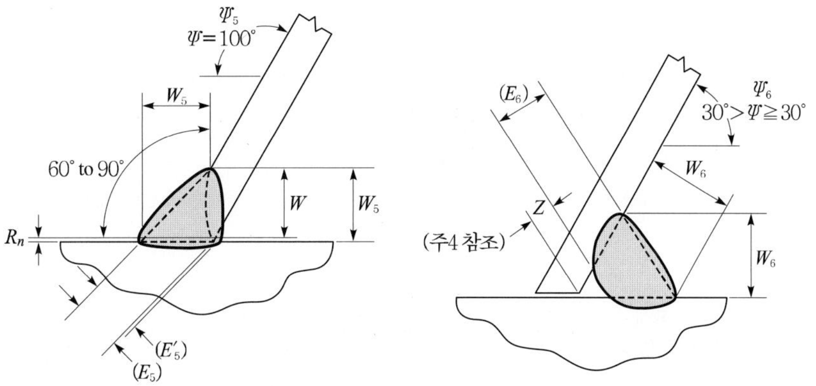

(C)

(D) (주5 참조)

주 :

1. (E_n), (E_n') = 루트간격(R_n)에 따른 유효목두께. AWS D1.1 5.22.1 참조. 아래 첨자 n은 1, 2, 3, 4, 5 또는 6을 나타냄.
2. t = 얇은 쪽 두께
3. 단락이행 가스메탈아크용접(GMAW-S)과 가스텅스텐아크용접(GTAW)에 대한 용접부는 인증하지 않음. AWS D1.1 Annex A 참조
4. 그림 D에서 유효목두께는 AWS D1.1 TABLE2.2의 Z 감소치수를 적용하여 산정함.
5. 그림 D에서 30° 이하의 각도에 대해서는 인증하지 않음. 용접사에 대한 심사는 AWS D1.1 TABLE4.10 참조
6. 부분용입용접부로 고려한다면 60° 이하의 각도도 허용함.

도움표 2.2.3-1 부분용입 용접부상세 (PJP)

치수단위 mm

(1) I형 그루브용접부 - 맞댐이음

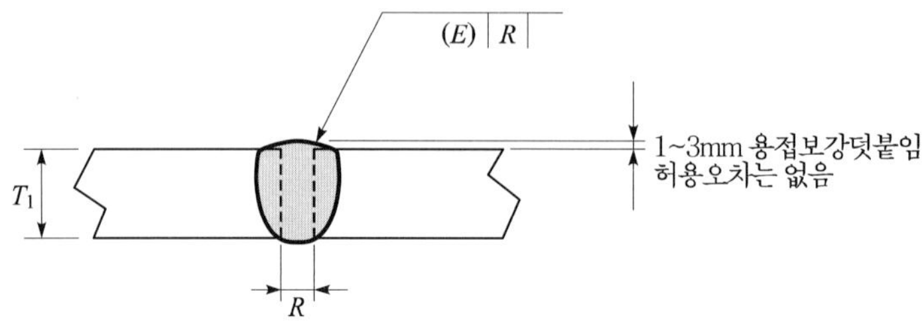

용접방법	이음부 호칭	모재 두께 (U=제한 없음)		홈가공			허용용접 자세	용접부 치수(E)	도움표 2.2.1-1 제한사항
		T_1	T_2	루트간격	허용오차 설계 시	허용오차 조립 시			
SMAW	B-P1a	3	-	R=0~2	+2, -0	±2	전자세	$T_1 - 1$	2
	B-P1c	최대 6	-	$R=\frac{T_1}{2}$	+2, -0	±2	전자세	$\frac{T_1}{2}$	2
GMAW FCAW	B-P1a-GF	3	-	R=0~2	+2, -0	±2	전자세	$T_1 - 1$	2.5
	B-P1c-GF	최대 6	-	$R=\frac{T_1}{2}$	+2, -0	±2	전자세	$\frac{T_1}{2}$	2.5

(2) I형 그루브용접부 - 맞댐이음

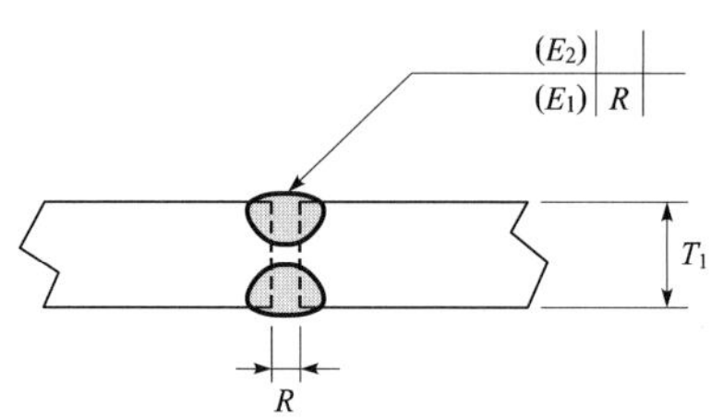

$$E_1 + E_2 \leq \frac{3T_1}{4}$$

용접방법	이음부 호칭	모재 두께 (U=제한 없음)		홈가공			허용용접 자세	용접부 치수 (E_1+E_2)	도움표 2.2.1-1 제한사항
		T_1	T_2	루트간격	허용오차 설계 시	허용오차 조립 시			
SMAW	B-P1b	최대 6	-	$R=\frac{T_1}{2}$	+2, -0	±2	전자세	$\frac{3T_1}{4}$	
GMAW FCAW	B-P1b-GF	최대 6	-	$R=\frac{T_1}{2}$	+2, -0	±2	전자세	$\frac{3T_1}{4}$	5

도움표 2.2.3-2 부분용입 용접부상세 (PJP)

치수단위 mm

(3) 일면 V-그루브용접부 - 맞댐이음, 모서리이음

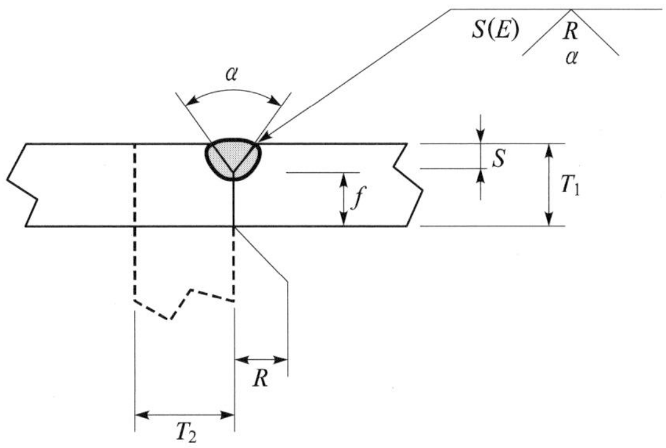

용접방법	이음부 호칭	모재 두께 (U=제한 없음)		홈가공			허용용접 자세	용접부 치수 (E)	도움표 2.2.1-1 제한사항
				루트간격 루트면 홈각도	허용오차 (U=제한 없음)				
		T_1	T_2		설계 시	조립 시			
SMAW	BC-P2	최소 6	U	R=0 f=1 최소 α=60°	+2, −0 +U, −0 +10°, −0°	+3, −2 ±2 +10°, −5°	전자세	S	2,5,6,10
GMAW FCAW	BC-P2-GF	최소 6	U	R=0 f=3 최소 α=60°	+2, −0 +U, −0 +10°, −0°	+3, −2 ±2 +10°, −5°	전자세	S	1,2,6,10
SAW	BC-P2-S	최소 11	U	R=0 f=6 최소 α=60°	±0 +U, −0 +10°, −0°	+2, −0 ±2 +10°, −5°	F	S	2,6,10

도움표 2.2.3-2 부분용입 용접부상세 (PJP)

치수단위 mm

(4) 양면 V-그루브용접부 – 맞댐이음

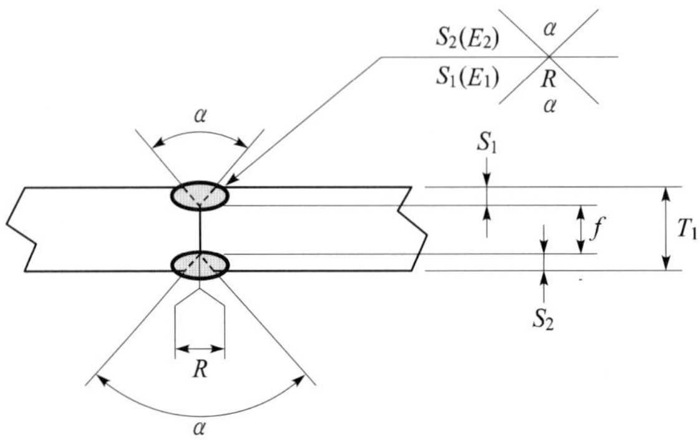

용접방법	이음부 호칭	모재 두께		홈가공			허용용접 자세	용접부 치수 (E_1+E_2)	도움표 2.2.1-1 제한사항
				루트간격 루트면 홈각도	허용오차 (U=제한 없음)				
		T1	T2		설계 시	조립 시			
SMAW	B-P3	최소 12	–	R=0 f=3 최소 α =60°	+2, −0 +U, −0 +10°, −0°	+3,−2 ±2 +10°, −5°	전자세	S_1+S_2	5,6,9,10
GMAW FCAW	B-P3-GF	최소 12	–	R=0 f=3 최소 α =60°	+2, −0 +U, −0 +10°, −0°	+3,−2 ±2 +10°, −5°	전자세	S_1+S_2	1,6,9,10
SAW	B-P3-S	최소 20	–	R=0 f=6 최소 α =60°	±0 +U, −0 +10°, −0°	+2,−0 ±2 +10°, −5°	F	S_1+S_2	6,9,10

도움표 2.2.3-3 부분용입 용접부상세 (PJP)

치수단위 mm

(5) 일면개선-그루브용접부 - 맞댐이음, T-이음, 모서리이음

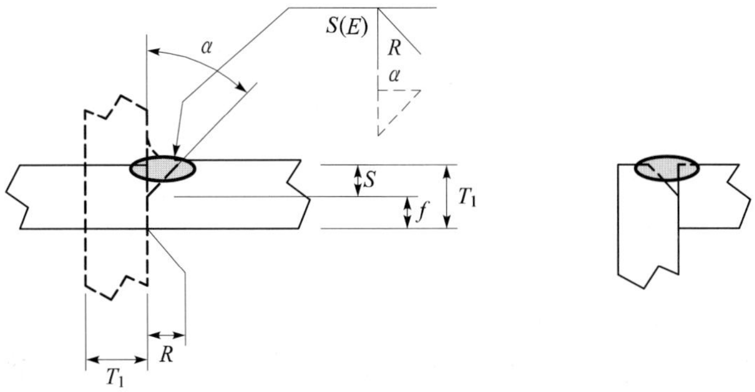

용접방법	이음부 호칭	모재 두께 (U=제한 없음)		홈가공			허용용접 자세	용접부 치수 (E)	도움표 2.2.1-1 제한사항
				루트간격 루트면 홈각도	허용오차 (U=제한 없음)				
		T_1	T_2		설계 시	조립 시			
SMAW	BTC-P4	U	U	R=0 f=3 최소 α =45°	+2, −0 +U, −0 +10°, −0°	+3, −2 ±2 +10°, −5°	전자세	S-3	2,5,6, 7,10,11
GMAW FCAW	BTC-P4-GF	최소 6	U	R=0 f=3 최소 α =45°	+2, −0 +U, −0 +10°, −0°	+3, −2 ±2 +10°, −5°	F,H	S	1,2,6, 7,10,11
							V,OH	S-3	
SAW	TC-P4-S	최소 11	U	R=0 f=6 최소 α =60°	±0 +U, −0 +10°, −0°	+2, −0 ±2 +10°, −5°	F	S	2,6,7, 10,11

도움표 2.2.3-3 부분용입 용접부상세 (PJP)

치수단위 mm

(6) 양면개선-그루브용접부 - 맞댐이음, T-이음, 모서리이음

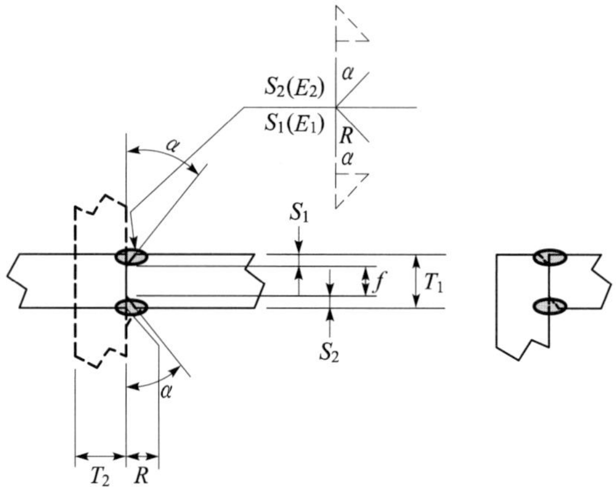

용접방법	이음부 호칭	모재 두께 (U=제한 없음)		홈가공			허용용접 자세	용접부 치수 (E1+E2)	도움표 2.2.1-1 제한사항
				루트간격 루트면 홈각도	허용오차 (U=제한 없음)				
		T_1	T_2		설계 시	조립 시			
SMAW	BTC-P5	최소 8	U	R=0 f=3 최소 α =45°	+2, −0 +U, −0 +10°, −0°	+3, −2 ±2 +10°, −5°	전자세	S_1+S_2 −6	5,6,7, 9,10,11
GMAW FCAW	BTC-P5-GF	최소 12	U	R=0 f=3 최소 α =45°	+2, −0 +U, −0 +10°, −0°	+3, −2 ±2 +10°, −5°	F,H	S_1+S_2	1,6,7,9 10,11
							V,OH	S_1+S_2 −6	
SAW	TC-P5-S	최소 20	U	R=0 f=6 최소 α =60°	±0 +U, −0 +10°, −0°	+2, −0 ±2 +10°, −5°	F	S_1+S_2	6,7,9, 10,11

도움표 2.2.3-4 부분용입 용접부상세 (PJP)

치수단위 mm

(7) 일면 U형-그루브용접부 - 맞댐이음, 모서리이음

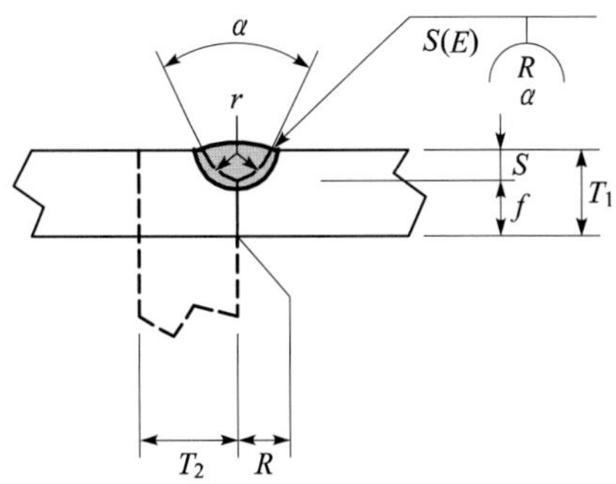

용접방법	이음부 호칭	모재 두께 (U=제한 없음)		홈가공			허용용접 자세	용접부 치수 (E)	도움표 2.2.1-1 제한사항
				루트간격 루트면 개선반경 홈각도	허용오차 (U=제한 없음)				
		T_1	T_2		설계 시	조립 시			
SMAW	BC-P6	최소 6	U	R=0 f=1 최소 r=6 α =45°	+2, −0 +U, −0 +6, −0 +10°, −0°	+3, −2 ±2 ±2 +10°, −5°	전자세	S	2,5,6,10
GMAW FCAW	BC-P6-GF	최소 6	U	R=0 f=3 최소 r=6 α =20°	+2, −0 +U, −0 +6, −0 +10°, −0°	+3, −2 ±2 ±2 +10°, −5°	전자세	S	1,2,6,10
SAW	BC-P6-S	최소 11	U	R=0 f=6 최소 r=6 α =20°	±0 +U, −0 +6, −0 +10°, −0°	+2, −0 ±2 ±2 +10°, −5°	F	S	2,6,10

도움표 2.2.3-4 부분용입 용접부상세 (PJP)

치수단위 mm

(8) 양면 U형-그루브용접부 - 맞댐이음

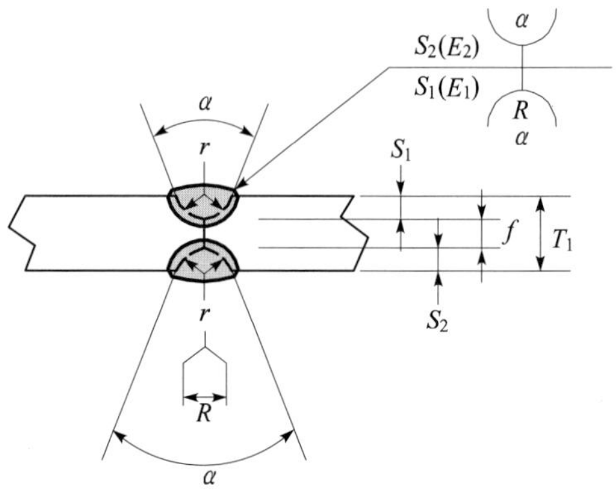

용접방법	이음부 호칭	모재 두께		홈가공			허용용접 자세	용접부 치수 (E_1+E_2)	도움표 2.2.1-1 제한사항
				루트간격 루트면 개선반경 홈각도	허용오차 (U=제한 없음)				
		T_1	T_2		설계 시	조립 시			
SMAW	B-P7	최소 12	–	R=0 f=3 최소 r=6 α =45°	+2, −0 +U, −0 +6, −0 +10°, −0°	+3, −2 ±2 ±2 +10°, −5°	전자세	S_1+S_2	5,6,9,10
GMAW FCAW	B-P7-GF	최소 12	–	R=0 f=3 최소 r=6 α =20°	+2, −0 +U, −0 +6, −0 +10°, −0°	+3, −2 ±2 ±2 +10°, −5°	전자세	S_1+S_2	1,6,9,10
SAW	B-P7-S	최소 20	–	R=0 f=6 최소 r=6 α =20°	±0 +U, −0 +6, −0 +10°, −0°	+2, −0 ±2 ±2 +10°, −5°	F	S_1+S_2	6,9,10

도움표 2.2.3-5 부분용입 용접부상세 (PJP)

치수단위 mm

(9) 일면 J형-그루브용접부 - 맞댐이음, T-이음, 모서리이음

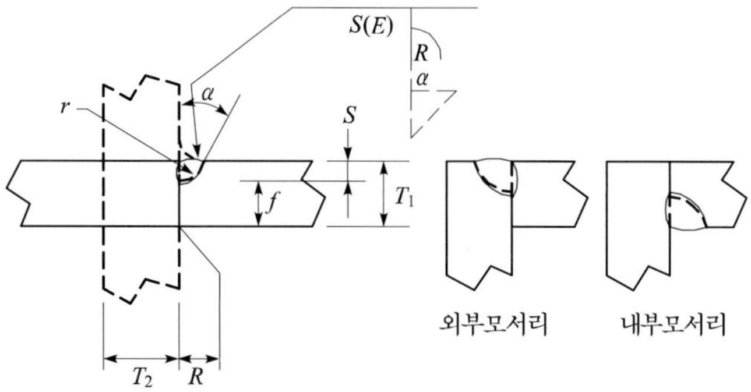

용접방법	이음부 호칭	모재 두께 (U=제한 없음) T1	모재 두께 (U=제한 없음) T2	홈가공: 루트간격 루트면 개선반경 홈각도	허용오차 (U=제한 없음) 설계 시	허용오차 (U=제한 없음) 조립 시	허용용접 자세	용접부 치수 (E)	도움표 2.2.1-1 제한사항
SMAW	B-P8	최소 6	–	R=0 f=3 최소 r=10 α =30°	+2, −0 +U, −0 +6, −0 +10°, −0°	+3,−2 ±2 ±2 +10°, −5°	전자세	S	5,6,7, 10,11
	TC-P8	최소 6	U	R=0 f=3 최소 r=10 $α_{oc}$=30°* $α_{ic}$=45°**	+2, −0 +U, −0 +6, −0 +10°, −0° +10°, −0°	+3,−2 ±2 ±2 +10°, −5° +10°, −5°	전자세	S	5,6,7, 10,11
GMAW FCAW	B-P8-GF	최소 6	–	R=0 f=3 최소 r=10 α =30°	+2, −0 +U, −0 +6, −0 +10°, −0°	+3,−2 ±2 ±2 +10°, −5°	전자세	S	1,6,7, 10,11
	TC-P8-GF	최소 6	U	R=0 f=3 최소 r=10 $α_{oc}$=30°* $α_{ic}$=45°**	+2, −0 +U, −0 +6, −0 +10°, −0° +10°, −0°	+3,−2 ±2 ±2 +10°, −5° +10°, −5°	전자세	S	1,6,7, 10,11
SAW	B-P8-S	최소 11	–	R=0 f=6 최소 r=12 α =20°	±0 +U, −0 +6, −0 +10°, −0°	+2,−0 ±2 ±2 +10°, −5°	F	S	6,7,10,11
	TC-P8-S	최소 11	U	R=0 f=6 최소 r=12 $α_{oc}$=20°* $α_{ic}$=45°**	±0 +U, −0 +6, −0 +10°, −0° +10°, −0°	+2,−0 ±2 ±2 +10°, −5° +10°, −5°	F	S	6,7,10,11

주 :

* 외부모서리 홈각도

** 내부모서리 홈각도

도움표 2.2.3-6 부분용입 용접부상세 (PJP)

치수단위 mm

(10) 양면 J형-그루브용접부- 맞댐이음, T-이음, 모서리이음

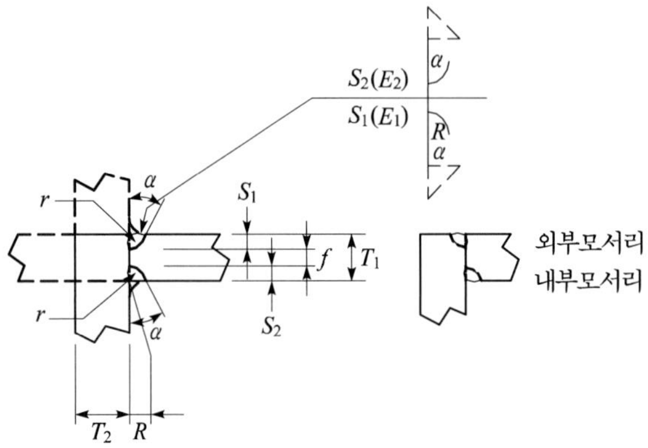

용접방법	이음부 호칭	모재 두께 (U=제한 없음)		홈가공			허용용접 자세	용접부 치수 (E_1+E_2)	도움표 2.2.1-1 제한사항
				루트간격 루트면 개선반경 홈각도	허용오차 (U=제한 없음)				
		T_1	T_2		설계 시	조립 시			
SMAW	B-P9	최소 12	–	R=0 f=3 최소 r=10 α =30°	+2, −0 +U, −0 +6, −0 +10°, −0°	+3,−2 ±2 ±2 +10°, −5°	전자세	S_1+S_2	5,6,7, 9,10,11
	TC-P9	최소 12	U	R=0 f=3 최소 r=10 α_{oc}=30°* α_{ic}=45°**	+2, −0 +U, −0 +6, −0 +10°, −0°	+3,−2 ±2 ±2 +10°, −5° +10°, −5°	전자세	S_1+S_2	5,6,7, 9,10,11
GMAW FCAW	B-P9-GF	최소 6	–	R=0 f=3 최소 r=10 α =30°	+2, −0 +U, −0 +6, −0 +10°, −0°	+3,−2 ±2 ±2 +10°, −5°	전자세	S_1+S_2	1,6,7, 9,10,11
	TC-P9-GF	최소 6	U	R=0 f=3 최소 r=10 α_{oc}=30°* α_{ic}=45°**	+2, −0 +U, −0 +6, −0 +10°, −0°	+3,−2 ±2 ±2 +10°, −5° +10°, −5°	전자세	S_1+S_2	1,6,7, 9,10,11
SAW	B-P9-S	최소 20	–	R=0 f=6 최소 r=12 α =20°	±0 +U, −0 +6, −0 +10°, −0°	+2,−0 ±2 ±2 +10°, −5°	F	S_1+S_2	6,7,9, 10,11
	TC-P9-S	최소 20	U	R=0 f=6 최소 r=12 α_{oc}=20°* α_{ic}=45°**	±0 +U, −0 +6, −0 +10°, −0°	+2,−0 ±2 ±2 +10°, −5° +10°, −5°	F	S_1+S_2	6,7,9, 10,11

도움표 2.2.3-7 플레어 용접부상세

치수단위 mm

(11) 플레어 베벨-그루브용접부 - 맞댐이음, T-이음, 모서리이음

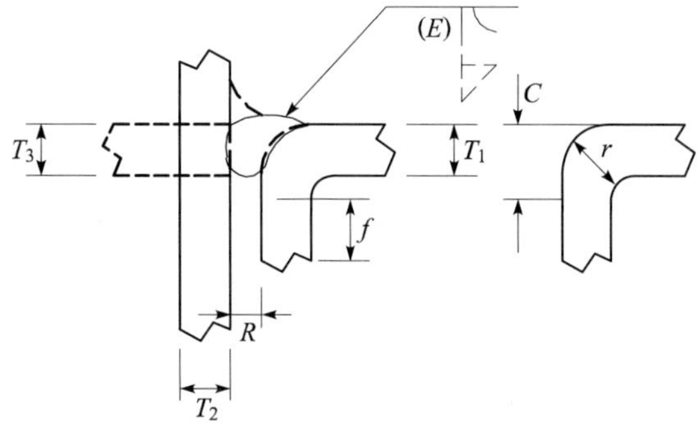

용접방법	이음부 호칭	모재 두께 (U=제한 없음)			홈가공			허용용접 자세	용접부 치수 (S)	도움표 2.2.1-1 제한사항
					루트간격 루트면 곡면반경	허용오차 (U=제한 없음)				
		T_1	T_2	T_3		설계 시	조립 시			
SMAW FCAW-S	BTC-P10	최소 5	U	최소 T_1	R=0 f=5 최소 r=$\frac{3T_1}{4}$ 최소	+2, −0 +U, −0 +U, −0	+3, −2 +U, −2 +U, −0	전자세	$\frac{5}{8}T_1$	5,7,10,12
GMAW FCAW-G	BTC-P10-GF	최소 5	U	최소 T_1	R=0 f=5 최소 r=$\frac{3T_1}{4}$ 최소	+2, −0 +U, −0 +U, −0	+3, −2 +U, −2 +U, −0	전자세	$\frac{5}{4}T_1$	1,7,10,12, 13
SAW	B-P10-S	최소 12	최소 12	N/A	R=0 f=12최소 r=$\frac{3T_1}{4}$ 최소	±0 +U, −0 +U, −0	+2, −0 +U, −2 +U, −0	F	$\frac{5}{8}T_1$	7,10,12,13

도움표 2.2.3-8 플레어 용접부상세

치수단위 mm

(12) 플레어-V-그루브용접부 - 맞댐이음

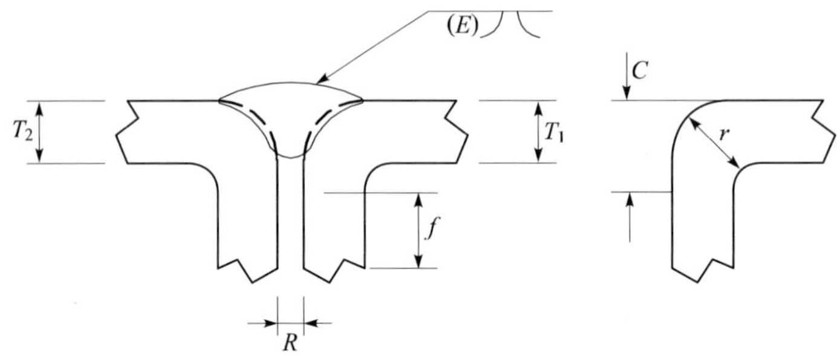

용접방법	이음부 호칭	모재 두께 (U=제한 없음)		홈가공			허용용접 자세	용접부 치수 (S)	도움표 2.2.1-1 제한사항
				루트간격 루트면 곡면반경	허용오차 (U=제한 없음)				
		T_1	T_2		설계 시	조립 시			
SMAW FCAW-S	B-P11	최소 5	최소 T_1	R=0 f=5 최소 $r=\frac{3T_1}{2}$최소	+2, -0 +U, -0 +U, -0	+3, -2 +U, -2 +U, -0	전자세	$\frac{5}{4}T_1$	5,10,12,13, 14
GMAW FCAW-G	B-P11-GF	최소 5	최소 T_1	R=0 f=5 최소 $r=\frac{3T_1}{2}$최소	+2, -0 +U, -0 +U, -0	+3, -2 +U, -2 +U, -0	전자세	$\frac{3}{2}T_1$	1,10,12,13, 14
SAW	B-P11-S	최소 12	최소 T_1	R=0 f=12최소 $r=\frac{3T_1}{2}$최소	±0 +U, -0 +U, -0	+2, -0 +U, -2 +U, -0	F	T_1	10,12,13, 14

도움표 2.2.4-1 완전용입 용접부상세 (CJP)

치수단위 mm

(1) I형 그루브용접부 - 맞댐이음, 모서리이음

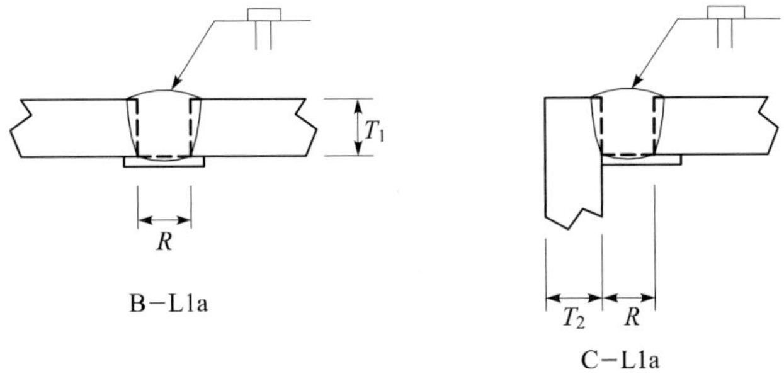

용접방법	이음부 호칭	모재 두께 (U=제한 없음)		홈가공			허용용접 자세	FCAW 용접 시 차폐가스	도움표 2.2.1-1 제한사항
				루트간격	허용오차				
		T_1	T_2		설계 시	조립 시			
SMAW	B-L1a	최대 6	–	$R=T_1$	+2, −0	+6, −2	전자세	–	5,10
SMAW	C-L1a	최대 6	U	$R=T_1$	+2, −0	+6, −2	전자세	–	5,10
FCAW GMAW	B-L1a-GF	최대 10	–	$R=T_1$	+2, −0	+6, −2	전자세	불필요	1,10

(2) I형 그루브용접부 - 맞댐이음

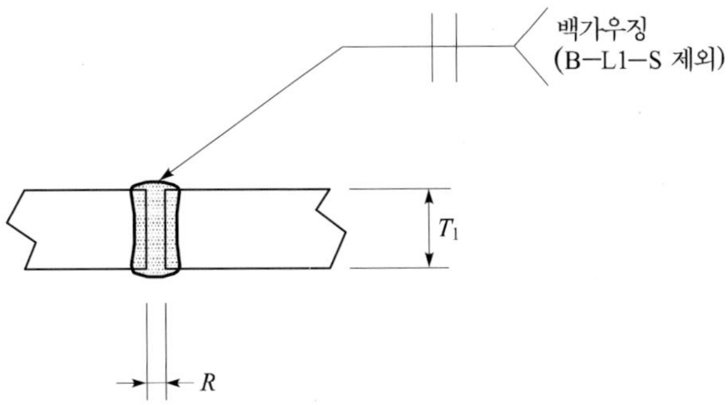

용접방법	이음부 호칭	모재 두께		홈가공			허용용접 자세	FCAW 용접 시 차폐가스	도움표 2.2.1-1 제한사항
				(U=제한없음)	루트간격				
		T_1	T_2		설계 시	조립 시			
SMAW	B-L1b	최대 6	–	$R=\frac{T_1}{2}$	+2, −0	+2, −3	전자세	–	4,5,10
FCAW GMAW	B-L1b-GF	최대 10	–	R=0∼3	+2, −0	+2, −3	전자세	불필요	1,4,10
SAW	B-L1-S	최대 10	–	R=0	±0	+2, −0	F	–	10
SAW	B-L1a-S	최대 16	–	R=0	±0	+2, −0	F	–	4,10

도움표 2.2.4-2 완전용입 용접부상세 (CJP)

치수단위 mm

(3) I형 그루브용접부 – T-이음, 모서리이음

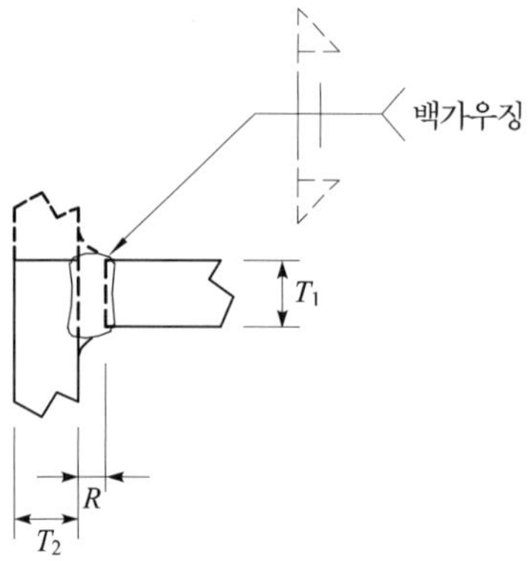

용접방법	이음부 호칭	모재 두께 (U=제한 없음)		홈가공			허용용접 자세	FCAW 용접 시 차폐가스	도움표 2.2.1-1 제한사항
		T_1	T_2	루트간격	허용오차				
					설계 시	조립 시			
SMAW	TC-L1b	최대 6	U	$R=\frac{T_1}{2}$	+2, −0	+2, −3	전자세	–	4,5,7
FCAW GMAW	TC-L1-GF	최대 10	U	R=0∼3	+2, −0	+2, −3	전자세	불필요	1,4,7
SAW	TC-L1-S	최대 10	U	R=0	±0	+2, −0	F	–	4,7

(4) 일면 V-그루브용접부 – 맞댐이음

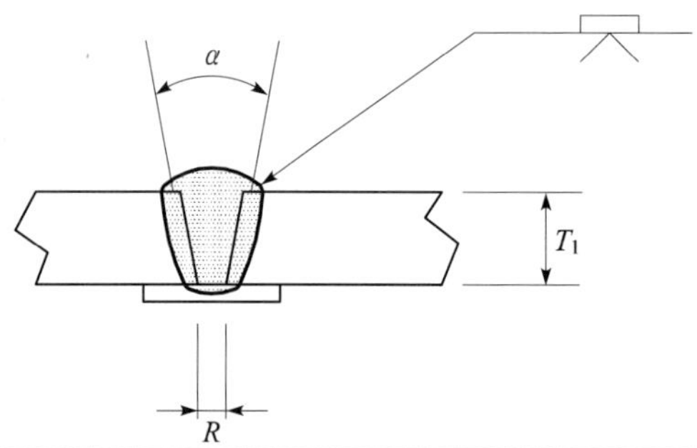

허용오차	
설계 시	조립 시
R=+2, −0	+6, −2
α =+10°, −0°	+10°, −5°

용접방법	이음부 호칭	모재 두께 (U=제한 없음)		홈가공		허용용접 자세	FCAW 용접 시 차폐가스	도움표 2.2.1-1 제한사항
		T_1	T_2	루트간격	홈각도			
SMAW	B-U2a	U	–	R=6	α =45°	전자세	–	5,10
				R=10	α =30°	F,V,OH	–	5,10
				R=10	α =20°	F,V,OH	–	5,10
GMAW FCAW	B-U2a-GF	U	–	R=5	α =30°	F,V,OH	필요	1,10
				R=10	α =30°	F,V,OH	불필요	1,10
				R=6	α =45°	F,V,OH	불필요	1,10
SAW	B-L2a-S	최대 50	–	R=6	α =30°	F	–	10
SAW	B-U2-S	U	–	R=16	α =20°	F	–	10

도움표 2.2.4-3 완전용입 용접부상세 (CJP)

치수단위 mm

(5) 일면 V-그루브용접부 – 모서리이음

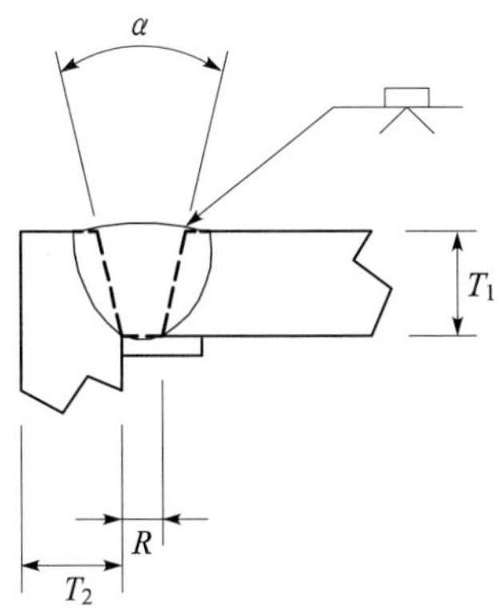

허용오차	
설계 시	조립 시
R=+2, −0	+6, −2
α =+10°, −0°	+10°, −5°

용접방법	이음부 호칭	모재 두께 (U=제한 없음)		홈가공		허용용접 자세	FCAW 용접 시 차폐가스	도움표 2.2.1-1 제한사항
		T_1	T_2	루트간격	홈각도			
SMAW	C-U2a	U	U	R=6	α =45°	전자세	–	5,10
				R=10	α =30°	F,V,OH	–	5,10
				R=12	α =20°	F,V,OH	–	5,10
GMAW FCAW	C-U2a-GF	U	U	R=5	α =30°	F,V,OH	필요	1
				R=10	α =30°	F,V,OH	불필요	1,10
				R=6	α =45°	F,V,OH	불필요	1,10
SAW	C-L2a-S	최대 50	U	R=6	α =30°	F	–	10
SAW	C-U2-S	U	U	R=16	α =20°	F	–	10

도움표 2.2.4-4 완전용입 용접부상세 (CJP)

치수단위 mm

(6) 일면 V-그루브용접부 - 맞댐이음

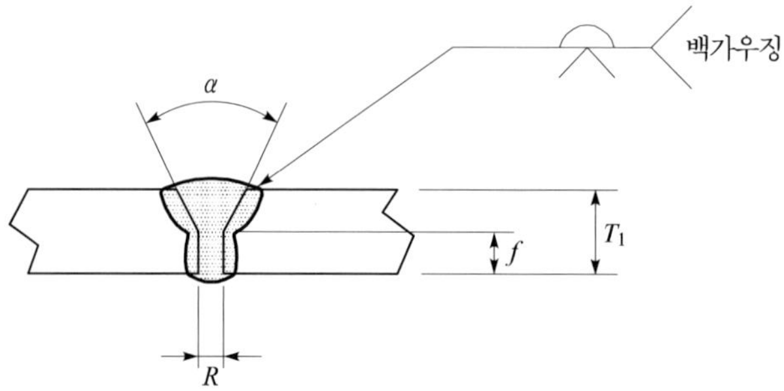

용접방법	이음부 호칭	모재 두께 (U=제한 없음)		홈가공			허용용접 자세	FCAW 용접 시 차폐가스	도움표 2.2.1-1 제한사항
		T_1	T_2	루트간격 루트면 홈각도	허용오차				
					설계 시	조립 시			
SMAW	B-U2	U	-	R=0~3 f=0~3 α =60°	+2, -0 +2, -0 +10°, -0°	+3,-2 제한 없음 +10°, -5°	전자세	-	4,5,10
GMAW FCAW	B-U2-GF	U	-	R=0~3 f=0~3 α =60°	+2, -0 +2, -0 +10°, -0°	+3,-2 제한 없음 +10°, -5°	전자세	불필요	1,4,10
SAW	B-L2c-S	12초과25까지	-	R=0 f=최대6 α =60°	R=±0 f=+0, -f α =+10°, -0°	+2, -0 ±2 +10°, -5°	F	-	4,10
		25초과38까지	-	R=0 f=최대12 α =60°					
		38초과50까지	-	R=0 f=최대16 α =60°					

도움표 2.2.4-5 완전용입 용접부상세 (CJP)

치수단위 mm

(7) 일면 V-그루브용접부 - 모서리이음

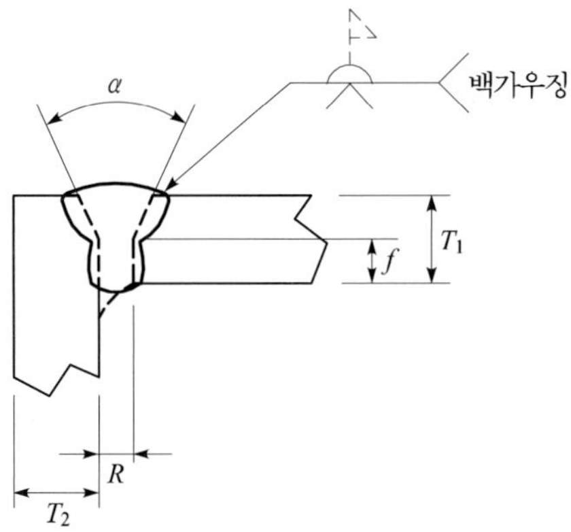

용접방법	이음부 호칭	모재 두께 (U=제한 없음)		홈가공			허용용접 자세	FCAW 용접 시 차폐가스	도움표 2.2.1-1 제한사항
		T_1	T_2	루트간격 루트면 홈각도	허용오차 설계 시	허용오차 조립 시			
SMAW	C-U2	U	U	R=0~3 f=0~3 α =60°	+2, -0 +2, -0 +10°, -0°	+2, -3 제한 없음 +10°, -5°	전자세	-	4,5,7,10
GMAW FCAW	C-U2-GF	U	U	R=0~3 f=0~3 α =60°	+2, -0 +2, -0 +10°, -0°	+2, -3 제한 없음 +10°, -5°	전자세	불필요	1,4,7,10
SAW	C-U2b-S	U	U	R=0~3 f=최대6 α =60°	±0 +0, -6 +10°, -0°	+2, -0 ±2 +10°, -5°	F	-	4,7,10

(8) 양면 V-그루브용접부 - 맞댐이음

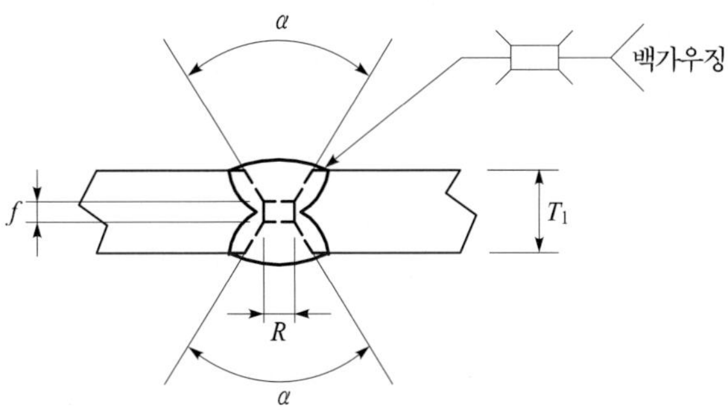

		허용오차 설계 시	허용오차 조립 시
		R=±0	+6, -0
		f=±0	+2, -0
		α =+10°,-0°	+10°,-5°
간격재	SAW	±0	+2, -0
간격재	SMAW	±0	+3, -0

용접방법	이음부 호칭	모재 두께 (U=제한 없음)		홈가공			허용용접 자세	FCAW 용접 시 차폐가스	도움표 2.2.1-1 제한사항
		T_1	T_2	루트간격	홈각도	루트면			
SMAW	B-U3a	U 간격재 = 3 × R	-	R=6	α =45°	f=0~3	전자세	-	4,5,8,10
				R=10	α =30°	f=0~3	F,V,OH	-	
				R=12	α =20°	f=0~3	F,V,OH	-	
SAW	B-U3a-S	U 간격재 = 6 × R	-	R=16	α =20°	f=0~6	F	-	4,8,10

도움표 2.2.4-6 완전용입 용접부상세

치수단위 mm

(9) 양면 V-그루브용접부 - 맞댐이음

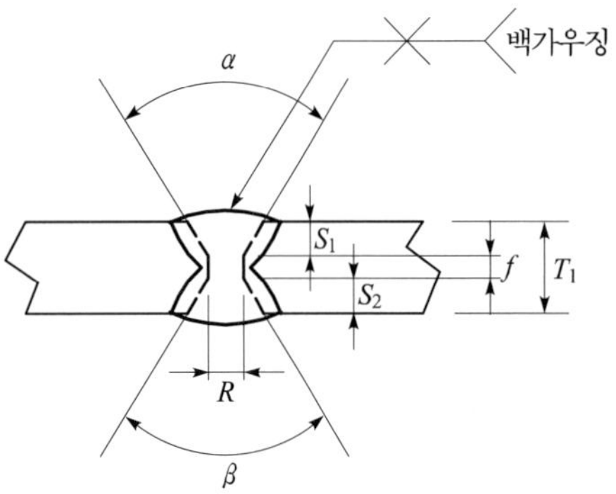

B-U3c-S		
T_1		S_1
초과	이하	35
50	60	
60	80	45
80	90	55
90	100	60
100	120	70
120	140	80
140	160	95

T_1>160 또는 $T_1 \leq 50$일 경우 T_1=2/3(T_1−6)

용접방법	이음부 호칭	모재 두께 (U=제한 없음)		홈가공			허용용접 자세	FCAW 용접 시 차폐가스	도움표 2.2.1-1 제한사항
				루트간격 루트면 홈각도	허용오차				
		T_1	T_2		설계 시	조립 시			
SMAW	B-U3b	U	−	R=0∼3 f=0∼3 $\alpha = \beta$ =60°	+2, −0 +2, −0 +10°, −0°	+2, −3 제한 없음 +10°, −5°	전자세	−	4,5,8,10
GMAW FCAW	B-U3-GF						전자세	불필요	1,4,8,10
SAW	B-U3c-S	U	−	R=0 f=최소6 $\alpha = \beta$ =60°	+2, −0 +2, −0 +10°, −0°	+2, −3 +6, 0 +10°, −5°	F	−	4,8,10
				S1은 위 표 참조:. $S_2 = T_1$ − (S_1+f)					

도움표 2.2.4-7 완전용입 용접부상세

치수단위 mm

(10) 일면개선 그루브용접부 – 맞댐이음

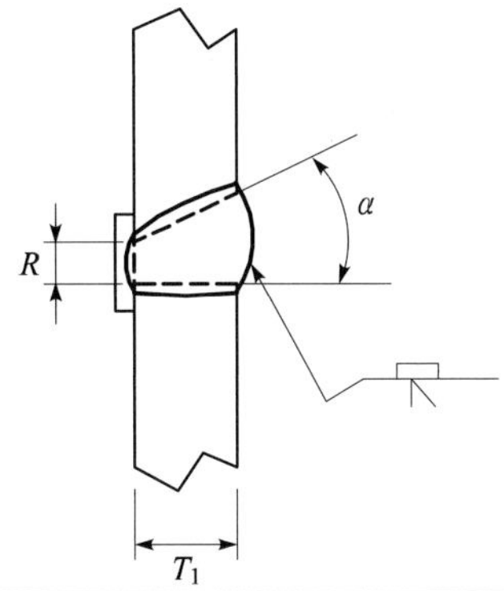

허용오차	
설계 시	조립 시
R=+2, −0	+6, −2
α =+10°,−0°	+10°,−5°

용접방법	이음부 호칭	모재 두께 (U=제한 없음)		홈가공		허용용접 자세	FCAW 용접 시 차폐가스	도움표 2.2.1−1 제한사항
		T_1	T_2	루트간격	홈각도			
SMAW	B−U4a	U	−	R= 6	α =45°	전자세	−	3,5,10
				R=10	α =30°	전자세	−	3,5,10
GMAW FCAW	B−U4a−GF	U	−	R= 5	α =30°	전자세	필요	1,3,10
				R= 6	α =45°	전자세	불필요	1,3,10
				R=10	α =30°	F,H	불필요	1,3,10
SAW	B−U4a−S	U	−	R=10	α =30°	F	−	3,10
				R= 6	α =45°			

(11) 일면개선 그루브용접부 – T−이음, 모서리이음

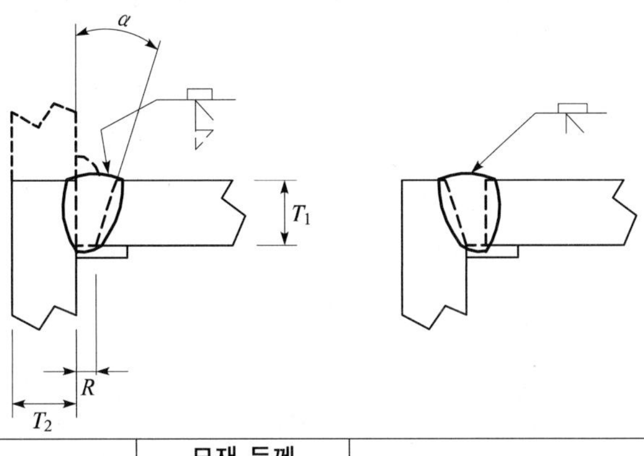

허용오차	
설계 시	조립 시
R=+2, −0	+6, −2
α =+10°, −0°	+10°, −5°

용접방법	이음부 호칭	모재 두께 (U=제한 없음)		홈가공		허용용접 자세	FCAW 용접 시 차폐가스	도움표 2.2.1−1 제한사항
		T_1	T_2	루트간격	홈각도			
SMAW	TC−U4a	U	U	R= 6	α =45°	전자세	−	5,7,10,11
				R=10	α =30°	F,V,OH	−	5,7,10,11
GMAW FCAW	TC−U4a−GF	U	U	R= 5	α =30°	전자세	필요	1,7,10,11
				R=10	α =30°	F	불필요	1,7,10,11
				R= 6	α =45°	전자세	불필요	1,7,10,11
SAW	TC−U4a−S	U	U	R=10	α =30°	F	−	7,10,11
				R= 6	α =45°			

도움표 2.2.4-8 완전용입 용접부상세

치수단위 mm

(12) 일면개선 그루브용접부 - 맞댐이음

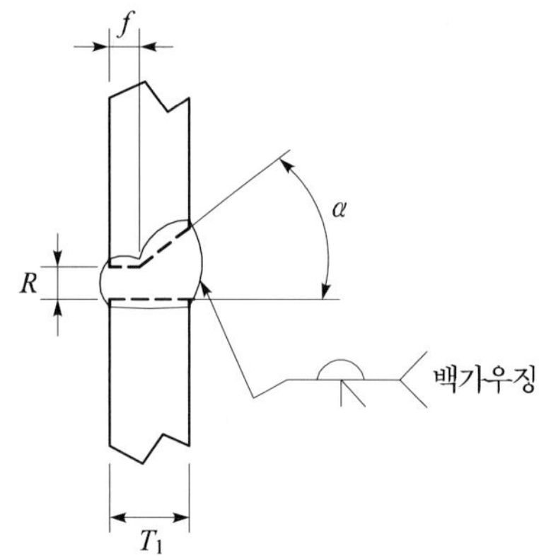

용접방법	이음부 호칭	모재 두께 (U=제한 없음)		홈가공			허용용접 자세	FCAW 용접 시 차폐가스	도움표 2.2.1-1 제한사항
		T_1	T_2	루트간격 루트면 홈각도	허용오차 설계 시	허용오차 조립 시			
SMAW	B-U4b	U	–	R=0~3	+2, −0	+2, −3	전자세	–	3,4,5,10
GMAW FCAW	B-U4b-GF	U	–	f=0~3 α =45°	+2, −0 +10°, −0°	제한 없음 +10°, −5°	전자세	불필요	1,3,4,10
SAW	B-U4b-S	U	–	R=0 f=최대6 α =60°	±0 +0, −3 +10°, −0°	+6, −0 ±2 +10°, −5°	F	–	3,4,10

(13) 일면개선 그루브용접부 - T-이음, 모서리이음

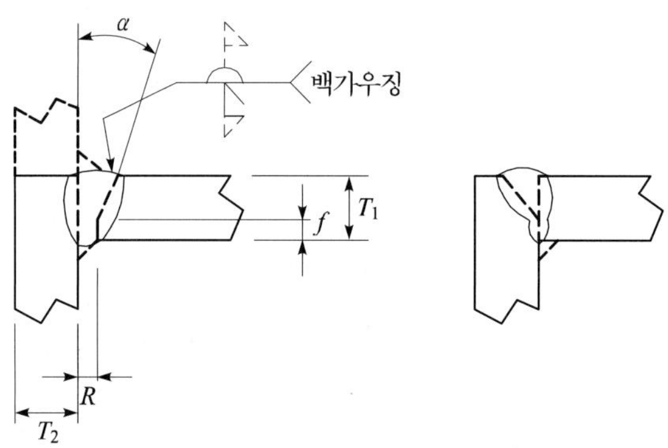

용접방법	이음부 호칭	모재 두께 (U=제한 없음)		홈가공			허용용접 자세	FCAW 용접 시 차폐가스	도움표 2.2.1-1 제한사항
		T_1	T_2	루트간격 루트면 홈각도	허용오차 설계 시	허용오차 조립 시			
SMAW	TC-U4b	U	U	R=0~3	+2, −0	+2,−3	전자세	–	4,5,7,10,11
GMAW FCAW	TC-U4b-GF	U	U	f=0~3 α =45°	+2, −0 +10°, −0°	제한 없음 +10°, −5°	전자세	불필요	1,4,7,10,11
SAW	TC-U4b-S	U	U	R=0 f=최대6 α =60°	±0 +0,−3 +10°,−0°	+6, −0 ±2 +10°, −5°	F	–	4,7,10,11

도움표 2.2.4-9 완전용입 용접부상세

치수단위 mm

(14) 양면개선 그루브용접부 - 맞댐이음, T-이음, 모서리이음

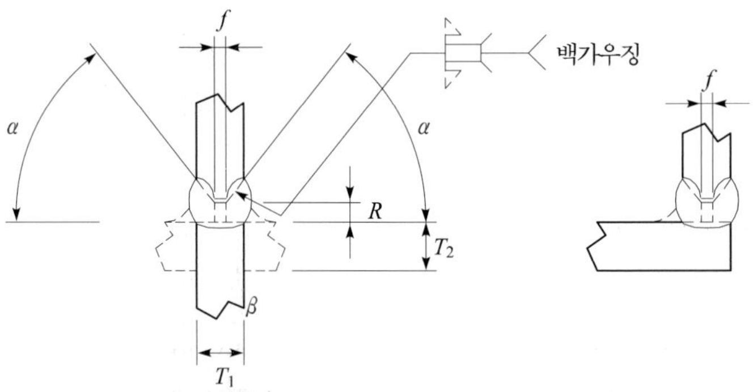

	허용오차	
	설계 시	조립 시
	R=±0	+6,−0
	f=+2, −0	±2
	α =+10°,−0°	+10°,−5°
간격재	+2,−0	+3,−0

용접방법	이음부 호칭	모재 두께 (U=제한 없음)		홈가공			허용용접 자세	FCAW 용접 시 차폐가스	도움표 2.2.1-1 제한사항
		T_1	T_2	루트간격	홈각도	루트면			
SMAW	B−U5b	U 간격재 = 3 x R	−	R=6	α =45°	f=0~3	전자세	−	3,4,5, 8,10
	B−U5a	U 간격재 = 3 x R	U	R=6	α =45°	f=0~3	전자세	−	4,5,7, 8,10,11
				R=10	α =30°	f=0~3	F,OH	−	4,5,7, 8,10,11

도움표 2.2.4-9 완전용입 용접부상세

치수단위 mm

(15) 양면개선 그루브용접부 - 맞댐이음

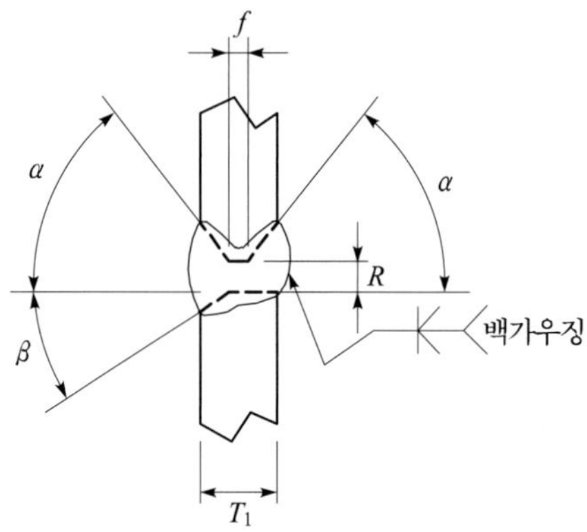

용접방법	이음부 호칭	모재 두께 (U=제한 없음)		홈가공			허용용접 자세	FCAW 용접 시 차폐가스	도움표 2.2.1-1 제한사항
				루트간격 루트면 홈각도	허용오차				
		T_1	T_2		설계 시	조립 시			
SMAW	B-U5a	U	–	R=0∼3 f=0∼3 α =45° β =0°∼15°	+2, –0 +2, –0 α +β = +10°, –0°	+2, –3 제한 없음 α +β = +10°, –5°	전자세	–	3,4,5, 8,10
GMAW FCAW	B-U5-GF	U	–	R=0∼3 f=0∼3 α =45° β =0°∼15°	+2, –0 +2, –0 α +β = +10°, –0°	+2,–3 제한 없음 α +β = +10°, –5°	전자세	불필요	1,3,4, 8,10

도움표 2.2.4-10 완전용입 용접부상세

치수단위 mm

(16) 양면개선 그루브용접부 – T-이음, 모서리이음

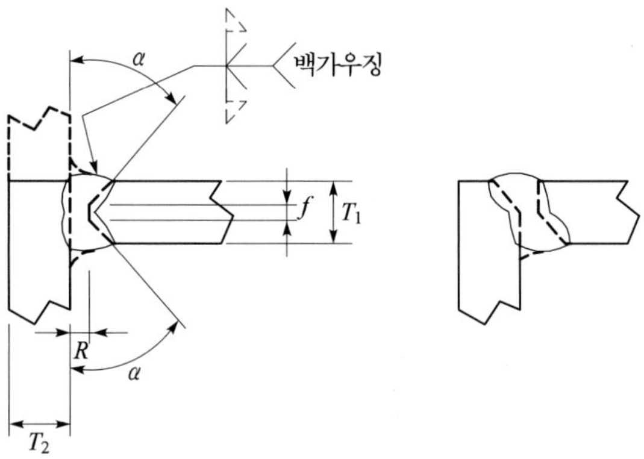

용접방법	이음부 호칭	모재 두께 (U=제한 없음)		홈가공			허용용접 자세	FCAW 용접 시 차폐가스	도움표 2.2.1-1 제한사항
				루트간격 루트면 홈각도	허용오차				
		T_1	T_2		설계 시	조립 시			
SMAW	TC-U5b	U	U	R=0~3 f=0~3 α =45°	+2, −0 +2, −0 +10°, −0°	+2,−3 제한 없음 +10°, −5°	전자세	−	4,5,7, 8,10,11
GMAW FCAW	TC-U5-GF	U	U				전자세	불필요	1,4,7, 8,10,11
SAW	TC-U5-S	U	U	R=0 f=최대6 α =60°	±0 +0, −5 +10°, −0°	+2,−0 ±2 +10°, −5°	F	−	4,7,8, 10,11

도움표 2.2.4-11 완전용입 용접부상세

치수단위 mm

(17) 일면 U-그루브용접부 - 맞댐이음, 모서리이음

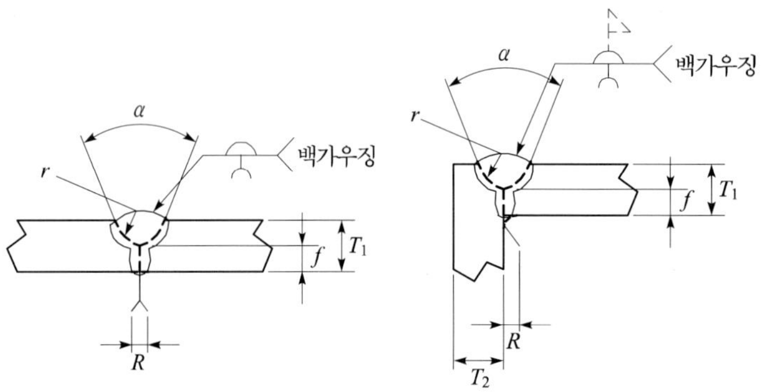

허용오차	
설계 시	조립 시
R=+2, −0	+2, −3
α =+10°,−0°	+10°,−5°
f=±2	제한 없음
α =+3,−0	+3,−0

용접방법	이음부 호칭	모재 두께 (U=제한 없음)		홈가공				허용용접 자세	FCAW 용접 시 차폐가스	도움표 2.2.1-1 제한사항
		T_1	T_2	루트간격	홈각도	루트면	개선반경			
SMAW	B-U6	U	−	R=0~3	α =45°	f=3	r=6	전자세	−	4,5,10
				R=0~3	α =20°	f=3	r=6	F,OH	−	4,5,10
	C-U6	U	U	R=0~3	α =45°	f=3	r=6	전자세	−	4,5,7,10
				R=0~3	α =20°	f=3	r=6	F,OH	−	4,5,7,10
GMAW FCAW	B-U6-GF	U	−	R=0~3	α =20°	f=3	r=6	전자세	불필요	1,4,10
	C-U6-GF	U	U	R=0~3	α =20°	f=3	r=6	전자세	불필요	1,4,7,10

도움표 2.2.4-12 완전용입 용접부상세

치수단위 mm

(18) 양면 U-그루브용접부 - 맞댐이음

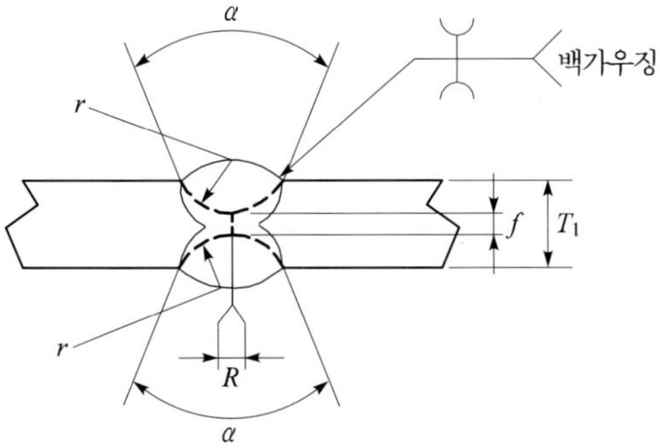

허용오차	
설계 시	조립 시
B-U7, B-U7-GF	
R=+2, -0	+2, -3
α =+10°,-0°	+10°,-5°
f=±2, -0	제한 없음
r=+6,-0	±2
B-U7-S	
R=±0	+2, -0
f=+2, -6	±2

용접방법	이음부 호칭	모재 두께 (U=제한 없음)		홈가공				허용용접 자세	FCAW 용접 시 차폐가스	도움표 2.2.1-1 제한사항
		T_1	T_2	루트간격	홈각도	루트면	개선반경			
SMAW	B-U7	U	-	R=0~3	α =45°	f=3	r=6	전자세	-	4,5,8,10
				R=0~3	α =20°	f=3	r=6	F,OH	-	4,5,8,10
GMAW FCAW	B-U7-GF	U	-	R=0~3	α =20°	f=3	r=6	전자세	불필요	1,4,8,10
SAW	B-U7-S	U	-	R=0	α =20°	f=최대6	r=6	F	-	4,8,10

도움표 2.2.4-13 완전용입 용접부상세

치수단위 mm

(19) 일면 J-그루브용접부 – 맞댐이음

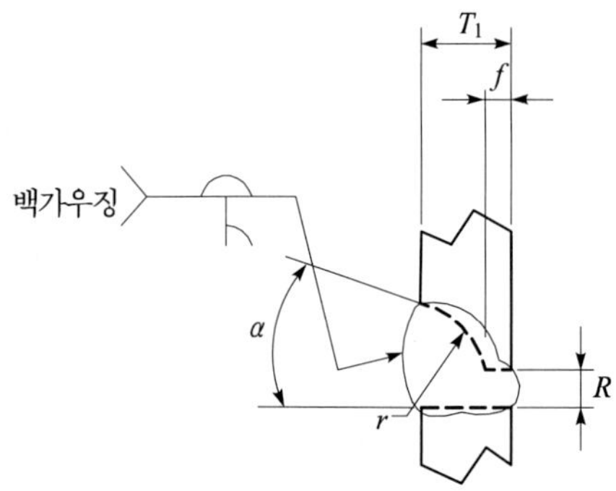

허용오차	
설계 시	조립 시
B-U8, B-U8-GF	
R=+2, −0	+2, −3
α =+10°,−0°	+10°,−5°
f=+3, −0	제한 없음
r=+6,−0	±2
B-U8-S	
R=±0	+3, −0
α =+10°,−0°	+10°,−5°
f=+0, −3	±2
r=+6,−0	±2

용접방법	이음부 호칭	모재 두께 (U=제한 없음)		홈가공				허용용접 자세	FCAW 용접 시 차폐가스	도움표 2.2.1-1 제한사항
		T_1	T_2	루트간격	홈각도	루트면	개선반경			
SMAW	B-U8	U	–	R=0~3	α =45°	f=3	r=10	전자세	–	3,4,5,10
GMAW FCAW	B-U8-GF	U	–	R=0~3	α =30°	f=3	r=10	전자세	불필요	1,3,4,10
SAW	B-U8-S	U	–	R=0	α =45°	f=최대6	r=10	F	–	3,4,10

도움표 2.2.4-14 완전용입 용접부상세

치수단위 mm

(20) 일면 J-그루브용접부 - T-이음, 모서리 이음

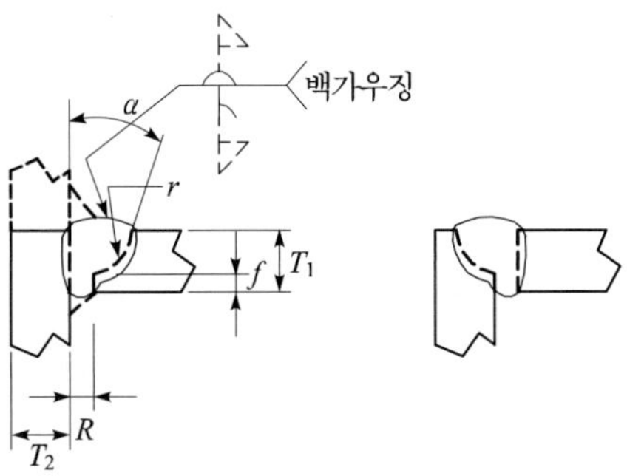

허용오차	
설계 시	조립 시
TC-U8a, TC-U8a-GF	
R=+2, −0	+2, −3
α =+10°,−0°	+10°,−5°
f=+2, −0	제한 없음
r=+6,−0	±2
TC-U8a-S	
R=±0	+6, −0
α =+10°,−0°	+10°,−5°
f=+0, −3	±2
r=+6,−0	±2

용접방법	이음부 호칭	모재 두께 (U=제한 없음)		홈가공				허용용접 자세	FCAW 용접 시 차폐가스	도움표 2.2.1-1 제한사항
		T_1	T_2	루트간격	홈각도	루트면	개선반경			
SMAW	TC-U8a	U	U	R=0~3	α =45°	f=3	r=10	전자세	−	4,5,7, 10,11
				R=0~3	α =45°	f=3	r=10	F,OH	−	4,5,7, 10,11
GMAW FCAW	TC-U8a-GF	U	U	R=0~3	α =45°	f=3	r=10	전자세	불필요	1,4,7, 10,11
SAW	TC-U8a-S	U	U	R=0	α =45°	f=최대6	r=10	F	−	4,7,10, 11

도움표 2.2.4-15 완전용입 용접부상세

치수단위 mm

(21) 양면 J-그루브용접부 - 맞댐이음

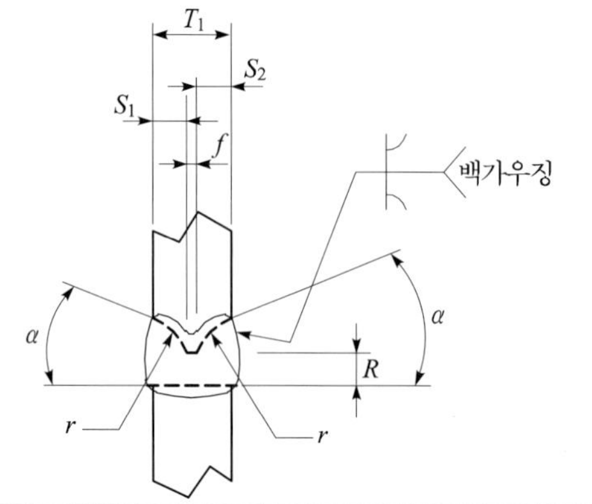

허용오차	
설계 시	조립 시
R=+2, −0	+2, −3
α =+10°,−0°	+10°,−5°
f=+2, −0	제한 없음
r=+3, −0	±2

용접방법	이음부 호칭	모재 두께 (U=제한 없음)		홈가공				허용용접 자세	FCAW 용접 시 차폐가스	도움표 2.2.1-1 제한사항
		T_1	T_2	루트간격	홈각도	루트면	개선반경			
SMAW	B-U9	U	−	R=0~3	α =45°	f=3	r=10	전자세	−	3,4,5, 8,10
GMAW FCAW	B-U9-GF	U	−	R=0~3	α =30°	f=3	r=10	전자세	불필요	1,3,4, 8,10

(22) 양면 J-그루브용접부 - T-이음, 모서리 이음

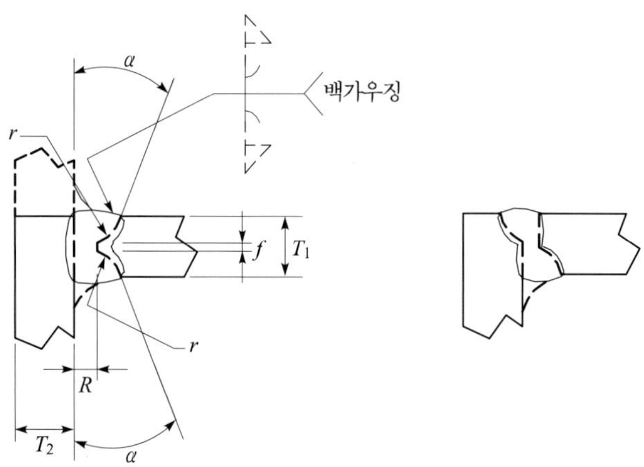

허용오차	
설계 시	조립 시
R=+2, −0	+2, −3
α =+10°,−0°	+10°,−5°
f=+2, −0	제한 없음
r=+3, −0	±2

용접방법	이음부 호칭	모재 두께 (U=제한 없음)		홈가공				허용용접 자세	FCAW 용접 시 차폐가스	도움표 2.2.1-1 제한사항
		T_1	T_2	루트간격	홈각도	루트면	개선반경			
SMAW	TC-U9a	U	U	R=0~3	α =45°	f=3	r=10	전자세	−	4,5,7, 8,10,11
				R=0~3	α =30°	f=3	r=10	F,OH	−	4,5,7, 8,10,11
GMAW FCAW	TC-U9a-GF	U	U	R=0~3	α =30°	f=3	r=10	전자세	불필요	1,4,7, 8,10,11

도움표 2.2.5 용접이음부 강도

이 도움표는 기준 'KDS 41 31 00 의 표 4.7-7 용접조인트 강도'와 같고,
아래 표에서 장 및 식 번호는 기준의 번호체계와 같다.

하중 유형 및 방향	적용재료	강도저감계수 ϕ	공칭강도 (F_{nBM}, F_{nw}) (MPa)	유효면적 (A_{BM}, A_{we}) (mm^2)	용접재 요구강도[1]
완전용입그루부용접					
용접선에 직교인장	용접조인트 강도는 모재에 의해 제한된다.				매칭용접재가 사용되어야 한다. 뒷댐재가 남아 있는 T조인트와 모서리조인트는 노치인성 용접재를 사용한다(섭씨 4도에서 20J 이상의 CVN 인성값 이상).
용접선에 직교압축	용접조인트 강도는 모재에 의해 제한된다.				매칭용접재 또는 이 보다 한단계 낮은 강도의 용접재가 사용될 수 있다.
용접선에 평행한 인장, 압축	용접에 평행하게 접합된 요소들에 작용하는 인장 또는 압축은 그 요소들을 접합하는 용접부 설계에 고려할 필요가 없다.				매칭용접재 또는 이 보다 한단계 낮은 강도의 용접재가 사용될 수 있다.
전단	용접조인트 강도는 모재에 의해 제한된다.				매칭용접재를 사용해야 한다.[2]
부분용입그루부용접 (플레어V그루브용접, 플레어베벨그루브용접 포함)					
용접선에 직교인장	모재	$\phi=0.75$	F_u	4.7.4참조	매칭용접재 또는 이 보다 한단계 낮은 강도의 용접재가 사용될 수 있다.
	용접재	$\phi=0.80$	$0.60F_w$ (F_w =용접재 인장강도)	4.7.2.1(1)참조	
4.7.1.5에 따라 설계된 기둥 주각부와 기둥 이음부의 압축	해당 용접부 설계에서 압축응력은 고려하지 않아도 된다.				
기둥을 제외한 부재의 지압접합부의 압축	모재	$\phi=0.90$	F_y	4.7.4참조	
	용접재	$\phi=0.80$	$0.60F_w$	4.7.2.1(1)참조	
지압응력을 전달할 수 있도록 마감되지 않은 접합부의 압축	모재	$\phi=0.90$	F_y	4.7.4참조	
	용접재	$\phi=0.80$	$0.90F_w$	4.7.2.1(1)참조	
용접선에 평행한 인장, 압축	용접에 평행하게 접합된 요소들에 작용하는 인장 또는 압축은 그 요소들을 접합하는 용접부 설계에 고려할 필요가 없다.				
전단	모재	4.7.4에 따른다.			
	용접재	$\phi=0.75$	$0.60F_w$	4.7.2.1(1)참조	
필릿용접 (구멍, 슬롯, 빗방향 T 조인트 필릿 포함)					
전단	모재	4.7.4에 따른다.			매칭용접재 또는 이 보다 한 단계 낮은 강도의 용접재가 사용될 수 있다.
	용접재	$\phi=0.75$	$0.60F_w$[3]	4.7.2.3(1) 참조	
용접선에 평행한 인장, 압축	용접에 평행하게 접합된 요소들에 작용하는 인장 또는 압축은 그 요소들을 접합하는 용접부 설계에 고려할 필요가 없다.				
플러그 및 슬롯 용접					
유효면적의 접합면에 평행한 전단	모재	4.7.4에 따른다.			매칭용접재 또는 이 보다 한 단계 낮은 강도의 용접재가 사용될 수 있다.
	용접재	$\phi=0.75$	$0.60F_w$	4.7.2.4(1) 참조	

주 (1) 모재와 용접재료의 조합(용접재료의 매칭)은 '도움표 2.2.6 용접재료 강도'를 참조한다. 원칙적으로 매칭용접재(matching weld metal)는 용접재의 인장강도는 모재의 인장강도와 같거나 거의 동등한 수준을 요구한다. 그러나 매칭용접재보다 한 단계 위 강도의 오버매칭 용접재(over-matching weld metal)도 허용된다. 일반적으로 용접재와 모재가 동일한 인장강도를 지녀도 용접재의 항복강도가 모재항복강도보다 크므로 모재의 항복이 선행되는 것이 보통이다. 용접재의 인장강도가 모재의 인장강도를 상회/하회하는 경우 각각 오버매칭(overmatching), 언더매칭(undermatching)이라 칭한다. 용접재에서 '한단계(1단계) 강도'는 70MPa 정도의 강도차이를 뜻하며 '한단계 강도'를 상회하는 오버매칭 용접재의 사용은 불필요한 열영향의 증대 등 부작용을 고려하여 권장되지 않는다. 그러나 국내외의 사례에서 보듯이 경험과 실험결과를 바탕으로 종종 오버매칭 용접재가 사용되기도 한다(가령, 모재 인장강도 350~400MPa급 모재에 대해 인장강도 490MPa급 용접재가 사용되고 있다).

(2) 언더매칭 용접재(under-matching weld metal)는 용접조립단면에서 전단력을 전달하는 웨브와 플랜지사이의 그루부용접이나 높은 구속이 염려되는 부분에 사용할 수 있다. 이 경우 용접조인트는 상세하게 설계해야 하고, 용접부는 모재두께를 유효목두께로 간주하여 설계해야 한다. 여기서, 강도감소계수 ϕ는 0.8이고 $0.6F_w$는 용접부의 공칭강도이다.

(3) 대안으로서, 각 용접요소들의 변형적합성을 고려하는 경우에는 AISC 360-10의 J2.4(a) 조항을 적용할 수 있다. AISC 360-10의 J2.4(b)와 (c)는 변형적합성을 고려하는 AISC J2.4(a)의 특별한 조건에 해당한다.

도움표 2.2.6 용접재료 강도

이 도움표는 KDS 41 31 00의 표 3.3-7 용접재료의 강도의 내용과 같다.

용접재료	강도(MPa)		적용 가능 강종
	항복강도 F_y	인장강도 F_u	
KS D 7004 연강용 피복아크 용접봉	345	420	인장강도 410MPa급 연강
KS D 7006 고장력강용 피복아크 용접봉	390	490	인장강도 490MPa ~ 780MPa급 고장력강
	410	520	
	490	570	
	500	610	
	550	690	
	620	750	
	665	780	
KS D 7104 연강, 고장력강 및 저온용 강용 아크용접 플럭스코어선	340	420	인장강도 410MPa급 연강 인장강도 490MPa, 540MPa, 590MPa급 고장력강
	390	490	
	430	540	
	490	590	
KS D 7025 연강 및 고장력강용 마그용접솔리드와이어	345	420	인장강도 410MPa급 연강 인장강도 490MPa, 590MPa급 고장력강
	390	490	
	490	570	
KS D 7101 내후성강용 피복아크 용접봉	390	490	인장강도 490MPa~570MPa급 내후성 고장력강
KS D 7106 내후성강용 탄산가스 아크용접 솔리드와이어 KS D 7109 내후성강용 탄산가스 아크용접 플럭스충전와이어	490	570	
KS B ISO 14171: 일반 세립강용 서브머지드 아크 용접용 와이어 및 플럭스 조합-분류1)	330	430	인장강도 570MPa 이하 일반강
	390	490	
	460	550	
	490	570	
KS B ISO 26304: 고장력 강용 서브머지드 아크 용접용 와이어 및 플럭스 조합-분류1)	490	590	인장강도 570MPa 초과 고강도강
	500	620	
	550	690	
	670	760	
	670	780	
	740	830	

주1) 표 내의 강도 값들은 각각 KS B ISO (14171, 26304)의 표 1B-인장특성에 의한 기호(인장강도 및 27J 충격에너지에 의한 분류)의 값을 표시한 것으로 다른 분류에 의한 값들도 있으므로 자세한 내용은 해당 KS 조항 참조요.

도움표 2.2.7 용접재 강도계수, C_1

도움표 2.2.8과 도움표 2.2.9를 이용한 용접군의 설계강도는 용접재의 인장강도 F_w에 따라서 아래 표의 용접재 강도계수 C_1을 곱하여 보정해야 한다.

용접재 호칭 SI단위(US단위)	용접재 인장강도 F_w (MPa)	용접재 강도계수 C_1
E420(E60)	420	0.857
E490(E70)	490	1.00
E550(E80)	550	1.01
E620(E90)	620	1.14
E690(E100)	690	1.20
E760(E110)	760	1.32

주) 위 표의 용접재 강도계수는 용접재의 인장강도 490MPa에 대한 인장강도비이고, 인장강도가 490MPa를 초과하는 550MPa와 620MPa의 용접재는 0.9, 690MPa와 760MPa의 용접재는 0.85의 감소계수를 인장강도비에 추가로 곱한 값이다.

도움표 2.2.8 중심하중을 받는 필릿용접군의 요소 강도계수, C

도움표를 이용한 용접군의 설계강도는 다음 식으로 구한다.

$$P_u = \phi R_n = 0.156 D C_1 \sum_{i=1}^{n} C_i l_i, \ \phi = 0.75$$

도움표와 다음 식들을 이용하여 필릿용접부의 최소치수 D를 구할 수 있다.

$$D_{\min} = \frac{P_u}{C_1 \sum_{i=1}^{n} C_i \, l_i}$$

여기서,

P_u = 최대편심하중, kN

D = 필릿용접부 사이즈, mm

l_i = 용접군의 각 요소길이, mm

C_i = 용접군의 각 요소의 강도계수(아래표의 값)

C_1 = 용접재 강도계수

용접부요소에서의 하중각도	용접군의 요소에서 가장 큰 하중각도						
	90	75	60	45	30	15	0
0	0.825	0.849	0.876	0.909	0.948	0.994	0
15	1.02	1.04	1.05	1.07	1.06	0.883	
30	1.16	1.17	1.18	1.17	1.10		
45	1.29	1.30	1.29	1.26			
60	1.40	1.40	1.39				
75	1.48	1.47					
90	1.50						

도움표 2.2.9-1 편심하중을 받는 용접군의 계수, *C*

하중각도=0°

도움표를 이용한 용접군의 설계강도는 다음 식으로 구한다.

$$P_u = \phi R_n = \phi(CC_1 D\,l),\ \phi = 0.75$$

도움표와 다음 식들을 이용하여 필릿용접부치수 D 또는 필릿용접군의 특성길이 l을 구할 수 있다.

$$C_{\min} = \frac{P_u}{\phi C_1 D\,l} \quad D_{\min} = \frac{P_u}{\phi C C_1\,l} \quad l_{\min} = \frac{P_u}{\phi C C_1 D}$$

여기서,

P_u = 최대편심하중, kN

D = 필릿용접부사이즈, mm

l = 용접군의 특성길이, mm

a = e_x/l

e_x = 용접군의 중심으로부터 편심하중 P_u까지 수평거리, mm

C = 용접군의 강도계수(아래표의 값)

C_1 = 용접재 강도계수

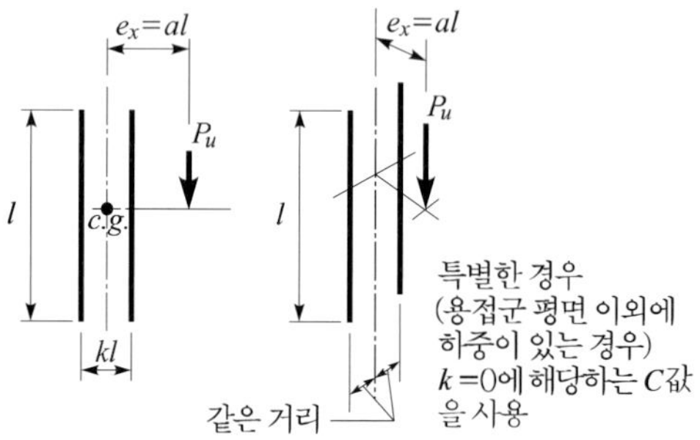

a	k															
	0	0.1	0.2	0.3	0.4	0.5	0.6	0.7	0.8	0.9	1.0	1.2	1.4	1.6	1.8	2.0
0.00	0.416	0.416	0.416	0.416	0.416	0.416	0.416	0.416	0.416	0.416	0.416	0.416	0.416	0.416	0.416	0.416
0.10	0.417	0.417	0.417	0.416	0.414	0.413	0.411	0.409	0.407	0.404	0.402	0.398	0.394	0.390	0.385	0.384
0.15	0.411	0.410	0.409	0.408	0.405	0.403	0.401	0.399	0.396	0.394	0.392	0.388	0.384	0.380	0.376	0.373
0.20	0.393	0.393	0.392	0.391	0.389	0.388	0.385	0.383	0.382	0.380	0.379	0.375	0.372	0.370	0.366	0.364
0.25	0.371	0.371	0.371	0.370	0.368	0.367	0.367	0.366	0.365	0.364	0.364	0.362	0.360	0.358	0.356	0.354
0.30	0.346	0.346	0.347	0.347	0.347	0.347	0.348	0.348	0.348	0.348	0.348	0.348	0.347	0.346	0.345	0.344
0.40	0.298	0.299	0.300	0.302	0.306	0.308	0.310	0.314	0.315	0.317	0.318	0.321	0.323	0.324	0.325	0.325
0.50	0.258	0.258	0.260	0.264	0.269	0.273	0.278	0.282	0.286	0.289	0.291	0.297	0.300	0.302	0.305	0.306
0.60	0.224	0.224	0.227	0.232	0.237	0.244	0.250	0.255	0.260	0.264	0.268	0.274	0.279	0.283	0.287	0.289
0.70	0.197	0.198	0.200	0.206	0.213	0.220	0.226	0.232	0.237	0.242	0.246	0.254	0.261	0.267	0.270	0.274
0.80	0.176	0.176	0.179	0.185	0.192	0.199	0.206	0.213	0.218	0.224	0.228	0.237	0.244	0.251	0.255	0.260
0.90	0.158	0.159	0.162	0.168	0.175	0.181	0.189	0.196	0.202	0.207	0.213	0.222	0.230	0.236	0.242	0.246
1.0	0.143	0.144	0.148	0.153	0.160	0.167	0.175	0.181	0.187	0.193	0.198	0.208	0.216	0.224	0.230	0.235
1.2	0.121	0.121	0.125	0.130	0.137	0.143	0.151	0.158	0.164	0.169	0.175	0.185	0.194	0.202	0.208	0.214
1.4	0.104	0.105	0.108	0.113	0.120	0.127	0.133	0.139	0.146	0.151	0.157	0.167	0.176	0.184	0.190	0.196
1.6	0.091	0.092	0.095	0.100	0.106	0.112	0.119	0.124	0.130	0.136	0.141	0.151	0.160	0.168	0.175	0.181
1.8	0.081	0.082	0.085	0.090	0.095	0.101	0.107	0.112	0.118	0.123	0.129	0.139	0.147	0.155	0.162	0.168
2.0	0.073	0.074	0.077	0.081	0.086	0.092	0.097	0.103	0.108	0.113	0.119	0.128	0.137	0.143	0.151	0.157
2.2	0.067	0.068	0.070	0.074	0.079	0.084	0.089	0.094	0.099	0.104	0.109	0.119	0.127	0.134	0.141	0.147
2.4	0.061	0.062	0.065	0.068	0.072	0.077	0.082	0.087	0.092	0.097	0.101	0.110	0.119	0.125	0.132	0.139
2.6	0.057	0.057	0.060	0.063	0.067	0.071	0.076	0.081	0.086	0.090	0.095	0.103	0.111	0.118	0.124	0.131
2.8	0.053	0.053	0.055	0.059	0.062	0.067	0.071	0.075	0.080	0.084	0.089	0.097	0.104	0.111	0.118	0.123
3.0	0.049	0.050	0.052	0.055	0.058	0.062	0.067	0.071	0.075	0.079	0.083	0.091	0.099	0.105	0.112	0.118

음영처리한 부분의 값은 KDS 41 31 00의 표 4.7-7 용접조인트 강도표와 필릿용접부의 대체 설계방법 (a), (b) 및 (c)에 의해 허용된 최대설계강도에 근거한 값임.

도움표 2.2.9-1(계속) 편심하중을 받는 용접군의 계수, C

하중각도=15°

도움표를 이용한 용접군의 설계강도는 다음 식으로 구한다.

$$P_u = \phi R_n = \phi(CC_1 D\, l),\ \phi = 0.75$$

도움표와 다음 식들을 이용하여 필릿용접부치수 D 또는 필릿용접군의 특성길이 l을 구할 수 있다.

$$C_{\min} = \frac{P_u}{\phi C_1 D\, l} \qquad D_{\min} = \frac{P_u}{\phi C C_1\, l} \qquad l_{\min} = \frac{P_u}{\phi C C_1 D}$$

여기서,

P_u = 최대편심하중, kN

D = 필릿용접부사이즈, mm

l = 용접군의 특성길이, mm

a = e_x/l

e_x = 용접군의 중심으로부터 편심하중 P_u까지 수평거리, mm

C = 용접군의 강도계수(아래표의 값)

C_1 = 용접재 강도계수

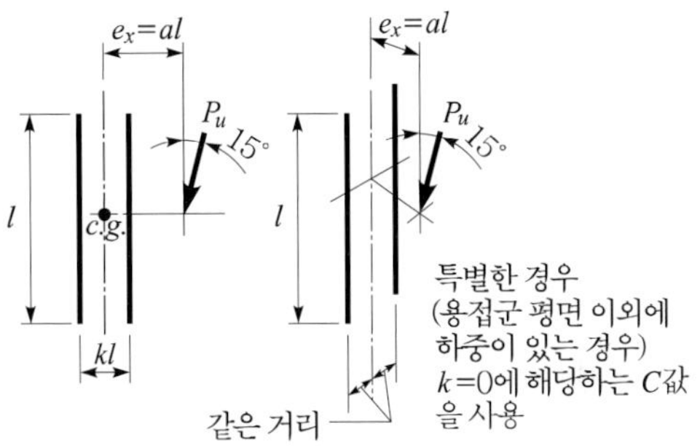

a	k															
	0	0.1	0.2	0.3	0.4	0.5	0.6	0.7	0.8	0.9	1.0	1.2	1.4	1.6	1.8	2.0
0.00	0.444	0.444	0.444	0.444	0.444	0.444	0.444	0.444	0.444	0.444	0.444	0.444	0.444	0.444	0.444	0.444
0.10	0.424	0.424	0.423	0.423	0.422	0.421	0.420	0.419	0.418	0.417	0.416	0.413	0.411	0.409	0.408	0.405
0.15	0.412	0.412	0.411	0.410	0.409	0.408	0.407	0.405	0.404	0.404	0.403	0.401	0.400	0.398	0.396	0.395
0.20	0.393	0.393	0.393	0.392	0.392	0.391	0.391	0.390	0.390	0.389	0.389	0.388	0.388	0.386	0.385	0.384
0.25	0.371	0.371	0.371	0.371	0.371	0.372	0.372	0.372	0.373	0.373	0.373	0.374	0.374	0.374	0.374	0.374
0.30	0.346	0.346	0.347	0.348	0.351	0.352	0.353	0.354	0.355	0.356	0.357	0.360	0.361	0.362	0.363	0.363
0.40	0.300	0.300	0.301	0.305	0.308	0.312	0.316	0.319	0.323	0.325	0.328	0.332	0.336	0.338	0.340	0.343
0.50	0.260	0.260	0.263	0.267	0.272	0.278	0.283	0.288	0.292	0.297	0.300	0.307	0.312	0.317	0.320	0.324
0.60	0.227	0.227	0.231	0.235	0.242	0.249	0.254	0.261	0.267	0.271	0.276	0.284	0.291	0.297	0.301	0.305
0.70	0.200	0.202	0.204	0.209	0.216	0.224	0.231	0.237	0.244	0.250	0.254	0.264	0.271	0.278	0.283	0.289
0.80	0.179	0.179	0.183	0.188	0.196	0.203	0.211	0.217	0.224	0.231	0.236	0.246	0.254	0.262	0.268	0.273
0.90	0.161	0.162	0.166	0.171	0.178	0.186	0.194	0.200	0.207	0.214	0.220	0.230	0.240	0.248	0.254	0.260
1.0	0.147	0.148	0.151	0.157	0.164	0.171	0.179	0.186	0.193	0.199	0.205	0.216	0.225	0.234	0.241	0.248
1.2	0.123	0.124	0.128	0.133	0.140	0.148	0.155	0.162	0.169	0.175	0.181	0.193	0.202	0.211	0.218	0.225
1.4	0.107	0.108	0.111	0.116	0.123	0.130	0.137	0.143	0.150	0.156	0.162	0.172	0.183	0.192	0.199	0.206
1.6	0.094	0.095	0.098	0.103	0.109	0.115	0.122	0.129	0.134	0.140	0.147	0.157	0.167	0.176	0.184	0.190
1.8	0.084	0.085	0.088	0.092	0.098	0.104	0.110	0.116	0.122	0.128	0.133	0.143	0.153	0.162	0.170	0.177
2.0	0.076	0.076	0.079	0.084	0.089	0.094	0.100	0.106	0.111	0.116	0.122	0.132	0.141	0.150	0.158	0.165
2.2	0.069	0.070	0.072	0.076	0.081	0.086	0.092	0.097	0.103	0.108	0.113	0.123	0.132	0.140	0.148	0.155
2.4	0.063	0.064	0.067	0.070	0.075	0.080	0.085	0.090	0.095	0.100	0.105	0.114	0.123	0.131	0.139	0.146
2.6	0.058	0.059	0.062	0.065	0.069	0.074	0.079	0.084	0.088	0.093	0.098	0.107	0.115	0.123	0.130	0.137
2.8	0.054	0.055	0.057	0.060	0.064	0.069	0.073	0.078	0.083	0.087	0.092	0.100	0.109	0.116	0.123	0.130
3.0	0.051	0.051	0.054	0.057	0.060	0.064	0.069	0.073	0.078	0.082	0.086	0.095	0.102	0.110	0.116	0.123

음영처리한 부분의 값은 KDS 41 31 00의 표 4.7-7 용접조인트 강도표와 필릿용접부의 대체 설계방법 (a), (b) 및 (c)에 의해 허용된 최대설계강도에 근거한 값임.

도움표 2.2.9-1(계속) 편심하중을 받는 용접군의 계수, *C*

하중각도=30°

도움표를 이용한 용접군의 설계강도는 다음 식으로 구한다.

$$P_u = \phi R_n = \phi(CC_1 D\, l),\ \phi = 0.75$$

도움표와 다음 식들을 이용하여 필릿용접부치수 D 또는 필릿용접군의 특성길이 l을 구할 수 있다.

$$C_{\min} = \frac{P_u}{\phi C_1 D\, l} \quad D_{\min} = \frac{P_u}{\phi CC_1\, l} \quad l_{\min} = \frac{P_u}{\phi CC_1 D}$$

여기서,

P_u = 최대편심하중, kN

D = 필릿용접부사이즈, mm

l = 용접군의 특성길이, mm

a = e_x/l

e_x = 용접군의 중심으로부터 편심하중 P_u까지 수평거리, mm

C = 용접군의 강도계수(아래표의 값)

C_1 = 용접재 강도계수

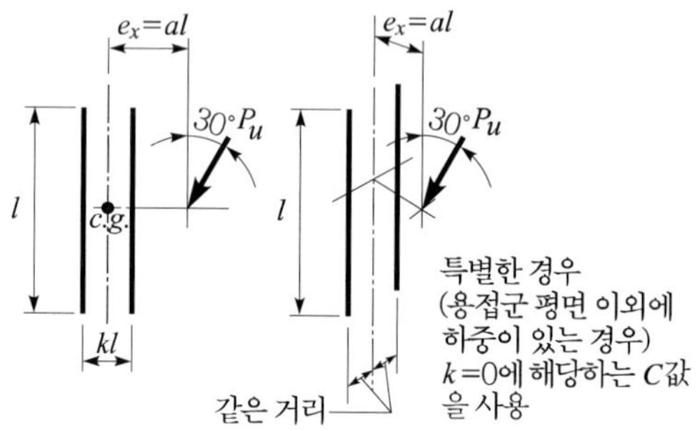

a	k															
	0	0.1	0.2	0.3	0.4	0.5	0.6	0.7	0.8	0.9	1.0	1.2	1.4	1.6	1.8	2.0
0.00	0.489	0.489	0.489	0.489	0.489	0.489	0.489	0.489	0.489	0.489	0.489	0.489	0.489	0.489	0.489	0.489
0.10	0.454	0.454	0.454	0.454	0.455	0.455	0.456	0.457	0.457	0.457	0.457	0.457	0.457	0.457	0.456	0.455
0.15	0.429	0.429	0.429	0.430	0.430	0.430	0.431	0.431	0.432	0.433	0.433	0.436	0.438	0.439	0.439	0.440
0.20	0.408	0.408	0.408	0.409	0.409	0.410	0.411	0.412	0.413	0.414	0.416	0.417	0.419	0.421	0.422	0.424
0.25	0.384	0.384	0.384	0.386	0.388	0.390	0.392	0.393	0.395	0.396	0.399	0.401	0.403	0.405	0.408	0.410
0.30	0.361	0.361	0.362	0.363	0.366	0.370	0.372	0.375	0.377	0.380	0.382	0.386	0.390	0.392	0.394	0.396
0.40	0.315	0.315	0.317	0.320	0.325	0.329	0.335	0.339	0.344	0.348	0.352	0.357	0.363	0.367	0.371	0.374
0.50	0.276	0.276	0.279	0.283	0.289	0.296	0.301	0.308	0.314	0.319	0.324	0.332	0.338	0.345	0.349	0.354
0.60	0.243	0.243	0.246	0.252	0.259	0.265	0.273	0.280	0.287	0.293	0.299	0.308	0.317	0.324	0.329	0.335
0.70	0.216	0.216	0.220	0.226	0.233	0.241	0.249	0.256	0.264	0.271	0.277	0.288	0.297	0.305	0.311	0.318
0.80	0.194	0.195	0.198	0.204	0.212	0.220	0.227	0.236	0.244	0.251	0.258	0.269	0.279	0.288	0.296	0.301
0.90	0.176	0.176	0.180	0.186	0.194	0.202	0.211	0.218	0.226	0.233	0.240	0.252	0.262	0.272	0.280	0.287
1.0	0.160	0.161	0.165	0.170	0.178	0.186	0.195	0.203	0.211	0.218	0.225	0.237	0.249	0.258	0.267	0.273
1.2	0.136	0.137	0.140	0.147	0.153	0.161	0.169	0.178	0.185	0.193	0.199	0.212	0.223	0.233	0.242	0.250
1.4	0.118	0.119	0.122	0.128	0.134	0.142	0.150	0.158	0.165	0.171	0.178	0.192	0.203	0.213	0.222	0.230
1.6	0.104	0.105	0.108	0.113	0.120	0.127	0.134	0.141	0.149	0.156	0.161	0.174	0.185	0.195	0.204	0.213
1.8	0.093	0.094	0.097	0.102	0.108	0.114	0.121	0.128	0.134	0.141	0.148	0.159	0.170	0.180	0.189	0.197
2.0	0.084	0.085	0.088	0.092	0.098	0.104	0.111	0.116	0.123	0.130	0.136	0.147	0.158	0.167	0.176	0.184
2.2	0.076	0.077	0.080	0.084	0.090	0.095	0.101	0.108	0.113	0.120	0.125	0.137	0.147	0.156	0.165	0.172
2.4	0.070	0.071	0.074	0.078	0.083	0.088	0.094	0.100	0.105	0.111	0.116	0.127	0.137	0.146	0.155	0.162
2.6	0.065	0.066	0.068	0.072	0.077	0.082	0.087	0.093	0.098	0.103	0.109	0.119	0.129	0.138	0.146	0.153
2.8	0.094	0.061	0.064	0.067	0.071	0.076	0.081	0.087	0.092	0.097	0.102	0.112	0.121	0.130	0.138	0.146
3.0	0.056	0.057	0.059	0.063	0.067	0.071	0.076	0.081	0.086	0.091	0.096	0.105	0.114	0.122	0.130	0.138

음영처리한 부분의 값은 KDS 41 31 00의 표 4.7-7 용접조인트 강도표와 필릿용접부의 대체 설계방법 (a), (b) 및 (c)에 의해 허용된 최대설계강도에 근거한 값임.

도움표 2.2.9-1(계속) 편심하중을 받는 용접군의 계수, C

하중각도=45°

도움표를 이용한 용접군의 설계강도는 다음 식으로 구한다.

$$P_u = \phi R_n = \phi(CC_1 D\, l),\ \phi = 0.75$$

도움표와 다음 식들을 이용하여 필릿용접부치수 D 또는 필릿용접군의 특성길이 l을 구할 수 있다.

$$C_{\min} = \frac{P_u}{\phi C_1 D\, l} \quad D_{\min} = \frac{P_u}{\phi C C_1\, l} \quad l_{\min} = \frac{P_u}{\phi C C_1 D}$$

여기서,

P_u = 최대편심하중, kN

D = 필릿용접부사이즈, mm

l = 용접군의 특성길이, mm

a = e_x/l

e_x = 용접군의 중심으로부터 편심하중 P_u까지 수평거리, mm

C = 용접군의 강도계수(아래표의 값)

C_1 = 용접재 강도계수

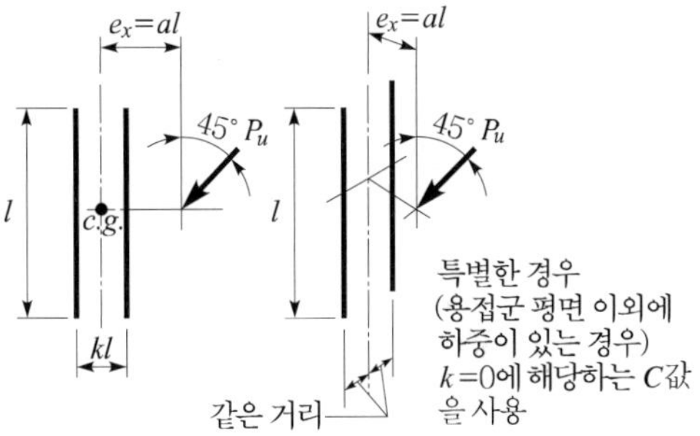

a	k															
	0	0.1	0.2	0.3	0.4	0.5	0.6	0.7	0.8	0.9	1.0	1.2	1.4	1.6	1.8	2.0
0.00	0.540	0.540	0.540	0.540	0.540	0.540	0.540	0.540	0.540	0.540	0.540	0.540	0.540	0.540	0.540	0.540
0.10	0.503	0.503	0.504	0.505	0.507	0.510	0.512	0.514	0.516	0.517	0.519	0.522	0.523	0.524	0.525	0.525
0.15	0.468	0.468	0.470	0.474	0.477	0.482	0.486	0.489	0.493	0.496	0.500	0.504	0.508	0.512	0.515	0.516
0.20	0.439	0.439	0.441	0.444	0.447	0.451	0.457	0.463	0.468	0.473	0.477	0.485	0.491	0.496	0.501	0.504
0.25	0.414	0.414	0.416	0.419	0.422	0.427	0.432	0.438	0.444	0.449	0.455	0.464	0.472	0.478	0.485	0.489
0.30	0.391	0.391	0.393	0.396	0.400	0.405	0.411	0.417	0.422	0.427	0.432	0.444	0.452	0.461	0.468	0.474
0.40	0.347	0.347	0.349	0.354	0.360	0.366	0.373	0.380	0.386	0.392	0.398	0.408	0.418	0.428	0.437	0.444
0.50	0.308	0.309	0.312	0.317	0.324	0.332	0.339	0.347	0.355	0.363	0.368	0.380	0.390	0.399	0.408	0.417
0.60	0.276	0.277	0.280	0.286	0.293	0.302	0.310	0.319	0.328	0.336	0.343	0.355	0.366	0.376	0.384	0.392
0.70	0.248	0.249	0.253	0.259	0.268	0.277	0.286	0.295	0.304	0.312	0.319	0.334	0.345	0.355	0.364	0.373
0.80	0.225	0.225	0.230	0.236	0.245	0.254	0.263	0.273	0.282	0.291	0.299	0.314	0.326	0.337	0.346	0.355
0.90	0.205	0.206	0.211	0.217	0.225	0.235	0.244	0.254	0.263	0.272	0.281	0.296	0.308	0.319	0.330	0.339
1.0	0.188	0.189	0.194	0.200	0.209	0.218	0.228	0.237	0.246	0.255	0.264	0.279	0.292	0.305	0.315	0.324
1.2	0.161	0.162	0.167	0.174	0.181	0.190	0.200	0.209	0.218	0.227	0.236	0.251	0.264	0.277	0.288	0.298
1.4	0.140	0.141	0.146	0.152	0.160	0.169	0.178	0.187	0.196	0.205	0.213	0.227	0.241	0.253	0.264	0.274
1.6	0.124	0.125	0.130	0.136	0.143	0.151	0.160	0.169	0.177	0.186	0.194	0.208	0.222	0.234	0.245	0.255
1.8	0.112	0.113	0.116	0.122	0.129	0.137	0.146	0.153	0.161	0.169	0.177	0.192	0.204	0.216	0.227	0.237
2.0	0.101	0.102	0.106	0.111	0.118	0.125	0.133	0.141	0.148	0.156	0.164	0.177	0.189	0.202	0.213	0.223
2.2	0.092	0.093	0.097	0.102	0.108	0.115	0.122	0.130	0.137	0.144	0.151	0.165	0.177	0.188	0.199	0.209
2.4	0.085	0.086	0.089	0.094	0.100	0.106	0.113	0.120	0.128	0.134	0.141	0.153	0.166	0.177	0.187	0.197
2.6	0.079	0.080	0.083	0.087	0.093	0.099	0.105	0.112	0.119	0.125	0.131	0.143	0.156	0.167	0.177	0.186
2.8	0.073	0.074	0.077	0.081	0.086	0.092	0.098	0.105	0.111	0.118	0.123	0.136	0.147	0.157	0.167	0.177
3.0	0.068	0.069	0.072	0.076	0.081	0.086	0.092	0.098	0.104	0.110	0.116	0.128	0.139	0.149	0.159	0.168

음영처리한 부분의 값은 KDS 41 31 00의 표 4.7-7 용접조인트 강도표와 필릿용접부의 대체 설계방법 (a), (b) 및 (c)에 의해 허용된 최대설계강도에 근거한 값임.

도움표 2.2.9-1(계속) 편심하중을 받는 용접군의 계수, *C*

하중각도=60°

도움표를 이용한 용접군의 설계강도는 다음 식으로 구한다.

$$P_u = \phi R_n = \phi(CC_1 D\,l),\ \phi = 0.75$$

도움표와 다음 식들을 이용하여 필릿용접부치수 D 또는 필릿용접군의 특성길이 l을 구할 수 있다.

$$C_{\min} = \frac{P_u}{\phi C_1 D\,l} \quad D_{\min} = \frac{P_u}{\phi CC_1\,l} \quad l_{\min} = \frac{P_u}{\phi CC_1 D}$$

여기서,

P_u = 최대편심하중, kN

D = 필릿용접부사이즈, mm

l = 용접군의 특성길이, mm

a = e_x/l

e_x = 용접군의 중심으로부터 편심하중 P_u까지 수평거리, mm

C = 용접군의 강도계수(아래표의 값)

C_1 = 용접재 강도계수

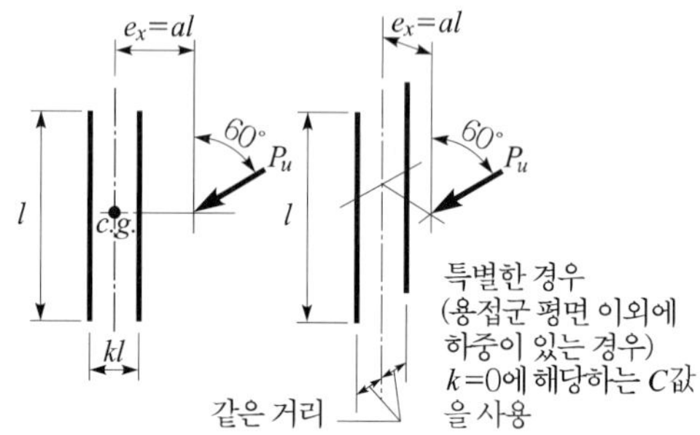

a	*k*=0	0.1	0.2	0.3	0.4	0.5	0.6	0.7	0.8	0.9	1.0	1.2	1.4	1.6	1.8	2.0
0.00	0.584	0.584	0.584	0.584	0.584	0.584	0.584	0.584	0.584	0.584	0.584	0.584	0.584	0.584	0.584	0.584
0.10	0.544	0.545	0.549	0.553	0.559	0.563	0.568	0.571	0.573	0.575	0.576	0.577	0.577	0.577	0.577	0.577
0.15	0.516	0.517	0.521	0.526	0.534	0.542	0.550	0.556	0.561	0.564	0.568	0.571	0.573	0.575	0.576	0.576
0.20	0.488	0.489	0.494	0.500	0.508	0.517	0.528	0.536	0.544	0.551	0.557	0.563	0.568	0.570	0.572	0.573
0.25	0.463	0.464	0.467	0.474	0.483	0.493	0.505	0.516	0.526	0.535	0.542	0.553	0.560	0.564	0.567	0.569
0.30	0.440	0.441	0.445	0.451	0.459	0.469	0.482	0.494	0.506	0.517	0.526	0.541	0.550	0.557	0.561	0.564
0.40	0.401	0.402	0.405	0.412	0.420	0.430	0.440	0.452	0.465	0.478	0.492	0.512	0.528	0.539	0.547	0.552
0.50	0.365	0.366	0.371	0.377	0.386	0.396	0.408	0.419	0.430	0.442	0.456	0.480	0.501	0.516	0.528	0.536
0.60	0.334	0.335	0.339	0.347	0.357	0.367	0.380	0.391	0.402	0.413	0.423	0.449	0.473	0.492	0.506	0.519
0.70	0.307	0.308	0.312	0.320	0.330	0.342	0.354	0.365	0.377	0.389	0.399	0.421	0.445	0.466	0.484	0.498
0.80	0.282	0.283	0.289	0.297	0.308	0.319	0.332	0.343	0.355	0.366	0.377	0.398	0.419	0.441	0.460	0.477
0.90	0.262	0.263	0.268	0.277	0.287	0.299	0.311	0.323	0.335	0.346	0.357	0.377	0.396	0.417	0.437	0.456
1.0	0.243	0.244	0.250	0.259	0.269	0.280	0.292	0.305	0.317	0.328	0.339	0.360	0.377	0.396	0.416	0.435
1.2	0.212	0.213	0.218	0.227	0.237	0.250	0.261	0.273	0.284	0.297	0.307	0.328	0.346	0.363	0.380	0.396
1.4	0.187	0.189	0.194	0.203	0.213	0.224	0.235	0.246	0.259	0.270	0.280	0.300	0.319	0.335	0.351	0.366
1.6	0.168	0.169	0.175	0.183	0.192	0.203	0.214	0.225	0.236	0.246	0.258	0.277	0.295	0.311	0.327	0.342
1.8	0.151	0.152	0.158	0.166	0.175	0.185	0.195	0.206	0.217	0.227	0.237	0.256	0.274	0.291	0.306	0.319
2.0	0.138	0.139	0.144	0.151	0.160	0.169	0.179	0.190	0.200	0.211	0.221	0.239	0.256	0.272	0.287	0.301
2.2	0.127	0.128	0.132	0.139	0.148	0.157	0.166	0.176	0.186	0.196	0.205	0.223	0.240	0.255	0.270	0.284
2.4	0.116	0.119	0.123	0.129	0.137	0.146	0.155	0.164	0.174	0.183	0.192	0.209	0.226	0.241	0.255	0.269
2.6	0.109	0.110	0.114	0.120	0.128	0.136	0.144	0.153	0.162	0.171	0.180	0.197	0.213	0.227	0.242	0.255
2.8	0.101	0.103	0.107	0.112	0.119	0.127	0.136	0.144	0.152	0.161	0.169	0.186	0.202	0.216	0.230	0.242
3.0	0.095	0.096	0.100	0.105	0.112	0.120	0.128	0.136	0.143	0.152	0.160	0.176	0.190	0.205	0.218	0.231

음영처리한 부분의 값은 KDS 41 31 00의 표 4.7-7 용접조인트 강도표와 필릿용접부의 대체 설계방법 (a), (b) 및 (c)에 의해 허용된 최대설계강도에 근거한 값임.

도움표 2.2.9-1(계속) 편심하중을 받는 용접군의 계수, *C*

하중각도=75°

도움표를 이용한 용접군의 설계강도는 다음 식으로 구한다.

$$P_u = \phi R_n = \phi(CC_1 D\, l),\ \phi = 0.75$$

도움표와 다음 식들을 이용하여 필릿용접부치수 D 또는 필릿용접군의 특성길이 l을 구할 수 있다.

$$C_{\min} = \frac{P_u}{\phi C_1 D\, l} \quad D_{\min} = \frac{P_u}{\phi C C_1\, l} \quad l_{\min} = \frac{P_u}{\phi C C_1 D}$$

여기서,

P_u = 최대편심하중, kN

D = 필릿용접부사이즈, mm

l = 용접군의 특성길이, mm

a = e_x/l

e_x = 용접군의 중심으로부터 편심하중 P_u까지 수평거리, mm

C = 용접군의 강도계수(아래표의 값)

C_1 = 용접재 강도계수

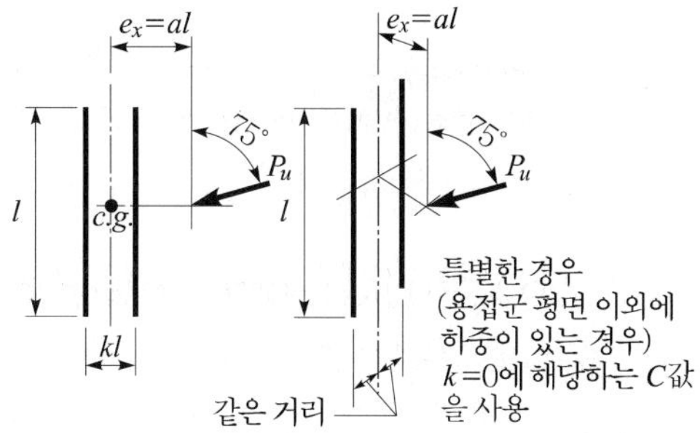

a	k															
	0	0.1	0.2	0.3	0.4	0.5	0.6	0.7	0.8	0.9	1.0	1.2	1.4	1.6	1.8	2.0
0.00	0.613	0.613	0.613	0.613	0.613	0.613	0.613	0.613	0.613	0.613	0.613	0.613	0.613	0.613	0.613	0.613
0.10	0.579	0.581	0.588	0.596	0.603	0.607	0.609	0.610	0.610	0.612	0.612	0.612	0.612	0.612	0.610	0.610
0.15	0.560	0.563	0.571	0.581	0.591	0.598	0.603	0.606	0.608	0.609	0.610	0.610	0.610	0.610	0.610	0.610
0.20	0.543	0.545	0.554	0.567	0.578	0.588	0.596	0.600	0.604	0.606	0.607	0.609	0.610	0.610	0.610	0.610
0.25	0.528	0.530	0.538	0.551	0.564	0.577	0.587	0.594	0.598	0.601	0.604	0.607	0.608	0.609	0.609	0.610
0.30	0.512	0.514	0.521	0.535	0.551	0.564	0.577	0.586	0.591	0.597	0.600	0.605	0.607	0.608	0.609	0.609
0.40	0.484	0.485	0.492	0.505	0.523	0.540	0.554	0.567	0.577	0.585	0.590	0.597	0.601	0.605	0.606	0.607
0.50	0.458	0.460	0.467	0.478	0.496	0.515	0.533	0.548	0.560	0.570	0.578	0.588	0.596	0.599	0.603	0.605
0.60	0.435	0.437	0.444	0.456	0.472	0.491	0.511	0.528	0.542	0.554	0.564	0.578	0.588	0.594	0.598	0.600
0.70	0.413	0.416	0.422	0.433	0.449	0.468	0.488	0.507	0.524	0.538	0.550	0.567	0.579	0.587	0.592	0.597
0.80	0.393	0.395	0.402	0.414	0.429	0.447	0.467	0.487	0.505	0.521	0.534	0.556	0.569	0.579	0.587	0.591
0.90	0.374	0.376	0.383	0.395	0.410	0.427	0.447	0.468	0.487	0.504	0.520	0.542	0.559	0.571	0.579	0.586
1.0	0.356	0.358	0.366	0.377	0.392	0.409	0.429	0.449	0.469	0.487	0.503	0.530	0.549	0.562	0.572	0.580
1.2	0.325	0.327	0.335	0.346	0.361	0.377	0.395	0.414	0.435	0.455	0.473	0.503	0.525	0.543	0.557	0.567
1.4	0.297	0.299	0.307	0.319	0.333	0.348	0.366	0.384	0.404	0.423	0.442	0.475	0.502	0.523	0.539	0.551
1.6	0.273	0.276	0.283	0.295	0.308	0.324	0.340	0.357	0.376	0.395	0.414	0.449	0.478	0.502	0.521	0.535
1.8	0.253	0.254	0.262	0.273	0.287	0.301	0.318	0.335	0.352	0.370	0.389	0.423	0.455	0.480	0.502	0.519
2.0	0.234	0.236	0.244	0.254	0.268	0.282	0.298	0.314	0.330	0.347	0.365	0.400	0.432	0.459	0.483	0.502
2.2	0.218	0.221	0.227	0.239	0.251	0.264	0.280	0.295	0.311	0.327	0.344	0.379	0.410	0.439	0.464	0.484
2.4	0.204	0.206	0.213	0.223	0.235	0.249	0.263	0.278	0.293	0.309	0.325	0.358	0.390	0.419	0.445	0.466
2.6	0.192	0.194	0.200	0.211	0.222	0.235	0.249	0.263	0.278	0.293	0.308	0.340	0.371	0.400	0.426	0.449
2.8	0.180	0.183	0.189	0.198	0.209	0.222	0.235	0.250	0.264	0.279	0.293	0.323	0.354	0.382	0.408	0.431
3.0	0.170	0.172	0.179	0.188	0.198	0.211	0.224	0.237	0.251	0.265	0.279	0.308	0.337	0.365	0.391	0.416

음영처리한 부분의 값은 KDS 41 31 00의 표 4.7-7 용접조인트 강도표와 필릿용접부의 내체 설계방법 (a), (b) 및 (c)에 의해 허용된 최대설계강도에 근거한 값임.

도움표 2.2.9-2 편심하중을 받는 용접군의 계수, C

하중각도=0°

도움표를 이용한 용접군의 설계강도는 다음 식으로 구한다.

$$P_u = \phi R_n = \phi(CC_1 D\,l),\ \phi = 0.75$$

도움표와 다음 식들을 이용하여 필릿용접부치수 D 또는 필릿용접군의 특성길이 l을 구할 수 있다.

$$C_{\min} = \frac{P_u}{\phi C_1 D\,l} \quad D_{\min} = \frac{P_u}{\phi CC_1\,l} \quad l_{\min} = \frac{P_u}{\phi CC_1 D}$$

여기서,

P_u = 최대편심하중, kN

D = 필릿용접부사이즈, mm

l = 용접군의 특성길이, mm

a = e_x/l

e_x = 용접군의 중심으로부터 편심하중 P_u까지 수평거리, mm

C = 용접군의 강도계수(아래표의 값)

C_1 = 용접재 강도계수

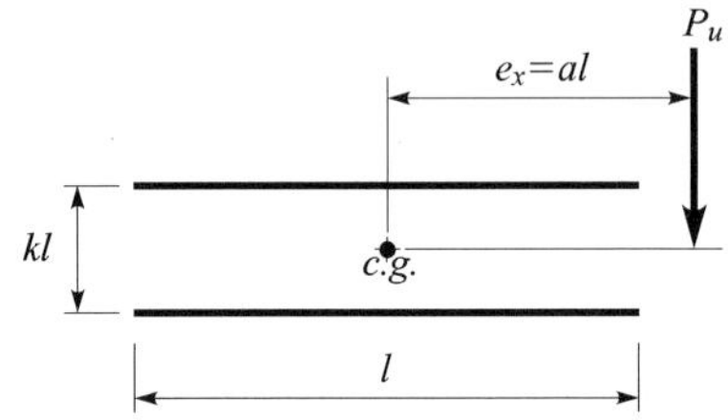

a	k															
	0	0.1	0.2	0.3	0.4	0.5	0.6	0.7	0.8	0.9	1.0	1.2	1.4	1.6	1.8	2.0
0.00	0.624	0.624	0.624	0.624	0.624	0.624	0.624	0.624	0.624	0.624	0.624	0.624	0.624	0.624	0.624	0.624
0.10	0.484	0.488	0.502	0.521	0.540	0.557	0.572	0.584	0.592	0.599	0.604	0.610	0.614	0.616	0.618	0.619
0.15	0.437	0.441	0.452	0.470	0.492	0.513	0.532	0.549	0.562	0.573	0.582	0.595	0.603	0.607	0.610	0.614
0.20	0.396	0.400	0.411	0.427	0.447	0.470	0.493	0.512	0.530	0.544	0.557	0.575	0.587	0.596	0.601	0.606
0.25	0.361	0.364	0.374	0.389	0.408	0.431	0.455	0.477	0.496	0.514	0.529	0.552	0.569	0.581	0.589	0.596
0.30	0.329	0.333	0.343	0.357	0.374	0.395	0.419	0.442	0.464	0.484	0.501	0.529	0.550	0.564	0.576	0.585
0.40	0.278	0.281	0.291	0.304	0.319	0.337	0.357	0.381	0.404	0.427	0.447	0.480	0.508	0.529	0.545	0.559
0.50	0.240	0.243	0.251	0.262	0.277	0.293	0.311	0.330	0.353	0.375	0.396	0.435	0.466	0.492	0.513	0.530
0.60	0.209	0.212	0.220	0.231	0.243	0.259	0.274	0.292	0.311	0.332	0.353	0.392	0.427	0.455	0.479	0.500
0.70	0.185	0.188	0.195	0.205	0.216	0.231	0.245	0.261	0.278	0.296	0.315	0.355	0.390	0.420	0.447	0.469
0.80	0.166	0.168	0.175	0.184	0.195	0.207	0.221	0.235	0.251	0.267	0.284	0.321	0.356	0.388	0.416	0.439
0.90	0.150	0.152	0.158	0.167	0.177	0.188	0.200	0.214	0.228	0.243	0.259	0.292	0.327	0.358	0.386	0.412
1.0	0.137	0.139	0.144	0.152	0.161	0.172	0.184	0.196	0.209	0.223	0.237	0.268	0.301	0.333	0.361	0.386
1.2	0.116	0.118	0.123	0.130	0.138	0.147	0.158	0.168	0.179	0.192	0.204	0.230	0.258	0.287	0.315	0.339
1.4	0.101	0.102	0.107	0.112	0.120	0.128	0.138	0.147	0.157	0.167	0.178	0.200	0.224	0.251	0.277	0.301
1.6	0.089	0.090	0.094	0.099	0.106	0.113	0.121	0.130	0.139	0.149	0.158	0.178	0.199	0.222	0.245	0.269
1.8	0.080	0.081	0.084	0.089	0.095	0.102	0.109	0.116	0.125	0.133	0.142	0.160	0.179	0.198	0.220	0.242
2.0	0.072	0.073	0.076	0.081	0.086	0.092	0.099	0.106	0.113	0.121	0.129	0.146	0.162	0.180	0.198	0.218
2.2	0.066	0.067	0.070	0.074	0.079	0.084	0.090	0.097	0.104	0.111	0.118	0.133	0.149	0.165	0.181	0.199
2.4	0.060	0.061	0.064	0.068	0.072	0.077	0.083	0.089	0.095	0.102	0.109	0.122	0.137	0.151	0.167	0.184
2.6	0.056	0.057	0.059	0.063	0.067	0.072	0.077	0.083	0.088	0.095	0.101	0.113	0.127	0.141	0.155	0.169
2.8	0.052	0.053	0.055	0.058	0.062	0.067	0.072	0.077	0.082	0.088	0.094	0.106	0.119	0.131	0.144	0.158
3.0	0.049	0.049	0.051	0.054	0.058	0.062	0.067	0.072	0.077	0.082	0.088	0.099	0.111	0.123	0.136	0.148

음영처리한 부분의 값은 KDS 41 31 00의 표 4.7-7 용접조인트 강도표와 필릿용접부의 대체 설계방법 (a), (b) 및 (c)에 의해 허용된 최대설계강도에 근거한 값임.

도움표 2.2.9-2(계속) 편심하중을 받는 용접군의 계수, *C*

하중각도=15°

도움표를 이용한 용접군의 설계강도는 다음 식으로 구한다.

$$P_u = \phi R_n = \phi(CC_1 D\, l),\ \phi = 0.75$$

도움표와 다음 식들을 이용하여 필릿용접부치수 D 또는 필릿용접군의 특성길이 l을 구할 수 있다.

$$C_{\min} = \frac{P_u}{\phi C_1 D\, l} \quad D_{\min} = \frac{P_u}{\phi C C_1\, l} \quad l_{\min} = \frac{P_u}{\phi C C_1 D}$$

여기서,

P_u = 최대편심하중, kN

D = 필릿용접부사이즈, mm

l = 용접군의 특성길이, mm

a = e_x/l

e_x = 용접군의 중심으로부터 편심하중 P_u까지 수평거리, mm

C = 용접군의 강도계수(아래표의 값)

C_1 = 용접재 강도계수

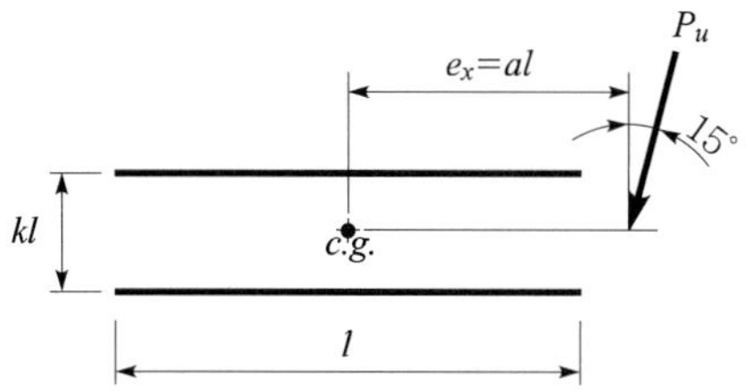

a	k															
	0	0.1	0.2	0.3	0.4	0.5	0.6	0.7	0.8	0.9	1.0	1.2	1.4	1.6	1.8	2.0
0.00	0.613	0.613	0.613	0.613	0.613	0.613	0.613	0.613	0.613	0.613	0.613	0.613	0.613	0.613	0.613	0.613
0.10	0.491	0.493	0.500	0.513	0.530	0.547	0.561	0.572	0.581	0.588	0.592	0.599	0.604	0.606	0.607	0.608
0.15	0.445	0.446	0.452	0.465	0.480	0.501	0.520	0.535	0.550	0.561	0.570	0.582	0.591	0.596	0.600	0.603
0.20	0.403	0.405	0.413	0.424	0.439	0.458	0.478	0.498	0.515	0.531	0.543	0.561	0.575	0.584	0.590	0.595
0.25	0.368	0.370	0.377	0.390	0.404	0.421	0.441	0.461	0.480	0.498	0.514	0.539	0.556	0.568	0.577	0.584
0.30	0.337	0.339	0.346	0.358	0.373	0.390	0.408	0.428	0.448	0.467	0.485	0.513	0.535	0.551	0.563	0.572
0.40	0.286	0.288	0.296	0.307	0.321	0.337	0.354	0.372	0.391	0.410	0.429	0.463	0.491	0.513	0.531	0.544
0.50	0.246	0.249	0.256	0.267	0.280	0.295	0.310	0.327	0.344	0.362	0.381	0.416	0.447	0.474	0.495	0.513
0.60	0.215	0.217	0.225	0.235	0.248	0.261	0.277	0.291	0.307	0.324	0.340	0.375	0.407	0.435	0.459	0.480
0.70	0.192	0.193	0.199	0.209	0.221	0.234	0.248	0.262	0.277	0.292	0.307	0.339	0.370	0.399	0.424	0.448
0.80	0.171	0.174	0.179	0.188	0.199	0.212	0.224	0.237	0.252	0.265	0.280	0.309	0.338	0.366	0.392	0.417
0.90	0.155	0.157	0.162	0.171	0.181	0.193	0.205	0.217	0.231	0.244	0.256	0.283	0.310	0.338	0.363	0.388
1.0	0.141	0.143	0.149	0.157	0.166	0.177	0.188	0.200	0.213	0.225	0.237	0.262	0.287	0.312	0.337	0.361
1.2	0.120	0.122	0.127	0.133	0.141	0.151	0.161	0.171	0.183	0.194	0.205	0.227	0.250	0.271	0.295	0.316
1.4	0.104	0.106	0.110	0.116	0.123	0.132	0.141	0.150	0.160	0.170	0.180	0.200	0.221	0.240	0.260	0.280
1.6	0.092	0.093	0.097	0.103	0.109	0.116	0.125	0.133	0.142	0.151	0.160	0.179	0.197	0.215	0.233	0.251
1.8	0.082	0.084	0.087	0.092	0.098	0.105	0.112	0.120	0.128	0.137	0.144	0.161	0.178	0.195	0.211	0.227
2.0	0.074	0.076	0.079	0.083	0.089	0.095	0.102	0.109	0.116	0.124	0.132	0.147	0.162	0.178	0.193	0.207
2.2	0.068	0.069	0.072	0.076	0.081	0.087	0.093	0.100	0.107	0.113	0.121	0.136	0.149	0.164	0.177	0.192
2.4	0.062	0.063	0.066	0.072	0.075	0.080	0.086	0.092	0.098	0.105	0.111	0.124	0.138	0.151	0.165	0.177
2.6	0.058	0.059	0.061	0.065	0.069	0.074	0.079	0.085	0.091	0.097	0.103	0.115	0.129	0.141	0.153	0.165
2.8	0.054	0.055	0.057	0.060	0.064	0.069	0.074	0.079	0.085	0.090	0.096	0.108	0.120	0.131	0.143	0.155
3.0	0.050	0.051	0.053	0.056	0.060	0.065	0.069	0.074	0.079	0.085	0.090	0.101	0.112	0.123	0.134	0.146

음영처리한 부분의 값은 KDS 41 31 00의 표 4.7-7 용접조인트 강도표와 필릿용접부의 대체 설계방법 (a), (b) 및 (c)에 의해 허용된 최대설계강도에 근거한 값임.

도움표 2.2.9-2(계속) 편심하중을 받는 용접군의 계수, C

하중각도=30°

도움표를 이용한 용접군의 설계강도는 다음 식으로 구한다.

$$P_u = \phi R_n = \phi(CC_1 D\,l),\ \phi = 0.75$$

도움표와 다음 식들을 이용하여 필릿용접부치수 D 또는 필릿용접군의 특성길이 l을 구할 수 있다.

$$C_{\min} = \frac{P_u}{\phi C_1 D\,l} \quad D_{\min} = \frac{P_u}{\phi CC_1\,l} \quad l_{\min} = \frac{P_u}{\phi CC_1 D}$$

여기서,

P_u = 최대편심하중, kN

D = 필릿용접부사이즈, mm

l = 용접군의 특성길이, mm

a = e_x/l

e_x = 용접군의 중심으로부터 편심하중 P_u까지 수평거리, mm

C = 용접군의 강도계수(아래표의 값)

C_1 = 용접재 강도계수

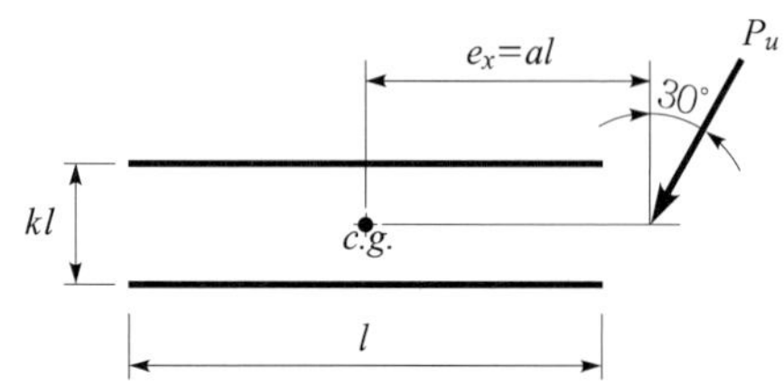

a	k															
	0	0.1	0.2	0.3	0.4	0.5	0.6	0.7	0.8	0.9	1.0	1.2	1.4	1.6	1.8	2.0
0.00	0.584	0.584	0.584	0.584	0.584	0.584	0.584	0.584	0.584	0.584	0.584	0.584	0.584	0.584	0.584	0.584
0.10	0.503	0.504	0.508	0.514	0.522	0.531	0.540	0.548	0.553	0.559	0.562	0.568	0.571	0.572	0.573	0.575
0.15	0.458	0.459	0.463	0.469	0.478	0.488	0.500	0.512	0.522	0.532	0.539	0.550	0.558	0.563	0.566	0.568
0.20	0.421	0.422	0.426	0.432	0.440	0.449	0.461	0.474	0.487	0.500	0.511	0.528	0.540	0.549	0.554	0.559
0.25	0.389	0.390	0.393	0.400	0.409	0.419	0.429	0.440	0.452	0.466	0.479	0.502	0.519	0.531	0.541	0.548
0.30	0.360	0.360	0.364	0.372	0.381	0.391	0.402	0.413	0.424	0.436	0.449	0.475	0.495	0.512	0.524	0.533
0.40	0.309	0.310	0.315	0.323	0.333	0.344	0.355	0.367	0.379	0.390	0.401	0.422	0.447	0.468	0.485	0.500
0.50	0.269	0.270	0.274	0.283	0.293	0.306	0.318	0.329	0.342	0.353	0.364	0.384	0.403	0.424	0.445	0.463
0.60	0.236	0.237	0.243	0.252	0.262	0.274	0.286	0.298	0.310	0.321	0.333	0.353	0.371	0.389	0.408	0.427
0.70	0.211	0.212	0.217	0.225	0.236	0.248	0.260	0.271	0.283	0.295	0.306	0.326	0.344	0.361	0.377	0.394
0.80	0.189	0.190	0.196	0.204	0.214	0.225	0.237	0.249	0.260	0.271	0.282	0.302	0.320	0.337	0.353	0.367
0.90	0.171	0.172	0.178	0.186	0.196	0.206	0.217	0.230	0.241	0.251	0.262	0.281	0.300	0.316	0.332	0.346
1.0	0.157	0.158	0.164	0.171	0.180	0.190	0.202	0.212	0.223	0.234	0.244	0.263	0.281	0.298	0.312	0.327
1.2	0.133	0.134	0.139	0.147	0.155	0.165	0.174	0.185	0.195	0.205	0.214	0.233	0.250	0.265	0.280	0.293
1.4	0.115	0.118	0.121	0.128	0.136	0.144	0.153	0.162	0.172	0.181	0.190	0.207	0.224	0.240	0.253	0.267
1.6	0.102	0.104	0.108	0.113	0.120	0.128	0.137	0.146	0.153	0.162	0.171	0.187	0.203	0.217	0.231	0.244
1.8	0.092	0.093	0.096	0.102	0.108	0.115	0.123	0.131	0.139	0.147	0.155	0.170	0.185	0.199	0.213	0.225
2.0	0.083	0.084	0.087	0.092	0.098	0.105	0.112	0.120	0.127	0.134	0.142	0.157	0.170	0.184	0.196	0.208
2.2	0.076	0.077	0.080	0.084	0.090	0.096	0.102	0.110	0.116	0.123	0.131	0.144	0.158	0.170	0.183	0.194
2.4	0.070	0.071	0.073	0.078	0.083	0.088	0.095	0.101	0.108	0.114	0.121	0.133	0.147	0.158	0.170	0.181
2.6	0.064	0.065	0.068	0.072	0.077	0.082	0.088	0.094	0.100	0.106	0.112	0.124	0.137	0.148	0.159	0.170
2.8	0.060	0.061	0.063	0.067	0.071	0.076	0.082	0.088	0.093	0.099	0.105	0.116	0.128	0.139	0.150	0.160
3.0	0.056	0.057	0.059	0.063	0.067	0.072	0.077	0.082	0.087	0.093	0.099	0.110	0.121	0.131	0.141	0.151

음영처리한 부분의 값은 KDS 41 31 00의 표 4.7-7 용접조인트 강도표와 필릿용접부의 대체 설계방법 (a), (b) 및 (c)에 의해 허용된 최대설계강도에 근거한 값임.

도움표 2.2.9-2(계속) 편심하중을 받는 용접군의 계수, *C*

하중각도=45°

도움표를 이용한 용접군의 설계강도는 다음 식으로 구한다.

$$P_u = \phi R_n = \phi(CC_1 D\, l),\ \phi = 0.75$$

도움표와 다음 식들을 이용하여 필릿용접부치수 D 또는 필릿용접군의 특성길이 l을 구할 수 있다.

$$C_{\min} = \frac{P_u}{\phi C_1 D\, l} \quad D_{\min} = \frac{P_u}{\phi C C_1\, l} \quad l_{\min} = \frac{P_u}{\phi C C_1 D}$$

여기서,

P_u = 최대편심하중, kN

D = 필릿용접부사이즈, mm

l = 용접군의 특성길이, mm

a = e_x/l

e_x = 용접군의 중심으로부터 편심하중 P_u까지 수평거리, mm

C = 용접군의 강도계수(아래표의 값)

C_1 = 용접재 강도계수

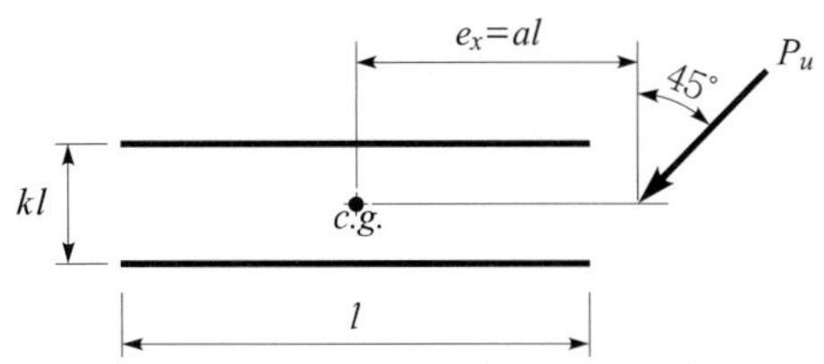

a	k															
	0	0.1	0.2	0.3	0.4	0.5	0.6	0.7	0.8	0.9	1.0	1.2	1.4	1.6	1.8	2.0
0.00	0.540	0.540	0.540	0.540	0.540	0.540	0.540	0.540	0.540	0.540	0.540	0.540	0.540	0.540	0.540	0.540
0.10	0.503	0.503	0.504	0.505	0.507	0.510	0.512	0.514	0.516	0.517	0.519	0.522	0.523	0.524	0.525	0.525
0.15	0.468	0.468	0.470	0.474	0.477	0.482	0.486	0.489	0.493	0.496	0.500	0.504	0.508	0.512	0.515	0.516
0.20	0.439	0.439	0.441	0.444	0.447	0.451	0.457	0.463	0.468	0.473	0.477	0.485	0.491	0.496	0.501	0.504
0.25	0.414	0.414	0.416	0.419	0.422	0.427	0.432	0.438	0.444	0.449	0.455	0.464	0.472	0.478	0.485	0.489
0.30	0.391	0.391	0.393	0.396	0.400	0.405	0.411	0.417	0.422	0.427	0.432	0.444	0.452	0.461	0.468	0.474
0.40	0.347	0.347	0.349	0.354	0.360	0.366	0.373	0.380	0.386	0.392	0.398	0.408	0.418	0.428	0.437	0.444
0.50	0.308	0.309	0.312	0.317	0.324	0.332	0.339	0.347	0.355	0.363	0.368	0.380	0.390	0.399	0.408	0.417
0.60	0.276	0.277	0.280	0.286	0.293	0.302	0.310	0.319	0.328	0.336	0.343	0.355	0.366	0.376	0.384	0.392
0.70	0.248	0.249	0.253	0.259	0.268	0.277	0.286	0.295	0.304	0.312	0.319	0.334	0.345	0.355	0.364	0.373
0.80	0.225	0.225	0.230	0.236	0.245	0.254	0.263	0.273	0.282	0.291	0.299	0.314	0.326	0.337	0.346	0.355
0.90	0.205	0.206	0.211	0.217	0.225	0.235	0.244	0.254	0.263	0.272	0.281	0.296	0.308	0.319	0.330	0.339
1.0	0.188	0.189	0.194	0.200	0.209	0.218	0.228	0.237	0.246	0.255	0.264	0.279	0.292	0.305	0.315	0.324
1.2	0.161	0.162	0.167	0.174	0.181	0.190	0.200	0.209	0.218	0.227	0.236	0.251	0.264	0.277	0.288	0.298
1.4	0.140	0.141	0.146	0.152	0.160	0.169	0.178	0.187	0.196	0.205	0.213	0.227	0.241	0.253	0.264	0.274
1.6	0.124	0.125	0.130	0.136	0.143	0.151	0.160	0.169	0.177	0.186	0.194	0.208	0.222	0.234	0.245	0.255
1.8	0.112	0.113	0.116	0.122	0.129	0.137	0.146	0.153	0.161	0.169	0.177	0.192	0.204	0.216	0.227	0.237
2.0	0.101	0.102	0.106	0.111	0.118	0.125	0.133	0.141	0.148	0.156	0.164	0.177	0.189	0.202	0.213	0.223
2.2	0.092	0.093	0.097	0.102	0.108	0.115	0.122	0.130	0.137	0.144	0.151	0.165	0.177	0.188	0.199	0.209
2.4	0.085	0.086	0.089	0.094	0.100	0.106	0.113	0.120	0.128	0.134	0.141	0.153	0.166	0.177	0.187	0.197
2.6	0.079	0.080	0.083	0.087	0.093	0.099	0.105	0.112	0.119	0.125	0.131	0.143	0.156	0.167	0.177	0.186
2.8	0.073	0.074	0.077	0.081	0.086	0.092	0.098	0.105	0.111	0.118	0.123	0.136	0.147	0.157	0.167	0.177
3.0	0.068	0.069	0.072	0.076	0.081	0.086	0.092	0.098	0.104	0.110	0.116	0.128	0.139	0.149	0.159	0.168

음영처리한 부분의 값은 KDS 41 31 00의 표 4.7-7 용접조인트 강도표와 필릿용접부의 대체 실계방법 (a), (b) 및 (c)에 의해 허용된 최대설계강도에 근거한 값임.

도움표 2.2.9-2(계속) 편심하중을 받는 용접군의 계수, *C*

하중각도=60°

도움표를 이용한 용접군의 설계강도는 다음 식으로 구한다.

$$P_u = \phi R_n = \phi(C C_1 D\, l),\ \phi = 0.75$$

도움표와 다음 식들을 이용하여 필릿용접부치수 D 또는 필릿용접군의 특성길이 l을 구할 수 있다.

$$C_{\min} = \frac{P_u}{\phi C_1 D\, l} \quad D_{\min} = \frac{P_u}{\phi C C_1\, l} \quad l_{\min} = \frac{P_u}{\phi C C_1 D}$$

여기서,

P_u = 최대편심하중, kN

D = 필릿용접부사이즈, mm

l = 용접군의 특성길이, mm

a = e_x/l

e_x = 용접군의 중심으로부터 편심하중 P_u까지 수평거리, mm

C = 용접군의 강도계수(아래표의 값)

C_1 = 용접재 강도계수

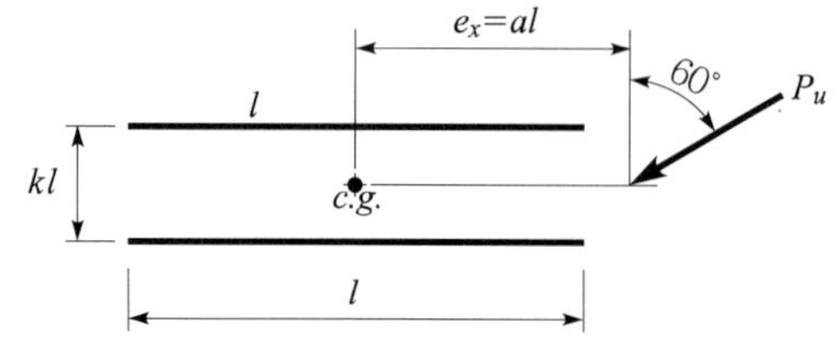

a	k															
	0	0.1	0.2	0.3	0.4	0.5	0.6	0.7	0.8	0.9	1.0	1.2	1.4	1.6	1.8	2.0
0.00	0.489	0.489	0.489	0.489	0.489	0.489	0.489	0.489	0.489	0.489	0.489	0.489	0.489	0.489	0.489	0.489
0.10	0.477	0.477	0.477	0.476	0.476	0.476	0.476	0.475	0.475	0.474	0.474	0.473	0.472	0.470	0.469	0.467
0.15	0.461	0.461	0.463	0.463	0.463	0.463	0.463	0.464	0.464	0.464	0.463	0.463	0.463	0.461	0.460	0.459
0.20	0.445	0.445	0.445	0.445	0.446	0.446	0.447	0.448	0.449	0.449	0.450	0.451	0.451	0.451	0.451	0.450
0.25	0.432	0.432	0.432	0.432	0.432	0.432	0.433	0.433	0.435	0.436	0.437	0.439	0.440	0.441	0.441	0.441
0.30	0.419	0.419	0.419	0.420	0.420	0.421	0.421	0.422	0.423	0.423	0.424	0.427	0.429	0.430	0.431	0.432
0.40	0.393	0.393	0.393	0.394	0.396	0.398	0.399	0.400	0.402	0.403	0.404	0.407	0.409	0.411	0.413	0.414
0.50	0.365	0.365	0.366	0.368	0.371	0.374	0.376	0.379	0.381	0.383	0.385	0.390	0.392	0.395	0.398	0.400
0.60	0.338	0.338	0.340	0.343	0.346	0.351	0.355	0.358	0.362	0.365	0.367	0.373	0.376	0.381	0.383	0.386
0.70	0.314	0.314	0.315	0.319	0.324	0.328	0.334	0.338	0.343	0.346	0.351	0.356	0.362	0.366	0.370	0.373
0.80	0.290	0.290	0.292	0.297	0.302	0.308	0.314	0.319	0.325	0.329	0.334	0.342	0.347	0.353	0.357	0.362
0.90	0.269	0.269	0.272	0.277	0.282	0.289	0.296	0.302	0.308	0.314	0.318	0.327	0.334	0.340	0.346	0.351
1.0	0.250	0.250	0.253	0.259	0.264	0.272	0.279	0.287	0.292	0.299	0.304	0.314	0.321	0.328	0.334	0.339
1.2	0.217	0.218	0.222	0.227	0.234	0.242	0.250	0.258	0.265	0.272	0.278	0.289	0.298	0.306	0.312	0.319
1.4	0.193	0.193	0.196	0.203	0.209	0.218	0.226	0.234	0.242	0.250	0.255	0.268	0.278	0.287	0.293	0.300
1.6	0.171	0.172	0.176	0.183	0.189	0.198	0.206	0.214	0.222	0.230	0.236	0.249	0.259	0.269	0.277	0.283
1.8	0.155	0.156	0.159	0.166	0.172	0.181	0.189	0.197	0.205	0.213	0.220	0.232	0.243	0.252	0.261	0.269
2.0	0.140	0.141	0.146	0.151	0.159	0.167	0.175	0.183	0.190	0.198	0.205	0.217	0.228	0.239	0.248	0.255
2.2	0.129	0.130	0.133	0.139	0.147	0.155	0.162	0.170	0.178	0.185	0.192	0.204	0.215	0.225	0.234	0.243
2.4	0.119	0.120	0.123	0.129	0.136	0.143	0.151	0.159	0.166	0.174	0.180	0.193	0.204	0.214	0.223	0.231
2.6	0.110	0.111	0.114	0.120	0.127	0.134	0.141	0.149	0.156	0.164	0.169	0.181	0.193	0.203	0.213	0.221
2.8	0.103	0.104	0.107	0.112	0.119	0.125	0.133	0.140	0.147	0.153	0.160	0.172	0.184	0.194	0.203	0.211
3.0	0.096	0.097	0.100	0.106	0.112	0.119	0.125	0.132	0.139	0.146	0.152	0.164	0.175	0.185	0.194	0.203

음영처리한 부분의 값은 KDS 41 31 00의 표 4.7-7 용접조인트 강도표와 필릿용접부의 대체 설계방법 (a), (b) 및 (c)에 의해 허용된 최대설계강도에 근거한 값임.

도움표 2.2.9-2(계속) 편심하중을 받는 용접군의 계수, *C*

하중각도=75°

도움표를 이용한 용접군의 설계강도는 다음 식으로 구한다.

$$P_u = \phi R_n = \phi(CC_1 D\, l),\ \phi = 0.75$$

도움표와 다음 식들을 이용하여 필릿용접부치수 D 또는 필릿용접군의 특성길이 l을 구할 수 있다.

$$C_{\min} = \frac{P_u}{\phi C_1 D\, l} \quad D_{\min} = \frac{P_u}{\phi CC_1\, l} \quad l_{\min} = \frac{P_u}{\phi CC_1 D}$$

여기서,

P_u = 최대편심하중, kN

D = 필릿용접부사이즈, mm

l = 용접군의 특성길이, mm

a = e_x/l

e_x = 용접군의 중심으로부터 편심하중 P_u까지 수평거리, mm

C = 용접군의 강도계수(아래표의 값)

C_1 = 용접재 강도계수

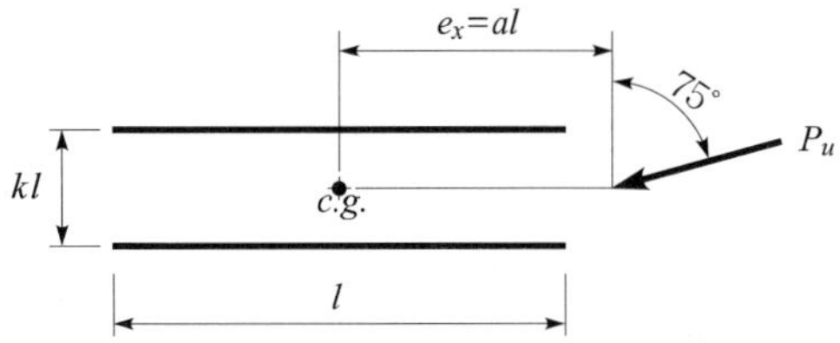

a	k															
	0	0.1	0.2	0.3	0.4	0.5	0.6	0.7	0.8	0.9	1.0	1.2	1.4	1.6	1.8	2.0
0.00	0.444	0.444	0.444	0.444	0.444	0.444	0.444	0.444	0.444	0.444	0.444	0.444	0.444	0.444	0.444	0.444
0.10	0.428	0.429	0.430	0.430	0.431	0.431	0.431	0.431	0.431	0.431	0.431	0.430	0.428	0.426	0.423	0.421
0.15	0.431	0.432	0.432	0.432	0.432	0.431	0.431	0.431	0.430	0.429	0.429	0.427	0.424	0.422	0.420	0.418
0.20	0.430	0.430	0.430	0.430	0.429	0.429	0.428	0.428	0.427	0.426	0.426	0.423	0.421	0.419	0.417	0.416
0.25	0.429	0.429	0.429	0.428	0.428	0.427	0.426	0.426	0.424	0.423	0.422	0.420	0.418	0.417	0.414	0.412
0.30	0.428	0.428	0.427	0.427	0.426	0.424	0.423	0.422	0.421	0.421	0.420	0.418	0.416	0.413	0.411	0.410
0.40	0.423	0.423	0.422	0.421	0.420	0.419	0.418	0.417	0.416	0.414	0.413	0.411	0.410	0.408	0.405	0.404
0.50	0.417	0.417	0.416	0.414	0.413	0.412	0.411	0.410	0.409	0.408	0.408	0.405	0.403	0.402	0.400	0.399
0.60	0.409	0.408	0.408	0.407	0.405	0.404	0.403	0.403	0.402	0.401	0.400	0.399	0.396	0.395	0.394	0.393
0.70	0.399	0.398	0.398	0.396	0.396	0.395	0.394	0.394	0.393	0.393	0.392	0.391	0.390	0.389	0.389	0.388
0.80	0.388	0.386	0.386	0.386	0.386	0.385	0.385	0.385	0.385	0.384	0.384	0.384	0.383	0.383	0.382	0.382
0.90	0.375	0.375	0.375	0.375	0.375	0.375	0.375	0.375	0.375	0.376	0.376	0.376	0.376	0.376	0.376	0.375
1.0	0.362	0.362	0.363	0.363	0.364	0.364	0.365	0.366	0.366	0.367	0.367	0.368	0.370	0.370	0.370	0.370
1.2	0.336	0.336	0.337	0.338	0.340	0.343	0.345	0.346	0.348	0.349	0.352	0.354	0.355	0.357	0.358	0.358
1.4	0.311	0.311	0.312	0.315	0.318	0.321	0.325	0.328	0.330	0.333	0.335	0.338	0.342	0.344	0.346	0.347
1.6	0.288	0.288	0.290	0.293	0.297	0.301	0.306	0.310	0.314	0.317	0.319	0.325	0.328	0.332	0.335	0.337
1.8	0.267	0.267	0.269	0.273	0.278	0.283	0.289	0.293	0.298	0.301	0.305	0.311	0.316	0.320	0.324	0.326
2.0	0.248	0.248	0.251	0.254	0.260	0.267	0.272	0.278	0.282	0.287	0.291	0.298	0.305	0.309	0.314	0.317
2.2	0.230	0.231	0.234	0.239	0.244	0.251	0.258	0.263	0.269	0.273	0.278	0.287	0.292	0.298	0.304	0.307
2.4	0.215	0.215	0.218	0.224	0.230	0.237	0.244	0.251	0.256	0.261	0.267	0.274	0.282	0.288	0.293	0.298
2.6	0.202	0.202	0.205	0.211	0.217	0.224	0.232	0.239	0.244	0.250	0.255	0.264	0.272	0.279	0.284	0.289
2.8	0.189	0.189	0.193	0.198	0.205	0.213	0.221	0.227	0.234	0.240	0.245	0.254	0.263	0.270	0.276	0.281
3.0	0.178	0.179	0.183	0.188	0.195	0.203	0.209	0.217	0.224	0.230	0.235	0.245	0.254	0.261	0.268	0.273

음영처리한 부분의 값은 KDS 41 31 00의 표 4.7-7 용접조인트 강도표와 필릿용접부의 대체 설계방법 (a), (b) 및 (c)에 의해 허용된 최대설계강도에 근거한 값임.

도움표 2.2.9-3 편심하중을 받는 용접군의 계수, *C*

하중각도=0°

도움표를 이용한 용접군의 설계강도는 다음 식으로 구한다.

$$P_u = \phi R_n = \phi(CC_1 D\, l),\ \phi = 0.75$$

도움표와 다음 식들을 이용하여 필릿용접부치수 D 또는 필릿용접군의 특성길이 l을 구할 수 있다.

$$C_{\min} = \frac{P_u}{\phi C_1 D\, l} \quad D_{\min} = \frac{P_u}{\phi CC_1\, l} \quad l_{\min} = \frac{P_u}{\phi CC_1 D}$$

여기서,

P_u = 최대편심하중, kN

D = 필릿용접부사이즈, mm

l = 용접군의 특성길이, mm

a = e_x/l

e_x = 용접군의 중심으로부터 편심하중 P_u까지 수평거리, mm

C = 용접군의 강도계수(아래표의 값)

C_1 = 용접재 강도계수

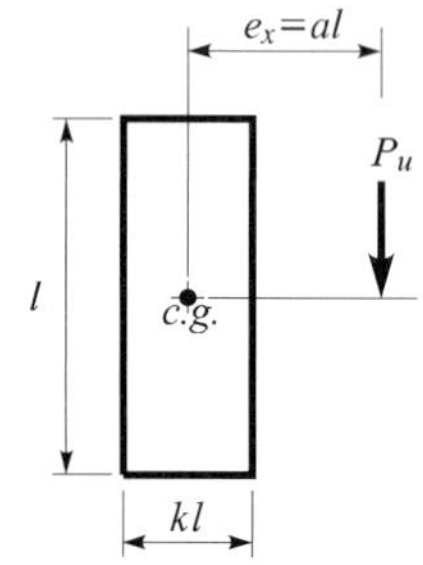

a	k															
	0	0.1	0.2	0.3	0.4	0.5	0.6	0.7	0.8	0.9	1.0	1.2	1.4	1.6	1.8	2.0
0.00	0.416	0.457	0.498	0.541	0.603	0.665	0.728	0.790	0.852	0.915	0.977	1.102	1.221	1.355	1.478	1.602
0.10	0.417	0.458	0.510	0.564	0.620	0.676	0.734	0.792	0.849	0.907	0.965	1.082	1.198	1.322	1.434	1.557
0.15	0.411	0.455	0.503	0.553	0.606	0.660	0.715	0.769	0.824	0.880	0.936	1.048	1.165	1.277	1.389	1.501
0.20	0.393	0.440	0.486	0.534	0.584	0.634	0.687	0.738	0.792	0.844	0.899	1.008	1.118	1.232	1.344	1.456
0.25	0.371	0.417	0.463	0.508	0.556	0.604	0.654	0.704	0.755	0.806	0.859	0.964	1.072	1.176	1.288	1.400
0.30	0.346	0.390	0.436	0.480	0.525	0.572	0.619	0.669	0.718	0.768	0.819	0.922	1.027	1.131	1.243	1.355
0.40	0.298	0.337	0.380	0.422	0.466	0.510	0.553	0.599	0.645	0.693	0.741	0.840	0.941	1.045	1.154	1.254
0.50	0.258	0.291	0.329	0.370	0.411	0.452	0.494	0.536	0.581	0.626	0.672	0.766	0.864	0.964	1.066	1.176
0.60	0.224	0.254	0.288	0.325	0.364	0.403	0.444	0.484	0.525	0.568	0.612	0.702	0.796	0.893	0.992	1.094
0.70	0.197	0.224	0.254	0.288	0.325	0.363	0.400	0.438	0.477	0.519	0.560	0.646	0.737	0.830	0.926	1.025
0.80	0.176	0.199	0.226	0.258	0.292	0.328	0.364	0.400	0.437	0.475	0.515	0.598	0.684	0.774	0.867	0.962
0.90	0.158	0.179	0.204	0.233	0.264	0.299	0.333	0.366	0.402	0.438	0.476	0.554	0.637	0.722	0.812	0.904
1.0	0.143	0.162	0.186	0.213	0.242	0.274	0.306	0.338	0.372	0.405	0.441	0.516	0.595	0.676	0.763	0.851
1.2	0.121	0.137	0.157	0.180	0.206	0.234	0.263	0.292	0.321	0.353	0.384	0.451	0.523	0.598	0.676	0.758
1.4	0.104	0.118	0.136	0.157	0.179	0.205	0.231	0.256	0.283	0.311	0.339	0.401	0.466	0.534	0.607	0.682
1.6	0.091	0.104	0.120	0.138	0.159	0.181	0.205	0.228	0.252	0.278	0.304	0.360	0.419	0.482	0.549	0.619
1.8	0.081	0.093	0.107	0.123	0.142	0.162	0.184	0.205	0.227	0.251	0.274	0.325	0.380	0.439	0.501	0.566
2.0	0.073	0.084	0.096	0.112	0.129	0.147	0.167	0.186	0.207	0.228	0.250	0.297	0.347	0.402	0.459	0.521
2.2	0.067	0.076	0.088	0.102	0.118	0.134	0.152	0.170	0.189	0.209	0.230	0.273	0.320	0.371	0.424	0.482
2.4	0.061	0.070	0.081	0.094	0.108	0.123	0.140	0.158	0.175	0.193	0.212	0.253	0.297	0.344	0.394	0.448
2.6	0.057	0.065	0.075	0.086	0.100	0.114	0.130	0.146	0.162	0.179	0.197	0.235	0.277	0.320	0.368	0.419
2.8	0.053	0.060	0.069	0.080	0.093	0.106	0.121	0.136	0.151	0.167	0.184	0.220	0.259	0.300	0.345	0.392
3.0	0.049	0.056	0.065	0.075	0.087	0.099	0.113	0.128	0.142	0.157	0.172	0.206	0.243	0.282	0.325	0.370

음영처리한 부분의 값은 KDS 41 31 00의 표 4.7-7 용접조인트 강도표와 필릿용접부의 대체 설계방법 (a), (b) 및 (c)에 의해 허용된 최대설계강도에 근거한 값임.

도움표 2.2.9-3(계속) 편심하중을 받는 용접군의 계수, *C*

하중각도=15°

도움표를 이용한 용접군의 설계강도는 다음 식으로 구한다.

$$P_u = \phi R_n = \phi(CC_1 D\, l),\ \phi = 0.75$$

도움표와 다음 식들을 이용하여 필릿용접부치수 D 또는 필릿용접군의 특성길이 l을 구할 수 있다.

$$C_{\min} = \frac{P_u}{\phi C_1 D\, l} \quad D_{\min} = \frac{P_u}{\phi C C_1\, l} \quad l_{\min} = \frac{P_u}{\phi C C_1 D}$$

여기서,

P_u = 최대편심하중, kN

D = 필릿용접부사이즈, mm

l = 용접군의 특성길이, mm

a = e_x/l

e_x = 용접군의 중심으로부터 편심하중 P_u까지 수평거리, mm

C = 용접군의 강도계수(아래표의 값)

C_1 = 용접재 강도계수

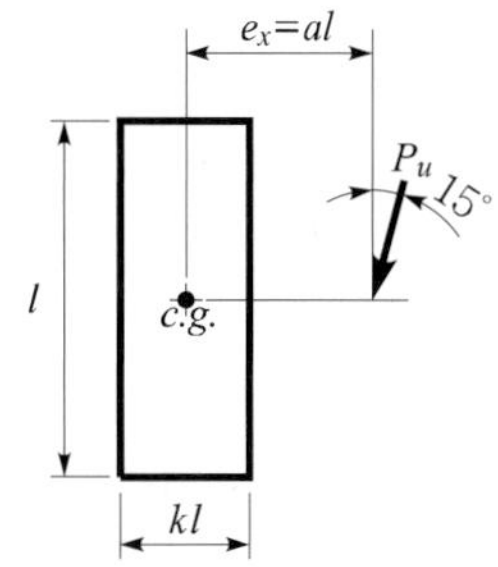

a	k															
	0	0.1	0.2	0.3	0.4	0.5	0.6	0.7	0.8	0.9	1.0	1.2	1.4	1.6	1.8	2.0
0.00	0.444	0.492	0.553	0.614	0.675	0.736	0.797	0.858	0.920	0.980	1.042	1.165	1.288	1.411	1.534	1.646
0.10	0.424	0.473	0.526	0.581	0.638	0.696	0.754	0.812	0.870	0.928	0.988	1.105	1.221	1.344	1.456	1.579
0.15	0.412	0.464	0.514	0.566	0.619	0.673	0.727	0.782	0.838	0.893	0.949	1.061	1.176	1.288	1.400	1.523
0.20	0.393	0.442	0.493	0.543	0.595	0.645	0.698	0.749	0.803	0.856	0.909	1.018	1.131	1.243	1.355	1.467
0.25	0.371	0.417	0.466	0.516	0.564	0.615	0.664	0.715	0.766	0.818	0.869	0.976	1.082	1.187	1.299	1.411
0.30	0.346	0.390	0.437	0.485	0.533	0.581	0.629	0.679	0.728	0.778	0.829	0.932	1.037	1.142	1.254	1.366
0.40	0.300	0.338	0.380	0.424	0.470	0.517	0.562	0.609	0.656	0.704	0.753	0.851	0.953	1.056	1.165	1.266
0.50	0.260	0.293	0.330	0.371	0.414	0.459	0.503	0.547	0.592	0.637	0.683	0.778	0.877	0.978	1.081	1.187
0.60	0.227	0.256	0.290	0.327	0.367	0.409	0.451	0.494	0.536	0.579	0.624	0.716	0.810	0.907	1.007	1.110
0.70	0.200	0.227	0.258	0.291	0.328	0.367	0.408	0.448	0.488	0.530	0.572	0.660	0.750	0.846	0.942	1.042
0.80	0.179	0.203	0.230	0.261	0.296	0.333	0.371	0.409	0.448	0.487	0.528	0.610	0.698	0.788	0.883	0.978
0.90	0.161	0.183	0.208	0.236	0.269	0.304	0.339	0.376	0.412	0.449	0.487	0.568	0.651	0.738	0.828	0.921
1.0	0.147	0.166	0.189	0.216	0.246	0.279	0.314	0.347	0.381	0.417	0.454	0.529	0.608	0.692	0.778	0.868
1.2	0.123	0.140	0.160	0.184	0.211	0.240	0.270	0.300	0.330	0.363	0.395	0.464	0.536	0.613	0.693	0.776
1.4	0.107	0.121	0.139	0.160	0.184	0.209	0.236	0.264	0.291	0.320	0.349	0.412	0.478	0.549	0.623	0.700
1.6	0.094	0.107	0.123	0.141	0.162	0.186	0.209	0.235	0.260	0.286	0.312	0.370	0.431	0.496	0.564	0.636
1.8	0.084	0.095	0.110	0.127	0.146	0.167	0.188	0.212	0.234	0.259	0.283	0.336	0.392	0.451	0.515	0.581
2.0	0.076	0.086	0.099	0.114	0.132	0.151	0.171	0.193	0.213	0.235	0.258	0.307	0.358	0.414	0.474	0.535
2.2	0.069	0.078	0.090	0.105	0.121	0.138	0.157	0.176	0.196	0.216	0.237	0.282	0.330	0.382	0.438	0.496
2.4	0.063	0.072	0.083	0.096	0.111	0.127	0.144	0.162	0.180	0.199	0.220	0.261	0.307	0.355	0.407	0.461
2.6	0.058	0.067	0.077	0.089	0.103	0.118	0.133	0.150	0.168	0.185	0.204	0.243	0.286	0.332	0.380	0.431
2.8	0.054	0.062	0.072	0.083	0.096	0.109	0.124	0.140	0.157	0.172	0.190	0.227	0.267	0.310	0.356	0.404
3.0	0.051	0.058	0.067	0.077	0.089	0.102	0.116	0.131	0.147	0.162	0.178	0.213	0.251	0.291	0.335	0.381

음영처리한 부분의 값은 KDS 41 31 00의 표 4.7-7 용접조인트 강도표와 필릿용접부의 대체 설계방법 (a), (b) 및 (c)에 의해 허용된 최대설계강도에 근거한 값임.

도움표 2.2.9-3(계속) 편심하중을 받는 용접군의 계수, *C*

하중각도=30°

도움표를 이용한 용접군의 설계강도는 다음 식으로 구한다.

$$P_u = \phi R_n = \phi(CC_1 D\, l),\ \phi = 0.75$$

도움표와 다음 식들을 이용하여 필릿용접부치수 D 또는 필릿용접군의 특성길이 l을 구할 수 있다.

$$C_{\min} = \frac{P_u}{\phi C_1 D\, l} \quad D_{\min} = \frac{P_u}{\phi CC_1\, l} \quad l_{\min} = \frac{P_u}{\phi CC_1 D}$$

여기서,

P_u = 최대편심하중, kN

D = 필릿용접부사이즈, mm

l = 용접군의 특성길이, mm

a = e_x/l

e_x = 용접군의 중심으로부터 편심하중 P_u까지 수평거리, mm

C = 용접군의 강도계수(아래표의 값)

C_1 = 용접재 강도계수

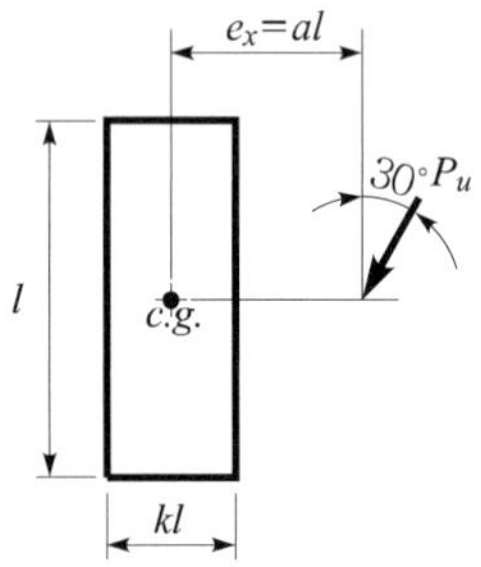

a	k															
	0	0.1	0.2	0.3	0.4	0.5	0.6	0.7	0.8	0.9	1.0	1.2	1.4	1.6	1.8	2.0
0.00	0.489	0.548	0.605	0.662	0.720	0.777	0.836	0.893	0.950	1.008	1.065	1.176	1.299	1.411	1.523	1.646
0.10	0.454	0.515	0.575	0.633	0.690	0.747	0.803	0.860	0.916	0.973	1.030	1.142	1.254	1.378	1.490	1.613
0.15	0.429	0.485	0.543	0.600	0.656	0.712	0.768	0.823	0.879	0.935	0.991	1.103	1.221	1.333	1.445	1.568
0.20	0.408	0.458	0.512	0.567	0.622	0.676	0.730	0.784	0.838	0.893	0.948	1.058	1.165	1.288	1.400	1.512
0.25	0.384	0.431	0.482	0.534	0.587	0.641	0.694	0.746	0.797	0.850	0.903	1.011	1.120	1.232	1.355	1.467
0.30	0.361	0.404	0.451	0.501	0.552	0.605	0.657	0.709	0.759	0.811	0.862	0.968	1.076	1.187	1.299	1.411
0.40	0.315	0.353	0.395	0.440	0.488	0.538	0.588	0.640	0.689	0.738	0.787	0.889	0.992	1.099	1.210	1.322
0.50	0.276	0.310	0.347	0.389	0.432	0.479	0.528	0.577	0.625	0.673	0.721	0.819	0.920	1.024	1.131	1.232
0.60	0.243	0.273	0.308	0.345	0.386	0.430	0.476	0.523	0.570	0.616	0.662	0.757	0.856	0.956	1.058	1.165
0.70	0.216	0.243	0.274	0.309	0.348	0.389	0.432	0.477	0.523	0.567	0.612	0.702	0.797	0.895	0.995	1.096
0.80	0.194	0.218	0.248	0.280	0.316	0.354	0.395	0.438	0.482	0.523	0.566	0.654	0.745	0.839	0.935	1.035
0.90	0.176	0.198	0.224	0.255	0.289	0.325	0.364	0.404	0.445	0.485	0.526	0.609	0.698	0.788	0.881	0.979
1.0	0.160	0.180	0.205	0.234	0.265	0.300	0.336	0.375	0.413	0.451	0.491	0.570	0.654	0.743	0.833	0.926
1.2	0.136	0.153	0.175	0.200	0.228	0.259	0.292	0.326	0.361	0.395	0.431	0.504	0.581	0.663	0.747	0.836
1.4	0.118	0.133	0.152	0.175	0.200	0.227	0.256	0.288	0.319	0.351	0.383	0.450	0.522	0.597	0.675	0.757
1.6	0.104	0.118	0.134	0.155	0.178	0.203	0.230	0.256	0.286	0.314	0.344	0.405	0.472	0.542	0.615	0.692
1.8	0.093	0.105	0.121	0.139	0.160	0.183	0.206	0.232	0.258	0.284	0.311	0.368	0.430	0.495	0.563	0.635
2.0	0.084	0.095	0.109	0.127	0.144	0.166	0.188	0.212	0.235	0.260	0.284	0.338	0.394	0.456	0.520	0.587
2.2	0.076	0.087	0.100	0.115	0.132	0.151	0.172	0.194	0.216	0.239	0.262	0.311	0.365	0.421	0.482	0.544
2.4	0.070	0.080	0.092	0.106	0.122	0.140	0.159	0.179	0.199	0.221	0.242	0.289	0.338	0.392	0.448	0.507
2.6	0.065	0.074	0.085	0.098	0.113	0.130	0.214	0.166	0.185	0.205	0.225	0.269	0.316	0.366	0.419	0.475
2.8	0.060	0.069	0.079	0.092	0.106	0.121	0.138	0.155	0.172	0.192	0.211	0.252	0.296	0.343	0.393	0.447
3.0	0.056	0.064	0.074	0.086	0.099	0.113	0.129	0.144	0.162	0.179	0.198	0.236	0.278	0.323	0.371	0.421

음영처리한 부분의 값은 KDS 41 31 00의 표 4.7-7 용접조인트 강도표와 필릿용접부의 대체 설계방법 (a), (b) 및 (c)에 의해 허용된 최대설계강도에 근거한 값임.

도움표 2.2.9-3(계속) 편심하중을 받는 용접군의 계수, *C*

하중각도=45°

도움표를 이용한 용접군의 설계강도는 다음 식으로 구한다.

$$P_u = \phi R_n = \phi(CC_1 D\, l),\ \phi = 0.75$$

도움표와 다음 식들을 이용하여 필릿용접부치수 D 또는 필릿용접군의 특성길이 l을 구할 수 있다.

$$C_{\min} = \frac{P_u}{\phi C_1 D\, l} \quad D_{\min} = \frac{P_u}{\phi CC_1\, l} \quad l_{\min} = \frac{P_u}{\phi CC_1 D}$$

여기서,

P_u = 최대편심하중, kN

D = 필릿용접부사이즈, mm

l = 용접군의 특성길이, mm

a = e_x/l

e_x = 용접군의 중심으로부터 편심하중 P_u까지 수평거리, mm

C = 용접군의 강도계수(아래표의 값)

C_1 = 용접재 강도계수

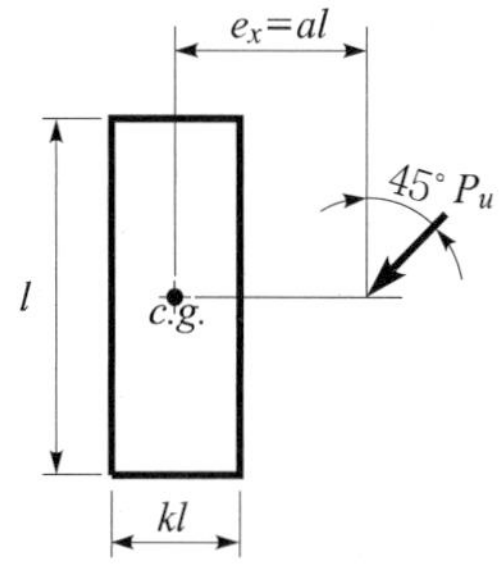

a	*k*															
	0	0.1	0.2	0.3	0.4	0.5	0.6	0.7	0.8	0.9	1.0	1.2	1.4	1.6	1.8	2.0
0.00	0.540	0.576	0.628	0.681	0.732	0.785	0.838	0.890	0.942	0.995	1.047	1.154	1.254	1.366	1.467	1.568
0.10	0.503	0.559	0.614	0.668	0.722	0.777	0.832	0.887	0.942	0.997	1.052	1.165	1.277	1.378	1.490	1.602
0.15	0.468	0.525	0.581	0.635	0.690	0.745	0.801	0.857	0.913	0.969	1.024	1.131	1.243	1.355	1.467	1.579
0.20	0.439	0.492	0.545	0.600	0.654	0.709	0.765	0.821	0.878	0.934	0.991	1.104	1.221	1.333	1.445	1.557
0.25	0.414	0.463	0.513	0.566	0.618	0.673	0.728	0.784	0.840	0.898	0.955	1.068	1.187	1.299	1.411	1.523
0.30	0.391	0.436	0.484	0.533	0.585	0.638	0.692	0.747	0.804	0.861	0.918	1.032	1.142	1.266	1.378	1.490
0.40	0.347	0.386	0.430	0.476	0.524	0.575	0.627	0.680	0.735	0.791	0.848	0.959	1.072	1.187	1.299	1.422
0.50	0.308	0.344	0.383	0.427	0.473	0.521	0.571	0.623	0.675	0.730	0.785	0.892	1.001	1.116	1.232	1.344
0.60	0.276	0.308	0.345	0.385	0.429	0.475	0.523	0.572	0.625	0.678	0.730	0.832	0.939	1.049	1.165	1.277
0.70	0.248	0.278	0.311	0.349	0.391	0.435	0.482	0.530	0.579	0.629	0.681	0.780	0.881	0.989	1.099	1.210
0.80	0.225	0.252	0.283	0.319	0.358	0.400	0.445	0.492	0.539	0.588	0.637	0.732	0.831	0.934	1.040	1.154
0.90	0.205	0.231	0.260	0.293	0.330	0.371	0.413	0.457	0.503	0.550	0.597	0.690	0.785	0.884	0.987	1.093
1.0	0.188	0.212	0.239	0.271	0.306	0.345	0.385	0.427	0.470	0.515	0.561	0.651	0.743	0.838	0.939	1.042
1.2	0.161	0.181	0.206	0.235	0.267	0.301	0.338	0.376	0.416	0.457	0.500	0.582	0.669	0.758	0.851	0.949
1.4	0.140	0.158	0.180	0.206	0.235	0.267	0.300	0.335	0.372	0.409	0.448	0.525	0.606	0.691	0.778	0.869
1.6	0.124	0.140	0.160	0.184	0.211	0.239	0.269	0.301	0.335	0.370	0.405	0.478	0.553	0.633	0.715	0.801
1.8	0.112	0.127	0.144	0.166	0.190	0.216	0.244	0.273	0.305	0.336	0.370	0.437	0.507	0.582	0.660	0.741
2.0	0.101	0.114	0.131	0.151	0.174	0.197	0.223	0.250	0.279	0.308	0.339	0.402	0.468	0.539	0.612	0.689
2.2	0.092	0.105	0.120	0.139	0.159	0.181	0.205	0.231	0.256	0.284	0.314	0.372	0.435	0.501	0.570	0.643
2.4	0.085	0.096	0.111	0.128	0.147	0.167	0.189	0.213	0.237	0.264	0.291	0.346	0.405	0.467	0.533	0.601
2.6	0.079	0.089	0.103	0.119	0.137	0.156	0.176	0.198	0.222	0.245	0.271	0.324	0.379	0.438	0.500	0.566
2.8	0.073	0.083	0.096	0.111	0.128	0.146	0.165	0.186	0.207	0.230	0.254	0.304	0.356	0.411	0.470	0.533
3.0	0.068	0.078	0.090	0.104	0.119	0.137	0.155	0.174	0.195	0.216	0.239	0.286	0.335	0.389	0.445	0.504

음영처리한 부분의 값은 KDS 41 31 00의 표 4.7-7 용접조인트 강도표와 필릿용접부의 대체 설계방법 (a), (b) 및 (c)에 의해 허용된 최대설계강도에 근거한 값임.

도움표 2.2.9-3(계속) 편심하중을 받는 용접군의 계수, *C*

하중각도=60°

도움표를 이용한 용접군의 설계강도는 다음 식으로 구한다.

$$P_u = \phi R_n = \phi(CC_1 D\,l),\ \phi = 0.75$$

도움표와 다음 식들을 이용하여 필릿용접부치수 D 또는 필릿용접군의 특성길이 l을 구할 수 있다.

$$C_{\min} = \frac{P_u}{\phi C_1 D\,l} \quad D_{\min} = \frac{P_u}{\phi CC_1\,l} \quad l_{\min} = \frac{P_u}{\phi CC_1 D}$$

여기서,

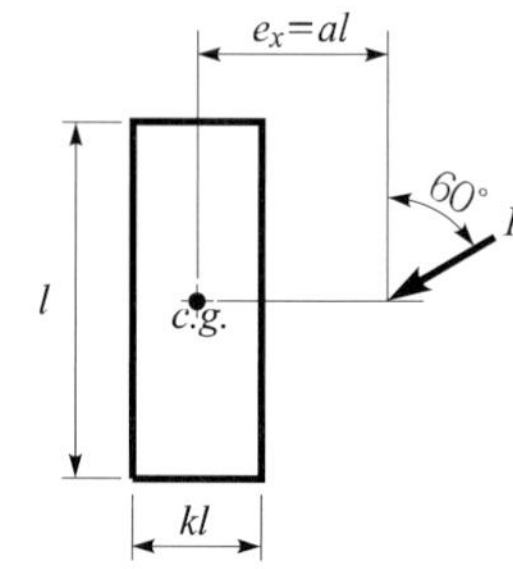

P_u = 최대편심하중, kN

D = 필릿용접부사이즈, mm

l = 용접군의 특성길이, mm

a = e_x/l

e_x = 용접군의 중심으로부터 편심하중 P_u까지 수평거리, mm

C = 용접군의 강도계수(아래표의 값)

C_1 = 용접재 강도계수

a	k															
	0	0.1	0.2	0.3	0.4	0.5	0.6	0.7	0.8	0.9	1.0	1.2	1.4	1.6	1.8	2.0
0.00	0.584	0.625	0.673	0.722	0.772	0.821	0.869	0.918	0.968	1.016	1.065	1.165	1.266	1.355	1.456	1.557
0.10	0.544	0.592	0.642	0.693	0.745	0.797	0.850	0.903	0.954	1.006	1.056	1.154	1.254	1.355	1.456	1.557
0.15	0.516	0.564	0.614	0.664	0.717	0.771	0.825	0.880	0.934	0.987	1.039	1.142	1.243	1.344	1.445	1.546
0.20	0.488	0.538	0.586	0.635	0.688	0.743	0.799	0.853	0.909	0.964	1.019	1.131	1.232	1.333	1.434	1.534
0.25	0.463	0.511	0.559	0.608	0.660	0.713	0.769	0.827	0.884	0.940	0.996	1.105	1.210	1.322	1.422	1.523
0.30	0.440	0.486	0.533	0.581	0.632	0.685	0.741	0.799	0.857	0.914	0.971	1.083	1.187	1.299	1.400	1.512
0.40	0.401	0.442	0.487	0.534	0.582	0.634	0.689	0.746	0.803	0.861	0.920	1.035	1.142	1.254	1.366	1.478
0.50	0.365	0.403	0.446	0.492	0.540	0.590	0.643	0.699	0.756	0.814	0.871	0.987	1.101	1.210	1.322	1.434
0.60	0.334	0.370	0.410	0.454	0.501	0.551	0.604	0.656	0.712	0.769	0.827	0.942	1.057	1.165	1.277	1.389
0.70	0.307	0.340	0.379	0.420	0.467	0.515	0.567	0.618	0.672	0.728	0.785	0.899	1.014	1.131	1.243	1.355
0.80	0.282	0.315	0.351	0.391	0.436	0.483	0.532	0.584	0.636	0.690	0.745	0.858	0.972	1.086	1.198	1.310
0.90	0.262	0.291	0.326	0.365	0.408	0.454	0.502	0.551	0.603	0.655	0.709	0.820	0.932	1.044	1.154	1.266
1.0	0.243	0.271	0.304	0.342	0.383	0.428	0.474	0.522	0.572	0.623	0.675	0.783	0.894	1.004	1.114	1.221
1.2	0.212	0.237	0.268	0.302	0.340	0.382	0.424	0.470	0.516	0.566	0.615	0.717	0.821	0.927	1.035	1.142
1.4	0.187	0.211	0.237	0.270	0.306	0.344	0.384	0.426	0.470	0.515	0.562	0.660	0.757	0.858	0.963	1.070
1.6	0.168	0.188	0.214	0.244	0.277	0.311	0.349	0.389	0.430	0.473	0.517	0.609	0.701	0.797	0.897	1.000
1.8	0.151	0.170	0.194	0.222	0.252	0.284	0.320	0.357	0.395	0.436	0.477	0.564	0.652	0.743	0.839	0.937
2.0	0.138	0.156	0.178	0.203	0.232	0.262	0.295	0.329	0.365	0.403	0.444	0.525	0.609	0.694	0.786	0.880
2.2	0.127	0.143	0.164	0.187	0.214	0.242	0.273	0.306	0.339	0.375	0.412	0.491	0.571	0.652	0.738	0.830
2.4	0.116	0.132	0.151	0.174	0.198	0.225	0.254	0.284	0.317	0.351	0.385	0.459	0.536	0.615	0.697	0.783
2.6	0.109	0.123	0.141	0.162	0.185	0.211	0.237	0.267	0.297	0.329	0.362	0.432	0.505	0.580	0.659	0.741
2.8	0.101	0.114	0.132	0.151	0.174	0.197	0.223	0.250	0.279	0.309	0.340	0.408	0.477	0.549	0.624	0.703
3.0	0.095	0.108	0.123	0.142	0.164	0.186	0.211	0.236	0.263	0.292	0.321	0.385	0.452	0.521	0.592	0.669

음영처리한 부분의 값은 KDS 41 31 00의 표 4.7-7 용접조인트 강도표와 필릿용접부의 대체 설계방법 (a), (b) 및 (c)에 의해 허용된 최대설계강도에 근거한 값임.

도움표 2.2.9-3(계속) 편심하중을 받는 용접군의 계수, *C*

하중각도=75°

도움표를 이용한 용접군의 설계강도는 다음 식으로 구한다.

$$P_u = \phi R_n = \phi(CC_1 D\, l),\ \phi = 0.75$$

도움표와 다음 식들을 이용하여 필릿용접부치수 D 또는 필릿용접군의 특성길이 l을 구할 수 있다.

$$C_{\min} = \frac{P_u}{\phi C_1 D\, l} \quad D_{\min} = \frac{P_u}{\phi CC_1\, l} \quad l_{\min} = \frac{P_u}{\phi CC_1 D}$$

여기서,

P_u = 최대편심하중, kN

D = 필릿용접부사이즈, mm

l = 용접군의 특성길이, mm

a = e_x/l

e_x = 용접군의 중심으로부터 편심하중 P_u까지 수평거리, mm

C = 용접군의 강도계수(아래표의 값)

C_1 = 용접재 강도계수

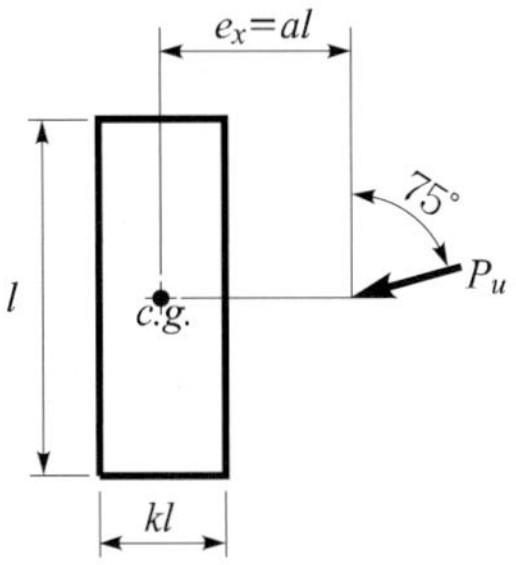

a	k															
	0	0.1	0.2	0.3	0.4	0.5	0.6	0.7	0.8	0.9	1.0	1.2	1.4	1.6	1.8	2.0
0.00	0.613	0.653	0.697	0.739	0.783	0.825	0.869	0.912	0.955	0.998	1.042	1.131	1.210	1.299	1.389	1.467
0.10	0.579	0.622	0.669	0.718	0.766	0.813	0.859	0.904	0.949	0.992	1.036	1.120	1.210	1.299	1.378	1.467
0.15	0.560	0.603	0.650	0.700	0.750	0.800	0.848	0.895	0.941	0.986	1.030	1.118	1.210	1.288	1.378	1.467
0.20	0.543	0.585	0.632	0.682	0.735	0.785	0.836	0.884	0.931	0.977	1.023	1.112	1.198	1.288	1.378	1.467
0.25	0.528	0.568	0.614	0.665	0.718	0.769	0.821	0.871	0.920	0.967	1.014	1.105	1.198	1.288	1.366	1.456
0.30	0.512	0.553	0.598	0.648	0.701	0.754	0.806	0.858	0.907	0.956	1.004	1.096	1.187	1.277	1.366	1.456
0.40	0.484	0.524	0.568	0.618	0.671	0.726	0.778	0.831	0.883	0.932	0.981	1.077	1.176	1.266	1.355	1.445
0.50	0.458	0.498	0.542	0.590	0.643	0.698	0.753	0.806	0.859	0.911	0.961	1.057	1.154	1.243	1.333	1.422
0.60	0.435	0.474	0.517	0.566	0.617	0.671	0.727	0.782	0.836	0.889	0.941	1.039	1.131	1.232	1.322	1.411
0.70	0.413	0.451	0.494	0.542	0.592	0.646	0.701	0.757	0.812	0.867	0.920	1.021	1.120	1.210	1.310	1.400
0.80	0.393	0.430	0.473	0.520	0.570	0.623	0.678	0.734	0.788	0.844	0.898	1.004	1.103	1.198	1.288	1.389
0.90	0.374	0.410	0.451	0.498	0.549	0.600	0.654	0.710	0.766	0.822	0.877	0.983	1.086	1.187	1.277	1.378
1.0	0.356	0.391	0.432	0.478	0.529	0.579	0.632	0.688	0.744	0.800	0.855	0.963	1.068	1.165	1.266	1.366
1.2	0.325	0.357	0.398	0.442	0.491	0.540	0.591	0.645	0.700	0.756	0.812	0.923	1.032	1.131	1.232	1.333
1.4	0.297	0.328	0.366	0.409	0.456	0.505	0.554	0.606	0.660	0.715	0.771	0.883	0.992	1.100	1.210	1.310
1.6	0.273	0.304	0.339	0.381	0.424	0.473	0.521	0.571	0.623	0.676	0.731	0.842	0.953	1.063	1.165	1.277
1.8	0.253	0.281	0.316	0.355	0.398	0.444	0.541	0.540	0.589	0.642	0.696	0.805	0.915	1.026	1.131	1.243
2.0	0.234	0.261	0.295	0.332	0.373	0.417	0.463	0.510	0.559	0.609	0.661	0.768	0.878	0.989	1.098	1.210
2.2	0.218	0.244	0.276	0.311	0.351	0.392	0.437	0.483	0.531	0.579	0.629	0.735	0.843	0.952	1.061	1.165
2.4	0.204	0.228	0.259	0.292	0.330	0.371	0.413	0.458	0.504	0.552	0.600	0.703	0.809	0.917	1.026	1.131
2.6	0.192	0.215	0.244	0.277	0.312	0.351	0.392	0.436	0.480	0.526	0.573	0.673	0.776	0.883	0.991	1.099
2.8	0.180	0.203	0.231	0.262	0.296	0.333	0.373	0.414	0.458	0.503	0.549	0.645	0.746	0.851	0.958	1.065
3.0	0.170	0.192	0.218	0.248	0.281	0.317	0.355	0.395	0.437	0.480	0.525	0.619	0.718	0.820	0.925	1.032

음영처리한 부분의 값은 KDS 41 31 00의 표 4.7-7 용접조인트 강도표와 필릿용접부의 대체 설계방법 (a), (b) 및 (c)에 의해 허용된 최대설계강도에 근거한 값임.

도움표 2.2.9-4 편심하중을 받는 용접군의 계수, C

하중각도=0°

도움표를 이용한 용접군의 설계강도는 다음 식으로 구한다.

$$P_u = \phi R_n = \phi(CC_1 D\, l),\ \phi = 0.75$$

도움표와 다음 식들을 이용하여 필릿용접부치수 D 또는 필릿용접군의 특성길이 l을 구할 수 있다.

$$C_{\min} = \frac{P_u}{\phi C_1 D\, l} \quad D_{\min} = \frac{P_u}{\phi C C_1\, l} \quad l_{\min} = \frac{P_u}{\phi C C_1 D}$$

여기서,

P_u = 최대편심하중, kN

D = 필릿용접부사이즈, mm

l = 용접군의 특성길이, mm

a = e_x/l

e_x = 용접군의 중심으로부터 편심하중 P_u까지 수평거리, mm

C = 용접군의 강도계수(아래표의 값)

C_1 = 용접재 강도계수

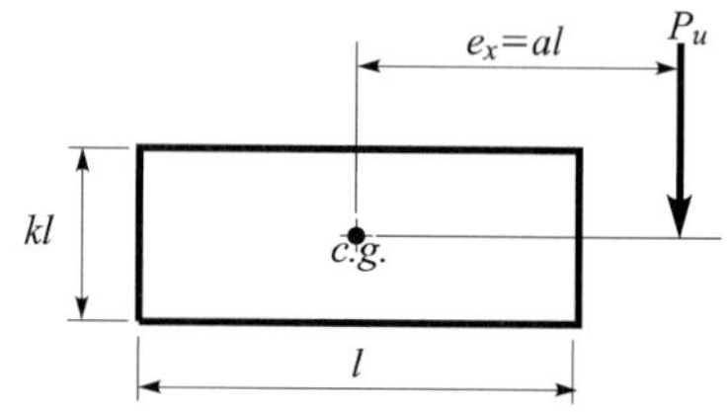

a	k															
	0	0.1	0.2	0.3	0.4	0.5	0.6	0.7	0.8	0.9	1.0	1.2	1.4	1.6	1.8	2.0
0.00	0.624	0.659	0.694	0.729	0.765	0.801	0.836	0.871	0.906	0.942	0.977	1.047	1.118	1.187	1.254	1.333
0.10	0.484	0.524	0.569	0.620	0.674	0.727	0.778	0.829	0.876	0.922	0.965	1.049	1.131	1.210	1.288	1.355
0.15	0.437	0.475	0.521	0.569	0.622	0.676	0.730	0.784	0.837	0.887	0.936	1.028	1.116	1.198	1.277	1.355
0.20	0.396	0.432	0.477	0.525	0.576	0.628	0.683	0.739	0.793	0.847	0.899	0.999	1.093	1.187	1.266	1.355
0.25	0.361	0.395	0.438	0.486	0.534	0.586	0.640	0.694	0.749	0.805	0.859	0.964	1.064	1.154	1.254	1.344
0.30	0.329	0.363	0.403	0.449	0.497	0.547	0.599	0.653	0.708	0.764	0.819	0.926	1.030	1.131	1.232	1.322
0.40	0.278	0.309	0.346	0.388	0.433	0.482	0.530	0.580	0.633	0.687	0.741	0.851	0.960	1.066	1.165	1.266
0.50	0.240	0.267	0.301	0.339	0.381	0.426	0.472	0.520	0.568	0.619	0.672	0.780	0.888	0.997	1.103	1.210
0.60	0.209	0.234	0.265	0.300	0.338	0.380	0.423	0.468	0.514	0.562	0.612	0.715	0.822	0.930	1.037	1.142
0.70	0.185	0.208	0.236	0.269	0.304	0.342	0.382	0.424	0.468	0.513	0.560	0.657	0.760	0.866	0.973	1.080
0.80	0.166	0.187	0.213	0.242	0.274	0.310	0.347	0.388	0.428	0.470	0.515	0.607	0.706	0.808	0.912	1.018
0.90	0.150	0.169	0.194	0.221	0.251	0.283	0.318	0.355	0.394	0.435	0.476	0.563	0.656	0.754	0.856	0.959
1.0	0.137	0.155	0.177	0.203	0.231	0.261	0.293	0.327	0.364	0.402	0.441	0.524	0.613	0.707	0.804	0.904
1.2	0.116	0.131	0.151	0.174	0.197	0.224	0.253	0.283	0.316	0.349	0.384	0.459	0.539	0.624	0.713	0.808
1.4	0.101	0.114	0.131	0.151	0.172	0.196	0.222	0.249	0.278	0.308	0.339	0.408	0.480	0.558	0.640	0.726
1.6	0.089	0.101	0.116	0.133	0.153	0.175	0.197	0.222	0.248	0.274	0.304	0.365	0.431	0.502	0.578	0.655
1.8	0.080	0.090	0.104	0.120	0.138	0.157	0.178	0.199	0.223	0.249	0.274	0.330	0.391	0.457	0.525	0.597
2.0	0.072	0.082	0.094	0.109	0.125	0.142	0.161	0.181	0.203	0.226	0.250	0.301	0.357	0.418	0.482	0.548
2.2	0.066	0.075	0.086	0.099	0.114	0.131	0.148	0.167	0.186	0.207	0.230	0.278	0.329	0.385	0.445	0.505
2.4	0.060	0.069	0.079	0.092	0.105	0.120	0.137	0.153	0.172	0.192	0.212	0.256	0.305	0.356	0.412	0.469
2.6	0.056	0.064	0.073	0.085	0.098	0.112	0.127	0.142	0.160	0.178	0.197	0.239	0.283	0.333	0.383	0.437
2.8	0.052	0.059	0.068	0.079	0.091	0.104	0.118	0.133	0.149	0.166	0.184	0.223	0.265	0.310	0.358	0.409
3.0	0.049	0.055	0.064	0.074	0.085	0.097	0.111	0.124	0.140	0.156	0.172	0.209	0.249	0.291	0.337	0.384

음영처리한 부분의 값은 KDS 41 31 00의 표 4.7-7 용접조인트 강도표와 필릿용접부의 대체 설계방법 (a), (b) 및 (c)에 의해 허용된 최대설계강도에 근거한 값임.

도움표 2.2.9-4(계속) 편심하중을 받는 용접군의 계수, *C*

하중각도=15°

도움표를 이용한 용접군의 설계강도는 다음 식으로 구한다.

$$P_u = \phi R_n = \phi(CC_1 D\, l),\ \phi = 0.75$$

도움표와 다음 식들을 이용하여 필릿용접부치수 D 또는 필릿용접군의 특성길이 l을 구할 수 있다.

$$C_{\min} = \frac{P_u}{\phi C_1 D\, l} \quad D_{\min} = \frac{P_u}{\phi C C_1\, l} \quad l_{\min} = \frac{P_u}{\phi C C_1 D}$$

여기서,

P_u = 최대편심하중, kN

D = 필릿용접부사이즈, mm

l = 용접군의 특성길이, mm

a = e_x/l

e_x = 용접군의 중심으로부터 편심하중 P_u까지 수평거리, mm

C = 용접군의 강도계수(아래표의 값)

C_1 = 용접재 강도계수

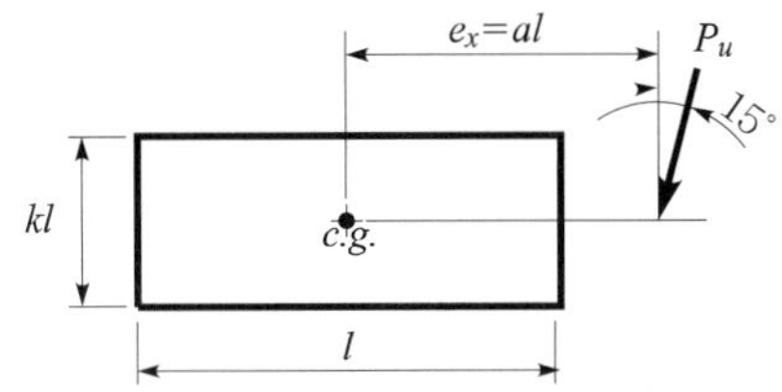

a	k															
	0	0.1	0.2	0.3	0.4	0.5	0.6	0.7	0.8	0.9	1.0	1.2	1.4	1.6	1.8	2.0
0.00	0.613	0.653	0.697	0.739	0.783	0.825	0.869	0.912	0.955	0.998	1.042	1.131	1.210	1.299	1.389	1.467
0.10	0.491	0.532	0.576	0.626	0.679	0.732	0.786	0.838	0.888	0.939	0.988	1.083	1.176	1.266	1.355	1.445
0.15	0.445	0.484	0.528	0.575	0.627	0.682	0.737	0.792	0.846	0.897	0.949	1.047	1.142	1.232	1.322	1.422
0.20	0.403	0.441	0.484	0.532	0.581	0.635	0.690	0.746	0.802	0.856	0.909	1.014	1.112	1.210	1.299	1.389
0.25	0.368	0.403	0.446	0.492	0.542	0.592	0.646	0.702	0.758	0.814	0.869	0.977	1.081	1.176	1.277	1.366
0.30	0.337	0.371	0.411	0.456	0.505	0.554	0.607	0.662	0.717	0.773	0.829	0.940	1.046	1.154	1.254	1.344
0.40	0.286	0.316	0.354	0.395	0.441	0.489	0.539	0.589	0.643	0.697	0.753	0.864	0.974	1.083	1.187	1.288
0.50	0.246	0.274	0.308	0.347	0.389	0.433	0.482	0.530	0.579	0.631	0.683	0.793	0.903	1.014	1.120	1.232
0.60	0.215	0.241	0.272	0.308	0.346	0.388	0.432	0.478	0.525	0.573	0.624	0.728	0.836	0.945	1.054	1.165
0.70	0.192	0.214	0.243	0.276	0.311	0.349	0.391	0.435	0.479	0.525	0.572	0.671	0.775	0.881	0.989	1.096
0.80	0.171	0.193	0.218	0.249	0.282	0.318	0.356	0.396	0.439	0.483	0.528	0.620	0.719	0.822	0.927	1.034
0.90	0.155	0.175	0.199	0.227	0.258	0.291	0.327	0.364	0.404	0.446	0.487	0.577	0.671	0.768	0.870	0.974
1.0	0.141	0.159	0.183	0.208	0.237	0.268	0.301	0.337	0.374	0.413	0.454	0.538	0.626	0.721	0.819	0.918
1.2	0.120	0.136	0.156	0.178	0.204	0.231	0.260	0.291	0.325	0.360	0.395	0.472	0.552	0.638	0.726	0.818
1.4	0.104	0.118	0.136	0.156	0.175	0.203	0.228	0.256	0.286	0.283	0.349	0.419	0.493	0.570	0.650	0.735
1.6	0.092	0.104	0.120	0.138	0.158	0.180	0.204	0.228	0.255	0.317	0.312	0.376	0.444	0.515	0.588	0.664
1.8	0.082	0.093	0.108	0.124	0.142	0.162	0.184	0.206	0.231	0.256	0.283	0.340	0.402	0.468	0.535	0.607
2.0	0.074	0.085	0.097	0.112	0.129	0.147	0.167	0.188	0.209	0.233	0.258	0.311	0.368	0.429	0.492	0.558
2.2	0.068	0.077	0.089	0.103	0.118	0.134	0.153	0.172	0.193	0.214	0.237	0.286	0.339	0.395	0.454	0.515
2.4	0.062	0.071	0.082	0.095	0.109	0.124	0.141	0.159	0.178	0.198	0.220	0.264	0.314	0.366	0.421	0.478
2.6	0.058	0.066	0.076	0.088	0.101	0.115	0.131	0.148	0.165	0.184	0.204	0.246	0.292	0.342	0.392	0.447
2.8	0.054	0.061	0.071	0.082	0.094	0.108	0.122	0.138	0.155	0.171	0.190	0.230	0.273	0.319	0.367	0.418
3.0	0.050	0.057	0.066	0.076	0.088	0.101	0.114	0.129	0.144	0.161	0.178	0.216	0.256	0.299	0.345	0.393

음영처리한 부분의 값은 KDS 41 31 00의 표 4.7-7 용접조인트 강도표와 필릿용접부의 대체 설계방법 (a), (b) 및 (c)에 의해 허용된 최대설계강도에 근거한 값임.

도움표 2.2.9-4(계속) 편심하중을 받는 용접군의 계수, C

하중각도=30°

도움표를 이용한 용접군의 설계강도는 다음 식으로 구한다.

$$P_u = \phi R_n = \phi(CC_1 D\, l),\ \phi = 0.75$$

도움표와 다음 식들을 이용하여 필릿용접부치수 D 또는 필릿용접군의 특성길이 l을 구할 수 있다.

$$C_{\min} = \frac{P_u}{\phi C_1 D\, l} \quad D_{\min} = \frac{P_u}{\phi CC_1\, l} \quad l_{\min} = \frac{P_u}{\phi CC_1 D}$$

여기서,

P_u = 최대편심하중, kN

D = 필릿용접부사이즈, mm

l = 용접군의 특성길이, mm

a = e_x/l

e_x = 용접군의 중심으로부터 편심하중 P_u까지 수평거리, mm

C = 용접군의 강도계수(아래표의 값)

C_1 = 용접재 강도계수

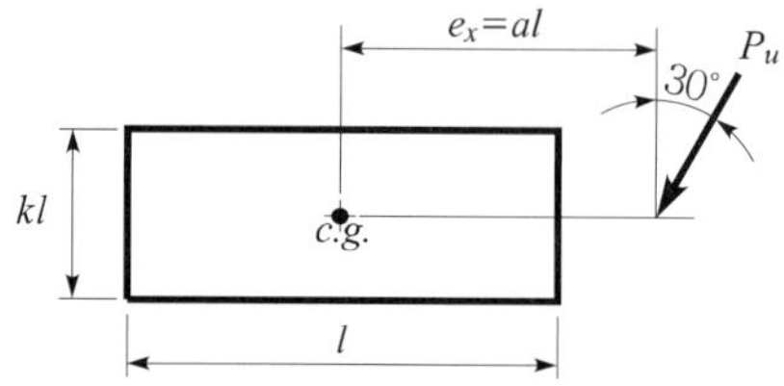

a	k															
	0	0.1	0.2	0.3	0.4	0.5	0.6	0.7	0.8	0.9	1.0	1.2	1.4	1.6	1.8	2.0
0.00	0.584	0.625	0.673	0.722	0.772	0.821	0.869	0.918	0.968	1.016	1.065	1.165	1.266	1.355	1.456	1.557
0.10	0.503	0.552	0.600	0.651	0.703	0.758	0.813	0.868	0.923	0.977	1.030	1.131	1.243	1.344	1.445	1.546
0.15	0.458	0.505	0.553	0.603	0.654	0.708	0.764	0.821	0.878	0.935	0.991	1.101	1.210	1.310	1.422	1.523
0.20	0.421	0.465	0.511	0.559	0.608	0.661	0.717	0.774	0.831	0.889	0.948	1.061	1.176	1.277	1.389	1.490
0.25	0.389	0.429	0.473	0.520	0.568	0.618	0.673	0.729	0.787	0.846	0.903	1.018	1.131	1.243	1.355	1.456
0.30	0.360	0.396	0.439	0.484	0.532	0.582	0.635	0.690	0.747	0.805	0.862	0.978	1.092	1.210	1.310	1.422
0.40	0.309	0.343	0.381	0.422	0.469	0.517	0.569	0.622	0.675	0.731	0.787	0.903	1.017	1.131	1.243	1.355
0.50	0.269	0.299	0.334	0.373	0.417	0.464	0.512	0.562	0.614	0.666	0.721	0.832	0.945	1.058	1.165	1.277
0.60	0.236	0.263	0.296	0.334	0.374	0.418	0.464	0.511	0.560	0.610	0.662	0.769	0.879	0.988	1.099	1.210
0.70	0.211	0.235	0.265	0.300	0.338	0.379	0.422	0.467	0.514	0.562	0.612	0.713	0.816	0.923	1.030	1.142
0.80	0.189	0.212	0.240	0.272	0.308	0.346	0.386	0.429	0.473	0.519	0.566	0.663	0.762	0.864	0.968	1.074
0.90	0.171	0.193	0.218	0.249	0.282	0.318	0.356	0.395	0.438	0.482	0.526	0.618	0.712	0.810	0.911	1.014
1.0	0.157	0.176	0.200	0.228	0.260	0.293	0.329	0.367	0.407	0.448	0.491	0.579	0.668	0.760	0.858	0.959
1.2	0.133	0.150	0.171	0.197	0.224	0.254	0.286	0.319	0.355	0.392	0.431	0.511	0.594	0.678	0.766	0.860
1.4	0.115	0.131	0.150	0.172	0.197	0.224	0.252	0.282	0.315	0.348	0.383	0.456	0.532	0.610	0.691	0.777
1.6	0.102	0.115	0.133	0.153	0.175	0.199	0.225	0.252	0.281	0.312	0.344	0.411	0.482	0.553	0.628	0.708
1.8	0.092	0.104	0.120	0.138	0.158	0.179	0.203	0.228	0.254	0.282	0.311	0.373	0.439	0.505	0.576	0.650
2.0	0.083	0.094	0.108	0.124	0.143	0.164	0.185	0.208	0.232	0.258	0.284	0.342	0.402	0.465	0.531	0.599
2.2	0.076	0.086	0.099	0.114	0.131	0.150	0.169	0.190	0.213	0.237	0.262	0.315	0.371	0.429	0.492	0.557
2.4	0.070	0.079	0.091	0.105	0.121	0.138	0.157	0.176	0.197	0.220	0.242	0.292	0.344	0.399	0.457	0.519
2.6	0.064	0.073	0.084	0.098	0.112	0.128	0.146	0.164	0.184	0.204	0.225	0.272	0.321	0.372	0.427	0.485
2.8	0.060	0.068	0.079	0.091	0.105	0.120	0.136	0.153	0.171	0.190	0.211	0.254	0.300	0.348	0.400	0.455
3.0	0.056	0.064	0.074	0.085	0.098	0.112	0.128	0.143	0.160	0.178	0.198	0.239	0.282	0.328	0.376	0.429

음영처리한 부분의 값은 KDS 41 31 00의 표 4.7-7 용접조인트 강도표와 필릿용접부의 대체 설계방법 (a), (b) 및 (c)에 의해 허용된 최대설계강도에 근거한 값임.

도움표 2.2.9-4(계속) 편심하중을 받는 용접군의 계수, C

하중각도=45°

도움표를 이용한 용접군의 설계강도는 다음 식으로 구한다.

$$P_u = \phi R_n = \phi(CC_1 D\, l),\ \phi = 0.75$$

도움표와 다음 식들을 이용하여 필릿용접부치수 D 또는 필릿용접군의 특성길이 l을 구할 수 있다.

$$C_{\min} = \frac{P_u}{\phi C_1 D\, l} \quad D_{\min} = \frac{P_u}{\phi C C_1\, l} \quad l_{\min} = \frac{P_u}{\phi C C_1 D}$$

여기서,

P_u = 최대편심하중, kN
D = 필릿용접부사이즈, mm
l = 용접군의 특성길이, mm
a = e_x/l
e_x = 용접군의 중심으로부터 편심하중 P_u까지 수평거리, mm
C = 용접군의 강도계수(아래표의 값)
C_1 = 용접재 강도계수

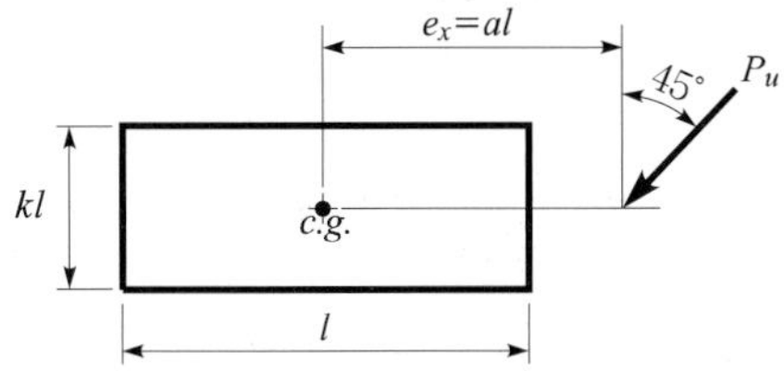

a	k															
	0	0.1	0.2	0.3	0.4	0.5	0.6	0.7	0.8	0.9	1.0	1.2	1.4	1.6	1.8	2.0
0.00	0.540	0.576	0.628	0.681	0.732	0.785	0.838	0.890	0.942	0.995	1.047	1.154	1.254	1.366	1.467	1.568
0.10	0.503	0.559	0.614	0.668	0.722	0.777	0.832	0.887	0.942	0.997	1.052	1.165	1.277	1.378	1.490	1.602
0.15	0.468	0.525	0.581	0.635	0.690	0.745	0.801	0.857	0.913	0.969	1.024	1.131	1.243	1.355	1.467	1.579
0.20	0.439	0.492	0.545	0.600	0.654	0.709	0.765	0.821	0.878	0.934	0.991	1.104	1.221	1.333	1.445	1.557
0.25	0.414	0.463	0.513	0.566	0.618	0.673	0.728	0.784	0.840	0.898	0.955	1.068	1.187	1.299	1.411	1.523
0.30	0.391	0.436	0.484	0.533	0.585	0.638	0.692	0.747	0.804	0.861	0.918	1.032	1.142	1.266	1.378	1.490
0.40	0.347	0.386	0.430	0.476	0.524	0.575	0.627	0.680	0.735	0.791	0.848	0.959	1.072	1.187	1.299	1.422
0.50	0.308	0.344	0.383	0.427	0.473	0.521	0.571	0.623	0.675	0.730	0.785	0.892	1.001	1.116	1.232	1.344
0.60	0.276	0.308	0.345	0.385	0.429	0.475	0.523	0.572	0.625	0.678	0.730	0.832	0.939	1.049	1.165	1.277
0.70	0.248	0.278	0.311	0.349	0.391	0.435	0.482	0.530	0.579	0.629	0.681	0.780	0.881	0.989	1.099	1.210
0.80	0.225	0.252	0.283	0.319	0.358	0.400	0.445	0.492	0.539	0.588	0.637	0.732	0.831	0.934	1.040	1.154
0.90	0.205	0.231	0.260	0.293	0.330	0.371	0.413	0.457	0.503	0.550	0.597	0.690	0.785	0.884	0.987	1.093
1.0	0.188	0.212	0.239	0.271	0.306	0.345	0.385	0.427	0.470	0.515	0.561	0.651	0.743	0.838	0.939	1.042
1.2	0.161	0.181	0.206	0.235	0.267	0.301	0.338	0.376	0.416	0.457	0.500	0.582	0.669	0.758	0.851	0.949
1.4	0.140	0.158	0.180	0.206	0.235	0.267	0.300	0.335	0.372	0.409	0.448	0.525	0.606	0.691	0.778	0.869
1.6	0.124	0.140	0.160	0.184	0.211	0.239	0.269	0.301	0.335	0.370	0.405	0.478	0.553	0.633	0.715	0.801
1.8	0.112	0.127	0.144	0.166	0.190	0.216	0.244	0.273	0.305	0.336	0.370	0.437	0.507	0.582	0.660	0.741
2.0	0.101	0.114	0.131	0.151	0.174	0.197	0.223	0.250	0.279	0.308	0.339	0.402	0.468	0.539	0.612	0.689
2.2	0.092	0.105	0.120	0.139	0.159	0.181	0.205	0.231	0.256	0.284	0.314	0.372	0.435	0.501	0.570	0.643
2.4	0.085	0.096	0.111	0.128	0.147	0.167	0.189	0.213	0.237	0.264	0.291	0.346	0.405	0.467	0.533	0.601
2.6	0.079	0.089	0.103	0.119	0.137	0.156	0.176	0.198	0.222	0.245	0.271	0.324	0.379	0.438	0.500	0.566
2.8	0.073	0.083	0.096	0.111	0.128	0.146	0.165	0.186	0.207	0.230	0.254	0.304	0.356	0.411	0.470	0.533
3.0	0.068	0.078	0.090	0.104	0.119	0.137	0.155	0.174	0.195	0.216	0.239	0.286	0.335	0.389	0.445	0.504

음영처리한 부분의 값은 KDS 41 31 00의 표 4.7-7 용접조인트 강도표와 필릿용접부의 대체 설계방법 (a), (b) 및 (c)에 의해 허용된 최대설계강도에 근거한 값임.

도움표 2.2.9-4(계속) 편심하중을 받는 용접군의 계수, *C*

하중각도=60°

도움표를 이용한 용접군의 설계강도는 다음 식으로 구한다.

$$P_u = \phi R_n = \phi (C C_1 D\, l),\ \phi = 0.75$$

도움표와 다음 식들을 이용하여 필릿용접부치수 D 또는 필릿용접군의 특성길이 l을 구할 수 있다.

$$C_{\min} = \frac{P_u}{\phi C_1 D\, l} \quad D_{\min} = \frac{P_u}{\phi C C_1\, l} \quad l_{\min} = \frac{P_u}{\phi C C_1 D}$$

여기서,

P_u = 최대편심하중, kN

D = 필릿용접부사이즈, mm

l = 용접군의 특성길이, mm

a = e_x / l

e_x = 용접군의 중심으로부터 편심하중 P_u까지 수평거리, mm

C = 용접군의 강도계수(아래표의 값)

C_1 = 용접재 강도계수

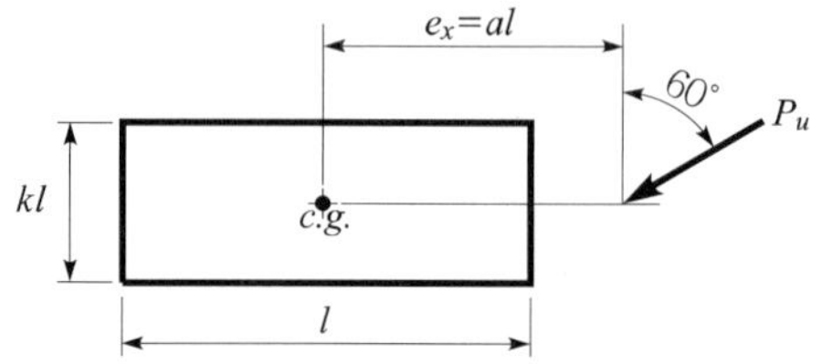

a	k															
	0	0.1	0.2	0.3	0.4	0.5	0.6	0.7	0.8	0.9	1.0	1.2	1.4	1.6	1.8	2.0
0.00	0.489	0.548	0.605	0.662	0.713	0.777	0.836	0.893	0.950	1.008	1.065	1.176	1.299	1.411	1.523	1.646
0.10	0.477	0.536	0.595	0.652	0.710	0.767	0.825	0.883	0.941	0.998	1.056	1.176	1.288	1.400	1.523	1.635
0.15	0.461	0.523	0.581	0.640	0.697	0.754	0.811	0.868	0.925	0.982	1.039	1.154	1.266	1.389	1.501	1.624
0.20	0.445	0.505	0.566	0.624	0.680	0.737	0.793	0.849	0.906	0.962	1.019	1.131	1.243	1.366	1.478	1.590
0.25	0.432	0.488	0.547	0.604	0.661	0.717	0.773	0.828	0.884	0.940	0.996	1.109	1.221	1.333	1.456	1.568
0.30	0.419	0.473	0.529	0.585	0.641	0.696	0.750	0.805	0.860	0.915	0.971	1.083	1.198	1.310	1.422	1.546
0.40	0.393	0.441	0.493	0.547	0.600	0.654	0.708	0.760	0.812	0.866	0.920	1.029	1.142	1.254	1.366	1.490
0.50	0.365	0.410	0.458	0.508	0.560	0.613	0.665	0.717	0.768	0.820	0.871	0.978	1.086	1.198	1.310	1.422
0.60	0.338	0.380	0.424	0.472	0.522	0.572	0.624	0.675	0.726	0.776	0.827	0.930	1.036	1.142	1.254	1.366
0.70	0.314	0.352	0.393	0.438	0.485	0.534	0.586	0.636	0.685	0.735	0.785	0.886	0.990	1.095	1.210	1.322
0.80	0.290	0.326	0.365	0.408	0.452	0.501	0.549	0.599	0.648	0.697	0.745	0.844	0.946	1.051	1.154	1.266
0.90	0.269	0.302	0.339	0.380	0.423	0.469	0.516	0.566	0.614	0.661	0.709	0.806	0.906	1.009	1.114	1.221
1.0	0.250	0.281	0.316	0.355	0.396	0.440	0.486	0.534	0.582	0.628	0.675	0.771	0.869	0.971	1.074	1.176
1.2	0.217	0.245	0.277	0.312	0.351	0.392	0.435	0.479	0.525	0.570	0.615	0.707	0.801	0.898	0.999	1.102
1.4	0.193	0.217	0.245	0.278	0.314	0.352	0.392	0.435	0.478	0.520	0.562	0.650	0.740	0.834	0.931	1.030
1.6	0.171	0.194	0.220	0.250	0.282	0.319	0.357	0.396	0.437	0.477	0.517	0.600	0.687	0.777	0.870	0.965
1.8	0.155	0.175	0.198	0.226	0.258	0.291	0.327	0.364	0.402	0.439	0.477	0.557	0.640	0.726	0.815	0.907
2.0	0.140	0.159	0.181	0.207	0.236	0.268	0.301	0.336	0.372	0.407	0.444	0.517	0.597	0.680	0.765	0.855
2.2	0.129	0.146	0.167	0.190	0.217	0.248	0.279	0.311	0.345	0.379	0.412	0.484	0.559	0.638	0.720	0.806
2.4	0.119	0.134	0.153	0.177	0.202	0.230	0.259	0.290	0.321	0.353	0.385	0.454	0.525	0.601	0.680	0.763
2.6	0.110	0.124	0.143	0.165	0.188	0.214	0.242	0.271	0.301	0.332	0.362	0.427	0.495	0.568	0.644	0.722
2.8	0.103	0.116	0.133	0.153	0.176	0.200	0.227	0.254	0.283	0.311	0.340	0.402	0.468	0.538	0.610	0.687
3.0	0.096	0.109	0.125	0.144	0.166	0.189	0.214	0.240	0.267	0.293	0.321	0.381	0.444	0.510	0.580	0.654

음영처리한 부분의 값은 KDS 41 31 00의 표 4.7-7 용접조인트 강도표와 필릿용접부의 대체 설계방법 (a), (b) 및 (c)에 의해 허용된 최대설계강도에 근거한 값임.

도움표 2.2.9-4(계속) 편심하중을 받는 용접군의 계수, *C*

하중각도=75°

도움표를 이용한 용접군의 설계강도는 다음 식으로 구한다.

$$P_u = \phi R_n = \phi(CC_1 D\, l),\ \phi = 0.75$$

도움표와 다음 식들을 이용하여 필릿용접부치수 D 또는 필릿용접군의 특성길이 l을 구할 수 있다.

$$C_{\min} = \frac{P_u}{\phi C_1 D\, l} \quad D_{\min} = \frac{P_u}{\phi CC_1\, l} \quad l_{\min} = \frac{P_u}{\phi CC_1 D}$$

여기서,

P_u = 최대편심하중, kN

D = 필릿용접부사이즈, mm

l = 용접군의 특성길이, mm

a = e_x/l

e_x = 용접군의 중심으로부터 편심하중 P_u까지 수평거리, mm

C = 용접군의 강도계수(아래표의 값)

C_1 = 용접재 강도계수

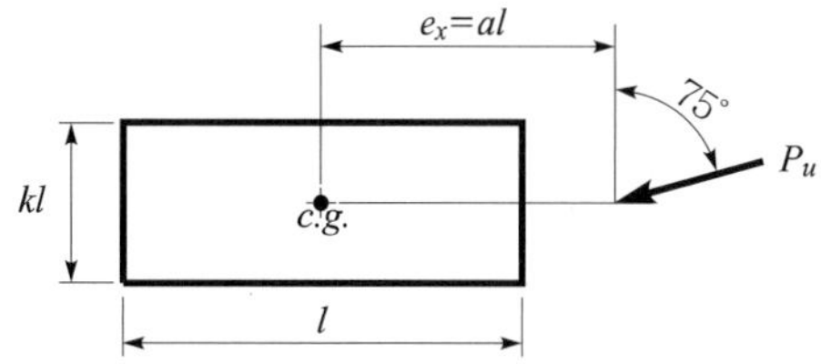

a	k: 0	0.1	0.2	0.3	0.4	0.5	0.6	0.7	0.8	0.9	1.0	1.2	1.4	1.6	1.8	2.0
0.00	0.444	0.492	0.553	0.614	0.675	0.736	0.797	0.858	0.920	0.980	1.042	1.165	1.288	1.411	1.534	1.646
0.10	0.428	0.488	0.549	0.609	0.671	0.731	0.792	0.853	0.914	0.974	1.036	1.154	1.277	1.400	1.523	1.646
0.15	0.431	0.484	0.544	0.606	0.666	0.727	0.787	0.848	0.908	0.969	1.030	1.154	1.277	1.389	1.512	1.635
0.20	0.430	0.477	0.539	0.600	0.661	0.721	0.782	0.842	0.902	0.962	1.023	1.142	1.266	1.389	1.501	1.624
0.25	0.429	0.474	0.532	0.594	0.654	0.715	0.774	0.834	0.894	0.954	1.014	1.131	1.254	1.378	1.490	1.6130
0.30	0.428	0.473	0.529	0.587	0.646	0.706	0.766	0.825	0.885	0.944	1.004	1.120	1.243	1.355	1.478	1.602
0.40	0.423	0.472	0.524	0.580	0.636	0.692	0.749	0.808	0.865	0.923	0.981	1.099	1.221	1.333	1.456	1.568
0.50	0.417	0.467	0.519	0.572	0.626	0.681	0.736	0.792	0.848	0.904	0.961	1.074	1.187	1.310	1.422	1.534
0.60	0.409	0.459	0.511	0.562	0.615	0.668	0.721	0.775	0.830	0.885	0.941	1.052	1.165	1.277	1.389	1.512
0.70	0.399	0.448	0.500	0.550	0.601	0.653	0.706	0.758	0.812	0.866	0.920	1.029	1.142	1.254	1.366	1.478
0.80	0.388	0.436	0.486	0.535	0.586	0.637	0.688	0.740	0.792	0.844	0.898	1.006	1.116	1.221	1.333	1.445
0.90	0.375	0.421	0.470	0.521	0.570	0.620	0.670	0.721	0.773	0.824	0.877	0.982	1.091	1.198	1.310	1.422
1.0	0.362	0.408	0.455	0.505	0.553	0.653	0.652	0.702	0.753	0.803	0.855	0.960	1.066	1.176	1.288	1.400
1.2	0.336	0.379	0.424	0.472	0.520	0.567	0.615	0.663	0.712	0.762	0.812	0.914	1.019	1.120	1.232	1.344
1.4	0.311	0.351	0.393	0.439	0.486	0.532	0.579	0.626	0.673	0.721	0.771	0.870	0.973	1.077	1.187	1.288
1.6	0.288	0.325	0.365	0.408	0.454	0.500	0.544	0.590	0.637	0.684	0.731	0.830	0.930	1.033	1.142	1.243
1.8	0.267	0.301	0.338	0.380	0.423	0.469	0.513	0.558	0.603	0.648	0.696	0.791	0.889	0.991	1.094	1.198
2.0	0.248	0.280	0.315	0.354	0.396	0.440	0.484	0.526	0.571	0.616	0.661	0.755	0.852	0.951	1.053	1.154
2.2	0.230	0.260	0.295	0.332	0.372	0.414	0.457	0.498	0.542	0.586	0.629	0.721	0.816	0.914	1.015	1.117
2.4	0.215	0.243	0.276	0.310	0.349	0.390	0.432	0.473	0.514	0.557	0.600	0.690	0.784	0.879	0.979	1.080
2.6	0.202	0.227	0.258	0.292	0.329	0.368	0.410	0.449	0.489	0.531	0.573	0.662	0.753	0.847	0.944	1.044
2.8	0.189	0.214	0.243	0.276	0.311	0.349	0.389	0.428	0.467	0.507	0.549	0.634	0.724	0.816	0.912	1.009
3.0	0.178	0.202	0.230	0.260	0.295	0.332	0.370	0.408	0.446	0.485	0.525	0.609	0.697	0.786	0.880	0.976

음영처리한 부분의 값은 KDS 41 31 00의 표 4.7-7 용접조인트 강도표와 필릿용접부의 대체 설계방법 (a), (b) 및 (c)에 의해 허용된 최대설계강도에 근거한 값임.

도움표 2.2.9-5 편심하중을 받는 용접군의 계수, *C*

하중각도=0°

도움표를 이용한 용접군의 설계강도는 다음 식으로 구한다.

$$P_u = \phi R_n = \phi(CC_1 D\, l),\ \phi = 0.75$$

도움표와 다음 식들을 이용하여 필릿용접부치수 D 또는 필릿용접군의 특성길이 l을 구할 수 있다.

$$C_{\min} = \frac{P_u}{\phi C_1 D\, l} \quad D_{\min} = \frac{P_u}{\phi CC_1\, l} \quad l_{\min} = \frac{P_u}{\phi CC_1 D}$$

여기서,

P_u = 최대편심하중, kN

D = 필릿용접부사이즈, mm

l = 용접군의 특성길이, mm

a = e_x/l

e_x = 용접군의 중심으로부터 편심하중 P_u까지 수평거리, mm

C = 용접군의 강도계수(아래표의 값)

C_1 = 용접재 강도계수

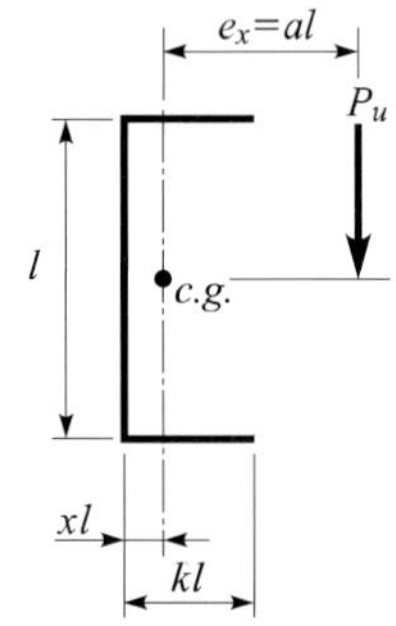

a	*k*															
	0	0.1	0.2	0.3	0.4	0.5	0.6	0.7	0.8	0.9	1.0	1.2	1.4	1.6	1.8	2.0
0.00	0.208	0.250	0.301	0.364	0.426	0.488	0.551	0.613	0.675	0.738	0.801	0.925	1.049	1.176	1.299	1.422
0.10	0.208	0.255	0.311	0.370	0.429	0.489	0.551	0.612	0.673	0.735	0.796	0.921	1.044	1.165	1.288	1.422
0.15	0.205	0.252	0.306	0.362	0.420	0.478	0.538	0.597	0.657	0.718	0.777	0.898	1.020	1.142	1.266	1.389
0.20	0.197	0.244	0.295	0.348	0.403	0.460	0.516	0.575	0.632	0.690	0.748	0.865	0.982	1.101	1.221	1.344
0.25	0.186	0.232	0.281	0.332	0.383	0.437	0.491	0.545	0.601	0.656	0.712	0.825	0.940	1.055	1.176	1.288
0.30	0.174	0.218	0.264	0.312	0.362	0.412	0.464	0.515	0.569	0.622	0.675	0.785	0.896	1.008	1.120	1.232
0.40	0.149	0.189	0.232	0.274	0.318	0.363	0.409	0.456	0.504	0.553	0.604	0.706	0.811	0.917	1.026	1.131
0.50	0.129	0.164	0.200	0.240	0.279	0.319	0.361	0.403	0.448	0.493	0.540	0.635	0.735	0.837	0.941	1.047
0.60	0.112	0.142	0.176	0.211	0.245	0.282	0.319	0.358	0.400	0.441	0.485	0.575	0.669	0.766	0.867	0.969
0.70	0.098	0.125	0.155	0.186	0.218	0.251	0.286	0.321	0.358	0.398	0.438	0.522	0.612	0.704	0.801	0.900
0.80	0.088	0.112	0.138	0.166	0.196	0.226	0.258	0.290	0.325	0.361	0.399	0.478	0.562	0.652	0.744	0.840
0.90	0.079	0.100	0.124	0.150	0.177	0.205	0.234	0.264	0.297	0.330	0.365	0.440	0.521	0.605	0.693	0.785
1.0	0.072	0.091	0.112	0.136	0.161	0.187	0.214	0.242	0.272	0.304	0.337	0.408	0.483	0.563	0.647	0.735
1.2	0.060	0.077	0.095	0.114	0.136	0.159	0.183	0.207	0.233	0.261	0.290	0.353	0.420	0.492	0.568	0.648
1.4	0.052	0.066	0.082	0.099	0.118	0.138	0.159	0.180	0.204	0.228	0.254	0.310	0.371	0.436	0.504	0.577
1.6	0.046	0.058	0.072	0.087	0.103	0.122	0.140	0.160	0.180	0.203	0.226	0.276	0.330	0.390	0.452	0.520
1.8	0.041	0.052	0.064	0.077	0.092	0.109	0.125	0.143	0.162	0.181	0.203	0.249	0.298	0.352	0.410	0.472
2.0	0.037	0.046	0.058	0.070	0.083	0.098	0.113	0.130	0.147	0.165	0.184	0.225	0.271	0.320	0.374	0.431
2.2	0.033	0.042	0.052	0.064	0.076	0.090	0.104	0.119	0.134	0.151	0.168	0.206	0.249	0.293	0.344	0.396
2.4	0.031	0.039	0.048	0.058	0.070	0.082	0.095	0.109	0.123	0.139	0.155	0.190	0.228	0.271	0.318	0.367
2.6	0.028	0.036	0.044	0.054	0.065	0.076	0.088	0.101	0.114	0.129	0.143	0.176	0.213	0.252	0.296	0.342
2.8	0.026	0.033	0.041	0.050	0.060	0.071	0.082	0.094	0.106	0.120	0.133	0.165	0.198	0.235	0.276	0.319
3.0	0.025	0.031	0.038	0.047	0.056	0.066	0.077	0.088	0.100	0.112	0.125	0.153	0.186	0.221	0.259	0.300
x	0.000	0.008	0.029	0.056	0.089	0.125	0.164	0.204	0.246	0.289	0.333	0.424	0.516	0.610	0.704	0.800

음영처리한 부분의 값은 KDS 41 31 00의 표 4.7-7 용접조인트 강도표와 필릿용접부의 대체 설계방법 (a), (b) 및 (c)에 의해 허용된 최대설계강도에 근거한 값임.

도움표 2.2.9-5(계속) 편심하중을 받는 용접군의 계수, *C*

하중각도=15°

도움표를 이용한 용접군의 설계강도는 다음 식으로 구한다.

$$P_u = \phi R_n = \phi(CC_1 D\, l),\ \phi = 0.75$$

도움표와 다음 식들을 이용하여 필릿용접부치수 D 또는 필릿용접군의 특성길이 l을 구할 수 있다.

$$C_{\min} = \frac{P_u}{\phi C_1 D\, l} \qquad D_{\min} = \frac{P_u}{\phi C C_1\, l} \qquad l_{\min} = \frac{P_u}{\phi C C_1 D}$$

여기서,

P_u = 최대편심하중, kN

D = 필릿용접부사이즈, mm

l = 용접군의 특성길이, mm

a = e_x/l

e_x = 용접군의 중심으로부터 편심하중 P_u까지 수평거리, mm

C = 용접군의 강도계수(아래표의 값)

C_1 = 용접재 강도계수

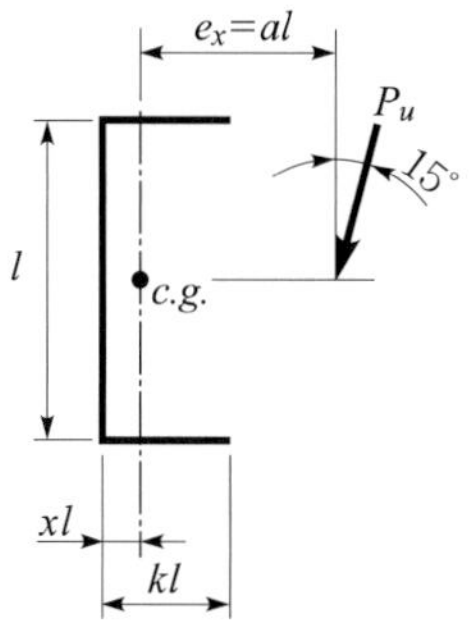

a	k=0	0.1	0.2	0.3	0.4	0.5	0.6	0.7	0.8	0.9	1.0	1.2	1.4	1.6	1.8	2.0
0.00	0.222	0.277	0.337	0.399	0.459	0.521	0.581	0.643	0.703	0.765	0.825	0.948	1.070	1.187	1.310	1.434
0.10	0.213	0.263	0.321	0.382	0.442	0.504	0.566	0.627	0.689	0.750	0.811	0.934	1.056	1.176	1.299	1.422
0.15	0.206	0.258	0.312	0.370	0.427	0.485	0.544	0.604	0.663	0.722	0.782	0.903	1.023	1.142	1.266	1.389
0.20	0.197	0.248	0.300	0.354	0.409	0.465	0.521	0.578	0.635	0.692	0.749	0.865	0.981	1.098	1.221	1.333
0.25	0.185	0.233	0.284	0.336	0.389	0.441	0.495	0.550	0.604	0.660	0.715	0.827	0.940	1.053	1.165	1.288
0.30	0.174	0.218	0.268	0.316	0.366	0.417	0.468	0.520	0.572	0.625	0.679	0.787	0.897	1.008	1.120	1.232
0.40	0.150	0.189	0.232	0.277	0.323	0.367	0.414	0.461	0.510	0.559	0.608	0.710	0.814	0.922	1.029	1.142
0.50	0.130	0.165	0.202	0.242	0.283	0.324	0.366	0.410	0.454	0.500	0.545	0.642	0.741	0.843	0.948	1.054
0.60	0.113	0.143	0.177	0.212	0.250	0.287	0.326	0.365	0.407	0.448	0.492	0.582	0.676	0.774	0.875	0.978
0.70	0.100	0.127	0.157	0.188	0.222	0.256	0.291	0.328	0.366	0.405	0.446	0.531	0.620	0.715	0.811	0.911
0.80	0.089	0.113	0.140	0.168	0.198	0.231	0.263	0.297	0.332	0.368	0.407	0.487	0.572	0.662	0.755	0.851
0.90	0.081	0.102	0.125	0.151	0.179	0.209	0.240	0.271	0.304	0.337	0.373	0.449	0.531	0.616	0.704	0.796
1.0	0.073	0.093	0.114	0.138	0.164	0.190	0.220	0.249	0.279	0.311	0.345	0.417	0.493	0.573	0.659	0.747
1.2	0.062	0.078	0.097	0.116	0.139	0.162	0.187	0.213	0.240	0.269	0.298	0.362	0.430	0.503	0.580	0.661
1.4	0.053	0.068	0.084	0.101	0.120	0.141	0.164	0.186	0.209	0.235	0.262	0.318	0.380	0.446	0.516	0.590
1.6	0.047	0.059	0.073	0.089	0.106	0.124	0.144	0.165	0.186	0.208	0.233	0.283	0.339	0.400	0.464	0.532
1.8	0.042	0.053	0.066	0.079	0.096	0.111	0.130	0.148	0.167	0.188	0.209	0.255	0.307	0.362	0.420	0.484
2.0	0.038	0.048	0.059	0.072	0.086	0.101	0.118	0.133	0.151	0.170	0.190	0.233	0.279	0.329	0.384	0.442
2.2	0.034	0.044	0.054	0.065	0.078	0.092	0.107	0.122	0.139	0.156	0.174	0.213	0.255	0.302	0.354	0.408
2.4	0.032	0.040	0.049	0.060	0.072	0.085	0.099	0.112	0.128	0.143	0.160	0.196	0.236	0.280	0.327	0.377
2.6	0.029	0.037	0.046	0.055	0.066	0.078	0.091	0.104	0.118	0.133	0.148	0.183	0.220	0.260	0.305	0.352
2.8	0.027	0.034	0.042	0.052	0.062	0.073	0.085	0.097	0.110	0.123	0.138	0.169	0.205	0.243	0.284	0.329
3.0	0.025	0.032	0.040	0.048	0.058	0.068	0.079	0.091	0.103	0.115	0.129	0.159	0.192	0.227	0.267	0.309
x	0.000	0.008	0.029	0.056	0.089	0.125	0.164	0.204	0.246	0.289	0.333	0.424	0.516	0.610	0.704	0.800

음영처리한 부분의 값은 KDS 41 31 00의 표 4.7-7 용접조인트 강도표와 필릿용접부의 대체 설계방법 (a), (b) 및 (c)에 의해 허용된 최대설계강도에 근거한 값임.

도움표 2.2.9-5(계속) 편심하중을 받는 용접군의 계수, *C*

하중각도=30°

도움표를 이용한 용접군의 설계강도는 다음 식으로 구한다.

$$P_u = \phi R_n = \phi(CC_1 D\, l),\ \phi = 0.75$$

도움표와 다음 식들을 이용하여 필릿용접부치수 D 또는 필릿용접군의 특성길이 l을 구할 수 있다.

$$C_{\min} = \frac{P_u}{\phi C_1 D\, l} \quad D_{\min} = \frac{P_u}{\phi CC_1\, l} \quad l_{\min} = \frac{P_u}{\phi CC_1 D}$$

여기서,

P_u = 최대편심하중, kN

D = 필릿용접부사이즈, mm

l = 용접군의 특성길이, mm

a = e_x/l

e_x = 용접군의 중심으로부터 편심하중 P_u까지 수평거리, mm

C = 용접군의 강도계수(아래표의 값)

C_1 = 용접재 강도계수

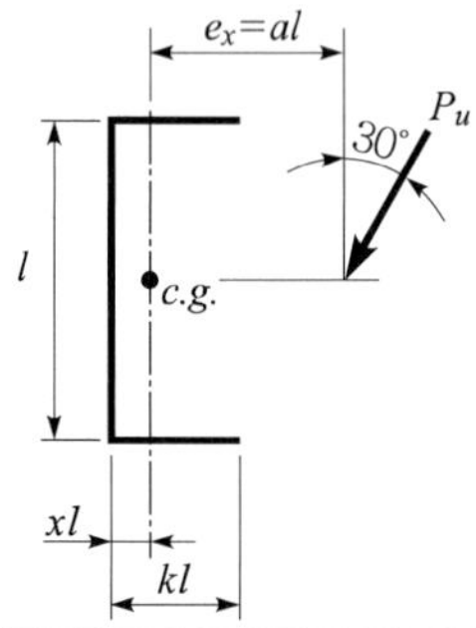

a	k															
	0	0.1	0.2	0.3	0.4	0.5	0.6	0.7	0.8	0.9	1.0	1.2	1.4	1.6	1.8	2.0
0.00	0.244	0.302	0.360	0.418	0.475	0.533	0.590	0.647	0.706	0.763	0.821	0.935	1.051	1.165	1.277	1.400
0.10	0.226	0.288	0.347	0.405	0.464	0.523	0.581	0.640	0.698	0.756	0.815	0.932	1.049	1.165	1.288	1.400
0.15	0.215	0.272	0.330	0.389	0.446	0.503	0.560	0.618	0.675	0.732	0.790	0.906	1.021	1.142	1.254	1.366
0.20	0.204	0.256	0.312	0.368	0.423	0.479	0.534	0.590	0.646	0.702	0.758	0.871	0.986	1.101	1.221	1.333
0.25	0.192	0.241	0.293	0.347	0.401	0.455	0.507	0.561	0.615	0.669	0.724	0.834	0.946	1.061	1.176	1.288
0.30	0.180	0.225	0.274	0.326	0.377	0.429	0.480	0.532	0.584	0.636	0.689	0.796	0.906	1.019	1.131	1.243
0.40	0.158	0.197	0.241	0.286	0.333	0.381	0.429	0.477	0.525	0.575	0.624	0.727	0.831	0.939	1.048	1.165
0.50	0.138	0.172	0.211	0.251	0.293	0.337	0.382	0.427	0.473	0.519	0.566	0.663	0.764	0.867	0.972	1.081
0.60	0.121	0.152	0.186	0.223	0.261	0.300	0.343	0.384	0.427	0.470	0.515	0.607	0.703	0.803	0.906	1.011
0.70	0.108	0.136	0.166	0.198	0.233	0.270	0.308	0.348	0.388	0.429	0.470	0.559	0.651	0.747	0.847	0.949
0.80	0.097	0.122	0.149	0.179	0.211	0.244	0.280	0.317	0.354	0.393	0.432	0.516	0.605	0.697	0.792	0.890
0.90	0.088	0.110	0.136	0.162	0.192	0.223	0.256	0.291	0.326	0.362	0.400	0.479	0.563	0.651	0.743	0.837
1.0	0.080	0.101	0.123	0.149	0.176	0.205	0.235	0.268	0.301	0.336	0.371	0.446	0.526	0.610	0.698	0.788
1.2	0.068	0.086	0.105	0.127	0.150	0.176	0.203	0.232	0.261	0.291	0.324	0.391	0.463	0.539	0.619	0.704
1.4	0.059	0.074	0.091	0.110	0.131	0.153	0.177	0.203	0.230	0.256	0.286	0.346	0.411	0.482	0.556	0.634
1.6	0.052	0.065	0.081	0.097	0.115	0.136	0.158	0.180	0.204	0.228	0.254	0.310	0.370	0.433	0.503	0.575
1.8	0.046	0.058	0.072	0.087	0.104	0.122	0.142	0.162	0.184	0.206	0.230	0.280	0.335	0.394	0.458	0.525
2.0	0.042	0.053	0.065	0.079	0.094	0.111	0.129	0.148	0.167	0.187	0.209	0.255	0.306	0.361	0.420	0.483
2.2	0.038	0.048	0.059	0.072	0.086	0.101	0.118	0.136	0.153	0.171	0.192	0.234	0.281	0.333	0.388	0.446
2.4	0.035	0.044	0.055	0.066	0.079	0.093	0.109	0.124	0.141	0.158	0.177	0.216	0.260	0.308	0.360	0.414
2.6	0.032	0.041	0.051	0.061	0.073	0.086	0.101	0.115	0.131	0.147	0.165	0.202	0.242	0.287	0.335	0.386
2.8	0.030	0.038	0.047	0.057	0.068	0.080	0.094	0.108	0.122	0.137	0.153	0.188	0.226	0.268	0.314	0.363
3.0	0.028	0.036	0.044	0.053	0.064	0.075	0.088	0.101	0.114	0.129	0.143	0.176	0.212	0.252	0.295	0.340
x	0.000	0.008	0.029	0.056	0.089	0.125	0.164	0.204	0.246	0.289	0.333	0.424	0.516	0.610	0.704	0.800

음영처리한 부분의 값은 KDS 41 31 00의 표 4.7-7 용접조인트 강도표와 필릿용접부의 대체 설계방법 (a), (b) 및 (c)에 의해 허용된 최대설계강도에 근거한 값임.

도움표 2.2.9-5(계속) 편심하중을 받는 용접군의 계수, *C*

하중각도=45°

도움표를 이용한 용접군의 설계강도는 다음 식으로 구한다.

$$P_u = \phi R_n = \phi(CC_1 D\,l),\ \phi = 0.75$$

도움표와 다음 식들을 이용하여 필릿용접부치수 D 또는 필릿용접군의 특성길이 l을 구할 수 있다.

$$C_{\min} = \frac{P_u}{\phi C_1 D\,l} \quad D_{\min} = \frac{P_u}{\phi CC_1\,l} \quad l_{\min} = \frac{P_u}{\phi CC_1 D}$$

여기서,

P_u = 최대편심하중, kN

D = 필릿용접부사이즈, mm

l = 용접군의 특성길이, mm

a = e_x/l

e_x = 용접군의 중심으로부터 편심하중 P_u까지 수평거리, mm

C = 용접군의 강도계수(아래표의 값)

C_1 = 용접재 강도계수

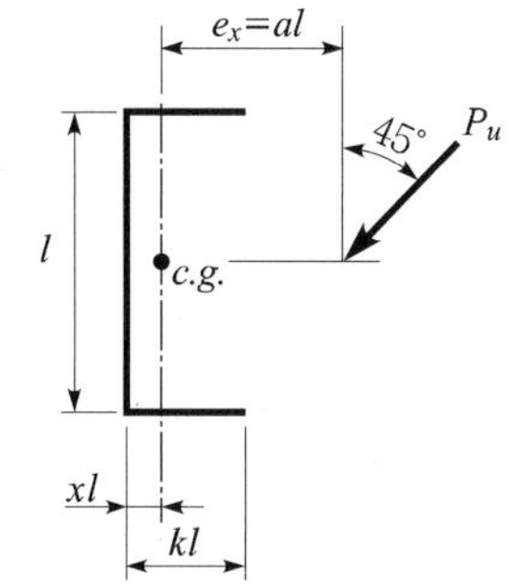

a	k															
	0	0.1	0.2	0.3	0.4	0.5	0.6	0.7	0.8	0.9	1.0	1.2	1.4	1.6	1.8	2.0
0.00	0.270	0.314	0.366	0.419	0.472	0.523	0.576	0.628	0.681	0.732	0.785	0.890	0.995	1.100	1.210	1.310
0.10	0.251	0.307	0.363	0.418	0.474	0.530	0.585	0.641	0.696	0.752	0.806	0.917	1.027	1.131	1.243	1.355
0.15	0.234	0.291	0.346	0.401	0.456	0.512	0.567	0.623	0.679	0.734	0.790	0.900	1.011	1.120	1.232	1.344
0.20	0.220	0.273	0.327	0.381	0.435	0.489	0.544	0.600	0.655	0.711	0.766	0.877	0.989	1.100	1.210	1.322
0.25	0.207	0.256	0.308	0.360	0.412	0.466	0.520	0.575	0.629	0.684	0.739	0.849	0.961	1.073	1.187	1.299
0.30	0.195	0.242	0.290	0.339	0.390	0.441	0.495	0.548	0.603	0.656	0.710	0.820	0.931	1.044	1.154	1.266
0.40	0.174	0.214	0.258	0.302	0.349	0.398	0.447	0.497	0.550	0.601	0.653	0.758	0.868	0.981	1.094	1.210
0.50	0.155	0.190	0.230	0.271	0.314	0.358	0.405	0.452	0.502	0.552	0.601	0.702	0.809	0.918	1.030	1.142
0.60	0.138	0.170	0.206	0.244	0.283	0.325	0.368	0.414	0.460	0.508	0.556	0.653	0.754	0.860	0.969	1.081
0.70	0.124	0.155	0.186	0.221	0.258	0.297	0.337	0.381	0.424	0.470	0.516	0.609	0.706	0.808	0.913	1.021
0.80	0.112	0.140	0.169	0.202	0.236	0.272	0.310	0.351	0.393	0.438	0.480	0.569	0.662	0.759	0.861	0.968
0.90	0.102	0.128	0.156	0.185	0.217	0.251	0.287	0.326	0.366	0.408	0.449	0.533	0.623	0.716	0.814	0.917
1.0	0.094	0.118	0.143	0.170	0.200	0.233	0.267	0.304	0.342	0.381	0.420	0.501	0.587	0.676	0.772	0.870
1.2	0.081	0.101	0.123	0.147	0.174	0.202	0.233	0.265	0.300	0.336	0.371	0.446	0.524	0.608	0.697	0.788
1.4	0.070	0.088	0.108	0.129	0.152	0.178	0.206	0.236	0.268	0.299	0.332	0.400	0.473	0.550	0.633	0.719
1.6	0.062	0.078	0.096	0.115	0.137	0.159	0.185	0.212	0.241	0.269	0.299	0.362	0.429	0.502	0.578	0.659
1.8	0.056	0.070	0.086	0.103	0.123	0.144	0.167	0.193	0.218	0.244	0.271	0.329	0.392	0.459	0.531	0.607
2.0	0.051	0.064	0.078	0.094	0.112	0.131	0.152	0.176	0.199	0.223	0.249	0.302	0.361	0.423	0.491	0.562
2.2	0.046	0.058	0.071	0.086	0.102	0.121	0.140	0.161	0.183	0.205	0.228	0.279	0.333	0.392	0.456	0.523
2.4	0.042	0.053	0.066	0.079	0.095	0.111	0.130	0.149	0.169	0.190	0.212	0.259	0.309	0.365	0.424	0.488
2.6	0.039	0.050	0.061	0.074	0.088	0.103	0.121	0.139	0.157	0.177	0.197	0.241	0.289	0.342	0.398	0.458
2.8	0.037	0.046	0.057	0.069	0.082	0.097	0.113	0.130	0.147	0.165	0.184	0.225	0.271	0.320	0.373	0.430
3.0	0.034	0.043	0.053	0.064	0.077	0.091	0.106	0.122	0.138	0.155	0.172	0.212	0.254	0.301	0.352	0.407
x	0.000	0.008	0.029	0.056	0.089	0.125	0.164	0.204	0.246	0.289	0.333	0.424	0.516	0.610	0.704	0.800

음영처리한 부분의 값은 KDS 41 31 00의 표 4.7-7 용접조인트 강도표와 필릿용접부의 대체 설계방법 (a), (b) 및 (c)에 의해 허용된 최대설계강도에 근거한 값임.

도움표 2.2.9-5(계속) 편심하중을 받는 용접군의 계수, C

하중각도=60°

도움표를 이용한 용접군의 설계강도는 다음 식으로 구한다.

$$P_u = \phi R_n = \phi(CC_1 D\, l),\ \phi = 0.75$$

도움표와 다음 식들을 이용하여 필릿용접부치수 D 또는 필릿용접군의 특성길이 l을 구할 수 있다.

$$C_{\min} = \frac{P_u}{\phi C_1 D\, l} \quad D_{\min} = \frac{P_u}{\phi CC_1\, l} \quad l_{\min} = \frac{P_u}{\phi CC_1 D}$$

여기서,

P_u = 최대편심하중, kN

D = 필릿용접부사이즈, mm

l = 용접군의 특성길이, mm

a = e_x/l

e_x = 용접군의 중심으로부터 편심하중 P_u까지 수평거리, mm

C = 용접군의 강도계수(아래표의 값)

C_1 = 용접재 강도계수

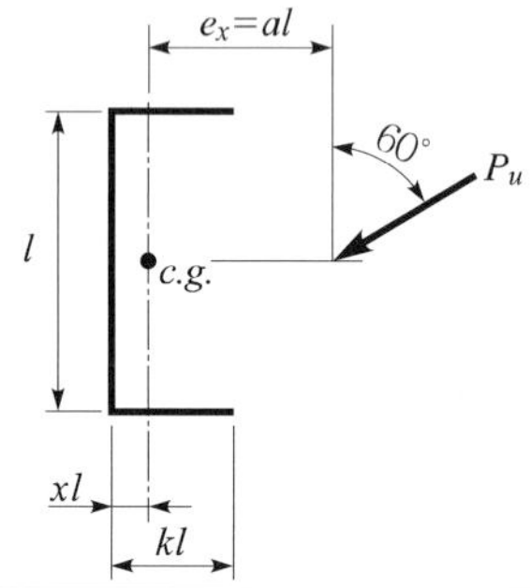

a	k															
	0	0.1	0.2	0.3	0.4	0.5	0.6	0.7	0.8	0.9	1.0	1.2	1.4	1.6	1.8	2.0
0.00	0.291	0.337	0.385	0.435	0.484	0.533	0.581	0.631	0.680	0.728	0.777	0.876	0.973	1.071	1.165	1.266
0.10	0.272	0.320	0.370	0.420	0.472	0.524	0.576	0.628	0.680	0.731	0.783	0.884	0.984	1.083	1.176	1.277
0.15	0.259	0.307	0.355	0.405	0.456	0.508	0.561	0.615	0.668	0.721	0.773	0.877	0.979	1.080	1.176	1.277
0.20	0.244	0.292	0.340	0.389	0.440	0.492	0.544	0.598	0.653	0.707	0.760	0.866	0.970	1.072	1.176	1.277
0.25	0.232	0.279	0.326	0.373	0.422	0.474	0.526	0.580	0.635	0.690	0.744	0.852	0.958	1.062	1.165	1.266
0.30	0.221	0.265	0.311	0.358	0.407	0.456	0.508	0.562	0.617	0.672	0.727	0.836	0.943	1.048	1.154	1.254
0.40	0.200	0.242	0.286	0.329	0.375	0.422	0.473	0.525	0.579	0.634	0.689	0.800	0.909	1.018	1.120	1.232
0.50	0.183	0.222	0.262	0.304	0.347	0.392	0.440	0.491	0.543	0.597	0.652	0.762	0.872	0.982	1.090	1.198
0.60	0.167	0.203	0.241	0.280	0.321	0.365	0.411	0.459	0.510	0.562	0.616	0.726	0.836	0.943	1.051	1.154
0.70	0.153	0.187	0.223	0.260	0.299	0.342	0.385	0.432	0.480	0.531	0.584	0.690	0.796	0.904	1.012	1.120
0.80	0.141	0.172	0.206	0.242	0.280	0.319	0.362	0.407	0.454	0.502	0.553	0.655	0.759	0.866	0.973	1.081
0.90	0.131	0.160	0.192	0.226	0.262	0.300	0.340	0.384	0.429	0.476	0.524	0.624	0.725	0.829	0.935	1.043
1.0	0.121	0.149	0.179	0.212	0.245	0.282	0.321	0.363	0.407	0.451	0.498	0.594	0.692	0.794	0.899	1.006
1.2	0.106	0.131	0.158	0.187	0.218	0.252	0.289	0.327	0.367	0.409	0.452	0.540	0.633	0.730	0.831	0.935
1.4	0.094	0.116	0.140	0.167	0.196	0.227	0.261	0.297	0.334	0.373	0.413	0.495	0.581	0.673	0.769	0.870
1.6	0.084	0.104	0.127	0.150	0.177	0.206	0.237	0.271	0.306	0.342	0.379	0.456	0.536	0.623	0.715	0.811
1.8	0.076	0.094	0.114	0.137	0.161	0.188	0.217	0.249	0.281	0.315	0.349	0.421	0.498	0.579	0.666	0.758
2.0	0.069	0.086	0.105	0.125	0.148	0.174	0.200	0.230	0.260	0.291	0.325	0.392	0.464	0.541	0.623	0.710
2.2	0.063	0.079	0.096	0.115	0.137	0.160	0.186	0.213	0.241	0.271	0.301	0.365	0.433	0.507	0.585	0.668
2.4	0.058	0.073	0.089	0.107	0.128	0.149	0.174	0.198	0.225	0.253	0.282	0.342	0.407	0.476	0.550	0.629
2.6	0.054	0.068	0.083	0.100	0.119	0.140	0.161	0.186	0.211	0.237	0.264	0.321	0.383	0.449	0.520	0.595
2.8	0.051	0.064	0.078	0.094	0.111	0.131	0.152	0.175	0.198	0.223	0.249	0.302	0.361	0.424	0.492	0.563
3.0	0.047	0.059	0.073	0.088	0.105	0.123	0.143	0.165	0.187	0.211	0.234	0.286	0.342	0.402	0.467	0.535
x	0.000	0.008	0.029	0.056	0.089	0.125	0.164	0.204	0.246	0.289	0.333	0.424	0.516	0.610	0.704	0.800

음영처리한 부분의 값은 KDS 41 31 00의 표 4.7-7 용접조인트 강도표와 필릿용접부의 대체 설계방법 (a), (b) 및 (c)에 의해 허용된 최대설계강도에 근거한 값임.

도움표 2.2.9-5(계속) 편심하중을 받는 용접군의 계수, C

하중각도=75°

도움표를 이용한 용접군의 설계강도는 다음 식으로 구한다.

$$P_u = \phi R_n = \phi(CC_1 D\, l),\ \phi = 0.75$$

도움표와 다음 식들을 이용하여 필릿용접부치수 D 또는 필릿용접군의 특성길이 l을 구할 수 있다.

$$C_{\min} = \frac{P_u}{\phi C_1 D\, l} \quad D_{\min} = \frac{P_u}{\phi CC_1\, l} \quad l_{\min} = \frac{P_u}{\phi CC_1 D}$$

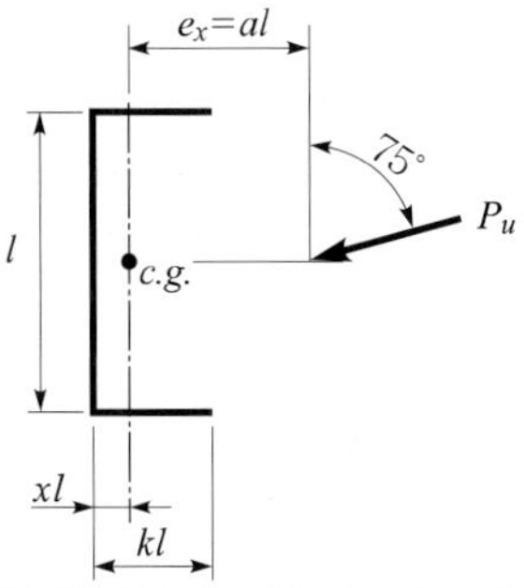

여기서,

P_u = 최대편심하중, kN

D = 필릿용접부사이즈, mm

l = 용접군의 특성길이, mm

a = e_x / l

e_x = 용접군의 중심으로부터 편심하중 P_u까지 수평거리, mm

C = 용접군의 강도계수(아래표의 값)

C_1 = 용접재 강도계수

a	k															
	0	0.1	0.2	0.3	0.4	0.5	0.6	0.7	0.8	0.9	1.0	1.2	1.4	1.6	1.8	2.0
0.00	0.307	0.348	0.391	0.435	0.477	0.521	0.563	0.607	0.650	0.693	0.736	0.822	0.908	0.995	1.081	1.165
0.10	0.290	0.330	0.374	0.420	0.466	0.513	0.559	0.605	0.650	0.694	0.738	0.825	0.913	0.999	1.085	1.176
0.15	0.280	0.321	0.365	0.411	0.458	0.505	0.553	0.599	0.645	0.691	0.736	0.824	0.912	0.998	1.085	1.176
0.20	0.272	0.312	0.356	0.402	0.449	0.497	0.545	0.592	0.640	0.687	0.731	0.821	0.909	0.997	1.083	1.165
0.25	0.263	0.305	0.347	0.393	0.440	0.488	0.538	0.586	0.634	0.681	0.727	0.818	0.906	0.995	1.082	1.165
0.30	0.255	0.297	0.339	0.384	0.431	0.479	0.529	0.578	0.626	0.674	0.721	0.813	0.903	0.991	1.079	1.165
0.40	0.242	0.282	0.323	0.366	0.413	0.461	0.512	0.561	0.610	0.659	0.707	0.801	0.893	0.983	1.072	1.165
0.50	0.230	0.269	0.308	0.351	0.396	0.445	0.494	0.544	0.594	0.644	0.692	0.788	0.880	0.972	1.062	1.154
0.60	0.217	0.255	0.295	0.336	0.381	0.428	0.477	0.528	0.578	0.628	0.679	0.776	0.870	0.962	1.052	1.142
0.70	0.207	0.244	0.282	0.323	0.365	0.412	0.460	0.511	0.562	0.613	0.663	0.763	0.859	0.953	1.044	1.131
0.80	0.196	0.233	0.270	0.309	0.352	0.396	0.445	0.495	0.545	0.597	0.648	0.749	0.848	0.943	1.036	1.131
0.90	0.187	0.222	0.259	0.297	0.338	0.383	0.430	0.479	0.530	0.581	0.632	0.735	0.834	0.932	1.026	1.118
1.0	0.178	0.213	0.248	0.286	0.326	0.370	0.416	0.464	0.514	0.564	0.616	0.719	0.821	0.920	1.016	1.110
1.2	0.162	0.195	0.228	0.264	0.304	0.345	0.389	0.436	0.484	0.534	0.585	0.689	0.792	0.893	0.992	1.089
1.4	0.149	0.179	0.212	0.246	0.283	0.323	0.365	0.410	0.456	0.505	0.554	0.657	0.760	0.864	0.965	1.065
1.6	0.137	0.166	0.196	0.230	0.265	0.304	0.343	0.385	0.431	0.478	0.526	0.627	0.730	0.833	0.936	1.038
1.8	0.127	0.153	0.183	0.214	0.249	0.284	0.324	0.364	0.408	0.452	0.500	0.598	0.700	0.803	0.907	1.009
2.0	0.118	0.143	0.170	0.200	0.234	0.269	0.306	0.345	0.386	0.430	0.475	0.571	0.671	0.773	0.875	0.978
2.2	0.109	0.133	0.160	0.189	0.221	0.254	0.289	0.327	0.366	0.409	0.452	0.545	0.643	0.741	0.843	0.945
2.4	0.102	0.125	0.150	0.178	0.208	0.241	0.274	0.310	0.348	0.389	0.431	0.521	0.616	0.712	0.812	0.913
2.6	0.096	0.118	0.142	0.168	0.197	0.228	0.261	0.296	0.333	0.371	0.412	0.498	0.589	0.683	0.782	0.881
2.8	0.090	0.111	0.134	0.159	0.187	0.217	0.249	0.282	0.317	0.355	0.394	0.478	0.566	0.656	0.753	0.851
3.0	0.085	0.105	0.128	0.151	0.178	0.206	0.237	0.269	0.304	0.339	0.377	0.458	0.542	0.632	0.725	0.822
x	0.000	0.008	0.029	0.056	0.089	0.125	0.164	0.204	0.246	0.289	0.333	0.424	0.516	0.610	0.704	0.800

음영처리한 부분의 값은 KDS 41 31 00의 표 4.7-7 용접조인트 강도표와 필릿용접부의 대체 설계방법 (a), (b) 및 (c)에 의해 허용된 최대설계강도에 근거한 값임.

도움표 2.2.9-6 편심하중을 받는 용접군의 계수, *C*

하중각도=0°

도움표를 이용한 용접군의 설계강도는 다음 식으로 구한다.

$$P_u = \phi R_n = \phi(CC_1 D\,l),\ \phi = 0.75,$$

도움표와 다음 식들을 이용하여 필릿용접부치수 D 또는 필릿용접군의 특성길이 l을 구할 수 있다.

$$C_{\min} = \frac{P_u}{\phi C_1 D\,l} \quad D_{\min} = \frac{P_u}{\phi CC_1 l} \quad l_{\min} = \frac{P_u}{\phi CC_1 D}$$

여기서,

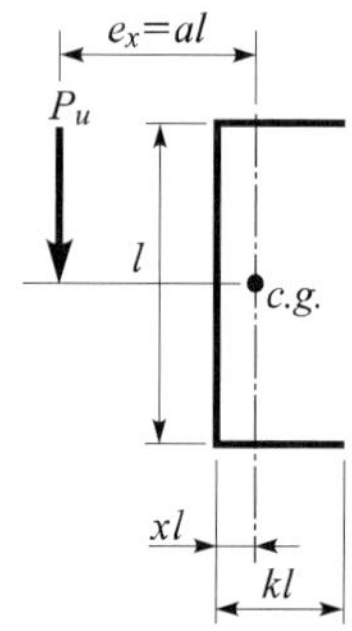

P_u = 최대편심하중, kN

D = 필릿용접부사이즈, mm

l = 용접군의 특성길이, mm

a = e_x/l

e_x = 용접군의 중심으로부터 편심하중 P_u까지 수평거리, mm

C = 용접군의 강도계수(아래표의 값)

C_1 = 용접재 강도계수

a	k															
	0	0.1	0.2	0.3	0.4	0.5	0.6	0.7	0.8	0.9	1.0	1.2	1.4	1.6	1.8	2.0
0.00	0.208	0.250	0.301	0.364	0.426	0.488	0.551	0.613	0.675	0.738	0.801	0.925	1.049	1.176	1.299	1.422
0.10	0.208	0.258	0.314	0.370	0.428	0.484	0.541	0.598	0.654	0.710	0.766	0.878	0.990	1.101	1.210	1.322
0.15	0.205	0.253	0.306	0.360	0.413	0.468	0.522	0.576	0.629	0.683	0.737	0.844	0.953	1.062	1.165	1.277
0.20	0.197	0.244	0.293	0.344	0.395	0.447	0.498	0.550	0.601	0.653	0.706	0.809	0.914	1.020	1.131	1.232
0.25	0.186	0.231	0.278	0.326	0.375	0.424	0.474	0.523	0.572	0.622	0.672	0.773	0.875	0.978	1.083	1.187
0.30	0.174	0.216	0.261	0.307	0.353	0.400	0.447	0.494	0.542	0.590	0.638	0.736	0.836	0.937	1.040	1.142
0.40	0.149	0.187	0.227	0.268	0.310	0.353	0.395	0.439	0.484	0.529	0.573	0.666	0.760	0.858	0.956	1.057
0.50	0.129	0.162	0.196	0.232	0.270	0.309	0.349	0.389	0.430	0.472	0.514	0.601	0.691	0.784	0.880	0.978
0.60	0.112	0.141	0.170	0.203	0.236	0.272	0.310	0.347	0.385	0.424	0.464	0.547	0.633	0.722	0.814	0.908
0.70	0.098	0.124	0.150	0.179	0.211	0.244	0.278	0.314	0.349	0.385	0.423	0.501	0.582	0.668	0.756	0.847
0.80	0.088	0.110	0.134	0.160	0.189	0.220	0.252	0.286	0.318	0.353	0.389	0.461	0.539	0.620	0.704	0.792
0.90	0.079	0.099	0.121	0.146	0.171	0.199	0.230	0.261	0.292	0.325	0.358	0.428	0.501	0.578	0.660	0.744
1.0	0.072	0.090	0.110	0.132	0.157	0.184	0.211	0.240	0.270	0.301	0.333	0.398	0.467	0.541	0.618	0.699
1.2	0.060	0.075	0.093	0.112	0.133	0.157	0.180	0.206	0.233	0.261	0.289	0.348	0.411	0.478	0.549	0.624
1.4	0.052	0.065	0.080	0.097	0.116	0.137	0.158	0.180	0.205	0.230	0.255	0.309	0.366	0.428	0.493	0.561
1.6	0.046	0.057	0.071	0.086	0.102	0.121	0.140	0.160	0.183	0.205	0.228	0.278	0.330	0.386	0.446	0.510
1.8	0.041	0.051	0.063	0.077	0.092	0.108	0.125	0.144	0.164	0.185	0.206	0.251	0.299	0.352	0.407	0.466
2.0	0.037	0.046	0.057	0.069	0.083	0.098	0.113	0.131	0.149	0.167	0.187	0.230	0.274	0.323	0.374	0.428
2.2	0.033	0.042	0.052	0.063	0.076	0.089	0.104	0.119	0.136	0.153	0.171	0.211	0.252	0.297	0.345	0.396
2.4	0.031	0.039	0.048	0.058	0.069	0.082	0.095	0.110	0.124	0.141	0.158	0.194	0.234	0.276	0.320	0.368
2.6	0.028	0.036	0.044	0.054	0.064	0.076	0.088	0.102	0.115	0.130	0.146	0.180	0.217	0.256	0.299	0.344
2.8	0.026	0.033	0.041	0.050	0.060	0.071	0.082	0.095	0.108	0.121	0.136	0.168	0.203	0.241	0.280	0.323
3.0	0.025	0.031	0.038	0.047	0.056	0.066	0.077	0.089	0.100	0.113	0.127	0.157	0.190	0.226	0.263	0.304
x	0.000	0.008	0.029	0.056	0.089	0.125	0.164	0.204	0.246	0.289	0.333	0.424	0.516	0.610	0.704	0.800

음영처리한 부분의 값은 KDS 41 31 00의 표 4.7-7 용접조인트 강도표와 필릿용접부의 대체 설계방법 (a), (b) 및 (c)에 의해 허용된 최대설계강도에 근거한 값임.

도움표 2.2.9-6(계속) 편심하중을 받는 용접군의 계수, *C*

하중각도=15°

도움표를 이용한 용접군의 설계강도는 다음 식으로 구한다.

$$P_u = \phi R_n = \phi(CC_1 D\, l),\ \phi = 0.75,$$

도움표와 다음 식들을 이용하여 필릿용접부치수 D 또는 필릿용접군의 특성길이 l을 구할 수 있다.

$$C_{\min} = \frac{P_u}{\phi C_1 D\, l} \quad D_{\min} = \frac{P_u}{\phi C C_1 l} \quad l_{\min} = \frac{P_u}{\phi C C_1 D}$$

여기서,

P_u = 최대편심하중, kN

D = 필릿용접부사이즈, mm

l = 용접군의 특성길이, mm

a = e_x/l

e_x = 용접군의 중심으로부터 편심하중 P_u까지 수평거리, mm

C = 용접군의 강도계수(아래표의 값)

C_1 = 용접재 강도계수

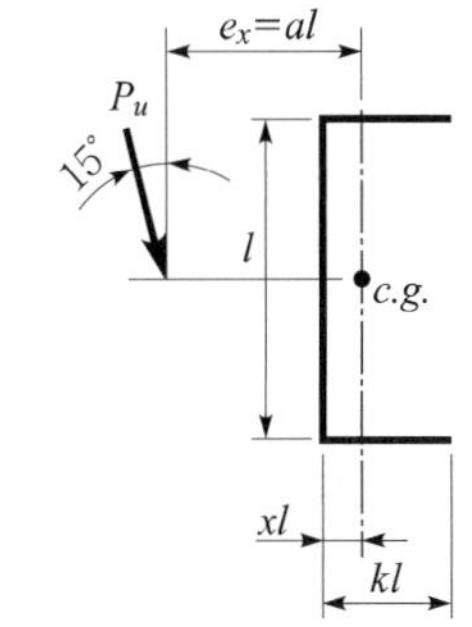

a	k															
	0	0.1	0.2	0.3	0.4	0.5	0.6	0.7	0.8	0.9	1.0	1.2	1.4	1.6	1.8	2.0
0.00	0.222	0.277	0.337	0.399	0.459	0.521	0.581	0.643	0.703	0.765	0.825	0.948	1.070	1.187	1.310	1.434
0.10	0.213	0.264	0.321	0.379	0.435	0.491	0.547	0.603	0.657	0.713	0.768	0.879	0.990	1.102	1.210	1.333
0.15	0.206	0.258	0.311	0.365	0.419	0.472	0.525	0.578	0.631	0.683	0.736	0.842	0.949	1.056	1.165	1.277
0.20	0.197	0.246	0.297	0.348	0.399	0.450	0.501	0.551	0.601	0.652	0.702	0.804	0.907	1.012	1.118	1.221
0.25	0.185	0.232	0.279	0.328	0.377	0.426	0.474	0.522	0.570	0.619	0.668	0.766	0.867	0.969	1.073	1.176
0.30	0.174	0.216	0.261	0.307	0.354	0.401	0.447	0.494	0.540	0.587	0.634	0.730	0.828	0.927	1.029	1.131
0.40	0.150	0.187	0.226	0.267	0.308	0.351	0.394	0.439	0.483	0.526	0.571	0.661	0.755	0.850	0.949	1.049
0.50	0.130	0.162	0.196	0.231	0.268	0.307	0.347	0.389	0.431	0.473	0.515	0.603	0.692	0.784	0.879	0.978
0.60	0.113	0.142	0.171	0.202	0.235	0.271	0.308	0.347	0.388	0.428	0.469	0.551	0.637	0.726	0.818	0.913
0.70	0.100	0.125	0.151	0.179	0.211	0.243	0.278	0.314	0.352	0.390	0.429	0.507	0.589	0.674	0.763	0.853
0.80	0.089	0.112	0.136	0.161	0.189	0.220	0.252	0.286	0.320	0.357	0.394	0.469	0.548	0.628	0.713	0.801
0.90	0.081	0.101	0.122	0.147	0.172	0.200	0.230	0.261	0.295	0.329	0.364	0.436	0.511	0.588	0.669	0.754
1.0	0.073	0.091	0.112	0.134	0.158	0.184	0.212	0.241	0.272	0.305	0.338	0.407	0.477	0.551	0.629	0.710
1.2	0.062	0.077	0.095	0.114	0.136	0.158	0.183	0.208	0.235	0.264	0.295	0.356	0.421	0.489	0.561	0.636
1.4	0.053	0.067	0.082	0.099	0.118	0.138	0.160	0.183	0.207	0.233	0.260	0.317	0.376	0.438	0.504	0.573
1.6	0.047	0.059	0.072	0.088	0.104	0.123	0.142	0.162	0.185	0.208	0.233	0.284	0.339	0.396	0.457	0.522
1.8	0.042	0.052	0.065	0.078	0.094	0.110	0.128	0.147	0.167	0.188	0.211	0.258	0.308	0.362	0.418	0.478
2.0	0.038	0.047	0.058	0.071	0.085	0.100	0.116	0.133	0.151	0.171	0.192	0.235	0.282	0.332	0.384	0.440
2.2	0.034	0.043	0.053	0.065	0.078	0.091	0.106	0.122	0.139	0.157	0.176	0.216	0.260	0.306	0.355	0.408
2.4	0.032	0.040	0.049	0.060	0.071	0.084	0.098	0.112	0.128	0.144	0.162	0.200	0.241	0.284	0.330	0.380
2.6	0.029	0.037	0.045	0.055	0.066	0.078	0.091	0.104	0.119	0.134	0.150	0.186	0.224	0.264	0.308	0.355
2.8	0.027	0.034	0.042	0.051	0.061	0.072	0.084	0.097	0.111	0.125	0.140	0.172	0.209	0.248	0.289	0.333
3.0	0.025	0.032	0.039	0.048	0.057	0.068	0.079	0.091	0.104	0.116	0.131	0.162	0.196	0.233	0.272	0.314
x	0.000	0.008	0.029	0.056	0.089	0.125	0.164	0.204	0.246	0.289	0.333	0.424	0.516	0.610	0.704	0.800

음영처리한 부분의 값은 KDS 41 31 00의 표 4.7-7 용접조인트 강도표와 필릿용접부의 대체 설계방법 (a), (b) 및 (c)에 의해 허용된 최대설계강도에 근거한 값임.

도움표 2.2.9-6(계속) 편심하중을 받는 용접군의 계수, *C*

하중각도=30°

도움표를 이용한 용접군의 설계강도는 다음 식으로 구한다.

$$P_u = \phi R_n = \phi(CC_1 D\,l),\ \phi = 0.75,$$

도움표와 다음 식들을 이용하여 필릿용접부치수 D 또는 필릿용접군의 특성길이 l을 구할 수 있다.

$$C_{\min} = \frac{P_u}{\phi C_1 D\,l} \quad D_{\min} = \frac{P_u}{\phi CC_1 l} \quad l_{\min} = \frac{P_u}{\phi CC_1 D}$$

여기서,

P_u = 최대편심하중, kN

D = 필릿용접부사이즈, mm

l = 용접군의 특성길이, mm

a = e_x/l

e_x = 용접군의 중심으로부터 편심하중 P_u까지 수평거리, mm

C = 용접군의 강도계수(아래표의 값)

C_1 = 용접재 강도계수

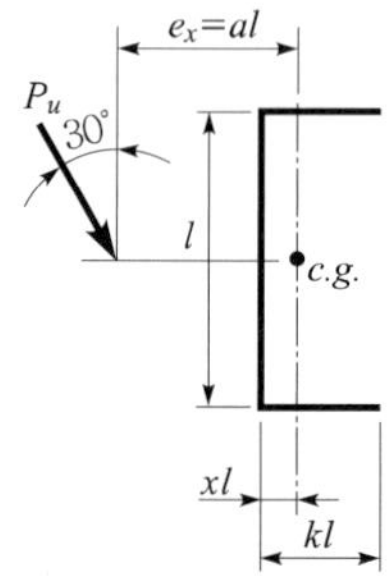

a	k															
	0	0.1	0.2	0.3	0.4	0.5	0.6	0.7	0.8	0.9	1.0	1.2	1.4	1.6	1.8	2.0
0.00	0.244	0.302	0.360	0.418	0.475	0.533	0.590	0.647	0.706	0.763	0.821	0.935	1.051	1.165	1.277	1.400
0.10	0.226	0.287	0.343	0.396	0.450	0.504	0.558	0.612	0.665	0.720	0.775	0.885	0.996	1.108	1.221	1.333
0.15	0.215	0.270	0.325	0.377	0.429	0.479	0.530	0.581	0.633	0.685	0.737	0.844	0.953	1.064	1.176	1.288
0.20	0.204	0.254	0.305	0.354	0.403	0.451	0.500	0.548	0.598	0.647	0.698	0.802	0.908	1.017	1.131	1.243
0.25	0.192	0.239	0.286	0.333	0.377	0.423	0.469	0.515	0.562	0.612	0.661	0.760	0.865	0.972	1.082	1.198
0.30	0.180	0.223	0.267	0.310	0.354	0.398	0.441	0.486	0.532	0.580	0.628	0.726	0.827	0.931	1.038	1.142
0.40	0.158	0.195	0.233	0.272	0.311	0.352	0.392	0.436	0.480	0.526	0.573	0.666	0.763	0.861	0.964	1.068
0.50	0.138	0.170	0.204	0.239	0.274	0.312	0.352	0.393	0.436	0.479	0.525	0.616	0.707	0.802	0.900	1.001
0.60	0.121	0.150	0.179	0.211	0.244	0.280	0.317	0.356	0.396	0.439	0.482	0.570	0.659	0.749	0.843	0.941
0.70	0.108	0.134	0.160	0.189	0.220	0.253	0.288	0.325	0.364	0.403	0.445	0.530	0.614	0.701	0.792	0.886
0.80	0.097	0.120	0.144	0.171	0.200	0.231	0.263	0.298	0.335	0.372	0.411	0.493	0.575	0.659	0.746	0.837
0.90	0.088	0.109	0.131	0.157	0.184	0.212	0.242	0.274	0.309	0.345	0.382	0.460	0.539	0.619	0.704	0.792
1.0	0.080	0.099	0.120	0.143	0.169	0.196	0.224	0.255	0.287	0.321	0.356	0.431	0.507	0.585	0.665	0.750
1.2	0.068	0.084	0.103	0.123	0.146	0.169	0.195	0.222	0.251	0.281	0.314	0.381	0.451	0.523	0.598	0.678
1.4	0.059	0.073	0.090	0.108	0.128	0.149	0.171	0.196	0.222	0.250	0.279	0.340	0.407	0.473	0.542	0.616
1.6	0.052	0.065	0.079	0.096	0.113	0.133	0.153	0.176	0.199	0.224	0.251	0.307	0.368	0.430	0.495	0.563
1.8	0.046	0.058	0.071	0.086	0.102	0.120	0.139	0.159	0.180	0.203	0.227	0.279	0.336	0.393	0.454	0.519
2.0	0.042	0.052	0.064	0.078	0.093	0.109	0.127	0.144	0.165	0.186	0.207	0.255	0.308	0.362	0.419	0.479
2.2	0.038	0.048	0.059	0.071	0.085	0.100	0.116	0.133	0.151	0.170	0.192	0.236	0.284	0.335	0.389	0.445
2.4	0.035	0.044	0.054	0.066	0.078	0.092	0.107	0.123	0.140	0.158	0.177	0.218	0.264	0.311	0.362	0.416
2.6	0.032	0.041	0.050	0.061	0.073	0.086	0.099	0.114	0.130	0.147	0.165	0.204	0.246	0.291	0.338	0.389
2.8	0.030	0.038	0.047	0.057	0.068	0.080	0.093	0.107	0.122	0.138	0.155	0.190	0.231	0.273	0.318	0.366
3.0	0.028	0.035	0.044	0.053	0.063	0.075	0.087	0.100	0.114	0.129	0.144	0.179	0.216	0.256	0.300	0.345
x	0.000	0.008	0.029	0.056	0.089	0.125	0.164	0.204	0.246	0.289	0.333	0.424	0.516	0.610	0.704	0.800

음영처리한 부분의 값은 KDS 41 31 00의 표 4.7-7 용접조인트 강도표와 필릿용접부의 대체 설계방법 (a), (b) 및 (c)에 의해 허용된 최대설계강도에 근거한 값임.

도움표 2.2.9-6(계속) 편심하중을 받는 용접군의 계수, *C*

하중각도=45°

도움표를 이용한 용접군의 설계강도는 다음 식으로 구한다.

$$P_u = \phi R_n = \phi(CC_1 D\, l),\ \phi = 0.75,$$

도움표와 다음 식들을 이용하여 필릿용접부치수 D 또는 필릿용접군의 특성길이 l을 구할 수 있다.

$$C_{\min} = \frac{P_u}{\phi C_1 D\, l} \quad D_{\min} = \frac{P_u}{\phi CC_1 l} \quad l_{\min} = \frac{P_u}{\phi CC_1 D}$$

여기서,

P_u = 최대편심하중, kN

D = 필릿용접부사이즈, mm

l = 용접군의 특성길이, mm

a = e_x/l

e_x = 용접군의 중심으로부터 편심하중 P_u까지 수평거리, mm

C = 용접군의 강도계수(아래표의 값)

C_1 = 용접재 강도계수

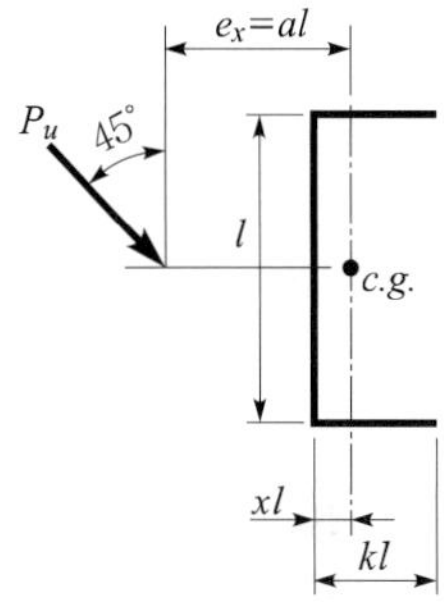

a	k															
	0	0.1	0.2	0.3	0.4	0.5	0.6	0.7	0.8	0.9	1.0	1.2	1.4	1.6	1.8	2.0
0.00	0.270	0.314	0.366	0.419	0.472	0.523	0.576	0.628	0.681	0.732	0.785	0.890	0.995	1.100	1.210	1.310
0.10	0.251	0.305	0.355	0.404	0.454	0.503	0.553	0.606	0.659	0.711	0.764	0.871	0.979	1.088	1.198	1.310
0.15	0.234	0.288	0.336	0.382	0.428	0.475	0.523	0.575	0.626	0.679	0.732	0.841	0.950	1.060	1.165	1.277
0.20	0.220	0.270	0.317	0.360	0.402	0.447	0.494	0.543	0.594	0.646	0.699	0.808	0.917	1.027	1.142	1.254
0.25	0.207	0.254	0.298	0.338	0.379	0.421	0.466	0.514	0.563	0.615	0.666	0.774	0.883	0.993	1.105	1.221
0.30	0.195	0.239	0.280	0.320	0.358	0.400	0.444	0.491	0.539	0.588	0.638	0.744	0.850	0.959	1.070	1.187
0.40	0.174	0.212	0.249	0.286	0.324	0.363	0.405	0.449	0.495	0.542	0.591	0.692	0.796	0.902	1.007	1.114
0.50	0.155	0.188	0.222	0.256	0.292	0.332	0.372	0.413	0.457	0.503	0.550	0.647	0.749	0.851	0.954	1.058
0.60	0.138	0.168	0.198	0.231	0.265	0.304	0.342	0.382	0.423	0.467	0.513	0.607	0.706	0.804	0.905	1.007
0.70	0.124	0.152	0.179	0.211	0.243	0.278	0.315	0.354	0.394	0.436	0.479	0.570	0.665	0.760	0.859	0.960
0.80	0.112	0.138	0.164	0.193	0.224	0.256	0.292	0.328	0.367	0.407	0.449	0.536	0.628	0.720	0.816	0.914
0.90	0.102	0.125	0.150	0.178	0.206	0.237	0.271	0.306	0.343	0.382	0.421	0.505	0.595	0.683	0.776	0.871
1.0	0.094	0.115	0.139	0.165	0.192	0.222	0.253	0.287	0.321	0.358	0.396	0.477	0.563	0.650	0.739	0.832
1.2	0.081	0.099	0.120	0.143	0.168	0.194	0.223	0.253	0.284	0.318	0.354	0.429	0.508	0.589	0.673	0.760
1.4	0.070	0.087	0.106	0.127	0.149	0.172	0.198	0.226	0.255	0.286	0.318	0.388	0.461	0.539	0.616	0.698
1.6	0.062	0.077	0.094	0.113	0.133	0.156	0.179	0.204	0.231	0.259	0.289	0.353	0.422	0.494	0.568	0.644
1.8	0.056	0.069	0.085	0.102	0.121	0.141	0.162	0.186	0.209	0.236	0.264	0.324	0.389	0.456	0.525	0.598
2.0	0.051	0.063	0.077	0.093	0.110	0.129	0.149	0.170	0.193	0.217	0.243	0.298	0.358	0.423	0.488	0.557
2.2	0.046	0.057	0.071	0.085	0.101	0.119	0.137	0.157	0.178	0.200	0.225	0.277	0.333	0.394	0.456	0.521
2.4	0.042	0.053	0.065	0.079	0.094	0.110	0.128	0.146	0.166	0.186	0.208	0.258	0.310	0.368	0.427	0.488
2.6	0.039	0.049	0.060	0.073	0.087	0.102	0.119	0.136	0.155	0.174	0.195	0.241	0.291	0.345	0.401	0.459
2.8	0.037	0.046	0.056	0.068	0.081	0.096	0.111	0.128	0.144	0.164	0.183	0.226	0.273	0.325	0.377	0.433
3.0	0.034	0.043	0.053	0.064	0.076	0.090	0.104	0.120	0.136	0.153	0.172	0.213	0.258	0.307	0.357	0.410
x	0.000	0.008	0.029	0.056	0.089	0.125	0.164	0.204	0.246	0.289	0.333	0.424	0.516	0.610	0.704	0.800

음영처리한 부분의 값은 KDS 41 31 00의 표 4.7-7 용접조인트 강도표와 필릿용접부의 대체 설계방법 (a), (b) 및 (c)에 의해 허용된 최대설계강도에 근거한 값임.

도움표 2.2.9-6(계속) 편심하중을 받는 용접군의 계수, *C*

하중각도=60°

도움표를 이용한 용접군의 설계강도는 다음 식으로 구한다.

$$P_u = \phi R_n = \phi(CC_1 D\, l),\ \phi = 0.75,$$

도움표와 다음 식들을 이용하여 필릿용접부치수 D 또는 필릿용접군의 특성길이 l을 구할 수 있다.

$$C_{\min} = \frac{P_u}{\phi C_1 D\, l} \quad D_{\min} = \frac{P_u}{\phi C C_1 l} \quad l_{\min} = \frac{P_u}{\phi C C_1 D}$$

여기서,

P_u = 최대편심하중, kN

D = 필릿용접부사이즈, mm

l = 용접군의 특성길이, mm

a = e_x/l

e_x = 용접군의 중심으로부터 편심하중 P_u까지 수평거리, mm

C = 용접군의 강도계수(아래표의 값)

C_1 = 용접재 강도계수

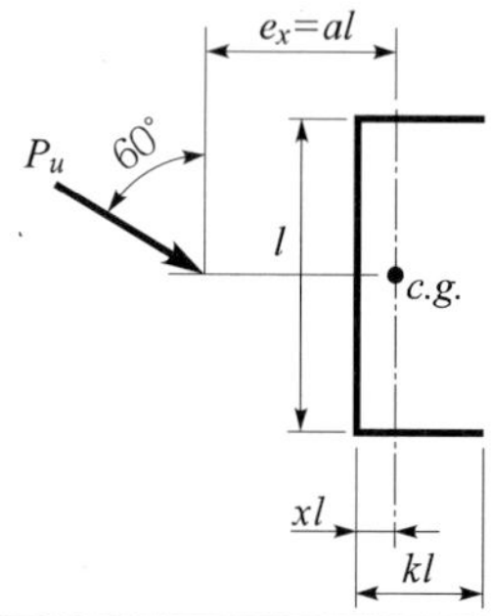

a	k															
	0	0.1	0.2	0.3	0.4	0.5	0.6	0.7	0.8	0.9	1.0	1.2	1.4	1.6	1.8	2.0
0.00	0.291	0.337	0.385	0.435	0.484	0.533	0.581	0.631	0.680	0.728	0.777	0.876	0.973	1.071	1.165	1.266
0.10	0.272	0.318	0.362	0.405	0.452	0.501	0.550	0.600	0.651	0.701	0.752	0.852	0.953	1.053	1.154	1.254
0.15	0.259	0.302	0.344	0.385	0.430	0.477	0.525	0.576	0.626	0.678	0.729	0.832	0.934	1.036	1.142	1.243
0.20	0.244	0.289	0.327	0.366	0.409	0.455	0.502	0.551	0.601	0.653	0.706	0.810	0.914	1.017	1.119	1.221
0.25	0.232	0.276	0.312	0.349	0.391	0.436	0.482	0.530	0.579	0.629	0.681	0.785	0.890	0.996	1.099	1.198
0.30	0.221	0.262	0.299	0.336	0.376	0.420	0.465	0.513	0.561	0.610	0.661	0.763	0.866	0.972	1.077	1.187
0.40	0.200	0.239	0.274	0.311	0.349	0.391	0.436	0.482	0.529	0.578	0.627	0.727	0.828	0.930	1.033	1.131
0.50	0.183	0.218	0.252	0.288	0.326	0.366	0.409	0.454	0.500	0.548	0.597	0.696	0.796	0.897	0.999	1.100
0.60	0.167	0.200	0.233	0.268	0.305	0.343	0.384	0.428	0.473	0.520	0.568	0.666	0.767	0.868	0.969	1.071
0.70	0.153	0.184	0.215	0.249	0.284	0.323	0.362	0.403	0.448	0.493	0.541	0.638	0.738	0.839	0.941	1.042
0.80	0.141	0.170	0.199	0.232	0.267	0.304	0.342	0.382	0.424	0.469	0.515	0.610	0.709	0.810	0.912	1.014
0.90	0.131	0.158	0.186	0.217	0.251	0.286	0.323	0.362	0.403	0.446	0.491	0.585	0.682	0.782	0.884	0.986
1.0	0.121	0.147	0.175	0.204	0.236	0.270	0.306	0.344	0.383	0.424	0.468	0.560	0.655	0.755	0.856	0.956
1.2	0.106	0.129	0.155	0.181	0.211	0.242	0.276	0.311	0.348	0.388	0.428	0.514	0.606	0.702	0.801	0.900
1.4	0.094	0.114	0.138	0.164	0.190	0.220	0.250	0.283	0.318	0.355	0.393	0.475	0.562	0.654	0.749	0.847
1.6	0.084	0.103	0.124	0.148	0.172	0.199	0.228	0.260	0.292	0.326	0.363	0.439	0.522	0.610	0.702	0.795
1.8	0.076	0.093	0.113	0.134	0.158	0.184	0.211	0.239	0.270	0.301	0.336	0.409	0.487	0.570	0.659	0.747
2.0	0.069	0.085	0.103	0.124	0.146	0.169	0.194	0.221	0.250	0.280	0.312	0.381	0.456	0.535	0.618	0.703
2.2	0.063	0.078	0.095	0.114	0.136	0.157	0.180	0.206	0.233	0.261	0.291	0.357	0.428	0.503	0.582	0.664
2.4	0.058	0.072	0.088	0.106	0.125	0.147	0.169	0.193	0.217	0.245	0.273	0.335	0.402	0.475	0.550	0.628
2.6	0.054	0.067	0.082	0.099	0.118	0.137	0.158	0.180	0.204	0.230	0.258	0.316	0.380	0.448	0.521	0.596
2.8	0.051	0.063	0.077	0.093	0.110	0.129	0.149	0.170	0.193	0.217	0.243	0.298	0.360	0.424	0.495	0.566
3.0	0.047	0.059	0.072	0.087	0.104	0.121	0.140	0.160	0.181	0.205	0.230	0.282	0.340	0.403	0.470	0.539
x	0.000	0.008	0.029	0.056	0.089	0.125	0.164	0.204	0.246	0.289	0.333	0.424	0.516	0.610	0.704	0.800

음영처리한 부분의 값은 KDS 41 31 00의 표 4.7-7 용접조인트 강도표와 필릿용접부의 대체 설계방법 (a), (b) 및 (c)에 의해 허용된 최대설계강도에 근거한 값임.

도움표 2.2.9-6(계속) 편심하중을 받는 용접군의 계수, *C*

하중각도=75°

도움표를 이용한 용접군의 설계강도는 다음 식으로 구한다.

$$P_u = \phi R_n = \phi(CC_1 D\, l),\ \phi = 0.75,$$

도움표와 다음 식들을 이용하여 필릿용접부치수 D 또는 필릿용접군의 특성길이 l을 구할 수 있다.

$$C_{\min} = \frac{P_u}{\phi C_1 D\, l} \qquad D_{\min} = \frac{P_u}{\phi C C_1 l} \qquad l_{\min} = \frac{P_u}{\phi C C_1 D}$$

여기서,

P_u = 최대편심하중, kN

D = 필릿용접부사이즈, mm

l = 용접군의 특성길이, mm

a = e_x/l

e_x = 용접군의 중심으로부터 편심하중 P_u까지 수평거리, mm

C = 용접군의 강도계수(아래표의 값)

C_1 = 용접재 강도계수

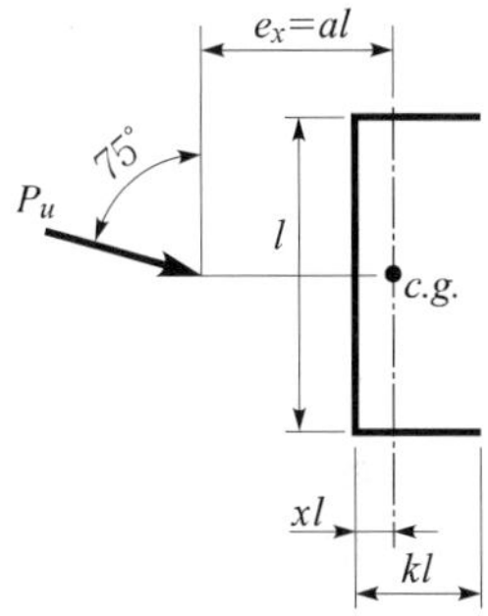

a	k: 0	0.1	0.2	0.3	0.4	0.5	0.6	0.7	0.8	0.9	1.0	1.2	1.4	1.6	1.8	2.0
0.00	0.307	0.348	0.391	0.435	0.477	0.521	0.563	0.607	0.650	0.693	0.736	0.822	0.908	0.995	1.081	1.165
0.10	0.290	0.329	0.370	0.412	0.456	0.501	0.547	0.591	0.637	0.681	0.726	0.814	0.902	0.989	1.076	1.165
0.15	0.280	0.318	0.357	0.399	0.441	0.486	0.532	0.578	0.624	0.670	0.716	0.805	0.894	0.982	1.070	1.154
0.20	0.272	0.309	0.346	0.388	0.430	0.475	0.519	0.564	0.610	0.656	0.703	0.795	0.885	0.974	1.063	1.154
0.25	0.263	0.300	0.337	0.377	0.421	0.465	0.510	0.554	0.599	0.644	0.690	0.783	0.875	0.965	1.055	1.142
0.30	0.255	0.292	0.328	0.368	0.412	0.456	0.501	0.547	0.591	0.636	0.680	0.771	0.864	0.955	1.046	1.131
0.40	0.242	0.278	0.314	0.353	0.395	0.440	0.485	0.531	0.577	0.622	0.666	0.756	0.844	0.933	1.024	1.117
0.50	0.230	0.265	0.300	0.338	0.381	0.424	0.470	0.516	0.562	0.608	0.654	0.744	0.833	0.921	1.009	1.098
0.60	0.217	0.252	0.288	0.325	0.366	0.410	0.455	0.502	0.548	0.595	0.642	0.734	0.823	0.912	0.999	1.086
0.70	0.207	0.241	0.276	0.312	0.353	0.395	0.440	0.487	0.534	0.581	0.628	0.721	0.813	0.903	0.991	1.079
0.80	0.196	0.230	0.264	0.301	0.339	0.382	0.427	0.473	0.520	0.567	0.615	0.709	0.802	0.894	0.983	1.072
0.90	0.187	0.220	0.253	0.290	0.328	0.368	0.413	0.458	0.505	0.552	0.600	0.697	0.791	0.884	0.974	1.064
1.0	0.178	0.209	0.243	0.279	0.317	0.356	0.400	0.445	0.491	0.539	0.587	0.683	0.778	0.872	0.965	1.056
1.2	0.162	0.193	0.224	0.259	0.296	0.334	0.375	0.419	0.464	0.511	0.559	0.655	0.753	0.850	0.944	1.038
1.4	0.149	0.177	0.208	0.241	0.277	0.314	0.353	0.395	0.439	0.485	0.532	0.628	0.726	0.824	0.922	1.017
1.6	0.137	0.164	0.194	0.225	0.259	0.295	0.333	0.373	0.416	0.460	0.506	0.601	0.699	0.797	0.896	0.993
1.8	0.127	0.152	0.180	0.211	0.243	0.278	0.315	0.353	0.394	0.437	0.482	0.576	0.672	0.771	0.870	0.969
2.0	0.118	0.142	0.169	0.198	0.228	0.262	0.298	0.335	0.374	0.416	0.459	0.551	0.646	0.745	0.843	0.943
2.2	0.109	0.132	0.158	0.186	0.216	0.248	0.282	0.318	0.356	0.396	0.438	0.528	0.620	0.718	0.818	0.917
2.4	0.102	0.124	0.149	0.176	0.204	0.235	0.268	0.302	0.339	0.379	0.419	0.505	0.597	0.692	0.791	0.890
2.6	0.096	0.116	0.141	0.166	0.194	0.223	0.254	0.288	0.324	0.362	0.401	0.484	0.573	0.668	0.765	0.864
2.8	0.090	0.110	0.133	0.158	0.185	0.213	0.243	0.276	0.309	0.346	0.384	0.465	0.552	0.644	0.740	0.838
3.0	0.085	0.104	0.127	0.150	0.176	0.203	0.232	0.263	0.296	0.332	0.368	0.447	0.532	0.622	0.716	0.813
x	0.000	0.008	0.029	0.056	0.089	0.125	0.164	0.204	0.246	0.289	0.333	0.424	0.516	0.610	0.704	0.800

음영처리한 부분의 값은 KDS 41 31 00의 표 4.7-7 용접조인트 강도표와 필릿용접부의 대체 설계방법 (a), (b) 및 (c)에 의해 허용된 최대설계강도에 근거한 값임.

도움표 2.2.9-7 편심하중을 받는 용접군의 계수, C

하중각도=0°

도움표를 이용한 용접군의 설계강도는 다음 식으로 구한다.

$$P_u = \phi R_n = \phi(CC_1 D\, l),\ \phi = 0.75,$$

도움표와 다음 식들을 이용하여 필릿용접부치수 D 또는 필릿용접군의 특성길이 l을 구할 수 있다.

$$C_{\min} = \frac{P_u}{\phi C_1 D\, l} \quad D_{\min} = \frac{P_u}{\phi C C_1 l} \quad l_{\min} = \frac{P_u}{\phi C C_1 D}$$

여기서,

P_u = 최대편심하중, kN

D = 필릿용접부사이즈, mm

l = 용접군의 특성길이, mm

a = e_x/l

e_x = 용접군의 중심으로부터 편심하중 P_u까지 수평거리, mm

C = 용접군의 강도계수(아래표의 값)

C_1 = 용접재 강도계수

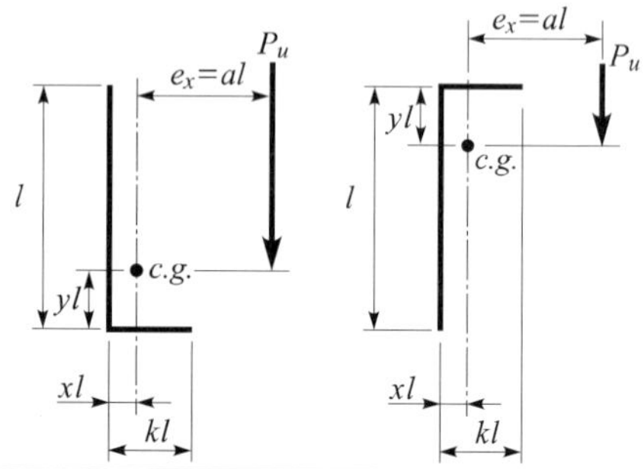

a	k															
	0	0.1	0.2	0.3	0.4	0.5	0.6	0.7	0.8	0.9	1.0	1.2	1.4	1.6	1.8	2.0
0.00	0.208	0.228	0.250	0.270	0.301	0.333	0.364	0.395	0.426	0.457	0.488	0.551	0.613	0.675	0.738	0.801
0.10	0.208	0.228	0.255	0.283	0.311	0.340	0.371	0.400	0.430	0.460	0.491	0.552	0.614	0.672	0.734	0.795
0.15	0.205	0.227	0.252	0.279	0.307	0.335	0.363	0.392	0.420	0.449	0.479	0.539	0.598	0.660	0.721	0.784
0.20	0.197	0.221	0.244	0.269	0.296	0.321	0.348	0.376	0.403	0.431	0.460	0.517	0.576	0.634	0.694	0.754
0.25	0.186	0.208	0.232	0.256	0.280	0.306	0.330	0.357	0.383	0.410	0.437	0.493	0.549	0.607	0.665	0.725
0.30	0.174	0.195	0.217	0.241	0.264	0.288	0.311	0.336	0.361	0.386	0.413	0.467	0.522	0.579	0.636	0.694
0.40	0.149	0.167	0.187	0.207	0.230	0.251	0.273	0.295	0.318	0.342	0.366	0.418	0.470	0.525	0.581	0.638
0.50	0.129	0.144	0.161	0.179	0.198	0.218	0.239	0.259	0.280	0.302	0.325	0.373	0.423	0.476	0.531	0.586
0.60	0.112	0.125	0.140	0.156	0.172	0.190	0.209	0.228	0.248	0.269	0.290	0.335	0.383	0.433	0.486	0.540
0.70	0.098	0.111	0.123	0.137	0.151	0.168	0.186	0.204	0.222	0.241	0.260	0.304	0.348	0.398	0.448	0.501
0.80	0.088	0.098	0.110	0.122	0.134	0.150	0.166	0.183	0.199	0.217	0.236	0.276	0.319	0.366	0.414	0.465
0.90	0.079	0.088	0.098	0.109	0.121	0.134	0.149	0.166	0.181	0.198	0.215	0.253	0.295	0.338	0.384	0.432
1.0	0.072	0.080	0.089	0.099	0.110	0.122	0.136	0.151	0.166	0.181	0.197	0.233	0.272	0.314	0.358	0.404
1.2	0.060	0.068	0.075	0.083	0.093	0.103	0.115	0.128	0.141	0.155	0.169	0.200	0.235	0.273	0.314	0.356
1.4	0.052	0.058	0.065	0.072	0.080	0.089	0.099	0.111	0.123	0.136	0.148	0.176	0.207	0.241	0.278	0.317
1.6	0.046	0.051	0.057	0.063	0.070	0.078	0.088	0.098	0.109	0.120	0.131	0.157	0.185	0.216	0.249	0.284
1.8	0.041	0.046	0.051	0.056	0.063	0.070	0.078	0.088	0.098	0.107	0.118	0.141	0.167	0.195	0.225	0.259
2.0	0.037	0.041	0.046	0.051	0.057	0.063	0.071	0.079	0.088	0.097	0.107	0.128	0.151	0.177	0.206	0.236
2.2	0.033	0.037	0.042	0.046	0.052	0.058	0.065	0.072	0.081	0.089	0.097	0.116	0.139	0.162	0.189	0.217
2.4	0.031	0.034	0.038	0.042	0.047	0.053	0.059	0.066	0.074	0.082	0.090	0.108	0.128	0.150	0.175	0.200
2.6	0.028	0.032	0.035	0.039	0.044	0.049	0.055	0.061	0.068	0.075	0.083	0.100	0.119	0.139	0.162	0.187
2.8	0.026	0.029	0.033	0.036	0.041	0.045	0.051	0.057	0.064	0.070	0.077	0.093	0.110	0.130	0.151	0.175
3.0	0.025	0.028	0.031	0.034	0.038	0.042	0.048	0.053	0.059	0.066	0.072	0.087	0.103	0.122	0.142	0.164
x	0.000	0.005	0.017	0.035	0.057	0.083	0.113	0.144	0.178	0.213	0.250	0.327	0.408	0.492	0.579	0.667
y	0.500	0.455	0.417	0.385	0.357	0.333	0.313	0.294	0.278	0.263	0.250	0.227	0.208	0.192	0.179	0.167

음영처리한 부분의 값은 KDS 41 31 00의 표 4.7-7 용접조인트 강도표와 필릿용접부의 대체 설계방법 (a), (b) 및 (c)에 의해 허용된 최대설계강도에 근거한 값임.

도움표 2.2.9-7(계속) 편심하중을 받는 용접군의 계수, *C*

하중각도=15°

도움표를 이용한 용접군의 설계강도는 다음 식으로 구한다.

$$P_u = \phi R_n = \phi(CC_1 D\, l),\ \phi = 0.75,$$

도움표와 다음 식들을 이용하여 필릿용접부치수 D 또는 필릿용접군의 특성길이 l을 구할 수 있다.

$$C_{\min} = \frac{P_u}{\phi C_1 D\, l} \quad D_{\min} = \frac{P_u}{\phi CC_1 l} \quad l_{\min} = \frac{P_u}{\phi CC_1 D}$$

여기서,

P_u = 최대편심하중, kN

D = 필릿용접부사이즈, mm

l = 용접군의 특성길이, mm

a = e_x/l

e_x = 용접군의 중심으로부터 편심하중 P_u까지 수평거리, mm

C = 용접군의 강도계수(아래표의 값)

C_1 = 용접재 강도계수

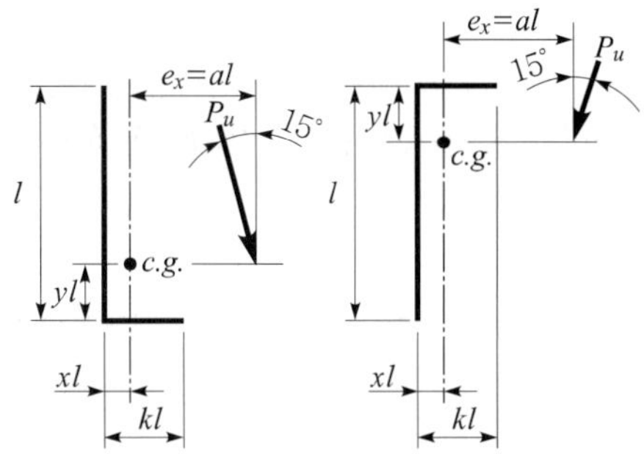

a	k															
	0	0.1	0.2	0.3	0.4	0.5	0.6	0.7	0.8	0.9	1.0	1.2	1.4	1.6	1.8	2.0
0.00	0.222	0.246	0.277	0.307	0.337	0.368	0.399	0.429	0.459	0.491	0.521	0.581	0.643	0.703	0.765	0.825
0.10	0.213	0.239	0.270	0.300	0.333	0.364	0.395	0.427	0.458	0.488	0.520	0.580	0.642	0.703	0.765	0.825
0.15	0.206	0.235	0.263	0.293	0.323	0.353	0.383	0.413	0.444	0.474	0.504	0.564	0.625	0.685	0.746	0.806
0.20	0.197	0.223	0.253	0.282	0.310	0.338	0.367	0.395	0.424	0.454	0.483	0.542	0.601	0.661	0.721	0.782
0.25	0.185	0.209	0.236	0.265	0.295	0.321	0.348	0.376	0.403	0.431	0.459	0.516	0.575	0.634	0.693	0.753
0.30	0.174	0.196	0.221	0.246	0.274	0.301	0.328	0.354	0.381	0.408	0.435	0.491	0.548	0.606	0.664	0.724
0.40	0.150	0.169	0.189	0.212	0.235	0.261	0.287	0.310	0.335	0.360	0.385	0.438	0.494	0.550	0.607	0.665
0.50	0.130	0.147	0.164	0.183	0.203	0.225	0.248	0.271	0.295	0.317	0.342	0.392	0.445	0.498	0.554	0.612
0.60	0.113	0.128	0.142	0.159	0.177	0.196	0.216	0.239	0.260	0.281	0.304	0.352	0.402	0.455	0.508	0.564
0.70	0.100	0.113	0.125	0.140	0.156	0.172	0.192	0.212	0.232	0.252	0.273	0.318	0.365	0.416	0.468	0.522
0.80	0.089	0.101	0.112	0.124	0.139	0.155	0.171	0.189	0.208	0.227	0.248	0.289	0.335	0.382	0.432	0.484
0.90	0.081	0.091	0.101	0.112	0.124	0.139	0.155	0.171	0.189	0.207	0.225	0.264	0.308	0.353	0.401	0.451
1.0	0.073	0.082	0.092	0.102	0.113	0.127	0.140	0.156	0.172	0.189	0.207	0.244	0.284	0.327	0.373	0.421
1.2	0.062	0.069	0.077	0.086	0.096	0.107	0.119	0.132	0.147	0.162	0.177	0.209	0.246	0.284	0.327	0.371
1.4	0.053	0.060	0.067	0.074	0.083	0.092	0.103	0.115	0.128	0.141	0.155	0.184	0.216	0.252	0.289	0.329
1.6	0.047	0.053	0.059	0.065	0.073	0.081	0.091	0.101	0.113	0.124	0.137	0.164	0.193	0.225	0.260	0.297
1.8	0.042	0.047	0.052	0.058	0.065	0.072	0.081	0.091	0.101	0.112	0.122	0.147	0.174	0.203	0.234	0.269
2.0	0.038	0.042	0.047	0.052	0.058	0.065	0.073	0.082	0.091	0.101	0.111	0.133	0.158	0.185	0.214	0.245
2.2	0.034	0.039	0.043	0.048	0.053	0.060	0.067	0.075	0.083	0.092	0.101	0.121	0.144	0.169	0.196	0.225
2.4	0.032	0.035	0.039	0.044	0.049	0.055	0.061	0.069	0.077	0.085	0.093	0.112	0.133	0.156	0.181	0.208
2.6	0.029	0.033	0.036	0.041	0.045	0.051	0.057	0.063	0.071	0.079	0.086	0.104	0.123	0.144	0.168	0.194
2.8	0.027	0.030	0.034	0.038	0.042	0.047	0.053	0.059	0.066	0.073	0.080	0.097	0.115	0.136	0.157	0.181
3.0	0.025	0.028	0.032	0.035	0.039	0.044	0.049	0.055	0.061	0.068	0.075	0.090	0.108	0.127	0.148	0.170
x	0.000	0.005	0.017	0.035	0.057	0.083	0.113	0.144	0.178	0.213	0.250	0.327	0.408	0.492	0.579	0.667
y	0.500	0.455	0.417	0.385	0.357	0.333	0.313	0.294	0.278	0.263	0.250	0.227	0.208	0.192	0.179	0.167

음영처리한 부분의 값은 KDS 41 31 00의 표 4.7-7 용접조인트 강도표와 필릿용접부의 대체 설계방법 (a), (b) 및 (c)에 의해 허용된 최대설계강도에 근거한 값임.

도움표 2.2.9-7(계속) 편심하중을 받는 용접군의 계수, *C*

하중각도=30°

도움표를 이용한 용접군의 설계강도는 다음 식으로 구한다.

$$P_u = \phi R_n = \phi(CC_1 D\, l),\ \phi = 0.75,$$

도움표와 다음 식들을 이용하여 필릿용접부치수 D 또는 필릿용접군의 특성길이 l을 구할 수 있다.

$$C_{\min} = \frac{P_u}{\phi C_1 D\, l} \quad D_{\min} = \frac{P_u}{\phi CC_1 l} \quad l_{\min} = \frac{P_u}{\phi CC_1 D}$$

여기서,

P_u = 최대편심하중, kN

D = 필릿용접부사이즈, mm

l = 용접군의 특성길이, mm

a = e_x/l

e_x = 용접군의 중심으로부터 편심하중 P_u까지 수평거리, mm

C = 용접군의 강도계수(아래표의 값)

C_1 = 용접재 강도계수

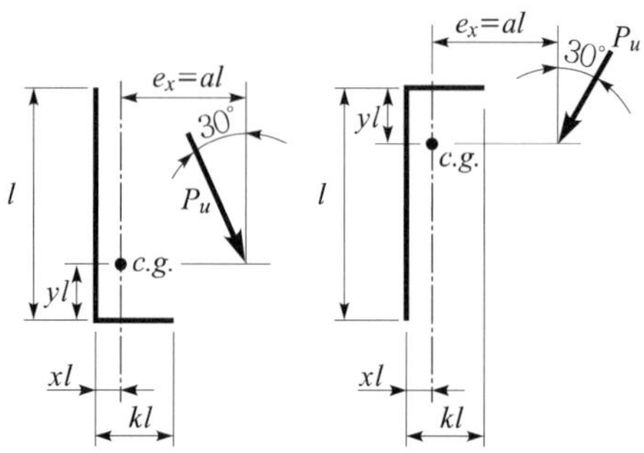

a	*k*															
	0	0.1	0.2	0.3	0.4	0.5	0.6	0.7	0.8	0.9	1.0	1.2	1.4	1.6	1.8	2.0
0.00	0.244	0.273	0.302	0.332	0.360	0.389	0.418	0.446	0.475	0.504	0.533	0.590	0.647	0.706	0.763	0.821
0.10	0.226	0.263	0.298	0.332	0.363	0.394	0.424	0.455	0.485	0.514	0.544	0.603	0.661	0.720	0.778	0.837
0.15	0.215	0.249	0.283	0.318	0.351	0.382	0.413	0.444	0.474	0.503	0.533	0.592	0.651	0.710	0.768	0.827
0.20	0.204	0.234	0.267	0.299	0.333	0.365	0.395	0.426	0.456	0.485	0.515	0.575	0.633	0.692	0.752	0.810
0.25	0.192	0.220	0.249	0.280	0.311	0.343	0.374	0.403	0.433	0.463	0.492	0.551	0.610	0.670	0.729	0.790
0.30	0.180	0.205	0.232	0.260	0.290	0.320	0.351	0.381	0.409	0.438	0.467	0.526	0.586	0.645	0.706	0.765
0.40	0.158	0.178	0.200	0.225	0.250	0.277	0.305	0.334	0.363	0.390	0.417	0.474	0.532	0.591	0.652	0.713
0.50	0.138	0.156	0.175	0.195	0.217	0.241	0.265	0.292	0.319	0.346	0.372	0.426	0.482	0.541	0.600	0.661
0.60	0.121	0.137	0.153	0.171	0.190	0.212	0.234	0.258	0.283	0.308	0.333	0.384	0.438	0.494	0.553	0.613
0.70	0.108	0.122	0.136	0.151	0.169	0.187	0.208	0.230	0.253	0.278	0.300	0.349	0.401	0.455	0.511	0.568
0.80	0.097	0.109	0.122	0.136	0.151	0.168	0.186	0.206	0.228	0.251	0.273	0.318	0.367	0.419	0.473	0.529
0.90	0.088	0.099	0.110	0.122	0.137	0.152	0.169	0.187	0.207	0.228	0.250	0.292	0.339	0.389	0.440	0.493
1.0	0.080	0.090	0.100	0.112	0.124	0.139	0.155	0.171	0.190	0.211	0.230	0.270	0.314	0.361	0.410	0.461
1.2	0.068	0.076	0.085	0.095	0.105	0.118	0.131	0.146	0.162	0.180	0.197	0.233	0.272	0.315	0.361	0.408
1.4	0.059	0.066	0.074	0.082	0.091	0.102	0.114	0.127	0.141	0.157	0.171	0.204	0.240	0.279	0.320	0.364
1.6	0.052	0.058	0.065	0.072	0.080	0.090	0.100	0.112	0.125	0.139	0.152	0.181	0.214	0.250	0.288	0.327
1.8	0.046	0.052	0.058	0.064	0.072	0.080	0.090	0.100	0.112	0.124	0.137	0.164	0.193	0.225	0.260	0.298
2.0	0.042	0.047	0.052	0.058	0.065	0.072	0.081	0.091	0.101	0.113	0.124	0.148	0.176	0.205	0.237	0.272
2.2	0.038	0.043	0.048	0.053	0.059	0.066	0.074	0.083	0.093	0.103	0.113	0.136	0.161	0.188	0.218	0.251
2.4	0.035	0.039	0.044	0.049	0.054	0.061	0.068	0.076	0.085	0.095	0.104	0.125	0.148	0.174	0.202	0.232
2.6	0.032	0.036	0.040	0.045	0.050	0.056	0.063	0.070	0.079	0.088	0.096	0.115	0.138	0.161	0.187	0.215
2.8	0.030	0.034	0.038	0.042	0.047	0.052	0.059	0.066	0.073	0.081	0.090	0.108	0.129	0.151	0.175	0.202
3.0	0.028	0.032	0.035	0.039	0.044	0.049	0.055	0.061	0.068	0.076	0.084	0.101	0.120	0.141	0.165	0.189
x	0.000	0.005	0.017	0.035	0.057	0.083	0.113	0.144	0.178	0.213	0.250	0.327	0.408	0.492	0.579	0.667
y	0.500	0.455	0.417	0.385	0.357	0.333	0.313	0.294	0.278	0.263	0.250	0.227	0.208	0.192	0.179	0.167

음영처리한 부분의 값은 KDS 41 31 00의 표 4.7-7 용접조인트 강도표와 필릿용접부의 대체 설계방법 (a), (b) 및 (c)에 의해 허용된 최대설계강도에 근거한 값임.

도움표 2.2.9-7(계속) 편심하중을 받는 용접군의 계수, C

하중각도=45°

도움표를 이용한 용접군의 설계강도는 다음 식으로 구한다.

$$P_u = \phi R_n = \phi(CC_1 D\, l),\ \phi = 0.75,$$

도움표와 다음 식들을 이용하여 필릿용접부치수 D 또는 필릿용접군의 특성길이 l을 구할 수 있다.

$$C_{\min} = \frac{P_u}{\phi C_1 D\, l} \quad D_{\min} = \frac{P_u}{\phi CC_1 l} \quad l_{\min} = \frac{P_u}{\phi CC_1 D}$$

여기서,

P_u = 최대편심하중, kN

D = 필릿용접부사이즈, mm

l = 용접군의 특성길이, mm

a = e_x/l

e_x = 용접군의 중심으로부터 편심하중 P_u까지 수평거리, mm

C = 용접군의 강도계수(아래표의 값)

C_1 = 용접재 강도계수

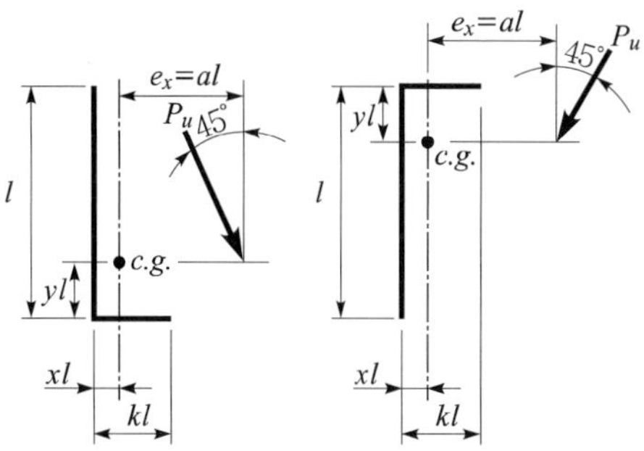

a	k															
	0	0.1	0.2	0.3	0.4	0.5	0.6	0.7	0.8	0.9	1.0	1.2	1.4	1.6	1.8	2.0
0.00	0.270	0.288	0.314	0.340	0.366	0.393	0.419	0.445	0.472	0.497	0.523	0.576	0.628	0.681	0.732	0.785
0.10	0.251	0.284	0.317	0.349	0.381	0.411	0.441	0.470	0.498	0.528	0.554	0.609	0.664	0.718	0.772	0.824
0.15	0.234	0.270	0.304	0.336	0.367	0.400	0.431	0.463	0.493	0.523	0.552	0.608	0.663	0.718	0.773	0.827
0.20	0.220	0.253	0.287	0.318	0.351	0.383	0.416	0.448	0.479	0.511	0.542	0.599	0.655	0.711	0.767	0.822
0.25	0.207	0.237	0.269	0.300	0.332	0.364	0.396	0.429	0.461	0.494	0.525	0.585	0.643	0.700	0.756	0.812
0.30	0.195	0.223	0.252	0.281	0.312	0.344	0.375	0.408	0.440	0.474	0.506	0.567	0.626	0.684	0.743	0.800
0.40	0.174	0.197	0.222	0.248	0.276	0.304	0.334	0.365	0.396	0.429	0.463	0.524	0.586	0.646	0.707	0.766
0.50	0.155	0.175	0.196	0.218	0.243	0.269	0.296	0.325	0.355	0.386	0.419	0.480	0.542	0.605	0.666	0.727
0.60	0.138	0.156	0.175	0.195	0.216	0.240	0.264	0.291	0.319	0.349	0.380	0.439	0.500	0.562	0.625	0.687
0.70	0.124	0.140	0.157	0.175	0.194	0.215	0.239	0.263	0.290	0.318	0.347	0.402	0.461	0.522	0.584	0.646
0.80	0.112	0.127	0.141	0.158	0.176	0.195	0.216	0.240	0.264	0.290	0.318	0.370	0.426	0.485	0.545	0.607
0.90	0.102	0.115	0.129	0.143	0.160	0.178	0.197	0.220	0.242	0.267	0.292	0.343	0.395	0.452	0.511	0.571
1.0	0.094	0.106	0.119	0.132	0.147	0.164	0.181	0.202	0.224	0.246	0.271	0.318	0.368	0.422	0.479	0.538
1.2	0.081	0.091	0.101	0.112	0.125	0.140	0.156	0.174	0.193	0.213	0.235	0.278	0.323	0.372	0.424	0.479
1.4	0.070	0.079	0.088	0.098	0.109	0.122	0.137	0.152	0.169	0.187	0.206	0.245	0.287	0.332	0.380	0.431
1.6	0.062	0.070	0.078	0.087	0.097	0.108	0.121	0.134	0.150	0.167	0.184	0.220	0.258	0.298	0.343	0.390
1.8	0.056	0.063	0.070	0.078	0.087	0.097	0.108	0.121	0.134	0.150	0.166	0.197	0.233	0.271	0.311	0.355
2.0	0.051	0.057	0.063	0.070	0.078	0.088	0.098	0.110	0.122	0.136	0.150	0.180	0.212	0.248	0.286	0.326
2.2	0.046	0.052	0.058	0.064	0.072	0.080	0.090	0.100	0.112	0.124	0.138	0.165	0.195	0.227	0.263	0.301
2.4	0.042	0.048	0.053	0.059	0.066	0.074	0.083	0.092	0.103	0.114	0.127	0.152	0.180	0.211	0.243	0.279
2.6	0.039	0.044	0.049	0.055	0.061	0.068	0.076	0.086	0.096	0.106	0.118	0.141	0.167	0.196	0.227	0.260
2.8	0.037	0.041	0.046	0.051	0.057	0.064	0.071	0.080	0.089	0.099	0.110	0.132	0.156	0.183	0.212	0.244
3.0	0.034	0.038	0.043	0.047	0.053	0.059	0.067	0.075	0.083	0.093	0.103	0.123	0.147	0.171	0.199	0.228
x	0.000	0.005	0.017	0.035	0.057	0.083	0.113	0.144	0.178	0.213	0.250	0.327	0.408	0.492	0.579	0.667
y	0.500	0.455	0.417	0.385	0.357	0.333	0.313	0.294	0.278	0.263	0.250	0.227	0.208	0.192	0.179	0.167

음영처리한 부분의 값은 KDS 41 31 00의 표 4.7-7 용접조인트 강도표와 필릿용접부의 대체 설계방법 (a), (b) 및 (c)에 의해 허용된 최대설계강도에 근거한 값임.

도움표 2.2.9-7(계속) 편심하중을 받는 용접군의 계수, *C*

하중각도=60°

도움표를 이용한 용접군의 설계강도는 다음 식으로 구한다.

$$P_u = \phi R_n = \phi(CC_1 D\, l),\ \phi = 0.75,$$

도움표와 다음 식들을 이용하여 필릿용접부치수 D 또는 필릿용접군의 특성길이 l을 구할 수 있다.

$$C_{\min} = \frac{P_u}{\phi C_1 D\, l} \quad D_{\min} = \frac{P_u}{\phi CC_1 l} \quad l_{\min} = \frac{P_u}{\phi CC_1 D}$$

여기서,

P_u = 최대편심하중, kN

D = 필릿용접부사이즈, mm

l = 용접군의 특성길이, mm

a = e_x/l

e_x = 용접군의 중심으로부터 편심하중 P_u까지 수평거리, mm

C = 용접군의 강도계수(아래표의 값)

C_1 = 용접재 강도계수

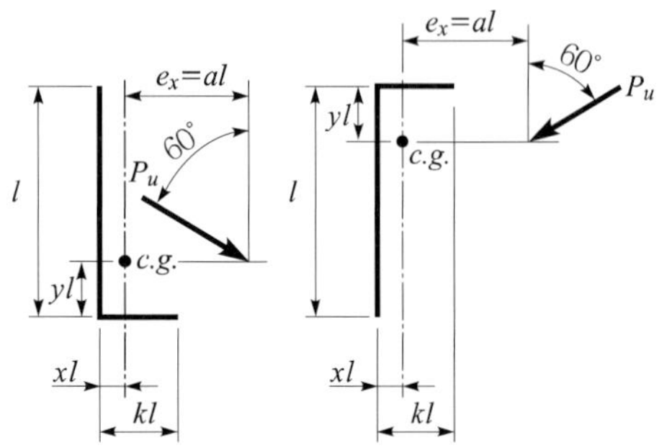

a	*k*															
	0	0.1	0.2	0.3	0.4	0.5	0.6	0.7	0.8	0.9	1.0	1.2	1.4	1.6	1.8	2.0
0.00	0.291	0.312	0.337	0.362	0.385	0.410	0.435	0.459	0.484	0.508	0.533	0.581	0.631	0.680	0.728	0.777
0.10	0.272	0.302	0.333	0.362	0.390	0.417	0.444	0.469	0.495	0.520	0.545	0.595	0.644	0.692	0.741	0.790
0.15	0.259	0.290	0.320	0.351	0.381	0.410	0.438	0.466	0.493	0.520	0.545	0.596	0.646	0.696	0.744	0.793
0.20	0.244	0.277	0.307	0.337	0.368	0.399	0.429	0.458	0.487	0.514	0.542	0.594	0.645	0.696	0.745	0.794
0.25	0.232	0.263	0.293	0.324	0.354	0.385	0.417	0.447	0.477	0.506	0.534	0.589	0.642	0.693	0.744	0.793
0.30	0.221	0.251	0.280	0.309	0.339	0.371	0.402	0.435	0.466	0.496	0.525	0.582	0.636	0.689	0.740	0.791
0.40	0.200	0.227	0.254	0.282	0.310	0.340	0.372	0.404	0.437	0.469	0.502	0.562	0.620	0.676	0.730	0.782
0.50	0.183	0.206	0.231	0.256	0.283	0.311	0.342	0.374	0.407	0.440	0.473	0.536	0.598	0.657	0.713	0.768
0.60	0.167	0.188	0.211	0.234	0.259	0.286	0.315	0.345	0.377	0.410	0.444	0.510	0.572	0.634	0.693	0.749
0.70	0.153	0.172	0.194	0.215	0.237	0.263	0.290	0.319	0.349	0.382	0.416	0.482	0.545	0.608	0.669	0.728
0.80	0.141	0.159	0.178	0.198	0.220	0.243	0.269	0.296	0.325	0.356	0.389	0.454	0.520	0.582	0.643	0.703
0.90	0.131	0.148	0.165	0.183	0.203	0.225	0.250	0.276	0.304	0.333	0.364	0.428	0.492	0.554	0.616	0.676
1.0	0.121	0.137	0.152	0.170	0.189	0.209	0.233	0.258	0.283	0.311	0.342	0.403	0.465	0.528	0.589	0.650
1.2	0.106	0.120	0.133	0.148	0.165	0.184	0.204	0.226	0.250	0.276	0.302	0.360	0.417	0.477	0.538	0.598
1.4	0.094	0.106	0.118	0.131	0.146	0.162	0.181	0.202	0.223	0.246	0.271	0.323	0.376	0.432	0.491	0.551
1.6	0.084	0.094	0.105	0.116	0.130	0.146	0.162	0.180	0.200	0.222	0.244	0.291	0.340	0.394	0.450	0.507
1.8	0.076	0.085	0.095	0.106	0.118	0.131	0.147	0.164	0.181	0.202	0.222	0.265	0.311	0.362	0.414	0.469
2.0	0.069	0.078	0.086	0.096	0.107	0.120	0.134	0.149	0.166	0.184	0.204	0.244	0.286	0.333	0.383	0.435
2.2	0.063	0.071	0.079	0.088	0.098	0.110	0.123	0.138	0.152	0.169	0.187	0.225	0.264	0.308	0.355	0.404
2.4	0.058	0.066	0.073	0.082	0.091	0.102	0.114	0.127	0.141	0.157	0.174	0.208	0.245	0.287	0.330	0.377
2.6	0.054	0.061	0.068	0.076	0.084	0.095	0.106	0.118	0.131	0.146	0.161	0.195	0.230	0.268	0.309	0.354
2.8	0.051	0.057	0.063	0.071	0.079	0.088	0.099	0.110	0.123	0.137	0.151	0.183	0.215	0.251	0.290	0.333
3.0	0.047	0.053	0.059	0.066	0.074	0.083	0.093	0.103	0.115	0.128	0.141	0.171	0.202	0.236	0.273	0.314
x	0.000	0.005	0.017	0.035	0.057	0.083	0.113	0.144	0.178	0.213	0.250	0.327	0.408	0.492	0.579	0.667
y	0.500	0.455	0.417	0.385	0.357	0.333	0.313	0.294	0.278	0.263	0.250	0.227	0.208	0.192	0.179	0.167

음영처리한 부분의 값은 KDS 41 31 00의 표 4.7-7 용접조인트 강도표와 필릿용접부의 대체 설계방법 (a), (b) 및 (c)에 의해 허용된 최대설계강도에 근거한 값임.

도움표 2.2.9-7(계속) 편심하중을 받는 용접군의 계수, *C*

하중각도=75°

도움표를 이용한 용접군의 설계강도는 다음 식으로 구한다.

$$P_u = \phi R_n = \phi(CC_1 D\, l),\ \phi = 0.75,$$

도움표와 다음 식들을 이용하여 필릿용접부치수 D 또는 필릿용접군의 특성길이 l을 구할 수 있다.

$$C_{\min} = \frac{P_u}{\phi C_1 D\, l} \quad D_{\min} = \frac{P_u}{\phi CC_1 l} \quad l_{\min} = \frac{P_u}{\phi CC_1 D}$$

여기서,

P_u = 최대편심하중, kN

D = 필릿용접부사이즈, mm

l = 용접군의 특성길이, mm

a = e_x/l

e_x = 용접군의 중심으로부터 편심하중 P_u까지 수평거리, mm

C = 용접군의 강도계수(아래표의 값)

C_1 = 용접재 강도계수

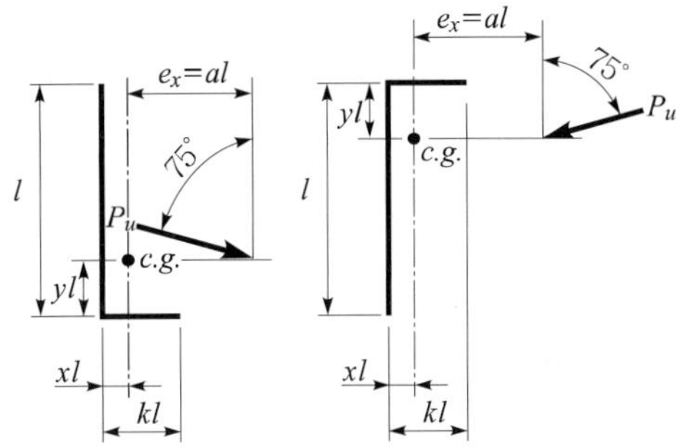

a	k=0	0.1	0.2	0.3	0.4	0.5	0.6	0.7	0.8	0.9	1.0	1.2	1.4	1.6	1.8	2.0
0.00	0.307	0.327	0.348	0.370	0.391	0.413	0.435	0.456	0.477	0.500	0.521	0.563	0.607	0.650	0.693	0.736
0.10	0.290	0.320	0.348	0.371	0.392	0.413	0.435	0.456	0.478	0.500	0.521	0.564	0.607	0.651	0.694	0.737
0.15	0.280	0.311	0.340	0.367	0.392	0.414	0.437	0.458	0.479	0.501	0.523	0.566	0.609	0.653	0.696	0.739
0.20	0.272	0.301	0.332	0.361	0.388	0.412	0.436	0.458	0.480	0.502	0.524	0.567	0.610	0.654	0.697	0.740
0.25	0.263	0.293	0.323	0.352	0.381	0.407	0.432	0.456	0.479	0.502	0.524	0.568	0.612	0.654	0.698	0.740
0.30	0.255	0.286	0.314	0.344	0.373	0.401	0.428	0.452	0.477	0.500	0.523	0.567	0.612	0.654	0.698	0.741
0.40	0.242	0.270	0.298	0.327	0.357	0.386	0.416	0.442	0.468	0.494	0.517	0.564	0.609	0.653	0.698	0.740
0.50	0.230	0.256	0.283	0.311	0.342	0.372	0.401	0.430	0.458	0.484	0.510	0.559	0.605	0.651	0.696	0.739
0.60	0.217	0.244	0.270	0.296	0.325	0.356	0.386	0.417	0.445	0.473	0.500	0.551	0.599	0.646	0.691	0.736
0.70	0.207	0.232	0.256	0.282	0.310	0.340	0.371	0.401	0.431	0.460	0.488	0.541	0.591	0.640	0.685	0.731
0.80	0.196	0.221	0.244	0.269	0.296	0.325	0.356	0.386	0.418	0.447	0.476	0.531	0.582	0.632	0.679	0.726
0.90	0.187	0.209	0.233	0.256	0.282	0.310	0.340	0.372	0.403	0.433	0.464	0.521	0.573	0.624	0.672	0.719
1.0	0.178	0.200	0.222	0.245	0.270	0.297	0.327	0.357	0.389	0.420	0.450	0.510	0.564	0.616	0.665	0.713
1.2	0.162	0.183	0.203	0.224	0.248	0.273	0.300	0.330	0.361	0.392	0.423	0.485	0.543	0.598	0.651	0.700
1.4	0.149	0.167	0.186	0.206	0.227	0.251	0.277	0.305	0.335	0.366	0.398	0.460	0.521	0.578	0.633	0.685
1.6	0.137	0.153	0.171	0.189	0.211	0.232	0.256	0.283	0.311	0.342	0.372	0.435	0.496	0.557	0.614	0.668
1.8	0.127	0.142	0.158	0.176	0.195	0.216	0.239	0.263	0.290	0.319	0.348	0.410	0.473	0.533	0.592	0.648
2.0	0.118	0.132	0.147	0.164	0.181	0.200	0.223	0.246	0.271	0.299	0.327	0.388	0.449	0.511	0.570	0.628
2.2	0.109	0.123	0.137	0.152	0.169	0.188	0.208	0.231	0.254	0.280	0.308	0.366	0.427	0.488	0.549	0.607
2.4	0.102	0.115	0.128	0.142	0.158	0.176	0.195	0.216	0.240	0.264	0.290	0.346	0.405	0.466	0.526	0.586
2.6	0.096	0.108	0.120	0.133	0.149	0.166	0.184	0.204	0.226	0.249	0.274	0.328	0.385	0.445	0.504	0.563
2.8	0.090	0.101	0.113	0.125	0.140	0.156	0.174	0.193	0.213	0.235	0.260	0.311	0.367	0.424	0.482	0.541
3.0	0.085	0.096	0.107	0.119	0.132	0.148	0.165	0.183	0.202	0.224	0.246	0.296	0.349	0.404	0.461	0.520
x	0.000	0.005	0.017	0.035	0.057	0.083	0.113	0.144	0.178	0.213	0.250	0.327	0.408	0.492	0.579	0.667
y	0.500	0.455	0.417	0.385	0.357	0.333	0.313	0.294	0.278	0.263	0.250	0.227	0.208	0.192	0.179	0.167

음영처리한 부분의 값은 KDS 41 31 00의 표 4.7-7 용접조인트 강도표와 필릿용접부의 대체 설계방법 (a), (b) 및 (c)에 의해 허용된 최대설계강도에 근거한 값임.

도움표 2.2.9-7a 편심하중을 받는 용접군의 계수, C

하중각도=15°

도움표를 이용한 용접군의 설계강도는 다음 식으로 구한다.

$$P_u = \phi R_n = \phi(CC_1 D\,l),\ \phi = 0.75,$$

도움표와 다음 식들을 이용하여 필릿용접부치수 D 또는 필릿용접군의 특성길이 l을 구할 수 있다.

$$C_{\min} = \frac{P_u}{\phi C_1 D\,l} \quad D_{\min} = \frac{P_u}{\phi C C_1 l} \quad l_{\min} = \frac{P_u}{\phi C C_1 D}$$

여기서,

P_u = 최대편심하중, kN

D = 필릿용접부사이즈, mm

l = 용접군의 특성길이, mm

a = e_x/l

e_x = 용접군의 중심으로부터 편심하중 P_u까지 수평거리, mm

C = 용접군의 강도계수(아래표의 값)

C_1 = 용접재 강도계수

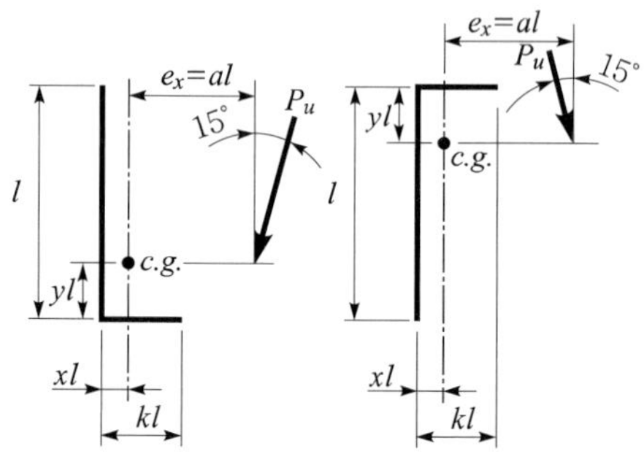

a	k															
	0	0.1	0.2	0.3	0.4	0.5	0.6	0.7	0.8	0.9	1.0	1.2	1.4	1.6	1.8	2.0
0.00	0.222	0.246	0.277	0.307	0.337	0.368	0.399	0.429	0.459	0.491	0.521	0.581	0.643	0.703	0.765	0.825
0.10	0.213	0.233	0.258	0.284	0.333	0.340	0.370	0.400	0.430	0.461	0.494	0.559	0.624	0.689	0.753	0.816
0.15	0.206	0.228	0.252	0.277	0.302	0.329	0.356	0.384	0.412	0.441	0.469	0.529	0.589	0.652	0.715	0.778
0.20	0.197	0.221	0.243	0.267	0.290	0.316	0.340	0.367	0.394	0.421	0.448	0.505	0.562	0.622	0.681	0.743
0.25	0.185	0.208	0.232	0.253	0.276	0.299	0.324	0.348	0.373	0.400	0.426	0.480	0.536	0.594	0.652	0.711
0.30	0.174	0.195	0.218	0.239	0.260	0.282	0.305	0.328	0.353	0.377	0.403	0.456	0.511	0.567	0.624	0.682
0.40	0.150	0.169	0.190	0.209	0.228	0.249	0.269	0.290	0.312	0.336	0.360	0.410	0.461	0.516	0.571	0.628
0.50	0.130	0.147	0.165	0.183	0.200	0.218	0.237	0.256	0.277	0.299	0.321	0.368	0.419	0.470	0.525	0.580
0.60	0.113	0.129	0.144	0.159	0.176	0.193	0.211	0.228	0.248	0.267	0.288	0.333	0.381	0.431	0.484	0.538
0.70	0.100	0.113	0.127	0.140	0.156	0.171	0.188	0.204	0.222	0.241	0.260	0.302	0.348	0.396	0.447	0.500
0.80	0.089	0.101	0.113	0.125	0.139	0.153	0.169	0.185	0.200	0.218	0.236	0.277	0.320	0.366	0.416	0.466
0.90	0.081	0.091	0.102	0.113	0.125	0.139	0.153	0.168	0.183	0.199	0.217	0.254	0.296	0.340	0.386	0.436
1.0	0.073	0.083	0.092	0.102	0.113	0.125	0.140	0.153	0.168	0.184	0.199	0.235	0.274	0.317	0.361	0.408
1.2	0.062	0.070	0.078	0.086	0.096	0.106	0.119	0.131	0.144	0.158	0.172	0.204	0.239	0.277	0.318	0.361
1.4	0.053	0.060	0.067	0.074	0.083	0.092	0.103	0.114	0.125	0.138	0.151	0.179	0.211	0.245	0.282	0.321
1.6	0.047	0.053	0.059	0.066	0.073	0.081	0.090	0.101	0.111	0.122	0.134	0.160	0.188	0.220	0.254	0.290
1.8	0.042	0.047	0.053	0.058	0.065	0.072	0.081	0.090	0.100	0.110	0.121	0.143	0.170	0.199	0.230	0.263
2.0	0.038	0.043	0.047	0.053	0.059	0.065	0.073	0.082	0.091	0.100	0.109	0.131	0.155	0.181	0.211	0.242
2.2	0.034	0.039	0.043	0.048	0.053	0.060	0.067	0.074	0.083	0.091	0.100	0.120	0.142	0.167	0.194	0.223
2.4	0.032	0.036	0.040	0.044	0.049	0.055	0.061	0.069	0.076	0.084	0.092	0.110	0.131	0.153	0.179	0.206
2.6	0.029	0.033	0.037	0.041	0.045	0.051	0.057	0.063	0.071	0.078	0.085	0.102	0.122	0.143	0.167	0.192
2.8	0.027	0.031	0.034	0.038	0.042	0.047	0.053	0.059	0.066	0.072	0.080	0.095	0.113	0.133	0.156	0.179
3.0	0.025	0.029	0.032	0.035	0.039	0.044	0.049	0.055	0.061	0.068	0.074	0.089	0.106	0.125	0.146	0.168
x	0.000	0.005	0.017	0.035	0.057	0.083	0.113	0.144	0.178	0.213	0.250	0.327	0.408	0.492	0.579	0.667
y	0.500	0.455	0.417	0.385	0.357	0.333	0.313	0.294	0.278	0.263	0.250	0.227	0.208	0.192	0.179	0.167

음영처리한 부분의 값은 KDS 41 31 00의 표 4.7-7 용접조인트 강도표와 필릿용접부의 대체 설계방법 (a), (b) 및 (c)에 의해 허용된 최대설계강도에 근거한 값임.

도움표 2.2.9-7a(계속) 편심하중을 받는 용접군의 계수, C

하중각도=30°

도움표를 이용한 용접군의 설계강도는 다음 식으로 구한다.

$$P_u = \phi R_n = \phi(CC_1 D\, l),\ \phi = 0.75$$

도움표와 다음 식들을 이용하여 필릿용접부치수 D 또는 필릿용접군의 특성길이 l을 구할 수 있다.

$$C_{\min} = \frac{P_u}{\phi C_1 D\, l} \quad D_{\min} = \frac{P_u}{\phi C C_1 l} \quad l_{\min} = \frac{P_u}{\phi C C_1 D}$$

여기서,

P_u = 최대편심하중, kN

D = 필릿용접부사이즈, mm

l = 용접군의 특성길이, mm

a = e_x/l

e_x = 용접군의 중심으로부터 편심하중 P_u까지 수평거리, mm

C = 용접군의 강도계수(아래표의 값)

C_1 = 용접재 강도계수

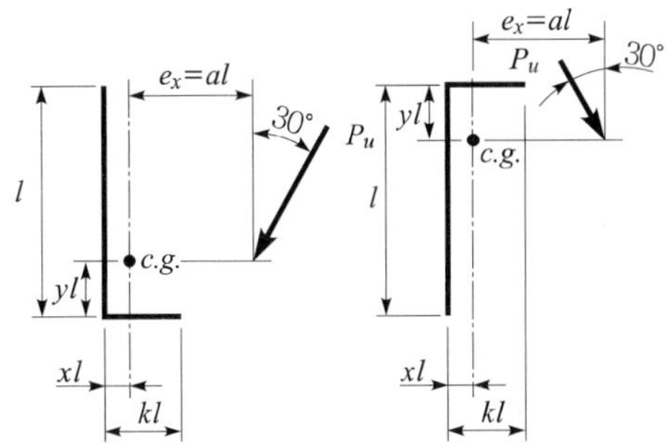

a	k															
	0	0.1	0.2	0.3	0.4	0.5	0.6	0.7	0.8	0.9	1.0	1.2	1.4	1.6	1.8	2.0
0.00	0.244	0.273	0.302	0.332	0.360	0.389	0.418	0.446	0.475	0.504	0.533	0.590	0.647	0.706	0.763	0.821
0.10	0.226	0.251	0.277	0.302	0.329	0.356	0.384	0.413	0.442	0.472	0.502	0.561	0.623	0.684	0.745	0.806
0.15	0.215	0.239	0.262	0.286	0.310	0.336	0.362	0.389	0.416	0.444	0.472	0.530	0.590	0.652	0.713	0.776
0.20	0.204	0.226	0.250	0.272	0.296	0.319	0.344	0.368	0.394	0.421	0.448	0.504	0.561	0.622	0.682	0.744
0.25	0.192	0.214	0.236	0.259	0.280	0.302	0.326	0.349	0.374	0.400	0.426	0.479	0.535	0.594	0.653	0.713
0.30	0.180	0.200	0.222	0.244	0.265	0.287	0.308	0.332	0.355	0.380	0.404	0.457	0.512	0.569	0.627	0.687
0.40	0.158	0.176	0.195	0.215	0.235	0.255	0.274	0.296	0.318	0.340	0.365	0.416	0.468	0.523	0.580	0.637
0.50	0.138	0.155	0.171	0.190	0.209	0.227	0.245	0.264	0.286	0.307	0.329	0.377	0.429	0.482	0.538	0.594
0.60	0.121	0.137	0.152	0.169	0.186	0.203	0.220	0.239	0.258	0.278	0.299	0.345	0.394	0.446	0.500	0.554
0.70	0.108	0.121	0.136	0.151	0.167	0.183	0.198	0.215	0.233	0.253	0.273	0.317	0.364	0.413	0.465	0.520
0.80	0.097	0.109	0.122	0.137	0.150	0.166	0.180	0.196	0.213	0.231	0.250	0.291	0.337	0.385	0.436	0.487
0.90	0.088	0.099	0.111	0.123	0.137	0.150	0.165	0.179	0.195	0.213	0.231	0.270	0.314	0.360	0.408	0.458
1.0	0.080	0.090	0.101	0.113	0.124	0.138	0.151	0.166	0.180	0.196	0.214	0.251	0.292	0.336	0.383	0.432
1.2	0.068	0.077	0.086	0.095	0.106	0.118	0.130	0.142	0.156	0.170	0.186	0.220	0.256	0.297	0.340	0.385
1.4	0.059	0.066	0.074	0.083	0.092	0.102	0.113	0.124	0.137	0.150	0.164	0.194	0.228	0.265	0.305	0.346
1.6	0.052	0.059	0.066	0.073	0.081	0.090	0.100	0.111	0.122	0.133	0.146	0.174	0.205	0.239	0.276	0.314
1.8	0.046	0.052	0.058	0.065	0.072	0.080	0.089	0.100	0.110	0.120	0.132	0.157	0.186	0.216	0.250	0.287
2.0	0.042	0.047	0.053	0.059	0.065	0.073	0.081	0.090	0.100	0.109	0.120	0.143	0.169	0.198	0.230	0.263
2.2	0.038	0.043	0.048	0.053	0.059	0.066	0.074	0.083	0.091	0.100	0.110	0.131	0.156	0.183	0.212	0.243
2.4	0.035	0.040	0.044	0.049	0.055	0.061	0.068	0.076	0.084	0.092	0.101	0.121	0144	0.169	0.196	0.226
2.6	0.032	0.037	0.041	0.045	0.050	0.056	0.063	0.070	0.078	0.086	0.094	0.113	0.134	0.157	0.183	0.211
2.8	0.030	0.034	0.038	0.042	0.047	0.052	0.059	0.066	0.073	0.080	0.088	0.105	0.125	0.147	0.171	0.197
3.0	0.028	0.032	0.035	0.039	0.044	0.049	0.055	0.061	0.068	0.075	0.082	0.099	0.118	0.138	0.161	0.186
x	0.000	0.005	0.017	0.035	0.057	0.083	0.113	0.144	0.178	0.213	0.250	0.327	0.408	0.492	0.579	0.667
y	0.500	0.455	0.417	0.385	0.357	0.333	0.313	0.294	0.278	0.263	0.250	0.227	0.208	0.192	0.179	0.167

음영처리한 부분의 값은 KDS 41 31 00의 표 4.7-7 용접조인트 강도표와 필릿용접부의 대체 설계방법 (a), (b) 및 (c)에 의해 허용된 최대설계강도에 근거한 값임.

도움표 2.2.9-7a(계속) 편심하중을 받는 용접군의 계수, *C*

하중각도=45°

도움표를 이용한 용접군의 설계강도는 다음 식으로 구한다.

$$P_u = \phi R_n = \phi(CC_1 D\, l),\ \phi = 0.75$$

도움표와 다음 식들을 이용하여 필릿용접부치수 D 또는 필릿용접군의 특성길이 l을 구할 수 있다.

$$C_{\min} = \frac{P_u}{\phi C_1 D\, l} \quad D_{\min} = \frac{P_u}{\phi C C_1 l} \quad l_{\min} = \frac{P_u}{\phi C C_1 D}$$

여기서,

P_u = 최대편심하중, kN

D = 필릿용접부사이즈, mm

l = 용접군의 특성길이, mm

a = e_x/l

e_x = 용접군의 중심으로부터 편심하중 P_u까지 수평거리, mm

C = 용접군의 강도계수(아래표의 값)

C_1 = 용접재 강도계수

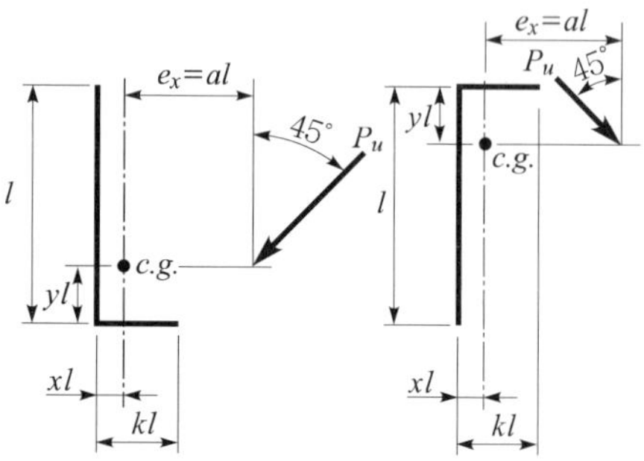

a	k															
	0	0.1	0.2	0.3	0.4	0.5	0.6	0.7	0.8	0.9	1.0	1.2	1.4	1.6	1.8	2.0
0.00	0.270	0.288	0.314	0.340	0.366	0.393	0.419	0.445	0.472	0.497	0.523	0.576	0.628	0.681	0.732	0.785
0.10	0.251	0.273	0.297	0.320	0.344	0.368	0.394	0.421	0.448	0.475	0.503	0.561	0.619	0.679	0.738	0.797
0.15	0.234	0.255	0.278	0.300	0.324	0.348	0.373	0.399	0.424	0.451	0.479	0.536	0.596	0.655	0.717	0.777
0.20	0.220	0.240	0.261	0.284	0.307	0.330	0.354	0.379	0.404	0.430	0.457	0.513	0.571	0.632	0.693	0.755
0.25	0.207	0.226	0.248	0.269	0.292	0.315	0.337	0.361	0.385	0.411	0.437	0.492	0.549	0.608	0.670	0.731
0.30	0.195	0.214	0.234	0.255	0.277	0.299	0.321	0.344	0.368	0.393	0.418	0.472	0.529	0.587	0.647	0.709
0.40	0.174	0.190	0.209	0.228	0.250	0.271	0.291	0.314	0.336	0.360	0.384	0.436	0.491	0.548	0.576	0.666
0.50	0.155	0.170	0.187	0.206	0.225	0.245	0.264	0.286	0.307	0.329	0.353	0.403	0.456	0.512	0.570	0.629
0.60	0.138	0.152	0.168	0.186	0.204	0.223	0.242	0.261	0.281	0.302	0.325	0.373	0.426	0.479	0.536	0.595
0.70	0.124	0.138	0.152	0.168	0.186	0.204	0.221	0.239	0.259	0.279	0.300	0.347	0.398	0.450	0.506	0.563
0.80	0.112	0.125	0.139	0.153	0.170	0.187	0.203	0.221	0.239	0.259	0.279	0.324	0.373	0.424	0.478	0.534
0.90	0.102	0.114	0.127	0.141	0.156	0.172	0.187	0.204	0.222	0.240	0.260	0.304	0.349	0.400	0.452	0.507
1.0	0.094	0.105	0.116	0.130	0.144	0.159	0.174	0.189	0.206	0.224	0.243	0.284	0.329	0.377	0.379	0.482
1.2	0.081	0.090	0.101	0.112	0.125	0.139	0.151	0.166	0.180	0.197	0.214	0.252	0.293	0.338	0.386	0.437
1.4	0.070	0.079	0.088	0.099	0.110	0.121	0.133	0.147	0.160	0.175	0.190	0.225	0.264	0.306	0.351	0.396
1.6	0.062	0.070	0.078	0.088	0.097	0.108	0.120	0.131	0.143	0.157	0.171	0.204	0.240	0.278	0.319	0.363
1.8	0.056	0.063	0.070	0.079	0.087	0.097	0.108	0.119	0.130	0.142	0.156	0.186	0.218	0.254	0.292	0.334
2.0	0.051	0.057	0.064	0.071	0.079	0.088	0.098	0.108	0.119	0.130	0.142	0.170	0.200	0.234	0.270	0.308
2.2	0.046	0.052	0.058	0.065	0.072	0.080	0.089	0.099	0.109	0.120	0.131	0.157	0.185	0.216	0.250	0.286
2.4	0.042	0.048	0.054	0.060	0.066	0.074	0.082	0.092	0.101	0.111	0.121	0.146	0.171	0.200	0.233	0.267
2.6	0.039	0.044	0.050	0.055	0.061	0.068	0.076	0.085	0.094	0.103	0.113	0.136	0.160	0.187	0.217	0.250
2.8	0.037	0.041	0.046	0.051	0.057	0.064	0.071	0.079	0.087	0.096	0.106	0.127	0.150	0.176	0.204	0.235
3.0	0.034	0.039	0.043	0.048	0.053	0.060	0.067	0.074	0.082	0.090	0.099	0.119	0.141	0.166	0.193	0.222
x	0.000	0.005	0.017	0.035	0.057	0.083	0.113	0.144	0.178	0.213	0.250	0.327	0.408	0.492	0.579	0.667
y	0.500	0.455	0.417	0.385	0.357	0.333	0.313	0.294	0.278	0.263	0.250	0.227	0.208	0.192	0.179	0.167

음영처리한 부분의 값은 KDS 41 31 00의 표 4.7-7 용접조인트 강도표와 필릿용접부의 대체 설계방법 (a), (b) 및 (c)에 의해 허용된 최대설계강도에 근거한 값임.

도움표 2.2.9-7a(계속) 편심하중을 받는 용접군의 계수, *C*

하중각도=60°

도움표를 이용한 용접군의 설계강도는 다음 식으로 구한다.

$$P_u = \phi R_n = \phi(CC_1 D\,l),\ \phi = 0.75$$

도움표와 다음 식들을 이용하여 필릿용접부치수 D 또는 필릿용접군의 특성길이 l을 구할 수 있다.

$$C_{\min} = \frac{P_u}{\phi C_1 D\,l} \quad D_{\min} = \frac{P_u}{\phi CC_1 l} \quad l_{\min} = \frac{P_u}{\phi CC_1 D}$$

여기서,

P_u = 최대편심하중, kN

D = 필릿용접부사이즈, mm

l = 용접군의 특성길이, mm

a = e_x/l

e_x = 용접군의 중심으로부터 편심하중 P_u까지 수평거리, mm

C = 용접군의 강도계수(아래표의 값)

C_1 = 용접재 강도계수

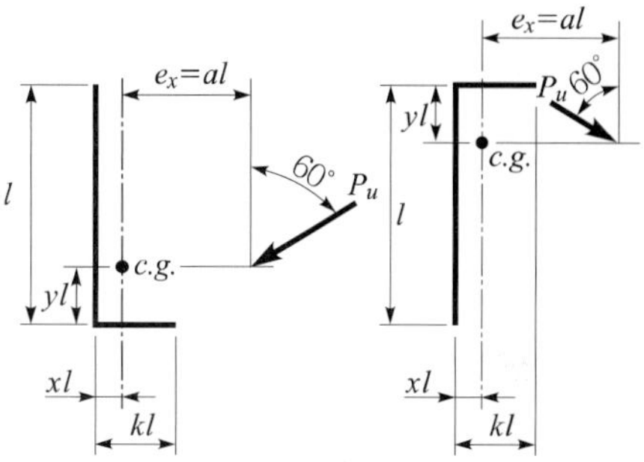

a	k = 0	0.1	0.2	0.3	0.4	0.5	0.6	0.7	0.8	0.9	1.0	1.2	1.4	1.6	1.8	2.0
0.00	0.291	0.312	0.337	0.362	0.385	0.410	0.435	0.459	0.484	0.508	0.533	0.581	0.631	0.680	0.728	0.777
0.10	0.272	0.290	0.309	0.329	0.352	0.375	0.400	0.426	0.451	0.479	0.506	0.564	0.623	0.680	0.735	0.787
0.15	0.259	0.274	0.293	0.314	0.336	0.360	0.384	0.410	0.436	0.463	0.491	0.548	0.608	0.668	0.726	0.781
0.20	0.244	0.260	0.279	0.299	0.321	0.345	0.370	0.394	0.420	0.447	0.474	0.532	0.591	0.653	0.713	0.771
0.25	0.232	0.248	0.267	0.287	0.308	0.332	0.355	0.381	0.405	0.432	0.459	0.515	0.576	0.637	0.699	0.759
0.30	0.221	0.236	0.254	0.274	0.296	0.318	0.343	0.367	0.392	0.418	0.445	0.501	0.560	0.622	0.684	0.746
0.40	0.200	0.216	0.233	0.252	0.273	0.296	0.318	0.343	0.366	0.392	0.418	0.473	0.531	0.591	0.654	0.718
0.50	0.183	0.197	0.214	0.233	0.253	0.274	0.297	0.320	0.343	0.367	0.393	0.447	0.504	0.563	0.625	0.689
0.60	0.167	0.181	0.197	0.215	0.234	0.255	0.277	0.299	0.321	0.345	0.370	0.422	0.479	0.538	0.599	0.662
0.70	0.153	0.167	0.183	0.199	0.218	0.237	0.259	0.280	0.302	0.325	0.349	0.401	0.456	0.514	0.575	0.636
0.80	0.141	0.155	0.169	0.186	0.204	0.223	0.243	0.263	0.284	0.307	0.330	0.380	0.435	0.492	0.551	0.612
0.90	0.131	0.143	0.158	0.174	0.190	0.208	0.228	0.248	0.268	0.289	0.312	0.362	0.414	0.470	0.529	0.588
1.0	0.121	0.133	0.147	0.162	0.178	0.196	0.215	0.233	0.253	0.274	0.296	0.344	0.395	0.450	0.507	0.566
1.2	0.106	0.118	0.130	0.143	0.158	0.175	0.192	0.209	0.227	0.246	0.268	0.312	0.361	0.413	0.467	0.524
1.4	0.094	0.104	0.115	0.128	0.142	0.157	0.172	0.188	0.205	0.224	0.243	0.284	0.332	0.381	0.432	0.486
1.6	0.084	0.093	0.104	0.115	0.128	0.142	0.157	0.171	0.187	0.204	0.222	0.261	0.305	0.352	0.401	0.452
1.8	0.076	0.084	0.094	0.105	0.116	0.130	0.143	0.157	0.171	0.187	0.204	0.241	0.282	0.326	0.373	0.422
2.0	0.069	0.077	0.086	0.096	0.107	0.120	0.131	0.144	0.158	0.172	0.188	0.223	0.262	0.304	0.348	0.395
2.2	0.063	0.071	0.079	0.088	0.099	0.110	0.121	0.133	0.146	0.160	0.175	0.207	0.244	0.283	0.326	0.371
2.4	0.058	0.066	0.073	0.082	0.092	0.102	0.113	0.124	0.136	0.149	0.164	0.194	0.228	0.265	0.306	0.348
2.6	0.054	0.061	0.068	0.076	0.085	0.095	0.105	0.115	0.127	0.139	0.152	0.181	0.214	0.250	0.288	0.328
2.8	0.051	0.057	0.064	0.071	0.079	0.088	0.098	0.109	0.119	0.131	0.143	0.171	0.202	0.235	0.272	0.311
3.0	0.047	0.053	0.060	0.067	0.074	0.083	0.092	0.102	0.112	0.123	0.136	0.161	0.190	0.223	0.258	0.295
x	0.000	0.005	0.017	0.035	0.057	0.083	0.113	0.144	0.178	0.213	0.250	0.327	0.408	0.492	0.579	0.667
y	0.500	0.455	0.417	0.385	0.357	0.333	0.313	0.294	0.278	0.263	0.250	0.227	0.208	0.192	0.179	0.167

음영처리한 부분의 값은 KDS 41 31 00의 표 4.7-7 용접조인트 강도표와 필릿용접부의 대체 설계방법 (a), (b) 및 (c)에 의해 허용된 최대설계강도에 근거한 값임.

도움표 2.2.9-7a(계속) 편심하중을 받는 용접군의 계수, C

하중각도=75°

도움표를 이용한 용접군의 설계강도는 다음 식으로 구한다.

$$P_u = \phi R_n = \phi(CC_1 D\, l),\ \phi = 0.75$$

도움표와 다음 식들을 이용하여 필릿용접부치수 D 또는 필릿용접군의 특성길이 l을 구할 수 있다.

$$C_{\min} = \frac{P_u}{\phi C_1 D\, l} \quad D_{\min} = \frac{P_u}{\phi C C_1 l} \quad l_{\min} = \frac{P_u}{\phi C C_1 D}$$

여기서,

P_u = 최대편심하중, kN

D = 필릿용접부사이즈, mm

l = 용접군의 특성길이, mm

a = e_x/l

e_x = 용접군의 중심으로부터 편심하중 P_u까지 수평거리, mm

C = 용접군의 강도계수(아래표의 값)

C_1 = 용접재 강도계수

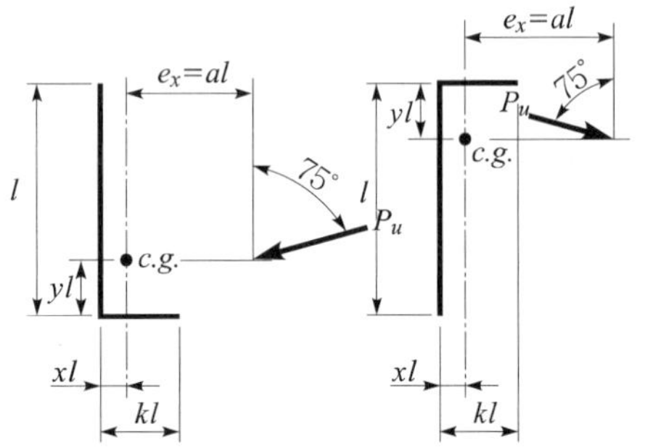

a	k															
	0	0.1	0.2	0.3	0.4	0.5	0.6	0.7	0.8	0.9	1.0	1.2	1.4	1.6	1.8	2.0
0.00	0.307	0.327	0.348	0.370	0.391	0.413	0.435	0.456	0.477	0.500	0.521	0.563	0.607	0.650	0.693	0.736
0.10	0.290	0.300	0.315	0.333	0.354	0.376	0.401	0.428	0.456	0.485	0.513	0.567	0.616	0.662	0.707	0.749
0.15	0.280	0.291	0.307	0.325	0.345	0.368	0.393	0.420	0.448	0.477	0.506	0.562	0.614	0.661	0.706	0.749
0.20	0.272	0.283	0.298	0.317	0.337	0.361	0.385	0.412	0.440	0.469	0.500	0.558	0.610	0.659	0.368	0.749
0.25	0.263	0.276	0.291	0.309	0.329	0.353	0.377	0.404	0.432	0.461	0.492	0.551	0.607	0.656	0.703	0.748
0.30	0.255	0.268	0.283	0.301	0.323	0.346	0.371	0.396	0.424	0.454	0.484	0.544	0.601	0.654	0.701	0.747
0.40	0.242	0.254	0.270	0.288	0.309	0.332	0.356	0.383	0.410	0.439	0.469	0.529	0.590	0.646	0.697	0.744
0.50	0.230	0.242	0.258	0.276	0.296	0.319	0.343	0.370	0.396	0.426	0.455	0.514	0.575	0.634	0.689	0.738
0.60	0.217	0.230	0.245	0.263	0.284	0.306	0.330	0.356	0.383	0.412	0.440	0.500	0.560	0.620	0.679	0.732
0.70	0.207	0.220	0.235	0.252	0.272	0.295	0.318	0.344	0.371	0.399	0.427	0.485	0.545	0.607	0.666	0.722
0.80	0.196	0.209	0.224	0.242	0.262	0.283	0.307	0.333	0.358	0.386	0.413	0.472	0.532	0.594	0.654	0.711
0.90	0.187	0.199	0.215	0.232	0.252	0.273	0.297	0.321	0.347	0.374	0.401	0.458	0.517	0.579	0.641	0.699
1.0	0.178	0.190	0.206	0.223	0.242	0.263	0.286	0.310	0.336	0.363	0.389	0.445	0.504	0.566	0.627	0.687
1.2	0.162	0.175	0.189	0.206	0.224	0.244	0.267	0.291	0.316	0.340	0.366	0.421	0.478	0.539	0.601	0.662
1.4	0.149	0.160	0.175	0.190	0.208	0.228	0.250	0.273	0.297	0.320	0.345	0.398	0.455	0.514	0.575	0.636
1.6	0.137	0.148	0.162	0.177	0.195	0.214	0.234	0.256	0.279	0.301	0.326	0.377	0.432	0.489	0.550	0.612
1.8	0.127	0.138	0.151	0.166	0.183	0.200	0.221	0.242	0.262	0.284	0.308	0.357	0.411	0.467	0.526	0.587
2.0	0.118	0.128	0.141	0.155	0.170	0.188	0.207	0.227	0.248	0.269	0.291	0.339	0.392	0.447	0.504	0.563
2.2	0.109	0.120	0.132	0.146	0.161	0.178	0.196	0.215	0.234	0.254	0.277	0.323	0.373	0.427	0.483	0.541
2.4	0.102	0.112	0.124	0.137	0.151	0.168	0.186	0.204	0.222	0.242	0.262	0.307	0.356	0.408	0.463	0.520
2.6	0.096	0.106	0.116	0.129	0.143	0.159	0.176	0.193	0.211	0.230	0.250	0.293	0.340	0.391	0.444	0.500
2.8	0.090	0.100	0.110	0.122	0.136	0.151	0.167	0.184	0.200	0.218	0.237	0.280	0.326	0.375	0.427	0.480
3.0	0.085	0.094	0.105	0.116	0.129	0.143	0.159	0.175	0.190	0.208	0.227	0.268	0.311	0.360	0.410	0.463
x	0.000	0.005	0.017	0.035	0.057	0.083	0.113	0.144	0.178	0.213	0.250	0.327	0.408	0.492	0.579	0.667
y	0.500	0.455	0.417	0.385	0.357	0.333	0.313	0.294	0.278	0.263	0.250	0.227	0.208	0.192	0.179	0.167

음영처리한 부분의 값은 KDS 41 31 00의 표 4.7-7 용접조인트 강도표와 필릿용접부의 대체 설계방법 (a), (b) 및 (c)에 의해 허용된 최대설계강도에 근거한 값임.

도움표 2.2.9-8 편심하중을 받는 용접군의 계수, *C*

하중각도=0°

도움표를 이용한 용접군의 설계강도는 다음 식으로 구한다.

$$P_u = \phi R_n = \phi(CC_1 D\, l),\ \phi = 0.75$$

도움표와 다음 식들을 이용하여 필릿용접부치수 D 또는 필릿용접군의 특성길이 l을 구할 수 있다.

$$C_{\min} = \frac{P_u}{\phi C_1 D\, l} \quad D_{\min} = \frac{P_u}{\phi C C_1 l} \quad l_{\min} = \frac{P_u}{\phi C C_1 D}$$

여기서,

P_u = 최대편심하중, kN

D = 필릿용접부사이즈, mm

l = 용접군의 특성길이, mm

a = e_x/l

e_x = 용접군의 중심으로부터 편심하중 P_u까지 수평거리, mm

C = 용접군의 강도계수(아래표의 값)

C_1 = 용접재 강도계수

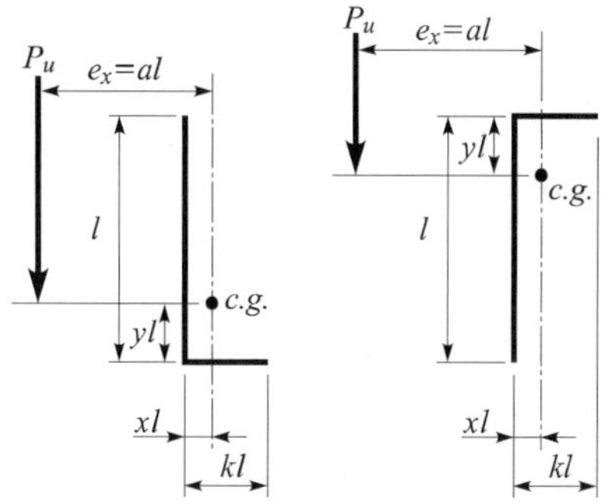

a	k: 0	0.1	0.2	0.3	0.4	0.5	0.6	0.7	0.8	0.9	1.0	1.2	1.4	1.6	1.8	2.0
0.00	0.208	0.228	0.250	0.270	0.301	0.333	0.364	0.395	0.426	0.457	0.488	0.551	0.613	0.675	0.738	0.801
0.10	0.208	0.231	0.260	0.288	0.317	0.345	0.372	0.398	0.422	0.446	0.469	0.515	0.562	0.610	0.660	0.711
0.15	0.205	0.228	0.254	0.281	0.307	0.333	0.356	0.380	0.401	0.423	0.445	0.489	0.536	0.585	0.634	0.684
0.20	0.197	0.220	0.243	0.267	0.290	0.311	0.334	0.355	0.376	0.399	0.421	0.466	0.512	0.560	0.609	0.660
0.25	0.186	0.207	0.227	0.249	0.269	0.289	0.309	0.330	0.352	0.374	0.398	0.442	0.488	0.535	0.585	0.635
0.30	0.174	0.193	0.212	0.231	0.249	0.268	0.287	0.307	0.329	0.352	0.375	0.421	0.466	0.513	0.562	0.612
0.40	0.149	0.166	0.183	0.197	0.213	0.230	0.249	0.269	0.290	0.311	0.335	0.381	0.426	0.472	0.520	0.569
0.50	0.129	0.143	0.157	0.170	0.185	0.200	0.217	0.236	0.256	0.278	0.300	0.345	0.390	0.435	0.482	0.530
0.60	0.112	0.124	0.137	0.149	0.162	0.177	0.193	0.211	0.230	0.250	0.270	0.315	0.358	0.402	0.447	0.494
0.70	0.098	0.110	0.121	0.132	0.144	0.158	0.172	0.189	0.207	0.225	0.245	0.287	0.330	0.373	0.417	0.461
0.80	0.088	0.098	0.108	0.119	0.130	0.142	0.156	0.171	0.187	0.205	0.224	0.263	0.306	0.347	0.390	0.433
0.90	0.079	0.088	0.097	0.107	0.118	0.129	0.142	0.156	0.171	0.188	0.206	0.243	0.283	0.324	0.365	0.407
1.0	0.072	0.080	0.088	0.097	0.107	0.119	0.130	0.143	0.158	0.174	0.189	0.225	0.264	0.304	0.343	0.383
1.2	0.060	0.067	0.074	0.082	0.091	0.101	0.111	0.122	0.136	0.149	0.164	0.196	0.232	0.269	0.305	0.343
1.4	0.052	0.058	0.064	0.071	0.079	0.088	0.097	0.107	0.119	0.131	0.143	0.172	0.205	0.240	0.273	0.309
1.6	0.046	0.051	0.057	0.063	0.070	0.077	0.086	0.095	0.105	0.116	0.128	0.155	0.184	0.215	0.248	0.281
1.8	0.041	0.045	0.050	0.056	0.062	0.069	0.077	0.085	0.094	0.104	0.115	0.139	0.166	0.196	0.226	0.256
2.0	0.037	0.041	0.045	0.051	0.056	0.063	0.070	0.077	0.085	0.095	0.105	0.127	0.151	0.179	0.207	0.236
2.2	0.033	0.037	0.041	0.046	0.051	0.057	0.064	0.071	0.078	0.087	0.096	0.116	0.139	0.165	0.192	0.218
2.4	0.031	0.034	0.038	0.042	0.047	0.053	0.058	0.065	0.072	0.080	0.088	0.107	0.129	0.152	0.177	0.204
2.6	0.028	0.032	0.035	0.039	0.044	0.049	0.054	0.060	0.067	0.074	0.082	0.100	0.120	0.141	0.165	0.189
2.8	0.026	0.029	0.033	0.036	0.041	0.045	0.050	0.056	0.062	0.069	0.076	0.093	0.112	0.132	0.153	0.177
3.0	0.025	0.027	0.030	0.034	0.038	0.042	0.047	0.052	0.058	0.065	0.071	0.087	0.105	0.123	0.143	0.166
x	0.000	0.005	0.017	0.035	0.057	0.083	0.113	0.144	0.178	0.213	0.250	0.327	0.408	0.492	0.579	0.667
y	0.500	0.455	0.417	0.385	0.357	0.333	0.313	0.294	0.278	0.263	0.250	0.227	0.208	0.192	0.179	0.167

음영처리한 부분의 값은 KDS 41 31 00의 표 4.7-7 용접조인트 강도표와 필릿용접부의 대체 설계방법 (a), (b) 및 (c)에 의해 허용된 최대설계강도에 근거한 값임.

도움표 2.2.9-8(계속) 편심하중을 받는 용접군의 계수, *C*

하중각도=15°

도움표를 이용한 용접군의 설계강도는 다음 식으로 구한다.

$$P_u = \phi R_n = \phi(CC_1 D\,l),\ \phi = 0.75$$

도움표와 다음 식들을 이용하여 필릿용접부치수 D 또는 필릿용접군의 특성길이 l을 구할 수 있다.

$$C_{\min} = \frac{P_u}{\phi C_1 D\,l} \quad D_{\min} = \frac{P_u}{\phi CC_1 l} \quad l_{\min} = \frac{P_u}{\phi CC_1 D}$$

여기서,

P_u = 최대편심하중, kN

D = 필릿용접부사이즈, mm

l = 용접군의 특성길이, mm

a = e_x/l

e_x = 용접군의 중심으로부터 편심하중 P_u까지 수평거리, mm

C = 용접군의 강도계수(아래표의 값)

C_1 = 용접재 강도계수

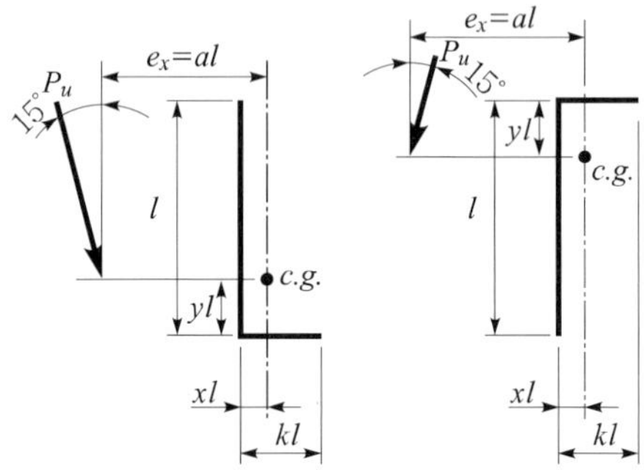

a	k															
	0	0.1	0.2	0.3	0.4	0.5	0.6	0.7	0.8	0.9	1.0	1.2	1.4	1.6	1.8	2.0
0.00	0.222	0.246	0.277	0.307	0.337	0.368	0.399	0.429	0.459	0.491	0.521	0.581	0.643	0.703	0.765	0.825
0.10	0.213	0.234	0.260	0.286	0.312	0.338	0.365	0.391	0.416	0.441	0.466	0.515	0.564	0.615	0.666	0.719
0.15	0.206	0.230	0.253	0.278	0.302	0.327	0.351	0.375	0.399	0.422	0.446	0.493	0.541	0.590	0.641	0.692
0.20	0.197	0.220	0.243	0.267	0.289	0.311	0.335	0.357	0.379	0.401	0.423	0.469	0.516	0.566	0.615	0.666
0.25	0.185	0.207	0.230	0.252	0.273	0.295	0.316	0.337	0.358	0.380	0.401	0.447	0.494	0.542	0.591	0.643
0.30	0.174	0.195	0.215	0.235	0.255	0.276	0.296	0.316	0.337	0.360	0.381	0.427	0.473	0.521	0.570	0.620
0.40	0.150	0.169	0.187	0.204	0.221	0.237	0.256	0.278	0.299	0.321	0.345	0.389	0.435	0.480	0.530	0.579
0.50	0.130	0.147	0.161	0.177	0.192	0.208	0.226	0.245	0.265	0.287	0.310	0.355	0.400	0.445	0.492	0.541
0.60	0.113	0.128	0.141	0.155	0.169	0.185	0.200	0.218	0.237	0.259	0.280	0.326	0.368	0.413	0.458	0.505
0.70	0.100	0.113	0.125	0.138	0.150	0.165	0.180	0.196	0.214	0.234	0.254	0.298	0.340	0.384	0.428	0.474
0.80	0.089	0.100	0.111	0.123	0.136	0.148	0.162	0.178	0.195	0.213	0.232	0.273	0.317	0.357	0.401	0.445
0.90	0.081	0.091	0.100	0.111	0.122	0.134	0.148	0.162	0.178	0.195	0.213	0.253	0.295	0.335	0.376	0.419
1.0	0.073	0.082	0.091	0.101	0.112	0.123	0.136	0.149	0.164	0.179	0.197	0.234	0.274	0.314	0.354	0.395
1.2	0.062	0.070	0.077	0.085	0.095	0.105	0.115	0.128	0.140	0.155	0.170	0.204	0.241	0.278	0.315	0.354
1.4	0.053	0.060	0.067	0.074	0.082	0.091	0.101	0.111	0.123	0.136	0.149	0.179	0.213	0.249	0.283	0.319
1.6	0.047	0.053	0.059	0.065	0.072	0.080	0.089	0.099	0.109	0.121	0.133	0.160	0.190	0.224	0.256	0.290
1.8	0.042	0.047	0.052	0.058	0.065	0.072	0.080	0.088	0.098	0.108	0.120	0.144	0.172	0.203	0.234	0.265
2.0	0.038	0.042	0.047	0.052	0.058	0.065	0.072	0.080	0.089	0.098	0.109	0.132	0.158	0.186	0.215	0.245
2.2	0.034	0.039	0.043	0.048	0.053	0.059	0.066	0.073	0.081	0.090	0.099	0.121	0.144	0.170	0.198	0.226
2.4	0.032	0.036	0.039	0.044	0.049	0.054	0.061	0.067	0.075	0.083	0.092	0.111	0.133	0.158	0.184	0.211
2.6	0.029	0.033	0.036	0.041	0.045	0.050	0.056	0.062	0.069	0.077	0.085	0.103	0.124	0.147	0.170	0.196
2.8	0.027	0.030	0.034	0.038	0.042	0.047	0.052	0.058	0.065	0.071	0.079	0.096	0.115	0.137	0.159	0.184
3.0	0.025	0.028	0.032	0.035	0.039	0.044	0.049	0.054	0.060	0.067	0.074	0.090	0.108	0.128	0.149	0.171
x	0.000	0.005	0.017	0.035	0.057	0.083	0.113	0.144	0.178	0.213	0.250	0.327	0.408	0.492	0.579	0.667
y	0.500	0.455	0.417	0.385	0.357	0.333	0.313	0.294	0.278	0.263	0.250	0.227	0.208	0.192	0.179	0.167

음영처리한 부분의 값은 KDS 41 31 00의 표 4.7-7 용접조인트 강도표와 필릿용접부의 대체 설계방법 (a), (b) 및 (c)에 의해 허용된 최대설계강도에 근거한 값임.

도움표 2.2.9-8(계속) 편심하중을 받는 용접군의 계수, *C*

하중각도=30°

도움표를 이용한 용접군의 설계강도는 다음 식으로 구한다.

$$P_u = \phi R_n = \phi(CC_1 D\, l),\ \phi = 0.75$$

도움표와 다음 식들을 이용하여 필릿용접부치수 D 또는 필릿용접군의 특성길이 l을 구할 수 있다.

$$C_{\min} = \frac{P_u}{\phi C_1 D\, l} \quad D_{\min} = \frac{P_u}{\phi CC_1\, l} \quad l_{\min} = \frac{P_u}{\phi CC_1 D}$$

여기서,

P_u = 최대편심하중, kN

D = 필릿용접부사이즈, mm

l = 용접군의 특성길이, mm

a = e_x/l

e_x = 용접군의 중심으로부터 편심하중 P_u까지 수평거리, mm

C = 용접군의 강도계수(아래표의 값)

C_1 = 용접재 강도계수

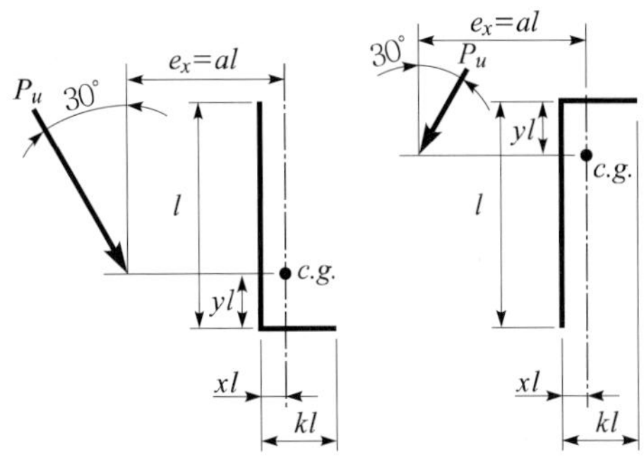

a	k															
	0	0.1	0.2	0.3	0.4	0.5	0.6	0.7	0.8	0.9	1.0	1.2	1.4	1.6	1.8	2.0
0.00	0.244	0.273	0.302	0.332	0.360	0.389	0.418	0.446	0.475	0.504	0.533	0.590	0.647	0.706	0.763	0.821
0.10	0.226	0.251	0.277	0.302	0.440	0.355	0.381	0.407	0.433	0.459	0.486	0.540	0.595	0.650	0.706	0.763
0.15	0.215	0.237	0.261	0.284	0.309	0.334	0.358	0.383	0.408	0.432	0.458	0.510	0.562	0.617	0.673	0.731
0.20	0.204	0.225	0.248	0.270	0.293	0.317	0.339	0.363	0.388	0.411	0.436	0.485	0.536	0.589	0.643	0.699
0.25	0.192	0.213	0.233	0.255	0.277	0.299	0.323	0.345	0.367	0.391	0.414	0.463	0.512	0.563	0.616	0.671
0.30	0.180	0.199	0.220	0.240	0.260	0.282	0.305	0.326	0.348	0.371	0.393	0.440	0.489	0.540	0.592	0.645
0.40	0.158	0.175	0.193	0.209	0.230	0.251	0.272	0.295	0.316	0.337	0.360	0.405	0.452	0.502	0.552	0.604
0.50	0.138	0.153	0.168	0.186	0.204	0.224	0.245	0.265	0.287	0.308	0.330	0.374	0.420	0.468	0.517	0.567
0.60	0.121	0.136	0.149	0.166	0.183	0.202	0.220	0.239	0.259	0.281	0.304	0.347	0.392	0.438	0.485	0.534
0.70	0.108	0.120	0.133	0.149	0.165	0.181	0.198	0.216	0.235	0.255	0.278	0.321	0.365	0.410	0.457	0.504
0.80	0.097	0.108	0.120	0.134	0.149	0.164	0.179	0.196	0.215	0.234	0.254	0.299	0.342	0.385	0.430	0.476
0.90	0.088	0.098	0.109	0.122	0.136	0.149	0.164	0.179	0.197	0.215	0.235	0.277	0.319	0.362	0.405	0.451
1.0	0.080	0.089	0.100	0.112	0.123	0.137	0.150	0.166	0.181	0.198	0.217	0.258	0.300	0.340	0.383	0.427
1.2	0.068	0.076	0.085	0.095	0.105	0.116	0.129	0.142	0.156	0.171	0.188	0.225	0.265	0.304	0.344	0.385
1.4	0.059	0.066	0.074	0.082	0.091	0.101	0.112	0.124	0.137	0.151	0.164	0.199	0.235	0.273	0.310	0.349
1.6	0.052	0.058	0.065	0.072	0.193	0.089	0.099	0.110	0.122	0.134	0.148	0.178	0.212	0.248	0.282	0.319
1.8	0.046	0.052	0.058	0.065	0.072	0.080	0.089	0.099	0.109	0.121	0.133	0.160	0.192	0.225	0.259	0.292
2.0	0.042	0.047	0.053	0.058	0.065	0.072	0.081	0.089	0.099	0.110	0.121	0.147	0.175	0.206	0.237	0.270
2.2	0.038	0.043	0.048	0.053	0.059	0.066	0.074	0.082	0.091	0.100	0.111	0.134	0.161	0.189	0.220	0.251
2.4	0.035	0.040	0.044	0.049	0.054	0.061	0.068	0.075	0.083	0.092	0.102	0.124	0.148	0.175	0.203	0.233
2.6	0.032	0.037	0.041	0.045	0.050	0.056	0.063	0.070	0.077	0.086	0.095	0.115	0.138	0.162	0.188	0.217
2.8	0.030	0.034	0.038	0.042	0.047	0.052	0.058	0.065	0.072	0.080	0.088	0.107	0.129	0.151	0.176	0.203
3.0	0.028	0.032	0.035	0.039	0.044	0.049	0.055	0.061	0.067	0.075	0.083	0.101	0.120	0.141	0.165	0.190
x	0.000	0.005	0.017	0.035	0.057	0.083	0.113	0.144	0.178	0.213	0.250	0.327	0.408	0.492	0.579	0.667
y	0.500	0.455	0.417	0.385	0.357	0.333	0.313	0.294	0.278	0.263	0.250	0.227	0.208	0.192	0.179	0.167

음영처리한 부분의 값은 KDS 41 31 00의 표 4.7-7 용접조인트 강도표와 필릿용접부의 대체 설계방법 (a), (b) 및 (c)에 의해 허용된 최대설계강도에 근거한 값임.

도움표 2.2.9-8(계속) 편심하중을 받는 용접군의 계수, *C*

하중각도=45°

도움표를 이용한 용접군의 설계강도는 다음 식으로 구한다.

$$P_u = \phi R_n = \phi(CC_1 D\, l),\ \phi = 0.75$$

도움표와 다음 식들을 이용하여 필릿용접부치수 D 또는 필릿용접군의 특성길이 l을 구할 수 있다.

$$C_{\min} = \frac{P_u}{\phi C_1 D\, l} \quad D_{\min} = \frac{P_u}{\phi C C_1 l} \quad l_{\min} = \frac{P_u}{\phi C C_1 D}$$

여기서,

P_u = 최대편심하중, kN

D = 필릿용접부사이즈, mm

l = 용접군의 특성길이, mm

a = e_x/l

e_x = 용접군의 중심으로부터 편심하중 P_u까지 수평거리, mm

C = 용접군의 강도계수(아래표의 값)

C_1 = 용접재 강도계수

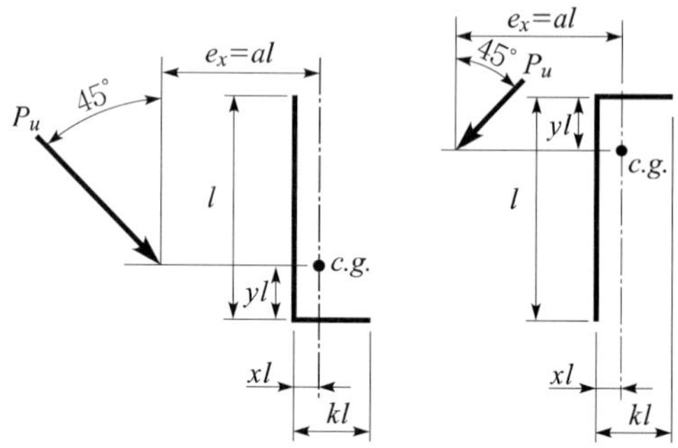

a	k=0	0.1	0.2	0.3	0.4	0.5	0.6	0.7	0.8	0.9	1.0	1.2	1.4	1.6	1.8	2.0
0.00	0.270	0.288	0.314	0.340	0.366	0.393	0.419	0.445	0.472	0.497	0.523	0.576	0.628	0.681	0.732	0.785
0.10	0.251	0.273	0.297	0.321	0.346	0.372	0.399	0.424	0.451	0.477	0.504	0.559	0.613	0.668	0.722	0.777
0.15	0.234	0.255	0.278	0.301	0.326	0.352	0.379	0.405	0.431	0.458	0.485	0.541	0.596	0.652	0.707	0.763
0.20	0.220	0.240	0.260	0.281	0.305	0.329	0.355	0.383	0.410	0.437	0.465	0.521	0.577	0.633	0.689	0.745
0.25	0.207	0.226	0.245	0.265	0.287	0.309	0.334	0.360	0.386	0.414	0.442	0.498	0.554	0.612	0.669	0.725
0.30	0.195	0.213	0.231	0.250	0.270	0.292	0.316	0.340	0.365	0.392	0.419	0.475	0.532	0.589	0.646	0.703
0.40	0.174	0.189	0.206	0.223	0.243	0.264	0.287	0.310	0.335	0.361	0.385	0.436	0.488	0.544	0.601	0.659
0.50	0.155	0.169	0.184	0.202	0.221	0.241	0.263	0.287	0.310	0.334	0.358	0.407	0.456	0.508	0.562	0.618
0.60	0.138	0.151	0.166	0.183	0.200	0.221	0.242	0.264	0.288	0.311	0.335	0.382	0.430	0.479	0.531	0.584
0.70	0.124	0.137	0.150	0.166	0.184	0.203	0.223	0.245	0.267	0.290	0.314	0.358	0.405	0.454	0.504	0.554
0.80	0.112	0.124	0.137	0.152	0.169	0.187	0.206	0.227	0.249	0.271	0.293	0.337	0.383	0.430	0.479	0.529
0.90	0.102	0.113	0.125	0.140	0.156	0.172	0.192	0.211	0.232	0.252	0.273	0.318	0.363	0.409	0.456	0.505
1.0	0.094	0.104	0.115	0.129	0.144	0.160	0.178	0.196	0.215	0.235	0.255	0.300	0.344	0.389	0.435	0.483
1.2	0.081	0.089	0.100	0.112	0.125	0.140	0.155	0.170	0.187	0.205	0.224	0.265	0.309	0.352	0.395	0.441
1.4	0.070	0.078	0.088	0.098	0.110	0.122	0.136	0.150	0.165	0.181	0.199	0.236	0.279	0.320	0.362	0.405
1.6	0.062	0.069	0.078	0.087	0.097	0.108	0.120	0.133	0.147	0.162	0.178	0.213	0.251	0.292	0.333	0.374
1.8	0.056	0.062	0.070	0.079	0.087	0.097	0.108	0.120	0.132	0.147	0.161	0.193	0.228	0.267	0.306	0.346
2.0	0.051	0.057	0.064	0.071	0.079	0.088	0.098	0.109	0.121	0.133	0.147	0.176	0.208	0.244	0.283	0.320
2.2	0.046	0.052	0.058	0.065	0.072	0.080	0.090	0.100	0.110	0.122	0.134	0.161	0.193	0.225	0.261	0.299
2.4	0.042	0.048	0.054	0.060	0.066	0.074	0.083	0.092	0.102	0.113	0.124	0.149	0.178	0.209	0.243	0.279
2.6	0.039	0.044	0.050	0.055	0.061	0.069	0.076	0.085	0.094	0.104	0.115	0.139	0.166	0.195	0.226	0.260
2.8	0.037	0.041	0.046	0.051	0.057	0.064	0.071	0.079	0.088	0.097	0.108	0.130	0.155	0.183	0.212	0.244
3.0	0.034	0.039	0.043	0.048	0.053	0.060	0.067	0.074	0.082	0.091	0.101	0.122	0.144	0.171	0.199	0.230
x	0.000	0.005	0.017	0.035	0.057	0.083	0.113	0.144	0.178	0.213	0.250	0.327	0.408	0.492	0.579	0.667
y	0.500	0.455	0.417	0.385	0.357	0.333	0.313	0.294	0.278	0.263	0.250	0.227	0.208	0.192	0.179	0.167

음영처리한 부분의 값은 KDS 41 31 00의 표 4.7-7 용접조인트 강도표와 필릿용접부의 대체 설계방법 (a), (b) 및 (c)에 의해 허용된 최대설계강도에 근거한 값임.

도움표 2.2.9-8(계속) 편심하중을 받는 용접군의 계수, *C*

하중각도=60°

도움표를 이용한 용접군의 설계강도는 다음 식으로 구한다.

$$P_u = \phi R_n = \phi(CC_1 D\,l),\ \phi = 0.75$$

도움표와 다음 식들을 이용하여 필릿용접부치수 D 또는 필릿용접군의 특성길이 l을 구할 수 있다.

$$C_{\min} = \frac{P_u}{\phi C_1 D\,l} \quad D_{\min} = \frac{P_u}{\phi CC_1\,l} \quad l_{\min} = \frac{P_u}{\phi CC_1 D}$$

여기서,

P_u = 최대편심하중, kN

D = 필릿용접부사이즈, mm

l = 용접군의 특성길이, mm

a = e_x/l

e_x = 용접군의 중심으로부터 편심하중 P_u까지 수평거리, mm

C = 용접군의 강도계수(아래표의 값)

C_1 = 용접재 강도계수

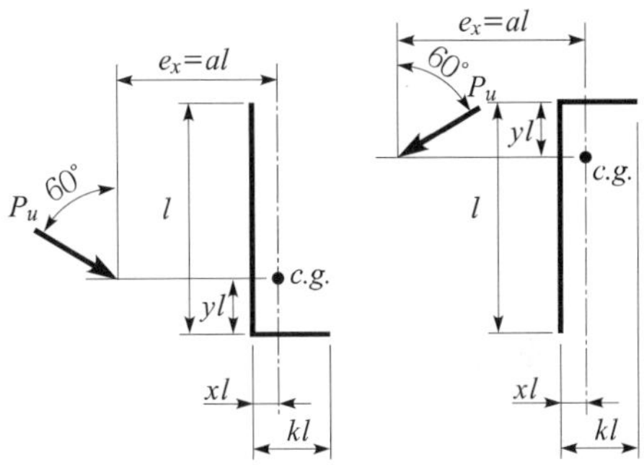

a	k: 0	0.1	0.2	0.3	0.4	0.5	0.6	0.7	0.8	0.9	1.0	1.2	1.4	1.6	1.8	2.0
0.00	0.291	0.312	0.337	0.362	0.385	0.410	0.435	0.459	0.484	0.508	0.533	0.581	0.631	0.680	0.728	0.777
0.10	0.272	0.290	0.309	0.329	0.352	0.376	0.402	0.429	0.456	0.482	0.508	0.560	0.612	0.663	0.713	0.764
0.15	0.259	0.274	0.292	0.312	0.334	0.358	0.383	0.411	0.438	0.466	0.494	0.548	0.600	0.652	0.703	0.755
0.20	0.244	0.260	0.278	0.296	0.317	0.340	0.366	0.393	0.420	0.448	0.476	0.533	0.587	0.641	0.693	0.745
0.25	0.232	0.248	0.263	0.281	0.302	0.326	0.352	0.379	0.405	0.433	0.460	0.516	0.572	0.627	0.681	0.734
0.30	0.221	0.235	0.251	0.269	0.290	0.312	0.337	0.364	0.392	0.420	0.447	0.502	0.557	0.613	0.668	0.721
0.40	0.200	0.215	0.230	0.248	0.268	0.290	0.315	0.339	0.366	0.394	0.422	0.477	0.532	0.586	0.640	0.694
0.50	0.183	0.196	0.211	0.228	0.249	0.271	0.295	0.319	0.344	0.371	0.398	0.455	0.510	0.564	0.618	0.671
0.60	0.167	0.180	0.195	0.212	0.232	0.253	0.277	0.300	0.325	0.351	0.376	0.431	0.488	0.543	0.598	0.651
0.70	0.153	0.166	0.180	0.197	0.216	0.237	0.260	0.283	0.308	0.333	0.358	0.411	0.466	0.523	0.578	0.632
0.80	0.141	0.153	0.167	0.184	0.203	0.223	0.244	0.268	0.291	0.316	0.340	0.393	0.446	0.502	0.558	0.613
0.90	0.131	0.142	0.156	0.171	0.189	0.209	0.231	0.253	0.276	0.300	0.325	0.375	0.428	0.482	0.536	0.592
1.0	0.121	0.132	0.146	0.161	0.178	0.197	0.217	0.240	0.262	0.286	0.309	0.360	0.411	0.463	0.516	0.572
1.2	0.106	0.116	0.129	0.142	0.158	0.176	0.195	0.215	0.236	0.258	0.279	0.327	0.377	0.429	0.480	0.532
1.4	0.094	0.103	0.114	0.128	0.142	0.158	0.176	0.195	0.213	0.232	0.253	0.298	0.346	0.398	0.448	0.498
1.6	0.084	0.093	0.103	0.115	0.129	0.143	0.160	0.177	0.194	0.212	0.231	0.272	0.318	0.367	0.419	0.467
1.8	0.076	0.084	0.094	0.105	0.118	0.131	0.147	0.161	0.177	0.193	0.211	0.250	0.293	0.340	0.391	0.439
2.0	0.069	0.077	0.086	0.096	0.108	0.121	0.134	0.148	0.162	0.178	0.194	0.231	0.272	0.317	0.364	0.413
2.2	0.063	0.070	0.079	0.088	0.099	0.111	0.123	0.137	0.150	0.165	0.180	0.214	0.253	0.296	0.340	0.388
2.4	0.058	0.065	0.073	0.082	0.092	0.103	0.114	0.127	0.139	0.152	0.167	0.199	0.236	0.277	0.319	0.365
2.6	0.054	0.061	0.068	0.076	0.085	0.095	0.106	0.118	0.130	0.142	0.156	0.187	0.222	0.260	0.300	0.344
2.8	0.051	0.057	0.064	0.071	0.080	0.089	0.099	0.110	0.121	0.133	0.147	0.176	0.208	0.244	0.283	0.325
3.0	0.047	0.053	0.060	0.067	0.075	0.083	0.093	0.103	0.114	0.125	0.138	0.165	0.196	0.231	0.268	0.307
x	0.000	0.005	0.017	0.035	0.057	0.083	0.113	0.144	0.178	0.213	0.250	0.327	0.408	0.492	0.579	0.667
y	0.500	0.455	0.417	0.385	0.357	0.333	0.313	0.294	0.278	0.263	0.250	0.227	0.208	0.192	0.179	0.167

음영처리한 부분의 값은 KDS 41 31 00의 표 4.7-7 용접조인트 강도표와 필릿용접부의 대체 설계방법 (a), (b) 및 (c)에 의해 허용된 최대설계강도에 근거한 값임.

도움표 2.2.9-8(계속) 편심하중을 받는 용접군의 계수, C

하중각도=75°

도움표를 이용한 용접군의 설계강도는 다음 식으로 구한다.

$$P_u = \phi R_n = \phi(CC_1 D\,l),\ \phi = 0.75$$

도움표와 다음 식들을 이용하여 필릿용접부치수 D 또는 필릿용접군의 특성길이 l을 구할 수 있다.

$$C_{\min} = \frac{P_u}{\phi C_1 D\,l} \quad D_{\min} = \frac{P_u}{\phi C C_1 l} \quad l_{\min} = \frac{P_u}{\phi C C_1 D}$$

여기서,

P_u = 최대편심하중, kN

D = 필릿용접부사이즈, mm

l = 용접군의 특성길이, mm

a = e_x/l

e_x = 용접군의 중심으로부터 편심하중 P_u까지 수평거리, mm

C = 용접군의 강도계수(아래표의 값)

C_1 = 용접재 강도계수

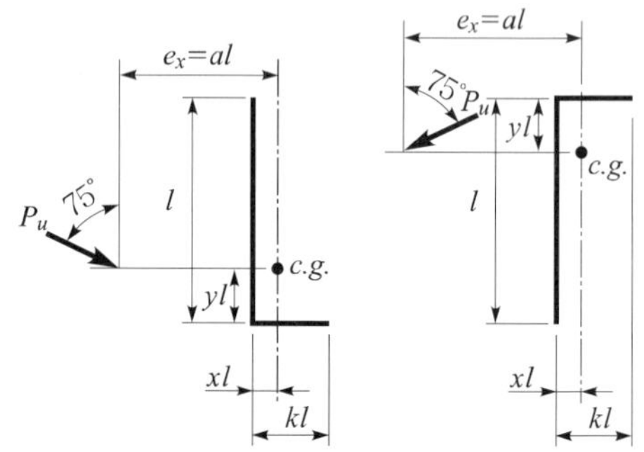

a	k															
	0	0.1	0.2	0.3	0.4	0.5	0.6	0.7	0.8	0.9	1.0	1.2	1.4	1.6	1.8	2.0
0.00	0.307	0.327	0.348	0.370	0.391	0.413	0.435	0.456	0.477	0.500	0.521	0.563	0.607	0.650	0.693	0.736
0.10	0.290	0.299	0.311	0.328	0.349	0.372	0.395	0.420	0.444	0.467	0.491	0.535	0.585	0.632	0.679	0.724
0.15	0.280	0.290	0.302	0.320	0.342	0.365	0.390	0.414	0.439	0.463	0.486	0.531	0.577	0.625	0.673	0.719
0.20	0.272	0.282	0.295	0.312	0.334	0.357	0.383	0.408	0.433	0.458	0.482	0.528	0.572	0.618	0.666	0.713
0.25	0.263	0.273	0.287	0.306	0.327	0.351	0.376	0.402	0.428	0.452	0.477	0.524	0.569	0.614	0.660	0.707
0.30	0.255	0.267	0.280	0.298	0.319	0.344	0.370	0.395	0.422	0.448	0.473	0.521	0.567	0.610	0.655	0.701
0.40	0.242	0.252	0.267	0.286	0.307	0.330	0.355	0.382	0.410	0.437	0.463	0.513	0.560	0.606	0.650	0.693
0.50	0.230	0.240	0.254	0.273	0.295	0.317	0.343	0.370	0.398	0.424	0.452	0.504	0.553	0.599	0.645	0.689
0.60	0.217	0.228	0.243	0.262	0.282	0.306	0.330	0.357	0.384	0.413	0.441	0.495	0.545	0.594	0.640	0.684
0.70	0.207	0.217	0.233	0.251	0.271	0.295	0.319	0.345	0.372	0.401	0.429	0.485	0.538	0.587	0.634	0.680
0.80	0.196	0.207	0.223	0.241	0.261	0.283	0.308	0.327	0.361	0.389	0.418	0.474	0.529	0.579	0.627	0.674
0.90	0.187	0.198	0.213	0.231	0.251	0.273	0.298	0.324	0.349	0.377	0.405	0.464	0.519	0.571	0.620	0.669
1.0	0.178	0.189	0.204	0.222	0.242	0.264	0.288	0.314	0.339	0.366	0.394	0.452	0.508	0.562	0.613	0.662
1.2	0.162	0.174	0.188	0.205	0.224	0.246	0.269	0.293	0.319	0.346	0.373	0.429	0.487	0.543	0.597	0.647
1.4	0.149	0.160	0.174	0.190	0.208	0.230	0.252	0.277	0.301	0.327	0.353	0.408	0.465	0.523	0.578	0.632
1.6	0.137	0.148	0.161	0.177	0.195	0.215	0.236	0.260	0.284	0.309	0.334	0.386	0.444	0.502	0.559	0.614
1.8	0.127	0.137	0.150	0.165	0.183	0.202	0.223	0.245	0.269	0.292	0.316	0.366	0.421	0.479	0.539	0.595
2.0	0.118	0.128	0.140	0.155	0.171	0.189	0.209	0.232	0.254	0.276	0.299	0.348	0.401	0.458	0.516	0.576
2.2	0.109	0.119	0.131	0.146	0.161	0.179	0.198	0.218	0.240	0.261	0.283	0.330	0.382	0.437	0.495	0.554
2.4	0.102	0.112	0.123	0.137	0.152	0.169	0.188	0.207	0.227	0.248	0.269	0.315	0.364	0.418	0.474	0.532
2.6	0.096	0.105	0.116	0.129	0.144	0.160	0.178	0.197	0.215	0.234	0.255	0.299	0.348	0.400	0.455	0.512
2.8	0.090	0.099	0.110	0.122	0.137	0.152	0.169	0.187	0.205	0.223	0.243	0.286	0.333	0.383	0.437	0.493
3.0	0.085	0.094	0.104	0.116	0.130	0.144	0.161	0.178	0.195	0.213	0.232	0.273	0.318	0.367	0.420	0.475
x	0.000	0.005	0.017	0.035	0.057	0.083	0.113	0.144	0.178	0.213	0.250	0.327	0.408	0.492	0.579	0.667
y	0.500	0.455	0.417	0.385	0.357	0.333	0.313	0.294	0.278	0.263	0.250	0.227	0.208	0.192	0.179	0.167

음영처리한 부분의 값은 KDS 41 31 00의 표 4.7-7 용접조인트 강도표와 필릿용접부의 대체 설계방법 (a), (b) 및 (c)에 의해 허용된 최대설계강도에 근거한 값임.

도움표 2.2.9-8a 편심하중을 받는 용접군의 계수, *C*

하중각도=15°

도움표를 이용한 용접군의 설계강도는 다음 식으로 구한다.

$$P_u = \phi R_n = \phi(CC_1 D\, l),\ \phi = 0.75$$

도움표와 다음 식들을 이용하여 필릿용접부치수 D 또는 필릿용접군의 특성길이 l을 구할 수 있다.

$$C_{\min} = \frac{P_u}{\phi C_1 D\, l} \quad D_{\min} = \frac{P_u}{\phi CC_1\, l} \quad l_{\min} = \frac{P_u}{\phi CC_1 D}$$

여기서,

P_u = 최대편심하중, kN

D = 필릿용접부사이즈, mm

l = 용접군의 특성길이, mm

a = e_x/l

e_x = 용접군의 중심으로부터 편심하중 P_u까지 수평거리, mm

C = 용접군의 강도계수(아래표의 값)

C_1 = 용접재 강도계수

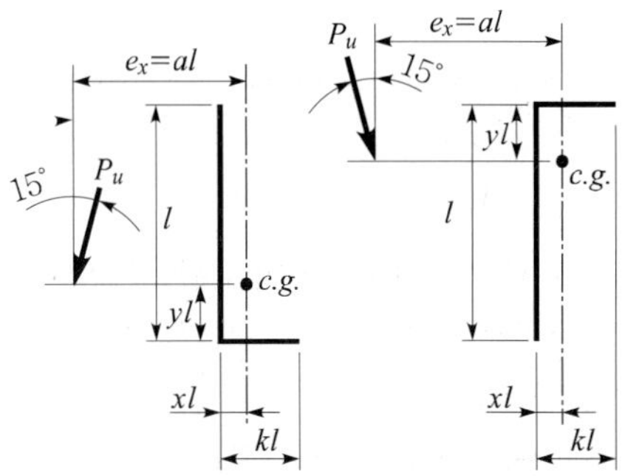

a	k															
	0	0.1	0.2	0.3	0.4	0.5	0.6	0.7	0.8	0.9	1.0	1.2	1.4	1.6	1.8	2.0
0.00	0.222	0.246	0.277	0.307	0.337	0.368	0.399	0.429	0.459	0.491	0.521	0.581	0.643	0.703	0.765	0.825
0.10	0.213	0.241	0.273	0.304	0.333	0.358	0.383	0.405	0.428	0.450	0.473	0.520	0.568	0.618	0.671	0.725
0.15	0.206	0.234	0.262	0.289	0.314	0.336	0.357	0.379	0.400	0.422	0.446	0.493	0.541	0.591	0.644	0.697
0.20	0.197	0.222	0.246	0.270	0.292	0.312	0.333	0.353	0.375	0.398	0.421	0.468	0.516	0.566	0.617	0.671
0.25	0.185	0.207	0.230	0.251	0.271	0.290	0.309	0.329	0.352	0.374	0.398	0.445	0.493	0.542	0.594	0.646
0.30	0.174	0.194	0.213	0.232	0.251	0.269	0.288	0.308	0.329	0.352	0.375	0.423	0.470	0.520	0.570	0.623
0.40	0.150	0.167	0.184	0.198	0.215	0.232	0.251	0.271	0.291	0.314	0.336	0.383	0.430	0.478	0.528	0.579
0.50	0.130	0.144	0.158	0.172	0.187	0.203	0.221	0.240	0.260	0.280	0.302	0.348	0.394	0.441	0.489	0.539
0.60	0.113	0.127	0.139	0.151	0.165	0.179	0.196	0.214	0.233	0.253	0.273	0.317	0.364	0.409	0.455	0.504
0.70	0.100	0.112	0.123	0.134	0.147	0.160	0.176	0.193	0.211	0.230	0.249	0.291	0.336	0.380	0.424	0.472
0.80	0.089	0.100	0.110	0.121	0.132	0.144	0.159	0.175	0.192	0.209	0.227	0.268	0.310	0.354	0.398	0.442
0.90	0.081	0.090	0.099	0.109	0.120	0.132	0.144	0.159	0.175	0.192	0.209	0.248	0.289	0.330	0.373	0.416
1.0	0.073	0.082	0.090	0.100	0.110	0.121	0.133	0.147	0.161	0.177	0.194	0.230	0.269	0.310	0.351	0.392
1.2	0.062	0.069	0.076	0.085	0.094	0.103	0.114	0.125	0.139	0.152	0.168	0.200	0.236	0.274	0.312	0.352
1.4	0.053	0.060	0.066	0.073	0.081	0.090	0.099	0.110	0.121	0.134	0.148	0.177	0.209	0.245	0.281	0.317
1.6	0.047	0.052	0.058	0.065	0.072	0.080	0.088	0.097	0.108	0.120	0.131	0.159	0.188	0.221	0.254	0.289
1.8	0.042	0.047	0.052	0.058	0.064	0.071	0.079	0.087	0.097	0.107	0.119	0.143	0.170	0.200	0.232	0.264
2.0	0.038	0.042	0.047	0.052	0.058	0.065	0.072	0.079	0.088	0.097	0.108	0.130	0.156	0.184	0.214	0.243
2.2	0.034	0.038	0.043	0.047	0.053	0.059	0.065	0.073	0.081	0.089	0.099	0.120	0.143	0.169	0.197	0.225
2.4	0.032	0.035	0.039	0.044	0.049	0.054	0.060	0.067	0.074	0.082	0.091	0.111	0.132	0.157	0.183	0.209
2.6	0.029	0.033	0.036	0.040	0.045	0.050	0.056	0.062	0.069	0.076	0.084	0.103	0.123	0.146	0.169	0.195
2.8	0.027	0.030	0.034	0.038	0.042	0.047	0.052	0.058	0.064	0.071	0.079	0.096	0.115	0.136	0.158	0.183
3.0	0.025	0.028	0.031	0.035	0.039	0.044	0.049	0.054	0.060	0.067	0.074	0.090	0.108	0.128	0.148	0.171
x	0.000	0.005	0.017	0.035	0.057	0.083	0.113	0.144	0.178	0.213	0.250	0.327	0.408	0.492	0.579	0.667
y	0.500	0.455	0.417	0.385	0.357	0.333	0.313	0.294	0.278	0.263	0.250	0.227	0.208	0.192	0.179	0.167

음영처리한 부분의 값은 KDS 41 31 00의 표 4.7-7 용접조인트 강도표와 필릿용접부의 대체 설계방법 (a), (b) 및 (c)에 의해 허용된 최대설계강도에 근거한 값임.

도움표 2.2.9-8a(계속) 편심하중을 받는 용접군의 계수, *C*

하중각도=30°

도움표를 이용한 용접군의 설계강도는 다음 식으로 구한다.

$$P_u = \phi R_n = \phi(CC_1 D\, l),\ \phi = 0.75$$

도움표와 다음 식들을 이용하여 필릿용접부치수 D 또는 필릿용접군의 특성길이 l을 구할 수 있다.

$$C_{\min} = \frac{P_u}{\phi C_1 D\, l} \quad D_{\min} = \frac{P_u}{\phi CC_1 l} \quad l_{\min} = \frac{P_u}{\phi CC_1 D}$$

여기서,

P_u = 최대편심하중, kN

D = 필릿용접부사이즈, mm

l = 용접군의 특성길이, mm

a = e_x/l

e_x = 용접군의 중심으로부터 편심하중 P_u까지 수평거리, mm

C = 용접군의 강도계수(아래표의 값)

C_1 = 용접재 강도계수

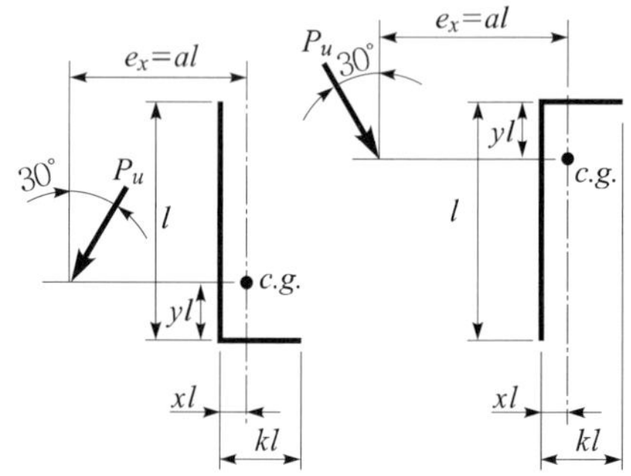

a	k															
	0	0.1	0.2	0.3	0.4	0.5	0.6	0.7	0.8	0.9	1.0	1.2	1.4	1.6	1.8	2.0
0.00	0.244	0.273	0.302	0.332	0.360	0.389	0.418	0.446	0.475	0.504	0.533	0.590	0.647	0.706	0.763	0.821
0.10	0.226	0.262	0.292	0.320	0.345	0.366	0.388	0.410	0.432	0.457	0.483	0.535	0.590	0.645	0.701	0.758
0.15	0.215	0.246	0.276	0.300	0.323	0.342	0.362	0.383	0.407	0.431	0.456	0.508	0.563	0.618	0.674	0.730
0.20	0.204	0.232	0.258	0.280	0.300	0.319	0.338	0.360	0.382	0.407	0.432	0.485	0.539	0.594	0.648	0.704
0.25	0.192	0.216	0.240	0.261	0.280	0.298	0.317	0.338	0.361	0.384	0.409	0.461	0.516	0.570	0.625	0.680
0.30	0.180	0.203	0.223	0.242	0.260	0.279	0.298	0.318	0.340	0.364	0.389	0.440	0.494	0.548	0.603	0.657
0.40	0.158	0.176	0.193	0.209	0.226	0.244	0.263	0.283	0.305	0.327	0.351	0.401	0.454	0.507	0.561	0.615
0.50	0.138	0.153	0.168	0.183	0.199	0.216	0.234	0.253	0.274	0.296	0.318	0.366	0.418	0.470	0.523	0.576
0.60	0.121	0.136	0.149	0.162	0.176	0.193	0.211	0.228	0.248	0.269	0.290	0.336	0.386	0.438	0.488	0.540
0.70	0.108	0.121	0.132	0.144	0.158	0.172	0.189	0.207	0.225	0.245	0.265	0.310	0.357	0.408	0.457	0.507
0.80	0.097	0.108	0.119	0.131	0.143	0.157	0.172	0.188	0.206	0.225	0.244	0.287	0.333	0.381	0.429	0.478
0.90	0.088	0.098	0.108	0.119	0.130	0.143	0.157	0.172	0.189	0.207	0.226	0.267	0.310	0.357	0.403	0.451
1.0	0.080	0.089	0.099	0.109	0.120	0.131	0.144	0.159	0.175	0.192	0.209	0.249	0.290	0.335	0.380	0.427
1.2	0.068	0.076	0.084	0.093	0.102	0.113	0.124	0.138	0.151	0.167	0.183	0.218	0.256	0.298	0.340	0.383
1.4	0.059	0.066	0.073	0.081	0.089	0.099	0.109	0.121	0.133	0.147	0.161	0.194	0.228	0.267	0.307	0.347
1.6	0.052	0.058	0.064	0.071	0.079	0.088	0.097	0.107	0.119	0.131	0.144	0.174	0.206	0.241	0.279	0.316
1.8	0.046	0.052	0.057	0.064	0.071	0.079	0.087	0.097	0.107	0.119	0.131	0.158	0.187	0.220	0.254	0.290
2.0	0.042	0.047	0.052	0.058	0.064	0.071	0.079	0.088	0.097	0.108	0.119	0.143	0.171	0.202	0.234	0.268
2.2	0.038	0.043	0.047	0.053	0.059	0.065	0.072	0.080	0.089	0.099	0.109	0.132	0.158	0.186	0.216	0.248
2.4	0.035	0.039	0.044	0.048	0.054	0.060	0.067	0.074	0.082	0.091	0.101	0.122	0.146	0.172	0.200	0.231
2.6	0.032	0.036	0.040	0.045	0.050	0.056	0.062	0.069	0.076	0.085	0.094	0.113	0.136	0.161	0.187	0.215
2.8	0.030	0.034	0.037	0.042	0.046	0.052	0.058	0.064	0.071	0.079	0.087	0.106	0.128	0.150	0.175	0.202
3.0	0.028	0.031	0.035	0.039	0.043	0.048	0.054	0.060	0.067	0.074	0.082	0.100	0.120	0.141	0.165	0.189
x	0.000	0.005	0.017	0.035	0.057	0.083	0.113	0.144	0.178	0.213	0.250	0.327	0.408	0.492	0.579	0.667
y	0.500	0.455	0.417	0.385	0.357	0.333	0.313	0.294	0.278	0.263	0.250	0.227	0.208	0.192	0.179	0.167

음영처리한 부분의 값은 KDS 41 31 00의 표 4.7-7 용접조인트 강도표와 필릿용접부의 대체 설계방법 (a), (b) 및 (c)에 의해 허용된 최대설계강도에 근거한 값임.

도움표 2.2.9-8a(계속) 편심하중을 받는 용접군의 계수, *C*

하중각도=45°

도움표를 이용한 용접군의 설계강도는 다음 식으로 구한다.

$$P_u = \phi R_n = \phi(CC_1 D\, l),\ \phi = 0.75$$

도움표와 다음 식들을 이용하여 필릿용접부치수 D 또는 필릿용접군의 특성길이 l을 구할 수 있다.

$$C_{\min} = \frac{P_u}{\phi C_1 D\, l} \quad D_{\min} = \frac{P_u}{\phi CC_1 l} \quad l_{\min} = \frac{P_u}{\phi CC_1 D}$$

여기서,

P_u = 최대편심하중, kN
D = 필릿용접부사이즈, mm
l = 용접군의 특성길이, mm
a = e_x/l
e_x = 용접군의 중심으로부터 편심하중 P_u까지 수평거리, mm
C = 용접군의 강도계수(아래표의 값)
C_1 = 용접재 강도계수

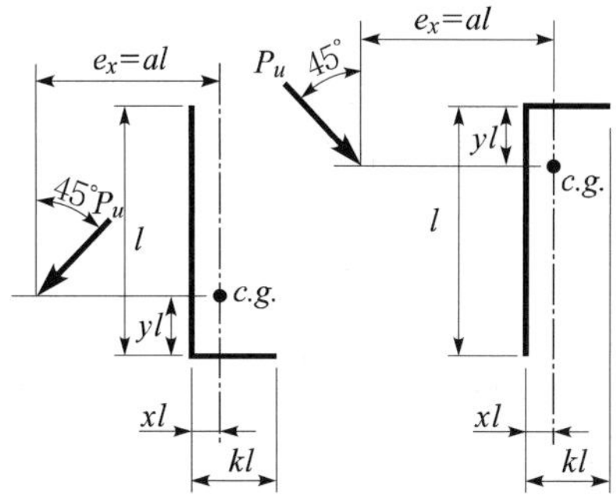

a	k															
	0	0.1	0.2	0.3	0.4	0.5	0.6	0.7	0.8	0.9	1.0	1.2	1.4	1.6	1.8	2.0
0.00	0.270	0.288	0.314	0.340	0.366	0.393	0.419	0.445	0.472	0.497	0.523	0.576	0.628	0.681	0.732	0.785
0.10	0.251	0.282	0.309	0.333	0.355	0.377	0.401	0.426	0.450	0.476	0.503	0.558	0.613	0.668	0.722	0.777
0.15	0.234	0.267	0.292	0.314	0.334	0.355	0.377	0.401	0.427	0.452	0.479	0.534	0.590	0.646	0.702	0.758
0.20	0.220	0.250	0.274	0.295	0.314	0.334	0.356	0.380	0.404	0.430	0.457	0.512	0.567	0.624	0.681	0.738
0.25	0.207	0.235	0.258	0.277	0.295	0.315	0.336	0.360	0.385	0.411	0.437	0.492	0.547	0.603	0.659	0.716
0.30	0.195	0.221	0.242	0.261	0.279	0.297	0.318	0.342	0.366	0.392	0.418	0.473	0.528	0.584	0.640	0.697
0.40	0.174	0.194	0.213	0.231	0.249	0.267	0.287	0.309	0.333	0.357	0.384	0.438	0.493	0.549	0.606	0.662
0.50	0.155	0.172	0.188	0.205	0.223	0.241	0.260	0.281	0.304	0.327	0.353	0.405	0.461	0.517	0.573	0.629
0.60	0.138	0.155	0.169	0.184	0.200	0.218	0.236	0.256	0.277	0.301	0.325	0.376	0.431	0.486	0.542	0.599
0.70	0.124	0.139	0.152	0.166	0.181	0.198	0.216	0.235	0.255	0.278	0.300	0.351	0.403	0.458	0.514	0.570
0.80	0.112	0.125	0.138	0.151	0.166	0.181	0.198	0.217	0.236	0.256	0.279	0.327	0.379	0.431	0.486	0.542
0.90	0.102	0.114	0.127	0.139	0.152	0.167	0.184	0.200	0.220	0.239	0.260	0.306	0.355	0.408	0.461	0.515
1.0	0.094	0.105	0.116	0.128	0.140	0.155	0.159	0.186	0.204	0.223	0.243	0.287	0.335	0.385	0.437	0.491
1.2	0.081	0.090	0.100	0.110	0.121	0.133	0.147	0.162	0.178	0.196	0.214	0.254	0.298	0.346	0.395	0.446
1.4	0.070	0.078	0.087	0.096	0.106	0.118	0.130	0.143	0.158	0.174	0.190	0.227	0.269	0.312	0.358	0.408
1.6	0.062	0.069	0.077	0.086	0.095	0.105	0.115	0.128	0.142	0.157	0.171	0.206	0.243	0.284	0.328	0.374
1.8	0.056	0.062	0.069	0.077	0.085	0.094	0.104	0.115	0.128	0.141	0.156	0.187	0.222	0.260	0.301	0.345
2.0	0.051	0.056	0.063	0.070	0.077	0.086	0.095	0.106	0.116	0.129	0.142	0.171	0.204	0.240	0.278	0.319
2.2	0.046	0.050	0.057	0.064	0.071	0.079	0.087	0.097	0.107	0.119	0.131	0.158	0.189	0.222	0.258	0.297
2.4	0.042	0.047	0.053	0.059	0.065	0.073	0.081	0.089	0.099	0.110	0.121	0.147	0.176	0.206	0.241	0.277
2.6	0.039	0.044	0.049	0.054	0.060	0.067	0.075	0.083	0.092	0.102	0.113	0.137	0.164	0.193	0.225	0.259
2.8	0.037	0.041	0.045	0.051	0.056	0.063	0.070	0.078	0.086	0.095	0.106	0.128	0.153	0.181	0.211	0.243
3.0	0.034	0.038	0.043	0.047	0.053	0.059	0.065	0.073	0.081	0.089	0.099	0.120	0.144	0.170	0.198	0.228
x	0.000	0.005	0.017	0.035	0.057	0.083	0.113	0.144	0.178	0.213	0.250	0.327	0.408	0.492	0.579	0.667
y	0.500	0.455	0.417	0.385	0.357	0.333	0.313	0.294	0.278	0.263	0.250	0.227	0.208	0.192	0.179	0.167

음영처리한 부분의 값은 KDS 41 31 00의 표 4.7-7 용접조인트 강도표와 필릿용접부의 대체 설계방법 (a), (b) 및 (c)에 의해 허용된 최대설계강도에 근거한 값임.

도움표 2.2.9-8a(계속) 편심하중을 받는 용접군의 계수, *C*

하중각도=60°

도움표를 이용한 용접군의 설계강도는 다음 식으로 구한다.

$$P_u = \phi R_n = \phi(CC_1 D\, l),\ \phi = 0.75$$

도움표와 다음 식들을 이용하여 필릿용접부치수 D 또는 필릿용접군의 특성길이 l을 구할 수 있다.

$$C_{\min} = \frac{P_u}{\phi C_1 D\, l} \quad D_{\min} = \frac{P_u}{\phi C C_1 l} \quad l_{\min} = \frac{P_u}{\phi C C_1 D}$$

여기서,

P_u = 최대편심하중, kN

D = 필릿용접부사이즈, mm

l = 용접군의 특성길이, mm

a = e_x/l

e_x = 용접군의 중심으로부터 편심하중 P_u까지 수평거리, mm

C = 용접군의 강도계수(아래표의 값)

C_1 = 용접재 강도계수

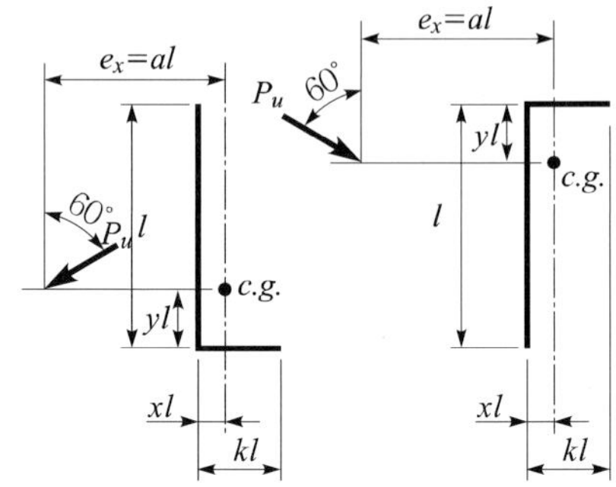

a	k															
	0	0.1	0.2	0.3	0.4	0.5	0.6	0.7	0.8	0.9	1.0	1.2	1.4	1.6	1.8	2.0
0.00	0.291	0.312	0.337	0.362	0.385	0.410	0.435	0.459	0.484	0.508	0.533	0.581	0.631	0.680	0.728	0.777
0.10	0.272	0.300	0.326	0.349	0.374	0.399	0.424	0.449	0.475	0.500	0.525	0.576	0.625	0.674	0.725	0.774
0.15	0.259	0.287	0.310	0.333	0.356	0.381	0.405	0.431	0.457	0.484	0.510	0.561	0.613	0.664	0.715	0.765
0.20	0.244	0.273	0.295	0.316	0.338	0.363	0.388	0.413	0.439	0.465	0.492	0.545	0.598	0.651	0.702	0.754
0.25	0.232	0.260	0.280	0.300	0.323	0.346	0.371	0.396	0.422	0.449	0.475	0.528	0.581	0.635	0.689	0.740
0.30	0.221	0.248	0.268	0.287	0.308	0.332	0.356	0.382	0.408	0.435	0.460	0.513	0.566	0.619	0.673	0.727
0.40	0.200	0.224	0.245	0.263	0.283	0.305	0.329	0.354	0.381	0.408	0.435	0.487	0.541	0.592	0.645	0.698
0.50	0.183	0.204	0.223	0.242	0.261	0.281	0.305	0.329	0.355	0.382	0.409	0.464	0.517	0.571	0.624	0.675
0.60	0.167	0.187	0.204	0.223	0.241	0.261	0.282	0.307	0.333	0.358	0.385	0.441	0.496	0.550	0.604	0.656
0.70	0.153	0.171	0.188	0.205	0.224	0.243	0.263	0.286	0.310	0.337	0.363	0.419	0.474	0.530	0.584	0.637
0.80	0.141	0.158	0.174	0.190	0.207	0.226	0.246	0.268	0.291	0.317	0.343	0.398	0.452	0.508	0.563	0.618
0.90	0.131	0.146	0.161	0.176	0.194	0.212	0.231	0.251	0.273	0.298	0.324	0.377	0.432	0.488	0.544	0.599
1.0	0.121	0.136	0.150	0.165	0.180	0.198	0.216	0.236	0.258	0.281	0.306	0.358	0.413	0.468	0.524	0.580
1.2	0.106	0.119	0.131	0.144	0.159	0.175	0.192	0.211	0.231	0.252	0.274	0.324	0.376	0.431	0.487	0.542
1.4	0.094	0.105	0.116	0.129	0.141	0.156	0.171	0.189	0.207	0.227	0.249	0.295	0.345	0.398	0.452	0.507
1.6	0.084	0.094	0.104	0.115	0.127	0.140	0.155	0.171	0.188	0.207	0.226	0.270	0.317	0.367	0.420	0.474
1.8	0.076	0.085	0.094	0.104	0.115	0.128	0.141	0.156	0.172	0.189	0.207	0.248	0.292	0.340	0.391	0.444
2.0	0.069	0.077	0.086	0.095	0.105	0.116	0.129	0.143	0.158	0.175	0.192	0.230	0.271	0.317	0.365	0.416
2.2	0.063	0.071	0.079	0.087	0.097	0.108	0.119	0.132	0.146	0.161	0.177	0.213	0.253	0.296	0.342	0.391
2.4	0.058	0.065	0.073	0.081	0.090	0.100	0.110	0.122	0.136	0.150	0.165	0.198	0.236	0.278	0.321	0.367
2.6	0.054	0.061	0.068	0.075	0.084	0.093	0.103	0.114	0.127	0.140	0.155	0.186	0.222	0.261	0.302	0.347
2.8	0.051	0.057	0.063	0.070	0.078	0.087	0.096	0.107	0.119	0.131	0.144	0.175	0.208	0.245	0.286	0.328
3.0	0.047	0.053	0.059	0.066	0.073	0.081	0.090	0.100	0.111	0.123	0.137	0.165	0.197	0.232	0.270	0.310
x	0.000	0.005	0.017	0.035	0.057	0.083	0.113	0.144	0.178	0.213	0.250	0.327	0.408	0.492	0.579	0.667
y	0.500	0.455	0.417	0.385	0.357	0.333	0.313	0.294	0.278	0.263	0.250	0.227	0.208	0.192	0.179	0.167

음영처리한 부분의 값은 KDS 41 31 00의 표 4.7-7 용접조인트 강도표와 필릿용접부의 대체 설계방법 (a), (b) 및 (c)에 의해 허용된 최대설계강도에 근거한 값임.

도움표 2.2.9-8a(계속) 편심하중을 받는 용접군의 계수, *C*

하중각도=75°

도움표를 이용한 용접군의 설계강도는 다음 식으로 구한다.

$$P_u = \phi R_n = \phi(CC_1 D\,l),\ \phi = 0.75$$

도움표와 다음 식들을 이용하여 필릿용접부치수 D 또는 필릿용접군의 특성길이 l을 구할 수 있다.

$$C_{\min} = \frac{P_u}{\phi C_1 D\,l} \quad D_{\min} = \frac{P_u}{\phi CC_1 l} \quad l_{\min} = \frac{P_u}{\phi CC_1 D}$$

여기서,

P_u = 최대편심하중, kN

D = 필릿용접부사이즈, mm

l = 용접군의 특성길이, mm

a = e_x/l

e_x = 용접군의 중심으로부터 편심하중 P_u까지 수평거리, mm

C = 용접군의 강도계수(아래표의 값)

C_1 = 용접재 강도계수

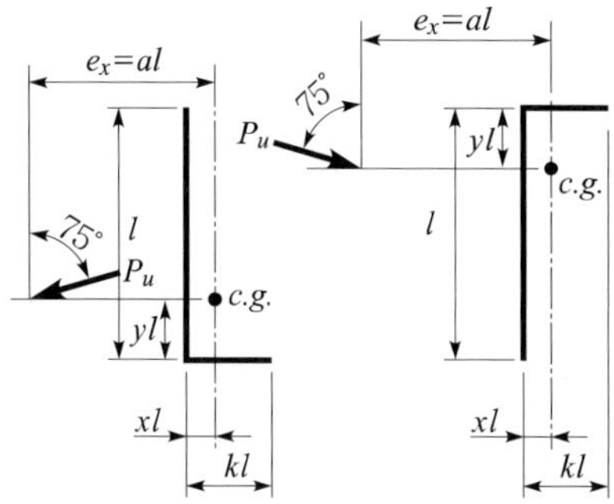

a	k															
	0	0.1	0.2	0.3	0.4	0.5	0.6	0.7	0.8	0.9	1.0	1.2	1.4	1.6	1.8	2.0
0.00	0.307	0.327	0.348	0.370	0.391	0.413	0.435	0.456	0.477	0.500	0.521	0.563	0.607	0.650	0.693	0.736
0.10	0.290	0.320	0.348	0.370	0.391	0.413	0.435	0.456	0.477	0.500	0.521	0.563	0.607	0.650	0.693	0.736
0.15	0.280	0.309	0.338	0.365	0.390	0.412	0.435	0.456	0.477	0.498	0.521	0.563	0.607	0.650	0.693	0.736
0.20	0.272	0.299	0.327	0.355	0.381	0.407	0.430	0.454	0.476	0.498	0.520	0.563	0.606	0.650	0.692	0.736
0.25	0.263	0.290	0.317	0.344	0.370	0.395	0.421	0.445	0.469	0.492	0.514	0.559	0.604	0.647	0.691	0.735
0.30	0.255	0.282	0.307	0.333	0.360	0.385	0.411	0.436	0.459	0.484	0.507	0.552	0.598	0.642	0.687	0.730
0.40	0.242	0.268	0.290	0.315	0.340	0.366	0.392	0.418	0.442	0.466	0.489	0.536	0.584	0.629	0.674	0.719
0.50	0.230	0.254	0.276	0.299	0.324	0.351	0.376	0.403	0.428	0.452	0.476	0.523	0.568	0.614	0.661	0.707
0.60	0.217	0.242	0.263	0.284	0.309	0.335	0.362	0.389	0.414	0.440	0.465	0.513	0.559	0.603	0.647	0.692
0.70	0.207	0.230	0.251	0.272	0.296	0.320	0.347	0.374	0.401	0.428	0.454	0.503	0.550	0.596	0.640	0.684
0.80	0.196	0.218	0.240	0.260	0.282	0.307	0.334	0.361	0.388	0.416	0.442	0.493	0.542	0.588	0.634	0.678
0.90	0.187	0.208	0.228	0.249	0.270	0.295	0.320	0.347	0.375	0.402	0.430	0.483	0.533	0.581	0.627	0.672
1.0	0.178	0.198	0.218	0.239	0.259	0.282	0.308	0.334	0.362	0.390	0.418	0.472	0.523	0.572	0.620	0.666
1.2	0.162	0.181	0.199	0.218	0.239	0.260	0.284	0.310	0.337	0.365	0.393	0.449	0.503	0.556	0.605	0.653
1.4	0.149	0.166	0.184	0.202	0.221	0.241	0.263	0.288	0.315	0.342	0.370	0.427	0.483	0.536	0.588	0.638
1.6	0.137	0.152	0.169	0.186	0.204	0.224	0.245	0.269	0.293	0.320	0.348	0.404	0.461	0.516	0.570	0.622
1.8	0.127	0.141	0.157	0.172	0.189	0.208	0.228	0.251	0.274	0.300	0.327	0.383	0.440	0.496	0.551	0.605
2.0	0.118	0.131	0.146	0.160	0.177	0.195	0.214	0.235	0.258	0.282	0.308	0.363	0.420	0.476	0.532	0.586
2.2	0.109	0.122	0.136	0.150	0.166	0.183	0.202	0.221	0.243	0.267	0.291	0.344	0.400	0.456	0.513	0.568
2.4	0.102	0.114	0.127	0.141	0.156	0.171	0.189	0.208	0.230	0.252	0.276	0.327	0.382	0.438	0.494	0.549
2.6	0.096	0.107	0.120	0.132	0.147	0.161	0.178	0.197	0.217	0.239	0.261	0.311	0.364	0.419	0.475	0.531
2.8	0.090	0.101	0.112	0.124	0.138	0.152	0.169	0.187	0.206	0.226	0.248	0.296	0.348	0.402	0.457	0.513
3.0	0.085	0.096	0.106	0.118	0.131	0.144	0.160	0.177	0.195	0.215	0.236	0.282	0.333	0.385	0.440	0.495
x	0.000	0.005	0.017	0.035	0.057	0.083	0.113	0.144	0.178	0.213	0.250	0.327	0.408	0.492	0.579	0.667
y	0.500	0.455	0.417	0.385	0.357	0.333	0.313	0.294	0.278	0.263	0.250	0.227	0.208	0.192	0.179	0.167

음영처리한 부분의 값은 KDS 41 31 00의 표 4.7-7 용접조인트 강도표와 필릿용접부의 대체 설계방법 (a), (b) 및 (c)에 의해 허용된 최대설계강도에 근거한 값임.

도움표 2.2.10 용접부치수별 개략 용접봉 통과횟수(패스 수)

용접부치수[(1)] mm	필릿용접부	단일베벨 그루브용접부[(2)]		단일 V 그루브용접부[(2)]		
		30° 개선(베벨)	45° 개선(베벨)	30° 그루브각도	60° 그루브각도	90° 그루브각도
5	1	–	–	–	–	–
7	1	1	1	2	3	3
8	1	1	1	2	3	3
10	3	2	2	3	4	6
11	4	2	2	3	4	6
13	4	2	2	4	5	7
16	6	3	3	4	6	8
19	8	4	5	4	7	9
23	–	5	8	5	10	10
26	–	5	11	5	13	22
29	–	7	11	9	15	27
32	–	8	11	12	16	32
35	–	9	15	13	21	36
38	–	9	18	13	25	40
45	–	11	21	13	25	40

(1) 판두께(그루브용접부)
(2) 뒷댐재에 소요되는 용접봉의 소요 통과횟수는 포함하지 않았음.

도움표 2.3.1 볼트구멍의 공제단면적, mm²

기준 1.5.2.12 표 4.7-1

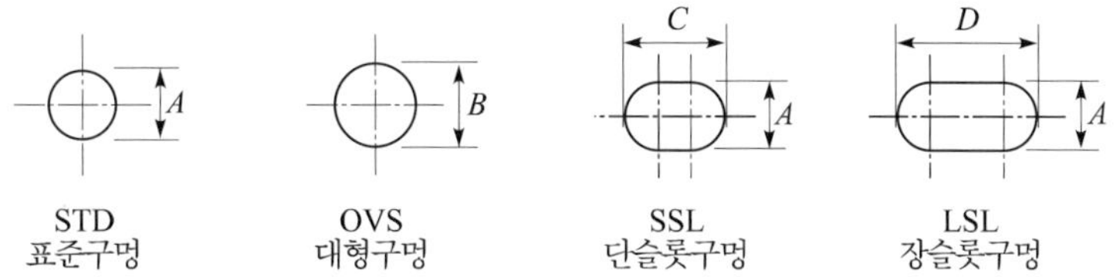

판두께 t, mm	$A \times t$ (표준구멍)						$B \times t$ (대형구멍)					
	볼트지름 d_b, mm						볼트지름 d_b, mm					
	16	20	22	24	27	30	16	20	22	24	27	30
4.5	81.0	99.0	108	122	135	149	90.0	108	126	135	158	171
6	108	132	144	162	180	198	120	144	168	180	210	228
8	144	176	192	216	240	264	160	192	224	240	280	304
9	162	198	216	243	270	297	180	216	252	270	315	342
10	180	220	240	270	300	330	200	240	280	300	350	380
12	216	264	288	324	360	396	240	288	336	360	420	456
14	252	308	336	378	420	462	280	336	392	420	490	532
16	288	352	384	432	480	528	320	384	448	480	560	608
18	324	396	432	486	540	594	360	432	504	540	630	684
19	342	418	456	513	570	627	380	456	532	570	665	722
20	360	440	480	540	600	660	400	480	560	600	700	760
22	396	484	528	594	660	726	440	528	616	660	770	836
25	450	550	600	675	750	825	500	600	700	750	875	950
25.4	457	559	610	686	762	838	508	610	711	762	889	965
STD;d_a^+ OVS;d_b^+	2	2	2	3	3	3	4	4	6	6	8	8

판두께 t, mm	$C \times t$ (단슬롯구멍)						$D \times t$ (장슬롯구멍)					
	볼트지름 d_b, mm						볼트지름 d_b, mm					
	16	20	22	24	27	30	16	20	22	24	27	30
4.5	99.0	117	135	144	167	180	180	225	248	270	302	338
6	132	156	180	192	222	240	240	300	330	360	402	450
8	176	208	240	256	296	320	320	400	440	480	536	600
9	198	234	270	288	333	360	360	450	495	540	603	675
10	220	260	300	320	370	400	400	500	550	600	670	750
12	264	312	360	384	444	480	480	600	660	720	804	900
14	308	364	420	448	518	560	560	700	770	840	938	1,050
16	352	416	480	512	592	640	640	800	880	960	1,072	1,200
18	396	468	540	576	666	720	720	900	990	1,080	1,206	1,350
19	418	494	570	608	703	760	760	950	1,045	1,140	1,273	1,425
20	440	520	600	640	740	800	800	1,000	1,100	1,200	1,340	1,500
22	484	572	660	704	814	880	880	1,100	1,210	1,320	1,474	1,650
25	550	650	750	800	925	1,000	1,000	1,250	1,375	1,500	1,675	1,875
25.4	559	660	762	813	940	1,016	1,016	1,270	1,397	1,524	1,702	1,905
STD;d_c^+ OVS;d_d^+	6	6	8	8	10	10	24	30	33	36	40	45

주 :

* 표에 없는 판두께의 경우 두께 10mm값의 비례로 구한다.
* $d_a^+ \sim d_d^+$; 각 볼트구멍 형태별 볼트구멍의 공제단면적 계산시 볼트지름에 더해야 하는 값

도움표 2.3.1' 볼트구멍의 공제단면적, mm^2 (KBC2009)

기준0702.3.12.2 〈표 0710.1.1.〉

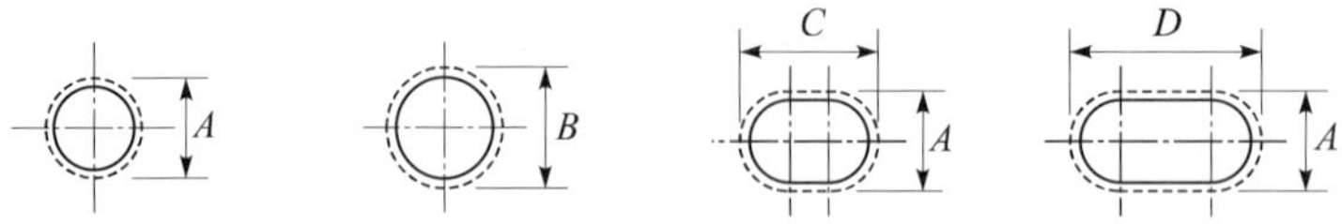

STD 표준구멍 OVS 대형구멍 SSL 단슬롯구멍 LSL 장슬롯구멍

판두께 t, mm	A x t (표준구멍)						B x t (대형구멍)					
	볼트지름 d_b, mm						볼트지름 d_b, mm					
	16	20	22	24	27	30	16	20	22	24	27	30
4.5	90.0	108	117	131	144	158	99.0	117	135	144	167	180
6	120	144	156	174	192	210	132	156	180	192	222	240
8	160	192	208	232	256	280	176	208	240	256	296	320
9	180	216	234	261	288	315	198	234	270	288	333	360
10	200	240	260	290	320	350	220	260	300	320	370	400
12	240	288	312	348	384	420	264	312	360	384	444	480
14	280	336	364	406	448	490	308	364	420	448	518	560
16	320	384	416	464	512	560	352	416	480	512	592	640
18	360	432	468	522	576	630	396	468	540	576	666	720
19	380	456	494	551	608	665	418	494	570	608	703	760
20	400	480	520	580	640	700	440	520	600	640	740	800
22	440	528	572	638	704	770	484	572	660	704	814	880
25	500	600	650	725	800	875	550	650	750	800	925	1,000
25.4	508	610	660	737	813	889	559	660	762	813	940	1,016
STD;d_a^+ OVS;d_b^+	4	4	4	5	5	5	6	6	8	8	10	10

판두께 t, mm	C x t (단슬롯구멍)						D x t (장슬롯구멍)					
	볼트지름 d_b, mm						볼트지름 d_b, mm					
	16	20	22	24	27	30	16	20	22	24	27	30
4.5	108	126	144	153	176	189	189	234	257	279	311	347
6	144	168	192	204	234	252	252	312	342	372	414	462
8	192	224	256	272	312	336	336	416	456	496	552	616
9	216	252	288	306	351	378	378	468	513	558	621	693
10	240	280	3+20	340	390	420	420	520	570	620	690	770
12	288	336	384	408	468	504	504	624	684	744	828	924
14	336	392	448	476	546	588	588	728	798	868	966	1,078
16	384	448	512	544	624	672	672	832	912	992	1,104	1,232
18	432	504	576	612	702	756	756	936	1,026	1,116	1,242	1,386
19	456	532	608	646	741	798	798	988	1,083	1,178	1,311	1,463
20	480	560	640	680	780	840	840	1,040	1,140	1,240	1,380	1,540
22	528	616	704	748	858	924	924	1,144	1,254	1,364	1,518	1,694
25	600	700	800	850	975	1,050	1,050	1,300	1,425	1,550	1,725	1,925
25.4	610	711	813	864	991	1,067	1,067	1,321	1,448	1,575	1,753	1,956
STD;d_a^+ OVS;d_b^+	8	8	10	10	12	12	26	32	35	38	42	47

주 :

* 표에 없는 판두께의 경우 두께 10mm값의 비례로 구한다.
* d_a^+~d_d^+ ; 각 볼트구멍 형태별 볼트구멍의 공제단면적 계산시 볼트지름에 더해야 하는 값(구멍치수 +2).

도움표 2.3.2 따낸(Coped) H형강보의 탄성단면계수(1)

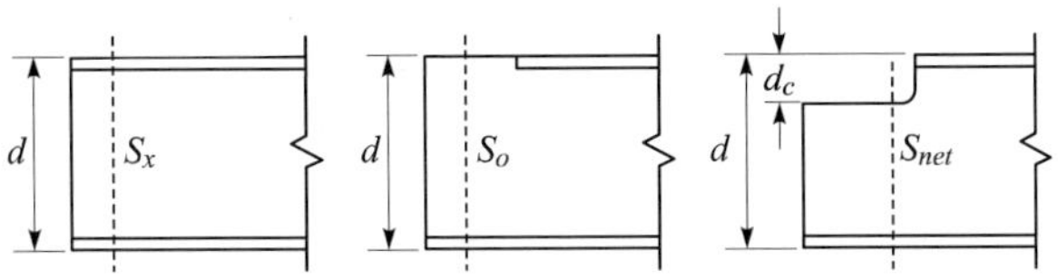

H형강치수 $H \times B \times t_w \times t_f$, mm	S_x, $\times 10^3$, mm^3	S_o, $\times 10^3$, mm^3	S_{net}, $\times 10^3$, mm^3								
			d_c, mm								
			50	75	100	125	150	175	200	225	250
H–100x50x5x7	37.5	12.4	3.18								
H–100x100x6x8	76.5	16.0	4.03								
H–125x60x6x8	66.1	23.0	8.55								
H–125x125x6.5x9	136	27.5	9.97								
H–150x75x5x7	88.8	28.5	13.1	7.46							
H–148x100x6x9	138	34.6	15.5	–							
H–150x150x7x10	219	42.9	19.3	10.8							
H–154x151x8x12	262	51.3	23.6	13.6							
H–158x152x9x14	306	60.3	28.3	16.6							
H–175x90x5x8	139	39.7	20.8	13.5							
H–175x175x7.5x11	330	63.0	32.5	20.8							
H–198x99x4.5x7	160	46.0	26.4	18.5	–						
H–200x100x5.5x8	184	56.4	32.6	22.9	14.8						
H–194x150x6x9	277	61.3	34.4	23.6	–						
H–200x200x8x12	472	88.2	50.1	34.9	22.3						
H–200x204x12x12	498	126	72.3	50.5	32.4						
H–208x202x10x16	628	118	68.4	48.5	31.9						
H–215x206x10x17	696	126	74.7	53.8	36.2						
H–223x209x13x21	874	173	104	76.3	52.6						
H–229x211x15x24	1,008	208	127	94.0	65.8						
H–248x124x5x8	285	80.7	52.6	40.6	30.0	–					
H–250x125x6x9	324	97.0	63.5	49.2	36.5	25.6					
H–244x175x7x11	502	113	72.5	55.4	40.4						
H–248x175x5x9.5	444	85.7	55.4	42.5	31.3						

주 : * 따냄치수 d_c가 $d/2$를 초과시에는 값을 생략함.

도움표 2.3.2 따낸(Coped) H형강보의 탄성단면계수(2)

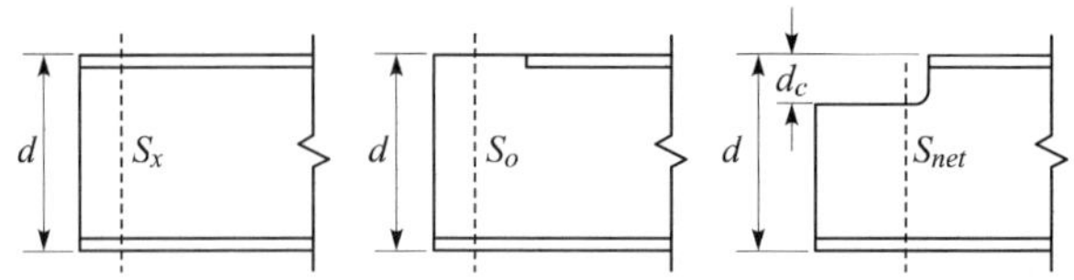

H형강치수 $H \times B \times t_w \times t_f$, mm	S_x, x10^3, mm^3	S_o, x10^3, mm^3	S_{net}, x10^3, mm^3								
			d_c, mm								
			50	75	100	125	150	175	200	225	250
H-244x252x11x11	720	175	113	86.2	62.9	–					
H-248x249x8x13	801	138	88.7	67.9	49.7	–					
H-250x250x9x14	867	156	101	77.5	57.0	39.5					
H-250x255x14x14	919	231	150	116	85.3	59.4					
H-303x101x5x6	258	109	78.3	64.5	51.9	40.6	30.5				
H-305x102x6x7	303	132	94.5	78.0	62.9	49.2	37.1				
H-309x102x6x9	361	140	100	83.0	67.0	52.6	39.8				
H-313x103x7x11	436	167	121	99.9	80.9	63.8	48.5				
H-298x149x5.5x8	424	127	89.8	73.4	58.5	45.1	–				
H-300x150x6.5x9	481	150	107	87.3	69.7	53.9	40.0				
H-294x200x8x12	771	186	130	105	83.2	63.5	–				
H-298x201x9x14	893	214	150	122	96.9	74.3	–				
H-294x302x12x12	1,147	279	195	158	125	95.2	–				
H-298x299x9x14	1,265	224	157	127	100	76.8	–				
H-300x300x10x15	1,361	251	176	143	113	86.7	63.7				
H-300x305x15x15	1,436	359	252	206	163	126	92.5				
H-304x301x11x17	1,538	282	198	162	129	99.1	73.3				
H-310x305x15x20	1,847	390	276	227	181	141	105				
H-310x310x20x20	1,927	502	357	293	235	183	137				
H-346x174x6x9	641	188	140	118	98.5	80.2	63.6	–			
H-350x175x7x11	775	224	167	142	118	96.6	76.9	59.3			
H-354x176x8x13	909	262	196	166	139	114	90.8	70.3			

주 : * 따냄치수 d_c가 $d/2$를 초과시에는 값을 생략함.

도움표 2.3.2 따낸(Coped) H형강보의 탄성단면계수(3)

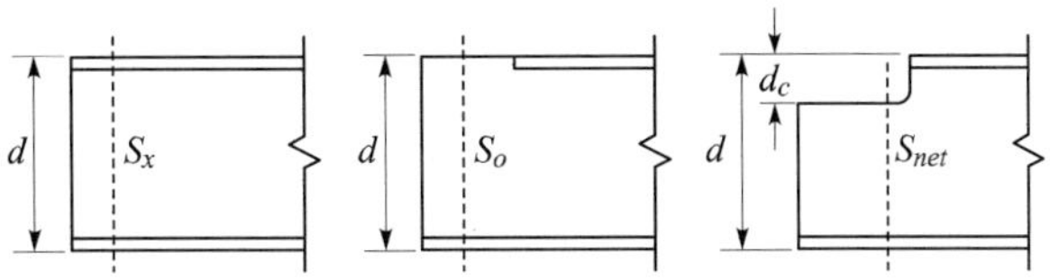

H형강치수 H x B x t_w x t_f, mm	S_x, x10^3, mm^3	S_o, x10^3, mm^3	S_{net}, x10^3, mm^3								
			d_c, mm								
			50	75	100	125	150	175	200	225	250
H–336x249x8x12	1,101	247	181	152	125	100	78.2				
H–340x250x9x14	1,275	283	209	175	144	116	91.2				
H–333x312x18x28	2,672	536	389	324	264	210	162	–			
H–341x314x20x32	3,064	620	453	379	311	249	195	–			
H–349x316x22x36	3,463	709	522	438	361	292	230	–			
H–357x318x24x40	3,869	804	595	502	416	339	269	208			
H–365x321x27x44	4,305	934	696	590	492	403	323	252			
H–373x324x30x48	4,751	1,073	805	684	574	473	381	301			
H–383x327x33x53	5,305	1,232	931	796	671	557	453	361			
H–391x329x35x57	5,748	1,353	1,029	882	747	623	511	411			
H–338x351x13x13	1,668	400	295	247	204	164	128	–			
H–344x348x10x16	1,936	333	245	206	170	137	108	–			
H–344x354x16x16	2,054	506	374	315	260	211	166	–			
H–350x350x12x19	2,303	410	303	255	212	172	136	104			
H–350x357x19x19	2,445	616	458	386	321	261	207	158			
H–399x140x6x9	649	237	185	161	138	117	97.9	80.1	–		
H–403x141x7x11	781	282	221	192	165	141	118	96.4	77.1		
H–396x199x7x11	1,011	288	224	194	166	140	116	94.7	–		
H–400x200x8x13	1,185	336	261	226	194	164	137	112	88.6		
H–390x300x10x16	1,983	418	321	277	235	197	162	131	–		

주 : * 따냄치수 d_c가 $d/2$를 초과시에는 값을 생략함.

도움표 2.3.2 따낸(Coped) H형강보의 탄성단면계수(4)

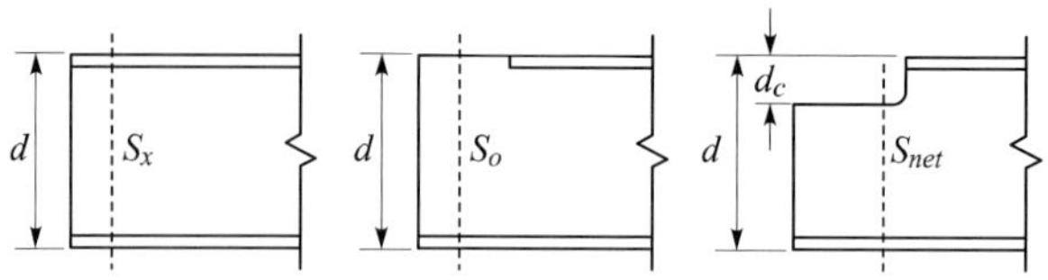

H형강치수 $H \times B \times t_w \times t_f$, mm	S_x, x10^3, mm^3	S_o, x10^3, mm^3	S_{net}, x10^3, mm^3 d_c, mm								
			50	75	100	125	150	175	200	225	250
H–388x402x15x15	2,524	608	467	403	343	287	237	190	–	–	
H–394x398x11x18	2,850	482	370	319	272	228	188	151	–	–	
H–394x405x18x18	3,031	746	575	497	424	357	295	238	–	–	
H–400x400x13x21	3,331	582	448	388	331	279	230	187	147	–	
H–400x408x21x21	3,544	890	689	597	511	431	357	290	229	–	
H–406x403x16x24	3,844	727	562	487	417	353	293	238	189	–	
H–414x405x18x28	4,482	846	657	571	491	416	347	284	228	–	
H–422x407x20x32	5,127	970	757	660	569	484	406	334	270	–	
H–428x407x20x35	5,570	1,001	783	683	590	504	424	350	284	–	
H–432x410x23x37	5,960	1,158	908	794	687	587	495	411	334	–	
H–442x413x26x42	6,809	1,357	1,070	938	815	700	593	495	406	–	
H–452x416x29x47	7,673	1,568	1,243	1,093	953	822	700	588	486	394	
H–458x417x30x50	8,172	1,661	1,320	1,163	1,016	878	751	633	525	428	
H–462x419x32x52	8,554	1,792	1,427	1,259	1,101	953	816	690	574	470	
H–472x422x35x57	9,453	2,029	1,623	1,436	1,260	1,095	942	800	670	553	
H–484x426x39x63	10,570	2,351	1,891	1,679	1,479	1,291	1,116	954	805	670	
H–498x432x45x70	11,964	2,829	2,290	2,040	1,805	1,584	1,377	1,184	1,007	846	
H–376x393x17x28	3,847	663	500	427	359	297	240	190	–	–	
H–380x395x19x30	4,151	750	568	486	409	339	276	219	–	–	
H–386x397x21x33	4,586	849	645	553	468	389	318	254	–	–	
H–400x401x25x40	5,605	1,071	821	708	603	506	418	338	267	–	
H–408x403x27x44	6,193	1,196	922	797	681	575	477	388	309	–	
H–416x406x30x48	6,818	1,368	1,059	919	789	668	557	457	367	–	
H–434x412x36x57	8,244	1,755	1,374	1,200	1,037	887	748	621	508	–	
H–446x415x39x63	9,195	1,991	1,569	1,376	1,195	1,027	872	731	603	–	
H–456x418x42x68	10,023	2,224	1,762	1,550	1,351	1,167	996	840	698	572	

주 : * 따냄치수 d_c가 $d/2$를 초과시에는 값을 생략함.

도움표 2.3.2 따낸(Coped) H형강보의 탄성단면계수(5)

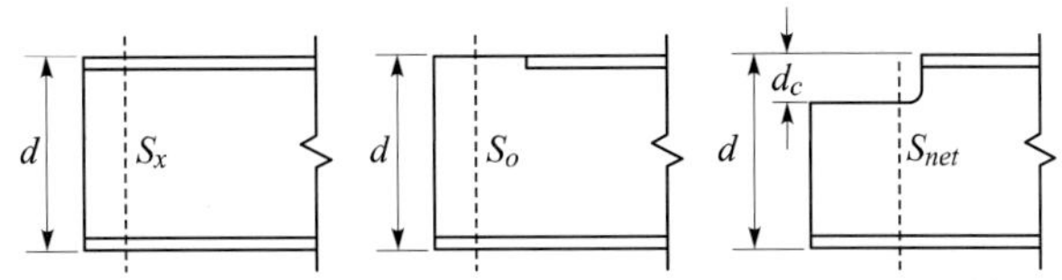

H형강치수 $H \times B \times t_w \times t_f$, mm	S_x, $\times 10^3$, mm^3	S_o, $\times 10^3$, mm^3	S_{net}, $\times 10^3$, mm^3								
			d_c, mm								
			50	75	100	125	150	175	200	225	250
H–450x154x8x11	1,012	395	317	281	247	215	185	157	131	107	
H–454x154x8x13	1,142	410	330	292	257	224	193	164	137	112	
H–446x199x8x12	1,287	408	327	289	253	220	188	159	132	–	
H–450x200x9x14	1,487	468	375	332	291	253	217	183	153	124	
H–456x200x9x17	1,737	490	393	348	306	266	228	194	161	132	
H–460x201x10x19	1,940	552	443	393	345	301	259	220	184	151	
H–434x299x10x15	2,156	510	404	355	309	265	225	188	154	–	
H–440x300x11x18	2,549	578	459	404	352	303	258	216	178	–	
H–444x300x11x20	2,790	593	471	415	362	312	266	223	184	–	
H–450x301x12x23	3,186	664	529	466	407	352	301	253	209	170	
H–496x199x9x14	1,688	562	460	413	368	325	285	247	211	178	–
H–500x200x10x16	1,914	633	520	467	416	368	323	280	240	203	169
H–506x201x11x19	2,234	717	589	529	472	418	367	319	275	233	194
H–514x202x12x23	2,650	812	668	601	538	477	420	366	315	268	224
H–482x300x11x15	2,505	677	550	491	435	382	332	286	242	202	
H–488x300x11x18	2,908	705	574	512	454	399	348	299	254	213	
H–494x300x11x21	3,312	731	596	532	473	416	363	313	266	223	

주 : * 따냄치수 d_c가 $d/2$를 초과시에는 값을 생략함.

도움표 2.3.2 따낸(Coped) H형강보의 탄성단면계수(6)

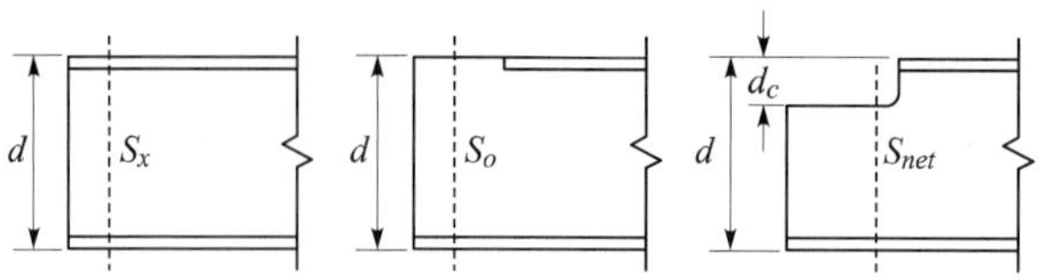

H형강치수 H x B x t_w x t_f, mm	S_x, x10^3, mm^3	S_o, x10^3, mm^3	S_{net}, x10^3, mm^3								
			d_c, mm								
			50	75	100	125	150	175	200	225	250
H−490x285x17x31	4,308	1,076	874	780	691	607	528	454	385	322	−
H−496x287x19x34	4,757	1,222	994	889	789	694	605	521	444	372	−
H−502x289x21x37	5,211	1,372	1,120	1,002	891	785	686	592	506	425	352
H−508x291x23x40	5,671	1,528	1,250	1,120	997	880	770	667	571	482	400
H−516x292x24x44	6,219	1,644	1,348	1,210	1,079	954	837	727	625	529	442
H−526x295x27x49	6,992	1,903	1,566	1,408	1,258	1,117	982	856	739	629	528
H−536x298x30x54	7,781	2,175	1,796	1,618	1,450	1,289	1,138	995	862	738	623
H−544x301x33x58	8,454	2,441	2,021	1,824	1,637	1,459	1,291	1,132	983	845	717
H−556x304x36x64	9,408	2,760	2,294	2,075	1,867	1,669	1,481	1,304	1,137	982	838
H−568x307x39x70	10,385	3,097	2,583	2,342	2,112	1,893	1,685	1,489	1,304	1,132	971
H−530x166x10x14	1,644	674	561	507	457	408	362	319	278	239	203
H−536x166x10x17	1,890	706	588	532	479	429	381	335	293	252	215
H−534x208x10x16	2,146	721	599	543	488	436	387	341	297	255	217
H−536x209x11x17	2,297	793	660	597	538	481	427	376	328	282	240
H−540x210x12x19	2,552	877	731	662	596	534	474	418	365	315	268
H−544x211x13x21	2,810	963	803	728	656	588	523	461	403	349	298
H−550x213x15x24	3,224	1,127	942	855	771	692	616	544	477	413	354
H−599x178x10x13	1,981	851	724	664	606	551	498	447	399	353	310
H−603x179x11x15	2,241	951	809	743	678	617	558	502	448	397	349
H−596x199x10x15	2,306	873	741	679	619	562	508	455	406	358	314
H−600x200x11x17	2,588	973	827	758	692	628	568	510	454	402	352
H−606x201x12x20	2,983	1,089	927	850	776	706	638	573	512	453	398
H−612x202x13x23	3,382	1,207	1,029	944	863	785	710	639	571	506	445

주 : * 따냄치수 d_c가 d/2를 초과시에는 값을 생략함.

도움표 2.3.2 따낸(Coped) H형강보의 탄성단면계수(7)

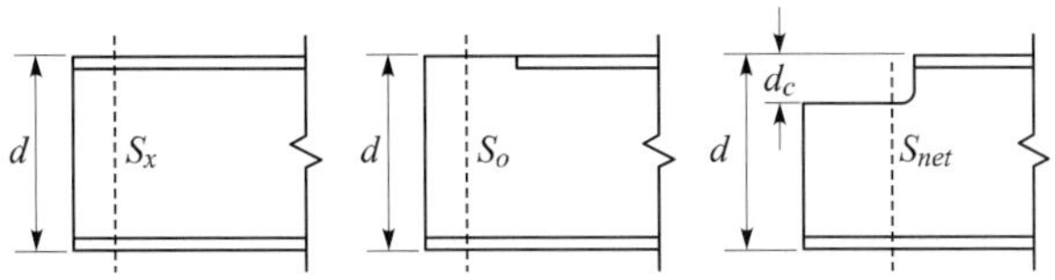

H형강치수 $H \times B \times t_w \times t_f$, mm	S_x, x10³, mm³	S_o, x10³, mm³	S_{net}, x10³, mm³								
			d_c, mm								
			50	75	100	125	150	175	200	225	250
H–582x300x12x17	3,530	1,056	891	814	739	668	600	536	474	416	362
H–588x300x12x20	4,017	1,095	925	845	768	695	624	558	494	434	378
H–594x302x14x23	4,624	1,293	1,094	1,001	910	824	742	663	589	518	452
H–600x302x14x26	5,116	1,334	1,130	1,033	941	852	768	687	610	538	470
H–606x303x15x29	5,670	1,458	1,236	1,131	1,031	935	843	755	672	593	519
H–635x328x18x31	6,859	1,895	1,620	1,490	1,365	1,244	1,129	1,019	914	814	720
H–641x329x19x34	7,488	2,038	1,745	1,606	1,472	1,343	1,220	1,102	990	883	781
H–647x331x21x37	8,191	2,279	1,954	1,799	1,651	1,508	1,371	1,240	1,115	996	883
H–653x332x22x40	8,829	2,431	2,086	1,922	1,765	1,613	1,468	1,329	1,196	1,070	950
H–661x334x24x44	9,735	2,704	2,324	2,144	1,970	1,803	1,642	1,489	1,342	1,203	1,070
H–669x336x26x48	10,651	2,986	2,570	2,373	2,183	2,000	1,824	1,656	1,495	1,342	1,196
H–679x340x30x53	11,925	3,504	3,022	2,793	2,573	2,361	2,157	1,961	1,774	1,596	1,426
H–689x342x32x58	13,065	3,835	3,314	3,066	2,827	2,597	2,376	2,164	1,961	1,768	1,583
H–684x252x12x19	4,082	1,411	1,224	1,135	1,049	966	886	809	736	665	598
H–688x253x13x21	4,482	1,545	1,341	1,244	1,150	1,060	973	889	808	731	658
H–692x300x13x20	4,983	1,593	1,384	1,284	1,188	1,095	1,005	919	836	757	681
H–696x300x13x22	5,370	1,629	1,415	1,313	1,215	1,120	1,029	941	856	776	698
H–700x300x13x24	5,757	1,662	1,445	1,341	1,241	1,144	1,051	962	876	794	715
H–702x301x14x25	6,033	1,789	1,556	1,444	1,337	1,233	1,133	1,037	945	856	772
H–708x302x15x28	6,699	1,952	1,699	1,578	1,462	1,349	1,240	1,136	1,036	940	848
H–714x303x16x31	7,369	2,119	1,845	1,715	1,589	1,468	1,350	1,238	1,129	1,025	926
H–758x265x14x19	5,000	1,958	1,724	1,613	1,504	1,399	1,298	1,200	1,105	1,014	926
H–764x265x14x22	5,563	2,025	1,785	1,669	1,558	1,449	1,345	1,243	1,146	1,051	961
H–768x266x15x24	6,037	2,191	1,932	1,808	1,688	1,571	1,458	1,348	1,243	1,141	1,044

주 : * 따냄치수 d_c가 $d/2$를 초과시에는 값을 생략함.

도움표 2.3.2 따낸(Coped) H형강보의 탄성단면계수(8)

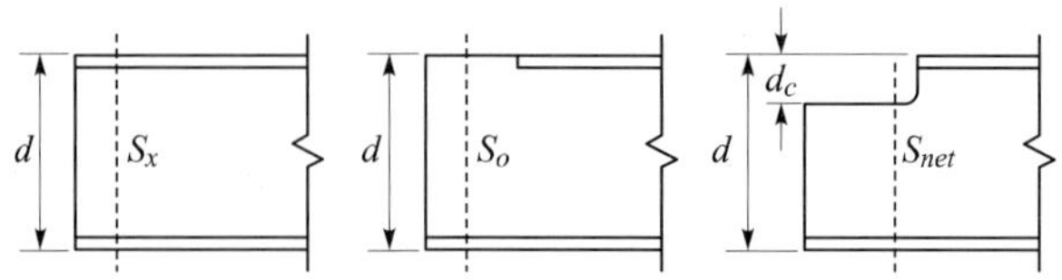

H형강치수 $H \times B \times t_w \times t_f$, mm	S_x, x10^3, mm^3	S_o, x10^3, mm^3	S_{net}, x10^3, mm^3								
			d_c, mm								
			50	75	100	125	150	175	200	225	250
H–792x300x14x22	6,405	2,209	1,955	1,833	1,715	1,601	1,490	1,382	1,278	1,178	1,081
H–796x300x14x24	6,848	2,254	1,996	1,872	1,751	1,635	1,521	1,412	1,306	1,204	1,105
H–800x300x14x26	7,291	2,297	2,034	1,908	1,786	1,667	1,552	1,440	1,333	1,229	1,129
H–802x301x15x27	7,620	2,458	2,178	2,043	1,913	1,786	1,663	1,544	1,429	1,318	1,211
H–808x302x16x30	8,397	2,666	2,363	2,218	2,077	1,940	1,807	1,679	1,555	1,435	1,319
H–814x303x17x33	9,177	2,877	2,552	2,396	2,245	2,098	1,955	1,817	1,683	1,554	1,430
H–841x291x15x22	6,894	2,606	2,325	2,190	2,058	1,930	1,806	1,685	1,569	1,455	1,346
H–845x291x15x24	7,351	2,660	2,373	2,235	2,101	1,971	1,844	1,722	1,603	1,487	1,376
H–851x292x16x27	8,158	2,888	2,579	2,430	2,285	2,144	2,007	1,874	1,745	1,620	1,500
H–859x293x17x31	9,199	3,146	2,811	2,650	2,493	2,340	2,191	2,047	1,908	1,772	1,641
H–890x299x15x23	7,760	2,923	2,625	2,481	2,341	2,204	2,071	1,942	1,817	1,695	1,577
H–894x299x15x25	8,257	2,980	2,677	2,530	2,388	2,249	2,113	1,982	1,854	1,730	1,610
H–900x300x16x28	9,139	3,233	2,905	2,747	2,593	2,443	2,297	2,154	2,016	1,882	1,752
H–906x301x17x31	10,026	3,490	3,137	2,967	2,802	2,640	2,483	2,330	2,181	2,037	1,898
H–912x302x18x34	10,916	3,750	3,373	3,191	3,014	2,841	2,673	2,509	2,350	2,196	2,046
H–918x303x19x37	11,812	4,014	3,613	3,419	3,230	3,045	2,866	2,691	2,522	2,357	2,197
H–919x304x17x28	9,641	3,546	3,194	3,025	2,859	2,697	2,540	2,387	2,238	2,094	1,953
H–923x305x18x30	10,300	3,785	3,410	3,230	3,053	2,882	2,714	2,551	2,393	2,239	2,090
H–933x308x21x35	12,032	4,483	4,044	3,831	3,624	3,422	3,225	3,034	2,847	2,666	2,490
H–943x309x22x40	13,490	4,834	4,363	4,136	3,914	3,697	3,486	3,281	3,081	2,887	2,698

주 : * 따냄치수 d_c가 $d/2$를 초과시에는 값을 생략함.

도움표 2.3.3a 블록전단 : 인장파단요소(연단거리별)

단위두께(mm)당 인장파단강도 ; kN/mm

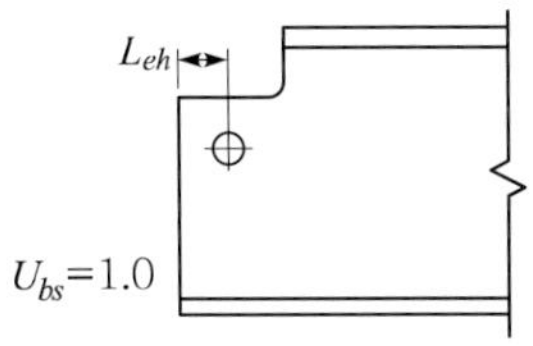

$\phi_v=0.75$

F_u, MPa	410			
L_{eh}, mm	볼트직경 d_b, mm			
	16	20	22	24
	$\frac{\phi F_u A_{nt}}{t}$			
25	4.92	4.31	4.00	3.54
30	6.46	5.84	5.54	5.07
32	7.07	6.46	6.15	5.69
35	8.00	7.38	7.07	6.61
40	9.53	8.92	8.61	8.15
45	11.1	10.5	10.1	9.69
48	12.0	11.4	11.1	10.6
50	12.6	12.0	11.7	11.2
55	14.1	13.5	13.2	12.8
60	15.7	15.1	14.8	14.3
65	17.2	16.6	16.3	15.8
70	18.8	18.1	17.8	17.4
75	20.3	19.7	19.4	18.9

F_u, MPa	490			
L_{eh}, mm	볼트직경 d_b, mm			
	16	20	22	24
	$\frac{\phi F_u A_{nt}}{t}$			
25	5.88	5.15	4.78	4.23
30	7.72	6.98	6.62	6.06
32	8.45	7.72	7.35	6.80
35	9.56	8.82	8.45	7.90
40	11.4	10.7	10.3	9.74
45	13.2	12.5	12.1	11.6
48	14.3	13.6	13.2	12.7
50	15.1	14.3	14.0	13.4
55	16.9	16.2	15.8	15.3
60	18.7	18.0	17.6	17.1
65	20.6	19.8	19.5	18.9
70	22.4	21.7	21.3	20.8
75	24.3	23.5	23.2	22.6

주 : * 기준 4.7.4.3참조.

도움표 2.3.3b 블록전단 : 전단항복요소(S=75mm)

단위두께(mm)당 전단항복강도 ; kN/mm

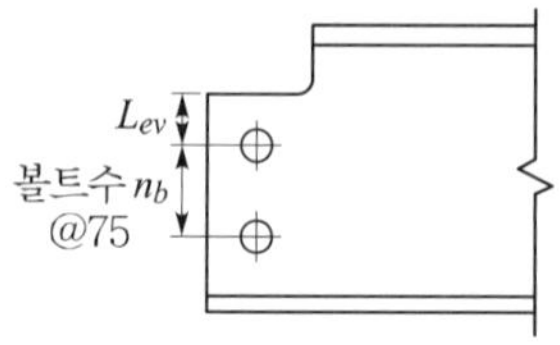

ϕ_v=0.75

L_{ev}, mm	볼트수 n_b	F_y, MPa		볼트수 n_b	F_y, MPa		볼트수 n_b	F_y, MPa		볼트수 nb	F_y, MPa	
		275	355		275	355		275	355		275	355
		$\frac{\phi 0.6F_yA_{gv}}{t}$			$\frac{\phi 0.6F_yA_{gv}}{t}$			$\frac{\phi 0.6F_yA_{gv}}{t}$			$\frac{\phi 0.6F_yA_{gv}}{t}$	
32		106	137		78.2	101		50.4	65.0		22.5	29.1
35		106	137		78.6	101		50.7	65.5		22.9	29.6
37.5		107	138		78.9	102		51.0	65.9		23.2	30.0
40		107	138		79.2	102		51.4	66.3		23.5	30.4
42		107	139		79.4	103		51.6	66.6		23.8	30.7
45		108	139		79.8	103		52.0	67.1		24.1	31.2
50	12	108	140	9	80.4	104	6	52.6	67.9	3	24.8	32.0
55		109	141		81.1	105		53.2	68.7		25.4	32.7
60		110	141		81.7	105		53.8	69.5		26.0	33.5
65		110	142		82.3	106		54.5	70.3		26.6	34.3
70		111	143		82.9	107		55.1	71.1		27.2	35.1
75		111	144		83.5	108		55.7	71.9		27.8	35.9
32		96.8	125		68.9	89.0		41.1	53.0		13.2	17.1
35		97.1	125		69.3	89.5		41.5	53.5		13.6	17.6
40		97.8	126		69.9	90.3		42.1	54.3		14.2	18.4
42		98.0	127		70.2	90.6		42.3	54.6		14.5	18.7
45		98.4	127		70.5	91.1		42.7	55.1		14.9	19.2
50	11	99.0	128	8	71.2	91.9	5	43.3	55.9	2	15.5	20.0
55		99.6	129		71.8	92.7		43.9	56.7		16.1	20.8
60		100	129		72.4	93.5		44.6	57.5		16.7	21.6
65		101	130		73.0	94.3		45.2	58.3		17.3	22.4
70		101	131		73.6	95.1		45.8	59.1		17.9	23.2
75		102	132		74.3	95.9		46.4	59.9		18.6	24.0
32		87.5	113		59.6	77.0		31.8	41.1			
35		87.9	113		60.0	77.5		32.2	41.5			
40		88.5	114		60.6	78.3		32.8	42.3			
42		88.7	115		60.9	78.6		33.0	42.7			
45		89.1	115		61.3	79.1		33.4	43.1			
50	10	89.7	116	7	61.9	79.9	4	34.0	43.9			
55		90.3	117		62.5	80.7		34.7	44.7			
60		91.0	117		63.1	81.5		35.3	45.5			
65		91.6	118		63.7	82.3		35.9	46.3			
70		92.2	119		64.4	83.1		36.5	47.1			
75		92.8	120		65.0	83.9		37.1	47.9			

주 : * 기준 4.7.4.3참조.

도움표 2.3.3c 블록전단 : 전단파단요소(S=75mm)

단위두께(mm)당 전단파단강도 ; kN/mm

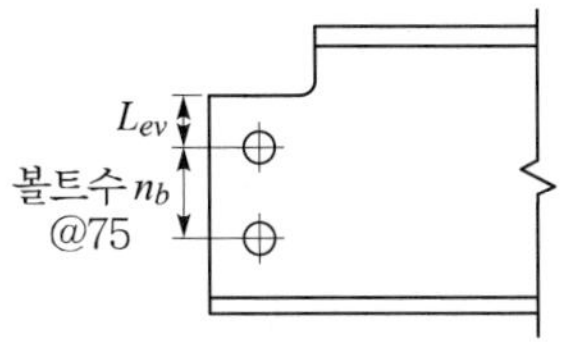

ϕ_v=0.75

L_{ev}, mm	볼트수 n_b	F_u, MPa 410				490				볼트수 n_b	F_u, MPa 410				490			
		16	20	22	24	16	20	22	24		16	20	22	24	16	20	22	24
		$\frac{\phi 0.6F_uA_{nv}}{t}$									$\frac{\phi 0.6F_uA_{nv}}{t}$							
32		120	111	107	101	143	133	128	121		88.4	82.1	79.0	74.3	106	98.1	94.4	88.8
35		120	112	108	101	144	134	129	121		88.9	82.7	79.5	74.8	106	98.8	95.0	89.4
40		121	113	109	102	145	135	130	122		89.9	83.6	80.4	75.7	107	99.9	96.1	90.5
42		122	113	109	103	146	135	130	123		90.2	83.9	80.8	76.1	108	100	96.6	91.0
45		122	114	110	103	146	136	131	123		90.8	84.5	81.4	76.7	108	101	97.2	91.6
50	12	123	115	111	104	147	137	132	124	9	91.7	85.4	82.3	77.6	110	102	98.3	92.7
55		124	116	111	105	148	138	133	126		92.6	86.3	83.2	78.5	111	103	99.4	93.8
60		125	117	112	106	149	139	134	127		93.5	87.3	84.1	79.4	112	104	101	94.9
65		126	118	113	107	151	140	135	128		94.5	88.2	85.1	80.3	113	105	102	96.0
70		127	118	114	108	152	142	136	129		95.4	89.1	86.0	81.3	114	107	103	97.1
75		128	119	115	109	153	143	138	130		96.3	90.0	86.9	82.2	115	108	104	98.2
32		109	102	97.8	92.0	131	121	117	110		77.9	72.3	69.6	65.4	93.1	86.4	83.1	78.2
35		110	102	98.3	92.5	131	122	118	111		78.4	72.9	70.1	66.0	93.7	87.1	83.8	78.8
40		111	103	99.3	93.4	133	123	119	112		79.3	73.8	71.0	66.9	94.8	88.2	84.9	79.9
42		111	104	99.6	93.8	133	124	119	112		79.7	74.2	71.4	67.3	95.3	88.6	85.3	80.4
45		112	104	100	94.4	134	124	120	113		80.3	74.7	72.0	67.8	95.9	89.3	86.0	81.0
50	11	113	105	101	95.3	135	125	121	114	8	81.2	75.6	72.9	68.7	97.0	90.4	87.1	82.1
55		114	106	102	96.2	136	127	122	115		82.1	76.6	73.8	69.6	98.1	91.5	88.2	83.2
60		115	107	103	97.1	137	128	123	116		83.0	77.5	74.7	70.6	99.2	92.6	89.3	84.3
65		115	108	104	98.1	138	129	124	117		83.9	78.4	75.6	71.5	100	93.7	90.4	85.4
70		116	109	105	99.0	139	130	125	118		84.9	79.3	76.6	72.4	101	94.8	91.5	86.5
75		117	110	106	99.9	140	131	126	119		85.8	80.3	77.5	73.3	103	95.9	92.6	87.6
32		98.9	91.9	88.4	83.1	118	110	106	99.3		67.3	62.5	60.1	56.5	80.5	74.7	71.9	67.6
35		99.4	92.4	88.9	83.7	119	110	106	100		67.9	63.1	60.7	57.1	81.1	75.4	72.5	68.2
40		100	93.4	89.9	84.6	120	112	107	101		68.8	64.0	61.6	58.0	82.2	76.5	73.6	69.3
42		101	93.7	90.2	85.0	120	112	108	102		69.2	64.4	62.0	58.4	82.7	77.0	74.1	69.8
45		101	94.3	90.8	85.5	121	113	108	102		69.7	64.9	62.5	58.9	83.3	77.6	74.7	70.4
50	10	102	95.2	91.7	86.4	122	114	110	103	7	70.7	65.9	63.5	59.9	84.5	78.7	75.9	71.6
55		103	96.1	92.6	87.4	123	115	111	104		71.6	66.8	64.4	60.8	85.6	79.8	77.0	72.7
60		104	97.0	93.5	88.3	124	116	112	106		72.5	67.7	65.3	61.7	86.7	80.9	78.1	73.8
65		105	98.0	94.5	89.2	125	117	113	107		73.4	68.6	66.2	62.6	87.8	82.0	79.2	74.9
70		106	98.9	95.4	90.1	127	118	114	108		74.4	69.6	67.2	63.6	88.9	83.1	80.3	76.0
75		107	99.8	96.3	91.1	128	119	115	109		75.3	70.5	68.1	64.5	90.0	84.2	81.4	77.1

주 : * 기준 4.7.4.3참조.

도움표 2.3.3c(계속) 블록전단 : 전단파단요소(S=75mm)

단위두께(mm)당 전단파단강도 ; kN/mm

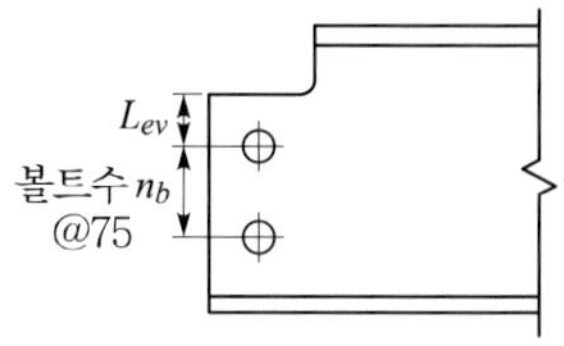

ϕ_v=0.75

Values: $\dfrac{\phi 0.6 F_u A_{nv}}{t}$

L_{ev}, mm	볼트수 n_b	F_u=410, 16	410, 20	410, 22	410, 24	F_u=490, 16	490, 20	490, 22	490, 24
32	6	56.8	52.8	50.7	47.7	67.9	63.1	60.6	57.0
35	6	57.4	53.3	51.3	48.2	68.6	63.7	61.3	57.7
40	6	58.3	54.2	52.2	49.2	69.7	64.8	62.4	58.8
42	6	58.7	54.6	52.6	49.5	70.1	65.3	62.8	59.2
45	6	59.2	55.2	53.1	50.1	70.8	65.9	63.5	59.9
50	6	60.1	56.1	54.1	51.0	71.9	67.0	64.6	61.0
55	6	61.1	57.0	55.0	51.9	73.0	68.1	65.7	62.1
60	6	62.0	57.9	55.9	52.9	74.1	69.2	66.8	63.2
65	6	62.9	58.9	56.8	53.8	75.2	70.3	67.9	64.3
70	6	63.8	59.8	57.7	54.7	76.3	71.4	69.0	65.4
75	6	64.8	60.7	58.7	55.6	77.4	72.5	70.1	66.5
32	5	46.3	43.0	41.3	38.8	55.3	51.4	49.4	46.4
35	5	46.9	43.5	41.9	39.4	56.0	52.0	50.1	47.1
40	5	47.8	44.5	42.8	40.3	57.1	53.1	51.2	48.2
42	5	48.2	44.8	43.2	40.7	57.6	53.6	51.6	48.6
45	5	48.7	45.4	43.7	41.2	58.2	54.2	52.3	49.3
50	5	49.6	46.3	44.6	42.2	59.3	55.3	53.4	50.4
55	5	50.6	47.2	45.6	43.1	60.4	56.4	54.5	51.5
60	5	51.5	48.2	46.5	44.0	61.5	57.6	55.6	52.6
65	5	52.4	49.1	47.4	44.9	62.6	58.7	56.7	53.7
70	5	53.3	50.0	48.3	45.8	63.7	59.8	57.8	54.8
75	5	54.2	50.9	49.3	46.8	64.8	60.9	58.9	55.9
32	4	35.8	33.2	31.9	30.0	42.8	39.7	38.1	35.8
35	4	36.3	33.8	32.5	30.5	43.4	40.4	38.8	36.5
40	4	37.3	34.7	33.4	31.5	44.5	41.5	39.9	37.6
42	4	37.6	35.1	33.8	31.8	45.0	41.9	40.4	38.0
45	4	38.2	35.6	34.3	32.4	45.6	42.6	41.0	38.7
50	4	39.1	36.5	35.2	33.3	46.7	43.7	42.1	39.8
55	4	40.0	37.5	36.2	34.2	47.8	44.8	43.2	40.9
60	4	41.0	38.4	37.1	35.1	49.0	45.9	44.3	42.0
65	4	41.9	39.3	38.0	36.1	50.1	47.0	45.4	43.1
70	4	42.8	40.2	38.9	37.0	51.2	48.1	46.5	44.2
75	4	43.7	41.1	39.9	37.9	52.3	49.2	47.6	45.3

L_{ev}, mm	볼트수 n_b	F_u=410, 16	410, 20	410, 22	410, 24	F_u=490, 16	490, 20	490, 22	490, 24
32	3	25.3	23.4	22.5	21.1	30.2	28.0	26.9	25.2
35	3	25.8	24.0	23.1	21.7	30.9	28.7	27.6	25.9
40	3	26.8	24.9	24.0	22.6	32.0	29.8	28.7	27.0
42	3	27.1	25.3	24.4	23.0	32.4	30.2	29.1	27.5
45	3	27.7	25.8	24.9	23.5	33.1	30.9	29.8	28.1
50	3	28.6	26.8	25.8	24.4	34.2	32.0	30.9	29.2
55	3	29.5	27.7	26.8	25.4	35.3	33.1	32.0	30.3
60	3	30.4	28.6	27.7	26.3	36.4	34.2	33.1	31.4
65	3	31.4	29.5	28.6	27.2	37.5	35.3	34.2	32.5
70	3	32.3	30.4	29.5	28.1	38.6	36.4	35.3	33.6
75	3	33.2	31.4	30.4	29.1	39.7	37.5	36.4	34.7
32	2	14.8	13.7	13.1	12.3	17.6	16.3	15.7	14.7
35	2	15.3	14.2	13.7	12.8	18.3	17.0	16.3	15.3
40	2	16.2	15.1	14.6	13.7	19.4	18.1	17.4	16.4
42	2	16.6	15.5	14.9	14.1	19.8	18.5	17.9	16.9
45	2	17.2	16.1	15.5	14.7	20.5	19.2	18.5	17.5
50	2	18.1	17.0	16.4	15.6	21.6	20.3	19.6	18.6
55	2	19.0	17.9	17.3	16.5	22.7	21.4	20.7	19.7
60	2	19.9	18.8	18.3	17.4	23.8	22.5	21.8	20.8
65	2	20.8	19.7	19.2	18.4	24.9	23.6	22.9	21.9
70	2	21.8	20.7	20.1	19.3	26.0	24.7	24.0	23.0
75	2	22.7	21.6	21.0	20.2	27.1	25.8	25.1	24.1

주 : * 기준 4.7.4.3참조.

도움표 2.3.4a H형강보의 지압상수(1)

$F_y = 275\text{MPa}$

H형강치수 $H \times B \times t_w \times t_f$, mm	ϕR_1^*	ϕR_2	ϕR_3^{**}	ϕR_4^{**}	ϕR_5	ϕR_6	ϕR_n(N=85)			$\phi_v V_{nx}$
							X<d/2	d/2≤X≤d	X>d	
	kN	kN/mm	kN	kN/mm	kN	kN/mm	kN			kN
H-100x50x5x7	51.6	1.38	67.4	1.22	59.3	1.63	198	168	220	82.5
H-100x100x6x8	74.3	1.65	94.8	1.85	82.5	2.46	292	215	289	99.0
H-125x60x6x8	70.1	1.65	94.8	1.48	82.5	1.97	250	210	281	124
H-125x125x6.5x9	84.9	1.79	113	1.67	99.4	2.23	289	237	322	134
H-150x75x5x7	51.6	1.38	67.4	0.814	59.3	1.09	152	168	220	124
H-148x100x6x9	82.5	1.65	101	1.11	89.6	1.48	215	223	305	147
H-150x150x7x10	101	1.93	134	1.56	118	2.09	296	265	366	173
H-154x151x8x12	127	2.20	179	1.89	159	2.53	374	314	440	203
H-158x152x9x14	155	2.48	230	2.25	207	3.01	463	365	520	235
H-175x90x5x8	58.4	1.38	72.1	0.611	65.0	0.814	134	175	234	144
H-175x175x7.5x11	119	2.06	155	1.50	138	2.00	308	294	413	217
H-198x99x4.5x7	55.7	1.24	57.6	0.450	51.6	0.600	103	161	217	147
H-200x100x5.5x8	71.8	1.51	83.2	0.711	73.7	0.948	154	200	272	182
H-194x150x6x9	90.8	1.65	101	0.846	89.6	1.13	186	231	322	192
H-200x200x8x12	138	2.20	179	1.46	159	1.95	325	325	462	264
H-200x204x12x12	206	3.30	328	4.92	263	6.57	821	487	693	396
H-208x202x10x16	199	2.75	288	2.06	260	2.74	493	433	633	343
H-215x206x10x17	206	2.75	297	1.87	270	2.49	482	440	646	355
H-223x209x13x21	304	3.58	490	3.21	442	4.28	806	608	912	478
H-229x211x15x24	382	4.13	649	4.20	585	5.60	1,060	732	1,110	567
H-248x124x5x8	68.8	1.38	72.1	0.431	65.0	0.575	114	186	254	205
H-250x125x6x9	86.6	1.65	101	0.657	89.6	0.875	164	227	314	248
H-244x175x7x11	130	1.93	140	0.874	126	1.17	225	294	424	282
H-248x175x5x9.5	87.7	1.38	78.6	0.363	72.6	0.484	114	205	292	205

주 :

* 압축력의 작용 위치가 보단부로부터 보춤 d보다 먼 곳에 작용할 때에는 표의 값을 2배한다.

** 압축력의 작용 위치가 보단부로부터 d/2보다 먼 곳에 작용할 때에는 표의 값을 2배한다.

X; 부재의 단부에서 집중하중 작용 위치까지의 거리

N; 지압길이

도움표 2.3.4a H형강보의 지압상수(2)

$F_y = 275\text{MPa}$

H형강치수 $H \times B \times t_w \times t_f$, mm	ϕR_1*	ϕR_2	ϕR_3**	ϕR_4**	ϕR_5	ϕR_6	ϕR_n(N=85)			$\phi_v V_{nx}$
							X<d/2	d/2≤X≤d	X>d	
	kN	kN/mm	kN	kN/mm	kN	kN/mm	kN			kN
H-244x252x11x11	204	3.03	276	3.39	221	4.52	605	461	666	443
H-248x249x8x13	160	2.20	186	1.09	168	1.45	291	347	506	327
H-250x250x9x14	186	2.48	230	1.42	207	1.90	369	396	582	371
H-250x255x14x14	289	3.85	447	5.36	357	7.15	965	616	905	578
H-303x101x5x6	58.4	1.38	62.4	0.470	52.9	0.627	106	175	234	250
H-305x102x6x7	74.3	1.65	88.6	0.692	74.6	0.923	153	215	289	302
H-309x102x6x9	82.5	1.65	101	0.531	89.6	0.708	150	223	305	306
H-313x103x7x11	106	1.93	140	0.681	126	0.908	203	270	375	362
H-298x149x5.5x8	79.4	1.51	83.2	0.477	73.7	0.636	128	208	287	270
H-300x150x6.5x9	98.3	1.79	113	0.696	99.4	0.928	178	250	349	322
H-294x200x8x12	165	2.20	179	0.993	159	1.32	271	352	517	388
H-298x201x9x14	198	2.48	230	1.20	207	1.59	342	408	606	443
H-294x302x12x12	248	3.30	328	3.35	263	4.47	643	528	776	582
H-298x299x9x14	198	2.48	230	1.20	207	1.59	342	408	606	443
H-300x300x10x15	227	2.75	279	1.52	249	2.03	422	461	688	495
H-300x305x15x15	340	4.13	513	5.13	410	6.84	991	691	1,030	743
H-304x301x11x17	265	3.03	343	1.76	307	2.35	507	522	787	552
H-310x305x15x20	392	4.13	592	3.72	515	4.96	937	743	1,130	767
H-310x310x20x20	523	5.50	912	8.83	730	11.8	1,730	990	1,510	1,020
H-346x174x6x9	94.9	1.65	101	0.474	89.6	0.633	143	235	330	343
H-350x175x7x11	120	1.93	140	0.609	126	0.812	195	284	404	404
H-354x176x8x13	149	2.20	186	0.761	168	1.01	254	336	484	467

주 :

* 압축력의 작용 위치가 보단부로부터 보춤 d보다 먼 곳에 작용할 때에는 표의 값을 2배한다.

** 압축력의 작용 위치가 보단부로부터 d/2보다 먼 곳에 작용할 때에는 표의 값을 2배한다.

X; 부재의 단부에서 집중하중 작용 위치까지의 거리

N; 지압길이

도움표 2.3.4a H형강보의 지압상수(3)

$F_y = 275\text{MPa}$

H형강치수 $H \times B \times t_w \times t_f$, mm	ϕR_1*	ϕR_2	ϕR_3**	ϕR_4**	ϕR_5	ϕR_6	ϕR_n(N=85) X<d/2	ϕR_n(N=85) d/2≤X≤d	ϕR_n(N=85) X>d	$\phi_v V_{nx}$
	kN	kN/mm	kN	kN/mm	kN	kN/mm	kN			kN
H-336x249x8x12	176	2.20	179	0.868	159	1.16	258	363	539	444
H-340x250x9x14	210	2.48	230	1.05	207	1.40	326	421	631	505
H-333x312x18x28	582	4.95	921	4.28	826	5.70	1,310	1,000	1,580	989
H-341x314x20x32	701	5.50	1,150	5.01	1,040	6.69	1,610	1,170	1,870	1,130
H-349x316x22x36	832	6.05	1,410	5.80	1,280	7.73	1,940	1,350	2,180	1,270
H-357x318x24x40	974	6.60	1,700	6.62	1,540	8.83	2,290	1,530	2,510	1,410
H-365x321x27x44	1,170	7.43	2,120	8.38	1,920	11.2	2,870	1,800	2,970	1,630
H-373x324x30x48	1,380	8.25	2,600	10.3	2,340	13.8	3,510	2,080	3,470	1,850
H-383x327x33x53	1,630	9.08	3,150	12.1	2,840	16.1	4,210	2,400	4,040	2,090
H-391x329x35x57	1,830	9.63	3,560	13.2	3,220	17.5	4,710	2,650	4,480	2,260
H-338x351x13x13	295	3.58	385	3.42	308	4.56	696	599	894	725
H-344x348x10x16	248	2.75	288	1.24	260	1.66	401	481	729	568
H-344x354x16x16	396	4.40	584	5.09	467	6.79	1,040	770	1,170	908
H-350x350x12x19	322	3.30	413	1.78	372	2.37	573	602	924	693
H-350x357x19x19	509	5.23	823	7.05	658	9.41	1,460	954	1,460	1,100
H-399x140x6x9	94.9	1.65	101	0.411	89.6	0.549	136	235	330	356
H-403x141x7x11	120	1.93	140	0.529	126	0.706	186	284	404	465
H-396x199x7x11	130	1.93	140	0.539	126	0.718	187	294	424	457
H-400x200x8x13	160	2.20	186	0.673	168	0.898	244	347	506	528
H-390x300x10x16	261	2.75	288	1.10	260	1.46	384	495	756	644

주 :

* 압축력의 작용 위치가 보단부로부터 보춤 d보다 먼 곳에 작용할 때에는 표의 값을 2배한다.

** 압축력의 작용 위치가 보단부로부터 d/2보다 먼 곳에 작용할 때에는 표의 값을 2배한다.

X; 부재의 단부에서 집중하중 작용 위치까지의 거리

N; 지압길이

도움표 2.3.4a H형강보의 지압상수(4)

$F_y = 275\text{MPa}$

H형강치수 $H \times B \times t_w \times t_f$, mm	ϕR_1*	ϕR_2	ϕR_3**	ϕR_4**	ϕR_5	ϕR_6	ϕR_n(N=85)			$\phi_v V_{nx}$
							X<d/2	d/2≤X≤d	X>d	
	kN	kN/mm	kN	kN/mm	kN	kN/mm	kN			kN
H-388x402x15x15	382	4.13	513	3.97	410	5.29	860	732	1,110	960
H-394x398x11x18	303	3.03	353	1.28	319	1.71	464	560	862	715
H-394x405x18x18	495	4.95	739	5.62	591	7.50	1,230	916	1,410	1,170
H-400x400x13x21	384	3.58	490	1.79	442	2.39	645	688	1,070	858
H-400x408x21x21	621	5.78	1,010	7.54	804	10.1	1,660	1,110	1,730	1,390
H-406x403x16x24	506	4.40	715	2.88	637	3.83	963	880	1,390	1,070
H-414x405x18x28	619	4.95	921	3.44	826	4.59	1,220	1,040	1,660	1,230
H-422x407x20x32	743	5.50	1,150	4.05	1,040	5.40	1,500	1,210	1,950	1,390
H-428x407x20x35	784	5.50	1,210	3.65	1,100	4.87	1,510	1,250	2,040	1,410
H-432x410x23x37	933	6.33	1,530	5.21	1,380	6.94	1,970	1,470	2,400	1,640
H-442x413x26x42	1,140	7.15	1,960	6.48	1,770	8.63	2,510	1,750	2,900	1,900
H-452x416x29x47	1,380	7.98	2,440	7.85	2,200	10.5	3,110	2,050	3,430	2,160
H-458x417x30x50	1,490	8.25	2,650	8.06	2,400	10.8	3,340	2,190	3,670	2,270
H-462x419x32x52	1,630	8.80	2,980	9.33	2,690	12.4	3,770	2,380	4,000	2,440
H-472x422x35x57	1,900	9.63	3,560	10.9	3,220	14.5	4,490	2,720	4,620	2,730
H-484x426x39x63	2,280	10.7	4,410	13.3	3,980	17.7	5,540	3,190	5,470	3,110
H-498x432x45x70	2,850	12.4	5,760	17.9	5,160	23.8	7,280	3,900	6,740	3,700
H-376x393x17x28	573	4.68	846	3.19	766	4.26	1,130	970	1,540	1,050
H-380x395x19x30	666	5.23	1,030	4.12	930	5.49	1,400	1,110	1,780	1,190
H-386x397x21x33	780	5.78	1,260	4.97	1,130	6.63	1,690	1,270	2,050	1,340
H-400x401x25x40	1,050	6.88	1,800	6.68	1,620	8.91	2,380	1,630	2,680	1,650
H-408x403x27x44	1,210	7.43	2,120	7.50	1,920	10.00	2,770	1,840	3,040	1,820
H-416x406x30x48	1,420	8.25	2,600	9.25	2,340	12.3	3,390	2,120	3,550	2,060
H-434x412x36x57	1,930	9.90	3,720	12.9	3,340	17.2	4,820	2,770	4,700	2,580
H-446x415x39x63	2,250	10.7	4,410	14.4	3,980	19.3	5,630	3,160	5,420	2,870
H-456x418x42x68	2,570	11.6	5,120	16.3	4,620	21.8	6,510	3,550	6,120	3,160

주 :
* 압축력의 작용 위치가 보단부로부터 보춤 d보다 먼 곳에 작용할 때에는 표의 값을 2배한다.
** 압축력의 작용 위치가 보단부로부터 d/2보다 먼 곳에 작용할 때에는 표의 값을 2배한다.
X; 부재의 단부에서 집중하중 작용 위치까지의 거리
N; 지압길이

도움표 2.3.4a H형강보의 지압상수(5)

$F_y = 275\text{MPa}$

H형강치수 $H \times B \times t_w \times t_f$, mm	ϕR_1*	ϕR_2	ϕR_3**	ϕR_4**	ϕR_5	ϕR_6	ϕR_n(N=85)			$\phi_v V_{nx}$
							X<d/2	d/2≤X≤d	X>d	
	kN	kN/mm	kN	kN/mm	kN	kN/mm	kN			kN
H-450x154x8x11	160	2.20	171	0.707	150	0.943	231	347	506	594
H-454x154x8x13	171	2.20	186	0.593	168	0.791	236	358	528	599
H-446x199x8x12	165	2.20	179	0.654	159	0.872	235	352	517	589
H-450x200x9x14	198	2.48	230	0.791	207	1.06	297	408	606	668
H-456x200x9x17	217	2.48	254	0.643	234	0.858	309	427	644	677
H-460x201x10x19	254	2.75	314	0.783	290	1.04	381	488	743	759
H-434x299x10x15	268	2.75	279	1.05	249	1.40	368	502	770	716
H-440x300x11x18	318	3.03	353	1.15	319	1.53	451	575	892	799
H-444x300x11x20	333	3.03	372	1.03	342	1.37	460	590	923	806
H-450x301x12x23	388	3.30	454	1.14	420	1.52	551	668	1,060	891
H-496x199x9x14	210	2.48	230	0.718	207	0.957	291	421	631	737
H-500x200x10x16	248	2.75	288	0.855	260	1.14	361	481	729	825
H-506x201x11x19	295	3.03	363	0.947	331	1.26	443	552	847	918
H-514x202x12x23	355	3.30	454	1.000	420	1.33	539	635	990	1,020
H-482x300x11x15	310	3.03	322	1.26	282	1.68	429	567	877	875
H-488x300x11x18	333	3.03	353	1.04	319	1.38	441	590	923	886
H-494x300x11x21	355	3.03	381	0.878	352	1.17	456	613	968	897

주 :
* 압축력의 작용 위치가 보단부로부터 보춤 d보다 먼 곳에 작용할 때에는 표의 값을 2배한다.
** 압축력의 작용 위치가 보단부로부터 d/2보다 먼 곳에 작용할 때에는 표의 값을 2배한다.
X; 부재의 단부에서 집중하중 작용 위치까지의 거리
N; 지압길이

도움표 2.3.4a H형강보의 지압상수(6)

$F_y = 275\text{MPa}$

H형강치수 $H \times B \times t_w \times t_f$, mm	ϕR_1*	ϕR_2	ϕR_3**	ϕR_4**	ϕR_5	ϕR_6	ϕR_n(N=85)			$\phi_v V_{nx}$
							X<d/2	d/2≤X≤d	X>d	
	kN	kN/mm	kN	kN/mm	kN	kN/mm	kN			kN
H-490x285x17x31	573	4.68	890	2.21	817	2.95	1,080	970	1,540	1,370
H-496x287x19x34	679	5.23	1,100	2.78	1,010	3.71	1,340	1,120	1,800	1,550
H-502x289x21x37	794	5.78	1,330	3.41	1,220	4.55	1,620	1,280	2,080	1,740
H-508x291x23x40	917	6.33	1,590	4.10	1,450	5.46	1,940	1,450	2,370	1,930
H-516x292x24x44	1,020	6.60	1,780	4.16	1,630	5.55	2,130	1,580	2,610	2,040
H-526x295x27x49	1,240	7.43	2,240	5.22	2,060	6.96	2,680	1,870	3,120	2,340
H-536x298x30x54	1,490	8.25	2,750	6.38	2,520	8.51	3,290	2,190	3,670	2,650
H-544x301x33x58	1,720	9.08	3,290	7.79	3,010	10.4	3,950	2,500	4,220	2,960
H-556x304x36x64	2,030	9.90	3,940	8.97	3,610	12.0	4,700	2,870	4,900	3,300
H-568x307x39x70	2,360	10.7	4,650	10.2	4,260	13.6	5,520	3,270	5,630	3,660
H-530x166x10x14	234	2.75	270	0.922	237	1.23	348	468	701	875
H-536x166x10x17	254	2.75	297	0.751	270	1.00	361	488	743	884
H-534x208x10x16	248	2.75	288	0.800	260	1.07	356	481	729	881
H-536x209x11x17	280	3.03	343	0.999	307	1.33	428	537	817	973
H-540x210x12x19	322	3.30	413	1.15	372	1.54	511	602	924	1,070
H-544x211x13x21	366	3.58	490	1.32	442	1.75	602	670	1,040	1,170
H-550x213x15x24	454	4.13	649	1.75	585	2.33	798	804	1,260	1,360
H-599x178x10x13	254	2.75	260	0.878	225	1.17	335	488	743	988
H-603x179x11x15	295	3.03	322	1.01	282	1.34	408	552	847	1,090
H-596x199x10x15	254	2.75	279	0.765	249	1.02	344	488	743	983
H-600x200x11x17	295	3.03	343	0.892	307	1.19	419	552	847	1,090
H-606x201x12x20	347	3.30	424	0.975	384	1.30	507	627	974	1,200
H-612x202x13x23	402	3.58	512	1.07	469	1.42	603	706	1,110	1,310

주 :

* 압축력의 작용 위치가 보단부로부터 보춤 d보다 먼 곳에 작용할 때에는 표의 값을 2배한다.

** 압축력의 작용 위치가 보단부로부터 d/2보다 먼 곳에 작용할 때에는 표의 값을 2배한다.

X; 부재의 단부에서 집중하중 작용 위치까지의 거리

N; 지압길이

도움표 2.3.4a H형강보의 지압상수(7)

$F_y = 275\text{MPa}$

H형강치수 $H \times B \times t_w \times t_f$, mm	ϕR_1*	ϕR_2	ϕR_3**	ϕR_4**	ϕR_5	ϕR_6	ϕR_n(N=85)			$\phi_v V_{nx}$
							X<d/2	d/2≤X≤d	X>d	
	kN	kN/mm	kN	kN/mm	kN	kN/mm	kN			kN
H-582x300x12x17	371	3.30	391	1.19	344	1.59	492	652	1,020	1,150
H-588x300x12x20	396	3.30	424	1.00	384	1.34	509	677	1,070	1,160
H-594x302x14x23	491	3.85	573	1.37	518	1.83	689	818	1,310	1,370
H-600x302x14x26	520	3.85	609	1.20	561	1.60	711	847	1,370	1,390
H-606x303x15x29	588	4.13	713	1.31	660	1.75	824	938	1,530	1,500
H-635x328x18x31	681	4.95	969	2.03	884	2.70	1,140	1,100	1,780	1,890
H-641x329x19x34	758	5.23	1,100	2.15	1,010	2.87	1,280	1,200	1,960	2,010
H-647x331x21x37	881	5.78	1,330	2.65	1,220	3.53	1,560	1,370	2,250	2,240
H-653x332x22x40	968	6.05	1,490	2.79	1,370	3.72	1,730	1,480	2,450	2,370
H-661x334x24x44	1,120	6.60	1,780	3.25	1,630	4.33	2,060	1,680	2,810	2,620
H-669x336x26x48	1,290	7.15	2,090	3.74	1,930	4.99	2,410	1,890	3,180	2,870
H-679x340x30x53	1,590	8.25	2,730	5.13	2,490	6.84	3,170	2,290	3,880	3,360
H-689x342x32x58	1,800	8.80	3,140	5.61	2,890	7.48	3,620	2,550	4,360	3,640
H-684x252x12x19	388	3.30	413	0.909	372	1.21	490	668	1,060	1,350
H-688x253x13x21	438	3.58	490	1.04	442	1.39	578	742	1,180	1,480
H-692x300x13x20	429	3.58	478	1.09	428	1.45	571	733	1,160	1,480
H-696x300x13x22	447	3.58	501	0.981	456	1.31	584	751	1,200	1,490
H-700x300x13x24	465	3.58	524	0.894	482	1.19	600	769	1,230	1,500
H-702x301x14x25	510	3.85	597	1.07	547	1.43	688	837	1,350	1,620
H-708x302x15x28	578	4.13	701	1.16	646	1.55	800	928	1,510	1,750
H-714x303x16x31	649	4.40	812	1.27	752	1.69	920	1,020	1,670	1,880
H-758x265x14x19	452	3.85	521	1.30	455	1.74	632	780	1,230	1,750
H-764x265x14x22	481	3.85	560	1.12	503	1.49	655	809	1,290	1,760
H-768x266x15x24	536	4.13	649	1.25	585	1.67	755	887	1,420	1,900

주 :

* 압축력의 작용 위치가 보단부로부터 보춤 d보다 먼 곳에 작용할 때에는 표의 값을 2배한다.

** 압축력의 작용 위치가 보단부로부터 d/2보다 먼 곳에 작용할 때에는 표의 값을 2배한다.

X; 부재의 단부에서 집중하중 작용 위치까지의 거리

N; 지압길이

도움표 2.3.4a H형강보의 지압상수(8)

$F_y = 275\text{MPa}$

H형강치수 $H \times B \times t_w \times t_f$, mm	ϕR_1*	ϕR_2	ϕR_3**	ϕR_4**	ϕR_5	ϕR_6	ϕR_n(N=85) X<d/2	d/2≤X≤d	X>d	$\phi_v V_{nx}$
	kN	kN/mm	kN	kN/mm	kN	kN/mm	kN			kN
H-792x300x14x22	481	3.85	560	1.08	503	1.44	652	809	1,290	1,830
H-796x300x14x24	501	3.85	585	0.982	533	1.31	668	828	1,330	1,840
H-800x300x14x26	520	3.85	609	0.902	561	1.20	686	847	1,370	1,850
H-802x301x15x27	567	4.13	688	1.07	631	1.42	779	918	1,490	1,980
H-808x302x16x30	638	4.40	799	1.16	737	1.54	898	1,010	1,650	2,130
H-814x303x17x33	713	4.68	918	1.25	850	1.67	1,020	1,110	1,820	2,280
H-841x291x15x22	536	4.13	621	1.25	551	1.66	727	887	1,420	2,080
H-845x291x15x24	557	4.13	649	1.14	585	1.52	746	908	1,460	2,090
H-851x292x16x27	627	4.40	758	1.22	689	1.63	862	1,000	1,630	2,250
H-859x293x17x31	713	4.68	890	1.26	817	1.68	997	1,110	1,820	2,410
H-890x299x15x23	526	4.13	635	1.13	568	1.50	731	877	1,400	2,200
H-894x299x15x25	547	4.13	662	1.03	601	1.38	750	897	1,440	2,210
H-900x300x16x28	616	4.40	772	1.11	705	1.48	866	990	1,610	2,380
H-906x301x17x31	690	4.68	890	1.20	817	1.60	992	1,090	1,780	2,540
H-912x302x18x34	767	4.95	1,020	1.29	937	1.72	1,130	1,190	1,960	2,710
H-918x303x19x37	849	5.23	1,150	1.38	1,060	1.84	1,270	1,290	2,140	2,880
H-919x304x17x28	678	4.68	846	1.31	766	1.74	957	1,080	1,750	2,580
H-923x305x18x30	743	4.95	954	1.44	865	1.92	1,080	1,160	1,910	2,740
H-933x308x21x35	938	5.78	1,300	1.94	1,180	2.59	1,460	1,430	2,370	3,230
H-943x309x22x40	1,060	6.05	1,490	1.93	1,370	2.57	1,650	1,570	2,630	3,420

주 :

* 압축력의 작용 위치가 보단부로부터 보춤 d보다 먼 곳에 작용할 때에는 표의 값을 2배한다.

** 압축력의 작용 위치가 보단부로부터 d/2보다 먼 곳에 작용할 때에는 표의 값을 2배한다.

X; 부재의 단부에서 집중하중 작용 위치까지의 거리

N; 지압길이

도움표 2.3.4b H형강보의 지압상수(1)

$F_y = 355\text{MPa}$

H형강치수 $H \times B \times t_w \times t_f$, mm	ϕR_1*	ϕR_2	ϕR_3**	ϕR_4**	ϕR_5	ϕR_6	ϕR_n(N=85)			$\phi_v V_{nx}$
							X<d/2	d/2≤X≤d	X>d	
	kN	kN/mm	kN	kN/mm	kN	kN/mm	kN			kN
H-100x50x5x7	66.6	1.78	76.6	1.39	67.4	1.85	225	217	284	107
H-100x100x6x8	95.9	2.13	108	2.10	93.7	2.80	332	277	373	128
H-125x60x6x8	90.5	2.13	108	1.68	93.7	2.24	284	272	362	160
H-125x125x6.5x9	110	2.31	129	1.90	113	2.53	328	306	415	173
H-150x75x5x7	66.6	1.78	76.6	0.925	67.4	1.23	172	217	284	160
H-148x100x6x9	107	2.13	114	1.26	102	1.68	245	288	394	189
H-150x150x7x10	130	2.49	152	1.78	134	2.37	335	342	472	224
H-154x151x8x12	163	2.84	203	2.15	181	2.87	425	405	568	262
H-158x152x9x14	200	3.20	262	2.56	235	3.41	525	471	671	303
H-175x90x5x8	75.4	1.78	81.9	0.694	73.8	0.925	152	226	302	186
H-175x175x7.5x11	153	2.66	176	1.70	157	2.27	350	379	533	280
H-198x99x4.5x7	71.9	1.60	65.4	0.511	58.7	0.681	117	208	280	190
H-200x100x5.5x8	92.7	1.95	94.5	0.808	83.7	1.08	176	259	351	234
H-194x150x6x9	117	2.13	114	0.961	102	1.28	211	298	415	248
H-200x200x8x12	178	2.84	203	1.66	181	2.21	369	419	596	341
H-200x204x12x12	266	4.26	373	5.59	298	7.46	932	628	895	511
H-208x202x10x16	257	3.55	328	2.33	295	3.11	559	559	817	443
H-215x206x10x17	266	3.55	338	2.13	307	2.83	548	568	834	458
H-223x209x13x21	392	4.62	556	3.65	502	4.86	915	785	1,180	617
H-229x211x15x24	493	5.33	737	4.77	664	6.36	1,200	945	1,440	732
H-248x124x5x8	88.8	1.78	81.9	0.490	73.8	0.653	129	240	328	264
H-250x125x6x9	112	2.13	114	0.746	102	0.995	187	293	405	320
H-244x175x7x11	168	2.49	159	0.993	143	1.32	255	379	547	364
H-248x175x5x9.5	113	1.78	89.3	0.412	82.4	0.550	129	264	377	264

주 :
* 압축력의 작용 위치가 보단부로부터 보춤 d보다 먼 곳에 작용할 때에는 표의 값을 2배한다.
** 압축력의 작용 위치가 보단부로부터 d/2보다 먼 곳에 작용할 때에는 표의 값을 2배한다.
X; 부재의 단부에서 집중하중 작용 위치까지의 거리
N; 지압길이

도움표 2.3.4b H형강보의 지압상수(2)

$F_y = 355\text{MPa}$

H형강치수 $H \times B \times t_w \times t_f$, mm	ϕR_1*	ϕR_2	ϕR_3**	ϕR_4**	ϕR_5	ϕR_6	ϕR_n(N=85)			$\phi_v V_{nx}$
							X<d/2	d/2≤X≤d	X>d	
	kN	kN/mm	kN	kN/mm	kN	kN/mm	kN			kN
H-244x252x11x11	264	3.91	313	3.85	251	5.14	688	596	859	572
H-248x249x8x13	206	2.84	211	1.23	191	1.65	331	447	653	423
H-250x250x9x14	240	3.20	262	1.62	235	2.16	419	511	751	479
H-250x255x14x14	373	4.97	508	6.09	406	8.12	1,100	795	1,170	746
H-303x101x5x6	75.4	1.78	70.9	0.534	60.1	0.712	121	226	302	290
H-305x102x6x7	95.9	2.13	101	0.786	84.7	1.05	174	277	373	390
H-309x102x6x9	107	2.13	114	0.604	102	0.805	170	288	394	395
H-313x103x7x11	137	2.49	159	0.774	143	1.03	231	348	485	467
H-298x149x5.5x8	103	1.95	94.5	0.542	83.7	0.723	145	268	371	349
H-300x150x6.5x9	127	2.31	129	0.790	113	1.05	202	323	450	415
H-294x200x8x12	213	2.84	203	1.13	181	1.50	309	454	667	501
H-298x201x9x14	256	3.20	262	1.36	235	1.81	389	527	783	571
H-294x302x12x12	320	4.26	373	3.81	298	5.07	729	682	1,000	751
H-298x299x9x14	256	3.20	262	1.36	235	1.81	389	527	783	571
H-300x300x10x15	293	3.55	317	1.73	283	2.30	479	595	888	639
H-300x305x15x15	439	5.33	583	5.83	466	7.77	1,130	892	1,330	959
H-304x301x11x17	342	3.91	390	2.00	349	2.67	576	674	1,020	712
H-310x305x15x20	506	5.33	673	4.23	586	5.64	1,070	959	1,460	990
H-310x310x20x20	675	7.10	1,040	10.0	829	13.4	1,970	1,280	1,950	1,320
H-346x174x6x9	122	2.13	114	0.539	102	0.719	163	304	426	398
H-350x175x7x11	155	2.49	159	0.692	143	0.923	221	367	522	522
H-354x176x8x13	192	2.84	211	0.865	191	1.15	289	433	625	603

주 :

* 압축력의 작용 위치가 보단부로부터 보춤 d보다 먼 곳에 작용할 때에는 표의 값을 2배한다.

** 압축력의 작용 위치가 보단부로부터 d/2보다 먼 곳에 작용할 때에는 표의 값을 2배한다.

X; 부재의 단부에서 집중하중 작용 위치까지의 거리

N; 지압길이

도움표 2.3.4b H형강보의 지압상수(3)

$F_y = 355\text{MPa}$

H형강치수 $H \times B \times t_w \times t_f$, mm	ϕR_1*	ϕR_2	ϕR_3**	ϕR_4**	ϕR_5	ϕR_6	ϕR_n(N=85)			$\phi_v V_{nx}$
							X<d/2	d/2≤X≤d	X>d	
	kN	kN/mm	kN	kN/mm	kN	kN/mm	kN			kN
H-336x249x8x12	227	2.84	203	0.987	181	1.32	293	469	696	573
H-340x250x9x14	272	3.20	262	1.19	235	1.59	370	543	815	652
H-333x312x18x28	751	6.39	1,050	4.86	939	6.48	1,490	1,290	2,040	1,280
H-341x314x20x32	905	7.10	1,310	5.70	1,180	7.60	1,830	1,510	2,410	1,450
H-349x316x22x36	1,070	7.81	1,600	6.59	1,450	8.78	2,200	1,740	2,810	1,640
H-357x318x24x40	1,260	8.52	1,930	7.52	1,750	10.0	2,600	1,980	3,240	1,820
H-365x321x27x44	1,510	9.59	2,410	9.52	2,180	12.7	3,260	2,320	3,830	2,100
H-373x324x30x48	1,780	10.7	2,950	11.7	2,660	15.6	3,990	2,690	4,470	2,380
H-383x327x33x53	2,110	11.7	3,570	13.8	3,220	18.3	4,780	3,100	5,210	2,690
H-391x329x35x57	2,360	12.4	4,050	14.9	3,660	19.9	5,350	3,420	5,780	2,910
H-338x351x13x13	381	4.62	438	3.89	350	5.18	790	773	1,150	936
H-344x348x10x16	320	3.55	328	1.41	295	1.88	455	621	941	733
H-344x354x16x16	511	5.68	663	5.78	530	7.71	1,190	994	1,510	1,170
H-350x350x12x19	415	4.26	469	2.02	422	2.69	651	777	1,190	895
H-350x357x19x19	658	6.75	935	8.02	748	10.7	1,660	1,230	1,890	1,420
H-399x140x6x9	122	2.13	114	0.467	102	0.623	155	304	426	459
H-403x141x7x11	155	2.49	159	0.601	143	0.802	211	367	522	541
H-396x199x7x11	168	2.49	159	0.612	143	0.816	212	379	547	531
H-400x200x8x13	206	2.84	211	0.765	191	1.02	278	447	653	682
H-390x300x10x16	337	3.55	328	1.25	295	1.66	436	639	976	831

주 :

* 압축력의 작용 위치가 보단부로부터 보춤 d보다 먼 곳에 작용할 때에는 표의 값을 2배한다.

** 압축력의 작용 위치가 보단부로부터 d/2보다 먼 곳에 작용할 때에는 표의 값을 2배한다.

X; 부재의 단부에서 집중하중 작용 위치까지의 거리

N; 지압길이

제1장 제2장 제3장 제4장

도움표 2.3.4b H형강보의 지압상수(4)

$F_y = 355\text{MPa}$

H형강치수 $H \times B \times t_w \times t_f$, mm	ϕR_1 *	ϕR_2	ϕR_3 **	ϕR_4 **	ϕR_5	ϕR_6	ϕR_n(N=85)			$\phi_v V_{nx}$
							X<$d/2$	$d/2$≤X≤d	X>d	
	kN	kN/mm	kN	kN/mm	kN	kN/mm	kN			kN
H-388x402x15x15	493	5.33	583	4.51	466	6.01	977	945	1,440	1,240
H-394x398x11x18	391	3.91	401	1.46	363	1.94	528	722	1,110	923
H-394x405x18x18	639	6.39	839	6.39	671	8.52	1,400	1,180	1,820	1,510
H-400x400x13x21	496	4.62	556	2.03	502	2.71	732	888	1,380	1,110
H-400x408x21x21	801	7.46	1,140	8.57	914	11.4	1,880	1,440	2,240	1,790
H-406x403x16x24	653	5.68	812	3.27	724	4.36	1,090	1,140	1,790	1,380
H-414x405x18x28	799	6.39	1,050	3.91	939	5.21	1,380	1,340	2,140	1,590
H-422x407x20x32	959	7.10	1,310	4.60	1,180	6.14	1,700	1,560	2,520	1,800
H-428x407x20x35	1,010	7.10	1,370	4.15	1,250	5.53	1,720	1,620	2,630	1,820
H-432x410x23x37	1,200	8.17	1,740	5.92	1,570	7.89	2,240	1,900	3,100	2,120
H-442x413x26x42	1,480	9.23	2,230	7.36	2,010	9.81	2,860	2,260	3,740	2,450
H-452x416x29x47	1,780	10.3	2,770	8.92	2,500	11.9	3,530	2,650	4,430	2,790
H-458x417x30x50	1,920	10.7	3,010	9.16	2,730	12.2	3,790	2,820	4,740	2,930
H-462x419x32x52	2,100	11.4	3,380	10.6	3,050	14.1	4,280	3,070	5,170	3,150
H-472x422x35x57	2,450	12.4	4,050	12.4	3,660	16.5	5,100	3,510	5,960	3,520
H-484x426x39x63	2,940	13.8	5,010	15.1	4,520	20.2	6,290	4,120	7,060	4,020
H-498x432x45x70	3,670	16.0	6,540	20.3	5,870	27.1	8,270	5,030	8,710	4,770
H-376x393x17x28	739	6.04	961	3.63	870	4.84	1,280	1,250	1,990	1,360
H-380x395x19x30	860	6.75	1,170	4.68	1,060	6.23	1,590	1,430	2,290	1,540
H-386x397x21x33	1,010	7.46	1,430	5.65	1,290	7.53	1,930	1,640	2,650	1,730
H-400x401x25x40	1,350	8.88	2,050	7.59	1,850	10.1	2,710	2,110	3,460	2,130
H-408x403x27x44	1,560	9.59	2,410	8.52	2,180	11.4	3,150	2,370	3,930	2,350
H-416x406x30x48	1,840	10.7	2,950	10.5	2,660	14.0	3,850	2,740	4,580	2,660
H-434x412x36x57	2,490	12.8	4,220	14.7	3,800	19.5	5,470	3,580	6,070	3,330
H-446x415x39x63	2,910	13.8	5,010	16.4	4,520	21.9	6,400	4,080	6,990	3,700
H-456x418x42x68	3,320	14.9	5,810	18.6	5,250	24.8	7,390	4,580	7,900	4,080

주 :

* 압축력의 작용 위치가 보단부로부터 보춤 d보다 먼 곳에 작용할 때에는 표의 값을 2배한다.

** 압축력의 작용 위치가 보단부로부터 $d/2$보다 먼 곳에 작용할 때에는 표의 값을 2배한다.

X; 부재의 단부에서 집중하중 작용 위치까지의 거리

N; 지압길이

도움표 2.3.4b H형강보의 지압상수(5)

$F_y = 355\text{MPa}$

H형강치수 $H \times B \times t_w \times t_f$, mm	ϕR_1*	ϕR_2	ϕR_3**	ϕR_4**	ϕR_5	ϕR_6	ϕR_n(N=85)			$\phi_v V_{nx}$
							$X<d/2$	$d/2 \le X \le d$	$X>d$	
	kN	kN/mm	kN	kN/mm	kN	kN/mm	kN			kN
H-450x154x8x11	206	2.84	194	0.804	170	1.07	262	447	653	690
H-454x154x8x13	220	2.84	211	0.674	191	0.899	268	462	682	696
H-446x199x8x12	213	2.84	203	0.743	181	0.991	266	454	667	684
H-450x200x9x14	256	3.20	262	0.899	235	1.20	338	527	783	863
H-456x200x9x17	280	3.20	288	0.731	266	0.974	350	551	831	874
H-460x201x10x19	328	3.55	357	0.889	330	1.19	433	630	959	980
H-434x299x10x15	346	3.55	317	1.19	283	1.59	418	648	994	924
H-440x300x11x18	410	3.91	401	1.31	363	1.74	512	742	1,150	1,030
H-444x300x11x20	430	3.91	423	1.16	388	1.55	522	761	1,190	1,040
H-450x301x12x23	501	4.26	516	1.30	477	1.73	627	863	1,360	1,150
H-496x199x9x14	272	3.20	262	0.816	235	1.09	331	543	815	856
H-500x200x10x16	320	3.55	328	0.971	295	1.30	411	621	941	1,070
H-506x201x11x19	381	3.91	412	1.08	376	1.43	504	713	1,090	1,190
H-514x202x12x23	458	4.26	516	1.14	477	1.51	613	820	1,280	1,310
H-482x300x11x15	400	3.91	366	1.43	320	1.91	488	732	1,130	1,130
H-488x300x11x18	430	3.91	401	1.18	363	1.57	501	761	1,190	1,140
H-494x300x11x21	459	3.91	433	0.997	400	1.33	518	791	1,250	1,160

주 :
* 압축력의 작용 위치가 보단부로부터 보춤 d보다 먼 곳에 작용할 때에는 표의 값을 2배한다.
** 압축력의 작용 위치가 보단부로부터 $d/2$보다 먼 곳에 작용할 때에는 표의 값을 2배한다.
X; 부재의 단부에서 집중하중 작용 위치까지의 거리
N; 지압길이

도움표 2.3.4b H형강보의 지압상수(6)

$F_y = 355\text{MPa}$

H형강치수 $H \times B \times t_w \times t_f$, mm	ϕR_1^{*}	ϕR_2	ϕR_3^{**}	ϕR_4^{**}	ϕR_5	ϕR_6	ϕR_n(N=85)			$\phi_v V_{nx}$
							X<d/2	d/2≤X≤d	X>d	
	kN	kN/mm	kN	kN/mm	kN	kN/mm	kN			kN
H-490x285x17x31	739	6.04	1,010	2.51	929	3.35	1,220	1,250	1,990	1,770
H-496x287x19x34	877	6.75	1,250	3.16	1,150	4.21	1,520	1,450	2,330	2,010
H-502x289x21x37	1,030	7.46	1,520	3.87	1,390	5.17	1,850	1,660	2,680	2,250
H-508x291x23x40	1,180	8.17	1,810	4.65	1,650	6.20	2,210	1,880	3,060	2,490
H-516x292x24x44	1,320	8.52	2,020	4.73	1,860	6.31	2,420	2,040	3,370	2,640
H-526x295x27x49	1,610	9.59	2,540	5.93	2,340	7.91	3,040	2,420	4,030	3,030
H-536x298x30x54	1,920	10.7	3,130	7.25	2,870	9.67	3,750	2,820	4,740	3,430
H-544x301x33x58	2,230	11.7	3,740	8.85	3,420	11.8	4,490	3,220	5,450	3,820
H-556x304x36x64	2,620	12.8	4,480	10.2	4,100	13.6	5,350	3,710	6,330	4,260
H-568x307x39x70	3,050	13.8	5,280	11.6	4,840	15.5	6,270	4,220	7,270	4,720
H-530x166x10x14	302	3.55	306	1.05	269	1.40	395	604	905	1,130
H-536x166x10x17	328	3.55	338	0.853	307	1.14	411	630	959	1,140
H-534x208x10x16	320	3.55	328	0.910	295	1.21	405	621	941	1,140
H-536x209x11x17	361	3.91	390	1.14	349	1.51	487	693	1,050	1,260
H-540x210x12x19	415	4.26	469	1.31	422	1.75	580	777	1,190	1,380
H-544x211x13x21	473	4.62	556	1.49	502	1.99	683	865	1,340	1,510
H-550x213x15x24	586	5.33	737	1.99	664	2.65	906	1,040	1,620	1,760
H-599x178x10x13	328	3.55	295	0.998	255	1.33	380	630	959	1,150
H-603x179x11x15	381	3.91	366	1.14	320	1.52	463	713	1,090	1,270
H-596x199x10x15	328	3.55	317	0.869	283	1.16	391	630	959	1,140
H-600x200x11x17	381	3.91	390	1.01	349	1.35	476	713	1,090	1,270
H-606x201x12x20	447	4.26	482	1.11	437	1.48	576	809	1,260	1,550
H-612x202x13x23	519	4.62	582	1.21	533	1.62	685	911	1,430	1,690

주 :

* 압축력의 작용 위치가 보단부로부터 보춤 d보다 먼 곳에 작용할 때에는 표의 값을 2배한다.

** 압축력의 작용 위치가 보단부로부터 d/2보다 먼 곳에 작용할 때에는 표의 값을 2배한다.

X; 부재의 단부에서 집중하중 작용 위치까지의 거리

N; 지압길이

도움표 2.3.4b H형강보의 지압상수(7)

$F_y = 355MPa$

H형강치수 $H \times B \times t_w \times t_f$, mm	ϕR_1*	ϕR_2	ϕR_3**	ϕR_4**	ϕR_5	ϕR_6	ϕR_n(N=85)			$\phi_v V_{nx}$
							X<d/2	d/2≤X≤d	X>d	
	kN	kN/mm	kN	kN/mm	kN	kN/mm	kN			kN
H-582x300x12x17	479	4.26	444	1.36	391	1.81	560	841	1,320	1,490
H-588x300x12x20	511	4.26	482	1.14	437	1.52	579	873	1,380	1,500
H-594x302x14x23	634	4.97	651	1.56	589	2.08	784	1,060	1,690	1,770
H-600x302x14x26	671	4.97	692	1.37	637	1.82	808	1,090	1,760	1,790
H-606x303x15x29	759	5.33	810	1.49	750	1.99	937	1,210	1,970	1,940
H-635x328x18x31	879	6.39	1,100	2.30	1,000	3.07	1,300	1,420	2,300	2,430
H-641x329x19x34	978	6.75	1,250	2.45	1,150	3.26	1,460	1,550	2,530	2,590
H-647x331x21x37	1,140	7.46	1,520	3.01	1,390	4.01	1,780	1,770	2,910	2,890
H-653x332x22x40	1,250	7.81	1,690	3.17	1,550	4.22	1,960	1,910	3,160	3,060
H-661x334x24x44	1,450	8.52	2,020	3.69	1,860	4.92	2,330	2,170	3,620	3,380
H-669x336x26x48	1,660	9.23	2,380	4.25	2,190	5.67	2,740	2,450	4,110	3,700
H-679x340x30x53	2,050	10.7	3,100	5.83	2,830	7.77	3,600	2,960	5,010	4,340
H-689x342x32x58	2,330	11.4	3,570	6.37	3,280	8.50	4,110	3,290	5,620	4,700
H-684x252x12x19	501	4.26	469	1.03	422	1.38	557	863	1,360	1,570
H-688x253x13x21	565	4.62	556	1.18	502	1.58	656	958	1,520	1,910
H-692x300x13x20	554	4.62	543	1.23	486	1.64	648	946	1,500	1,920
H-696x300x13x22	577	4.62	569	1.11	518	1.49	663	969	1,550	1,930
H-700x300x13x24	600	4.62	595	1.02	547	1.35	682	992	1,590	1,940
H-702x301x14x25	659	4.97	678	1.21	622	1.62	781	1,080	1,740	2,090
H-708x302x15x28	746	5.33	796	1.32	734	1.76	908	1,200	1,940	2,260
H-714x303x16x31	838	5.68	923	1.44	855	1.92	1,050	1,320	2,160	2,430
H-758x265x14x19	584	4.97	591	1.48	517	1.97	717	1,010	1,590	2,260
H-764x265x14x22	621	4.97	636	1.27	572	1.69	744	1,040	1,660	2,050
H-768x266x15x24	692	5.33	737	1.42	664	1.90	858	1,140	1,840	2,450

주 :
* 압축력의 작용 위치가 보단부로부터 보춤 d보다 먼 곳에 작용할 때에는 표의 값을 2배한다.
** 압축력의 작용 위치가 보단부로부터 d/2보다 먼 곳에 작용할 때에는 표의 값을 2배한다.
X; 부재의 단부에서 집중하중 작용 위치까지의 거리
N; 지압길이

도움표 2.3.4b H형강보의 지압상수(8)

$F_y = 355\text{MPa}$

H형강치수 $H \times B \times t_w \times t_f$, mm	ϕR_1*	ϕR_2	ϕR_3**	ϕR_4**	ϕR_5	ϕR_6	ϕR_n(N=85)			$\phi_v V_{nx}$
							X<d/2	d/2≤X≤d	X>d	
	kN	kN/mm	kN	kN/mm	kN	kN/mm	kN			kN
H-792x300x14x22	621	4.97	636	1.22	572	1.63	740	1,040	1,660	2,130
H-796x300x14x24	646	4.97	665	1.12	605	1.49	760	1,070	1,710	2,140
H-800x300x14x26	671	4.97	692	1.03	637	1.37	780	1,090	1,760	2,150
H-802x301x15x27	732	5.33	782	1.21	717	1.61	885	1,180	1,920	2,560
H-808x302x16x30	824	5.68	908	1.31	837	1.75	1,020	1,310	2,130	2,750
H-814x303x17x33	920	6.04	1,040	1.42	966	1.90	1,160	1,430	2,350	2,950
H-841x291x15x22	692	5.33	706	1.42	626	1.89	827	1,140	1,840	2,420
H-845x291x15x24	719	5.33	737	1.29	664	1.72	847	1,170	1,890	2,430
H-851x292x16x27	809	5.68	861	1.39	783	1.85	979	1,290	2,100	2,900
H-859x293x17x31	920	6.04	1,010	1.43	929	1.91	1,130	1,430	2,350	3,110
H-890x299x15x23	679	5.33	722	1.28	646	1.71	831	1,130	1,810	2,560
H-894x299x15x25	706	5.33	752	1.17	682	1.56	851	1,160	1,860	2,570
H-900x300x16x28	795	5.68	877	1.26	801	1.68	984	1,280	2,070	2,760
H-906x301x17x31	890	6.04	1,010	1.36	929	1.81	1,130	1,400	2,290	3,280
H-912x302x18x34	990	6.39	1,150	1.46	1,060	1.95	1,270	1,530	2,520	3,500
H-918x303x19x37	1,100	6.75	1,300	1.57	1,210	2.09	1,430	1,670	2,770	3,720
H-919x304x17x28	875	6.04	961	1.48	870	1.98	1,090	1,390	2,260	3,330
H-923x305x18x30	959	6.39	1,080	1.64	983	2.18	1,220	1,500	2,460	3,540
H-933x308x21x35	1,210	7.46	1,470	2.20	1,340	2.94	1,660	1,850	3,060	4,170
H-943x309x22x40	1,370	7.81	1,690	2.19	1,550	2.92	1,880	2,030	3,400	4,420

주 :

* 압축력의 작용 위치가 보단부로부터 보춤 d보다 먼 곳에 작용할 때에는 표의 값을 2배한다.

** 압축력의 작용 위치가 보단부로부터 d/2보다 먼 곳에 작용할 때에는 표의 값을 2배한다.

X; 부재의 단부에서 집중하중 작용 위치까지의 거리

N; 지압길이

참고문헌

제2장

국가건설기준센터(2019), KCS 14 31 00:2019 강구조공사 표준시방서

국가건설기준센터(2019), KDS 41 31 00:2019 건축물 강구조 설계기준

국토교통부(2013), 건축공사표준시방서(제6장 강구조공사), 대한건축학회

국토교통부(2014), 하중저항계수설계법에 의한 강구조설계기준, 한국강구조학회

대한건축학회(2001), 강구조 건축물 용접부의 비파괴 검사기준(안)

일본건축학회(2006), 강구조접합부설계지침(鋼構造接合部設計指針)

한국강구조학회(2018), 건축강구조 표준접합상세지침(2차 개정판), 한국강구조학회, 한국건축구조기술사회, 도서출판 기문사

김승원(2014), 소성회전중심법에 의한 볼트군과 용접군의 설계, 2014년 강재이용기술발표회, 현대제철주식회사 주관

김승원(2014), 소성회전중심법에 의한 용접군의 설계, 2014년 강구조설계기준 강습회 자료집

김승원(2015), 소성회전중심법에 의한 면내 편심하중을 받는 볼트군과 필릿용접군의 전단강도-1, 한국강구조학회지 2015.4

김승원(2015), 소성회전중심법에 의한 면내 편심하중을 받는 볼트군과 필릿용접군의 전단강도-2, 한국강구조학회지 2015.6

김승원(2015), 소성회전중심법에 의한 면내 편심하중을 받는 볼트군과 필릿용접군의 전단강도-3, 한국강구조학회지 2015.8

김승원, 최준식, 박대영, 최선규(2015), 'H형강 접합 매뉴얼'에 따른 소성회전중심법에 의한 볼트군과 용접군의 설계, 한국강구조학회 2015년 학술대회발표집

김승원, 최준식, 박대영, 최선규(2015), 'H형강 접합 매뉴얼'에 따른 소성회전중심법에 의한 볼트군의 해석방법, 한국강구조학회 2015년 학술대회발표집

김승원, 최준식, 박대영, 최선규(2015), 'H형강 접합 매뉴얼'에 따른 소성회전중심법에 의한 필릿용접군의 해석방법, 한국강구조학회 2015년 학술대회발표집

최선규(2009), 용접접합표준, 한국강구조학회지(2009.4.)

최준식(2014), 볼트접합, 2014년 강구조설계기준 강습회 자료집

이철호외(2009), 강구조 고력볼트 접합부의 설계 및 시방규정 개선을 위한 기초연구(안), 한국강구조학회

AISC(1973), Steel Construction Manual, 7th Edition, American Institute of Steel Construction

AISC(2005), Steel Construction Manual Vol. Ⅰ,Ⅱ, 13th ED.

AISC(2010), Steel Construction Manual, 14th Edition, American Institute of Steel Construction

Akbar R. Tamboli[ED], 2010, Handbook of Structural Steel Construction Design and Details, 2nd ED., McGrow-Hill, New York

AWS B1.10M/B1.10:2016, Guide for the Nondestructive Examination of Welds, American Welding Society

AWS B1.11M/B1.11:2015, Guide for the Visual Examination of Welds, American Welding Society

AWS D1.1/D1.1M:2015 Structural Welding Code-Steel, American Welding Society

Blodgett, O. W.(1966), Design of Welded Structures, James F. Lincoln Arc Welding Foundation, Cleveland, OH.

Blodgett, O.W.(1980), Detailing to Achieve Practical Welded Fabrication, Engineering Journal, AISC, Vol. 17, No. 4, 4th Quarter, pp.106-119.

Blodgett, O. W., Funderburk, R. S. and Miller, D. K.(1999), Fabricator's and Erector's Guide to Welded Steel Construction, James F. Lincoln Arc Welding Foundation, Cleveland, Ohio

Bowman, M. D., & Betancourt, M. I. G. U. E. L.(1991). Reuse of A325 and A490 high-strength bolts. Engineering Journal, 28(3).

Brandt, G. Donald(1982): Rapid Determination of Ultimate Strength of Eccentrically Loaded Bolt Groups. Engineering Journal, American Institute of Steel Construction, Vol. 19, No. 2, 2nd Quarter 1982.

Brandt, G. Donald(1982): A General Solution for Eccentric Loads on Weld Groups. Engineering Journal, American Institute of Steel Construction, Vol. 19, No. 3, 3rd Quarter 1982.

Justin D. Brown, David J. Lubitz, Yavor C. Cekov, 2007, Evaluation of Influence of Hole Making Upon the Performance of Structural Steel Plates and Connections, Center for Transportation Research, The University of Texas at Austin

Butler, L. J., Pal, S. and Kulak, G.L.(1972), Eccentrically Loaded Welded Connections," Journal of the Structural Division, ASCE, Vol. 98, No. ST5, May, pp. 989-1005, Reston, VA.

Crawford, S. F. (1968). Behavior of eccentrically loaded bolted connections (Doctoral dissertation, Nova Scotia Technical College).

Crawford, S. F. and G. L. Kulak (1971), Eccentrically Loaded Bolted Connections Journal of the Structural Division, ASCE, Vol. 97, ST3, March 1971, pages 765 783.

DALE F. LESIK and D. J. LAURIE KENNEDY (1988) ULTIMATE STRENGTH OF ECCENTRICALLY LOADED FILLET WELDED CONNECTIONS, Department of Civil Engineering, University of Alberta, Edmonton, Alberta

Geoffrey L. Kulak, John W. Fisher and John H. A. Struik, Guide to Design Criteria for Bolted and Riveted Joints, Second Edition, AISC 2001.

Higgins, T. R.(1971), "Treatment of Eccentrically Loaded Connections in the AISC Manual," Engineering Journal, AISC, Vol. 8, No. 2, April, pp.52-54, Chicago, IL.

Holmes, M, L. and Martin, H.(1983), Reinforced Concrete and Steel, John Wiley & Sons, N.Y.

Lesik, D.F. and Kennedy, D.J.L (1990), "Ultimate Strength of Fillet-Welded Connections Loaded in Plane," Canadian Journal of Civil Engineering, National Research Council of Canada, Vol. 17, No. 1, Ottawa, Canada.

Miller, D.K.(1996), Ensuring Weld Quality in Structural Applications. Part II and III, Effective Visual Inspection, The James F. Lincoln Arc Welding Foundation, Cleveland, OH.

Muir, L. S., & Thornton, W. A. (2004, June). Exploring the true geometry of the inelastic instantaneous center method for eccentrically loaded bolt groups. In Proceedings of the 5th international workshop on connections in steel structures V: behaviour, strength & design, Amsterdam (pp. 3-4).

Salmon, C. S. 및 J. E. Johnson & F. A. Malhas, 2009, Steel Structures; Design and Behavior, 5th ED. Harper Collins, New York, NY.

Thornton, W. A., 1985, "Prying Action - A General Treatment" E-Journal Vol.

03 CHAPTER

H형강 일반접합부의 설계

3.1 단순전단접합부의 설계

3.2 확장형 단부판 모멘트접합

3.3 완전강접 접합부

3.4 H형강 가새접합부의 설계

3.5 주각부 및 기둥의 이음 설계

3.6 기타 접합부의 설계

제3장 참고문헌

03 CHAPTER H형강 일반접합부의 설계

3.1 단순전단접합부의 설계

3.1.1 개요

이 장에서는 단순전단접합부를 설계하기 위한 설계기준의 요구사항들과 기타 설계 시 고려해야 할 사항들을 요약한다. 또한 각종 단순전단접합부들의 특성과 설계방법, 설계 주안점과 도움표에 대하여 설명한다. 아울러 기준에서 요구하는 단순전단접합부의 단부회전성능 확보방법과 편심 및 시공성에 대한 고려방법 등에 대하여 아래에서 설명한다.

3.1.2 힘의 전달

소요강도(단부반력) R_u는 KDS 41 31 00 1.5.2 설계기본원칙에 규정되어 있는 방법에 의한 해석으로 산정한다. KDS 41 31 00 4.7.1.2 단순전단접합에 따른 단순전단접합부를 가진 부재의 단부는 일반적으로 하중재하 시에 회전이 구속되지 않는 것으로 가정한다. 단순전단접합부는 실제로는 어느 정도 회전이 구속되어 있으나 (그림 3.1.1 곡선A 참조), 이와 같이 작은 양은 무시할 수 있으며 접합부가 완전히 유연하다고 이상화할 수 있다. 이 책에서 다루는 단순전단접합부는 KDS 41 31 00 4.7.1.2에서 요구하는 단부회전을 수용하기에 충분하다.

단순전단접합부를 포함한 대부분의 골조상세에서 지점의 회전은 특별히 고려하지 않더라도 용인될 정도로 제한적으로 발생한다. 그러나 작은보를 한쪽으로만 지지하는 노출형테두리보의 경우에는 지점의 회전강성이 허용할 만한 수준인지를 검증할 필요가 있다. 이 경우에 대해, Sumner(2003)는 큰보와 작은보의 상부 플랜지를 명목상 서로 연결하는 정도로도 지점의 회전을 제한하기에 충분하다는 것을 증명하였다.

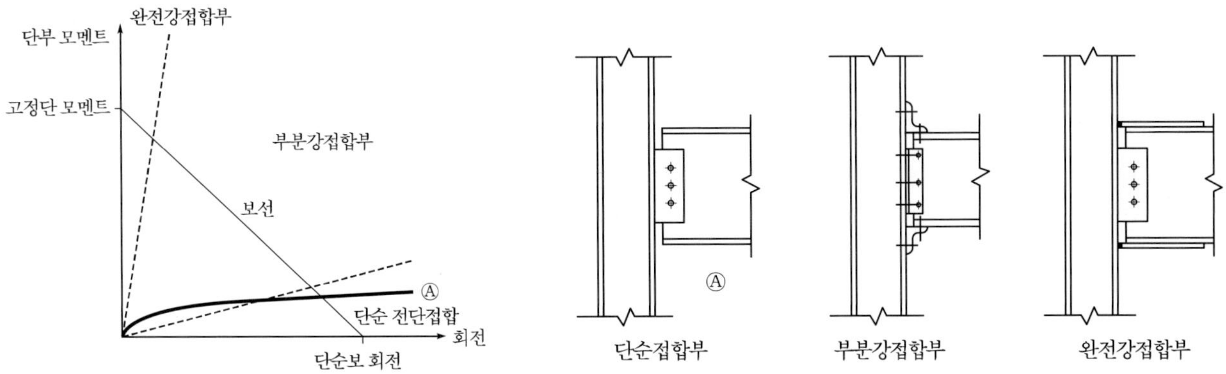

그림 3.1.1 단순전단접합부의 표준 모멘트-회전곡선

3.1.3 접합부의 대안 비교

3.1.3.1 2면접합

쌍ㄱ형강 및 전단단부판 접합과 같은 2면접합은 다음과 같은 장점들이 있다.

(1) 단부반력이 클 때 적합하다.

(2) 완전접합(통상적으로 접합부 전체가 접합되는 보의 상·하플랜지 사이에 들어간다)

(3) 작업가능게이지[1]일 경우 보축에 직각인 편심에 대해서는 고려할 필요가 없다.

2면접합은 다음의 '시공성에 대한 고려사항'에 의해 설치용이성에 대해 추가적으로 고려할 필요가 있다.

주 1) 작업가능게이지; 파스너의 횡방향 중심간격을 게이지라 하며, 작업가능게이지는 간섭없이 파스너의 체결작업이 가능한 게이지

3.1.3.2 받침접합

비보강 및 보강 받침접합은 아래와 같은 장점들이 있다.

(1) 받침을 기둥 등 지지부재에 공장용접할 수 있어 설치가 단순하다.

(2) 충분한 설치여유공간이 확보된다.

(3) 쌍접합을 적용하지 않아도 되므로 설치(시공)시 안정성이 뛰어나다.

(4) 구조물의 기둥간격을 쉽게 유지할 수 있다.(기둥간격을 반복해서 유지해야 한다면 받침접합이 바람직하다.)

3.1.3.3 1면접합

단일판, 단일ㄱ형강 및 T형강 접합과 같이 보웨브의 한쪽에만 접합되는 1면접합은 다음과 같은 장점들이 있다.

(1) 접합요소들을 기둥 등 지지부재에 공장부착하여 제작과 설치가 쉽다.

(2) 자재와 소요되는 공장제작 공임(인건비)이 절약된다.

(3) 충분한 설치여유공간이 확보된다.

(4) 쌍접합을 적용하지 않아도 되므로 설치(시공)시 안정성이 뛰어나다.

3.1.4 시공성에 대한 고려사항

3.1.4.1 쌍접합

쌍접합은 작은보 또는 큰보 들이 서로 반대방향에서 골조를 구성하는 경우 현장볼트접합 시 발생된다. 쌍접합이 기둥의 웨브(그림 3.1.2 참조) 또는 기둥상부에서 연속적으로 골조를 형성하는 보의 웨브에서 발생하고, 모든 현장볼트접합을 같은 볼트구멍에서 할 경우 안전관리대상이 된다. 두 번째로 설치할 부재를 최종 위치에 가져올 동안 먼저 설치할 첫 번째 부재를 확실하게 접합하여 그 상태를 유지하여야 한다. 일부만 끼운 볼트 또는 드리프트 핀에 하나의 보를 임시로 매달아 설치하는 접합요구조건은 미국 노동안전위생국(OSHA)의 규정에서는 허용하지 않는다.

두 번째 부재를 최종 위치에 가져올 동안 첫 번째 부재를 확실하게 접합하기 위하여 ㄱ형강을 엇갈리게 배치하고 볼트 구멍을 하나 추가하여 여기에 첫 번째 부재를 접합하는 방법 또는 다른 유사한 상세를 사용할 수 있다. 대안으로는 그림 3.1.2와 같은 시공용 가설받침을 설치하는 방법이 있다. 일반적으로 하나의 ㄱ형강으로 된 시공용 가설받침은 계약도서에 추가의 하중이 표기되어 있지 않는 한 부재의 자중을 견딜 수 있는 정도의 크기로 기둥웨브에 부착한다. 시공

용 가설받침은 부재의 제조, 제작 및 설치 오차를 수용하기 위해 보의 하부플랜지와 대략 10mm정도의 띄움(유격)을 둔 위치에 설치한다.

설치순서는 시공용 가설받침의 필요성을 결정하는 가장 중요한 요소이다. 만일 시공순서를 알고 있다면, 시공용 가설받침은 받침이 필요한 쪽(첫번째 부재쪽)에 설치한다. 시공순서를 알지 못할 때에는 기둥웨브의 양쪽에 시공용 가설받침을 설치할 수 있다. 시공용 가설받침들은 접합부가 완성된 후 다른 장소에 재사용이 가능하나, 이 받침이 간섭을 일으키거나 계약도서에서 이의 제거를 요구하지 않는 한 제거할 필요는 없다. 또한 '3.1.13 단순전단접합부에 대한 특별 고려사항'도 참조한다.

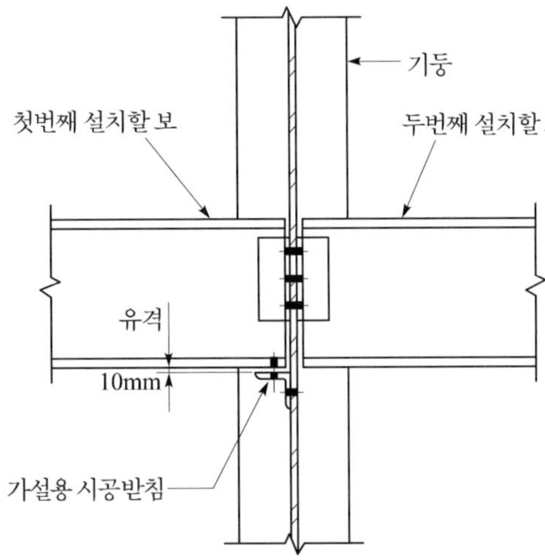

그림 3.1.2 시공받침

3.1.4.2 기둥웨브내의 접근성

볼트체결이나 용접을 위한 여유공간을 확보해야 하기 때문에 쌍ㄱ형강, 전단단부판, 단일판, 단일ㄱ형강 및 T형강의 전단접합은 게이지를 감소시키지 않는 한 H형강이나 기타 이와 유사한 기둥웨브의 접합, 특히 H-200기둥 웨브의 접합으로는 적합하지 않다. H-150, H-125 및 H-100기둥에서는 이러한 접합들이 불가능하다.

또한 공장에서 기둥웨브에 접합재를 부착하고, 접합재가 기둥의 양쪽 플랜지 사이에 놓여있는 경우에는 현장에서 볼트를 끼워 넣거나 볼트를 조일 때 접근성이 주요 관심대상이 된다.

3.1.4.3 현장용접 접합

현장용접 접합에서는 보통 마지막 용접을 마칠 때까지 부재를 지지해 주기 위한 가설볼트를 설치한다. 시공안전성을 확보하기 위하여 최소 2개의 볼트(가새부재에서는 1개의 볼트)를 설치해야 한다. 시공 중에 생기는 하중 때문에 가설볼트를 추가로 설치해야 할 경우도 있다. 이런 하중은 용접을 하기 전에 접합용 ㄱ형강을 보웨브쪽으로 당겨서 밀착시키기 위하여 당기거나 또는 다른 이유 때문에 발생할 수 있다. 가설볼트는 최종 용접이 끝난 후에 다른 위치에 재사용할 수 있으며, 간섭을 일으키거나 계약도서에 제거하도록 요구되어 있지 않는 한 이를 제거할 필요는 없다.

3.1.4.4 모서리걸침

접합요소의 상세치수는 따내지 않는 보에서는 $T-$치수(H형강의 양쪽플랜지 두께와 모서리반경을 제외한 웨브순높이; $T=H-2t_f-2r$)에, 따낸보에서는 모서리반경을 제외한 나머지 웨브춤에 적합해야 한다. ㄱ형강을 그림 3.1.3과 같이 모서리 위로 약간 겹쳐 놓을 수도 있다.

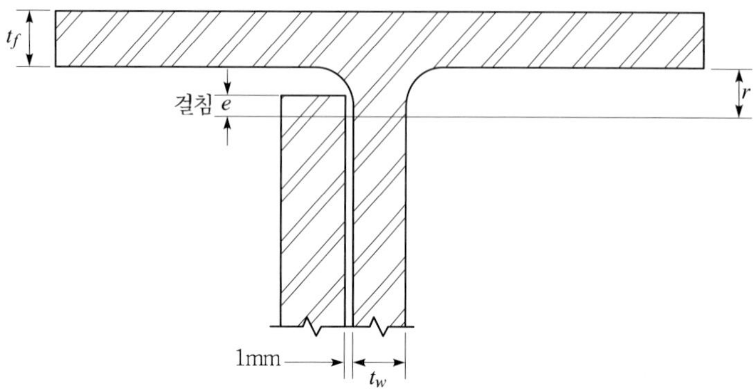

모서리반경과 걸침, mm	
모서리반경; r	걸침; e
8	3
10~12	5
14~20	6
22~32	8
34, 35	10

그림 3.1.3 모서리걸침

3.1.5 쌍ㄱ형강접합

쌍ㄱ형강접합은 그림 3.1.4와 같이 보웨브의 양쪽면에 각각 1개씩 2개의 ㄱ형강으로 만든다. 이 ㄱ형강들은 보와 지지부재에 볼트로 체결하거나 용접한다.

ㄱ형강이 지지부재에 용접될 때에는 접합부는 충분히 유연하도록 하여야 한다. 그림 3.1.4(c)와 같이 KDS 41 31 00 4.7.2.3(2)⑧에 따라 상부에 단부돌림용접하면서 ㄱ형강의 앞굽을 따라 직선으로 용접한다. ㄱ형강의 상부 전체를 용접하면 유연성이 떨어져 접합부 단부에서 필요한 회전이 억제되는 점에 주의해야 한다. 이와 같이 단부회전이 억제된 접합부는 의도하는 단순전단접합부로서의 성능을 발휘하지 못할 수도 있다.

3.1.5.1 설계강도

쌍ㄱ형강접합부의 설계강도는 사용하는 볼트와 용접 및 접합요소의 한계상태들로부터 산정한다. 어느 경우에나 설계강도 ϕR_n은 소요강도 R_u 이상이어야 한다.

표준 및 단슬롯 구멍의 경우 쌍ㄱ형강접합의 지지면에 작용하는 편심은 게이지(ㄱ형강의 내민다리에서 수직볼트열의 중심점까지의 거리, 즉 그림 3.1.4(a)의 a치수)가 75mm를 넘지 않으면 무시할 수 있다. 다만 보웨브에 수직으로 2열로 배열된 볼트인 경우에는 편심의 영향을 무시할 수 없다. 쌍ㄱ형강접합의 용접부 설계에서는 언제나 편심을 고려해야 한다.

3.1.5.2 ㄱ형강의 길이와 두께에 대한 권장

설치작업 중 안정성 확보를 위해 접합 ㄱ형강의 최소길이는 지지되는 보 $T-$치수의 1/2이상이 권장된다. ㄱ형강의 최대길이는 따내지 않은 보의 경우에는 $T-$치수와, 따낸보의 경우에는 모서리를 제외한 나머지 웨브 춤에 적합해야 한다. 그림3.1.3과 같이 ㄱ형강의 일부가 모서리 위에 걸쳐질 수도 있음을 유의한다.

보단부가 회전 유연성을 가지게 하려면 작업가능게이지를 갖고 사용하는 ㄱ형강의 최대두께를 15mm로 제한하여야 한다. 대안으로 2.3절에서 설명한 전단접합 회전연성 검토를 통해 게이지와 ㄱ형강의 두께를 적합하게 달리 조합하여 사용할 수도 있다.

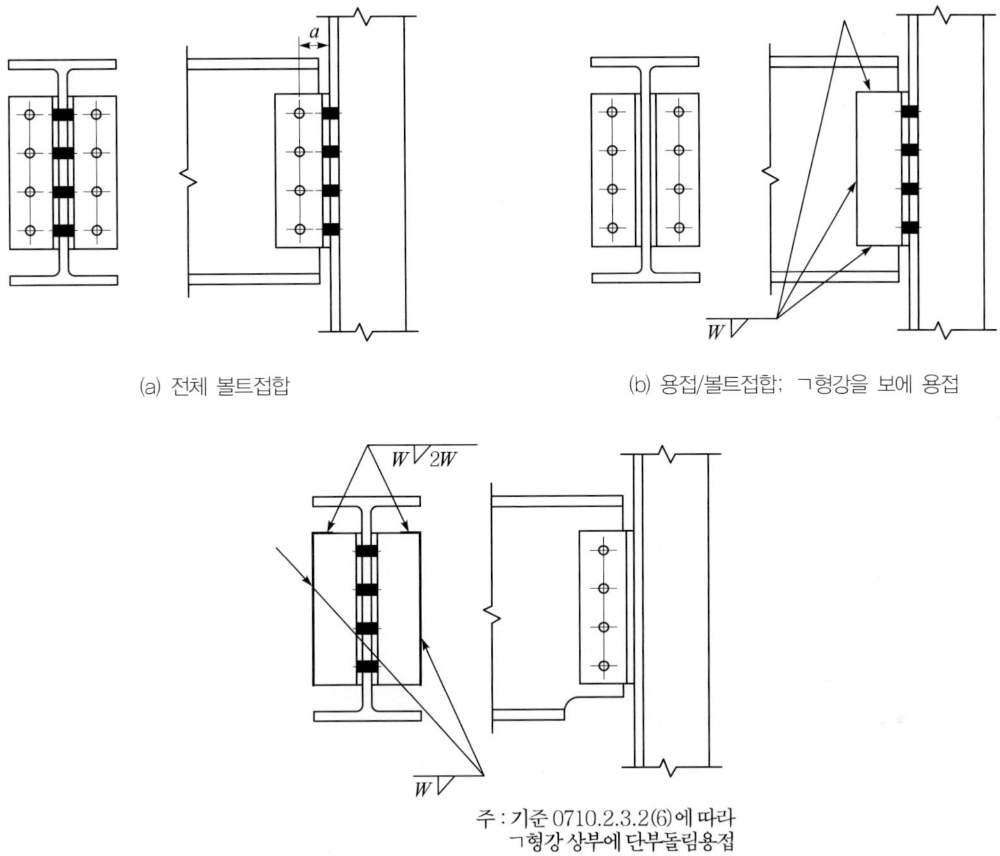

(a) 전체 볼트접합

(b) 용접/볼트접합; ㄱ형강을 보에 용접

(c) 볼트/용접접합; ㄱ형강을 지지부재에 용접

그림 3.1.4 쌍ㄱ형강접합

3.1.5.3 공장 및 현장 관습

접합하는 보가 큰보의 웨브에 접합될 때 2개의 ㄱ형강은 일반적으로 접합하는 보웨브에 공장부착한다. 기둥웨브에 접합될 때 2개의 ㄱ형강은 가능하다면 지지되는 보웨브에 공장부착하여야 하며, 앞 3.1.4항의 '시공성에 대한 고려사항'과 관련된 검토를 하여야 한다.

접합하는 보가 기둥플랜지에 접합될 때 2개의 ㄱ형강은 기둥플랜지 또는 접합하는 보에 공장부착할 수 있다. 기둥플랜지에 공장부착될 경우에는 그림 3.1.5(a)와 같은 설치용 여유공간이 필요하며, 그림 3.1.4(c)와 같이 보를 끼워 넣기 위해 보의 하부플랜지를 따 내어야 하는 칼날접합으로 해야 한다. 또한 특히 골조가 매우 길게(6경간 이상) 연속되는 경우, 기둥춤에 대한 공장제작시의 오차 발생 가능성에 대한 대비가 마련되어야 한다. 만일 2개의 ㄱ형강이 보웨브에 공장부착된다면, 공장제조시의 오차로 인한 기둥춤의 증가에 대비하기 위하여 보 길이를 짧게 하고, 그로 인해 생긴 틈이나 공장제조 시 춤의 감소로 인해 생긴 틈에는 적절한 간격으로 끼움재를 끼워 넣어야 한다. 만일 2개의 ㄱ형강이 기둥플랜지에 공장부착될 때에는 설치하는 보를 두 ㄱ형강 사이에 칼로 자르는 것처럼 끼워 넣는다. 설치에 필요한 조정작업은 보통 볼트구멍의 크기로도 충분히 할 수 있지만 대안으로 단슬롯구멍을 사용할 수도 있다.

특별한 요구조건이 있어서 앞에서 서술한 설치 방법 중에서 어느 하나도 사용할 수 없을 때에는 1개의 ㄱ형강을 지지부재에 공장부착하고, 다른 하나의 ㄱ형강은 공장에서 부착하지 않고 현장에서 설치한다. 이 경우 ㄱ형강 내민다리 사이의 간격(spread)은 그림 3.1.5(b)처럼 보웨브두께 보다 큰 2mm의 배수 중 가장 작은 정수값으로 해야 한다. ㄱ형강의 지지부재쪽 다리에 단슬롯구멍을 두어 웨브 두께의 변화를 수용하는 방법도 있다. 1개의 ㄱ형강만 공장에서 부착하고 1개는 현장에서 설치하는 관습은 추가의 자재관리와 설치비용이 필요하고 설치에 어려움이 있으므로 바람직하지 않음을 유의해야 한다.

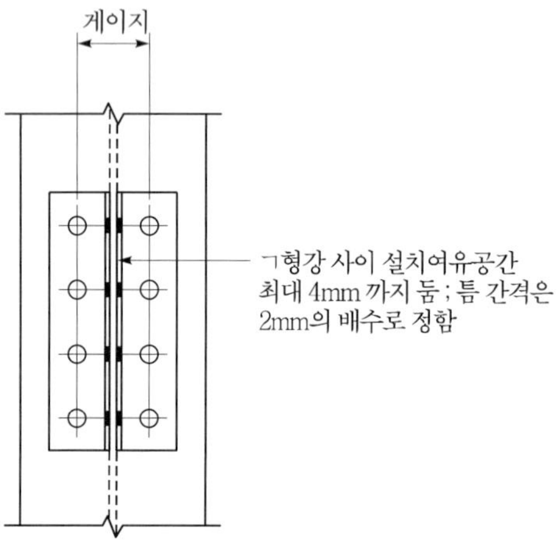

(a) 2개의 ㄱ형강을 기둥플랜지에 공장부착
(보를 칼날처럼 끼워 맞춤)

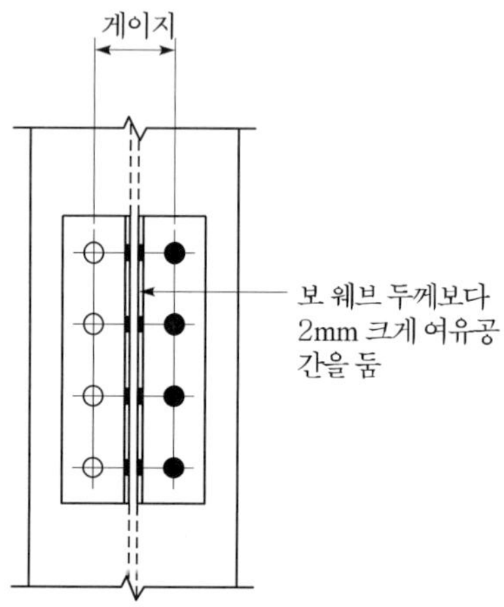

(b) 1개의 ㄱ형강을 기둥플랜지에 공장부착,
다른 1개는 현장설치

그림 3.1.5 쌍ㄱ형강접합의 설치여유공간

3.1.5.4 도움표 3.1.1. 쌍ㄱ형강 볼트접합

도움표 3.1.1은 볼트로 접합하는 쌍ㄱ형강접합의 설계자료이다. 도움표의 설계강도는 보와 지지부재 및 ㄱ형강의 재료가 아래와 같은 경우이다.

단위(MPa)

구분	보와 지지부재 재료강도	ㄱ형강 재료강도
도움표 3.1.1a	$F_y = 275$, $F_u = 410$	$F_y = 275$, $F_u = 410$
도움표 3.1.1b	$F_y = 355$, $F_u = 490$	$F_y = 275$, $F_u = 410$

접합부의 지지되는 (보) 쪽에 작용하는 편심의 영향은 앞에서 언급했듯이 게이지가 75mm를 초과하지 않으면 무시한다. 도움표내의 볼트와 ㄱ형강의 설계강도는 다음 한계상태를 고려하였다.

- 볼트의 전단
- ㄱ형강에서의 볼트지압
- ㄱ형강에서의 전단항복

• ㄱ형강에서의 전단파단
• ㄱ형강에서의 블록전단파단

도움표는 KS규격의 $d=16$, 20, 22, 24에 대하여, 볼트수는 모두 $n_b=2$에서 12개까지의 KS F8T볼트와 F10T볼트를 간격 $S=75$mm으로 배치할 때의 설계강도값이다. 강도계산에서 ㄱ형강의 단부 연단거리는 $L_{eh}=35$mm, $L_{ev}=35$mm로 하였다.

도움표내의 보웨브에 대한 웨브 단위두께 mm당 설계강도값들은 보웨브에 대한 한계상태의 볼트지압을 고려한 것이다. 보의 상부플랜지만을 따낸 경우에는 한계상태의 블록전단파단을 고려하였다. 보의 상부와 하부 플랜지를 모두 따낸 보에 대한 도움표의 값들은 보웨브의 한계상태에 대한 전단항복과 전단파단을 고려하였다. 보웨브의 연단거리는 $L_{eh}=$ 40, 45mm, $L_{ev}=30\sim75$mm 값을 도표화하였다. 실제 계산 시 보부재 길이의 편차를 고려하여 연단거리 L_{eh}를 각각 35mm, 40mm로 줄여서 도표화하였다. 따낸보의 경우 휨항복과 국부좌굴의 한계상태가 2절에 따라 각각 검토되어야 한다. 필요 시 따낸보에 대한 웨브보강은 2절에 따른다. 플랜지 또는 웨브 단위두께 mm당 설계강도값은 지지부재에 대한 한계상태의 볼트지압을 고려한 것이다. 강도감소계수는 한계상태에 따라 그 값이 다양하기 때문에 이 도움표에 명기하는 않은 점을 유의해야 한다.

3.1.5.5 도움표 3.1.2 쌍ㄱ형강 볼트/용접접합

도움표 3.1.2는 도움표 3.1.1로 설계한 접합부의 볼트를 용접으로 대체할 수 있게 하기 위한 설계자료이다. 용접재의 강도는 490MPa로 가정하였다. 현장용접을 하는 ㄱ형강다리에는 필요한 가설볼트 구멍을 둘 수 있다.

도움표의 그림에서 용접부A는 지지되는 보웨브 쪽의 쌍ㄱ형강에 볼트대신 사용할 수 있으며, 용접부B는 지지부재 쪽의 쌍ㄱ형강다리에 볼트대신 사용할 수 있다. 양측을 모두 용접하는 접합부의 강도는 도움표 3.1.2를 사용하여 '용접부A'와 '용접부B'의 강도를 조합하여 구하는 것도 가능하나, 도움표 3.1.3으로부터 선정하는 편을 권장한다. 도움표 3.3.2는 볼트를 체결하는 접합면이 도움표 3.1.1의 볼트접합부의 볼트간격과 연단거리에 대한 요구사항을 충족시키고 있으므로 ㄱ형강 길이의 선정이나 접합부 강도 측면에서 더 큰 회전 유연성을 가지게 된다.

도움표의 용접 설계강도는 용접부의 전단에 대한 한계상태로부터 구한 값이다. 용접부A의 설계강도는 회전중심법(ICM)에 의한 도움표2.2.9-5에서 $\theta=0°$인 경우로 산정하였다. 용접부B의 설계강도는 탄성법(EVM)에 의해 산정하였다. ㄱ형강의 중립축이 다리길이의 1/6지점에 있다고 가정하고 ㄱ형강의 상부가 보웨브를 사이에 두고 양쪽에서 서로 압축으로 작용될 때의 설계강도 ϕR_n을 아래와 같이 구할 수 있다 (Blodgett, 1961)참조).

$F_u=490$MPa의 경우

$$\phi R_n = 2\frac{155.9sL}{\sqrt{1+\dfrac{12.96e^2}{L^2}}} \qquad (3.1.5.5\text{-}1)$$

위 식에서,

$s=$ 용접 사이즈, mm
$L=$ 접합ㄱ형강의 길이, mm
$e=$ 편심으로, 지지부재에 부착된 ㄱ형강의 다리길이(폭), mm

도움표내 용접부A에서 보웨브의 최소두께와 용접부B에서 지지부재의 최소두께는 이들 용접요소(보웨브 또는 지지부재의 요소)의 전단파단강도가 용접금속의 강도와 대등하기 위해서 필요한 최소의 두께이다.

제2.3절에서 유도한 것과 같이 용접부A(2개의 용접선)에 대한 보웨브의 최소두께는 다음과 같이 계산할 수 있다.

$$t_{\min} = \frac{693s}{F_u} \tag{3.1.5.5-2}$$

용접부B(1개의 용접선)에 대한 지지부재(플랜지 또는 웨브)의 최소두께는 위 식들값의 1/2로 아래와 같이 계산할 수 있다.

$$t_{\min} = \frac{346.5s}{F_u} \tag{3.1.5.5-3}$$

여기서, s = 용접 사이즈, mm

F_u = 접합요소(보웨브 또는 플랜지) 공칭 최소인장강도, MPa

지지부재를 사이에 두고 용접부B가 반대편의 동일 위치에도 용접될 때에는 각 용접에 필요한 최소두께의 합이 최소두께가 된다. 어느 경우에나 요소의 재료 두께가 필요한 최소두께보다 작을 때에는 요소의 재료두께와 필요 최소두께의 비율에 따라 도움표내의 설계강도를 감소시켜야 한다.

도움표 3.1.2를 사용할 때 ㄱ형강의 최소두께는 용접사이즈에 2mm를 더한 값으로 하여야 하나($t_a \geq s + 2.0$mm) 도움표 3.1.1로부터 구한 ㄱ형강두께(볼트접합강도에 필요한 두께)보다 작지 않아야 한다. ㄱ형강의 길이, L은 도움표 3.1.2 내의 값과 같아야 한다. 일반적으로 2L−100×100인 ㄱ형강으로 한쪽 다리를 지지부재에 부착하면 작업가능게이지를 확보할 수 있다.

경우Ⅰ(용접부A)에서 대안으로 ㄱ형강의 용접 쪽 다리 길이를 100mm에서 75mm로 감소시킬 수 있다. 즉 2L−100×75인 ㄱ형강을 사용할 수 있다.

경우Ⅱ(용접부B)에서 대안으로 ㄱ형강의 길이 L이 140mm부터 445mm까지는 ㄱ형강의 내민다리길이(용접접합부) 다리 길이를 100mm에서 75mm로 감소시킬 수 있다. 즉 2L−100×75인 ㄱ형강을 75mm쪽 다리를 지지부재에 부착하여 사용할 수 있다.

3.1.5.6 도움표 3.1.3 쌍ㄱ형강 용접접합

도움표 3.1.3은 모두 용접으로 된 쌍ㄱ형강접합용의 설계자료이다. 용접재 강도는 490MPa로 가정하였다. 현장용접에서 필요시 설치용 볼트구멍들을 ㄱ형강의 다리에 둘 수 있다.

도움표의 용접설계강도는 용접부의 전단파단 한계상태값이다. '용접부A'에 대한 설계강도는 소성회전중심법에 의한 도움표 2.2.9-5에서 $\theta = 0°$인 경우로 산정하였다. '용접부B'의 설계강도는 앞서 쌍ㄱ형강 볼트/ 용접 접합에서 설명한 바와 같이 탄성법을 사용하여 구한 값이다.

도움표내의 '용접부A'에 의한 보웨브의 최소두께와 '용접부B'에 의한 지지부재의 최소두께는 이들 요소의 전단파단강도와 용접금속의 강도가 대등하도록 앞의 도움표 3.1.2에서 검토한 것과 같이 산정한다. '용접부B'가 지지부재의 반대쪽 동일 위치에도 있는 경우에는 지지부재의 최소두께는 각 용접부의 최소소요두께를 합한 값이다. 도움표 3.1.3을 사용할 때 ㄱ형강의 최소두께는 용접사이즈에 2.0mm를 더한 값 이상이어야 한다. 부재의 두께가 필요한 최소두께보다 작을 경우 최소두께에 대한 부재두께의 비율로 도움표내의 설계강도값을 저감하여야 한다.

ㄱ형강의 길이 L은 도움표 3.1.3의 값과 같아야 한다. ㄱ형강의 길이가 450mm 이상일 때에는 2L−100×100을 사용해야 한다. ㄱ형강의 길이가 450mm 미만일 때에는 2L−100×75를 SLBB1)로 사용할 수 있다.

주 1) SLBB(Short Leg Back to Back); ㄱ형강의 짧은 다리를 서로 맞대어 접합함.

3.1.6 전단단부판접합

전단단부판접합은 그림 3.1.6과 같이 접합하려는 보의 높이보다 작은 길이의 판을 사용하여 만든다. 단부판은 언제나 양면필릿용접으로 보웨브에 공장용접되고 통상 지지부재에 현장볼트로 접합한다. 단부판을 보웨브에 용접할 때에 판의 상부와 하부에서 보웨브의 두께부분까지 돌려서 용접하면 보웨브에서 노치가 생길 위험이 있으므로 두께부분은 용접하지 않아야 한다.

만일 단부판을 지지부재에 현장용접할 때에는 접합부내에 충분한 유연성이 확보될 수 있도록 하여야 한다. 양쪽 수직연단을 따라 선용접하고 상부에서 KDS 41 31 00 4.7.2.3(2)⑧에 따라 단부돌림용접한다. 만일 판의 상부 전체에 걸쳐 용접하게 되면 접합부의 유연성이 떨어져 보의 단부에서 필요한 회전이 억제되어 단순전단 접합부로서의 성능을 발휘하지 못할 수도 있으므로 피해야 한다.

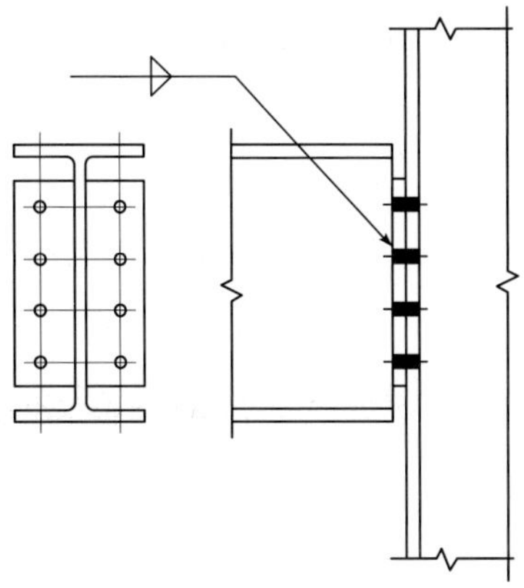

그림 3.1.6 전단단부판접합

3.1.6.1 설계강도

전단단부판접합의 설계강도는 사용하는 볼트, 용접 및 접합요소의 한계상태들로부터 산정한다. 보웨브의 전단파단에 대한 한계상태는 단부판과 보웨브 사이의 용접접합길이에 대하여 검토하여야 한다. 어느 경우에나 설계강도 ϕR_n은 소요강도 이상이어야 한다.

3.1.6.2 단부판 치수와 두께에 대한 권장

설치시의 안정을 확보하기 위하여 단부판의 최소길이는 보 $T-$치수의 1/2이상이 권장된다. 단부판의 최대길이는 따내지 않은 보에서는 플랜지사이의 순높이와, 따낸보에서는 나머지 순높이에 따른 제한에 적합하여야 한다.

접합부의 회전연성 확보를 위한 판의 두께와 게이지의 조합은 앞서 제시한 쌍ㄱ형강접합의 유사한 두께 및 게이지의 권장사항에 따른다.

3.1.6.3 공장 및 현장 관습

기둥웨브에 전단단부판을 접합할 경우에는 시공성과 관련된 고려사항들에 대하여도 검토해야 한다(3.1.4 시공성에 대한 고려사항 참조).

기둥플랜지에 접합할 경우, 특히 골조가 매우 길게(6경간 이상) 연속되는 경우, 기둥춤에 의한 공장제작시의 오차 발생가능성에 대하여 검토해야 한다. 공장제작시 춤의 증가에 대비하기 위하여 보의 길이를 짧게 하고 적정한 간격마다 발생된 틈 사이에 심재(끼움재)를 설치하거나 춤의 감소에 대비하여야 한다. 전단단부판접합은 보의 길이를 적정한 길이로 절단하고, 보의 단부를 직각으로 만들어, 특히 치올림한 보에서 양쪽 단부판이 평행하도록 세심하게 점검해야 한다.

3.1.6.4 도움표 3.1.4. 전단단부판 용접/볼트접합

도움표 3.1.4는 보에 용접되고 지지부재에 볼트로 접합되는 전단단부판접합에 대한 설계자료이다. 도움표값은 보와 지지부재 및 단부판의 재료강도가 다음 표와 같은 경우이다.

단위(MPa)

구분	보와 지지부재 재료강도	단부판 재료강도
도움표 3.1.4a	$F_y=275$, $F_u=410$	$F_y=275$, $F_u=410$
도움표 3.1.4b	$F_y=355$, $F_u=490$	$F_y=275$, $F_u=410$

용접재의 강도는 490MPa로 가정하였다.

도움표내의 볼트와 단부판의 설계강도는 아래와 같은 한계상태의 값들을 고려한 것이다.

- 볼트의 전단
- 단부판에 대한 볼트의 지압
- 단부판의 전단항복
- 단부판의 전단파단
- 단부판의 블록전단파단

도움표는 KS 규격의 $d=16$, 20, 22, 24에 대하여, 볼트수는 모두 $n_b=2$에서 12개까지의 F8T와 F10T볼트를 간격 $S=75$mm으로 배치할 때의 설계강도값이다. 강도계산에서 단부판의 연단거리는 $L_{ev}=35$mm, $L_{eh}=35$mm로 가정하였다.

도움표내의 용접강도는 용접의 전단에 대한 한계상태로, 유효용접길이는 단부판 길이에서 용접사이즈의 2배를 감한 값 $L_w=L_p-2s$으로 가정하였다.

도움표내 보웨브의 최소두께는 보웨브 재료의 전단파단강도가 용접금속의 강도와 대등하기 위해서 필요한 최소한의 두께 값이다. 2.3절에서 유도한 것과 같이 2개의 용접선을 가진 용접에 대한 보웨브의 최소두께는 다음과 같이 계산할 수 있다.

$$t_{\min}=\frac{693s}{F_u} \tag{3.1.6.4-1}$$

여기서, $s=$용접사이즈, mm

$F_u=$접합요소(보웨브 또는 플랜지) 공칭 최소인장강도, MPa

보웨브두께가 최소두께보다 작을 경우에는 실제두께/소요최소두께의 비율을 곱하여 도움표의 용접 설계강도를 감소시켜야 한다.

도움표의 지지부재의 플랜지 또는 웨브의 단위두께당 설계강도는 볼트지압에 대한 한계상태를 고려한 것이다.

3.1.7 비보강받침접합

비보강받침접합은 (사)강구조학회 발행 건축강구조 표준상세지침에서는 'ㄱ형강받침접합'이라고 부르며, 단순전단접합부의 일종으로 그림 3.1.7과 같이 보 아래의 받침용ㄱ형강과 보를 횡지지하기 위한 상부ㄱ형강으로 구성된다. 이들 ㄱ형강은 접합하는 보와 지지부재에 볼트로 접합하거나 또는 용접한다. 받침용ㄱ형강은 접합하는 보의 전체 반력을 받는 것으로 가정하여 설계하며, 상부ㄱ형강은 그림과 같이 보위에 설치하거나 대안으로 보의 측면(웨브) 상부에 성능 유지와 안정을 위해 설치한다(Roeder & Dailey (1989)). 상부ㄱ형강의 치수와 접합은 보통 계산에 의한 소요강도에 의해 결정되지 않는다. 두께 6.5mm에 각각의 다리길이가 100mm인 ㄱ형강이면 일반적으로 충분하다. 상부ㄱ형강은 각각의 다리에 2개의 볼트 또는 최소치수의 용접으로 접합하는 보 또는 지지부재와 접합할 수 있다.

상부ㄱ형강을 지지부재 또는 접합하는 보와 용접할 때에 또는 양 쪽 모두 용접할 때에는 접합부에 충분한 유연성이 확보되도록 해야 한다. 그림 3.1.7(b)와 같이 각 ㄱ형강의 다리 앞굽에만 직선으로 용접한다. 만일 ㄱ형강의 측면(절단면)에 용접하게 되면 유연성이 떨어져 접합부 단부에서 필요한 회전이 억제되어 비보강받침접합부로서의 의도한 성능을 발휘하지 못할 수도 있으므로 피해야 한다.

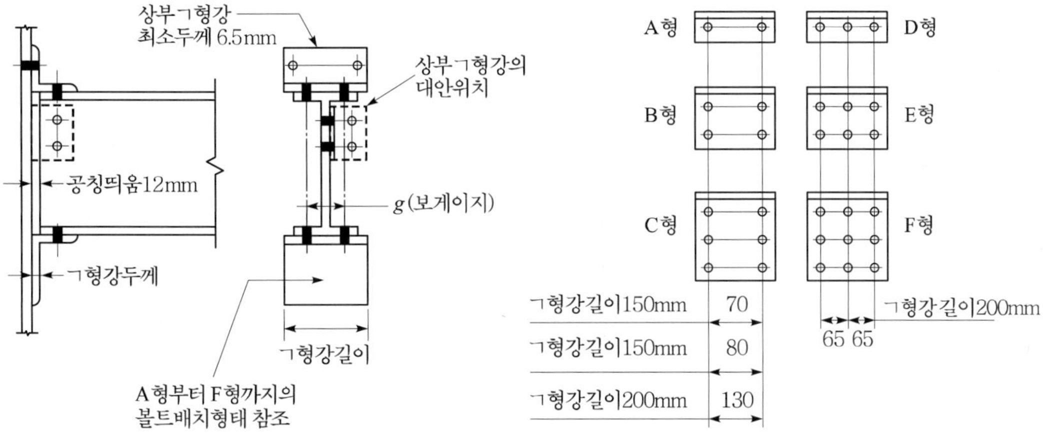

(a) 전체볼트

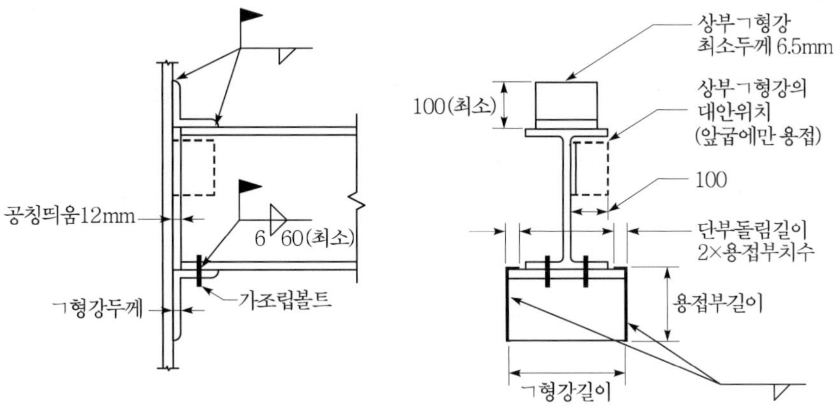

(b) 전체용접

그림 3.1.7 비보강받침접합

3.1.7.1 설계검토

비보강받침접합의 설계강도는 적용 가능한 볼트, 용접부 및 접합요소의 한계상태들로부터 산정한다. 아울러 접합되는 보웨브의 강도는 웨브국부항복과 웨브크리플링 한계상태에 대하여 검토해야 한다. 어느 경우에나 설계강도 ϕR_n은 소요강도 R_u 이상이어야 한다. 웨브국부항복에 대한 설계강도 ϕR_n은 KDS 41 31 00 4.7.10.2을 단순화한 도움표2.3.4의 상수들을 사용하여 산정한다. 보다 상세한 내용은 Carter et el.,(1997)의 연구를 참조한다.

3.1.7.2 공장 및 현장 관습

비보강받침접합은 지지기둥의 웨브나 플랜지에 만들 수 있다. 만일 충분한 공간만 확보된다면 지지하는 큰보의 웨브에도 비보강받침접합을 만들 수 있다. 보의 제작길이가 너무 길지 않도록 결합단부에 12mm 띄움을 둘 수 있게 짧게 제작한다. 제작시의 오차를 감안하여, 접합부를 계산할 때에는 이 띄움을 20mm로 가정하고 계산한다.

받침ㄱ형강은 가급적 지지부에 공장부착한다. 받침접합에서 기준면은 보의 하부 플랜지면에 설정하는 것이 일반적이므로 제작 오차에 따른 보높이의 변동 결과는 상부 플랜지면의 기준 높이의 변화로 나타나게 된다. 이와 같은 기준높이의 변동은 콘크리트슬래브나 메탈데크바닥에서는 문제가 되지 않으나 그레이팅바닥이나 (무늬)강판바닥이 사용될 경우에는 고려사항이 될 수 있다.

특별한 주의가 필요한 경우가 아니라면 부재춤에 대한 통상적인 제작상 허용오차는 3~6mm정도로서 무시될 수 있다. 그러나 상부ㄱ형강이 접합하는 보와 공장 용접되고 지지부재에 현장 볼트될 때에는 보높이의 제작 오차를 고려해야 한다. 그림 3.1.8(a)와 같이 슬롯구멍의 설치가 보 높이의 초과나 부족 양쪽을 모두 수용할 수 있고 제작자와 설치자가 경제성과 편리성 면에서 선호하는 방법이다. 대안으로는 그림 3.1.8(b)와 같이 ㄱ형강에 여유공간을 두어 볼트로 체결할 수 있다. 상부ㄱ형강이 지지부재에 현장 용접될 때에는 제작 오차에 의한 보높이의 변화에 대하여 대비할 필요가 없다. 상부ㄱ형강이 지지부재에 공장 용접될 때에는 그림 3.1.8(c)와 같이 적절한 설치용 여유공간이 마련되어야 한다.

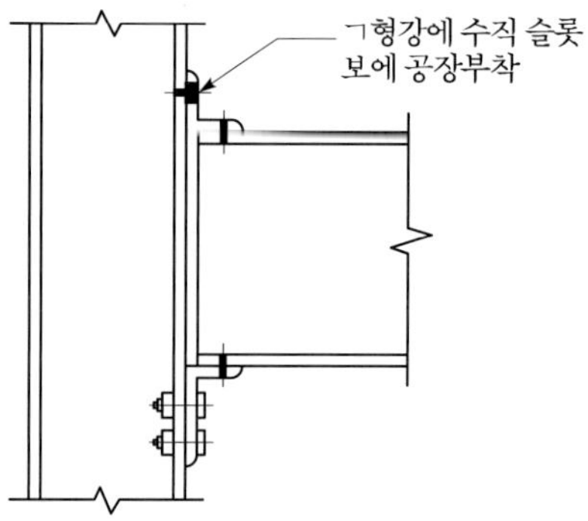

(a) 수직 슬롯(볼트)구멍

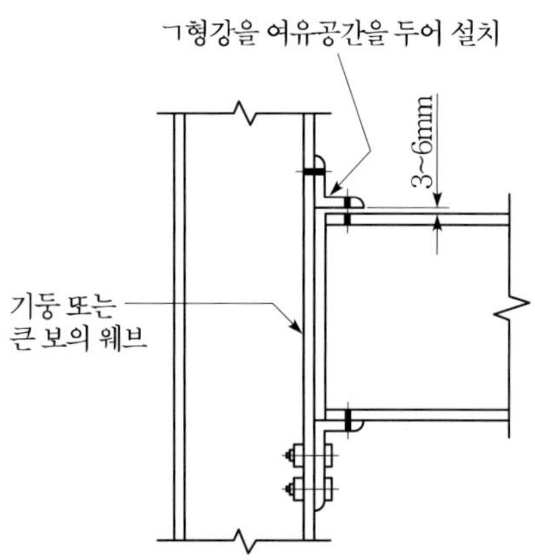

(b) 그림과 같이 ㄱ형강을 여유공간을 두어 설치(볼트)

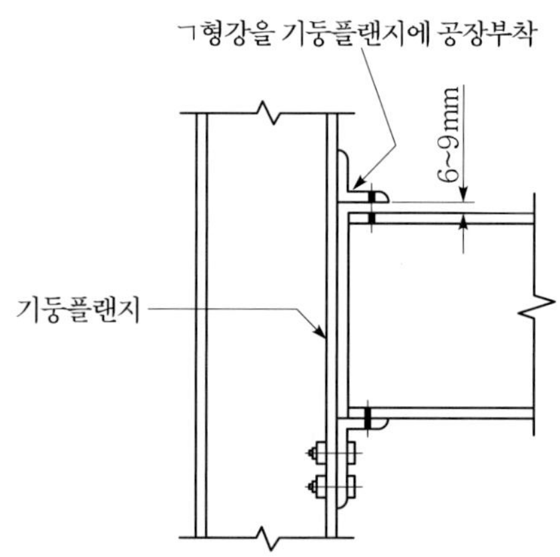

(c) 그림과 같이 ㄱ형강을 여유공간을 두어 기둥에 공장부착(용접)

그림 3.1.8 비보강받침접합의 보높이 변동에 대한 대비

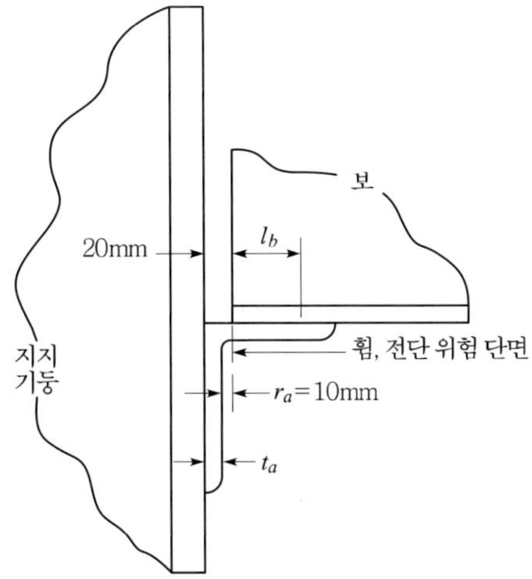

그림 3.1.8A 비보강받침접합–받침의 설계

3.1.7.3 도움표 3.1.5. 비보강받침 볼트접합 설계

도움표 3.1.5는 비보강받침이 모두 볼트로 접합될 때의 설계 보조 자료이다. 받침의 설계강도는 ㄱ형강의 내민다리길이를 75mm, 90mm, 100mm, 105mm로 가정하고, ㄱ형강과 보의 재료를 아래와 같이 구분하여 도표화하였다.

단위(MPa)

구분	ㄱ형강	보	비고
도움표 3.1.5	$F_y=275$, $F_u=410$	$F_y=355$, $F_u=490$	

도움표값은 받침ㄱ형강 내민다리에 대한 한계상태의 전단항복과 휨항복강도를 고려한 것이다. 설계자는 이와는 별도로 보웨브의 국부항복과 크리플링 설계강도를 검토해야 한다. 소요 지압길이 $l_{b,req}$는 보웨브에 대한 국부항복과 크리플링 한계상태에 필요한 l_b값 중 큰 값으로 산정한다. KDS 41 31 00 4.7.10.2 웨브국부항복강도에 따라 $l_{b,req}$는 k_{des}보다 작지 않아야 한다. 보의 공칭 띄움은 12mm로 가정한 것이다. 그러나 제작시 보길이의 축소 가공 가능성을 고려하여 도움표값의 계산에는 이 띄움을 20mm로 증가시켰다.

볼트의 설계강도는 그림 3.1.7(a)와 같은 받침형태들에 대하여 직경 M20, M22, M24로 KS규격의 F8T와 F10T볼트에 대한 것이다. 받침ㄱ형강의 긴 쪽 다리(Long Leg Vertical; LLV)에서 볼트의 수직간격과 게이지는 조건에 맞도록 조정할 수 있으며, 연단거리와 볼트간격(수평)에 대하여는 KDS 41 31 00 4.7.3을 만족하여야 한다. 두꺼운 내민ㄱ형강다리가 사용될 때에는 그에 따라 볼트 체결(설치)과 조임 공간이 필요할 수 있다. 그림 3.1.7(a)와 같은 받침형태에 적절한 ㄱ형강의 사이즈와 두께가 도움표 3.1.5에 수록되어 있다.

3.1.7.4 도움표 3.1.6. 비보강받침 용접접합 설계

도움표 3.1.6은 비보강받침이 모두 용접으로(예외; 보는 받침에 볼트 체결) 접합되는 경우를 위한 설계 보조 자료이다. 받침의 설계강도는 ㄱ형강의 내민다리길이(표에 표시된 것과 같이)를 75mm, 90mm, 100mm, 105mm로 가정한 것으로, ㄱ형강과 보의 재료강도는 아래와 같이 구분하여 도표화하였다.

단위(MPa)

구분	ㄱ형강	보	비고
도움표 3.1.6	$F_y=275$, $F_u=410$	$F_y=355$, $F_u=490$	490

도움표내의 받침에 대한 설계강도는 ㄱ형강 내민다리의 전단항복 및 휨항복 한계상태를 고려한 것이다. 설계자는 이와는 별도로 보웨브에 대한 국부항복과 국부크리플링에 대하여 검토를 해야 하며, 소요 지압길이 $l_{b,req}$는 보웨브에 대한 국부항복과 크리플링 한계상태에 필요한 l_b값 중 큰 값으로 산정한다. KDS 41 31 00 4.7.10.2 웨브국부항복강도에 따라 $l_{b,req}$는 k_{des}보다 작지 않아야 한다. 보의 공칭 띄움을 12mm로 가정한 것이다. 그러나 제작시 보길이의 축소 가공 가능성을 고려하여 도움표값의 계산에는 이 띄움을 20mm로 증가시켰다.

용접부 설계강도는 탄성법을 사용하여 아래와 같이 도표화 하였다. 각각의 경우의 ㄱ형강의 최소 및 최대 두께 또한 도표화하였다. 도움표의 용접부 강도는 용접재의 강도를 490MPa로 가정한 값으로서 다른 등급의 용접재가 사용될 때에는 도움표의 값을 사용하는 용접재의 강도와의 비율에 따라 조정(예; 430MPa의 경우 도움표 값을 430/490=0.878배)하고, 도움표 3.1.6으로부터 선정한 재료두께와 용접사이즈의 조합이 KDS 41 31 00 4.7.2.3의 규정을 초과할 때에는 용접사이즈나 재료 두께를 필요한 만큼 증가시켜야 한다.($t_p \geq 6\text{mm}$, $s = t_p - 2\text{mm}$ 규정)

다음의 검토에서 알 수 있듯이 비보강받침접합이 지지부재 웨브 양쪽의 동일 위치(웨브 양면)에 설치될 때 도움표내 용접강도의 저감은 보통 필요치 않다.

새먼(Salmon, 2009)에 의하면 지지부에 대한 용접부의 설계강도 ϕR_n는 다음과 같다.

용접재의 강도, $F_u=490\text{MP}$의 경우

$$\phi R_n = 2\text{x}\frac{155.9sL}{\sqrt{1+\dfrac{20.25e^2}{L^2}}} \tag{3.1.7.5-1c}$$

여기서, s = 용접사이즈, mm

L = 받침ㄱ형강의 수직 다리길이, mm

e = 용접선에 대한 보단부 반력의 편심, mm

위 식들에서는 분모항에서 편심 e를 고려하고 있어서, 용접사이즈가 전단력만 작용할 때 필요한 용접사이즈보다 크게 증가하고 있다. 하지만 지지부재의 웨브 양쪽에 받침접합이 있을 때에는 반력의 편심효과가 웨브에는 영향을 주지 않게 된다. 그 뿐만 아니라 그림 3.1.9와 같이 하나의 용접선마다 각각 앞쪽과 뒷쪽에 하나씩 2개의 전단면이 있게 되어 전체 4개의 전단면이 존재하게 된다.

따라서 200mm 길이의 L−175×175 받침ㄱ형강이 소요강도가 315MPa인 경우에 필요한 지지부재의 최소두께는 다음과 같이 산정할 수 있다.

$$t_{req'd} = \frac{315(1{,}000)}{0.75(0.6)(490)(175)(4\text{면})} = 2.04\text{mm}$$

지지부재의 양쪽에 동일한 접합이 있을 때 지지부의 필요 최소 두께는 5.0mm 미만이 된다. 따라서, 지지부재의 웨브두께는 일반적으로 문제가 되지 않는다.

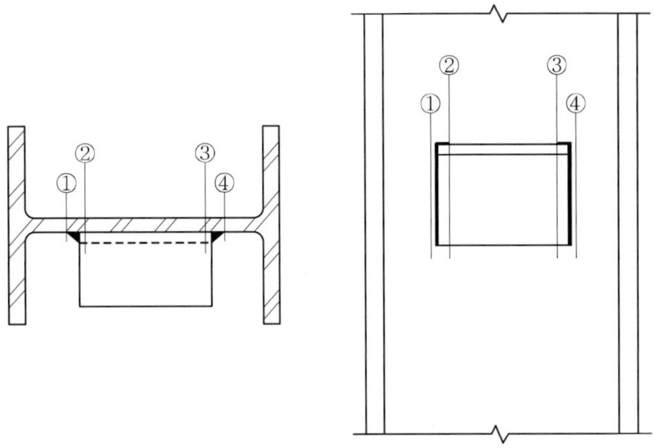

(a) 평면 (b) 입면

그림 3.1.9 비보강받침접합을 기둥웨브에 설치시 전단평면의 수

3.1.8 보강받침접합

보강받침접합은 (사)강구조학회 발행 건축강구조 표준상세지침에서는 '티형강받침접합'이라고 부르며, 그림 3.1.10과 같이 보를 받쳐주는 하부 받침판(Seat Plate)과 보를 잡아주는 보강요소(Stiffened Elements; 1개의 판이나 구조용 T형강단면 또는 1쌍의 ㄱ형강) 및 상부ㄱ형강(Top Angle)으로 구성된다. 상부ㄱ형강은 접합하는 보와 지지부재에 볼트로 체결하거나 또는 용접하고, 보강요소는 지지부재에 볼트로 체결하거나 또는 용접한다. 받침판은 접합하는 보와 볼트로 체결한다.

보강요소는 받침판 지지폭(W)의 0.8W인 위치에 보의 단부반력이 작용하는 것으로 가정한다. 여기서 W는 보 웨브와 평행한 보강요소의 치수이다. 접합부의 안정과 만족스러운 기능 수행을 위해서 상부ㄱ형강을 그림3.1.10과 같은 위치(보 상부) 또는 보의 측면 위쪽에 두어야 한다. (Roeder & Dailey, 1989). 상부ㄱ형강과 그의 접합은 보통 소요강도의 계산으로 그 치수가 결정되지는 않는다. 한 변의 길이가 100mm이고 두께가 6.5mm인 ㄱ형강이면 일반적으로 충분하다. 상부ㄱ형강은 각각의 다리에 2개의 볼트 또는 최소치수의 용접으로 보와 지지부재의 양쪽에 접합한다. 상부ㄱ형강을 지지부재 또는 보와 용접할 때에 접합부는 충분한 유연성이 확보되어야 한다. 그림 3.1.10(b)와 같이 각 ㄱ형강다리의 앞굽을 따라 직선으로 용접한다. ㄱ형강의 측면(절단면)을 용접하면 접합부의 유연성이 떨어져, 보의 단부에서 필요한 회전이 억제되어 의도한 단순전단접합부로서의 성능을 발휘하지 못할 수도 있으므로 측면용접은 피해야 한다.

3.1.8.1 설계검토

보강받침접합의 설계강도는 사용하는 볼트와 용접 및 접합요소의 한계상태들로부터 산정한다. 아울러 접합하는 보웨브에 대한 웨브국부항복과 웨브크리플링 한계상태에 대하여도 검토해야 한다. 어느 경우에나 설계강도 ϕR_n은 소요강도 R_u 이상이어야 한다. 웨브국부항복과 웨브크리플링 강도 ϕR_n은 각각 KDS 41 31 00 4.7.10.2 및 KDS 41 31 00 4.7.10.3에 따라 단순화한 도움표 2.3.4의 상수들을 사용하여 산정한다.

그림 3.1.10(b)와 같이 보강받침접합이 지지기둥웨브의 한쪽에만 설치되는 경우에는 기둥웨브의 뚫림전단에 대한 저항에 대하여도 검토가 필요하다. 이에 대한 상세한 해석 대신에 Sputo & Ellifritt(1991)은 만일 설계상수들이 아래의 내용들과 그림 3.1.10(b)에 요약하여 표시한 조건들을 만족한다면 뚫림전단에 대하여 문제가 없음을 입증하였다.

보강받침접합이 기둥웨브의 한쪽에만 설치될 때 뚫림전단을 검토하지 않아도 좋을 조건 :

1. 아래의 단순화한 방법은 다음과 같은 기둥단면에 대하여 적용가능하다.

   H－340×250, H－350×350, H－300×200, H－300×300, H－250×250

   H－200×150, H－200×200, H－150×150, H－125×125
2. 접합되는 보는 접합부의 회전에 의해 발생되는 지레작용을 고려하여 받침판과 고강도볼트로 접합해야 한다. 보와 받침판 사이의 용접은 소요강도와 연성(ductility)이 부족할 수 있어 권장하지 않는다. 볼트의 중심은 기둥웨브면으로부터 $W/2$ 또는 67mm중 큰 쪽보다 멀지 않아야 한다.
3. H-350기둥의 경우 볼트의 중심은 보강받침접합의 폭 $W = 200\text{ mm}$ 또는 $W = 225\text{ mm}$일 때 $90\text{mm} < B \le W/2$이거나 $W = 175\text{ mm}$일 때 $75\text{mm} < B \le W/2$이다. (Sputo & Ellifritt (1991) 참조)
4. 상부ㄱ형강은 볼트 또는 용접 접합할 수 있으나 최소두께 6.5mm이상이어야 한다.
5. 받침판은 보플랜지와 용접해서는 안된다(Sputo & Ellifritt (1999) 참조).

3.1.8.2 공장 및 현장 관습

비보강받침접합에 대한 내용을 보강받침접합에도 동일하게 적용할 수 있다.

3.1.8.3 도움표 3.1.7 보강받침 볼트접합 설계

도움표 3.1.7은 볼트로만 접합하는 보강받침의 설계용 도움표이다. 보상판의 ㄱ형상과 보의 새료강도는 다음 표와 같이 구분하여 도표화하였다.

단위(MPa)

구분	ㄱ형강	보	비고
도움표 3.1.7	$F_y = 275$, $F_u = 410$	$F_y = 355$, $F_u = 490$	

도움표의 값들은 보강재(스티프너)의 지압한계상태를 고려한 것이다. 설계자는 별도로 보웨브의국부항복과 웨브크리플링 한계상태를 검토하여야 한다. 도움표는 보의 공칭띄움을 12mm로 가정하였으나, 실제 보의 제작 길이가 줄어들 가능성을 고려하여 도움표값의 산정에선 20mm로 증가시켜 산정하였다.

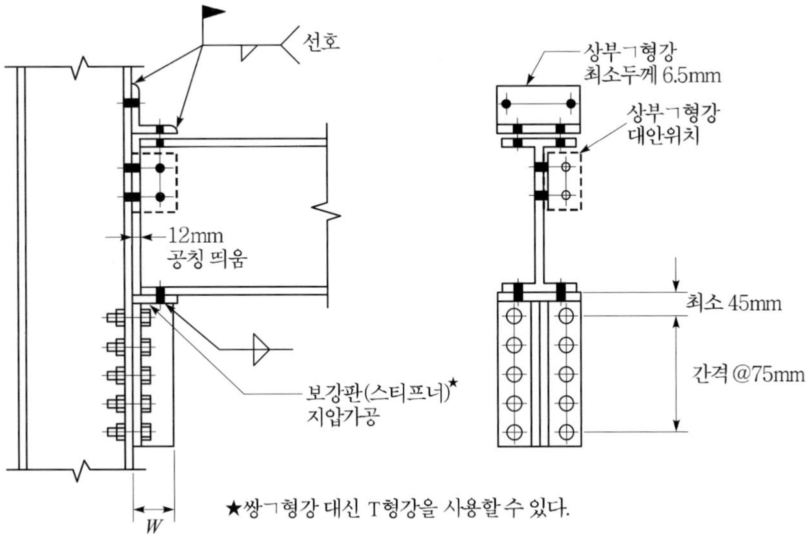

(a) 볼트접합

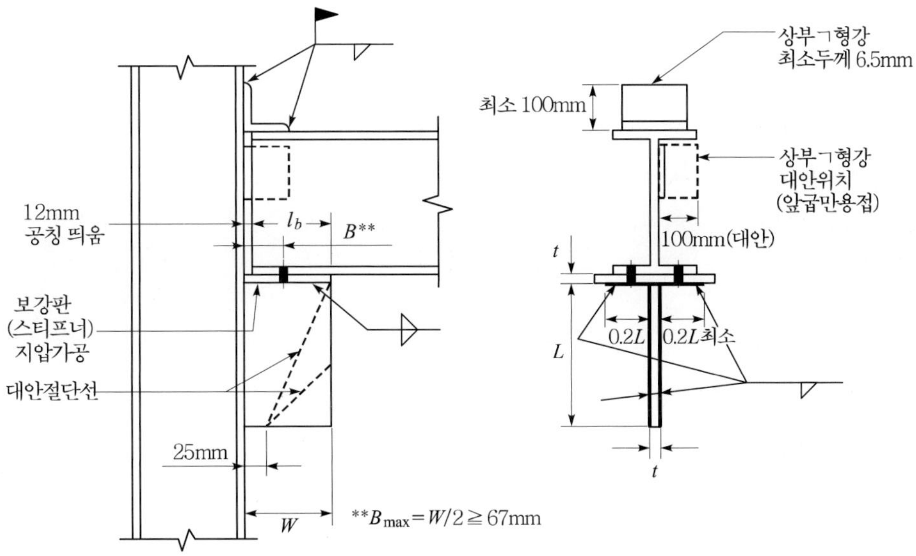

(b) 볼트/용접접합

그림 3.1.10 보강받침접합

볼트의 설계강도는 볼트를 수직 2열로, 1열의 볼트수 n_b= 3개~7개까지 M20, M22, M24의 KS F8T 및 F10T 고강도볼트로 볼트의 전단파단 한계상태를 기준으로 한 것이다. 연단거리와 볼트간격에 대한 KDS 41 31 00 4.7.1.10의 규정을 만족시킨다면, 볼트의 수직간격과 받침 ㄱ형강의 게이지는 조건에 맞게 조정할 수 있다.

3.1.8.4 도움표 3.1.8 보강받침 볼트/용접접합 설계

도움표 3.1.8은 지지부재에는 용접으로 그리고 접합되는 보와는 볼트로 접합되는 보강받침접합의 설계 자료이다. 용접부 설계강도는 탄성법을 사용하여 다음과 같이 도표화하였다.

단위(MPa)

구분	ㄱ형강	보	비고
도움표 3.1.8	$F_y = 275$, $F_u = 410$	$F_y = 355$, $F_u = 490$	

다른 강도의 용접재를 사용할 때에는 용접재의 강도에 맞추어 도움표값을 조정해야 한다(예로 430MPa 용접재 사용시에는 도움표값을 430/490=0.867배 한다) 그리고 용접과 모재금속은 KDS 41 31 00 4.7.2의 규정에 맞아야 한다.

수평의 받침판 또는 T형강 플랜지의 두께는 9.5mm 보다 작아서는 안된다. 만일 받침과 보강재(스티프너)가 별도의 판재로 조립될 때에는 보강재는 지압을 받을 수 있도록 받침판 하부에서 지압가공되어야 한다. 두 판재사이의 용접접합부의 강도는 받침판 하부의 지지부에 대한 수평용접 강도 이상이 되어야 한다.

설계자는 보웨브의 국부항복과 국부크리플링 한계상태에 대한 검토를 하여야 한다. 보의 공칭 띄움은 12mm이지만 제작 과정에서 보길이가 축소될 가능성을 고려하여 이 도움표의 계산에서는 20mm로 증가시켰다.

보강판의 두께는 보수적으로 다음과 같이 산정한다. 웨브를 보강하지 않은 접합되는 보의 경우 보강판의 최소두께 t는 보웨브 두께 t_w에 보 재료의 F_y를 보강판 강도의 F_y로 나눈 값을 곱하여 산정한다. (예; 보의 F_y =355MPa, 보강판의 F_y =275MPa일 때 $t = t_w \times 355/275$) 또한 보강판이 최소 두께 t는 용접사이즈 s와도 관련이 있는데 보강판 강도가 F_y =275MPa일 때에는 2s로 산정하고, F_y =355MPa일 때에는 1.5s로 산정한다. 여기서 s는 용접재의 강도가 490MPa일 때의 용접사이즈이다.

용접재의 강도가 490MPa일 때 지지부재의 웨브 최소두께는 ;

$$t_{\min} = \frac{346.5s}{F_u}\text{(1면용접) 또는 } t_{\min} = \frac{693s}{F_u}\text{(2면용접)} \tag{3.1.8.4-1c}$$

로 산정한다.

여기서, s =용접사이즈, mm

F_u =접합요소의 공칭 최소인장강도, MPa

지지부재의 웨브두께가 최소두께보다 작을 경우에는 실제두께/최소두께의 비율을 곱하여 도움표의 용접 설계강도를 감소시켜야 한다.

비보강받침접합에서처럼, 소요전단항복강도에 대한 편심의 영향을 무시할 수 있다. 도움표 3.1.8로부터 산정한 재료두께와 용접치수의 조합이 기준의 규정을 초과할 때에는 용접치수나 재료 두께를 필요한 만큼 증가시켜야 한다.

3.1.9 단일판접합

단일판접합은 그림 3.1.11과 같이 하나의 판을 지지부재에는 양면용접하고 보의 웨브와는 볼트로 접합한다.

3.1.9.1 설계검토

단일판접합의 설계강도는 사용하는 볼트(2.1절 참조), 용접부(2.2절 참조) 및 접합요소(2.3절 참조)의 한계상태들로부터 산정한다. 어느 경우에나 설계강도 ϕR_n은 소요강도 R_u 이상이어야 한다.

해당되는 치수 제한사항들을 만족하는 단일판접합부는 일반형 단일판접합의 단순화한 설계절차에 따라 설계할 수 있다. 다른 형상의 단일판접합부는 형상에 상관없이 어떠한 단일판접합에나 적용할 수 있는 확장형상에 대한 절차를 사용하여 설계할 수 있다.

일반형상과 확장형상 모두 KS B 1010 F8T 또는 F10T 볼트를 사용한다. 설계절차는 밀착조임, 전인장조임 또는 마찰접합(미끄럼방지접합) 모두에 유효하다. 일반형과 확장형 모두 설계 권장사항들은 판과 보웨브 재료가 $F_y = 275$MPa 또는 355MPa인 경우에 대하여 동일하게 적용할 수 있다. 2가지 경우 모두 단일판과 지지부재 사이의 용접은 어느 경우에나 재료의 강도를 발휘할 수 있는 치수인 $\frac{5}{8}t_p$로 용접해야 한다.

3.1.9.2 일반형 단일판접합

다음의 치수 및 그 외 제한사항들을 기본적으로 만족시킬 때 일반형 단일판접합으로 설계할 수 있다. (Muor & Thornton(2011) 참조).

(1) 제한사항

① 볼트는 수직 1열이어야 하고 접합부의 볼트수 $n_b = 2 \sim 12$개 이다.

② 볼트선에서 용접선까지의 거리 a는 90mm이내이어야 한다.

③ 표준구멍(STD) 또는 보의 반력방향에 수직인 단슬롯구멍(SSLT)을 사용한다.

④ 수직 연단거리 L_{ev}는 KDS 41 31 00 표 4.7-2의 조건을 만족해야 한다. 수평 연단거리 L_{eh}는 판과 보웨브 모두 볼트직경의 2배($2d$)이상이어야 한다. L_{eh}는 구멍 또는 슬롯의 중심에서 측정한 값이다.

⑤ 판의 두께 t_p 또는 보웨브의 두께 t_w는 아래 도움표 3.1.1의 최대두께 조건을 만족해야 한다.

도움표 3.1.1 일반형 단일판접합의 설계값

볼트수, n	구멍형태	편심 e, mm	t_p 또는 t_w 최대값, mm
2 ~ 5	SSLT	$a/2$	–
	STD	$a/2$	$\frac{d_b}{2}+2$
6 ~ 12	SSLT	$a/2$	$\frac{d_b}{2}+2$
	STD	a	$\frac{d_b}{2}-2$

주 : SSLT; 하중방향에 수직인 단슬롯구멍, STD; 표준구멍, a; 용접선에서 볼트선까지 거리, mm, d_b; 볼트직경 mm

(2) 설계검토

① 볼트와 판은 도움표 3.1.1에 주어진 편심 e를 고려한 소요전단에 대하여 검토해야 한다.

② 일반형에서는 판의 좌굴이 설계에 영향을 주지는 않는다.

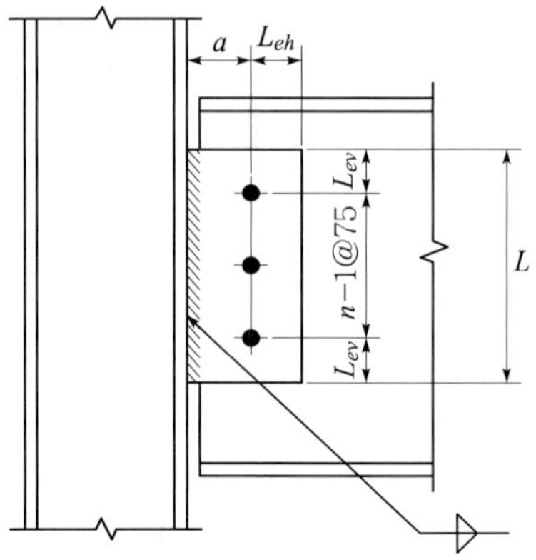

그림 3.1.11 단일판접합

3.1.9.3 확장형 단일판접합

일반형 단일판접합부의 제한사항들을 만족하지 못할 때 다음과 같은 방법을 사용할 수 있다. 이 절차는 다수의 수직볼트열을 가진 단일판접합부나 또는 그림 3.1.12와 같은 확장형 단일판접합부의 강도 산정에 사용할 수 있다

(1) 제한사항

① 볼트수 n_b에 대한 제한이 없다.

② 용접선에서 지지부에 가장 가까운 볼트선까지의 거리 a에 대한 제한이 없다.

③ 사용하는 볼트구멍은 KDS 41 31 00 4.7.1.10의 요구사항을 만족해야 한다.

④ 수평 연단거리 L_{eh}와 수직 연단거리 L_{ev}는 KDS 41 31 00 4.7.1.10의 요구사항들을 만족해야 한다.

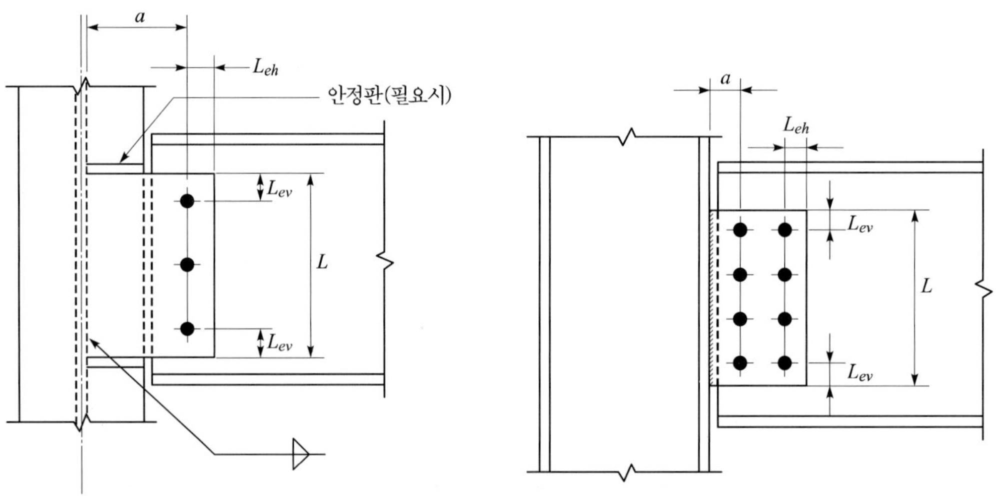

그림 3.1.12 확장형 단일판접합

(2) 설계검토

① 편심을 고려하여 볼트전단과 볼트지압에 대한 소요볼트군을 산정한다. 여기서 e는 지지부로부터 볼트군 중심까지의 거리이다. 예외; 합리적인 해석에 의해 정당화될 때에는 더 작은 편심을 설계에 고려할 수 있다. 이러한 설계의 예로는 Shermans & Gohrbanpeor(2002)를 참조한다.

② 판의 모멘트강도가 볼트군의 전단에서의 모멘트강도를 초과하지 않도록 아래와 같이 최대 허용판두께를 산정한다.

$$t_{\max} = \frac{6M_{\max}}{F_y d^2} \tag{3.1.9.3-1}$$

여기서, $M_{\max} = \frac{F_v}{0.9}(A_b C')$

$\frac{F_v}{0.9}$ = KDS 41 31 00 표 4.7-8로부터 구한 볼트의 전단강도 F_v(MPa)를 0.9로 나누어 단부 재하볼트의 불균일한 힘의 분포에 대한 10%의 감소분을 감안한 값(Kulak (2002) 참조). 여기에서, 설계하는 접합부는 단부재하가 아니기 때문이다.

A_b = 볼트 1개당 단면적, mm^2

C' = 제2장의 순모멘트의 경우에 해당하는 볼트군의 중심에서의 계수(소성회전중심)

F_y = 판의 기준 항복응력, MPa

d = 판의 춤, mm

이상의 검토는 강도가 아닌 연성 확보를 위한 공칭강도 수준의 검토이다.

❙ 예외 ❙

- 볼트가 수직으로 1열만 있고 보웨브 또는 판중에서 어느 한쪽의 두께 $t \le d/2 + 2\text{mm}$이며, 보웨브와 판이 모두 $L_{eh} \ge 2d$를 만족할 때에는 앞의 검토를 할 필요가 없다.
- 볼트가 수직으로 2열만 있고 보웨브와 판이 모두 $t \le d/2 + 2\text{mm}$ 및 $L_{eh} \ge 2d$를 만족할 때에는 앞의 검토를 할 필요가 없다.

③ 판의 전단항복, 전단파단 및 블록전단파단에 대한 한계상태를 검토한다.

④ 판의 전단항복, 전단좌굴 및 휨에 의한 항복 한계상태를 다음과 같이 검토한다.

$$\left(\frac{V_r}{V_c}\right)^2 + \left(\frac{M_r}{M_c}\right)^2 \le 1.0 \tag{3.1.9.3-2}$$

여기서, $V_r = V_u$, kN

$V_c = \phi_v V_n$, kN

$V_n = 0.6 F_y A_g$, kN

A_g = 판의 전단에 대한 총단면적, mm^2

$M_c = \phi_b M_n$, N.mm

$M_n = F_y Z_{pl}$, N.mm

$M_r = M_u$, N.mm

$= V_r \cdot e$, N.mm

Z_{pl} =판의 소성단면계수, mm^3

e =지지부로부터 볼트군 중심까지 거리, mm

ϕ_b = 0.9

ϕ_v = 1.00

⑤ 2.3절의 양쪽 플랜지를 따낸보의 절차를 이용하여 판의 좌굴 한계상태를 검토한다.

⑥ 지지점에서 보의 횡지지가 확보되어 있는지를 검토한다.

확장형 단일판접합의 설계절차에서 기둥의 편심을 무시한 축하중만으로 설계할 수 있다. 그러나 어떤 경우에는 모멘트의 일부를 기둥에 전달하는 설계가 경제적일 수 있다.

만일 기둥의 약축 휨강도의 일부, 예를 들어 5%를 기둥설계에 고려한다면, 볼트군의 소요편심을 줄이기 위한 수단으로 활용할 수 있다. 당연히 지붕층에서는 기둥의 약축 휨강도의 더 많은 부분을 활용할 수 있다.

확장형 단일판접합에서 볼트를 지압접합할 경우 단슬롯구멍으로 할 수 있다. 볼트에서 발생할 수 있는 어떤 미끄러짐도 사용성의 문제이지 접합부의 강도에는 어떤 영향도 미치지 않는다. (Muir & Hewitt(2009) 참조)

3.1.9.4 안정판에 대한 요구

확장형 단일판접합부에서 접합부의 단일판과 보의 비틀림강도가 보의 횡변위를 지지한다. Thornton & Fortney (2011)는 소요전단강도 R_u가 횡변위저항 설계강도 ϕR_n 이하일 경우($R_u \le \phi R_n$)에는 안정판(Stabilizer plates)이 필요없음을 보여 주었다. 여기서, $\phi = 0.90$

$$R_n = 32.5\frac{Lt_p^3}{a^2} \tag{3.1.9.4-1}$$

여기서, a = 지지부재에서 첫 번째 볼트선까지 거리, mm

L = 판의 춤, mm

t_p = 판두께, mm

따라서 횡변위에 대하여 안전하기 위한 소요두께는 식 (3.1.9.4-2)로부터 구할 수 있다.

$$t_{P_{req'd}} = [\frac{a^2 R_u}{\phi 32.5L}]^{1/3} \tag{3.1.9.4-2}$$

위 식들에서 R_u의 단위는 kN이다.

위 식으로부터 구한 판두께는 앞 3.1.9.3(2)②에서 구한 최대 허용 판두께 이내이어야 한다.

만일, 소요전단강도가 횡변위저항 설계강도를 초과할 경우 안정판이 필요하며, 이러한 안정판은 그림 3.1.12와 같은 얇은 두께로도 가능하며, 단일판과 기둥플랜지에 최소치수의 필릿용접으로 접합한다. 단, 기둥웨브에는 접합할 필요가 없다.

단일판접합부의 비틀림강도는 단일판의 횡전단강도와 접합부영역 보의 횡방향 휨강도 이들 두 성분의 합이다. 이 중 첫 번째 성분은 항상 존재하나, 두 번째 성분은 슬래브에 접촉된 보플랜지가 휠 때 발생하므로 슬래브가 있을 때에만 고려해야 한다. Thornton & Fortney(2011)는 이들 두 성분의 합을 다음 식으로 제안하였다.

$$M_{tu} \le [\phi_v(0.6F_{yp}) - \frac{R_u}{Lt_p}]\frac{Lt_p^2}{2} + \frac{2R_u^2(t_w+t_p)b_f}{(\phi_b F_{yb})L_s t_w^2} \quad (3.1.9.4-3)$$

여기서, F_{yp} = 판의 최소항복응력, MPa

$M_{tu} = R_u(\frac{t_w+t_p}{2})$

L_s = 보의 경간, mm

R_u = 소요강도, N

b_f = 보플랜지 폭, mm

A_w = 보웨브 두께, mm

$\phi_b = 0.9$

$\phi_v = 1.00$

3.1.9.5 판길이에 대한 권장

설치시의 안정성을 위해 단일판의 최소길이는 보의 $T-$치수의 1/2로 권장하며, 최대길이는 따내지 않은 보에서 $T-$치수, 그리고 따낸보에서는 모서리를 제외한 나머지 웨브춤에 적합해야 한다. 판은 그림 3.1.3과 같이 모서리에 걸칠 수 있다.

3.1.9.6 공장 및 현장 관습

일반형 및 확장형 단일판접합은 큰보의 웨브와 기둥의 플랜지에 만들 수 있다. 확장형 단일판접합은 볼트선이 기둥플랜지 밖으로 상당히 떨어져 있을 때에 지지기둥 웨브측 접합에 적합하다.

단일판을 지지부재에 공장부착하고 보를 측면에서 설치할 수 있다. 일반적으로 볼트구멍의 여유값을 이용하여 기둥플랜지의 제조오차 및 그 외 조정작업을 보완할 수 있다.

3.1.9.7 도움표 3.1.9 단일판접합

도움표 3.1.9는 지지부재에 용접접합하고, 보에 볼트로 접합하는 단일판접합에 대한 설계자료이다. 도움표 3.1.9a는 단일판의 재료강도 $F_y = 275$MPa에 대해, 도움표 3.1.9b는 재료강도 $F_y = 355$MPa에 대한 설계강도를 도표화한 것이다.

단위(MPa)

구분	단일판 재료강도	비고
도움표 3.1.9a	$F_y = 275$, $F_u = 410$	
도움표 3.1.9b	$F_y = 355$, $F_u = 490$	

도움표는 볼트와 단일판에 대한 다음의 한계상태를 고려한 설계강도이다.

- 볼트 전단
- 판에 대한 볼트의 지압

• 판의 전단항복
• 판의 전단파단
• 판의 블록전단파단
• 용접부의 전단

도움표는 직경이 M20, M22, M24 및 M27인 볼트수가 $n_b=2$개에서 12개까지인 경우의 설계값을 보여준다. 볼트는 F8T 및 F10T 재질이며 볼트의 간격은 $S=75$mm이다. 설계강도의 계산에서 판의

수직연단거리 L_{ev}는 KDS 41 31 00 4.7.3.5 표 4.7-2의 압연형강, 자동가스절단, 기계가공마감 시 최소거리에 근거하였다. 판의 수직거리 L_{eh}는 접합부 실험과 부합하도록 볼트직경의 2배로 하였다. 용접사이즈는 $\frac{5}{8}t_p$이다.

도움표에서 편심거리는 $a=75$mm를 기준으로 하였으므로 지지부재에서 볼트선까지 거리 $a=63.5$mm에서 75mm까지를 안전측으로 사용할 수 있다. 표의 값들은 횡좌굴이 지지된 강구조 및 합성구조의 보에 유효하며, 모든 종류의 하중, 밀착조임 또는 전인장조임한 볼트와 모든 등급의 강재 보와 지지부재에 유효하다.

3.1.10 단일ㄱ형강접합

단일ㄱ형강접합은 그림 3.1.13과 같이 접합되는 보의 한쪽 웨브에 한 개의 ㄱ형강을 사용하여 만든다. 이 ㄱ형강은 가급적 공장에서 지지부재에 볼트체결 또는 용접하고 접합보에는 현장에서 볼트로 체결한다.

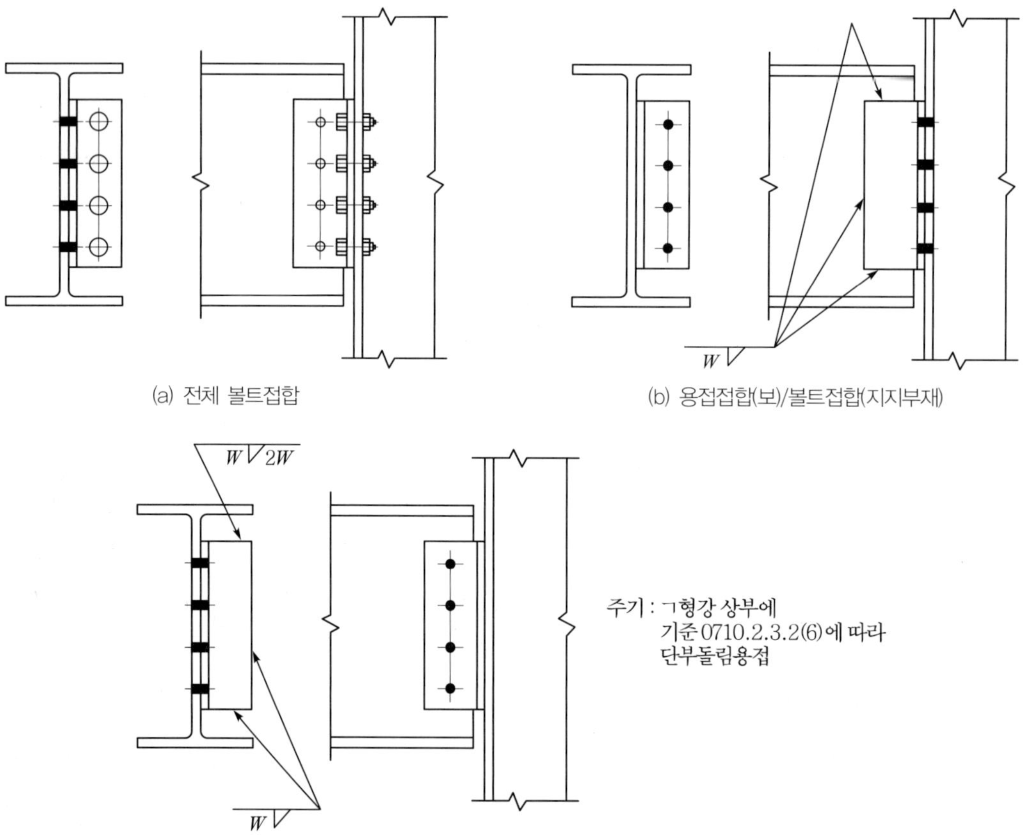

(a) 전체 볼트접합

(b) 용접접합(보)/볼트접합(지지부재)

(c) 볼트접합(보)/용접접합(지지부재)

그림 3.1.13 단일ㄱ형강접합

ㄱ형강이 지지부재에 용접될 때에는 접합부에 충분한 유연성이 확보되어야 한다. 그림 3.1.13(c)와 같이 용접은 ㄱ형강의 앞부리와 하부에 따라 실시하고, 상부에는 KDS 41 31 00 4.7.2.3(2)⑧에 따라 단부돌림용접한다. 유의할 점은 ㄱ형강의 상부 전체에 걸쳐 용접하게 되면 접합부의 유연성이 떨어져 보의 단부에서 필요한 회전이 억제되어 단순전단 접합부로서의 성능을 발휘하지 못할 수도 있으므로 피해야 한다.

3.1.10.1 설계검토

단일ㄱ형강접합의 설계강도는 사용하는 볼트(2.1절 참조), 용접부(2.2절참조) 및 접합요소(2.3절 참조)의 한계상태들로부터 산정한다. 어느 경우에나 설계강도 ϕR_n은 소요강도 R_u이상이어야 한다.

그림 3.1.14와 같이 지지부재에 부착되는 ㄱ형강다리에 대한 편심의 효과는 언제나 고려해야 한다. 볼트접합설계에서는 접합되는 보웨브에 볼트가 수직으로 2열로 체결되거나 또는 편심이 75mm를 초과하는 경우에 추가로 편심을 고려해야 한다. 단일ㄱ형강접합의 용접설계에서는 언제나 편심을 고려해야 한다. 지지부재 쪽 ㄱ형강다리에는 볼트구멍을 표준구멍으로 해야 한다. 접합되는 보의 ㄱ형강다리에는 표준구멍 또는 수평 슬롯구멍으로 할 수 있다.

3.1.10.2 ㄱ형강의 권장 길이와 두께

설치시의 안정 확보를 위하여 ㄱ형강의 최소길이는 보 $T-$치수의 1/2로 권장하며, 최대길이는 따내지 않은 보에서는 $T-$치수와, 따낸보에서는 모서리를 제외한 나머지 웨브춤에 적합해야 한다. ㄱ형강은 그림 3.1.3과 같이 모서리에 걸칠 수 있다.

ㄱ형강의 최소두께는 직경이 20mm와 22mm인 볼트일 때는 10mm, 직경이 24mm인 볼트일 때는 13mm를 사용해야 한다. 단일ㄱ형강이 지지부재에 용접될 때에는 일반적으로 L-100×75를 사용하며, 75mm쪽 다리가 용접된다.

3.1.10.3 공장 및 현장 관습

단일ㄱ형강접합은 큰보의 웨브와 기둥의 플랜지에 용접하여 쉽게 만들 수 있다. 기둥 플랜지에 용접할 때는 제작 오차에 의한 기둥춤의 변동가능성에 대비해야 한다. 일반적으로 ㄱ형강을 기둥플랜지에 공장부착하기 때문에 기둥플랜지의 제작오차를 보완하기 위해 필요한 조정작업을 ㄱ형강 내민다리에 있는 볼트구멍의 여유나 수평슬롯구멍을 이용하여 할 수 있다. 기둥플랜지에 ㄱ형강을 부착하게 되면 보를 측면에서 설치할 수 있는 장점이 있다. 이와 같은 이점은 큰보의 웨브 또는 트러스지지부에 대해서도 동일하다. 아울러 끼움재 없이도 적절한 기둥간격을 유지할 수 있다. ㄱ형강이 보에 공장부착되는 경우에는 이와 같은 장점이 사라지게 된다.

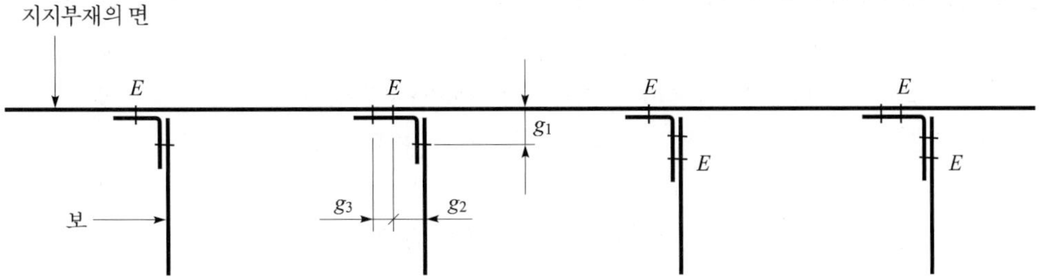

E는 편심을 고려해야 하는 ㄱ형강의 다리를 표시
게이지 g_1, g_2과 g_3는 (AISC 표1-7의)작업가능 게이지

그림 3.1.14 ㄱ형강의 편심

3.1.10.4 도움표 3.1.10 단일ㄱ형강 볼트접합

도움표 3.1.10은 볼트로만 접합하는 단일ㄱ형강접합에 대한 설계자료이다. 표에 있는 편심하중을 받는 볼트군의 계수 C는 설계강도 ϕR_n의 산정에 유용하게 사용된다.

$$R_n = C\,r_n \qquad (3.1.5.10.4\text{-}1)$$

$\phi = 0.75$

여기서, $C=$ 도움표 2.1.6(1) (도움표 3.1.10의 경우Ⅰ) 또는 도움표 2.1.7(1) (도움표 3.1.10의 경우Ⅱ)로부터 구한 계수(소성회전중심법)

r_n =볼트 1개당의 공칭전단 또는 공칭지압강도, kN

경우Ⅰ; 수직으로 볼트 1열인 경우, 경우Ⅱ; 수직으로 볼트 2열인 경우

3.1.10.5 도움표 3.1.11 단일ㄱ형강 볼트/용접접합

단위(MPa)

구분	ㄱ형강	보	비고
도움표 3.1.11	$F_y = 275$, $F_u = 410$	$F_y = 355$, $F_u = 490$	

도움표 3.1.11은 보웨브에는 볼트로, 지지부재에는 용접으로 접합하는 단일ㄱ형강접합에 대한 설계자료이다. 드문 경우로, 단일ㄱ 형강접합을 현장용접해야 할 때에는 용접할 ㄱ형강다리에 가조립볼트를 설치할 수 있다.

설계도움표에서 볼트부의 설계강도는 KS규격의 d=20, 22에 대하여, 볼트수는 모두 n_b=2에서 12개까지의 KS F8T볼트를 간격 S=75mm으로 배치할 때의 설계강도값이다. 강도계산에서 ㄱ형강의 단부 연단거리는 L_{eh}=35mm, L_{ev}=35mm로 하였다.

설계도움표에서 용접부의 설계강도는 소성회전중심법(ICM)에 의한 θ = 0°일 때의 도움표 2.2.9-7을 사용하여 산정하였다. 도움표의 값들은 보웨브두께의 1/2을 6mm로 가정한 것으로, 웨브두께의 1/2이 이보다 작은 경우에는 안전측으로 사용할 수 있으며, 이보다 큰 경우에는 웨브두께의 1/2이 12mm일 때 8퍼센트까지로 하여 도움표의 값을 비례적으로 저감하여 사용하여야 한다. 보의 단부에서 필요한 회전유연성을 확보하기 위하여 ㄱ형강의 상부에는 KDS 41 31 00 4.7.2.3(2)⑧에 따라 단부돌림용접만 하고 상부 전체에 걸친 용접이나 ㄱ형강의 뒷굽(heel)부분에는 용접하지 않아야 한다.

도움표내의 지지부재 플랜지 또는 웨브의 최소두께는 지지부재(F_u=410MPa)의 강도가 용접재의 강도와 부합하기 위해 필요한 두께이다. 앞에서 설명한 도움표3.1.2(쌍ㄱ형강 볼트/용접접합)에서와 유사하게 한쪽에만 용접하는 경우에는 식 (3.1.10.5-1c)와 같이 계산할 수 있다.

$$t_{min} = \frac{346.5s}{F_u} \qquad (3.1.10.5\text{-}1c)$$

여기서, s=용접부사이즈, mm

F_u=접합요소(보웨브 또는 플랜지)의 공칭 최소인장강도, MPa

용접선이 지지부재의 반대쪽 동일위치에도 있는 경우에는 각 용접부에 대한 소요두께를 합한 값이 최소두께가 된다. 어느 경우에나 최소두께보다 작은 경우에는 최소두께에 대한 실제두께의 비율을 곱하여 도움표의 용접부 설계강도를 감소시켜야 한다.

3.1.11 T형강접합

T형강접합은 그림 3.1.15와 같이 하나의 구조용 T형강으로 만든다. T형강은 가급적 공장에서 지지부재에 볼트로 체결하거나 용접하고 보에는 현장볼트로 접합한다.

T형강을 지지부재에 용접할 때에는 접합부에 충분한 회전유연성이 확보되어야 한다. 그림 3.1.15와 같이 T형강의 플랜지(양쪽)을 따라 선형으로 용접하고 상부에는 KDS 41 31 00 4.7.2.3(2)⑧에 따라 단부돌림용접한다. 유의할 점은 T형강의 상부 전체에 걸쳐 용접하게 되면 유연성이 떨어져 보의 단부에서 필요한 회전이 억제되며, 따라서 단순전단접합부로서의 성능을 발휘하지 못할 수도 있으므로 피해야 한다.

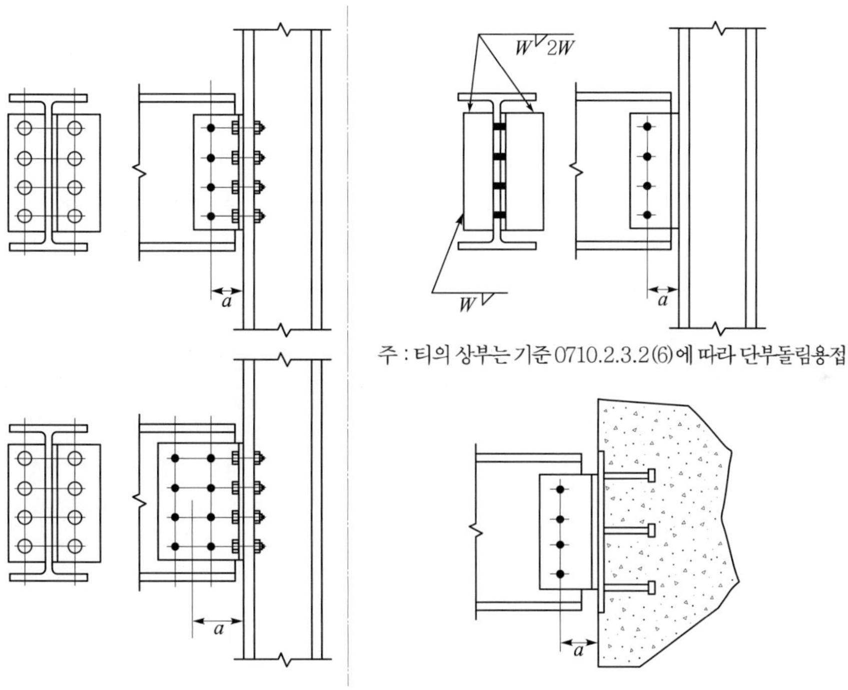

(a) 전체 볼트집합 (b) 볼트접합(보)/용접접합(지지부재)

그림 3.1.15 T형강접합

3.1.11.1 설계검토

T형강접합의 설계강도는 사용하는 볼트(2.1절 참조), 용접부(2.2절 참조) 및 접합요소(2.3절 참조)의 한계상태들로부터 산정한다. 어느 경우에나 설계강도 ϕR_n은 소요강도 R_u 이상이어야 한다.

T형강접합부의 설계강도 산정 시에는 편심을 고려해야 한다. 연성지지점인 경우에 T형강 플랜지를 지지부재에 부착하기 위한 볼트나 용접부는 전단력 R_u에 대해 설계하여야 한다. 또한 T형강의 웨브를 관통하는 볼트는 전단과 함께 편심모멘트 $R_u a$에 대하여 설계해야 한다. 여기서 a는 T형강 웨브를 관통하는 볼트군의 중심에서 지지면까지의 거리이

다. 강성지지점인 경우에 T형강 플랜지를 지지부재에 부착하기 위한 볼트나 용접은 전단력과 편심모멘트에 대하여 설계해야 한다. 웨브를 관통하는 볼트는 전단에 대하여 설계해야 한다.

3.1.11.2 T형강의 길이와 플랜지 및 웨브두께에 대한 권장

설치시의 안정성을 위하여 T형강의 최소길이는 보 $T-$치수의 1/2로 권장하며, 최대길이는 따내지 않은 보에서는 $T-$치수와, 따낸보에서는 모서리를 제외한 나머지 웨브춤에 적합해야 한다. T형강는 그림 3.1.3과 같이 모서리에 걸칠 수 있다.

유연성을 확보하기 위하여 T형강의 선정은 제4장에서 서술한 연성검토에 적합하여야 한다. T형강접합부가 단일판 접합부에서 요구하는 형상에 위배된다면 단순전단접합부에 사용하는 T형강의 플랜지는 보의 단부회전이 허용될 수 있도록 최소한의 두께여야 한다.

3.1.11.3 공장 및 현장 관습

T형강이 기둥플랜지에 접합될 때에는 기둥춤의 공장제작 오차에 대한 대비를 해야 한다. 만일 T형강이 기둥플랜지에 공장부착될 때에는 공장제작 오차를 보완하기 위해 필요한 조정작업을 볼트구멍의 여유를 이용하여 할 수 있다. 이와 같은 접합은 보를 측면에서 설치할 수 있는 장점이 있다. 만일 T형강이 보웨브에 공장부착되면 제조시 치수 초과에 대비하여 보길이를 짧게 하고 그렇게 생긴 틈이나 제작치수 미달에 대해 적절한 간격으로 끼움재를 설치한다. T형강스템에 수직 1열의 볼트가 사용되는 경우에는 보단부의 옵셋거리와 제작치수 초과/미달을 조정하기 위해서 T형강의 스템길이는 100mm 또는 125mm이어야 한다. 수직 2열의 볼트가 사용되는 경우에는 T형강의 스템은 175mm 또는 200mm이어야 한다. T형강스템에 대한 L_{eh}의 최대값에는 제한이 없다.

3.1.12 전단이음

그림 3.1.16(a)와 같이 통상 1장의 판으로 또는 그림 3.1.16(b) 및 그림 3.1.16(c)와 같이 2장의 판으로 만든다. 전단이음부에서 요구되는 회전유연성은 보통 단순 경간 보의 단부에서 요구되는 회전유연성보다 훨씬 적다. 하지만 이음부에 높은 유연성이 필요한 경우에는 그림 3.1.17과 같은 4개의 ㄱ형강을 이용한 이음이 특별히 유용하다. 이들 전단이음은 볼트로 체결하거나 용접할 수 있다.

전단이음의 설계강도는 사용하는 볼트(2.1절 참조), 용접부(2.2절 참조) 및 접합요소(2.3절 참조)의 한계상태들로부터 산정한다. 어느 경우에나 설계강도 ϕR_n은 소요강도 R_u이상이어야 한다.

그림 3.1.17과 같이 4개의 ㄱ형강을 사용하여 전체 볼트체결된 전단이음을 제외하고는 전단이음의 설계는 편심을 고려해야 한다. 볼트이음된 이음부가 그림 3.1.16(a)와 같이 대칭일 때는 이음부의 양쪽은 이음되는 양쪽 부재의 상대적인 유연성과 무관하게 동등하게 고정된다. 그러므로 그림 3.1.18과 같이 양쪽 볼트군의 중심선에서의 전단력편심은 볼트군 중심사이 거리의 1/2과 같다. 따라서 각 볼트군은 전단력 R_u와 편심모멘트 $R_u e$의 1/2에 대하여 설계할 수 있다.(Kulak and Green (1990)) 이와 같은 방법은 대칭인 용접이음부에 대해서도 적용할 수 있다.

그림 3.1.16(b) 및 그림 3.1.16(c)와 같이 이음부가 비대칭일 때는 이음부의 양쪽이 서로 다른 고정도를 갖게 된다. 그림 3.1.16(b)와 같은 이음부는 볼트를 전인장조임하거나 마찰접합(미끄럼방지접합)으로 한다 할지라도 용접군의 강성이 볼트군의 강성보다 크기 때문에 우측의 고정도가 더 크다. 또한 그림 3.1.16(c)와 같은 이음부는 오른쪽이 수직으로 2열볼트인데 반해 왼쪽은 1열볼트 뿐이므로 오른쪽의 고정도가 더 크다. 이러한 경우에는 고정도가 큰 쪽을 전단력 R_u와 전체 편심모멘트 $R_u e$에 대하여 설계하는 것이 안전측이다. 고정도가 작은 쪽에 대하여는 전단력만으로 설계할

수 있다. 이와 같은 방법은 이음되는 양쪽 부재의 상대적인 유연성과는 무관하게 적용할 수 있다.

부재의 신축을 허용하는 신축이음과 같은 일부 이음들은 특별한 주의가 필요하며, 이 책에서는 다루지 않으므로 다른 자료를 참고한다.

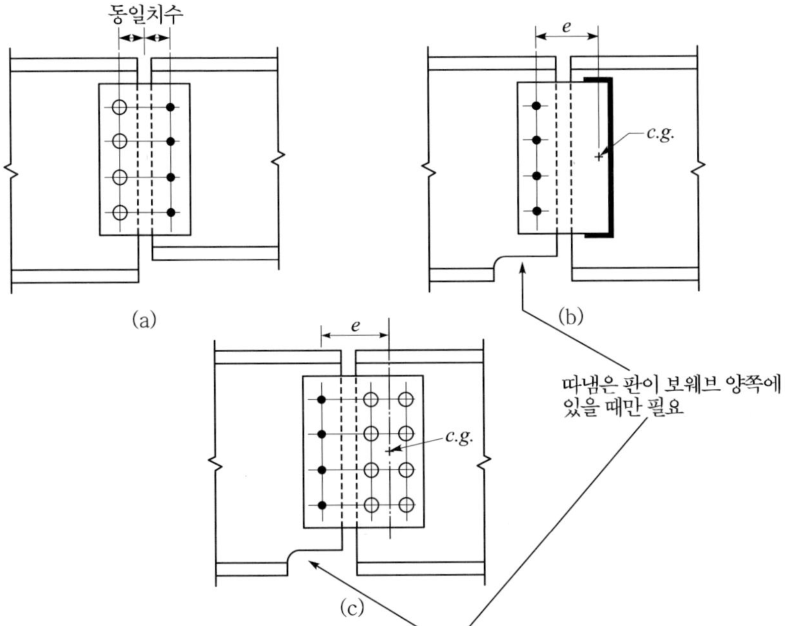

그림 3.1.16 판–형태의 전단이음

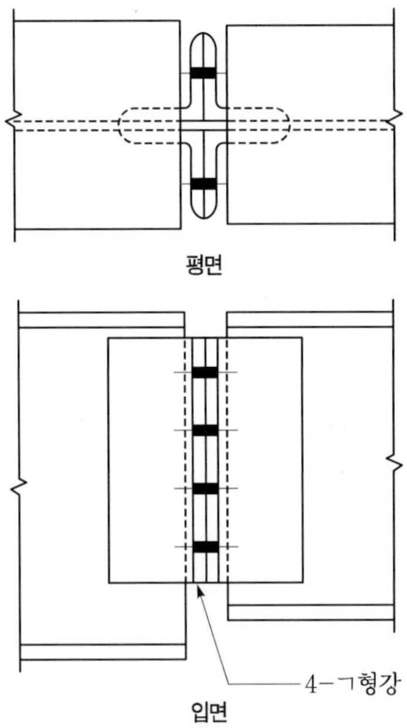

그림 3.1.17 형강–형태의 전단이음

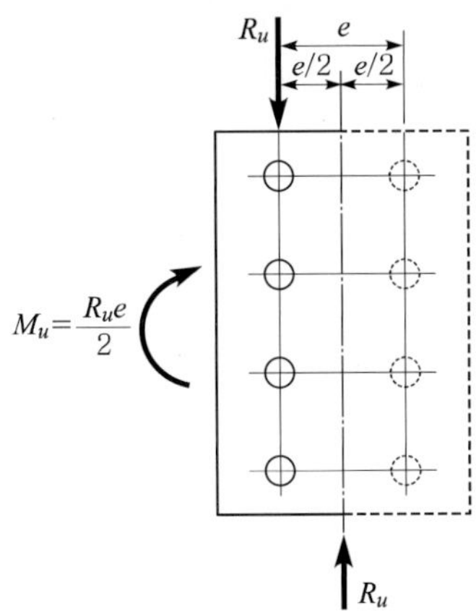

그림 3.1.18 대칭 전단이음에서의 편심

3.1.13 단순전단접합부에 대한 특별 고려사항

3.1.13.1 축력을 받는 단순전단접합부

단순전단접합부가 전단력에 추가하여 축력을 받을 때의 주요 한계상태로는 ㄱ형강 내민다리에 대한 휨과 지레작용이 있다. 이들은 ㄱ형강과 판 또는 플랜지의 두께를 증가시키거나 게이지를 감소시키거나 이 둘 모두 필요할 수도 있는데, 이런 요구조건들과 단순보의 단부회전을 수용하기 위하여 접합부가 충분히 유연성을 유지해야 하는 접합부 성능을 적절히 절충할 수 있다. 적절한 연성을 확보하고 있는지 확인하는 방법으로 제2장의 전단접합의 회전연성도 검토를 이용할 수 있다.

3.1.13.2 기둥웨브 보강부분에서의 단순전단접합부

기둥웨브에 직접 접합하는 경우에 기둥의 스티프너는 장애물이 된다. 3.1.19(a)는 받침ㄱ형강을 스티프너가 있는 기둥의 플랜지 앞부리에 용접한 예이며, 그림 3.1.19(d)는 기둥플랜지 밖으로 확장한 스티프너의 예를 보여준다. 그림 3.1.19(b) 및 그림 3.1.19(c)는 대각 스티프너가 있는 위치에서 접합할 수 있는 2개의 대안을 보여 주는데 설치에 문제가 없는지 세심하게 검토해야 하며, 아울러 그림 3.1.19(c)와 같은 깊게 따냄(deef cope)은 보의 단부접합부에서 설계강도를 크게 감소시킬 수 있다. 이에 대한 대안으로는 횡방향 스티프너를 연장하여 지압스티프너가 있는 받침판으로서 사용하므로서 보의 단부반력을 분담시킬 수 있다.

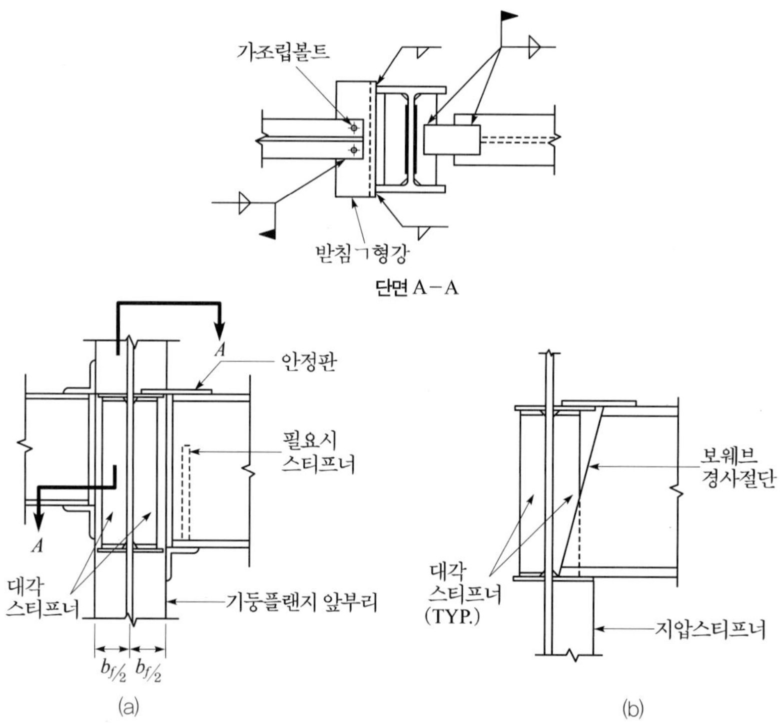

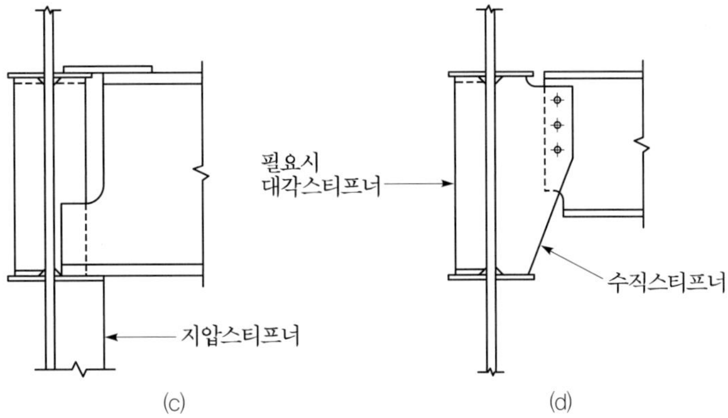

그림 3.1.19 스티프너가 있는 기둥-웨브 위치의 단순전단접합부

3.1.13.3 확장게이지의 편심효과

(1) 개요

기둥의 양쪽 플랜지에 보-기둥 모멘트접합으로 횡방향 스티프너가 필요한 기둥의 웨브에 보를 단순전단접합하는 경우를 생각해 보자. 만일 스티프너가 필요 없을 정도로 단면이 큰 기둥부재를 선정할 수 없다면, 보의 접근 및 설치를 위하여 그림 3.1.20과 같이 기둥플랜지로부터 떨어진 위치에서 현장접합을 해야 한다.

접합부가 이와 같이 정상게이지라인을 초과하여 확장되면 편심모멘트가 생기게 된다. 보통 이러한 편심모멘트는 기둥플랜지족 접합일 경우 무시할 수 있지만, H형강의 약축 휨강도는 강축 휨강도의 약 20%에서 50%에 불과하므로 기둥웨브쪽 접합에서, 특히 편심 e가 큰 경우에는 편심모멘트를 고려해야 한다. 마찬가지로, 정상게이지보다 큰 편심은 큰보의 웨브에 접합하는 경우에도 고려의 대상이 될 수 있다.

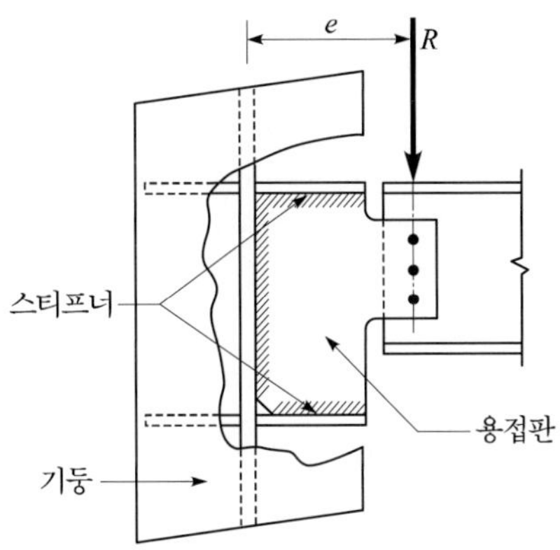

그림 3.1.20 확장게이지의 편심효과

(2) 기둥웨브지지

접합부에 생기는 전체 모멘트는 ① 보단부 반력 R의 편심모멘트 Re와 ② 접합부의 부분고정에 의한 모멘트 M_{pr}의 2가지로 구성된다. 접합부의 설계에 어떤 모멘트를 고려해야 하는지를 결정하기 위해서는 먼저 다음과 같은 가정을 한다. 기둥은 약축 휨에 대해서는 횡구속골조의 일부이며, 지점조건은 핀지지로 유효좌굴길이계수 $K=1$이고, 하중은 그림 3.1.21과 같은 중심축하중을 받고 있는 것으로 가정한다. 여기에서 보는 기둥보다 먼저 하중을 받아서 그림 3.1.22

와 같은 변형할 것이다. 접합부의 부분고정으로 인하여 생기는 고정모멘트 M_{pr}에 단부반력의 편심모멘트 Re가 합해져 접합부의 전체모멘트는 $M_{con} = Re + M_{pr}$ 이 된다.

기둥이 하중을 받기 시작하면 보, 기둥 및 접합부는 보만이 먼저 하중을 받을 때와 같은 방향으로 그림 3.1.23처럼 더욱 크게 변형할 것이다. 기둥에 작용하는 하중이 증가하여 어떤 크기 P_{sbr}에 도달하게 되면 기둥의 회전이 단순지지보의 단부회전과 같아질 수 있다. 이렇게 되면 접합부의 고정효과가 없어지므로 부분고정모멘트 M_{pr}이 없어지고 접합부의 전체모멘트는 $M_{con} = Re$가 된다. 기둥에 작용하는 하중이 더욱 증가하여 P_{sbr}을 상회하면, 기둥의 회전이 단순지지보의 단부회전보다 더 커지게 되고 편심모멘트와 반대방향으로 작용하는 부분고정모멘트 M_{pr}'이 발생하여 접합부의 모멘트 $M_{con} = Re - M_{pr}'$가 된다. 편심모멘트와 반대방향으로 작용하는 부분고정모멘트는 실제로 기둥의 안정에 기여하여 유효좌굴길이계수 K의 값을 원래 가정하였던 $K = 1$보다 더 작은 값으로 감소시킨다. 또한 이런 경우에는 접합부의 전체모멘트가 편심모멘트보다 더 작아져서 $M_{con} < Re$가 된다. 따라서 부분고정모멘트를 무시하고 전단력 R과 편심모멘트 Re에 대해서만 접합부를 설계하여도 안전하다.

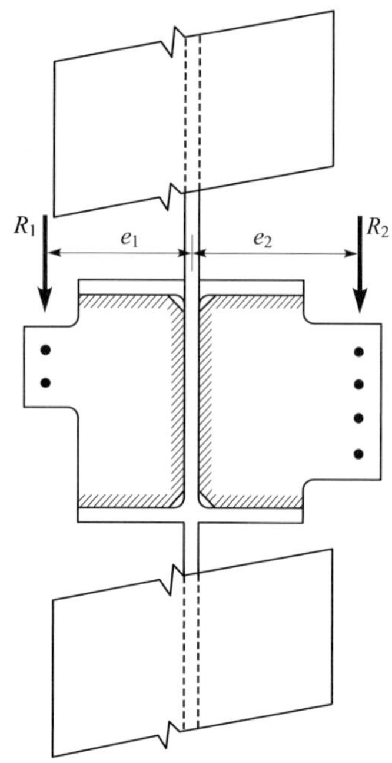

그림 3.1.21 양쪽으로 편심 모멘트를 받는 기둥

지지기둥의 웨브에 판을 접합하는 용접은 전체전단력 R만 견딜 수 있도록 설계한다. 판의 상부 및 하부에서 판과 스티프너를 접합하는 용접은 아무런 하중을 받지 않는다고 가정하고 KDS 41 31 00 4.7.2.3에서 규정하고 있는 최소 용접사이즈로 설계한다.

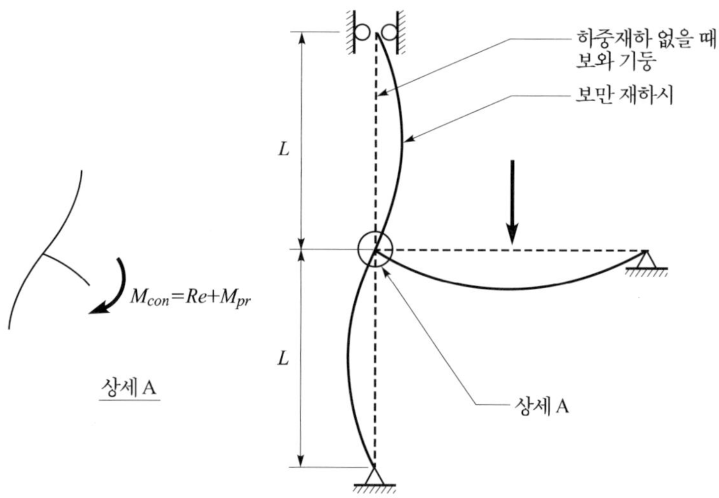

그림 3.1.22 보만 재하 시 보, 기둥 및 접합부의 거동

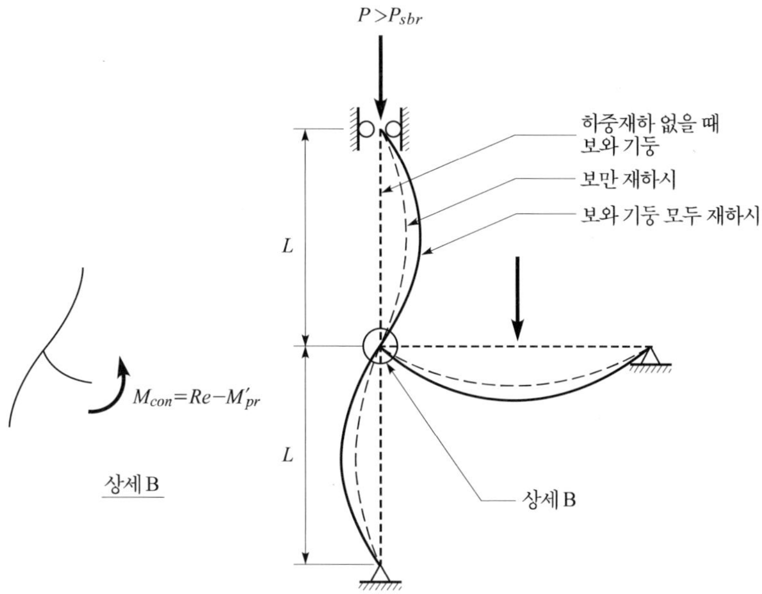

그림 3.1.23 보와 기둥 재하 시 보, 기둥 및 접합부의 거동

그림 3.1.21과 같이 기둥웨브의 양쪽에 모두 단순전단접합을 하는 경우에는 각각의 접합부에 해당하는 전단력 R_1 또는 R_2 와 편심모멘트 $|R_2 e_2 - R_1 e_2|$에 대하여 설계해야 한다. 편심모멘트는 설계자가 적합하다고 생각하는 비율로 배분하여 설계할 수 있다. 예를 들면, 전체편심모멘트를 큰 쪽의 접합부가 모두 감당하도록 설계할 수도 있고 각 접합부 볼트군의 극단면2차모멘트(상대강성)와 같은 비율로 배분하거나 볼트군의 단면계수(상대 모멘트강도)와 같은 비율로 배분하여 설계할 수도 있다. 만일 연성과 안정이 확보된다면, 최대강도가 산출되도록 배분함이 실제강도에 가장 근접한다는 한계상태해석의 하계정리[1](下界定理, Lower -bound Theorem)에 따른다. 기둥웨브의 양쪽에 모두 보가 접합하는 경우에 한쪽 보에는 활하중이 전혀 없고 반대쪽 보에만 활하중이 있을 가능성에 대하여도 유의하기 바란다. 설계자는 모멘트를 배분할 때에 이런 조건을 고려해야 한다.

주 1) 하계정리(下界定理, Lower-bound Theorem); 구조물이 하중계수 λ로 정의된 하중재하시 휨모멘트의 분배가 평형조건 및 항복조건을 만족할 때 λ는 붕괴하중계수 λ_c보다 작거나 같다($\lambda \le \lambda_c$)는 정리. 소성해석의 필수3 정리 중 하나이다.

(3) 큰보 웨브지지

그림 3.1.24와 같은 큰보웨브지지에서 큰보의 비틀림강성 또는 비틀림강도는 대체로 작다. 일반 게이지보다 게이지가 더 큰 경우에는 통상적으로 접합되는 보의 단부회전이 큰보의 지점회전을 통하여 수용된다. 따라서 볼트군은 전단력 R과 편심모멘트 Re를 모두 견딜 수 있게 설계해야 한다. 보의 단부반력은 지지하는 큰보 웨브의 중심을 통하여 지지된다.

지지하는 큰보의 웨브에 판을 접합하는 용접부는 전단력 R만 견딜 수 있도록 설계한다. 판의 상부와 하부에서 판과 큰보의 플랜지를 접합하는 용접부는 아무런 응력을 받지 않는다고 가정하고 KDS 41 31 00 4.7.2에서 규정하고 있는 최소 용접사이즈로 설계한다.

그림 3.1.25와 같이 큰보웨브의 양쪽에 모두 단순전단접합을 하는 경우에는 각각의 접합부를 그 접합부에 해당하는 전단력 R_1 또는 R_2 와 편심모멘트 $|R_2 e_2 - R_1 e_1|$에 대하여 설계해야 한다. 편심모멘트는 설계자가 적합하다고 생각하는 비율로 배분하여 설계할 수도 있다.

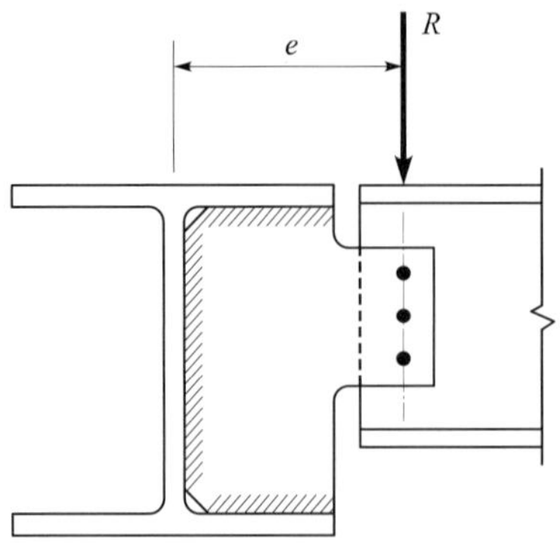

그림 3.1.24 큰보웨브지지 편심모멘트

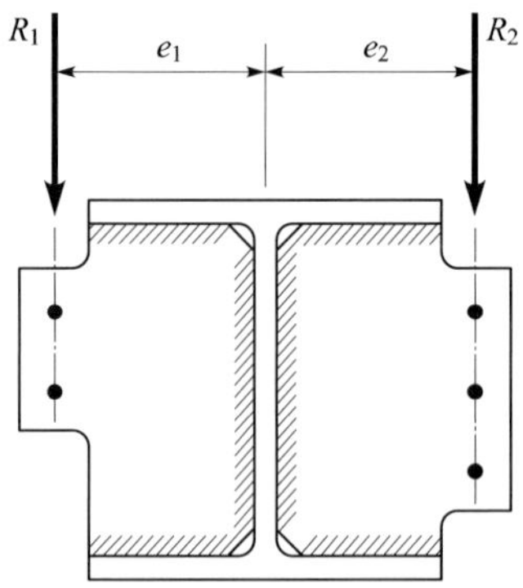

그림 3.1.25 양쪽 편심모멘트를 받는 큰보웨브지지

(4) 편심모멘트를 다루는 다른 방법

앞에서 서술한 기둥웨브지지 접합과 큰보웨브지지 접합에서 편심모멘트 Re를 접합부 대신에 지지부재가 받도록 설계하는 것도 가능하다. 또한 금속데크에 퍼들용접1) (puddle welds)이나 자체천공나사2)(self tapping screws)와 함께 사용하는 경우에는 금속데크가 두 부재사이의 상대 변위를 감소시키는 경향이 있으며, 그에 따라 편심모멘트의 전부 또는 일부를 부담하는 경향이 있다. 이런 경우에는 접합부를 전단력 R만을 받거나 전단력과 감소된 편심모멘트를 받도록 설계할 수 있다.

주 1) 퍼들용접(puddle welds); 점용접[스폿용접(spot welding)]이라고도 하며 박판금속(sheet metal)을 겹쳐서 접합하기 위해 사용하는 용접.

2) 자체천공나사(self tapping screws); 데크판 등을 고정하기 위해 사용하는 나사못으로 통상 자체 천공이 가능하도록 뾰족한 끝을 가지며(self-drilling point), 직경 2.18mm~6.35mm(#2~#6, 1/4in.)가 주로 사용된다.

3.1.13.4 쌍접합

(1) 개요

기둥웨브 또는 큰보 웨브의 양쪽에서 두 개의 보가 서로 마주 보고 기둥웨브 또는 큰보 웨브에 용접으로 접합될 때에는 가조립볼트를 공동으로 사용하지 않는다면 두 접합부사이에 아무런 간섭이 생기지 않는다. 하지만 두 개의 보가 기둥웨브 또는 큰보 웨브에 볼트로 접합될 때에는 접합부의 근접으로 인하여 일부 또는 전부의 볼트를 공동으로 사용해야 할 필요가 있을 수 있다. 이런 접합을 쌍접합이라고 한다. '시공성에 대한 고려사항'에 대해서도 검토하기 바란다.

(2) 공칭춤이 서로 다른 보

쌍접합되는 양쪽 보의 공칭 춤이 서로 다른 경우에는 춤이 작은 보의 하부플랜지가 춤이 큰 보의 볼트 설치에 방해가 될 수 있다. 이런 경우에는 춤이 큰 보를 지지하는 볼트를 설치하기 위해서 춤이 작은 보의 하부플랜지를 따내거나 편측절단(blocking)을 할 수 있다. 대안으로는 춤이 작은 보의 하부플랜지 부근에 설치하는 볼트를 간섭이 생기지 않도록 엇갈리게 배치할 수도 있다.

(3) 중심선이 서로 일치하지 않는 보

쌍접합되는 양쪽 보의 중심선이 일치하지 않고 그림 3.1.26과 같이 서로 약간 비켜서 접합되는 경우도 흔히 볼 수 있다. 보 중심선 사이의 간격에 따라서 몇 가지 종류의 접합형태가 가능하다.

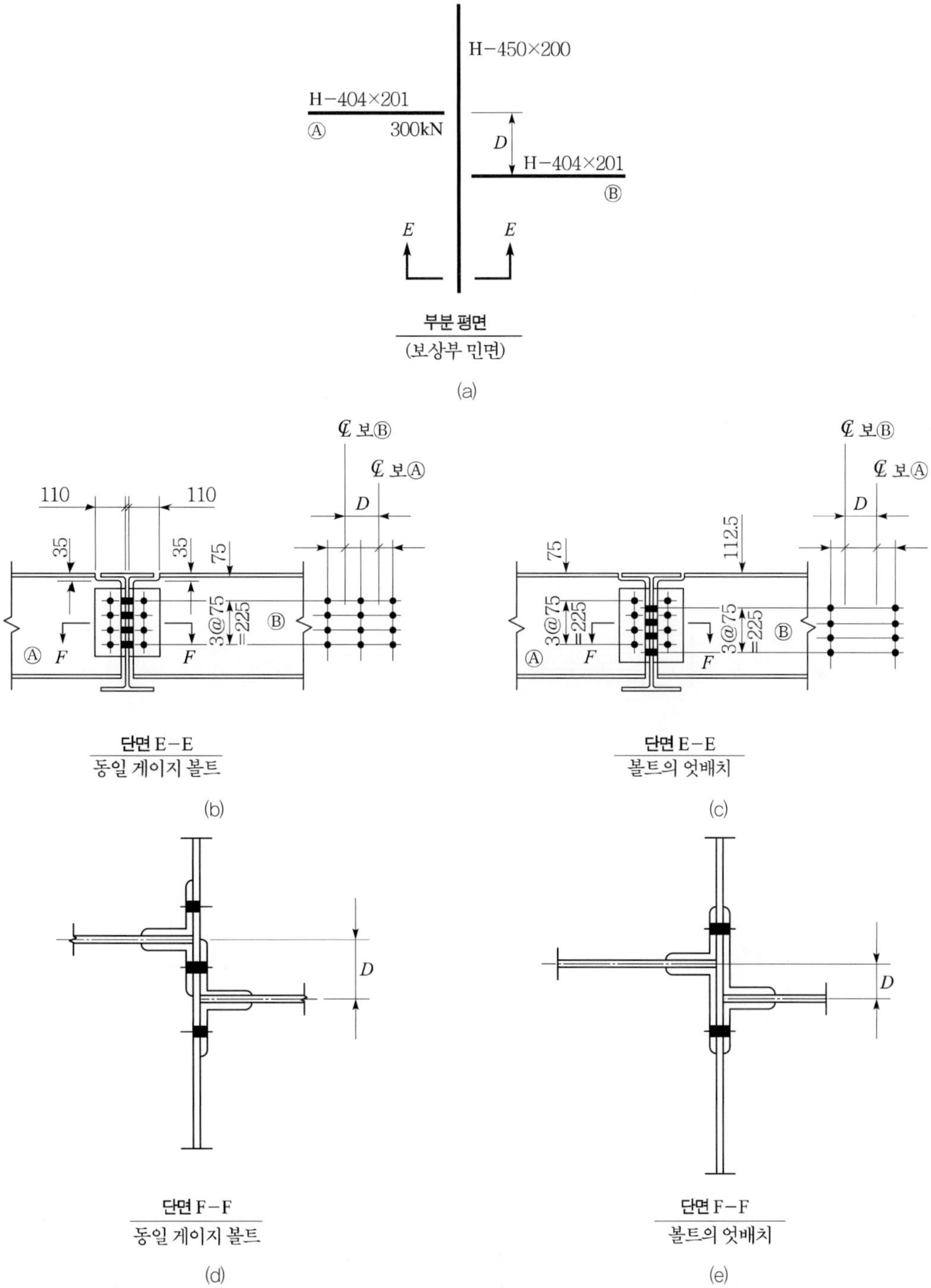

그림 3.1.26 큰보에 접합된 옵셋[1]보

주 1) 옵셋(offset); 기준이 되는 선(중심선)에서 일정거리 떨어진 것

보 중심선 사이의 간격이 지지부재의 게이지와 같을 때는 그림 3.1.26(b)와 같이 모든 볼트를 동일한 게이지라인으로 설계하고 그림 3.1.26(d)와 같이 ㄱ형강을 배치한다. 보 중심선 사이의 간격이 지지부재의 게이지보다 작을 때에는 그림 3.1.26(c)와 같이 볼트를 어긋나게 배치하면 필요한 게이지가 감소될 수 있으며 그림 3.1.26(e)와 같이 ㄱ형강을 배치할 수 있다. 어느 경우에나 볼트들은 보의 단부반력을 균등하게 분담하여 지지부재에 전달한다. 2면전단 볼트는 극한상태에서 1면전단 볼트의 2배가 되는 힘을 전달한다. 접합부의 모양과 치수가 결정되면 힘을 그 타입의 표준접합부에서와 같은 방식으로 배분하여 설계한다. 공칭게이지의 경우 이런 형태의 접합에서는 편심을 무시할 수 있다.

3.1.13.5 기둥의 중심선과 보의 중심선이 일치하지 않는 경우

(1) 기둥플랜지에 보를 강축방향으로 접합하는 경우

그림 3.1.27과 같이 기둥플랜지에 접합되는 보의 중심선이 기둥의 중심선에서 약간 벗어나 접합되는 경우 받침을 보의 중심선 양쪽에 대략 같은 길이로 용접할 수 있다면, 보강 또는 비보강 받침을 기둥에 용접하여 지지할 수 있다.

그림 3.1.27(a)는 H−300×150인 보의 중심선이 기둥의 중심선으로부터 60mm 벗어나 접합되는 경우, 그림 3.1.27(b)는 95mm 벗어나 접합되는 경우를 보여준다. 그림에는 표시되지 않았으나 이 접합부에는 상부에 ㄱ형강을 사용해야 한다.

그림 3.1.27(a)의 접합부는 받침 전체가 기둥플랜지의 폭 안에 들어갈 수 있기 때문에 앞에서 소개한 설계자료들을 이용하여 쉽게 설계할 수 있다. 하지만 그림3.1.27(b)나 그림 3.1.27(c)와 같이 받침의 일부가 기둥의 폭을 벗어나게 되면 ㄱ형강의 뒤쪽에서 기둥플랜지의 연단을 따라서 용접을 해야 한다. 이러한 모서리 주위에서는 노치발생의 위험 때문에 단부돌림용접을 하지 않아야 한다는 점에 유의해야 한다.

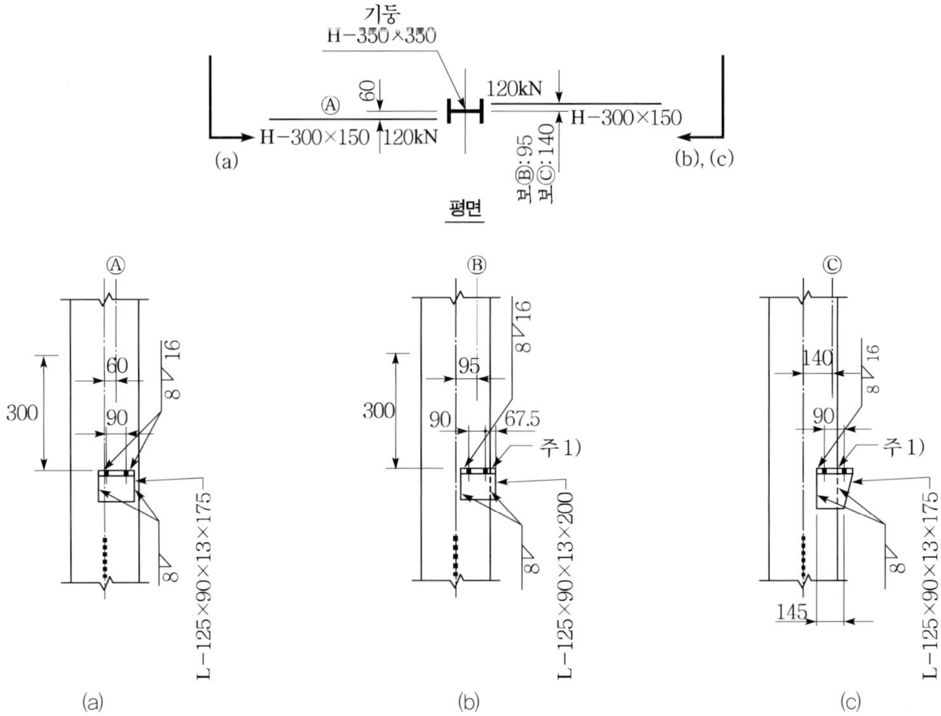

그림 3.1.27 기둥플랜지에 접합된 옵셋보

주 1) 기둥플랜지끝(toe)과 받침 ㄱ형강의 뒷굽(heel) 사이에 형성되는 모서리에는 기둥플랜지에 노치가 발생될 우려가 있으므로 이 부분은 단부돌림용접을 생략한다.
2) 보 및 상부 ㄱ형강은 간결함을 위해 표시하지 않았음.

그림 3.1.27(c)와 같이 보의 중심선과 기둥의 중심선 사이의 간격이 140mm인 경우에는 받침ㄱ형강이 기둥플랜지 밖으로 돌출하게 되고, 수직용접선 사이의 거리도 122.5mm로 감소되며 용접군의 중심은 보의 중심에서 왼쪽으로 26.25mm 떨어진 위치에 놓이게 된다. 이런 경우에 각 용접선이 받는 힘은 정역학의 법칙에 따라 계산할 수 있는데 오른쪽 용접선이 더 큰 힘을 받게 되고, 그 크기는 왼쪽 용접선에 대한 모멘트의 합에 의해 산정할 수 있다. 이렇게 우측 용접선의 더 큰 힘이 산정되면, 왼쪽용접선은 보다 작은 힘을 받지만 오른쪽 용접선과 같은 힘을 받는 것으로 설계해야 한다.

(2) 보를 기둥플랜지에 약축방향으로 접합하는 경우

그림 3.1.28의 테두리보 X와 Y의 중심은 기둥 C1의 중심에서 160mm 떨어져 어긋나게 배치되어 있는데 이렇게 되면 기둥 C1의 플랜지에 테두리보 X와 Y의 웨브를 직접 접합할 수 있다. 기둥 B2의 중심은 테두리보 X의 중심에서 125mm나 떨어져 있어서 기둥 B2의 플랜지와 테두리보 X의 웨브 사이에는 20mm의 간격이 생긴다. 기둥 B2의 플랜지에 테두리보 X의 웨브를 접합하기 위해서는 20mm 두께의 채움재(filler)가 필요하다. 테두리보 X와 Y는 그림 3.1.28(a)의 단면 F-F와 같이 기둥과 접합하는 쪽의 플랜지를 일부분(100mm) 절단하고 절단면을 민면으로 매끄럽게 연삭1)해야 한다.

게이지를 결정할 때에는 가까운 위치에 있는 다른 접합부에 대해서도 고려해야 한다. H-200×200인 기둥플랜지에 테두리보를 접합하기 위한 작업가능게이지는 90mm이지만 보 Z의 접합을 위한 현장에서의 볼트삽입과 조임공간을 마련하고 기둥플랜지에 충분한 연단거리를 확보하기 위하여 그림 3.1.28(b)와 같이 95mm의 기둥게이지와 37.5mm로 엇갈리게 배치한 긴결재를 사용한다. 95mm의 기둥게이지는 테두리보의 단부연단거리를 37.5mm로 할 수 있게 하는데 이는 AISC 매뉴얼 제1편 '표준 제작실무'에 규정되어 있는 공칭길이에 대한 허용오차인 ±6mm(1/4in.)를 수용할 수 있다 (즉, 기둥게이지=(37.5+6)×2+8=95).

그림 3.1.28의 E-E 단면도와 F-F 단면도에 테두리보의 상, 하부플랜지를 100mm 정도 "뒷면; 절단 및 민면 연삭" 하라고 표기되어 있다. 표기처럼 절단가공함으 테두리보의 웨브가 기둥플랜지와 동일면 내에서 맞닿게 된다. 잘라내지 않은 앞쪽 플랜지는 접합부의 강성에 기여한다. 그림 3.1.28의 E-E 단면도에서 테두리보 X의 웨브와 기둥 B2의 플랜지 사이에 20mm의 간격이 있기 때문에 70mm×20mm 크기의 채움재가 필요하다. 또한 채움재는 KDS 41 31 00 4.7.5를 만족해야 한다.

그림 3.1.29(a)의 H-400×200인 보는 기둥 D1의 중심선에서 156mm 떨어져 어긋나게 배치되어 있다. 이 간격으로는 H-400×200인 보의 웨브가 H-340×250인 기둥플랜지에 직접 닿을 수가 없다. 이런 경우에 보웨브와 기둥플랜지를 접합하기 위해서 그림 3.1.29(b)와 같은 판과 채움재를 사용한다. 이런 접합은 편심접합이므로 볼트군중에서 한 쪽은 반드시 이 편심을 견딜 수 있게 설계해야 한다. 기둥플랜지 쪽에는 공간이 부족하므로 편심모멘트는 보웨브 쪽의 볼트군이 견딜 수 있게 설계한다.

현장-볼트체결을 최소한으로 하기 위하여 이 예제의 경우에서는 판을 보에는 공장-볼트 체결로, 기둥에는 현장-볼트체결 한다. 여기에서 기둥웨브 접합재들의 간섭을 받지 않고 보를 설치할 수 있도록 세심한 검토를 해야 한다. 간섭을 피하기 위하여 판을 기둥에 공장-부착하고 보에는 볼트구멍만 천공하여 설치하게 하는 제작자도 있다. 또한 기둥의 단면이 큰 경우에는 판을 기둥에 공장-용접하여 두꺼운 기둥플랜지에 볼트구멍을 천공하는 것을 피하는 제작자도 있다. 이처럼 판을 기둥에 용접하게 되면 접합부 강성이 훨씬 증대되므로 증대된 구속력을 반영하여 설계에 수정해야 한다.

주 1) 연삭(grind, 硏削); 그라인더로 갈아내는 가공작업.

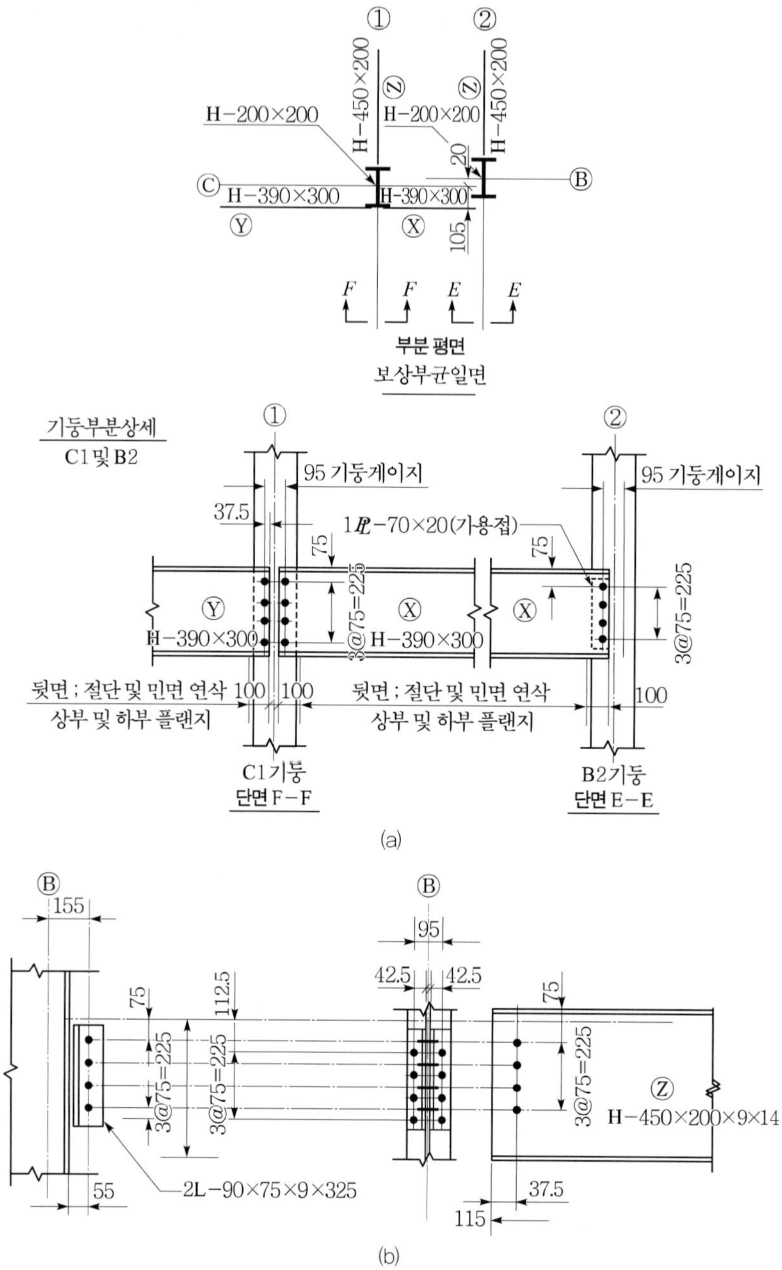

그림 3.1.28 기둥플랜지에 약축으로 접합된 옵셋보 1
(보플랜지를 절단하고 직접 접합)

그림 3.1.29의 H-400×200인 보의 중심이 H-340×250인 기둥의 중심에서 15mm떨어져 어긋나게 배치되어 있다면, 보의 상부플랜지와 하부플랜지를 따냄하거나 일부 절단하여 보웨브를 기둥플랜지에 직접 접합할 수가 있다. 이와 같은 접합도 일반 단순보의 접합보다 더 큰 강성을 가지게 된다. 이와 같은 접합에서 보의 플랜지를 따냄해서 접합하는 경우에는 따냄을 한 뿌리부분에 휨모멘트가 생기게 되므로 보웨브를 보강해야 한다.

보접합부의 구속력으로 인해서 기둥에 모멘트가 전달되는 것을 방지하기 위해 자주 사용되는 1가지 방법으로 접합부를 다소 유연하게 해주는 슬롯구멍과 지압접합을 사용하는 방법이 있다. 슬롯구멍은 접합판에만 사용하고, 현장에서만 접합한다. 이런 슬롯구멍접합은 제작오차와 설치오차도 수용할 수 있다.

그림 3.1.29의 접합부는 따낸보의 접합부와 유사하며, 2.3절에서 서술한 좌굴에 대한 검토를 해야 한다. 다음과 같은 차이점을 확실하게 알고 해석해야 한다.

① 단부에서 첫 번째 볼트까지의 거리에 따라서 등가 '따냄'의 유효길이가 길어진다.

② 보웨브 두께와 판두께로 인하여 생기는 근원적인 편심이 있다. 통상적인 웨브 두께와 판두께에 대해서는 편심을 고려한 해석이 필요하지 않은데 AISC에서 허용하고 있는 비탄성회전이 이런 2차적인 모멘트효과를 경감하기 때문이다. 치수가 상당히 큰 경우에는 이와 같은 편심에 대비하기 위해 2매의 접합판을 사용할 필요가 있다.

③ 접합판은 휨응력이나 좌굴능력에 견딜 수 있는 두께로 만들어야 하며, 최소두께는 9.5mm로 한다.

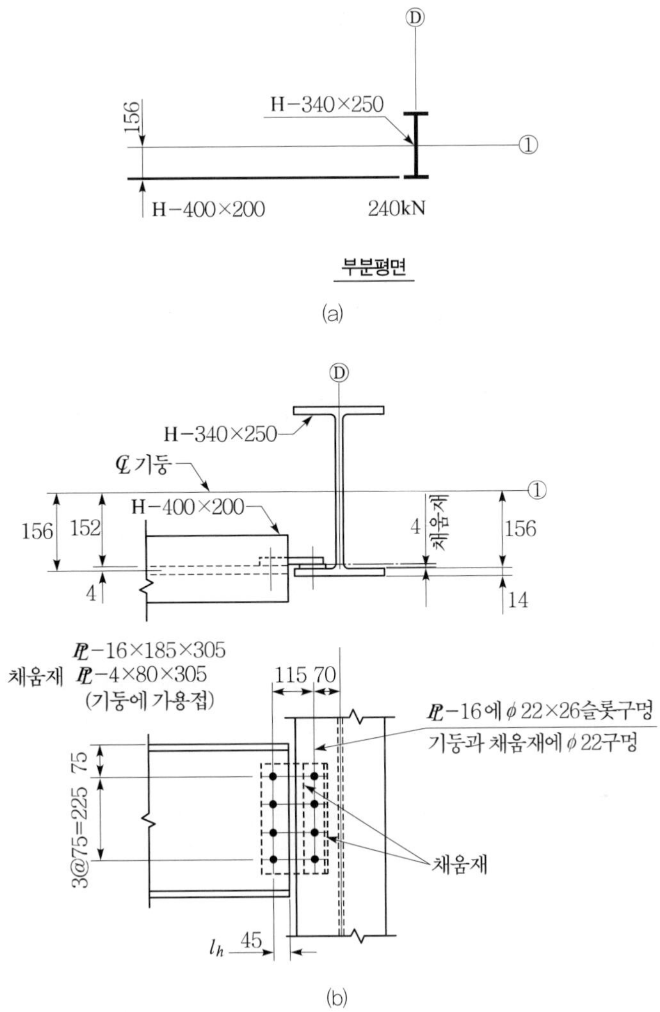

그림 3.1.29 기둥플랜지에 약축으로 접합된 옵셋보 2(계속)

(3) 보를 기둥웨브에 접합하는 경우

보의 중심과 기둥웨브중심사이의 간격이 작아서 접합부를 접합되는 보의 위, 아래 중심에 둘 수 있다면, 특별한 고려를 할 필요가 없다. 하지만 그림 3.1.30과 같이 보의 중심과 기둥웨브의 중심 사이 간격이 커서 접합부의 중심을 보의 중심에 둘 수 없다면 이 편심의 효과를 볼트군의 설계에 고려하여야 한다.

그림 3.1.30과 같은 편심의 경우에는 기둥플랜지쪽에 설치 공간을 확보하기 위하여 보의 상부플랜지와 하부플랜지를 부분절단해야 한다. 부분절단으로 볼트구멍을 천공할 수 있는 플랜지가 절반밖에 남아 있지 않으므로 이 접합부에서는 다리길이가 150mm인 ㄱ형강을 받침용(ㄱ형강)과 상부용(ㄱ형강)으로 사용한다. 이렇게 하면 받침용 ㄱ형강과 상부 ㄱ형강에 OSHA에서 요구하는 각각 두 개의 현장볼트를 체결(보길이 방향으로)하는 것이 가능해진다.

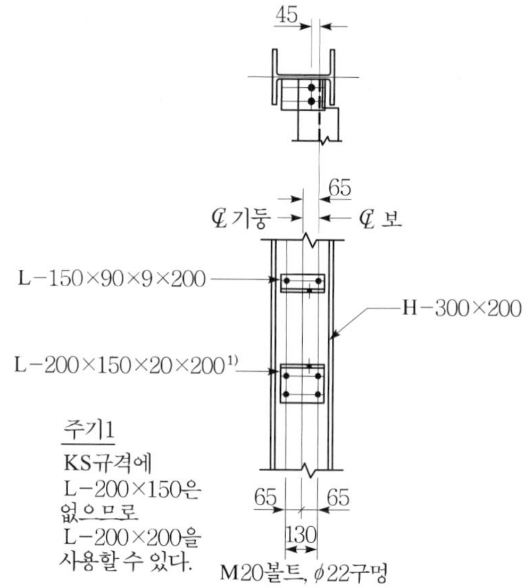

그림 3.1.30 기둥웨브에 접합되는 옵셋보

3.1.13.6 걸침보의 접합

지지부재의 상부에 걸침보가 기둥플랜지나 기둥웨브에 접합되는 경우에는 일반적으로는 별다른 고려를 할 필요가 없다. 하지만 지지부재가 큰 보인 경우에는 부재 상부의 레벨차이 때문에 표준접합부를 사용하지 못할 수도 있다. 이런 경우에 통상적으로 사용하는 몇 가지 전형적인 접합상세로서 그림 3.1.31은 볼트접합의 경우, 그림 3.1.32는 용접접합의 경우를 보여준다. 그림 3.1.31(a)에서는 걸침보 H−350×175의 상부면이 지지하는 보 H−450의 상부면에서 350mm(걸침보의 춤) 미만인 위치에 있으므로 걸침보의 하부플랜지를 따내고 쌍ㄱ 형강을 사용하여 접합하였다. 이 접합부는 걸침보의 단부반력에 대하여 설계한다. 걸침보의 웨브와 쌍ㄱ형강을 체결하는 공장접합 볼트들은 수직배열의 볼트와 같이 2면전단 또는 지압접합으로 설계한다. 그러나 지지하는 보의 상부플랜지와 쌍ㄱ형강을 체결하는 현장접합 볼트들은 중력하중 재하에 의해 산정되는 어떠한 응력도 분담할 필요가 없다.

걸침보하부를 따낼 수 있는 최대한의 높이 m은 걸침보의 단부반력에 의해서 결정된다. 이것은 하부를 따내고도 남아 있는 웨브가 수직전단력과 휨모멘트를 견딜 수 있어야 하기 때문이다. 휨모멘트는 따낸 부분의 가장 안쪽 끝에서 최대가 된다. ㄱ형강을 따낸 부분의 가장 안쪽 끝에서 보의 안쪽으로 더 연장하고 정착을 위한 공장접합 볼트를 추가로 체결하면 걸침보의 따낸 웨브를 보강할 수 있다. 필요한 경우에는 사이즈 와/또는 두께가 큰 ㄱ형강을 선정하면 더 큰 전단면적이나 단면계수를 얻을 수 있다. 편심의 효과에 대해서는 설계자의 판단에 따라야 하겠지만 치수가 작을 때에는 무시해도 된다.

이와 같은 접합부가 휨하중이나 동하중 또는 반복하중을 받을 때에는 따낸 안쪽 끝부분에 높은 응력집중이 생기게 된다. 이런 경우에는 그림 3.1.31(a)에서처럼 ㄱ형강을 연장하여 적어도 2개 이상의 볼트를 추가로 체결한다면 좋은 해결책이 될 수 있다.

그림 3.1.31(b)는 걸침보 H−350×175의 하부면이 지지하는 보 H−450의 상부면보다 몇 십mm위에 놓이는 경우를 보여준다. 이런 경우에는 걸침보의 하부면과 지지하는 보의 상부면 사이에 끼움재를 설치하고 이 끼움재 위에 보를 직접 올려 놓는다. 걸침보와 끼움재 그리고 지지하는 보를 체결하는 4개의 현장접합 볼트들은 어떤 중력하중도 받을 필요는 없다. 걸침보의 하부면과 지지하는 보의 상부면 사이의 간격 m이 천공할 수 있는 끼움재의 최대 판두께를 초과한다면, 2장 이상의 끼움판을 겹쳐 놓을 수도 있다. m가 커지면 끼움재의 재료량도 급격하게 증가하기 때문에 m값이 50mm 내지 75mm를 초과하는 경우에는 다른 접합상세를 사용하는 것이 더 경제적일 수 있다.

그림 3.1.31(c)에서 보여주는 접합상세는 m이 150mm 내지 175mm일 때 자주 사용된다. 이 경우에 걸침보의 웨브에 체결하는 공장접합 볼트의 하중은 그림 3.1.31(a)의 공장접합 볼트의 하중보다 더 크지 않다. 하지만 횡방향의 강성을 크게 하기 위해서 380mm ㄷ형강을 잘라서 연결재를 만들고 걸침보의 웨브를 충분히 감쌀 수 있게 하여 2개의 게이지 라인에 총 4개의 공장접합 볼트를 체결할 수 있도록 해야 한다.

그림 3.1.31(d)와 같이 H형강을 잘라서 만든 받침대나 좌대를 사용할 수도 있다. 이런 경우에 걸침보의 하부면과 지지하는 보의 상부면 사이의 간격 m의 크기에 따라서 필요하면 끼움재를 함께 사용할 수도 있다. 그림 3.1.31(e)에서 보여주는 것과 같이 한 쌍의 ㄱ형강이나 T형강을 조합하여 받침대 또는 좌대의 역할을 할 수도 있다. 보의 단부반력을 지탱하는 충분한 강도와 횡방향 강성을 얻기 위해서는 어느 경우에나 좌대의 웨브두께가 적어도 걸침보의 웨브두께와 같아야 한다.

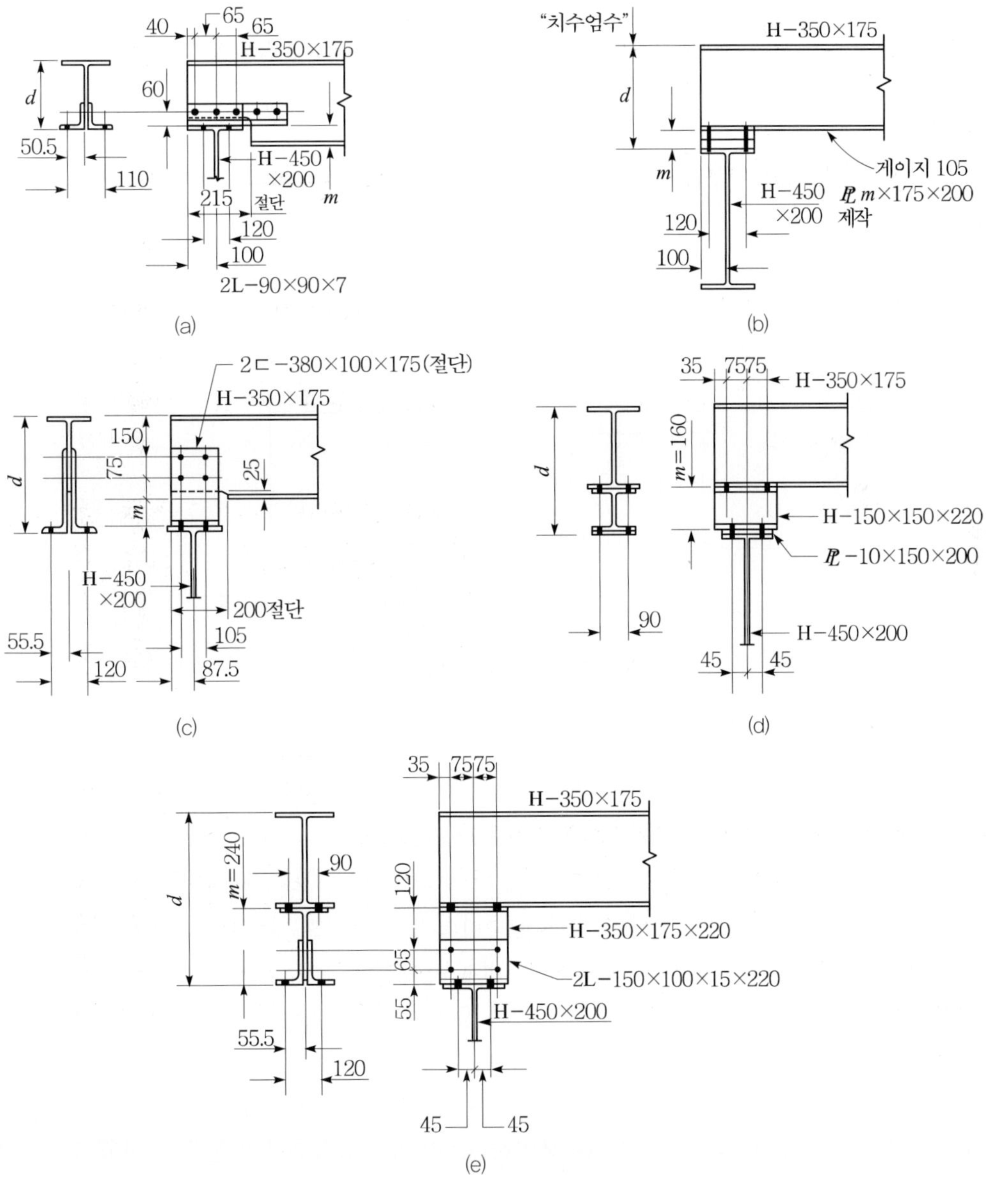

그림 3.1.31 올려놓는보의 볼트접합

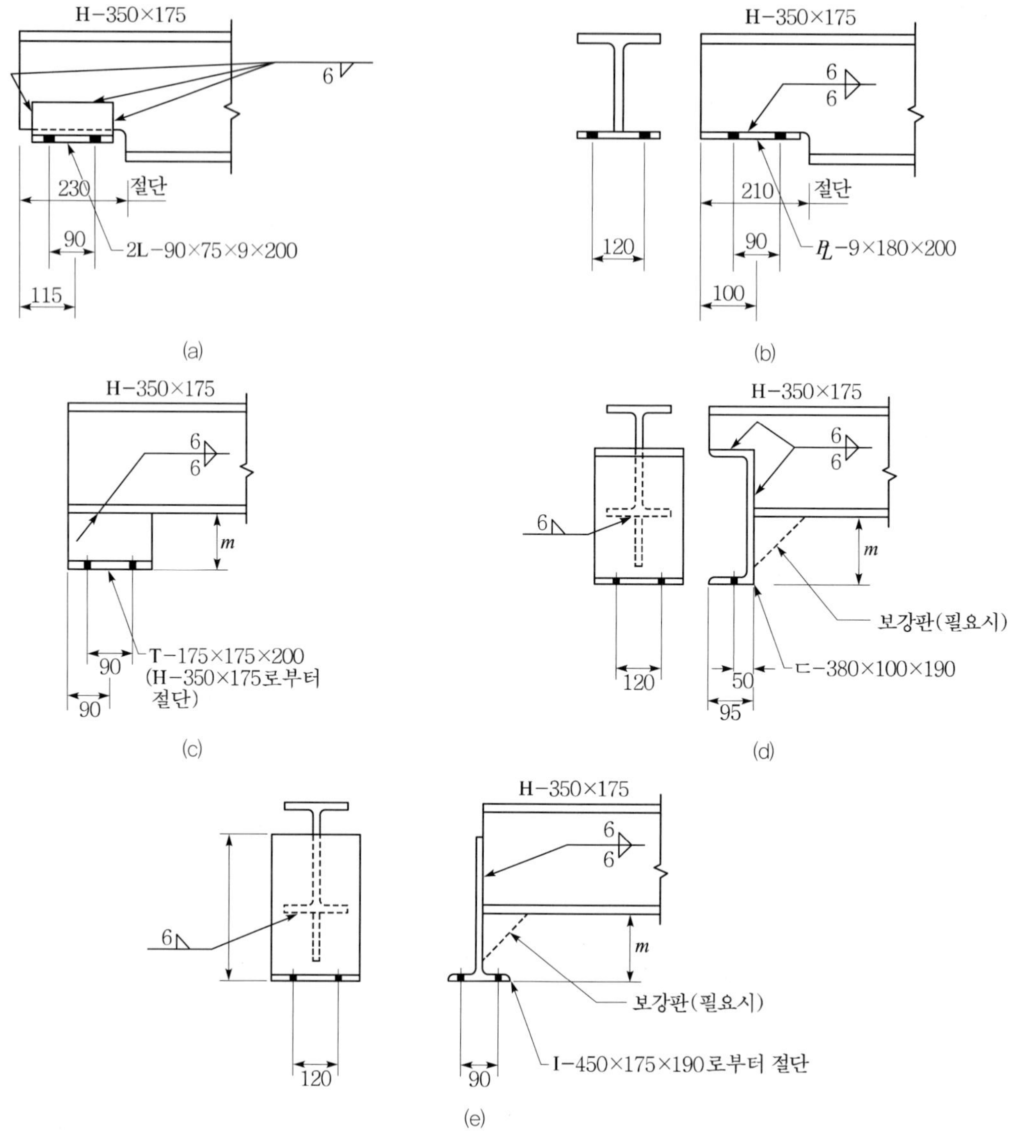

그림 3.1.32 올려놓는보의 용접접합

그림 3.1.32(a)의 접합부는 그림 3.1.31(a)의 접합부에서 볼트체결로 접합하던 ㄱ형강을 용접으로 접합하는 경우를 보여준다. 그림 3.1.32(b)는 2개의 ㄱ형강 대신에 수평판을 사용하는 경우를 보여주는데 이렇게 하면 재료와 공장용접의 수량이 줄어들게 된다. 이 경우에 보웨브를 잘라내는 작업과 수평판을 보웨브와 직각이 되게 용접하는 작업에 특별히 세심한 주의가 필요하다. 그래서 이런 접합의 수가 적을 때에는 그림 3.1.32(a)의 접합을 선호하여 2개의 ㄱ형강을 사용하는 제작자들도 있다. 간단한 공작기구를 사용하여 용접하는 동안에 수평판을 정확한 위치에 고정시키는 작업이 연속적으로 가능하다면 그림 3.1.32(b)의 접합부가 더욱 경제적일 것이다.

그림 3.1.32(c)는 걸침보의 하부면이 지지하는 보의 상부면과의 사이에 간격 m이 있을 때, 중심선을 보웨브에 맞춘 T형강을 보의 하부플랜지에 용접하는 접합상세를 보여준다. 이 때 T형강웨브의 두께가 보웨브의 두께보다 작아서는 안 된다. 그림 3.1.32(d)와 그림 3.1.32(e)에서 보여주는 접합부들은 하중재하 시에 보의 변형으로 인하여 생기는 보 단부

의 회전을 허용할 뿐만 아니라 훌륭한 횡방향 강성을 지니고 있다. 하지만 만일 간격 m이 75mm내지 100mm를 초과하는 경우에는 보의 길이방향 축을 따라서 생기는 처짐을 방지하기 위하여 보의 한쪽 단부에 점선으로 표시한 것과 같이 삼각형의 보강판(브라킷판)을 공장용접하는 것이 바람직하다.

걸침보의 접합조건을 만족시킬 수 있는 다른 접합상세들도 생각해 볼 수 있다. 이들 접합부는 걸침보의 크기와 거리 m에 따라 다양할 것이다. 하중이 지압을 통해서 전달되는 접합부를 선정하는 경우에는 접합되는 보와 지지부재가 모두 KDS 41 31 00 4.7.10.2 웨브국부항복강도와 KDS 41 31 00 4.7.10.3 웨브크리플링강도 규정을 만족시켜야 한다. 그림 3.1.32(b) 접합압연 H-형강의 모서리가 잘려 나갔기 때문에 접합판의 두께에 필릿용접사이즈를 합하여 k값을 계산한다.

KDS 41 31 00 4.17 기둥과 보의 안정용 가새에는 보의 길이방향 축의 회전에 대한 안정과 구속을 요구하는 규정이 수록되어 있다. 이 규정은 보 위에 있는 바닥판에 의해 쉽게 충족될 수가 있다. 보 위에 바닥판이 없는 경우에는 지지부재에 스트럿이나 브라킷을 부착하여 보의 상부플랜지를 지지하도록 해야 한다. 보가 벽체에 매입되어 있는 경우에는 벽체앵커로 보의 안정을 확보할 수 있다.

이제까지 서술한 바로는 걸침보를 좌대 또는 지지하는 보에 접합하는 현장볼트는 아무런 하중을 받지 않는다고 가정했었다. 하지만 보가 중심축에 대하여 처짐이 발생할 경우 외측의 볼트에 인장력이 발생할 수도 있다는 사실을 필히 인지하여야 한다. 이 인장력이 큰 경우에는 고강도볼트를 사용해야 하고, 접합부의 설계에 지레작용의 효과를 고려해야 한다.

걸침보의 접합은 장치나 기계류를 지지할 때에 많이 사용하는데, 이런 경우에 평면레벨 또는 입면레벨을 올바르게 유지해야 하는 것이 매우 중요하다. 이와 같이 간격확보(또는 치수유지)가 중요할 때에는 그림 3.1.31(b)와 같이 '치수엄수'라는 표기를 하여 제작자에게 이 중요성을 알려야 한다. 지지하는 보에는 얼마간의 치올림이나 처짐이 있을 수 있으므로 접합부와 지지부재 사이에 끼움재를 적절하게 설치하는 것도 필요할 수 있다.

3.1.13.7 직교하지 않는 단순전단접합부

보가 지지부재와 직교하지 않는 접합부를 설계해야 하는 경우도 흔히 있다. 이러한 보는 지지부재와 다양한 방향으로 기울어져 만날 수 있다. 보와 지지부재가 만나는 위치와 방향에 따라서 빗각보(skewed beam)와 경사보(sloped beam) 그리고 경각보(canted beam)의 세 종류로 구분한다.

그림 3.1.33은 보가 큰보의 웨브에 이런 세 가지 조건으로 만나는 것을 보여주고 있는데 같은 조건으로 만나는 보와 기둥플랜지 또는 보와 기둥웨브의 접합에 대해서도 동일하게 적용할 수 있다. 또한 보가 지지부재에 이 세 가지 조건 중에서 어느 두 가지 조건을 가지거나 세 가지 조건을 모두 가지고 접합하는 경우도 있다. 빗각이나 경사각 또는 경각의 어느 조건일지라도 단일판접합이 가장 간단하고 경제적인 접합이다.

(1) 빗각접합

보의 플랜지는 지지부재의 접합면에서 직각으로 놓여있으나 보의 웨브가 지지부재의 접합면과 직각이 아닌 각도로 만나는 접합을 빗각접합이라고 한다.

여기에서 빗각은 그림 3.1.33에 A로 표기되어 있는 각도로서 평면경사각을 나타내며, 이 각도에 맞추어서 접합재를 굽히거나 조정해야 한다. 받침접합인 경우에는 이 각도에 맞추어서 게이지라인의 방향을 정해야 한다.

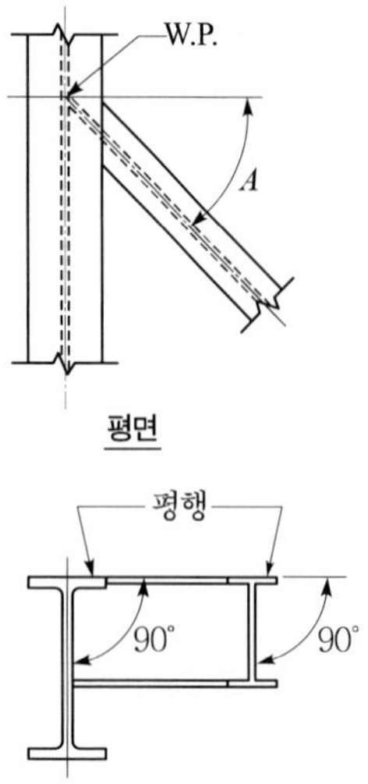

(a) 빗각보(skewed-beam)

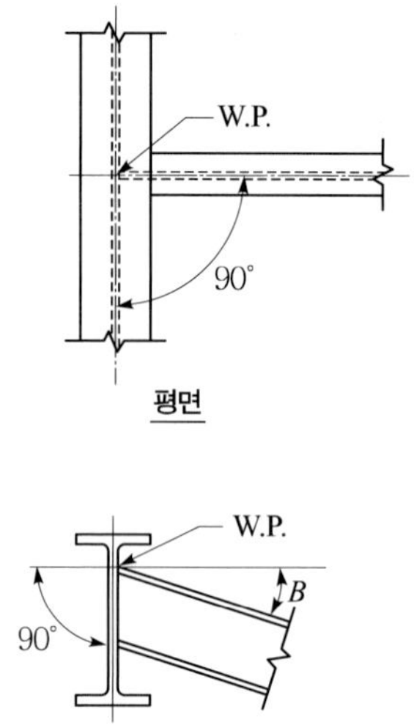

(b) 경사보(sloped beam)

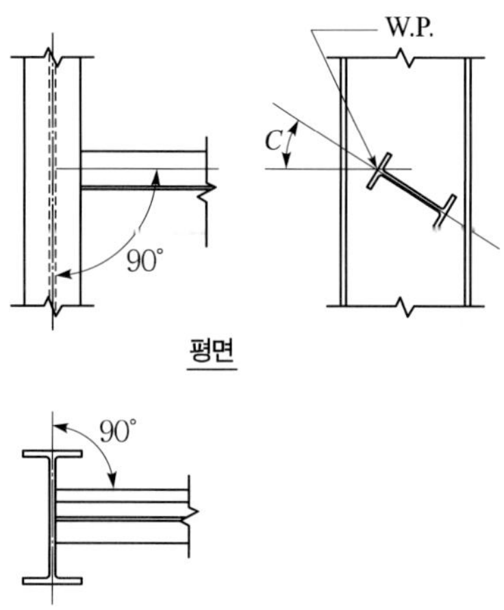

(c) 경각보(canted beam)

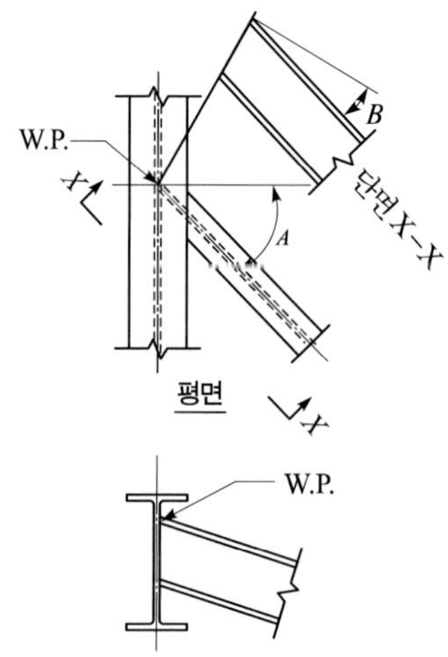

(d) 빗각 경사보(skewed and sloped beam)

그림 3.1.33 직교하지 않는 단순전단접합부(계속)

빗각이 5°(약 1/12 경사)미만인 경우에는 그림 3.1.34과 같이 ㄱ형강 2개를 안쪽과 바깥쪽으로 굽혀서 접합부를 만들 수 있다. ㄱ형강의 단면을 굽힐 때에는 보통 뒷굽(heel)으로부터 직선으로 굽히는데 압연 ㄱ형강들은 모서리부의 뿌리부분[단면성능표의 k치수($t_a + r_1$)로 표기된 부분]에서 휘어지는 경향이 있다. 이것이 ㄱ형강다리의 선을 울퉁불퉁하게 만드는데 굽히는 정도가 클수록 더욱 심해진다. 빗각이 5° 이상일 때에는 ㄱ형강을 굽혀서 만드는 접합부는 실용적이지 못하다.

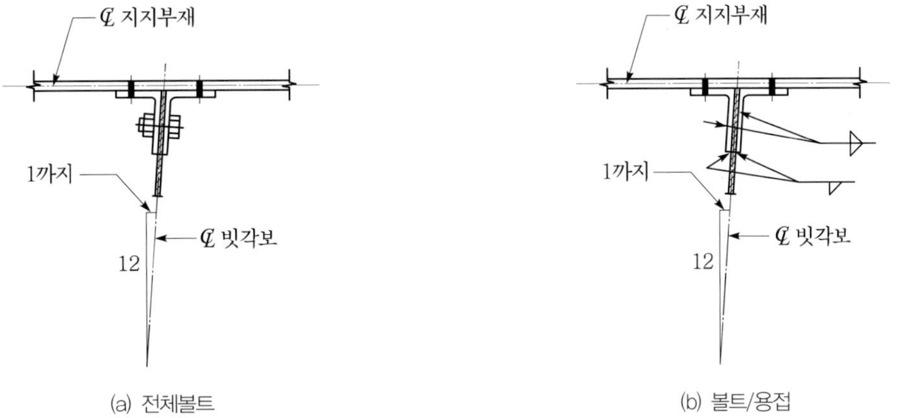

그림 3.1.34 빗각보의 절곡 쌍ㄱ형강접합

빗각이 대략 5° 이상일 때에는 그림 3.1.35와 같이 한 쌍의 절곡판으로 접합부를 만드는 것이 더 실용적인 방법이다. 절곡판을 사용하면 굽힌 ㄱ형강을 사용할 때에 생기는 것과 같은 변형으로 인한 문제는 생기지 않지만 냉간굽힘가공을 할 때에 균열이 생기지 않도록 굽힘반경과 굽힘방향에 대한 고려를 해야 한다.

절곡판은 압연방향과 직각인 방향으로 굽힐 때에 연성이 더 크며 균열발생의 위험도 적어진다. 가능하다면 절곡접합판은 절곡선과 평행한 폭의 치수에 맞추어서 만들어야 한다. 접합판의 길이는 굽힘반경과는 무관하게 판의 두께중심에서 측정한다. 이렇게 하면 접합판의 길이가 필요한 길이보다 약간 길어지지만 제작하기 전에 적절한 반경으로 절곡계획을 할 때에 이 길이를 조정할 수 있다.

판을 굽히기 전에 굽힘선에 직각인 판의 연단상태에 특별히 주의해야 한다. 불꽃절단[1]으로 경화된 판의 연단은 기계가공이나 열처리를 하여 연화(softening)[2]시켜야 한다. 흠집은 갈아서 없애고, 날카로운 모서리들은 둥글게 가공해야 한다.

주 1) 불꽃절단(flame cutting); 가스불꽃으로 가열시켜 금속과 산소의 급격한 화학반응을 이용하는 절단.
2) 연화(softening); 철강재료에서 기계가공성 등을 개선하기 위하여 A1변태점(723℃) 직하의 온도로 가열한 후 서냉하는 열처리.

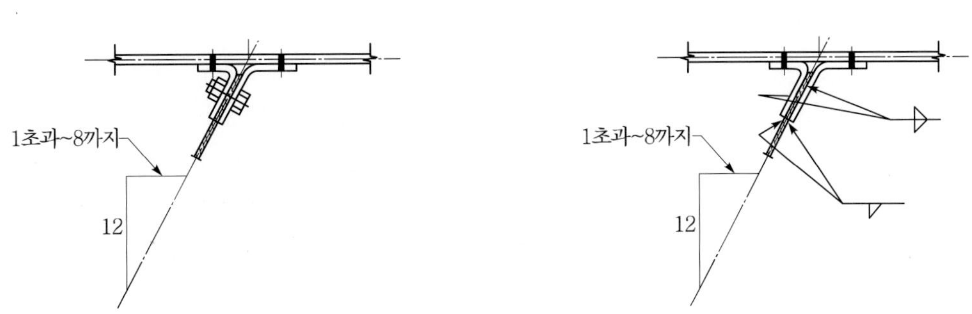

그림 3.1.35 빗각보의 쌍절곡판접합

절곡 ㄱ형강 접합부의 강도와 절곡판 접합부의 강도는 편심을 적절히 감안하여, 직각으로 접합하는 보의 경우와 같은 방법으로 산정할 수 있다. 하중은 지지부재의 면과 빗각보의 중심선이 교차하는 점에 작용한다고 가정한다.

빗각이 커지면 접합부의 예각측에 볼트의 삽입과 체결 작업을 위해 지지부재의 게이지를 크게 할 필요가 있을 것이다.

만일 게이지에 문제가 있게 되면 그림 3.1.36과 같은 단일절곡판을 사용하는 것이 더 나은 해결책이 될 수 있다. 단일절곡판에는 그림 3.1.36(c)에서 보는 것과 같이 일반형 접합판과 보의 웨브를 감싸는 더 간편한 '감싼형'(wrapping)접합판이 있다.

접합부 전체를 볼트체결하는 경우, 공장 및 현장 체결볼트 모두 전단과 편심모멘트에 대하여 설계해야 한다. 용접을 하는 경우에는 공장제작시 보를 뒤집는 작업을 피하기 위하여 C자형의 용접이 더 낫다. 단일절곡판은 휨강도에 대하여 검토해야 한다.

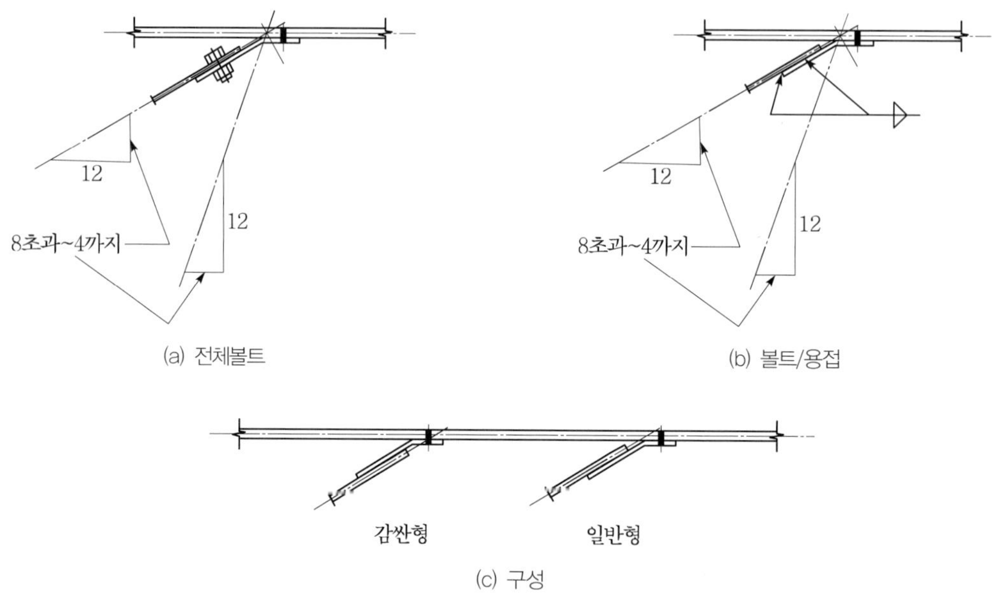

그림 3.1.36 빗각보의 단일절곡판접합

그림 3.1.37의 빗각 단일판접합과 그림 3.1.38의 빗각 전단단부판접합은 접합재와 다수의 천공을 최소화하는 단순하고 직접적인 접합이다. 이들 접합에 필릿용접을 사용하는 경우에는 루트간격이 5mm를 초과하지 않는다면, 빗각이 30° 일 때 까지 적용할 수 있다. 빗각이 30°를 초과하는 경우에는 2.2절(AWS D1.1의 2.4.3)의 직각이 아닌 필릿용접(Skewed T-Joints)을 참조하기 바란다.

접합하는 보의 최대 웨브두께는 최대 루트간격과 빗각과의 상관관계에 있다. 만일 보웨브의 두께가 루트간격이 클 정도로 두껍다면, 빗각 단일판이나 빗각 단부판에 접합하는 보웨브를 그림 3.1.37(b) 및 그림 3.1.38(b)와 같이 판의 단부를 접합면에 밀착하도록 비스듬히 깎아낼 수 있다. 이렇게 하면 루트간격이 생기지 아니하므로 보웨브 두께에 대한 제한이 없어진다. 하지만 판의 단부, 특히 보웨브의 단부를 비스듬히 깎아내는 작업은 세심한 끝마무리가 필요하며 이점보다 비용이 더 클 수 있다.

빗각인 전단단부판접합부의 설계는 이 장의 앞에서 검토한 '전단단부판접합부'와 유사하다. 그러나 볼트의 게이지가 보웨브에서 중심(대칭)이 아닐 때에는 이 편심하중을 고려하여야 한다. 빗각인 단일판접합부는 이 장의 앞에서 검토한 '단일판접합부'와 비슷하다.

빗각으로 보강받침판접합을 사용할 경우 빗각보의 중심선이 받침 위로 잘 교차되도록 보강요소의 위치를 잡아야 한다. 이는 왼쪽 또는 오른쪽으로 각각 경사져서 접합되는 지지보에 보강재(스티프너)를 중심선의 왼쪽 또는 오른쪽으로 이동시켜서 맞추거나 또는 보강요소를 경사지게 하는 것도 가능하다.

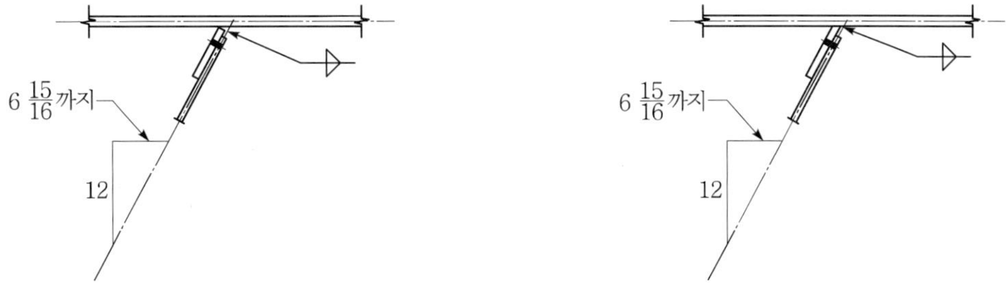

(a) 직각연단(선호) (b) 베벨연단(대안)

그림 3.1.37 빗각 단일판접합

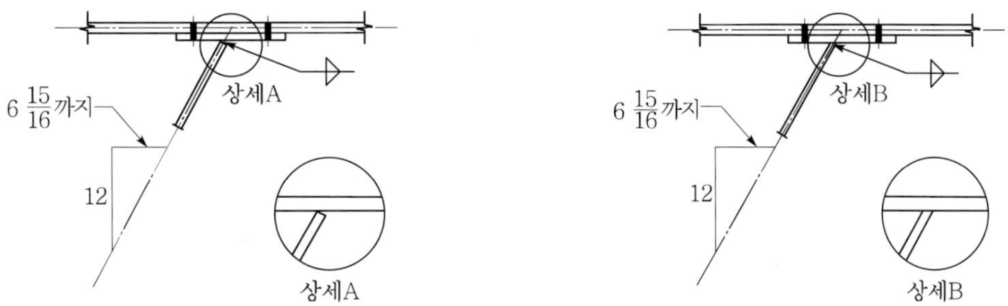

(a) 직각연단(선호) (b) 베벨연단(대안)

그림 3.1.38 빗각 전단단부판접합

(2) 경사접합

보의 웨브면은 지지부재의 접합면에 직각이지만 보의 플랜지가 지지부재의 접합면과 직각이 아닌 각도로 만나는 접합을 경사접합이라고 한다. 여기에서 경사각은 그림 3.1.33(b)에 B로 표기되어 있는 각도로서 입면경사각을 말하며, 이 각도에 맞추어서 보웨브에 접합재를 설치해야 한다. 받침접합인 경우에는 이 각도에 맞추어서 받침ㄱ형강과 상부ㄱ형강을 굽혀야 한다.

경사접합부의 설계는 이 장의 앞부분에서 서술한 직각 접합부들의 설계를 직접 적용할 수 있다. 이 때 접합재와 볼트의 위치 설정에 따라 달라지는 접합부의 형태를 고려해야 한다. 경사보는 흔히 지지하는 큰보와의 간섭을 피하기 위하여 그림 3.1.39에서 보여주는 것과 같은 따냄이 필요하다는 점에 유의하기 바란다.

그림 3.1.40은 쌍ㄱ형강을 사용한 경사접합을 보여준다. 여기에서 쌍ㄱ형강은 보에는 용접되고 지지부재에는 볼트로 체결한다. 이 접합부의 설계는 본질적으로 직각 쌍ㄱ 형강접합부의 설계와 유사하다. 쌍ㄱ형강 대신에 단일ㄱ형강이나 단일판 또는 전단단부판이나 T형강을 사용할 수 있으며 받침접합을 사용할 수도 있다. 어떤 접합을 선택할 것인지를 결정하는 데에는 제작비용과 설치의 용이성 그리고 같은 구조물의 다른 위치에 어떤 접합부를 사용하였는지 등의 요인들이 영향을 미치게 된다.

경사보의 받침접합에는 경사각의 크기에 따라서 굽힌 ㄱ형강이나 절곡판 중 한 가지를 사용할 수 있다. 경사받침접합의 치수와 끼움 그리고 간격에 대한 요구조건들은 일반적으로 빗각접합의 경우와 유사하다. 그림 3.1.41에서 보여주는 절곡받침판과 절곡상부판은 경사각이 작은 경우에 사용한다.

경사각이 작은 경우에는 보웨브에 보플랜지에 대하여 직각인 선으로 종단구멍들을 설치하는 것이 경제적이다. 이렇게 하면 한 번의 공정으로 일직선으로 놓여있는 다수의 구멍들을 뚫을 수 있다. 접합재에 볼트구멍을 하나씩 천공하는 경우 흔히 표준배열이 안될 수 있으므로, 볼트의 적정 연단거리와 게이지를 확보함과 동시에 보의 플랜지모서리를 피해 ㄱ형강을 웨브에 접합할 수 있도록 접합재의 규격을 적합하게 선정하여야 한다. 다리길이가 100mm 내지 125mm인 ㄱ형강을 사용하면 가장자리에 있는 볼트에 충분한 연단거리를 확보하지 못할 수 있다.

그러나 경사각이 커지면 모든 볼트구멍을 한 번에 천공할 수 있도록 단부전단 볼트를 일렬로 정렬할 수가 없다. 이런 경우에 제작자는 게이지라인들을 무시하고 그림 3.1.42와 같은 직각 접합에서 사용하는 표준구멍 배열을 선택할 수 있다.

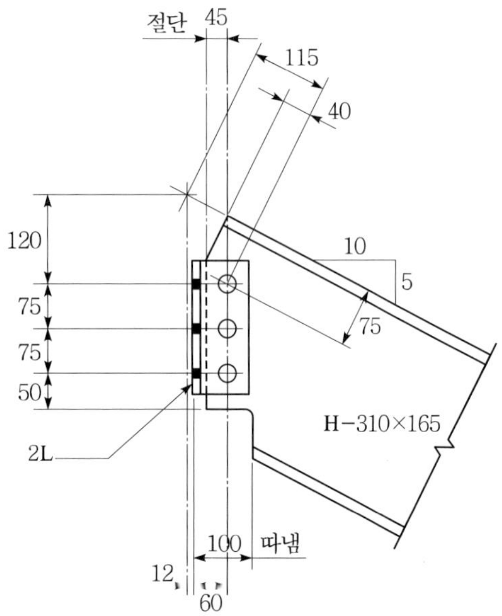

그림 3.1.39 경사 쌍ㄱ형강접합 1 (볼트/볼트)

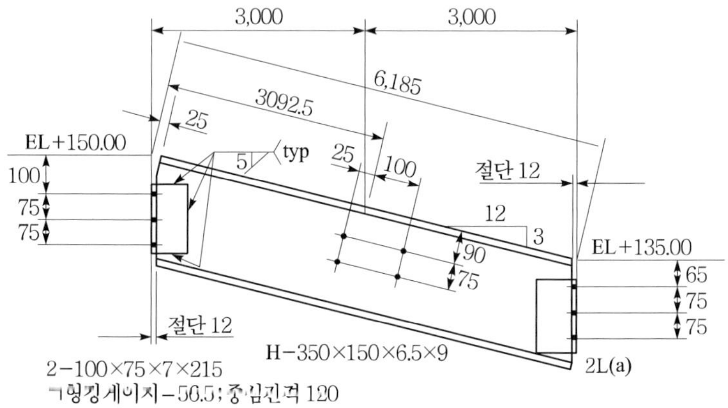

그림 3.1.40 경사 쌍ㄱ형강접합 2(용접/볼트)

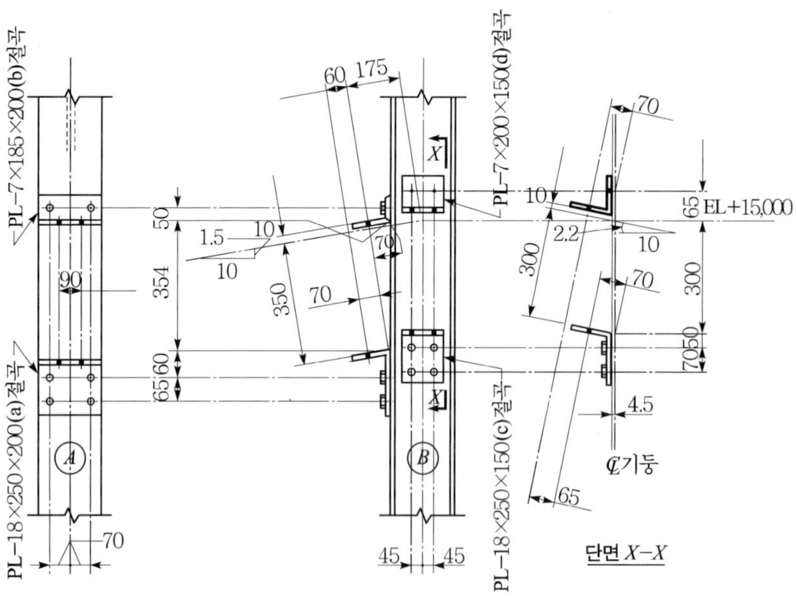

그림 3.1.41 경사받침(절곡판)접합

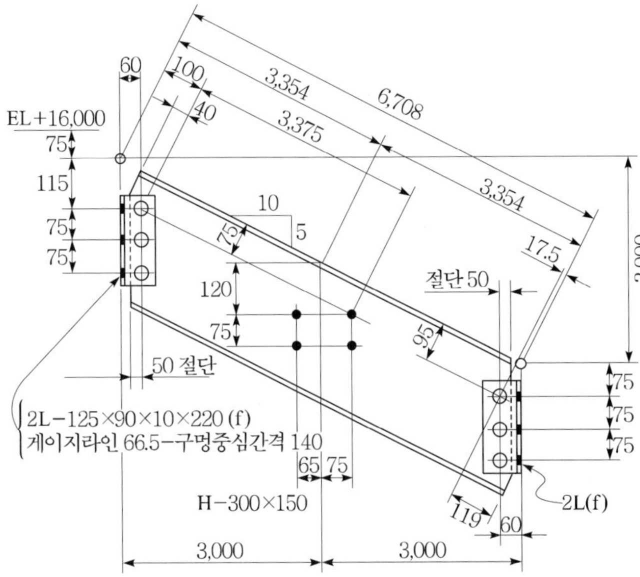

그림 3.1.42 직각접합인 경사보

(3) 경각접합

보가 지지부재의 접합면과 수직으로 만나지만 보의 수직 중심선이 회전하여 지지부재의 접합면 수직선과 일정한 각도를 이루며 만나는 접합을 경각접합이라고 말한다. 여기에서 경각은 그림 3.1.33에 C로 표기되어 있는 각도를 말한다.

경각접합부의 설계는 통상적으로 이 장의 앞부분에서 서술한 직각 접합부의 설계를 직접 적용할 수 있다. 그림 3.1.43은 쌍ㄱ형강이 사용된 경우이다.

그 외에도 전단단부판접합과 받침접합, 단일ㄱ형강접합, 단일판접합 그리고 T형강접합들이 사용될 수 있다.

그림 3.1.44에서 ㄷ형강 B2의 경우 경사 부재 B1(그림에는 표현되어 있지 않음)에 지지되는데, 지지부재 B1에 볼트구멍의 패턴을 맞추기 위하여 접합재의 구멍은 반드시 경사지게 해야 한다. 그림 3.1.44에서 알 수 있듯이 ㄷ형강의 상부 플랜지와 접합 ㄱ형강 d^R과 d^L은 B1보의 플랜지에 간섭을 피하기 위하여 잘라낸다. 이 3/12으로 경사진 상세에서 L-100×75 형강의 100mm 다리길이는 볼트구멍 천공의 배열을 유지하는데 충분했다.

기둥플랜지에 다수의 볼트구멍을 천공하거나 드릴링하려면 기둥게이지라인을 엄격하게 준수해야 하므로, 통상 접합재의 천공을 경사지게 한다. 몇 가지 이유로 이런 작업이 어려운 경우 그림 3.1.45와 같이 접합부를 맞추는데 도움이 되도록 기둥에 경사진 참조선을 보여준다.

경각접합재가 보에 부착될 경우, 접합ㄱ형강을 천공하기 위하여 경사방향을 결정할 때 각별한 주의가 필요하다. 경사각을 반대로 하는 실수로 인하여 양 부재의 볼트구멍을 맞출 수는 있어도 보는 의도된 방향과 반대의 방향으로 경사질 수 있다.

그림 3.1.45에서 접합ㄱ형강은 보에 공장용접된다는 점에 유의해야 한다. 이것은 반대편 다리 쪽에 M20고강도볼트 현장체결 시 공간확보를 위하여 필요하다. 만약 공장에서 볼트접합을 한다면 현장에서 체결한 볼트와 엇갈린 배치를 해야 하며 따라서 ㄱ형강의 길이가 더 길어야 한다.

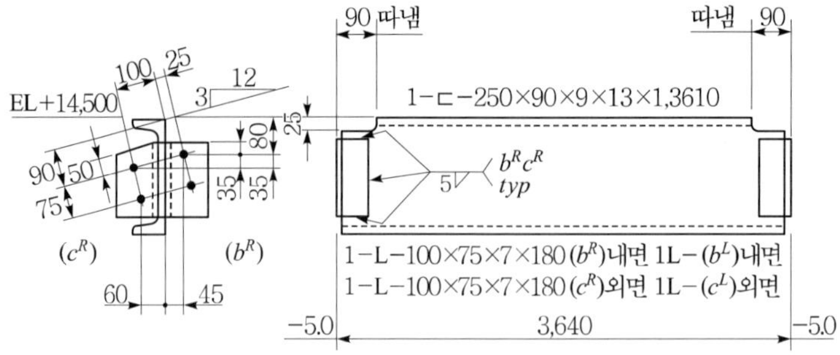

그림 3.1.43 경각 쌍ㄱ형강접합

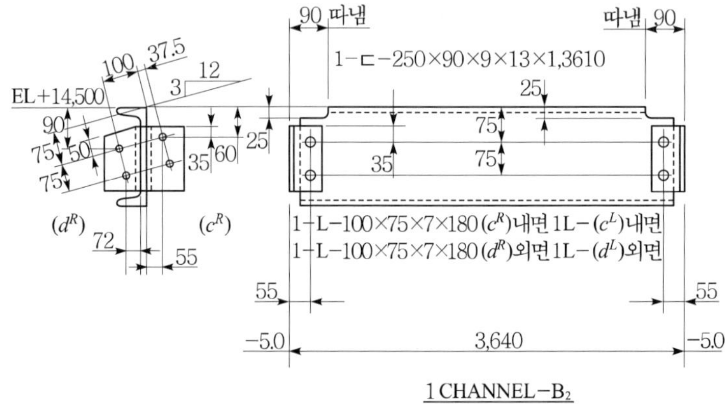

그림 3.1.44 경사진 지지부재에 경각접합

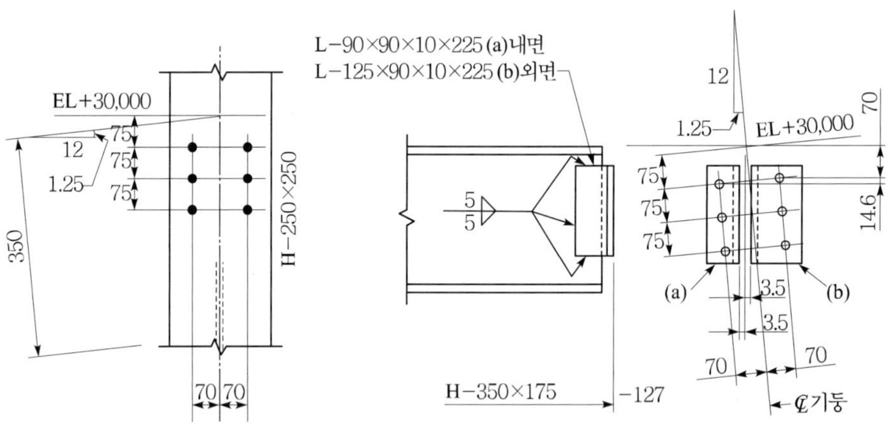

그림 3.1.45 기둥플랜지에 경각접합

그림 3.1.46에서 경각받침보는 통상적인 직각받침보와 비교하여 별다른 문제점은 없다. 보의 플랜지 천공과 맞춰야 하는 받침부 볼트구멍의 위치가 중심을 벗어나 있을 뿐만 아니라 기둥면의 천공이나 드릴링 게이지라인을 확보하기 위하여 ㄱ형강의 다리 폭과 길이가 충분하여야 한다. 비록 보이는 사면이 제작에 영향을 끼치진 않겠지만, 상부플랜지 중신선 레벨과 보플랜지의 경사를 보의 상세에 참고로 표기할 수 있다.

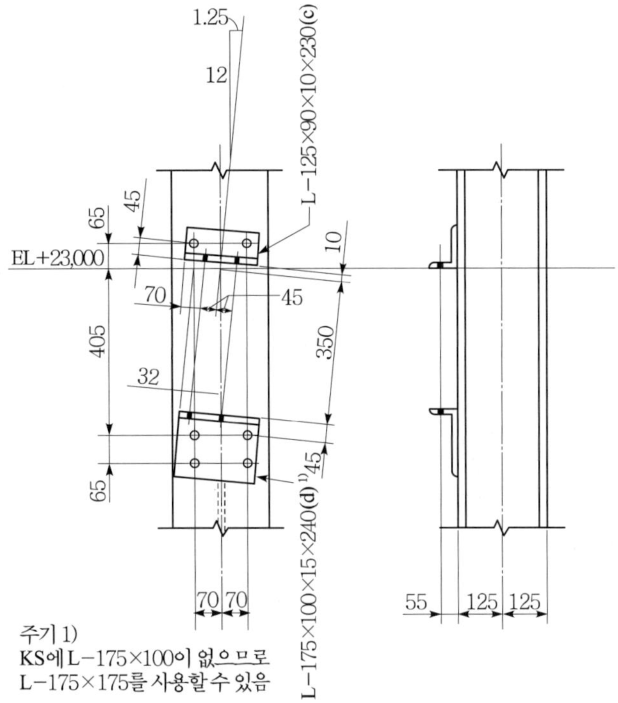

그림 3.1.46 경각받침접합

(4) 2방향 이상의 경사접합 (마루와 골접합)

보가 지지부재의 축에 대해서 2방향 이상으로 경사진 경우에는 경사방향의 조합으로 생각할 수 있다. 예를 들면, 그림 3.1.33(d)의 경우에는 빗각과 경사각이 조합되어 있다. 그림에서 A는 빗각을, 그리고 B는 경사각을 나타낸다. 입면도상에서는 경사진 보가 축소되어 보이므로, 경사각 B의 실제 각도는 X-X 단면에만 나타난다는 점에 유의하기 바란다. 이런 접합의 상세는 매우 복잡하다. 이와 같은 합성각에 대한 도해적인 해법은 도형 기하학 교과서에서 찾아볼 수 있다. 정확한 치수들은 기본 삼각함수로부터 산출할 수 있다.

3.2 완전강접 접합부

접합부는 완전강접(fully restrainedn), 부분강접(partially restrained) 그리고 단순접합(simple connection)으로 분류한다. 완전강접은 부재 사이의 상대회전각이 발생하지 않고 모멘트가 전달되며, 단순접합은 모멘트는 전달되지 않고 접합부는 자유롭게 회전하며, 부분강접은 얼마간의 상대회전각이 발생하면서 모멘트는 전달되는 것으로 가정한다. 그러나 부재 사이의 상대회전각이 전혀 발생하지 않거나, 자유롭게 회전하여 모멘트를 전혀 전달하지 않는 접합부는 거의 존재하지 않는다. 따라서 완전강접이라 하더라도 얼마간의 상대회전각이 발생하고, 단순접합이라 하더라도 얼마간의 모멘트를 전달하는 것을 허용하도록, 그림 3.3.1과 같이 사용하중에서의 접합부의 할선강성(secant stiffness) K_s를 지표로 하여 접합부를 분류한다. 여기서, $K_s = M_s/\theta_s$이고 M_s는 사용하중(service loads)에 대한 접합부의 모멘트이고 θ_s는 이때 발생하는 접합부의 회전각이다. K_s가 $20EI/L$ 이상이면 부재 사이의 상대회전각이 발생하지 않는다고 가정하여 완전강접으로 간주할 수 있으며, K_s가 $2EI/L$ 이하이면 모멘트를 전달하지 않고 자유롭게 회전하는 것으로 가정하여 단순접합으로 간주할 수 있다. 완전강접과 단순접합 사이의 강성을 가진 접합부는 부분강접으로 분류하며, 접합부의 강성과 강도를 고려하여 해석하고 설계하여야 한다. 이상에서, E는 탄성계수 I는 보의 단면2차모멘트, L은 보의 길이이다(ANSI/AISC 360-10 해설 참조).

이 절에서는 완전강접 접합부에 적용하여야 하는 기준의 요구사항과 그 밖의 고려사항에 대하여 다루며 부분강접 접합부는 이 매뉴얼에서 다루지 않는다.

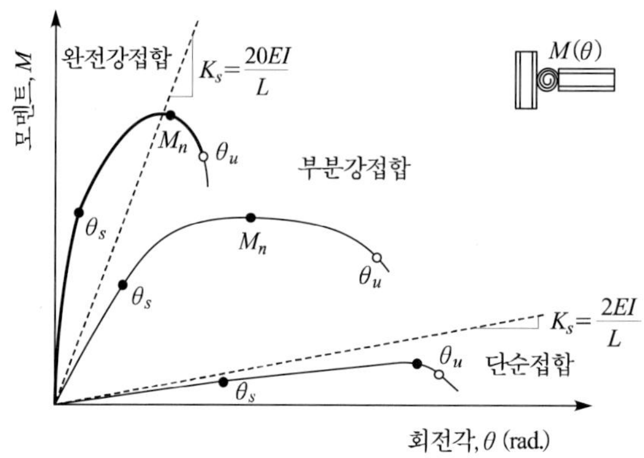

그림 3.2.1 접합부의 모멘트-회전각 관계에 따른 분류

3.2.1 완전강접 접합 개요

H형강 보를 H형강 기둥 플랜지에 완전강접으로 접합하는 일반적인 모멘트접합부는 그림 3.3.2와 같이 플랜지직접용접 접합(direct welded flange connection), 플랜지덧판용접 접합(welded flange plate connection), 티 접합(tee connection), 단부판 접합(end plate connection) 등이 있다.

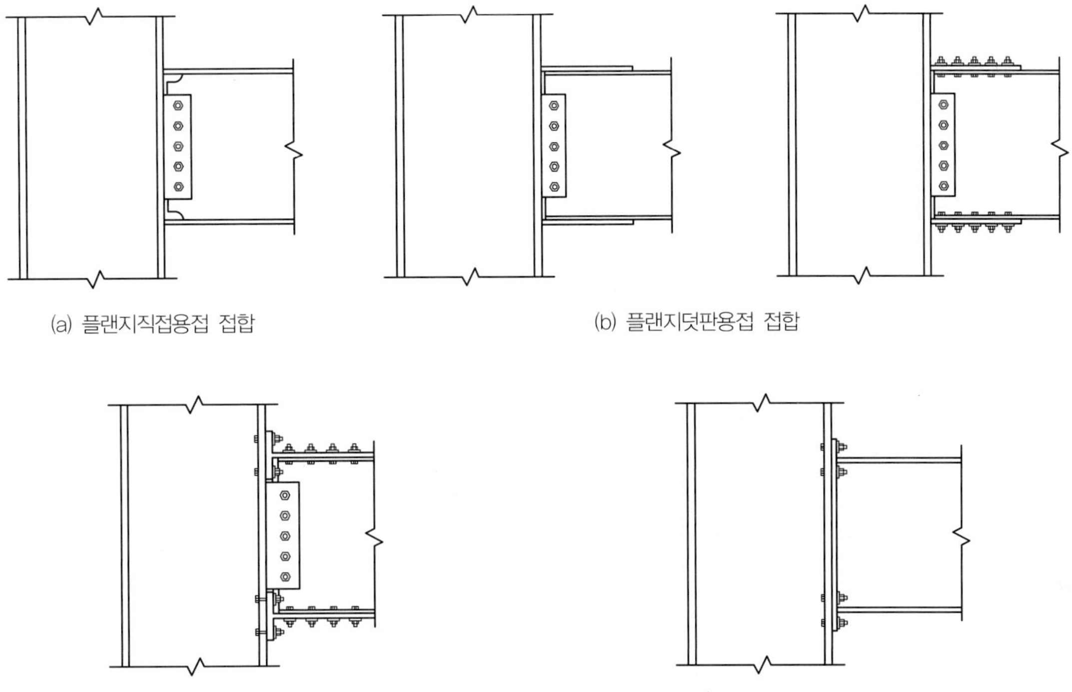

(a) 플랜지직접용접 접합 (b) 플랜지덧판용접 접합

(c) 티 접합 (d) 단부판 접합

그림 3.3.2 모멘트접합부

완전강접 접합부는 보 단부의 계수모멘트와 계수전단력 또는 축력이 작용한다면 축력을 전달하도록 설계하여야 한다.

계수모멘트는 다음과 같이 H형강 보 상하 플랜지의 인장력과 압축력 P_{uf}로 분해하여 H형강 기둥의 플랜지에 전달되도록 설계한다.

$$P_{uf} = M_u / d_m \tag{3.2.1}$$

여기서, M_u : 보 단부의 계수휨모멘트, N·mm

d_m : 보의 상하 플랜지 또는 상하 플랜지덧판의 중심간 거리, mm

계수전단력은 H형강 보의 웨브를 통하여 전단접합으로 H형강 기둥의 플랜지에 전달되도록 설계한다. 완전강접에서는 보의 플랜지에 의하여 모멘트가 전달되기 때문에 웨브의 전단접합에서는 편심을 고려할 필요가 없다.

만약에 H형강 보에 축력이 작용한다면, 보의 상하 플랜지를 통하여 이를 전달하는 것으로 가정하는 것이 일반적이다. 그러나 보의 웨브접합부가 충분한 강성을 가지고 있다면, 웨브접합부도 축력전달에 기여하는 것으로 볼 수 있다.

완전강접 접합부에서는 계수모멘트에 의한 H형강 보 상하 플랜지의 압축력과 인장력 P_{uf}가 H형강 기둥의 플랜지에 집중하중으로 작용하므로, KDS 41 31 00 4.7.10에 따라 기둥의 플랜지와 웨브에 대한 국부적인 한계상태 강도를 검토하여야 한다. 이때 검토하여야 하는 한계상태로는 플랜지국부휨, 웨브국부항복, 웨브크리플링, 웨브압축좌굴, 웨브패널존전단 등이 있다.

3.2.2 플랜지직접용접 접합

그림 3.2.2(a)와 같은 플랜지직접용접 접합은 가장 대표적인 모멘트접합이며 가장 적은 접합요소를 필요로 한다. 보의 플랜지는 기둥 플랜지에 직접 용접하여, 계수모멘트를 상하 플랜지의 중심거리로 나누어 구한 인장력과 압축력을 전달하도록 접합하고, 보의 웨브는 기둥 플랜지에 계수전단력을 전달하도록 접합한다.

보의 상하 플랜지의 접합은 일반적으로 완전용입그루브용접을 사용하지만, 양면 필릿용접을 사용하는 경우도 있다. 현장용접을 하는 경우, 완전용입그루브용접은 상하 플랜지에 대하여 하향용접이 가능하지만, 필릿용접은 각 플랜지의 하부 면에 대해서는 상향용접을 하여야 한다. 플랜지의 용접접합에 대하여 고려하여야 할 한계상태는 용접부의 인장파단 또는 전단파단이다.

보의 웨브는 단순접합에서 사용하는 단일판접합이 일반적이다. 그러나 단일판 단순접합과 다르게 완전강접 접합에서는 플랜지가 모든 모멘트를 전달하도록 설계하기 때문에 어떠한 편심도 고려할 필요가 없다. 웨브 접합에 대한 한계상태는 단일판 단순접합과 같은 볼트의 전단, 판에 대한 볼트의 지압, 판의 전단항복, 판의 전단파단, 판의 블록전단파단, 용접부의 전단 등이다.

3.2.3 플랜지덧판용접 접합

그림 3.2.2(b)와 같은 플랜지덧판용접 접합은 보 웨브의 전단접합과, 보 플랜지와 기둥 플랜지를 연결하는 플랜지덧판으로 구성된다. 플랜지덧판은 기둥 플랜지에는 용접으로 접합하고, 보 플랜지에는 그림 3.2.2(b)와 같이 용접 또는 고장력볼트로 접합한다. 플랜지직접용접 접합과 마찬가지로, 보의 웨브는 단순접합에서 사용하는 단일판접합이 일반적이며, 상하 플랜지덧판과 기둥 플랜지의 접합은 완전용입그루브용접 또는 양면 필릿용접을 사용할 수 있다.

플랜지덧판과 보 플랜지를 용접으로 접합할 때는, 용접이 용이하도록 상부 플랜지덧판은 보 플랜지 폭보다 25mm 정도 작게 하고, 하부 플랜지덧판은 보 플랜지 폭보다 25mm 정도 크게 하여야 한다. 인장 플랜지덧판에 대한 한계상태는 인장항복, 인장파단, 블록전단파단 등이며, 압축 플랜지덧판에 대한 한계상태는 압축항복, 덧판의 국부좌굴 또는 압축좌굴 등이다.

고장력볼트로 플랜지덧판과 보 플랜지를 접합할 때는, 보의 인장 플랜지의 인장파단에 따른 휨강도를 다시 검토하여야 한다. 또한 고장력볼트의 사용에 따른 기본적인 한계상태도 이 접합에서 적용하여야 한다. 이러한 고장력볼트 접합은 설치 측면에서 보면 유리한 접합이다. 플랜지덧판은 기둥 플랜지에 공장용접하고, 보는 덧판 사이에 끼워 넣어 현장에서 고장력볼트로 접합하면 된다. 이러한 현장 설치과정이 용이하도록, 상부 덧판을 약간 높게 설치하여 보가 제자리에 위치하면 끼움판을 사용하여 정리하는 것이 일반적이다.

3.2.4 티 접합

그림 3.2.2(c)와 같은 티 접합은 티 스터브(tee stub)를 사용하여 고장력볼트로 보의 상하 플랜지를 기둥 플랜지에 접합하는 방식이다. 이 접합은 플랜지덧판용접 접합만큼 간결하고 단순하지는 않지만 고장력볼트만 사용하여야 하는 상황일 때 해결방안이 된다. 보 플랜지와 티스터브 사이의 접합은 플랜지덧판용접 접합과 같이 취급하며, 기둥 플랜지에 대한 접합은 티스터브의 인장접합과 유사한 접합으로 취급한다. 티 접합부는 티 스터브 플랜지의 휨항복, 기둥의 패널존전단항복, 보 플랜지와 티 스템(tee stem)의 인장파단, 고장력볼트의 전단파단과 인장파단 등의 한계상태를 검토하여야 한다.

3.2.5 단부판 접합

그림 3.2.2(d)와 같은 단부판 접합은 H형강 보의 단부에 용접한 단부판을 H형강 기둥의 플랜지에 고장력볼트를 사용하여 접합하는 방식으로, 이전판의 H형강 접합부 설계매뉴얼 3.2절에서 상세히 다루고 있다.

3.2.6 기둥 플랜지와 웨브에 대한 국부적인 한계상태

일반적으로 완전강접 모멘트접합은 H형강 기둥의 강축방향으로 접합하는 것이 효율적이므로 기둥 플랜지에 형성되는 경우가 많다. 이러한 모멘트접합에서는 보의 단부 계수휨모멘트에 의한 상하 플랜지의 압축력과 인장력 P_{uf}가 기둥 플랜지에 집중하중으로 작용한다. KDS 41 31 00 4.7.10에서는 기둥 플랜지에 수직으로 작용하는 집중하중에 대한 기둥 플랜지와 웨브의 국부적인 한계상태를 검토하도록 규정하고 있다. 이때 검토하여야 하는 한계상태로는 플랜지국부휨(flange local bending), 웨브국부항복(web local yielding), 웨브크리플링(web crippling), 웨브압축좌굴(web compression buckling), 웨브패널존전단(web panel zone shear) 등이 있다. 이러한 한계상태는 집중하중이 인장인지 압축인지, 기둥의 한 쪽 또는 양 쪽에서 작용하는 지에 따라서 달리 적용한다. 각 한계상태에 따른 소요강도, 즉 H형강 보 상하 플랜지의 인장력 또는 압축력 P_{uf}가 설계강도 ϕR_n을 초과하면, 기둥 단면을 증가시키거나 횡방향스티프너(transverse stiffner) 또는 이중판(doubler plate) 등으로 보강하여야 한다.

(1) 플랜지국부휨강도(flange local bending)

기둥 플랜지의 국부휨은 그림 3.2.3과 같이 보 플랜지 또는 플랜지덧판의 인장력이 기둥 플랜지에 집중하중으로 작용하여 발생한다. 이 한계상태는 기둥 플랜지의 변형이 과대할 경우 발생하는 용접부의 응력집중을 방지하기 위한 것으로, 기둥 플랜지의 국부휨 설계강도 ϕR_n은 다음과 같이 산정한다.

$$\phi = 0.90$$

$$R_n = 6.25 F_{yf} t_f^2 \tag{3.2.2}$$

여기서, F_{yf} : 기둥 플랜지의 항복강도, MPa

t_f : 기둥 플랜지의 두께, mm

접합부가 기둥 단부에 근접하여 보의 인장 플랜지가 기둥 단부로 부터 $10t_f$보다 작은 지점에 있다면 R_n을 50%로 저감하여야 한다. 보 플랜지의 인장력 P_{uf}가 설계강도 ϕR_n을 초과하면, 한 쌍의 횡방향스티프너를 설치하여야 한다. 식(3.2.2)는 단부판 접합과 티 접합에는 적용할 수 없다.

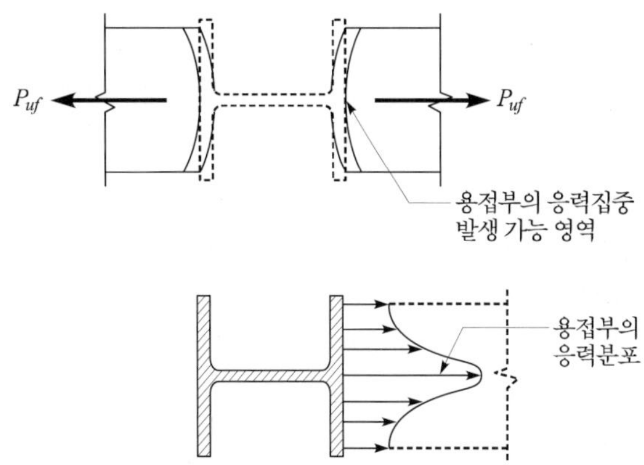

그림 3.2.3 기둥 플랜지의 국부항복

〈도움표 3.2.1〉에서 $P_{fb} = \phi 6.25 F_{yf} t_f^2$를 나타낸다. 따라서, 기둥 플랜지의 설계국부휨강도, ϕR_n은 P_{fb} 값을 사용하여 검토할 수 있다.

(2) **웨브국부항복**(web local yielding)

보 플랜지 또는 플랜지덧판의 인장력 또는 압축력이 기둥 플랜지에 집중하중으로 작용할 때, 그 하중은 넓은 기둥 플랜지를 통하여 상대적으로 좁은 기둥 웨브로 전달되므로, 기둥 웨브의 응력집중부에서 웨브가 국부적으로 항복을 일으키는 한계상태이다. 그림 3.2.4와 같이 웨브국부항복에 대한 위험단면은 기둥 웨브의 필렛 선단(기둥 플랜지의 바깥 면으로부터 k만큼 떨어진 거리)으로 하며, 집중하중은 플랜지의 바깥쪽 면으로부터 1 : 2.5의 기울기로 분산하는 것으로 가정한다. 따라서 기둥 웨브의 필렛 선단부에서의 웨브국부항복에 대한 설계강도 ϕR_n은 다음과 같이 산정한다.

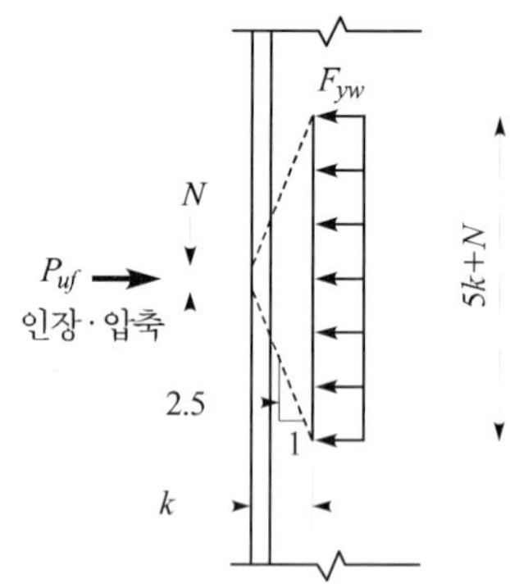

그림 3.2.4 기둥 웨브의 국부항복

$$\phi = 1.0$$

- 기둥 단부로부터 보 플랜지까지의 거리가 기둥 춤보다 큰 경우

$$R_n = F_{yw} t_w (5k + N) \tag{3.2.3}$$

- 기둥 단부로부터 보 플랜지까지의 거리가 기둥 춤 이하인 경우

$$R_n = F_{yw} t_w (2.5k + N) \tag{3.2.4}$$

여기서, k : 기둥 플랜지의 바깥 면으로부터 웨브의 필렛 선단까지의 거리, mm
F_{yw} : 기둥 웨브의 항복강도, MPa
N : 보 플랜지 또는 플랜지덧판의 두께, mm
t_w : 기둥 웨브두께, mm

보 플랜지의 인장력 또는 압축력 P_{uf}가 설계강도 ϕR_n을 초과하면, 한 쌍의 횡방향스티프너 또는 이중판을 설치하여야 한다.

〈도움표 3.2.1〉에서 $P_{wo} = F_{yw} t_w (5k)$, $P_{wi} = F_{yw} t_w$ 를 나타낸다. 따라서, 기둥 웨브의 설계국부항복강도, ϕR_n을 다음과 같이 산정하여 검토할 수 있다.

$$\phi R_n = P_{wo} + P_{wi} N$$

(3) **웨브크리플링**(web crippling)

웨브크리플링은 보의 플랜지 또는 플랜지덧판의 압축력이 기둥 플랜지에 집중하중으로 작용하여 기둥의 웨브가 면외로 찌그러지는 현상으로 세장한 웨브에서 발생한다. 이 한계상태는 웨브국부항복과 유사하지만, 동일한 두께의 웨브에서 폭두께비가 더 작으면 웨브국부항복이 발생하고, 폭두께비가 더 크면 웨브크리플링이 발생한다. KDS 41 31 00 4.7.10.3의 웨브국부크리플링에 대한 강도식은 지압접합을 위해 만들어졌지만 모멘트접합에 대해서도 일반적으로 적용할 수 있다. 웨브크리플링은 하중이 가해지는 플랜지 근처의 웨브에서 발생한다. 따라서 강도가 부족할 경우에는 하나 또는 한 쌍의 횡방향스티프너 또는 이중판을 기둥 춤의 절반 이상에 걸쳐서 설치하면 된다(KDS 41 31 00 4.7.10.3 참조).

(4) 웨브압축좌굴(web compression buckling)

웨브압축좌굴은 기둥의 양쪽 플랜지에 보의 플랜지 또는 플랜지덧판의 압축력이 집중하중으로 작용하여 기둥의 웨브가 좌굴하는 한계상태이다. 웨브압축좌굴에 대한 설계강도 ϕR_n은 다음과 같이 산정한다.

$$\phi = 0.90$$

$$R_n = \frac{24t_w^3\sqrt{EF_{yw}}}{h} \quad (3.2.5)$$

여기서, t_w : 기둥 웨브두께, mm

E : 탄성계수, MPa

F_{yw} : 기둥 웨브의 항복강도, MPa

h : 기둥 플랜지 사이의 순거리, mm (압연형강은 웨브 필렛을 제외한 거리, 용접형강은 플랜지 안쪽 사이의 거리로 함)

기둥 단부로부터 압축력이 발생하는 보 플랜지 또는 플랜지덧판까지의 거리가 기둥 춤의 1/2보다 작을 경우에는 R_n을 50%로 저감한다. 웨브압축좌굴강도가 부족한 경우에는 하나 또는 한 쌍의 횡방향스티프너 또는 이중판을 기둥 웨브의 전체 춤에 걸쳐서 설치하여야 한다.

〈도움표 3.2.1〉에서 $P_{wb} = \phi 24t_w^3\sqrt{EF_{yw}}/h$를 나타낸다. 따라서, 기둥 웨브의 설계압축좌굴강도, ϕR_n은 P_{wb} 값을 사용하여 검토할 수 있다.

3.2.7 웨브패널존전단(web panel zone shear)

웨브패널존은 H형강 기둥의 플랜지에 H형강 보를 강접합할 때 그림 3.2.5와 같이 기둥 플랜지와 보 플랜지의 연장선으로 둘러싸인 기둥의 웨브 부분을 말한다. 한쪽에만 보가 접합되는 외부기둥 또는 양쪽에 보가 접합되더라도 양쪽 보의 계수휨모멘트 차이가 나는 내부 기둥에서는, 기둥 웨브의 패널존에 큰 전단력이 발생할 수 있다. 이 경우에 패널존의 전단강도가 부족하면 전단항복에 의한 과대한 전단변형으로 전체골조의 강성에 나쁜 영향을 미칠 수 있다. 패널존의 전단력은 기둥의 양쪽 플랜지에 작용하는 보 플랜지 또는 플랜지덧판의 인장력 또는 압축력 P_{uf}의 차이에 의하여 발생한다. 따라서 패널존의 소요전단강도 V_u는 다음과 같이 산정한다(그림 3.2.5 참조).

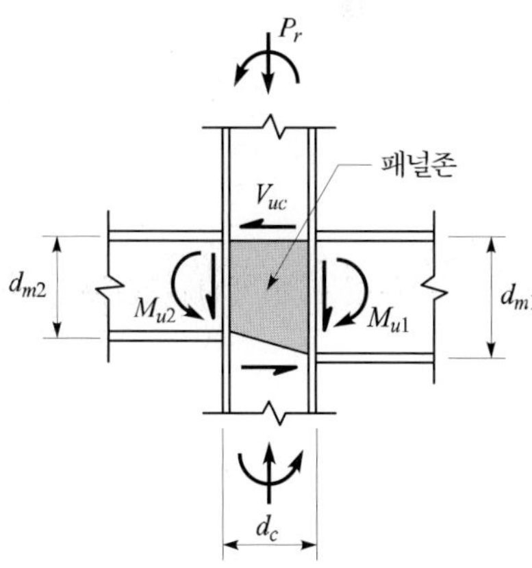

그림 3.2.5 기둥의 웨브패널존전단

$$V_u = \frac{M_{u1}}{d_{m1}} - \frac{M_{u2}}{d_{m2}} - V_{uc} \quad (3.2.6)$$

여기서, M_{u1}, M_{u2} : 계수휨모멘트, N.mm

d_{m1}, d_{m2} : 보의 상하 플랜지 또는 상하 플랜지덧판의 중심간 거리, mm

V_{uc} : 상부 기둥의 전단력, N

KDS 41 31 00 4.7.10.6에서는 웨브패널존 공칭강도 R_n을, '골조의 안정성에 대한 패널존 변형의 효과를 해석에서 고려하지 않을 때'와, '소성패널존변형을 포함한 골조의 안정성을 해석에서 고려할 때'로 구분하여 산정하도록 규정하고 있다. 일반적으로, 골조의 안정성에 대한 패널존 변형의 효과를 해석에서 고려하지 않으므로, 전단력과 압축력을 받는 패널존의 설계강도 ϕR_n은, KDS 41 31 00 4.7.10.6에 따라 다음과 같이 산정한다.

$$\phi = 0.9$$

$$R_n = 0.60 F_y d_c t_w \qquad P_r \le 0.4 P_c \text{ 인 경우} \tag{3.2.7-a}$$

$$R_n = 0.60 F_y d_c t_w \left(1.4 - \frac{P_r}{P_c}\right) \qquad P_r > 0.4 P_c \text{ 인 경우} \tag{3.2.7-b}$$

여기서, F_y : 기둥 웨브의 항복강도, MPa

d_c : 기둥의 춤, mm

t_w : 기둥 웨브의 두께, mm

P_r : 기둥의 소요축강도, N

$P_c = P_y$, N

$P_y = F_y A$, 기둥의 축방향 항복강도, N

패널존의 소요전단강도 V_u가 설계전단강도 ϕR_n을 초과할 경우에는 이중판 또는 한 쌍의 대각스티프너를 패널존 내에 설치해야 한다.

3.2.8 스티프너와 이중판의 설계

앞에서 설명한 바와 같이 H형강 기둥의 강축방향으로 H형강 보를 접합하는 완전강접 모멘트접합부는 기둥의 플랜지와 웨브의 국부적인 한계상태인 플랜지국부휨, 웨브국부항복, 웨브크리플링, 웨브압축좌굴, 웨브패널존전단 등에 대한 강도를 검토하여, 필요하면 스티프너 또는 이중판을 설치하여 보강하여야 한다. 이때 스티프너는 KDS 41 31 00 4.7.10.7의 요구사항을, 이중판은 KDS 41 31 00 4.7.10.8의 요구사항을 만족하도록 설계하여야 한다.

3.3 도움표

보 SHN275	F_y = 275, F_u = 400
ㄱ형강 SS275	F_y = 275, F_u = 410
12 열	

도움표 3.1.1a 쌍ㄱ형강 볼트접합 설계강도 — M16

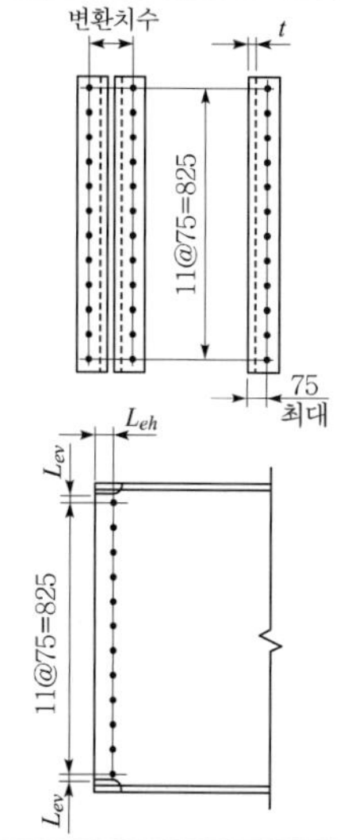

볼트 및 ㄱ형강[1] 설계강도, kN

볼트 등급	나사 조건	구멍 형태	ㄱ형강의 두께 (mm) 7	8	10	12
F8T	N	STD	1160	1160	1160	1160
	X	STD	1450	1450	1450	1450
	SC[2] (μ =0.5)	STD	1010	1010	1010	1010
		OVS	857	857	857	857
		SSLT	1010	1010	1010	1010
F10T	N	STD	1450	1450	1450	1450
	X	STD	1600	1810	1810	1810
	SC[2] (μ =0.5)	STD	1270	1270	1270	1270
		OVS	1080	1080	1080	1080
		SSLT	1270	1270	1270	1270

보웨브 단위 두께(mm)당 설계강도, kN/mm

구멍형태		STD		OVS		SSLT	
		L_{eh}[3], mm					
플랜지 따낸위치	L_{ev}, mm	40	45	40	45	40	45
상부플랜지 따낸보	30	114	115	113	115	113	115
	35	114	116	114	116	114	115
	40	115	117	115	116	114	116
	45	116	117	115	117	115	117
	50	116	118	116	118	116	117
	75	119	121	119	121	119	120
상 · 하부플랜지 따낸보	30	114	116	114	115	113	115
	35	114	116	114	116	114	115
	40	115	117	115	116	114	116
	45	116	117	115	117	115	117
	50	116	118	116	118	116	117
	75	119	121	119	121	119	120
따내지 않은 보		142	142	142	142	142	142

지지부재 단위두께(mm)당 설계강도

구멍형태	kN/mm
STD, OVS, SSLT	283

주 :
STD : 표준구멍, OVS : 대형구멍, SSLT : 하중방향에 직각인 단슬롯구멍
N : 전단면에 나사부 포함, X : 전단면에 나사부 포함되지 않음, SC : 마찰접합

1) 볼트간격 S=75mm (상부표 ; L_{eh}=35mm, L_{ev}=35mm)
2) SC의 값은 1개 이하의 필러를 사용한 경우 또는 필러 내에 하중분산을 위하여 볼트를 추가한 경우임 (h_f=1.0)
3) 제작시 보 길이의 오차(감소)를 감안하여 L_{eh}에서 5mm 감하여 계산함

보 SHN275	F_y = 275 F_u = 400
ㄱ형강 SS275	F_y = 275 F_u = 410
11 열	

도움표 3.1.1a 쌍ㄱ형강 볼트접합 설계강도 M16

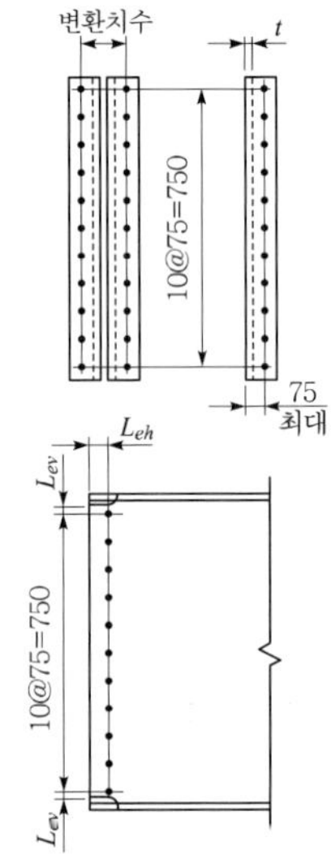

볼트 및 ㄱ형강[1] 설계강도, kN

볼트 등급	나사 조건	구멍 형태	ㄱ형강의 두께 (mm) 7	8	10	12
F8T	N	STD	1060	1060	1060	1060
	X	STD	1330	1330	1330	1330
	SC[2] (μ =0.5)	STD	924	924	924	924
		OVS	785	785	785	785
		SSLT	924	924	924	924
F10T	N	STD	1330	1330	1330	1330
	X	STD	1470	1660	1660	1660
	SC[2] (μ =0.5)	STD	1170	1170	1170	1170
		OVS	991	991	991	991
		SSLT	1170	1170	1170	1170

보웨브 단위 두께(mm)당 설계강도, kN/mm

구멍형태		STD		OVS		SSLT	
		L_{eh}[3], mm					
플랜지 따낸위치	L_{ev}, mm	40	45	40	45	40	45
상부플랜지 따낸보	30	105	106	104	106	104	105
	35	105	107	105	106	105	106
	40	106	107	105	107	105	107
	45	106	108	106	108	106	107
	50	107	109	107	108	106	108
	75	110	112	110	111	109	111
상 · 하부플랜지 따낸보	30	105	106	104	106	104	106
	35	105	107	105	106	105	106
	40	106	107	105	107	105	107
	45	106	108	106	108	106	107
	50	107	109	107	108	106	108
	75	110	112	110	111	109	111
따내지 않은 보		130	130	130	130	130	130

지지부재 단위두께(mm)당 설계강도

구멍형태	kN/mm
STD, OVS, SSLT	260

주 :
STD : 표준구멍, OVS : 대형구멍, SSLT : 하중방향에 직각인 단슬롯구멍
N : 전단면에 나사부포함, X : 전단면에 나사부불포함, SC : 마찰접합

1) 볼트간격 S=75mm (상부표 ; L_{eh}=35mm, L_{ev}=35mm)
2) SC의 값은 1개 이하의 필러를 사용한 경우 또는 필러 내에 하중분산을 위하여 볼트를 추가한 경우임 (h_f=1.0)
3) 제작시 보 길이의 오차(감소)를 감안하여 L_{eh}에서 5mm 감하여 계산함

보 SHN275	F_y = 275, F_u = 400
ㄱ형강 SS275	F_y = 275, F_u = 410
10 열	H950, H900, H850

도움표 3.1.1a 쌍ㄱ형강 볼트접합 설계강도 M16

볼트 및 ㄱ형강[1] 설계강도, kN

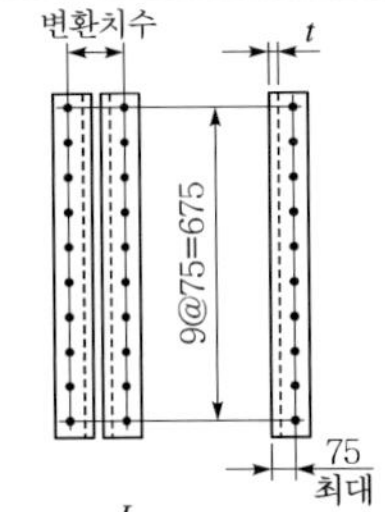

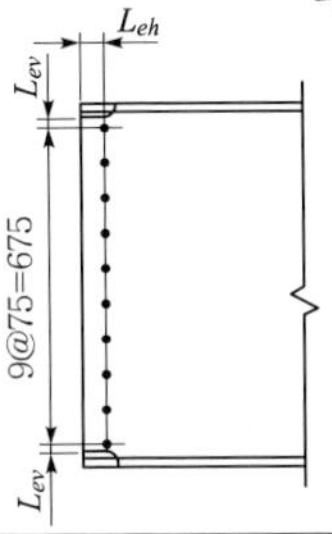

볼트 등급	나사 조건	구멍 형태	ㄱ형강의 두께 (mm) 7	8	10	12
F8T	N	STD	965	965	965	965
	X	STD	1210	1210	1210	1210
	SC[2] (μ =0.5)	STD	840	840	840	840
		OVS	714	714	714	714
		SSLT	840	840	840	840
F10T	N	STD	1210	1210	1210	1210
	X	STD	1340	1510	1510	1510
	SC[2] (μ =0.5)	STD	1060	1060	1060	1060
		OVS	901	901	901	901
		SSLT	1060	1060	1060	1060

보웨브 단위 두께(mm)당 설계강도, kN/mm

구멍형태		STD		OVS		SSLT	
		L_{eh}[3], mm					
플랜지 따낸위치	L_{ev}, mm	40	45	40	45	40	45
상부플랜지 따낸보	30	95.2	96.8	94.9	96.5	94.6	96.2
	35	95.9	97.4	95.6	97.1	95.2	96.8
	40	96.5	98.0	96.2	97.7	95.9	97.4
	45	97.1	98.6	96.8	98.3	96.5	98.0
	50	97.7	99.3	97.4	98.9	97.1	98.6
	75	101	102	101	102	100	102
상 · 하부플랜지 따낸보	30	95.5	97.0	95.2	96.7	94.9	96.4
	35	95.9	97.4	95.6	97.1	95.2	96.8
	40	96.5	98.0	96.2	97.7	95.9	97.4
	45	97.1	98.6	96.8	98.3	96.5	98.0
	50	97.7	99.3	97.4	98.9	97.1	98.6
	75	101	102	101	102	100	102
따내지 않은 보		118	118	118	118	118	118

지지부재 단위두께(mm)당 설계강도

구멍형태	kN/mm
STD, OVS, SSLT	236

주 :
STD : 표준구멍, OVS : 대형구멍, SSLT : 하중방향에 직각인 단슬롯구멍
N : 전단면에 나사부포함, X : 전단면에 나사부불포함, SC : 마찰접합

1) 볼트간격 S=75mm (상부표 ; L_{eh}=35mm, L_{ev}=35mm)
2) SC의 값은 1개 이하의 필러를 사용한 경우 또는 필러 내에 하중분산을 위하여 볼트를 추가한 경우임 (h_f=1.0)
3) 제작시 보 길이의 오차(감소)를 감안하여 L_{eh}에서 5mm 감하여 계산함

보 SHN275	F_y = 275 F_u = 400
ㄱ형강 SS275	F_y = 275 F_u = 410

도움표 3.1.1a 쌍ㄱ형강 볼트접합 설계강도

M16

9 열

H800, H750

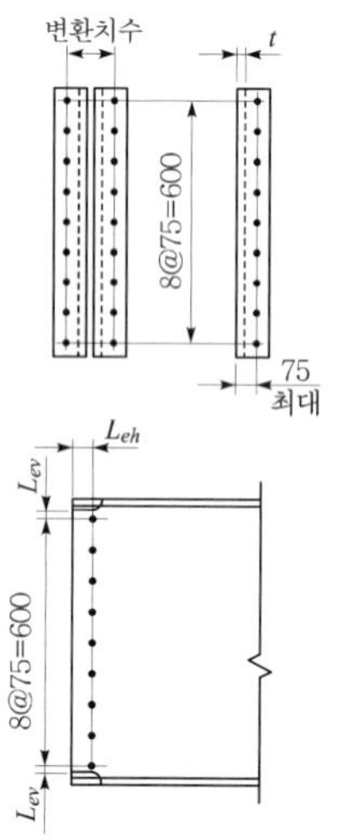

볼트 및 ㄱ형강[1] 설계강도, kN

볼트 등급	나사 조건	구멍 형태	ㄱ형강의 두께 (mm) 7	8	10	12
F8T	N	STD	868	868	868	868
	X	STD	1090	1090	1090	1090
	SC[2] (μ =0.5)	STD	756	756	756	756
		OVS	643	643	643	643
		SSLT	756	756	756	756
F10T	N	STD	1090	1090	1090	1090
	X	STD	1210	1360	1360	1360
	SC[2] (μ =0.5)	STD	954	954	954	954
		OVS	811	811	811	811
		SSLT	954	954	954	954

보웨브 단위 두께(mm)당 설계강도, kN/mm

구멍형태		STD		OVS		SSLT	
		L_{eh}[3], mm					
플랜지 따낸위치	L_{ev}, mm	40	45	40	45	40	45
상부플랜지 따낸보	30	86.0	87.5	85.7	87.2	85.3	86.9
	35	86.6	88.1	86.3	87.8	86.0	87.5
	40	87.2	88.7	86.9	88.4	86.6	88.1
	45	87.8	89.4	87.5	89.0	87.2	88.7
	50	88.4	90.0	88.1	89.7	87.8	89.4
	75	91.5	93.1	91.2	92.8	90.9	92.4
상 · 하부플랜지 따낸보	30	86.2	87.7	85.9	87.4	85.6	87.1
	35	86.6	88.1	86.3	87.8	86.0	87.5
	40	87.2	88.7	86.9	88.4	86.6	88.1
	45	87.8	89.4	87.5	89.0	87.2	88.7
	50	88.4	90.0	88.1	89.7	87.8	89.4
	75	91.5	93.1	91.2	92.8	90.9	92.4
따내지 않은 보		106	106	106	106	106	106

지지부재 단위두께(mm)당 설계강도

구멍형태	kN/mm
STD, OVS, SSLT	213

주 :
STD : 표준구멍, OVS : 대형구멍, SSLT : 하중방향에 직각인 단슬롯구멍
N : 전단면에 나사부포함, X : 전단면에 나사부불포함, SC : 마찰접합

1) 볼트간격 S=75mm (상부표 ; L_{eh}=35mm, L_{ev}=35mm)
2) SC의 값은 1개 이하의 필러를 사용한 경우 또는 필러 내에 하중분산을 위하여 볼트를 추가한 경우임 (h_f=1.0)
3) 제작시 보 길이의 오차(감소)를 감안하여 L_{eh}에서 5mm 감하여 계산함

도움표 3.1.1a 쌍ㄱ형강 볼트접합 설계강도

부재	강종	F_y	F_u
보	SHN275	275	400
ㄱ형강	SS275	275	410

M16

8 열

H700x250, H700x300

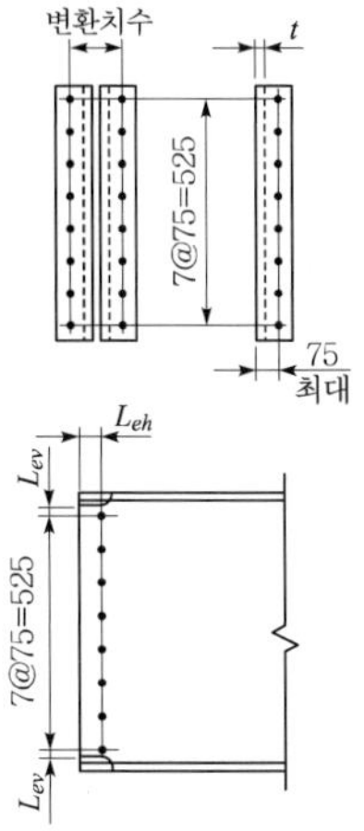

볼트 및 ㄱ형강[1)]설계강도, kN

볼트등급	나사조건	구멍형태	ㄱ형강의 두께 (mm) 7	8	10	12
F8T	N	STD	772	772	772	772
	X	STD	965	965	965	965
	SC[2)] (μ =0.5)	STD	672	672	672	672
		OVS	571	571	571	571
		SSLT	672	672	672	672
F10T	N	STD	965	965	965	965
	X	STD	1080	1210	1210	1210
	SC[2)] (μ =0.5)	STD	848	848	848	848
		OVS	721	721	721	721
		SSLT	848	848	848	848

보웨브 단위 두께(mm)당 설계강도, kN/mm

구멍형태		STD		OVS		SSLT	
		L_{eh}[3)], mm					
플랜지 따낸위치	L_{ev}, mm	40	45	40	45	40	45
상부플랜지 따낸보	30	76.7	78.2	76.4	77.9	76.1	77.6
	35	77.3	78.8	77.0	78.5	76.7	78.2
	40	77.9	79.5	77.6	79.1	77.3	78.8
	45	78.5	80.1	78.2	79.8	77.9	79.5
	50	79.2	80.7	78.8	80.4	78.5	80.1
	75	82.2	83.8	81.9	83.5	81.6	83.2
상·하부플랜지 따낸보	30	76.9	78.5	76.6	78.2	76.3	77.8
	35	77.3	78.8	77.0	78.5	76.7	78.2
	40	77.9	79.5	77.6	79.1	77.3	78.8
	45	78.5	80.1	78.2	79.8	77.9	79.5
	50	79.2	80.7	78.8	80.4	78.5	80.1
	75	82.2	83.8	81.9	83.5	81.6	83.2
따내지 않은 보		94.5	94.5	94.5	94.5	94.5	94.5

지지부재 단위두께(mm)당 설계강도

구멍형태	kN/mm
STD, OVS, SSLT	189

주 :
STD : 표준구멍, OVS : 대형구멍, SSLT : 하중방향에 직각인 단슬롯구멍
N : 전단면에 나사부포함, X : 전단면에 나사부불포함, SC : 마찰접합

1) 볼트간격 S=75mm (상부표 ; L_{eh}=35mm, L_{ev}=35mm)
2) SC의 값은 1개 이하의 필러를 사용한 경우 또는 필러 내에 하중분산을 위하여 볼트를 추가한 경우임 (h_f=1.0)
3) 제작시 보 길이의 오차(감소)를 감안하여 L_{eh}에서 5mm 감하여 계산함

보 SHN275	F_y = 275 F_u = 400	도움표 3.1.1a 쌍ㄱ형강 볼트접합 설계강도	M16
ㄱ형강 SS275	F_y = 275 F_u = 410	볼트 및 ㄱ형강[1] 설계강도, kN	

7 열

H650, H600x200, H600x180

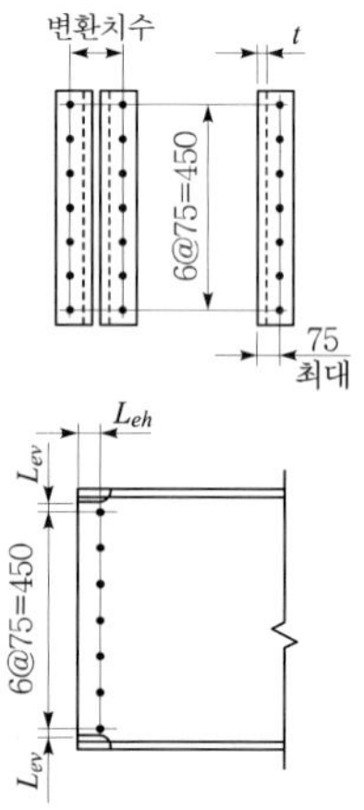

볼트 및 ㄱ형강[1] 설계강도, kN

볼트 등급	나사 조건	구멍 형태	ㄱ형강의 두께 (mm) 7	8	10	12
F8T	N	STD	675	675	675	675
	X	STD	844	844	844	844
	SC[2] (μ =0.5)	STD	588	588	588	588
		OVS	500	500	500	500
		SSLT	588	588	588	588
F10T	N	STD	844	844	844	844
	X	STD	952	1060	1060	1060
	SC[2] (μ =0.5)	STD	742	742	742	742
		OVS	631	631	631	631
		SSLT	742	742	742	742

보웨브 단위 두께(mm)당 설계강도, kN/mm

구멍형태		STD		OVS		SSLT	
		L_{eh}[3], mm					
플랜지 따낸위치	L_{ev}, mm	40	45	40	45	40	45
상부플랜지 따낸보	30	67.4	68.9	67.1	68.6	66.8	68.3
	35	68.0	69.6	67.7	69.2	67.4	68.9
	40	68.6	70.2	68.3	69.9	68.0	69.6
	45	69.3	70.8	68.9	70.5	68.6	70.2
	50	69.9	71.4	69.6	71.1	69.3	70.8
	75	73.0	74.5	72.7	74.2	72.3	73.9
상 · 하부플랜지 따낸보	30	67.6	69.2	67.3	68.9	67.0	68.6
	35	68.0	69.6	67.7	69.2	67.4	68.9
	40	68.6	70.2	68.3	69.9	68.0	69.6
	45	69.3	70.8	68.9	70.5	68.6	70.2
	50	69.9	71.4	69.6	71.1	69.3	70.8
	75	73.0	74.5	72.7	74.2	72.3	73.9
따내지 않은 보		82.7	82.7	82.7	82.7	82.7	82.7

지지부재 단위두께(mm)당 설계강도

구멍형태	kN/mm
STD, OVS, SSLT	165

주 :
STD : 표준구멍, OVS : 대형구멍, SSLT : 하중방향에 직각인 단슬롯구멍
N : 전단면에 나사부포함, X : 전단면에 나사부불포함, SC : 마찰접합

1) 볼트간격 S=75mm (상부표 ; L_{eh}=35mm, L_{ev}=35mm)
2) SC의 값은 1개 이하의 필러를 사용한 경우 또는 필러 내에 하중분산을 위하여 볼트를 추가한 경우임 (h_f=1.0)
3) 제작시 보 길이의 오차(감소)를 감안하여 L_{eh}에서 5mm 감하여 계산함

보 SHN275	F_y = 275, F_u = 400
ㄱ형강 SS275	F_y = 275, F_u = 410

도움표 3.1.1a 쌍ㄱ형강 볼트접합 설계강도 — M16

6 열

H600x300, H550, H530

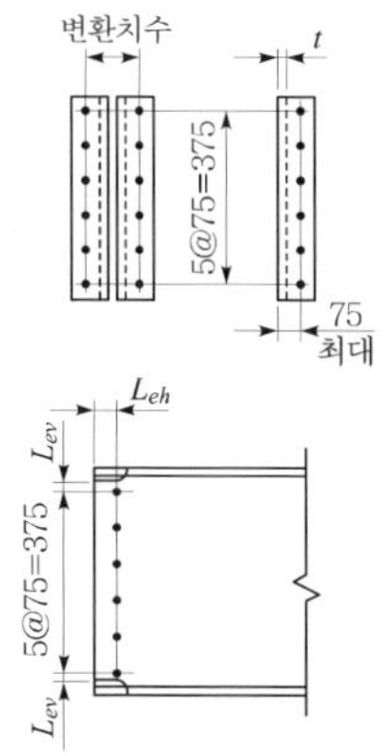

볼트 및 ㄱ형강[1)] 설계강도, kN

볼트 등급	나사 조건	구멍 형태	ㄱ형강의 두께 (mm) 7	8	10	12
F8T	N	STD	579	579	579	579
	X	STD	724	724	724	724
	SC[2)] (μ =0.5)	STD	504	504	504	504
		OVS	428	428	428	428
		SSLT	504	504	504	504
F10T	N	STD	724	724	724	724
	X	STD	822	905	905	905
	SC[2)] (μ =0.5)	STD	636	636	636	636
		OVS	541	541	541	541
		SSLT	636	636	636	636

보웨브 단위 두께(mm)당 설계강도, kN/mm

구멍형태		STD		OVS		SSLT	
		L_{eh}[3)], mm					
플랜지 따낸위치	L_{ev}, mm	40	45	40	45	40	45
상부플랜지 따낸보	30	58.1	59.7	57.8	59.3	57.5	59.0
	35	58.7	60.3	58.4	60.0	58.1	59.7
	40	59.4	60.9	59.0	60.6	58.7	60.3
	45	60.0	61.5	59.7	61.2	59.4	60.9
	50	60.6	62.1	60.3	61.8	60.0	61.5
	75	63.7	65.2	63.4	64.9	63.1	64.6
상·하부플랜지 따낸보	30	58.4	59.9	58.1	58.9	57.7	59.3
	35	58.7	60.3	58.4	60.0	58.1	59.7
	40	59.4	60.9	59.0	60.6	58.7	60.3
	45	60.0	61.5	59.7	61.2	59.4	60.9
	50	60.6	62.1	60.3	61.8	60.0	61.5
	75	63.7	65.2	63.4	64.9	63.1	64.6
따내지 않은 보		70.8	70.8	70.8	70.8	70.8	70.8

지지부재 단위두께(mm)당 설계강도

구멍형태	kN/mm
STD, OVS, SSLT	142

주 :
STD : 표준구멍, OVS : 대형구멍, SSLT : 하중방향에 직각인 단슬롯구멍
N : 전단면에 나사부포함, X : 전단면에 나사부불포함, SC : 마찰접합

1) 볼트간격 S=75mm (상부표 ; L_{eh}=35mm, L_{ev}=35mm)
2) SC의 값은 1개 이하의 필러를 사용한 경우 또는 필러 내에 하중분산을 위하여 볼트를 추가한 경우임 (h_f=1.0)
3) 제작시 보 길이의 오차(감소)를 감안하여 L_{eh}에서 5mm 감하여 계산함

보 SHN275	F_y = 275	F_u = 400
ㄱ형강 SS275	F_y = 275	F_u = 410

도움표 3.1.1a 쌍ㄱ형강 볼트접합 설계강도 M16

5 열

H520, H500, H450

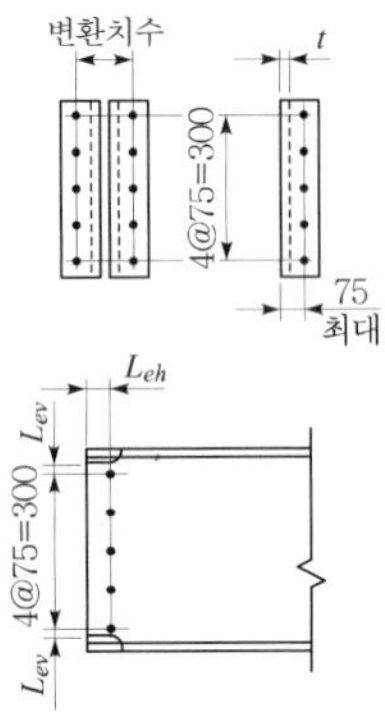

볼트 및 ㄱ형강[1] 설계강도, kN

볼트 등급	나사 조건	구멍 형태	ㄱ형강의 두께 (mm) 7	8	10	12
F8T	N	STD	482	482	482	482
	X	STD	603	603	603	603
	SC[2] (μ =0.5)	STD	420	420	420	420
		OVS	357	357	357	357
		SSLT	420	420	420	420
F10T	N	STD	603	603	603	603
	X	STD	692	754	754	754
	SC[2] (μ =0.5)	STD	530	530	530	530
		OVS	451	451	451	451
		SSLT	530	530	530	530

보웨브 단위 두께(mm)당 설계강도, kN/mm

구멍형태		STD		OVS		SSLT	
		L_{eh}[3], mm					
플랜지 따낸위치	L_{ev}, mm	40	45	40	45	40	45
상부플랜지 따낸보	30	48.8	50.4	48.5	50.1	48.2	49.8
	35	49.5	51.0	49.1	50.7	48.8	50.4
	40	50.1	51.6	49.8	51.3	49.5	51.0
	45	50.7	52.2	50.4	51.9	50.1	51.6
	50	51.3	52.8	51.0	52.5	50.7	52.2
	75	54.4	55.9	54.1	55.6	53.8	55.3
상·하부플랜지 따낸보	30	49.1	50.6	48.7	48.7	48.5	50.0
	35	49.5	51.0	49.1	49.8	48.8	50.4
	40	50.1	51.6	49.8	51.3	49.5	51.0
	45	50.7	52.2	50.4	51.9	50.1	51.6
	50	51.3	52.8	51.0	52.5	50.7	52.2
	75	54.4	55.9	54.1	55.6	53.8	55.3
따내지 않은 보		59.0	59.0	59.0	59.0	59.0	59.0

지지부재 단위두께(mm)당 설계강도

구멍형태	kN/mm
STD, OVS, SSLT	118

주 :
STD : 표준구멍, OVS : 대형구멍, SSLT : 하중방향에 직각인 단슬롯구멍
N : 전단면에 나사부포함, X : 전단면에 나사부불포함, SC : 마찰접합

1) 볼트간격 S=75mm (상부표 ; L_{eh}=35mm, L_{ev}=35mm)
2) SC의 값은 1개 이하의 필러를 사용한 경우 또는 필러 내에 하중분산을 위하여 볼트를 추가한 경우임 (h_f=1.0)
3) 제작시 보 길이의 오차(감소)를 감안하여 L_{eh}에서 5mm 감하여 계산함

보 SHN275	F_y = 275 F_u = 400	**도움표 3.1.1a 쌍ㄱ형강 볼트접합 설계강도**	**M16**
ㄱ형강 SS275	F_y = 275 F_u = 410		

4 열

H400, H350x175

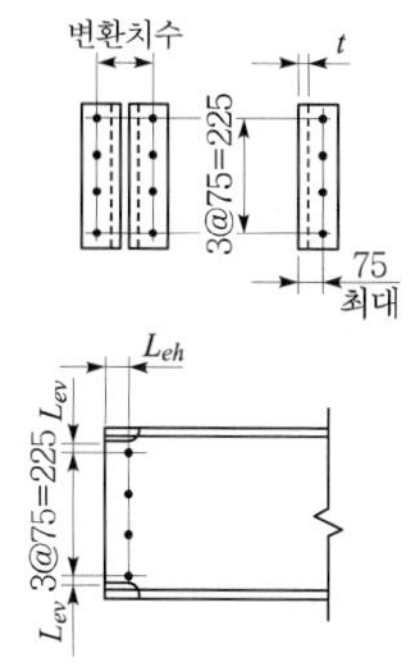

볼트 및 ㄱ형강[1] 설계강도, kN

볼트 등급	나사 조건	구멍 형태	ㄱ형강의 두께 (mm) 7	8	10	12
F8T	N	STD	386	386	386	386
	X	STD	482	482	482	482
	SC[2] (μ =0.5)	STD	336	336	336	336
		OVS	286	286	286	286
		SSLT	336	336	336	336
F10T	N	STD	482	482	482	482
	X	STD	562	603	603	603
	SC[2] (μ =0.5)	STD	424	424	424	424
		OVS	360	360	360	360
		SSLT	424	424	424	424

보웨브 단위 두께(mm)당 설계강도, kN/mm

구멍형태		STD		OVS		SSLT	
		L_{eh}[3], mm					
플랜지 따낸위치	L_{ev}, mm	40	45	40	45	40	45
상부플랜지 따낸보	30	39.6	41.1	39.2	40.8	38.9	40.5
	35	40.2	41.7	39.9	41.4	39.6	41.1
	40	40.8	42.3	40.5	42.0	40.2	41.7
	45	41.4	42.9	41.1	42.6	40.8	42.3
	50	42.0	43.6	41.7	43.3	41.4	42.9
	75	45.1	46.7	44.8	46.4	44.5	46.0
상 · 하부플랜지 따낸보	30	39.8	40.0	38.6	38.6	39.2	40.0
	35	40.2	41.1	39.7	39.7	39.6	41.1
	40	40.8	42.3	40.5	41.5	40.2	41.7
	45	41.4	42.9	41.1	42.6	40.8	42.3
	50	42.0	43.6	41.7	43.3	41.4	42.9
	75	45.1	46.7	44.8	46.4	44.5	46.0
따내지 않은 보		47.2	47.2	47.2	47.2	47.2	47.2

지지부재 단위두께(mm)당 설계강도

구멍형태	kN/mm
STD, OVS, SSLT	94.5

주 :
STD : 표준구멍, OVS : 대형구멍, SSLT : 하중방향에 직각인 단슬롯구멍
N : 전단면에 나사부포함, X : 전단면에 나사부불포함, SC : 마찰접합

1) 볼트간격 S=75mm (상부표 ; L_{eh}=35mm, L_{ev}=35mm)
2) SC의 값은 1개 이하의 필러를 사용한 경우 또는 필러 내에 하중분산을 위하여 볼트를 추가한 경우임 (h_f=1.0)
3) 제작시 보 길이의 오차(감소)를 감안하여 L_{eh}에서 5mm 감하여 계산함

보 SHN275	F_y = 275 F_u = 400	도움표 3.1.1a 쌍ㄱ형강 볼트접합 설계강도	M16
ㄱ형강 SS275	F_y = 275 F_u = 410		

3 열

H410, H350[4], H300

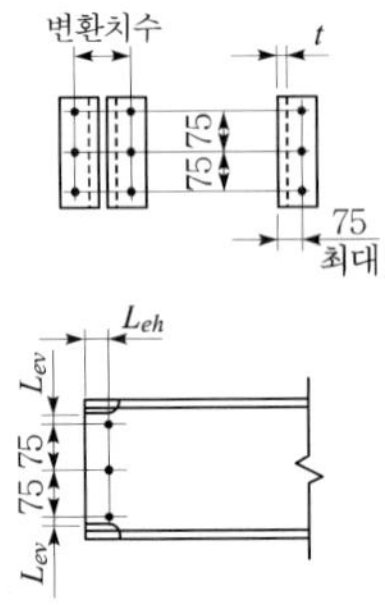

볼트 및 ㄱ형강[1] 설계강도, kN

볼트 등급	나사 조건	구멍 형태	ㄱ형강의 두께 (mm) 7	8	10	12
F8T	N	STD	289	289	289	289
	X	STD	362	362	362	362
	SC[2] (μ =0.5)	STD	252	252	252	252
		OVS	214	214	214	214
		SSLT	252	252	252	252
F10T	N	STD	362	362	362	362
	X	STD	429	452	452	452
	SC[2] (μ =0.5)	STD	318	318	318	318
		OVS	270	270	270	270
		SSLT	318	318	318	318

보웨브 단위 두께(mm)당 설계강도, kN/mm

구멍형태		STD		OVS		SSLT	
		L_{eh}[3], mm					
플랜지 따낸위치	L_{ev}, mm	40	45	40	45	40	45
상부플랜지 따낸보	30	30.3	31.4	30.0	31.0	29.7	31.2
	35	30.9	32.4	30.6	32.1	30.3	31.8
	40	31.5	33.0	31.2	32.7	30.9	32.4
	45	32.1	33.7	31.8	33.4	31.5	33.0
	50	32.7	34.3	32.4	34.0	32.1	33.7
	75	35.4	35.4	35.4	35.4	35.2	35.4
상·하부플랜지 따낸보	30	29.5	29.5	28.4	28.4	29.5	29.5
	35	30.6	30.6	29.5	29.5	30.3	30.6
	40	31.5	32.5	31.2	31.4	30.9	32.4
	45	32.1	33.7	31.8	33.2	31.5	33.0
	50	32.7	34.3	32.4	34.0	32.1	33.7
	75	35.4	35.4	35.4	35.4	35.2	35.4
따내지 않은 보		35.4	35.4	35.4	35.4	35.4	35.4

지지부재 단위두께(mm)당 설계강도

구멍형태	kN/mm
STD, OVS, SSLT	70.8

주 :
STD : 표준구멍, OVS : 대형구멍, SSLT : 하중방향에 직각인 단슬롯구멍
N : 전단면에 나사부포함, X : 전단면에 나사부불포함, SC : 마찰접합

1) 볼트간격 S=75mm (상부표 ; L_{eh}=35mm, L_{ev}=35mm)
2) SC의 값은 1개 이하의 필러를 사용한 경우 또는 필러 내에 하중분산을 위하여 볼트를 추가한 경우임 (h_f=1.0)
3) 제작시 보 길이의 오차(감소)를 감안하여 L_{eh}에서 5mm 감하여 계산함
4) H350x175는 볼트열 4열부터 가능

보 SHN275	F_y = 275 F_u = 400
ㄱ형강 SS275	F_y = 275 F_u = 410
2 열	
H250, H210, H200	

도움표 3.1.1a 쌍ㄱ형강 볼트접합 설계강도 — M16

볼트 및 ㄱ형강[1] 설계강도, kN

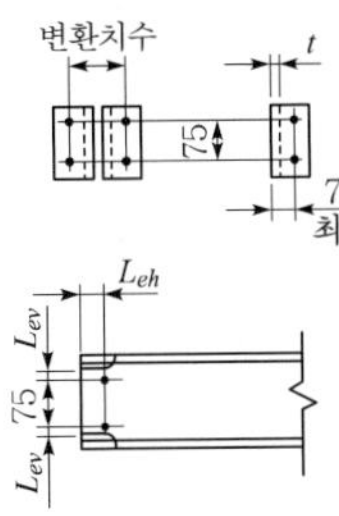

볼트 등급	나사 조건	구멍 형태	ㄱ형강의 두께 (mm) 7	8	10	12
F8T	N	STD	193	193	193	193
	X	STD	241	241	241	241
	SC[2] (μ =0.5)	STD	168	168	168	168
		OVS	143	143	143	143
		SSLT	168	168	168	168
F10T	N	STD	241	241	241	241
	X	STD	282	302	302	302
	SC[2] (μ =0.5)	STD	212	212	212	212
		OVS	180	180	180	180
		SSLT	212	212	212	212

보웨브 단위 두께(mm)당 설계강도, kN/mm

구멍형태		STD		OVS		SSLT	
		L_{eh}[3], mm					
플랜지 따낸위치	L_{ev}, mm	40	45	40	45	40	45
상부플랜지 따낸보	30	19.6	19.6	19.2	19.2	19.6	19.6
	35	21.4	21.4	21.0	21.0	21.0	21.4
	40	22.2	23.2	21.9	22.9	21.6	23.1
	45	22.8	23.6	22.5	23.6	22.2	23.6
	50	23.5	23.6	23.2	23.6	22.8	23.6
	75	23.6	23.6	23.6	23.6	23.6	23.6
상 · 하부플랜지 따낸보	30	19.0	19.0	18.3	18.3	19.0	19.0
	35	20.1	20.1	19.4	19.4	20.1	20.1
	40	22.0	22.0	21.2	21.2	21.6	22.0
	45	22.8	23.6	22.5	23.1	22.2	23.6
	50	23.5	23.6	23.2	23.6	22.8	23.6
	75	23.6	23.6	23.6	23.6	23.6	23.6
따내지 않은 보		23.6	23.6	23.6	23.6	23.6	23.6

지지부재 단위두께(mm)당 설계강도

구멍형태	kN/mm
STD, OVS, SSLT	47.2

주 :
STD : 표준구멍, OVS : 대형구멍, SSLT : 하중방향에 직각인 단슬롯구멍
N : 전단면에 나사부포함, X : 전단면에 나사부불포함, SC : 마찰접합

1) 볼트간격 S=75mm (상부표 ; L_{eh}=35mm, L_{ev}=35mm)
2) SC의 값은 1개 이하의 필러를 사용한 경우 또는 필러 내에 하중분산을 위하여 볼트를 추가한 경우임 (h_f=1.0)
3) 제작시 보 길이의 오차(감소)를 감안하여 L_{eh}에서 5mm 감하여 계산함

보 SHN275	F_y = 275 F_u = 400
ㄱ형강 SS275	F_y = 275 F_u = 410
12 열	

도움표 3.1.1a 쌍ㄱ형강 볼트접합 설계강도 **M20**

볼트 및 ㄱ형강[1] 설계강도, kN

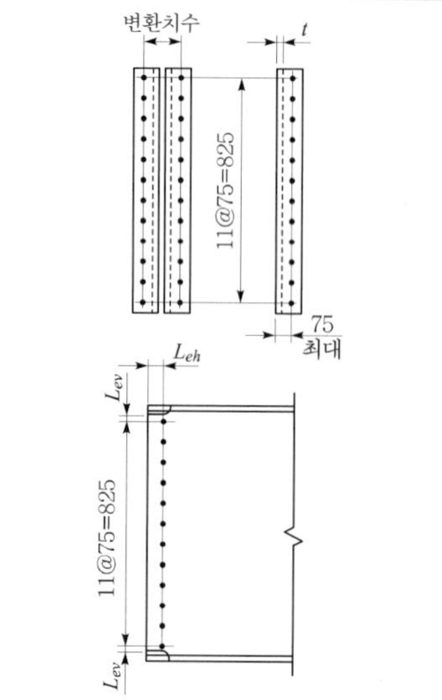

볼트 등급	나사 조건	구멍 형태	ㄱ형강의 두께 (mm) 7	8	10	12
F8T	N	STD	1590	1810	1810	1810
	X	STD	1590	1820	2260	2260
	SC[2] (μ =0.5)	STD	1580	1580	1580	1580
		OVS	1350	1350	1350	1350
		SSLT	1580	1580	1580	1580
F10T	N	STD	1590	1820	2260	2260
	X	STD	1590	1820	2280	2730
	SC[2] (μ =0.5)	STD	1590	1820	1980	1980
		OVS	1570	1680	1680	1680
		SSLT	1580	1810	1980	1980

보웨브 단위 두께(mm)당 설계강도, kN/mm

구멍형태		STD		OVS		SSLT	
		L_{eh}[3], mm					
플랜지 따낸위치	L_{ev}, mm	40	45	40	45	40	45
상부플랜지 따낸보	30	113	115	113	114	113	114
	35	114	115	113	115	113	115
	40	114	116	114	116	114	115
	45	115	117	115	116	114	116
	50	116	117	115	117	115	117
	75	119	120	118	120	118	120
상 · 하부플랜지 따낸보	30	113	115	111	111	113	114
	35	114	115	112	112	113	115
	40	114	116	114	114	114	115
	45	115	117	115	116	114	116
	50	116	117	115	117	115	117
	75	119	120	118	120	118	120
따내지 않은 보		177	177	177	177	177	177

지지부재 단위두께(mm)당 설계강도

구멍형태	kN/mm
STD, OVS, SSLT	354

주 :
STD : 표준구멍, OVS : 대형구멍, SSLT : 하중방향에 직각인 단슬롯구멍
N : 전단면에 나사부 포함, X : 전단면에 나사부 포함되지 않음, SC : 마찰접합

1) 볼트간격 S=75mm (상부표 ; L_{eh}=35mm, L_{ev}=35mm)
2) SC의 값은 1개 이하의 필러를 사용한 경우 또는 필러 내에 하중분산을 위하여 볼트를 추가한 경우임 (h_f=1.0)
3) 제작시 보 길이의 오차(감소)를 감안하여 L_{eh}에서 5mm 감하여 계산함

보 SHN275	F_y = 275	F_u = 400
ㄱ형강 SS275	F_y = 275	F_u = 410
11 열		

도움표 3.1.1a 쌍ㄱ형강 볼트접합 설계강도 M20

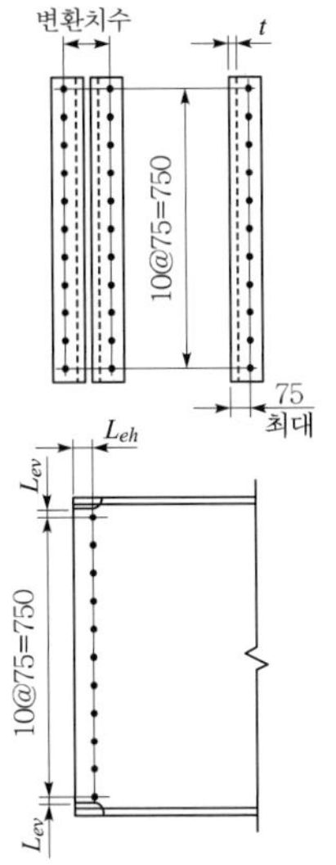

볼트 및 ㄱ형강[1] 설계강도, kN

볼트 등급	나사 조건	구멍 형태	ㄱ형강의 두께 (mm) 7	8	10	12
F8T	N	STD	1460	1660	1660	1660
	X	STD	1460	1670	2070	2070
	SC[2] (μ =0.5)	STD	1450	1450	1450	1450
		OVS	1230	1230	1230	1230
		SSLT	1450	1450	1450	1450
F10T	N	STD	1460	1670	2070	2070
	X	STD	1460	1670	2090	2510
	SC[2] (μ =0.5)	STD	1460	1670	1820	1820
		OVS	1440	1540	1540	1540
		SSLT	1450	1660	1820	1820

보웨브 단위 두께(mm)당 설계강도, kN/mm

구멍형태		STD		OVS		SSLT	
		L_{eh}[3], mm					
플랜지 따낸위치	L_{ev}, mm	40	45	40	45	40	45
상부플랜지 따낸보	30	104	105	104	105	103	105
	35	105	106	104	106	104	105
	40	105	107	105	106	105	106
	45	106	107	105	107	105	107
	50	106	108	106	108	106	107
	75	109	111	109	111	109	110
상·하부플랜지 따낸보	30	104	106	101	101	104	105
	35	105	106	103	103	104	105
	40	105	107	104	104	105	106
	45	106	107	105	106	105	107
	50	106	108	106	108	106	107
	75	109	111	109	111	109	110
따내지 않은 보		162	162	162	162	162	162

지지부재 단위두께(mm)당 설계강도	
구멍형태	kN/mm
STD, OVS, SSLT	325

주 :
STD : 표준구멍, OVS : 대형구멍, SSLT : 하중방향에 직각인 단슬롯구멍
N : 전단면에 나사부포함, X : 전단면에 나사부불포함, SC : 마찰접합

1) 볼트간격 S=75mm (상부표 ; L_{eh}=35mm, L_{ev}=35mm)
2) SC의 값은 1개 이하의 필러를 사용한 경우 또는 필러 내에 하중분산을 위하여 볼트를 추가한 경우임 (h_f=1.0)
3) 제작시 보 길이의 오차(감소)를 감안하여 L_{eh}에서 5mm 감하여 계산함

보 SHN275	F_y = 275 F_u = 400
ㄱ형강 SS275	F_y = 275 F_u = 410
10 열	
H950, H900, H850	

도움표 3.1.1a 쌍ㄱ형강 볼트접합 설계강도 M20

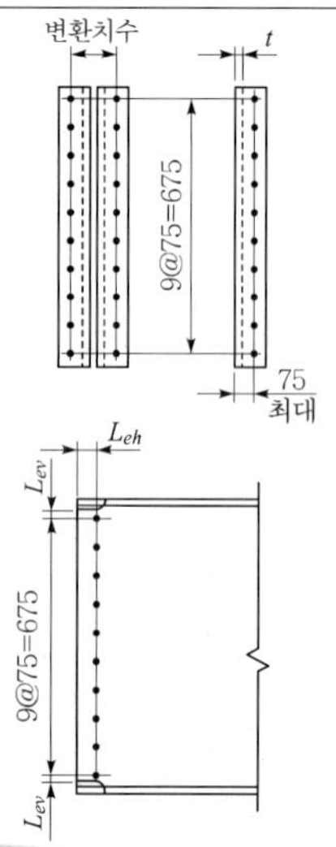

볼트 및 ㄱ형강[1] 설계강도, kN

볼트 등급	나사 조건	구멍 형태	ㄱ형강의 두께 (mm) 7	8	10	12
F8T	N	STD	1330	1510	1510	1510
	X	STD	1330	1520	1880	1880
	SC[2] (μ =0.5)	STD	1320	1320	1320	1320
		OVS	1120	1120	1120	1120
		SSLT	1320	1320	1320	1320
F10T	N	STD	1330	1520	1880	1880
	X	STD	1330	1520	1900	2290
	SC[2] (μ =0.5)	STD	1330	1520	1650	1650
		OVS	1300	1400	1400	1400
		SSLT	1320	1510	1650	1650

보웨브 단위 두께(mm)당 설계강도, kN/mm

구멍형태		STD		OVS		SSLT	
		L_{eh}[3], mm					
플랜지 따낸위치	L_{ev}, mm	40	45	40	45	40	45
상부플랜지 따낸보	30	94.6	96.2	94.3	95.9	94.0	95.5
	35	95.2	96.8	94.9	96.5	94.6	96.2
	40	95.9	97.4	95.6	97.1	95.2	96.8
	45	96.5	98.0	96.2	97.7	95.9	97.4
	50	97.1	98.6	96.8	98.3	96.5	98.0
	75	100	102	99.9	101	99.6	101
상 · 하부플랜지 따낸보	30	94.9	95.8	92.1	92.1	94.3	95.8
	35	95.2	96.8	93.2	93.2	94.6	96.2
	40	95.9	97.4	95.0	95.0	95.2	96.8
	45	96.5	98.0	96.2	96.9	95.9	97.4
	50	97.1	98.6	96.8	98.3	96.5	98.0
	75	100	102	99.9	101	99.6	101
따내지 않은 보		148	148	148	148	148	148

지지부재 단위두께(mm)당 설계강도

구멍형태	kN/mm
STD, OVS, SSLT	295

주 :
STD : 표준구멍, OVS : 대형구멍, SSLT : 하중방향에 직각인 단슬롯구멍
N : 전단면에 나사부포함, X : 전단면에 나사부불포함, SC : 마찰접합

1) 볼트간격 S=75mm (상부표 ; L_{eh}=35mm, L_{ev}=35mm)
2) SC의 값은 1개 이하의 필러를 사용한 경우 또는 필러 내에 하중분산을 위하여 볼트를 추가한 경우임 (h_f=1.0)
3) 제작시 보 길이의 오차(감소)를 감안하여 L_{eh}에서 5mm 감하여 계산함

도움표 3.1.1a 쌍ㄱ형강 볼트접합 설계강도 M20

보 SHN275	F_y = 275	F_u = 400
ㄱ형강 SS275	F_y = 275	F_u = 410
9 열	H800, H750	

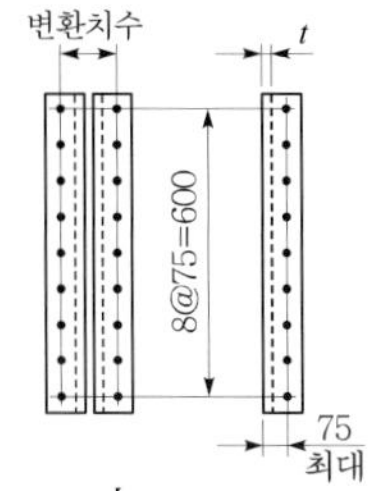

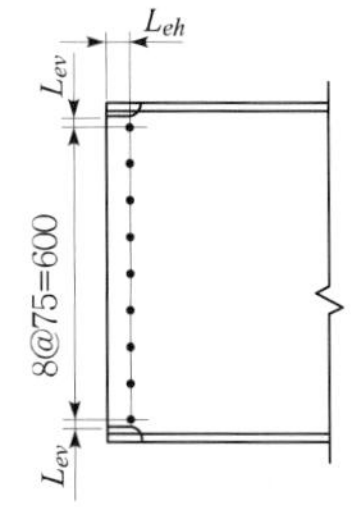

볼트 및 ㄱ형강[1] 설계강도, kN

볼트 등급	나사 조건	구멍 형태	ㄱ형강의 두께 (mm) 7	8	10	12
F8T	N	STD	1200	1360	1360	1360
	X	STD	1200	1380	1700	1700
	SC[2] (μ =0.5)	STD	1190	1190	1190	1190
		OVS	1010	1010	1010	1010
		SSLT	1190	1190	1190	1190
F10T	N	STD	1200	1380	1700	1700
	X	STD	1200	1380	1720	2060
	SC[2] (μ =0.5)	STD	1200	1380	1490	1490
		OVS	1170	1260	1260	1260
		SSLT	1190	1370	1490	1490

보웨브 단위 두께(mm)당 설계강도, kN/mm

구멍형태		STD		OVS		SSLT	
		L_{eh}[3], mm					
플랜지 따낸위치	L_{ev}, mm	40	45	40	45	40	45
상부플랜지 따낸보	30	85.3	86.9	85.0	86.6	84.7	86.3
	35	86.0	87.5	85.7	87.2	85.3	86.9
	40	86.6	88.1	86.3	87.8	86.0	87.5
	45	87.2	88.7	86.9	88.4	86.6	88.1
	50	87.8	89.4	87.5	89.0	87.2	88.7
	75	90.9	92.4	90.6	92.1	90.3	91.8
상 · 하부플랜지 따낸보	30	85.6	86.0	82.7	82.7	85.0	86.0
	35	86.0	87.1	83.8	83.8	85.3	86.9
	40	86.6	88.1	85.6	85.6	86.0	87.5
	45	87.2	88.7	86.9	87.5	86.6	88.1
	50	87.8	89.4	87.5	89.0	87.2	88.7
	75	90.9	92.4	90.6	92.1	90.3	91.8
따내지 않은 보		133	133	133	133	133	133

지지부재 단위두께(mm)당 설계강도

구멍형태	kN/mm
STD, OVS, SSLT	266

주 :
STD : 표준구멍, OVS : 대형구멍, SSLT : 하중방향에 직각인 단슬롯구멍
N : 전단면에 나사부포함, X : 전단면에 나사부불포함, SC : 마찰접합

1) 볼트간격 S=75mm (상부표 ; L_{eh}=35mm, L_{ev}=35mm)
2) SC의 값은 1개 이하의 필러를 사용한 경우 또는 필러 내에 하중분산을 위하여 볼트를 추가한 경우임 (h_f=1.0)
3) 제작시 보 길이의 오차(감소)를 감안하여 L_{eh}에서 5mm 감하여 계산함

보 SHN275	F_y = 275 F_u = 400	도움표 3.1.1a 쌍ㄱ형강 볼트접합 설계강도	M20
ㄱ형강 SS275	F_y = 275 F_u = 410		

도움표 3.1.1a 쌍ㄱ형강 볼트접합 설계강도 M20

8 열

H700x250, H700x300

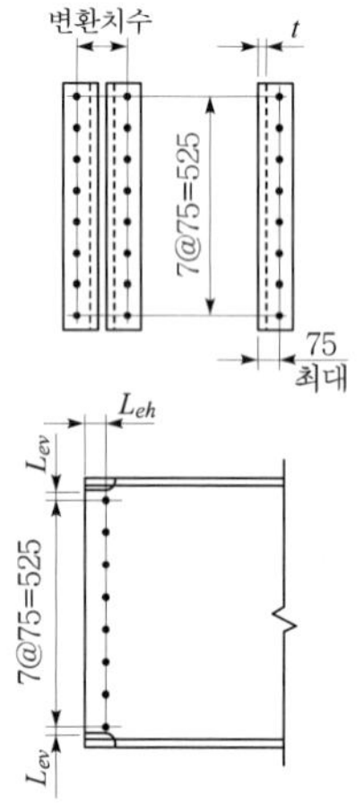

볼트 및 ㄱ형강[1] 설계강도, kN

볼트 등급	나사 조건	구멍 형태	ㄱ형강의 두께 (mm) 7	8	10	12
F8T	N	STD	1070	1210	1210	1210
	X	STD	1070	1230	1510	1510
	SC[2] (μ =0.5)	STD	1060	1060	1060	1060
		OVS	898	898	898	898
		SSLT	1060	1060	1060	1060
F10T	N	STD	1070	1230	1510	1510
	X	STD	1070	1230	1530	1840
	SC[2] (μ =0.5)	STD	1070	1230	1320	1320
		OVS	1040	1120	1120	1120
		SSLT	1060	1220	1320	1320

보웨브 단위 두께(mm)당 설계강도, kN/mm

구멍형태		STD		OVS		SSLT	
		L_{eh}[3], mm					
플랜지 따낸위치	L_{ev}, mm	40	45	40	45	40	45
상부플랜지 따낸보	30	76.1	77.6	75.8	77.3	75.4	77.0
	35	76.7	78.2	76.4	77.9	76.1	77.6
	40	77.3	78.8	77.0	78.5	76.7	78.2
	45	77.9	79.5	77.6	79.1	77.3	78.8
	50	78.5	80.1	78.2	79.8	77.9	79.5
	75	81.6	83.2	81.3	82.9	81.0	82.6
상 · 하부플랜지 따낸보	30	76.2	76.2	73.2	73.2	75.7	76.2
	35	76.7	77.3	74.4	74.4	76.1	77.3
	40	77.3	78.8	76.2	76.2	76.7	78.2
	45	77.9	79.5	77.6	78.0	77.3	78.8
	50	78.5	80.1	78.2	79.8	77.9	79.5
	75	81.6	83.2	81.3	82.9	81.0	82.6
따내지 않은 보		118	118	118	118	118	118

지지부재 단위두께(mm)당 설계강도

구멍형태	kN/mm
STD, OVS, SSLT	236

주 :
STD : 표준구멍, OVS : 대형구멍, SSLT : 하중방향에 직각인 단슬롯구멍
N : 전단면에 나사부포함, X : 전단면에 나사부불포함, SC : 마찰접합

1) 볼트간격 S=75mm (상부표 ; L_{eh}=35mm, L_{ev}=35mm)
2) SC의 값은 1개 이하의 필러를 사용한 경우 또는 필러 내에 하중분산을 위하여 볼트를 추가한 경우임 (h_f=1.0)
3) 제작시 보 길이의 오차(감소)를 감안하여 L_{eh}에서 5mm 감하여 계산함

보 SHN275	F_y = 275, F_u = 400
ㄱ형강 SS275	F_y = 275, F_u = 410

도움표 3.1.1a 쌍ㄱ형강 볼트접합 설계강도 M20

7 열

H650, H600x200, H600x180

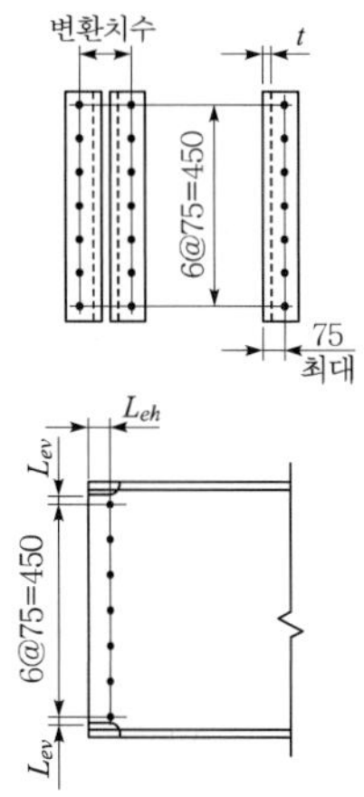

볼트 및 ㄱ형강[1] 설계강도, kN

볼트 등급	나사 조건	구멍 형태	ㄱ형강의 두께 (mm) 7	8	10	12
F8T	N	STD	944	1060	1060	1060
	X	STD	944	1080	1320	1320
	SC[2] (μ =0.5)	STD	924	924	924	924
		OVS	785	785	785	785
		SSLT	924	924	924	924
F10T	N	STD	944	1080	1320	1320
	X	STD	944	1080	1350	1620
	SC[2] (μ =0.5)	STD	944	1080	1160	1160
		OVS	909	982	982	982
		SSLT	935	1070	1160	1160

보웨브 단위 두께(mm)당 설계강도, kN/mm

구멍형태		STD		OVS		SSLT	
		L_{eh}[3], mm					
플랜지 따낸위치	L_{ev}, mm	40	45	40	45	40	45
상부플랜지 따낸보	30	66.8	68.3	66.5	68.0	66.2	67.7
	35	67.4	68.9	67.1	68.6	66.8	68.3
	40	68.0	69.6	67.7	69.2	67.4	68.9
	45	68.6	70.2	68.3	69.9	68.0	69.6
	50	69.3	70.8	68.9	70.5	68.6	70.2
	75	72.3	73.9	72.0	73.6	71.7	73.3
상 · 하부플랜지 따낸보	30	66.4	66.4	63.8	63.8	66.4	66.4
	35	67.4	67.5	64.9	64.9	66.8	67.5
	40	68.0	69.4	66.8	66.8	67.4	68.9
	45	68.6	70.2	68.3	68.6	68.0	69.6
	50	69.3	70.8	68.9	70.5	68.6	70.2
	75	72.3	73.9	72.0	73.6	71.7	73.3
따내지 않은 보		103	103	103	103	103	103

지지부재 단위두께(mm)당 설계강도

구멍형태	kN/mm
STD, OVS, SSLT	207

주 :
STD : 표준구멍, OVS : 대형구멍, SSLT : 하중방향에 직각인 단슬롯구멍
N : 전단면에 나사부포함, X : 전단면에 나사부불포함, SC : 마찰접합

1) 볼트간격 S=75mm (상부표 ; L_{eh}=35mm, L_{ev}=35mm)
2) SC의 값은 1개 이하의 필러를 사용한 경우 또는 필러 내에 하중분산을 위하여 볼트를 추가한 경우임 (h_f=1.0)
3) 제작시 보 길이의 오차(감소)를 감안하여 L_{eh}에서 5mm 감하여 계산함

보 SHN275	F_y = 275 F_u = 400	도움표 3.1.1a 쌍ㄱ형강 볼트접합 설계강도	M20
ㄱ형강 SS275	F_y = 275 F_u = 410	볼트 및 ㄱ형강[1] 설계강도, kN	

6 열

H600x300, H550, H530

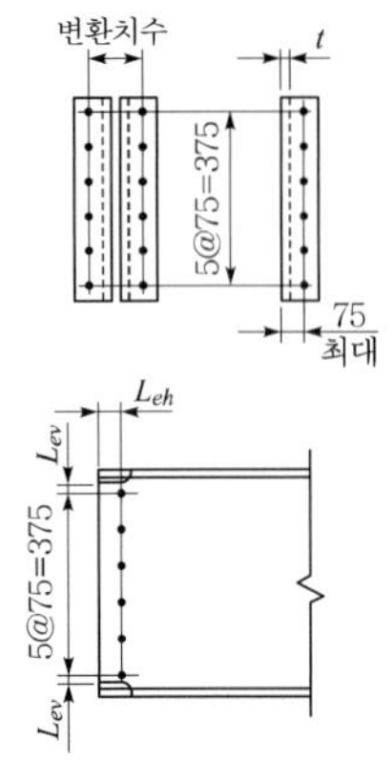

볼트 등급	나사 조건	구멍 형태	ㄱ형강의 두께 (mm) 7	8	10	12
F8T	N	STD	808	904	904	904
	X	STD	808	924	1130	1130
	SC[2] (μ =0.5)	STD	792	792	792	792
		OVS	673	673	673	673
		SSLT	792	792	792	792
F10T	N	STD	808	924	1130	1130
	X	STD	808	924	1150	1390
	SC[2] (μ =0.5)	STD	808	924	990	990
		OVS	777	842	842	842
		SSLT	805	920	990	990

보웨브 단위 두께(mm)당 설계강도, kN/mm

구멍형태		STD		OVS		SSLT	
		L_{eh}[3], mm					
플랜지 따낸위치	L_{ev}, mm	40	45	40	45	40	45
상부플랜지 따낸보	30	57.5	59.0	57.2	58.7	56.9	58.4
	35	58.1	59.7	57.8	59.3	57.5	59.0
	40	58.7	60.3	58.4	60.0	58.1	59.7
	45	59.4	60.9	59.0	60.6	58.7	60.3
	50	60.0	61.5	59.7	61.2	59.4	60.9
	75	63.1	64.6	62.8	64.3	62.5	64.0
상 · 하부플랜지 따낸보	30	56.6	56.6	54.4	54.4	56.6	56.6
	35	57.7	57.7	55.5	55.5	57.5	57.7
	40	58.7	59.6	57.4	57.4	58.1	59.6
	45	59.4	60.9	59.0	59.2	58.7	60.3
	50	60.0	61.5	59.7	61.1	59.4	60.9
	75	63.1	64.6	62.8	64.3	62.5	64.0
따내지 않은 보		88.6	88.6	88.6	88.6	88.6	88.6

지지부재 단위두께(mm)당 설계강도

구멍형태	kN/mm
STD, OVS, SSLT	177

주 :
STD : 표준구멍, OVS : 대형구멍, SSLT : 하중방향에 직각인 단슬롯구멍
N : 전단면에 나사부포함, X : 전단면에 나사부불포함, SC : 마찰접합

1) 볼트간격 S=75mm (상부표 ; L_{eh}=35mm, L_{ev}=35mm)
2) SC의 값은 1개 이하의 필러를 사용한 경우 또는 필러 내에 하중분산을 위하여 볼트를 추가한 경우임 (h_f=1.0)
3) 제작시 보 길이의 오차(감소)를 감안하여 L_{eh}에서 5mm 감하여 계산함

보 SHN275	F_y = 275 F_u = 400	도움표 3.1.1a 쌍ㄱ형강 볼트접합 설계강도	M20
ㄱ형강 SS275	F_y = 275 F_u = 410	볼트 및 ㄱ형강[1] 설계강도, kN	
5 열	H520, H500, H450		

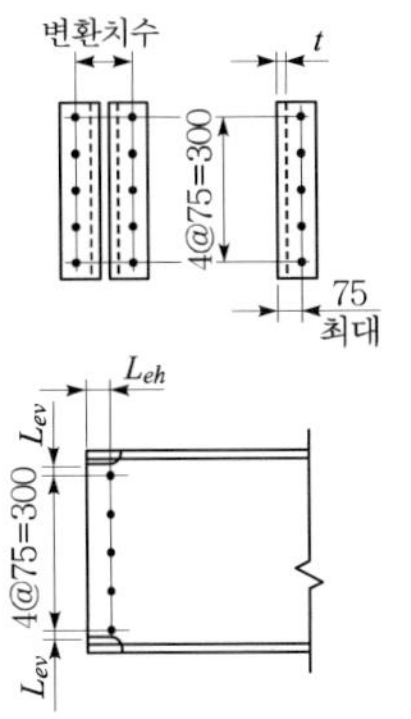

볼트 등급	나사 조건	구멍 형태	ㄱ형강의 두께 (mm) 7	8	10	12
F8T	N	STD	672	754	754	754
	X	STD	672	768	942	942
	SC[2] (μ =0.5)	STD	660	660	660	660
		OVS	561	561	561	561
		SSLT	660	660	660	660
F10T	N	STD	672	768	942	942
	X	STD	672	768	959	1150
	SC[2] (μ =0.5)	STD	672	768	825	825
		OVS	646	701	701	701
		SSLT	672	768	825	825

보웨브 단위 두께(mm)당 설계강도, kN/mm

구멍형태		STD		OVS		SSLT	
		L_{eh}[3], mm					
플랜지 따낸위치	L_{ev}, mm	40	45	40	45	40	45
상부플랜지 따낸보	30	48.2	49.8	47.9	49.4	47.6	49.1
	35	48.8	50.4	48.5	50.1	48.2	49.8
	40	49.5	51.0	49.1	50.7	48.8	50.4
	45	50.1	51.6	49.8	51.3	49.5	51.0
	50	50.7	52.2	50.4	51.9	50.1	51.6
	75	53.8	55.3	53.5	55.0	53.2	54.7
상 · 하부플랜지 따낸보	30	46.9	46.9	45.0	45.0	46.9	46.9
	35	48.0	48.0	46.1	46.1	48.0	48.0
	40	49.5	49.8	48.0	48.0	48.8	49.8
	45	50.1	51.6	49.8	49.8	49.5	51.0
	50	50.7	52.2	50.4	51.7	50.1	51.6
	75	53.8	55.3	53.5	55.0	53.2	54.7
따내지 않은 보		73.8	73.8	73.8	73.8	73.8	73.8

지지부재 단위두께(mm)당 설계강도

구멍형태	kN/mm
STD, OVS, SSLT	148

주 :
STD : 표준구멍, OVS : 대형구멍, SSLT : 하중방향에 직각인 단슬롯구멍
N : 전단면에 나사부포함, X : 전단면에 나사부불포함, SC : 마찰접합

1) 볼트간격 S=75mm (상부표 ; L_{eh}=35mm, L_{ev}=35mm)
2) SC의 값은 1개 이하의 필러를 사용한 경우 또는 필러 내에 하중분산을 위하여 볼트를 추가한 경우임 (h_f=1.0)
3) 제작시 보 길이의 오차(감소)를 감안하여 L_{eh}에서 5mm 감하여 계산함

보 SHN275	F_y = 275 F_u = 400
ㄱ형강 SS275	F_y = 275 F_u = 410
4 열	
H400, H350x175	

도움표 3.1.1a 쌍ㄱ형강 볼트접합 설계강도 M20

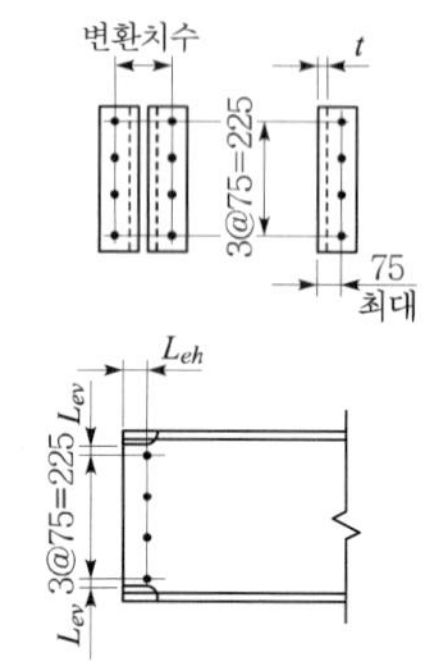

볼트 및 ㄱ형강[1] 설계강도, kN

볼트 등급	나사 조건	구멍 형태	ㄱ형강의 두께 (mm) 7	8	10	12
F8T	N	STD	535	603	603	603
	X	STD	535	611	754	754
	SC[2] (μ =0.5)	STD	528	528	528	528
		OVS	449	449	449	449
		SSLT	528	528	528	528
F10T	N	STD	535	611	754	754
	X	STD	535	611	764	917
	SC[2] (μ =0.5)	STD	535	611	660	660
		OVS	514	561	561	561
		SSLT	535	611	660	660

보웨브 단위 두께(mm)당 설계강도, kN/mm

구멍형태		STD		OVS		SSLT	
		L_{eh}[3], mm					
플랜지 따낸위치	L_{ev}, mm	40	45	40	45	40	45
상부플랜지 따낸보	30	38.9	40.5	38.6	40.2	38.3	39.9
	35	39.6	41.1	39.2	40.8	38.9	40.5
	40	40.2	41.7	39.9	41.4	39.6	41.1
	45	40.8	42.3	40.5	42.0	40.2	41.7
	50	41.4	42.9	41.1	42.6	40.8	42.3
	75	44.5	46.0	44.2	45.7	43.9	45.4
상 · 하부플랜지 따낸보	30	37.1	37.1	35.6	35.6	37.1	37.1
	35	38.2	38.2	36.7	36.7	38.2	38.2
	40	40.0	40.0	38.6	38.6	39.6	40.0
	45	40.8	41.9	40.4	40.4	40.2	41.7
	50	41.4	42.9	41.1	42.3	40.8	42.3
	75	44.5	46.0	44.2	45.7	43.9	45.4
따내지 않은 보		59.0	59.0	59.0	59.0	59.0	59.0

지지부재 단위두께(mm)당 설계강도

구멍형태	kN/mm
STD, OVS, SSLT	118

주 :
STD : 표준구멍, OVS : 대형구멍, SSLT : 하중방향에 직각인 단슬롯구멍
N : 전단면에 나사부포함, X : 전단면에 나사부불포함, SC : 마찰접합

1) 볼트간격 S=75mm (상부표 ; L_{eh}=35mm, L_{ev}=35mm)
2) SC의 값은 1개 이하의 필러를 사용한 경우 또는 필러 내에 하중분산을 위하여 볼트를 추가한 경우임 (h_f=1.0)
3) 제작시 보 길이의 오차(감소)를 감안하여 L_{eh}에서 5mm 감하여 계산함

보 SHN275	F_y = 275 F_u = 400	도움표 3.1.1a 쌍ㄱ형강 볼트접합 설계강도	M20
ㄱ형강 SS275	F_y = 275 F_u = 410		

도움표 3.1.1a 쌍ㄱ형강 볼트접합 설계강도 M20

3 열

H410, H350[4], H300

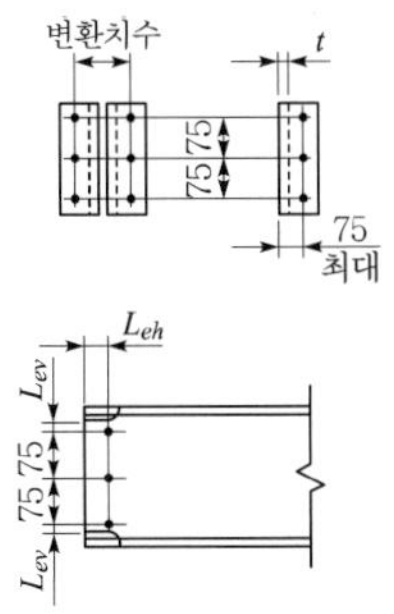

볼트 및 ㄱ형강[1] 설계강도, kN

볼트 등급	나사 조건	구멍 형태	ㄱ형강의 두께 (mm) 7	8	10	12
F8T	N	STD	398	452	452	452
	X	STD	398	455	565	565
	SC[2] (μ =0.5)	STD	396	396	396	396
		OVS	337	337	337	337
		SSLT	396	396	396	396
F10T	N	STD	398	455	565	565
	X	STD	398	455	568	682
	SC[2] (μ =0.5)	STD	398	455	495	495
		OVS	382	421	421	421
		SSLT	398	455	495	495

보웨브 단위 두께(mm)당 설계강도, kN/mm

구멍형태		STD		OVS		SSLT	
		L_{eh}[3], mm					
플랜지 따낸위치	L_{ev}, mm	40	45	40	45	40	45
상부플랜지 따낸보	30	29.7	31.2	29.2	30.8	29.0	30.6
	35	30.3	31.8	30.0	31.5	29.7	31.2
	40	30.9	32.4	30.6	32.1	30.3	31.8
	45	31.5	33.0	31.2	32.7	30.9	32.4
	50	32.1	33.7	31.8	33.4	31.5	33.1
	75	35.2	36.8	34.9	36.5	34.6	36.1
상 · 하부플랜지 따낸보	30	27.3	27.3	26.2	26.2	27.3	27.3
	35	28.4	28.4	27.3	27.3	28.4	28.4
	40	30.3	30.3	29.2	29.2	30.3	30.3
	45	31.5	32.1	31.0	31.0	30.9	32.1
	50	32.1	33.7	31.8	32.8	31.5	33.1
	75	35.2	36.8	34.9	36.5	34.6	36.1
따내지 않은 보		44.3	44.3	44.3	44.3	44.3	44.3

지지부재 단위두께(mm)당 설계강도

구멍형태	kN/mm
STD, OVS, SSLT	88.6

주 :
STD : 표준구멍, OVS : 대형구멍, SSLT : 하중방향에 직각인 단슬롯구멍
N : 전단면에 나사부포함, X : 전단면에 나사부불포함, SC : 마찰접합

1) 볼트간격 S=75mm (상부표 ; L_{eh}=35mm, L_{ev}=35mm)
2) SC의 값은 1개 이하의 필러를 사용한 경우 또는 필러 내에 하중분산을 위하여 볼트를 추가한 경우임 (h_f=1.0)
3) 제작시 보 길이의 오차(감소)를 감안하여 L_{eh}에서 5mm 감하여 계산함
4) H350x175는 볼트열 4열부터 가능

도움표 3.1.1a 쌍ㄱ형강 볼트접합 설계강도 — M20

보	F_y = 275
SHN275	F_u = 400
ㄱ형강	F_y = 275
SS275	F_u = 410
2 열	
H250, H210, H200	

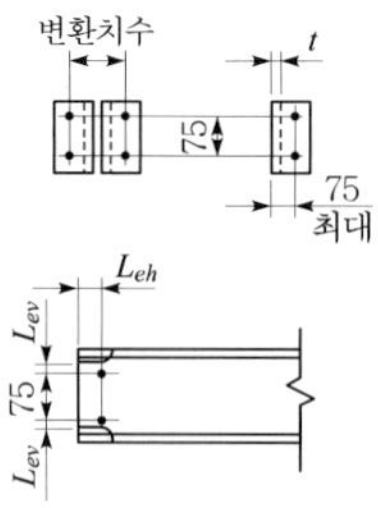

볼트 및 ㄱ형강[1] 설계강도, kN

볼트 등급	나사 조건	구멍 형태	ㄱ형강의 두께 (mm) 7	8	10	12
F8T	N	STD	261	298	301	301
	X	STD	261	298	373	377
	SC[2] (μ =0.5)	STD	261	264	264	264
		OVS	224	224	224	224
		SSLT	261	264	264	264
F10T	N	STD	261	298	373	377
	X	STD	261	298	373	447
	SC[2] (μ =0.5)	STD	261	298	330	330
		OVS	251	281	281	281
		SSLT	261	298	330	330

보웨브 단위 두께(mm)당 설계강도, kN/mm

구멍형태		STD		OVS		SSLT	
		L_{eh}[3], mm					
플랜지 따낸위치	L_{ev}, mm	40	45	40	45	40	45
상부플랜지 따낸보	30	20.4	21.8	19.8	21.3	19.8	21.3
	35	21.0	22.5	20.7	22.2	20.4	21.9
	40	21.6	23.1	21.3	22.8	21.0	22.5
	45	22.2	23.8	21.9	23.5	21.6	23.2
	50	22.8	24.4	22.5	24.1	22.2	23.8
	75	25.9	27.5	25.6	27.2	25.3	26.9
상·하부플랜지 따낸보	30	17.5	17.5	16.8	16.8	17.5	17.5
	35	18.6	18.6	17.9	17.9	18.6	18.6
	40	20.5	20.5	19.7	19.7	20.5	20.5
	45	22.2	22.3	21.6	21.6	21.6	22.3
	50	22.8	24.2	22.5	23.4	22.2	23.8
	75	25.9	27.5	25.6	27.2	25.3	26.9
따내지 않은 보		29.5	29.5	29.5	29.5	29.5	29.5

지지부재 단위두께(mm)당 설계강도

구멍형태	kN/mm
STD, OVS, SSLT	59.0

주 :
STD : 표준구멍, OVS : 대형구멍, SSLT : 하중방향에 직각인 단슬롯구멍
N : 전단면에 나사부포함, X : 전단면에 나사부불포함, SC : 마찰접합

1) 볼트간격 S=75mm (상부표 ; L_{eh}=35mm, L_{ev}=35mm)
2) SC의 값은 1개 이하의 필러를 사용한 경우 또는 필러 내에 하중분산을 위하여 볼트를 추가한 경우임 (h_f=1.0)
3) 제작시 보 길이의 오차(감소)를 감안하여 L_{eh}에서 5mm 감하여 계산함

보 SHN275	F_y = 275 F_u = 400	도움표 3.1.1a 쌍ㄱ형강 볼트접합 설계강도	M22
ㄱ형강 SS275	F_y = 275 F_u = 410		
12 열			

볼트 및 ㄱ형강[1] 설계강도, kN

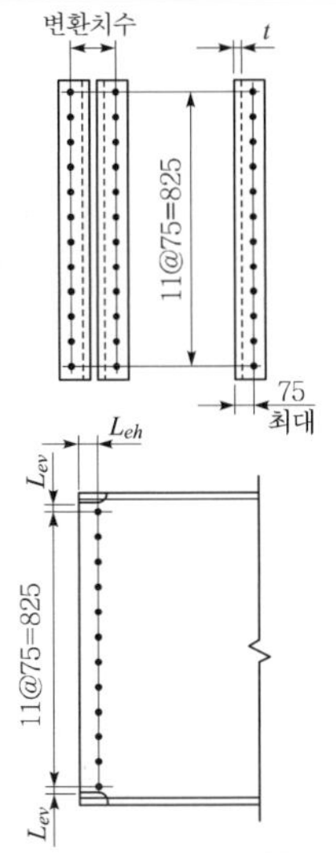

볼트 등급	나사 조건	구멍 형태	ㄱ형강의 두께 (mm) 7	8	10	12
F8T	N	STD	1570	1790	2190	2190
	X	STD	1570	1790	2240	2690
	SC[2] (μ =0.5)	STD	1570	1790	1920	1920
		OVS	1440	1630	1630	1630
		SSLT	1570	1790	1920	1920
F10T	N	STD	1570	1790	2240	2690
	X	STD	1570	1790	2240	2690
	SC[2] (μ =0.5)	STD	1570	1790	2240	2400
		OVS	1440	1650	2040	2040
		SSLT	1570	1790	2240	2400

보웨브 단위 두께(mm)당 설계강도, kN/mm

구멍형태		STD		OVS		SSLT	
		L_{eh}[3], mm					
플랜지 따낸위치	L_{ev}, mm	40	45	40	45	40	45
상부플랜지 따낸보	30	113	114	105	106	112	113
	35	113	115	106	107	113	114
	40	114	116	107	108	113	115
	45	115	116	108	109	114	115
	50	115	117	108	110	114	116
	75	118	120	113	115	118	119
상 · 하부플랜지 따낸보	30	111	111	102	102	111	111
	35	112	112	103	103	112	112
	40	114	114	105	105	113	114
	45	115	116	107	107	114	115
	50	115	117	108	109	114	116
	75	118	120	113	115	118	119
따내지 않은 보		195	195	195	195	195	195

지지부재 단위두께(mm)당 설계강도

구멍형태	kN/mm
STD, OVS, SSLT	390

주 :
STD : 표준구멍, OVS : 대형구멍, SSLT : 하중방향에 직각인 단슬롯구멍
N : 전단면에 나사부 포함, X : 전단면에 나사부 포함되지 않음, SC : 마찰접합

1) 볼트간격 S=75mm (상부표 ; L_{eh}=35mm, L_{ev}=35mm)
2) SC의 값은 1개 이하의 필러를 사용한 경우 또는 필러 내에 하중분산을 위하여 볼트를 추가한 경우임 (h_f=1.0)
3) 제작시 보 길이의 오차(감소)를 감안하여 L_{eh}에서 5mm 감하여 계산함

보 SHN275	F_y = 275 F_u = 400
ㄱ형강 SS275	F_y = 275 F_u = 410
11 열	

도움표 3.1.1a 쌍ㄱ형강 볼트접합 설계강도 M22

볼트 및 ㄱ형강[1] 설계강도, kN

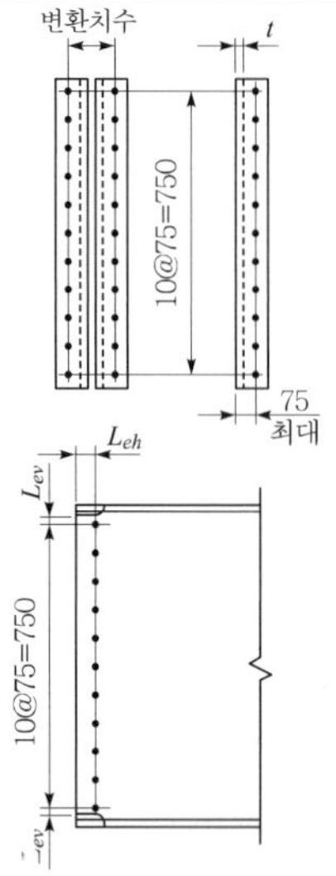

볼트 등급	나사 조건	구멍 형태	ㄱ형강의 두께 (mm) 7	8	10	12
F8T	N	STD	1440	1640	2010	2010
	X	STD	1440	1640	2050	2460
	SC[2] (μ =0.5)	STD	1440	1640	1760	1760
		OVS	1320	1500	1500	1500
		SSLT	1440	1640	1760	1760
F10T	N	STD	1440	1640	2050	2460
	X	STD	1440	1640	2050	2460
	SC[2] (μ =0.5)	STD	1440	1640	2050	2200
		OVS	1320	1510	1870	1870
		SSLT	1440	1640	2050	2200

보웨브 단위 두께(mm)당 설계강도, kN/mm

구멍형태		STD		OVS		SSLT	
		L_{eh}[3], mm					
플랜지 따낸위치	L_{ev}, mm	40	45	40	45	40	45
상부플랜지 따낸보	30	104	105	96.1	97.7	103	104
	35	104	106	97.0	98.6	103	105
	40	105	106	98.0	99.5	104	105
	45	105	107	98.9	100	105	106
	50	106	108	99.8	101	105	107
	75	109	111	104	106	108	110
상 · 하부플랜지 따낸보	30	101	101	93.4	93.4	101	101
	35	103	103	94.5	94.5	103	103
	40	104	104	96.3	96.3	104	104
	45	105	106	98.2	98.2	105	106
	50	106	108	99.8	100.0	105	107
	75	109	111	104	106	108	110
따내지 않은 보		179	179	179	179	179	179

지지부재 단위두께(mm)당 설계강도

구멍형태	kN/mm
STD, OVS, SSLT	357

주 :
STD : 표준구멍, OVS : 대형구멍, SSLT : 하중방향에 직각인 단슬롯구멍
N : 전단면에 나사부포함, X : 전단면에 나사부불포함, SC : 마찰접합

1) 볼트간격 S=75mm (상부표 ; L_{eh}=35mm, L_{ev}=35mm)
2) SC의 값은 1개 이하의 필러를 사용한 경우 또는 필러 내에 하중분산을 위하여 볼트를 추가한 경우임 (h_f=1.0)
3) 제작시 보 길이의 오차(감소)를 감안하여 L_{eh}에서 5mm 감하여 계산함

보 SHN275	F_y = 275 F_u = 400	도움표 3.1.1a 쌍ㄱ형강 볼트접합 설계강도	M22
ㄱ형강 SS275	F_y = 275 F_u = 410		

10 열

H950, H900, H850

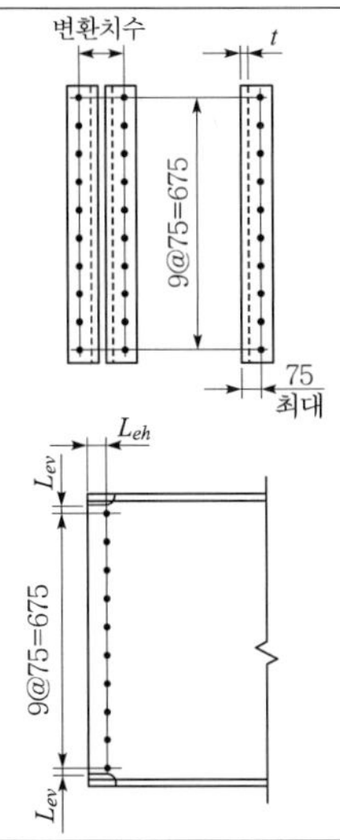

볼트 및 ㄱ형강[1] 설계강도, kN

볼트 등급	나사 조건	구멍 형태	ㄱ형강의 두께 (mm) 7	8	10	12
F8T	N	STD	1300	1490	1820	1820
	X	STD	1300	1490	1860	2240
	SC[2] (μ =0.5)	STD	1300	1490	1600	1600
		OVS	1200	1360	1360	1360
		SSLT	1300	1490	1600	1600
F10T	N	STD	1300	1490	1860	2240
	X	STD	1300	1490	1860	2240
	SC[2] (μ =0.5)	STD	1300	1490	1860	2000
		OVS	1200	1370	1700	1700
		SSLT	1300	1490	1860	2000

보웨브 단위 두께(mm)당 설계강도, kN/mm

구멍형태		STD		OVS		SSLT	
		L_{eh}[3], mm					
플랜지 따낸위치	L_{ev}, mm	40	45	40	45	40	45
상부플랜지 따낸보	30	94.3	95.9	87.5	89.0	93.4	94.9
	35	94.9	96.5	88.4	89.9	94.0	95.6
	40	95.6	97.1	89.3	90.8	94.6	96.2
	45	96.2	97.7	90.2	91.8	95.3	96.8
	50	96.8	98.3	91.1	92.7	95.9	97.4
	75	99.9	101	95.8	97.3	99.0	101
상 · 하부플랜지 따낸보	30	92.1	92.1	84.7	84.7	92.1	92.1
	35	93.2	93.2	85.8	85.8	93.2	93.2
	40	95.0	95.0	87.6	87.6	94.6	95.0
	45	96.2	96.9	89.5	89.5	95.3	96.8
	50	96.8	98.3	91.1	91.3	95.9	97.4
	75	99.9	101	95.8	97.3	99.0	101
따내지 않은 보		162	162	162	162	162	162

지지부재 단위두께(mm)당 설계강도

구멍형태	kN/mm
STD, OVS, SSLT	325

주 :
STD : 표준구멍, OVS : 대형구멍, SSLT : 하중방향에 직각인 단슬롯구멍
N : 전단면에 나사부포함, X : 전단면에 나사부불포함, SC : 마찰접합

1) 볼트간격 S=75mm (상부표 ; L_{eh}=35mm, L_{ev}=35mm)
2) SC의 값은 1개 이하의 필러를 사용한 경우 또는 필러 내에 하중분산을 위하여 볼트를 추가한 경우임 (h_f=1.0)
3) 제작시 보 길이의 오차(감소)를 감안하여 L_{eh}에서 5mm 감하여 계산함

보 SHN275	F_y = 275 F_u = 400	도움표 3.1.1a 쌍ㄱ형강 볼트접합 설계강도	M22
ㄱ형강 SS275	F_y = 275 F_u = 410		
9 열	H800, H750		

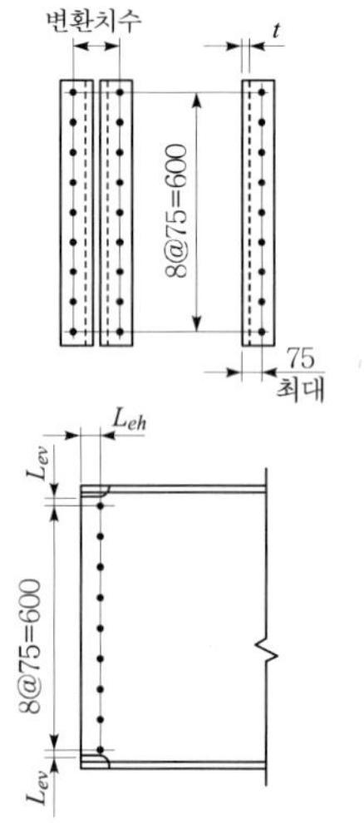

볼트 및 ㄱ형강[1] 설계강도, kN

볼트 등급	나사 조건	구멍 형태	ㄱ형강의 두께 (mm) 7	8	10	12
F8T	N	STD	1170	1340	1640	1640
	X	STD	1170	1340	1680	2010
	SC[2] (μ =0.5)	STD	1170	1340	1440	1440
		OVS	1080	1220	1220	1220
		SSLT	1170	1340	1440	1440
F10T	N	STD	1170	1340	1680	2010
	X	STD	1170	1340	1680	2010
	SC[2] (μ =0.5)	STD	1170	1340	1680	1800
		OVS	1080	1230	1530	1530
		SSLT	1170	1340	1680	1800

보웨브 단위 두께(mm)당 설계강도, kN/mm

구멍형태		STD		OVS		SSLT	
		L_{eh}[3], mm					
플랜지 따낸위치	L_{ev}, mm	40	45	40	45	40	45
상부플랜지 따낸보	30	85.0	86.6	78.8	80.3	84.1	85.7
	35	85.7	87.2	79.7	81.2	84.7	86.3
	40	86.3	87.8	80.6	82.2	85.4	86.9
	45	86.9	88.4	81.5	83.1	86.0	87.5
	50	87.5	89.0	82.5	84.0	86.6	88.1
	75	90.6	92.1	87.1	88.6	89.7	91.2
상 · 하부플랜지 따낸보	30	82.7	82.7	76.0	76.0	82.7	82.7
	35	83.8	83.8	77.1	77.1	83.8	83.8
	40	85.6	85.6	79.0	79.0	85.4	85.6
	45	86.9	87.5	80.8	80.8	86.0	87.5
	50	87.5	89.0	82.5	82.7	86.6	88.1
	75	90.6	92.1	87.1	88.6	89.7	91.2
따내지 않은 보		146	146	146	146	146	146

지지부재 단위두께(mm)당 설계강도

구멍형태	kN/mm
STD, OVS, SSLT	292

주 :
STD : 표준구멍, OVS : 대형구멍, SSLT : 하중방향에 직각인 단슬롯구멍
N : 전단면에 나사부포함, X : 전단면에 나사부불포함, SC : 마찰접합

1) 볼트간격 S=75mm (상부표 ; L_{eh}=35mm, L_{ev}=35mm)
2) SC의 값은 1개 이하의 필러를 사용한 경우 또는 필러 내에 하중분산을 위하여 볼트를 추가한 경우임 (h_f=1.0)
3) 제작시 보 길이의 오차(감소)를 감안하여 L_{eh}에서 5mm 감하여 계산함

보 SHN275	F_y = 275 F_u = 400
ㄱ형강 SS275	F_y = 275 F_u = 410
8 열	
H700x250, H700x300	

도움표 3.1.1a 쌍ㄱ형강 볼트접합 설계강도

M22

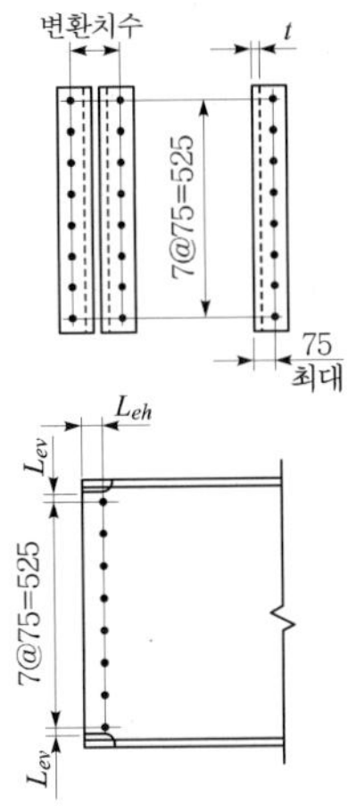

볼트 및 ㄱ형강[1) 설계강도, kN

볼트 등급	나사 조건	구멍 형태	ㄱ형강의 두께 (mm) 7	8	10	12
F8T	N	STD	1040	1190	1460	1460
	X	STD	1040	1190	1490	1780
	SC[2) (μ =0.5)	STD	1040	1190	1280	1280
		OVS	958	1090	1090	1090
		SSLT	1040	1190	1280	1280
F10T	N	STD	1040	1190	1490	1780
	X	STD	1040	1190	1490	1780
	SC[2) (μ =0.5)	STD	1040	1190	1490	1600
		OVS	958	1100	1360	1360
		SSLT	1040	1190	1490	1600

보웨브 단위 두께(mm)당 설계강도, kN/mm

구멍형태		STD		OVS		SSLT	
		L_{eh}[3), mm					
플랜지 따낸위치	L_{ev}, mm	40	45	40	45	40	45
상부플랜지 따낸보	30	75.8	77.3	70.1	71.6	74.8	76.4
	35	76.4	77.9	71.0	72.6	75.5	77.0
	40	77.0	78.5	72.0	73.5	76.1	77.6
	45	77.6	79.1	72.9	74.4	76.7	78.2
	50	78.2	79.8	73.8	75.3	77.3	78.8
	75	81.3	82.9	78.4	80.0	80.4	81.9
상·하부플랜지 따낸보	30	73.2	73.2	67.3	67.3	73.2	73.2
	35	74.4	74.4	68.4	68.4	74.4	74.4
	40	76.2	76.2	70.3	70.3	76.1	76.2
	45	77.6	78.0	72.1	72.1	76.7	78.0
	50	78.2	79.8	73.8	74.0	77.3	78.8
	75	81.3	82.9	78.4	80.0	80.4	81.9
따내지 않은 보		130	130	130	130	130	130

지지부재 단위두께(mm)당 설계강도

구멍형태	kN/mm
STD, OVS, SSLT	260

주 :
STD : 표준구멍, OVS : 대형구멍, SSLT : 하중방향에 직각인 단슬롯구멍
N : 전단면에 나사부포함, X : 전단면에 나사부불포함, SC : 마찰접합

1) 볼트간격 S=75mm (상부표 ; L_{eh}=35mm, L_{ev}=35mm)
2) SC의 값은 1개 이하의 필러를 사용한 경우 또는 필러 내에 하중분산을 위하여 볼트를 추가한 경우임 (h_f=1.0)
3) 제작시 보 길이의 오차(감소)를 감안하여 L_{eh}에서 5mm 감하여 계산함

보 SHN275	F_y = 275 F_u = 400
ㄱ형강 SS275	F_y = 275 F_u = 410
7 열	
H650, H600x200, H600x180	

도움표 3.1.1a 쌍ㄱ형강 볼트접합 설계강도 **M22**

볼트 및 ㄱ형강[1] 설계강도, kN

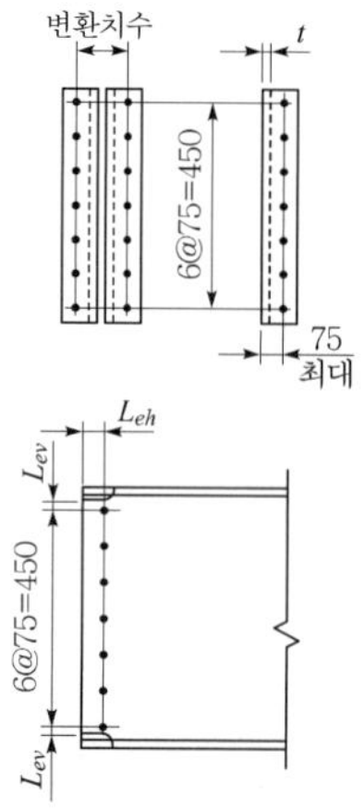

볼트 등급	나사 조건	구멍 형태	ㄱ형강의 두께 (mm) 7	8	10	12
F8T	N	STD	909	1040	1280	1280
	X	STD	909	1040	1300	1560
	SC[2] (μ =0.5)	STD	909	1040	1120	1120
		OVS	837	952	952	952
		SSLT	909	1040	1120	1120
F10T	N	STD	909	1040	1300	1560
	X	STD	909	1040	1300	1560
	SC[2] (μ =0.5)	STD	909	1040	1300	1400
		OVS	837	956	1190	1190
		SSLT	909	1040	1300	1400

보웨브 단위 두께(mm)당 설계강도, kN/mm

구멍형태		STD		OVS		SSLT	
		L_{eh}[3], mm					
플랜지 따낸위치	L_{ev}, mm	40	45	40	45	40	45
상부플랜지 따낸보	30	66.5	68.0	61.4	63.0	65.6	67.1
	35	67.1	68.6	62.4	63.9	66.2	67.7
	40	67.7	69.2	63.3	64.8	66.8	68.3
	45	68.3	69.9	64.2	65.7	67.4	68.9
	50	68.9	70.5	65.1	66.7	68.0	69.6
	75	72.0	73.6	69.7	71.3	71.1	72.7
상 · 하부플랜지 따낸보	30	63.8	63.8	58.7	58.7	63.8	63.8
	35	64.9	64.9	59.8	59.8	64.9	64.9
	40	66.8	66.8	61.6	61.6	66.8	66.8
	45	68.3	68.6	63.5	63.5	67.4	68.6
	50	68.9	70.5	65.1	65.3	68.0	69.6
	75	72.0	73.6	69.7	71.3	71.1	72.7
따내지 않은 보		114	114	114	114	114	114

지지부재 단위두께(mm)당 설계강도

구멍형태	kN/mm
STD, OVS, SSLT	227

주 :
STD : 표준구멍, OVS : 대형구멍, SSLT : 하중방향에 직각인 단슬롯구멍
N : 전단면에 나사부포함, X : 전단면에 나사부불포함, SC : 마찰접합

1) 볼트간격 S=75mm (상부표 ; L_{eh}=35mm, L_{ev}=35mm)
2) SC의 값은 1개 이하의 필러를 사용한 경우 또는 필러 내에 하중분산을 위하여 볼트를 추가한 경우임 (h_f=1.0)
3) 제작시 보 길이의 오차(감소)를 감안하여 L_{eh}에서 5mm 감하여 계산함

보 SHN275	F_y = 275, F_u = 400
ㄱ형강 SS275	F_y = 275, F_u = 410
6 열	H600x300, H550, H530

도움표 3.1.1a 쌍ㄱ형강 볼트접합 설계강도 — M22

볼트 및 ㄱ형강[1] 설계강도, kN

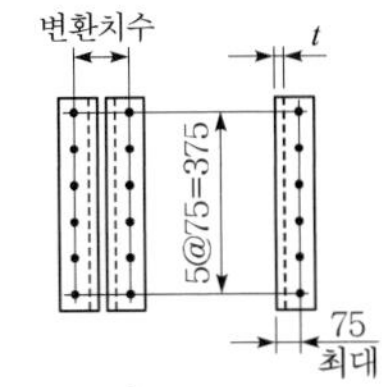

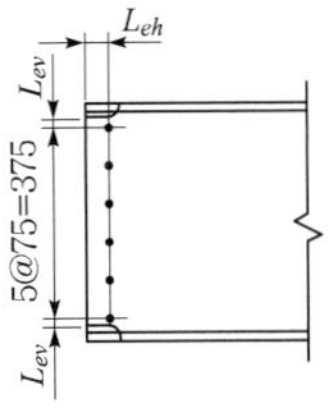

볼트 등급	나사 조건	구멍 형태	ㄱ형강의 두께 (mm) 7	8	10	12
F8T	N	STD	777	889	1090	1090
	X	STD	777	889	1110	1330
	SC[2] (μ =0.5)	STD	777	889	960	960
		OVS	715	816	816	816
		SSLT	777	889	960	960
F10T	N	STD	777	889	1110	1330
	X	STD	777	889	1110	1330
	SC[2] (μ =0.5)	STD	777	889	1110	1200
		OVS	715	818	1020	1020
		SSLT	777	889	1110	1200

보웨브 단위 두께(mm)당 설계강도, kN/mm

구멍형태		STD		OVS		SSLT	
		L_{eh}[3], mm					
플랜지 따낸위치	L_{ev}, mm	40	45	40	45	40	45
상부플랜지 따낸보	30	57.2	58.7	52.8	54.3	56.3	57.8
	35	57.8	59.3	53.7	55.2	56.9	58.4
	40	58.4	60.0	54.6	56.1	57.5	59.0
	45	59.0	60.6	55.5	57.1	58.1	59.7
	50	59.7	61.2	56.5	58.0	58.7	60.3
	75	62.8	64.3	61.1	62.6	61.8	63.4
상 · 하부플랜지 따낸보	30	54.4	54.4	50.0	50.0	54.4	54.4
	35	55.5	55.5	51.1	51.1	55.5	55.5
	40	57.4	57.4	53.0	53.0	57.4	57.4
	45	59.0	59.2	54.8	54.8	58.1	59.2
	50	59.7	61.1	56.5	56.6	58.7	60.3
	75	62.8	64.3	61.1	62.6	61.8	63.4
따내지 않은 보		97.4	97.4	97.4	97.4	97.4	97.4

지지부재 단위두께(mm)당 설계강도

구멍형태	kN/mm
STD, OVS, SSLT	195

주 :
STD : 표준구멍, OVS : 대형구멍, SSLT : 하중방향에 직각인 단슬롯구멍
N : 전단면에 나사부포함, X : 전단면에 나사부불포함, SC : 마찰접합

1) 볼트간격 S=75mm (상부표 ; L_{eh}=35mm, L_{ev}=35mm)
2) SC의 값은 1개 이하의 필러를 사용한 경우 또는 필러 내에 하중분산을 위하여 볼트를 추가한 경우임 (h_f=1.0)
3) 제작시 보 길이의 오차(감소)를 감안하여 L_{eh}에서 5mm 감하여 계산함

보 SHN275	F_y = 275 F_u = 400	도움표 3.1.1a 쌍ㄱ형강 볼트접합 설계강도	M22
ㄱ형강 SS275	F_y = 275 F_u = 410		

5 열

H520, H500, H450

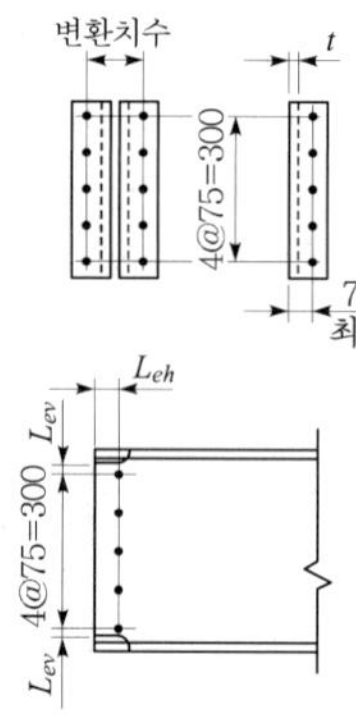

볼트 및 ㄱ형강[1] 설계강도, kN

볼트 등급	나사 조건	구멍 형태	ㄱ형강의 두께 (mm)			
			7	8	10	12
F8T	N	STD	646	738	912	912
	X	STD	646	738	923	1110
	SC[2] (μ =0.5)	STD	646	738	800	800
		OVS	594	679	680	680
		SSLT	646	738	800	800
F10T	N	STD	646	738	923	1110
	X	STD	646	738	923	1110
	SC[2] (μ =0.5)	STD	646	738	923	1000
		OVS	594	679	849	850
		SSLT	646	738	923	1000

보웨브 단위 두께(mm)당 설계강도, kN/mm

구멍형태		STD		OVS		SSLT	
		L_{eh}[3], mm					
플랜지 따낸위치	L_{ev}, mm	40	45	40	45	40	45
상부플랜지 따낸보	30	47.9	49.4	44.1	45.6	47.0	48.5
	35	48.5	50.1	45.0	46.6	47.6	49.1
	40	49.1	50.7	45.9	47.5	48.2	49.8
	45	49.8	51.3	46.9	48.4	48.8	50.4
	50	50.4	51.9	47.8	49.3	49.5	51.0
	75	53.5	55.0	52.4	53.9	52.6	54.1
상 · 하부플랜지 따낸보	30	45.0	45.0	41.3	41.3	45.0	45.0
	35	46.1	46.1	42.4	42.4	46.1	46.1
	40	48.0	48.0	44.3	44.3	48.0	48.0
	45	49.8	49.8	46.1	46.1	48.8	49.8
	50	50.4	51.7	47.8	48.0	49.5	51.0
	75	53.5	55.0	52.4	53.9	52.6	54.1
따내지 않은 보		81.2	81.2	81.2	81.2	81.2	81.2

지지부재 단위두께(mm)당 설계강도

구멍형태	kN/mm
STD, OVS, SSLT	162

주 :
STD : 표준구멍, OVS : 대형구멍, SSLT : 하중방향에 직각인 단슬롯구멍
N : 전단면에 나사부포함, X : 전단면에 나사부불포함, SC : 마찰접합

1) 볼트간격 S=75mm (상부표 ; L_{eh}=35mm, L_{ev}=35mm)
2) SC의 값은 1개 이하의 필러를 사용한 경우 또는 필러 내에 하중분산을 위하여 볼트를 추가한 경우임 (h_f=1.0)
3) 제작시 보 길이의 오차(감소)를 감안하여 L_{eh}에서 5mm 감하여 계산함

보 SHN275	F_y = 275 F_u = 400
ㄱ형강 SS275	F_y = 275 F_u = 410
4 열	
H400, H350x175	

도움표 3.1.1a 쌍ㄱ형강 볼트접합 설계강도 **M22**

볼트 및 ㄱ형강[1] 설계강도, kN

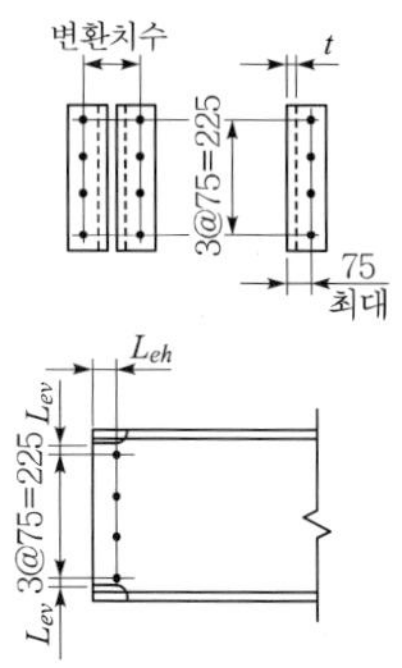

볼트 등급	나사 조건	구멍 형태	ㄱ형강의 두께 (mm) 7	8	10	12
F8T	N	STD	514	587	730	730
	X	STD	514	587	734	881
	SC[2] (μ =0.5)	STD	514	587	640	640
		OVS	473	540	544	544
		SSLT	514	587	640	640
F10T	N	STD	514	587	734	881
	X	STD	514	587	734	881
	SC[2] (μ =0.5)	STD	514	587	734	800
		OVS	473	540	675	680
		SSLT	514	587	734	800

보웨브 단위 두께(mm)당 설계강도, kN/mm

구멍형태		STD		OVS		SSLT	
		L_{eh}[3], mm					
플랜지 따낸위치	L_{ev}, mm	40	45	40	45	40	45
상부플랜지 따낸보	30	38.6	40.2	35.4	37.0	37.7	39.2
	35	39.2	40.8	36.3	37.9	38.3	39.9
	40	39.9	41.4	37.3	38.8	38.9	40.5
	45	40.5	42.0	38.2	39.7	39.6	41.1
	50	41.1	42.6	39.1	40.7	40.2	41.7
	75	44.2	45.7	43.6	45.1	43.3	44.8
상·하부플랜지 따낸보	30	35.6	35.6	32.7	32.7	35.6	35.6
	35	36.7	36.7	33.8	33.8	36.7	36.7
	40	38.6	38.6	35.6	35.6	38.6	38.6
	45	40.4	40.4	37.5	37.5	39.6	40.4
	50	41.1	42.3	39.1	39.3	40.2	41.7
	75	44.2	45.7	43.6	45.1	43.3	44.8
따내지 않은 보		64.9	64.9	64.9	64.9	64.9	64.9

지지부재 단위두께(mm)당 설계강도

구멍형태	kN/mm
STD, OVS, SSLT	130

주 :
STD : 표준구멍, OVS : 대형구멍, SSLT : 하중방향에 직각인 단슬롯구멍
N : 전단면에 나사부포함, X : 전단면에 나사부불포함, SC : 마찰접합

1) 볼트간격 S=75mm (상부표 ; L_{eh}=35mm, L_{ev}=35mm)
2) SC의 값은 1개 이하의 필러를 사용한 경우 또는 필러 내에 하중분산을 위하여 볼트를 추가한 경우임 (h_f=1.0)
3) 제작시 보 길이의 오차(감소)를 감안하여 L_{eh}에서 5mm 감하여 계산함

보 SHN275	F_y = 275 F_u = 400	도움표 3.1.1a 쌍ㄱ형강 볼트접합 설계강도	M22
ㄱ형강 SS275	F_y = 275 F_u = 410		

도움표 3.1.1a 쌍ㄱ형강 볼트접합 설계강도 — M22

3 열

H410, H350[4], H300

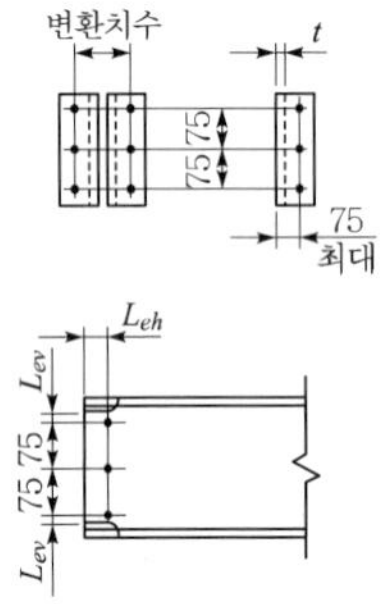

볼트 및 ㄱ형강[1] 설계강도, kN

볼트 등급	나사 조건	구멍 형태	ㄱ형강의 두께 (mm) 7	8	10	12
F8T	N	STD	382	437	546	547
	X	STD	382	437	546	655
	SC[2] (μ =0.5)	STD	382	437	480	480
		OVS	351	401	408	408
		SSLT	382	437	480	480
F10T	N	STD	382	437	546	655
	X	STD	382	437	546	655
	SC[2] (μ =0.5)	STD	382	437	546	600
		OVS	351	401	502	510
		SSLT	382	437	546	600

보웨브 단위 두께(mm)당 설계강도, kN/mm

구멍형태		STD		OVS		SSLT	
		L_{eh}[3], mm					
플랜지 따낸위치	L_{ev}, mm	40	45	40	45	40	45
상부플랜지 따낸보	30	29.2	30.8	26.8	28.3	28.3	29.8
	35	30.0	31.5	27.7	29.2	29.0	30.6
	40	30.6	32.1	28.6	30.1	29.7	31.2
	45	31.2	32.7	29.5	31.1	30.3	31.8
	50	31.8	33.4	30.4	32.0	30.9	32.4
	75	34.9	36.5	34.3	35.8	34.0	35.5
상·하부플랜지 따낸보	30	26.2	26.2	24.0	24.0	26.2	26.2
	35	27.3	27.3	25.1	25.1	27.3	27.3
	40	29.2	29.2	26.9	26.9	29.2	29.2
	45	31.0	31.0	28.8	28.8	30.3	31.0
	50	31.8	32.8	30.4	30.6	30.9	32.4
	75	34.9	36.5	34.3	35.8	34.0	35.5
따내지 않은 보		48.7	48.7	48.7	48.7	48.7	48.7

지지부재 단위두께(mm)당 설계강도

구멍형태	kN/mm
STD, OVS, SSLT	97.4

주 :
STD : 표준구멍, OVS : 대형구멍, SSLT : 하중방향에 직각인 단슬롯구멍
N : 전단면에 나사부포함, X : 전단면에 나사부불포함, SC : 마찰접합

1) 볼트간격 S=75mm (상부표 ; L_{eh}=35mm, L_{ev}=35mm)
2) SC의 값은 1개 이하의 필러를 사용한 경우 또는 필러 내에 하중분산을 위하여 볼트를 추가한 경우임 (h_f=1.0)
3) 제작시 보 길이의 오차(감소)를 감안하여 L_{eh}에서 5mm 감하여 계산함
4) H350x175는 볼트열 4열부터 가능

보 SHN275	F_y = 275	F_u = 400
ㄱ형강 SS275	F_y = 275	F_u = 410

도움표 3.1.1a 쌍ㄱ형강 볼트접합 설계강도 M22

2 열

H250, H210, H200

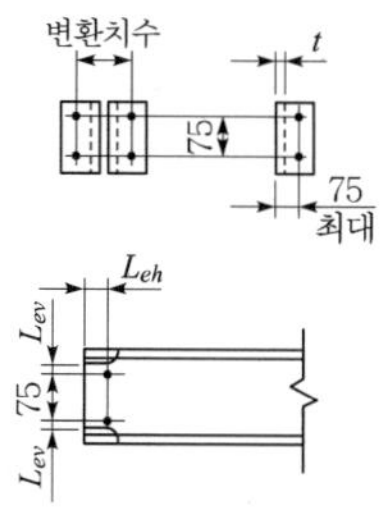

볼트 및 ㄱ형강[1] 설계강도, kN

볼트 등급	나사 조건	구멍 형태	ㄱ형강의 두께 (mm) 7	8	10	12
F8T	N	STD	251	286	358	365
	X	STD	251	286	358	430
	SC[2] (μ =0.5)	STD	251	286	320	320
		OVS	230	263	272	272
		SSLT	251	286	320	320
F10T	N	STD	251	286	358	430
	X	STD	251	286	358	430
	SC[2] (μ =0.5)	STD	251	286	358	400
		OVS	230	263	328	340
		SSLT	251	286	358	400

보웨브 단위 두께(mm)당 설계강도, kN/mm

구멍형태		STD		OVS		SSLT	
		L_{eh}[3], mm					
플랜지 따낸위치	L_{ev}, mm	40	45	40	45	40	45
상부플랜지 따낸보	30	19.8	21.3	18.1	19.6	18.9	20.4
	35	20.7	22.2	19.0	20.5	19.8	21.3
	40	21.3	22.8	19.9	21.5	20.4	21.9
	45	21.9	23.5	20.8	22.4	21.0	22.5
	50	22.5	24.1	21.8	23.3	21.6	23.2
	75	25.6	27.2	25.0	26.6	24.7	26.3
상 · 하부플랜지 따낸보	30	16.8	16.8	15.3	15.3	16.8	16.8
	35	17.9	17.9	16.4	16.4	17.9	17.9
	40	19.7	19.7	18.3	18.3	19.7	19.7
	45	21.6	21.6	20.1	20.1	21.0	21.6
	50	22.5	23.4	21.8	22.0	21.6	23.2
	75	25.6	27.2	25.0	26.6	24.7	26.3
따내지 않은 보		32.5	32.5	32.5	32.5	32.5	32.5

지지부재 단위두께(mm)당 설계강도

구멍형태	kN/mm
STD, OVS, SSLT	64.9

주 :
STD : 표준구멍, OVS : 대형구멍, SSLT : 하중방향에 직각인 단슬롯구멍
N : 전단면에 나사부포함, X : 전단면에 나사부불포함, SC : 마찰접합

1) 볼트간격 S=75mm (상부표 ; L_{eh}=35mm, L_{ev}=35mm)
2) SC의 값은 1개 이하의 필러를 사용한 경우 또는 필러 내에 하중분산을 위하여 볼트를 추가한 경우임 (h_f=1.0)
3) 제작시 보 길이의 오차(감소)를 감안하여 L_{eh}에서 5mm 감하여 계산함

보 SHN275	F_y = 275
	F_u = 400
ㄱ형강 SS275	F_y = 275
	F_u = 410

도움표 3.1.1a 쌍ㄱ형강 볼트접합 설계강도

M24

12 열

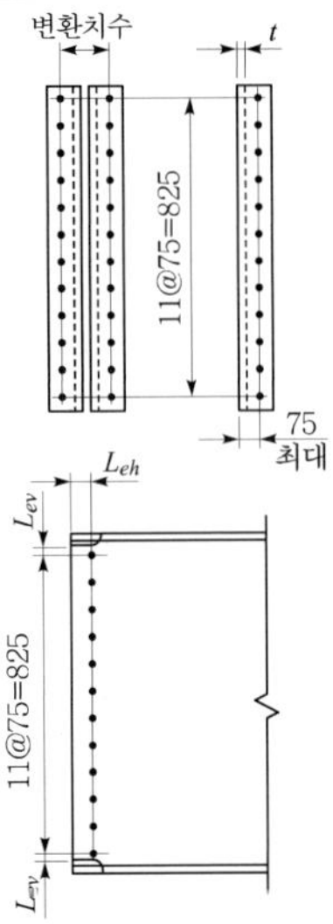

볼트 및 ㄱ형강[1] 설계강도, kN

볼트 등급	나사 조건	구멍 형태	ㄱ형강의 두께 (mm) 7	8	10	12
F8T	N	STD	1470	1690	2110	2530
	X	STD	1470	1690	2110	2530
	SC[2] (μ =0.5)	STD	1470	1690	2110	2280
		OVS	1380	1580	1940	1940
		SSLT	1470	1690	2110	2280
F10T	N	STD	1470	1690	2110	2530
	X	STD	1470	1690	2110	2530
	SC[2] (μ =0.5)	STD	1470	1690	2110	2530
		OVS	1380	1580	1970	2370
		SSLT	1470	1690	2110	2530

보웨브 단위 두께(mm)당 설계강도, kN/mm

구멍형태		STD		OVS		SSLT	
		L_{eh}[3], mm					
플랜지 따낸위치	L_{ev}, mm	40	45	40	45	40	45
상부플랜지 따낸보	30	107	109	100	102	106	108
	35	108	110	101	103	107	109
	40	109	110	102	104	108	110
	45	110	111	103	105	109	111
	50	111	112	104	105	110	112
	75	115	117	109	110	115	116
상 · 하부플랜지 따낸보	30	104	104	97.6	97.6	104	104
	35	105	105	98.7	98.7	105	105
	40	107	107	101	101	107	107
	45	109	109	102	102	109	109
	50	111	111	104	104	110	111
	75	115	117	109	110	115	116
따내지 않은 보		213	213	200	200	213	213

지지부재 단위두께(mm)당 설계강도

구멍형태	kN/mm
STD, SSLT	425
OVS	401

주 :
STD : 표준구멍, OVS : 대형구멍, SSLT : 하중방향에 직각인 단슬롯구멍
N : 전단면에 나사부 포함, X : 전단면에 나사부 포함되지 않음, SC : 마찰접합

1) 볼트간격 S=75mm (상부표 ; L_{eh}=35mm, L_{ev}=35mm)
2) SC의 값은 1개 이하의 필러를 사용한 경우 또는 필러 내에 하중분산을 위하여 볼트를 추가한 경우임 (h_f=1.0)
3) 제작시 보 길이의 오차(감소)를 감안하여 L_{eh}에서 5mm 감하여 계산함

보 SHN275	F_y = 275, F_u = 400
ㄱ형강 SS275	F_y = 275, F_u = 410
11 열	

도움표 3.1.1a 쌍ㄱ형강 볼트접합 설계강도 M24

볼트 및 ㄱ형강[1] 설계강도, kN

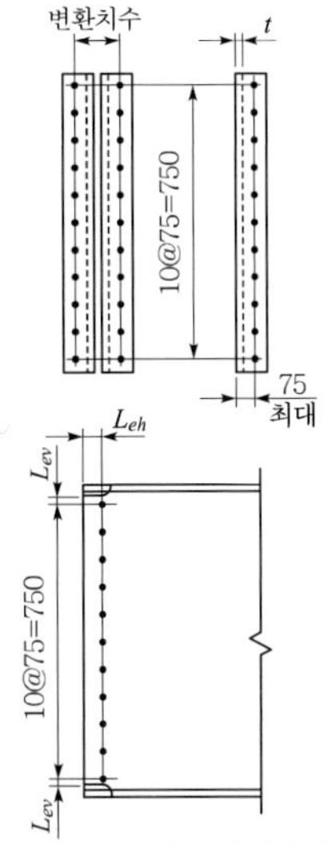

볼트 등급	나사 조건	구멍 형태	ㄱ형강의 두께 (mm) 7	8	10	12
F8T	N	STD	1350	1540	1930	2320
	X	STD	1350	1540	1930	2320
	SC[2] (μ =0.5)	STD	1350	1540	1930	2090
		OVS	1270	1450	1780	1780
		SSLT	1350	1540	1930	2090
F10T	N	STD	1350	1540	1930	2320
	X	STD	1350	1540	1930	2320
	SC[2] (μ =0.5)	STD	1350	1540	1930	2320
		OVS	1270	1450	1810	2170
		SSLT	1350	1540	1930	2320

보웨브 단위 두께(mm)당 설계강도, kN/mm

구멍형태		STD		OVS		SSLT	
		L_{eh}[3], mm					
플랜지 따낸위치	L_{ev}, mm	40	45	40	45	40	45
상부플랜지 따낸보	30	98.2	99.8	91.9	93.5	97.4	99.0
	35	99.1	101	92.9	94.4	98.4	99.9
	40	100	102	93.8	95.3	99.3	101
	45	101	103	94.7	96.2	100	102
	50	102	103	95.6	97.2	101	103
	75	107	108	100	102	106	107
상 · 하부플랜지 따낸보	30	95.4	95.4	89.3	89.3	95.4	95.4
	35	96.5	96.5	90.4	90.4	96.5	96.5
	40	98.3	98.3	92.3	92.3	98.3	98.3
	45	100	100	94.1	94.1	100	100
	50	102	102	95.6	95.9	101	102
	75	107	108	100	102	106	107
따내지 않은 보		195	195	184	184	195	195

지지부재 단위두께(mm)당 설계강도

구멍형태	kN/mm
STD, SSLT	390
OVS	368

주 :
STD : 표준구멍, OVS : 대형구멍, SSLT : 하중방향에 직각인 단슬롯구멍
N : 전단면에 나사부포함, X : 전단면에 나사부불포함, SC : 마찰접합

1) 볼트간격 S=75mm (상부표 ; L_{eh}=35mm, L_{ev}=35mm)
2) SC의 값은 1개 이하의 필러를 사용한 경우 또는 필러 내에 하중분산을 위하여 볼트를 추가한 경우임 (h_f=1.0)
3) 제작시 보 길이의 오차(감소)를 감안하여 L_{eh}에서 5mm 감하여 계산함

보 SHN275	F_y = 275 F_u = 400	도움표 3.1.1a 쌍ㄱ형강 볼트접합 설계강도	M24
ㄱ형강 SS275	F_y = 275 F_u = 410		

10 열

H950, H900, H850

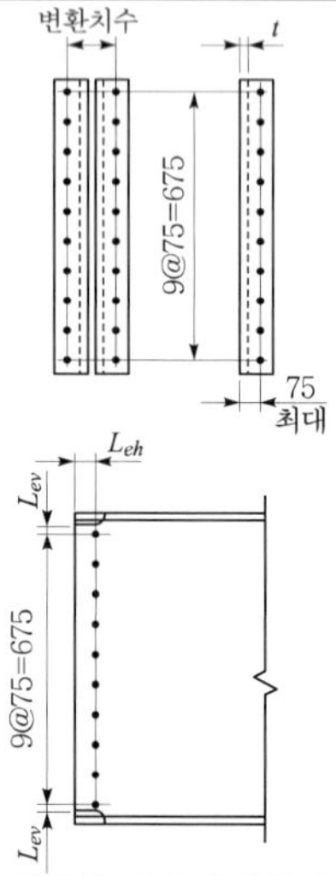

볼트 및 ㄱ형강[1] 설계강도, kN

볼트 등급	나사 조건	구멍 형태	ㄱ형강의 두께 (mm) 7	8	10	12
F8T	N	STD	1230	1400	1750	2100
	X	STD	1230	1400	1750	2100
	SC[2] (μ =0.5)	STD	1230	1400	1750	1900
		OVS	1150	1310	1620	1620
		SSLT	1230	1400	1750	1900
F10T	N	STD	1230	1400	1750	2100
	X	STD	1230	1400	1750	2100
	SC[2] (μ =0.5)	STD	1230	1400	1750	2100
		OVS	1150	1310	1640	1970
		SSLT	1230	1400	1750	2100

보웨브 단위 두께(mm)당 설계강도, kN/mm

구멍형태		STD		OVS		SSLT	
		L_{eh}[3], mm					
플랜지 따낸위치	L_{ev}, mm	40	45	40	45	40	45
상부플랜지 따낸보	30	89.4	90.9	83.6	85.2	88.6	90.1
	35	90.3	91.8	84.6	86.1	89.5	91.1
	40	91.2	92.7	85.5	87.0	90.4	92.0
	45	92.1	93.7	86.4	87.9	91.4	92.9
	50	93.0	94.6	87.3	88.9	92.3	93.8
	75	97.7	99.2	91.9	93.5	96.9	98.4
상 · 하부플랜지 따낸보	30	86.5	86.5	81.0	81.0	86.5	86.5
	35	87.6	87.6	82.1	82.1	87.6	87.6
	40	89.5	89.5	83.9	83.9	89.5	89.5
	45	91.3	91.3	85.8	85.8	91.3	91.3
	50	93.0	93.2	87.3	87.6	92.3	93.2
	75	97.7	99.2	91.9	93.5	96.9	98.4
따내지 않은 보		177	177	167	167	177	177

지지부재 단위두께(mm)당 설계강도

구멍형태	kN/mm
STD, SSLT	354
OVS	334

주 :
STD : 표준구멍, OVS : 대형구멍, SSLT : 하중방향에 직각인 단슬롯구멍
N : 전단면에 나사부포함, X : 전단면에 나사부불포함, SC : 마찰접합

1) 볼트간격 S=75mm (상부표 ; L_{eh}=35mm, L_{ev}=35mm)
2) SC의 값은 1개 이하의 필러를 사용한 경우 또는 필러 내에 하중분산을 위하여 볼트를 추가한 경우임 (h_f=1.0)
3) 제작시 보 길이의 오차(감소)를 감안하여 L_{eh}에서 5mm 감하여 계산함

보 SHN275	F_y = 275 F_u = 400
ㄱ형강 SS275	F_y = 275 F_u = 410

도움표 3.1.1a 쌍ㄱ형강 볼트접합 설계강도

M24

9 열

H800, H750

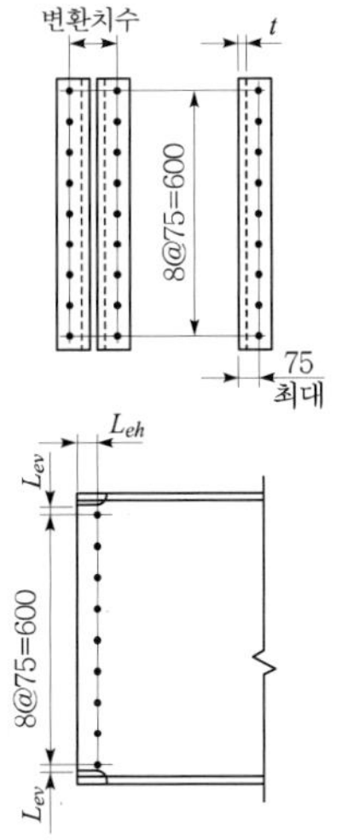

볼트 및 ㄱ형강[1] 설계강도, kN

볼트 등급	나사 조건	구멍 형태	ㄱ형강의 두께 (mm) 7	8	10	12
F8T	N	STD	1100	1260	1580	1890
	X	STD	1100	1260	1580	1890
	SC[2] (μ =0.5)	STD	1100	1260	1580	1710
		OVS	1030	1180	1450	1450
		SSLT	1100	1260	1580	1710
F10T	N	STD	1100	1260	1580	1890
	X	STD	1100	1260	1580	1890
	SC[2] (μ =0.5)	STD	1100	1260	1580	1890
		OVS	1030	1180	1480	1770
		SSLT	1100	1260	1580	1890

보웨브 단위 두께(mm)당 설계강도, kN/mm

구멍형태		STD		OVS		SSLT	
		L_{eh}[3], mm					
플랜지 따낸위치	L_{ev}, mm	40	45	40	45	40	45
상부플랜지 따낸보	30	80.5	82.0	75.3	76.9	79.7	81.3
	35	81.4	83.0	76.3	77.8	80.7	82.2
	40	82.3	83.9	77.2	78.7	81.6	83.1
	45	83.3	84.8	78.1	79.6	82.5	84.0
	50	84.2	85.7	79.0	80.6	83.4	85.0
	75	88.8	90.3	83.6	85.2	88.0	89.6
상 · 하부플랜지 따낸보	30	77.7	77.7	72.7	72.7	77.7	77.7
	35	78.8	78.8	73.8	73.8	78.8	78.8
	40	80.6	80.6	75.6	75.6	80.6	80.6
	45	82.5	82.5	77.5	77.5	82.5	82.5
	50	84.2	84.3	79.0	79.3	83.4	84.3
	75	88.8	90.3	83.6	85.2	88.0	89.6
따내지 않은 보		159	159	151	151	159	159

지지부재 단위두께(mm)당 설계강도

구멍형태	kN/mm
STD, SSLT	319
OVS	301

주 :
STD : 표준구멍, OVS : 대형구멍, SSLT : 하중방향에 직각인 단슬롯구멍
N : 전단면에 나사부포함, X : 전단면에 나사부불포함, SC : 마찰접합

1) 볼트간격 S=75mm (상부표 ; L_{eh}=35mm, L_{ev}=35mm)
2) SC의 값은 1개 이하의 필러를 사용한 경우 또는 필러 내에 하중분산을 위하여 볼트를 추가한 경우임 (h_f=1.0)
3) 제작시 보 길이의 오차(감소)를 감안하여 L_{eh}에서 5mm 감하여 계산함

보	F_y = 275
SHN275	F_u = 400
ㄱ형강	F_y = 275
SS275	F_u = 410

도움표 3.1.1a 쌍ㄱ형강 볼트접합 설계강도

M24

8 열

H700x250, H700x300

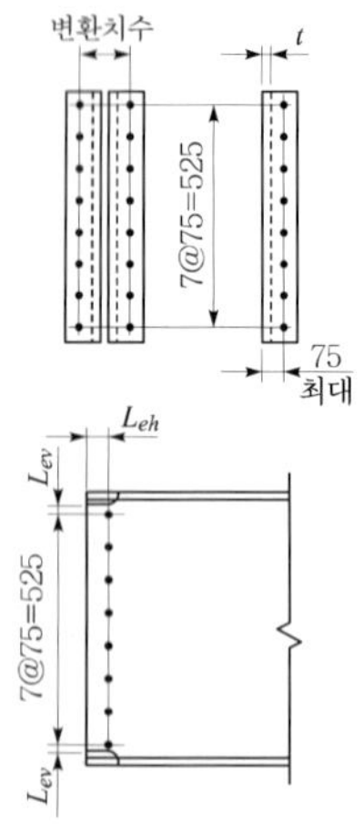

볼트 및 ㄱ형강[1] 설계강도, kN

볼트 등급	나사 조건	구멍 형태	ㄱ형강의 두께 (mm) 7	8	10	12
F8T	N	STD	979	1120	1400	1680
	X	STD	979	1120	1400	1680
	SC[2] (μ =0.5)	STD	979	1120	1400	1520
		OVS	917	1050	1290	1290
		SSLT	979	1120	1400	1520
F10T	N	STD	979	1120	1400	1680
	X	STD	979	1120	1400	1680
	SC[2] (μ =0.5)	STD	979	1120	1400	1680
		OVS	917	1050	1310	1570
		SSLT	979	1120	1400	1680

보웨브 단위 두께(mm)당 설계강도, kN/mm

구멍형태		STD		OVS		SSLT	
		L_{eh}[3], mm					
플랜지 따낸위치	L_{ev}, mm	40	45	40	45	40	45
상부플랜지 따낸보	30	71.6	73.2	67.0	68.6	70.9	72.4
	35	72.6	74.1	68.0	69.5	71.8	73.3
	40	73.5	75.0	68.9	70.4	72.7	74.3
	45	74.4	76.0	69.8	71.3	73.6	75.2
	50	75.3	76.9	70.7	72.3	74.6	76.1
	75	80.0	81.5	75.3	76.9	79.2	80.7
상 · 하부플랜지 따낸보	30	68.8	68.8	64.4	64.4	68.8	68.8
	35	69.9	69.9	65.5	65.5	69.9	69.9
	40	71.8	71.8	67.3	67.3	71.8	71.8
	45	73.6	73.6	69.2	69.2	73.6	73.6
	50	75.3	75.5	70.7	71.0	74.6	75.5
	75	80.0	81.5	75.3	76.9	79.2	80.7
따내지 않은 보		142	142	134	134	142	142

지지부재 단위두께(mm)당 설계강도

구멍형태	kN/mm
STD, SSLT	283
OVS	268

주 :
STD : 표준구멍, OVS : 대형구멍, SSLT : 하중방향에 직각인 단슬롯구멍
N : 전단면에 나사부포함, X : 전단면에 나사부불포함, SC : 마찰접합

1) 볼트간격 S=75mm (상부표 ; L_{eh}=35mm, L_{ev}=35mm)
2) SC의 값은 1개 이하의 필러를 사용한 경우 또는 필러 내에 하중분산을 위하여 볼트를 추가한 경우임 (h_f=1.0)
3) 제작시 보 길이의 오차(감소)를 감안하여 L_{eh}에서 5mm 감하여 계산함

보 SHN275	F_y = 275 F_u = 400	**도움표 3.1.1a 쌍ㄱ형강 볼트접합 설계강도**	**M24**
ㄱ형강 SS275	F_y = 275 F_u = 410		

7 열

H650, H600x200, H600x180

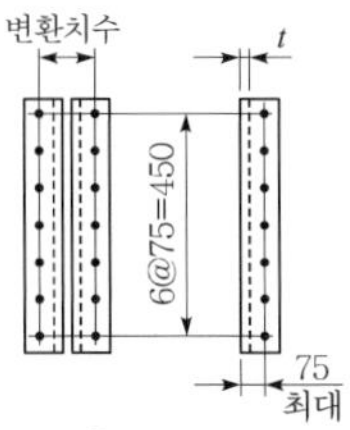
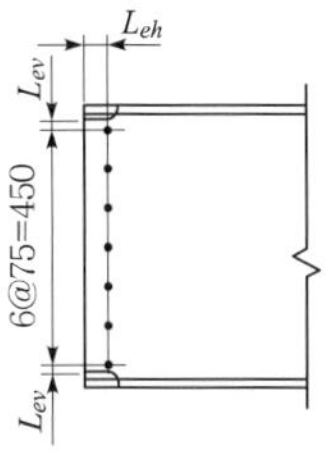

볼트 및 ㄱ형강[1] 설계강도, kN

볼트 등급	나사 조건	구멍 형태	ㄱ형강의 두께 (mm) 7	8	10	12
F8T	N	STD	855	977	1220	1470
	X	STD	855	977	1220	1470
	SC[2] (μ =0.5)	STD	855	977	1220	1330
		OVS	801	915	1130	1130
		SSLT	855	977	1220	1330
F10T	N	STD	855	977	1220	1470
	X	STD	855	977	1220	1470
	SC[2] (μ =0.5)	STD	855	977	1220	1470
		OVS	801	915	1140	1370
		SSLT	855	977	1220	1470

보웨브 단위 두께(mm)당 설계강도, kN/mm

구멍형태		STD		OVS		SSLT	
		L_{eh}[3], mm					
플랜지 따낸위치	L_{ev}, mm	40	45	40	45	40	45
상부플랜지 따낸보	30	62.8	64.3	58.7	60.3	62.0	63.6
	35	63.7	65.3	59.7	61.2	62.9	64.5
	40	64.6	66.2	60.6	62.1	63.9	65.4
	45	65.6	67.1	61.5	63.0	64.8	66.3
	50	66.5	68.0	62.4	64.0	65.7	67.3
	75	71.1	72.6	67.0	68.6	70.3	71.9
상 · 하부플랜지 따낸보	30	60.0	60.0	56.1	56.1	60.0	60.0
	35	61.1	61.1	57.2	57.2	61.1	61.1
	40	62.9	62.9	59.0	59.0	62.9	62.9
	45	64.8	64.8	60.9	60.9	64.8	64.8
	50	66.5	66.6	62.4	62.7	65.7	66.6
	75	71.1	72.6	67.0	68.6	70.3	71.9
따내지 않은 보		124	124	117	117	124	124

지지부재 단위두께(mm)당 설계강도

구멍형태	kN/mm
STD, SSLT	248
OVS	235

주 :
STD : 표준구멍, OVS : 대형구멍, SSLT : 하중방향에 직각인 단슬롯구멍
N : 전단면에 나사부포함, X : 전단면에 나사부불포함, SC : 마찰접합

1) 볼트간격 S=75mm (상부표 ; L_{eh}=35mm, L_{ev}=35mm)
2) SC의 값은 1개 이하의 필러를 사용한 경우 또는 필러 내에 하중분산을 위하여 볼트를 추가한 경우임 (h_f=1.0)
3) 제작시 보 길이의 오차(감소)를 감안하여 L_{eh}에서 5mm 감하여 계산함

도움표 3.1.1a 쌍ㄱ형강 볼트접합 설계강도 M24

보 (SHN275)	F_y = 275	F_u = 400
ㄱ형강 (SS275)	F_y = 275	F_u = 410

6 열

H600x300, H550, H530

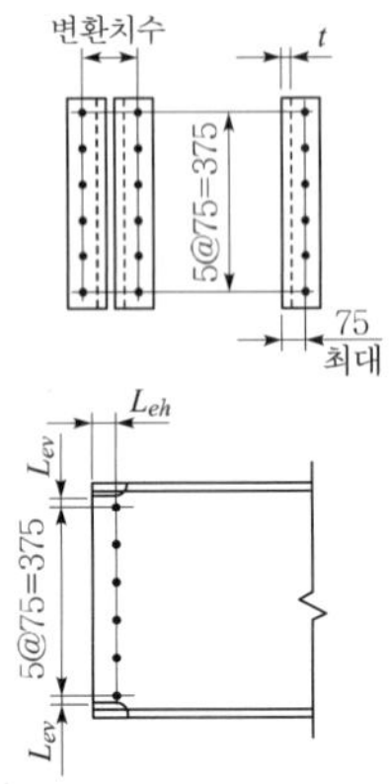

볼트 및 ㄱ형강[1] 설계강도, kN

볼트 등급	나사 조건	구멍 형태	ㄱ형강의 두께 (mm) 7	8	10	12
F8T	N	STD	731	835	1040	1250
	X	STD	731	835	1040	1250
	SC[2] (μ =0.5)	STD	731	835	1040	1140
		OVS	684	782	969	969
		SSLT	731	835	1040	1140
F10T	N	STD	731	835	1040	1250
	X	STD	731	835	1040	1250
	SC[2] (μ =0.5)	STD	731	835	1040	1250
		OVS	684	782	978	1170
		SSLT	731	835	1040	1250

보웨브 단위 두께(mm)당 설계강도, kN/mm

구멍형태		STD		OVS		SSLT	
		L_{eh}[3], mm					
플랜지 따낸위치	L_{ev}, mm	40	45	40	45	40	45
상부플랜지 따낸보	30	53.9	55.5	50.4	52.0	53.2	54.7
	35	54.9	56.4	51.4	52.9	54.1	55.6
	40	55.8	57.3	52.3	53.8	55.0	56.5
	45	56.7	58.2	53.2	54.7	55.9	57.5
	50	57.6	59.2	54.1	55.7	56.9	58.4
	75	62.2	63.8	58.7	60.3	61.5	63.0
상·하부플랜지 따낸보	30	51.1	51.1	47.8	47.8	51.1	51.1
	35	52.2	52.2	48.9	48.9	52.2	52.2
	40	54.1	54.1	50.7	50.7	54.1	54.1
	45	55.9	55.9	52.6	52.6	55.9	55.9
	50	57.6	57.7	54.1	54.4	56.9	57.7
	75	62.2	63.8	58.7	60.3	61.5	63.0
따내지 않은 보		106	106	101	101	106	106

지지부재 단위두께(mm)당 설계강도

구멍형태	kN/mm
STD, SSLT	213
OVS	201

주 :
STD : 표준구멍, OVS : 대형구멍, SSLT : 하중방향에 직각인 단슬롯구멍
N : 전단면에 나사부포함, X : 전단면에 나사부불포함, SC : 마찰접합

1) 볼트간격 S=75mm (상부표 ; L_{eh}=35mm, L_{ev}=35mm)
2) SC의 값은 1개 이하의 필러를 사용한 경우 또는 필러 내에 하중분산을 위하여 볼트를 추가한 경우임 (h_f=1.0)
3) 제작시 보 길이의 오차(감소)를 감안하여 L_{eh}에서 5mm 감하여 계산함

보 SHN275	F_y = 275 F_u = 400	**도움표 3.1.1a 쌍ㄱ형강 볼트접합 설계강도**	**M24**
ㄱ형강 SS275	F_y = 275 F_u = 410	볼트 및 ㄱ형강[1] 설계강도, kN	
5 열			
H520, H500, H450			

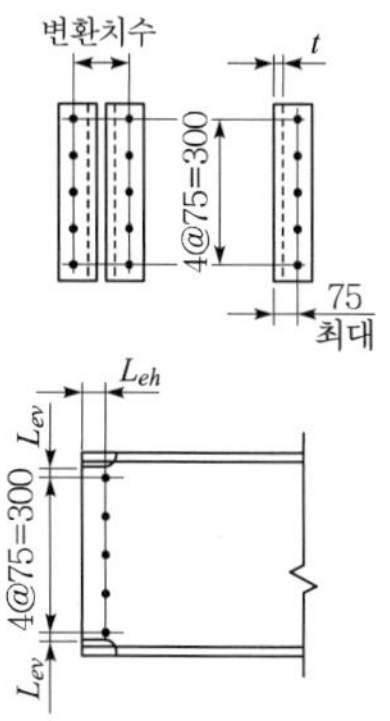

볼트 등급	나사 조건	구멍 형태	ㄱ형강의 두께 (mm) 7	8	10	12
F8T	N	STD	607	694	867	1040
	X	STD	607	694	867	1040
	SC[2] (μ =0.5)	STD	607	694	867	950
		OVS	568	649	808	808
		SSLT	607	694	867	950
F10T	N	STD	607	694	867	1040
	X	STD	607	694	867	1040
	SC[2] (μ =0.5)	STD	607	694	867	1040
		OVS	568	649	812	974
		SSLT	607	694	867	1040

보웨브 단위 두께(mm)당 설계강도, kN/mm

구멍형태		STD		OVS		SSLT	
		L_{eh}[3], mm					
플랜지 따낸위치	L_{ev}, mm	40	45	40	45	40	45
상부플랜지 따낸보	30	45.1	46.6	42.1	43.7	44.3	45.8
	35	46.0	47.5	43.1	44.6	45.2	46.8
	40	46.9	48.5	44.0	45.5	46.2	47.7
	45	47.8	49.4	44.9	46.4	47.1	48.6
	50	48.8	50.3	45.8	47.4	48.0	49.5
	75	53.0	54.6	50.4	52.0	52.2	53.8
상·하부플랜지 따낸보	30	42.3	42.3	39.5	39.5	42.3	42.3
	35	43.4	43.4	40.6	40.6	43.4	43.4
	40	45.2	45.2	42.4	42.4	45.2	45.2
	45	47.0	47.0	44.3	44.3	47.0	47.0
	50	48.8	48.9	45.8	46.1	48.0	48.9
	75	53.0	54.6	50.4	52.0	52.2	53.8
따내지 않은 보		88.6	88.6	84.1	84.1	88.6	88.6

지지부재 단위두께(mm)당 설계강도

구멍형태	kN/mm
STD, SSLT	177
OVS	168

주 :
STD : 표준구멍, OVS : 대형구멍, SSLT : 하중방향에 직각인 단슬롯구멍
N : 전단면에 나사부포함, X : 전단면에 나사부불포함, SC : 마찰접합

1) 볼트간격 S=75mm (상부표 ; L_{eh}=35mm, L_{ev}=35mm)
2) SC의 값은 1개 이하의 필러를 사용한 경우 또는 필러 내에 하중분산을 위하여 볼트를 추가한 경우임 (h_f=1.0)
3) 제작시 보 길이의 오차(감소)를 감안하여 L_{eh}에서 5mm 감하여 계산함

도움표 3.1.1a 쌍ㄱ형강 볼트접합 설계강도 — M24

부재	강종	F_y	F_u
보	SHN275	F_y = 275	F_u = 400
ㄱ형강	SS275	F_y = 275	F_u = 410

4 열

H400, H350x175

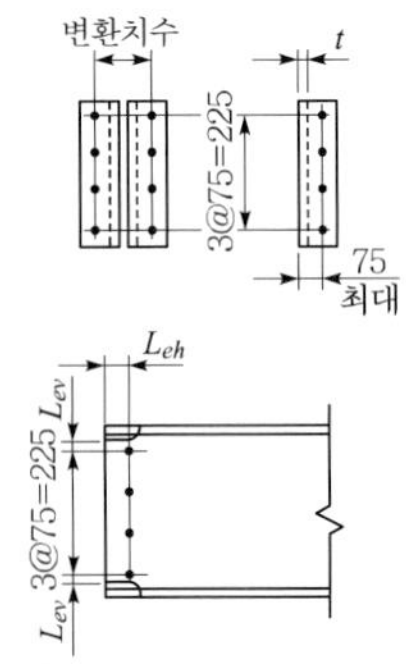

볼트 및 ㄱ형강[1] 설계강도, kN

볼트 등급	나사 조건	구멍 형태	ㄱ형강의 두께 (mm) 7	8	10	12
F8T	N	STD	483	552	690	828
	X	STD	483	552	690	828
	SC[2] (μ =0.5)	STD	483	552	690	760
		OVS	452	517	646	646
		SSLT	483	552	690	760
F10T	N	STD	483	552	690	828
	X	STD	483	552	690	828
	SC[2] (μ =0.5)	STD	483	552	690	828
		OVS	452	517	646	775
		SSLT	483	552	690	828

보웨브 단위 두께(mm)당 설계강도, kN/mm

구멍형태		STD		OVS		SSLT	
		L_{eh}[3], mm					
플랜지 따낸위치	L_{ev}, mm	40	45	40	45	40	45
상부플랜지 따낸보	30	36.2	37.8	33.8	35.4	35.5	37.0
	35	37.1	38.7	34.7	36.3	36.4	37.9
	40	38.1	39.6	35.7	37.2	37.3	38.8
	45	39.0	40.5	36.6	38.1	38.2	39.8
	50	39.9	41.5	37.5	39.1	39.1	40.7
	75	43.7	45.3	42.1	43.7	43.0	44.5
상 · 하부플랜지 따낸보	30	33.4	33.4	31.2	31.2	33.4	33.4
	35	34.5	34.5	32.3	32.3	34.5	34.5
	40	36.3	36.3	34.1	34.1	36.3	36.3
	45	38.2	38.2	36.0	36.0	38.2	38.2
	50	39.9	40.0	37.5	37.8	39.1	40.0
	75	43.7	45.3	42.1	43.7	43.0	44.5
따내지 않은 보		70.8	70.8	67.5	67.5	70.8	70.8

지지부재 단위두께(mm)당 설계강도

구멍형태	kN/mm
STD, SSLT	142
OVS	135

주 :
STD : 표준구멍, OVS : 대형구멍, SSLT : 하중방향에 직각인 단슬롯구멍
N : 전단면에 나사부포함, X : 전단면에 나사부불포함, SC : 마찰접합

1) 볼트간격 S=75mm (상부표 ; L_{eh}=35mm, L_{ev}=35mm)
2) SC의 값은 1개 이하의 필러를 사용한 경우 또는 필러 내에 하중분산을 위하여 볼트를 추가한 경우임 (h_f=1.0)
3) 제작시 보 길이의 오차(감소)를 감안하여 L_{eh}에서 5mm 감하여 계산함

보 SHN275	F_y = 275, F_u = 400	도움표 3.1.1a 쌍ㄱ형강 볼트접합 설계강도						M24
ㄱ형강 SS275	F_y = 275, F_u = 410	볼트 및 ㄱ형강[1] 설계강도, kN						
3 열		볼트 등급	나사 조건	구멍 형태	ㄱ형강의 두께 (mm)			
H410, H350[4], H300					7	8	10	12
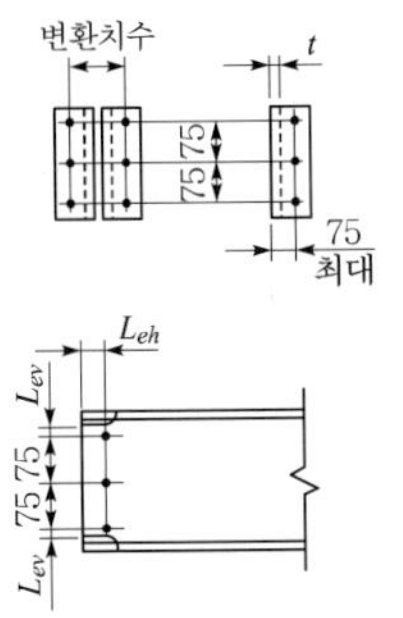		F8T	N	STD	359	410	513	615
			X	STD	359	410	513	615
			SC[2] (μ =0.5)	STD	359	410	513	570
				OVS	336	384	480	485
				SSLT	359	410	513	570
		F10T	N	STD	359	410	513	615
			X	STD	359	410	513	615
			SC[2] (μ =0.5)	STD	359	410	513	615
				OVS	336	384	480	576
				SSLT	359	410	513	615

보웨브 단위 두께(mm)당 설계강도, kN/mm

구멍형태		STD		OVS		SSLT	
		L_{eh}[3], mm					
플랜지 따낸위치	L_{ev}, mm	40	45	40	45	40	45
상부플랜지 따낸보	30	27.4	28.9	25.5	27.1	26.6	28.1
	35	28.3	29.8	26.4	28.0	27.5	29.1
	40	29.2	30.8	27.4	28.9	28.4	30.0
	45	30.1	31.7	28.3	29.8	29.4	30.9
	50	31.1	32.6	29.2	30.8	30.3	31.8
	75	34.5	36.0	33.8	35.4	33.7	35.2
상·하부플랜지 따낸보	30	24.5	24.5	22.9	22.9	24.5	24.5
	35	25.6	25.6	24.0	24.0	25.6	25.6
	40	27.5	27.5	25.8	25.8	27.5	27.5
	45	29.3	29.3	27.7	27.7	29.3	29.3
	50	31.1	31.2	29.2	29.5	30.3	31.2
	75	34.5	36.0	33.8	35.4	33.7	35.2
따내지 않은 보		53.1	53.1	50.9	50.9	53.1	53.1

지지부재 단위두께(mm)당 설계강도

구멍형태	kN/mm
STD, SSLT	106
OVS	102

주 :
STD : 표준구멍, OVS : 대형구멍, SSLT : 하중방향에 직각인 단슬롯구멍
N : 전단면에 나사부포함, X : 전단면에 나사부불포함, SC : 마찰접합

1) 볼트간격 S=75mm (상부표 ; L_{eh}=35mm, L_{ev}=35mm)
2) SC의 값은 1개 이하의 필러를 사용한 경우 또는 필러 내에 하중분산을 위하여 볼트를 추가한 경우임 (h_f=1.0)
3) 제작시 보 길이의 오차(감소)를 감안하여 L_{eh}에서 5mm 감하여 계산함
4) H350x175는 볼트열 4열부터 가능

보 SHN275	F_y = 275 F_u = 400
ㄱ형강 SS275	F_y = 275 F_u = 410

도움표 3.1.1a 쌍ㄱ형강 볼트접합 설계강도 M24

볼트 및 ㄱ형강[1] 설계강도, kN

2 열

H250, H210, H200

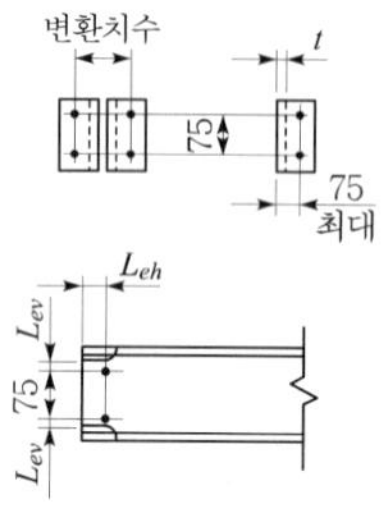

볼트 등급	나사 조건	구멍 형태	ㄱ형강의 두께 (mm) 7	8	10	12
F8T	N	STD	235	269	336	403
	X	STD	235	269	336	403
	SC[2] (μ =0.5)	STD	235	269	336	380
		OVS	220	251	314	323
		SSLT	235	269	336	380
F10T	N	STD	235	269	336	403
	X	STD	235	269	336	403
	SC[2] (μ =0.5)	STD	235	269	336	403
		OVS	220	251	314	376
		SSLT	235	269	336	403

보웨브 단위 두께(mm)당 설계강도, kN/mm

구멍형태		STD		OVS		SSLT	
		L_{eh}[3], mm					
플랜지 따낸위치	L_{ev}, mm	40	45	40	45	40	45
상부플랜지 따낸보	30	18.5	20.0	17.2	18.8	17.7	19.3
	35	19.4	21.0	18.1	19.7	18.7	20.2
	40	20.4	21.9	19.1	20.6	19.6	21.1
	45	21.3	22.8	20.0	21.5	20.5	22.0
	50	22.1	23.6	20.9	22.4	21.3	22.8
	75	25.2	26.7	24.7	26.3	24.4	25.9
상·하부플랜지 따낸보	30	15.7	15.7	14.6	14.6	15.7	15.7
	35	16.8	16.8	15.7	15.7	16.8	16.8
	40	18.6	18.6	17.5	17.5	18.6	18.6
	45	20.5	20.5	19.4	19.4	20.5	20.5
	50	22.1	22.3	20.9	21.2	21.3	22.3
	75	25.2	26.7	24.7	26.3	24.4	25.9
따내지 않은 보		35.4	35.4	34.3	34.3	35.4	35.4

지지부재 단위두께(mm)당 설계강도

구멍형태	kN/mm
STD, SSLT	70.8
OVS	68.6

주 :
STD : 표준구멍, OVS : 대형구멍, SSLT : 하중방향에 직각인 단슬롯구멍
N : 전단면에 나사부포함, X : 전단면에 나사부불포함, SC : 마찰접합

1) 볼트간격 S=75mm (상부표 ; L_{eh}=35mm, L_{ev}=35mm)
2) SC의 값은 1개 이하의 필러를 사용한 경우 또는 필러 내에 하중분산을 위하여 볼트를 추가한 경우임 (h_f=1.0)
3) 제작시 보 길이의 오차(감소)를 감안하여 L_{eh}에서 5mm 감하여 계산함

도움표 3.1.2 쌍ㄱ형강 용접/볼트접합 설계강도 (kN)

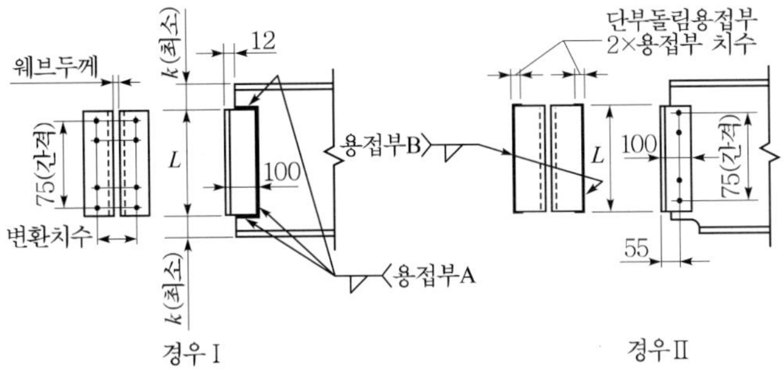

주 1) 75mm 감소 가능
2) 140mm≤L≤445mm인 경우, 75mm로 감소 가능

용접부A; ㄱ형강-보웨브 사이 용접
용접부B; ㄱ형강-지지부재 사이 용접

n	L mm	용접 A (490MPa)			용접 B (490MPa)		
		용접부 치수 (mm)	설계강도 (kN)	보웨브 최소두께 (mm)	용접부 치수 (mm)	설계강도 (kN)	지지부재 최소두께 (mm)
12	895	8.0	2740	13.5	10.0	2590	8.45
		7.0	2400	11.8	8.0	2740	6.76
		5.0	1710	8.45	7.0	1810	5.92
11	820	8.0	2510	13.5	10.0	2340	8.45
		7.0	2200	11.8	8.0	1870	6.76
		5.0	1570	8.45	7.0	1640	5.92
10	745	8.0	2280	13.5	10.0	2090	8.45
		7.0	1990	11.8	8.0	1670	6.76
		5.0	1420	8.45	7.0	1460	5.92
9	670	8.0	2240	13.5	10.0	1840	8.45
		7.0	1960	11.8	8.0	1470	6.76
		5.0	1400	8.45	7.0	1290	5.92
8	595	8.0	1990	13.5	10.0	1590	8.45
		7.0	1710	11.8	8.0	1270	6.76
		5.0	1250	8.45	7.0	1110	5.92
7	520	8.0	1740	13.5	10.0	1330	8.45
		7.0	1520	11.8	8.0	1070	6.76
		5.0	1090	8.45	7.0	933	5.92
6	445	8.0	1580	13.5	10.0	1190	8.45
		7.0	1380	11.8	8.0	949	6.76
		5.0	985	8.45	7.0	830	5.92
5	370	8.0	1360	13.5	10.0	932	8.45
		7.0	1190	11.8	8.0	746	6.76
		5.0	851	8.45	7.0	652	5.92
4	295	8.0	1100	13.5	10.0	679	8.45
		7.0	966	11.8	8.0	543	6.76
		5.0	690	8.45	7.0	475	5.92
3	220	8.0	956	13.5	10.0	433	8.45
		7.0	836	11.8	8.0	347	6.76
		5.0	597	8.45	7.0	303	5.92
2	145	8.0	628	13.5	10.0	214	8.45
		7.0	550	11.8	8.0	171	6.76
		5.0	393	8.45	7.0	150	5.92
		ㄱ형강 F_y = 275MPa, F_u = 410MPa			보 F_y = 275MPa, F_u = 410MPa		

도움표 3.1.3 쌍ㄱ형강 용접접합 설계강도 (kN)

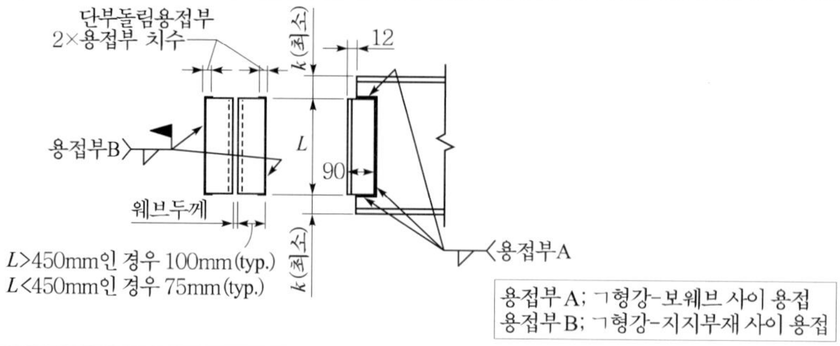

L mm	용접부 A (490MPa)			용접부 B (490MPa)		
	용접크기 (mm)	설계강도 (kN)	웨브 최소두께 (mm)	용접크기 (mm)	설계강도 (kN)	지지부재 최소두께 (mm)
900	8.0	2750	13.5	10.0	2610	8.45
	7.0	2410	11.8	8.0	2750	6.76
	5.0	1720	8.45	7.0	1820	5.92
850	8.0	2600	13.5	10.0	2440	8.45
	7.0	2280	11.8	8.0	1950	6.76
	5.0	1630	8.45	7.0	1710	5.92
800	8.0	2450	13.5	10.0	2270	8.45
	7.0	2140	11.8	8.0	1820	6.76
	5.0	1530	8.45	7.0	1590	5.92
750	8.0	2300	13.5	10.0	2110	8.45
	7.0	2010	11.8	8.0	1690	6.76
	5.0	1430	8.45	7.0	1480	5.92
700	8.0	2340	13.5	10.0	1940	8.45
	7.0	2050	11.8	8.0	1550	6.76
	5.0	1460	8.45	7.0	1360	5.92
650	8.0	2180	13.5	10.0	1770	8.45
	7.0	1900	11.8	8.0	1420	6.76
	5.0	1360	8.45	7.0	1240	5.92
600	8.0	2010	13.5	10.0	1600	8.45
	7.0	1760	11.8	8.0	1280	6.76
	5.0	1260	8.45	7.0	1120	5.92
550	8.0	1840	13.5	10.0	1430	8.45
	7.0	1610	11.8	8.0	1150	6.76
	5.0	1150	8.45	7.0	1000	5.92
500	8.0	1770	13.5	10.0	1270	8.45
	7.0	1550	11.8	8.0	1010	6.76
	5.0	1110	8.45	7.0	886	5.92
450	8.0	1590	13.5	10.0	1100	8.45
	7.0	1390	11.8	8.0	877	6.76
	5.0	996	8.45	7.0	767	5.92
400	8.0	1420	13.5	10.0	1030	8.45
	7.0	1240	11.8	8.0	827	6.76
	5.0	885	8.45	7.0	724	5.92

보 F_y = 275MPa, F_u = 410MPa

도움표 3.1.3 쌍ㄱ형강 용접접합 설계강도 (kN)

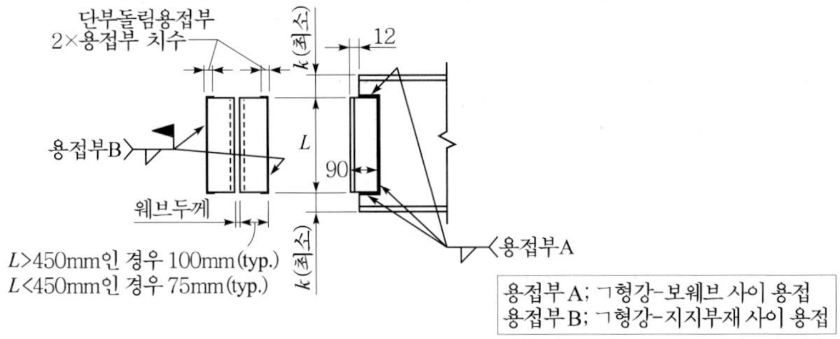

L mm	용접 A (490MPa)			용접 B (490MPa)		
	용접크기 (mm)	설계강도 (kN)	웨브 최소두께 (mm)	용접크기 (mm)	설계강도 (kN)	지지부재 최소두께 (mm)
350	8.0	1290	13.5	10.0	864	8.45
	7.0	1130	11.8	8.0	691	6.76
	5.0	805	8.45	7.0	605	5.92
300	8.0	1120	13.5	10.0	695	8.45
	7.0	983	11.8	8.0	556	6.76
	5.0	702	8.45	7.0	487	5.92
250	8.0	1010	13.5	10.0	530	8.45
	7.0	885	11.8	8.0	424	6.76
	5.0	632	8.45	7.0	371	5.92
225	8.0	977	13.5	10.0	449	8.45
	7.0	855	11.8	8.0	359	6.76
	5.0	611	8.45	7.0	314	5.92
200	8.0	817	13.5	10.0	371	8.45
	7.0	715	11.8	8.0	297	6.76
	5.0	511	8.45	7.0	260	5.92
175	8.0	762	13.5	10.0	297	8.45
	7.0	667	11.8	8.0	237	6.76
	5.0	476	8.45	7.0	208	5.92
150	8.0	650	13.5	10.0	227	8.45
	6.5	569	11.8	8.0	182	6.76
	5.0	406	8.45	7.0	159	5.92
125	8.0	542	13.5	10.0	164	8.45
	6.5	474	11.8	8.0	131	6.76
	5.0	338	8.45	7.0	115	5.92
100	8.0	433	13.5	10.0	108	8.45
	6.5	379	11.8	8.0	86.6	6.76
	5.0	271	8.45	7.0	75.8	5.92
			보 F_y = 275MPa, F_u = 410MPa			

도움표 3.1.4a 전단접합부 볼트/용접 접합

M16

12 열

단부판길이 L = 895mm

볼트 및 단부판 설계강도, kN

볼트 등급	나사 조건	구멍 형태	단부판의 두께, mm		
			7	8	10
F8T	N	STD	1160	1160	1160
	X	STD	1450	1450	1450
	SC[1] (μ =0.5)	STD	1010	1010	1010
		OVS	857	857	857
		SSLT	1010	1010	1010
F10T	N	STD	1450	1450	1450
	X	STD	1600	1810	1810
	SC[1] (μ =0.5)	STD	1270	1270	1270
		OVS	1080	1080	1080
		SSLT	1270	1270	1270

용접 및 보웨브 설계강도, kN

용접부 치수 mm	보 웨브 최소두께 mm	ΦR_n kN	지지부재 단위두께(mm)당 설계강도, kN/mm LRFD
5.0	8.45	1380	279
7.0	11.8	1920	
8.0	13.5	2190	
10.0	16.9	2730	

주 :
용접봉 강도 F_{EXX} = 490MPa
STD : 표준구멍, OVS : 대형구멍, SSLT : 하중방향에 직각인 단슬롯구멍
N : 전단면에 나사부포함, X : 전단면에 나사부불포함, SC : 마찰접합

단부판	보 SHN275
F_y = 275 MPa F_u = 410 MPa	F_y = 275 MPa F_u = 410 MPa

1) SC의 값은 1개 이하의 필러를 사용한 경우 또는 필러 내에 하중분산을 위하여 볼트를 추가한 경우임 (h_f=1.0)

도움표 3.1.4a 전단접합부 볼트/용접 접합

M16

11 열

단부판길이 L = 820mm

볼트 및 단부판 설계강도, kN					
볼트 등급	나사 조건	구멍 형태	단부판의 두께, mm		
			7	8	10
F8T	N	STD	1060	1060	1060
	X	STD	1330	1330	1330
	SC[1] (μ =0.5)	STD	924	924	924
		OVS	785	785	785
		SSLT	924	924	924
F10T	N	STD	1330	1330	1330
	X	STD	1470	1660	1660
	SC[1] (μ =0.5)	STD	1170	1170	1170
		OVS	991	991	991
		SSLT	1170	1170	1170

용접 및 보웨브 설계강도, kN			지지부재 단위두께(mm)당 설계강도, kN/mm LRFD
용접부 치수 mm	보 웨브 최소두께 mm	ΦR_n kN	
5.0	8.45	1260	255
7.0	11.8	1760	
8.0	13.5	2010	
10.0	16.9	2490	

주 :
용접봉 강도 F_{EXX} = 490MPa
STD : 표준구멍, OVS : 대형구멍, SSLT : 하중방향에 직각인 단슬롯구멍
N : 전단면에 나사부포함, X : 전단면에 나사부불포함, SC : 마찰접합

단부판	보 SHN275
F_y = 275 MPa F_u = 410 MPa	F_y = 275 MPa F_u = 410 MPa

1) SC의 값은 1개 이하의 필러를 사용한 경우 또는 필러 내에 하중분산을 위하여 볼트를 추가한 경우임 (h_f=1.0)

도움표 3.1.4a 전단접합부 볼트/용접 접합

M16

10 열

단부판길이 L = 745mm

볼트 및 단부판 설계강도, kN

볼트 등급	나사 조건	구멍 형태	단부판의 두께, mm		
			7	8	10
F8T	N	STD	965	965	965
	X	STD	1210	1210	1210
	SC[1] (μ =0.5)	STD	840	840	840
		OVS	714	714	714
		SSLT	840	840	840
F10T	N	STD	1210	1210	1210
	X	STD	1340	1510	1510
	SC[1] (μ =0.5)	STD	1060	1060	1060
		OVS	901	901	901
		SSLT	1060	1060	1060

용접 및 보웨브 설계강도, kN

용접부 치수 mm	보 웨브 최소두께 mm	ΦR_n kN	지지부재 단위두께(mm)당 설계강도, kN/mm LRFD
5.0	8.45	1150	232
7.0	11.8	1600	
8.0	13.5	1820	
10.0	16.9	2260	

주 :	단부판	보 SHN275
용접봉 강도 F_{EXX} = 490MPa STD : 표준구멍, OVS : 대형구멍, SSLT : 하중방향에 직각인 단슬롯구멍 N : 전단면에 나사부포함, X : 전단면에 나사부불포함, SC : 마찰접합	F_y = 275 MPa F_u = 410 MPa	F_y = 275 MPa F_u = 410 MPa

1) SC의 값은 1개 이하의 필러를 사용한 경우 또는 필러 내에 하중분산을 위하여 볼트를 추가한 경우임 (h_f=1.0)

도움표 3.1.4a 전단접합부 볼트/용접 접합

M16

9 열

단부판길이 L = 670mm

볼트 및 단부판 설계강도, kN

볼트 등급	나사 조건	구멍 형태	단부판의 두께, mm		
			7	8	10
F8T	N	STD	868	868	868
	X	STD	1090	1090	1090
	SC[1] (μ =0.5)	STD	756	756	756
		OVS	643	643	643
		SSLT	756	756	756
F10T	N	STD	1090	1090	1090
	X	STD	1210	1360	1360
	SC[1] (μ =0.5)	STD	954	954	954
		OVS	811	811	811
		SSLT	954	954	954

용접 및 보웨브 설계강도, kN

용접부 치수 mm	보 웨브 최소두께 mm	ΦR_n kN	지지부재 단위두께(mm)당 설계강도, kN/mm LRFD
5.0	8.45	1030	208
7.0	11.8	1430	
8.0	13.5	1630	
10.0	16.9	2030	

주 :
용접봉 강도 F_{EXX} = 490MPa
STD : 표준구멍, OVS : 대형구멍, SSLT : 하중방향에 직각인 단슬롯구멍
N : 전단면에 나사부포함, X : 전단면에 나사부불포함, SC : 마찰접합

단부판	보 SHN275
F_y = 275 MPa F_u = 410 MPa	F_y = 275 MPa F_u = 410 MPa

1) SC의 값은 1개 이하의 필러를 사용한 경우 또는 필러 내에 하중분산을 위하여 볼트를 추가한 경우임 (h_f=1.0)

M16

도움표 3.1.4a 전단접합부 볼트/용접 접합

8 열

단부판길이 L = 595mm

볼트 및 단부판 설계강도, kN

볼트 등급	나사 조건	구멍 형태	단부판의 두께, mm		
			7	8	10
F8T	N	STD	772	772	772
	X	STD	965	965	965
	SC[1] (μ =0.5)	STD	672	672	672
		OVS	571	571	571
		SSLT	672	672	672
F10T	N	STD	965	965	965
	X	STD	1080	1210	1210
	SC[1] (μ =0.5)	STD	848	848	848
		OVS	721	721	721
		SSLT	848	848	848

용접 및 보웨브 설계강도, kN			지지부재 단위두께(mm)당 설계강도, kN/mm LRFD
용접부 치수 mm	보 웨브 최소두께 mm	ΦR_n kN	
5.0	8.45	912	185
7.0	11.8	1270	
8.0	13.5	1440	
10.0	16.9	1790	

주 :	단부판	보 SHN275
용접봉 강도 F_{EXX} = 490MPa STD : 표준구멍, OVS : 대형구멍, SSLT : 하중방향에 직각인 단슬롯구멍 N : 전단면에 나사부포함, X : 전단면에 나사부불포함, SC : 마찰접합	F_y = 275 MPa F_u = 410 MPa	F_y = 275 MPa F_u = 410 MPa

1) SC의 값은 1개 이하의 필러를 사용한 경우 또는 필러 내에 하중분산을 위하여 볼트를 추가한 경우임 (h_f=1.0)

M16

도움표 3.1.4a 전단접합부 볼트/용접 접합

7 열

단부판길이 L = 520mm

볼트 및 단부판 설계강도, kN

볼트 등급	나사 조건	구멍 형태	단부판의 두께, mm		
			7	8	10
F8T	N	STD	675	675	675
	X	STD	844	844	844
	SC[1] (μ =0.5)	STD	588	588	588
		OVS	500	500	500
		SSLT	588	588	588
F10T	N	STD	844	844	844
	X	STD	952	1060	1060
	SC[1] (μ =0.5)	STD	742	742	742
		OVS	631	631	631
		SSLT	742	742	742

용접 및 보웨브 설계강도, kN

용접부 치수 mm	보 웨브 최소두께 mm	ΦR_n kN	지지부재 단위두께(mm)당 설계강도, kN/mm LRFD
5.0	8.45	795	161
7.0	11.8	1100	
8.0	13.5	1260	
10.0	16.9	1560	

주 :
용접봉 강도 F_{EXX} = 490MPa
STD : 표준구멍, OVS : 대형구멍, SSLT : 하중방향에 직각인 단슬롯구멍
N : 전단면에 나사부포함, X : 전단면에 나사부불포함, SC : 마찰접합

단부판	보 SHN275
F_y = 275 MPa F_u = 410 MPa	F_y = 275 MPa F_u = 410 MPa

1) SC의 값은 1개 이하의 필러를 사용한 경우 또는 필러 내에 하중분산을 위하여 볼트를 추가한 경우임 (h_f=1.0)

도움표 3.1.4a 전단접합부 볼트/용접 접합

M16

6 열

단부판길이 L = 445mm

볼트 및 단부판 설계강도, kN

볼트 등급	나사 조건	구멍 형태	단부판의 두께, mm		
			7	8	10
F8T	N	STD	579	579	579
	X	STD	724	724	724
	SC[1] (μ =0.5)	STD	504	504	504
		OVS	428	428	428
		SSLT	504	504	504
F10T	N	STD	724	724	724
	X	STD	822	905	905
	SC[1] (μ =0.5)	STD	636	636	636
		OVS	541	541	541
		SSLT	636	636	636

용접 및 보웨브 설계강도, kN

용접부 치수 mm	보 웨브 최소두께 mm	ΦR_n kN	지지부재 단위두께(mm)당 설계강도, kN/mm LRFD
5.0	8.45	678	137
7.0	11.8	941	
8.0	13.5	1070	
10.0	16.9	1330	

주 :
용접봉 강도 F_{EXX} = 490MPa
STD : 표준구멍, OVS : 대형구멍, SSLT : 하중방향에 직각인 단슬롯구멍
N : 전단면에 나사부포함, X : 전단면에 나사부불포함, SC : 마찰접합

단부판	보 SHN275
F_y = 275 MPa F_u = 410 MPa	F_y = 275 MPa F_u = 410 MPa

1) SC의 값은 1개 이하의 필러를 사용한 경우 또는 필러 내에 하중분산을 위하여 볼트를 추가한 경우임 (h_f=1.0)

도움표 3.1.4a 전단접합부 볼트/용접 접합

M16

5 열

단부판길이 L = 370mm

볼트 및 단부판 설계강도, kN

볼트 등급	나사 조건	구멍 형태	단부판의 두께, mm		
			7	8	10
F8T	N	STD	482	482	482
	X	STD	603	603	603
	SC[1] (μ =0.5)	STD	420	420	420
		OVS	357	357	357
		SSLT	420	420	420
F10T	N	STD	603	603	603
	X	STD	692	754	754
	SC[1] (μ =0.5)	STD	530	530	530
		OVS	451	451	451
		SSLT	530	530	530

용접 및 보웨브 설계강도, kN

용접부 치수 mm	보 웨브 최소두께 mm	ΦR_n kN	지지부재 단위두께(mm)당 설계강도, kN/mm LRFD
5.0	8.45	561	114
7.0	11.8	777	
8.0	13.5	883	
10.0	16.9	1090	

단부판	보 SHN275
F_y = 275 MPa F_u = 410 MPa	F_y = 275 MPa F_u = 410 MPa

주 :
용접봉 강도 F_{EXX} = 490MPa
STD : 표준구멍, OVS : 대형구멍, SSLT : 하중방향에 직각인 단슬롯구멍
N : 전단면에 나사부포함, X : 전단면에 나사부불포함, SC : 마찰접합

1) SC의 값은 1개 이하의 필러를 사용한 경우 또는 필러 내에 하중분산을 위하여 볼트를 추가한 경우임 (h_f=1.0)

도움표 3.1.4a 전단접합부 볼트/용접 접합

M16

4 열

단부판길이 L = 295mm

볼트 및 단부판 설계강도, kN

볼트 등급	나사 조건	구멍 형태	단부판의 두께, mm		
			7	8	10
F8T	N	STD	386	386	386
	X	STD	482	482	482
	SC[1] (μ =0.5)	STD	336	336	336
		OVS	286	286	286
		SSLT	336	336	336
F10T	N	STD	482	482	482
	X	STD	562	603	603
	SC[1] (μ =0.5)	STD	424	424	424
		OVS	360	360	360
		SSLT	424	424	424

용접 및 보웨브 설계강도, kN

용접부 치수 mm	보 웨브 최소두께 mm	ΦR_n kN	지지부재 단위두께(mm)당 설계강도, kN/mm LRFD
5.0	8.45	444	90.0
7.0	11.8	613	
8.0	13.5	696	
10.0	16.9	857	

주 :
용접봉 강도 F_{EXX} = 490MPa
STD : 표준구멍, OVS : 대형구멍, SSLT : 하중방향에 직각인 단슬롯구멍
N : 전단면에 나사부포함, X : 전단면에 나사부불포함, SC : 마찰접합

단부판	보 SHN275
F_y = 275 MPa F_u = 410 MPa	F_y = 275 MPa F_u = 410 MPa

1) SC의 값은 1개 이하의 필러를 사용한 경우 또는 필러 내에 하중분산을 위하여 볼트를 추가한 경우임 (h_f=1.0)

도움표 3.1.4a 전단접합부 볼트/용접 접합

M16

3 열

단부판길이 L = 220mm

볼트 및 단부판 설계강도, kN

볼트 등급	나사 조건	구멍 형태	단부판의 두께, mm		
			7	8	10
F8T	N	STD	289	289	289
	X	STD	362	362	362
	SC[1] (μ =0.5)	STD	252	252	252
		OVS	214	214	214
		SSLT	252	252	252
F10T	N	STD	362	362	362
	X	STD	429	452	452
	SC[1] (μ =0.5)	STD	318	318	318
		OVS	270	270	270
		SSLT	318	318	318

용접 및 보웨브 설계강도, kN

용접부 치수 mm	보 웨브 최소두께 mm	ΦR_n kN	지지부재 단위두께(mm)당 설계강도, kN/mm LRFD
5.0	8.45	327	66.4
7.0	11.8	450	
8.0	13.5	509	
10.0	16.9	624	

주 :	단부판	보 SHN275
용접봉 강도 F_{EXX} = 490MPa STD : 표준구멍, OVS : 대형구멍, SSLT : 하중방향에 직각인 단슬롯구멍 N : 전단면에 나사부포함, X : 전단면에 나사부불포함, SC : 마찰접합	**F_y = 275 MPa** **F_u = 410 MPa**	**F_y = 275 MPa** **F_u = 410 MPa**

1) SC의 값은 1개 이하의 필러를 사용한 경우 또는 필러 내에 하중분산을 위하여 볼트를 추가한 경우임 (h_f=1.0)

도움표 3.1.4a 전단접합부 볼트/용접 접합

M16

2 열

단부판길이 L = 145mm

볼트 및 단부판 설계강도, kN

볼트 등급	나사 조건	구멍 형태	단부판의 두께, mm		
			7	8	10
F8T	N	STD	193	193	193
	X	STD	241	241	241
	SC[1] (μ =0.5)	STD	168	168	168
		OVS	143	143	143
		SSLT	168	168	168
F10T	N	STD	241	241	241
	X	STD	282	302	302
	SC[1] (μ =0.5)	STD	212	212	212
		OVS	180	180	180
		SSLT	212	212	212

용접 및 보웨브 설계강도, kN

용접부 치수 mm	보 웨브 최소두께 mm	ΦR_n kN	지지부재 단위두께(mm)당 설계강도, kN/mm LRFD
5.0	8.45	210	42.8
7.0	11.8	286	
8.0	13.5	322	
10.0	16.9	390	

주 :	단부판	보 SHN275
용접봉 강도 F_{EXX} = 490MPa STD : 표준구멍, OVS : 대형구멍, SSLT : 하중방향에 직각인 단슬롯구멍 N : 전단면에 나사부포함, X : 전단면에 나사부불포함, SC : 마찰접합	F_y = 275 MPa F_u = 410 MPa	F_y = 275 MPa F_u = 410 MPa

1) SC의 값은 1개 이하의 필러를 사용한 경우 또는 필러 내에 하중분산을 위하여 볼트를 추가한 경우임 (h_f=1.0)

도움표 3.1.4a 전단접합부 볼트/용접 접합

M20
12 열

단부판길이 L = 895mm

볼트 및 단부판 설계강도, kN

볼트 등급	나사 조건	구멍 형태	단부판의 두께, mm		
			7	8	10
F8T	N	STD	1160	1160	1160
	X	STD	1450	1450	1450
	SC[1] (μ =0.5)	STD	1010	1010	1010
		OVS	857	857	857
		SSLT	1010	1010	1010
F10T	N	STD	1450	1450	1450
	X	STD	1600	1810	1810
	SC[1] (μ =0.5)	STD	1270	1270	1270
		OVS	1080	1080	1080
		SSLT	1270	1270	1270

용접 및 보웨브 설계강도, kN

용접부 치수 mm	보 웨브 최소두께 mm	ΦR_n kN	지지부재 단위두께(mm)당 설계강도, kN/mm LRFD
5.0	8.45	1380	279
7.0	11.8	1920	
8.0	13.5	2190	
10.0	16.9	2730	

주 :
용접봉 강도 F_{EXX} = 490MPa
STD : 표준구멍, OVS : 대형구멍, SSLT : 하중방향에 직각인 단슬롯구멍
N : 전단면에 나사부포함, X : 전단면에 나사부불포함, SC : 마찰접합

단부판	보 SHN275
F_y = 275 MPa F_u = 410 MPa	F_y = 275 MPa F_u = 410 MPa

1) SC의 값은 1개 이하의 필러를 사용한 경우 또는 필러 내에 하중분산을 위하여 볼트를 추가한 경우임 (h_f=1.0)

도움표 3.1.4a 전단접합부 볼트/용접 접합

M20

11 열

단부판길이 L = 820mm

볼트 및 단부판 설계강도, kN

볼트 등급	나사 조건	구멍 형태	단부판의 두께, mm		
			7	8	10
F8T	N	STD	1060	1060	1060
	X	STD	1330	1330	1330
	SC[1] (μ =0.5)	STD	924	924	924
		OVS	785	785	785
		SSLT	924	924	924
F10T	N	STD	1330	1330	1330
	X	STD	1470	1660	1660
	SC[1] (μ =0.5)	STD	1170	1170	1170
		OVS	991	991	991
		SSLT	1170	1170	1170

용접 및 보웨브 설계강도, kN

용접부 치수 mm	보 웨브 최소두께 mm	ΦR_n kN	지지부재 단위두께(mm)당 설계강도, kN/mm LRFD
5.0	8.45	1260	255
7.0	11.8	1760	
8.0	13.5	2010	
10.0	16.9	2490	

주 :
용접봉 강도 F_{EXX} = 490MPa
STD : 표준구멍, OVS : 대형구멍, SSLT : 하중방향에 직각인 단슬롯구멍
N : 전단면에 나사부포함, X : 전단면에 나사부불포함, SC : 마찰접합

단부판	보 SHN275
F_y = 275 MPa F_u = 410 MPa	F_y = 275 MPa F_u = 410 MPa

1) SC의 값은 1개 이하의 필러를 사용한 경우 또는 필러 내에 하중분산을 위하여 볼트를 추가한 경우임 (h_f=1.0)

도움표 3.1.4a 전단접합부 볼트/용접 접합

M20
10 열

단부판길이 L = 745mm

볼트 및 단부판 설계강도, kN

볼트 등급	나사 조건	구멍 형태	단부판의 두께, mm		
			7	8	10
F8T	N	STD	965	965	965
	X	STD	1210	1210	1210
	SC[1] (μ =0.5)	STD	840	840	840
		OVS	714	714	714
		SSLT	840	840	840
F10T	N	STD	1210	1210	1210
	X	STD	1340	1510	1510
	SC[1] (μ =0.5)	STD	1060	1060	1060
		OVS	901	901	901
		SSLT	1060	1060	1060

용접 및 보웨브 설계강도, kN

용접부 치수 mm	보 웨브 최소두께 mm	ΦR_n kN	지지부재 단위두께(mm)당 설계강도, kN/mm LRFD
5.0	8.45	1150	232
7.0	11.8	1600	
8.0	13.5	1820	
10.0	16.9	2260	

주 :
용접봉 강도 F_{EXX} = 490MPa
STD : 표준구멍, OVS : 대형구멍, SSLT : 하중방향에 직각인 단슬롯구멍
N : 전단면에 나사부포함, X : 전단면에 나사부불포함, SC : 마찰접합

단부판	보 SHN275
F_y = 275 MPa F_u = 410 MPa	F_y = 275 MPa F_u = 410 MPa

1) SC의 값은 1개 이하의 필러를 사용한 경우 또는 필러 내에 하중분산을 위하여 볼트를 추가한 경우임 (h_f=1.0)

도움표 3.1.4a 전단접합부 볼트/용접 접합

M20

9 열

단부판길이 L = 670mm

볼트 및 단부판 설계강도, kN

볼트 등급	나사 조건	구멍 형태	단부판의 두께, mm		
			7	8	10
F8T	N	STD	868	868	868
	X	STD	1090	1090	1090
	SC[1] (μ =0.5)	STD	756	756	756
		OVS	643	643	643
		SSLT	756	756	756
F10T	N	STD	1090	1090	1090
	X	STD	1210	1360	1360
	SC[1] (μ =0.5)	STD	954	954	954
		OVS	811	811	811
		SSLT	954	954	954

용접 및 보웨브 설계강도, kN

용접부 치수 mm	보 웨브 최소두께 mm	ΦR_n kN	지지부재 단위두께(mm)당 설계강도, kN/mm LRFD
5.0	8.45	1030	208
7.0	11.8	1430	
8.0	13.5	1630	
10.0	16.9	2030	

주 :
용접봉 강도 F_{EXX} = 490MPa
STD : 표준구멍, OVS : 대형구멍, SSLT : 하중방향에 직각인 단슬롯구멍
N : 전단면에 나사부포함, X : 전단면에 나사부불포함, SC : 마찰접합

단부판	보 SHN275
F_y = 275 MPa F_u = 410 MPa	F_y = 275 MPa F_u = 410 MPa

1) SC의 값은 1개 이하의 필러를 사용한 경우 또는 필러 내에 하중분산을 위하여 볼트를 추가한 경우임 (h_f=1.0)

도움표 3.1.4a 전단접합부 볼트/용접 접합

M20

8 열

단부판길이 L = 595mm

볼트 및 단부판 설계강도, kN

볼트 등급	나사 조건	구멍 형태	단부판의 두께, mm		
			7	8	10
F8T	N	STD	772	772	772
	X	STD	965	965	965
	SC[1)](μ =0.5)	STD	672	672	672
		OVS	571	571	571
		SSLT	672	672	672
F10T	N	STD	965	965	965
	X	STD	1080	1210	1210
	SC[1)](μ =0.5)	STD	848	848	848
		OVS	721	721	721
		SSLT	848	848	848

용접 및 보웨브 설계강도, kN

용접부 치수 mm	보 웨브 최소두께 mm	ΦR_n kN	지지부재 단위두께(mm)당 설계강도, kN/mm LRFD
5.0	8.45	912	185
7.0	11.8	1270	
8.0	13.5	1440	
10.0	16.9	1790	

주 :
용접봉 강도 F_{EXX} = 490MPa
STD : 표준구멍, OVS : 대형구멍, SSLT : 하중방향에 직각인 단슬롯구멍
N : 전단면에 나사부포함, X : 전단면에 나사부불포함, SC : 마찰접합

단부판	보 SHN275
F_y = 275 MPa F_u = 410 MPa	F_y = 275 MPa F_u = 410 MPa

1) SC의 값은 1개 이하의 필러를 사용한 경우 또는 필러 내에 하중분산을 위하여 볼트를 추가한 경우임 (h_f=1.0)

M20

도움표 3.1.4a 전단접합부 볼트/용접 접합

7 열

단부판길이 L = 520mm

볼트 및 단부판 설계강도, kN

볼트 등급	나사 조건	구멍 형태	단부판의 두께, mm		
			7	8	10
F8T	N	STD	675	675	675
	X	STD	844	844	844
	SC[1] (μ =0.5)	STD	588	588	588
		OVS	500	500	500
		SSLT	588	588	588
F10T	N	STD	844	844	844
	X	STD	952	1060	1060
	SC[1] (μ =0.5)	STD	742	742	742
		OVS	631	631	631
		SSLT	742	742	742

용접 및 보웨브 설계강도, kN

용접부 치수 mm	보 웨브 최소두께 mm	ΦR_n kN	지지부재 단위두께(mm)당 설계강도, kN/mm LRFD
5.0	8.45	795	161
7.0	11.8	1100	
8.0	13.5	1260	
10.0	16.9	1560	

주 :
용접봉 강도 F_{EXX} = 490MPa
STD : 표준구멍, OVS : 대형구멍, SSLT : 하중방향에 직각인 단슬롯구멍
N : 전단면에 나사부포함, X : 전단면에 나사부불포함, SC : 마찰접합

단부판	보 SHN275
F_y = 275 MPa F_u = 410 MPa	F_y = 275 MPa F_u = 410 MPa

1) SC의 값은 1개 이하의 필러를 사용한 경우 또는 필러 내에 하중분산을 위하여 볼트를 추가한 경우임 (h_f=1.0)

도움표 3.1.4a 전단접합부 볼트/용접 접합

M20

6 열

단부판길이 L = 445mm

볼트 및 단부판 설계강도, kN

볼트 등급	나사 조건	구멍 형태	단부판의 두께, mm		
			7	8	10
F8T	N	STD	579	579	579
	X	STD	724	724	724
	SC[1] (μ =0.5)	STD	504	504	504
		OVS	428	428	428
		SSLT	504	504	504
F10T	N	STD	724	724	724
	X	STD	822	905	905
	SC[1] (μ =0.5)	STD	636	636	636
		OVS	541	541	541
		SSLT	636	636	636

용접 및 보웨브 설계강도, kN

용접부 치수 mm	보 웨브 최소두께 mm	ΦR_n kN	지지부재 단위두께(mm)당 설계강도, kN/mm LRFD
5.0	8.45	678	137
7.0	11.8	941	
8.0	13.5	1070	
10.0	16.9	1330	

주 :	단부판	보 SHN275
용접봉 강도 F_{EXX} = 490MPa STD : 표준구멍, OVS : 대형구멍, SSLT : 하중방향에 직각인 단슬롯구멍 N : 전단면에 나사부포함, X : 전단면에 나사부불포함, SC : 마찰접합	F_y = 275 MPa F_u = 410 MPa	F_y = 275 MPa F_u = 410 MPa

1) SC의 값은 1개 이하의 필러를 사용한 경우 또는 필러 내에 하중분산을 위하여 볼트를 추가한 경우임 (h_f=1.0)

도움표 3.1.4a 전단접합부 볼트/용접 접합

M20

5 열

단부판길이 L = 370mm

볼트 및 단부판 설계강도, kN

볼트 등급	나사 조건	구멍 형태	단부판의 두께, mm		
			7	8	10
F8T	N	STD	482	482	482
	X	STD	603	603	603
	SC[1] (μ =0.5)	STD	420	420	420
		OVS	357	357	357
		SSLT	420	420	420
F10T	N	STD	603	603	603
	X	STD	692	754	754
	SC[1] (μ =0.5)	STD	530	530	530
		OVS	451	451	451
		SSLT	530	530	530

용접 및 보웨브 설계강도, kN

용접부 치수 mm	보 웨브 최소두께 mm	ΦR_n kN	지지부재 단위두께(mm)당 설계강도, kN/mm LRFD
5.0	8.45	561	114
7.0	11.8	777	
8.0	13.5	883	
10.0	16.9	1090	

주 :	단부판	보 SHN275
용접봉 강도 F_{EXX} = 490MPa STD : 표준구멍, OVS : 대형구멍, SSLT : 하중방향에 직각인 단슬롯구멍 N : 전단면에 나사부포함, X : 전단면에 나사부불포함, SC : 마찰접합	F_y = 275 MPa F_u = 410 MPa	F_y = 275 MPa F_u = 410 MPa

1) SC의 값은 1개 이하의 필러를 사용한 경우 또는 필러 내에 하중분산을 위하여 볼트를 추가한 경우임 (h_f=1.0)

도움표 3.1.4a 전단접합부 볼트/용접 접합

M20

4 열

단부판길이 L = 295mm

볼트 및 단부판 설계강도, kN

볼트 등급	나사 조건	구멍 형태	단부판의 두께, mm		
			7	8	10
F8T	N	STD	386	386	386
	X	STD	482	482	482
	SC[1] (μ =0.5)	STD	336	336	336
		OVS	286	286	286
		SSLT	336	336	336
F10T	N	STD	482	482	482
	X	STD	562	603	603
	SC[1] (μ =0.5)	STD	424	424	424
		OVS	360	360	360
		SSLT	424	424	424

용접 및 보웨브 설계강도, kN

용접부 치수 mm	보 웨브 최소두께 mm	ΦR_n kN	지지부재 단위두께(mm)당 설계강도, kN/mm LRFD
5.0	8.45	444	90.0
7.0	11.8	613	
8.0	13.5	696	
10.0	16.9	857	

주 :
용접봉 강도 F_{EXX} = 490MPa
STD : 표준구멍, OVS : 대형구멍, SSLT : 하중방향에 직각인 단슬롯구멍
N : 전단면에 나사부포함, X : 전단면에 나사부불포함, SC : 마찰접합

단부판	보 SHN275
F_y = 275 MPa F_u = 410 MPa	F_y = 275 MPa F_u = 410 MPa

1) SC의 값은 1개 이하의 필러를 사용한 경우 또는 필러 내에 하중분산을 위하여 볼트를 추가한 경우임 (h_f=1.0)

도움표 3.1.4a 전단접합부 볼트/용접 접합

M20

3 열

단부판길이 L = 220mm

볼트 및 단부판 설계강도, kN

볼트 등급	나사 조건	구멍 형태	단부판의 두께, mm		
			7	8	10
F8T	N	STD	289	289	289
	X	STD	362	362	362
	SC[1] (μ =0.5)	STD	252	252	252
		OVS	214	214	214
		SSLT	252	252	252
F10T	N	STD	362	362	362
	X	STD	429	452	452
	SC[1] (μ =0.5)	STD	318	318	318
		OVS	270	270	270
		SSLT	318	318	318

용접 및 보웨브 설계강도, kN

용접부 치수 mm	보 웨브 최소두께 mm	ΦR_n kN	지지부재 단위두께(mm)당 설계강도, kN/mm LRFD
5.0	8.45	327	66.4
7.0	11.8	450	
8.0	13.5	509	
10.0	16.9	624	

주 :
용접봉 강도 F_{EXX} = 490MPa
STD : 표준구멍, OVS : 대형구멍, SSLT : 하중방향에 직각인 단슬롯구멍
N : 전단면에 나사부포함, X : 전단면에 나사부불포함, SC : 마찰접합

단부판	보 SHN275
F_y = 275 MPa F_u = 410 MPa	F_y = 275 MPa F_u = 410 MPa

1) SC의 값은 1개 이하의 필러를 사용한 경우 또는 필러 내에 하중분산을 위하여 볼트를 추가한 경우임 (h_f=1.0)

도움표 3.1.4a 전단접합부 볼트/용접 접합

M20

2 열

단부판길이 L = 145mm

볼트 및 단부판 설계강도, kN

볼트 등급	나사 조건	구멍 형태	단부판의 두께, mm		
			7	8	10
F8T	N	STD	193	193	193
	X	STD	241	241	241
	SC[1] (μ =0.5)	STD	168	168	168
		OVS	143	143	143
		SSLT	168	168	168
F10T	N	STD	241	241	241
	X	STD	282	302	302
	SC[1] (μ =0.5)	STD	212	212	212
		OVS	180	180	180
		SSLT	212	212	212

용접 및 보웨브 설계강도, kN

용접부 치수 mm	보 웨브 최소두께 mm	ΦR_n kN	지지부재 단위두께(mm)당 설계강도, kN/mm LRFD
5.0	8.45	210	42.8
7.0	11.8	286	
8.0	13.5	322	
10.0	16.9	390	

주 :
용접봉 강도 F_{EXX} = 490MPa
STD : 표준구멍, OVS : 대형구멍, SSLT : 하중방향에 직각인 단슬롯구멍
N : 전단면에 나사부포함, X : 전단면에 나사부불포함, SC : 마찰접합

단부판	보 SHN275
F_y = 275 MPa F_u = 410 MPa	F_y = 275 MPa F_u = 410 MPa

1) SC의 값은 1개 이하의 필러를 사용한 경우 또는 필러 내에 하중분산을 위하여 볼트를 추가한 경우임 (h_f=1.0)

도움표 3.1.4a 전단접합부 볼트/용접 접합

M22

12 열

단부판길이 L = 895mm

볼트 및 단부판 설계강도, kN

볼트 등급	나사 조건	구멍 형태	단부판의 두께, mm		
			7	8	10
F8T	N	STD	1160	1160	1160
	X	STD	1450	1450	1450
	SC[1] (μ =0.5)	STD	1010	1010	1010
		OVS	857	857	857
		SSLT	1010	1010	1010
F10T	N	STD	1450	1450	1450
	X	STD	1600	1810	1810
	SC[1] (μ =0.5)	STD	1270	1270	1270
		OVS	1080	1080	1080
		SSLT	1270	1270	1270

용접 및 보웨브 설계강도, kN

용접부 치수 mm	보 웨브 최소두께 mm	ΦR_n kN	지지부재 단위두께(mm)당 설계강도, kN/mm LRFD
5.0	8.45	1380	279
7.0	11.8	1920	
8.0	13.5	2190	
10.0	16.9	2730	

주 :
용접봉 강도 F_{EXX} = 490MPa
STD : 표준구멍, OVS : 대형구멍, SSLT : 하중방향에 직각인 단슬롯구멍
N : 전단면에 나사부포함, X : 전단면에 나사부불포함, SC : 마찰접합

단부판	보 SHN275
F_y = 275 MPa F_u = 410 MPa	F_y = 275 MPa F_u = 410 MPa

1) SC의 값은 1개 이하의 필러를 사용한 경우 또는 필러 내에 하중분산을 위하여 볼트를 추가한 경우임 (h_f=1.0)

도움표 3.1.4a 전단접합부 볼트/용접 접합

M22

11 열

단부판길이 L = 820mm

볼트 및 단부판 설계강도, kN

볼트 등급	나사 조건	구멍 형태	단부판의 두께, mm		
			7	8	10
F8T	N	STD	1060	1060	1060
	X	STD	1330	1330	1330
	SC[1] (μ =0.5)	STD	924	924	924
		OVS	785	785	785
		SSLT	924	924	924
F10T	N	STD	1330	1330	1330
	X	STD	1470	1660	1660
	SC[1] (μ =0.5)	STD	1170	1170	1170
		OVS	991	991	991
		SSLT	1170	1170	1170

용접 및 보웨브 설계강도, kN

용접부 치수 mm	보 웨브 최소두께 mm	ΦR_n kN	지지부재 단위두께(mm)당 설계강도, kN/mm LRFD
5.0	8.45	1260	255
7.0	11.8	1760	
8.0	13.5	2010	
10.0	16.9	2490	

주 :
용접봉 강도 F_{EXX} = 490MPa
STD : 표준구멍, OVS : 대형구멍, SSLT : 하중방향에 직각인 단슬롯구멍
N : 전단면에 나사부포함, X : 전단면에 나사부불포함, SC : 마찰접합

단부판	보 SHN275
F_y = 275 MPa F_u = 410 MPa	F_y = 275 MPa F_u = 410 MPa

1) SC의 값은 1개 이하의 필러를 사용한 경우 또는 필러 내에 하중분산을 위하여 볼트를 추가한 경우임 (h_f=1.0)

도움표 3.1.4a 전단접합부 볼트/용접 접합

M22

10 열

단부판길이 L = 745mm

볼트 및 단부판 설계강도, kN

볼트 등급	나사 조건	구멍 형태	단부판의 두께, mm		
			7	8	10
F8T	N	STD	965	965	965
	X	STD	1210	1210	1210
	SC[1) (μ =0.5)	STD	840	840	840
		OVS	714	714	714
		SSLT	840	840	840
F10T	N	STD	1210	1210	1210
	X	STD	1340	1510	1510
	SC[1) (μ =0.5)	STD	1060	1060	1060
		OVS	901	901	901
		SSLT	1060	1060	1060

용접 및 보웨브 설계강도, kN

용접부 치수 mm	보 웨브 최소두께 mm	ΦR_n kN	지지부재 단위두께(mm)당 설계강도, kN/mm LRFD
5.0	8.45	1150	232
7.0	11.8	1600	
8.0	13.5	1820	
10.0	16.9	2260	

주 :	단부판	보 SHN275
용접봉 강도 F_{EXX} = 490MPa STD : 표준구멍, OVS : 대형구멍, SSLT : 하중방향에 직각인 단슬롯구멍 N : 전단면에 나사부포함, X : 전단면에 나사부불포함, SC : 마찰접합	F_y = 275 MPa F_u = 410 MPa	F_y = 275 MPa F_u = 410 MPa

1) SC의 값은 1개 이하의 필러를 사용한 경우 또는 필러 내에 하중분산을 위하여 볼트를 추가한 경우임 (h_f=1.0)

도움표 3.1.4a 전단접합부 볼트/용접 접합

M22

9 열

단부판길이 L = 670mm

볼트 및 단부판 설계강도, kN

볼트 등급	나사 조건	구멍 형태	단부판의 두께, mm		
			7	8	10
F8T	N	STD	868	868	868
	X	STD	1090	1090	1090
	SC[1] (μ =0.5)	STD	756	756	756
		OVS	643	643	643
		SSLT	756	756	756
F10T	N	STD	1090	1090	1090
	X	STD	1210	1360	1360
	SC[1] (μ =0.5)	STD	954	954	954
		OVS	811	811	811
		SSLT	954	954	954

용접 및 보웨브 설계강도, kN

용접부 치수 mm	보 웨브 최소두께 mm	ΦR_n kN	지지부재 단위두께(mm)당 설계강도, kN/mm LRFD
5.0	8.45	1030	208
7.0	11.8	1430	
8.0	13.5	1630	
10.0	16.9	2030	

주 :	단부판	보 SHN275
용접봉 강도 F_{EXX} = 490MPa STD : 표준구멍, OVS : 대형구멍, SSLT : 하중방향에 직각인 단슬롯구멍 N : 전단면에 나사부포함, X : 전단면에 나사부불포함, SC : 마찰접합	**F_y = 275 MPa** **F_u = 410 MPa**	**F_y = 275 MPa** **F_u = 410 MPa**

1) SC의 값은 1개 이하의 필러를 사용한 경우 또는 필러 내에 하중분산을 위하여 볼트를 추가한 경우임 (h_f=1.0)

도움표 3.1.4a 전단접합부 볼트/용접 접합

M22

8 열

단부판길이 L = 595mm

볼트 및 단부판 설계강도, kN

볼트 등급	나사 조건	구멍 형태	단부판의 두께, mm		
			7	8	10
F8T	N	STD	772	772	772
	X	STD	965	965	965
	SC[1] (μ =0.5)	STD	672	672	672
		OVS	571	571	571
		SSLT	672	672	672
F10T	N	STD	965	965	965
	X	STD	1080	1210	1210
	SC[1] (μ =0.5)	STD	848	848	848
		OVS	721	721	721
		SSLT	848	848	848

용접 및 보웨브 설계강도, kN

용접부 치수 mm	보 웨브 최소두께 mm	ΦR_n kN	지지부재 단위두께(mm)당 설계강도, kN/mm LRFD
5.0	8.45	912	185
7.0	11.8	1270	
8.0	13.5	1440	
10.0	16.9	1790	

주 :	단부판	보 SHN275
용접봉 강도 F_{EXX} = 490MPa STD : 표준구멍, OVS : 대형구멍, SSLT : 하중방향에 직각인 단슬롯구멍 N : 전단면에 나사부포함, X : 전단면에 나사부불포함, SC : 마찰접합	F_y = 275 MPa F_u = 410 MPa	F_y = 275 MPa F_u = 410 MPa

1) SC의 값은 1개 이하의 필러를 사용한 경우 또는 필러 내에 하중분산을 위하여 볼트를 추가한 경우임 (h_f=1.0)

도움표 3.1.4a 전단접합부 볼트/용접 접합

M22

7 열

단부판길이 L = 520mm

볼트 및 단부판 설계강도, kN

볼트 등급	나사 조건	구멍 형태	단부판의 두께, mm		
			7	8	10
F8T	N	STD	675	675	675
	X	STD	844	844	844
	SC[1] (μ =0.5)	STD	588	588	588
		OVS	500	500	500
		SSLT	588	588	588
F10T	N	STD	844	844	844
	X	STD	952	1060	1060
	SC[1] (μ =0.5)	STD	742	742	742
		OVS	631	631	631
		SSLT	742	742	742

용접 및 보웨브 설계강도, kN

용접부 치수 mm	보 웨브 최소두께 mm	ΦR_n kN	지지부재 단위두께(mm)당 설계강도, kN/mm LRFD
5.0	8.45	795	161
7.0	11.8	1100	
8.0	13.5	1260	
10.0	16.9	1560	

주 :
용접봉 강도 F_{EXX} = 490MPa
STD : 표준구멍, OVS : 대형구멍, SSLT : 하중방향에 직각인 단슬롯구멍
N : 전단면에 나사부포함, X : 전단면에 나사부불포함, SC : 마찰접합

단부판	보 SHN275
F_y = 275 MPa F_u = 410 MPa	F_y = 275 MPa F_u = 410 MPa

1) SC의 값은 1개 이하의 필러를 사용한 경우 또는 필러 내에 하중분산을 위하여 볼트를 추가한 경우임 (h_f=1.0)

도움표 3.1.4a 전단접합부 볼트/용접 접합

M22

6 열

단부판길이 L = 445mm

볼트 및 단부판 설계강도, kN

볼트 등급	나사 조건	구멍 형태	단부판의 두께, mm		
			7	8	10
F8T	N	STD	579	579	579
	X	STD	724	724	724
	SC[1] (μ =0.5)	STD	504	504	504
		OVS	428	428	428
		SSLT	504	504	504
F10T	N	STD	724	724	724
	X	STD	822	905	905
	SC[1] (μ =0.5)	STD	636	636	636
		OVS	541	541	541
		SSLT	636	636	636

용접 및 보웨브 설계강도, kN

용접부 치수 mm	보 웨브 최소두께 mm	ΦR_n kN	지지부재 단위두께(mm)당 설계강도, kN/mm LRFD
5.0	8.45	678	137
7.0	11.8	941	
8.0	13.5	1070	
10.0	16.9	1330	

주 :
용접봉 강도 F_{EXX} = 490MPa
STD : 표준구멍, OVS : 대형구멍, SSLT : 하중방향에 직각인 단슬롯구멍
N : 전단면에 나사부포함, X : 전단면에 나사부불포함, SC : 마찰접합

단부판	보 SHN275
F_y = 275 MPa F_u = 410 MPa	F_y = 275 MPa F_u = 410 MPa

1) SC의 값은 1개 이하의 필러를 사용한 경우 또는 필러 내에 하중분산을 위하여 볼트를 추가한 경우임 (h_f=1.0)

M22

도움표 3.1.4a 전단접합부 볼트/용접 접합

5 열

단부판길이 L = 370mm

볼트 및 단부판 설계강도, kN

볼트 등급	나사 조건	구멍 형태	단부판의 두께, mm		
			7	8	10
F8T	N	STD	482	482	482
	X	STD	603	603	603
	SC[1] (μ =0.5)	STD	420	420	420
		OVS	357	357	357
		SSLT	420	420	420
F10T	N	STD	603	603	603
	X	STD	692	754	754
	SC[1] (μ =0.5)	STD	530	530	530
		OVS	451	451	451
		SSLT	530	530	530

용접 및 보웨브 설계강도, kN

용접부 치수 mm	보 웨브 최소두께 mm	ΦR_n kN	지지부재 단위두께(mm)당 설계강도, kN/mm LRFD
5.0	8.45	561	114
7.0	11.8	777	
8.0	13.5	883	
10.0	16.9	1090	

주 :
용접봉 강도 F_{EXX} = 490MPa
STD : 표준구멍, OVS : 대형구멍, SSLT : 하중방향에 직각인 단슬롯구멍
N : 전단면에 나사부포함, X : 전단면에 나사부불포함, SC : 마찰접합

단부판	보 SHN275
F_y = 275 MPa F_u = 410 MPa	F_y = 275 MPa F_u = 410 MPa

1) SC의 값은 1개 이하의 필러를 사용한 경우 또는 필러 내에 하중분산을 위하여 볼트를 추가한 경우임 (h_f=1.0)

도움표 3.1.4a 전단접합부 볼트/용접 접합

M22

4 열

단부판길이 L = 295mm

볼트 및 단부판 설계강도, kN

볼트 등급	나사 조건	구멍 형태	단부판의 두께, mm		
			7	8	10
F8T	N	STD	386	386	386
	X	STD	482	482	482
	SC[1] (μ =0.5)	STD	336	336	336
		OVS	286	286	286
		SSLT	336	336	336
F10T	N	STD	482	482	482
	X	STD	562	603	603
	SC[1] (μ =0.5)	STD	424	424	424
		OVS	360	360	360
		SSLT	424	424	424

용접 및 보웨브 설계강도, kN

용접부 치수 mm	보 웨브 최소두께 mm	ΦR_n kN	지지부재 단위두께(mm)당 설계강도, kN/mm LRFD
5.0	8.45	444	90.0
7.0	11.8	613	
8.0	13.5	696	
10.0	16.9	857	

주 :
용접봉 강도 F_{EXX} = 490MPa
STD : 표준구멍, OVS : 대형구멍, SSLT : 하중방향에 직각인 단슬롯구멍
N : 전단면에 나사부포함, X : 전단면에 나사부불포함, SC : 마찰접합

단부판	보 SHN275
F_y = 275 MPa F_u = 410 MPa	F_y = 275 MPa F_u = 410 MPa

1) SC의 값은 1개 이하의 필러를 사용한 경우 또는 필러 내에 하중분산을 위하여 볼트를 추가한 경우임 (h_f=1.0)

도움표 3.1.4a 전단접합부 볼트/용접 접합

M22

3 열

단부판길이 L = 220mm

볼트 및 단부판 설계강도, kN

볼트 등급	나사 조건	구멍 형태	단부판의 두께, mm		
			7	8	10
F8T	N	STD	289	289	289
	X	STD	362	362	362
	SC[1] (μ =0.5)	STD	252	252	252
		OVS	214	214	214
		SSLT	252	252	252
F10T	N	STD	362	362	362
	X	STD	429	452	452
	SC[1] (μ =0.5)	STD	318	318	318
		OVS	270	270	270
		SSLT	318	318	318

용접 및 보웨브 설계강도, kN

용접부 치수 mm	보 웨브 최소두께 mm	ΦR_n kN	지지부재 단위두께(mm)당 설계강도, kN/mm LRFD
5.0	8.45	327	66.4
7.0	11.8	450	
8.0	13.5	509	
10.0	16.9	624	

주 :
용접봉 강도 F_{EXX} = 490MPa
STD : 표준구멍, OVS : 대형구멍, SSLT : 하중방향에 직각인 단슬롯구멍
N : 전단면에 나사부포함, X : 전단면에 나사부불포함, SC : 마찰접합

단부판	보 SHN275
F_y = 275 MPa F_u = 410 MPa	F_y = 275 MPa F_u = 410 MPa

1) SC의 값은 1개 이하의 필러를 사용한 경우 또는 필러 내에 하중분산을 위하여 볼트를 추가한 경우임 (h_f=1.0)

도움표 3.1.4a 전단접합부 볼트/용접 접합

M22

2 열

단부판길이 L = 145mm

볼트 및 단부판 설계강도, kN

볼트 등급	나사 조건	구멍 형태	단부판의 두께, mm		
			7	8	10
F8T	N	STD	193	193	193
	X	STD	241	241	241
	SC[1] (μ =0.5)	STD	168	168	168
		OVS	143	143	143
		SSLT	168	168	168
F10T	N	STD	241	241	241
	X	STD	282	302	302
	SC[1] (μ =0.5)	STD	212	212	212
		OVS	180	180	180
		SSLT	212	212	212

용접 및 보웨브 설계강도, kN

용접부 치수 mm	보 웨브 최소두께 mm	ΦR_n kN	지지부재 단위두께(mm)당 설계강도, kN/mm LRFD
5.0	8.45	210	42.8
7.0	11.8	286	
8.0	13.5	322	
10.0	16.9	390	

주 :
용접봉 강도 F_{EXX} = 490MPa
STD : 표준구멍, OVS : 대형구멍, SSLT : 하중방향에 직각인 단슬롯구멍
N : 전단면에 나사부포함, X : 전단면에 나사부불포함, SC : 마찰접합

단부판	보 SHN275
F_y = 275 MPa F_u = 410 MPa	F_y = 275 MPa F_u = 410 MPa

1) SC의 값은 1개 이하의 필러를 사용한 경우 또는 필러 내에 하중분산을 위하여 볼트를 추가한 경우임 (h_f=1.0)

도움표 3.1.4a 전단접합부 볼트/용접 접합

M24

12 열

단부판길이 L = 895mm

볼트 및 단부판 설계강도, kN

볼트 등급	나사 조건	구멍 형태	단부판의 두께, mm		
			7	8	10
F8T	N	STD	1160	1160	1160
	X	STD	1450	1450	1450
	SC[1] (μ =0.5)	STD	1010	1010	1010
		OVS	857	857	857
		SSLT	1010	1010	1010
F10T	N	STD	1450	1450	1450
	X	STD	1600	1810	1810
	SC[1] (μ =0.5)	STD	1270	1270	1270
		OVS	1080	1080	1080
		SSLT	1270	1270	1270

용접 및 보웨브 설계강도, kN

용접부 치수 mm	보 웨브 최소두께 mm	ΦR_n kN	지지부재 단위두께(mm)당 설계강도, kN/mm LRFD
5.0	8.45	1380	279
7.0	11.8	1920	
8.0	13.5	2190	
10.0	16.9	2730	

주 :
용접봉 강도 F_{EXX} = 490MPa
STD : 표준구멍, OVS : 대형구멍, SSLT : 하중방향에 직각인 단슬롯구멍
N : 전단면에 나사부포함, X : 전단면에 나사부불포함, SC : 마찰접합

단부판	보 SHN275
F_y = 275 MPa F_u = 410 MPa	F_y = 275 MPa F_u = 410 MPa

1) SC의 값은 1개 이하의 필러를 사용한 경우 또는 필러 내에 하중분산을 위하여 볼트를 추가한 경우임 (h_f=1.0)

M24

도움표 3.1.4a 전단접합부 볼트/용접 접합

11 열

단부판길이 L = 820mm

볼트 및 단부판 설계강도, kN

볼트 등급	나사 조건	구멍 형태	단부판의 두께, mm		
			7	8	10
F8T	N	STD	1060	1060	1060
	X	STD	1330	1330	1330
	SC[1] (μ =0.5)	STD	924	924	924
		OVS	785	785	785
		SSLT	924	924	924
F10T	N	STD	1330	1330	1330
	X	STD	1470	1660	1660
	SC[1] (μ =0.5)	STD	1170	1170	1170
		OVS	991	991	991
		SSLT	1170	1170	1170

용접 및 보웨브 설계강도, kN

용접부 치수 mm	보 웨브 최소두께 mm	ΦR_n kN	지지부재 단위두께(mm)당 설계강도, kN/mm LRFD
5.0	8.45	1260	255
7.0	11.8	1760	
8.0	13.5	2010	
10.0	16.9	2490	

주 :
용접봉 강도 F_{EXX} = 490MPa
STD : 표준구멍, OVS : 대형구멍, SSLT : 하중방향에 직각인 단슬롯구멍
N : 전단면에 나사부포함, X : 전단면에 나사부불포함, SC : 마찰접합

단부판	보 SHN275
F_y = 275 MPa F_u = 410 MPa	F_y = 275 MPa F_u = 410 MPa

1) SC의 값은 1개 이하의 필러를 사용한 경우 또는 필러 내에 하중분산을 위하여 볼트를 추가한 경우임 (h_f=1.0)

도움표 3.1.4a 전단접합부 볼트/용접 접합

M24

10 열

단부판길이 L = 745mm

볼트 및 단부판 설계강도, kN

볼트 등급	나사 조건	구멍 형태	단부판의 두께, mm		
			7	8	10
F8T	N	STD	965	965	965
	X	STD	1210	1210	1210
	SC[1] (μ =0.5)	STD	840	840	840
		OVS	714	714	714
		SSLT	840	840	840
F10T	N	STD	1210	1210	1210
	X	STD	1340	1510	1510
	SC[1] (μ =0.5)	STD	1060	1060	1060
		OVS	901	901	901
		SSLT	1060	1060	1060

용접 및 보웨브 설계강도, kN

용접부 치수 mm	보 웨브 최소두께 mm	ΦR_n kN	지지부재 단위두께(mm)당 설계강도, kN/mm LRFD
5.0	8.45	1150	232
7.0	11.8	1600	
8.0	13.5	1820	
10.0	16.9	2260	

	단부판	보 SHN275
	F_y = 275 MPa F_u = 410 MPa	F_y = 275 MPa F_u = 410 MPa

주 :
용접봉 강도 F_{EXX} = 490MPa
STD : 표준구멍, OVS : 대형구멍, SSLT : 하중방향에 직각인 단슬롯구멍
N : 전단면에 나사부포함, X : 전단면에 나사부불포함, SC : 마찰접합

1) SC의 값은 1개 이하의 필러를 사용한 경우 또는 필러 내에 하중분산을 위하여 볼트를 추가한 경우임 (h_f=1.0)

도움표 3.1.4a 전단접합부 볼트/용접 접합

M24

9 열

단부판길이 L = 670mm

볼트 및 단부판 설계강도, kN

볼트 등급	나사 조건	구멍 형태	단부판의 두께, mm		
			7	8	10
F8T	N	STD	868	868	868
	X	STD	1090	1090	1090
	SC[1] (μ =0.5)	STD	756	756	756
		OVS	643	643	643
		SSLT	756	756	756
F10T	N	STD	1090	1090	1090
	X	STD	1210	1360	1360
	SC[1] (μ =0.5)	STD	954	954	954
		OVS	811	811	811
		SSLT	954	954	954

용접 및 보웨브 설계강도, kN

용접부 치수 mm	보 웨브 최소두께 mm	ΦR_n kN	지지부재 단위두께(mm)당 설계강도, kN/mm LRFD
5.0	8.45	1030	208
7.0	11.8	1430	
8.0	13.5	1630	
10.0	16.9	2030	

주 :
용접봉 강도 F_{EXX} = 490MPa
STD : 표준구멍, OVS : 대형구멍, SSLT : 하중방향에 직각인 단슬롯구멍
N : 전단면에 나사부포함, X : 전단면에 나사부불포함, SC : 마찰접합

단부판	보 SHN275
F_y = 275 MPa F_u = 410 MPa	F_y = 275 MPa F_u = 410 MPa

1) SC의 값은 1개 이하의 필러를 사용한 경우 또는 필러 내에 하중분산을 위하여 볼트를 추가한 경우임 (h_f=1.0)

도움표 3.1.4a 전단접합부 볼트/용접 접합

M24

8 열

단부판길이 L = 595mm

볼트 및 단부판 설계강도, kN

볼트 등급	나사 조건	구멍 형태	단부판의 두께, mm		
			7	8	10
F8T	N	STD	772	772	772
	X	STD	965	965	965
	SC[1] (μ =0.5)	STD	672	672	672
		OVS	571	571	571
		SSLT	672	672	672
F10T	N	STD	965	965	965
	X	STD	1080	1210	1210
	SC[1] (μ =0.5)	STD	848	848	848
		OVS	721	721	721
		SSLT	848	848	848

용접 및 보웨브 설계강도, kN

용접부 치수 mm	보 웨브 최소두께 mm	ΦR_n kN	지지부재 단위두께(mm)당 설계강도, kN/mm LRFD
5.0	8.45	912	185
7.0	11.8	1270	
8.0	13.5	1440	
10.0	16.9	1790	

주 :
용접봉 강도 F_{EXX} = 490MPa
STD : 표준구멍, OVS : 대형구멍, SSLT : 하중방향에 직각인 단슬롯구멍
N : 전단면에 나사부포함, X : 전단면에 나사부불포함, SC : 마찰접합

단부판	보 SHN275
F_y = 275 MPa F_u = 410 MPa	F_y = 275 MPa F_u = 410 MPa

1) SC의 값은 1개 이하의 필러를 사용한 경우 또는 필러 내에 하중분산을 위하여 볼트를 추가한 경우임 (h_f=1.0)

도움표 3.1.4a 전단접합부 볼트/용접 접합

M24

7 열

단부판길이 L = 520mm

볼트 및 단부판 설계강도, kN

볼트 등급	나사 조건	구멍 형태	단부판의 두께, mm		
			7	8	10
F8T	N	STD	675	675	675
	X	STD	844	844	844
	SC[1] (μ =0.5)	STD	588	588	588
		OVS	500	500	500
		SSLT	588	588	588
F10T	N	STD	844	844	844
	X	STD	952	1060	1060
	SC[1] (μ =0.5)	STD	742	742	742
		OVS	631	631	631
		SSLT	742	742	742

용접 및 보웨브 설계강도, kN

용접부 치수 mm	보 웨브 최소두께 mm	ΦR_n kN	지지부재 단위두께(mm)당 설계강도, kN/mm LRFD
5.0	8.45	795	161
7.0	11.8	1100	
8.0	13.5	1260	
10.0	16.9	1560	

주 :	단부판	보 SHN275
용접봉 강도 F_{EXX} = 490MPa STD : 표준구멍, OVS : 대형구멍, SSLT : 하중방향에 직각인 단슬롯구멍 N : 전단면에 나사부포함, X : 전단면에 나사부불포함, SC : 마찰접합	F_y = 275 MPa F_u = 410 MPa	F_y = 275 MPa F_u = 410 MPa

1) SC의 값은 1개 이하의 필러를 사용한 경우 또는 필러 내에 하중분산을 위하여 볼트를 추가한 경우임 (h_f=1.0)

도움표 3.1.4a 전단접합부 볼트/용접 접합

M24

6 열

단부판길이 L = 445mm

볼트 및 단부판 설계강도, kN

볼트 등급	나사 조건	구멍 형태	단부판의 두께, mm		
			7	8	10
F8T	N	STD	579	579	579
	X	STD	724	724	724
	SC[1] (μ =0.5)	STD	504	504	504
		OVS	428	428	428
		SSLT	504	504	504
F10T	N	STD	724	724	724
	X	STD	822	905	905
	SC[1] (μ =0.5)	STD	636	636	636
		OVS	541	541	541
		SSLT	636	636	636

용접 및 보웨브 설계강도, kN

용접부 치수 mm	보 웨브 최소두께 mm	ΦR_n kN	지지부재 단위두께(mm)당 설계강도, kN/mm LRFD
5.0	8.45	678	137
7.0	11.8	941	
8.0	13.5	1070	
10.0	16.9	1330	

주 :
용접봉 강도 F_{EXX} = 490MPa
STD : 표준구멍, OVS : 대형구멍, SSLT : 하중방향에 직각인 단슬롯구멍
N : 전단면에 나사부포함, X : 전단면에 나사부불포함, SC : 마찰접합

단부판	보 SHN275
F_y = 275 MPa F_u = 410 MPa	F_y = 275 MPa F_u = 410 MPa

1) SC의 값은 1개 이하의 필러를 사용한 경우 또는 필러 내에 하중분산을 위하여 볼트를 추가한 경우임 (h_f=1.0)

M24

도움표 3.1.4a 전단접합부 볼트/용접 접합

5 열

단부판길이 L = 370mm

볼트 및 단부판 설계강도, kN

볼트 등급	나사 조건	구멍 형태	단부판의 두께, mm		
			7	8	10
F8T	N	STD	482	482	482
	X	STD	603	603	603
	SC[1] (μ =0.5)	STD	420	420	420
		OVS	357	357	357
		SSLT	420	420	420
F10T	N	STD	603	603	603
	X	STD	692	754	754
	SC[1] (μ =0.5)	STD	530	530	530
		OVS	451	451	451
		SSLT	530	530	530

용접 및 보웨브 설계강도, kN

용접부 치수 mm	보 웨브 최소두께 mm	ΦR_n kN	지지부재 단위두께(mm)당 설계강도, kN/mm LRFD
5.0	8.45	561	114
7.0	11.8	777	
8.0	13.5	883	
10.0	16.9	1090	

주 :
용접봉 강도 F_{EXX} = 490MPa
STD : 표준구멍, OVS : 대형구멍, SSLT : 하중방향에 직각인 단슬롯구멍
N : 전단면에 나사부포함, X : 전단면에 나사부불포함, SC : 마찰접합

단부판	보 SHN275
F_y = 275 MPa F_u = 410 MPa	F_y = 275 MPa F_u = 410 MPa

1) SC의 값은 1개 이하의 필러를 사용한 경우 또는 필러 내에 하중분산을 위하여 볼트를 추가한 경우임 (h_f=1.0)

도움표 3.1.4a 전단접합부 볼트/용접 접합

M24

4 열

단부판길이 L = 295mm

볼트 및 단부판 설계강도, kN

볼트 등급	나사 조건	구멍 형태	단부판의 두께, mm		
			7	8	10
F8T	N	STD	386	386	386
	X	STD	482	482	482
	SC[1] (μ =0.5)	STD	336	336	336
		OVS	286	286	286
		SSLT	336	336	336
F10T	N	STD	482	482	482
	X	STD	562	603	603
	SC[1] (μ =0.5)	STD	424	424	424
		OVS	360	360	360
		SSLT	424	424	424

용접 및 보웨브 설계강도, kN

용접부 치수 mm	보 웨브 최소두께 mm	ΦR_n kN	지지부재 단위두께(mm)당 설계강도, kN/mm LRFD
5.0	8.45	444	90.0
7.0	11.8	613	
8.0	13.5	696	
10.0	16.9	857	

주 :
용접봉 강도 F_{EXX} = 490MPa
STD : 표준구멍, OVS : 대형구멍, SSLT : 하중방향에 직각인 단슬롯구멍
N : 전단면에 나사부포함, X : 전단면에 나사부불포함, SC : 마찰접합

단부판	보 SHN275
F_y = 275 MPa F_u = 410 MPa	F_y = 275 MPa F_u = 410 MPa

1) SC의 값은 1개 이하의 필러를 사용한 경우 또는 필러 내에 하중분산을 위하여 볼트를 추가한 경우임 (h_f=1.0)

도움표 3.1.4a 전단접합부 볼트/용접 접합

M24

3 열

단부판길이 L = 220mm

볼트 및 단부판 설계강도, kN

볼트 등급	나사 조건	구멍 형태	단부판의 두께, mm		
			7	8	10
F8T	N	STD	289	289	289
	X	STD	362	362	362
	SC[1] (μ =0.5)	STD	252	252	252
		OVS	214	214	214
		SSLT	252	252	252
F10T	N	STD	362	362	362
	X	STD	429	452	452
	SC[1] (μ =0.5)	STD	318	318	318
		OVS	270	270	270
		SSLT	318	318	318

용접 및 보웨브 설계강도, kN

용접부 치수 mm	보 웨브 최소두께 mm	ΦR_n kN	지지부재 단위두께(mm)당 설계강도, kN/mm LRFD
5.0	8.45	327	66.4
7.0	11.8	450	
8.0	13.5	509	
10.0	16.9	624	

주 :
용접봉 강도 F_{EXX} = 490MPa
STD : 표준구멍, OVS : 대형구멍, SSLT : 하중방향에 직각인 단슬롯구멍
N : 전단면에 나사부포함, X : 전단면에 나사부불포함, SC : 마찰접합

단부판	보 SHN275
F_y = 275 MPa F_u = 410 MPa	F_y = 275 MPa F_u = 410 MPa

1) SC의 값은 1개 이하의 필러를 사용한 경우 또는 필러 내에 하중분산을 위하여 볼트를 추가한 경우임 (h_f=1.0)

도움표 3.1.4a 전단접합부 볼트/용접 접합

M24

2 열

단부판길이 L = 145mm

볼트 및 단부판 설계강도, kN

볼트 등급	나사 조건	구멍 형태	단부판의 두께, mm		
			7	8	10
F8T	N	STD	193	193	193
	X	STD	241	241	241
	SC[1] (μ =0.5)	STD	168	168	168
		OVS	143	143	143
		SSLT	168	168	168
F10T	N	STD	241	241	241
	X	STD	282	302	302
	SC[1] (μ =0.5)	STD	212	212	212
		OVS	180	180	180
		SSLT	212	212	212

용접 및 보웨브 설계강도, kN

용접부 치수 mm	보 웨브 최소두께 mm	ΦR_n kN	지지부재 단위두께(mm)당 설계강도, kN/mm LRFD
5.0	8.45	210	42.8
7.0	11.8	286	
8.0	13.5	322	
10.0	16.9	390	

주 :
용접봉 강도 F_{EXX} = 490MPa
STD : 표준구멍, OVS : 대형구멍, SSLT : 하중방향에 직각인 단슬롯구멍
N : 전단면에 나사부포함, X : 전단면에 나사부불포함, SC : 마찰접합

단부판	보 SHN275
F_y = 275 MPa F_u = 410 MPa	F_y = 275 MPa F_u = 410 MPa

1) SC의 값은 1개 이하의 필러를 사용한 경우 또는 필러 내에 하중분산을 위하여 볼트를 추가한 경우임 (h_f=1.0)

도움표 3.1.4b 전단접합부 볼트/용접 접합

M16

12 열

단부판길이 L = 895mm

볼트 및 단부판 설계강도, kN

볼트 등급	나사 조건	구멍 형태	단부판의 두께, mm		
			7	8	10
F8T	N	STD	1160	1160	1160
	X	STD	1450	1450	1450
	SC[1] (μ =0.5)	STD	1010	1010	1010
		OVS	857	857	857
		SSLT	1010	1010	1010
F10T	N	STD	1450	1450	1450
	X	STD	1600	1810	1810
	SC[1] (μ =0.5)	STD	1270	1270	1270
		OVS	1080	1080	1080
		SSLT	1270	1270	1270

용접 및 보웨브 설계강도, kN

용접부 치수 mm	보 웨브 최소두께 mm	ΦR_n kN	지지부재 단위두께(mm)당 설계강도, kN/mm LRFD
5.0	7.07	1380	279
7.0	9.90	1920	
8.0	11.3	2190	
10.0	14.1	2730	

주 :
용접봉 강도 F_{EXX} = 490MPa
STD : 표준구멍, OVS : 대형구멍, SSLT : 하중방향에 직각인 단슬롯구멍
N : 전단면에 나사부포함, X : 전단면에 나사부불포함, SC : 마찰접합

단부판	보 SHN355
F_y = 275 MPa F_u = 410 MPa	F_y = 355 MPa F_u = 490 MPa

1) SC의 값은 1개 이하의 필러를 사용한 경우 또는 필러 내에 하중분산을 위하여 볼트를 추가한 경우임 (h_f=1.0)

M16

도움표 3.1.4b 전단접합부 볼트/용접 접합

11 열

단부판길이 L = 820mm

볼트 및 단부판 설계강도, kN

볼트 등급	나사 조건	구멍 형태	단부판의 두께, mm 7	8	10
F8T	N	STD	1060	1060	1060
	X	STD	1330	1330	1330
	SC[1] (μ =0.5)	STD	924	924	924
		OVS	785	785	785
		SSLT	924	924	924
F10T	N	STD	1330	1330	1330
	X	STD	1470	1660	1660
	SC[1] (μ =0.5)	STD	1170	1170	1170
		OVS	991	991	991
		SSLT	1170	1170	1170

용접 및 보웨브 설계강도, kN

용접부 치수 mm	보 웨브 최소두께 mm	ΦR_n kN	지지부재 단위두께(mm)당 설계강도, kN/mm LRFD
5.0	7.07	1260	255
7.0	9.90	1760	
8.0	11.3	2010	
10.0	14.1	2490	

주 :
용접봉 강도 F_{EXX} = 490MPa
STD : 표준구멍, OVS : 대형구멍, SSLT : 하중방향에 직각인 단슬롯구멍
N : 전단면에 나사부포함, X : 전단면에 나사부불포함, SC : 마찰접합

단부판	보 SHN355
F_y = 275 MPa F_u = 410 MPa	F_y = 355 MPa F_u = 490 MPa

1) SC의 값은 1개 이하의 필러를 사용한 경우 또는 필러 내에 하중분산을 위하여 볼트를 추가한 경우임 (h_f=1.0)

도움표 3.1.4b 전단접합부 볼트/용접 접합

M16

10 열

단부판길이 L = 745mm

볼트 및 단부판 설계강도, kN

볼트 등급	나사 조건	구멍 형태	단부판의 두께, mm		
			7	8	10
F8T	N	STD	965	965	965
	X	STD	1210	1210	1210
	SC[1] (μ =0.5)	STD	840	840	840
		OVS	714	714	714
		SSLT	840	840	840
F10T	N	STD	1210	1210	1210
	X	STD	1340	1510	1510
	SC[1] (μ =0.5)	STD	1060	1060	1060
		OVS	901	901	901
		SSLT	1060	1060	1060

용접 및 보웨브 설계강도, kN

용접부 치수 mm	보 웨브 최소두께 mm	ΦR_n kN	지지부재 단위두께(mm)당 설계강도, kN/mm LRFD
5.0	7.07	1150	232
7.0	9.90	1600	
8.0	11.3	1820	
10.0	14.1	2260	

주 :	단부판	보 SHN355
용접봉 강도 F_{EXX} = 490MPa STD : 표준구멍, OVS : 대형구멍, SSLT : 하중방향에 직각인 단슬롯구멍 N : 전단면에 나사부포함, X : 전단면에 나사부불포함, SC : 마찰접합	F_y = 275 MPa F_u = 410 MPa	F_y = 355 MPa F_u = 490 MPa

1) SC의 값은 1개 이하의 필러를 사용한 경우 또는 필러 내에 하중분산을 위하여 볼트를 추가한 경우임 (h_f=1.0)

도움표 3.1.4b 전단접합부 볼트/용접 접합

M16

9 열

단부판길이 L = 670mm

볼트 및 단부판 설계강도, kN

볼트 등급	나사 조건	구멍 형태	단부판의 두께, mm		
			7	8	10
F8T	N	STD	868	868	868
	X	STD	1090	1090	1090
	SC[1] (μ =0.5)	STD	756	756	756
		OVS	643	643	643
		SSLT	756	756	756
F10T	N	STD	1090	1090	1090
	X	STD	1210	1360	1360
	SC[1] (μ =0.5)	STD	954	954	954
		OVS	811	811	811
		SSLT	954	954	954

용접 및 보웨브 설계강도, kN

용접부 치수 mm	보 웨브 최소두께 mm	ΦR_n kN	지지부재 단위두께(mm)당 설계강도, kN/mm LRFD
5.0	7.07	1030	208
7.0	9.90	1430	
8.0	11.3	1630	
10.0	14.1	2030	

주 :
용접봉 강도 F_{EXX} = 490MPa
STD : 표준구멍, OVS : 대형구멍, SSLT : 하중방향에 직각인 단슬롯구멍
N : 전단면에 나사부포함, X : 전단면에 나사부불포함, SC : 마찰접합

단부판	보 SHN355
F_y = 275 MPa F_u = 410 MPa	F_y = 355 MPa F_u = 490 MPa

1) SC의 값은 1개 이하의 필러를 사용한 경우 또는 필러 내에 하중분산을 위하여 볼트를 추가한 경우임 (h_f=1.0)

도움표 3.1.4b 전단접합부 볼트/용접 접합

M16

8 열

단부판길이 L = 595mm

볼트 및 단부판 설계강도, kN					
볼트 등급	나사 조건	구멍 형태	단부판의 두께, mm		
			7	8	10
F8T	N	STD	772	772	772
	X	STD	965	965	965
	SC[1) (μ =0.5)	STD	672	672	672
		OVS	571	571	571
		SSLT	672	672	672
F10T	N	STD	965	965	965
	X	STD	1080	1210	1210
	SC[1) (μ =0.5)	STD	848	848	848
		OVS	721	721	721
		SSLT	848	848	848

용접 및 보웨브 설계강도, kN			지지부재 단위두께(mm)당 설계강도, kN/mm LRFD
용접부 치수 mm	보 웨브 최소두께 mm	ΦR_n kN	
5.0	7.07	912	185
7.0	9.90	1270	
8.0	11.3	1440	
10.0	14.1	1790	

주 : 용접봉 강도 F_{EXX} = 490MPa STD : 표준구멍, OVS : 대형구멍, SSLT : 하중방향에 직각인 단슬롯구멍 N : 전단면에 나사부포함, X : 전단면에 나사부불포함, SC : 마찰접합	단부판	보 SHN355
	F_y = 275 MPa F_u = 410 MPa	F_y = 355 MPa F_u = 490 MPa

1) SC의 값은 1개 이하의 필러를 사용한 경우 또는 필러 내에 하중분산을 위하여 볼트를 추가한 경우임 (h_f=1.0)

도움표 3.1.4b 전단접합부 볼트/용접 접합

M16

7 열

단부판길이 L = 520mm

볼트 및 단부판 설계강도, kN

볼트 등급	나사 조건	구멍 형태	단부판의 두께, mm		
			7	8	10
F8T	N	STD	675	675	675
	X	STD	844	844	844
	SC[1] (μ =0.5)	STD	588	588	588
		OVS	500	500	500
		SSLT	588	588	588
F10T	N	STD	844	844	844
	X	STD	952	1060	1060
	SC[1] (μ =0.5)	STD	742	742	742
		OVS	631	631	631
		SSLT	742	742	742

용접 및 보웨브 설계강도, kN

용접부 치수 mm	보 웨브 최소두께 mm	ΦR_n kN	지지부재 단위두께(mm)당 설계강도, kN/mm LRFD
5.0	7.07	795	161
7.0	9.90	1100	
8.0	11.3	1260	
10.0	14.1	1560	

주 :
용접봉 강도 F_{EXX} = 490MPa
STD : 표준구멍, OVS : 대형구멍, SSLT : 하중방향에 직각인 단슬롯구멍
N : 전단면에 나사부포함, X : 전단면에 나사부불포함, SC : 마찰접합

단부판	보 SHN355
F_y = 275 MPa, F_u = 410 MPa	F_y = 355 MPa, F_u = 490 MPa

1) SC의 값은 1개 이하의 필러를 사용한 경우 또는 필러 내에 하중분산을 위하여 볼트를 추가한 경우임 (h_f=1.0)

도움표 3.1.4b 전단접합부 볼트/용접 접합

M16

6 열

단부판길이 L = 445mm

볼트 및 단부판 설계강도, kN

볼트 등급	나사 조건	구멍 형태	단부판의 두께, mm		
			7	8	10
F8T	N	STD	579	579	579
	X	STD	724	724	724
	SC[1] (μ =0.5)	STD	504	504	504
		OVS	428	428	428
		SSLT	504	504	504
F10T	N	STD	724	724	724
	X	STD	822	905	905
	SC[1]SC[1] (μ =0.5)	STD	636	636	636
		OVS	541	541	541
		SSLT	636	636	636

용접 및 보웨브 설계강도, kN

용접부 치수 mm	보 웨브 최소두께 mm	ΦR_n kN	지지부재 단위두께(mm)당 설계강도, kN/mm LRFD
5.0	7.07	678	137
7.0	9.90	941	
8.0	11.3	1070	
10.0	14.1	1330	

주 :
용접봉 강도 F_{EXX} = 490MPa
STD : 표준구멍, OVS : 대형구멍, SSLT : 하중방향에 직각인 단슬롯구멍
N : 전단면에 나사부포함, X : 전단면에 나사부불포함, SC : 마찰접합

단부판	보 SHN355
F_y = 275 MPa F_u = 410 MPa	F_y = 355 MPa F_u = 490 MPa

1) SC의 값은 1개 이하의 필러를 사용한 경우 또는 필러 내에 하중분산을 위하여 볼트를 추가한 경우임 (h_f=1.0)

도움표 3.1.4b 전단접합부 볼트/용접 접합

M16

5 열

단부판길이 L = 370mm

볼트 및 단부판 설계강도, kN

볼트 등급	나사 조건	구멍 형태	단부판의 두께, mm		
			7	8	10
F8T	N	STD	482	482	482
	X	STD	603	603	603
	SC[1] (μ =0.5)	STD	420	420	420
		OVS	357	357	357
		SSLT	420	420	420
F10T	N	STD	603	603	603
	X	STD	692	754	754
	SC[1] (μ =0.5)	STD	530	530	530
		OVS	451	451	451
		SSLT	530	530	530

용접 및 보웨브 설계강도, kN

용접부 치수 mm	보 웨브 최소두께 mm	ΦR_n kN	지지부재 단위두께(mm)당 설계강도, kN/mm LRFD
5.0	7.07	561	114
7.0	9.90	777	
8.0	11.3	883	
10.0	14.1	1090	

주 :
용접봉 강도 F_{EXX} = 490MPa
STD : 표준구멍, OVS : 대형구멍, SSLT : 하중방향에 직각인 단슬롯구멍
N : 전단면에 나사부포함, X : 전단면에 나사부불포함, SC : 마찰접합

단부판	보 SHN355
F_y = 275 MPa F_u = 410 MPa	F_y = 355 MPa F_u = 490 MPa

1) SC의 값은 1개 이하의 필러를 사용한 경우 또는 필러 내에 하중분산을 위하여 볼트를 추가한 경우임 (h_f=1.0)

도움표 3.1.4b 전단접합부 볼트/용접 접합

M16

4 열

단부판길이 L = 295mm

볼트 및 단부판 설계강도, kN

볼트 등급	나사 조건	구멍 형태	단부판의 두께, mm		
			7	8	10
F8T	N	STD	386	386	386
	X	STD	482	482	482
	SC[1] (μ =0.5)	STD	336	336	336
		OVS	286	286	286
		SSLT	336	336	336
F10T	N	STD	482	482	482
	X	STD	562	603	603
	SC[1] (μ =0.5)	STD	424	424	424
		OVS	360	360	360
		SSLT	424	424	424

용접 및 보웨브 설계강도, kN

용접부 치수 mm	보 웨브 최소두께 mm	ΦR_n kN	지지부재 단위두께(mm)당 설계강도, kN/mm LRFD
5.0	7.07	444	90.0
7.0	9.90	613	
8.0	11.3	696	
10.0	14.1	857	

	단부판	보 SHN355
	F_y = 275 MPa F_u = 410 MPa	F_y = 355 MPa F_u = 490 MPa

주 :
용접봉 강도 F_{EXX} = 490MPa
STD : 표준구멍, OVS : 대형구멍, SSLT : 하중방향에 직각인 단슬롯구멍
N : 전단면에 나사부포함, X : 전단면에 나사부불포함, SC : 마찰접합

1) SC의 값은 1개 이하의 필러를 사용한 경우 또는 필러 내에 하중분산을 위하여 볼트를 추가한 경우임 (h_f=1.0)

도움표 3.1.4b 전단접합부 볼트/용접 접합

M16

3 열

단부판길이 L = 220mm

볼트 및 단부판 설계강도, kN

볼트 등급	나사 조건	구멍 형태	단부판의 두께, mm		
			7	8	10
F8T	N	STD	289	289	289
	X	STD	362	362	362
	SC[1] (μ =0.5)	STD	252	252	252
		OVS	214	214	214
		SSLT	252	252	252
F10T	N	STD	362	362	362
	X	STD	429	452	452
	SC[1] (μ =0.5)	STD	318	318	318
		OVS	270	270	270
		SSLT	318	318	318

용접 및 보웨브 설계강도, kN

용접부 치수 mm	보 웨브 최소두께 mm	ΦR_n kN	지지부재 단위두께(mm)당 설계강도, kN/mm LRFD
5.0	7.07	327	66.4
7.0	9.90	450	
8.0	11.3	509	
10.0	14.1	624	

주 :
용접봉 강도 F_{EXX} = 490MPa
STD : 표준구멍, OVS : 대형구멍, SSLT : 하중방향에 직각인 단슬롯구멍
N : 전단면에 나사부포함, X : 전단면에 나사부불포함, SC : 마찰접합

단부판	보 SHN355
F_y = 275 MPa **F_u = 410 MPa**	**F_y = 355 MPa** **F_u = 490 MPa**

1) SC의 값은 1개 이하의 필러를 사용한 경우 또는 필러 내에 하중분산을 위하여 볼트를 추가한 경우임 (h_f=1.0)

도움표 3.1.4b 전단접합부 볼트/용접 접합

M16

2 열

단부판길이 L = 145mm

볼트 및 단부판 설계강도, kN

볼트 등급	나사 조건	구멍 형태	단부판의 두께, mm		
			7	8	10
F8T	N	STD	193	193	193
	X	STD	241	241	241
	SC[1] (μ =0.5)	STD	168	168	168
		OVS	143	143	143
		SSLT	168	168	168
F10T	N	STD	241	241	241
	X	STD	282	302	302
	SC[1] (μ =0.5)	STD	212	212	212
		OVS	180	180	180
		SSLT	212	212	212

용접 및 보웨브 설계강도, kN

용접부 치수 mm	보 웨브 최소두께 mm	ΦR_n kN	지지부재 단위두께(mm)당 설계강도, kN/mm LRFD
5.0	7.07	210	42.8
7.0	9.90	286	
8.0	11.3	322	
10.0	14.1	390	

주 :
용접봉 강도 F_{EXX} = 490MPa
STD : 표준구멍, OVS : 대형구멍, SSLT : 하중방향에 직각인 단슬롯구멍
N : 전단면에 나사부포함, X : 전단면에 나사부불포함, SC : 마찰접합

단부판	보 SHN355
F_y = 275 MPa F_u = 410 MPa	F_y = 355 MPa F_u = 490 MPa

1) SC의 값은 1개 이하의 필러를 사용한 경우 또는 필러 내에 하중분산을 위하여 볼트를 추가한 경우임 (h_f=1.0)

도움표 3.1.4b 전단접합부 볼트/용접 접합

M20

12 열

단부판길이 L = 895mm

볼트 및 단부판 설계강도, kN

볼트 등급	나사 조건	구멍 형태	단부판의 두께, mm		
			7	8	10
F8T	N	STD	1160	1160	1160
	X	STD	1450	1450	1450
	SC[1] (μ =0.5)	STD	1010	1010	1010
		OVS	857	857	857
		SSLT	1010	1010	1010
F10T	N	STD	1450	1450	1450
	X	STD	1600	1810	1810
	SC[1] (μ =0.5)	STD	1270	1270	1270
		OVS	1080	1080	1080
		SSLT	1270	1270	1270

용접 및 보웨브 설계강도, kN

용접부 치수 mm	보 웨브 최소두께 mm	ΦR_n kN	지지부재 단위두께(mm)당 설계강도, kN/mm LRFD
5.0	7.07	1380	279
7.0	9.90	1920	
8.0	11.3	2190	
10.0	14.1	2730	

주 :
용접봉 강도 F_{EXX} = 490MPa
STD : 표준구멍, OVS : 대형구멍, SSLT : 하중방향에 직각인 단슬롯구멍
N : 전단면에 나사부포함, X : 전단면에 나사부불포함, SC : 마찰접합

단부판	보 SHN355
F_y = 275 MPa F_u = 410 MPa	F_y = 355 MPa F_u = 490 MPa

1) SC의 값은 1개 이하의 필러를 사용한 경우 또는 필러 내에 하중분산을 위하여 볼트를 추가한 경우임 (h_f=1.0)

도움표 3.1.4b 전단접합부 볼트/용접 접합

M20

11 열

단부판길이 L = 820mm

볼트 및 단부판 설계강도, kN					
볼트 등급	나사 조건	구멍 형태	단부판의 두께, mm		
			7	8	10
F8T	N	STD	1060	1060	1060
	X	STD	1330	1330	1330
	SC[1] (μ =0.5)	STD	924	924	924
		OVS	785	785	785
		SSLT	924	924	924
F10T	N	STD	1330	1330	1330
	X	STD	1470	1660	1660
	SC[1] (μ =0.5)	STD	1170	1170	1170
		OVS	991	991	991
		SSLT	1170	1170	1170

용접 및 보웨브 설계강도, kN			지지부재 단위두께(mm)당 설계강도, kN/mm LRFD
용접부 치수 mm	보 웨브 최소두께 mm	ΦR_n kN	
5.0	7.07	1260	255
7.0	9.90	1760	
8.0	11.3	2010	
10.0	14.1	2490	

주 :
용접봉 강도 F_{EXX} = 490MPa
STD : 표준구멍, OVS : 대형구멍, SSLT : 하중방향에 직각인 단슬롯구멍
N : 전단면에 나사부포함, X : 전단면에 나사부불포함, SC : 마찰접합

단부판	보 SHN355
F_y = 275 MPa F_u = 410 MPa	F_y = 355 MPa F_u = 490 MPa

1) SC의 값은 1개 이하의 필러를 사용한 경우 또는 필러 내에 하중분산을 위하여 볼트를 추가한 경우임 (h_f=1.0)

도움표 3.1.4b 전단접합부 볼트/용접 접합

M20

10 열

단부판길이 L = 745mm

볼트 및 단부판 설계강도, kN

볼트 등급	나사 조건	구멍 형태	단부판의 두께, mm		
			7	8	10
F8T	N	STD	965	965	965
	X	STD	1210	1210	1210
	SC[1] (μ =0.5)	STD	840	840	840
		OVS	714	714	714
		SSLT	840	840	840
F10T	N	STD	1210	1210	1210
	X	STD	1340	1510	1510
	SC[1] (μ =0.5)	STD	1060	1060	1060
		OVS	901	901	901
		SSLT	1060	1060	1060

용접 및 보웨브 설계강도, kN

용접부 치수 mm	보 웨브 최소두께 mm	ΦR_n kN	지지부재 단위두께(mm)당 설계강도, kN/mm LRFD
5.0	7.07	1150	232
7.0	9.90	1600	
8.0	11.3	1820	
10.0	14.1	2260	

주 : 용접봉 강도 F_{EXX} = 490MPa STD : 표준구멍, OVS : 대형구멍, SSLT : 하중방향에 직각인 단슬롯구멍 N : 전단면에 나사부포함, X : 전단면에 나사부불포함, SC : 마찰접합	단부판	보 SHN355
	F_y = 275 MPa F_u = 410 MPa	F_y = 355 MPa F_u = 490 MPa

1) SC의 값은 1개 이하의 필러를 사용한 경우 또는 필러 내에 하중분산을 위하여 볼트를 추가한 경우임 (h_f=1.0)

도움표 3.1.4b 전단접합부 볼트/용접 접합

M20

9 열

단부판길이 L = 670mm

볼트 및 단부판 설계강도, kN

볼트 등급	나사 조건	구멍 형태	단부판의 두께, mm		
			7	8	10
F8T	N	STD	868	868	868
	X	STD	1090	1090	1090
	SC[1] (μ =0.5)	STD	756	756	756
		OVS	643	643	643
		SSLT	756	756	756
F10T	N	STD	1090	1090	1090
	X	STD	1210	1360	1360
	SC[1] (μ =0.5)	STD	954	954	954
		OVS	811	811	811
		SSLT	954	954	954

용접 및 보웨브 설계강도, kN

용접부 치수 mm	보 웨브 최소두께 mm	ΦR_n kN	지지부재 단위두께(mm)당 설계강도, kN/mm LRFD
5.0	7.07	1030	208
7.0	9.90	1430	
8.0	11.3	1630	
10.0	14.1	2030	

주 :
용접봉 강도 F_{EXX} = 490MPa
STD : 표준구멍, OVS : 대형구멍, SSLT : 하중방향에 직각인 단슬롯구멍
N : 전단면에 나사부포함, X : 전단면에 나사부불포함, SC : 마찰접합

단부판	보 SHN355
F_y = 275 MPa F_u = 410 MPa	F_y = 355 MPa F_u = 490 MPa

1) SC의 값은 1개 이하의 필러를 사용한 경우 또는 필러 내에 하중분산을 위하여 볼트를 추가한 경우임 (h_f=1.0)

제1장 제2장 제3장 제4장

도움표 3.1.4b 전단접합부 볼트/용접 접합

M20

8 열

단부판길이 L = 595mm

볼트 및 단부판 설계강도, kN

볼트 등급	나사 조건	구멍 형태	단부판의 두께, mm		
			7	8	10
F8T	N	STD	772	772	772
	X	STD	965	965	965
	SC[1] (μ =0.5)	STD	672	672	672
		OVS	571	571	571
		SSLT	672	672	672
F10T	N	STD	965	965	965
	X	STD	1080	1210	1210
	SC[1] (μ =0.5)	STD	848	848	848
		OVS	721	721	721
		SSLT	848	848	848

용접 및 보웨브 설계강도, kN

용접부 치수 mm	보 웨브 최소두께 mm	ΦR_n kN	지지부재 단위두께(mm)당 설계강도, kN/mm LRFD
5.0	7.07	912	185
7.0	9.90	1270	
8.0	11.3	1440	
10.0	14.1	1790	

주 :
용접봉 강도 F_{EXX} = 490MPa
STD : 표준구멍, OVS : 대형구멍, SSLT : 하중방향에 직각인 단슬롯구멍
N : 전단면에 나사부포함, X : 전단면에 나사부불포함, SC : 마찰접합

단부판	보 SHN355
F_y = 275 MPa F_u = 410 MPa	F_y = 355 MPa F_u = 490 MPa

1) SC의 값은 1개 이하의 필러를 사용한 경우 또는 필러 내에 하중분산을 위하여 볼트를 추가한 경우임 (h_f=1.0)

도움표 3.1.4b 전단접합부 볼트/용접 접합

M20

7 열

단부판길이 L = 520mm

<table>
<tr><th colspan="6">볼트 및 단부판 설계강도, kN</th></tr>
<tr><th rowspan="2">볼트 등급</th><th rowspan="2">나사 조건</th><th rowspan="2">구멍 형태</th><th colspan="3">단부판의 두께, mm</th></tr>
<tr><th>7</th><th>8</th><th>10</th></tr>
<tr><td rowspan="5">F8T</td><td>N</td><td>STD</td><td>675</td><td>675</td><td>675</td></tr>
<tr><td>X</td><td>STD</td><td>844</td><td>844</td><td>844</td></tr>
<tr><td rowspan="3">SC[1]
(μ =0.5)</td><td>STD</td><td>588</td><td>588</td><td>588</td></tr>
<tr><td>OVS</td><td>500</td><td>500</td><td>500</td></tr>
<tr><td>SSLT</td><td>588</td><td>588</td><td>588</td></tr>
<tr><td rowspan="5">F10T</td><td>N</td><td>STD</td><td>844</td><td>844</td><td>844</td></tr>
<tr><td>X</td><td>STD</td><td>952</td><td>1060</td><td>1060</td></tr>
<tr><td rowspan="3">SC[1]
(μ =0.5)</td><td>STD</td><td>742</td><td>742</td><td>742</td></tr>
<tr><td>OVS</td><td>631</td><td>631</td><td>631</td></tr>
<tr><td>SSLT</td><td>742</td><td>742</td><td>742</td></tr>
</table>

<table>
<tr><th colspan="3">용접 및 보웨브 설계강도, kN</th><th colspan="2" rowspan="2">지지부재 단위두께(mm)당
설계강도, kN/mm
LRFD</th></tr>
<tr><th>용접부 치수
mm</th><th>보 웨브 최소두께
mm</th><th>ΦR_n
kN</th></tr>
<tr><td>5.0</td><td>7.07</td><td>795</td><td colspan="2" rowspan="4">161</td></tr>
<tr><td>7.0</td><td>9.90</td><td>1100</td></tr>
<tr><td>8.0</td><td>11.3</td><td>1260</td></tr>
<tr><td>10.0</td><td>14.1</td><td>1560</td></tr>
<tr><td colspan="3" rowspan="2">주 :
용접봉 강도 F_{EXX} = 490MPa
STD : 표준구멍, OVS : 대형구멍, SSLT : 하중방향에 직각인 단슬롯구멍
N : 전단면에 나사부포함, X : 전단면에 나사부불포함, SC : 마찰접합</td><td>단부판</td><td>보 SHN355</td></tr>
<tr><td>F_y = 275 MPa
F_u = 410 MPa</td><td>F_y = 355 MPa
F_u = 490 MPa</td></tr>
<tr><td colspan="5">1) SC의 값은 1개 이하의 필러를 사용한 경우 또는 필러 내에 하중분산을 위하여 볼트를 추가한 경우임 (h_f=1.0)</td></tr>
</table>

도움표 3.1.4b 전단접합부 볼트/용접 접합

M20
6 열

단부판길이 L = 445mm

볼트 및 단부판 설계강도, kN

볼트 등급	나사 조건	구멍 형태	단부판의 두께, mm		
			7	8	10
F8T	N	STD	579	579	579
	X	STD	724	724	724
	SC[1] (μ =0.5)	STD	504	504	504
		OVS	428	428	428
		SSLT	504	504	504
F10T	N	STD	724	724	724
	X	STD	822	905	905
	SC[1] (μ =0.5)	STD	636	636	636
		OVS	541	541	541
		SSLT	636	636	636

용접 및 보웨브 설계강도, kN

용접부 치수 mm	보 웨브 최소두께 mm	ΦR_n kN	지지부재 단위두께(mm)당 설계강도, kN/mm LRFD
5.0	7.07	678	137
7.0	9.90	941	
8.0	11.3	1070	
10.0	14.1	1330	

주 :
용접봉 강도 F_{EXX} = 490MPa
STD : 표준구멍, OVS : 대형구멍, SSLT : 하중방향에 직각인 단슬롯구멍
N : 전단면에 나사부포함, X : 전단면에 나사부불포함, SC : 마찰접합

단부판	보 SHN355
F_y = 275 MPa F_u = 410 MPa	F_y = 355 MPa F_u = 490 MPa

1) SC의 값은 1개 이하의 필러를 사용한 경우 또는 필러 내에 하중분산을 위하여 볼트를 추가한 경우임 (h_f=1.0)

도움표 3.1.4b 전단접합부 볼트/용접 접합

M20

5 열

단부판길이 L = 370mm

볼트 및 단부판 설계강도, kN

볼트 등급	나사 조건	구멍 형태	단부판의 두께, mm		
			7	8	10
F8T	N	STD	482	482	482
	X	STD	603	603	603
	SC[1] (μ =0.5)	STD	420	420	420
		OVS	357	357	357
		SSLT	420	420	420
F10T	N	STD	603	603	603
	X	STD	692	754	754
	SC[1] (μ =0.5)	STD	530	530	530
		OVS	451	451	451
		SSLT	530	530	530

용접 및 보웨브 설계강도, kN			지지부재 단위두께(mm)당 설계강도, kN/mm LRFD
용접부 치수 mm	보 웨브 최소두께 mm	ΦR_n kN	
5.0	7.07	561	114
7.0	9.90	777	
8.0	11.3	883	
10.0	14.1	1090	

주 :
용접봉 강도 F_{EXX} = 490MPa
STD : 표준구멍, OVS : 대형구멍, SSLT : 하중방향에 직각인 단슬롯구멍
N : 전단면에 나사부포함, X : 전단면에 나사부불포함, SC : 마찰접합

단부판	보 SHN355
F_y = 275 MPa F_u = 410 MPa	F_y = 355 MPa F_u = 490 MPa

1) SC의 값은 1개 이하의 필러를 사용한 경우 또는 필러 내에 하중분산을 위하여 볼트를 추가한 경우임 (h_f=1.0)

도움표 3.1.4b 전단접합부 볼트/용접 접합

M20

4 열

단부판길이 L = 295mm

볼트 및 단부판 설계강도, kN

볼트 등급	나사 조건	구멍 형태	단부판의 두께, mm		
			7	8	10
F8T	N	STD	386	386	386
	X	STD	482	482	482
	SC[1] (μ =0.5)	STD	336	336	336
		OVS	286	286	286
		SSLT	336	336	336
F10T	N	STD	482	482	482
	X	STD	562	603	603
	SC[1] (μ =0.5)	STD	424	424	424
		OVS	360	360	360
		SSLT	424	424	424

용접 및 보웨브 설계강도, kN

용접부 치수 mm	보 웨브 최소두께 mm	ΦR_n kN	지지부재 단위두께(mm)당 설계강도, kN/mm LRFD
5.0	7.07	444	90.0
7.0	9.90	613	
8.0	11.3	696	
10.0	14.1	857	

주 :
용접봉 강도 F_{EXX} = 490MPa
STD : 표준구멍, OVS : 대형구멍, SSLT : 하중방향에 직각인 단슬롯구멍
N : 전단면에 나사부포함, X : 전단면에 나사부불포함, SC : 마찰접합

단부판	보 SHN355
F_y = 275 MPa F_u = 410 MPa	F_y = 355 MPa F_u = 490 MPa

1) SC의 값은 1개 이하의 필러를 사용한 경우 또는 필러 내에 하중분산을 위하여 볼트를 추가한 경우임 (h_f=1.0)

도움표 3.1.4b 전단접합부 볼트/용접 접합

M20

3 열

단부판길이 L = 220mm

볼트 및 단부판 설계강도, kN

볼트 등급	나사 조건	구멍 형태	단부판의 두께, mm		
			7	8	10
F8T	N	STD	289	289	289
	X	STD	362	362	362
	SC[1] (μ =0.5)	STD	252	252	252
		OVS	214	214	214
		SSLT	252	252	252
F10T	N	STD	362	362	362
	X	STD	429	452	452
	SC[1] (μ =0.5)	STD	318	318	318
		OVS	270	270	270
		SSLT	318	318	318

용접 및 보웨브 설계강도, kN

용접부 치수 mm	보 웨브 최소두께 mm	ΦR_n kN	지지부재 단위두께(mm)당 설계강도, kN/mm LRFD
5.0	7.07	327	66.4
7.0	9.90	450	
8.0	11.3	509	
10.0	14.1	624	

주 :
용접봉 강도 F_{EXX} = 490MPa
STD : 표준구멍, OVS : 대형구멍, SSLT : 하중방향에 직각인 단슬롯구멍
N : 전단면에 나사부포함, X : 전단면에 나사부불포함, SC : 마찰접합

단부판	보 SHN355
F_y = 275 MPa F_u = 410 MPa	F_y = 355 MPa F_u = 490 MPa

1) SC의 값은 1개 이하의 필러를 사용한 경우 또는 필러 내에 하중분산을 위하여 볼트를 추가한 경우임 (h_f=1.0)

도움표 3.1.4b 전단접합부 볼트/용접 접합

M20

2 열

단부판길이 L = 145mm

볼트 및 단부판 설계강도, kN

볼트 등급	나사 조건	구멍 형태	단부판의 두께, mm		
			7	8	10
F8T	N	STD	193	193	193
	X	STD	241	241	241
	SC[1] (μ =0.5)	STD	168	168	168
		OVS	143	143	143
		SSLT	168	168	168
F10T	N	STD	241	241	241
	X	STD	282	302	302
	SC[1] (μ =0.5)	STD	212	212	212
		OVS	180	180	180
		SSLT	212	212	212

용접 및 보웨브 설계강도, kN

용접부 치수 mm	보 웨브 최소두께 mm	ΦR_n kN	지지부재 단위두께(mm)당 설계강도, kN/mm LRFD
5.0	7.07	210	42.8
7.0	9.90	286	
8.0	11.3	322	
10.0	14.1	390	

주 :
용접봉 강도 F_{EXX} = 490MPa
STD : 표준구멍, OVS : 대형구멍, SSLT : 하중방향에 직각인 단슬롯구멍
N : 전단면에 나사부포함, X : 전단면에 나사부불포함, SC : 마찰접합

단부판	보 SHN355
F_y = 275 MPa F_u = 410 MPa	F_y = 355 MPa F_u = 490 MPa

1) SC의 값은 1개 이하의 필러를 사용한 경우 또는 필러 내에 하중분산을 위하여 볼트를 추가한 경우임 (h_f=1.0)

도움표 3.1.4b 전단접합부 볼트/용접 접합

M22

12 열

단부판길이 L = 895mm

볼트 및 단부판 설계강도, kN

볼트 등급	나사 조건	구멍 형태	단부판의 두께, mm		
			7	8	10
F8T	N	STD	1160	1160	1160
	X	STD	1450	1450	1450
	SC[1] (μ =0.5)	STD	1010	1010	1010
		OVS	857	857	857
		SSLT	1010	1010	1010
F10T	N	STD	1450	1450	1450
	X	STD	1600	1810	1810
	SC[1] (μ =0.5)	STD	1270	1270	1270
		OVS	1080	1080	1080
		SSLT	1270	1270	1270

용접 및 보웨브 설계강도, kN

용접부 치수 mm	보 웨브 최소두께 mm	ΦR_n kN	지지부재 단위두께(mm)당 설계강도, kN/mm LRFD
5.0	7.07	1380	279
7.0	9.90	1920	
8.0	11.3	2190	
10.0	14.1	2730	

	단부판	보 SHN355
	F_y = 275 MPa **F_u = 410 MPa**	**F_y = 355 MPa** **F_u = 490 MPa**

주 :
용접봉 강도 F_{EXX} = 490MPa
STD : 표준구멍, OVS : 대형구멍, SSLT : 하중방향에 직각인 단슬롯구멍
N : 전단면에 나사부포함, X : 전단면에 나사부불포함, SC : 마찰접합

1) SC의 값은 1개 이하의 필러를 사용한 경우 또는 필러 내에 하중분산을 위하여 볼트를 추가한 경우임 (h_f=1.0)

도움표 3.1.4b 전단접합부 볼트/용접 접합

M22

11 열

단부판길이 L = 820mm

볼트 및 단부판 설계강도, kN					
볼트 등급	나사 조건	구멍 형태	단부판의 두께, mm		
			7	8	10
F8T	N	STD	1060	1060	1060
	X	STD	1330	1330	1330
	SC[1] (μ =0.5)	STD	924	924	924
		OVS	785	785	785
		SSLT	924	924	924
F10T	N	STD	1330	1330	1330
	X	STD	1470	1660	1660
	SC[1] (μ =0.5)	STD	1170	1170	1170
		OVS	991	991	991
		SSLT	1170	1170	1170

용접 및 보웨브 설계강도, kN			지지부재 단위두께(mm)당 설계강도, kN/mm LRFD
용접부 치수 mm	보 웨브 최소두께 mm	ΦR_n kN	
5.0	7.07	1260	255
7.0	9.90	1760	
8.0	11.3	2010	
10.0	14.1	2490	

주 :	단부판	보 SHN355
용접봉 강도 F_{EXX} = 490MPa STD : 표준구멍, OVS : 대형구멍, SSLT : 하중방향에 직각인 단슬롯구멍 N : 전단면에 나사부포함, X : 전단면에 나사부불포함, SC : 마찰접합	F_y = 275 MPa F_u = 410 MPa	F_y = 355 MPa F_u = 490 MPa

1) SC의 값은 1개 이하의 필러를 사용한 경우 또는 필러 내에 하중분산을 위하여 볼트를 추가한 경우임 (h_f=1.0)

도움표 3.1.4b 전단접합부 볼트/용접 접합

M22

10 열

단부판길이 L = 745mm

볼트 및 단부판 설계강도, kN

볼트 등급	나사 조건	구멍 형태	단부판의 두께, mm		
			7	8	10
F8T	N	STD	965	965	965
	X	STD	1210	1210	1210
	SC[1] (μ =0.5)	STD	840	840	840
		OVS	714	714	714
		SSLT	840	840	840
F10T	N	STD	1210	1210	1210
	X	STD	1340	1510	1510
	SC[1] (μ =0.5)	STD	1060	1060	1060
		OVS	901	901	901
		SSLT	1060	1060	1060

용접 및 보웨브 설계강도, kN

용접부 치수 mm	보 웨브 최소두께 mm	ΦR_n kN	지지부재 단위두께(mm)당 설계강도, kN/mm LRFD
5.0	7.07	1150	232
7.0	9.90	1600	
8.0	11.3	1820	
10.0	14.1	2260	

주 :
용접봉 강도 F_{EXX} = 490MPa
STD : 표준구멍, OVS : 대형구멍, SSLT : 하중방향에 직각인 단슬롯구멍
N : 전단면에 나사부포함, X : 전단면에 나사부불포함, SC : 마찰접합

단부판	보 SHN355
F_y = 275 MPa F_u = 410 MPa	F_y = 355 MPa F_u = 490 MPa

1) SC의 값은 1개 이하의 필러를 사용한 경우 또는 필러 내에 하중분산을 위하여 볼트를 추가한 경우임 (h_f=1.0)

M22

도움표 3.1.4b 전단접합부 볼트/용접 접합

9 열

단부판길이 L = 670mm

볼트 및 단부판 설계강도, kN

볼트 등급	나사 조건	구멍 형태	단부판의 두께, mm		
			7	8	10
F8T	N	STD	868	868	868
	X	STD	1090	1090	1090
	SC[1] (μ =0.5)	STD	756	756	756
		OVS	643	643	643
		SSLT	756	756	756
F10T	N	STD	1090	1090	1090
	X	STD	1210	1360	1360
	SC[1] (μ =0.5)	STD	954	954	954
		OVS	811	811	811
		SSLT	954	954	954

용접 및 보웨브 설계강도, kN

용접부 치수 mm	보 웨브 최소두께 mm	ΦR_n kN	지지부재 단위두께(mm)당 설계강도, kN/mm LRFD
5.0	7.07	1030	208
7.0	9.90	1430	
8.0	11.3	1630	
10.0	14.1	2030	

주 :
용접봉 강도 F_{EXX} = 490MPa
STD : 표준구멍, OVS : 대형구멍, SSLT : 하중방향에 직각인 단슬롯구멍
N : 전단면에 나사부포함, X : 전단면에 나사부불포함, SC : 마찰접합

단부판	보 SHN355
F_y = 275 MPa F_u = 410 MPa	F_y = 355 MPa F_u = 490 MPa

1) SC의 값은 1개 이하의 필러를 사용한 경우 또는 필러 내에 하중분산을 위하여 볼트를 추가한 경우임 (h_f=1.0)

도움표 3.1.4b 전단접합부 볼트/용접 접합

M22

8 열

단부판길이 L = 595mm

볼트 및 단부판 설계강도, kN					
볼트 등급	나사 조건	구멍 형태	단부판의 두께, mm		
			7	8	10
F8T	N	STD	772	772	772
	X	STD	965	965	965
	SC[1] (μ =0.5)	STD	672	672	672
		OVS	571	571	571
		SSLT	672	672	672
F10T	N	STD	965	965	965
	X	STD	1080	1210	1210
	SC[1] (μ =0.5)	STD	848	848	848
		OVS	721	721	721
		SSLT	848	848	848

용접 및 보웨브 설계강도, kN			지지부재 단위두께(mm)당 설계강도, kN/mm LRFD
용접부 치수 mm	보 웨브 최소두께 mm	ΦR_n kN	
5.0	7.07	912	185
7.0	9.90	1270	
8.0	11.3	1440	
10.0	14.1	1790	

주 :	단부판	보 SHN355
용접봉 강도 F_{EXX} = 490MPa STD : 표준구멍, OVS : 대형구멍, SSLT : 하중방향에 직각인 단슬롯구멍 N : 전단면에 나사부포함, X : 전단면에 나사부불포함, SC : 마찰접합	F_y = 275 MPa F_u = 410 MPa	F_y = 355 MPa F_u = 490 MPa

1) SC의 값은 1개 이하의 필러를 사용한 경우 또는 필러 내에 하중분산을 위하여 볼트를 추가한 경우임 (h_f=1.0)

도움표 3.1.4b 전단접합부 볼트/용접 접합

M22

7 열

단부판길이 L = 520mm

볼트 및 단부판 설계강도, kN

볼트 등급	나사 조건	구멍 형태	단부판의 두께, mm		
			7	8	10
F8T	N	STD	675	675	675
	X	STD	844	844	844
	SC[1] (μ =0.5)	STD	588	588	588
		OVS	500	500	500
		SSLT	588	588	588
F10T	N	STD	844	844	844
	X	STD	952	1060	1060
	SC[1] (μ =0.5)	STD	742	742	742
		OVS	631	631	631
		SSLT	742	742	742

용접 및 보웨브 설계강도, kN

용접부 치수 mm	보 웨브 최소두께 mm	ΦR_n kN	지지부재 단위두께(mm)당 설계강도, kN/mm LRFD
5.0	7.07	795	161
7.0	9.90	1100	
8.0	11.3	1260	
10.0	14.1	1560	

주 :
용접봉 강도 F_{EXX} = 490MPa
STD : 표준구멍, OVS : 대형구멍, SSLT : 하중방향에 직각인 단슬롯구멍
N : 전단면에 나사부포함, X : 전단면에 나사부불포함, SC : 마찰접합

단부판	보 SHN355
F_y = 275 MPa **F_u = 410 MPa**	**F_y = 355 MPa** **F_u = 490 MPa**

1) SC의 값은 1개 이하의 필러를 사용한 경우 또는 필러 내에 하중분산을 위하여 볼트를 추가한 경우임 (h_f=1.0)

도움표 3.1.4b 전단접합부 볼트/용접 접합

M22

6 열

단부판길이 L = 445mm

볼트 및 단부판 설계강도, kN

볼트 등급	나사 조건	구멍 형태	단부판의 두께, mm		
			7	8	10
F8T	N	STD	579	579	579
	X	STD	724	724	724
	SC[1] (μ =0.5)	STD	504	504	504
		OVS	428	428	428
		SSLT	504	504	504
F10T	N	STD	724	724	724
	X	STD	822	905	905
	SC[1] (μ =0.5)	STD	636	636	636
		OVS	541	541	541
		SSLT	636	636	636

용접 및 보웨브 설계강도, kN

용접부 치수 mm	보 웨브 최소두께 mm	ΦR_n kN	지지부재 단위두께(mm)당 설계강도, kN/mm LRFD
5.0	7.07	678	137
7.0	9.90	941	
8.0	11.3	1070	
10.0	14.1	1330	

주 :
용접봉 강도 F_{EXX} = 490MPa
STD : 표준구멍, OVS : 대형구멍, SSLT : 하중방향에 직각인 단슬롯구멍
N : 전단면에 나사부포함, X : 전단면에 나사부불포함, SC : 마찰접합

단부판	보 SHN355
F_y = 275 MPa F_u = 410 MPa	F_y = 355 MPa F_u = 490 MPa

1) SC의 값은 1개 이하의 필러를 사용한 경우 또는 필러 내에 하중분산을 위하여 볼트를 추가한 경우임 (h_f=1.0)

도움표 3.1.4b 전단접합부 볼트/용접 접합

M22

5 열

단부판길이 L = 370mm

볼트 및 단부판 설계강도, kN

볼트 등급	나사 조건	구멍 형태	단부판의 두께, mm		
			7	8	10
F8T	N	STD	482	482	482
	X	STD	603	603	603
	SC[1] (μ =0.5)	STD	420	420	420
		OVS	357	357	357
		SSLT	420	420	420
F10T	N	STD	603	603	603
	X	STD	692	754	754
	SC[1] (μ =0.5)	STD	530	530	530
		OVS	451	451	451
		SSLT	530	530	530

용접 및 보웨브 설계강도, kN

용접부 치수 mm	보 웨브 최소두께 mm	ΦR_n kN	지지부재 단위두께(mm)당 설계강도, kN/mm LRFD
5.0	7.07	561	114
7.0	9.90	777	
8.0	11.3	883	
10.0	14.1	1090	

주 :
용접봉 강도 F_{EXX} = 490MPa
STD : 표준구멍, OVS : 대형구멍, SSLT : 하중방향에 직각인 단슬롯구멍
N : 전단면에 나사부포함, X : 전단면에 나사부불포함, SC : 마찰접합

단부판	보 SHN355
F_y = 275 MPa F_u = 410 MPa	F_y = 355 MPa F_u = 490 MPa

1) SC의 값은 1개 이하의 필러를 사용한 경우 또는 필러 내에 하중분산을 위하여 볼트를 추가한 경우임 (h_f=1.0)

도움표 3.1.4b 전단접합부 볼트/용접 접합

M22

4 열

단부판길이 L = 295mm

볼트 및 단부판 설계강도, kN

볼트 등급	나사 조건	구멍 형태	단부판의 두께, mm		
			7	8	10
F8T	N	STD	386	386	386
	X	STD	482	482	482
	SC[1] (μ =0.5)	STD	336	336	336
		OVS	286	286	286
		SSLT	336	336	336
F10T	N	STD	482	482	482
	X	STD	562	603	603
	SC[1] (μ =0.5)	STD	424	424	424
		OVS	360	360	360
		SSLT	424	424	424

용접 및 보웨브 설계강도, kN

용접부 치수 mm	보 웨브 최소두께 mm	ΦR_n kN	지지부재 단위두께(mm)당 설계강도, kN/mm LRFD
5.0	7.07	444	90.0
7.0	9.90	613	
8.0	11.3	696	
10.0	14.1	857	

주 :
용접봉 강도 F_{EXX} = 490MPa
STD : 표준구멍, OVS : 대형구멍, SSLT : 하중방향에 직각인 단슬롯구멍
N : 전단면에 나사부포함, X : 전단면에 나사부불포함, SC : 마찰접합

단부판	보 SHN355
F_y = 275 MPa F_u = 410 MPa	F_y = 355 MPa F_u = 490 MPa

1) SC의 값은 1개 이하의 필러를 사용한 경우 또는 필러 내에 하중분산을 위하여 볼트를 추가한 경우임 (h_f=1.0)

도움표 3.1.4b 전단접합부 볼트/용접 접합

M22

3 열

단부판길이 L = 220mm

볼트 및 단부판 설계강도, kN

볼트 등급	나사 조건	구멍 형태	단부판의 두께, mm		
			7	8	10
F8T	N	STD	289	289	289
	X	STD	362	362	362
	SC[1] (μ =0.5)	STD	252	252	252
		OVS	214	214	214
		SSLT	252	252	252
F10T	N	STD	362	362	362
	X	STD	429	452	452
	SC[1] (μ =0.5)	STD	318	318	318
		OVS	270	270	270
		SSLT	318	318	318

용접 및 보웨브 설계강도, kN

용접부 치수 mm	보 웨브 최소두께 mm	ΦR_n kN	지지부재 단위두께(mm)당 설계강도, kN/mm LRFD
5.0	7.07	327	66.4
7.0	9.90	450	
8.0	11.3	509	
10.0	14.1	624	

주 :
용접봉 강도 F_{EXX} = 490MPa
STD : 표준구멍, OVS : 대형구멍, SSLT : 하중방향에 직각인 단슬롯구멍
N : 전단면에 나사부포함, X : 전단면에 나사부불포함, SC : 마찰접합

단부판	보 SHN355
F_y = 275 MPa F_u = 410 MPa	F_y = 355 MPa F_u = 490 MPa

1) SC의 값은 1개 이하의 필러를 사용한 경우 또는 필러 내에 하중분산을 위하여 볼트를 추가한 경우임 (h_f=1.0)

도움표 3.1.4b 전단접합부 볼트/용접 접합

M22

2 열

단부판길이 L = 145mm

볼트 및 단부판 설계강도, kN

볼트 등급	나사 조건	구멍 형태	단부판의 두께, mm		
			7	8	10
F8T	N	STD	193	193	193
	X	STD	241	241	241
	SC[1] (μ =0.5)	STD	168	168	168
		OVS	143	143	143
		SSLT	168	168	168
F10T	N	STD	241	241	241
	X	STD	282	302	302
	SC[1] (μ =0.5)	STD	212	212	212
		OVS	180	180	180
		SSLT	212	212	212

용접 및 보웨브 설계강도, kN

용접부 치수 mm	보 웨브 최소두께 mm	ΦR_n kN	지지부재 단위두께(mm)당 설계강도, kN/mm LRFD
5.0	7.07	210	42.8
7.0	9.90	286	
8.0	11.3	322	
10.0	14.1	390	

주 :
용접봉 강도 F_{EXX} = 490MPa
STD : 표준구멍, OVS : 대형구멍, SSLT : 하중방향에 직각인 단슬롯구멍
N : 전단면에 나사부포함, X : 전단면에 나사부불포함, SC : 마찰접합

단부판	보 SHN355
F_y = 275 MPa F_u = 410 MPa	F_y = 355 MPa F_u = 490 MPa

1) SC의 값은 1개 이하의 필러를 사용한 경우 또는 필러 내에 하중분산을 위하여 볼트를 추가한 경우임 (h_f=1.0)

도움표 3.1.4b 전단접합부 볼트/용접 접합

M24

12 열

단부판길이 L = 895mm

볼트 및 단부판 설계강도, kN

볼트 등급	나사 조건	구멍 형태	단부판의 두께, mm		
			7	8	10
F8T	N	STD	1160	1160	1160
	X	STD	1450	1450	1450
	SC[1] (μ =0.5)	STD	1010	1010	1010
		OVS	857	857	857
		SSLT	1010	1010	1010
F10T	N	STD	1450	1450	1450
	X	STD	1600	1810	1810
	SC[1] (μ =0.5)	STD	1270	1270	1270
		OVS	1080	1080	1080
		SSLT	1270	1270	1270

용접 및 보웨브 설계강도, kN

용접부 치수 mm	보 웨브 최소두께 mm	ΦR_n kN	지지부재 단위두께(mm)당 설계강도, kN/mm LRFD
5.0	7.07	1380	279
7.0	9.90	1920	
8.0	11.3	2190	
10.0	14.1	2730	

주 :
용접봉 강도 F_{EXX} = 490MPa
STD : 표준구멍, OVS : 대형구멍, SSLT : 하중방향에 직각인 단슬롯구멍
N : 전단면에 나사부포함, X : 전단면에 나사부불포함, SC : 마찰접합

단부판	보 SHN355
F_y = 275 MPa F_u = 410 MPa	F_y = 355 MPa F_u = 490 MPa

1) SC의 값은 1개 이하의 필러를 사용한 경우 또는 필러 내에 하중분산을 위하여 볼트를 추가한 경우임 (h_f=1.0)

M24

도움표 3.1.4b 전단접합부 볼트/용접 접합

11 열

단부판길이 L = 820mm

볼트 및 단부판 설계강도, kN

볼트 등급	나사 조건	구멍 형태	단부판의 두께, mm		
			7	8	10
F8T	N	STD	1060	1060	1060
	X	STD	1330	1330	1330
	SC[1) (μ =0.5)	STD	924	924	924
		OVS	785	785	785
		SSLT	924	924	924
F10T	N	STD	1330	1330	1330
	X	STD	1470	1660	1660
	SC[1) (μ =0.5)	STD	1170	1170	1170
		OVS	991	991	991
		SSLT	1170	1170	1170

용접 및 보웨브 설계강도, kN

용접부 치수 mm	보 웨브 최소두께 mm	ΦR_n kN	지지부재 단위두께(mm)당 설계강도, kN/mm LRFD
5.0	7.07	1260	255
7.0	9.90	1760	
8.0	11.3	2010	
10.0	14.1	2490	

주 :
용접봉 강도 F_{EXX} = 490MPa
STD : 표준구멍, OVS : 대형구멍, SSLT : 하중방향에 직각인 단슬롯구멍
N : 전단면에 나사부포함, X : 전단면에 나사부불포함, SC : 마찰접합

단부판	보 SHN355
F_y = 275 MPa F_u = 410 MPa	F_y = 355 MPa F_u = 490 MPa

1) SC의 값은 1개 이하의 필러를 사용한 경우 또는 필러 내에 하중분산을 위하여 볼트를 추가한 경우임 (h_f=1.0)

도움표 3.1.4b 전단접합부 볼트/용접 접합

M24

10 열

단부판길이 L = 745mm

볼트 및 단부판 설계강도, kN

볼트 등급	나사 조건	구멍 형태	단부판의 두께, mm		
			7	8	10
F8T	N	STD	965	965	965
	X	STD	1210	1210	1210
	SC[1] (μ =0.5)	STD	840	840	840
		OVS	714	714	714
		SSLT	840	840	840
F10T	N	STD	1210	1210	1210
	X	STD	1340	1510	1510
	SC[1] (μ =0.5)	STD	1060	1060	1060
		OVS	901	901	901
		SSLT	1060	1060	1060

용접 및 보웨브 설계강도, kN

용접부 치수 mm	보 웨브 최소두께 mm	ΦR_n kN	지지부재 단위두께(mm)당 설계강도, kN/mm LRFD
5.0	7.07	1150	232
7.0	9.90	1600	
8.0	11.3	1820	
10.0	14.1	2260	

주 :
용접봉 강도 F_{EXX} = 490MPa
STD : 표준구멍, OVS : 대형구멍, SSLT : 하중방향에 직각인 단슬롯구멍
N : 전단면에 나사부포함, X : 전단면에 나사부불포함, SC : 마찰접합

단부판	보 SHN355
F_y = 275 MPa F_u = 410 MPa	F_y = 355 MPa F_u = 490 MPa

1) SC의 값은 1개 이하의 필러를 사용한 경우 또는 필러 내에 하중분산을 위하여 볼트를 추가한 경우임 (h_f=1.0)

도움표 3.1.4b 전단접합부 볼트/용접 접합

M24

9 열

단부판길이 L = 670mm

볼트 및 단부판 설계강도, kN

볼트 등급	나사 조건	구멍 형태	단부판의 두께, mm		
			7	8	10
F8T	N	STD	868	868	868
	X	STD	1090	1090	1090
	SC[1] (μ =0.5)	STD	756	756	756
		OVS	643	643	643
		SSLT	756	756	756
F10T	N	STD	1090	1090	1090
	X	STD	1210	1360	1360
	SC[1] (μ =0.5)	STD	954	954	954
		OVS	811	811	811
		SSLT	954	954	954

용접 및 보웨브 설계강도, kN

용접부 치수 mm	보 웨브 최소두께 mm	ΦR_n kN	지지부재 단위두께(mm)당 설계강도, kN/mm LRFD
5.0	7.07	1030	208
7.0	9.90	1430	
8.0	11.3	1630	
10.0	14.1	2030	

주 :
용접봉 강도 F_{EXX} = 490MPa
STD : 표준구멍, OVS : 대형구멍, SSLT : 하중방향에 직각인 단슬롯구멍
N : 전단면에 나사부포함, X : 전단면에 나사부불포함, SC : 마찰접합

단부판	보 SHN355
F_y = 275 MPa F_u = 410 MPa	F_y = 355 MPa F_u = 490 MPa

1) SC의 값은 1개 이하의 필러를 사용한 경우 또는 필러 내에 하중분산을 위하여 볼트를 추가한 경우임 (h_f=1.0)

도움표 3.1.4b 전단접합부 볼트/용접 접합

M24

8 열

단부판길이 L = 595mm

볼트 및 단부판 설계강도, kN

볼트 등급	나사 조건	구멍 형태	단부판의 두께, mm		
			7	8	10
F8T	N	STD	772	772	772
	X	STD	965	965	965
	SC[1] (μ =0.5)	STD	672	672	672
		OVS	571	571	571
		SSLT	672	672	672
F10T	N	STD	965	965	965
	X	STD	1080	1210	1210
	SC[1] (μ =0.5)	STD	848	848	848
		OVS	721	721	721
		SSLT	848	848	848

용접 및 보웨브 설계강도, kN

용접부 치수 mm	보 웨브 최소두께 mm	ΦR_n kN	지지부재 단위두께(mm)당 설계강도, kN/mm LRFD
5.0	7.07	912	185
7.0	9.90	1270	
8.0	11.3	1440	
10.0	14.1	1790	

주 :
용접봉 강도 F_{EXX} = 490MPa
STD : 표준구멍, OVS : 대형구멍, SSLT : 하중방향에 직각인 단슬롯구멍
N : 전단면에 나사부포함, X : 전단면에 나사부불포함, SC : 마찰접합

단부판	보 SHN355
F_y = 275 MPa F_u = 410 MPa	F_y = 355 MPa F_u = 490 MPa

1) SC의 값은 1개 이하의 필러를 사용한 경우 또는 필러 내에 하중분산을 위하여 볼트를 추가한 경우임 (h_f=1.0)

M24

도움표 3.1.4b 전단접합부 볼트/용접 접합

7 열

단부판길이 L = 520mm

볼트 및 단부판 설계강도, kN

볼트 등급	나사 조건	구멍 형태	단부판의 두께, mm		
			7	8	10
F8T	N	STD	675	675	675
	X	STD	844	844	844
	SC[1] (μ =0.5)	STD	588	588	588
		OVS	500	500	500
		SSLT	588	588	588
F10T	N	STD	844	844	844
	X	STD	952	1060	1060
	SC[1] (μ =0.5)	STD	742	742	742
		OVS	631	631	631
		SSLT	742	742	742

용접 및 보웨브 설계강도, kN

용접부 치수 mm	보 웨브 최소두께 mm	ΦR_n kN	지지부재 단위두께(mm)당 설계강도, kN/mm LRFD
5.0	7.07	795	161
7.0	9.90	1100	
8.0	11.3	1260	
10.0	14.1	1560	

주 :
용접봉 강도 F_{EXX} = 490MPa
STD : 표준구멍, OVS : 대형구멍, SSLT : 하중방향에 직각인 단슬롯구멍
N : 전단면에 나사부포함, X : 전단면에 나사부불포함, SC : 마찰접합

단부판	보 SHN355
F_y = 275 MPa F_u = 410 MPa	F_y = 355 MPa F_u = 490 MPa

1) SC의 값은 1개 이하의 필러를 사용한 경우 또는 필러 내에 하중분산을 위하여 볼트를 추가한 경우임 (h_f=1.0)

도움표 3.1.4b 전단접합부 볼트/용접 접합

M24

6 열

단부판길이 L = 445mm

볼트 및 단부판 설계강도, kN

볼트 등급	나사 조건	구멍 형태	단부판의 두께, mm		
			7	8	10
F8T	N	STD	579	579	579
	X	STD	724	724	724
	SC[1] (μ =0.5)	STD	504	504	504
		OVS	428	428	428
		SSLT	504	504	504
F10T	N	STD	724	724	724
	X	STD	822	905	905
	SC[1] (μ =0.5)	STD	636	636	636
		OVS	541	541	541
		SSLT	636	636	636

용접 및 보웨브 설계강도, kN

용접부 치수 mm	보 웨브 최소두께 mm	ΦR_n kN	지지부재 단위두께(mm)당 설계강도, kN/mm LRFD
5.0	7.07	678	137
7.0	9.90	941	
8.0	11.3	1070	
10.0	14.1	1330	

주 :
용접봉 강도 F_{EXX} = 490MPa
STD : 표준구멍, OVS : 대형구멍, SSLT : 하중방향에 직각인 단슬롯구멍
N : 전단면에 나사부포함, X : 전단면에 나사부불포함, SC : 마찰접합

단부판	보 SHN355
F_y = 275 MPa F_u = 410 MPa	F_y = 355 MPa F_u = 490 MPa

1) SC의 값은 1개 이하의 필러를 사용한 경우 또는 필러 내에 하중분산을 위하여 볼트를 추가한 경우임 (h_f=1.0)

도움표 3.1.4b 전단접합부 볼트/용접 접합

M24

5 열

단부판길이 L = 370mm

볼트 및 단부판 설계강도, kN

볼트 등급	나사 조건	구멍 형태	단부판의 두께, mm		
			7	8	10
F8T	N	STD	482	482	482
	X	STD	603	603	603
	SC[1] (μ =0.5)	STD	420	420	420
		OVS	357	357	357
		SSLT	420	420	420
F10T	N	STD	603	603	603
	X	STD	692	754	754
	SC[1] (μ =0.5)	STD	530	530	530
		OVS	451	451	451
		SSLT	530	530	530

용접 및 보웨브 설계강도, kN

용접부 치수 mm	보 웨브 최소두께 mm	ΦR_n kN	지지부재 단위두께(mm)당 설계강도, kN/mm LRFD
5.0	7.07	561	114
7.0	9.90	777	
8.0	11.3	883	
10.0	14.1	1090	

주 :	단부판	보 SHN355
용접봉 강도 F_{EXX} = 490MPa STD : 표준구멍, OVS : 대형구멍, SSLT : 하중방향에 직각인 단슬롯구멍 N : 전단면에 나사부포함, X : 전단면에 나사부불포함, SC : 마찰접합	F_y = 275 MPa F_u = 410 MPa	F_y = 355 MPa F_u = 490 MPa

1) SC의 값은 1개 이하의 필러를 사용한 경우 또는 필러 내에 하중분산을 위하여 볼트를 추가한 경우임 (h_f=1.0)

도움표 3.1.4b 전단접합부 볼트/용접 접합

M24

4 열

단부판길이 L = 295mm

볼트 및 단부판 설계강도, kN

볼트 등급	나사 조건	구멍 형태	단부판의 두께, mm		
			7	8	10
F8T	N	STD	386	386	386
	X	STD	482	482	482
	SC[1] (μ =0.5)	STD	336	336	336
		OVS	286	286	286
		SSLT	336	336	336
F10T	N	STD	482	482	482
	X	STD	562	603	603
	SC[1] (μ =0.5)	STD	424	424	424
		OVS	360	360	360
		SSLT	424	424	424

용접 및 보웨브 설계강도, kN

용접부 치수 mm	보 웨브 최소두께 mm	ΦR_n kN	지지부재 단위두께(mm)당 설계강도, kN/mm LRFD
5.0	7.07	444	90.0
7.0	9.90	613	
8.0	11.3	696	
10.0	14.1	857	

	단부판	보 SHN355
	F_y = 275 MPa F_u = 410 MPa	F_y = 355 MPa F_u = 490 MPa

주 :
용접봉 강도 F_{EXX} = 490MPa
STD : 표준구멍, OVS : 대형구멍, SSLT : 하중방향에 직각인 단슬롯구멍
N : 전단면에 나사부포함, X : 전단면에 나사부불포함, SC : 마찰접합

1) SC의 값은 1개 이하의 필러를 사용한 경우 또는 필러 내에 하중분산을 위하여 볼트를 추가한 경우임 (h_f=1.0)

도움표 3.1.4b 전단접합부 볼트/용접 접합

M24

3 열

단부판길이 L = 220mm

볼트 및 단부판 설계강도, kN

볼트 등급	나사 조건	구멍 형태	단부판의 두께, mm		
			7	8	10
F8T	N	STD	289	289	289
	X	STD	362	362	362
	SC[1] (μ =0.5)	STD	252	252	252
		OVS	214	214	214
		SSLT	252	252	252
F10T	N	STD	362	362	362
	X	STD	429	452	452
	SC[1] (μ =0.5)	STD	318	318	318
		OVS	270	270	270
		SSLT	318	318	318

용접 및 보웨브 설계강도, kN

용접부 치수 mm	보 웨브 최소두께 mm	ΦR_n kN	지지부재 단위두께(mm)당 설계강도, kN/mm LRFD
5.0	7.07	327	66.4
7.0	9.90	450	
8.0	11.3	509	
10.0	14.1	624	

주 :
용접봉 강도 F_{EXX} = 490MPa
STD : 표준구멍, OVS : 대형구멍, SSLT : 하중방향에 직각인 단슬롯구멍
N : 전단면에 나사부포함, X : 전단면에 나사부불포함, SC : 마찰접합

단부판	보 SHN355
F_y = 275 MPa F_u = 410 MPa	F_y = 355 MPa F_u = 490 MPa

1) SC의 값은 1개 이하의 필러를 사용한 경우 또는 필러 내에 하중분산을 위하여 볼트를 추가한 경우임 (h_f=1.0)

M24

도움표 3.1.4b 전단접합부 볼트/용접 접합

2 열

단부판길이 L = 145mm

볼트 및 단부판 설계강도, kN

볼트 등급	나사 조건	구멍 형태	단부판의 두께, mm		
			7	8	10
F8T	N	STD	193	193	193
	X	STD	241	241	241
	SC[1] (μ =0.5)	STD	168	168	168
		OVS	143	143	143
		SSLT	168	168	168
F10T	N	STD	241	241	241
	X	STD	282	302	302
	SC[1] (μ =0.5)	STD	212	212	212
		OVS	180	180	180
		SSLT	212	212	212

용접 및 보웨브 설계강도, kN

용접부 치수 mm	보 웨브 최소두께 mm	ΦR_n kN	지지부재 단위두께(mm)당 설계강도, kN/mm LRFD
5.0	7.07	210	42.8
7.0	9.90	286	
8.0	11.3	322	
10.0	14.1	390	

주 :
용접봉 강도 F_{EXX} = 490MPa
STD : 표준구멍, OVS : 대형구멍, SSLT : 하중방향에 직각인 단슬롯구멍
N : 전단면에 나사부포함, X : 전단면에 나사부불포함, SC : 마찰접합

단부판	보 SHN355
F_y = 275 MPa F_u = 410 MPa	F_y = 355 MPa F_u = 490 MPa

1) SC의 값은 1개 이하의 필러를 사용한 경우 또는 필러 내에 하중분산을 위하여 볼트를 추가한 경우임 (h_f=1.0)

ㄱ형강

SS275

도움표 3.1.5
비보강받침 볼트접합

L-150

ㄱ형강 내민다리 설계강도, kN

소요지압길이 $l_{b\_req'd}$	ㄱ형강 길이, mm					최소 다리길이
	150					
	ㄱ형강 두께, mm					
	10	12	15	20	25	mm
12	155	297				75
14	133	267				
16	116	223				
18	103	191				
20	92.8	167	371			
22	84.4	149	348			
24	77.3	134	298			
26	71.4	122	261			
28	66.3	111	232			
30	61.9	103	209			
32	58.0	95.5	190			
34	54.6	89.1	174			
36	51.6	83.5	161	447		
38	48.8	78.6	149	398		
40	46.4	74.3	139	358		
42	44.2	70.3	131	325		
44	42.2	66.8	123	298		
46	40.4	63.6	116	275		
48	38.7	60.8	110	256	596	
50	37.1	58.1	104	239	559	
52	35.7	55.7	99.4	224	508	
54	34.4	53.5	94.9	210	466	
56	33.1	51.4	90.8	199	430	90
58	32.0	49.5	87.0	188	399	
60	30.9	47.7	83.5	179	373	
62	29.9	46.1	80.3	170	349	
66	28.1	43.1	74.6	156	311	
70	26.5	40.5	69.6	143	279	
74	25.1	38.2	65.3	133	254	100
78	23.8	36.1	61.4	123	233	
82	22.6	34.3	58.0	115	215	105

볼트직경, mm	볼트 등급	나사 조건	접합유형 (그림3.1.7(a)) A	B	C
M20	F8T	N	151	301	452
		X	188	377	565
	F10T	N	188	377	565
		X	236	471	707
M22	F8T	N	182	365	547
		X	228	456	684
	F10T	N	228	456	684
		X	285	570	855
M24	F8T	N	217	435	–
		X	272	544	–
	F10T	N	272	544	–
		X	340	680	–

사용가능한 ㄱ형강 접합유형	ㄱ형강크기	두께,mm
A, D	100x75	7~10
	100x100	7~13
	125x75	7~13
B, E	150x90	9~12
	150x150	10~19
	175x175	12~15
C[b], F[b]	200x200	15~25

[b]M24 볼트에는 적합하지 않음.

굵은선 위의 값은 ㄱ형강의 전단항복에 의하여 설계강도가 결정됨.

ㄱ형강

SS275

도움표 3.1.5
비보강받침 볼트접합

L-200

ㄱ형강 내민다리 설계강도, kN

소요지압길이 $l_{b\_req'd}$	ㄱ형강 길이, mm 200 ㄱ형강 두께, mm					최소 다리길이
	10	12	15	20	25	mm
12	206	396				75
14	177	356				
16	155	297				
18	138	255				
20	123.8	223	495			
22	112.5	198	464			
24	103.1	178	398			
26	95.2	162	348			
28	88.4	149	309			
30	82.5	137	278			
32	77.3	127.3	253			
34	72.8	118.8	232	636		
36	68.8	111.4	214	596		
38	65.1	104.8	199	530		
40	61.9	99.0	186	477		
42	58.9	93.8	174	434		
44	56.3	89.1	164	398		
46	53.8	84.9	155	367		
48	51.6	81.0	147	341	795	
50	49.5	77.5	139	318	745	
52	47.6	74.3	133	298	678	
54	45.8	71.3	127	281	621	
56	44.2	68.5	121	265	573	90
58	42.7	66.0	116	251	532	
60	41.3	63.6	111	239	497	
62	39.9	61.4	107	227	466	
66	37.5	57.5	99.4	207	414	
70	35.4	54.0	92.8	191	373	
74	33.4	50.9	87.0	177	339	100
78	31.7	48.2	81.9	164	311	
82	30.2	45.7	77.3	154	287	105

볼트직경, mm	볼트 등급	나사 조건	접합유형 (그림3.1.7(a)) A	B	C
M20	F8T	N	226	452	678
		X	283	565	848
	F10T	N	283	565	848
		X	353	707	1,060
M22	F8T	N	274	547	821
		X	342	684	1,026
	F10T	N	342	684	1,026
		X	428	855	1,283
M24	F8T	N	326	652	–
		X	408	815	–
	F10T	N	408	815	–
		X	510	1,019	–

사용가능한 ㄱ형강 접합유형	ㄱ형강크기	두께,mm
A, D	100x75	7~10
	100x100	7~13
	125x75	7~13
B, E	150x90	9~12
	150x150	10~19
	175x175	12~15
C[b], F[b]	200x200	15~25

[b]M24 볼트에는 적합하지 않음.

굵은선 위의 값은 ㄱ형강의 전단항복에 의하여 설계강도가 결정됨.

ㄱ형강

SS275

도움표 3.1.6
비보강받침 용접접합

L-150

ㄱ형강 내민다리 설계강도, kN

소요지압길이 $l_{b\_req'd}$	ㄱ형강 길이, mm 150 ㄱ형강 두께, mm					최소 다리길이
	10	12	15	20	25	mm
12	155	297				75
14	133	267				
16	116	223				
18	103	191				
20	92.8	167	371			
22	84.4	149	348			
24	77.3	134	298			
26	71.4	122	261			
28	66.3	111	232			
30	61.9	103	209			
32	58.0	95.5	190			
34	54.6	89.1	174	477		
36	51.6	83.5	161	447		
38	48.8	78.6	149	398		
40	46.4	74.3	139	358		
42	44.2	70.3	131	325		
44	42.2	66.8	123	298		
46	40.4	63.6	116	275		
48	38.7	60.8	110	256	596	
50	37.1	58.1	104	239	559	
52	35.7	55.7	99.4	224	508	
54	34.4	53.5	94.9	210	466	
56	33.1	51.4	90.8	199	430	90
58	32.0	49.5	87.0	188	399	
60	30.9	47.7	83.5	179	373	
62	29.9	46.1	80.3	170	349	
66	28.1	43.1	74.6	156	311	
70	26.5	40.5	69.6	143	279	
74	25.1	38.2	65.3	133	254	100
78	23.8	36.1	61.4	123	233	
82	22.6	34.3	58.0	115	215	105

용접(490MPa) 설계강도, kN

490MPa 용접크기, mm	받침 ㄱ형강 크기 (긴쪽다리가 수직)		
	100x75	125x75	150x90
6	79.3	118	145
8	106	157	194
10	132	197	242
11	145	216	267
13	–	256	315
16	–	315	388
유효ㄱ형강 두께, mm			
최소	7	7	9
최대	10	13	12

굵은선 위의 값은 ㄱ형강의 전단항복에 의하여 설계강도가 결정됨.
–: 용접두께가 허용된 최대 ㄱ형강 12mm를 초과함.

ㄱ형강

SS275

도움표 3.1.6
비보강받침 용접접합

L-200

ㄱ형강 내민다리 설계강도, kN

소요지압길이 $l_{b\_req'd}$	ㄱ형강 길이, mm: 200 / ㄱ형강 두께, mm					최소 다리길이
	10	12	15	20	25	mm
12	206	396				75
14	177	356				
16	155	297				
18	138	255				
20	123.8	223	495			
22	112.5	198	464			
24	103.1	178	398			
26	95.2	162	348			
28	88.4	149	309			
30	82.5	137	278			
32	77.3	127.3	253			
34	72.8	118.8	232	636		
36	68.8	111.4	214	596		
38	65.1	104.8	199	530		
40	61.9	99.0	186	477		
42	58.9	93.8	174	434		
44	56.3	89.1	164	398		
46	53.8	84.9	155	367		
48	51.6	81.0	147	341	795	
50	49.5	77.5	139	318	745	
52	47.6	74.3	133	298	678	
54	45.8	71.3	127	281	621	
56	44.2	68.5	121	265	573	90
58	42.7	66.0	116	251	532	
60	41.3	63.6	111	239	497	
62	39.9	61.4	107	227	466	
66	37.5	57.5	99.4	207	414	
70	35.4	54.0	92.8	191	373	
74	33.4	50.9	87.0	177	339	100
78	31.7	48.2	81.9	164	311	
82	30.2	45.7	77.3	154	287	105

용접(490MPa) 설계강도, kN

490MPa 용접크기, mm	받침 ㄱ형강 크기		
	175x175	200x200	
6	121	140	
8	162	187	
10	202	234	
11	222	257	
13	263	304	
16	323	374	
유효ㄱ형강 두께, mm			
최소	12	15	
최대	15	25	

굵은선 위의 값은 ㄱ형강의 전단항복에 의하여 설계강도가 결정됨.
–: 용접두께가 허용된 최대 ㄱ형강 12mm를 초과함.

도움표 3.1.7
보강받침 볼트접합

보강재 재질		ㄱ형강 내민다리 설계강도, kN[a]					
		SS275			SM355		
보강재 내민다리 W, mm[b]		90	100	125	90	100	125
보강재 내민다리 두께, mm	8	416	475	624	537	613	805
	10	520	594	780	671	767	1006
	12	624	713	936	805	920	1208
	16	832	950	1247	1074	1227	1610
	20	1002	1145	1503	1304	1490	1956

보강재 내민다리를 넘어 확장할 수 있을 수 있을 만큼 충분하도록 최소 10mm 두께의 하부 받침판 두께를 사용할 것.
a 기준4.7.7 참조
b 계산 시 보 지압길이를 20mm 적게 산정함.

볼트직경, mm	볼트 등급	나사 조건	볼트 설계강도, kN 수직 1열 당 볼트 개수				
			3	4	5	6	7
M20	F8T	N	452	603	754	904	1060
		X	565	754	942	1130	1320
	F10T	N	565	754	942	1130	1320
		X	707	942	1180	1410	1650
M22	F8T	N	547	730	912	1090	1280
		X	684	912	1140	1370	1600
	F10T	N	684	912	1140	1370	1600
		X	855	1140	1430	1710	2000
M24	F8T	N	652	870	1090	1300	1520
		X	815	1090	1360	1630	1900
	F10T	N	815	1090	1360	1630	1900
		X	1020	1360	1700	2040	2380

$\phi = 0.75$
$\phi R_n = 0.75(1.8 F_y A_{pb})$

도움표 3.1.8
보강받침 볼트/용접접합
용접 설계강도, kN

L, mm	받침판의 폭 W, mm							
	100				125			
	490MPa 용접크기, mm				490MPa 용접크기, mm			
	7	8	10	11	8	10	11	13
150	167	191	238	262	158	197	217	256
175	220	251	314	346	210	262	289	341
200	278	317	397	436	268	335	368	435
225	339	387	484	533	330	413	454	537
250	403	461	576	633	397	496	545	644
275	469	536	671	738	466	583	641	758
300	537	614	768	844	539	673	741	875
325	607	693	866	953	613	767	843	997
350	677	773	966	1060	690	862	949	1120
375	747	854	1070	1170	768	960	1060	1250
400	818	935	1170	1290	847	1060	1160	1380
425	889	1020	1270	1400	926	1160	1270	1510
450	960	1100	1370	1510	1010	1260	1380	1640
475	1030	1180	1470	1620	1090	1360	1500	1770
500	1100	1260	1580	1730	1170	1460	1610	1900
525	1170	1340	1680	1850	1250	1560	1720	2030
550	1250	1420	1780	1960	1330	1660	1830	2160
575	1320	1500	1880	2070	1410	1770	1940	2300
600	1390	1590	1980	2180	1490	1870	2060	2430
625	1460	1670	2080	2290	1580	1970	2170	2560
650	1530	1750	2180	2400	1660	2070	2280	2690
675	1600	1830	2280	2510	1740	2170	2390	2820
기둥 웨브 접합 시 제한								
$B=90$ mm 최대					$B=90$ mm 최대			
H355기둥의 경우, $B=75$ mm 3.1.8.1 설계검토 3항 참조					3.1.8.1 설계검토 참조			

주기

1. 도움표의 값들은 용접봉의 강도 490MPa를 기본함. 다른 강도의 용접봉을 사용할 때에는 용접봉의 강도에 맞추어 도움표값을 조정함. (예로 430MPa 용접봉 사용시에는 도움표값을 430/490=0.867배 한다)
2. 도움표의 값들은 다음과 같은 최소두께를 만족하는 보강판의 경우에 적합함.

$$t_{\min} = \left(\frac{F_{y,beam}}{F_{y,stiffener}}\right) t_w$$

   단, 보강판의 최소두께 t는 보강판이 F_y =275/265MPa인 경우 2w로, F_y =355/345MPa인 경우 1.5w로 산정함.
   여기서, t_w은 지지되는 보의 보강하지 않은 웨브 두께, w은 공칭용접크기임.
3. 도움표의 값들은 각각 기준4.7.4.2 설계전단강도 및 기준4.7.7 지압강도에 의하여 제한될 수 있음.

$\phi = 0.75$

도움표 3.1.8
보강받침 볼트/용접접합
용접 설계강도, kN

L, mm	받침판의 폭 W, mm							
	150				175			
	490MPa 용접크기, mm				490MPa 용접크기, mm			
	8	10	11	13	8	10	11	13
150	134	167	184	218	116	145	160	189
175	179	224	247	292	156	195	215	254
200	230	288	317	374	201	252	277	327
225	286	357	393	464	251	314	345	408
250	346	432	475	562	305	381	419	496
275	409	511	563	665	363	454	499	590
300	476	595	654	773	424	530	583	689
325	545	682	750	886	488	610	671	793
350	617	772	849	1000	555	694	763	902
375	691	864	950	1123	625	781	859	1020
400	766	958	1050	1250	696	870	957	1130
425	843	1050	1160	1370	769	961	1060	1250
450	921	1150	1270	1500	844	1060	1160	1370
475	1000	1250	1380	1630	920	1150	1270	1490
500	1080	1350	1480	1750	997	1250	1370	1620
525	1160	1450	1600	1890	1080	1340	1480	1750
550	1240	1550	1710	2020	1150	1440	1590	1870
575	1320	1650	1820	2150	1230	1540	1700	2000
600	1400	1750	1930	2280	1310	1640	1810	2130
625	1480	1860	2040	2410	1390	1740	1920	2260
650	1570	1960	2150	2540	1470	1840	2030	2400
675	1650	2060	2260	2680	1560	1940	2140	2530

기둥 웨브 접합 시 제한	
$B = 90$ mm 최대	$B = 90$ mm 최대
H355 기둥의 경우, $B = 75$ mm 3.1.8.1 설계검토 3항 참조	3.1.8.1 설계검토 참조

주기

1. 도움표의 값들은 용접봉의 강도 490MPa를 기본함. 다른 강도의 용접봉을 사용할 때에는 용접봉의 강도에 맞추어 도움표값을 조정함. (예로 430MPa 용접봉 사용시에는 도움표값을 430/490=0.867배 한다)
2. 도움표의 값들은 다음과 같은 최소두께를 만족하는 보강판의 경우에 적합함.

$$t_{\min} = \left(\frac{F_{y,beam}}{F_{y,stiffener}}\right) t_w$$

단, 보강판의 최소두께 t는 보강판이 F_y =275/265MPa인 경우 2w로, F_y =355/345MPa인 경우 1.5w로 산정함.
여기서, t_w은 지지되는 보의 보강하지 않은 웨브 두께, w은 공칭용접크기임.

3. 도움표의 값들은 각각 기준4.7.4.2 설계전단강도 및 기준4.7.7 지압강도에 의하여 제한될 수 있음.

$\phi = 0.75$

도움표 3.1.8
보강받침 볼트/용접접합
용접 설계강도, kN

L, mm	받침판의 폭 W, mm							
	200				225			
	490MPa 용접크기, mm				490MPa 용접크기, mm			
	8	10	13	16	8	10	13	16
150	102	128	166	205	91.6	114	149	183
175	138	173	225	276	124	155	201	247
200	179	223	290	357	160	200	260	320
225	223	279	363	447	201	251	326	402
250	272	340	442	545	245	307	399	491
275	325	406	528	650	294	367	477	587
300	381	476	619	762	345	432	561	691
325	440	551	716	881	400	500	650	800
350	503	628	817	1010	458	573	744	916
375	567	709	922	1140	518	648	843	1040
400	635	793	1030	1270	581	727	945	1160
425	704	880	1140	1410	647	808	1050	1290
450	775	968	1260	1550	714	892	1160	1430
475	847	1060	1380	1700	783	979	1270	1570
500	921	1150	1500	1840	854	1070	1390	1710
525	997	1250	1620	1990	926	1160	1500	1850
550	1070	1340	1740	2150	999	1250	1620	2000
575	1150	1440	1870	2300	1070	1340	1750	2150
600	1230	1540	2000	2460	1150	1440	1870	2300
625	1310	1630	2120	2610	1230	1530	1990	2450
650	1390	1730	2250	2770	1300	1630	2120	2610
675	1470	1830	2380	2930	1380	1730	2250	2760

기둥 웨브 접합 시 제한	
$B = 90$ mm 최대	$B = 90$ mm 최대
H355기둥의 경우, $B = 75$ mm 3.1.8.1 설계검토 3항 참조	3.1.8.1 설계검토 참조

주기

1. 도움표의 값들은 용접봉의 강도 490MPa를 기본함. 다른 강도의 용접봉을 사용할 때에는 용접봉의 강도에 맞추어 도움표값을 조정함. (예로 430MPa 용접봉 사용시에는 도움표값을 430/490=0.867배 한다)
2. 도움표의 값들은 다음과 같은 최소두께를 만족하는 보강판의 경우에 적합함.

$$t_{\min} = \left(\frac{F_{y,beam}}{F_{y,stiffener}}\right) t_w$$

   단, 보강판의 최소두께 t는 보강판이 F_y =275/265MPa인 경우 2*w*로, F_y =355/345MPa인 경우 1.5*w*로 산정함.
   여기서, t_w은 지지되는 보의 보강하지 않은 웨브 두께, *w*은 공칭용접크기임.
3. 도움표의 값들은 각각 기준4.7.4.2 설계전단강도 및 기준4.7.7 지압강도에 의하여 제한될 수 있음.

$\phi = 0.75$

단일판 F_y = 275	도움표 3.1.9a 단일판 접합 설계강도 (kN)								M20
볼트 개수	볼트 등급	나사 조건	구멍 형태	단일판의 두께					
				6	8	10	11	13	14
12 (*L*=895mm)	F8T	N	STD	691	852	–	–	–	–
			SSLT	688	874	874	874	–	–
		X	STD	691	922	–	–	–	–
			SSLT	688	917	1090	1090	–	–
	F10T	N	STD	691	922	–	–	–	–
			SSLT	688	917	1090	1090	–	–
		X	STD	691	922	–	–	–	–
			SSLT	688	917	1150	1260	–	–
11 (*L*=820mm)	F8T	N	STD	636	769	–	–	–	–
			SSLT	632	806	806	806	–	–
		X	STD	636	848	–	–	–	–
			SSLT	632	843	1010	1010	–	–
	F10T	N	STD	636	848	–	–	–	–
			SSLT	632	843	1010	1010	–	–
		X	STD	636	848	–	–	–	–
			SSLT	632	843	1050	1160	–	–
10 (*L*=745mm)	F8T	N	STD	579	693	–	–	–	–
			SSLT	576	727	727	727	–	–
		X	STD	579	772	–	–	–	–
			SSLT	576	768	909	909	–	–
	F10T	N	STD	579	772	–	–	–	–
			SSLT	576	768	909	909	–	–
		X	STD	579	772	–	–	–	–
			SSLT	576	768	960	1060	–	–
9 (*L*=670mm)	F8T	N	STD	520	616	–	–	–	–
			SSLT	520	653	653	653	–	–
		X	STD	520	694	–	–	–	–
			SSLT	520	694	816	816	–	–
	F10T	N	STD	520	694	–	–	–	–
			SSLT	520	694	816	816	–	–
		X	STD	520	694	–	–	–	–
			SSLT	520	694	867	954	–	–
용접두께				3.75	5.00	6.25	6.88	8.13	8.75

주 :
STD : 표준구멍, SSLT : 하중방향에 직각인 단슬롯구멍
N : 전단면에 나사부포함, X : 전단면에 나사부불포함

단일판 F_y = 275	도움표 3.1.9a 단일판 접합 설계강도 (kN)								M20
볼트 개수	볼트 등급	나사 조건	구멍 형태	단일판의 두께					
				6	8	10	11	13	14
8 (L=595mm)	F8T	N	STD	462	537	–	–	–	–
			SSLT	462	577	577	577	–	–
		X	STD	462	615	–	–	–	–
			SSLT	462	615	721	721	–	–
	F10T	N	STD	462	615	–	–	–	–
			SSLT	462	615	721	721	–	–
		X	STD	462	615	–	–	–	–
			SSLT	462	615	769	846	–	–
7 (L=520mm)	F8T	N	STD	403	457	–	–	–	–
			SSLT	403	501	501	501	–	–
		X	STD	403	537	–	–	–	–
			SSLT	403	537	626	626	–	–
	F10T	N	STD	403	537	–	–	–	–
			SSLT	403	537	626	626	–	–
		X	STD	403	537	–	–	–	–
			SSLT	403	537	672	739	–	–
6 (L=445mm)	F8T	N	STD	344	375	–	–	–	–
			SSLT	344	424	424	424	–	–
		X	STD	344	459	–	–	–	–
			SSLT	344	459	530	530	–	–
	F10T	N	STD	344	459	–	–	–	–
			SSLT	344	459	530	530	–	–
		X	STD	344	459	–	–	–	–
			SSLT	344	459	574	631	–	–
5 (L=370mm)	F8T	N	STD	286	347	347	347	–	–
			SSLT	286	347	347	347	347	347
		X	STD	286	381	433	433	–	–
			SSLT	286	381	433	433	433	433
	F10T	N	STD	286	381	433	433	–	–
			SSLT	286	381	433	433	433	433
		X	STD	286	381	476	524	–	–
			SSLT	286	381	476	524	542	542
용접두께				3.75	5.00	6.25	6.88	8.13	8.75

주 :
STD : 표준구멍, SSLT : 하중방향에 직각인 단슬롯구멍
N : 전단면에 나사부포함, X : 전단면에 나사부불포함

단일판 F_y = 275	도움표 3.1.9a 단일판 접합 설계강도 (kN)	M20

볼트 개수	볼트 등급	나사 조건	구멍 형태	단일판의 두께					
				6	8	10	11	13	14
4 (*L*=295mm)	F8T	N	STD	227	268	268	268	–	–
			SSLT	227	268	268	268	268	268
		X	STD	227	303	335	335	–	–
			SSLT	227	303	335	335	335	335
	F10T	N	STD	227	303	335	335	–	–
			SSLT	227	303	335	335	335	335
		X	STD	227	303	378	416	–	–
			SSLT	227	303	378	416	419	419
3 (*L*=220mm)	F8T	N	STD	168	187	187	187	–	–
			SSLT	168	187	187	187	187	187
		X	STD	168	224	234	234	–	–
			SSLT	168	224	234	234	234	234
	F10T	N	STD	168	224	234	234	–	–
			SSLT	168	224	234	234	234	234
		X	STD	168	224	280	292	–	–
			SSLT	168	224	280	292	292	292
2 (*L*=145mm)	F8T	N	STD	105	105	105	105	–	–
			SSLT	105	105	105	105	105	105
		X	STD	110	131	131	131	–	–
			SSLT	110	131	131	131	131	131
	F10T	N	STD	110	131	131	131	–	–
			SSLT	110	131	131	131	131	131
		X	STD	110	146	164	164	–	–
			SSLT	110	146	164	164	164	164
용접두께				3.75	5.00	6.25	6.88	8.13	8.75

주 :
STD : 표준구멍, SSLT : 하중방향에 직각인 단슬롯구멍
N : 전단면에 나사부포함, X : 전단면에 나사부불포함

단일판 F_y = 275	도움표 3.1.9a 단일판 접합 설계강도 (kN)								M22
볼트 개수	볼트 등급	나사 조건	구멍 형태	단일판의 두께					
				6	8	10	11	13	14
12 (L=895mm)	F8T	N	STD	670	893	–	–	–	–
			SSLT	670	893	1060	1060	1060	–
		X	STD	670	893	–	–	–	–
			SSLT	670	893	1120	1230	1320	–
	F10T	N	STD	670	893	–	–	–	–
			SSLT	670	893	1120	1230	1320	–
		X	STD	670	893	–	–	–	–
			SSLT	670	893	1120	1230	1450	–
11 (L=820mm)	F8T	N	STD	613	818	–	–	–	–
			SSLT	613	818	976	976	976	–
		X	STD	613	818	–	–	–	–
			SSLT	613	818	1020	1120	1220	–
	F10T	N	STD	613	818	–	–	–	–
			SSLT	613	818	1020	1120	1220	–
		X	STD	613	818	–	–	–	–
			SSLT	613	818	1020	1120	1330	–
10 (L=745mm)	F8T	N	STD	557	742	–	–	–	–
			SSLT	557	742	880	880	880	–
		X	STD	557	742	–	–	–	–
			SSLT	557	742	928	1020	1100	–
	F10T	N	STD	557	742	–	–	–	–
			SSLT	557	742	928	1020	1100	–
		X	STD	557	742	–	–	–	–
			SSLT	557	742	928	1020	1210	–
9 (L=670mm)	F8T	N	STD	500	667	–	–	–	–
			SSLT	500	667	790	790	790	–
		X	STD	500	667	–	–	–	–
			SSLT	500	667	834	917	987	–
	F10T	N	STD	500	667	–	–	–	–
			SSLT	500	667	834	917	987	–
		X	STD	500	667	–	–	–	–
			SSLT	500	667	834	917	1080	–
용접두께				3.75	5.00	6.25	6.88	8.13	8.75

주 :
STD : 표준구멍, SSLT : 하중방향에 직각인 단슬롯구멍
N : 전단면에 나사부포함, X : 전단면에 나사부불포함

단일판 F_y = 275	도움표 3.1.9a 단일판 접합 설계강도 (kN)	M22

볼트 개수	볼트 등급	나사 조건	구멍 형태	단일판의 두께					
				6	8	10	11	13	14
8 (*L*=595mm)	F8T	N	STD	444	592	–	–	–	–
			SSLT	444	592	698	698	698	–
		X	STD	444	592	–	–	–	–
			SSLT	444	592	740	814	872	–
	F10T	N	STD	444	592	–	–	–	–
			SSLT	444	592	740	814	872	–
		X	STD	444	592	–	–	–	–
			SSLT	444	592	740	814	962	–
7 (*L*=520mm)	F8T	N	STD	387	517	–	–	–	–
			SSLT	387	517	606	606	606	–
		X	STD	387	517	–	–	–	–
			SSLT	387	517	646	710	758	–
	F10T	N	STD	387	517	–	–	–	–
			SSLT	387	517	646	710	758	–
		X	STD	387	517	–	–	–	–
			SSLT	387	517	646	710	839	–
6 (*L*=445mm)	F8T	N	STD	331	441	–	–	–	–
			SSLT	331	441	513	513	513	–
		X	STD	331	441	–	–	–	–
			SSLT	331	441	552	607	642	–
	F10T	N	STD	331	441	–	–	–	–
			SSLT	331	441	552	607	642	–
		X	STD	331	441	–	–	–	–
			SSLT	331	441	552	607	717	–
5 (*L*=370mm)	F8T	N	STD	275	366	420	420	420	–
			SSLT	275	366	420	420	420	420
		X	STD	275	366	458	503	524	–
			SSLT	275	366	458	503	524	524
	F10T	N	STD	275	366	458	503	524	–
			SSLT	275	366	458	503	524	524
		X	STD	275	366	458	503	595	–
			SSLT	275	366	458	503	595	641
용접두께				3.75	5.00	6.25	6.88	8.13	8.75

주 :
STD : 표준구멍, SSLT : 하중방향에 직각인 단슬롯구멍
N : 전단면에 나사부포함, X : 전단면에 나사부불포함

단일판 F_y = 275	도움표 3.1.9a 단일판 접합 설계강도 (kN)								M22
볼트 개수	볼트 등급	나사 조건	구멍 형태	단일판의 두께					
				6	8	10	11	13	14
4 (L=295mm)	F8T	N	STD	218	291	325	325	325	–
			SSLT	218	291	325	325	325	325
		X	STD	218	291	363	400	406	–
			SSLT	218	291	363	400	406	406
	F10T	N	STD	218	291	363	400	406	–
			SSLT	218	291	363	400	406	406
		X	STD	218	291	363	400	473	–
			SSLT	218	291	363	400	473	507
3 (L=220mm)	F8T	N	STD	162	215	226	226	226	–
			SSLT	162	215	226	226	226	226
		X	STD	162	215	269	283	283	–
			SSLT	162	215	269	283	283	283
	F10T	N	STD	162	215	269	283	283	–
			SSLT	162	215	269	283	283	283
		X	STD	162	215	269	296	350	–
			SSLT	162	215	269	296	350	353
2 (L=145mm)	F8T	N	STD	105	127	127	127	127	–
			SSLT	105	127	127	127	127	127
		X	STD	105	140	158	158	158	–
			SSLT	105	140	158	158	158	158
	F10T	N	STD	105	140	158	158	158	–
			SSLT	105	140	158	158	158	158
		X	STD	105	140	175	193	198	–
			SSLT	105	140	175	193	198	198
용접두께				3.75	5.00	6.25	6.88	8.13	8.75

주 :
STD : 표준구멍, SSLT : 하중방향에 직각인 단슬롯구멍
N : 전단면에 나사부포함, X : 전단면에 나사부불포함

단일판 F_y = 275	도움표 3.1.9a 단일판 접합 설계강도 (kN)								M24
볼트 개수	볼트 등급	나사 조건	구멍 형태	단일판의 두께					
				6	8	10	11	13	14
12 (*L*=895mm)	F8T	N	STD	630	840	1050	–	–	–
			SSLT	630	840	1050	1150	1260	1260
		X	STD	630	840	1050	–	–	–
			SSLT	630	840	1050	1150	1360	1470
	F10T	N	STD	630	840	1050	–	–	–
			SSLT	630	840	1050	1150	1360	1470
		X	STD	630	840	1050	–	–	–
			SSLT	630	840	1050	1150	1360	1470
11 (*L*=820mm)	F8T	N	STD	577	769	961	–	–	–
			SSLT	577	769	961	1060	1160	1160
		X	STD	577	769	961	–	–	–
			SSLT	577	769	961	1060	1250	1350
	F10T	N	STD	577	769	961	–	–	–
			SSLT	577	769	961	1060	1250	1350
		X	STD	577	769	961	–	–	–
			SSLT	577	769	961	1060	1250	1350
10 (*L*=745mm)	F8T	N	STD	524	698	873	–	–	–
			SSLT	524	698	873	960	1050	1050
		X	STD	524	698	873	–	–	–
			SSLT	524	698	873	960	1130	1220
	F10T	N	STD	524	698	873	–	–	–
			SSLT	524	698	873	960	1130	1220
		X	STD	524	698	873	–	–	–
			SSLT	524	698	873	960	1130	1220
9 (*L*=670mm)	F8T	N	STD	470	627	784	–	–	–
			SSLT	470	627	784	863	942	942
		X	STD	470	627	784	–	–	–
			SSLT	470	627	784	863	1020	1100
	F10T	N	STD	470	627	784	–	–	–
			SSLT	470	627	784	863	1020	1100
		X	STD	470	627	784	–	–	–
			SSLT	470	627	784	863	1020	1100
용접두께				3.75	5.00	6.25	6.88	8.13	8.75

주 :
STD : 표준구멍, SSLT : 하중방향에 직각인 단슬롯구멍
N : 전단면에 나사부포함, X : 전단면에 나사부불포함

단일판 F_y = 275	도움표 3.1.9a 단일판 접합 설계강도 (kN)								M24
볼트 개수	볼트 등급	나사 조건	구멍 형태	단일판의 두께					
				6	8	10	11	13	14
8 (L=595mm)	F8T	N	STD	417	556	696	–	–	–
			SSLT	417	556	696	765	832	832
		X	STD	417	556	696	–	–	–
			SSLT	417	556	696	765	904	974
	F10T	N	STD	417	556	696	–	–	–
			SSLT	417	556	696	765	904	974
		X	STD	417	556	696	–	–	–
			SSLT	417	556	696	765	904	974
7 (L=520mm)	F8T	N	STD	364	486	607	–	–	–
			SSLT	364	486	607	668	723	723
		X	STD	364	486	607	–	–	–
			SSLT	364	486	607	668	789	850
	F10T	N	STD	364	486	607	–	–	–
			SSLT	364	486	607	668	789	850
		X	STD	364	486	607	–	–	–
			SSLT	364	486	607	668	789	850
6 (L=445mm)	F8T	N	STD	311	415	518	–	–	–
			SSLT	311	415	518	570	612	612
		X	STD	311	415	518	–	–	–
			SSLT	311	415	518	570	674	726
	F10T	N	STD	311	415	518	–	–	–
			SSLT	311	415	518	570	674	726
		X	STD	311	415	518	–	–	–
			SSLT	311	415	518	570	674	726
5 (L=370mm)	F8T	N	STD	258	344	430	473	500	500
			SSLT	258	344	430	473	500	500
		X	STD	258	344	430	473	559	602
			SSLT	258	344	430	473	559	602
	F10T	N	STD	258	344	430	473	559	602
			SSLT	258	344	430	473	559	602
		X	STD	258	344	430	473	559	602
			SSLT	258	344	430	473	559	602
용접두께				3.75	5.00	6.25	6.88	8.13	8.75

주 :
STD : 표준구멍, SSLT : 하중방향에 직각인 단슬롯구멍
N : 전단면에 나사부포함, X : 전단면에 나사부불포함

단일판 F_y = 275	도움표 3.1.9a 단일판 접합 설계강도 (kN)								M24
볼트 개수	볼트 등급	나사 조건	구멍 형태	단일판의 두께					
				6	8	10	11	13	14
4 (*L*=295mm)	F8T	N	STD	205	273	341	375	387	387
			SSLT	205	273	341	375	387	387
		X	STD	205	273	341	375	444	478
			SSLT	205	273	341	375	444	478
	F10T	N	STD	205	273	341	375	444	478
			SSLT	205	273	341	375	444	478
		X	STD	205	273	341	375	444	478
			SSLT	205	273	341	375	444	478
3 (*L*=220mm)	F8T	N	STD	152	202	253	270	270	270
			SSLT	152	202	253	270	270	270
		X	STD	152	202	253	278	329	337
			SSLT	152	202	253	278	329	337
	F10T	N	STD	152	202	253	278	329	337
			SSLT	152	202	253	278	329	337
		X	STD	152	202	253	278	329	354
			SSLT	152	202	253	278	329	354
2 (*L*=145mm)	F8T	N	STD	98.5	131	151	151	151	151
			SSLT	98.5	131	151	151	151	151
		X	STD	98.5	131	164	181	189	189
			SSLT	98.5	131	164	181	189	189
	F10T	N	STD	98.5	131	164	181	189	189
			SSLT	98.5	131	164	181	189	189
		X	STD	98.5	131	164	181	213	230
			SSLT	98.5	131	164	181	213	230
용접두께				3.75	5.00	6.25	6.88	8.13	8.75

주 :
STD : 표준구멍, SSLT : 하중방향에 직각인 단슬롯구멍
N : 전단면에 나사부포함, X : 전단면에 나사부불포함

단일판 F_y = 275	도움표 3.1.9a 단일판 접합 설계강도 (kN)								M27
볼트 개수	볼트 등급	나사 조건	구멍 형태	단일판의 두께					
				6	8	10	11	13	14
12 (*L*=895mm)	F8T	N	STD	590	787	983	1080	–	–
			SSLT	590	787	983	1080	1280	1380
		X	STD	590	787	983	1080	–	–
			SSLT	590	787	983	1080	1280	1380
	F10T	N	STD	590	787	983	1080	–	–
			SSLT	590	787	983	1080	1280	1380
		X	STD	590	787	983	1080	–	–
			SSLT	590	787	983	1080	1280	1380
11 (*L*=820mm)	F8T	N	STD	540	720	900	990	–	–
			SSLT	540	720	900	990	1170	1260
		X	STD	540	720	900	990	–	–
			SSLT	540	720	900	990	1170	1260
	F10T	N	STD	540	720	900	990	–	–
			SSLT	540	720	900	990	1170	1260
		X	STD	540	720	900	990	–	–
			SSLT	540	720	900	990	1170	1260
10 (*L*=745mm)	F8T	N	STD	490	654	817	899	–	–
			SSLT	490	654	817	899	1060	1140
		X	STD	490	654	817	899	–	–
			SSLT	490	654	817	899	1060	1140
	F10T	N	STD	490	654	817	899	–	–
			SSLT	490	654	817	899	1060	1140
		X	STD	490	654	817	899	–	–
			SSLT	490	654	817	899	1060	1140
9 (*L*=670mm)	F8T	N	STD	441	587	734	808	–	–
			SSLT	441	587	734	808	955	1030
		X	STD	441	587	734	808	–	–
			SSLT	441	587	734	808	955	1030
	F10T	N	STD	441	587	734	808	–	–
			SSLT	441	587	734	808	955	1030
		X	STD	441	587	734	808	–	–
			SSLT	441	587	734	808	955	1030
용접두께				3.75	5.00	6.25	6.88	8.13	8.75

주 :
STD : 표준구멍, SSLT : 하중방향에 직각인 단슬롯구멍
N : 전단면에 나사부포함, X : 전단면에 나사부불포함

단일판 F_y = 275	도움표 3.1.9a 단일판 접합 설계강도 (kN)								M27
볼트 개수	볼트 등급	나사 조건	구멍 형태	단일판의 두께					
				6	8	10	11	13	14
8 (*L*=595mm)	F8T	N	STD	391	521	651	716	–	–
			SSLT	391	521	651	716	847	912
		X	STD	391	521	651	716	–	–
			SSLT	391	521	651	716	847	912
	F10T	N	STD	391	521	651	716	–	–
			SSLT	391	521	651	716	847	912
		X	STD	391	521	651	716	–	–
			SSLT	391	521	651	716	847	912
7 (*L*=520mm)	F8T	N	STD	341	455	568	625	–	–
			SSLT	341	455	568	625	739	796
		X	STD	341	455	568	625	–	–
			SSLT	341	455	568	625	739	796
	F10T	N	STD	341	455	568	625	–	–
			SSLT	341	455	568	625	739	796
		X	STD	341	455	568	625	–	–
			SSLT	341	455	568	625	739	796
6 (*L*=445mm)	F8T	N	STD	291	388	485	534	–	–
			SSLT	291	388	485	534	631	679
		X	STD	291	388	485	534	–	–
			SSLT	291	388	485	534	631	679
	F10T	N	STD	291	388	485	534	–	–
			SSLT	291	388	485	534	631	679
		X	STD	291	388	485	534	–	–
			SSLT	291	388	485	534	631	679
5 (*L*=370mm)	F8T	N	STD	241	322	402	442	523	563
			SSLT	241	322	402	442	523	563
		X	STD	241	322	402	442	523	563
			SSLT	241	322	402	442	523	563
	F10T	N	STD	241	322	402	442	523	563
			SSLT	241	322	402	442	523	563
		X	STD	241	322	402	442	523	563
			SSLT	241	322	402	442	523	563
용접두께				3.75	5.00	6.25	6.88	8.13	8.75

주 :
STD : 표준구멍, SSLT : 하중방향에 직각인 단슬롯구멍
N : 전단면에 나사부포함, X : 전단면에 나사부불포함

단일판 F_y = 275	도움표 3.1.9a 단일판 접합 설계강도 (kN)								M27
볼트 개수	볼트 등급	나사 조건	구멍 형태	단일판의 두께					
				6	8	10	11	13	14
4 (*L*=295mm)	F8T	N	STD	192	255	319	351	415	447
			SSLT	192	255	319	351	415	447
		X	STD	192	255	319	351	415	447
			SSLT	192	255	319	351	415	447
	F10T	N	STD	192	255	319	351	415	447
			SSLT	192	255	319	351	415	447
		X	STD	192	255	319	351	415	447
			SSLT	192	255	319	351	415	447
3 (*L*=220mm)	F8T	N	STD	142	189	236	260	307	331
			SSLT	142	189	236	260	307	331
		X	STD	142	189	236	260	307	331
			SSLT	142	189	236	260	307	331
	F10T	N	STD	142	189	236	260	307	331
			SSLT	142	189	236	260	307	331
		X	STD	142	189	236	260	307	331
			SSLT	142	189	236	260	307	331
2 (*L*=145mm)	F8T	N	STD	91.9	123	153	168	191	191
			SSLT	91.9	123	153	168	191	191
		X	STD	91.9	123	153	168	199	214
			SSLT	91.9	123	153	168	199	214
	F10T	N	STD	91.9	123	153	168	199	214
			SSLT	91.9	123	153	168	199	214
		X	STD	91.9	123	153	168	199	214
			SSLT	91.9	123	153	168	199	214
용접두께				3.75	5.00	6.25	6.88	8.13	8.75

주 :
STD : 표준구멍, SSLT : 하중방향에 직각인 단슬롯구멍
N : 전단면에 나사부포함, X : 전단면에 나사부불포함

단일판 F_y = 355	도움표 3.1.9b 단일판 접합 설계강도 (kN)	M20

볼트 개수	볼트 등급	나사 조건	구멍 형태	단일판의 두께					
				6	8	10	11	13	14
12 (*L*=895mm)	F8T	N	STD	832	852	–	–	–	–
			SSLT	832	874	874	874	–	–
		X	STD	832	1060	–	–	–	–
			SSLT	832	1090	1090	1090	–	–
	F10T	N	STD	832	1060	–	–	–	–
			SSLT	832	1090	1090	1090	–	–
		X	STD	832	1110	–	–	–	–
			SSLT	832	1110	1370	1370	–	–
11 (*L*=820mm)	F8T	N	STD	762	769	–	–	–	–
			SSLT	762	806	806	806	–	–
		X	STD	762	961	–	–	–	–
			SSLT	762	1010	1010	1010	–	–
	F10T	N	STD	762	961	–	–	–	–
			SSLT	762	1010	1010	1010	–	–
		X	STD	762	1020	–	–	–	–
			SSLT	762	1020	1260	1260	–	–
10 (*L*=745mm)	F8T	N	STD	692	693	–	–	–	–
			SSLT	692	727	727	727	–	–
		X	STD	692	867	–	–	–	–
			SSLT	692	909	909	909	–	–
	F10T	N	STD	692	867	–	–	–	–
			SSLT	692	909	909	909	–	–
		X	STD	692	923	–	–	–	–
			SSLT	692	923	1140	1140	–	–
9 (*L*=670mm)	F8T	N	STD	616	616	–	–	–	–
			SSLT	622	653	653	653	–	–
		X	STD	622	770	–	–	–	–
			SSLT	622	816	816	816	–	–
	F10T	N	STD	622	770	–	–	–	–
			SSLT	622	816	816	816	–	–
		X	STD	622	829	–	–	–	–
			SSLT	622	829	1020	1020	–	–
용접두께				3.75	5.00	6.25	6.88	8.13	8.75

주 :
STD : 표준구멍, SSLT : 하중방향에 직각인 단슬롯구멍
N : 전단면에 나사부포함, X : 전단면에 나사부불포함

단일판 F_y = 355	도움표 3.1.9b 단일판 접합 설계강도 (kN)								M20
볼트 개수	볼트 등급	나사 조건	구멍 형태	단일판의 두께					
				6	8	10	11	13	14
8 (*L*=595mm)	F8T	N	STD	537	537	–	–	–	–
			SSLT	552	577	577	577	–	–
		X	STD	552	671	–	–	–	–
			SSLT	552	721	721	721	–	–
	F10T	N	STD	552	671	–	–	–	–
			SSLT	552	721	721	721	–	–
		X	STD	552	736	–	–	–	–
			SSLT	552	736	901	901	–	–
7 (*L*=520mm)	F8T	N	STD	457	457	–	–	–	–
			SSLT	482	501	501	501	–	–
		X	STD	482	571	–	–	–	–
			SSLT	482	626	626	626	–	–
	F10T	N	STD	482	571	–	–	–	–
			SSLT	482	626	626	626	–	–
		X	STD	482	642	–	–	–	–
			SSLT	482	642	783	783	–	–
6 (*L*=445mm)	F8T	N	STD	375	375	–	–	–	–
			SSLT	411	424	424	424	–	–
		X	STD	411	469	–	–	–	–
			SSLT	411	530	530	530	–	–
	F10T	N	STD	411	469	–	–	–	–
			SSLT	411	530	530	530	–	–
		X	STD	411	549	–	–	–	–
			SSLT	411	549	663	663	–	–
5 (*L*=370mm)	F8T	N	STD	341	347	347	347	–	–
			SSLT	341	347	347	347	347	347
		X	STD	341	433	433	433	–	–
			SSLT	341	433	433	433	433	433
	F10T	N	STD	341	433	433	433	–	–
			SSLT	341	433	433	433	433	433
		X	STD	341	455	542	542	–	–
			SSLT	341	455	542	542	542	542
용접두께				3.75	5.00	6.25	6.88	8.13	8.75

주 :
STD : 표준구멍, SSLT : 하중방향에 직각인 단슬롯구멍
N : 전단면에 나사부포함, X : 전단면에 나사부불포함

단일판 F_y = 355	도움표 3.1.9b 단일판 접합 설계강도 (kN)								M20
볼트 개수	볼트 등급	나사 조건	구멍 형태	단일판의 두께					
				6	8	10	11	13	14
4 (*L*=295mm)	F8T	N	STD	268	268	268	268	–	–
			SSLT	268	268	268	268	268	268
		X	STD	271	335	335	335	–	–
			SSLT	271	335	335	335	335	335
	F10T	N	STD	271	335	335	335	–	–
			SSLT	271	335	335	335	335	335
		X	STD	271	362	419	419	–	–
			SSLT	271	362	419	419	419	419
3 (*L*=220mm)	F8T	N	STD	187	187	187	187	–	–
			SSLT	187	187	187	187	187	187
		X	STD	201	234	234	234	–	–
			SSLT	201	234	234	234	234	234
	F10T	N	STD	201	234	234	234	–	–
			SSLT	201	234	234	234	234	234
		X	STD	201	268	292	292	–	–
			SSLT	201	268	292	292	292	292
2 (*L*=145mm)	F8T	N	STD	105	105	105	105	–	–
			SSLT	105	105	105	105	105	105
		X	STD	131	131	131	131	–	–
			SSLT	131	131	131	131	131	131
	F10T	N	STD	131	131	131	131	–	–
			SSLT	131	131	131	131	131	131
		X	STD	131	164	164	164	–	–
			SSLT	131	164	164	164	164	164
용접두께				3.75	5.00	6.25	6.88	8.13	8.75

주 :
STD : 표준구멍, SSLT : 하중방향에 직각인 단슬롯구멍
N : 전단면에 나사부포함, X : 전단면에 나사부불포함

단일판 F_y = 355	도움표 3.1.9b 단일판 접합 설계강도 (kN)								M22
볼트 개수	볼트 등급	나사 조건	구멍 형태	단일판의 두께					
				6	8	10	11	13	14
12 (*L*=895mm)	F8T	N	STD	800	1030	–	–	–	–
			SSLT	800	1060	1060	1060	1060	–
		X	STD	800	1070	–	–	–	–
			SSLT	800	1070	1320	1320	1320	–
	F10T	N	STD	800	1070	–	–	–	–
			SSLT	800	1070	1320	1320	1320	–
		X	STD	800	1070	–	–	–	–
			SSLT	800	1070	1330	1470	1650	–
11 (*L*=820mm)	F8T	N	STD	733	930	–	–	–	–
			SSLT	733	976	976	976	976	–
		X	STD	733	977	–	–	–	–
			SSLT	733	977	1220	1220	1220	–
	F10T	N	STD	733	977	–	–	–	–
			SSLT	733	977	1220	1220	1220	–
		X	STD	733	977	–	–	–	–
			SSLT	733	977	1220	1340	1520	–
10 (*L*=745mm)	F8T	N	STD	665	839	–	–	–	–
			SSLT	665	880	880	880	880	–
		X	STD	665	887	–	–	–	–
			SSLT	665	887	1100	1100	1100	–
	F10T	N	STD	665	887	–	–	–	–
			SSLT	665	887	1100	1100	1100	–
		X	STD	665	887	–	–	–	–
			SSLT	665	887	1110	1220	1380	–
9 (*L*=670mm)	F8T	N	STD	598	745	–	–	–	–
			SSLT	598	790	790	790	790	–
		X	STD	598	797	–	–	–	–
			SSLT	598	797	987	987	987	–
	F10T	N	STD	598	797	–	–	–	–
			SSLT	598	797	987	987	987	–
		X	STD	598	797	–	–	–	–
			SSLT	598	797	997	1100	1230	–
용접두께				3.75	5.00	6.25	6.88	8.13	8.75

주 :
STD : 표준구멍, SSLT : 하중방향에 직각인 단슬롯구멍
N : 전단면에 나사부포함, X : 전단면에 나사부불포함

단일판 F_y = 355	도움표 3.1.9b 단일판 접합 설계강도 (kN)								M22
볼트 개수	볼트 등급	나사 조건	구멍 형태	단일판의 두께					
				6	8	10	11	13	14
8 (*L*=595mm)	F8T	N	STD	531	649	–	–	–	–
			SSLT	531	698	698	698	698	–
		X	STD	531	707	–	–	–	–
			SSLT	531	707	872	872	872	–
	F10T	N	STD	531	707	–	–	–	–
			SSLT	531	707	872	872	872	–
		X	STD	531	707	–	–	–	–
			SSLT	531	707	884	973	1090	–
7 (*L*=520mm)	F8T	N	STD	463	553	–	–	–	–
			SSLT	463	606	606	606	606	–
		X	STD	463	617	–	–	–	–
			SSLT	463	617	758	758	758	–
	F10T	N	STD	463	617	–	–	–	–
			SSLT	463	617	758	758	758	–
		X	STD	463	617	–	–	–	–
			SSLT	463	617	772	849	948	–
6 (*L*=445mm)	F8T	N	STD	396	454	–	–	–	–
			SSLT	396	513	513	513	513	–
		X	STD	396	527	–	–	–	–
			SSLT	396	527	642	642	642	–
	F10T	N	STD	396	527	–	–	–	–
			SSLT	396	527	642	642	642	–
		X	STD	396	527	–	–	–	–
			SSLT	396	527	659	725	802	–
5 (*L*=370mm)	F8T	N	STD	328	420	420	420	420	–
			SSLT	328	420	420	420	420	420
		X	STD	328	437	524	524	524	–
			SSLT	328	437	524	524	524	524
	F10T	N	STD	328	437	524	524	524	–
			SSLT	328	437	524	524	524	524
		X	STD	328	437	547	602	656	–
			SSLT	328	437	547	602	656	656
용접두께				3.75	5.00	6.25	6.88	8.13	8.75

주 :
STD : 표준구멍, SSLT : 하중방향에 직각인 단슬롯구멍
N : 전단면에 나사부포함, X : 전단면에 나사부불포함

단일판 F_y = 355	도움표 3.1.9b 단일판 접합 설계강도 (kN)								M22
볼트 개수	볼트 등급	나사 조건	구멍 형태	단일판의 두께					
				6	8	10	11	13	14
4 (L=295mm)	F8T	N	STD	261	325	325	325	325	–
			SSLT	261	325	325	325	325	325
		X	STD	261	348	406	406	406	–
			SSLT	261	348	406	406	406	406
	F10T	N	STD	261	348	406	406	406	–
			SSLT	261	348	406	406	406	406
		X	STD	261	348	434	478	507	–
			SSLT	261	348	434	478	507	507
3 (L=220mm)	F8T	N	STD	193	226	226	226	226	–
			SSLT	193	226	226	226	226	226
		X	STD	193	258	283	283	283	–
			SSLT	193	258	283	283	283	283
	F10T	N	STD	193	258	283	283	283	–
			SSLT	193	258	283	283	283	283
		X	STD	193	258	322	353	353	–
			SSLT	193	258	322	353	353	353
2 (L=145mm)	F8T	N	STD	126	127	127	127	127	–
			SSLT	126	127	127	127	127	127
		X	STD	126	158	158	158	158	–
			SSLT	126	158	158	158	158	158
	F10T	N	STD	126	158	158	158	158	–
			SSLT	126	158	158	158	158	158
		X	STD	126	168	198	198	198	–
			SSLT	126	168	198	198	198	198
용접두께				3.75	5.00	6.25	6.88	8.13	8.75

주 :
STD : 표준구멍, SSLT : 하중방향에 직각인 단슬롯구멍
N : 전단면에 나사부포함, X : 전단면에 나사부불포함

단일판 F_y = 355	도움표 3.1.9b 단일판 접합 설계강도 (kN)									M24
볼트 개수	볼트 등급	나사 조건	구멍 형태	단일판의 두께						
				6	8	10	11	13	14	
12 (*L*=895mm)	F8T	N	STD	753	1000	1230	–	–	–	
			SSLT	753	1000	1250	1260	1260	1260	
		X	STD	753	1000	1250	–	–	–	
			SSLT	753	1000	1250	1380	1580	1580	
	F10T	N	STD	753	1000	1250	–	–	–	
			SSLT	753	1000	1250	1380	1580	1580	
		X	STD	753	1000	1250	–	–	–	
			SSLT	753	1000	1250	1380	1630	1760	
11 (*L*=820mm)	F8T	N	STD	689	919	1110	–	–	–	
			SSLT	689	919	1150	1160	1160	1160	
		X	STD	689	919	1150	–	–	–	
			SSLT	689	919	1150	1260	1450	1450	
	F10T	N	STD	689	919	1150	–	–	–	
			SSLT	689	919	1150	1260	1450	1450	
		X	STD	689	919	1150	–	–	–	
			SSLT	689	919	1150	1260	1490	1610	
10 (*L*=745mm)	F8T	N	STD	626	834	1000	–	–	–	
			SSLT	626	834	1040	1050	1050	1050	
		X	STD	626	834	1040	–	–	–	
			SSLT	626	834	1040	1150	1310	1310	
	F10T	N	STD	626	834	1040	–	–	–	
			SSLT	626	834	1040	1150	1310	1310	
		X	STD	626	834	1040	–	–	–	
			SSLT	626	834	1040	1150	1360	1460	
9 (*L*=670mm)	F8T	N	STD	562	750	888	–	–	–	
			SSLT	562	750	937	942	942	942	
		X	STD	562	750	937	–	–	–	
			SSLT	562	750	937	1030	1180	1180	
	F10T	N	STD	562	750	937	–	–	–	
			SSLT	562	750	937	1030	1180	1180	
		X	STD	562	750	937	–	–	–	
			SSLT	562	750	937	1030	1220	1310	
용접두께				3.75	5.00	6.25	6.88	8.13	8.75	

주 :
STD : 표준구멍, SSLT : 하중방향에 직각인 단슬롯구멍
N : 전단면에 나사부포함, X : 전단면에 나사부불포함

단일판 F_y = 355	도움표 3.1.9b 단일판 접합 설계강도 (kN)								M24
볼트 개수	볼트 등급	나사 조건	구멍 형태	단일판의 두께					
				6	8	10	11	13	14
8 (*L*=595mm)	F8T	N	STD	499	665	774	–	–	–
			SSLT	499	665	831	832	832	832
		X	STD	499	665	831	–	–	–
			SSLT	499	665	831	914	1040	1040
	F10T	N	STD	499	665	831	–	–	–
			SSLT	499	665	831	914	1040	1040
		X	STD	499	665	831	–	–	–
			SSLT	499	665	831	914	1080	1160
7 (*L*=520mm)	F8T	N	STD	435	580	659	–	–	–
			SSLT	435	580	723	723	723	723
		X	STD	435	580	725	–	–	–
			SSLT	435	580	725	798	904	904
	F10T	N	STD	435	580	725	–	–	–
			SSLT	435	580	725	798	904	904
		X	STD	435	580	725	–	–	–
			SSLT	435	580	725	798	943	1020
6 (*L*=445mm)	F8T	N	STD	372	496	541	–	–	–
			SSLT	372	496	612	612	612	612
		X	STD	372	496	620	–	–	–
			SSLT	372	496	620	682	765	765
	F10T	N	STD	372	496	620	–	–	–
			SSLT	372	496	620	682	765	765
		X	STD	372	496	620	–	–	–
			SSLT	372	496	620	682	805	867
5 (*L*=370mm)	F8T	N	STD	308	411	500	500	500	500
			SSLT	308	411	500	500	500	500
		X	STD	308	411	514	565	625	625
			SSLT	308	411	514	565	625	625
	F10T	N	STD	308	411	514	565	625	625
			SSLT	308	411	514	565	625	625
		X	STD	308	411	514	565	668	719
			SSLT	308	411	514	565	668	719
용접두께				3.75	5.00	6.25	6.88	8.13	8.75

주 :
STD : 표준구멍, SSLT : 하중방향에 직각인 단슬롯구멍
N : 전단면에 나사부포함, X : 전단면에 나사부불포함

단일판

F_y = 355

도움표 3.1.9b 단일판 접합 설계강도 (kN)

M24

볼트 개수	볼트 등급	나사 조건	구멍 형태	단일판의 두께					
				6	8	10	11	13	14
4 (*L*=295mm)	F8T	N	STD	245	326	387	387	387	387
			SSLT	245	326	387	387	387	387
		X	STD	245	326	408	449	484	484
			SSLT	245	326	408	449	484	484
	F10T	N	STD	245	326	408	449	484	484
			SSLT	245	326	408	449	484	484
		X	STD	245	326	408	449	530	571
			SSLT	245	326	408	449	530	571
3 (*L*=220mm)	F8T	N	STD	181	242	270	270	270	270
			SSLT	181	242	270	270	270	270
		X	STD	181	242	302	332	337	337
			SSLT	181	242	302	332	337	337
	F10T	N	STD	181	242	302	332	337	337
			SSLT	181	242	302	332	337	337
		X	STD	181	242	302	332	393	421
			SSLT	181	242	302	332	393	421
2 (*L*=145mm)	F8T	N	STD	118	151	151	151	151	151
			SSLT	118	151	151	151	151	151
		X	STD	118	157	189	189	189	189
			SSLT	118	157	189	189	189	189
	F10T	N	STD	118	157	189	189	189	189
			SSLT	118	157	189	189	189	189
		X	STD	118	157	196	216	236	236
			SSLT	118	157	196	216	236	236
용접두께				3.75	5.00	6.25	6.88	8.13	8.75

주 :

STD : 표준구멍, SSLT : 하중방향에 직각인 단슬롯구멍

N : 전단면에 나사부포함, X : 전단면에 나사부불포함

단일판 F_y = 355	도움표 3.1.9b 단일판 접합 설계강도 (kN)								M27
볼트 개수	볼트 등급	나사 조건	구멍 형태	단일판의 두께					
				6	8	10	11	13	14
12 (*L*=895mm)	F8T	N	STD	705	940	1180	1290	–	–
			SSLT	705	940	1180	1290	1530	1600
		X	STD	705	940	1180	1290	–	–
			SSLT	705	940	1180	1290	1530	1650
	F10T	N	STD	705	940	1180	1290	–	–
			SSLT	705	940	1180	1290	1530	1650
		X	STD	705	940	1180	1290	–	–
			SSLT	705	940	1180	1290	1530	1650
11 (*L*=820mm)	F8T	N	STD	646	861	1080	1180	–	–
			SSLT	646	861	1080	1180	1400	1470
		X	STD	646	861	1080	1180	–	–
			SSLT	646	861	1080	1180	1400	1510
	F10T	N	STD	646	861	1080	1180	–	–
			SSLT	646	861	1080	1180	1400	1510
		X	STD	646	861	1080	1180	–	–
			SSLT	646	861	1080	1180	1400	1510
10 (*L*=745mm)	F8T	N	STD	586	781	977	1070	–	–
			SSLT	586	781	977	1070	1270	1330
		X	STD	586	781	977	1070	–	–
			SSLT	586	781	977	1070	1270	1370
	F10T	N	STD	586	781	977	1070	–	–
			SSLT	586	781	977	1070	1270	1370
		X	STD	586	781	977	1070	–	–
			SSLT	586	781	977	1070	1270	1370
9 (*L*=670mm)	F8T	N	STD	527	702	878	965	–	–
			SSLT	527	702	878	965	1140	1190
		X	STD	527	702	878	965	–	–
			SSLT	527	702	878	965	1140	1230
	F10T	N	STD	527	702	878	965	–	–
			SSLT	527	702	878	965	1140	1230
		X	STD	527	702	878	965	–	–
			SSLT	527	702	878	965	1140	1230
용접두께				3.75	5.00	6.25	6.88	8.13	8.75

주 :
STD : 표준구멍, SSLT : 하중방향에 직각인 단슬롯구멍
N : 전단면에 나사부포함, X : 전단면에 나사부불포함

단일판 F_y = 355	도움표 3.1.9b 단일판 접합 설계강도 (kN)								M27
볼트 개수	볼트 등급	나사 조건	구멍 형태	단일판의 두께					
				6	8	10	11	13	14
8 (L=595mm)	F8T	N	STD	467	623	778	856	–	–
			SSLT	467	623	778	856	1010	1050
		X	STD	467	623	778	856	–	–
			SSLT	467	623	778	856	1010	1090
	F10T	N	STD	467	623	778	856	–	–
			SSLT	467	623	778	856	1010	1090
		X	STD	467	623	778	856	–	–
			SSLT	467	623	778	856	1010	1090
7 (L=520mm)	F8T	N	STD	407	543	679	747	–	–
			SSLT	407	543	679	747	883	915
		X	STD	407	543	679	747	–	–
			SSLT	407	543	679	747	883	951
	F10T	N	STD	407	543	679	747	–	–
			SSLT	407	543	679	747	883	951
		X	STD	407	543	679	747	–	–
			SSLT	407	543	679	747	883	951
6 (L=445mm)	F8T	N	STD	348	464	580	638	–	–
			SSLT	348	464	580	638	754	774
		X	STD	348	464	580	638	–	–
			SSLT	348	464	580	638	754	812
	F10T	N	STD	348	464	580	638	–	–
			SSLT	348	464	580	638	754	812
		X	STD	348	464	580	638	–	–
			SSLT	348	464	580	638	754	812
5 (L=370mm)	F8T	N	STD	288	385	481	529	625	633
			SSLT	288	385	481	529	625	633
		X	STD	288	385	481	529	625	673
			SSLT	288	385	481	529	625	673
	F10T	N	STD	288	385	481	529	625	673
			SSLT	288	385	481	529	625	673
		X	STD	288	385	481	529	625	673
			SSLT	288	385	481	529	625	673
용접두께				3.75	5.00	6.25	6.88	8.13	8.75

주 :
STD : 표준구멍, SSLT : 하중방향에 직각인 단슬롯구멍
N : 전단면에 나사부포함, X : 전단면에 나사부불포함

단일판 F_y = 355	도움표 3.1.9b 단일판 접합 설계강도 (kN)	M27

볼트 개수	볼트 등급	나사 조건	구멍 형태	단일판의 두께					
				6	8	10	11	13	14
4 (*L*=295mm)	F8T	N	STD	229	305	381	420	490	490
			SSLT	229	305	381	420	490	490
		X	STD	229	305	381	420	496	534
			SSLT	229	305	381	420	496	534
	F10T	N	STD	229	305	381	420	496	534
			SSLT	229	305	381	420	496	534
		X	STD	229	305	381	420	496	534
			SSLT	229	305	381	420	496	534
3 (*L*=220mm)	F8T	N	STD	169	226	282	310	341	341
			SSLT	169	226	282	310	341	341
		X	STD	169	226	282	310	367	395
			SSLT	169	226	282	310	367	395
	F10T	N	STD	169	226	282	310	367	395
			SSLT	169	226	282	310	367	395
		X	STD	169	226	282	310	367	395
			SSLT	169	226	282	310	367	395
2 (*L*=145mm)	F8T	N	STD	110	146	183	191	191	191
			SSLT	110	146	183	191	191	191
		X	STD	110	146	183	201	238	239
			SSLT	110	146	183	201	238	239
	F10T	N	STD	110	146	183	201	238	239
			SSLT	110	146	183	201	238	239
		X	STD	110	146	183	201	238	256
			SSLT	110	146	183	201	238	256
용접두께				3.75	5.00	6.25	6.88	8.13	8.75

주 :
STD : 표준구멍, SSLT : 하중방향에 직각인 단슬롯구멍
N : 전단면에 나사부포함, X : 전단면에 나사부불포함

도움표 3.1.10 단일ㄱ형강 볼트접합

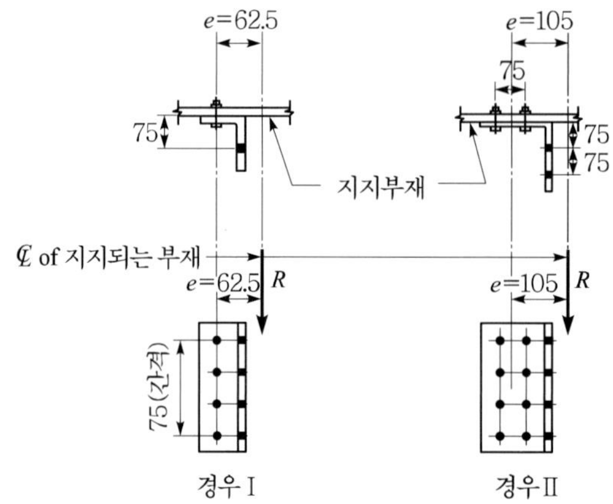

주기 : ㄱ형강의 지지부다리에 표준구멍 사용

편심하중을 받는 볼트군의 계수

수직 1열의 볼트 개수	경우 I	경우 II
12	11.4	21.5
11	10.4	19.4
10	9.38	17.3
9	8.36	15.2
8	7.33	13.0
7	6.28	10.9
6	5.23	8.74
5	4.15	6.66
4	3.07	4.72
3	1.98	2.95
2	1.01	1.62
1		0.517

$\phi R_n = C\ (\phi r_n)$

여기서, C = 상기 도움표의 계수

ϕr_n = 볼트1개의 전단 또는 지압 설계강도, kN/볼트

주 :

상기 그림의 값 이하의 편심의 경우, 도움표 값을 사용할 수 있음.

더 큰 편심의 경우 C계수는 2장에 따라 다시 산정해야 함.

지압 또는 마찰접합에 사용가능함.

도움표 3.1.11 단일ㄱ형강 볼트/용접 접합

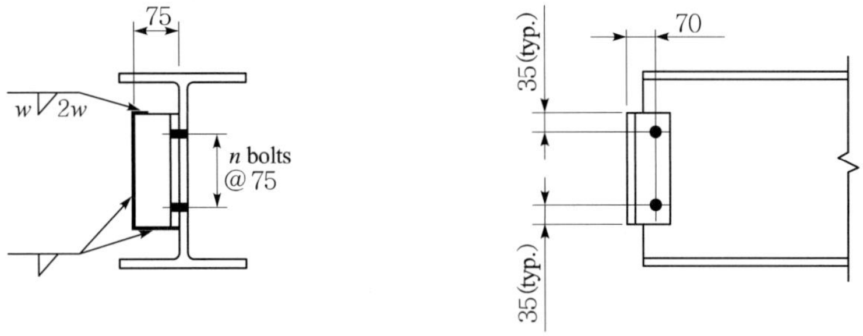

수직1열의 볼트 개수	볼트와 ㄱ형강 강도[1], kN (F8T)		ㄱ형강 치수 (F_y = 275 MPa)	ㄱ형강 길이, mm	용접부 490MPa		보 웨브 양면에 ㄱ형강이 설치되는 지지부재 (F_u = 410 MPa)의 최소두께 t_w
	M20	M22			용접부 치수 w, mm	설계강도, kN	
12	1130	1120	ㄱ-100x75x 10	895	8	1120	13.5
					7	977	11.8
					5	698	8.45
11	1040	1030		820	8	1020	13.5
					7	895	11.8
					5	640	8.45
10	942	932		745	8	1020	13.5
					7	892	11.8
					5	637	8.45
9	848	838		670	8	917	13.5
					7	802	11.8
					5	573	8.45
8	754	744		595	8	814	13.5
					7	712	11.8
					5	509	8.45
7	659	649		520	8	711	13.5
					7	622	11.8
					5	445	8.45

주 :

- 보웨브에 부착되는 ㄱ형강의 게이지는 줄일 수 있음. 75mm 용접부 내민다리는 줄이거나 증가시킬 수 없음.
- 도움표내의 값들은 보웨브두께의 1/2을 6mm로 가정한 것으로, 웨브두께의 1/2이 이보다 작은 경우에는 안전측으로 사용할 수 있으며, 웨브두께의 1/2이 6mm보다 큰 경우에는 웨브두께의 1/2이 12mm까지는 도움표내의 값을 비례적으로 8% 감소시켜서 사용할 수 있음.
- 용접선이 지지부재의 반대쪽 동일위치에도 있는 경우에는 각 용접에 대한 소요두께를 합한 값이 최소두께가 됨. 어느 경우에나 소요두께보다 작은 경우에는 도움표내의 설계강도를 실제두께와 최소두께의 비율을 곱하여 도움표의 용접 설계강도를 감소시켜야 함.
- ㄱ형강의 최소두께는 직경 20mm와 22mm 볼트일 때는 10mm, 직경 24mm인 볼트일 때는 13mm를 사용해야 함.

1) 전단면에 나사불포함하는 경우의 강도임

도움표 3.2.1 H형강 축력-휨 조합력

SHN355(Fy = 355MPa) 광폭계열

(KL)y 또는 Lb (m)		H-344×348×10×16NC			H-344×354×16×16NC			H-350×350×12×19		
		$\phi_c P_n$ (kN)	c×103 (kN)-1	bx×103 (kN.m)-1	$\phi_c P_n$ (kN)	c×103 (kN)-1	bx×103 (kN.m)-1	$\phi_c P_n$ (kN)	c×103 (kN)-1	bx×103 (kN.m)-1
(KL)x > (KL)y 일 경우에는 (KL)y와 (KL)yeq 중 큰 값을 적용 $(KL)_{y\,eq} = \frac{(KL)_x}{(r_x/r_y)}$	0	4660	0.215	1.31	5320	0.188	1.21	5560	0.180	1.09
	0.5	4650	0.215	1.31	5310	0.188	1.21	5540	0.181	1.09
	1.0	4620	0.216	1.31	5270	0.190	1.21	5510	0.181	1.09
	1.5	4570	0.219	1.31	5200	0.192	1.21	5440	0.184	1.09
	2.0	4490	0.223	1.31	5110	0.196	1.21	5360	0.187	1.09
	2.5	4400	0.227	1.31	5000	0.200	1.21	5250	0.190	1.09
	3.0	4290	0.233	1.31	4860	0.206	1.21	5120	0.195	1.09
	3.5	4160	0.240	1.31	4700	0.213	1.21	4970	0.201	1.09
	4.0	4020	0.249	1.32	4530	0.221	1.22	4800	0.208	1.10
	4.5	3860	0.259	1.35	4340	0.230	1.25	4610	0.217	1.13
	5.0	3700	0.270	1.38	4140	0.242	1.28	4420	0.226	1.15
	5.5	3520	0.284	1.41	3920	0.255	1.31	4210	0.238	1.18
	6.0	3340	0.299	1.44	3700	0.270	1.34	3990	0.251	1.20
	6.5	3150	0.317	1.47	3480	0.287	1.37	3770	0.265	1.23
	7.0	2960	0.338	1.51	3250	0.308	1.40	3540	0.282	1.26
	7.5	2760	0.362	1.54	3020	0.331	1.43	3320	0.301	1.29
	8.0	2570	0.389	1.58	2790	0.358	1.47	3090	0.324	1.32
	8.5	2380	0.420	1.62	2570	0.389	1.51	2860	0.350	1.36
	9.0	2190	0.457	1.66	2350	0.426	1.55	2640	0.379	1.39
	9.5	2010	0.498	1.71	2140	0.467	1.59	2430	0.412	1.43
	10.0	1840	0.543	1.75	1940	0.515	1.64	2220	0.450	1.47
	10.5	1670	0.599	1.80	1760	0.568	1.69	2020	0.495	1.51
	11.0	1520	0.658	1.85	1600	0.625	1.74	1840	0.543	1.55
	11.5	1390	0.719	1.91	1470	0.680	1.79	1680	0.595	1.60
	12.0	1280	0.781	1.96	1350	0.741	1.85	1540	0.649	1.65
	12.5	1180	0.847	2.03	1240	0.806	1.91	1420	0.704	1.70
	13.0	1090	0.917	2.29	1150	0.870	1.91	1320	0.758	1.68
	13.5	1009	0.99	2.40	1060	0.943	1.99	1220	0.820	1.76
	14.0	939	1.06	2.51	989	1.01	2.08	1130	0.885	1.84
	14.5	875	1.14	2.63	920	1.09	2.17	1060	0.943	1.92
	15.0	818	1.22	2.74	860	1.16	2.26	988	1.01	2.00

	H-344×348×10×16NC	H-344×354×16×16NC	H-350×350×12×19
by×103 (kN.m)−1	2.84	2.71	2.36
ty×103 (kN)−1	0.214	0.188	0.180
tr×103 (kN)−1	0.249	0.218	0.209
ry (mm)	87.8	84.3	88.4
rx /ry	1.72	1.73	1.72
기타 상수 및 단면성능			
Pwo (kN)	639	1022.4	831
Pwi (kN/mm)	3.55	5.68	4.26
Pwb (kN)	686	2808	1185
Pfb (kN)	511	511	721
Lp (m)	3.76	3.61	3.78
Lr (m)	12.7	14.4	14.5
Ag (mm2)	14.6×10^3	16.7×10^3	17.4×10^3
Ix (mm4)	0.333×10^9	0.353×10^9	0.403×10^9
Iy (mm4)	0.112×10^9	0.118×10^9	0.136×10^9
Pex (KL)2 (kN.m2)	0.690×10^6	0.732×10^6	0.835×10^6
Pey (KL)2 (kN.m2)	0.233×10^6	0.246×10^6	0.282×10^6

1) 음영부분은 KL/r > 200인 경우이다.

여기서, $c=\frac{1}{\phi_c P_n}$, $b_x=\frac{8}{9\phi_b M_{nx}}$, $b_y=\frac{8}{9\phi_b M_{ny}}$, $t_y=\frac{1}{\phi_t F_y A_g}$, $t_r=\frac{1}{\phi_t F_u(0.75A_g)}$, $P_{wo}=\phi F_{yw} t_w(5k)$, $P_{wi}=\phi F_{yw} t_w$, $P_{wb}=\frac{\phi 24 t_w^3\sqrt{EF_{yw}}}{h}$, $P_{fb}=\phi 6.25 F_{yf} t_f^2$

제3장

국가건설기준센터(2019), KCS 14 31 00:2019 강구조공사 표준시방서

국가건설기준센터(2019), KDS 41 31 00:2019 건축물 강구조 설계기준

국토교통부(2013), 건축공사표준시방서(제6장 강구조공사), 대한건축학회

국토교통부(2014), 하중저항계수설계법에 의한 강구조설계기준, 한국강구조학회

국토해양부(2009), 건축구조기준 및 해설(KBC2009), 대한건축학회, 기문당

대한건축학회(2001), 강구조 건축물 용접부의 비파괴 검사기준(안)

일본건축학회(2006), 강구조접합부설계지침(鋼構造接合部設計指針)

한국강구조학회(2018), 건축강구조 표준접합상세지침(2차 개정판), 한국강구조학회, 한국건축구조기술사회, 도서출판 기문사

김승원(2014), 소성회전중심법에 의한 볼트군과 용접군의 설계, 2014년 강재이용기술발표회, 현대제철주식회사 주관

김승원(2014), 소성회전중심법에 의한 용접군의 설계, 2014년 강구조설계기준 강습회 자료집

김승원(2015), 소성회전중심법에 의한 면내 편심하중을 받는 볼트군과 필릿용접군의 전단강도-1, 한국강구조학회지 2015.4

김승원(2015), 소성회전중심법에 의한 면내 편심하중을 받는 볼트군과 필릿용접군의 전단강도-2, 한국강구조학회지 2015.6

김승원(2015), 소성회전중심법에 의한 면내 편심하중을 받는 볼트군과 필릿용접군의 전단강도-3, 한국강구조학회지 2015.8

김승원, 최준식, 박대영, 최선규(2015), 'H형강 접합 매뉴얼'에 따른 소성회전중심법에 의한 볼트군과 용접군의 설계, 한국강구조학회 2015년 학술대회발표집

김승원, 최준식, 박대영, 최선규(2015), 'H형강 접합 매뉴얼'에 따른 소성회전중심법에 의한 볼트군의 해석방법, 한국강구조학회 2015년 학술대회발표집

김승원, 최준식, 박대영, 최선규(2015), 'H형강 접합 매뉴얼'에 따른 소성회전중심법에 의한 필릿용접군의 해석방법, 한국강구조학회 2015년 학술대회발표집

최선규(2009), 용접접합표준, 한국강구조학회지(2009.4.)

최준식(2014), 볼트접합, 2014년 강구조설계기준 강습회 자료집

이철호외(2009), 강구조 고력볼트 접합부의 설계 및 시방규정 개선을 위한 기초연구(안), 한국강구조학회

한국건축구조기술사회(2016), KBC2016 H형강접합부설계매뉴얼, 도서출판 구미서관

최선규(2019), 조립용접부와 건설보조용접부에 대한 유의사항, 한국강구조학회지(2019.4.)

AISC(1973), Steel Construction Manual, 7th Edition, American Institute of Steel Construction

AISC(2005), Steel Construction Manual Vol. Ⅰ,Ⅱ, 13th ED.

AISC(2010), Steel Construction Manual, 14th Edition, American Institute of Steel Construction

AWS B1.10M/B1.10:2016, Guide for the Nondestructive Examination of Welds, American Welding Society

AWS D1.1/D1.1M:2015 Structural Welding Code-Steel, American Welding Society

Carter, C.J., Thornton, W.A. and Murray, T.M (1997), Discussion–The Behavior and Load–Carrying Capacity of Unstiffened Seated Beam Connection, Engineering Journal, AISC, Vol.34, No.4, 4th Quarter, pp. 151–156

Roeder, C.W. and Dailey, R.H. (1989), The Results of Experiments on Seated Beam Connections, Engineering Journal, AISC, Vol. 26, No. 3, 3th Quarter, pp. 90–95

Ellifritt, D.S. and Sputo, T. (1999), Design Criteria for Stiffened Seated Connections to Column Webs, Engineering Journal, AISC, Vol. 36, No. 4, 4th Quarter, pp 160–167

Kulak, G.L. (2002), High Strength Bolts – A Primer For Structural Engineers, Design Guide 17, AISC, Chicago, IL.

Kulak, G.L. and Green, D.L. (1990), Design of Connections in Web–Flange Beam or Girder Splices, Engineering Journal, AISC, Vol. 27, No. 2, 2nd Quarter, pp. 41–48.

Muir, L.S. and Hewitt, C.M. (2009), Design of Unstiffened Extended Single–Plate Shear Connections, Engineering Journal, AISC, Vol. 46, No. 2, 2nd Quarter, pp. 67–79.

Muir, L.S. and Thornton, W.A. (2011), Design of Conventional Single–Plate Shear Connections, Engineering Journal, AISC, Vol. 48, No. 2, 2nd Quarter.

Salmon, C.G., Johnson, J.E. and Malhas, F.A. (2009), Steel Structures : Design and Behavior, 5th Ed., Prentice Hall, Upper Saddle River, NJ.

Sputo, T. and Ellifritt, D.S. (1991), Proposed Design Cirteria for Stiffened Seated Connections to Column Webs, Proceedings of the 1991 National Steel Construction Conference, AISC, pp. 8.1–8.26, Chigago, IL.

Sherman, D.R. and Ghorbanpoor, A. (2002), Design of Extended Shear Tabs, Final Report to the American Institute of Steel Construction, AISC, Chicago, IL.

Summer, E.A. (2003), North Carolina State Research Report on Single Plate Shear Connections, Report to the American Institute of Steel Construction, AISC, Chicago, IL.

Thornton, W.A. and Fortney, P. (2011), On the Need for Stiffeners for and the Effect of Lap Eccentricity on Extended Shear Tabs, Engineering Journal, AISC, Vol. 48, No.2, 2nd Quarter.

04

CHAPTER

내진접합부

4.1 내진설계 기본개념

4.2 H형강 내진 모멘트 접합부 설계매뉴얼 개발

4.3 H형강 가새의 내진접합부 설계절차

4.4 H형강 내진접합부의 설계도움표

제4장 참고문헌

04 CHAPTER 내진접합부

4.1 내진설계 기본개념

이 절에서는 지면관계상 현 내진기준의 근간을 이루는 R계수 내진설계법의 요체를 간단히 설명하는 것으로 대신하고자 한다. 별첨한 강구조학회, 건축학회 특집기사 등의 참고문헌에서 좀 더 자세한 설명을 찾을 수 있다(이철호, 2009a; 2009b; 2010)

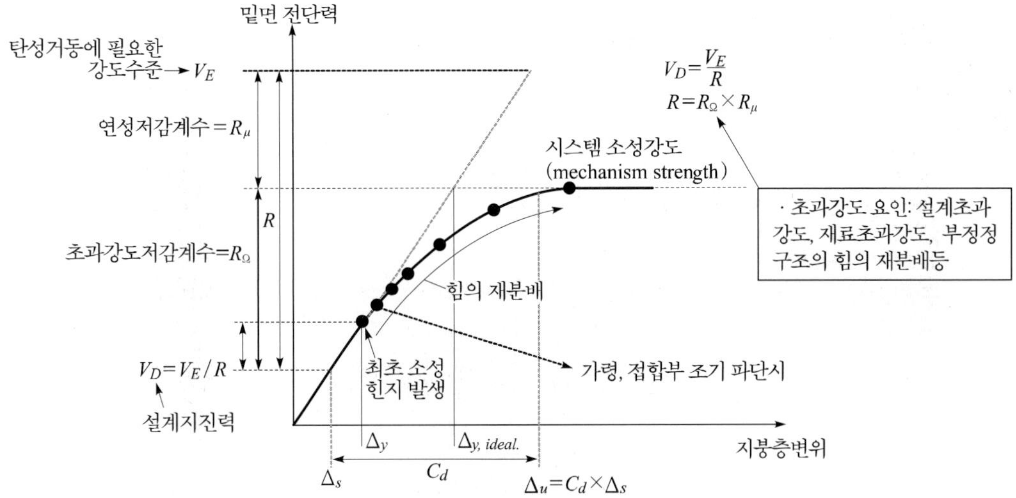

그림 4.1.1 현행 내진기준의 R계수 내진설계법의 요체

그림 4.1.1은 지진에 의한 횡력을 받는 건물의 밑면전단력-지붕층변위 관계를 개략적으로 도시한 것으로, 탄성상태에서 시작하여 부재의 점진적 항복을 통한 힘의 재분배를 통하여 골조시스템의 소성강도(mechanism strength)에 도달한 이후 변형능력이 유지되는 이상적 지진응답 곡선을 보여주고 있다. 이같은 곡선은 통상 비선형정적해석(pushover analysis)에 의해 얻을 수 있다. 좀 더 엄밀히는 반복하중을 받는 지진력저항시스템의 응답이력곡선의 포락선(response envelope)으로 생각할 수도 있다. 원래 이와 비슷한 개념도는 미국 UCSD의 Uang교수가 현행 내진기준의 반응수정계수(R)를 정량화하는 틀로서 1991년도 ASCE논문을 통해 처음 제시한 이래 여러 내진관련 기술문건에서 자주 인용되는 그림이다.

위 개념도는 현재 우리가 내진설계시에 사용하고 있는 반응수정계수(R)의 근거가 바로 시스템초과강도와 시스템연성능력임을 잘 보여주고 있다. 이 시스템초과강도 및 시스템연성능력은 힘의 재분배와 힘의 재분배 완료후 시스템 레벨의 소성변형능력이 유지되어야 확보가 가능하다. 이를 위해서는 지진력저항시스템 내의 에너지소산요소의 비탄성변형능력 유지와 이와 인접된 접합부의 파단방지가 필수적이다. 가령 내진모멘트골조의 경우 보-기둥 접합부의 파단방지 및 소성회전능력의 확보가 필수적이며, 가새골조의 경우는 가새접합부의 파단방지 및 에너지소산을 담당하는 가새의 반복적 좌굴과 인장항복을 통해 안정적으로 지진에너지를 소산시킬 수 있어야 한다. 바로 내진기준에서 지진력저항시스템의 종별이나 등급에 따라 여러 기술적 제한을 부과하는 이유가 여기에 있다. 즉, 설계 초기에 가정한 R계수의 원천이 되는 시스템초과강도와 시스템연성능력이 실제로 지진력저항시스템에 부여되도록, 골조 전체의 항복메카니즘의 제어(가령 강한기둥-약한보 요구), 시스템의 정형성 권장, 접합부의 연성능력 확보, 그리고 접합부의 조기 파단방지를 위한 제한 등에 이르기까지 제반 기술적 "간섭"을 하는 것이 현행 내진기준의 주 기능이라 할 수 있다. 당연히 반응수정계수가 크면 클수록 에너지소산요소에 요구되는 비탄성변형능력 및 접합부의 강도는 더 증대되므로 일반적으로 좀 더 엄격한 연성상세가 요구된다.

현행의 R계수 내진설계법이 갖는 최대의 장점은 설계자가 탄성해석에 의해 실제는 비탄성거동 영역에 속하는 내진설계를 수행할 수 있다는 것이다. 즉, 위 그림 4.1.1에서 V_E/R 수준의 횡력에 대해 해석하고 부재를 설계하면 된다. 단, 실제 강진 내습시 거동수준은 곡선의 오른쪽 상단에 속한다는 점을 감안하여 필요시 변위증폭계수(C_d)나 시스템초과강도계수(Ω) 등에 의해 탄성해석의 한계를 보완하는 방법을 도입하고 있다. 실제로 현행 내진기준에서와 같이 R계수로 저감된 지진력에 대해 "탄성해석을 통한 탄성설계"(좀 더 정확히는 elastic limit design = strength level design)를 하여도 만족스러운 내진거동을 확보할 수 있음이 과거의 강진 내습 시의 사례를 통하여 여러 차례 입증되었다.

4.2 H형강 내진 모멘트 접합부 설계매뉴얼 개발

4.2.1 서언

내진모멘트골조에서 모멘트접합부는 건물 전체의 내진거동을 지배하므로 설계의 핵심이다. 모멘트접합부의 설계는 용접접근구멍 상세에서 항복메카니즘, 내진 안정성의 제어까지 관련되므로 외국의 경우도 문제의 복잡성으로 인해 용접 모멘트접합부의 기계적 매뉴얼화는 아직 시도된 바가 거의 없다. AISC 내진기준, 노스리지 및 고베 지진 이후의 연구 등을 종합적으로 고려하되 건축물 강구조 설계기준(KDS 41 31 00) 관련 규정과 연계성을 감안하여 매뉴얼 작업을 진행하였다.

용접 철골모멘트접합부의 매뉴얼화의 작업에는 매우 다양한 변수가 포함되어 이를 모두 고려할 경우 그 조합의 가지수가 기하급수적으로 증대된다. 본 매뉴얼에서는 실무활용도가 가장 높고, 건축물 강구조 설계기준에서 보춤 750mm 이하인 경우 중간모멘트골조 접합부로 사전인증되는 플랜지용접-웨브용접(FWWW) 또는 플랜지용접-웨브볼팅(FWWB) 보-기둥 접합상세를 갖는 중간모멘트골조를 대상으로 매뉴얼화를 시도하였다.

사용강재는 중간모멘트골조에 요구되는 내진용 압연강재인 SHN275 및 SHN355 2종류 강재를 대상으로 하였다. 그림 4.2.1의 실험사례에서 보듯이 적합하게 설계되고 접합된 SHN강재의 접합부는 일반강재에 비해 뛰어난 변형능력과 용접성으로 인해 우수한 내진거동을 발휘한다.

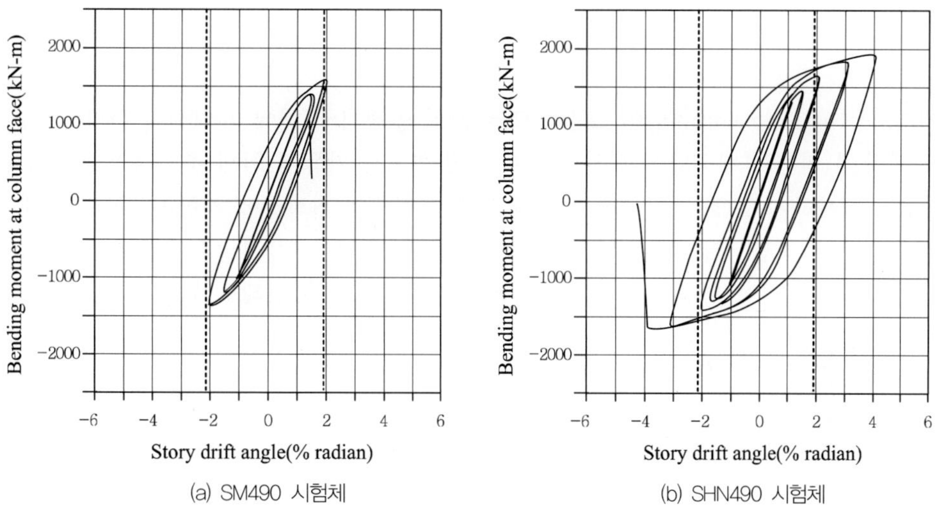

그림 4.2.1 플랜지용접-웨브볼팅 보-기둥 접합부 실물대 내진성능 평가 실험결과 일례

4.2.2 외곽부 모멘트골조 시스템

원래 H형강은 강축 모멘트를 받을 때 최고의 단면효율을 발휘하는 것으로 H형강 탄생의 역학적 근거이다. 반면 약축 휨을 받는 경우는 그 효율이 최소가 된다. 따라서 H형강보를 H형강기둥에 접합할 때 약축접합을 하는 것은 접합상세도 고비용이 되고 기둥단면 활용 효율도 최소가 되므로 회피하는 것이 바람직하나 국내에서는 전통적으로 이 접합방식이 사용되어져 왔고 현재도 여전히 사용 중에 있다.

일본의 경우는 박스기둥이 대종을 이루므로 이런 비효율의 문제가 없다. 미국의 경우는 남가주 같은 강진대에서도 모멘트골조는 강축접합부만 활용한 외곽부 모멘트골조시스템 (perimeter moment frame system, 그림 4.2.2 참고)이 대종을 이루고 있다. 더군다나 중약진대에 속하는 국내의 경우는 H형강 기둥의 강축/약축 2방향 모두를 고비용 용접접합하는 비효율적인 과거의 관행에서 하루 빨리 탈피할 필요가 있다. 이런 측면의 촉진을 위해 본 매뉴얼에서는 그림 4.2.2와 유사하거나 동등한 패턴의 구조평면을 갖는 외곽부 모멘트골조에 활용을 전제로 H형강 강축 내진접합부 매뉴얼화를 시도하였다. 그림 4.2.2와 달리 코너 기둥에 박스기둥 또는 +자형 기둥을 사용하면 양방향으로 모멘트접합부를 구축할 수가 있다. 모멘트골조를 외곽부가 아닌 내부에 배치할 수도 있겠으나, 건물전체의 비틀림 강성을 고려한다면 외곽부골조배치가 가장 바람직하다.

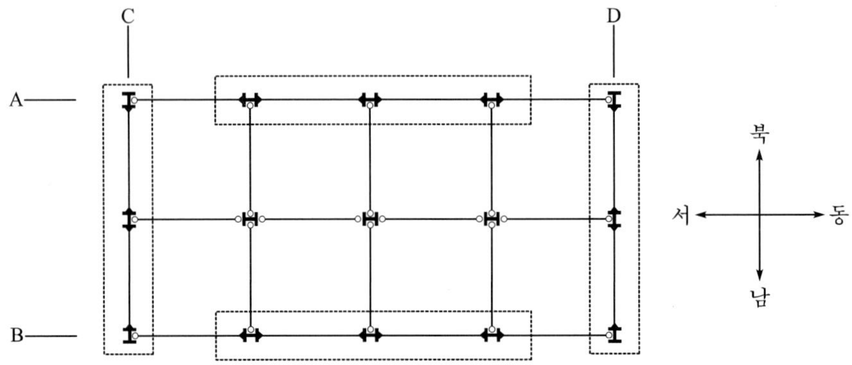

그림 4.2.2 외곽부 모멘트골조 구조평면 일례

단, 골조설계시 의지기둥(leaning column)이 포함되므로 골조 안정성 설계에 유의해야 한다. 가령, 동서방향 골조 안정성은 모멘트골조 기둥에 의해서 제공되어야 하므로 A, B 열의 6개 기둥에 의해 층전체의 횡좌굴에 저항하도록 설계해야 한다. 남북방향도 유사하게 C, D 열의 6개 기둥에 의해 층전체의 횡좌굴에 저항하도록 설계해야 한다. 또는 대안으로, 각 모멘트골조 기둥에 직접 작용하는 축력을 설계축력으로 고려하되, 좌굴길이계산도표(alignment chart)에서 얻은 유효좌굴길이를 다음과 같이 할증한 K'값을 사용하여 축강도를 산정해도 동일한 효과를 갖는다.

$$K' = \sqrt{\frac{\sum_{all\ columns\ in\ the\ story} P}{\sum_{moment\ frame\ columns} P}} \times K_{allignment} \tag{4.2.1}$$

여기서, P : 각 기둥에 작용하는 축력을 의미한다.

그림 4.2.3 및 그림 4.2.4의 증폭계수 B_1과 B_2는 기하학적 비선형에 의한 2차효과($P-\delta$, $P-\Delta$)를 근사적으로 고려하기 위한 것이다. $P-\delta$ 효과는 횡구속 상태의 부재의 변형에 의해 모멘트가 증폭되는 것으로 증폭계수 B_1으로 반영하며, $P-\Delta$ 효과는 골조의 횡변위(sidesway)에 의해 증폭되는 것으로 증폭계수 B_2로 반영한다.

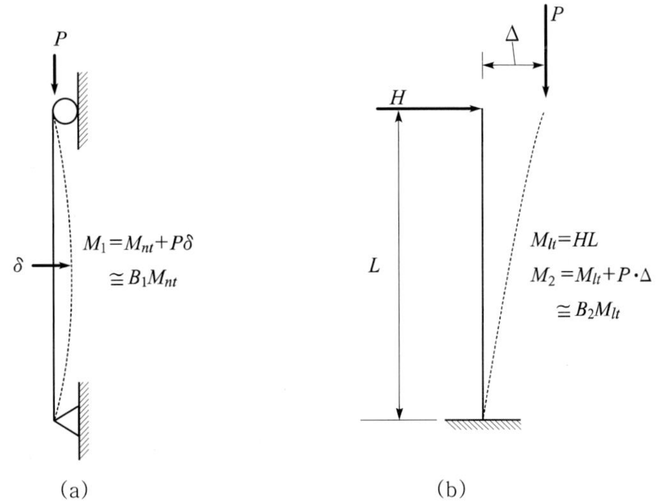

그림 4.2.3 2차효과에 따른 모멘트증폭 기본개념

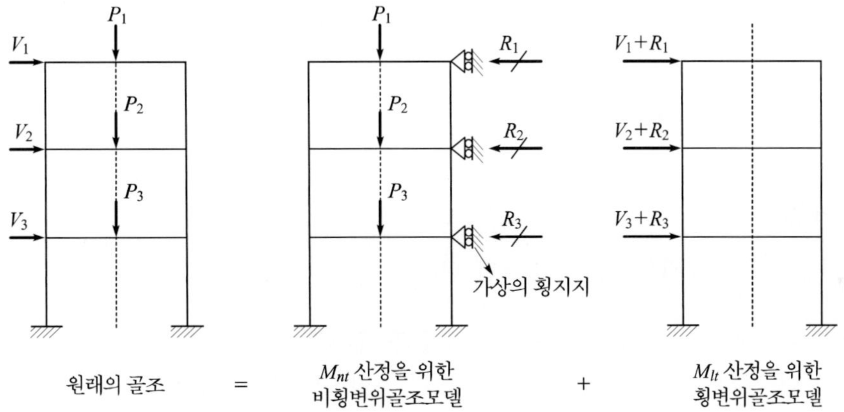

$M_r = B_1 M_{nt} + B_2 M_{lt}$

그림 4.2.4 모멘트증폭효과 반영을 위한 1차해석 골조모델

골조 횡변위에 따른 모멘트증폭계수 B_2를 층좌굴(story buckling)개념에 의해 산정할 경우, 층좌굴내력은(의지기둥의 횡방향 좌굴저항력은 제로이므로) 고려하는 방향의 모멘트골조 기둥의 좌굴내력만 취합토록 한다. 가령 동서방향의 경우 A, B 열의 6개 기둥의 횡변형 좌굴내력만 취합하여 B_2를 산정한다(아래 수식 4.2.3a참조). B_2를 층강성(story stiffness) 개념에 의할 경우 의지기둥의 횡강성이 제로가 되도록 적절히 모델링하여 해석한다(아래 식 (4.2.3b) 참조).

$$B_2 = \frac{1}{1 - \left(\dfrac{\sum P_{nt}}{\sum P_{e2}} \right)} \geq 1.0 \qquad (4.2.2)$$

여기서, $\sum P_{nt}$: 중력기둥하중을 포함한 중력하중의 총합

$\sum P_{e2}$: 횡방향으로 구속되지 않은 골조의 좌굴해석에 의한 부재의 탄성좌굴저항(아래 4.2.3a 및 b식 참고)

$$\sum P_{e2} = \sum \frac{\pi^2 EI}{(K_2 L)^2} \tag{4.2.3a}$$

$$\sum P_{e2} = R_M \frac{\sum HL}{\triangle_H} \tag{4.2.3b}$$

아래 식(4.2.4)에 의한 P-M 조합강도 평가시 P_c는 (4.2.1)식의 K'을 사용해야 하며, M_r 산정시 2차효과를 고려한 모멘트 증폭계수 B_2에 위에서 언급한 방식으로 의지기둥의 존재를 고려해야 한다.

$$\frac{P_r}{P_c} \geq 0.2 \text{일 때}, \quad \frac{P_r}{P_c} + \frac{8}{9}\left(\frac{M_{rx}}{M_{cx}} + \frac{M_{ry}}{M_{cy}}\right) \leq 1.0 \tag{4.2.4a}$$

$$\frac{P_r}{P_c} < 0.2 \text{일 때}, \quad \frac{P_r}{2P_c} + \left(\frac{M_{rx}}{M_{cx}} + \frac{M_{ry}}{M_{cy}}\right) \leq 1.0 \tag{4.2.4b}$$

만일 현행 KDS 41 31 00에서 허용하는 직접해석법(direct analysis method)에 의할 경우 B_1, B_2 계수나 유효좌굴길이 개념을 사용할 필요가 없다. 그러나 사용 소프트웨어의 기하학적 비선형해석 능력을 적정의 벤치마크 문제를 해당 소프트웨어로 해석하여 B_1, B_2 효과가 재현됨을 검증해야 하고, 기하학적 초기불완전 및 축력/잔류응력에 따른 강성저하를 기준에 따라 적절히 모델링해야 한다. 3차원 또는 적정의 2차원 모델링을 통해 의지기둥이 골조 전체의 안정성(stability)에 미치는 영향을 반영해야 한다.

4.2.3 2단계 내진설계법

본 매뉴얼 활용시 아래 2단계 내진설계법을 따르면 편리하다.

단계 1 : 강도/강성 설계단계로서 마치 지진하중을 풍하중과 유사하게 보고 보, 기둥 부재를 강구조 일반규정에 따라서 설계, 즉 건축물 강구조 설계기준 1.1-4.9의 조항에 따라 설계한다.

단계 2 : 내진(연성) 설계단계로서 단계1 설계에서 얻어진 골조에 대해 내진기준에서 요구하는 연성설계 조항 만족여부 검토하여 수정, 즉 건축물 강구조 설계기준 4.10의 조항에 따라 설계한다. 중간모멘트골조의 경우 강한기둥-약한보, 패널존 설계 등과 관련 엄격한 역량설계(capacity design)가 요구되지 않는다.

4.2.4 중간모멘트골조 내진기준 요약

건축물 강구조 설계기준의 중간모멘트 관련 내진기준을 요약하면 다음과 같다. 몇 가지 주목할 만한 사항은 아래에서 논의키로 한다.

4.10.10 중간모멘트골조

4.10.10.1 적용범위

중간모멘트골조는 설계용지진동에 의한 외력을 받을 때 제한된 크기의 비탄성변형을 수용할 수 있는 골조를 지칭하며 이 조항의 규정을 만족하도록 설계한다.

4.10.10.2 보-기둥접합부

(1) 요구사항

지진하중저항시스템에 속한 보-기둥접합부는 다음의 조건을 제외하고는 4.10.9.2(1)의 요구조건을 만족해야 한다.

① 접합부는 최소 0.02 rad의 층간변위각을 발휘할 수 있어야 한다.

② 접합부의 소요전단강도는 4.10.9.2(1)에 따라 산정하되, 해석에 의하여 입증된 경우에는 V_u 또는 V_a보다 작은 값을 적용할 수 있다. 소요전단강도는 증폭지진하중을 사용한 1.5.1의 적절한 하중조합을 이용하여 산정된 전단력을 초과할 필요는 없다.

③ 기둥외주면의 접합부의 휨강도는 0.02 rad의 층간변위각에서 적어도 보의 공칭소성모멘트의 80% 이상이 되어야 한다.

(2) 접합부성능입증

4.10.10.2(1)에서 요구하는 지진하중저항시스템의 보-기둥접합부의 성능요건은 다음의 1가지 방법에 의해 입증되어야 한다.

① 보플랜지를 완전용입용접으로 접합하고 보의 웨브는 용접 또는 고장력볼트로서 접합한 접합부로서 보의 춤이 750 mm를 초과하지 않으면 중간모멘트골조의 접합부로서 인정할 수 있다.

② 4.19.1의 중간모멘트골조용 인증접합부를 사용

③ 이 규정의 4.19.2의 접합부성능인증 시험절차에 의해 얻어진 실험결과를 제시한다. 최소 2개의 반복재하실험결과를 제시해야 하며 다음 2가지 가운데 하나에 근거를 둘 수 있다.

가. 연구논문 또는 신뢰할 만한 연구보고서의 실험결과, 또는 해당 프로젝트의 조건과 유사한 타 프로젝트를 위해 4.19.2의 제한조건을 준수하여 수행된 실험결과.

나. 해당 프로젝트를 위해 부재사이즈, 재료강도, 접합조건, 시공과정 등을 반영하여 4.19.2의 접합부성능인증 실험절차에 의한 실험결과.

(3) 용접

① 4.19.1의 인증접합부에서 예외로 인정하는 경우나 4.19.2의 접합부성능인증시험에 의하여 별도로 결정된 경우를 제외하고는 보플랜지, 전단플레이트, 그리고 보웨브와 기둥 사이의 완전용입용접부는 4.10.7.3(2)에서 기술한 임계용접부로 고려한다.

② 임계용접부의 지정을 위해서는 이 조항의 일반적인 규정 대신에 특정접합부의 시험 관련 기준이 우선되어야 한다. 즉, 이 조항이 특정용접부를 임계용접부라 지정하였어도 좀 더 구체적인 기준이나 시험에서 이를 지정하지 않으면 구체적 기준이나 시험이 우선한다. 마찬가지로 이 조항에서 지정하지 않은 부위를 구체적 기준이나 시험에서는 임계용접부로 지정할 수 있다.

(4) 보호영역

① 비탄성변형이 발생하는 보의 양단부분은 보호영역으로서 이 영역은 4.10.7.4의 요구조건을 만족해야 한다. 보호영역의 범위는 4.19.1의 인증접합부에 따르거나 또는 4.19.2의 접합부성능시험에서 결정된 부분을 따른다.

② 중간모멘트골조의 보소성힌지영역은 보호영역으로 고려되어야 한다. 보의 소성힌지영역의 범위는 접합부의 성능인증 요소의 하나로서 제시되어야 한다. 일반적으로 비보강접합부의 보호영역은 기둥외주면에서부터 소성힌지점을 지나 보춤의 1/2지점까지 확장된 범위가 된다.

4.10.10.3 보-기둥접합부 패널존(보웨브와 기둥웨브가 평행한 경우)

이 기준에 언급된 사항 외에는 부가적인 요구사항은 없다.

4.10.10.4 보 및 기둥의 구조제한

다음 사항과 더불어 4.10.8.1의 요구사항을 만족하여야 한다.

(1) 폭두께비 제한

실험에 의해 별도로 입증되지 않는 한 보와 기둥부재들은 4.10. 8.2(1)의 요구사항을 만족해야 한다.

(2) 보플랜지

소성힌지영역에서의 급격한 보플랜지단면의 변화는 허용되지 않는다. 드릴로서 보플랜지를 천공하거나 플랜지폭을 절취하는 것은 실험이나 인증을 통해 안정적으로 소성힌지가 발현될 수 있음을 입증한 후에 허용된다. 그 형상은 4.19.1의 절차를 만족한 접합부 또는 4.19.2에 따른 접합부성능인증실험절차를 통과한 접합부의 형상과 일관성이 유지되어야 한다.

4.10.10.5 연속판

연속판의 두께는 편측 접합부에서는 접합된 보플랜지두께의 1/2 이상, 양측접합부에서는 접합된 보플랜지두께 이상으로 하거나, 4.19.1의 절차를 만족한 접합부 또는 4.19.2에 따른 접합부 성능인증실험절차를 통과한 접합부의 연속판과 일관성이 유지되도록 한다.

4.10.10.6 기둥-보의 모멘트비

이 기준에 언급된 사항 외에는 부가적인 요구사항은 없다.

4.10.10.7 보-기둥 접합부의 횡지지

이 기준에 언급된 사항 외에는 부가적인 요구사항은 없다.

4.10.10.8 보의 횡지지

(1) 보의 상하플랜지 모두 횡지지되어야 한다. 횡지지간격은 $L_b = 0.17 r_y E/F_y$를 넘지 않도록 한다. 횡지지가새는 식 (4.17-7)과 식 (4.17-8)을 만족해야 한다. 여기서, $M_r = M_u = R_y Z F_y$, 그리고 $C_d = 1.0$을 사용한다.

(2) 횡지지는 집중하중이 작용하는 부근이나 단면의 변화가 생기는 위치에는 추가로 설치되어야 한다.

(3) 횡지지의 위치는 4.19.1의 절차를 만족한 접합부 또는 4.19.2에 따른 접합부성능인증실험절차를 통과한 접합부의 조건과 일관성이 유지되도록 한다.

4.10.10.9 기둥의 이음

기둥의 이음은 4.10.8.4(1)의 규정을 따라야 한다. 그루브용접을 사용할 경우는 4.10.7.3(2)의 기준에 부합되게 완전용입용접으로 해야 한다. ▌

---

1) 기준 4.10.10.2 (2)의 ① 조항은(보플랜지를 완전용입용접으로 접합하고 보의 웨브는 용접 또는 고력볼트로서 접합한 접합부로서 보의 춤이 750mm를 초과하지 않으면 중간모멘트골조의 접합부로서 인정할 수 있다) 사실상 국내 유일의 인증접합부 요건을 규정하는 것이라 볼 수 있다.

2) 기준 4.10.7.3 (2)에서 기술한 임계용접부에 요구되는 용접재는 현재 통용되는 인장강도 490MPa급 FCAW 용접재로 충분히 수용가능하다.

3) 기준 4.10.10.3/6/7 등에서 반복적으로 언급되는 "이 기준에 언급된 사항 외에는 부가적인 요구사항은 없다" 문구는 1.1-4.9에서 요구하는 설계요건만을 만족하면 된다는 의미이다.

4) 기준 4.10.10.5 연속판 관련 조항에 의할 때 연속판의 두께는 편측 접합부에서는 접합된 보플랜지 두께의 1/2 이상, 양측 접합부에서는 접합된 보플랜지 두께 이상으로 하면 되므로 아래 표준상세도에 이를 반영하였다.

4.2.5 중간모멘트접합부 표준상세도

중간모멘트접합부(강축)표준상세는 아래 표준상세 그림 4.2.5~그림 4.2.8을 따른다.

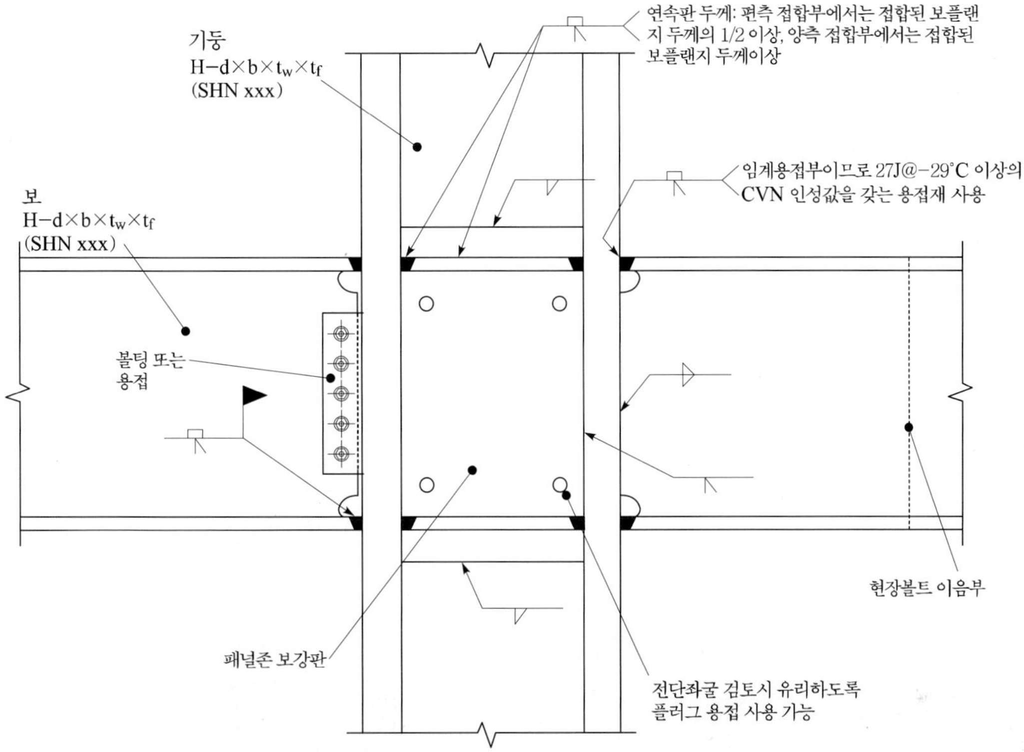

그림 4.2.5 중간모멘트접합부 표준상세 개요도

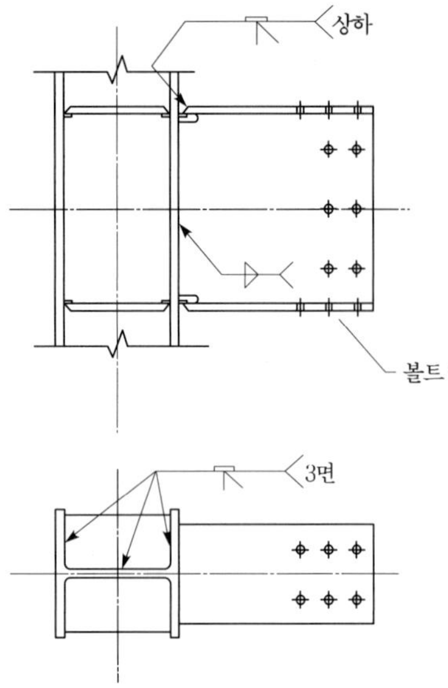

Notes:
* 공장용접에 대한 전용접 모멘트 접합부
* 다이아프램(수평스티프너)은
 양면 필릿용접도 가능

그림 4.2.6 강축 전용접 (공장용접)

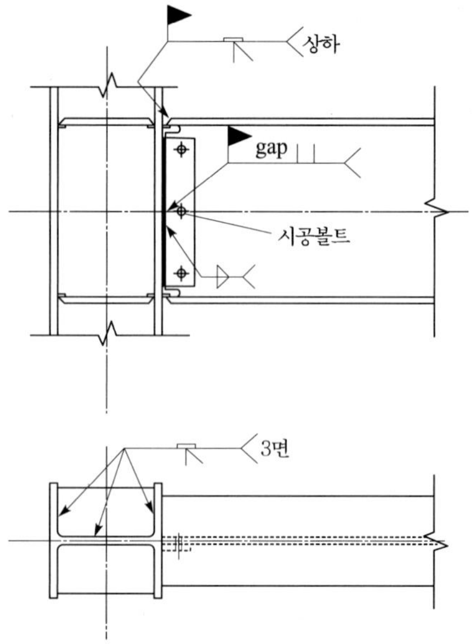

Notes:
* 공장용접된 전단탭에 시공볼트(erection bolt)로
 보 웨브를 고정시키고, 현장에서 보웨브와 기둥
 플랜지를 그루브용접함으로써 전용접 접합부를 구축

* 다이아프램(수평스티프너)은 양면 필릿용접도 가능

그림 4.2.7 강축 전용접 (현장용접)

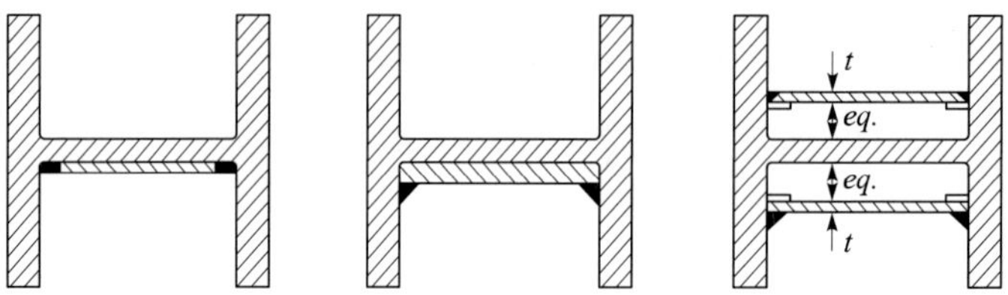

(a) 그루브용접 (b) 필릿용접 (c) 한쌍의 동일두께의 패널존 보강판 (그루브용접 또는 필릿용접)

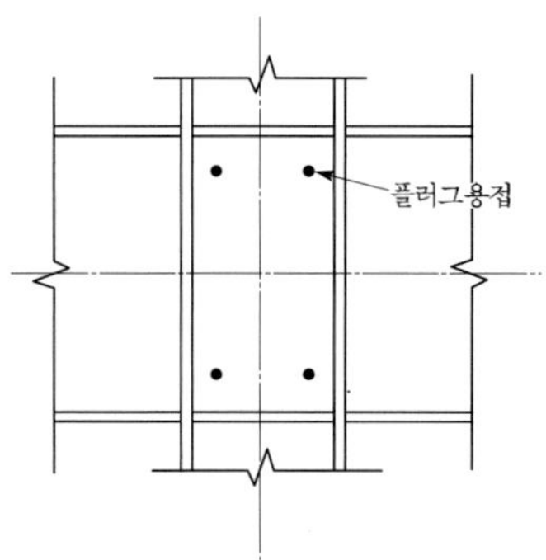

Notes:
* 패널존 보강판은 상-하연속판까지 연장하여 기둥플랜지와
 연속판에 직접 용접될 수 있다. 또는 상-하연속판을
 넘어서도록 연장하여 기둥플랜지와 기둥웨브 그리고
 연속판에 용접될 수도 있다.

(d) 플러그용접에 의한 패널존 보강판과 기둥 웨브의 접합

그림 4.2.8 패널존 보강판 상세

4.2.6 패널존 강도에 기초한 접합부 매뉴얼 개발

골조를 구성하는 부재사이즈 등 골조정보가 미정인 상태에서 보-기둥 접합부 매뉴얼화 시도는 매우 어려운 문제이다. 특히 중간모멘트골조의 경우 보-기둥-패널존의 3자간 상대강도비에 부과되는 역량설계(capacity design) 의무사항이 완화되어 "강한기둥-약한보"가 요구되지 않아서 3요소간 연결고리를 찾는 것이 쉽지 않다. 그러나 계수하중(factored loads)조합에 대한 패널존강도 확보는 여전히 요구되는바, 이 점에 착안하여 매뉴얼화를 시도하였다.

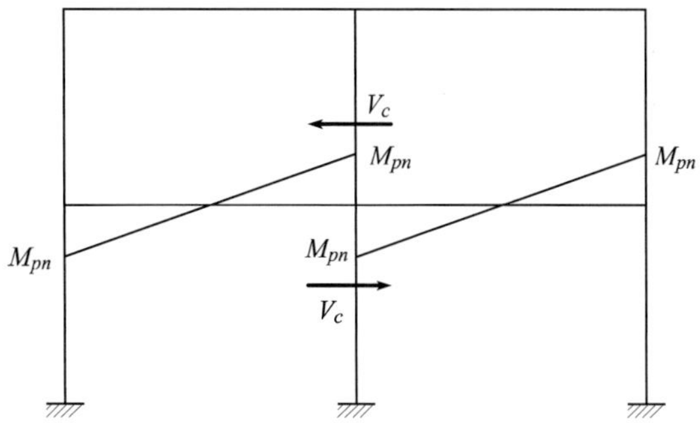

그림 4.2.9 지진에 의한 횡력을 받는 골조의 패널존 불균형모멘트의 상한값

그림 4.2.9에서 보듯이 패널존에 작용하는 보의 불균형모멘트의 최대상한(ΔM_{upper})은 보 공칭소성모멘트의 2배(2M_{pn}, 양측접합부) 또는 보 공칭소성모멘트의 1.0배(M_{pn}, 편측접합부)와 같다. 한편 그림 4.2.10과 같이 패널존 전단력(V_{pz})의 정산값은 [(계수하중에 의한 실제 불균형모멘트)/보유효춤]-[기둥 전단력]으로 산정할 수 있다. 기둥전단력은 골조해석 결과 또는 근사적으로 [계수하중에 의한 실제 불균형모멘트/기둥변곡점간 거리]로 산정 가능하고 보수적으로 무시해도 그 차이는 크지 않다(그림 4.2.10 및 아래 식 (4.2.5) 참고). 어쨌든, 패널존에 작용하는 전단력 정산값은 모든 골조치수 및 하중정보가 결정된 이후 알려지는 정보이다.

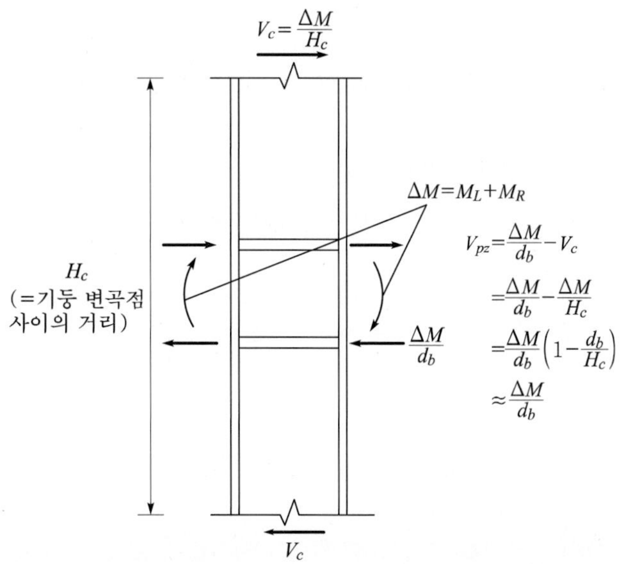

그림 4.2.10 횡력작용시 패널존에 작용하는 불균형모멘트 및 패널존 전단력

$$V_{pz} = \frac{\Delta M}{d_b} - \frac{\Delta M}{H_c} = \frac{\Delta M}{d_b}\left(1 - \frac{d_b}{H_c}\right) \cong \frac{\Delta M}{d_b} \tag{4.2.5}$$

그러나 패널존에 전단력의 최대상한값(= $2M_{pn}$/보유효춤 또는 M_{pn}/보유효춤)을 이용하여 특정 보사이즈에 대응하는 기둥 사이즈별 패널존 강도 적합여부를 매뉴얼형태로 정리할 수는 있다(아래의 설계도움표 참고). 즉, 단계1 설계 이후 일단 보, 기둥 사이즈가 알려질 것이므로 이를 토대로 보정식 식 (4.2.6)에 의해 좀 더 경제적 설계를 위한 패널존 두께를 검토하면 된다.

$$t_{pz}(\text{소요 패널존 두께}) \cong \frac{\Delta M}{\Delta M_{upper}} \times t_{upper} = \frac{\Delta M}{[2M_{pn} \,\text{or}\, M_{pn}]} \times t_{upper} \tag{4.2.6}$$

위 식에서 t_{upper}는 패널존에 전단력의 최대상한값(=$2M_{pn}$/보유효춤 또는 M_{pn}/보유효춤)을 기준으로 요구되는 패널존 두께를 의미하고 아래 설계도움표의 DCR(Demand to Capacity Ratio) 값에 기둥웨브 두께를 곱해서 얻을 수 있다.

아래 건축물 강구조 설계기준 4.7.10.6 웨브패널존 전단강도 조항에서 보듯이, 패널존 강도식은 2가지가 존재하나 모두 고려할 경우 조합 가지수가 너무 많아서 매뉴얼 작업이 불가능하다. 구조설계 측면에서 경제적인 (4.7-35)식을 토대로 매뉴얼을 개발한다. 즉 축력비가 기둥강도의 75%를 넘지 않는 경우로 국한한다(외곽부 모멘트골조의 기둥은 상대적으로 축력이 작다). 이 경우 골조 안정성 평가에 패널존 변형을 고려할 것을 요구하고 있는데 이 부분에 대해서는 아래에서 논의한다.

4.7.10.6 웨브패널존 전단강도

전단력과 압축력을 받는 패널존의 설계강도 ϕR_n은 다음에 의해 산정한다.

$\phi = 0.90$

웨브패널존 공칭강도 R_n은 다음에 의해 산정한다.

(1) 골조안정성에 대한 패널존 변형의 효과가 해석에서 고려되지 않을 때

① $P_r \le 0.4P_c$ 일 때,

$$R_n = 0.60F_y d_c t_w \tag{4.7-33}$$

② $P_r > 0.4P_c$ 일 때,

$$R_n = 0.60F_y d_c t_w\left(1.4 - \frac{P_r}{P_c}\right) \tag{4.7-34}$$

(2) 골조안정성에 대한 소성패널존변형을 포함하는 것이 해석에서 고려될 때

① $P_r \le 0.75P_c$ 일 때,

$$R_n = 0.60F_y d_c t_w\left(1 + \frac{3b_{cf}t_{cf}^2}{d_b d_c t_w}\right) \tag{4.7-35}$$

② $P_r > 0.75P_c$일 때,

$$R_n = 0.60F_y d_c t_w\left(1+\frac{3b_{cf}t_{cf}^2}{d_b d_c t_w}\right)\left(1.9-\frac{1.2P_r}{P_c}\right) \tag{4.7-36}$$

(4.7-35)식을 적용할 경우, 즉 패널존 항복후 기둥플랜지 기여계수 (CFC, column flange contribution)라 불리는 괄호의 제2항에 의한 강도증가를 고려할 수 있기 때문에 기둥 플랜지가 두꺼울 경우에는 30%까지 증가된 강도를 사용할 수 있어 경제적 측면에서 유리하다. 그러나 골조 안정성/층간변위 검토시 변형의 영향을 반영토록 AISC/KDS 41 31 00(건축물 강구조 설계기준)에서 요구하고 있으나 구체적 방법에 대해선 모두 침묵하고 있다. 다음의 2가지 방법을 생각할 수 있다. 1) Krawinkler 패널존 모델링(1975)에 따라 패널존의 전단변형을 zero-length rotation spring 모형으로 모델링하는 방법이 있으나 실무에서 활용하기에는 다소 번거로운 방법일 수 있다. 그림 4.2.11과 식 (4.2.7)~식 (4.2.10)에 패널존의 불균형 모멘트와 전단변형 관계를 탄성에서 변형경화 영역까지 정리하였다. 이 관계를 이용하여 3선형 zero-length rotation spring 모형으로 활용할 수 있다. 또는 2) 골조 해석프로그램의 rigid end offset을 이용치 말고 중심간 거리로 해석해서 근사적으로 골조변형을 키우는 방법인데 그 정확도는 떨어진다. 또는 패널존 변형을 고려한 근사 층간변위 산정법을 활용할 수 있다(이철호, 1996; Lee and Chung, 2007). 실무적으로 2)안이 불가피한 차선의 방법이 아닐까 한다.

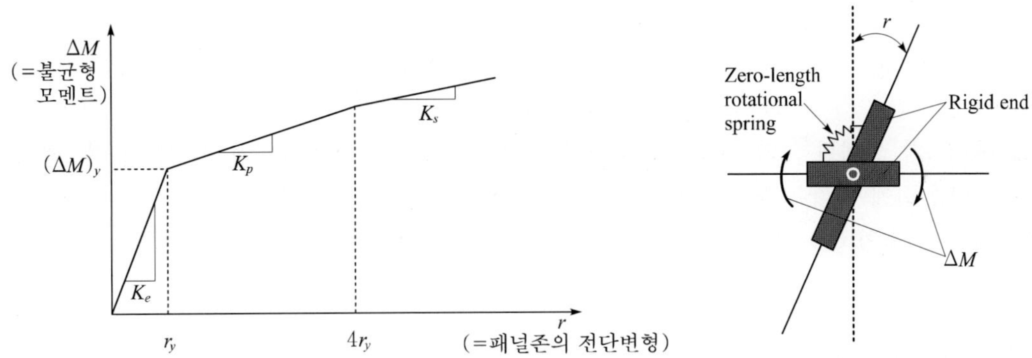

그림 4.2.11 패널존의 불균형 모멘트와 전단변형 관계

$$K_e = G(d_c - t_{cf})t_{cw}d_b \tag{4.2.7}$$

$$\left(\sum M\right)_y = \frac{(d_c - t_{cf})d_b t_{cw}}{\sqrt{3}}F_y \tag{4.2.8}$$

$$K_p = G\frac{62.4I_{cf}}{5t_{cf}} \tag{4.2.9}$$

$$K_s = K_e\frac{E_{sh}}{E} \tag{4.2.10}$$

여기서, E : 탄성계수

E_{sh} : 변형경화상태 탄성계수

G : 전단탄성계수

b_{cf} : 기둥플랜지 폭

d_b : 보의 춤

d_c : 기둥의 춤

t_{cf} : 기둥플랜지의 두께

t_{cw} : 기둥웨브의 두께

I_{cf} : 기둥플랜지 한쪽의 단면2차모멘트 $(= \frac{b_{cf} t_{cf}^3}{12})$

4.2.7 설계도움표, 활용법

1) 건축물 강구조 설계기준의 "4.10.10.4 (1) 폭두께비 제한" 규정에 따라 컴팩트 단면으로 1차 골조설계를 한다(아래 도움표의 H형강은 모두 컴팩트 단면에서 선별된 것임).
2) 이미 언급한 바와 같이 지진하중이 포함된 하중조합에 대한 기둥부재의 축력의 크기는 $P_r \leq 0.75P_c$ 의 조건을 만족해야 한다.
3) 설계도움표에서 1차 설계된 보와 기둥의 해당 DCR(Demand to Capacity Ratio) 1.0 이하이면, 패널존의 전단강도가 보의 불균형모멘트의 상한값[양측모멘트접합(내부)기둥은 $2M_{pn}$, 편측모멘트접합(외부)기둥은 M_{pn}] 에 기준한 소요전단강도를 상회한다는 의미이므로 패널존 보강없이도 설계요건을 충분히 만족한다. 따라서 4.2.5절의 "중간모멘트접합부 표준상세"를 적용하여 설계하는 것으로 충분하다. 단 내부접합부의 DCR이 0.5 이하일 경우는 패널존이 과도하게 보수적으로 설계되어 비경제적이므로 권장하지 않으며 설계도움표에서 제외하였다.
4) 설계도움표에서 1차 설계된 보와 기둥의 해당 DCR이 1.0~3.0이면 골조해석에서 얻어진 불균형모멘트(ΔM)를 사용하여 식 (4.2.6)에 따라 소요 패널존 두께를 재산정하여 패널존 보강여부 및 보강판 두께를 산정한다.
5) 1차 설계된 보의 DCR이 3.0 이상이 되면 과도한 패널존 보강이 요구되는 경우로서 기둥부재 사이즈를 변경하여 재설계한다.

본 매뉴얼의 도움표는 보, 기둥의 강종 그리고 기둥 플랜지의 협폭/광폭 조합에 따라 다음과 같은 4개의 도움표 그룹으로 준비되었다.

도움표 4.1: 기둥(SHN355)-보(SHN275)_광폭계열 기둥
도움표 4.2: 기둥(SHN355)-보(SHN275)_협폭계열 기둥
도움표 4.3: 기둥(SHN355)-보(SHN355)_광폭계열 기둥
도움표 4.4: 기둥(SHN355)-보(SHN355)_협폭계열 기둥

4.3 도움표

도움표 4.1 기둥(SHN355)–보(SHN275), 광폭계열기둥

도움표 4.1 기둥(SHN355)-보(SHN275), 광폭계열기둥

기둥(SHN355)	보(SHN275)		패널존전단강도[1] R_n (kN)	내부접합부			외부접합부		
형강치수	Type	형강치수		소요패널존강도[2] R_{u1} (kN)	DCR	패널존 보강여부	소요패널존강도[3] R_{u2} (kN)	DCR	패널존 보강여부
H-304×301×11×17	200×150	H-194×150×6×9	999	919	0.92	무보강	459	0.46	무보강
	250×125	H-248×124×5×8	936	731	0.78	무보강	366	0.39	무보강
		H-250×125×6×9	935	835	0.89	무보강	418	0.45	무보강
	250×175	H-244×175×7×11	940	1,317	1.40	해석요	659	0.70	무보강
		H-248×175×5×9.5	936	1,121	1.20	해석요	560	0.60	무보강
	300×100	H-303×101×5×6	896	557	0.62	무보강	278	0.31	무보강
		H-305×102×6×7	895	655	0.73	무보강	327	0.37	무보강
		H-309×102×6×9	892	765	0.86	무보강	383	0.43	무보강
		H-313×103×7×11	890	920	1.03	해석요	460	0.52	무보강
	300×150	H-298×149×5.5×8	899	901	1.00	해석요	450	0.50	무보강
		H-300×150×6.5×9	898	1,024	1.14	해석요	512	0.57	무보강
	300×200	H-294×200×8×12	901	1,675	1.86	해석요	838	0.93	무보강
		H-298×201×9×14	899	1,937	2.15	해석요	968	1.08	해석요
	350×175	H-346×174×6×9	873	1,169	1.34	해석요	584	0.67	무보강
		H-350×175×7×11	871	1,408	1.62	해석요	704	0.81	무보강
		H-354×176×8×13	869	1,648	1.90	해석요	824	0.95	무보강
	400×140	H-399×140×6×9	852	1,045	1.23	해석요	522	0.61	무보강
		H-403×141×7×11	850	1,254	1.47	해석요	627	0.74	무보강
	400×200	H-396×199×7×11	853	1,614	1.89	해석요	807	0.95	무보강
		H-400×200×8×13	851	1,890	2.22	해석요	945	1.11	해석요
	450×150	H-450×154×8×11	836	1,464	1.75	해석요	732	0.88	무보강
		H-454×154×8×13	835	1,631	1.95	해석요	815	0.98	무보강
	450×200	H-446×199×8×12	837	1,838	2.20	해석요	919	1.10	해석요
		H-450×200×9×14	836	2,132	2.55	해석요	1,066	1.28	해석요
		H-456×200×9×17	834	2,444	2.93	해석요	1,222	1.47	해석요
	500×200	H-496×199×9×14	824	2,179	2.64	해석요	1,090	1.32	해석요

※ 도움표의 H형강은 콤팩트단면 기준을 만족한다.

1) 소성패널존변형을 포함하는 건축물 강구조 설계기준(KDS 41 31 00)의 4.7-35 식 적용

2) $R_{u1}=2*M_{pn}/d_b$

3) $R_{u1}=M_{pn}/d_b$

도움표 4.1 기둥(SHN355)-보(SHN275), 광폭계열기둥

기둥(SHN355)	보(SHN275)		패널존전단강도[1] R_n (kN)	내부접합부			외부접합부		
형강치수	Type	형강치수		소요패널존강도[2] R_{u1} (kN)	DCR	패널존 보강여부	소요패널존강도[3] R_{u2} (kN)	DCR	패널존 보강여부
H-310×305×15×20	200×150	H-194×150×6×9	1,392	919	0.66	무보강	459	0.33	무보강
	250×125	H-248×124×5×8	1,305	731	0.56	무보강	366	0.28	무보강
		H-250×125×6×9	1,302	835	0.64	무보강	418	0.32	무보강
	250×175	H-244×175×7×11	1,310	1,317	1.01	해석요	659	0.50	무보강
		H-248×175×5×9.5	1,305	1,121	0.86	무보강	560	0.43	무보강
	300×100	H-305×102×6×7	1,246	655	0.53	무보강	327	0.26	무보강
		H-309×102×6×9	1,243	765	0.62	무보강	383	0.31	무보강
		H-313×103×7×11	1,240	920	0.74	무보강	460	0.37	무보강
	300×150	H-298×149×5.5×8	1,252	901	0.72	무보강	450	0.36	무보강
		H-300×150×6.5×9	1,250	1,024	0.82	무보강	512	0.41	무보강
	300×200	H-294×200×8×12	1,256	1,675	1.33	해석요	838	0.67	무보강
		H-298×201×9×14	1,252	1,937	1.55	해석요	968	0.77	무보강
	350×175	H-346×174×6×9	1,216	1,169	0.96	무보강	584	0.48	무보강
		H-350×175×7×11	1,213	1,408	1.16	해석요	704	0.58	무보강
		H-354×176×8×13	1,211	1,648	1.36	해석요	824	0.68	무보강
	400×140	H-399×140×6×9	1,186	1,045	0.88	무보강	522	0.44	무보강
		H-403×141×7×11	1,184	1,254	1.06	해석요	627	0.53	무보강
	400×200	H-396×199×7×11	1,187	1,614	1.36	해석요	807	0.68	무보강
		H-400×200×8×13	1,185	1,890	1.59	해석요	945	0.80	무보강
	450×150	H-450×154×8×11	1,164	1,464	1.26	해석요	732	0.63	무보강
		H-454×154×8×13	1,162	1,631	1.40	해석요	815	0.70	무보강
	450×200	H-446×199×8×12	1,165	1,838	1.58	해석요	919	0.79	무보강
		H-450×200×9×14	1,164	2,132	1.83	해석요	1,066	0.92	무보강
		H-456×200×9×17	1,161	2,444	2.10	해석요	1,222	1.05	해석요
		H-460×201×10×19	1,160	2,728	2.35	해석요	1,364	1.18	해석요
	500×200	H-496×199×9×14	1,148	2,179	1.90	해석요	1,090	0.95	무보강

※ 도움표의 H형강은 콤팩트단면 기준을 만족한다.

1) 소성패널존변형을 포함하는 건축물 강구조 설계기준(KDS 41 31 00)의 4.7-35 식 적용

2) $R_{u1}=2*M_{pn}/d_b$

3) $R_{u1}=M_{pn}/d_b$

도움표 4.1 기둥(SHN355)-보(SHN275), 광폭계열기둥

기둥(SHN355)	보(SHN275)		패널존전단강도[1]	내부접합부			외부접합부		
형강치수	Type	형강치수	R_n (kN)	소요패널존강도[2] R_{u1} (kN)	DCR	패널존 보강여부	소요패널존강도[3] R_{u2} (kN)	DCR	패널존 보강여부
H-310×305×15×20	500×200	H-500×200×10×16	1,146	2,477	2.16	해석요	1,239	1.08	해석요
		H-506×201×11×19	1,145	2,869	2.51	해석요	1,434	1.25	해석요
		H-514×202×12×23	1,142	3,380	2.96	해석요	1,690	1.48	해석요
	500×300	H-482×300×11×15	1,152	3,286	2.85	해석요	1,643	1.43	해석요
	600×200	H-596×199×10×15	1,121	2,509	2.24	해석요	1,254	1.12	해석요
		H-600×200×11×17	1,120	2,811	2.51	해석요	1,406	1.25	해석요
		H-606×201×12×20	1,119	3,219	2.88	해석요	1,610	1.44	해석요
H-310×310×20×20	200×150	H-194×150×6×9	1,729	919	0.53	무보강	459	0.27	무보강
	250×125	H-250×125×6×9	1,638	835	0.51	무보강	418	0.26	무보강
	250×175	H-244×175×7×11	1,645	1,317	0.80	무보강	659	0.40	무보강
		H-248×175×5×9.5	1,640	1,121	0.68	무보강	560	0.34	무보강
	300×100	H-313×103×7×11	1,574	920	0.58	무보강	460	0.29	무보강
	300×150	H-298×149×5.5×8	1,586	901	0.57	무보강	450	0.28	무보강
		H-300×150×6.5×9	1,585	1,024	0.65	무보강	512	0.32	무보강
	300×200	H-294×200×8×12	1,590	1,675	1.05	해석요	838	0.53	무보강
		H-298×201×9×14	1,586	1,937	1.22	해석요	968	0.61	무보강
	350×175	H-346×174×6×9	1,550	1,169	0.75	무보강	584	0.38	무보강
		H-350×175×7×11	1,547	1,408	0.91	무보강	704	0.46	무보강
		H-354×176×8×13	1,544	1,648	1.07	해석요	824	0.53	무보강
	400×140	H-399×140×6×9	1,519	1,045	0.69	무보강	522	0.34	무보강
		H-403×141×7×11	1,517	1,254	0.83	무보강	627	0.41	무보강
	400×200	H-396×199×7×11	1,521	1,614	1.06	해석요	807	0.53	무보강
		H-400×200×8×13	1,519	1,890	1.24	해석요	945	0.62	무보강
	450×150	H-450×154×8×11	1,497	1,464	0.98	무보강	732	0.49	무보강
		H-454×154×8×13	1,495	1,631	1.09	해석요	815	0.55	무보강
	450×200	H-446×199×8×12	1,498	1,838	1.23	해석요	919	0.61	무보강

※ 도움표의 H형강은 콤팩트단면 기준을 만족한다.

1) 소성패널존변형을 포함하는 건축물 강구조 설계기준(KDS 41 31 00)의 4.7-35 식 적용

2) $R_{u1}=2*M_{pn}/d_b$

3) $R_{u1}=M_{pn}/d_b$

도움표 4.1 기둥(SHN355)-보(SHN275), 광폭계열기둥

기둥(SHN355)	보(SHN275)		패널존전단강도[1] R_n (kN)	내부접합부			외부접합부		
형강치수	Type	형강치수		소요패널존강도[2] R_{u1} (kN)	DCR	패널존 보강여부	소요패널존강도[3] R_{u2} (kN)	DCR	패널존 보강여부
H-310×310×20×20	450×200	H-450×200×9×14	1,497	2,132	1.42	해석요	1,066	0.71	무보강
		H-456×200×9×17	1,494	2,444	1.64	해석요	1,222	0.82	무보강
		H-460×201×10×19	1,493	2,728	1.83	해석요	1,364	0.91	무보강
	500×200	H-496×199×9×14	1,480	2,179	1.47	해석요	1,090	0.74	무보강
		H-500×200×10×16	1,479	2,477	1.67	해석요	1,239	0.84	무보강
		H-506×201×11×19	1,477	2,869	1.94	해석요	1,434	0.97	무보강
		H-514×202×12×23	1,475	3,380	2.29	해석요	1,690	1.15	해석요
	500×300	H-482×300×11×15	1,485	3,286	2.21	해석요	1,643	1.11	해석요
		H-488×300×11×18	1,483	3,780	2.55	해석요	1,890	1.27	해석요
		H-494×300×11×21	1,481	4,267	2.88	해석요	2,134	1.44	해석요
	600×200	H-596×199×10×15	1,454	2,509	1.73	해석요	1,254	0.86	무보강
		H-600×200×11×17	1,453	2,811	1.94	해석요	1,406	0.97	무보강
		H-606×201×12×20	1,451	3,219	2.22	해석요	1,610	1.11	해석요
		H-612×202×13×23	1,450	3,635	2.51	해석요	1,818	1.25	해석요
	600×300	H-582×300×12×17	1,457	3,855	2.65	해석요	1,927	1.32	해석요
		H-588×300×12×20	1,455	3,835	2.63	해석요	1,917	1.32	해석요
		H-594×302×14×23	1,454	3,814	2.62	해석요	1,907	1.31	해석요
H-406×403×16×24	250×175	H-244×175×7×11	1,992	1,317	0.66	무보강	659	0.33	무보강
		H-248×175×5×9.5	1,982	1,121	0.57	무보강	560	0.28	무보강
	300×150	H-300×150×6.5×9	1,878	1,024	0.55	무보강	512	0.27	무보강
	300×200	H-294×200×8×12	1,888	1,675	0.89	무보강	838	0.44	무보강
		H-298×201×9×14	1,881	1,937	1.03	해석요	968	0.51	무보강
	350×175	H-346×174×6×9	1,812	1,169	0.64	무보강	584	0.32	무보강
		H-350×175×7×11	1,807	1,408	0.78	무보강	704	0.39	무보강
		H-354×176×8×13	1,803	1,648	0.91	무보강	824	0.46	무보강
	400×140	H-399×140×6×9	1,755	1,045	0.60	무보강	522	0.30	무보강

※ 도움표의 H형강은 콤팩트단면 기준을 만족한다.

1) 소성패널존변형을 포함하는 건축물 강구조 설계기준(KDS 41 31 00)의 4.7-35 식 적용

2) $R_{u1}=2*M_{pn}/d_b$

3) $R_{u1}=M_{pn}/d_b$

도움표 4.1 기둥(SHN355)-보(SHN275), 광폭계열기둥

기둥(SHN355)	보(SHN275)		패널존전단강도[1] R_n (kN)	내부접합부			외부접합부		
형강치수	Type	형강치수		소요패널존강도[2] R_{u1} (kN)	DCR	패널존 보강여부	소요패널존강도[3] R_{u2} (kN)	DCR	패널존 보강여부
H-406×403×16×24	400×140	H-403×141×7×11	1,752	1,254	0.72	무보강	627	0.36	무보강
	400×200	H-396×199×7×11	1,758	1,614	0.92	무보강	807	0.46	무보강
		H-400×200×8×13	1,754	1,890	1.08	해석요	945	0.54	무보강
	450×150	H-450×154×8×11	1,713	1,464	0.85	무보강	732	0.43	무보강
		H-454×154×8×13	1,710	1,631	0.95	무보강	815	0.48	무보강
	450×200	H-446×199×8×12	1,716	1,838	1.07	해석요	919	0.54	무보강
		H-450×200×9×14	1,713	2,132	1.24	해석요	1,066	0.62	무보강
		H-456×200×9×17	1,709	2,444	1.43	해석요	1,222	0.72	무보강
		H-460×201×10×19	1,706	2,728	1.60	해석요	1,364	0.80	무보강
	500×200	H-496×199×9×14	1,683	2,179	1.30	해석요	1,090	0.65	무보강
		H-500×200×10×16	1,680	2,477	1.47	해석요	1,239	0.74	무보강
		H-506×201×11×19	1,677	2,869	1.71	해석요	1,434	0.86	무보강
		H-514×202×12×23	1,672	3,380	2.02	해석요	1,690	1.01	해석요
	500×300	H-482×300×11×15	1,691	3,286	1.94	해석요	1,643	0.97	무보강
		H-488×300×11×18	1,688	3,780	2.24	해석요	1,890	1.12	해석요
		H-494×300×11×21	1,684	4,267	2.53	해석요	2,134	1.27	해석요
	600×200	H-596×199×10×15	1,633	2,509	1.54	해석요	1,254	0.77	무보강
		H-600×200×11×17	1,631	2,811	1.72	해석요	1,406	0.86	무보강
		H-606×201×12×20	1,628	3,219	1.98	해석요	1,610	0.99	무보강
		H-612×202×13×23	1,626	3,635	2.24	해석요	1,818	1.12	해석요
	600×300	H-582×300×12×17	1,639	3,855	2.35	해석요	1,927	1.18	해석요
		H-588×300×12×20	1,636	3,835	2.34	해석요	1,917	1.17	해석요
		H-594×302×14×23	1,633	3,814	2.34	해석요	1,907	1.17	해석요
	700×300	H-692×300×13×20	1,598	4,608	2.88	해석요	2,304	1.44	해석요
H-414×405×18×28	250×175	H-244×175×7×11	2,419	1,317	0.54	무보강	659	0.27	무보강
	300×200	H-294×200×8×12	2,277	1,675	0.74	무보강	838	0.37	무보강

※ 도움표의 H형강은 콤팩트단면 기준을 만족한다.

1) 소성패널존변형을 포함하는 건축물 강구조 설계기준(KDS 41 31 00)의 4.7-35 식 적용

2) $R_{u1}=2*M_{pn}/d_b$

3) $R_{u1}=M_{pn}/d_b$

도움표 4.1 기둥(SHN355)-보(SHN275), 광폭계열기둥

기둥(SHN355)	보(SHN275)		패널존전단강도[1] R_n (kN)	내부접합부			외부접합부		
형강치수	Type	형강치수		소요패널존강도[2] R_{u1} (kN)	DCR	패널존 보강여부	소요패널존강도[3] R_{u2} (kN)	DCR	패널존 보강여부
H-414×405×18×28	300×200	H-298×201×9×14	2,268	1,937	0.85	무보강	968	0.43	무보강
	350×175	H-346×174×6×9	2,174	1,169	0.54	무보강	584	0.27	무보강
		H-350×175×7×11	2,167	1,408	0.65	무보강	704	0.32	무보강
		H-354×176×8×13	2,160	1,648	0.76	무보강	824	0.38	무보강
	400×140	H-403×141×7×11	2,091	1,254	0.60	무보강	627	0.30	무보강
	400×200	H-396×199×7×11	2,100	1,614	0.77	무보강	807	0.38	무보강
		H-400×200×8×13	2,095	1,890	0.90	무보강	945	0.45	무보강
	450×150	H-450×154×8×11	2,038	1,464	0.72	무보강	732	0.36	무보강
		H-454×154×8×13	2,034	1,631	0.80	무보강	815	0.40	무보강
	450×200	H-446×199×8×12	2,042	1,838	0.90	무보강	919	0.45	무보강
		H-450×200×9×14	2,038	2,132	1.05	해석요	1,066	0.52	무보강
		H-456×200×9×17	2,032	2,444	1.20	해석요	1,222	0.60	무보강
		H-460×201×10×19	2,028	2,728	1.34	해석요	1,364	0.67	무보강
	500×200	H-496×199×9×14	1,996	2,179	1.09	해석요	1,090	0.55	무보강
		H-500×200×10×16	1,993	2,477	1.24	해석요	1,239	0.62	무보강
		H-506×201×11×19	1,988	2,869	1.44	해석요	1,434	0.72	무보강
		H-514×202×12×23	1,982	3,380	1.71	해석요	1,690	0.85	무보강
	500×300	H-482×300×11×15	2,008	3,286	1.64	해석요	1,643	0.82	무보강
		H-488×300×11×18	2,003	3,780	1.89	해석요	1,890	0.94	무보강
		H-494×300×11×21	1,998	4,267	2.14	해석요	2,134	1.07	해석요
	600×200	H-596×199×10×15	1,928	2,509	1.30	해석요	1,254	0.65	무보강
		H-600×200×11×17	1,925	2,811	1.46	해석요	1,406	0.73	무보강
		H-606×201×12×20	1,922	3,219	1.67	해석요	1,610	0.84	무보강
		H-612×202×13×23	1,919	3,635	1.89	해석요	1,818	0.95	무보강
	600×300	H-582×300×12×17	1,936	3,855	1.99	해석요	1,927	1.00	무보강
		H-588×300×12×20	1,932	3,835	1.98	해석요	1,917	0.99	무보강

※ 도움표의 H형강은 콤팩트단면 기준을 만족한다.

1) 소성패널존변형을 포함하는 건축물 강구조 설계기준(KDS 41 31 00)의 ∠.7-35 식 적용

2) $R_{u1}=2*M_{pn}/d_b$

3) $R_{u1}=M_{pn}/d_b$

도움표 4.1 기둥(SHN355)-보(SHN275), 광폭계열기둥

기둥(SHN355)	보(SHN275)		패널존전단강도[1] R_n (kN)	내부접합부			외부접합부		
형강치수	Type	형강치수		소요패널존강도[2] R_{u1} (kN)	DCR	패널존 보강여부	소요패널존강도[3] R_{u2} (kN)	DCR	패널존 보강여부
H-414×405×18×28	600×300	H-594×302×14×23	1,929	3,814	1.98	해석요	1,907	0.99	무보강
		H-600×302×14×26	1,925	5,499	2.86	해석요	2,750	1.43	해석요
	700×300	H-692×300×13×20	1,880	4,608	2.45	해석요	2,304	1.23	해석요
		H-696×300×13×22	1,879	4,934	2.63	해석요	2,467	1.31	해석요
		H-700×300×13×24	1,877	5,256	2.80	해석요	2,628	1.40	해석요
		H-702×301×14×25	1,876	5,523	2.94	해석요	2,761	1.47	해석요
H-422×407×20×32	300×200	H-294×200×8×12	2,704	1,675	0.62	무보강	838	0.31	무보강
		H-298×201×9×14	2,691	1,937	0.72	무보강	968	0.36	무보강
	350×175	H-350×175×7×11	2,559	1,408	0.55	무보강	704	0.28	무보강
		H-354×176×8×13	2,550	1,648	0.65	무보강	824	0.32	무보강
	400×140	H-403×141×7×11	2,459	1,254	0.51	무보강	627	0.25	무보강
	400×200	H-396×199×7×11	2,470	1,614	0.65	무보강	807	0.33	무보강
		H-400×200×8×13	2,464	1,890	0.77	무보강	945	0.38	무보강
	450×150	H-450×154×8×11	2,390	1,464	0.61	무보강	732	0.31	무보강
		H-454×154×8×13	2,384	1,631	0.68	무보강	815	0.34	무보강
	450×200	H-446×199×8×12	2,395	1,838	0.77	무보강	919	0.38	무보강
		H-450×200×9×14	2,390	2,132	0.89	무보강	1,066	0.45	무보강
		H-456×200×9×17	2,382	2,444	1.03	해석요	1,222	0.51	무보강
		H-460×201×10×19	2,377	2,728	1.15	해석요	1,364	0.57	무보강
	500×200	H-496×199×9×14	2,335	2,179	0.93	무보강	1,090	0.47	무보강
		H-500×200×10×16	2,330	2,477	1.06	해석요	1,239	0.53	무보강
		H-506×201×11×19	2,324	2,869	1.23	해석요	1,434	0.62	무보강
		H-514×202×12×23	2,316	3,380	1.46	해석요	1,690	0.73	무보강
	500×300	H-482×300×11×15	2,350	3,286	1.40	해석요	1,643	0.70	무보강
		H-488×300×11×18	2,343	3,780	1.61	해석요	1,890	0.81	무보강
		H-494×300×11×21	2,337	4,267	1.83	해석요	2,134	0.91	무보강

※ 도움표의 H형강은 콤팩트단면 기준을 만족한다.

1) 소성패널존변형을 포함하는 건축물 강구조 설계기준(KDS 41 31 00)의 4.7-35 식 적용

2) $R_{u1}=2*M_{pn}/d_b$

3) $R_{u1}=M_{pn}/d_b$

도움표 4.1 기둥(SHN355)-보(SHN275), 광폭계열기둥

기둥(SHN355)	보(SHN275)		패널존전단강도[1] R_n (kN)	내부접합부			외부접합부		
형강치수	Type	형강치수		소요패널존강도[2] R_{u1} (kN)	DCR	패널존 보강여부	소요패널존강도[3] R_{u2} (kN)	DCR	패널존 보강여부
H-422×407×20×32	600×200	H-596×199×10×15	2,245	2,509	1.12	해석요	1,254	0.56	무보강
		H-600×200×11×17	2,242	2,811	1.25	해석요	1,406	0.63	무보강
		H-606×201×12×20	2,237	3,219	1.44	해석요	1,610	0.72	무보강
		H-612×202×13×23	2,233	3,635	1.63	해석요	1,818	0.81	무보강
	600×300	H-582×300×12×17	2,255	3,855	1.71	해석요	1,927	0.85	무보강
		H-588×300×12×20	2,251	3,835	1.70	해석요	1,917	0.85	무보강
H-428×407×20×35		H-594×302×14×23	2,246	3,814	1.70	해석요	1,907	0.85	무보강
		H-600×302×14×26	2,242	5,499	2.45	해석요	2,750	1.23	해석요
		H-606×303×15×29	2,237	6,079	2.72	해석요	3,039	1.36	해석요
	700×300	H-692×300×13×20	2,183	4,608	2.11	해석요	2,304	1.06	해석요
		H-696×300×13×22	2,180	4,934	2.26	해석요	2,467	1.13	해석요
		H-700×300×13×24	2,178	5,256	2.41	해석요	2,628	1.21	해석요
		H-702×301×14×25	2,177	5,523	2.54	해석요	2,761	1.27	해석요
		H-708×302×15×28	2,174	6,115	2.81	해석요	3,057	1.41	해석요
	300×200	H-294×200×8×12	2,907	1,675	0.58	무보강	838	0.29	무보강
		H-298×201×9×14	2,892	1,937	0.67	무보강	968	0.33	무보강
	350×175	H-350×175×7×11	2,734	1,408	0.52	무보강	704	0.26	무보강
		H-354×176×8×13	2,723	1,648	0.61	무보강	824	0.30	무보강
	400×200	H-396×199×7×11	2,628	1,614	0.61	무보강	807	0.31	무보강
		H-400×200×8×13	2,620	1,890	0.72	무보강	945	0.36	무보강
	450×150	H-450×154×8×11	2,531	1,464	0.58	무보강	732	0.29	무보강
		H-454×154×8×13	2,525	1,631	0.65	무보강	815	0.32	무보강
	450×200	H-446×199×8×12	2,538	1,838	0.72	무보강	919	0.36	무보강
		H-450×200×9×14	2,531	2,132	0.84	무보강	1,066	0.42	무보강
		H-456×200×9×17	2,522	2,444	0.97	무보강	1,222	0.48	무보강
		H-460×201×10×19	2,516	2,728	1.08	해석요	1,364	0.54	무보강

※ 도움표의 H형강은 콤팩트단면 기준을 만족한다.

1) 소성패널존변형을 포함하는 건축물 강구조 설계기준(KDS 41 31 00)의 4.7-35 식 적용

2) $R_{u1}=2*M_{pn}/d_b$

3) $R_{u1}=M_{pn}/d_b$

도움표 4.1 기둥(SHN355)-보(SHN275), 광폭계열기둥

기둥(SHN355)	보(SHN275)		패널존전단강도[1] R_n (kN)	내부접합부			외부접합부		
형강치수	Type	형강치수		소요패널존강도[2] R_{u1} (kN)	DCR	패널존 보강여부	소요패널존강도[3] R_{u2} (kN)	DCR	패널존 보강여부
H-428×407×20×35	500×200	H-496×199×9×14	2,466	2,179	0.88	무보강	1,090	0.44	무보강
		H-500×200×10×16	2,460	2,477	1.01	해석요	1,239	0.50	무보강
		H-506×201×11×19	2,453	2,869	1.17	해석요	1,434	0.58	무보강
		H-514×202×12×23	2,443	3,380	1.38	해석요	1,690	0.69	무보강
	500×300	H-482×300×11×15	2,484	3,286	1.32	해석요	1,643	0.66	무보강
		H-488×300×11×18	2,476	3,780	1.53	해석요	1,890	0.76	무보강
		H-494×300×11×21	2,468	4,267	1.73	해석요	2,134	0.86	무보강
	600×200	H-596×199×10×15	2,358	2,509	1.06	해석요	1,254	0.53	무보강
		H-600×200×11×17	2,354	2,811	1.19	해석요	1,406	0.60	무보강
		H-606×201×12×20	2,349	3,219	1.37	해석요	1,610	0.69	무보강
		H-612×202×13×23	2,344	3,635	1.55	해석요	1,818	0.78	무보강
	600×300	H-582×300×12×17	2,371	3,855	1.63	해석요	1,927	0.81	무보강
		H-588×300×12×20	2,365	3,835	1.62	해석요	1,917	0.81	무보강
		H-594×302×14×23	2,360	3,814	1.62	해석요	1,907	0.81	무보강
		H-600×302×14×26	2,354	5,499	2.34	해석요	2,750	1.17	해석요
		H-606×303×15×29	2,349	6,079	2.59	해석요	3,039	1.29	해석요
	700×300	H-692×300×13×20	2,284	4,608	2.02	해석요	2,304	1.01	해석요
		H-696×300×13×22	2,281	4,934	2.16	해석요	2,467	1.08	해석요
		H-700×300×13×24	2,278	5,256	2.31	해석요	2,628	1.15	해석요
		H-702×301×14×25	2,277	5,523	2.43	해석요	2,761	1.21	해석요
		H-708×302×15×28	2,273	6,115	2.69	해석요	3,057	1.34	해석요
		H-714×303×16×31	2,269	6,709	2.96	해석요	3,354	1.48	해석요
H-432×410×23×37	300×200	H-294×200×8×12	3,336	1,675	0.50	무보강	838	0.25	무보강
		H-298×201×9×14	3,320	1,937	0.58	무보강	968	0.29	무보강
	350×175	H-354×176×8×13	3,130	1,648	0.53	무보강	824	0.26	무보강
	400×200	H-396×199×7×11	3,022	1,614	0.53	무보강	807	0.27	무보강

※ 도움표의 H형강은 콤팩트단면 기준을 만족한다.

1) 소성패널존변형을 포함하는 건축물 강구조 설계기준(KDS 41 31 00)의 4.7-35 식 적용

2) $R_{u1}=2*M_{pn}/d_b$

3) $R_{u1}=M_{pn}/d_b$

도움표 4.1 기둥(SHN355)-보(SHN275), 광폭계열기둥

기둥(SHN355)	보(SHN275)		패널존전단강도[1]	내부접합부			외부접합부		
형강치수	Type	형강치수	R_n (kN)	소요패널존강도[2] R_{u1} (kN)	DCR	패널존 보강여부	소요패널존강도[3] R_{u2} (kN)	DCR	패널존 보강여부
H-432×410×23×37	400×200	H-400×200×8×13	3,013	1,890	0.63	무보강	945	0.31	무보강
	450×150	H-450×154×8×11	2,913	1,464	0.50	무보강	732	0.25	무보강
		H-454×154×8×13	2,906	1,631	0.56	무보강	815	0.28	무보강
	450×200	H-446×199×8×12	2,921	1,838	0.63	무보강	919	0.31	무보강
		H-450×200×9×14	2,913	2,132	0.73	무보강	1,066	0.37	무보강
		H-456×200×9×17	2,903	2,444	0.84	무보강	1,222	0.42	무보강
		H-460×201×10×19	2,896	2,728	0.94	무보강	1,364	0.47	무보강
	500×200	H-496×199×9×14	2,839	2,179	0.77	무보강	1,090	0.38	무보강
		H-500×200×10×16	2,834	2,477	0.87	무보강	1,239	0.44	무보강
		H-506×201×11×19	2,825	2,869	1.02	해석요	1,434	0.51	무보강
		H-514×202×12×23	2,814	3,380	1.20	해석요	1,690	0.60	무보강
	500×300	H-482×300×11×15	2,860	3,286	1.15	해석요	1,643	0.57	무보강
		H-488×300×11×18	2,851	3,780	1.33	해석요	1,890	0.66	무보강
		H-494×300×11×21	2,842	4,267	1.50	해석요	2,134	0.75	무보강
	600×200	H-596×199×10×15	2,718	2,509	0.92	무보강	1,254	0.46	무보강
		H-600×200×11×17	2,714	2,811	1.04	해석요	1,406	0.52	무보강
		H-606×201×12×20	2,708	3,219	1.19	해석요	1,610	0.59	무보강
		H-612×202×13×23	2,702	3,635	1.35	해석요	1,818	0.67	무보강
	600×300	H-582×300×12×17	2,733	3,855	1.41	해석요	1,927	0.71	무보강
		H-588×300×12×20	2,726	3,835	1.41	해석요	1,917	0.70	무보강
		H-594×302×14×23	2,720	3,814	1.40	해석요	1,907	0.70	무보강
		H-600×302×14×26	2,714	5,499	2.03	해석요	2,750	1.01	해석요
		H-606×303×15×29	2,708	6,079	2.24	해석요	3,039	1.12	해석요
	650×350	H-635×328×18×31	2,681	7,064	2.63	해석요	3,532	1.32	해석요
		H-641×329×19×34	2,676	7,691	2.87	해석요	3,846	1.44	해석요
	700×300	H-692×300×13×20	2,635	4,608	1.75	해석요	2,304	0.87	무보강

※ 도움표의 H형강은 콤팩트단면 기준을 만족한다.

1) 소성패널존변형을 포함하는 건축물 강구조 설계기준(KDS 41 31 00)의 4.7-35 식 적용

2) $R_{u1}=2*M_{pn}/d_b$

3) $R_{u1}=M_{pn}/d_b$

도움표 4.1 기둥(SHN355)-보(SHN275), 광폭계열기둥

기둥(SHN355)	보(SHN275)		패널존전단강도[1] R_n (kN)	내부접합부			외부접합부		
형강치수	Type	형강치수		소요패널존강도[2] R_{u1} (kN)	DCR	패널존 보강여부	소요패널존강도[3] R_{u2} (kN)	DCR	패널존 보강여부
H-432×410×23×37	700×300	H-696×300×13×22	2,632	4,934	1.87	해석요	2,467	0.94	무보강
		H-700×300×13×24	2,629	5,256	2.00	해석요	2,628	1.00	무보강
		H-702×301×14×25	2,627	5,523	2.10	해석요	2,761	1.05	해석요
		H-708×302×15×28	2,623	6,115	2.33	해석요	3,057	1.17	해석요
		H-714×303×16×31	2,619	6,709	2.56	해석요	3,354	1.28	해석요
H-442×413×26×42	250×175	H-244×175×7×11	2,513	1,317	0.52	무보강	659	0.26	무보강
	300×200	H-294×200×8×12	2,326	1,675	0.72	무보강	838	0.36	무보강
		H-298×201×9×14	2,313	1,937	0.84	무보강	968	0.42	무보강
	350×175	H-346×174×6×9	2,188	1,169	0.53	무보강	584	0.27	무보강
		H-350×175×7×11	2,180	1,408	0.65	무보강	704	0.32	무보강
		H-354×176×8×13	2,171	1,648	0.76	무보강	824	0.38	무보강
	400×140	H-399×140×6×9	2,085	1,045	0.50	무보강	522	0.25	무보강
		H-403×141×7×11	2,079	1,254	0.60	무보강	627	0.30	무보강
	400×200	H-396×199×7×11	2,090	1,614	0.77	무보강	807	0.39	무보강
		H-400×200×8×13	2,084	1,890	0.91	무보강	945	0.45	무보강
	450×150	H-450×154×8×11	2,009	1,464	0.73	무보강	732	0.36	무보강
		H-454×154×8×13	2,004	1,631	0.81	무보강	815	0.41	무보강
	450×200	H-446×199×8×12	2,014	1,838	0.91	무보강	919	0.46	무보강
		H-450×200×9×14	2,009	2,132	1.06	해석요	1,066	0.53	무보강
		H-456×200×9×17	2,001	2,444	1.22	해석요	1,222	0.61	무보강
		H-460×201×10×19	1,996	2,728	1.37	해석요	1,364	0.68	무보강
	500×200	H-496×199×9×14	1,954	2,179	1.12	해석요	1,090	0.56	무보강
		H-500×200×10×16	1,949	2,477	1.27	해석요	1,239	0.64	무보강
		H-506×201×11×19	1,943	2,869	1.48	해석요	1,434	0.74	무보강
		H-514×202×12×23	1,935	3,380	1.75	해석요	1,690	0.87	무보강
	500×300	H-482×300×11×15	1,969	3,286	1.67	해석요	1,643	0.83	무보강

※ 도움표의 H형강은 콤팩트단면 기준을 만족한다.

1) 소성패널존변형을 포함하는 건축물 강구조 설계기준(KDS 41 31 00)의 4.7-35 식 적용

2) $R_{u1}=2*M_{pn}/d_b$

3) $R_{u1}=M_{pn}/d_b$

도움표 4.1 기둥(SHN355)-보(SHN275), 광폭계열기둥

기둥(SHN355)	보(SHN275)		패널존전단강도[1]	내부접합부			외부접합부		
형강치수	Type	형강치수	R_n (kN)	소요패널존강도[2] R_{u1} (kN)	DCR	패널존 보강여부	소요패널존강도[3] R_{u2} (kN)	DCR	패널존 보강여부
H-442×413×26×42	500×300	H-488×300×11×18	1,963	3,780	1.93	해석요	1,890	0.96	무보강
		H-494×300×11×21	1,956	4,267	2.18	해석요	2,134	1.09	해석요
	600×200	H-596×199×10×15	1,863	2,509	1.35	해석요	1,254	0.67	무보강
		H-600×200×11×17	1,860	2,811	1.51	해석요	1,406	0.76	무보강
		H-606×201×12×20	1,855	3,219	1.74	해석요	1,610	0.87	무보강
		H-612×202×13×23	1,851	3,635	1.96	해석요	1,818	0.98	무보강
	600×300	H-582×300×12×17	1,874	3,855	2.06	해석요	1,927	1.03	해석요
		H-588×300×12×20	1,869	3,835	2.05	해석요	1,917	1.03	해석요
		H-594×302×14×23	1,864	3,814	2.05	해석요	1,907	1.02	해석요
		H-600×302×14×26	1,860	5,499	2.96	해석요	2,750	1.48	해석요
	700×300	H-692×300×13×20	1,800	4,608	2.56	해석요	2,304	1.28	해석요
		H-696×300×13×22	1,798	4,934	2.74	해석요	2,467	1.37	해석요
		H-700×300×13×24	1,796	5,256	2.93	해석요	2,628	1.46	해석요
H-452×416×29×47	450×200	H-450×200×9×14	4,097	2,132	0.52	무보강	1,066	0.26	무보강
		H-456×200×9×17	4,080	2,444	0.60	무보강	1,222	0.30	무보강
		H-460×201×10×19	4,069	2,728	0.67	무보강	1,364	0.34	무보강
	500×200	H-496×199×9×14	3,976	2,179	0.55	무보강	1,090	0.27	무보강
		H-500×200×10×16	3,966	2,477	0.62	무보강	1,239	0.31	무보강
		H-506×201×11×19	3,952	2,869	0.73	무보강	1,434	0.36	무보강
		H-514×202×12×23	3,934	3,380	0.86	무보강	1,690	0.43	무보강
	500×300	H-482×300×11×15	4,010	3,286	0.82	무보강	1,643	0.41	무보강
		H-488×300×11×18	3,995	3,780	0.95	무보강	1,890	0.47	무보강
		H-494×300×11×21	3,981	4,267	1.07	해석요	2,134	0.54	무보강
	600×200	H-596×199×10×15	3,777	2,509	0.66	무보강	1,254	0.33	무보강
		H-600×200×11×17	3,771	2,811	0.75	무보강	1,406	0.37	무보강
		H-606×201×12×20	3,761	3,219	0.86	무보강	1,610	0.43	무보강

※ 도움표의 H형강은 콤팩트단면 기준을 만족한다.

1) 소성패널존변형을 포함하는 건축물 강구조 설계기준(KDS 41 31 00)의 4.7-35 식 적용

2) $R_{u1}=2*M_{pn}/d_b$

3) $R_{u1}=M_{pn}/d_b$

도움표 4.1 기둥(SHN355)-보(SHN275), 광폭계열기둥

기둥(SHN355)	보(SHN275)		패널존전단강도[1] R_n (kN)	내부접합부			외부접합부		
형강치수	Type	형강치수		소요패널존강도[2] R_{u1} (kN)	DCR	패널존 보강여부	소요패널존강도[3] R_{u2} (kN)	DCR	패널존 보강여부
H-452×416×29×47	600×200	H-612×202×13×23	3,751	3,635	0.97	무보강	1,818	0.48	무보강
	600×300	H-582×300×12×17	3,801	3,855	1.01	해석요	1,927	0.51	무보강
		H-588×300×12×20	3,791	3,835	1.01	해석요	1,917	0.51	무보강
		H-594×302×14×23	3,781	3,814	1.01	해석요	1,907	0.50	무보강
		H-600×302×14×26	3,771	5,499	1.46	해석요	2,750	0.73	무보강
		H-606×303×15×29	3,761	6,079	1.62	해석요	3,039	0.81	무보강
	650×350	H-635×328×18×31	3,717	7,064	1.90	해석요	3,532	0.95	무보강
		H-641×329×19×34	3,708	7,691	2.07	해석요	3,846	1.04	해석요
		H-647×331×21×37	3,700	8,415	2.27	해석요	4,208	1.14	해석요
		H-653×332×22×40	3,691	9,049	2.45	해석요	4,524	1.23	해석요
		H-661×334×24×44	3,680	9,963	2.71	해석요	4,981	1.35	해석요
		H-669×336×26×48	3,670	10,884	2.97	해석요	5,442	1.48	해석요
	700×300	H-692×300×13×20	3,641	4,608	1.27	해석요	2,304	0.63	무보강
		H-696×300×13×22	3,636	4,934	1.36	해석요	2,467	0.68	무보강
		H-700×300×13×24	3,631	5,256	1.45	해석요	2,628	0.72	무보강
		H-702×301×14×25	3,628	5,523	1.52	해석요	2,761	0.76	무보강
		H-708×302×15×28	3,621	6,115	1.69	해석요	3,057	0.84	무보강
		H-714×303×16×31	3,614	6,709	1.86	해석요	3,354	0.93	무보강
H-458×417×30×50	450×200	H-456×200×9×17	4,387	2,444	0.56	무보강	1,222	0.28	무보강
		H-460×201×10×19	4,375	2,728	0.62	무보강	1,364	0.31	무보강
	500×200	H-496×199×9×14	4,270	2,179	0.51	무보강	1,090	0.26	무보강
		H-500×200×10×16	4,259	2,477	0.58	무보강	1,239	0.29	무보강
		H-506×201×11×19	4,243	2,869	0.68	무보강	1,434	0.34	무보강
		H-514×202×12×23	4,223	3,380	0.80	무보강	1,690	0.40	무보강
	500×300	H-482×300×11×15	4,309	3,286	0.76	무보강	1,643	0.38	무보강
		H-488×300×11×18	4,292	3,780	0.88	무보강	1,890	0.44	무보강

※ 도움표의 H형강은 콤팩트단면 기준을 만족한다.

1) 소성패널존변형을 포함하는 건축물 강구조 설계기준(KDS 41 31 00)의 4.7-35 식 적용

2) $R_{u1}=2*M_{pn}/d_b$

3) $R_{u1}=M_{pn}/d_b$

도움표 4.1 기둥(SHN355)-보(SHN275), 광폭계열기둥

기둥(SHN355)	보(SHN275)		패널존전단강도[1] R_n (kN)	내부접합부			외부접합부		
형강치수	Type	형강치수		소요패널존강도[2] R_{u1} (kN)	DCR	패널존 보강여부	소요패널존강도[3] R_{u2} (kN)	DCR	패널존 보강여부
H-458×417×30×50	500×300	H-494×300×11×21	4,275	4,267	1.00	무보강	2,134	0.50	무보강
	600×200	H-596×199×10×15	4,044	2,509	0.62	무보강	1,254	0.31	무보강
		H-600×200×11×17	4,037	2,811	0.70	무보강	1,406	0.35	무보강
		H-606×201×12×20	4,026	3,219	0.80	무보강	1,610	0.40	무보강
		H-612×202×13×23	4,015	3,635	0.91	무보강	1,818	0.45	무보강
	600×300	H-582×300×12×17	4,071	3,855	0.95	무보강	1,927	0.47	무보강
		H-588×300×12×20	4,060	3,835	0.94	무보강	1,917	0.47	무보강
		H-594×302×14×23	4,048	3,814	0.94	무보강	1,907	0.47	무보강
		H-600×302×14×26	4,037	5,499	1.36	해석요	2,750	0.68	무보강
		H-606×303×15×29	4,026	6,079	1.51	해석요	3,039	0.75	무보강
	650×350	H-635×328×18×31	3,976	7,064	1.78	해석요	3,532	0.89	무보강
		H-641×329×19×34	3,966	7,691	1.94	해석요	3,846	0.97	무보강
		H-647×331×21×37	3,956	8,415	2.13	해석요	4,208	1.06	해석요
		H-653×332×22×40	3,947	9,049	2.29	해석요	4,524	1.15	해석요
		H-661×334×24×44	3,934	9,963	2.53	해석요	4,981	1.27	해석요
		H-669×336×26×48	3,922	10,884	2.77	해석요	5,442	1.39	해석요
	700×300	H-692×300×13×20	3,889	4,608	1.18	해석요	2,304	0.59	무보강
		H-696×300×13×22	3,884	4,934	1.27	해석요	2,467	0.64	무보강
		H-700×300×13×24	3,878	5,256	1.36	해석요	2,628	0.68	무보강
		H-702×301×14×25	3,876	5,523	1.43	해석요	2,761	0.71	무보강
		H-708×302×15×28	3,868	6,115	1.58	해석요	3,057	0.79	무보강
		H-714×303×16×31	3,860	6,709	1.74	해석요	3,354	0.87	무보강
H-462×419×32×52	450×200	H-456×200×9×17	4,737	2,444	0.52	무보강	1,222	0.26	무보강
		H-460×201×10×19	4,723	2,728	0.58	무보강	1,364	0.29	무보강
	500×200	H-500×200×10×16	4,597	2,477	0.54	무보강	1,239	0.27	무보강
		H-506×201×11×19	4,580	2,869	0.63	무보강	1,434	0.31	무보강

※ 도움표의 H형강은 콤팩트단면 기준을 만족한다.

1) 소성패널존변형을 포함하는 건축물 강구조 설계기준(KDS 41 31 00)의 4.7-35 식 적용

2) $R_{u1}=2*M_{pn}/d_b$

3) $R_{u1}=M_{pn}/d_b$

도움표 4.1 기둥(SHN355)-보(SHN275), 광폭계열기둥

기둥(SHN355)	보(SHN275)		패널존전단강도[1] R_n (kN)	내부접합부			외부접합부		
형강치수	Type	형강치수		소요패널존강도[2] R_{u1} (kN)	DCR	패널존 보강여부	소요패널존강도[3] R_{u2} (kN)	DCR	패널존 보강여부
H-462×419×32×52	500×200	H-514×202×12×23	4,557	3,380	0.74	무보강	1,690	0.37	무보강
	500×300	H-482×300×11×15	4,651	3,286	0.71	무보강	1,643	0.35	무보강
		H-488×300×11×18	4,633	3,780	0.82	무보강	1,890	0.41	무보강
		H-494×300×11×21	4,615	4,267	0.92	무보강	2,134	0.46	무보강
	600×200	H-596×199×10×15	4,364	2,509	0.57	무보강	1,254	0.29	무보강
		H-600×200×11×17	4,356	2,811	0.65	무보강	1,406	0.32	무보강
		H-606×201×12×20	4,344	3,219	0.74	무보강	1,610	0.37	무보강
		H-612×202×13×23	4,332	3,635	0.84	무보강	1,818	0.42	무보강
	600×300	H-582×300×12×17	4,393	3,855	0.88	무보강	1,927	0.44	무보강
		H-588×300×12×20	4,380	3,835	0.88	무보강	1,917	0.44	무보강
		H-594×302×14×23	4,368	3,814	0.87	무보강	1,907	0.44	무보강
		H-600×302×14×26	4,356	5,499	1.26	해석요	2,750	0.63	무보강
		H-606×303×15×29	4,344	6,079	1.40	해석요	3,039	0.70	무보강
	650×350	H-635×328×18×31	4,289	7,064	1.65	해석요	3,532	0.82	무보강
		H-641×329×19×34	4,278	7,691	1.80	해석요	3,846	0.90	무보강
		H-647×331×21×37	4,268	8,415	1.97	해석요	4,208	0.99	무보강
		H-653×332×22×40	4,258	9,049	2.13	해석요	4,524	1.06	해석요
		H-661×334×24×44	4,244	9,963	2.35	해석요	4,981	1.17	해석요
		H-669×336×26×48	4,231	10,884	2.57	해석요	5,442	1.29	해석요
		H-679×340×30×53	4,215	12,197	2.89	해석요	6,098	1.45	해석요
	700×300	H-692×300×13×20	4,195	4,608	1.10	해석요	2,304	0.55	무보강
		H-696×300×13×22	4,189	4,934	1.18	해석요	2,467	0.59	무보강
		H-700×300×13×24	4,183	5,256	1.26	해석요	2,628	0.63	무보강
		H-702×301×14×25	4,180	5,523	1.32	해석요	2,761	0.66	무보강
		H-708×302×15×28	4,172	6,115	1.47	해석요	3,057	0.73	무보강
		H-714×303×16×31	4,163	6,709	1.61	해석요	3,354	0.81	무보강

※ 도움표의 H형강은 콤팩트단면 기준을 만족한다.

1) 소성패널존변형을 포함하는 건축물 강구조 설계기준(KDS 41 31 00)의 4.7-35 식 적용

2) $R_{u1}=2*M_{pn}/d_b$

3) $R_{u1}=M_{pn}/d_b$

도움표 4.1 기둥(SHN355)-보(SHN275), 광폭계열기둥

기둥(SHN355)	보(SHN275)		패널존전단강도[1] R_n (kN)	내부접합부			외부접합부		
형강치수	Type	형강치수		소요패널존강도[2] R_{u1} (kN)	DCR	패널존 보강여부	소요패널존강도[3] R_{u2} (kN)	DCR	패널존 보강여부
H-472×422×35×57	450×200	H-460×201×10×19	5,423	2,728	0.50	무보강	1,364	0.25	무보강
	500×200	H-506×201×11×19	5,250	2,869	0.55	무보강	1,434	0.27	무보강
		H-514×202×12×23	5,223	3,380	0.65	무보강	1,690	0.32	무보강
	500×300	H-482×300×11×15	5,336	3,286	0.62	무보강	1,643	0.31	무보강
		H-488×300×11×18	5,314	3,780	0.71	무보강	1,890	0.36	무보강
		H-494×300×11×21	5,292	4,267	0.81	무보강	2,134	0.40	무보강
	600×200	H-596×199×10×15	4,989	2,509	0.50	무보강	1,254	0.25	무보강
		H-600×200×11×17	4,979	2,811	0.56	무보강	1,406	0.28	무보강
		H-606×201×12×20	4,965	3,219	0.65	무보강	1,610	0.32	무보강
		H-612×202×13×23	4,950	3,635	0.73	무보강	1,818	0.37	무보강
	600×300	H-582×300×12×17	5,024	3,855	0.77	무보강	1,927	0.38	무보강
		H-588×300×12×20	5,009	3,835	0.77	무보강	1,917	0.38	무보강
		H-594×302×14×23	4,994	3,814	0.76	무보강	1,907	0.38	무보강
		H-600×302×14×26	4,979	5,499	1.10	해석요	2,750	0.55	무보강
		H-606×303×15×29	4,965	6,079	1.22	해석요	3,039	0.61	무보강
	650×350	H-635×328×18×31	4,898	7,064	1.44	해석요	3,532	0.72	무보강
		H-641×329×19×34	4,886	7,691	1.57	해석요	3,846	0.79	무보강
		H-647×331×21×37	4,873	8,415	1.73	해석요	4,208	0.86	무보강
		H-653×332×22×40	4,860	9,049	1.86	해석요	4,524	0.93	무보강
		H-661×334×24×44	4,844	9,963	2.06	해석요	4,981	1.03	해석요
		H-669×336×26×48	4,828	10,884	2.25	해석요	5,442	1.13	해석요
		H-679×340×30×53	4,809	12,197	2.54	해석요	6,098	1.27	해석요
		H-689×342×32×58	4,790	13,320	2.78	해석요	6,660	1.39	해석요
	700×300	H-692×300×13×20	4,785	4,608	0.96	무보강	2,304	0.48	무보강
		H-696×300×13×22	4,778	4,934	1.03	해석요	2,467	0.52	무보강
		H-700×300×13×24	4,770	5,256	1.10	해석요	2,628	0.55	무보강

※ 도움표의 H형강은 콤팩트단면 기준을 만족한다.

1) 소성패널존변형을 포함하는 건축물 강구조 설계기준(KDS 41 31 00)의 4.7-35 식 적용

2) $R_{u1}=2*M_{pn}/d_b$

3) $R_{u1}=M_{pn}/d_b$

도움표 4.1 기둥(SHN355)-보(SHN275), 광폭계열기둥

기둥(SHN355) 형강치수	보(SHN275) Type	보(SHN275) 형강치수	패널존전단강도[1] R_n (kN)	내부접합부 소요패널존강도[2] R_{u1} (kN)	내부접합부 DCR	내부접합부 패널존 보강여부	외부접합부 소요패널존강도[3] R_{u2} (kN)	외부접합부 DCR	외부접합부 패널존 보강여부
H-472×422×35×57	700×300	H-702×301×14×25	4,767	5,523	1.16	해석요	2,761	0.58	무보강
		H-708×302×15×28	4,756	6,115	1.29	해석요	3,057	0.64	무보강
		H-714×303×16×31	4,746	6,709	1.41	해석요	3,354	0.71	무보강
H-484×426×39×63	500×200	H-514×202×12×23	6,123	3,380	0.55	무보강	1,690	0.28	무보강
	500×300	H-482×300×11×15	6,262	3,286	0.52	무보강	1,643	0.26	무보강
		H-488×300×11×18	6,235	3,780	0.61	무보강	1,890	0.30	무보강
		H-494×300×11×21	6,208	4,267	0.69	무보강	2,134	0.34	무보강
	600×200	H-606×201×12×20	5,803	3,219	0.55	무보강	1,610	0.28	무보강
		H-612×202×13×23	5,786	3,635	0.63	무보강	1,818	0.31	무보강
	600×300	H-582×300×12×17	5,877	3,855	0.66	무보강	1,927	0.33	무보강
		H-588×300×12×20	5,858	3,835	0.65	무보강	1,917	0.33	무보강
		H-594×302×14×23	5,839	3,814	0.65	무보강	1,907	0.33	무보강
		H-600×302×14×26	5,821	5,499	0.94	무보강	2,750	0.47	무보강
		H-606×303×15×29	5,803	6,079	1.05	해석요	3,039	0.52	무보강
	650×350	H-635×328×18×31	5,722	7,064	1.23	해석요	3,532	0.62	무보강
		H-641×329×19×34	5,706	7,691	1.35	해석요	3,846	0.67	무보강
		H-647×331×21×37	5,690	8,415	1.48	해석요	4,208	0.74	무보강
		H-653×332×22×40	5,675	9,049	1.59	해석요	4,524	0.80	무보강
		H-661×334×24×44	5,655	9,963	1.76	해석요	4,981	0.88	무보강
		H-669×336×26×48	5,636	10,884	1.93	해석요	5,442	0.97	무보강
		H-679×340×30×53	5,612	12,197	2.17	해석요	6,098	1.09	해석요
		H-689×342×32×58	5,589	13,320	2.38	해석요	6,660	1.19	해석요
	700×300	H-692×300×13×20	5,582	4,608	0.83	무보강	2,304	0.41	무보강
		H-696×300×13×22	5,573	4,934	0.89	무보강	2,467	0.44	무보강
		H-700×300×13×24	5,564	5,256	0.94	무보강	2,628	0.47	무보강
		H-702×301×14×25	5,560	5,523	0.99	무보강	2,761	0.50	무보강

※ 도움표의 H형강은 콤팩트단면 기준을 만족한다.

1) 소성패널존변형을 포함하는 건축물 강구조 설계기준(KDS 41 31 00)의 4.7-35 식 적용

2) $R_{u1}=2*M_{pn}/d_b$

3) $R_{u1}=M_{pn}/d_b$

도움표 4.1 기둥(SHN355)-보(SHN275), 광폭계열기둥

기둥(SHN355)	보(SHN275)		패널존전단강도[1] R_n (kN)	내부접합부			외부접합부		
형강치수	Type	형강치수		소요패널존강도[2] R_{u1} (kN)	DCR	패널존 보강여부	소요패널존강도[3] R_{u2} (kN)	DCR	패널존 보강여부
H-484×426×39×63	700×300	H-708×302×15×28	5,547	6,115	1.10	해석요	3,057	0.55	무보강
		H-714×303×16×31	5,534	6,709	1.21	해석요	3,354	0.61	무보강
H-498×432×45×70	500×300	H-488×300×11×18	7,545	3,780	0.50	무보강	1,890	0.25	무보강
		H-494×300×11×21	7,511	4,267	0.57	무보강	2,134	0.28	무보강
	600×200	H-612×202×13×23	6,984	3,635	0.52	무보강	1,818	0.26	무보강
	600×300	H-582×300×12×17	7,097	3,855	0.54	무보강	1,927	0.27	무보강
		H-588×300×12×20	7,074	3,835	0.54	무보강	1,917	0.27	무보강
		H-594×302×14×23	7,050	3,814	0.54	무보강	1,907	0.27	무보강
		H-600×302×14×26	7,028	5,499	0.78	무보강	2,750	0.39	무보강
		H-606×303×15×29	7,005	6,079	0.87	무보강	3,039	0.43	무보강
	650×350	H-635×328×18×31	6,903	7,064	1.02	해석요	3,532	0.51	무보강
		H-641×329×19×34	6,884	7,691	1.12	해석요	3,846	0.56	무보강
		H-647×331×21×37	6,864	8,415	1.23	해석요	4,208	0.61	무보강
		H-653×332×22×40	6,845	9,049	1.32	해석요	4,524	0.66	무보강
		H-661×334×24×44	6,820	9,963	1.46	해석요	4,981	0.73	무보강
		H-669×336×26×48	6,795	10,884	1.60	해석요	5,442	0.80	무보강
		H-679×340×30×53	6,765	12,197	1.80	해석요	6,098	0.90	무보강
		H-689×342×32×58	6,737	13,320	1.98	해석요	6,660	0.99	무보강
	700×300	H-692×300×13×20	6,728	4,608	0.68	무보강	2,304	0.34	무보강
		H-696×300×13×22	6,717	4,934	0.73	무보강	2,467	0.37	무보강
		H-700×300×13×24	6,706	5,256	0.78	무보강	2,628	0.39	무보강
		H-702×301×14×25	6,700	5,523	0.82	무보강	2,761	0.41	무보강
		H-708×302×15×28	6,684	6,115	0.91	무보강	3,057	0.46	무보강
		H-714×303×16×31	6,668	6,709	1.01	해석요	3,354	0.50	무보강

※ 도움표의 H형강은 콤팩트단면 기준을 만족한다.

1) 소성패널존변형을 포함하는 건축물 강구조 설계기준(KDS 41 31 00)의 4.7-35 식 적용

2) $R_{u1}=2*M_{pn}/d_b$

3) $R_{u1}=M_{pn}/d_b$

도움표 4.2 기둥(SHN355)–보(SHN275), 협폭계열기둥

도움표 4.2 기둥(SHN355)-보(SHN275), 협폭계열기둥

기둥(SHN355) 형강치수	보(SHN275) Type	보(SHN275) 형강치수	패널존전단강도[1] R_n (kN)	내부접합부 소요패널존강도[2] R_{u1} (kN)	내부접합부 DCR	내부접합부 패널존 보강여부	외부접합부 소요패널존강도[3] R_{u2} (kN)	외부접합부 DCR	외부접합부 패널존 보강여부
H-440×300×11×18	200×150	H-194×150×6×9	1,351	919	0.68	무보강	459	0.34	무보강
	250×125	H-248×124×5×8	1,281	731	0.57	무보강	366	0.29	무보강
		H-250×125×6×9	1,279	835	0.65	무보강	418	0.33	무보강
	250×175	H-244×175×7×11	1,285	1,317	1.02	해석요	659	0.51	무보강
		H-248×175×5×9.5	1,281	1,121	0.87	무보강	560	0.44	무보강
	300×100	H-305×102×6×7	1,235	655	0.53	무보강	327	0.27	무보강
		H-309×102×6×9	1,232	765	0.62	무보강	383	0.31	무보강
		H-313×103×7×11	1,229	920	0.75	무보강	460	0.37	무보강
	300×150	H-298×149×5.5×8	1,239	901	0.73	무보강	450	0.36	무보강
		H-300×150×6.5×9	1,238	1,024	0.83	무보강	512	0.41	무보강
	300×200	H-294×200×8×12	1,242	1,675	1.35	해석요	838	0.67	무보강
		H-298×201×9×14	1,239	1,937	1.56	해석요	968	0.78	무보강
	350×175	H-346×174×6×9	1,210	1,169	0.97	무보강	584	0.48	무보강
		H-350×175×7×11	1,208	1,408	1.17	해석요	704	0.58	무보강
		H-354×176×8×13	1,206	1,648	1.37	해석요	824	0.68	무보강
	400×140	H-399×140×6×9	1,187	1,045	0.88	무보강	522	0.44	무보강
		H-403×141×7×11	1,185	1,254	1.06	해석요	627	0.53	무보강
	400×200	H-396×199×7×11	1,188	1,614	1.36	해석요	807	0.68	무보강
		H-400×200×8×13	1,186	1,890	1.59	해석요	945	0.80	무보강
	450×150	H-450×154×8×11	1,169	1,464	1.25	해석요	732	0.63	무보강
		H-454×154×8×13	1,168	1,631	1.40	해석요	815	0.70	무보강
	450×200	H-446×199×8×12	1,170	1,838	1.57	해석요	919	0.79	무보강
		H-450×200×9×14	1,169	2,132	1.82	해석요	1,066	0.91	무보강
		H-456×200×9×17	1,167	2,444	2.09	해석요	1,222	1.05	해석요
		H-460×201×10×19	1,166	2,728	2.34	해석요	1,364	1.17	해석요
	500×200	H-496×199×9×14	1,156	2,179	1.89	해석요	1,090	0.94	무보강

※ 도움표의 H형강은 콤팩트단면 기준을 만족한다.

1) 소성패널존변형을 포함하는 건축물 강구조 설계기준(KDS 41 31 00)의 4.7-35 식 적용

2) $R_{u1}=2*M_{pn}/d_b$

3) $R_{u1}=M_{pn}/d_b$

도움표 4.2 기둥(SHN355)-보(SHN275), 협폭계열기둥

기둥(SHN355)	보(SHN275)		패널존전단강도[1] R_n (kN)	내부접합부			외부접합부		
형강치수	Type	형강치수		소요패널존강도[2] R_{u1} (kN)	DCR	패널존 보강여부	소요패널존강도[3] R_{u2} (kN)	DCR	패널존 보강여부
H-440×300×11×18	500×200	H-500×200×10×16	1,155	2,477	2.14	해석요	1,239	1.07	해석요
		H-506×201×11×19	1,154	2,869	2.49	해석요	1,434	1.24	해석요
		H-514×202×12×23	1,152	3,380	2.93	해석요	1,690	1.47	해석요
	500×300	H-482×300×11×15	1,160	3,286	2.83	해석요	1,643	1.42	해석요
	600×200	H-596×199×10×15	1,135	2,509	2.21	해석요	1,254	1.10	해석요
		H-600×200×11×17	1,134	2,811	2.48	해석요	1,406	1.24	해석요
		H-606×201×12×20	1,133	3,219	2.84	해석요	1,610	1.42	해석요
H-444×300×11×20	200×150	H-194×150×6×9	1,436	919	0.64	무보강	459	0.32	무보강
	250×125	H-248×124×5×8	1,349	731	0.54	무보강	366	0.27	무보강
		H-250×125×6×9	1,347	835	0.62	무보강	418	0.31	무보강
	250×175	H-244×175×7×11	1,355	1,317	0.97	무보강	659	0.49	무보강
		H-248×175×5×9.5	1,349	1,121	0.83	무보강	560	0.42	무보강
	300×100	H-305×102×6×7	1,292	655	0.51	무보강	327	0.25	무보강
		H-309×102×6×9	1,288	765	0.59	무보강	383	0.30	무보강
		H-313×103×7×11	1,285	920	0.72	무보강	460	0.36	무보강
	300×150	H-298×149×5.5×8	1,298	901	0.69	무보강	450	0.35	무보강
		H-300×150×6.5×9	1,296	1,024	0.79	무보강	512	0.40	무보강
	300×200	H-294×200×8×12	1,301	1,675	1.29	해석요	838	0.64	무보강
		H-298×201×9×14	1,298	1,937	1.49	해석요	968	0.75	무보강
	350×175	H-346×174×6×9	1,262	1,169	0.93	무보강	584	0.46	무보강
		H-350×175×7×11	1,259	1,408	1.12	해석요	704	0.56	무보강
		H-354×176×8×13	1,257	1,648	1.31	해석요	824	0.66	무보강
	400×140	H-399×140×6×9	1,232	1,045	0.85	무보강	522	0.42	무보강
		H-403×141×7×11	1,231	1,254	1.02	해석요	627	0.51	무보강
	400×200	H-396×199×7×11	1,234	1,614	1.31	해석요	807	0.65	무보강
		H-400×200×8×13	1,232	1,890	1.53	해석요	945	0.77	무보강

※ 도움표의 H형강은 콤팩트단면 기준을 만족한다.

1) 소성패널존변형을 포함하는 건축물 강구조 설계기준(KDS 41 31 00)의 4.7-35 식 적용

2) $R_{u1}=2*M_{pn}/d_b$

3) $R_{u1}=M_{pn}/d_b$

도움표 4.2 기둥(SHN355)-보(SHN275), 협폭계열기둥

기둥(SHN355)	보(SHN275)		패널존전단강도[1] R_n (kN)	내부접합부			외부접합부		
형강치수	Type	형강치수		소요패널존강도[2] R_{u1} (kN)	DCR	패널존 보강여부	소요패널존강도[3] R_{u2} (kN)	DCR	패널존 보강여부
H-444×300×11×20	450×150	H-450×154×8×11	1,211	1,464	1.21	해석요	732	0.60	무보강
		H-454×154×8×13	1,209	1,631	1.35	해석요	815	0.67	무보강
	450×200	H-446×199×8×12	1,212	1,838	1.52	해석요	919	0.76	무보강
		H-450×200×9×14	1,211	2,132	1.76	해석요	1,066	0.88	무보강
		H-456×200×9×17	1,208	2,444	2.02	해석요	1,222	1.01	해석요
		H-460×201×10×19	1,207	2,728	2.26	해석요	1,364	1.13	해석요
	500×200	H-496×199×9×14	1,195	2,179	1.82	해석요	1,090	0.91	무보강
		H-500×200×10×16	1,194	2,477	2.08	해석요	1,239	1.04	해석요
		H-506×201×11×19	1,192	2,869	2.41	해석요	1,434	1.20	해석요
		H-514×202×12×23	1,189	3,380	2.84	해석요	1,690	1.42	해석요
	500×300	H-482×300×11×15	1,199	3,286	2.74	해석요	1,643	1.37	해석요
	600×200	H-596×199×10×15	1,169	2,509	2.15	해석요	1,254	1.07	해석요
		H-600×200×11×17	1,168	2,811	2.41	해석요	1,406	1.20	해석요
		H-606×201×12×20	1,167	3,219	2.76	해석요	1,610	1.38	해석요
H-450×301×12×23	200×150	H-194×150×6×9	1,675	919	0.55	무보강	459	0.27	무보강
	250×125	H-250×125×6×9	1,557	835	0.54	무보강	418	0.27	무보강
	250×175	H-244×175×7×11	1,567	1,317	0.84	무보강	659	0.42	무보강
		H-248×175×5×9.5	1,560	1,121	0.72	무보강	560	0.36	무보강
	300×100	H-309×102×6×9	1,479	765	0.52	무보강	383	0.26	무보강
		H-313×103×7×11	1,475	920	0.62	무보강	460	0.31	무보강
	300×150	H-298×149×5.5×8	1,492	901	0.60	무보강	450	0.30	무보강
		H-300×150×6.5×9	1,489	1,024	0.69	무보강	512	0.34	무보강
	300×200	H-294×200×8×12	1,496	1,675	1.12	해석요	838	0.56	무보강
		H-298×201×9×14	1,492	1,937	1.30	해석요	968	0.65	무보강
	350×175	H-346×174×6×9	1,444	1,169	0.81	무보강	584	0.40	무보강
		H-350×175×7×11	1,441	1,408	0.98	무보강	704	0.49	무보강

※ 도움표의 H형강은 콤팩트단면 기준을 만족한다.

1) 소성패널존변형을 포함하는 건축물 강구조 설계기준(KDS 41 31 00)의 4.7-35 식 적용

2) $R_{u1}=2*M_{pn}/d_b$

3) $R_{u1}=M_{pn}/d_b$

도움표 4.2 기둥(SHN355)-보(SHN275), 협폭계열기둥

기둥(SHN355)	보(SHN275)		패널존전단강도[1] R_n (kN)	내부접합부			외부접합부		
형강치수	Type	형강치수		소요패널존강도[2] R_{u1} (kN)	DCR	패널존 보강여부	소요패널존강도[3] R_{u2} (kN)	DCR	패널존 보강여부
H-450×301×12×23	350×175	H-354×176×8×13	1,438	1,648	1.15	해석요	824	0.57	무보강
	400×140	H-399×140×6×9	1,405	1,045	0.74	무보강	522	0.37	무보강
		H-403×141×7×11	1,403	1,254	0.89	무보강	627	0.45	무보강
	400×200	H-396×199×7×11	1,407	1,614	1.15	해석요	807	0.57	무보강
		H-400×200×8×13	1,405	1,890	1.35	해석요	945	0.67	무보강
	450×150	H-450×154×8×11	1,376	1,464	1.06	해석요	732	0.53	무보강
		H-454×154×8×13	1,374	1,631	1.19	해석요	815	0.59	무보강
	450×200	H-446×199×8×12	1,378	1,838	1.33	해석요	919	0.67	무보강
		H-450×200×9×14	1,376	2,132	1.55	해석요	1,066	0.77	무보강
		H-456×200×9×17	1,373	2,444	1.78	해석요	1,222	0.89	무보강
		H-460×201×10×19	1,371	2,728	1.99	해석요	1,364	0.99	무보강
	500×200	H-496×199×9×14	1,355	2,179	1.61	해석요	1,090	0.80	무보강
		H-500×200×10×16	1,354	2,477	1.83	해석요	1,239	0.92	무보강
		H-506×201×11×19	1,351	2,869	2.12	해석요	1,434	1.06	해석요
		H-514×202×12×23	1,348	3,380	2.51	해석요	1,690	1.25	해석요
	500×300	H-482×300×11×15	1,361	3,286	2.41	해석요	1,643	1.21	해석요
		H-488×300×11×18	1,359	3,780	2.78	해석요	1,890	1.39	해석요
	600×200	H-596×199×10×15	1,321	2,509	1.90	해석요	1,254	0.95	무보강
		H-600×200×11×17	1,320	2,811	2.13	해석요	1,406	1.07	해석요
		H-606×201×12×20	1,318	3,219	2.44	해석요	1,610	1.22	해석요
		H-612×202×13×23	1,316	3,635	2.76	해석요	1,818	1.38	해석요
	600×300	H-582×300×12×17	1,325	3,855	2.91	해석요	1,927	1.45	해석요
		H-588×300×12×20	1,323	3,835	2.90	해석요	1,917	1.45	해석요
		H-594×302×14×23	1,321	3,814	2.89	해석요	1,907	1.44	해석요
H-488×300×11×18	200×150	H-194×150×6×9	1,464	919	0.63	무보강	459	0.31	무보강
	250×125	H-248×124×5×8	1,394	731	0.52	무보강	366	0.26	무보강

※ 도움표의 H형강은 콤팩트단면 기준을 만족한다.

1) 소성패널존변형을 포함하는 건축물 강구조 설계기준(KDS 41 31 00)의 4.7-35 식 적용

2) $R_{u1}=2*M_{pn}/d_b$

3) $R_{u1}=M_{pn}/d_b$

도움표 4.2 기둥(SHN355)-보(SHN275), 협폭계열기둥

기둥(SHN355)	보(SHN275)		패널존전단강도[1] R_n (kN)	내부접합부			외부접합부		
형강치수	Type	형강치수		소요패널존강도[2] R_{u1} (kN)	DCR	패널존 보강여부	소요패널존강도[3] R_{u2} (kN)	DCR	패널존 보강여부
H-488×300×11×18	250×125	H-250×125×6×9	1,392	835	0.60	무보강	418	0.30	무보강
	250×175	H-244×175×7×11	1,398	1,317	0.94	무보강	659	0.47	무보강
		H-248×175×5×9.5	1,394	1,121	0.80	무보강	560	0.40	무보강
	300×100	H-309×102×6×9	1,344	765	0.57	무보강	383	0.28	무보강
		H-313×103×7×11	1,342	920	0.69	무보강	460	0.34	무보강
	300×150	H-298×149×5.5×8	1,352	901	0.67	무보강	450	0.33	무보강
		H-300×150×6.5×9	1,350	1,024	0.76	무보강	512	0.38	무보강
	300×200	H-294×200×8×12	1,355	1,675	1.24	해석요	838	0.62	무보강
		H-298×201×9×14	1,352	1,937	1.43	해석요	968	0.72	무보강
	350×175	H-346×174×6×9	1,323	1,169	0.88	무보강	584	0.44	무보강
		H-350×175×7×11	1,321	1,408	1.07	해석요	704	0.53	무보강
		H-354×176×8×13	1,319	1,648	1.25	해석요	824	0.62	무보강
	400×140	H-399×140×6×9	1,299	1,045	0.80	무보강	522	0.40	무보강
		H-403×141×7×11	1,298	1,254	0.97	무보강	627	0.48	무보강
	400×200	H-396×199×7×11	1,300	1,614	1.24	해석요	807	0.62	무보강
		H-400×200×8×13	1,299	1,890	1.46	해석요	945	0.73	무보강
	450×150	H-450×154×8×11	1,281	1,464	1.14	해석요	732	0.57	무보강
		H-454×154×8×13	1,280	1,631	1.27	해석요	815	0.64	무보강
	450×200	H-446×199×8×12	1,283	1,838	1.43	해석요	919	0.72	무보강
		H-450×200×9×14	1,281	2,132	1.66	해석요	1,066	0.83	무보강
		H-456×200×9×17	1,280	2,444	1.91	해석요	1,222	0.96	무보강
		H-460×201×10×19	1,278	2,728	2.13	해석요	1,364	1.07	해석요
	500×200	H-496×199×9×14	1,269	2,179	1.72	해석요	1,090	0.86	무보강
		H-500×200×10×16	1,268	2,477	1.95	해석요	1,239	0.98	무보강
		H-506×201×11×19	1,266	2,869	2.27	해석요	1,434	1.13	해석요
		H-514×202×12×23	1,264	3,380	2.67	해석요	1,690	1.34	해석요

※ 도움표의 H형강은 콤팩트단면 기준을 만족한다.

1) 소성패널존변형을 포함하는 건축물 강구조 설계기준(KDS 41 31 00)의 4.7-35 식 적용

2) $R_{u1}=2*M_{pn}/d_b$

3) $R_{u1}=M_{pn}/d_b$

도움표 4.2 기둥(SHN355)-보(SHN275), 협폭계열기둥

기둥(SHN355)	보(SHN275)		패널존전단강도[1] R_n (kN)	내부접합부			외부접합부		
형강치수	Type	형강치수		소요패널존강도[2] R_{u1} (kN)	DCR	패널존 보강여부	소요패널존강도[3] R_{u2} (kN)	DCR	패널존 보강여부
H-488×300×11×18	500×300	H-482×300×11×15	1,272	3,286	2.58	해석요	1,643	1.29	해석요
		H-488×300×11×18	1,271	3,780	2.97	해석요	1,890	1.49	해석요
	600×200	H-596×199×10×15	1,248	2,509	2.01	해석요	1,254	1.01	해석요
		H-600×200×11×17	1,247	2,811	2.25	해석요	1,406	1.13	해석요
		H-606×201×12×20	1,246	3,219	2.58	해석요	1,610	1.29	해석요
		H-612×202×13×23	1,245	3,635	2.92	해석요	1,818	1.46	해석요
H-494×300×11×21	200×150	H-194×150×6×9	1,593	919	0.58	무보강	459	0.29	무보강
	250×125	H-250×125×6×9	1,496	835	0.56	무보강	418	0.28	무보강
	250×175	H-244×175×7×11	1,504	1,317	0.88	무보강	659	0.44	무보강
		H-248×175×5×9.5	1,498	1,121	0.75	무보강	560	0.37	무보강
	300×100	H-309×102×6×9	1,431	765	0.53	무보강	383	0.27	무보강
		H-313×103×7×11	1,428	920	0.64	무보강	460	0.32	무보강
	300×150	H-298×149×5.5×8	1,441	901	0.63	무보강	450	0.31	무보강
		H-300×150×6.5×9	1,439	1,024	0.71	무보강	512	0.36	무보강
	300×200	H-294×200×8×12	1,445	1,675	1.16	해석요	838	0.58	무보강
		H-298×201×9×14	1,441	1,937	1.34	해석요	968	0.67	무보강
	350×175	H-346×174×6×9	1,402	1,169	0.83	무보강	584	0.42	무보강
		H-350×175×7×11	1,399	1,408	1.01	해석요	704	0.50	무보강
		H-354×176×8×13	1,396	1,648	1.18	해석요	824	0.59	무보강
	400×140	H-399×140×6×9	1,369	1,045	0.76	무보강	522	0.38	무보강
		H-403×141×7×11	1,367	1,254	0.92	무보강	627	0.46	무보강
	400×200	H-396×199×7×11	1,371	1,614	1.18	해석요	807	0.59	무보강
		H-400×200×8×13	1,369	1,890	1.38	해석요	945	0.69	무보강
	450×150	H-450×154×8×11	1,345	1,464	1.09	해석요	732	0.54	무보강
		H-454×154×8×13	1,344	1,631	1.21	해석요	815	0.61	무보강
	450×200	H-446×199×8×12	1,347	1,838	1.36	해석요	919	0.68	무보강

※ 도움표의 H형강은 콤팩트단면 기준을 만족한다.

1) 소성패널존변형을 포함하는 건축물 강구조 설계기준(KDS 41 31 00)의 4.7-35 식 적용

2) $R_{u1}=2*M_{pn}/d_b$

3) $R_{u1}=M_{pn}/d_b$

도움표 4.2 기둥(SHN355)-보(SHN275), 협폭계열기둥

기둥(SHN355)	보(SHN275)		패널존전단강도[1] R_n (kN)	내부접합부			외부접합부		
형강치수	Type	형강치수		소요패널존강도[2] R_{u1} (kN)	DCR	패널존 보강여부	소요패널존강도[3] R_{u2} (kN)	DCR	패널존 보강여부
H-494×300×11×21	450×200	H-450×200×9×14	1,345	2,132	1.58	해석요	1,066	0.79	무보강
		H-456×200×9×17	1,343	2,444	1.82	해석요	1,222	0.91	무보강
		H-460×201×10×19	1,341	2,728	2.03	해석요	1,364	1.02	해석요
	500×200	H-496×199×9×14	1,328	2,179	1.64	해석요	1,090	0.82	무보강
		H-500×200×10×16	1,327	2,477	1.87	해석요	1,239	0.93	무보강
		H-506×201×11×19	1,325	2,869	2.17	해석요	1,434	1.08	해석요
		H-514×202×12×23	1,322	3,380	2.56	해석요	1,690	1.28	해석요
	500×300	H-482×300×11×15	1,333	3,286	2.47	해석요	1,643	1.23	해석요
		H-488×300×11×18	1,331	3,780	2.84	해석요	1,890	1.42	해석요
	600×200	H-596×199×10×15	1,299	2,509	1.93	해석요	1,254	0.97	무보강
		H-600×200×11×17	1,298	2,811	2.17	해석요	1,406	1.08	해석요
		H-606×201×12×20	1,297	3,219	2.48	해석요	1,610	1.24	해석요
		H-612×202×13×23	1,296	3,635	2.81	해석요	1,818	1.40	해석요
	600×300	H-582×300×12×17	1,303	3,855	2.96	해석요	1,927	1.48	해석요
		H-588×300×12×20	1,301	3,835	2.95	해석요	1,917	1.47	해석요
		H-594×302×14×23	1,300	3,814	2.93	해석요	1,907	1.47	해석요
H-582×300×12×17	200×150	H-194×150×6×9	1,773	919	0.52	무보강	459	0.26	무보강
	250×175	H-244×175×7×11	1,715	1,317	0.77	무보강	659	0.38	무보강
		H-248×175×5×9.5	1,711	1,121	0.66	무보강	560	0.33	무보강
	300×100	H-313×103×7×11	1,665	920	0.55	무보강	460	0.28	무보강
	300×150	H-298×149×5.5×8	1,674	901	0.54	무보강	450	0.27	무보강
		H-300×150×6.5×9	1,672	1,024	0.61	무보강	512	0.31	무보강
	300×200	H-294×200×8×12	1,676	1,675	1.00	무보강	838	0.50	무보강
		H-298×201×9×14	1,674	1,937	1.16	해석요	968	0.58	무보강
	350×175	H-346×174×6×9	1,648	1,169	0.71	무보강	584	0.35	무보강
		H-350×175×7×11	1,646	1,408	0.86	무보강	704	0.43	무보강

※ 도움표의 H형강은 콤팩트단면 기준을 만족한다.

1) 소성패널존변형을 포함하는 건축물 강구조 설계기준(KDS 41 31 00)의 4.7-35 식 적용

2) $R_{u1}=2*M_{pn}/d_b$

3) $R_{u1}=M_{pn}/d_b$

도움표 4.2 기둥(SHN355)-보(SHN275), 협폭계열기둥

기둥(SHN355)	보(SHN275)		패널존전단강도[1] R_n (kN)	내부접합부			외부접합부		
형강치수	Type	형강치수		소요패널존강도[2] R_{u1} (kN)	DCR	패널존 보강여부	소요패널존강도[3] R_{u2} (kN)	DCR	패널존 보강여부
H-582×300×12×17	350×175	H-354×176×8×13	1,644	1,648	1.00	해석요	824	0.50	무보강
	400×140	H-399×140×6×9	1,626	1,045	0.64	무보강	522	0.32	무보강
		H-403×141×7×11	1,625	1,254	0.77	무보강	627	0.39	무보강
	400×200	H-396×199×7×11	1,627	1,614	0.99	무보강	807	0.50	무보강
		H-400×200×8×13	1,626	1,890	1.16	해석요	945	0.58	무보강
	450×150	H-450×154×8×11	1,611	1,464	0.91	무보강	732	0.45	무보강
		H-454×154×8×13	1,610	1,631	1.01	해석요	815	0.51	무보강
	450×200	H-446×199×8×12	1,612	1,838	1.14	해석요	919	0.57	무보강
		H-450×200×9×14	1,611	2,132	1.32	해석요	1,066	0.66	무보강
		H-456×200×9×17	1,609	2,444	1.52	해석요	1,222	0.76	무보강
		H-460×201×10×19	1,608	2,728	1.70	해석요	1,364	0.85	무보강
	500×200	H-496×199×9×14	1,599	2,179	1.36	해석요	1,090	0.68	무보강
		H-500×200×10×16	1,598	2,477	1.55	해석요	1,239	0.77	무보강
		H-506×201×11×19	1,597	2,869	1.80	해석요	1,434	0.90	무보강
		H-514×202×12×23	1,595	3,380	2.12	해석요	1,690	1.06	해석요
	500×300	H-482×300×11×15	1,603	3,286	2.05	해석요	1,643	1.03	해석요
		H-488×300×11×18	1,601	3,780	2.36	해석요	1,890	1.18	해석요
		H-494×300×11×21	1,600	4,267	2.67	해석요	2,134	1.33	해석요
	600×200	H-596×199×10×15	1,581	2,509	1.59	해석요	1,254	0.79	무보강
		H-600×200×11×17	1,580	2,811	1.78	해석요	1,406	0.89	무보강
		H-606×201×12×20	1,579	3,219	2.04	해석요	1,610	1.02	해석요
		H-612×202×13×23	1,578	3,635	2.30	해석요	1,818	1.15	해석요
	600×300	H-582×300×12×17	1,583	3,855	2.44	해석요	1,927	1.22	해석요
		H-588×300×12×20	1,582	3,835	2.42	해석요	1,917	1.21	해석요
		H-594×302×14×23	1,581	3,814	2.41	해석요	1,907	1.21	해석요
	700×300	H-692×300×13×20	1,568	4,608	2.94	해석요	2,304	1.47	해석요

※ 도움표의 H형강은 콤팩트단면 기준을 만족한다.

1) 소성패널존변형을 포함하는 건축물 강구조 설계기준(KDS 41 31 00)의 4.7-35 식 적용

2) $R_{u1}=2*M_{pn}/d_b$

3) $R_{u1}=M_{pn}/d_b$

도움표 4.2 기둥(SHN355)-보(SHN275), 협폭계열기둥

기둥(SHN355)	보(SHN275)		패널존전단강도[1] R_n (kN)	내부접합부			외부접합부		
형강치수	Type	형강치수		소요패널존강도[2] R_{u1} (kN)	DCR	패널존 보강여부	소요패널존강도[3] R_{u2} (kN)	DCR	패널존 보강여부
H-588×300×12×20	250×175	H-244×175×7×11	1,817	1,317	0.72	무보강	659	0.36	무보강
		H-248×175×5×9.5	1,812	1,121	0.62	무보강	560	0.31	무보강
	300×100	H-313×103×7×11	1,748	920	0.53	무보강	460	0.26	무보강
	300×150	H-298×149×5.5×8	1,760	901	0.51	무보강	450	0.26	무보강
		H-300×150×6.5×9	1,759	1,024	0.58	무보강	512	0.29	무보강
	300×200	H-294×200×8×12	1,764	1,675	0.95	무보강	838	0.47	무보강
		H-298×201×9×14	1,760	1,937	1.10	해석요	968	0.55	무보강
	350×175	H-346×174×6×9	1,725	1,169	0.68	무보강	584	0.34	무보강
		H-350×175×7×11	1,722	1,408	0.82	무보강	704	0.41	무보강
		H-354×176×8×13	1,720	1,648	0.96	무보강	824	0.48	무보강
	400×140	H-399×140×6×9	1,695	1,045	0.62	무보강	522	0.31	무보강
		H-403×141×7×11	1,693	1,254	0.74	무보강	627	0.37	무보강
	400×200	H-396×199×7×11	1,697	1,614	0.95	무보강	807	0.48	무보강
		H-400×200×8×13	1,695	1,890	1.12	해석요	945	0.56	무보강
	450×150	H-450×154×8×11	1,673	1,464	0.87	무보강	732	0.44	무보강
		H-454×154×8×13	1,672	1,631	0.98	무보강	815	0.49	무보강
	450×200	H-446×199×8×12	1,675	1,838	1.10	해석요	919	0.55	무보강
		H-450×200×9×14	1,673	2,132	1.27	해석요	1,066	0.64	무보강
		H-456×200×9×17	1,671	2,444	1.46	해석요	1,222	0.73	무보강
		H-460×201×10×19	1,670	2,728	1.63	해석요	1,364	0.82	무보강
	500×200	H-496×199×9×14	1,658	2,179	1.31	해석요	1,090	0.66	무보강
		H-500×200×10×16	1,656	2,477	1.50	해석요	1,239	0.75	무보강
		H-506×201×11×19	1,654	2,869	1.73	해석요	1,434	0.87	무보강
		H-514×202×12×23	1,652	3,380	2.05	해석요	1,690	1.02	해석요
	500×300	H-482×300×11×15	1,662	3,286	1.98	해석요	1,643	0.99	무보강
		H-488×300×11×18	1,660	3,780	2.28	해석요	1,890	1.14	해석요

※ 도움표의 H형강은 콤팩트단면 기준을 만족한다.

1) 소성패널존변형을 포함하는 건축물 강구조 설계기준(KDS 41 31 00)의 4.7-35 식 적용

2) $R_{u1}=2*M_{pn}/d_b$

3) $R_{u1}=M_{pn}/d_b$

도움표 4.2 기둥(SHN355)-보(SHN275), 협폭계열기둥

기둥(SHN355)	보(SHN275)		패널존전단강도[1] R_n (kN)	내부접합부			외부접합부		
형강치수	Type	형강치수		소요패널존강도[2] R_{u1} (kN)	DCR	패널존 보강여부	소요패널존강도[3] R_{u2} (kN)	DCR	패널존 보강여부
H-588×300×12×20	500×300	H-494×300×11×21	1,658	4,267	2.57	해석요	2,134	1.29	해석요
	600×200	H-596×199×10×15	1,632	2,509	1.54	해석요	1,254	0.77	무보강
		H-600×200×11×17	1,631	2,811	1.72	해석요	1,406	0.86	무보강
		H-606×201×12×20	1,629	3,219	1.98	해석요	1,610	0.99	무보강
		H-612×202×13×23	1,628	3,635	2.23	해석요	1,818	1.12	해석요
	600×300	H-582×300×12×17	1,635	3,855	2.36	해석요	1,927	1.18	해석요
		H-588×300×12×20	1,633	3,835	2.35	해석요	1,917	1.17	해석요
		H-594×302×14×23	1,632	3,814	2.34	해석요	1,907	1.17	해석요
	700×300	H-692×300×13×20	1,614	4,608	2.86	해석요	2,304	1.43	해석요
H-594×302×14×23	250×175	H-244×175×7×11	2,190	1,317	0.60	무보강	659	0.30	무보강
		H-248×175×5×9.5	2,183	1,121	0.51	무보강	560	0.26	무보강
	300×200	H-294×200×8×12	2,119	1,675	0.79	무보강	838	0.40	무보강
		H-298×201×9×14	2,114	1,937	0.92	무보강	968	0.46	무보강
	350×175	H-346×174×6×9	2,066	1,169	0.57	무보강	584	0.28	무보강
		H-350×175×7×11	2,063	1,408	0.68	무보강	704	0.34	무보강
		H-354×176×8×13	2,060	1,648	0.80	무보강	824	0.40	무보강
	400×140	H-399×140×6×9	2,027	1,045	0.52	무보강	522	0.26	무보강
		H-403×141×7×11	2,025	1,254	0.62	무보강	627	0.31	무보강
	400×200	H-396×199×7×11	2,029	1,614	0.80	무보강	807	0.40	무보강
		H-400×200×8×13	2,027	1,890	0.93	무보강	945	0.47	무보강
	450×150	H-450×154×8×11	1,998	1,464	0.73	무보강	732	0.37	무보강
		H-454×154×8×13	1,996	1,631	0.82	무보강	815	0.41	무보강
	450×200	H-446×199×8×12	2,000	1,838	0.92	무보강	919	0.46	무보강
		H-450×200×9×14	1,998	2,132	1.07	해석요	1,066	0.53	무보강
		H-456×200×9×17	1,995	2,444	1.23	해석요	1,222	0.61	무보강
		H-460×201×10×19	1,993	2,728	1.37	해석요	1,364	0.68	무보강

※ 도움표의 H형강은 콤팩트단면 기준을 만족한다.

1) 소성패널존변형을 포함하는 건축물 강구조 설계기준(KDS 41 31 00)의 4.7-35 식 적용

2) $R_{u1}=2*M_{pn}/d_b$

3) $R_{u1}=M_{pn}/d_b$

도움표 4.2 기둥(SHN355)-보(SHN275), 협폭계열기둥

기둥(SHN355)	보(SHN275)		패널존전단강도[1] R_n (kN)	내부접합부			외부접합부		
형강치수	Type	형강치수		소요패널존강도[2] R_{u1} (kN)	DCR	패널존 보강여부	소요패널존강도[3] R_{u2} (kN)	DCR	패널존 보강여부
H-594×302×14×23	500×200	H-496×199×9×14	1,977	2,179	1.10	해석요	1,090	0.55	무보강
		H-500×200×10×16	1,975	2,477	1.25	해석요	1,239	0.63	무보강
		H-506×201×11×19	1,973	2,869	1.45	해석요	1,434	0.73	무보강
		H-514×202×12×23	1,970	3,380	1.72	해석요	1,690	0.86	무보강
	500×300	H-482×300×11×15	1,983	3,286	1.66	해석요	1,643	0.83	무보강
		H-488×300×11×18	1,980	3,780	1.91	해석요	1,890	0.95	무보강
		H-494×300×11×21	1,978	4,267	2.16	해석요	2,134	1.08	해석요
	600×200	H-596×199×10×15	1,943	2,509	1.29	해석요	1,254	0.65	무보강
		H-600×200×11×17	1,941	2,811	1.45	해석요	1,406	0.72	무보강
		H-606×201×12×20	1,940	3,219	1.66	해석요	1,610	0.83	무보강
		H-612×202×13×23	1,938	3,635	1.88	해석요	1,818	0.94	무보강
	600×300	H-582×300×12×17	1,947	3,855	1.98	해석요	1,927	0.99	무보강
		H-588×300×12×20	1,945	3,835	1.97	해석요	1,917	0.99	무보강
		H-594×302×14×23	1,943	3,814	1.96	해석요	1,907	0.98	무보강
		H-600×302×14×26	1,941	5,499	2.83	해석요	2,750	1.42	해석요
	700×300	H-692×300×13×20	1,919	4,608	2.40	해석요	2,304	1.20	해석요
		H-696×300×13×22	1,918	4,934	2.57	해석요	2,467	1.29	해석요
		H-700×300×13×24	1,917	5,256	2.74	해석요	2,628	1.37	해석요
		H-702×301×14×25	1,917	5,523	2.88	해석요	2,761	1.44	해석요
H-600×302×14×26	250×175	H-244×175×7×11	1,826	1,317	0.72	무보강	659	0.36	무보강
		H-248×175×5×9.5	1,819	1,121	0.62	무보강	560	0.31	무보강
	300×100	H-313×103×7×11	1,733	920	0.53	무보강	460	0.27	무보강
	300×150	H-298×149×5.5×8	1,750	901	0.51	무보강	450	0.26	무보강
		H-300×150×6.5×9	1,747	1,024	0.59	무보강	512	0.29	무보강
	300×200	H-294×200×8×12	1,754	1,675	0.95	무보강	838	0.48	무보강
		H-298×201×9×14	1,750	1,937	1.11	해석요	968	0.55	무보강

※ 도움표의 H형강은 콤팩트단면 기준을 만족한다.

1) 소성패널존변형을 포함하는 건축물 강구조 설계기준(KDS 41 31 00)의 4.7-35 식 적용

2) $R_{u1}=2*M_{pn}/d_b$

3) $R_{u1}=M_{pn}/d_b$

도움표 4.2 기둥(SHN355)-보(SHN275), 협폭계열기둥

기둥(SHN355)	보(SHN275)		패널존전단강도[1] R_n (kN)	내부접합부			외부접합부		
형강치수	Type	형강치수		소요패널존강도[2] R_{u1} (kN)	DCR	패널존 보강여부	소요패널존강도[3] R_{u2} (kN)	DCR	패널존 보강여부
H-600×302×14×26	350×175	H-346×174×6×9	1,702	1,169	0.69	무보강	584	0.34	무보강
		H-350×175×7×11	1,699	1,408	0.83	무보강	704	0.41	무보강
		H-354×176×8×13	1,695	1,648	0.97	무보강	824	0.49	무보강
	400×140	H-399×140×6×9	1,663	1,045	0.63	무보강	522	0.31	무보강
		H-403×141×7×11	1,660	1,254	0.76	무보강	627	0.38	무보강
	400×200	H-396×199×7×11	1,665	1,614	0.97	무보강	807	0.48	무보강
		H-400×200×8×13	1,662	1,890	1.14	해석요	945	0.57	무보강
	450×150	H-450×154×8×11	1,634	1,464	0.90	무보강	732	0.45	무보강
		H-454×154×8×13	1,632	1,631	1.00	무보강	815	0.50	무보강
	450×200	H-446×199×8×12	1,636	1,838	1.12	해석요	919	0.56	무보강
		H-450×200×9×14	1,634	2,132	1.31	해석요	1,066	0.65	무보강
		H-456×200×9×17	1,631	2,444	1.50	해석요	1,222	0.75	무보강
		H-460×201×10×19	1,629	2,728	1.67	해석요	1,364	0.84	무보강
	500×200	H-496×199×9×14	1,612	2,179	1.35	해석요	1,090	0.68	무보강
		H-500×200×10×16	1,611	2,477	1.54	해석요	1,239	0.77	무보강
		H-506×201×11×19	1,608	2,869	1.78	해석요	1,434	0.89	무보강
		H-514×202×12×23	1,605	3,380	2.11	해석요	1,690	1.05	해석요
	500×300	H-482×300×11×15	1,618	3,286	2.03	해석요	1,643	1.02	해석요
		H-488×300×11×18	1,616	3,780	2.34	해석요	1,890	1.17	해석요
		H-494×300×11×21	1,613	4,267	2.65	해석요	2,134	1.32	해석요
	600×200	H-596×199×10×15	1,578	2,509	1.59	해석요	1,254	0.79	무보강
		H-600×200×11×17	1,577	2,811	1.78	해석요	1,406	0.89	무보강
		H-606×201×12×20	1,575	3,219	2.04	해석요	1,610	1.02	해석요
		H-612×202×13×23	1,573	3,635	2.31	해석요	1,818	1.16	해석요
	600×300	H-582×300×12×17	1,582	3,855	2.44	해석요	1,927	1.22	해석요
		H-588×300×12×20	1,580	3,835	2.43	해석요	1,917	1.21	해석요

※ 도움표의 H형강은 콤팩트단면 기준을 만족한다.

1) 소성패널존변형을 포함하는 건축물 강구조 설계기준(KDS 41 31 00)의 4.7-35 식 적용

2) $R_{u1}=2*M_{pn}/d_b$

3) $R_{u1}=M_{pn}/d_b$

도움표 4.2 기둥(SHN355)-보(SHN275), 협폭계열기둥

기둥(SHN355)	보(SHN275)		패널존전단강도[1] R_n (kN)	내부접합부			외부접합부		
형강치수	Type	형강치수		소요패널존강도[2] R_{u1} (kN)	DCR	패널존 보강여부	소요패널존강도[3] R_{u2} (kN)	DCR	패널존 보강여부
H-600×302×14×26	600×300	H-594×302×14×23	1,578	3,814	2.42	해석요	1,907	1.21	해석요
	700×300	H-692×300×13×20	1,554	4,608	2.97	해석요	2,304	1.48	해석요
H-606×303×15×29	250×175	H-244×175×7×11	2,604	1,317	0.51	무보강	659	0.25	무보강
	300×200	H-294×200×8×12	2,490	1,675	0.67	무보강	838	0.34	무보강
		H-298×201×9×14	2,483	1,937	0.78	무보강	968	0.39	무보강
	350×175	H-350×175×7×11	2,401	1,408	0.59	무보강	704	0.29	무보강
		H-354×176×8×13	2,396	1,648	0.69	무보강	824	0.34	무보강
	400×140	H-403×141×7×11	2,340	1,254	0.54	무보강	627	0.27	무보강
	400×200	H-396×199×7×11	2,347	1,614	0.69	무보강	807	0.34	무보강
		H-400×200×8×13	2,343	1,890	0.81	무보강	945	0.40	무보강
	450×150	H-450×154×8×11	2,298	1,464	0.64	무보강	732	0.32	무보강
		H-454×154×8×13	2,295	1,631	0.71	무보강	815	0.36	무보강
	450×200	H-446×199×8×12	2,301	1,838	0.80	무보강	919	0.40	무보강
		H-450×200×9×14	2,298	2,132	0.93	무보강	1,066	0.46	무보강
		H-456×200×9×17	2,293	2,444	1.07	해석요	1,222	0.53	무보강
		H-460×201×10×19	2,290	2,728	1.19	해석요	1,364	0.60	무보강
	500×200	H-496×199×9×14	2,264	2,179	0.96	무보강	1,090	0.48	무보강
		H-500×200×10×16	2,262	2,477	1.10	해석요	1,239	0.55	무보강
		H-506×201×11×19	2,258	2,869	1.27	해석요	1,434	0.64	무보강
		H-514×202×12×23	2,253	3,380	1.50	해석요	1,690	0.75	무보강
	500×300	H-482×300×11×15	2,274	3,286	1.44	해석요	1,643	0.72	무보강
		H-488×300×11×18	2,270	3,780	1.67	해석요	1,890	0.83	무보강
		H-494×300×11×21	2,266	4,267	1.88	해석요	2,134	0.94	무보강
	600×200	H-596×199×10×15	2,209	2,509	1.14	해석요	1,254	0.57	무보강
		H-600×200×11×17	2,208	2,811	1.27	해석요	1,406	0.64	무보강
		H-606×201×12×20	2,205	3,219	1.46	해석요	1,610	0.73	무보강

※ 도움표의 H형강은 콤팩트단면 기준을 만족한다.

1) 소성패널존변형을 포함하는 건축물 강구조 설계기준(KDS 41 31 00)의 4.7-35 식 적용

2) $R_{u1}=2*M_{pn}/d_b$

3) $R_{u1}=M_{pn}/d_b$

도움표 4.2 기둥(SHN355)-보(SHN275), 협폭계열기둥

기둥(SHN355)	보(SHN275)		패널존전단강도[1] R_n (kN)	내부접합부			외부접합부		
형강치수	Type	형강치수		소요패널존강도[2] R_{u1} (kN)	DCR	패널존 보강여부	소요패널존강도[3] R_{u2} (kN)	DCR	패널존 보강여부
H-606×303×15×29	600×200	H-612×202×13×23	2,202	3,635	1.65	해석요	1,818	0.83	무보강
	600×300	H-582×300×12×17	2,216	3,855	1.74	해석요	1,927	0.87	무보강
		H-588×300×12×20	2,213	3,835	1.73	해석요	1,917	0.87	무보강
		H-594×302×14×23	2,210	3,814	1.73	해석요	1,907	0.86	무보강
		H-600×302×14×26	2,208	5,499	2.49	해석요	2,750	1.25	해석요
		H-606×303×15×29	2,205	6,079	2.76	해석요	3,039	1.38	해석요
	700×300	H-692×300×13×20	2,171	4,608	2.12	해석요	2,304	1.06	해석요
		H-696×300×13×22	2,170	4,934	2.27	해석요	2,467	1.14	해석요
		H-700×300×13×24	2,169	5,256	2.42	해석요	2,628	1.21	해석요
		H-702×301×14×25	2,168	5,523	2.55	해석요	2,761	1.27	해석요
		H-708×302×15×28	2,166	6,115	2.82	해석요	3,057	1.41	해석요
H-692×300×13×20	250×175	H-244×175×7×11	2,230	1,317	0.59	무보강	659	0.30	무보강
		H-248×175×5×9.5	2,225	1,121	0.50	무보강	560	0.25	무보강
	300×200	H-294×200×8×12	2,177	1,675	0.77	무보강	838	0.38	무보강
		H-298×201×9×14	2,173	1,937	0.89	무보강	968	0.45	무보강
	350×175	H-346×174×6×9	2,138	1,169	0.55	무보강	584	0.27	무보강
		H-350×175×7×11	2,135	1,408	0.66	무보강	704	0.33	무보강
		H-354×176×8×13	2,133	1,648	0.77	무보강	824	0.39	무보강
	400×140	H-403×141×7×11	2,106	1,254	0.60	무보강	627	0.30	무보강
	400×200	H-396×199×7×11	2,110	1,614	0.77	무보강	807	0.38	무보강
		H-400×200×8×13	2,108	1,890	0.90	무보강	945	0.45	무보강
	450×150	H-450×154×8×11	2,087	1,464	0.70	무보강	732	0.35	무보강
		H-454×154×8×13	2,085	1,631	0.78	무보강	815	0.39	무보강
	450×200	H-446×199×8×12	2,088	1,838	0.88	무보강	919	0.44	무보강
		H-450×200×9×14	2,087	2,132	1.02	해석요	1,066	0.51	무보강
		H-456×200×9×17	2,084	2,444	1.17	해석요	1,222	0.59	무보강

※ 도움표의 H형강은 콤팩트단면 기준을 만족한다.

1) 소성패널존변형을 포함하는 건축물 강구조 설계기준(KDS 41 31 00)의 4.7-35 식 적용

2) $R_{u1}=2^*M_{pn}/d_b$

3) $R_{u1}=M_{pn}/d_b$

도움표 4.2 기둥(SHN355)-보(SHN275), 협폭계열기둥

기둥(SHN355)	보(SHN275)		패널존전단강도[1]	내부접합부			외부접합부		
형강치수	Type	형강치수	R_n (kN)	소요패널존강도[2] R_{u1} (kN)	DCR	패널존 보강여부	소요패널존강도[3] R_{u2} (kN)	DCR	패널존 보강여부
H-692×300×13×20	450×200	H-460×201×10×19	2,083	2,728	1.31	해석요	1,364	0.65	무보강
	500×200	H-496×199×9×14	2,071	2,179	1.05	해석요	1,090	0.53	무보강
		H-500×200×10×16	2,070	2,477	1.20	해석요	1,239	0.60	무보강
		H-506×201×11×19	2,068	2,869	1.39	해석요	1,434	0.69	무보강
		H-514×202×12×23	2,065	3,380	1.64	해석요	1,690	0.82	무보강
	500×300	H-482×300×11×15	2,075	3,286	1.58	해석요	1,643	0.79	무보강
		H-488×300×11×18	2,073	3,780	1.82	해석요	1,890	0.91	무보강
		H-494×300×11×21	2,071	4,267	2.06	해석요	2,134	1.03	해석요
	600×200	H-596×199×10×15	2,045	2,509	1.23	해석요	1,254	0.61	무보강
		H-600×200×11×17	2,044	2,811	1.38	해석요	1,406	0.69	무보강
		H-606×201×12×20	2,043	3,219	1.58	해석요	1,610	0.79	무보강
		H-612×202×13×23	2,041	3,635	1.78	해석요	1,818	0.89	무보강
	600×300	H-582×300×12×17	2,048	3,855	1.88	해석요	1,927	0.94	무보강
		H-588×300×12×20	2,047	3,835	1.87	해석요	1,917	0.94	무보강
		H-594×302×14×23	2,045	3,814	1.86	해석요	1,907	0.93	무보강
		H-600×302×14×26	2,044	5,499	2.69	해석요	2,750	1.35	해석요
		H-606×303×15×29	2,043	6,079	2.98	해석요	3,039	1.49	해석요
	700×300	H-692×300×13×20	2,027	4,608	2.27	해석요	2,304	1.14	해석요
		H-696×300×13×22	2,026	4,934	2.43	해석요	2,467	1.22	해석요
		H-700×300×13×24	2,026	5,256	2.59	해석요	2,628	1.30	해석요
		H-702×301×14×25	2,025	5,523	2.73	해석요	2,761	1.36	해석요
H-696×300×13×22	250×175	H-244×175×7×11	2,307	1,317	0.57	무보강	659	0.29	무보강
	300×200	H-294×200×8×12	2,243	1,675	0.75	무보강	838	0.37	무보강
		H-298×201×9×14	2,239	1,937	0.87	무보강	968	0.43	무보강
	350×175	H-346×174×6×9	2,195	1,169	0.53	무보강	584	0.27	무보강
		H-350×175×7×11	2,192	1,408	0.64	무보강	704	0.32	무보강

※ 도움표의 H형강은 콤팩트단면 기준을 만족한다.

1) 소성패널존변형을 포함하는 건축물 강구조 설계기준(KDS 41 31 00)의 4.7-35 식 적용

2) $R_{u1}=2*M_{pn}/d_b$

3) $R_{u1}=M_{pn}/d_b$

도움표 4.2 기둥(SHN355)-보(SHN275), 협폭계열기둥

기둥(SHN355)	보(SHN275)		패널존전단강도[1] R_n (kN)	내부접합부			외부접합부		
형강치수	Type	형강치수		소요패널존강도[2] R_{u1} (kN)	DCR	패널존 보강여부	소요패널존강도[3] R_{u2} (kN)	DCR	패널존 보강여부
H-696×300×13×22	350×175	H-354×176×8×13	2,189	1,648	0.75	무보강	824	0.38	무보강
	400×140	H-403×141×7×11	2,157	1,254	0.58	무보강	627	0.29	무보강
	400×200	H-396×199×7×11	2,162	1,614	0.75	무보강	807	0.37	무보강
		H-400×200×8×13	2,159	1,890	0.88	무보강	945	0.44	무보강
	450×150	H-450×154×8×11	2,133	1,464	0.69	무보강	732	0.34	무보강
		H-454×154×8×13	2,132	1,631	0.77	무보강	815	0.38	무보강
	450×200	H-446×199×8×12	2,135	1,838	0.86	무보강	919	0.43	무보강
		H-450×200×9×14	2,133	2,132	1.00	무보강	1,066	0.50	무보강
		H-456×200×9×17	2,131	2,444	1.15	해석요	1,222	0.57	무보강
		H-460×201×10×19	2,129	2,728	1.28	해석요	1,364	0.64	무보강
	500×200	H-496×199×9×14	2,114	2,179	1.03	해석요	1,090	0.52	무보강
		H-500×200×10×16	2,113	2,477	1.17	해석요	1,239	0.59	무보강
		H-506×201×11×19	2,111	2,869	1.36	해석요	1,434	0.68	무보강
		H-514×202×12×23	2,108	3,380	1.60	해석요	1,690	0.80	무보강
	500×300	H-482×300×11×15	2,120	3,286	1.55	해석요	1,643	0.78	무보강
		H-488×300×11×18	2,117	3,780	1.79	해석요	1,890	0.89	무보강
		H-494×300×11×21	2,115	4,267	2.02	해석요	2,134	1.01	해석요
	600×200	H-596×199×10×15	2,083	2,509	1.20	해석요	1,254	0.60	무보강
		H-600×200×11×17	2,082	2,811	1.35	해석요	1,406	0.68	무보강
		H-606×201×12×20	2,080	3,219	1.55	해석요	1,610	0.77	무보강
		H-612×202×13×23	2,079	3,635	1.75	해석요	1,818	0.87	무보강
	600×300	H-582×300×12×17	2,087	3,855	1.85	해석요	1,927	0.92	무보강
		H-588×300×12×20	2,085	3,835	1.84	해석요	1,917	0.92	무보강
		H-594×302×14×23	2,083	3,814	1.83	해석요	1,907	0.92	무보강
		H-600×302×14×26	2,082	5,499	2.64	해석요	2,750	1.32	해석요
		H-606×303×15×29	2,080	6,079	2.92	해석요	3,039	1.46	해석요

※ 도움표의 H형강은 콤팩트단면 기준을 만족한다.

1) 소성패널존변형을 포함하는 건축물 강구조 설계기준(KDS 41 31 00)의 4.7-35 식 적용

2) $R_{u1}=2*M_{pn}/d_b$

3) $R_{u1}=M_{pn}/d_b$

도움표 4.2 기둥(SHN355)-보(SHN275), 협폭계열기둥

기둥(SHN355)	보(SHN275)		패널존전단강도[1] R_n (kN)	내부접합부			외부접합부		
형강치수	Type	형강치수		소요패널존강도[2] R_{u1} (kN)	DCR	패널존 보강여부	소요패널존강도[3] R_{u2} (kN)	DCR	패널존 보강여부
H-696×300×13×22	700×300	H-692×300×13×20	2,061	4,608	2.24	해석요	2,304	1.12	해석요
		H-696×300×13×22	2,061	4,934	2.39	해석요	2,467	1.20	해석요
		H-700×300×13×24	2,060	5,256	2.55	해석요	2,628	1.28	해석요
		H-702×301×14×25	2,059	5,523	2.68	해석요	2,761	1.34	해석요
		H-708×302×15×28	2,058	6,115	2.97	해석요	3,057	1.49	해석요
H-700×300×13×24	250×175	H-244×175×7×11	2,391	1,317	0.55	무보강	659	0.28	무보강
	300×200	H-294×200×8×12	2,314	1,675	0.72	무보강	838	0.36	무보강
		H-298×201×9×14	2,309	1,937	0.84	무보강	968	0.42	무보강
	350×175	H-346×174×6×9	2,257	1,169	0.52	무보강	584	0.26	무보강
		H-350×175×7×11	2,254	1,408	0.62	무보강	704	0.31	무보강
		H-354×176×8×13	2,250	1,648	0.73	무보강	824	0.37	무보강
	400×140	H-403×141×7×11	2,212	1,254	0.57	무보강	627	0.28	무보강
	400×200	H-396×199×7×11	2,217	1,614	0.73	무보강	807	0.36	무보강
		H-400×200×8×13	2,214	1,890	0.85	무보강	945	0.43	무보강
	450×150	H-450×154×8×11	2,184	1,464	0.67	무보강	732	0.34	무보강
		H-454×154×8×13	2,182	1,631	0.75	무보강	815	0.37	무보강
	450×200	H-446×199×8×12	2,186	1,838	0.84	무보강	919	0.42	무보강
		H-450×200×9×14	2,184	2,132	0.98	무보강	1,066	0.49	무보강
		H-456×200×9×17	2,180	2,444	1.12	해석요	1,222	0.56	무보강
		H-460×201×10×19	2,178	2,728	1.25	해석요	1,364	0.63	무보강
	500×200	H-496×199×9×14	2,161	2,179	1.01	해석요	1,090	0.50	무보강
		H-500×200×10×16	2,159	2,477	1.15	해석요	1,239	0.57	무보강
		H-506×201×11×19	2,157	2,869	1.33	해석요	1,434	0.67	무보강
		H-514×202×12×23	2,153	3,380	1.57	해석요	1,690	0.78	무보강
	500×300	H-482×300×11×15	2,167	3,286	1.52	해석요	1,643	0.76	무보강
		H-488×300×11×18	2,165	3,780	1.75	해석요	1,890	0.87	무보강

※ 도움표의 H형강은 콤팩트단면 기준을 만족한다.

1) 소성패널존변형을 포함하는 건축물 강구조 설계기준(KDS 41 31 00)의 4.7-35 식 적용

2) $R_{u1}=2*M_{pn}/d_b$

3) $R_{u1}=M_{pn}/d_b$

도움표 4.2 기둥(SHN355)-보(SHN275), 협폭계열기둥

기둥(SHN355)	보(SHN275)		패널존전단강도[1] R_n (kN)	내부접합부			외부접합부		
형강치수	Type	형강치수		소요패널존강도[2] R_{u1} (kN)	DCR	패널존 보강여부	소요패널존강도[3] R_{u2} (kN)	DCR	패널존 보강여부
H-700×300×13×24	500×300	H-494×300×11×21	2,162	4,267	1.97	해석요	2,134	0.99	무보강
	600×200	H-596×199×10×15	2,124	2,509	1.18	해석요	1,254	0.59	무보강
		H-600×200×11×17	2,122	2,811	1.32	해석요	1,406	0.66	무보강
		H-606×201×12×20	2,121	3,219	1.52	해석요	1,610	0.76	무보강
		H-612×202×13×23	2,119	3,635	1.72	해석요	1,818	0.86	무보강
	600×300	H-582×300×12×17	2,128	3,855	1.81	해석요	1,927	0.91	무보강
		H-588×300×12×20	2,126	3,835	1.80	해석요	1,917	0.90	무보강
		H-594×302×14×23	2,124	3,814	1.80	해석요	1,907	0.90	무보강
		H-600×302×14×26	2,122	5,499	2.59	해석요	2,750	1.30	해석요
		H-606×303×15×29	2,121	6,079	2.87	해석요	3,039	1.43	해석요
	700×300	H-692×300×13×20	2,098	4,608	2.20	해석요	2,304	1.10	해석요
		H-696×300×13×22	2,097	4,934	2.35	해석요	2,467	1.18	해석요
		H-700×300×13×24	2,096	5,256	2.51	해석요	2,628	1.25	해석요
		H-702×301×14×25	2,096	5,523	2.64	해석요	2,761	1.32	해석요
		H-708×302×15×28	2,094	6,115	2.92	해석요	3,057	1.46	해석요
H-702×301×14×25	250×175	H-244×175×7×11	2,586	1,317	0.51	무보강	659	0.25	무보강
	300×200	H-294×200×8×12	2,502	1,675	0.67	무보강	838	0.33	무보강
		H-298×201×9×14	2,497	1,937	0.78	무보강	968	0.39	무보강
	350×175	H-350×175×7×11	2,437	1,408	0.58	무보강	704	0.29	무보강
		H-354×176×8×13	2,433	1,648	0.68	무보강	824	0.34	무보강
	400×140	H-403×141×7×11	2,392	1,254	0.52	무보강	627	0.26	무보강
	400×200	H-396×199×7×11	2,397	1,614	0.67	무보강	807	0.34	무보강
		H-400×200×8×13	2,394	1,890	0.79	무보강	945	0.39	무보강
	450×150	H-450×154×8×11	2,361	1,464	0.62	무보강	732	0.31	무보강
		H-454×154×8×13	2,358	1,631	0.69	무보강	815	0.35	무보강
	450×200	H-446×199×8×12	2,363	1,838	0.78	무보강	919	0.39	무보강

※ 도움표의 H형강은 콤팩트단면 기준을 만족한다.

1) 소성패널존변형을 포함하는 건축물 강구조 설계기준(KDS 41 31 00)의 4.7-35 식 적용

2) $R_{u1}=2*M_{pn}/d_b$

3) $R_{u1}=M_{pn}/d_b$

도움표 4.2 기둥(SHN355)-보(SHN275), 협폭계열기둥

기둥(SHN355)	보(SHN275)		패널존전단강도[1] R_n (kN)	내부접합부			외부접합부		
형강치수	Type	형강치수		소요패널존강도[2] R_{u1} (kN)	DCR	패널존 보강여부	소요패널존강도[3] R_{u2} (kN)	DCR	패널존 보강여부
H-702×301×14×25	450×200	H-450×200×9×14	2,361	2,132	0.90	무보강	1,066	0.45	무보강
		H-456×200×9×17	2,357	2,444	1.04	해석요	1,222	0.52	무보강
		H-460×201×10×19	2,355	2,728	1.16	해석요	1,364	0.58	무보강
	500×200	H-496×199×9×14	2,336	2,179	0.93	무보강	1,090	0.47	무보강
		H-500×200×10×16	2,334	2,477	1.06	해석요	1,239	0.53	무보강
		H-506×201×11×19	2,331	2,869	1.23	해석요	1,434	0.62	무보강
		H-514×202×12×23	2,327	3,380	1.45	해석요	1,690	0.73	무보강
	500×300	H-482×300×11×15	2,343	3,286	1.40	해석요	1,643	0.70	무보강
		H-488×300×11×18	2,340	3,780	1.62	해석요	1,890	0.81	무보강
		H-494×300×11×21	2,337	4,267	1.83	해석요	2,134	0.91	무보강
	600×200	H-596×199×10×15	2,295	2,509	1.09	해석요	1,254	0.55	무보강
		H-600×200×11×17	2,294	2,811	1.23	해석요	1,406	0.61	무보강
		H-606×201×12×20	2,292	3,219	1.40	해석요	1,610	0.70	무보강
		H-612×202×13×23	2,290	3,635	1.59	해석요	1,818	0.79	무보강
	600×300	H-582×300×12×17	2,300	3,855	1.68	해석요	1,927	0.84	무보강
		H-588×300×12×20	2,298	3,835	1.67	해석요	1,917	0.83	무보강
		H-594×302×14×23	2,296	3,814	1.66	해석요	1,907	0.83	무보강
		H-600×302×14×26	2,294	5,499	2.40	해석요	2,750	1.20	해석요
		H-606×303×15×29	2,292	6,079	2.65	해석요	3,039	1.33	해석요
	700×300	H-692×300×13×20	2,267	4,608	2.03	해석요	2,304	1.02	해석요
		H-696×300×13×22	2,266	4,934	2.18	해석요	2,467	1.09	해석요
		H-700×300×13×24	2,265	5,256	2.32	해석요	2,628	1.16	해석요
		H-702×301×14×25	2,265	5,523	2.44	해석요	2,761	1.22	해석요
		H-708×302×15×28	2,263	6,115	2.70	해석요	3,057	1.35	해석요
		H-714×303×16×31	2,262	6,709	2.97	해석요	3,354	1.48	해석요
H-708×302×15×28	300×200	H-294×200×8×12	2,777	1,675	0.60	무보강	838	0.30	무보강

※ 도움표의 H형강은 콤팩트단면 기준을 만족한다.

1) 소성패널존변형을 포함하는 건축물 강구조 설계기준(KDS 41 31 00)의 4.7-35 식 적용

2) $R_{u1}=2*M_{pn}/d_b$

3) $R_{u1}=M_{pn}/d_b$

도움표 4.2 기둥(SHN355)-보(SHN275), 협폭계열기둥

기둥(SHN355)	보(SHN275)		패널존전단강도[1] R_n (kN)	내부접합부			외부접합부		
형강치수	Type	형강치수		소요패널존강도[2] R_{u1} (kN)	DCR	패널존 보강여부	소요패널존강도[3] R_{u2} (kN)	DCR	패널존 보강여부
H-708×302×15×28	300×200	H-298×201×9×14	2,770	1,937	0.70	무보강	968	0.35	무보강
	350×175	H-350×175×7×11	2,694	1,408	0.52	무보강	704	0.26	무보강
		H-354×176×8×13	2,689	1,648	0.61	무보강	824	0.31	무보강
	400×200	H-396×199×7×11	2,644	1,614	0.61	무보강	807	0.31	무보강
		H-400×200×8×13	2,640	1,890	0.72	무보강	945	0.36	무보강
	450×150	H-450×154×8×11	2,598	1,464	0.56	무보강	732	0.28	무보강
		H-454×154×8×13	2,595	1,631	0.63	무보강	815	0.31	무보강
	450×200	H-446×199×8×12	2,601	1,838	0.71	무보강	919	0.35	무보강
		H-450×200×9×14	2,598	2,132	0.82	무보강	1,066	0.41	무보강
		H-456×200×9×17	2,594	2,444	0.94	무보강	1,222	0.47	무보강
		H-460×201×10×19	2,591	2,728	1.05	해석요	1,364	0.53	무보강
	500×200	H-496×199×9×14	2,567	2,179	0.85	무보강	1,090	0.42	무보강
		H-500×200×10×16	2,565	2,477	0.97	무보강	1,239	0.48	무보강
		H-506×201×11×19	2,561	2,869	1.12	해석요	1,434	0.56	무보강
		H-514×202×12×23	2,556	3,380	1.32	해석요	1,690	0.66	무보강
	500×300	H-482×300×11×15	2,576	3,286	1.28	해석요	1,643	0.64	무보강
		H-488×300×11×18	2,572	3,780	1.47	해석요	1,890	0.73	무보강
		H-494×300×11×21	2,568	4,267	1.66	해석요	2,134	0.83	무보강
	600×200	H-596×199×10×15	2,516	2,509	1.00	무보강	1,254	0.50	무보강
		H-600×200×11×17	2,514	2,811	1.12	해석요	1,406	0.56	무보강
		H-606×201×12×20	2,512	3,219	1.28	해석요	1,610	0.64	무보강
		H-612×202×13×23	2,509	3,635	1.45	해석요	1,818	0.72	무보강
	600×300	H-582×300×12×17	2,522	3,855	1.53	해석요	1,927	0.76	무보강
		H-588×300×12×20	2,519	3,835	1.52	해석요	1,917	0.76	무보강
		H-594×302×14×23	2,517	3,814	1.52	해석요	1,907	0.76	무보강
		H-600×302×14×26	2,514	5,499	2.19	해석요	2,750	1.09	해석요

※ 도움표의 H형강은 콤팩트단면 기준을 만족한다.

1) 소성패널존변형을 포함하는 건축물 강구조 설계기준(KDS 41 31 00)의 4.7-35 식 적용

2) $R_{u1}=2*M_{pn}/d_b$

3) $R_{u1}=M_{pn}/d_b$

도움표 4.2 기둥(SHN355)-보(SHN275), 협폭계열기둥

기둥(SHN355)	보(SHN275)		패널존전단강도[1]	내부접합부			외부접합부		
형강치수	Type	형강치수	R_n (kN)	소요패널존강도[2] R_{u1} (kN)	DCR	패널존 보강여부	소요패널존강도[3] R_{u2} (kN)	DCR	패널존 보강여부
H-708×302×15×28	600×300	H-606×303×15×29	2,512	6,079	2.42	해석요	3,039	1.21	해석요
	650×350	H-635×328×18×31	2,500	7,064	2.83	해석요	3,532	1.41	해석요
	700×300	H-692×300×13×20	2,481	4,608	1.86	해석요	2,304	0.93	무보강
		H-696×300×13×22	2,479	4,934	1.99	해석요	2,467	0.99	무보강
		H-700×300×13×24	2,478	5,256	2.12	해석요	2,628	1.06	해석요
		H-702×301×14×25	2,478	5,523	2.23	해석요	2,761	1.11	해석요
		H-708×302×15×28	2,476	6,115	2.47	해석요	3,057	1.23	해석요
		H-714×303×16×31	2,474	6,709	2.71	해석요	3,354	1.36	해석요
H-714×303×16×31	300×200	H-294×200×8×12	3,066	1,675	0.55	무보강	838	0.27	무보강
		H-298×201×9×14	3,058	1,937	0.63	무보강	968	0.32	무보강
	350×175	H-354×176×8×13	2,959	1,648	0.56	무보강	824	0.28	무보강
	400×200	H-396×199×7×11	2,903	1,614	0.56	무보강	807	0.28	무보강
		H-400×200×8×13	2,898	1,890	0.65	무보강	945	0.33	무보강
	450×150	H-450×154×8×11	2,847	1,464	0.51	무보강	732	0.26	무보강
		H-454×154×8×13	2,843	1,631	0.57	무보강	815	0.29	무보강
	450×200	H-446×199×8×12	2,851	1,838	0.64	무보강	919	0.32	무보강
		H-450×200×9×14	2,847	2,132	0.75	무보강	1,066	0.37	무보강
		H-456×200×9×17	2,841	2,444	0.86	무보강	1,222	0.43	무보강
		H-460×201×10×19	2,838	2,728	0.96	무보강	1,364	0.48	무보강
	500×200	H-496×199×9×14	2,808	2,179	0.78	무보강	1,090	0.39	무보강
		H-500×200×10×16	2,805	2,477	0.88	무보강	1,239	0.44	무보강
		H-506×201×11×19	2,801	2,869	1.02	해석요	1,434	0.51	무보강
		H-514×202×12×23	2,795	3,380	1.21	해석요	1,690	0.60	무보강
	500×300	H-482×300×11×15	2,819	3,286	1.17	해석요	1,643	0.58	무보강
		H-488×300×11×18	2,815	3,780	1.34	해석요	1,890	0.67	무보강
		H-494×300×11×21	2,810	4,267	1.52	해석요	2,134	0.76	무보강

※ 도움표의 H형강은 콤팩트단면 기준을 만족한다.

1) 소성패널존변형을 포함하는 건축물 강구조 설계기준(KDS 41 31 00)의 4.7-35 식 적용

2) $R_{u1}=2*M_{pn}/d_b$

3) $R_{u1}=M_{pn}/d_b$

도움표 4.2 기둥(SHN355)-보(SHN275), 협폭계열기둥

기둥(SHN355)	보(SHN275)		패널존전단강도[1] R_n (kN)	내부접합부			외부접합부		
형강치수	Type	형강치수		소요패널존강도[2] R_{u1} (kN)	DCR	패널존 보강여부	소요패널존강도[3] R_{u2} (kN)	DCR	패널존 보강여부
H-714×303×16×31	600×200	H-596×199×10×15	2,746	2,509	0.91	무보강	1,254	0.46	무보강
		H-600×200×11×17	2,743	2,811	1.02	해석요	1,406	0.51	무보강
		H-606×201×12×20	2,740	3,219	1.17	해석요	1,610	0.59	무보강
		H-612×202×13×23	2,737	3,635	1.33	해석요	1,818	0.66	무보강
	600×300	H-582×300×12×17	2,753	3,855	1.40	해석요	1,927	0.70	무보강
		H-588×300×12×20	2,750	3,835	1.39	해석요	1,917	0.70	무보강
		H-594×302×14×23	2,747	3,814	1.39	해석요	1,907	0.69	무보강
		H-600×302×14×26	2,743	5,499	2.00	해석요	2,750	1.00	해석요
		H-606×303×15×29	2,740	6,079	2.22	해석요	3,039	1.11	해석요
	650×350	H-635×328×18×31	2,726	7,064	2.59	해석요	3,532	1.30	해석요
		H-641×329×19×34	2,724	7,691	2.82	해석요	3,846	1.41	해석요
	700×300	H-692×300×13×20	2,702	4,608	1.71	해석요	2,304	0.85	무보강
		H-696×300×13×22	2,701	4,934	1.83	해석요	2,467	0.91	무보강
		H-700×300×13×24	2,699	5,256	1.95	해석요	2,628	0.97	무보강
		H-702×301×14×25	2,698	5,523	2.05	해석요	2,761	1.02	해석요
		H-708×302×15×28	2,696	6,115	2.27	해석요	3,057	1.13	해석요
		H-714×303×16×31	2,694	6,709	2.49	해석요	3,354	1.25	해석요
H-758×265×14×19	250×175	H-244×175×7×11	2,511	1,317	0.52	무보강	659	0.26	무보강
	300×200	H-294×200×8×12	2,468	1,675	0.68	무보강	838	0.34	무보강
		H-298×201×9×14	2,465	1,937	0.79	무보강	968	0.39	무보강
	350×175	H-350×175×7×11	2,435	1,408	0.58	무보강	704	0.29	무보강
		H-354×176×8×13	2,433	1,648	0.68	무보강	824	0.34	무보강
	400×140	H-403×141×7×11	2,412	1,254	0.52	무보강	627	0.26	무보강
	400×200	H-396×199×7×11	2,415	1,614	0.67	무보강	807	0.33	무보강
		H-400×200×8×13	2,413	1,890	0.78	무보강	945	0.39	무보강
	450×150	H-450×154×8×11	2,396	1,464	0.61	무보강	732	0.31	무보강

※ 도움표의 H형강은 콤팩트단면 기준을 만족한다.

1) 소성패널존변형을 포함하는 건축물 강구조 설계기준(KDS 41 31 00)의 4.7-35 식 적용

2) $R_{u1}=2*M_{pn}/d_b$

3) $R_{u1}=M_{pn}/d_b$

도움표 4.2 기둥(SHN355)-보(SHN275), 협폭계열기둥

기둥(SHN355)	보(SHN275)		패널존전단강도[1] R_n (kN)	내부접합부			외부접합부		
형강치수	Type	형강치수		소요패널존강도[2] R_{u1} (kN)	DCR	패널존 보강여부	소요패널존강도[3] R_{u2} (kN)	DCR	패널존 보강여부
H-758×265×14×19	450×150	H-454×154×8×13	2,395	1,631	0.68	무보강	815	0.34	무보강
	450×200	H-446×199×8×12	2,397	1,838	0.77	무보강	919	0.38	무보강
		H-450×200×9×14	2,396	2,132	0.89	무보강	1,066	0.44	무보강
		H-456×200×9×17	2,394	2,444	1.02	해석요	1,222	0.51	무보강
		H-460×201×10×19	2,393	2,728	1.14	해석요	1,364	0.57	무보강
	500×200	H-496×199×9×14	2,384	2,179	0.91	무보강	1,090	0.46	무보강
		H-500×200×10×16	2,383	2,477	1.04	해석요	1,239	0.52	무보강
		H-506×201×11×19	2,381	2,869	1.20	해석요	1,434	0.60	무보강
		H-514×202×12×23	2,379	3,380	1.42	해석요	1,690	0.71	무보강
	500×300	H-482×300×11×15	2,387	3,286	1.38	해석요	1,643	0.69	무보강
		H-488×300×11×18	2,386	3,780	1.58	해석요	1,890	0.79	무보강
		H-494×300×11×21	2,384	4,267	1.79	해석요	2,134	0.89	무보강
	600×200	H-596×199×10×15	2,363	2,509	1.06	해석요	1,254	0.53	무보강
		H-600×200×11×17	2,362	2,811	1.19	해석요	1,406	0.60	무보강
		H-606×201×12×20	2,361	3,219	1.36	해석요	1,610	0.68	무보강
		H-612×202×13×23	2,360	3,635	1.54	해석요	1,818	0.77	무보강
	600×300	H-582×300×12×17	2,365	3,855	1.63	해석요	1,927	0.81	무보강
		H-588×300×12×20	2,364	3,835	1.62	해석요	1,917	0.81	무보강
		H-594×302×14×23	2,363	3,814	1.61	해석요	1,907	0.81	무보강
		H-600×302×14×26	2,362	5,499	2.33	해석요	2,750	1.16	해석요
		H-606×303×15×29	2,361	6,079	2.57	해석요	3,039	1.29	해석요
	650×350	H-635×328×18×31	2,357	7,064	3.00	해석요	3,532	1.50	해석요
	700×300	H-692×300×13×20	2,349	4,608	1.96	해석요	2,304	0.98	무보강
		H-696×300×13×22	2,348	4,934	2.10	해석요	2,467	1.05	해석요
		H-700×300×13×24	2,348	5,256	2.24	해석요	2,628	1.12	해석요
		H-702×301×14×25	2,347	5,523	2.35	해석요	2,761	1.18	해석요

※ 도움표의 H형강은 콤팩트단면 기준을 만족한다.

1) 소성패널존변형을 포함하는 건축물 강구조 설계기준(KDS 41 31 00)의 4.7-35 식 적용

2) $R_{u1}=2*M_{pn}/d_b$

3) $R_{u1}=M_{pn}/d_b$

도움표 4.2 기둥(SHN355)-보(SHN275), 협폭계열기둥

기둥(SHN355)	보(SHN275)		패널존전단강도[1] R_n (kN)	내부접합부			외부접합부		
형강치수	Type	형강치수		소요패널존강도[2] R_{u1} (kN)	DCR	패널존 보강여부	소요패널존강도[3] R_{u2} (kN)	DCR	패널존 보강여부
H-758×265×14×19	700×300	H-708×302×15×28	2,347	6,115	2.61	해석요	3,057	1.30	해석요
		H-714×303×16×31	2,346	6,709	2.86	해석요	3,354	1.43	해석요
H-764×265×14×22	250×175	H-244×175×7×11	2,614	1,317	0.50	무보강	659	0.25	무보강
	300×200	H-294×200×8×12	2,557	1,675	0.66	무보강	838	0.33	무보강
		H-298×201×9×14	2,553	1,937	0.76	무보강	968	0.38	무보강
	350×175	H-350×175×7×11	2,512	1,408	0.56	무보강	704	0.28	무보강
		H-354×176×8×13	2,510	1,648	0.66	무보강	824	0.33	무보강
	400×140	H-403×141×7×11	2,482	1,254	0.51	무보강	627	0.25	무보강
	400×200	H-396×199×7×11	2,485	1,614	0.65	무보강	807	0.32	무보강
		H-400×200×8×13	2,483	1,890	0.76	무보강	945	0.38	무보강
	450×150	H-450×154×8×11	2,460	1,464	0.59	무보강	732	0.30	무보강
		H-454×154×8×13	2,459	1,631	0.66	무보강	815	0.33	무보강
	450×200	H-446×199×8×12	2,462	1,838	0.75	무보강	919	0.37	무보강
		H-450×200×9×14	2,460	2,132	0.87	무보강	1,066	0.43	무보강
		H-456×200×9×17	2,458	2,444	0.99	무보강	1,222	0.50	무보강
		H-460×201×10×19	2,456	2,728	1.11	해석요	1,364	0.56	무보강
	500×200	H-496×199×9×14	2,443	2,179	0.89	무보강	1,090	0.45	무보강
		H-500×200×10×16	2,442	2,477	1.01	해석요	1,239	0.51	무보강
		H-506×201×11×19	2,440	2,869	1.18	해석요	1,434	0.59	무보강
		H-514×202×12×23	2,438	3,380	1.39	해석요	1,690	0.69	무보강
	500×300	H-482×300×11×15	2,448	3,286	1.34	해석요	1,643	0.67	무보강
		H-488×300×11×18	2,446	3,780	1.55	해석요	1,890	0.77	무보강
		H-494×300×11×21	2,444	4,267	1.75	해석요	2,134	0.87	무보강
	600×200	H-596×199×10×15	2,416	2,509	1.04	해석요	1,254	0.52	무보강
		H-600×200×11×17	2,415	2,811	1.16	해석요	1,406	0.58	무보강
		H-606×201×12×20	2,413	3,219	1.33	해석요	1,610	0.67	무보강

※ 도움표의 H형강은 콤팩트단면 기준을 만족한다.

1) 소성패널존변형을 포함하는 건축물 강구조 설계기준(KDS 41 31 00)의 4.7-35 식 적용

2) $R_{u1}=2*M_{pn}/d_b$

3) $R_{u1}=M_{pn}/d_b$

도움표 4.2 기둥(SHN355)-보(SHN275), 협폭계열기둥

기둥(SHN355)	보(SHN275)		패널존전단강도[1] R_n (kN)	내부접합부			외부접합부		
형강치수	Type	형강치수		소요패널존강도[2] R_{u1} (kN)	DCR	패널존 보강여부	소요패널존강도[3] R_{u2} (kN)	DCR	패널존 보강여부
H-764×265×14×22	600×200	H-612×202×13×23	2,412	3,635	1.51	해석요	1,818	0.75	무보강
	600×300	H-582×300×12×17	2,419	3,855	1.59	해석요	1,927	0.80	무보강
		H-588×300×12×20	2,418	3,835	1.59	해석요	1,917	0.79	무보강
		H-594×302×14×23	2,416	3,814	1.58	해석요	1,907	0.79	무보강
		H-600×302×14×26	2,415	5,499	2.28	해석요	2,750	1.14	해석요
		H-606×303×15×29	2,413	6,079	2.52	해석요	3,039	1.26	해석요
	650×350	H-635×328×18×31	2,407	7,064	2.93	해석요	3,532	1.47	해석요
	700×300	H-692×300×13×20	2,397	4,608	1.92	해석요	2,304	0.96	무보강
		H-696×300×13×22	2,396	4,934	2.06	해석요	2,467	1.03	해석요
		H-700×300×13×24	2,395	5,256	2.19	해석요	2,628	1.10	해석요
		H-702×301×14×25	2,395	5,523	2.31	해석요	2,761	1.15	해석요
		H-708×302×15×28	2,394	6,115	2.55	해석요	3,057	1.28	해석요
		H-714×303×16×31	2,393	6,709	2.80	해석요	3,354	1.40	해석요
H-768×266×15×24	300×200	H-294×200×8×12	2,787	1,675	0.60	무보강	838	0.30	무보강
		H-298×201×9×14	2,782	1,937	0.70	무보강	968	0.35	무보강
	350×175	H-350×175×7×11	2,733	1,408	0.52	무보강	704	0.26	무보강
		H-354×176×8×13	2,730	1,648	0.60	무보강	824	0.30	무보강
	400×200	H-396×199×7×11	2,701	1,614	0.60	무보강	807	0.30	무보강
		H-400×200×8×13	2,699	1,890	0.70	무보강	945	0.35	무보강
	450×150	H-450×154×8×11	2,671	1,464	0.55	무보강	732	0.27	무보강
		H-454×154×8×13	2,669	1,631	0.61	무보강	815	0.31	무보강
	450×200	H-446×199×8×12	2,673	1,838	0.69	무보강	919	0.34	무보강
		H-450×200×9×14	2,671	2,132	0.80	무보강	1,066	0.40	무보강
		H-456×200×9×17	2,668	2,444	0.92	무보강	1,222	0.46	무보강
		H-460×201×10×19	2,667	2,728	1.02	해석요	1,364	0.51	무보강
	500×200	H-496×199×9×14	2,651	2,179	0.82	무보강	1,090	0.41	무보강

※ 도움표의 H형강은 콤팩트단면 기준을 만족한다.

1) 소성패널존변형을 포함하는 건축물 강구조 설계기준(KDS 41 31 00)의 4.7-35 식 적용

2) $R_{u1}=2*M_{pn}/d_b$

3) $R_{u1}=M_{pn}/d_b$

도움표 4.2 기둥(SHN355)-보(SHN275), 협폭계열기둥

기둥(SHN355)	보(SHN275)		패널존전단강도[1] R_n (kN)	내부접합부			외부접합부		
형강치수	Type	형강치수		소요패널존강도[2] R_{u1} (kN)	DCR	패널존 보강여부	소요패널존강도[3] R_{u2} (kN)	DCR	패널존 보강여부
H-768×266×15×24	500×200	H-500×200×10×16	2,650	2,477	0.93	무보강	1,239	0.47	무보강
		H-506×201×11×19	2,647	2,869	1.08	해석요	1,434	0.54	무보강
		H-514×202×12×23	2,644	3,380	1.28	해석요	1,690	0.64	무보강
	500×300	H-482×300×11×15	2,657	3,286	1.24	해석요	1,643	0.62	무보강
		H-488×300×11×18	2,654	3,780	1.42	해석요	1,890	0.71	무보강
		H-494×300×11×21	2,652	4,267	1.61	해석요	2,134	0.80	무보강
	600×200	H-596×199×10×15	2,618	2,509	0.96	무보강	1,254	0.48	무보강
		H-600×200×11×17	2,617	2,811	1.07	해석요	1,406	0.54	무보강
		H-606×201×12×20	2,615	3,219	1.23	해석요	1,610	0.62	무보강
		H-612×202×13×23	2,614	3,635	1.39	해석요	1,818	0.70	무보강
	600×300	H-582×300×12×17	2,622	3,855	1.47	해석요	1,927	0.74	무보강
		H-588×300×12×20	2,620	3,835	1.46	해석요	1,917	0.73	무보강
		H-594×302×14×23	2,619	3,814	1.46	해석요	1,907	0.73	무보강
		H-600×302×14×26	2,617	5,499	2.10	해석요	2,750	1.05	해석요
		H-606×303×15×29	2,615	6,079	2.32	해석요	3,039	1.16	해석요
	650×350	H-635×328×18×31	2,608	7,064	2.71	해석요	3,532	1.35	해석요
		H-641×329×19×34	2,606	7,691	2.95	해석요	3,846	1.48	해석요
	700×300	H-692×300×13×20	2,595	4,608	1.78	해석요	2,304	0.89	무보강
		H-696×300×13×22	2,594	4,934	1.90	해석요	2,467	0.95	무보강
		H-700×300×13×24	2,594	5,256	2.03	해석요	2,628	1.01	해석요
		H-702×301×14×25	2,593	5,523	2.13	해석요	2,761	1.06	해석요
		H-708×302×15×28	2,592	6,115	2.36	해석요	3,057	1.18	해석요
		H-714×303×16×31	2,591	6,709	2.59	해석요	3,354	1.29	해석요
H-792×300×14×22	300×200	H-294×200×8×12	2,677	1,675	0.63	무보강	838	0.31	무보강
		H-298×201×9×14	2,673	1,937	0.72	무보강	968	0.36	무보강
	350×175	H-350×175×7×11	2,627	1,408	0.54	무보강	704	0.27	무보강

※ 도움표의 H형강은 콤팩트단면 기준을 만족한다.

1) 소성패널존변형을 포함하는 건축물 강구조 설계기준(KDS 41 31 00)의 4.7-35 식 적용

2) $R_{u1}=2*M_{pn}/d_b$

3) $R_{u1}=M_{pn}/d_b$

도움표 4.2 기둥(SHN355)-보(SHN275), 협폭계열기둥

기둥(SHN355)	보(SHN275)		패널존전단강도[1] R_n (kN)	내부접합부			외부접합부		
형강치수	Type	형강치수		소요패널존강도[2] R_{u1} (kN)	DCR	패널존 보강여부	소요패널존강도[3] R_{u2} (kN)	DCR	패널존 보강여부
H-792×300×14×22	350×175	H-354×176×8×13	2,624	1,648	0.63	무보강	824	0.31	무보강
	400×200	H-396×199×7×11	2,596	1,614	0.62	무보강	807	0.31	무보강
		H-400×200×8×13	2,594	1,890	0.73	무보강	945	0.36	무보강
	450×150	H-450×154×8×11	2,568	1,464	0.57	무보강	732	0.29	무보강
		H-454×154×8×13	2,566	1,631	0.64	무보강	815	0.32	무보강
	450×200	H-446×199×8×12	2,570	1,838	0.72	무보강	919	0.36	무보강
		H-450×200×9×14	2,568	2,132	0.83	무보강	1,066	0.42	무보강
		H-456×200×9×17	2,565	2,444	0.95	무보강	1,222	0.48	무보강
		H-460×201×10×19	2,563	2,728	1.06	해석요	1,364	0.53	무보강
	500×200	H-496×199×9×14	2,549	2,179	0.86	무보강	1,090	0.43	무보강
		H-500×200×10×16	2,547	2,477	0.97	무보강	1,239	0.49	무보강
		H-506×201×11×19	2,545	2,869	1.13	해석요	1,434	0.56	무보강
		H-514×202×12×23	2,542	3,380	1.33	해석요	1,690	0.66	무보강
	500×300	H-482×300×11×15	2,554	3,286	1.29	해석요	1,643	0.64	무보강
		H-488×300×11×18	2,552	3,780	1.48	해석요	1,890	0.74	무보강
		H-494×300×11×21	2,550	4,267	1.67	해석요	2,134	0.84	무보강
	600×200	H-596×199×10×15	2,517	2,509	1.00	무보강	1,254	0.50	무보강
		H-600×200×11×17	2,516	2,811	1.12	해석요	1,406	0.56	무보강
		H-606×201×12×20	2,515	3,219	1.28	해석요	1,610	0.64	무보강
		H-612×202×13×23	2,513	3,635	1.45	해석요	1,818	0.72	무보강
	600×300	H-582×300×12×17	2,521	3,855	1.53	해석요	1,927	0.76	무보강
		H-588×300×12×20	2,520	3,835	1.52	해석요	1,917	0.76	무보강
		H-594×302×14×23	2,518	3,814	1.51	해석요	1,907	0.76	무보강
		H-600×302×14×26	2,516	5,499	2.19	해석요	2,750	1.09	해석요
		H-606×303×15×29	2,515	6,079	2.42	해석요	3,039	1.21	해석요
	650×350	H-635×328×18×31	2,508	7,064	2.82	해석요	3,532	1.41	해석요

※ 도움표의 H형강은 콤팩트단면 기준을 만족한다.

1) 소성패널존변형을 포함하는 건축물 강구조 설계기준(KDS 41 31 00)의 4.7-35 식 적용

2) $R_{u1}=2*M_{pn}/d_b$

3) $R_{u1}=M_{pn}/d_b$

도움표 4.2 기둥(SHN355)-보(SHN275), 협폭계열기둥

기둥(SHN355)	보(SHN275)		패널존전단강도[1] R_n (kN)	내부접합부			외부접합부		
형강치수	Type	형강치수		소요패널존강도[2] R_{u1} (kN)	DCR	패널존 보강여부	소요패널존강도[3] R_{u2} (kN)	DCR	패널존 보강여부
H-792×300×14×22	700×300	H-692×300×13×20	2,496	4,608	1.85	해석요	2,304	0.92	무보강
		H-696×300×13×22	2,495	4,934	1.98	해석요	2,467	0.99	무보강
		H-700×300×13×24	2,494	5,256	2.11	해석요	2,628	1.05	해석요
		H-702×301×14×25	2,494	5,523	2.21	해석요	2,761	1.11	해석요
		H-708×302×15×28	2,493	6,115	2.45	해석요	3,057	1.23	해석요
		H-714×303×16×31	2,492	6,709	2.69	해석요	3,354	1.35	해석요
H-796×300×14×24	300×200	H-294×200×8×12	2,749	1,675	0.61	무보강	838	0.30	무보강
		H-298×201×9×14	2,744	1,937	0.71	무보강	968	0.35	무보강
	350×175	H-350×175×7×11	2,689	1,408	0.52	무보강	704	0.26	무보강
	400×200	H-396×199×7×11	2,653	1,614	0.61	무보강	807	0.30	무보강
		H-400×200×8×13	2,650	1,890	0.71	무보강	945	0.36	무보강
	450×150	H-450×154×8×11	2,619	1,464	0.56	무보강	732	0.28	무보강
		H-454×154×8×13	2,617	1,631	0.62	무보강	815	0.31	무보강
	450×200	H-446×199×8×12	2,621	1,838	0.70	무보강	919	0.35	무보강
		H-450×200×9×14	2,619	2,132	0.81	무보강	1,066	0.41	무보강
		H-456×200×9×17	2,616	2,444	0.93	무보강	1,222	0.47	무보강
		H-460×201×10×19	2,614	2,728	1.04	해석요	1,364	0.52	무보강
	500×200	H-496×199×9×14	2,596	2,179	0.84	무보강	1,090	0.42	무보강
		H-500×200×10×16	2,595	2,477	0.95	무보강	1,239	0.48	무보강
		H-506×201×11×19	2,592	2,869	1.11	해석요	1,434	0.55	무보강
		H-514×202×12×23	2,588	3,380	1.31	해석요	1,690	0.65	무보강
	500×300	H-482×300×11×15	2,603	3,286	1.26	해석요	1,643	0.63	무보강
		H-488×300×11×18	2,600	3,780	1.45	해석요	1,890	0.73	무보강
		H-494×300×11×21	2,597	4,267	1.64	해석요	2,134	0.82	무보강
	600×200	H-596×199×10×15	2,559	2,509	0.98	무보강	1,254	0.49	무보강
		H-600×200×11×17	2,558	2,811	1.10	해석요	1,406	0.55	무보강

※ 도움표의 H형강은 콤팩트단면 기준을 만족한다.

1) 소성패널존변형을 포함하는 건축물 강구조 설계기준(KDS 41 31 00)의 4.7-35 식 적용

2) $R_{u1}=2*M_{pn}/d_b$

3) $R_{u1}=M_{pn}/d_b$

도움표 4.2 기둥(SHN355)-보(SHN275), 협폭계열기둥

기둥(SHN355)	보(SHN275)		패널존전단강도[1] R_n (kN)	내부접합부			외부접합부		
형강치수	Type	형강치수		소요패널존강도[2] R_{u1} (kN)	DCR	패널존 보강여부	소요패널존강도[3] R_{u2} (kN)	DCR	패널존 보강여부
H-796×300×14×24	600×200	H-606×201×12×20	2,556	3,219	1.26	해석요	1,610	0.63	무보강
		H-612×202×13×23	2,554	3,635	1.42	해석요	1,818	0.71	무보강
	600×300	H-582×300×12×17	2,563	3,855	1.50	해석요	1,927	0.75	무보강
		H-588×300×12×20	2,561	3,835	1.50	해석요	1,917	0.75	무보강
		H-594×302×14×23	2,560	3,814	1.49	해석요	1,907	0.75	무보강
		H-600×302×14×26	2,558	5,499	2.15	해석요	2,750	1.07	해석요
		H-606×303×15×29	2,556	6,079	2.38	해석요	3,039	1.19	해석요
	650×350	H-635×328×18×31	2,548	7,064	2.77	해석요	3,532	1.39	해석요
	700×300	H-692×300×13×20	2,533	4,608	1.82	해석요	2,304	0.91	무보강
		H-696×300×13×22	2,532	4,934	1.95	해석요	2,467	0.97	무보강
		H-700×300×13×24	2,531	5,256	2.08	해석요	2,628	1.04	해석요
		H-702×301×14×25	2,531	5,523	2.18	해석요	2,761	1.09	해석요
		H-708×302×15×28	2,530	6,115	2.42	해석요	3,057	1.21	해석요
		H-714×303×16×31	2,528	6,709	2.65	해석요	3,354	1.33	해석요
H-800×300×14×26	300×200	H-294×200×8×12	2,826	1,675	0.59	무보강	838	0.30	무보강
		H-298×201×9×14	2,820	1,937	0.69	무보강	968	0.34	무보강
	350×175	H-350×175×7×11	2,756	1,408	0.51	무보강	704	0.26	무보강
		H-354×176×8×13	2,752	1,648	0.60	무보강	824	0.30	무보강
	400×200	H-396×199×7×11	2,713	1,614	0.60	무보강	807	0.30	무보강
		H-400×200×8×13	2,710	1,890	0.70	무보강	945	0.35	무보강
	450×150	H-450×154×8×11	2,674	1,464	0.55	무보강	732	0.27	무보강
		H-454×154×8×13	2,671	1,631	0.61	무보강	815	0.31	무보강
	450×200	H-446×199×8×12	2,676	1,838	0.69	무보강	919	0.34	무보강
		H-450×200×9×14	2,674	2,132	0.80	무보강	1,066	0.40	무보강
		H-456×200×9×17	2,670	2,444	0.92	무보강	1,222	0.46	무보강
		H-460×201×10×19	2,667	2,728	1.02	해석요	1,364	0.51	무보강

※ 도움표의 H형강은 콤팩트단면 기준을 만족한다.

1) 소성패널존변형을 포함하는 건축물 강구조 설계기준(KDS 41 31 00)의 4.7-35 식 적용

2) $R_{u1}=2*M_{pn}/d_b$

3) $R_{u1}=M_{pn}/d_b$

도움표 4.2 기둥(SHN355)-보(SHN275), 협폭계열기둥

기둥(SHN355)	보(SHN275)		패널존전단강도[1] R_n (kN)	내부접합부			외부접합부		
형강치수	Type	형강치수		소요패널존강도[2] R_{u1} (kN)	DCR	패널존 보강여부	소요패널존강도[3] R_{u2} (kN)	DCR	패널존 보강여부
H-800×300×14×26	500×200	H-496×199×9×14	2,647	2,179	0.82	무보강	1,090	0.41	무보강
		H-500×200×10×16	2,645	2,477	0.94	무보강	1,239	0.47	무보강
		H-506×201×11×19	2,642	2,869	1.09	해석요	1,434	0.54	무보강
		H-514×202×12×23	2,638	3,380	1.28	해석요	1,690	0.64	무보강
	500×300	H-482×300×11×15	2,654	3,286	1.24	해석요	1,643	0.62	무보강
		H-488×300×11×18	2,651	3,780	1.43	해석요	1,890	0.71	무보강
		H-494×300×11×21	2,648	4,267	1.61	해석요	2,134	0.81	무보강
	600×200	H-596×199×10×15	2,603	2,509	0.96	무보강	1,254	0.48	무보강
		H-600×200×11×17	2,602	2,811	1.08	해석요	1,406	0.54	무보강
		H-606×201×12×20	2,599	3,219	1.24	해석요	1,610	0.62	무보강
		H-612×202×13×23	2,597	3,635	1.40	해석요	1,818	0.70	무보강
	600×300	H-582×300×12×17	2,608	3,855	1.48	해석요	1,927	0.74	무보강
		H-588×300×12×20	2,606	3,835	1.47	해석요	1,917	0.74	무보강
		H-594×302×14×23	2,604	3,814	1.46	해석요	1,907	0.73	무보강
		H-600×302×14×26	2,602	5,499	2.11	해석요	2,750	1.06	해석요
		H-606×303×15×29	2,599	6,079	2.34	해석요	3,039	1.17	해석요
	650×350	H-635×328×18×31	2,590	7,064	2.73	해석요	3,532	1.36	해석요
		H-641×329×19×34	2,588	7,691	2.97	해석요	3,846	1.49	해석요
	700×300	H-692×300×13×20	2,573	4,608	1.79	해석요	2,304	0.90	무보강
		H-696×300×13×22	2,572	4,934	1.92	해석요	2,467	0.96	무보강
		H-700×300×13×24	2,571	5,256	2.04	해석요	2,628	1.02	해석요
		H-702×301×14×25	2,570	5,523	2.15	해석요	2,761	1.07	해석요
		H-708×302×15×28	2,569	6,115	2.38	해석요	3,057	1.19	해석요
		H-714×303×16×31	2,567	6,709	2.61	해석요	3,354	1.31	해석요
H-802×301×15×27	300×200	H-294×200×8×12	3,039	1,675	0.55	무보강	838	0.28	무보강
		H-298×201×9×14	3,033	1,937	0.64	무보강	968	0.32	무보강

※ 도움표의 H형강은 콤팩트단면 기준을 만족한다.

1) 소성패널존변형을 포함하는 건축물 강구조 설계기준(KDS 41 31 00)의 4.7-35 식 적용

2) $R_{u1}=2*M_{pn}/d_b$

3) $R_{u1}=M_{pn}/d_b$

도움표 4.2 기둥(SHN355)-보(SHN275), 협폭계열기둥

기둥(SHN355)	보(SHN275)		패널존전단강도[1] R_n (kN)	내부접합부			외부접합부		
형강치수	Type	형강치수		소요패널존강도[2] R_{u1} (kN)	DCR	패널존 보강여부	소요패널존강도[3] R_{u2} (kN)	DCR	패널존 보강여부
H-802×301×15×27	350×175	H-354×176×8×13	2,958	1,648	0.56	무보강	824	0.28	무보강
	400×200	H-396×199×7×11	2,916	1,614	0.55	무보강	807	0.28	무보강
		H-400×200×8×13	2,913	1,890	0.65	무보강	945	0.32	무보강
	450×150	H-450×154×8×11	2,874	1,464	0.51	무보강	732	0.25	무보강
		H-454×154×8×13	2,871	1,631	0.57	무보강	815	0.28	무보강
	450×200	H-446×199×8×12	2,877	1,838	0.64	무보강	919	0.32	무보강
		H-450×200×9×14	2,874	2,132	0.74	무보강	1,066	0.37	무보강
		H-456×200×9×17	2,870	2,444	0.85	무보강	1,222	0.43	무보강
		H-460×201×10×19	2,867	2,728	0.95	무보강	1,364	0.48	무보강
	500×200	H-496×199×9×14	2,845	2,179	0.77	무보강	1,090	0.38	무보강
		H-500×200×10×16	2,843	2,477	0.87	무보강	1,239	0.44	무보강
		H-506×201×11×19	2,839	2,869	1.01	해석요	1,434	0.51	무보강
		H-514×202×12×23	2,835	3,380	1.19	해석요	1,690	0.60	무보강
	500×300	H-482×300×11×15	2,853	3,286	1.15	해석요	1,643	0.58	무보강
		H-488×300×11×18	2,850	3,780	1.33	해석요	1,890	0.66	무보강
		H-494×300×11×21	2,846	4,267	1.50	해석요	2,134	0.75	무보강
	600×200	H-596×199×10×15	2,798	2,509	0.90	무보강	1,254	0.45	무보강
		H-600×200×11×17	2,796	2,811	1.01	해석요	1,406	0.50	무보강
		H-606×201×12×20	2,794	3,219	1.15	해석요	1,610	0.58	무보강
		H-612×202×13×23	2,791	3,635	1.30	해석요	1,818	0.65	무보강
	600×300	H-582×300×12×17	2,803	3,855	1.38	해석요	1,927	0.69	무보강
		H-588×300×12×20	2,801	3,835	1.37	해석요	1,917	0.68	무보강
		H-594×302×14×23	2,798	3,814	1.36	해석요	1,907	0.68	무보강
		H-600×302×14×26	2,796	5,499	1.97	해석요	2,750	0.98	무보강
		H-606×303×15×29	2,794	6,079	2.18	해석요	3,039	1.09	해석요
	650×350	H-635×328×18×31	2,783	7,064	2.54	해석요	3,532	1.27	해석요

※ 도움표의 H형강은 콤팩트단면 기준을 만족한다.

1) 소성패널존변형을 포함하는 건축물 강구조 설계기준(KDS 41 31 00)의 4.7-35 식 적용

2) $R_{u1}=2*M_{pn}/d_b$

3) $R_{u1}=M_{pn}/d_b$

도움표 4.2 기둥(SHN355)-보(SHN275), 협폭계열기둥

기둥(SHN355)	보(SHN275)		패널존전단강도[1] R_n (kN)	내부접합부			외부접합부		
형강치수	Type	형강치수		소요패널존강도[2] R_{u1} (kN)	DCR	패널존 보강여부	소요패널존강도[3] R_{u2} (kN)	DCR	패널존 보강여부
H-802×301×15×27	650×350	H-641×329×19×34	2,781	7,691	2.77	해석요	3,846	1.38	해석요
	700×300	H-692×300×13×20	2,765	4,608	1.67	해석요	2,304	0.83	무보강
		H-696×300×13×22	2,764	4,934	1.79	해석요	2,467	0.89	무보강
		H-700×300×13×24	2,763	5,256	1.90	해석요	2,628	0.95	무보강
		H-702×301×14×25	2,762	5,523	2.00	해석요	2,761	1.00	무보강
		H-708×302×15×28	2,760	6,115	2.22	해석요	3,057	1.11	해석요
		H-714×303×16×31	2,759	6,709	2.43	해석요	3,354	1.22	해석요
H-808×302×16×30	300×200	H-294×200×8×12	3,344	1,675	0.50	무보강	838	0.25	무보강
		H-298×201×9×14	3,336	1,937	0.58	무보강	968	0.29	무보강
	350×175	H-354×176×8×13	3,244	1,648	0.51	무보강	824	0.25	무보강
	400×200	H-396×199×7×11	3,192	1,614	0.51	무보강	807	0.25	무보강
		H-400×200×8×13	3,188	1,890	0.59	무보강	945	0.30	무보강
	450×150	H-454×154×8×13	3,136	1,631	0.52	무보강	815	0.26	무보강
	450×200	H-446×199×8×12	3,143	1,838	0.58	무보강	919	0.29	무보강
		H-450×200×9×14	3,140	2,132	0.68	무보강	1,066	0.34	무보강
		H-456×200×9×17	3,135	2,444	0.78	무보강	1,222	0.39	무보강
		H-460×201×10×19	3,131	2,728	0.87	무보강	1,364	0.44	무보강
	500×200	H-496×199×9×14	3,104	2,179	0.70	무보강	1,090	0.35	무보강
		H-500×200×10×16	3,101	2,477	0.80	무보강	1,239	0.40	무보강
		H-506×201×11×19	3,097	2,869	0.93	무보강	1,434	0.46	무보강
		H-514×202×12×23	3,092	3,380	1.09	해석요	1,690	0.55	무보강
	500×300	H-482×300×11×15	3,114	3,286	1.06	해석요	1,643	0.53	무보강
		H-488×300×11×18	3,110	3,780	1.22	해석요	1,890	0.61	무보강
		H-494×300×11×21	3,105	4,267	1.37	해석요	2,134	0.69	무보강
	600×200	H-596×199×10×15	3,045	2,509	0.82	무보강	1,254	0.41	무보강
		H-600×200×11×17	3,043	2,811	0.92	무보강	1,406	0.46	무보강

※ 도움표의 H형강은 콤팩트단면 기준을 만족한다.

1) 소성패널존변형을 포함하는 건축물 강구조 설계기준(KDS 41 31 00)의 4.7-35 식 적용

2) $R_{u1}=2*M_{pn}/d_b$

3) $R_{u1}=M_{pn}/d_b$

도움표 4.2 기둥(SHN355)-보(SHN275), 협폭계열기둥

기둥(SHN355)	보(SHN275)		패널존전단강도[1] R_n (kN)	내부접합부			외부접합부		
형강치수	Type	형강치수		소요패널존강도[2] R_{u1} (kN)	DCR	패널존 보강여부	소요패널존강도[3] R_{u2} (kN)	DCR	패널존 보강여부
H-808×302×16×30	600×200	H-606×201×12×20	3,040	3,219	1.06	해석요	1,610	0.53	무보강
		H-612×202×13×23	3,037	3,635	1.20	해석요	1,818	0.60	무보강
	600×300	H-582×300×12×17	3,052	3,855	1.26	해석요	1,927	0.63	무보강
		H-588×300×12×20	3,049	3,835	1.26	해석요	1,917	0.63	무보강
		H-594×302×14×23	3,046	3,814	1.25	해석요	1,907	0.63	무보강
		H-600×302×14×26	3,043	5,499	1.81	해석요	2,750	0.90	무보강
		H-606×303×15×29	3,040	6,079	2.00	해석요	3,039	1.00	무보강
	650×350	H-635×328×18×31	3,027	7,064	2.33	해석요	3,532	1.17	해석요
		H-641×329×19×34	3,025	7,691	2.54	해석요	3,846	1.27	해석요
		H-647×331×21×37	3,022	8,415	2.78	해석요	4,208	1.39	해석요
		H-653×332×22×40	3,020	9,049	3.00	해석요	4,524	1.50	해석요
	700×300	H-692×300×13×20	3,005	4,608	1.53	해석요	2,304	0.77	무보강
		H-696×300×13×22	3,003	4,934	1.64	해석요	2,467	0.82	무보강
		H-700×300×13×24	3,002	5,256	1.75	해석요	2,628	0.88	무보강
		H-702×301×14×25	3,001	5,523	1.84	해석요	2,761	0.92	무보강
		H-708×302×15×28	2,999	6,115	2.04	해석요	3,057	1.02	해석요
		H-714×303×16×31	2,997	6,709	2.24	해석요	3,354	1.12	해석요
H-814×303×17×33	300×200	H-298×201×9×14	3,655	1,937	0.53	무보강	968	0.26	무보강
	400×200	H-400×200×8×13	3,475	1,890	0.54	무보강	945	0.27	무보강
	450×200	H-446×199×8×12	3,420	1,838	0.54	무보강	919	0.27	무보강
		H-450×200×9×14	3,416	2,132	0.62	무보강	1,066	0.31	무보강
		H-456×200×9×17	3,410	2,444	0.72	무보강	1,222	0.36	무보강
		H-460×201×10×19	3,406	2,728	0.80	무보강	1,364	0.40	무보강
	500×200	H-496×199×9×14	3,373	2,179	0.65	무보강	1,090	0.32	무보강
		H-500×200×10×16	3,369	2,477	0.74	무보강	1,239	0.37	무보강
		H-506×201×11×19	3,364	2,869	0.85	무보강	1,434	0.43	무보강

※ 도움표의 H형강은 콤팩트단면 기준을 만족한다.

1) 소성패널존변형을 포함하는 건축물 강구조 설계기준(KDS 41 31 00)의 4.7-35 식 적용

2) $R_{u1}=2*M_{pn}/d_b$

3) $R_{u1}=M_{pn}/d_b$

도움표 4.2 기둥(SHN355)-보(SHN275), 협폭계열기둥

기둥(SHN355)	보(SHN275)		패널존전단강도[1] R_n (kN)	내부접합부			외부접합부		
형강치수	Type	형강치수		소요패널존강도[2] R_{u1} (kN)	DCR	패널존 보강여부	소요패널존강도[3] R_{u2} (kN)	DCR	패널존 보강여부
H-814×303×17×33	500×200	H-514×202×12×23	3,358	3,380	1.01	해석요	1,690	0.50	무보강
	500×300	H-482×300×11×15	3,385	3,286	0.97	무보강	1,643	0.49	무보강
		H-488×300×11×18	3,380	3,780	1.12	해석요	1,890	0.56	무보강
		H-494×300×11×21	3,374	4,267	1.26	해석요	2,134	0.63	무보강
	600×200	H-596×199×10×15	3,301	2,509	0.76	무보강	1,254	0.38	무보강
		H-600×200×11×17	3,299	2,811	0.85	무보강	1,406	0.43	무보강
		H-606×201×12×20	3,295	3,219	0.98	무보강	1,610	0.49	무보강
		H-612×202×13×23	3,292	3,635	1.10	해석요	1,818	0.55	무보강
	600×300	H-582×300×12×17	3,310	3,855	1.16	해석요	1,927	0.58	무보강
		H-588×300×12×20	3,306	3,835	1.16	해석요	1,917	0.58	무보강
		H-594×302×14×23	3,302	3,814	1.16	해석요	1,907	0.58	무보강
		H-600×302×14×26	3,299	5,499	1.67	해석요	2,750	0.83	무보강
		H-606×303×15×29	3,295	6,079	1.84	해석요	3,039	0.92	무보강
	650×350	H-635×328×18×31	3,280	7,064	2.15	해석요	3,532	1.08	해석요
		H-641×329×19×34	3,276	7,691	2.35	해석요	3,846	1.17	해석요
		H-647×331×21×37	3,273	8,415	2.57	해석요	4,208	1.29	해석요
		H-653×332×22×40	3,270	9,049	2.77	해석요	4,524	1.38	해석요
	700×300	H-692×300×13×20	3,252	4,608	1.42	해석요	2,304	0.71	무보강
		H-696×300×13×22	3,250	4,934	1.52	해석요	2,467	0.76	무보강
		H-700×300×13×24	3,249	5,256	1.62	해석요	2,628	0.81	무보강
		H-702×301×14×25	3,248	5,523	1.70	해석요	2,761	0.85	무보강
		H-708×302×15×28	3,245	6,115	1.88	해석요	3,057	0.94	무보강
		H-714×303×16×31	3,243	6,709	2.07	해석요	3,354	1.03	해석요
H-841×291×15×22	300×200	H-294×200×8×12	2,993	1,675	0.56	무보강	838	0.28	무보강
		H-298×201×9×14	2,989	1,937	0.65	무보강	968	0.32	무보강
	350×175	H-354×176×8×13	2,941	1,648	0.56	무보강	824	0.28	무보강

※ 도움표의 H형강은 콤팩트단면 기준을 만족한다.

1) 소성패널존변형을 포함하는 건축물 강구조 설계기준(KDS 41 31 00)의 4.7-35 식 적용

2) $R_{u1}=2*M_{pn}/d_b$

3) $R_{u1}=M_{pn}/d_b$

도움표 4.2 기둥(SHN355)-보(SHN275), 협폭계열기둥

기둥(SHN355)	보(SHN275)		패널존전단강도[1] R_n (kN)	내부접합부			외부접합부		
형강치수	Type	형강치수		소요패널존강도[2] R_{u1} (kN)	DCR	패널존 보강여부	소요패널존강도[3] R_{u2} (kN)	DCR	패널존 보강여부
H-841×291×15×22	400×200	H-396×199×7×11	2,914	1,614	0.55	무보강	807	0.28	무보강
		H-400×200×8×13	2,912	1,890	0.65	무보강	945	0.32	무보강
	450×150	H-450×154×8×11	2,887	1,464	0.51	무보강	732	0.25	무보강
		H-454×154×8×13	2,885	1,631	0.57	무보강	815	0.28	무보강
	450×200	H-446×199×8×12	2,889	1,838	0.64	무보강	919	0.32	무보강
		H-450×200×9×14	2,887	2,132	0.74	무보강	1,066	0.37	무보강
		H-456×200×9×17	2,884	2,444	0.85	무보강	1,222	0.42	무보강
		H-460×201×10×19	2,883	2,728	0.95	무보강	1,364	0.47	무보강
	500×200	H-496×199×9×14	2,868	2,179	0.76	무보강	1,090	0.38	무보강
		H-500×200×10×16	2,867	2,477	0.86	무보강	1,239	0.43	무보강
		H-506×201×11×19	2,865	2,869	1.00	해석요	1,434	0.50	무보강
		H-514×202×12×23	2,862	3,380	1.18	해석요	1,690	0.59	무보강
	500×300	H-482×300×11×15	2,874	3,286	1.14	해석요	1,643	0.57	무보강
		H-488×300×11×18	2,871	3,780	1.32	해석요	1,890	0.66	무보강
		H-494×300×11×21	2,869	4,267	1.49	해석요	2,134	0.74	무보강
	600×200	H-596×199×10×15	2,838	2,509	0.88	무보강	1,254	0.44	무보강
		H-600×200×11×17	2,837	2,811	0.99	무보강	1,406	0.50	무보강
		H-606×201×12×20	2,836	3,219	1.14	해석요	1,610	0.57	무보강
		H-612×202×13×23	2,834	3,635	1.28	해석요	1,818	0.64	무보강
	600×300	H-582×300×12×17	2,842	3,855	1.36	해석요	1,927	0.68	무보강
		H-588×300×12×20	2,840	3,835	1.35	해석요	1,917	0.68	무보강
		H-594×302×14×23	2,839	3,814	1.34	해석요	1,907	0.67	무보강
		H-600×302×14×26	2,837	5,499	1.94	해석요	2,750	0.97	무보강
		H-606×303×15×29	2,836	6,079	2.14	해석요	3,039	1.07	해석요
	650×350	H-635×328×18×31	2,829	7,064	2.50	해석요	3,532	1.25	해석요
		H-641×329×19×34	2,827	7,691	2.72	해석요	3,846	1.36	해석요

※ 도움표의 H형강은 콤팩트단면 기준을 만족한다.

1) 소성패널존변형을 포함하는 건축물 강구조 설계기준(KDS 41 31 00)의 4.7-35 식 적용

2) $R_{u1}=2*M_{pn}/d_b$

3) $R_{u1}=M_{pn}/d_b$

도움표 4.2 기둥(SHN355)-보(SHN275), 협폭계열기둥

기둥(SHN355)	보(SHN275)		패널존전단강도[1] R_n (kN)	내부접합부			외부접합부		
형강치수	Type	형강치수		소요패널존강도[2] R_{u1} (kN)	DCR	패널존 보강여부	소요패널존강도[3] R_{u2} (kN)	DCR	패널존 보강여부
H-841×291×15×22	650×350	H-647×331×21×37	2,826	8,415	2.98	해석요	4,208	1.49	해석요
	700×300	H-692×300×13×20	2,817	4,608	1.64	해석요	2,304	0.82	무보강
		H-696×300×13×22	2,816	4,934	1.75	해석요	2,467	0.88	무보강
		H-700×300×13×24	2,816	5,256	1.87	해석요	2,628	0.93	무보강
		H-702×301×14×25	2,815	5,523	1.96	해석요	2,761	0.98	무보강
		H-708×302×15×28	2,814	6,115	2.17	해석요	3,057	1.09	해석요
		H-714×303×16×31	2,813	6,709	2.38	해석요	3,354	1.19	해석요
H-845×291×15×24	300×200	H-294×200×8×12	3,064	1,675	0.55	무보강	838	0.27	무보강
		H-298×201×9×14	3,059	1,937	0.63	무보강	968	0.32	무보강
	350×175	H-354×176×8×13	3,002	1,648	0.55	무보강	824	0.27	무보강
	400×200	H-396×199×7×11	2,970	1,614	0.54	무보강	807	0.27	무보강
		H-400×200×8×13	2,968	1,890	0.64	무보강	945	0.32	무보강
	450×150	H-454×154×8×13	2,936	1,631	0.56	무보강	815	0.28	무보강
	450×200	H-446×199×8×12	2,940	1,838	0.63	무보강	919	0.31	무보강
		H-450×200×9×14	2,938	2,132	0.73	무보강	1,066	0.36	무보강
		H-456×200×9×17	2,935	2,444	0.83	무보강	1,222	0.42	무보강
		H-460×201×10×19	2,933	2,728	0.93	무보강	1,364	0.47	무보강
	500×200	H-496×199×9×14	2,916	2,179	0.75	무보강	1,090	0.37	무보강
		H-500×200×10×16	2,914	2,477	0.85	무보강	1,239	0.43	무보강
		H-506×201×11×19	2,911	2,869	0.99	무보강	1,434	0.49	무보강
		H-514×202×12×23	2,908	3,380	1.16	해석요	1,690	0.58	무보강
	500×300	H-482×300×11×15	2,922	3,286	1.12	해석요	1,643	0.56	무보강
		H-488×300×11×18	2,919	3,780	1.29	해석요	1,890	0.65	무보강
		H-494×300×11×21	2,917	4,267	1.46	해석요	2,134	0.73	무보강
	600×200	H-596×199×10×15	2,879	2,509	0.87	무보강	1,254	0.44	무보강
		H-600×200×11×17	2,878	2,811	0.98	무보강	1,406	0.49	무보강

※ 도움표의 H형강은 콤팩트단면 기준을 만족한다.

1) 소성패널존변형을 포함하는 건축물 강구조 설계기준(KDS 41 31 00)의 4.7-35 식 적용

2) $R_{u1}=2*M_{pn}/d_b$

3) $R_{u1}=M_{pn}/d_b$

도움표 4.2 기둥(SHN355)-보(SHN275), 협폭계열기둥

기둥(SHN355)	보(SHN275)		패널존전단강도[1]	내부접합부			외부접합부		
형강치수	Type	형강치수	R_n (kN)	소요패널존강도[2] R_{u1} (kN)	DCR	패널존 보강여부	소요패널존강도[3] R_{u2} (kN)	DCR	패널존 보강여부
H-845×291×15×24	600×200	H-606×201×12×20	2,877	3,219	1.12	해석요	1,610	0.56	무보강
		H-612×202×13×23	2,875	3,635	1.26	해석요	1,818	0.63	무보강
	600×300	H-582×300×12×17	2,884	3,855	1.34	해석요	1,927	0.67	무보강
		H-588×300×12×20	2,882	3,835	1.33	해석요	1,917	0.67	무보강
		H-594×302×14×23	2,880	3,814	1.32	해석요	1,907	0.66	무보강
		H-600×302×14×26	2,878	5,499	1.91	해석요	2,750	0.96	무보강
		H-606×303×15×29	2,877	6,079	2.11	해석요	3,039	1.06	해석요
	650×350	H-635×328×18×31	2,868	7,064	2.46	해석요	3,532	1.23	해석요
		H-641×329×19×34	2,867	7,691	2.68	해석요	3,846	1.34	해석요
		H-647×331×21×37	2,865	8,415	2.94	해석요	4,208	1.47	해석요
	700×300	H-692×300×13×20	2,855	4,608	1.61	해석요	2,304	0.81	무보강
		H-696×300×13×22	2,854	4,934	1.73	해석요	2,467	0.86	무보강
		H-700×300×13×24	2,853	5,256	1.84	해석요	2,628	0.92	무보강
		H-702×301×14×25	2,852	5,523	1.94	해석요	2,761	0.97	무보강
		H-708×302×15×28	2,851	6,115	2.14	해석요	3,057	1.07	해석요
		H-714×303×16×31	2,850	6,709	2.35	해석요	3,354	1.18	해석요
H-851×292×16×27	300×200	H-298×201×9×14	3,357	1,937	0.58	무보강	968	0.29	무보강
	350×175	H-354×176×8×13	3,284	1,648	0.50	무보강	824	0.25	무보강
	400×200	H-400×200×8×13	3,240	1,890	0.58	무보강	945	0.29	무보강
	450×150	H-454×154×8×13	3,200	1,631	0.51	무보강	815	0.25	무보강
	450×200	H-446×199×8×12	3,205	1,838	0.57	무보강	919	0.29	무보강
		H-450×200×9×14	3,202	2,132	0.67	무보강	1,066	0.33	무보강
		H-456×200×9×17	3,199	2,444	0.76	무보강	1,222	0.38	무보강
		H-460×201×10×19	3,196	2,728	0.85	무보강	1,364	0.43	무보강
	500×200	H-496×199×9×14	3,174	2,179	0.69	무보강	1,090	0.34	무보강
		H-500×200×10×16	3,172	2,477	0.78	무보강	1,239	0.39	무보강

※ 도움표의 H형강은 콤팩트단면 기준을 만족한다.

1) 소성패널존변형을 포함하는 건축물 강구조 설계기준(KDS 41 31 00)의 4.7-35 식 적용

2) $R_{u1}=2^*M_{pn}/d_b$

3) $R_{u1}=M_{pn}/d_b$

도움표 4.2 기둥(SHN355)-보(SHN275), 협폭계열기둥

기둥(SHN355)	보(SHN275)		패널존전단강도[1] R_n (kN)	내부접합부			외부접합부		
형강치수	Type	형강치수		소요패널존강도[2] R_{u1} (kN)	DCR	패널존 보강여부	소요패널존강도[3] R_{u2} (kN)	DCR	패널존 보강여부
H-851×292×16×27	500×200	H-506×201×11×19	3,169	2,869	0.91	무보강	1,434	0.45	무보강
		H-514×202×12×23	3,165	3,380	1.07	해석요	1,690	0.53	무보강
	500×300	H-482×300×11×15	3,182	3,286	1.03	해석요	1,643	0.52	무보강
		H-488×300×11×18	3,179	3,780	1.19	해석요	1,890	0.59	무보강
		H-494×300×11×21	3,176	4,267	1.34	해석요	2,134	0.67	무보강
	600×200	H-596×199×10×15	3,128	2,509	0.80	무보강	1,254	0.40	무보강
		H-600×200×11×17	3,127	2,811	0.90	무보강	1,406	0.45	무보강
		H-606×201×12×20	3,125	3,219	1.03	해석요	1,610	0.52	무보강
		H-612×202×13×23	3,122	3,635	1.16	해석요	1,818	0.58	무보강
	600×300	H-582×300×12×17	3,134	3,855	1.23	해석요	1,927	0.62	무보강
		H-588×300×12×20	3,132	3,835	1.22	해석요	1,917	0.61	무보강
		H-594×302×14×23	3,129	3,814	1.22	해석요	1,907	0.61	무보강
		H-600×302×14×26	3,127	5,499	1.76	해석요	2,750	0.88	무보강
		H-606×303×15×29	3,125	6,079	1.95	해석요	3,039	0.97	무보강
	650×350	H-635×328×18×31	3,114	7,064	2.27	해석요	3,532	1.13	해석요
		H-641×329×19×34	3,112	7,691	2.47	해석요	3,846	1.24	해석요
		H-647×331×21×37	3,110	8,415	2.71	해석요	4,208	1.35	해석요
		H-653×332×22×40	3,109	9,049	2.91	해석요	4,524	1.46	해석요
	700×300	H-692×300×13×20	3,097	4,608	1.49	해석요	2,304	0.74	무보강
		H-696×300×13×22	3,096	4,934	1.59	해석요	2,467	0.80	무보강
		H-700×300×13×24	3,095	5,256	1.70	해석요	2,628	0.85	무보강
		H-702×301×14×25	3,094	5,523	1.79	해석요	2,761	0.89	무보강
		H-708×302×15×28	3,092	6,115	1.98	해석요	3,057	0.99	무보강
		H-714×303×16×31	3,091	6,709	2.17	해석요	3,354	1.09	해석요
H-859×293×17×31	300×200	H-298×201×9×14	3,714	1,937	0.52	무보강	968	0.26	무보강
	400×200	H-400×200×8×13	3,560	1,890	0.53	무보강	945	0.27	무보강

※ 도움표의 H형강은 콤팩트단면 기준을 만족한다.

1) 소성패널존변형을 포함하는 건축물 강구조 설계기준(KDS 41 31 00)의 4.7-35 식 적용

2) $R_{u1}=2*M_{pn}/d_b$

3) $R_{u1}=M_{pn}/d_b$

도움표 4.2 기둥(SHN355)-보(SHN275), 협폭계열기둥

기둥(SHN355)	보(SHN275)		패널존전단강도[1]	내부접합부			외부접합부		
형강치수	Type	형강치수	R_n (kN)	소요패널존강도[2] R_{u1} (kN)	DCR	패널존 보강여부	소요패널존강도[3] R_{u2} (kN)	DCR	패널존 보강여부
H-859×293×17×31	450×200	H-446×199×8×12	3,514	1,838	0.52	무보강	919	0.26	무보강
		H-450×200×9×14	3,510	2,132	0.61	무보강	1,066	0.30	무보강
		H-456×200×9×17	3,505	2,444	0.70	무보강	1,222	0.35	무보강
		H-460×201×10×19	3,502	2,728	0.78	무보강	1,364	0.39	무보강
	500×200	H-496×199×9×14	3,473	2,179	0.63	무보강	1,090	0.31	무보강
		H-500×200×10×16	3,470	2,477	0.71	무보강	1,239	0.36	무보강
		H-506×201×11×19	3,466	2,869	0.83	무보강	1,434	0.41	무보강
		H-514×202×12×23	3,460	3,380	0.98	무보강	1,690	0.49	무보강
	500×300	H-482×300×11×15	3,484	3,286	0.94	무보강	1,643	0.47	무보강
		H-488×300×11×18	3,479	3,780	1.09	해석요	1,890	0.54	무보강
		H-494×300×11×21	3,475	4,267	1.23	해석요	2,134	0.61	무보강
	600×200	H-596×199×10×15	3,412	2,509	0.74	무보강	1,254	0.37	무보강
		H-600×200×11×17	3,410	2,811	0.82	무보강	1,406	0.41	무보강
		H-606×201×12×20	3,407	3,219	0.94	무보강	1,610	0.47	무보강
		H-612×202×13×23	3,404	3,635	1.07	해석요	1,818	0.53	무보강
	600×300	H-582×300×12×17	3,420	3,855	1.13	해석요	1,927	0.56	무보강
		H-588×300×12×20	3,416	3,835	1.12	해석요	1,917	0.56	무보강
		H-594×302×14×23	3,413	3,814	1.12	해석요	1,907	0.56	무보강
		H-600×302×14×26	3,410	5,499	1.61	해석요	2,750	0.81	무보강
		H-606×303×15×29	3,407	6,079	1.78	해석요	3,039	0.89	무보강
	650×350	H-635×328×18×31	3,394	7,064	2.08	해석요	3,532	1.04	해석요
		H-641×329×19×34	3,391	7,691	2.27	해석요	3,846	1.13	해석요
		H-647×331×21×37	3,389	8,415	2.48	해석요	4,208	1.24	해석요
		H-653×332×22×40	3,386	9,049	2.67	해석요	4,524	1.34	해석요
		H-661×334×24×44	3,383	9,963	2.95	해석요	4,981	1.47	해석요
	700×300	H-692×300×13×20	3,370	4,608	1.37	해석요	2,304	0.68	무보강

※ 도움표의 H형강은 콤팩트단면 기준을 만족한다.

1) 소성패널존변형을 포함하는 건축물 강구조 설계기준(KDS 41 31 00)의 4.7-35 식 적용

2) $R_{u1}=2*M_{pn}/d_b$

3) $R_{u1}=M_{pn}/d_b$

도움표 4.2 기둥(SHN355)-보(SHN275), 협폭계열기둥

기둥(SHN355)	보(SHN275)		패널존전단강도[1] R_n (kN)	내부접합부			외부접합부		
형강치수	Type	형강치수		소요패널존강도[2] R_{u1} (kN)	DCR	패널존 보강여부	소요패널존강도[3] R_{u2} (kN)	DCR	패널존 보강여부
H-859×293×17×31	700×300	H-696×300×13×22	3,369	4,934	1.46	해석요	2,467	0.73	무보강
		H-700×300×13×24	3,367	5,256	1.56	해석요	2,628	0.78	무보강
		H-702×301×14×25	3,367	5,523	1.64	해석요	2,761	0.82	무보강
		H-708×302×15×28	3,365	6,115	1.82	해석요	3,057	0.91	무보강
		H-714×303×16×31	3,362	6,709	2.00	해석요	3,354	1.00	무보강
H-890×299×15×23	300×200	H-294×200×8×12	3,187	1,675	0.53	무보강	838	0.26	무보강
		H-298×201×9×14	3,183	1,937	0.61	무보강	968	0.30	무보강
	350×175	H-354×176×8×13	3,129	1,648	0.53	무보강	824	0.26	무보강
	400×200	H-396×199×7×11	3,099	1,614	0.52	무보강	807	0.26	무보강
		H-400×200×8×13	3,096	1,890	0.61	무보강	945	0.31	무보강
	450×150	H-454×154×8×13	3,066	1,631	0.53	무보강	815	0.27	무보강
	450×200	H-446×199×8×12	3,070	1,838	0.60	무보강	919	0.30	무보강
		H-450×200×9×14	3,068	2,132	0.69	무보강	1,066	0.35	무보강
		H-456×200×9×17	3,065	2,444	0.80	무보강	1,222	0.40	무보강
		H-460×201×10×19	3,063	2,728	0.89	무보강	1,364	0.45	무보강
	500×200	H-496×199×9×14	3,047	2,179	0.72	무보강	1,090	0.36	무보강
		H-500×200×10×16	3,046	2,477	0.81	무보강	1,239	0.41	무보강
		H-506×201×11×19	3,043	2,869	0.94	무보강	1,434	0.47	무보강
		H-514×202×12×23	3,040	3,380	1.11	해석요	1,690	0.56	무보강
	500×300	H-482×300×11×15	3,053	3,286	1.08	해석요	1,643	0.54	무보강
		H-488×300×11×18	3,051	3,780	1.24	해석요	1,890	0.62	무보강
		H-494×300×11×21	3,048	4,267	1.40	해석요	2,134	0.70	무보강
	600×200	H-596×199×10×15	3,013	2,509	0.83	무보강	1,254	0.42	무보강
		H-600×200×11×17	3,012	2,811	0.93	무보강	1,406	0.47	무보강
		H-606×201×12×20	3,010	3,219	1.07	해석요	1,610	0.53	무보강
		H-612×202×13×23	3,009	3,635	1.21	해석요	1,818	0.60	무보강

※ 도움표의 H형강은 콤팩트단면 기준을 만족한다.

1) 소성패널존변형을 포함하는 건축물 강구조 설계기준(KDS 41 31 00)의 4.7-35 식 적용

2) $R_{u1}=2*M_{pn}/d_b$

3) $R_{u1}=M_{pn}/d_b$

도움표 4.2 기둥(SHN355)-보(SHN275), 협폭계열기둥

기둥(SHN355)	보(SHN275)		패널존전단강도[1]	내부접합부			외부접합부		
형강치수	Type	형강치수	R_n (kN)	소요패널존강도[2] R_{u1} (kN)	DCR	패널존 보강여부	소요패널존강도[3] R_{u2} (kN)	DCR	패널존 보강여부
H-890×299×15×23	600×300	H-582×300×12×17	3,017	3,855	1.28	해석요	1,927	0.64	무보강
		H-588×300×12×20	3,015	3,835	1.27	해석요	1,917	0.64	무보강
		H-594×302×14×23	3,014	3,814	1.27	해석요	1,907	0.63	무보강
		H-600×302×14×26	3,012	5,499	1.83	해석요	2,750	0.91	무보강
		H-606×303×15×29	3,010	6,079	2.02	해석요	3,039	1.01	해석요
	650×350	H-635×328×18×31	3,003	7,064	2.35	해석요	3,532	1.18	해석요
		H-641×329×19×34	3,001	7,691	2.56	해석요	3,846	1.28	해석요
		H-647×331×21×37	3,000	8,415	2.81	해석요	4,208	1.40	해석요
	700×300	H-692×300×13×20	2,990	4,608	1.54	해석요	2,304	0.77	무보강
		H-696×300×13×22	2,989	4,934	1.65	해석요	2,467	0.83	무보강
		H-700×300×13×24	2,988	5,256	1.76	해석요	2,628	0.88	무보강
		H-702×301×14×25	2,988	5,523	1.85	해석요	2,761	0.92	무보강
		H-708×302×15×28	2,986	6,115	2.05	해석요	3,057	1.02	해석요
		H-714×303×16×31	2,985	6,709	2.25	해석요	3,354	1.12	해석요
H-894×299×15×25	300×200	H-294×200×8×12	3,262	1,675	0.51	무보강	838	0.26	무보강
		H-298×201×9×14	3,257	1,937	0.59	무보강	968	0.30	무보강
	350×175	H-354×176×8×13	3,194	1,648	0.52	무보강	824	0.26	무보강
	400×200	H-396×199×7×11	3,158	1,614	0.51	무보강	807	0.26	무보강
		H-400×200×8×13	3,155	1,890	0.60	무보강	945	0.30	무보강
	450×150	H-454×154×8×13	3,119	1,631	0.52	무보강	815	0.26	무보강
	450×200	H-446×199×8×12	3,124	1,838	0.59	무보강	919	0.29	무보강
		H-450×200×9×14	3,122	2,132	0.68	무보강	1,066	0.34	무보강
		H-456×200×9×17	3,118	2,444	0.78	무보강	1,222	0.39	무보강
		H-460×201×10×19	3,116	2,728	0.88	무보강	1,364	0.44	무보강
	500×200	H-496×199×9×14	3,097	2,179	0.70	무보강	1,090	0.35	무보강
		H-500×200×10×16	3,095	2,477	0.80	무보강	1,239	0.40	무보강

※ 도움표의 H형강은 콤팩트단면 기준을 만족한다.

1) 소성패널존변형을 포함하는 건축물 강구조 설계기준(KDS 41 31 00)의 4.7-35 식 적용

2) $R_{u1}=2*M_{pn}/d_b$

3) $R_{u1}=M_{pn}/d_b$

도움표 4.2 기둥(SHN355)-보(SHN275), 협폭계열기둥

기둥(SHN355)	보(SHN275)		패널존전단강도[1] R_n (kN)	내부접합부			외부접합부		
형강치수	Type	형강치수		소요패널존강도[2] R_{u1} (kN)	DCR	패널존 보강여부	소요패널존강도[3] R_{u2} (kN)	DCR	패널존 보강여부
H-894×299×15×25	500×200	H-506×201×11×19	3,092	2,869	0.93	무보강	1,434	0.46	무보강
		H-514×202×12×23	3,089	3,380	1.09	해석요	1,690	0.55	무보강
	500×300	H-482×300×11×15	3,104	3,286	1.06	해석요	1,643	0.53	무보강
		H-488×300×11×18	3,101	3,780	1.22	해석요	1,890	0.61	무보강
		H-494×300×11×21	3,098	4,267	1.38	해석요	2,134	0.69	무보강
	600×200	H-596×199×10×15	3,057	2,509	0.82	무보강	1,254	0.41	무보강
		H-600×200×11×17	3,055	2,811	0.92	무보강	1,406	0.46	무보강
		H-606×201×12×20	3,053	3,219	1.05	해석요	1,610	0.53	무보강
		H-612×202×13×23	3,051	3,635	1.19	해석요	1,818	0.60	무보강
	600×300	H-582×300×12×17	3,062	3,855	1.26	해석요	1,927	0.63	무보강
		H-588×300×12×20	3,059	3,835	1.25	해석요	1,917	0.63	무보강
		H-594×302×14×23	3,057	3,814	1.25	해석요	1,907	0.62	무보강
		H-600×302×14×26	3,055	5,499	1.80	해석요	2,750	0.90	무보강
		H-606×303×15×29	3,053	6,079	1.99	해석요	3,039	1.00	무보강
	650×350	H-635×328×18×31	3,044	7,064	2.32	해석요	3,532	1.16	해석요
		H-641×329×19×34	3,043	7,691	2.53	해석요	3,846	1.26	해석요
		H-647×331×21×37	3,041	8,415	2.77	해석요	4,208	1.38	해석요
		H-653×332×22×40	3,039	9,049	2.98	해석요	4,524	1.49	해석요
	700×300	H-692×300×13×20	3,029	4,608	1.52	해석요	2,304	0.76	무보강
		H-696×300×13×22	3,028	4,934	1.63	해석요	2,467	0.81	무보강
		H-700×300×13×24	3,027	5,256	1.74	해석요	2,628	0.87	무보강
		H-702×301×14×25	3,026	5,523	1.82	해석요	2,761	0.91	무보강
		H-708×302×15×28	3,025	6,115	2.02	해석요	3,057	1.01	해석요
		H-714×303×16×31	3,024	6,709	2.22	해석요	3,354	1.11	해석요
H-900×300×16×28	300×200	H-298×201×9×14	3,572	1,937	0.54	무보강	968	0.27	무보강
	400×200	H-400×200×8×13	3,443	1,890	0.55	무보강	945	0.27	무보강

※ 도움표의 H형강은 콤팩트단면 기준을 만족한다.

1) 소성패널존변형을 포함하는 건축물 강구조 설계기준(KDS 41 31 00)의 4.7-35 식 적용

2) $R_{u1}=2*M_{pn}/d_b$

3) $R_{u1}=M_{pn}/d_b$

도움표 4.2 기둥(SHN355)-보(SHN275), 협폭계열기둥

기둥(SHN355)	보(SHN275)		패널존전단강도[1] R_n (kN)	내부접합부			외부접합부		
형강치수	Type	형강치수		소요패널존강도[2] R_{u1} (kN)	DCR	패널존 보강여부	소요패널존강도[3] R_{u2} (kN)	DCR	패널존 보강여부
H-900×300×16×28	450×200	H-446×199×8×12	3,404	1,838	0.54	무보강	919	0.27	무보강
		H-450×200×9×14	3,401	2,132	0.63	무보강	1,066	0.31	무보강
		H-456×200×9×17	3,397	2,444	0.72	무보강	1,222	0.36	무보강
		H-460×201×10×19	3,394	2,728	0.80	무보강	1,364	0.40	무보강
	500×200	H-496×199×9×14	3,370	2,179	0.65	무보강	1,090	0.32	무보강
		H-500×200×10×16	3,368	2,477	0.74	무보강	1,239	0.37	무보강
		H-506×201×11×19	3,364	2,869	0.85	무보강	1,434	0.43	무보강
		H-514×202×12×23	3,360	3,380	1.01	해석요	1,690	0.50	무보강
	500×300	H-482×300×11×15	3,379	3,286	0.97	무보강	1,643	0.49	무보강
		H-488×300×11×18	3,375	3,780	1.12	해석요	1,890	0.56	무보강
		H-494×300×11×21	3,371	4,267	1.27	해석요	2,134	0.63	무보강
	600×200	H-596×199×10×15	3,319	2,509	0.76	무보강	1,254	0.38	무보강
		H-600×200×11×17	3,318	2,811	0.85	무보강	1,406	0.42	무보강
		H-606×201×12×20	3,315	3,219	0.97	무보강	1,610	0.49	무보강
		H-612×202×13×23	3,313	3,635	1.10	해석요	1,818	0.55	무보강
	600×300	H-582×300×12×17	3,325	3,855	1.16	해석요	1,927	0.58	무보강
		H-588×300×12×20	3,323	3,835	1.15	해석요	1,917	0.58	무보강
		H-594×302×14×23	3,320	3,814	1.15	해석요	1,907	0.57	무보강
		H-600×302×14×26	3,318	5,499	1.66	해석요	2,750	0.83	무보강
		H-606×303×15×29	3,315	6,079	1.83	해석요	3,039	0.92	무보강
	650×350	H-635×328×18×31	3,304	7,064	2.14	해석요	3,532	1.07	해석요
		H-641×329×19×34	3,302	7,691	2.33	해석요	3,846	1.16	해석요
		H-647×331×21×37	3,299	8,415	2.55	해석요	4,208	1.28	해석요
		H-653×332×22×40	3,297	9,049	2.74	해석요	4,524	1.37	해석요
	700×300	H-692×300×13×20	3,284	4,608	1.40	해석요	2,304	0.70	무보강
		H-696×300×13×22	3,283	4,934	1.50	해석요	2,467	0.75	무보강

※ 도움표의 H형강은 콤팩트단면 기준을 만족한다.

1) 소성패널존변형을 포함하는 건축물 강구조 설계기준(KDS 41 31 00)의 4.7-35 식 적용

2) $R_{u1}=2*M_{pn}/d_b$

3) $R_{u1}=M_{pn}/d_b$

도움표 4.2 기둥(SHN355)-보(SHN275), 협폭계열기둥

기둥(SHN355)	보(SHN275)		패널존전단강도[1] R_n (kN)	내부접합부			외부접합부		
형강치수	Type	형강치수		소요패널존강도[2] R_{u1} (kN)	DCR	패널존 보강여부	소요패널존강도[3] R_{u2} (kN)	DCR	패널존 보강여부
H-900×300×16×28	700×300	H-700×300×13×24	3,282	5,256	1.60	해석요	2,628	0.80	무보강
		H-702×301×14×25	3,281	5,523	1.68	해석요	2,761	0.84	무보강
		H-708×302×15×28	3,279	6,115	1.86	해석요	3,057	0.93	무보강
		H-714×303×16×31	3,278	6,709	2.05	해석요	3,354	1.02	해석요
H-906×301×17×31	400×200	H-400×200×8×13	3,743	1,890	0.51	무보강	945	0.25	무보강
	450×200	H-450×200×9×14	3,691	2,132	0.58	무보강	1,066	0.29	무보강
		H-456×200×9×17	3,686	2,444	0.66	무보강	1,222	0.33	무보강
		H-460×201×10×19	3,682	2,728	0.74	무보강	1,364	0.37	무보강
	500×200	H-496×199×9×14	3,653	2,179	0.60	무보강	1,090	0.30	무보강
		H-500×200×10×16	3,650	2,477	0.68	무보강	1,239	0.34	무보강
		H-506×201×11×19	3,646	2,869	0.79	무보강	1,434	0.39	무보강
		H-514×202×12×23	3,640	3,380	0.93	무보강	1,690	0.46	무보강
	500×300	H-482×300×11×15	3,664	3,286	0.90	무보강	1,643	0.45	무보강
		H-488×300×11×18	3,659	3,780	1.03	해석요	1,890	0.52	무보강
		H-494×300×11×21	3,655	4,267	1.17	해석요	2,134	0.58	무보강
	600×200	H-596×199×10×15	3,591	2,509	0.70	무보강	1,254	0.35	무보강
		H-600×200×11×17	3,589	2,811	0.78	무보강	1,406	0.39	무보강
		H-606×201×12×20	3,586	3,219	0.90	무보강	1,610	0.45	무보강
		H-612×202×13×23	3,583	3,635	1.01	해석요	1,818	0.51	무보강
	600×300	H-582×300×12×17	3,598	3,855	1.07	해석요	1,927	0.54	무보강
		H-588×300×12×20	3,595	3,835	1.07	해석요	1,917	0.53	무보강
		H-594×302×14×23	3,592	3,814	1.06	해석요	1,907	0.53	무보강
		H-600×302×14×26	3,589	5,499	1.53	해석요	2,750	0.77	무보강
		H-606×303×15×29	3,586	6,079	1.70	해석요	3,039	0.85	무보강
	650×350	H-635×328×18×31	3,572	7,064	1.98	해석요	3,532	0.99	무보강
		H-641×329×19×34	3,569	7,691	2.16	해석요	3,846	1.08	해석요

※ 도움표의 H형강은 콤팩트단면 기준을 만족한다.

1) 소성패널존변형을 포함하는 건축물 강구조 설계기준(KDS 41 31 00)의 4.7-35 식 적용

2) $R_{u1}=2*M_{pn}/d_b$

3) $R_{u1}=M_{pn}/d_b$

도움표 4.2 기둥(SHN355)-보(SHN275), 협폭계열기둥

기둥(SHN355)	보(SHN275)		패널존전단강도[1]	내부접합부			외부접합부		
형강치수	Type	형강치수	R_n (kN)	소요패널존강도[2] R_{u1} (kN)	DCR	패널존 보강여부	소요패널존강도[3] R_{u2} (kN)	DCR	패널존 보강여부
H-906×301×17×31	650×350	H-647×331×21×37	3,566	8,415	2.36	해석요	4,208	1.18	해석요
		H-653×332×22×40	3,564	9,049	2.54	해석요	4,524	1.27	해석요
		H-661×334×24×44	3,560	9,963	2.80	해석요	4,981	1.40	해석요
	700×300	H-692×300×13×20	3,548	4,608	1.30	해석요	2,304	0.65	무보강
		H-696×300×13×22	3,546	4,934	1.39	해석요	2,467	0.70	무보강
		H-700×300×13×24	3,545	5,256	1.48	해석요	2,628	0.74	무보강
		H-702×301×14×25	3,544	5,523	1.56	해석요	2,761	0.78	무보강
		H-708×302×15×28	3,542	6,115	1.73	해석요	3,057	0.86	무보강
		H-714×303×16×31	3,540	6,709	1.90	해석요	3,354	0.95	무보강
H-912×302×18×34	450×200	H-450×200×9×14	3,992	2,132	0.53	무보강	1,066	0.27	무보강
		H-456×200×9×17	3,986	2,444	0.61	무보강	1,222	0.31	무보강
		H-460×201×10×19	3,982	2,728	0.69	무보강	1,364	0.34	무보강
	500×200	H-496×199×9×14	3,946	2,179	0.55	무보강	1,090	0.28	무보강
		H-500×200×10×16	3,943	2,477	0.63	무보강	1,239	0.31	무보강
		H-506×201×11×19	3,937	2,869	0.73	무보강	1,434	0.36	무보강
		H-514×202×12×23	3,931	3,380	0.86	무보강	1,690	0.43	무보강
	500×300	H-482×300×11×15	3,959	3,286	0.83	무보강	1,643	0.41	무보강
		H-488×300×11×18	3,954	3,780	0.96	무보강	1,890	0.48	무보강
		H-494×300×11×21	3,948	4,267	1.08	해석요	2,134	0.54	무보강
	600×200	H-596×199×10×15	3,871	2,509	0.65	무보강	1,254	0.32	무보강
		H-600×200×11×17	3,868	2,811	0.73	무보강	1,406	0.36	무보강
		H-606×201×12×20	3,865	3,219	0.83	무보강	1,610	0.42	무보강
		H-612×202×13×23	3,861	3,635	0.94	무보강	1,818	0.47	무보강
	600×300	H-582×300×12×17	3,880	3,855	0.99	무보강	1,927	0.50	무보강
		H-588×300×12×20	3,876	3,835	0.99	무보강	1,917	0.49	무보강
		H-594×302×14×23	3,872	3,814	0.99	무보강	1,907	0.49	무보강

※ 도움표의 H형강은 콤팩트단면 기준을 만족한다.

1) 소성패널존변형을 포함하는 건축물 강구조 설계기준(KDS 41 31 00)의 4.7-35 식 적용

2) $R_{u1}=2*M_{pn}/d_b$

3) $R_{u1}=M_{pn}/d_b$

도움표 4.2 기둥(SHN355)-보(SHN275), 협폭계열기둥

기둥(SHN355)	보(SHN275)		패널존전단강도[1] R_n (kN)	내부접합부			외부접합부		
형강치수	Type	형강치수		소요패널존강도[2] R_{u1} (kN)	DCR	패널존 보강여부	소요패널존강도[3] R_{u2} (kN)	DCR	패널존 보강여부
H-912×302×18×34	600×300	H-600×302×14×26	3,868	5,499	1.42	해석요	2,750	0.71	무보강
		H-606×303×15×29	3,865	6,079	1.57	해석요	3,039	0.79	무보강
	650×350	H-635×328×18×31	3,848	7,064	1.84	해석요	3,532	0.92	무보강
		H-641×329×19×34	3,845	7,691	2.00	해석요	3,846	1.00	해석요
		H-647×331×21×37	3,841	8,415	2.19	해석요	4,208	1.10	해석요
		H-653×332×22×40	3,838	9,049	2.36	해석요	4,524	1.18	해석요
		H-661×334×24×44	3,834	9,963	2.60	해석요	4,981	1.30	해석요
		H-669×336×26×48	3,830	10,884	2.84	해석요	5,442	1.42	해석요
	700×300	H-692×300×13×20	3,819	4,608	1.21	해석요	2,304	0.60	무보강
		H-696×300×13×22	3,817	4,934	1.29	해석요	2,467	0.65	무보강
		H-700×300×13×24	3,815	5,256	1.38	해석요	2,628	0.69	무보강
		H-702×301×14×25	3,814	5,523	1.45	해석요	2,761	0.72	무보강
		H-708×302×15×28	3,812	6,115	1.60	해석요	3,057	0.80	무보강
		H-714×303×16×31	3,809	6,709	1.76	해석요	3,354	0.88	무보강
H-918×303×19×37	450×200	H-456×200×9×17	4,296	2,444	0.57	무보강	1,222	0.28	무보강
		H-460×201×10×19	4,291	2,728	0.64	무보강	1,364	0.32	무보강
	500×200	H-496×199×9×14	4,250	2,179	0.51	무보강	1,090	0.26	무보강
		H-500×200×10×16	4,245	2,477	0.58	무보강	1,239	0.29	무보강
		H-506×201×11×19	4,239	2,869	0.68	무보강	1,434	0.34	무보강
		H-514×202×12×23	4,231	3,380	0.80	무보강	1,690	0.40	무보강
	500×300	H-482×300×11×15	4,265	3,286	0.77	무보강	1,643	0.39	무보강
		H-488×300×11×18	4,258	3,780	0.89	무보강	1,890	0.44	무보강
		H-494×300×11×21	4,252	4,267	1.00	해석요	2,134	0.50	무보강
	600×200	H-596×199×10×15	4,160	2,509	0.60	무보강	1,254	0.30	무보강
		H-600×200×11×17	4,157	2,811	0.68	무보강	1,406	0.34	무보강
		H-606×201×12×20	4,153	3,219	0.78	무보강	1,610	0.39	무보강

※ 도움표의 H형강은 콤팩트단면 기준을 만족한다.

1) 소성패널존변형을 포함하는 건축물 강구조 설계기준(KDS 41 31 00)의 4.7-35 식 적용

2) $R_{u1}=2*M_{pn}/d_b$

3) $R_{u1}=M_{pn}/d_b$

도움표 4.2 기둥(SHN355)-보(SHN275), 협폭계열기둥

기둥(SHN355)	보(SHN275)		패널존전단강도[1)] R_n (kN)	내부접합부			외부접합부		
형강치수	Type	형강치수		소요패널존강도[2)] R_{u1} (kN)	DCR	패널존 보강여부	소요패널존강도[3)] R_{u2} (kN)	DCR	패널존 보강여부
H-918×303×19×37	600×200	H-612×202×13×23	4,148	3,635	0.88	무보강	1,818	0.44	무보강
	600×300	H-582×300×12×17	4,171	3,855	0.92	무보강	1,927	0.46	무보강
		H-588×300×12×20	4,166	3,835	0.92	무보강	1,917	0.46	무보강
		H-594×302×14×23	4,161	3,814	0.92	무보강	1,907	0.46	무보강
		H-600×302×14×26	4,157	5,499	1.32	해석요	2,750	0.66	무보강
		H-606×303×15×29	4,153	6,079	1.46	해석요	3,039	0.73	무보강
	650×350	H-635×328×18×31	4,133	7,064	1.71	해석요	3,532	0.85	무보강
		H-641×329×19×34	4,129	7,691	1.86	해석요	3,846	0.93	무보강
		H-647×331×21×37	4,125	8,415	2.04	해석요	4,208	1.02	해석요
		H-653×332×22×40	4,121	9,049	2.20	해석요	4,524	1.10	해석요
		H-661×334×24×44	4,116	9,963	2.42	해석요	4,981	1.21	해석요
		H-669×336×26×48	4,111	10,884	2.65	해석요	5,442	1.32	해석요
		H-679×340×30×53	4,106	12,197	2.97	해석요	6,098	1.49	해석요
	700×300	H-692×300×13×20	4,098	4,608	1.12	해석요	2,304	0.56	무보강
		H-696×300×13×22	4,096	4,934	1.20	해석요	2,467	0.60	무보강
		H-700×300×13×24	4,094	5,256	1.28	해석요	2,628	0.64	무보강
		H-702×301×14×25	4,093	5,523	1.35	해석요	2,761	0.67	무보강
		H-708×302×15×28	4,090	6,115	1.50	해석요	3,057	0.75	무보강
		H-714×303×16×31	4,086	6,709	1.64	해석요	3,354	0.82	무보강
H-919×304×17×28	300×200	H-298×201×9×14	3,839	1,937	0.50	무보강	968	0.25	무보강
	400×200	H-400×200×8×13	3,708	1,890	0.51	무보강	945	0.25	무보강
	450×200	H-446×199×8×12	3,669	1,838	0.50	무보강	919	0.25	무보강
		H-450×200×9×14	3,666	2,132	0.58	무보강	1,066	0.29	무보강
		H-456×200×9×17	3,662	2,444	0.67	무보강	1,222	0.33	무보강
		H-460×201×10×19	3,659	2,728	0.75	무보강	1,364	0.37	무보강
	500×200	H-496×199×9×14	3,635	2,179	0.60	무보강	1,090	0.30	무보강

※ 도움표의 H형강은 콤팩트단면 기준을 만족한다.

1) 소성패널존변형을 포함하는 건축물 강구조 설계기준(KDS 41 31 00)의 4.7-35 식 적용

2) $R_{u1}=2*M_{pn}/d_b$

3) $R_{u1}=M_{pn}/d_b$

도움표 4.2 기둥(SHN355)-보(SHN275), 협폭계열기둥

기둥(SHN355)	보(SHN275)		패널존전단강도[1] R_n (kN)	내부접합부			외부접합부		
형강치수	Type	형강치수		소요패널존강도[2] R_{u1} (kN)	DCR	패널존 보강여부	소요패널존강도[3] R_{u2} (kN)	DCR	패널존 보강여부
H-919×304×17×28	500×200	H-500×200×10×16	3,632	2,477	0.68	무보강	1,239	0.34	무보강
		H-506×201×11×19	3,629	2,869	0.79	무보강	1,434	0.40	무보강
		H-514×202×12×23	3,624	3,380	0.93	무보강	1,690	0.47	무보강
	500×300	H-482×300×11×15	3,644	3,286	0.90	무보강	1,643	0.45	무보강
		H-488×300×11×18	3,640	3,780	1.04	해석요	1,890	0.52	무보강
		H-494×300×11×21	3,636	4,267	1.17	해석요	2,134	0.59	무보강
	600×200	H-596×199×10×15	3,583	2,509	0.70	무보강	1,254	0.35	무보강
		H-600×200×11×17	3,582	2,811	0.78	무보강	1,406	0.39	무보강
		H-606×201×12×20	3,579	3,219	0.90	무보강	1,610	0.45	무보강
		H-612×202×13×23	3,577	3,635	1.02	해석요	1,818	0.51	무보강
	600×300	H-582×300×12×17	3,589	3,855	1.07	해석요	1,927	0.54	무보강
		H-588×300×12×20	3,587	3,835	1.07	해석요	1,917	0.53	무보강
		H-594×302×14×23	3,584	3,814	1.06	해석요	1,907	0.53	무보강
		H-600×302×14×26	3,582	5,499	1.54	해석요	2,750	0.77	무보강
		H-606×303×15×29	3,579	6,079	1.70	해석요	3,039	0.85	무보강
	650×350	H-635×328×18×31	3,568	7,064	1.98	해석요	3,532	0.99	무보강
		H-641×329×19×34	3,565	7,691	2.16	해석요	3,846	1.08	해석요
		H-647×331×21×37	3,563	8,415	2.36	해석요	4,208	1.18	해석요
		H-653×332×22×40	3,561	9,049	2.54	해석요	4,524	1.27	해석요
		H-661×334×24×44	3,558	9,963	2.80	해석요	4,981	1.40	해석요
	700×300	H-692×300×13×20	3,548	4,608	1.30	해석요	2,304	0.65	무보강
		H-696×300×13×22	3,547	4,934	1.39	해석요	2,467	0.70	무보강
		H-700×300×13×24	3,545	5,256	1.48	해석요	2,628	0.74	무보강
		H-702×301×14×25	3,545	5,523	1.56	해석요	2,761	0.78	무보강
		H-708×302×15×28	3,543	6,115	1.73	해석요	3,057	0.86	무보강
		H-714×303×16×31	3,541	6,709	1.89	해석요	3,354	0.95	무보강

※ 도움표의 H형강은 콤팩트단면 기준을 만족한다.

1) 소성패널존변형을 포함하는 건축물 강구조 설계기준(KDS 41 31 00)의 4.7-35 식 적용

2) $R_{u1}=2^*M_{pn}/d_b$

3) $R_{u1}=M_{pn}/d_b$

도움표 4.2 기둥(SHN355)-보(SHN275), 협폭계열기둥

기둥(SHN355)	보(SHN275)		패널존전단강도[1]	내부접합부			외부접합부		
형강치수	Type	형강치수	R_n (kN)	소요패널존강도[2] R_{u1} (kN)	DCR	패널존 보강여부	소요패널존강도[3] R_{u2} (kN)	DCR	패널존 보강여부
H-923×305×18×30	450×200	H-450×200×9×14	3,929	2,132	0.54	무보강	1,066	0.27	무보강
		H-456×200×9×17	3,923	2,444	0.62	무보강	1,222	0.31	무보강
		H-460×201×10×19	3,920	2,728	0.70	무보강	1,364	0.35	무보강
	500×200	H-496×199×9×14	3,892	2,179	0.56	무보강	1,090	0.28	무보강
		H-500×200×10×16	3,890	2,477	0.64	무보강	1,239	0.32	무보강
		H-506×201×11×19	3,885	2,869	0.74	무보강	1,434	0.37	무보강
		H-514×202×12×23	3,880	3,380	0.87	무보강	1,690	0.44	무보강
	500×300	H-482×300×11×15	3,903	3,286	0.84	무보강	1,643	0.42	무보강
		H-488×300×11×18	3,898	3,780	0.97	무보강	1,890	0.48	무보강
		H-494×300×11×21	3,894	4,267	1.10	해석요	2,134	0.55	무보강
	600×200	H-596×199×10×15	3,833	2,509	0.65	무보강	1,254	0.33	무보강
		H-600×200×11×17	3,831	2,811	0.73	무보강	1,406	0.37	무보강
		H-606×201×12×20	3,828	3,219	0.84	무보강	1,610	0.42	무보강
		H-612×202×13×23	3,825	3,635	0.95	무보강	1,818	0.48	무보강
	600×300	H-582×300×12×17	3,840	3,855	1.00	해석요	1,927	0.50	무보강
		H-588×300×12×20	3,837	3,835	1.00	무보강	1,917	0.50	무보강
		H-594×302×14×23	3,834	3,814	0.99	무보강	1,907	0.50	무보강
		H-600×302×14×26	3,831	5,499	1.44	해석요	2,750	0.72	무보강
		H-606×303×15×29	3,828	6,079	1.59	해석요	3,039	0.79	무보강
	650×350	H-635×328×18×31	3,815	7,064	1.85	해석요	3,532	0.93	무보강
		H-641×329×19×34	3,812	7,691	2.02	해석요	3,846	1.01	해석요
		H-647×331×21×37	3,810	8,415	2.21	해석요	4,208	1.10	해석요
		H-653×332×22×40	3,807	9,049	2.38	해석요	4,524	1.19	해석요
		H-661×334×24×44	3,804	9,963	2.62	해석요	4,981	1.31	해석요
		H-669×336×26×48	3,801	10,884	2.86	해석요	5,442	1.43	해석요
	700×300	H-692×300×13×20	3,792	4,608	1.22	해석요	2,304	0.61	무보강

※ 도움표의 H형강은 콤팩트단면 기준을 만족한다.

1) 소성패널존변형을 포함하는 건축물 강구조 설계기준(KDS 41 31 00)의 4.7-35 식 적용

2) $R_{u1}=2*M_{pn}/d_b$

3) $R_{u1}=M_{pn}/d_b$

도움표 4.2 기둥(SHN355)-보(SHN275), 협폭계열기둥

기둥(SHN355)	보(SHN275)		패널존전단강도[1]	내부접합부			외부접합부		
형강치수	Type	형강치수	R_n (kN)	소요패널존강도[2] R_{u1} (kN)	DCR	패널존 보강여부	소요패널존강도[3] R_{u2} (kN)	DCR	패널존 보강여부
H-923×305×18×30	700×300	H-696×300×13×22	3,791	4,934	1.30	해석요	2,467	0.65	무보강
		H-700×300×13×24	3,789	5,256	1.39	해석요	2,628	0.69	무보강
		H-702×301×14×25	3,789	5,523	1.46	해석요	2,761	0.73	무보강
		H-708×302×15×28	3,787	6,115	1.61	해석요	3,057	0.81	무보강
		H-714×303×16×31	3,784	6,709	1.77	해석요	3,354	0.89	무보강
H-933×308×21×35	450×200	H-456×200×9×17	4,702	2,444	0.52	무보강	1,222	0.26	무보강
		H-460×201×10×19	4,697	2,728	0.58	무보강	1,364	0.29	무보강
	500×200	H-500×200×10×16	4,655	2,477	0.53	무보강	1,239	0.27	무보강
		H-506×201×11×19	4,650	2,869	0.62	무보강	1,434	0.31	무보강
		H-514×202×12×23	4,642	3,380	0.73	무보강	1,690	0.36	무보강
	500×300	H-482×300×11×15	4,674	3,286	0.70	무보강	1,643	0.35	무보강
		H-488×300×11×18	4,667	3,780	0.81	무보강	1,890	0.40	무보강
		H-494×300×11×21	4,661	4,267	0.92	무보강	2,134	0.46	무보강
	600×200	H-596×199×10×15	4,578	2,509	0.55	무보강	1,254	0.27	무보강
		H-600×200×11×17	4,575	2,811	0.61	무보강	1,406	0.31	무보강
		H-606×201×12×20	4,571	3,219	0.70	무보강	1,610	0.35	무보강
		H-612×202×13×23	4,567	3,635	0.80	무보강	1,818	0.40	무보강
	600×300	H-582×300×12×17	4,588	3,855	0.84	무보강	1,927	0.42	무보강
		H-588×300×12×20	4,583	3,835	0.84	무보강	1,917	0.42	무보강
		H-594×302×14×23	4,579	3,814	0.83	무보강	1,907	0.42	무보강
		H-600×302×14×26	4,575	5,499	1.20	해석요	2,750	0.60	무보강
		H-606×303×15×29	4,571	6,079	1.33	해석요	3,039	0.66	무보강
	650×350	H-635×328×18×31	4,553	7,064	1.55	해석요	3,532	0.78	무보강
		H-641×329×19×34	4,549	7,691	1.69	해석요	3,846	0.85	무보강
		H-647×331×21×37	4,546	8,415	1.85	해석요	4,208	0.93	무보강
		H-653×332×22×40	4,543	9,049	1.99	해석요	4,524	1.00	무보강

※ 도움표의 H형강은 콤팩트단면 기준을 만족한다.

1) 소성패널존변형을 포함하는 건축물 강구조 설계기준(KDS 41 31 00)의 4.7-35 식 적용

2) $R_{u1}=2*M_{pn}/d_b$

3) $R_{u1}=M_{pn}/d_b$

도움표 4.2 기둥(SHN355)-보(SHN275), 협폭계열기둥

기둥(SHN355)	보(SHN275)		패널존전단강도[1] R_n (kN)	내부접합부			외부접합부		
형강치수	Type	형강치수		소요패널존강도[2] R_{u1} (kN)	DCR	패널존 보강여부	소요패널존강도[3] R_{u2} (kN)	DCR	패널존 보강여부
H-933×308×21×35	650×350	H-661×334×24×44	4,538	9,963	2.20	해석요	4,981	1.10	해석요
		H-669×336×26×48	4,534	10,884	2.40	해석요	5,442	1.20	해석요
		H-679×340×30×53	4,528	12,197	2.69	해석요	6,098	1.35	해석요
		H-689×342×32×58	4,523	13,320	2.94	해석요	6,660	1.47	해석요
	700×300	H-692×300×13×20	4,522	4,608	1.02	해석요	2,304	0.51	무보강
		H-696×300×13×22	4,520	4,934	1.09	해석요	2,467	0.55	무보강
		H-700×300×13×24	4,518	5,256	1.16	해석요	2,628	0.58	무보강
		H-702×301×14×25	4,517	5,523	1.22	해석요	2,761	0.61	무보강
		H-708×302×15×28	4,514	6,115	1.35	해석요	3,057	0.68	무보강
		H-714×303×16×31	4,511	6,709	1.49	해석요	3,354	0.74	무보강
H-943×309×22×40	450×200	H-460×201×10×19	5,106	2,728	0.53	무보강	1,364	0.27	무보강
	500×200	H-506×201×11×19	5,043	2,869	0.57	무보강	1,434	0.28	무보강
		H-514×202×12×23	5,034	3,380	0.67	무보강	1,690	0.34	무보강
	500×300	H-482×300×11×15	5,074	3,286	0.65	무보강	1,643	0.32	무보강
		H-488×300×11×18	5,066	3,780	0.75	무보강	1,890	0.37	무보강
		H-494×300×11×21	5,058	4,267	0.84	무보강	2,134	0.42	무보강
	600×200	H-596×199×10×15	4,949	2,509	0.51	무보강	1,254	0.25	무보강
		H-600×200×11×17	4,945	2,811	0.57	무보강	1,406	0.28	무보강
		H-606×201×12×20	4,940	3,219	0.65	무보강	1,610	0.33	무보강
		H-612×202×13×23	4,935	3,635	0.74	무보강	1,818	0.37	무보강
	600×300	H-582×300×12×17	4,962	3,855	0.78	무보강	1,927	0.39	무보강
		H-588×300×12×20	4,956	3,835	0.77	무보강	1,917	0.39	무보강
		H-594×302×14×23	4,951	3,814	0.77	무보강	1,907	0.39	무보강
		H-600×302×14×26	4,945	5,499	1.11	해석요	2,750	0.56	무보강
		H-606×303×15×29	4,940	6,079	1.23	해석요	3,039	0.62	무보강
	650×350	H-635×328×18×31	4,916	7,064	1.44	해석요	3,532	0.72	무보강

※ 도움표의 H형강은 콤팩트단면 기준을 만족한다.

1) 소성패널존변형을 포함하는 건축물 강구조 설계기준(KDS 41 31 00)의 4.7-35 식 적용

2) $R_{u1}=2^*M_{pn}/d_b$

3) $R_{u1}=M_{pn}/d_b$

도움표 4.2 기둥(SHN355)-보(SHN275), 협폭계열기둥

기둥(SHN355)	보(SHN275)		패널존전단강도[1] R_n (kN)	내부접합부			외부접합부		
형강치수	Type	형강치수		소요패널존강도[2] R_{u1} (kN)	DCR	패널존 보강여부	소요패널존강도[3] R_{u2} (kN)	DCR	패널존 보강여부
H-943×309×22×40	650×350	H-641×329×19×34	4,912	7,691	1.57	해석요	3,846	0.78	무보강
		H-647×331×21×37	4,907	8,415	1.71	해석요	4,208	0.86	무보강
		H-653×332×22×40	4,903	9,049	1.85	해석요	4,524	0.92	무보강
		H-661×334×24×44	4,897	9,963	2.03	해석요	4,981	1.02	해석요
		H-669×336×26×48	4,891	10,884	2.23	해석요	5,442	1.11	해석요
		H-679×340×30×53	4,884	12,197	2.50	해석요	6,098	1.25	해석요
		H-689×342×32×58	4,877	13,320	2.73	해석요	6,660	1.37	해석요
	700×300	H-692×300×13×20	4,875	4,608	0.95	무보강	2,304	0.47	무보강
		H-696×300×13×22	4,873	4,934	1.01	해석요	2,467	0.51	무보강
		H-700×300×13×24	4,870	5,256	1.08	해석요	2,628	0.54	무보강
		H-702×301×14×25	4,869	5,523	1.13	해석요	2,761	0.57	무보강
		H-708×302×15×28	4,865	6,115	1.26	해석요	3,057	0.63	무보강
		H-714×303×16×31	4,861	6,709	1.38	해석요	3,354	0.69	무보강

※ 도움표의 H형강은 콤팩트단면 기준을 만족한다.

1) 소성패널존변형을 포함하는 건축물 강구조 설계기준(KDS 41 31 00)의 4.7-35 식 적용

2) $R_{u1}=2*M_{pn}/d_b$

3) $R_{u1}=M_{pn}/d_b$

도움표 4.3 기둥(SHN355)-보(SHN355), 광폭계열기둥

기둥(SHN355)	보(SHN355)		패널존전단강도[1] R_n (kN)	내부접합부			외부접합부		
형강치수	Type	형강치수		소요패널존강도[2] R_{u1} (kN)	DCR	패널존 보강여부	소요패널존강도[3] R_{u2} (kN)	DCR	패널존 보강여부
H-304×301×11×17	200×150	H-194×150×6×9	999	1,186	1.19	해석요	593	0.59	무보강
	250×125	H-248×124×5×8	936	944	1.01	해석요	472	0.50	무보강
		H-250×125×6×9	935	1,078	1.15	해석요	539	0.58	무보강
	250×175	H-244×175×7×11	940	1,700	1.81	해석요	850	0.90	무보강
	300×100	H-303×101×5×6	896	719	0.80	무보강	359	0.40	무보강
		H-305×102×6×7	895	845	0.94	무보강	422	0.47	무보강
		H-309×102×6×9	892	988	1.11	해석요	494	0.55	무보강
		H-313×103×7×11	890	1,188	1.33	해석요	594	0.67	무보강
	300×150	H-300×150×6.5×9	898	1,322	1.47	해석요	661	0.74	무보강
	300×200	H-294×200×8×12	901	2,163	2.40	해석요	1,081	1.20	해석요
		H-298×201×9×14	899	2,500	2.78	해석요	1,250	1.39	해석요
	350×175	H-350×175×7×11	871	1,818	2.09	해석요	909	1.04	해석요
		H-354×176×8×13	869	2,128	2.45	해석요	1,064	1.22	해석요
	400×140	H-399×140×6×9	852	1,348	1.58	해석요	674	0.79	무보강
		H-403×141×7×11	850	1,618	1.90	해석요	809	0.95	무보강
	400×200	H-396×199×7×11	853	2,084	2.44	해석요	1,042	1.22	해석요
		H-400×200×8×13	851	2,440	2.87	해석요	1,220	1.43	해석요
	450×150	H-450×154×8×11	836	1,890	2.26	해석요	945	1.13	해석요
		H-454×154×8×13	835	2,105	2.52	해석요	1,053	1.26	해석요
	450×200	H-446×199×8×12	837	2,372	2.83	해석요	1,186	1.42	해석요
H-310×305×15×20	200×150	H-194×150×6×9	1,392	1,186	0.85	무보강	593	0.43	무보강
	250×125	H-248×124×5×8	1,305	944	0.72	무보강	472	0.36	무보강
		H-250×125×6×9	1,302	1,078	0.83	무보강	539	0.41	무보강
	250×175	H-244×175×7×11	1,310	1,700	1.30	해석요	850	0.65	무보강
	300×100	H-303×101×5×6	1,248	719	0.58	무보강	359	0.29	무보강
		H-305×102×6×7	1,246	845	0.68	무보강	422	0.34	무보강

※ 도움표의 H형강은 콤팩트단면 기준을 만족한다.

1) 소성패널존변형을 포함하는 건축물 강구조 설계기준(KDS 41 31 00)의 4.7-35 식 적용

2) $R_{u1}=2*M_{pn}/d_b$

3) $R_{u1}=M_{pn}/d_b$

도움표 4.3 기둥(SHN355)-보(SHN355), 광폭계열기둥

기둥(SHN355)	보(SHN355)		패널존전단강도[1] R_n (kN)	내부접합부			외부접합부		
형강치수	Type	형강치수		소요패널존강도[2] R_{u1} (kN)	DCR	패널존 보강여부	소요패널존강도[3] R_{u2} (kN)	DCR	패널존 보강여부
H-310×305×15×20	300×100	H-309×102×6×9	1,243	988	0.79	무보강	494	0.40	무보강
		H-313×103×7×11	1,240	1,188	0.96	무보강	594	0.48	무보강
	300×150	H-300×150×6.5×9	1,250	1,322	1.06	해석요	661	0.53	무보강
	300×200	H-294×200×8×12	1,256	2,163	1.72	해석요	1,081	0.86	무보강
		H-298×201×9×14	1,252	2,500	2.00	해석요	1,250	1.00	무보강
	350×175	H-350×175×7×11	1,213	1,818	1.50	해석요	909	0.75	무보강
		H-354×176×8×13	1,211	2,128	1.76	해석요	1,064	0.88	무보강
	400×140	H-399×140×6×9	1,186	1,348	1.14	해석요	674	0.57	무보강
		H-403×141×7×11	1,184	1,618	1.37	해석요	809	0.68	무보강
	400×200	H-396×199×7×11	1,187	2,084	1.76	해석요	1,042	0.88	무보강
		H-400×200×8×13	1,185	2,440	2.06	해석요	1,220	1.03	해석요
	450×150	H-450×154×8×11	1,164	1,890	1.62	해석요	945	0.81	무보강
		H-454×154×8×13	1,162	2,105	1.81	해석요	1,053	0.91	무보강
	450×200	H-446×199×8×12	1,165	2,372	2.04	해석요	1,186	1.02	해석요
		H-450×200×9×14	1,164	2,752	2.36	해석요	1,376	1.18	해석요
		H-456×200×9×17	1,161	3,155	2.72	해석요	1,578	1.36	해석요
	500×200	H-496×199×9×14	1,148	2,813	2.45	해석요	1,407	1.23	해석요
		H-500×200×10×16	1,146	3,198	2.79	해석요	1,599	1.39	해석요
	600×200	H-596×199×10×15	1,121	3,238	2.89	해석요	1,619	1.44	해석요
H-310×310×20×20	200×150	H-194×150×6×9	1,729	1,186	0.69	무보강	593	0.34	무보강
	250×125	H-248×124×5×8	1,640	944	0.58	무보강	472	0.29	무보강
		H-250×125×6×9	1,638	1,078	0.66	무보강	539	0.33	무보강
	250×175	H-244×175×7×11	1,645	1,700	1.03	해석요	850	0.52	무보강
	300×100	H-305×102×6×7	1,580	845	0.53	무보강	422	0.27	무보강
		H-309×102×6×9	1,577	988	0.63	무보강	494	0.31	무보강
		H-313×103×7×11	1,574	1,188	0.75	무보강	594	0.38	무보강

※ 도움표의 H형강은 콤팩트단면 기준을 만족한다.

1) 소성패널존변형을 포함하는 건축물 강구조 설계기준(KDS 41 31 00)의 4.7-35 식 적용

2) $R_{u1}=2*M_{pn}/d_b$

3) $R_{u1}=M_{pn}/d_b$

도움표 4.3 기둥(SHN355)-보(SHN355), 광폭계열기둥

기둥(SHN355)	보(SHN355)		패널존전단강도[1] R_n (kN)	내부접합부			외부접합부		
형강치수	Type	형강치수		소요패널존강도[2] R_{u1} (kN)	DCR	패널존 보강여부	소요패널존강도[3] R_{u2} (kN)	DCR	패널존 보강여부
H-310×310×20×20	300×150	H-300×150×6.5×9	1,585	1,322	0.83	무보강	661	0.42	무보강
	300×200	H-294×200×8×12	1,590	2,163	1.36	해석요	1,081	0.68	무보강
		H-298×201×9×14	1,586	2,500	1.58	해석요	1,250	0.79	무보강
	350×175	H-350×175×7×11	1,547	1,818	1.18	해석요	909	0.59	무보강
		H-354×176×8×13	1,544	2,128	1.38	해석요	1,064	0.69	무보강
	400×140	H-399×140×6×9	1,519	1,348	0.89	무보강	674	0.44	무보강
		H-403×141×7×11	1,517	1,618	1.07	해석요	809	0.53	무보강
	400×200	H-396×199×7×11	1,521	2,084	1.37	해석요	1,042	0.69	무보강
		H-400×200×8×13	1,519	2,440	1.61	해석요	1,220	0.80	무보강
	450×150	H-450×154×8×11	1,497	1,890	1.26	해석요	945	0.63	무보강
		H-454×154×8×13	1,495	2,105	1.41	해석요	1,053	0.70	무보강
	450×200	H-446×199×8×12	1,498	2,372	1.58	해석요	1,186	0.79	무보강
		H-450×200×9×14	1,497	2,752	1.84	해석요	1,376	0.92	무보강
		H-456×200×9×17	1,494	3,155	2.11	해석요	1,578	1.06	해석요
		H-460×201×10×19	1,493	3,521	2.36	해석요	1,761	1.18	해석요
	500×200	H-496×199×9×14	1,480	2,813	1.90	해석요	1,407	0.95	무보강
		H-500×200×10×16	1,479	3,198	2.16	해석요	1,599	1.08	해석요
		H-506×201×11×19	1,477	3,703	2.51	해석요	1,852	1.25	해석요
		H-514×202×12×23	1,475	4,363	2.96	해석요	2,181	1.48	해석요
	600×200	H-596×199×10×15	1,454	3,238	2.23	해석요	1,619	1.11	해석요
		H-600×200×11×17	1,453	3,629	2.50	해석요	1,815	1.25	해석요
		H-606×201×12×20	1,451	4,156	2.86	해석요	2,078	1.43	해석요
H-406×403×16×24	200×150	H-194×150×6×9	2,148	1,186	0.55	무보강	593	0.28	무보강
	250×125	H-250×125×6×9	1,977	1,078	0.55	무보강	539	0.27	무보강
	250×175	H-244×175×7×11	1,992	1,700	0.85	무보강	850	0.43	무보강
	300×100	H-309×102×6×9	1,864	988	0.53	무보강	494	0.26	무보강

※ 도움표의 H형강은 콤팩트단면 기준을 만족한다.

1) 소성패널존변형을 포함하는 건축물 강구조 설계기준(KDS 41 31 00)의 4.7-35 식 적용

2) $R_{u1}=2*M_{pn}/d_b$

3) $R_{u1}=M_{pn}/d_b$

도움표 4.3 기둥(SHN355)-보(SHN355), 광폭계열기둥

기둥(SHN355)	보(SHN355)		패널존전단강도[1]	내부접합부			외부접합부		
형강치수	Type	형강치수	R_n (kN)	소요패널존강도[2] R_{u1} (kN)	DCR	패널존 보강여부	소요패널존강도[3] R_{u2} (kN)	DCR	패널존 보강여부
H-406×403×16×24	300×100	H-313×103×7×11	1,858	1,188	0.64	무보강	594	0.32	무보강
	300×150	H-300×150×6.5×9	1,878	1,322	0.70	무보강	661	0.35	무보강
	300×200	H-294×200×8×12	1,888	2,163	1.15	해석요	1,081	0.57	무보강
		H-298×201×9×14	1,881	2,500	1.33	해석요	1,250	0.66	무보강
	350×175	H-350×175×7×11	1,807	1,818	1.01	해석요	909	0.50	무보강
		H-354×176×8×13	1,803	2,128	1.18	해석요	1,064	0.59	무보강
	400×140	H-399×140×6×9	1,755	1,348	0.77	무보강	674	0.38	무보강
		H-403×141×7×11	1,752	1,618	0.92	무보강	809	0.46	무보강
	400×200	H-396×199×7×11	1,758	2,084	1.19	해석요	1,042	0.59	무보강
		H-400×200×8×13	1,754	2,440	1.39	해석요	1,220	0.70	무보강
	450×150	H-450×154×8×11	1,713	1,890	1.10	해석요	945	0.55	무보강
		H-454×154×8×13	1,710	2,105	1.23	해석요	1,053	0.62	무보강
	450×200	H-446×199×8×12	1,716	2,372	1.38	해석요	1,186	0.69	무보강
		H-450×200×9×14	1,713	2,752	1.61	해석요	1,376	0.80	무보강
		H-456×200×9×17	1,709	3,155	1.85	해석요	1,578	0.92	무보강
		H-460×201×10×19	1,706	3,521	2.06	해석요	1,761	1.03	해석요
	500×200	H-496×199×9×14	1,683	2,813	1.67	해석요	1,407	0.84	무보강
		H-500×200×10×16	1,680	3,198	1.90	해석요	1,599	0.95	무보강
		H-506×201×11×19	1,677	3,703	2.21	해석요	1,852	1.10	해석요
		H-514×202×12×23	1,672	4,363	2.61	해석요	2,181	1.30	해석요
	500×300	H-488×300×11×18	1,688	4,879	2.89	해석요	2,440	1.45	해석요
	600×200	H-596×199×10×15	1,633	3,238	1.98	해석요	1,619	0.99	무보강
		H-600×200×11×17	1,631	3,629	2.23	해석요	1,815	1.11	해석요
		H-606×201×12×20	1,628	4,156	2.55	해석요	2,078	1.28	해석요
		H-612×202×13×23	1,626	4,693	2.89	해석요	2,346	1.44	해석요
H-414×405×18×28	250×175	H-244×175×7×11	2,419	1,700	0.70	무보강	850	0.35	무보강

※ 도움표의 H형강은 콤팩트단면 기준을 만족한다.

1) 소성패널존변형을 포함하는 건축물 강구조 설계기준(KDS 41 31 00)의 4.7-35 식 적용

2) $R_{u1}=2*M_{pn}/d_b$

3) $R_{u1}=M_{pn}/d_b$

도움표 4.3 기둥(SHN355)-보(SHN355), 광폭계열기둥

기둥(SHN355)	보(SHN355)		패널존전단강도[1] R_n (kN)	내부접합부			외부접합부		
형강치수	Type	형강치수		소요패널존강도[2] R_{u1} (kN)	DCR	패널존 보강여부	소요패널존강도[3] R_{u2} (kN)	DCR	패널존 보강여부
H-414×405×18×28	300×100	H-313×103×7×11	2,236	1,188	0.53	무보강	594	0.27	무보강
	300×150	H-300×150×6.5×9	2,264	1,322	0.58	무보강	661	0.29	무보강
	300×200	H-294×200×8×12	2,277	2,163	0.95	무보강	1,081	0.47	무보강
		H-298×201×9×14	2,268	2,500	1.10	해석요	1,250	0.55	무보강
	350×175	H-350×175×7×11	2,167	1,818	0.84	무보강	909	0.42	무보강
		H-354×176×8×13	2,160	2,128	0.98	무보강	1,064	0.49	무보강
	400×140	H-399×140×6×9	2,096	1,348	0.64	무보강	674	0.32	무보강
		H-403×141×7×11	2,091	1,618	0.77	무보강	809	0.39	무보강
	400×200	H-396×199×7×11	2,100	2,084	0.99	무보강	1,042	0.50	무보강
		H-400×200×8×13	2,095	2,440	1.16	해석요	1,220	0.58	무보강
	450×150	H-450×154×8×11	2,038	1,890	0.93	무보강	945	0.46	무보강
		H-454×154×8×13	2,034	2,105	1.03	해석요	1,053	0.52	무보강
	450×200	H-446×199×8×12	2,042	2,372	1.16	해석요	1,186	0.58	무보강
		H-450×200×9×14	2,038	2,752	1.35	해석요	1,376	0.68	무보강
		H-456×200×9×17	2,032	3,155	1.55	해석요	1,578	0.78	무보강
		H-460×201×10×19	2,028	3,521	1.74	해석요	1,761	0.87	무보강
	500×200	H-496×199×9×14	1,996	2,813	1.41	해석요	1,407	0.70	무보강
		H-500×200×10×16	1,993	3,198	1.60	해석요	1,599	0.80	무보강
		H-506×201×11×19	1,988	3,703	1.86	해석요	1,852	0.93	무보강
		H-514×202×12×23	1,982	4,363	2.20	해석요	2,181	1.10	해석요
	500×300	H-488×300×11×18	2,003	4,879	2.44	해석요	2,440	1.22	해석요
		H-494×300×11×21	1,998	5,509	2.76	해석요	2,754	1.38	해석요
	600×200	H-596×199×10×15	1,928	3,238	1.68	해석요	1,619	0.84	무보강
		H-600×200×11×17	1,925	3,629	1.88	해석요	1,815	0.94	무보강
		H-606×201×12×20	1,922	4,156	2.16	해석요	2,078	1.08	해석요
		H-612×202×13×23	1,919	4,693	2.45	해석요	2,346	1.22	해석요

※ 도움표의 H형강은 콤팩트단면 기준을 만족한다.

1) 소성패널존변형을 포함하는 건축물 강구조 설계기준(KDS 41 31 00)의 4.7-35 식 적용

2) $R_{u1}=2*M_{pn}/d_b$

3) $R_{u1}=M_{pn}/d_b$

도움표 4.3 기둥(SHN355)-보(SHN355), 광폭계열기둥

기둥(SHN355)	보(SHN355)		패널존전단강도[1] R_n (kN)	내부접합부			외부접합부		
형강치수	Type	형강치수		소요패널존강도[2] R_{u1} (kN)	DCR	패널존 보강여부	소요패널존강도[3] R_{u2} (kN)	DCR	패널존 보강여부
H-414×405×18×28	600×300	H-582×300×12×17	1,936	4,976	2.57	해석요	2,488	1.29	해석요
		H-588×300×12×20	1,932	4,950	2.56	해석요	2,475	1.28	해석요
		H-594×302×14×23	1,929	4,924	2.55	해석요	2,462	1.28	해석요
H-422×407×20×32	250×175	H-244×175×7×11	2,889	1,700	0.59	무보강	850	0.29	무보강
	300×200	H-294×200×8×12	2,704	2,163	0.80	무보강	1,081	0.40	무보강
		H-298×201×9×14	2,691	2,500	0.93	무보강	1,250	0.46	무보강
	350×175	H-350×175×7×11	2,559	1,818	0.71	무보강	909	0.36	무보강
		H-354×176×8×13	2,550	2,128	0.83	무보강	1,064	0.42	무보강
	400×140	H-399×140×6×9	2,465	1,348	0.55	무보강	674	0.27	무보강
		H-403×141×7×11	2,459	1,618	0.66	무보강	809	0.33	무보강
	400×200	H-396×199×7×11	2,470	2,084	0.84	무보강	1,042	0.42	무보강
		H-400×200×8×13	2,464	2,440	0.99	무보강	1,220	0.50	무보강
	450×150	H-450×154×8×11	2,390	1,890	0.79	무보강	945	0.40	무보강
		H-454×154×8×13	2,384	2,105	0.88	무보강	1,053	0.44	무보강
	450×200	H-446×199×8×12	2,395	2,372	0.99	무보강	1,186	0.50	무보강
		H-450×200×9×14	2,390	2,752	1.15	해석요	1,376	0.58	무보강
		H-456×200×9×17	2,382	3,155	1.32	해석요	1,578	0.66	무보강
		H-460×201×10×19	2,377	3,521	1.48	해석요	1,761	0.74	무보강
	500×200	H-496×199×9×14	2,335	2,813	1.21	해석요	1,407	0.60	무보강
		H-500×200×10×16	2,330	3,198	1.37	해석요	1,599	0.69	무보강
		H-506×201×11×19	2,324	3,703	1.59	해석요	1,852	0.80	무보강
		H-514×202×12×23	2,316	4,363	1.88	해석요	2,181	0.94	무보강
	500×300	H-488×300×11×18	2,343	4,879	2.08	해석요	2,440	1.04	해석요
		H-494×300×11×21	2,337	5,509	2.36	해석요	2,754	1.18	해석요
	600×200	H-596×199×10×15	2,245	3,238	1.44	해석요	1,619	0.72	무보강
		H-600×200×11×17	2,242	3,629	1.62	해석요	1,815	0.81	무보강

※ 도움표의 H형강은 콤팩트단면 기준을 만족한다.

1) 소성패널존변형을 포함하는 건축물 강구조 설계기준(KDS 41 31 00)의 4.7-35 식 적용

2) $R_{u1}=2*M_{pn}/d_b$

3) $R_{u1}=M_{pn}/d_b$

도움표 4.3 기둥(SHN355)-보(SHN355), 광폭계열기둥

기둥(SHN355)	보(SHN355)		패널존전단강도[1] R_n (kN)	내부접합부			외부접합부		
형강치수	Type	형강치수		소요패널존강도[2] R_{u1} (kN)	DCR	패널존 보강여부	소요패널존강도[3] R_{u2} (kN)	DCR	패널존 보강여부
H-422×407×20×32	600×200	H-606×201×12×20	2,237	4,156	1.86	해석요	2,078	0.93	무보강
		H-612×202×13×23	2,233	4,693	2.10	해석요	2,346	1.05	해석요
	600×300	H-582×300×12×17	2,255	4,976	2.21	해석요	2,488	1.10	해석요
		H-588×300×12×20	2,251	4,950	2.20	해석요	2,475	1.10	해석요
		H-594×302×14×23	2,246	4,924	2.19	해석요	2,462	1.10	해석요
	700×300	H-692×300×13×20	2,183	5,948	2.73	해석요	2,974	1.36	해석요
		H-696×300×13×22	2,180	6,369	2.92	해석요	3,184	1.46	해석요
H-428×407×20×35	250×175	H-244×175×7×11	3,129	1,700	0.54	무보강	850	0.27	무보강
	300×200	H-294×200×8×12	2,907	2,163	0.74	무보강	1,081	0.37	무보강
		H-298×201×9×14	2,892	2,500	0.86	무보강	1,250	0.43	무보강
	350×175	H-350×175×7×11	2,734	1,818	0.67	무보강	909	0.33	무보강
		H-354×176×8×13	2,723	2,128	0.78	무보강	1,064	0.39	무보강
	400×140	H-399×140×6×9	2,622	1,348	0.51	무보강	674	0.26	무보강
		H-403×141×7×11	2,614	1,618	0.62	무보강	809	0.31	무보강
	400×200	H-396×199×7×11	2,628	2,084	0.79	무보강	1,042	0.40	무보강
		H-400×200×8×13	2,620	2,440	0.93	무보강	1,220	0.47	무보강
	450×150	H-450×154×8×11	2,531	1,890	0.75	무보강	945	0.37	무보강
		H-454×154×8×13	2,525	2,105	0.83	무보강	1,053	0.42	무보강
	450×200	H-446×199×8×12	2,538	2,372	0.93	무보강	1,186	0.47	무보강
		H-450×200×9×14	2,531	2,752	1.09	해석요	1,376	0.54	무보강
		H-456×200×9×17	2,522	3,155	1.25	해석요	1,578	0.63	무보강
		H-460×201×10×19	2,516	3,521	1.40	해석요	1,761	0.70	무보강
	500×200	H-496×199×9×14	2,466	2,813	1.14	해석요	1,407	0.57	무보강
		H-500×200×10×16	2,460	3,198	1.30	해석요	1,599	0.65	무보강
		H-506×201×11×19	2,453	3,703	1.51	해석요	1,852	0.75	무보강
		H-514×202×12×23	2,443	4,363	1.79	해석요	2,181	0.89	무보강

※ 도움표의 H형강은 콤팩트단면 기준을 만족한다.

1) 소성패널존변형을 포함하는 건축물 강구조 설계기준(KDS 41 31 00)의 4.7-35 식 적용

2) $R_{u1}=2*M_{pn}/d_b$

3) $R_{u1}=M_{pn}/d_b$

도움표 4.3 기둥(SHN355)-보(SHN355), 광폭계열기둥

기둥(SHN355)	보(SHN355)		패널존전단강도[1] R_n (kN)	내부접합부			외부접합부		
형강치수	Type	형강치수		소요패널존강도[2] R_{u1} (kN)	DCR	패널존 보강여부	소요패널존강도[3] R_{u2} (kN)	DCR	패널존 보강여부
H-428×407×20×35	500×300	H-488×300×11×18	2,476	4,879	1.97	해석요	2,440	0.99	무보강
		H-494×300×11×21	2,468	5,509	2.23	해석요	2,754	1.12	해석요
	600×200	H-596×199×10×15	2,358	3,238	1.37	해석요	1,619	0.69	무보강
		H-600×200×11×17	2,354	3,629	1.54	해석요	1,815	0.77	무보강
		H-606×201×12×20	2,349	4,156	1.77	해석요	2,078	0.88	무보강
		H-612×202×13×23	2,344	4,693	2.00	해석요	2,346	1.00	해석요
	600×300	H-582×300×12×17	2,371	4,976	2.10	해석요	2,488	1.05	해석요
		H-588×300×12×20	2,365	4,950	2.09	해석요	2,475	1.05	해석요
		H-594×302×14×23	2,360	4,924	2.09	해석요	2,462	1.04	해석요
	700×300	H-692×300×13×20	2,284	5,948	2.60	해석요	2,974	1.30	해석요
		H-696×300×13×22	2,281	6,369	2.79	해석요	3,184	1.40	해석요
		H-700×300×13×24	2,278	6,785	2.98	해석요	3,392	1.49	해석요
H-432×410×23×37	300×200	H-294×200×8×12	3,336	2,163	0.65	무보강	1,081	0.32	무보강
		H-298×201×9×14	3,320	2,500	0.75	무보강	1,250	0.38	무보강
	350×175	H-350×175×7×11	3,141	1,818	0.58	무보강	909	0.29	무보강
		H-354×176×8×13	3,130	2,128	0.68	무보강	1,064	0.34	무보강
	400×140	H-403×141×7×11	3,006	1,618	0.54	무보강	809	0.27	무보강
	400×200	H-396×199×7×11	3,022	2,084	0.69	무보강	1,042	0.34	무보강
		H-400×200×8×13	3,013	2,440	0.81	무보강	1,220	0.40	무보강
	450×150	H-450×154×8×11	2,913	1,890	0.65	무보강	945	0.32	무보강
		H-454×154×8×13	2,906	2,105	0.72	무보강	1,053	0.36	무보강
	450×200	H-446×199×8×12	2,921	2,372	0.81	무보강	1,186	0.41	무보강
		H-450×200×9×14	2,913	2,752	0.94	무보강	1,376	0.47	무보강
		H-456×200×9×17	2,903	3,155	1.09	해석요	1,578	0.54	무보강
		H-460×201×10×19	2,896	3,521	1.22	해석요	1,761	0.61	무보강
	500×200	H-496×199×9×14	2,839	2,813	0.99	무보강	1,407	0.50	무보강

※ 도움표의 H형강은 콤팩트단면 기준을 만족한다.

1) 소성패널존변형을 포함하는 건축물 강구조 설계기준(KDS 41 31 00)의 4.7-35 식 적용

2) $R_{u1}=2*M_{pn}/d_b$

3) $R_{u1}=M_{pn}/d_b$

도움표 4.3 기둥(SHN355)-보(SHN355), 광폭계열기둥

기둥(SHN355)	보(SHN355)		패널존전단강도[1]	내부접합부			외부접합부		
형강치수	Type	형강치수	R_n (kN)	소요패널존강도[2] R_{u1} (kN)	DCR	패널존 보강여부	소요패널존강도[3] R_{u2} (kN)	DCR	패널존 보강여부
H-432×410×23×37	500×200	H-500×200×10×16	2,834	3,198	1.13	해석요	1,599	0.56	무보강
		H-506×201×11×19	2,825	3,703	1.31	해석요	1,852	0.66	무보강
		H-514×202×12×23	2,814	4,363	1.55	해석요	2,181	0.78	무보강
	500×300	H-488×300×11×18	2,851	4,879	1.71	해석요	2,440	0.86	무보강
		H-494×300×11×21	2,842	5,509	1.94	해석요	2,754	0.97	무보강
	600×200	H-596×199×10×15	2,718	3,238	1.19	해석요	1,619	0.60	무보강
		H-600×200×11×17	2,714	3,629	1.34	해석요	1,815	0.67	무보강
		H-606×201×12×20	2,708	4,156	1.53	해석요	2,078	0.77	무보강
		H-612×202×13×23	2,702	4,693	1.74	해석요	2,346	0.87	무보강
	600×300	H-582×300×12×17	2,733	4,976	1.82	해석요	2,488	0.91	무보강
		H-588×300×12×20	2,726	4,950	1.82	해석요	2,475	0.91	무보강
		H-594×302×14×23	2,720	4,924	1.81	해석요	2,462	0.91	무보강
		H-600×302×14×26	2,714	7,099	2.62	해석요	3,549	1.31	해석요
		H-606×303×15×29	2,708	7,847	2.90	해석요	3,923	1.45	해석요
	700×300	H-692×300×13×20	2,635	5,948	2.26	해석요	2,974	1.13	해석요
		H-696×300×13×22	2,632	6,369	2.42	해석요	3,184	1.21	해석요
		H-700×300×13×24	2,629	6,785	2.58	해석요	3,392	1.29	해석요
		H-702×301×14×25	2,627	7,129	2.71	해석요	3,565	1.36	해석요
H-442×413×26×42	250×175	H-244×175×7×11	2,513	1,700	0.68	무보강	850	0.34	무보강
	300×100	H-313×103×7×11	2,270	1,188	0.52	무보강	594	0.26	무보강
	300×150	H-300×150×6.5×9	2,307	1,322	0.57	무보강	661	0.29	무보강
	300×200	H-294×200×8×12	2,326	2,163	0.93	무보강	1,081	0.46	무보강
		H-298×201×9×14	2,313	2,500	1.08	해석요	1,250	0.54	무보강
	350×175	H-350×175×7×11	2,180	1,818	0.83	무보강	909	0.42	무보강
		H-354×176×8×13	2,171	2,128	0.98	무보강	1,064	0.49	무보강
	400×140	H-399×140×6×9	2,085	1,348	0.65	무보강	674	0.32	무보강

※ 도움표의 H형강은 콤팩트단면 기준을 만족한다.

1) 소성패널존변형을 포함하는 건축물 강구조 설계기준(KDS 41 31 00)의 4.7-35 식 적용

2) $R_{u1}=2*M_{pn}/d_b$

3) $R_{u1}=M_{pn}/d_b$

도움표 4.3 기둥(SHN355)-보(SHN355), 광폭계열기둥

기둥(SHN355)	보(SHN355)		패널존전단강도[1] R_n (kN)	내부접합부			외부접합부		
형강치수	Type	형강치수		소요패널존강도[2] R_{u1} (kN)	DCR	패널존 보강여부	소요패널존강도[3] R_{u2} (kN)	DCR	패널존 보강여부
H-442×413×26×42	400×140	H-403×141×7×11	2,079	1,618	0.78	무보강	809	0.39	무보강
	400×200	H-396×199×7×11	2,090	2,084	1.00	무보강	1,042	0.50	무보강
		H-400×200×8×13	2,084	2,440	1.17	해석요	1,220	0.59	무보강
	450×150	H-450×154×8×11	2,009	1,890	0.94	무보강	945	0.47	무보강
		H-454×154×8×13	2,004	2,105	1.05	해석요	1,053	0.53	무보강
	450×200	H-446×199×8×12	2,014	2,372	1.18	해석요	1,186	0.59	무보강
		H-450×200×9×14	2,009	2,752	1.37	해석요	1,376	0.68	무보강
		H-456×200×9×17	2,001	3,155	1.58	해석요	1,578	0.79	무보강
		H-460×201×10×19	1,996	3,521	1.76	해석요	1,761	0.88	무보강
	500×200	H-496×199×9×14	1,954	2,813	1.44	해석요	1,407	0.72	무보강
		H-500×200×10×16	1,949	3,198	1.64	해석요	1,599	0.82	무보강
		H-506×201×11×19	1,943	3,703	1.91	해석요	1,852	0.95	무보강
		H-514×202×12×23	1,935	4,363	2.25	해석요	2,181	1.13	해석요
	500×300	H-488×300×11×18	1,963	4,879	2.49	해석요	2,440	1.24	해석요
		H-494×300×11×21	1,956	5,509	2.82	해석요	2,754	1.41	해석요
	600×200	H-596×199×10×15	1,863	3,238	1.74	해석요	1,619	0.87	무보강
		H-600×200×11×17	1,860	3,629	1.95	해석요	1,815	0.98	무보강
		H-606×201×12×20	1,855	4,156	2.24	해석요	2,078	1.12	해석요
		H-612×202×13×23	1,851	4,693	2.54	해석요	2,346	1.27	해석요
	600×300	H-582×300×12×17	1,874	4,976	2.66	해석요	2,488	1.33	해석요
		H-588×300×12×20	1,869	4,950	2.65	해석요	2,475	1.32	해석요
		H-594×302×14×23	1,864	4,924	2.64	해석요	2,462	1.32	해석요
H-452×416×29×47	300×200	H-298×201×9×14	4,762	2,500	0.52	무보강	1,250	0.26	무보강
	400×200	H-400×200×8×13	4,260	2,440	0.57	무보강	1,220	0.29	무보강
	450×150	H-454×154×8×13	4,085	2,105	0.52	무보강	1,053	0.26	무보강
	450×200	H-446×199×8×12	4,109	2,372	0.58	무보강	1,186	0.29	무보강

※ 도움표의 H형강은 콤팩트단면 기준을 만족한다.

1) 소성패널존변형을 포함하는 건축물 강구조 설계기준(KDS 41 31 00)의 4.7-35 식 적용

2) $R_{u1}=2*M_{pn}/d_b$

3) $R_{u1}=M_{pn}/d_b$

도움표 4.3 기둥(SHN355)-보(SHN355), 광폭계열기둥

기둥(SHN355)	보(SHN355)		패널존전단강도[1] R_n (kN)	내부접합부			외부접합부		
형강치수	Type	형강치수		소요패널존강도[2] R_{u1} (kN)	DCR	패널존 보강여부	소요패널존강도[3] R_{u2} (kN)	DCR	패널존 보강여부
H-452×416×29×47	450×200	H-450×200×9×14	4,097	2,752	0.67	무보강	1,376	0.34	무보강
		H-456×200×9×17	4,080	3,155	0.77	무보강	1,578	0.39	무보강
		H-460×201×10×19	4,069	3,521	0.87	무보강	1,761	0.43	무보강
	500×200	H-496×199×9×14	3,976	2,813	0.71	무보강	1,407	0.35	무보강
		H-500×200×10×16	3,966	3,198	0.81	무보강	1,599	0.40	무보강
		H-506×201×11×19	3,952	3,703	0.94	무보강	1,852	0.47	무보강
		H-514×202×12×23	3,934	4,363	1.11	해석요	2,181	0.55	무보강
	500×300	H-488×300×11×18	3,995	4,879	1.22	해석요	2,440	0.61	무보강
		H-494×300×11×21	3,981	5,509	1.38	해석요	2,754	0.69	무보강
	600×200	H-596×199×10×15	3,777	3,238	0.86	무보강	1,619	0.43	무보강
		H-600×200×11×17	3,771	3,629	0.96	무보강	1,815	0.48	무보강
		H-606×201×12×20	3,761	4,156	1.10	해석요	2,078	0.55	무보강
		H-612×202×13×23	3,751	4,693	1.25	해석요	2,346	0.63	무보강
	600×300	H-582×300×12×17	3,801	4,976	1.31	해석요	2,488	0.65	무보강
		H-588×300×12×20	3,791	4,950	1.31	해석요	2,475	0.65	무보강
		H-594×302×14×23	3,781	4,924	1.30	해석요	2,462	0.65	무보강
		H-600×302×14×26	3,771	7,099	1.88	해석요	3,549	0.94	무보강
		H-606×303×15×29	3,761	7,847	2.09	해석요	3,923	1.04	해석요
	650×350	H-635×328×18×31	3,717	9,119	2.45	해석요	4,560	1.23	해석요
		H-641×329×19×34	3,708	9,929	2.68	해석요	4,964	1.34	해석요
		H-647×331×21×37	3,700	10,863	2.94	해석요	5,432	1.47	해석요
	700×300	H-692×300×13×20	3,641	5,948	1.63	해석요	2,974	0.82	무보강
		H-696×300×13×22	3,636	6,369	1.75	해석요	3,184	0.88	무보강
		H-700×300×13×24	3,631	6,785	1.87	해석요	3,392	0.93	무보강
		H-702×301×14×25	3,628	7,129	1.96	해석요	3,565	0.98	무보강
		H-708×302×15×28	3,621	7,894	2.18	해석요	3,947	1.09	해석요

※ 도움표의 H형강은 콤팩트단면 기준을 만족한다.

1) 소성패널존변형을 포함하는 건축물 강구조 설계기준(KDS 41 31 00)의 4.7-35 식 적용

2) $R_{u1}=2*M_{pn}/d_b$

3) $R_{u1}=M_{pn}/d_b$

도움표 4.3 기둥(SHN355)-보(SHN355), 광폭계열기둥

기둥(SHN355)	보(SHN355)		패널존전단강도[1] R_n (kN)	내부접합부			외부접합부		
형강치수	Type	형강치수		소요패널존강도[2] R_{u1} (kN)	DCR	패널존 보강여부	소요패널존강도[3] R_{u2} (kN)	DCR	패널존 보강여부
H-452×416×29×47	700×300	H-714×303×16×31	3,614	8,660	2.40	해석요	4,330	1.20	해석요
H-458×417×30×50	400×200	H-400×200×8×13	4,592	2,440	0.53	무보강	1,220	0.27	무보강
	450×200	H-446×199×8×12	4,420	2,372	0.54	무보강	1,186	0.27	무보강
		H-450×200×9×14	4,407	2,752	0.62	무보강	1,376	0.31	무보강
		H-456×200×9×17	4,387	3,155	0.72	무보강	1,578	0.36	무보강
		H-460×201×10×19	4,375	3,521	0.80	무보강	1,761	0.40	무보강
	500×200	H-496×199×9×14	4,270	2,813	0.66	무보강	1,407	0.33	무보강
		H-500×200×10×16	4,259	3,198	0.75	무보강	1,599	0.38	무보강
		H-506×201×11×19	4,243	3,703	0.87	무보강	1,852	0.44	무보강
		H-514×202×12×23	4,223	4,363	1.03	해석요	2,181	0.52	무보강
	500×300	H-488×300×11×18	4,292	4,879	1.14	해석요	2,440	0.57	무보강
		H-494×300×11×21	4,275	5,509	1.29	해석요	2,754	0.64	무보강
	600×200	H-596×199×10×15	4,044	3,238	0.80	무보강	1,619	0.40	무보강
		H-600×200×11×17	4,037	3,629	0.90	무보강	1,815	0.45	무보강
		H-606×201×12×20	4,026	4,156	1.03	해석요	2,078	0.52	무보강
		H-612×202×13×23	4,015	4,693	1.17	해석요	2,346	0.58	무보강
	600×300	H-582×300×12×17	4,071	4,976	1.22	해석요	2,488	0.61	무보강
		H-588×300×12×20	4,060	4,950	1.22	해석요	2,475	0.61	무보강
		H-594×302×14×23	4,048	4,924	1.22	해석요	2,462	0.61	무보강
		H-600×302×14×26	4,037	7,099	1.76	해석요	3,549	0.88	무보강
		H-606×303×15×29	4,026	7,847	1.95	해석요	3,923	0.97	무보강
	650×350	H-635×328×18×31	3,976	9,119	2.29	해석요	4,560	1.15	해석요
		H-641×329×19×34	3,966	9,929	2.50	해석요	4,964	1.25	해석요
		H-647×331×21×37	3,956	10,863	2.75	해석요	5,432	1.37	해석요
		H-653×332×22×40	3,947	11,681	2.96	해석요	5,841	1.48	해석요
	700×300	H-692×300×13×20	3,889	5,948	1.53	해석요	2,974	0.76	무보강

※ 도움표의 H형강은 콤팩트단면 기준을 만족한다.

1) 소성패널존변형을 포함하는 건축물 강구조 설계기준(KDS 41 31 00)의 4.7-35 식 적용

2) $R_{u1}=2*M_{pn}/d_b$

3) $R_{u1}=M_{pn}/d_b$

도움표 4.3 기둥(SHN355)-보(SHN355), 광폭계열기둥

기둥(SHN355)	보(SHN355)		패널존전단강도[1] R_n (kN)	내부접합부			외부접합부		
형강치수	Type	형강치수		소요패널존강도[2] R_{u1} (kN)	DCR	패널존 보강여부	소요패널존강도[3] R_{u2} (kN)	DCR	패널존 보강여부
H-458×417×30×50	700×300	H-696×300×13×22	3,884	6,369	1.64	해석요	3,184	0.82	무보강
		H-700×300×13×24	3,878	6,785	1.75	해석요	3,392	0.87	무보강
		H-702×301×14×25	3,876	7,129	1.84	해석요	3,565	0.92	무보강
		H-708×302×15×28	3,868	7,894	2.04	해석요	3,947	1.02	해석요
		H-714×303×16×31	3,860	8,660	2.24	해석요	4,330	1.12	해석요
H-462×419×32×52	450×200	H-450×200×9×14	4,758	2,752	0.58	무보강	1,376	0.29	무보강
		H-456×200×9×17	4,737	3,155	0.67	무보강	1,578	0.33	무보강
		H-460×201×10×19	4,723	3,521	0.75	무보강	1,761	0.37	무보강
	500×200	H-496×199×9×14	4,609	2,813	0.61	무보강	1,407	0.31	무보강
		H-500×200×10×16	4,597	3,198	0.70	무보강	1,599	0.35	무보강
		H-506×201×11×19	4,580	3,703	0.81	무보강	1,852	0.40	무보강
		H-514×202×12×23	4,557	4,363	0.96	무보강	2,181	0.48	무보강
	500×300	H-488×300×11×18	4,633	4,879	1.05	해석요	2,440	0.53	무보강
		H-494×300×11×21	4,615	5,509	1.19	해석요	2,754	0.60	무보강
	600×200	H-596×199×10×15	4,364	3,238	0.74	무보강	1,619	0.37	무보강
		H-600×200×11×17	4,356	3,629	0.83	무보강	1,815	0.42	무보강
		H-606×201×12×20	4,344	4,156	0.96	무보강	2,078	0.48	무보강
		H-612×202×13×23	4,332	4,693	1.08	해석요	2,346	0.54	무보강
	600×300	H-582×300×12×17	4,393	4,976	1.13	해석요	2,488	0.57	무보강
		H-588×300×12×20	4,380	4,950	1.13	해석요	2,475	0.57	무보강
		H-594×302×14×23	4,368	4,924	1.13	해석요	2,462	0.56	무보강
		H-600×302×14×26	4,356	7,099	1.63	해석요	3,549	0.81	무보강
		H-606×303×15×29	4,344	7,847	1.81	해석요	3,923	0.90	무보강
	650×350	H-635×328×18×31	4,289	9,119	2.13	해석요	4,560	1.06	해석요
		H-641×329×19×34	4,278	9,929	2.32	해석요	4,964	1.16	해석요
		H-647×331×21×37	4,268	10,863	2.55	해석요	5,432	1.27	해석요

※ 도움표의 H형강은 콤팩트단면 기준을 만족한다.

1) 소성패널존변형을 포함하는 건축물 강구조 설계기준(KDS 41 31 00)의 4.7-35 식 적용

2) $R_{u1}=2*M_{pn}/d_b$

3) $R_{u1}=M_{pn}/d_b$

도움표 4.3 기둥(SHN355)-보(SHN355), 광폭계열기둥

기둥(SHN355)	보(SHN355)		패널존전단강도[1] R_n (kN)	내부접합부			외부접합부		
형강치수	Type	형강치수		소요패널존강도[2] R_{u1} (kN)	DCR	패널존 보강여부	소요패널존강도[3] R_{u2} (kN)	DCR	패널존 보강여부
H-462×419×32×52	650×350	H-653×332×22×40	4,258	11,681	2.74	해석요	5,841	1.37	해석요
	700×300	H-692×300×13×20	4,195	5,948	1.42	해석요	2,974	0.71	무보강
		H-696×300×13×22	4,189	6,369	1.52	해석요	3,184	0.76	무보강
		H-700×300×13×24	4,183	6,785	1.62	해석요	3,392	0.81	무보강
		H-702×301×14×25	4,180	7,129	1.71	해석요	3,565	0.85	무보강
		H-708×302×15×28	4,172	7,894	1.89	해석요	3,947	0.95	무보강
		H-714×303×16×31	4,163	8,660	2.08	해석요	4,330	1.04	해석요
H-472×422×35×57	450×200	H-450×200×9×14	5,466	2,752	0.50	무보강	1,376	0.25	무보강
		H-456×200×9×17	5,440	3,155	0.58	무보강	1,578	0.29	무보강
		H-460×201×10×19	5,423	3,521	0.65	무보강	1,761	0.32	무보강
	500×200	H-496×199×9×14	5,285	2,813	0.53	무보강	1,407	0.27	무보강
		H-500×200×10×16	5,271	3,198	0.61	무보강	1,599	0.30	무보강
		H-506×201×11×19	5,250	3,703	0.71	무보강	1,852	0.35	무보강
		H-514×202×12×23	5,223	4,363	0.84	무보강	2,181	0.42	무보강
	500×300	H-488×300×11×18	5,314	4,879	0.92	무보강	2,440	0.46	무보강
		H-494×300×11×21	5,292	5,509	1.04	해석요	2,754	0.52	무보강
	600×200	H-596×199×10×15	4,989	3,238	0.65	무보강	1,619	0.32	무보강
		H-600×200×11×17	4,979	3,629	0.73	무보강	1,815	0.36	무보강
		H-606×201×12×20	4,965	4,156	0.84	무보강	2,078	0.42	무보강
		H-612×202×13×23	4,950	4,693	0.95	무보강	2,346	0.47	무보강
	600×300	H-582×300×12×17	5,024	4,976	0.99	무보강	2,488	0.50	무보강
		H-588×300×12×20	5,009	4,950	0.99	무보강	2,475	0.49	무보강
		H-594×302×14×23	4,994	4,924	0.99	무보강	2,462	0.49	무보강
		H-600×302×14×26	4,979	7,099	1.43	해석요	3,549	0.71	무보강
		H-606×303×15×29	4,965	7,847	1.58	해석요	3,923	0.79	무보강
	650×350	H-635×328×18×31	4,898	9,119	1.86	해석요	4,560	0.93	무보강

※ 도움표의 H형강은 콤팩트단면 기준을 만족한다.

1) 소성패널존변형을 포함하는 건축물 강구조 설계기준(KDS 41 31 00)의 4.7-35 식 적용

2) $R_{u1}=2*M_{pn}/d_b$

3) $R_{u1}=M_{pn}/d_b$

도움표 4.3 기둥(SHN355)-보(SHN355), 광폭계열기둥

기둥(SHN355)	보(SHN355)		패널존전단강도[1]	내부접합부			외부접합부		
형강치수	Type	형강치수	R_n (kN)	소요패널존강도[2] R_{u1} (kN)	DCR	패널존 보강여부	소요패널존강도[3] R_{u2} (kN)	DCR	패널존 보강여부
H-472×422×35×57	650×350	H-641×329×19×34	4,886	9,929	2.03	해석요	4,964	1.02	해석요
		H-647×331×21×37	4,873	10,863	2.23	해석요	5,432	1.11	해석요
		H-653×332×22×40	4,860	11,681	2.40	해석요	5,841	1.20	해석요
		H-661×334×24×44	4,844	12,861	2.65	해석요	6,431	1.33	해석요
		H-669×336×26×48	4,828	14,050	2.91	해석요	7,025	1.45	해석요
	700×300	H-692×300×13×20	4,785	5,948	1.24	해석요	2,974	0.62	무보강
		H-696×300×13×22	4,778	6,369	1.33	해석요	3,184	0.67	무보강
		H-700×300×13×24	4,770	6,785	1.42	해석요	3,392	0.71	무보강
		H-702×301×14×25	4,767	7,129	1.50	해석요	3,565	0.75	무보강
		H-708×302×15×28	4,756	7,894	1.66	해석요	3,947	0.83	무보강
		H-714×303×16×31	4,746	8,660	1.82	해석요	4,330	0.91	무보강
H-484×426×39×63	450×200	H-460×201×10×19	6,369	3,521	0.55	무보강	1,761	0.28	무보강
		H-500×200×10×16	6,181	3,198	0.52	무보강	1,599	0.26	무보강
		H-506×201×11×19	6,156	3,703	0.60	무보강	1,852	0.30	무보강
		H-514×202×12×23	6,123	4,363	0.71	무보강	2,181	0.36	무보강
	500×300	H-488×300×11×18	6,235	4,879	0.78	무보강	2,440	0.39	무보강
		H-494×300×11×21	6,208	5,509	0.89	무보강	2,754	0.44	무보강
	600×200	H-596×199×10×15	5,833	3,238	0.56	무보강	1,619	0.28	무보강
		H-600×200×11×17	5,821	3,629	0.62	무보강	1,815	0.31	무보강
		H-606×201×12×20	5,803	4,156	0.72	무보강	2,078	0.36	무보강
		H-612×202×13×23	5,786	4,693	0.81	무보강	2,346	0.41	무보강
	600×300	H-582×300×12×17	5,877	4,976	0.85	무보강	2,488	0.42	무보강
		H-588×300×12×20	5,858	4,950	0.84	무보강	2,475	0.42	무보강
		H-594×302×14×23	5,839	4,924	0.84	무보강	2,462	0.42	무보강
		H-600×302×14×26	5,821	7,099	1.22	해석요	3,549	0.61	무보강
		H-606×303×15×29	5,803	7,847	1.35	해석요	3,923	0.68	무보강

※ 도움표의 H형강은 콤팩트단면 기준을 만족한다.

1) 소성패널존변형을 포함하는 건축물 강구조 설계기준(KDS 41 31 00)의 4.7-35 식 적용

2) $R_{u1}=2*M_{pn}/d_b$

3) $R_{u1}=M_{pn}/d_b$

도움표 4.3 기둥(SHN355)-보(SHN355), 광폭계열기둥

기둥(SHN355)	보(SHN355)		패널존전단강도[1] R_n (kN)	내부접합부			외부접합부		
형강치수	Type	형강치수		소요패널존강도[2] R_{u1} (kN)	DCR	패널존 보강여부	소요패널존강도[3] R_{u2} (kN)	DCR	패널존 보강여부
H-484×426×39×63	650×350	H-635×328×18×31	5,722	9,119	1.59	해석요	4,560	0.80	무보강
		H-641×329×19×34	5,706	9,929	1.74	해석요	4,964	0.87	무보강
		H-647×331×21×37	5,690	10,863	1.91	해석요	5,432	0.95	무보강
		H-653×332×22×40	5,675	11,681	2.06	해석요	5,841	1.03	해석요
		H-661×334×24×44	5,655	12,861	2.27	해석요	6,431	1.14	해석요
		H-669×336×26×48	5,636	14,050	2.49	해석요	7,025	1.25	해석요
		H-679×340×30×53	5,612	15,745	2.81	해석요	7,872	1.40	해석요
	700×300	H-692×300×13×20	5,582	5,948	1.07	해석요	2,974	0.53	무보강
		H-696×300×13×22	5,573	6,369	1.14	해석요	3,184	0.57	무보강
		H-700×300×13×24	5,564	6,785	1.22	해석요	3,392	0.61	무보강
		H-702×301×14×25	5,560	7,129	1.28	해석요	3,565	0.64	무보강
		H-708×302×15×28	5,547	7,894	1.42	해석요	3,947	0.71	무보강
		H-714×303×16×31	5,534	8,660	1.56	해석요	4,330	0.78	무보강
H-498×432×45×70	500×200	H-514×202×12×23	7,405	4,363	0.59	무보강	2,181	0.29	무보강
	500×300	H-488×300×11×18	7,545	4,879	0.65	무보강	2,440	0.32	무보강
		H-494×300×11×21	7,511	5,509	0.73	무보강	2,754	0.37	무보강
	600×200	H-600×200×11×17	7,028	3,629	0.52	무보강	1,815	0.26	무보강
		H-606×201×12×20	7,005	4,156	0.59	무보강	2,078	0.30	무보강
		H-612×202×13×23	6,984	4,693	0.67	무보강	2,346	0.34	무보강
	600×300	H-582×300×12×17	7,097	4,976	0.70	무보강	2,488	0.35	무보강
		H-588×300×12×20	7,074	4,950	0.70	무보강	2,475	0.35	무보강
		H-594×302×14×23	7,050	4,924	0.70	무보강	2,462	0.35	무보강
		H-600×302×14×26	7,028	7,099	1.01	해석요	3,549	0.51	무보강
		H-606×303×15×29	7,005	7,847	1.12	해석요	3,923	0.56	무보강
	650×350	H-635×328×18×31	6,903	9,119	1.32	해석요	4,560	0.66	무보강
		H-641×329×19×34	6,884	9,929	1.44	해석요	4,964	0.72	무보강

※ 도움표의 H형강은 콤팩트단면 기준을 만족한다.

1) 소성패널존변형을 포함하는 건축물 강구조 설계기준(KDS 41 31 00)의 4.7-35 식 적용

2) $R_{u1}=2*M_{pn}/d_b$

3) $R_{u1}=M_{pn}/d_b$

도움표 4.3 기둥(SHN355)-보(SHN355), 광폭계열기둥

기둥(SHN355)	보(SHN355)		패널존전단강도[1] R_n (kN)	내부접합부			외부접합부		
형강치수	Type	형강치수		소요패널존강도[2] R_{u1} (kN)	DCR	패널존 보강여부	소요패널존강도[3] R_{u2} (kN)	DCR	패널존 보강여부
H-498×432×45×70	650×350	H-647×331×21×37	6,864	10,863	1.58	해석요	5,432	0.79	무보강
		H-653×332×22×40	6,845	11,681	1.71	해석요	5,841	0.85	무보강
		H-661×334×24×44	6,820	12,861	1.89	해석요	6,431	0.94	무보강
		H-669×336×26×48	6,795	14,050	2.07	해석요	7,025	1.03	해석요
		H-679×340×30×53	6,765	15,745	2.33	해석요	7,872	1.16	해석요
		H-689×342×32×58	6,737	17,195	2.55	해석요	8,598	1.28	해석요
	700×300	H-692×300×13×20	6,728	5,948	0.88	무보강	2,974	0.44	무보강
		H-696×300×13×22	6,717	6,369	0.95	무보강	3,184	0.47	무보강
		H-700×300×13×24	6,706	6,785	1.01	해석요	3,392	0.51	무보강
		H-702×301×14×25	6,700	7,129	1.06	해석요	3,565	0.53	무보강
		H-708×302×15×28	6,684	7,894	1.18	해석요	3,947	0.59	무보강
		H-714×303×16×31	6,668	8,660	1.30	해석요	4,330	0.65	무보강

※ 도움표의 H형강은 콤팩트단면 기준을 만족한다.

1) 소성패널존변형을 포함하는 건축물 강구조 설계기준(KDS 41 31 00)의 4.7-35 식 적용

2) $R_{u1}=2*M_{pn}/d_b$

3) $R_{u1}=M_{pn}/d_b$

도움표 4.4 기둥(SHN355)–보(SHN355), 협폭계열기둥

도움표 4.4 기둥(SHN355)-보(SHN355), 협폭계열기둥

기둥(SHN355)	보(SHN355)		패널존전단강도[1] R_n (kN)	내부접합부			외부접합부		
형강치수	Type	형강치수		소요패널존강도[2] R_{u1} (kN)	DCR	패널존 보강여부	소요패널존강도[3] R_{u2} (kN)	DCR	패널존 보강여부
H-440×300×11×18	200×150	H-194×150×6×9	1,351	1,186	0.88	무보강	593	0.44	무보강
	250×125	H-248×124×5×8	1,281	944	0.74	무보강	472	0.37	무보강
		H-250×125×6×9	1,279	1,078	0.84	무보강	539	0.42	무보강
	250×175	H-244×175×7×11	1,285	1,700	1.32	해석요	850	0.66	무보강
	300×100	H-303×101×5×6	1,236	719	0.58	무보강	359	0.29	무보강
		H-305×102×6×7	1,235	845	0.68	무보강	422	0.34	무보강
		H-309×102×6×9	1,232	988	0.80	무보강	494	0.40	무보강
		H-313×103×7×11	1,229	1,188	0.97	무보강	594	0.48	무보강
	300×150	H-300×150×6.5×9	1,238	1,322	1.07	해석요	661	0.53	무보강
	300×200	H-294×200×8×12	1,242	2,163	1.74	해석요	1,081	0.87	무보강
		H-298×201×9×14	1,239	2,500	2.02	해석요	1,250	1.01	해석요
	350×175	H-350×175×7×11	1,208	1,818	1.50	해석요	909	0.75	무보강
		H-354×176×8×13	1,206	2,128	1.76	해석요	1,064	0.88	무보강
	400×140	H-399×140×6×9	1,187	1,348	1.14	해석요	674	0.57	무보강
		H-403×141×7×11	1,185	1,618	1.37	해석요	809	0.68	무보강
	400×200	H-396×199×7×11	1,188	2,084	1.75	해석요	1,042	0.88	무보강
		H-400×200×8×13	1,186	2,440	2.06	해석요	1,220	1.03	해석요
	450×150	H-450×154×8×11	1,169	1,890	1.62	해석요	945	0.81	무보강
		H-454×154×8×13	1,168	2,105	1.80	해석요	1,053	0.90	무보강
	450×200	H-446×199×8×12	1,170	2,372	2.03	해석요	1,186	1.01	해석요
		H-450×200×9×14	1,169	2,752	2.35	해석요	1,376	1.18	해석요
		H-456×200×9×17	1,167	3,155	2.70	해석요	1,578	1.35	해석요
	500×200	H-496×199×9×14	1,156	2,813	2.43	해석요	1,407	1.22	해석요
		H-500×200×10×16	1,155	3,198	2.77	해석요	1,599	1.38	해석요
	600×200	H-596×199×10×15	1,135	3,238	2.85	해석요	1,619	1.43	해석요
H-444×300×11×20	200×150	H-194×150×6×9	1,436	1,186	0.83	무보강	593	0.41	무보강

※ 도움표의 H형강은 콤팩트단면 기준을 만족한다.

1) 소성패널존변형을 포함하는 건축물 강구조 설계기준(KDS 41 31 00)의 4.7-35 식 적용

2) $R_{u1}=2*M_{pn}/d_b$

3) $R_{u1}=M_{pn}/d_b$

도움표 4.4 기둥(SHN355)-보(SHN355), 협폭계열기둥

기둥(SHN355)	보(SHN355)		패널존전단강도[1] R_n (kN)	내부접합부			외부접합부		
형강치수	Type	형강치수		소요패널존강도[2] R_{u1} (kN)	DCR	패널존 보강여부	소요패널존강도[3] R_{u2} (kN)	DCR	패널존 보강여부
H-444×300×11×20	250×125	H-248×124×5×8	1,349	944	0.70	무보강	472	0.35	무보강
		H-250×125×6×9	1,347	1,078	0.80	무보강	539	0.40	무보강
	250×175	H-244×175×7×11	1,355	1,700	1.26	해석요	850	0.63	무보강
	300×100	H-303×101×5×6	1,293	719	0.56	무보강	359	0.28	무보강
		H-305×102×6×7	1,292	845	0.65	무보강	422	0.33	무보강
		H-309×102×6×9	1,288	988	0.77	무보강	494	0.38	무보강
		H-313×103×7×11	1,285	1,188	0.92	무보강	594	0.46	무보강
	300×150	H-300×150×6.5×9	1,296	1,322	1.02	해석요	661	0.51	무보강
	300×200	H-294×200×8×12	1,301	2,163	1.66	해석요	1,081	0.83	무보강
		H-298×201×9×14	1,298	2,500	1.93	해석요	1,250	0.96	무보강
	350×175	H-350×175×7×11	1,259	1,818	1.44	해석요	909	0.72	무보강
		H-354×176×8×13	1,257	2,128	1.69	해석요	1,064	0.85	무보강
	400×140	H-399×140×6×9	1,232	1,348	1.09	해석요	674	0.55	무보강
		H-403×141×7×11	1,231	1,618	1.32	해석요	809	0.66	무보강
	400×200	H-396×199×7×11	1,234	2,084	1.69	해석요	1,042	0.84	무보강
		H-400×200×8×13	1,232	2,440	1.98	해석요	1,220	0.99	무보강
	450×150	H-450×154×8×11	1,211	1,890	1.56	해석요	945	0.78	무보강
		H-454×154×8×13	1,209	2,105	1.74	해석요	1,053	0.87	무보강
	450×200	H-446×199×8×12	1,212	2,372	1.96	해석요	1,186	0.98	무보강
		H-450×200×9×14	1,211	2,752	2.27	해석요	1,376	1.14	해석요
		H-456×200×9×17	1,208	3,155	2.61	해석요	1,578	1.31	해석요
		H-460×201×10×19	1,207	3,521	2.92	해석요	1,761	1.46	해석요
	500×200	H-496×199×9×14	1,195	2,813	2.35	해석요	1,407	1.18	해석요
		H-500×200×10×16	1,194	3,198	2.68	해석요	1,599	1.34	해석요
	600×200	H-596×199×10×15	1,169	3,238	2.77	해석요	1,619	1.39	해석요
H-450×301×12×23	200×150	H-194×150×6×9	1,675	1,186	0.71	무보강	593	0.35	무보강

※ 도움표의 H형강은 콤팩트단면 기준을 만족한다.

1) 소성패널존변형을 포함하는 건축물 강구조 설계기준(KDS 41 31 00)의 4.7-35 식 적용

2) $R_{u1}=2*M_{pn}/d_b$

3) $R_{u1}=M_{pn}/d_b$

도움표 4.4 기둥(SHN355)-보(SHN355), 협폭계열기둥

기둥(SHN355)	보(SHN355)		패널존전단강도[1] R_n (kN)	내부접합부			외부접합부		
형강치수	Type	형강치수		소요패널존강도[2] R_{u1} (kN)	DCR	패널존 보강여부	소요패널존강도[3] R_{u2} (kN)	DCR	패널존 보강여부
H-450×301×12×23	250×125	H-248×124×5×8	1,560	944	0.60	무보강	472	0.30	무보강
		H-250×125×6×9	1,557	1,078	0.69	무보강	539	0.35	무보강
	250×175	H-244×175×7×11	1,567	1,700	1.08	해석요	850	0.54	무보강
	300×100	H-305×102×6×7	1,484	845	0.57	무보강	422	0.28	무보강
		H-309×102×6×9	1,479	988	0.67	무보강	494	0.33	무보강
		H-313×103×7×11	1,475	1,188	0.81	무보강	594	0.40	무보강
	300×150	H-300×150×6.5×9	1,489	1,322	0.89	무보강	661	0.44	무보강
	300×200	H-294×200×8×12	1,496	2,163	1.45	해석요	1,081	0.72	무보강
		H-298×201×9×14	1,492	2,500	1.68	해석요	1,250	0.84	무보강
	350×175	H-350×175×7×11	1,441	1,818	1.26	해석요	909	0.63	무보강
		H-354×176×8×13	1,438	2,128	1.48	해석요	1,064	0.74	무보강
	400×140	H-399×140×6×9	1,405	1,348	0.96	무보강	674	0.48	무보강
		H-403×141×7×11	1,403	1,618	1.15	해석요	809	0.58	무보강
	400×200	H-396×199×7×11	1,407	2,084	1.48	해석요	1,042	0.74	무보강
		H-400×200×8×13	1,405	2,440	1.74	해석요	1,220	0.87	무보강
	450×150	H-450×154×8×11	1,376	1,890	1.37	해석요	945	0.69	무보강
		H-454×154×8×13	1,374	2,105	1.53	해석요	1,053	0.77	무보강
	450×200	H-446×199×8×12	1,378	2,372	1.72	해석요	1,186	0.86	무보강
		H-450×200×9×14	1,376	2,752	2.00	해석요	1,376	1.00	무보강
		H-456×200×9×17	1,373	3,155	2.30	해석요	1,578	1.15	해석요
		H-460×201×10×19	1,371	3,521	2.57	해석요	1,761	1.28	해석요
	500×200	H-496×199×9×14	1,355	2,813	2.08	해석요	1,407	1.04	해석요
		H-500×200×10×16	1,354	3,198	2.36	해석요	1,599	1.18	해석요
		H-506×201×11×19	1,351	3,703	2.74	해석요	1,852	1.37	해석요
	600×200	H-596×199×10×15	1,321	3,238	2.45	해석요	1,619	1.23	해석요
		H-600×200×11×17	1,320	3,629	2.75	해석요	1,815	1.37	해석요

※ 도움표의 H형강은 콤팩트단면 기준을 만족한다.

1) 소성패널존변형을 포함하는 건축물 강구조 설계기준(KDS 41 31 00)의 4.7-35 식 적용

2) $R_{u1}=2*M_{pn}/d_b$

3) $R_{u1}=M_{pn}/d_b$

도움표 4.4 기둥(SHN355)-보(SHN355), 협폭계열기둥

기둥(SHN355)	보(SHN355)		패널존전단강도[1] R_n (kN)	내부접합부			외부접합부		
형강치수	Type	형강치수		소요패널존강도[2] R_{u1} (kN)	DCR	패널존 보강여부	소요패널존강도[3] R_{u2} (kN)	DCR	패널존 보강여부
H-488×300×11×18	200×150	H-194×150×6×9	1,464	1,186	0.81	무보강	593	0.41	무보강
	250×125	H-248×124×5×8	1,394	944	0.68	무보강	472	0.34	무보강
		H-250×125×6×9	1,392	1,078	0.77	무보강	539	0.39	무보강
	250×175	H-244×175×7×11	1,398	1,700	1.22	해석요	850	0.61	무보강
	300×100	H-303×101×5×6	1,348	719	0.53	무보강	359	0.27	무보강
		H-305×102×6×7	1,347	845	0.63	무보강	422	0.31	무보강
		H-309×102×6×9	1,344	988	0.73	무보강	494	0.37	무보강
		H-313×103×7×11	1,342	1,188	0.89	무보강	594	0.44	무보강
	300×150	H-300×150×6.5×9	1,350	1,322	0.98	무보강	661	0.49	무보강
	300×200	H-294×200×8×12	1,355	2,163	1.60	해석요	1,081	0.80	무보강
		H-298×201×9×14	1,352	2,500	1.85	해석요	1,250	0.92	무보강
	350×175	H-350×175×7×11	1,321	1,818	1.38	해석요	909	0.69	무보강
		H-354×176×8×13	1,319	2,128	1.61	해석요	1,064	0.81	무보강
	400×140	H-399×140×6×9	1,299	1,348	1.04	해석요	674	0.52	무보강
		H-403×141×7×11	1,298	1,618	1.25	해석요	809	0.62	무보강
	400×200	H-396×199×7×11	1,300	2,084	1.60	해석요	1,042	0.80	무보강
		H-400×200×8×13	1,299	2,440	1.88	해석요	1,220	0.94	무보강
	450×150	H-450×154×8×11	1,281	1,890	1.47	해석요	945	0.74	무보강
		H-454×154×8×13	1,280	2,105	1.64	해석요	1,053	0.82	무보강
	450×200	H-446×199×8×12	1,283	2,372	1.85	해석요	1,186	0.92	무보강
		H-450×200×9×14	1,281	2,752	2.15	해석요	1,376	1.07	해석요
		H-456×200×9×17	1,280	3,155	2.47	해석요	1,578	1.23	해석요
		H-460×201×10×19	1,278	3,521	2.75	해석요	1,761	1.38	해석요
	500×200	H-496×199×9×14	1,269	2,813	2.22	해석요	1,407	1.11	해석요
		H-500×200×10×16	1,268	3,198	2.52	해석요	1,599	1.26	해석요
		H-506×201×11×19	1,266	3,703	2.92	해석요	1,852	1.46	해석요

※ 도움표의 H형강은 콤팩트단면 기준을 만족한다.

1) 소성패널존변형을 포함하는 건축물 강구조 설계기준(KDS 41 31 00)의 4.7-35 식 적용

2) $R_{u1}=2*M_{pn}/d_b$

3) $R_{u1}=M_{pn}/d_b$

도움표 4.4 기둥(SHN355)-보(SHN355), 협폭계열기둥

기둥(SHN355)	보(SHN355)		패널존전단강도[1] R_n (kN)	내부접합부			외부접합부		
형강치수	Type	형강치수		소요패널존강도[2] R_{u1} (kN)	DCR	패널존 보강여부	소요패널존강도[3] R_{u2} (kN)	DCR	패널존 보강여부
H-488×300×11×18	600×200	H-596×199×10×15	1,248	3,238	2.60	해석요	1,619	1.30	해석요
		H-600×200×11×17	1,247	3,629	2.91	해석요	1,815	1.46	해석요
H-494×300×11×21	200×150	H-194×150×6×9	1,593	1,186	0.74	무보강	593	0.37	무보강
	250×125	H-248×124×5×8	1,498	944	0.63	무보강	472	0.31	무보강
		H-250×125×6×9	1,496	1,078	0.72	무보강	539	0.36	무보강
	250×175	H-244×175×7×11	1,504	1,700	1.13	해석요	850	0.57	무보강
	300×100	H-303×101×5×6	1,436	719	0.50	무보강	359	0.25	무보강
		H-305×102×6×7	1,435	845	0.59	무보강	422	0.29	무보강
		H-309×102×6×9	1,431	988	0.69	무보강	494	0.35	무보강
		H-313×103×7×11	1,428	1,188	0.83	무보강	594	0.42	무보강
	300×150	H-300×150×6.5×9	1,439	1,322	0.92	무보강	661	0.46	무보강
	300×200	H-294×200×8×12	1,445	2,163	1.50	해석요	1,081	0.75	무보강
		H-298×201×9×14	1,441	2,500	1.73	해석요	1,250	0.87	무보강
	350×175	H-350×175×7×11	1,399	1,818	1.30	해석요	909	0.65	무보강
		H-354×176×8×13	1,396	2,128	1.52	해석요	1,064	0.76	무보강
	400×140	H-399×140×6×9	1,369	1,348	0.98	무보강	674	0.49	무보강
		H-403×141×7×11	1,367	1,618	1.18	해석요	809	0.59	무보강
	400×200	H-396×199×7×11	1,371	2,084	1.52	해석요	1,042	0.76	무보강
		H-400×200×8×13	1,369	2,440	1.78	해석요	1,220	0.89	무보강
	450×150	H-450×154×8×11	1,345	1,890	1.40	해석요	945	0.70	무보강
		H-454×154×8×13	1,344	2,105	1.57	해석요	1,053	0.78	무보강
	450×200	H-446×199×8×12	1,347	2,372	1.76	해석요	1,186	0.88	무보강
		H-450×200×9×14	1,345	2,752	2.05	해석요	1,376	1.02	해석요
		H-456×200×9×17	1,343	3,155	2.35	해석요	1,578	1.17	해석요
		H-460×201×10×19	1,341	3,521	2.63	해석요	1,761	1.31	해석요
	500×200	H-496×199×9×14	1,328	2,813	2.12	해석요	1,407	1.06	해석요

※ 도움표의 H형강은 콤팩트단면 기준을 만족한다.

1) 소성패널존변형을 포함하는 건축물 강구조 설계기준(KDS 41 31 00)의 4.7-35 식 적용

2) $R_{u1}=2*M_{pn}/d_b$

3) $R_{u1}=M_{pn}/d_b$

도움표 4.4 기둥(SHN355)-보(SHN355), 협폭계열기둥

기둥(SHN355)	보(SHN355)		패널존전단강도[1] R_n (kN)	내부접합부			외부접합부		
형강치수	Type	형강치수		소요패널존강도[2] R_{u1} (kN)	DCR	패널존 보강여부	소요패널존강도[3] R_{u2} (kN)	DCR	패널존 보강여부
H-494×300×11×21	500×200	H-500×200×10×16	1,327	3,198	2.41	해석요	1,599	1.21	해석요
		H-506×201×11×19	1,325	3,703	2.80	해석요	1,852	1.40	해석요
	600×200	H-596×199×10×15	1,299	3,238	2.49	해석요	1,619	1.25	해석요
		H-600×200×11×17	1,298	3,629	2.80	해석요	1,815	1.40	해석요
H-582×300×12×17	200×150	H-194×150×6×9	1,773	1,186	0.67	무보강	593	0.33	무보강
	250×125	H-248×124×5×8	1,711	944	0.55	무보강	472	0.28	무보강
		H-250×125×6×9	1,709	1,078	0.63	무보강	539	0.32	무보강
	250×175	H-244×175×7×11	1,715	1,700	0.99	무보강	850	0.50	무보강
	300×100	H-305×102×6×7	1,669	845	0.51	무보강	422	0.25	무보강
		H-309×102×6×9	1,667	988	0.59	무보강	494	0.30	무보강
		H-313×103×7×11	1,665	1,188	0.71	무보강	594	0.36	무보강
	300×150	H-300×150×6.5×9	1,672	1,322	0.79	무보강	661	0.40	무보강
	300×200	H-294×200×8×12	1,676	2,163	1.29	해석요	1,081	0.65	무보강
		H-298×201×9×14	1,674	2,500	1.49	해석요	1,250	0.75	무보강
	350×175	H-350×175×7×11	1,646	1,818	1.10	해석요	909	0.55	무보강
		H-354×176×8×13	1,644	2,128	1.29	해석요	1,064	0.65	무보강
	400×140	H-399×140×6×9	1,626	1,348	0.83	무보강	674	0.41	무보강
		H-403×141×7×11	1,625	1,618	1.00	무보강	809	0.50	무보강
	400×200	H-396×199×7×11	1,627	2,084	1.28	해석요	1,042	0.64	무보강
		H-400×200×8×13	1,626	2,440	1.50	해석요	1,220	0.75	무보강
	450×150	H-450×154×8×11	1,611	1,890	1.17	해석요	945	0.59	무보강
		H-454×154×8×13	1,610	2,105	1.31	해석요	1,053	0.65	무보강
	450×200	H-446×199×8×12	1,612	2,372	1.47	해석요	1,186	0.74	무보강
		H-450×200×9×14	1,611	2,752	1.71	해석요	1,376	0.85	무보강
		H-456×200×9×17	1,609	3,155	1.96	해석요	1,578	0.98	무보강
		H-460×201×10×19	1,608	3,521	2.19	해석요	1,761	1.09	해석요

※ 도움표의 H형강은 콤팩트단면 기준을 만족한다.

1) 소성패널존변형을 포함하는 건축물 강구조 설계기준(KDS 41 31 00)의 4.7-35 식 적용

2) $R_{u1}=2*M_{pn}/d_b$

3) $R_{u1}=M_{pn}/d_b$

도움표 4.4 기둥(SHN355)-보(SHN355), 협폭계열기둥

기둥(SHN355)	보(SHN355)		패널존전단강도[1] R_n (kN)	내부접합부			외부접합부		
형강치수	Type	형강치수		소요패널존강도[2] R_{u1} (kN)	DCR	패널존 보강여부	소요패널존강도[3] R_{u2} (kN)	DCR	패널존 보강여부
H-582×300×12×17	500×200	H-496×199×9×14	1,599	2,813	1.76	해석요	1,407	0.88	무보강
		H-500×200×10×16	1,598	3,198	2.00	해석요	1,599	1.00	해석요
		H-506×201×11×19	1,597	3,703	2.32	해석요	1,852	1.16	해석요
		H-514×202×12×23	1,595	4,363	2.73	해석요	2,181	1.37	해석요
	600×200	H-596×199×10×15	1,581	3,238	2.05	해석요	1,619	1.02	해석요
		H-600×200×11×17	1,580	3,629	2.30	해석요	1,815	1.15	해석요
		H-606×201×12×20	1,579	4,156	2.63	해석요	2,078	1.32	해석요
		H-612×202×13×23	1,578	4,693	2.97	해석요	2,346	1.49	해석요
H-588×300×12×20	200×150	H-194×150×6×9	1,898	1,186	0.62	무보강	593	0.31	무보강
	250×125	H-248×124×5×8	1,812	944	0.52	무보강	472	0.26	무보강
		H-250×125×6×9	1,810	1,078	0.60	무보강	539	0.30	무보강
	250×175	H-244×175×7×11	1,817	1,700	0.94	무보강	850	0.47	무보강
	300×100	H-309×102×6×9	1,751	988	0.56	무보강	494	0.28	무보강
		H-313×103×7×11	1,748	1,188	0.68	무보강	594	0.34	무보강
	300×150	H-300×150×6.5×9	1,759	1,322	0.75	무보강	661	0.38	무보강
	300×200	H-294×200×8×12	1,764	2,163	1.23	해석요	1,081	0.61	무보강
		H-298×201×9×14	1,760	2,500	1.42	해석요	1,250	0.71	무보강
	350×175	H-350×175×7×11	1,722	1,818	1.06	해석요	909	0.53	무보강
		H-354×176×8×13	1,720	2,128	1.24	해석요	1,064	0.62	무보강
	400×140	H-399×140×6×9	1,695	1,348	0.80	무보강	674	0.40	무보강
		H-403×141×7×11	1,693	1,618	0.96	무보강	809	0.48	무보강
	400×200	H-396×199×7×11	1,697	2,084	1.23	해석요	1,042	0.61	무보강
		H-400×200×8×13	1,695	2,440	1.44	해석요	1,220	0.72	무보강
	450×150	H-450×154×8×11	1,673	1,890	1.13	해석요	945	0.56	무보강
		H-454×154×8×13	1,672	2,105	1.26	해석요	1,053	0.63	무보강
	450×200	H-446×199×8×12	1,675	2,372	1.42	해석요	1,186	0.71	무보강

※ 도움표의 H형강은 콤팩트단면 기준을 만족한다.

1) 소성패널존변형을 포함하는 건축물 강구조 설계기준(KDS 41 31 00)의 4.7-35 식 적용

2) $R_{u1}=2*M_{pn}/d_b$

3) $R_{u1}=M_{pn}/d_b$

도움표 4.4 기둥(SHN355)-보(SHN355), 협폭계열기둥

기둥(SHN355)	보(SHN355)		패널존전단강도[1]	내부접합부			외부접합부		
형강치수	Type	형강치수	R_n (kN)	소요패널존강도[2] R_{u1} (kN)	DCR	패널존 보강여부	소요패널존강도[3] R_{u2} (kN)	DCR	패널존 보강여부
H-588×300×12×20	450×200	H-450×200×9×14	1,673	2,752	1.64	해석요	1,376	0.82	무보강
		H-456×200×9×17	1,671	3,155	1.89	해석요	1,578	0.94	무보강
		H-460×201×10×19	1,670	3,521	2.11	해석요	1,761	1.05	해석요
	500×200	H-496×199×9×14	1,658	2,813	1.70	해석요	1,407	0.85	무보강
		H-500×200×10×16	1,656	3,198	1.93	해석요	1,599	0.97	무보강
		H-506×201×11×19	1,654	3,703	2.24	해석요	1,852	1.12	해석요
		H-514×202×12×23	1,652	4,363	2.64	해석요	2,181	1.32	해석요
	500×300	H-488×300×11×18	1,660	4,879	2.94	해석요	2,440	1.47	해석요
	600×200	H-596×199×10×15	1,632	3,238	1.98	해석요	1,619	0.99	무보강
		H-600×200×11×17	1,631	3,629	2.23	해석요	1,815	1.11	해석요
		H-606×201×12×20	1,629	4,156	2.55	해석요	2,078	1.28	해석요
		H-612×202×13×23	1,628	4,693	2.88	해석요	2,346	1.44	해석요
H-594×302×14×23	200×150	H-194×150×6×9	2,298	1,186	0.52	무보강	593	0.26	무보강
	250×175	H-244×175×7×11	2,190	1,700	0.78	무보강	850	0.39	무보강
	300×100	H-313×103×7×11	2,097	1,188	0.57	무보강	594	0.28	무보강
	300×150	H-300×150×6.5×9	2,112	1,322	0.63	무보강	661	0.31	무보강
	300×200	H-294×200×8×12	2,119	2,163	1.02	해석요	1,081	0.51	무보강
		H-298×201×9×14	2,114	2,500	1.18	해석요	1,250	0.59	무보강
	350×175	H-350×175×7×11	2,063	1,818	0.88	무보강	909	0.44	무보강
		H-354×176×8×13	2,060	2,128	1.03	해석요	1,064	0.52	무보강
	400×140	H-399×140×6×9	2,027	1,348	0.67	무보강	674	0.33	무보강
		H-403×141×7×11	2,025	1,618	0.80	무보강	809	0.40	무보강
	400×200	H-396×199×7×11	2,029	2,084	1.03	해석요	1,042	0.51	무보강
		H-400×200×8×13	2,027	2,440	1.20	해석요	1,220	0.60	무보강
	450×150	H-450×154×8×11	1,998	1,890	0.95	무보강	945	0.47	무보강
		H-454×154×8×13	1,996	2,105	1.05	해석요	1,053	0.53	무보강

※ 도움표의 H형강은 콤팩트단면 기준을 만족한다.

1) 소성패널존변형을 포함하는 건축물 강구조 설계기준(KDS 41 31 00)의 4.7-35 식 적용

2) $R_{u1}=2*M_{pn}/d_b$

3) $R_{u1}=M_{pn}/d_b$

도움표 4.4 기둥(SHN355)-보(SHN355), 협폭계열기둥

기둥(SHN355)	보(SHN355)		패널존전단강도[1] R_n (kN)	내부접합부			외부접합부		
형강치수	Type	형강치수		소요패널존강도[2] R_{u1} (kN)	DCR	패널존 보강여부	소요패널존강도[3] R_{u2} (kN)	DCR	패널존 보강여부
H-594×302×14×23	450×200	H-446×199×8×12	2,000	2,372	1.19	해석요	1,186	0.59	무보강
		H-450×200×9×14	1,998	2,752	1.38	해석요	1,376	0.69	무보강
		H-456×200×9×17	1,995	3,155	1.58	해석요	1,578	0.79	무보강
		H-460×201×10×19	1,993	3,521	1.77	해석요	1,761	0.88	무보강
	500×200	H-496×199×9×14	1,977	2,813	1.42	해석요	1,407	0.71	무보강
		H-500×200×10×16	1,975	3,198	1.62	해석요	1,599	0.81	무보강
		H-506×201×11×19	1,973	3,703	1.88	해석요	1,852	0.94	무보강
		H-514×202×12×23	1,970	4,363	2.21	해석요	2,181	1.11	해석요
	500×300	H-488×300×11×18	1,980	4,879	2.46	해석요	2,440	1.23	해석요
		H-494×300×11×21	1,978	5,509	2.79	해석요	2,754	1.39	해석요
	600×200	H-596×199×10×15	1,943	3,238	1.67	해석요	1,619	0.83	무보강
		H-600×200×11×17	1,941	3,629	1.87	해석요	1,815	0.93	무보강
		H-606×201×12×20	1,940	4,156	2.14	해석요	2,078	1.07	해석요
		H-612×202×13×23	1,938	4,693	2.42	해석요	2,346	1.21	해석요
	600×300	H-582×300×12×17	1,947	4,976	2.56	해석요	2,488	1.28	해석요
		H-588×300×12×20	1,945	4,950	2.55	해석요	2,475	1.27	해석요
		H-594×302×14×23	1,943	4,924	2.53	해석요	2,462	1.27	해석요
H-600×302×14×26	200×150	H-194×150×6×9	1,934	1,186	0.61	무보강	593	0.31	무보강
	250×125	H-248×124×5×8	1,819	944	0.52	무보강	472	0.26	무보강
		H-250×125×6×9	1,816	1,078	0.59	무보강	539	0.30	무보강
	250×175	H-244×175×7×11	1,826	1,700	0.93	무보강	850	0.47	무보강
	300×100	H-309×102×6×9	1,738	988	0.57	무보강	494	0.28	무보강
		H-313×103×7×11	1,733	1,188	0.69	무보강	594	0.34	무보강
	300×150	H-300×150×6.5×9	1,747	1,322	0.76	무보강	661	0.38	무보강
	300×200	H-294×200×8×12	1,754	2,163	1.23	해석요	1,081	0.62	무보강
		H-298×201×9×14	1,750	2,500	1.43	해석요	1,250	0.71	무보강

※ 도움표의 H형강은 콤팩트단면 기준을 만족한다.

1) 소성패널존변형을 포함하는 건축물 강구조 설계기준(KDS 41 31 00)의 4.7-35 식 적용

2) $R_{u1}=2*M_{pn}/d_b$

3) $R_{u1}=M_{pn}/d_b$

도움표 4.4 기둥(SHN355)-보(SHN355), 협폭계열기둥

기둥(SHN355)	보(SHN355)		패널존전단강도[1)]R_n (kN)	내부접합부			외부접합부		
형강치수	Type	형강치수		소요패널존강도[2)] R_{u1} (kN)	DCR	패널존 보강여부	소요패널존강도[3)] R_{u2} (kN)	DCR	패널존 보강여부
H-600×302×14×26	350×175	H-350×175×7×11	1,699	1,818	1.07	해석요	909	0.54	무보강
		H-354×176×8×13	1,695	2,128	1.26	해석요	1,064	0.63	무보강
	400×140	H-399×140×6×9	1,663	1,348	0.81	무보강	674	0.41	무보강
		H-403×141×7×11	1,660	1,618	0.97	무보강	809	0.49	무보강
	400×200	H-396×199×7×11	1,665	2,084	1.25	해석요	1,042	0.63	무보강
		H-400×200×8×13	1,662	2,440	1.47	해석요	1,220	0.73	무보강
	450×150	H-450×154×8×11	1,634	1,890	1.16	해석요	945	0.58	무보강
		H-454×154×8×13	1,632	2,105	1.29	해석요	1,053	0.65	무보강
	450×200	H-446×199×8×12	1,636	2,372	1.45	해석요	1,186	0.73	무보강
		H-450×200×9×14	1,634	2,752	1.68	해석요	1,376	0.84	무보강
		H-456×200×9×17	1,631	3,155	1.94	해석요	1,578	0.97	무보강
		H-460×201×10×19	1,629	3,521	2.16	해석요	1,761	1.08	해석요
	500×200	H-496×199×9×14	1,612	2,813	1.74	해석요	1,407	0.87	무보강
		H-500×200×10×16	1,611	3,198	1.99	해석요	1,599	0.99	무보강
		H-506×201×11×19	1,608	3,703	2.30	해석요	1,852	1.15	해석요
		H-514×202×12×23	1,605	4,363	2.72	해석요	2,181	1.36	해석요
	600×200	H-596×199×10×15	1,578	3,238	2.05	해석요	1,619	1.03	해석요
		H-600×200×11×17	1,577	3,629	2.30	해석요	1,815	1.15	해석요
		H-606×201×12×20	1,575	4,156	2.64	해석요	2,078	1.32	해석요
		H-612×202×13×23	1,573	4,693	2.98	해석요	2,346	1.49	해석요
H-606×303×15×29	250×175	H-244×175×7×11	2,604	1,700	0.65	무보강	850	0.33	무보강
	300×150	H-300×150×6.5×9	2,479	1,322	0.53	무보강	661	0.27	무보강
	300×200	H-294×200×8×12	2,490	2,163	0.87	무보강	1,081	0.43	무보강
		H-298×201×9×14	2,483	2,500	1.01	해석요	1,250	0.50	무보강
	350×175	H-350×175×7×11	2,401	1,818	0.76	무보강	909	0.38	무보강
		H-354×176×8×13	2,396	2,128	0.89	무보강	1,064	0.44	무보강

※ 도움표의 H형강은 콤팩트단면 기준을 만족한다.

1) 소성패널존변형을 포함하는 건축물 강구조 설계기준(KDS 41 31 00)의 4.7-35 식 적용

2) $R_{u1}=2*M_{pn}/d_b$

3) $R_{u1}=M_{pn}/d_b$

도움표 4.4 기둥(SHN355)-보(SHN355), 협폭계열기둥

기둥(SHN355)	보(SHN355)		패널존전단강도[1] R_n (kN)	내부접합부			외부접합부		
형강치수	Type	형강치수		소요패널존강도[2] R_{u1} (kN)	DCR	패널존 보강여부	소요패널존강도[3] R_{u2} (kN)	DCR	패널존 보강여부
H-606×303×15×29	400×140	H-399×140×6×9	2,344	1,348	0.58	무보강	674	0.29	무보강
		H-403×141×7×11	2,340	1,618	0.69	무보강	809	0.35	무보강
	400×200	H-396×199×7×11	2,347	2,084	0.89	무보강	1,042	0.44	무보강
		H-400×200×8×13	2,343	2,440	1.04	해석요	1,220	0.52	무보강
	450×150	H-450×154×8×11	2,298	1,890	0.82	무보강	945	0.41	무보강
		H-454×154×8×13	2,295	2,105	0.92	무보강	1,053	0.46	무보강
	450×200	H-446×199×8×12	2,301	2,372	1.03	해석요	1,186	0.52	무보강
		H-450×200×9×14	2,298	2,752	1.20	해석요	1,376	0.60	무보강
		H-456×200×9×17	2,293	3,155	1.38	해석요	1,578	0.69	무보강
		H-460×201×10×19	2,290	3,521	1.54	해석요	1,761	0.77	무보강
	500×200	H-496×199×9×14	2,264	2,813	1.24	해석요	1,407	0.62	무보강
		H-500×200×10×16	2,262	3,198	1.41	해석요	1,599	0.71	무보강
		H-506×201×11×19	2,258	3,703	1.64	해석요	1,852	0.82	무보강
		H-514×202×12×23	2,253	4,363	1.94	해석요	2,181	0.97	무보강
	500×300	H-488×300×11×18	2,270	4,879	2.15	해석요	2,440	1.07	해석요
		H-494×300×11×21	2,266	5,509	2.43	해석요	2,754	1.22	해석요
	600×200	H-596×199×10×15	2,209	3,238	1.47	해석요	1,619	0.73	무보강
		H-600×200×11×17	2,208	3,629	1.64	해석요	1,815	0.82	무보강
		H-606×201×12×20	2,205	4,156	1.88	해석요	2,078	0.94	무보강
		H-612×202×13×23	2,202	4,693	2.13	해석요	2,346	1.07	해석요
	600×300	H-582×300×12×17	2,216	4,976	2.25	해석요	2,488	1.12	해석요
		H-588×300×12×20	2,213	4,950	2.24	해석요	2,475	1.12	해석요
		H-594×302×14×23	2,210	4,924	2.23	해석요	2,462	1.11	해석요
	700×300	H-692×300×13×20	2,171	5,948	2.74	해석요	2,974	1.37	해석요
		H-696×300×13×22	2,170	6,369	2.93	해석요	3,184	1.47	해석요
H-692×300×13×20	200×150	H-194×150×6×9	2,311	1,186	0.51	무보강	593	0.26	무보강

※ 도움표의 H형강은 콤팩트단면 기준을 만족한다.

1) 소성패널존변형을 포함하는 건축물 강구조 설계기준(KDS 41 31 00)의 4.7-35 식 적용

2) $R_{u1}=2*M_{pn}/d_b$

3) $R_{u1}=M_{pn}/d_b$

도움표 4.4 기둥(SHN355)-보(SHN355), 협폭계열기둥

기둥(SHN355)	보(SHN355)		패널존전단강도[1] R_n (kN)	내부접합부			외부접합부		
형강치수	Type	형강치수		소요패널존강도[2] R_{u1} (kN)	DCR	패널존 보강여부	소요패널존강도[3] R_{u2} (kN)	DCR	패널존 보강여부
H-692×300×13×20	250×175	H-244×175×7×11	2,230	1,700	0.76	무보강	850	0.38	무보강
	300×100	H-313×103×7×11	2,161	1,188	0.55	무보강	594	0.27	무보강
	300×150	H-300×150×6.5×9	2,172	1,322	0.61	무보강	661	0.30	무보강
	300×200	H-294×200×8×12	2,177	2,163	0.99	무보강	1,081	0.50	무보강
		H-298×201×9×14	2,173	2,500	1.15	해석요	1,250	0.58	무보강
	350×175	H-350×175×7×11	2,135	1,818	0.85	무보강	909	0.43	무보강
		H-354×176×8×13	2,133	2,128	1.00	무보강	1,064	0.50	무보강
	400×140	H-399×140×6×9	2,108	1,348	0.64	무보강	674	0.32	무보강
		H-403×141×7×11	2,106	1,618	0.77	무보강	809	0.38	무보강
	400×200	H-396×199×7×11	2,110	2,084	0.99	무보강	1,042	0.49	무보강
		H-400×200×8×13	2,108	2,440	1.16	해석요	1,220	0.58	무보강
	450×150	H-450×154×8×11	2,087	1,890	0.91	무보강	945	0.45	무보강
		H-454×154×8×13	2,085	2,105	1.01	해석요	1,053	0.50	무보강
	450×200	H-446×199×8×12	2,088	2,372	1.14	해석요	1,186	0.57	무보강
		H-450×200×9×14	2,087	2,752	1.32	해석요	1,376	0.66	무보강
		H-456×200×9×17	2,084	3,155	1.51	해석요	1,578	0.76	무보강
		H-460×201×10×19	2,083	3,521	1.69	해석요	1,761	0.85	무보강
	500×200	H-496×199×9×14	2,071	2,813	1.36	해석요	1,407	0.68	무보강
		H-500×200×10×16	2,070	3,198	1.55	해석요	1,599	0.77	무보강
		H-506×201×11×19	2,068	3,703	1.79	해석요	1,852	0.90	무보강
		H-514×202×12×23	2,065	4,363	2.11	해석요	2,181	1.06	해석요
	500×300	H-488×300×11×18	2,073	4,879	2.35	해석요	2,440	1.18	해석요
		H-494×300×11×21	2,071	5,509	2.66	해석요	2,754	1.33	해석요
	600×200	H-596×199×10×15	2,045	3,238	1.58	해석요	1,619	0.79	무보강
		H-600×200×11×17	2,044	3,629	1.78	해석요	1,815	0.89	무보강
		H-606×201×12×20	2,043	4,156	2.03	해석요	2,078	1.02	해석요

※ 도움표의 H형강은 콤팩트단면 기준을 만족한다.

1) 소성패널존변형을 포함하는 건축물 강구조 설계기준(KDS 41 31 00)의 4.7-35 식 적용

2) $R_{u1}=2*M_{pn}/d_b$

3) $R_{u1}=M_{pn}/d_b$

도움표 4.4 기둥(SHN355)-보(SHN355), 협폭계열기둥

기둥(SHN355)	보(SHN355)		패널존전단강도[1] R_n (kN)	내부접합부			외부접합부		
형강치수	Type	형강치수		소요패널존강도[2] R_{u1} (kN)	DCR	패널존 보강여부	소요패널존강도[3] R_{u2} (kN)	DCR	패널존 보강여부
H-692×300×13×20	600×200	H-612×202×13×23	2,041	4,693	2.30	해석요	2,346	1.15	해석요
	600×300	H-582×300×12×17	2,048	4,976	2.43	해석요	2,488	1.21	해석요
		H-588×300×12×20	2,047	4,950	2.42	해석요	2,475	1.21	해석요
		H-594×302×14×23	2,045	4,924	2.41	해석요	2,462	1.20	해석요
	700×300	H-692×300×13×20	2,027	5,948	2.93	해석요	2,974	1.47	해석요
H-696×300×13×22	250×175	H-244×175×7×11	2,307	1,700	0.74	무보강	850	0.37	무보강
	300×100	H-313×103×7×11	2,224	1,188	0.53	무보강	594	0.27	무보강
	300×150	H-300×150×6.5×9	2,237	1,322	0.59	무보강	661	0.30	무보강
	300×200	H-294×200×8×12	2,243	2,163	0.96	무보강	1,081	0.48	무보강
		H-298×201×9×14	2,239	2,500	1.12	해석요	1,250	0.56	무보강
	350×175	H-350×175×7×11	2,192	1,818	0.83	무보강	909	0.41	무보강
		H-354×176×8×13	2,189	2,128	0.97	무보강	1,064	0.49	무보강
	400×140	H-399×140×6×9	2,160	1,348	0.62	무보강	674	0.31	무보강
		H-403×141×7×11	2,157	1,618	0.75	무보강	809	0.38	무보강
	400×200	H-396×199×7×11	2,162	2,084	0.96	무보강	1,042	0.48	무보강
		H-400×200×8×13	2,159	2,440	1.13	해석요	1,220	0.57	무보강
	450×150	H-450×154×8×11	2,133	1,890	0.89	무보강	945	0.44	무보강
		H-454×154×8×13	2,132	2,105	0.99	무보강	1,053	0.49	무보강
	450×200	H-446×199×8×12	2,135	2,372	1.11	해석요	1,186	0.56	무보강
		H-450×200×9×14	2,133	2,752	1.29	해석요	1,376	0.64	무보강
		H-456×200×9×17	2,131	3,155	1.48	해석요	1,578	0.74	무보강
		H-460×201×10×19	2,129	3,521	1.65	해석요	1,761	0.83	무보강
	500×200	H-496×199×9×14	2,114	2,813	1.33	해석요	1,407	0.67	무보강
		H-500×200×10×16	2,113	3,198	1.51	해석요	1,599	0.76	무보강
		H-506×201×11×19	2,111	3,703	1.75	해석요	1,852	0.88	무보강
		H-514×202×12×23	2,108	4,363	2.07	해석요	2,181	1.03	해석요

※ 도움표의 H형강은 콤팩트단면 기준을 만족한다.

1) 소성패널존변형을 포함하는 건축물 강구조 설계기준(KDS 41 31 00)의 4.7-35 식 적용

2) $R_{u1}=2*M_{pn}/d_b$

3) $R_{u1}=M_{pn}/d_b$

도움표 4.4 기둥(SHN355)-보(SHN355), 협폭계열기둥

기둥(SHN355)	보(SHN355)		패널존전단강도[1]	내부접합부			외부접합부		
형강치수	Type	형강치수	R_n (kN)	소요패널존강도[2] R_{u1} (kN)	DCR	패널존 보강여부	소요패널존강도[3] R_{u2} (kN)	DCR	패널존 보강여부
H-696×300×13×22	500×300	H-488×300×11×18	2,117	4,879	2.30	해석요	2,440	1.15	해석요
		H-494×300×11×21	2,115	5,509	2.60	해석요	2,754	1.30	해석요
	600×200	H-596×199×10×15	2,083	3,238	1.55	해석요	1,619	0.78	무보강
		H-600×200×11×17	2,082	3,629	1.74	해석요	1,815	0.87	무보강
		H-606×201×12×20	2,080	4,156	2.00	해석요	2,078	1.00	무보강
		H-612×202×13×23	2,079	4,693	2.26	해석요	2,346	1.13	해석요
	600×300	H-582×300×12×17	2,087	4,976	2.38	해석요	2,488	1.19	해석요
		H-588×300×12×20	2,085	4,950	2.37	해석요	2,475	1.19	해석요
		H-594×302×14×23	2,083	4,924	2.36	해석요	2,462	1.18	해석요
	700×300	H-692×300×13×20	2,061	5,948	2.89	해석요	2,974	1.44	해석요
H-700×300×13×24	250×175	H-244×175×7×11	2,391	1,700	0.71	무보강	850	0.36	무보강
	300×100	H-313×103×7×11	2,291	1,188	0.52	무보강	594	0.26	무보강
	300×150	H-300×150×6.5×9	2,306	1,322	0.57	무보강	661	0.29	무보강
	300×200	H-294×200×8×12	2,314	2,163	0.93	무보강	1,081	0.47	무보강
		H-298×201×9×14	2,309	2,500	1.08	해석요	1,250	0.54	무보강
	350×175	H-350×175×7×11	2,254	1,818	0.81	무보강	909	0.40	무보강
		H-354×176×8×13	2,250	2,128	0.95	무보강	1,064	0.47	무보강
	400×140	H-399×140×6×9	2,215	1,348	0.61	무보강	674	0.30	무보강
		H-403×141×7×11	2,212	1,618	0.73	무보강	809	0.37	무보강
	400×200	H-396×199×7×11	2,217	2,084	0.94	무보강	1,042	0.47	무보강
		H-400×200×8×13	2,214	2,440	1.10	해석요	1,220	0.55	무보강
	450×150	H-450×154×8×11	2,184	1,890	0.87	무보강	945	0.43	무보강
		H-454×154×8×13	2,182	2,105	0.97	무보강	1,053	0.48	무보강
	450×200	H-446×199×8×12	2,186	2,372	1.09	해석요	1,186	0.54	무보강
		H-450×200×9×14	2,184	2,752	1.26	해석요	1,376	0.63	무보강
		H-456×200×9×17	2,180	3,155	1.45	해석요	1,578	0.72	무보강

※ 도움표의 H형강은 콤팩트단면 기준을 만족한다.

1) 소성패널존변형을 포함하는 건축물 강구조 설계기준(KDS 41 31 00)의 4.7-35 식 적용

2) $R_{u1}=2*M_{pn}/d_b$

3) $R_{u1}=M_{pn}/d_b$

도움표 4.4 기둥(SHN355)-보(SHN355), 협폭계열기둥

기둥(SHN355)	보(SHN355)		패널존전단강도[1] R_n (kN)	내부접합부			외부접합부		
형강치수	Type	형강치수		소요패널존강도[2] R_{u1} (kN)	DCR	패널존 보강여부	소요패널존강도[3] R_{u2} (kN)	DCR	패널존 보강여부
H-700×300×13×24	450×200	H-460×201×10×19	2,178	3,521	1.62	해석요	1,761	0.81	무보강
	500×200	H-496×199×9×14	2,161	2,813	1.30	해석요	1,407	0.65	무보강
		H-500×200×10×16	2,159	3,198	1.48	해석요	1,599	0.74	무보강
		H-506×201×11×19	2,157	3,703	1.72	해석요	1,852	0.86	무보강
		H-514×202×12×23	2,153	4,363	2.03	해석요	2,181	1.01	해석요
	500×300	H-488×300×11×18	2,165	4,879	2.25	해석요	2,440	1.13	해석요
		H-494×300×11×21	2,162	5,509	2.55	해석요	2,754	1.27	해석요
	600×200	H-596×199×10×15	2,124	3,238	1.52	해석요	1,619	0.76	무보강
		H-600×200×11×17	2,122	3,629	1.71	해석요	1,815	0.85	무보강
		H-606×201×12×20	2,121	4,156	1.96	해석요	2,078	0.98	무보강
		H-612×202×13×23	2,119	4,693	2.21	해석요	2,346	1.11	해석요
	600×300	H-582×300×12×17	2,128	4,976	2.34	해석요	2,488	1.17	해석요
		H-588×300×12×20	2,126	4,950	2.33	해석요	2,475	1.16	해석요
		H-594×302×14×23	2,124	4,924	2.32	해석요	2,462	1.16	해석요
	700×300	H-692×300×13×20	2,098	5,948	2.84	해석요	2,974	1.42	해석요
H-702×301×14×25	250×175	H-244×175×7×11	2,586	1,700	0.66	무보강	850	0.33	무보강
	300×150	H-300×150×6.5×9	2,494	1,322	0.53	무보강	661	0.27	무보강
	300×200	H-294×200×8×12	2,502	2,163	0.86	무보강	1,081	0.43	무보강
		H-298×201×9×14	2,497	2,500	1.00	해석요	1,250	0.50	무보강
	350×175	H-350×175×7×11	2,437	1,818	0.75	무보강	909	0.37	무보강
		H-354×176×8×13	2,433	2,128	0.87	무보강	1,064	0.44	무보강
	400×140	H-399×140×6×9	2,395	1,348	0.56	무보강	674	0.28	무보강
		H-403×141×7×11	2,392	1,618	0.68	무보강	809	0.34	무보강
	400×200	H-396×199×7×11	2,397	2,084	0.87	무보강	1,042	0.43	무보강
		H-400×200×8×13	2,394	2,440	1.02	해석요	1,220	0.51	무보강
	450×150	H-450×154×8×11	2,361	1,890	0.80	무보강	945	0.40	무보강

※ 도움표의 H형강은 콤팩트단면 기준을 만족한다.

1) 소성패널존변형을 포함하는 건축물 강구조 설계기준(KDS 41 31 00)의 4.7-35 식 적용

2) $R_{u1}=2*M_{pn}/d_b$

3) $R_{u1}=M_{pn}/d_b$

도움표 4.4 기둥(SHN355)-보(SHN355), 협폭계열기둥

기둥(SHN355)	보(SHN355)		패널존전단강도[1) R_n (kN)	내부접합부			외부접합부		
형강치수	Type	형강치수		소요패널존강도[2) R_{u1} (kN)	DCR	패널존 보강여부	소요패널존강도[3) R_{u2} (kN)	DCR	패널존 보강여부
H-702×301×14×25	450×150	H-454×154×8×13	2,358	2,105	0.89	무보강	1,053	0.45	무보강
	450×200	H-446×199×8×12	2,363	2,372	1.00	해석요	1,186	0.50	무보강
		H-450×200×9×14	2,361	2,752	1.17	해석요	1,376	0.58	무보강
		H-456×200×9×17	2,357	3,155	1.34	해석요	1,578	0.67	무보강
		H-460×201×10×19	2,355	3,521	1.50	해석요	1,761	0.75	무보강
	500×200	H-496×199×9×14	2,336	2,813	1.20	해석요	1,407	0.60	무보강
		H-500×200×10×16	2,334	3,198	1.37	해석요	1,599	0.69	무보강
		H-506×201×11×19	2,331	3,703	1.59	해석요	1,852	0.79	무보강
		H-514×202×12×23	2,327	4,363	1.87	해석요	2,181	0.94	무보강
	500×300	H-488×300×11×18	2,340	4,879	2.09	해석요	2,440	1.04	해석요
		H-494×300×11×21	2,337	5,509	2.36	해석요	2,754	1.18	해석요
	600×200	H-596×199×10×15	2,295	3,238	1.41	해석요	1,619	0.71	무보강
		H-600×200×11×17	2,294	3,629	1.58	해석요	1,815	0.79	무보강
		H-606×201×12×20	2,292	4,156	1.81	해석요	2,078	0.91	무보강
		H-612×202×13×23	2,290	4,693	2.05	해석요	2,346	1.02	해석요
	600×300	H-582×300×12×17	2,300	4,976	2.16	해석요	2,488	1.08	해석요
		H-588×300×12×20	2,298	4,950	2.15	해석요	2,475	1.08	해석요
		H-594×302×14×23	2,296	4,924	2.14	해석요	2,462	1.07	해석요
	700×300	H-692×300×13×20	2,267	5,948	2.62	해석요	2,974	1.31	해석요
		H-696×300×13×22	2,266	6,369	2.81	해석요	3,184	1.41	해석요
		H-700×300×13×24	2,265	6,785	3.00	해석요	3,392	1.50	해석요
H-708×302×15×28	250×175	H-244×175×7×11	2,882	1,700	0.59	무보강	850	0.29	무보강
	300×200	H-294×200×8×12	2,777	2,163	0.78	무보강	1,081	0.39	무보강
		H-298×201×9×14	2,770	2,500	0.90	무보강	1,250	0.45	무보강
	350×175	H-350×175×7×11	2,694	1,818	0.67	무보강	909	0.34	무보강
		H-354×176×8×13	2,689	2,128	0.79	무보강	1,064	0.40	무보강

※ 도움표의 H형강은 콤팩트단면 기준을 만족한다.

1) 소성패널존변형을 포함하는 건축물 강구조 설계기준(KDS 41 31 00)의 4.7-35 식 적용

2) $R_{u1}=2*M_{pn}/d_b$

3) $R_{u1}=M_{pn}/d_b$

도움표 4.4 기둥(SHN355)-보(SHN355), 협폭계열기둥

기둥(SHN355)	보(SHN355)		패널존전단강도[1] R_n (kN)	내부접합부			외부접합부		
형강치수	Type	형강치수		소요패널존강도[2] R_{u1} (kN)	DCR	패널존 보강여부	소요패널존강도[3] R_{u2} (kN)	DCR	패널존 보강여부
H-708×302×15×28	400×140	H-399×140×6×9	2,641	1,348	0.51	무보강	674	0.26	무보강
		H-403×141×7×11	2,637	1,618	0.61	무보강	809	0.31	무보강
	400×200	H-396×199×7×11	2,644	2,084	0.79	무보강	1,042	0.39	무보강
		H-400×200×8×13	2,640	2,440	0.92	무보강	1,220	0.46	무보강
	450×150	H-450×154×8×11	2,598	1,890	0.73	무보강	945	0.36	무보강
		H-454×154×8×13	2,595	2,105	0.81	무보강	1,053	0.41	무보강
	450×200	H-446×199×8×12	2,601	2,372	0.91	무보강	1,186	0.46	무보강
		H-450×200×9×14	2,598	2,752	1.06	해석요	1,376	0.53	무보강
		H-456×200×9×17	2,594	3,155	1.22	해석요	1,578	0.61	무보강
		H-460×201×10×19	2,591	3,521	1.36	해석요	1,761	0.68	무보강
	500×200	H-496×199×9×14	2,567	2,813	1.10	해석요	1,407	0.55	무보강
		H-500×200×10×16	2,565	3,198	1.25	해석요	1,599	0.62	무보강
		H-506×201×11×19	2,561	3,703	1.45	해석요	1,852	0.72	무보강
		H-514×202×12×23	2,556	4,363	1.71	해석요	2,181	0.85	무보강
	500×300	H-488×300×11×18	2,572	4,879	1.90	해석요	2,440	0.95	무보강
		H-494×300×11×21	2,568	5,509	2.14	해석요	2,754	1.07	해석요
	600×200	H-596×199×10×15	2,516	3,238	1.29	해석요	1,619	0.64	무보강
		H-600×200×11×17	2,514	3,629	1.44	해석요	1,815	0.72	무보강
		H-606×201×12×20	2,512	4,156	1.65	해석요	2,078	0.83	무보강
		H-612×202×13×23	2,509	4,693	1.87	해석요	2,346	0.94	무보강
	600×300	H-582×300×12×17	2,522	4,976	1.97	해석요	2,488	0.99	무보강
		H-588×300×12×20	2,519	4,950	1.96	해석요	2,475	0.98	무보강
		H-594×302×14×23	2,517	4,924	1.96	해석요	2,462	0.98	무보강
		H-600×302×14×26	2,514	7,099	2.82	해석요	3,549	1.41	해석요
	700×300	H-692×300×13×20	2,481	5,948	2.40	해석요	2,974	1.20	해석요
		H-696×300×13×22	2,479	6,369	2.57	해석요	3,184	1.28	해석요

※ 도움표의 H형강은 콤팩트단면 기준을 만족한다.

1) 소성패널존변형을 포함하는 건축물 강구조 설계기준(KDS 41 31 00)의 4.7-35 식 적용

2) $R_{u1}=2*M_{pn}/d_b$

3) $R_{u1}=M_{pn}/d_b$

도움표 4.4 기둥(SHN355)-보(SHN355), 협폭계열기둥

기둥(SHN355)	보(SHN355)		패널존전단강도[1] R_n (kN)	내부접합부			외부접합부		
형강치수	Type	형강치수		소요패널존강도[2] R_{u1} (kN)	DCR	패널존 보강여부	소요패널존강도[3] R_{u2} (kN)	DCR	패널존 보강여부
H-708×302×15×28	700×300	H-700×300×13×24	2,478	6,785	2.74	해석요	3,392	1.37	해석요
		H-702×301×14×25	2,478	7,129	2.88	해석요	3,565	1.44	해석요
H-714×303×16×31	250×175	H-244×175×7×11	3,196	1,700	0.53	무보강	850	0.27	무보강
	300×200	H-294×200×8×12	3,066	2,163	0.71	무보강	1,081	0.35	무보강
		H-298×201×9×14	3,058	2,500	0.82	무보강	1,250	0.41	무보강
	350×175	H-350×175×7×11	2,965	1,818	0.61	무보강	909	0.31	무보강
		H-354×176×8×13	2,959	2,128	0.72	무보강	1,064	0.36	무보강
	400×140	H-403×141×7×11	2,895	1,618	0.56	무보강	809	0.28	무보강
	400×200	H-396×199×7×11	2,903	2,084	0.72	무보강	1,042	0.36	무보강
		H-400×200×8×13	2,898	2,440	0.84	무보강	1,220	0.42	무보강
	450×150	H-450×154×8×11	2,847	1,890	0.66	무보강	945	0.33	무보강
		H-454×154×8×13	2,843	2,105	0.74	무보강	1,053	0.37	무보강
	450×200	H-446×199×8×12	2,851	2,372	0.83	무보강	1,186	0.42	무보강
		H-450×200×9×14	2,847	2,752	0.97	무보강	1,376	0.48	무보강
		H-456×200×9×17	2,841	3,155	1.11	해석요	1,578	0.56	무보강
		H-460×201×10×19	2,838	3,521	1.24	해석요	1,761	0.62	무보강
	500×200	H-496×199×9×14	2,808	2,813	1.00	해석요	1,407	0.50	무보강
		H-500×200×10×16	2,805	3,198	1.14	해석요	1,599	0.57	무보강
		H-506×201×11×19	2,801	3,703	1.32	해석요	1,852	0.66	무보강
		H-514×202×12×23	2,795	4,363	1.56	해석요	2,181	0.78	무보강
	500×300	H-488×300×11×18	2,815	4,879	1.73	해석요	2,440	0.87	무보강
		H-494×300×11×21	2,810	5,509	1.96	해석요	2,754	0.98	무보강
	600×200	H-596×199×10×15	2,746	3,238	1.18	해석요	1,619	0.59	무보강
		H-600×200×11×17	2,743	3,629	1.32	해석요	1,815	0.66	무보강
		H-606×201×12×20	2,740	4,156	1.52	해석요	2,078	0.76	무보강
		H-612×202×13×23	2,737	4,693	1.71	해석요	2,346	0.86	무보강

※ 도움표의 H형강은 콤팩트단면 기준을 만족한다.

1) 소성패널존변형을 포함하는 건축물 강구조 설계기준(KDS 41 31 00)의 4.7-35 식 적용

2) $R_{u1}=2*M_{pn}/d_b$

3) $R_{u1}=M_{pn}/d_b$

도움표 4.4 기둥(SHN355)-보(SHN355), 협폭계열기둥

기둥(SHN355)	보(SHN355)		패널존전단강도[1] R_n (kN)	내부접합부			외부접합부		
형강치수	Type	형강치수		소요패널존강도[2] R_{u1} (kN)	DCR	패널존 보강여부	소요패널존강도[3] R_{u2} (kN)	DCR	패널존 보강여부
H-714×303×16×31	600×300	H-582×300×12×17	2,753	4,976	1.81	해석요	2,488	0.90	무보강
		H-588×300×12×20	2,750	4,950	1.80	해석요	2,475	0.90	무보강
		H-594×302×14×23	2,747	4,924	1.79	해석요	2,462	0.90	무보강
		H-600×302×14×26	2,743	7,099	2.59	해석요	3,549	1.29	해석요
		H-606×303×15×29	2,740	7,847	2.86	해석요	3,923	1.43	해석요
	700×300	H-692×300×13×20	2,702	5,948	2.20	해석요	2,974	1.10	해석요
		H-696×300×13×22	2,701	6,369	2.36	해석요	3,184	1.18	해석요
		H-700×300×13×24	2,699	6,785	2.51	해석요	3,392	1.26	해석요
		H-702×301×14×25	2,698	7,129	2.64	해석요	3,565	1.32	해석요
		H-708×302×15×28	2,696	7,894	2.93	해석요	3,947	1.46	해석요
H-758×265×14×19	250×175	H-244×175×7×11	2,511	1,700	0.68	무보강	850	0.34	무보강
	300×150	H-300×150×6.5×9	2,464	1,322	0.54	무보강	661	0.27	무보강
	300×200	H-294×200×8×12	2,468	2,163	0.88	무보강	1,081	0.44	무보강
		H-298×201×9×14	2,465	2,500	1.01	해석요	1,250	0.51	무보강
	350×175	H-350×175×7×11	2,435	1,818	0.75	무보강	909	0.37	무보강
		H-354×176×8×13	2,433	2,128	0.87	무보강	1,064	0.44	무보강
	400×140	H-399×140×6×9	2,414	1,348	0.56	무보강	674	0.28	무보강
		H-403×141×7×11	2,412	1,618	0.67	무보강	809	0.34	무보강
	400×200	H-396×199×7×11	2,415	2,084	0.86	무보강	1,042	0.43	무보강
		H-400×200×8×13	2,413	2,440	1.01	해석요	1,220	0.51	무보강
	450×150	H-450×154×8×11	2,396	1,890	0.79	무보강	945	0.39	무보강
		H-454×154×8×13	2,395	2,105	0.88	무보강	1,053	0.44	무보강
	450×200	H-446×199×8×12	2,397	2,372	0.99	무보강	1,186	0.49	무보강
		H-450×200×9×14	2,396	2,752	1.15	해석요	1,376	0.57	무보강
		H-456×200×9×17	2,394	3,155	1.32	해석요	1,578	0.66	무보강
		H-460×201×10×19	2,393	3,521	1.47	해석요	1,761	0.74	무보강

※ 도움표의 H형강은 콤팩트단면 기준을 만족한다.

1) 소성패널존변형을 포함하는 건축물 강구조 설계기준(KDS 41 31 00)의 4.7-35 식 적용

2) $R_{u1}=2*M_{pn}/d_b$

3) $R_{u1}=M_{pn}/d_b$

도움표 4.4 기둥(SHN355)-보(SHN355), 협폭계열기둥

기둥(SHN355)	보(SHN355)		패널존전단강도[1] R_n (kN)	내부접합부			외부접합부		
형강치수	Type	형강치수		소요패널존강도[2] R_{u1} (kN)	DCR	패널존 보강여부	소요패널존강도[3] R_{u2} (kN)	DCR	패널존 보강여부
H-758×265×14×19	500×200	H-496×199×9×14	2,384	2,813	1.18	해석요	1,407	0.59	무보강
		H-500×200×10×16	2,383	3,198	1.34	해석요	1,599	0.67	무보강
		H-506×201×11×19	2,381	3,703	1.56	해석요	1,852	0.78	무보강
		H-514×202×12×23	2,379	4,363	1.83	해석요	2,181	0.92	무보강
	500×300	H-488×300×11×18	2,386	4,879	2.05	해석요	2,440	1.02	해석요
		H-494×300×11×21	2,384	5,509	2.31	해석요	2,754	1.16	해석요
	600×200	H-596×199×10×15	2,363	3,238	1.37	해석요	1,619	0.69	무보강
		H-600×200×11×17	2,362	3,629	1.54	해석요	1,815	0.77	무보강
		H-606×201×12×20	2,361	4,156	1.76	해석요	2,078	0.88	무보강
		H-612×202×13×23	2,360	4,693	1.99	해석요	2,346	0.99	무보강
	600×300	H-582×300×12×17	2,365	4,976	2.10	해석요	2,488	1.05	해석요
		H-588×300×12×20	2,364	4,950	2.09	해석요	2,475	1.05	해석요
		H-594×302×14×23	2,363	4,924	2.08	해석요	2,462	1.04	해석요
	700×300	H-692×300×13×20	2,349	5,948	2.53	해석요	2,974	1.27	해석요
		H-696×300×13×22	2,348	6,369	2.71	해석요	3,184	1.36	해석요
		H-700×300×13×24	2,348	6,785	2.89	해석요	3,392	1.45	해석요
H-764×265×14×22	250×175	H-244×175×7×11	2,614	1,700	0.65	무보강	850	0.33	무보강
	300×150	H-300×150×6.5×9	2,551	1,322	0.52	무보강	661	0.26	무보강
	300×200	H-294×200×8×12	2,557	2,163	0.85	무보강	1,081	0.42	무보강
		H-298×201×9×14	2,553	2,500	0.98	무보강	1,250	0.49	무보강
	350×175	H-350×175×7×11	2,512	1,818	0.72	무보강	909	0.36	무보강
		H-354×176×8×13	2,510	2,128	0.85	무보강	1,064	0.42	무보강
	400×140	H-399×140×6×9	2,484	1,348	0.54	무보강	674	0.27	무보강
		H-403×141×7×11	2,482	1,618	0.65	무보강	809	0.33	무보강
	400×200	H-396×199×7×11	2,485	2,084	0.84	무보강	1,042	0.42	무보강
		H-400×200×8×13	2,483	2,440	0.98	무보강	1,220	0.49	무보강

※ 도움표의 H형강은 콤팩트단면 기준을 만족한다.

1) 소성패널존변형을 포함하는 건축물 강구조 설계기준(KDS 41 31 00)의 4.7-35 식 적용

2) $R_{u1}=2*M_{pn}/d_b$

3) $R_{u1}=M_{pn}/d_b$

도움표 4.4 기둥(SHN355)-보(SHN355), 협폭계열기둥

기둥(SHN355)	보(SHN355)		패널존전단강도[1] R_n (kN)	내부접합부			외부접합부		
형강치수	Type	형강치수		소요패널존강도[2] R_{u1} (kN)	DCR	패널존 보강여부	소요패널존강도[3] R_{u2} (kN)	DCR	패널존 보강여부
H-764×265×14×22	450×150	H-450×154×8×11	2,460	1,890	0.77	무보강	945	0.38	무보강
		H-454×154×8×13	2,459	2,105	0.86	무보강	1,053	0.43	무보강
	450×200	H-446×199×8×12	2,462	2,372	0.96	무보강	1,186	0.48	무보강
		H-450×200×9×14	2,460	2,752	1.12	해석요	1,376	0.56	무보강
		H-456×200×9×17	2,458	3,155	1.28	해석요	1,578	0.64	무보강
		H-460×201×10×19	2,456	3,521	1.43	해석요	1,761	0.72	무보강
	500×200	H-496×199×9×14	2,443	2,813	1.15	해석요	1,407	0.58	무보강
		H-500×200×10×16	2,442	3,198	1.31	해석요	1,599	0.65	무보강
		H-506×201×11×19	2,440	3,703	1.52	해석요	1,852	0.76	무보강
		H-514×202×12×23	2,438	4,363	1.79	해석요	2,181	0.89	무보강
	500×300	H-488×300×11×18	2,446	4,879	1.99	해석요	2,440	1.00	무보강
		H-494×300×11×21	2,444	5,509	2.25	해석요	2,754	1.13	해석요
	600×200	H-596×199×10×15	2,416	3,238	1.34	해석요	1,619	0.67	무보강
		H-600×200×11×17	2,415	3,629	1.50	해석요	1,815	0.75	무보강
		H-606×201×12×20	2,413	4,156	1.72	해석요	2,078	0.86	무보강
		H-612×202×13×23	2,412	4,693	1.95	해석요	2,346	0.97	무보강
	600×300	H-582×300×12×17	2,419	4,976	2.06	해석요	2,488	1.03	해석요
		H-588×300×12×20	2,418	4,950	2.05	해석요	2,475	1.02	해석요
		H-594×302×14×23	2,416	4,924	2.04	해석요	2,462	1.02	해석요
		H-600×302×14×26	2,415	7,099	2.94	해석요	3,549	1.47	해석요
	700×300	H-692×300×13×20	2,397	5,948	2.48	해석요	2,974	1.24	해석요
		H-696×300×13×22	2,396	6,369	2.66	해석요	3,184	1.33	해석요
		H-700×300×13×24	2,395	6,785	2.83	해석요	3,392	1.42	해석요
		H-702×301×14×25	2,395	7,129	2.98	해석요	3,565	1.49	해석요
H-768×266×15×24	250×175	H-244×175×7×11	2,855	1,700	0.60	무보강	850	0.30	무보강
	300×200	H-294×200×8×12	2,787	2,163	0.78	무보강	1,081	0.39	무보강

※ 도움표의 H형강은 콤팩트단면 기준을 만족한다.

1) 소성패널존변형을 포함하는 건축물 강구조 설계기준(KDS 41 31 00)의 4.7-35 식 적용

2) $R_{u1}=2*M_{pn}/d_b$

3) $R_{u1}=M_{pn}/d_b$

도움표 4.4 기둥(SHN355)-보(SHN355), 협폭계열기둥

기둥(SHN355)	보(SHN355)		패널존전단강도[1] R_n (kN)	내부접합부			외부접합부		
형강치수	Type	형강치수		소요패널존강도[2] R_{u1} (kN)	DCR	패널존 보강여부	소요패널존강도[3] R_{u2} (kN)	DCR	패널존 보강여부
H-768×266×15×24	300×200	H-298×201×9×14	2,782	2,500	0.90	무보강	1,250	0.45	무보강
	350×175	H-350×175×7×11	2,733	1,818	0.67	무보강	909	0.33	무보강
		H-354×176×8×13	2,730	2,128	0.78	무보강	1,064	0.39	무보강
	400×140	H-403×141×7×11	2,697	1,618	0.60	무보강	809	0.30	무보강
	400×200	H-396×199×7×11	2,701	2,084	0.77	무보강	1,042	0.39	무보강
		H-400×200×8×13	2,699	2,440	0.90	무보강	1,220	0.45	무보강
	450×150	H-450×154×8×11	2,671	1,890	0.71	무보강	945	0.35	무보강
		H-454×154×8×13	2,669	2,105	0.79	무보강	1,053	0.39	무보강
	450×200	H-446×199×8×12	2,673	2,372	0.89	무보강	1,186	0.44	무보강
		H-450×200×9×14	2,671	2,752	1.03	해석요	1,376	0.52	무보강
		H-456×200×9×17	2,668	3,155	1.18	해석요	1,578	0.59	무보강
		H-460×201×10×19	2,667	3,521	1.32	해석요	1,761	0.66	무보강
	500×200	H-496×199×9×14	2,651	2,813	1.06	해석요	1,407	0.53	무보강
		H-500×200×10×16	2,650	3,198	1.21	해석요	1,599	0.60	무보강
		H-506×201×11×19	2,647	3,703	1.40	해석요	1,852	0.70	무보강
		H-514×202×12×23	2,644	4,363	1.65	해석요	2,181	0.82	무보강
	500×300	H-488×300×11×18	2,654	4,879	1.84	해석요	2,440	0.92	무보강
		H-494×300×11×21	2,652	5,509	2.08	해석요	2,754	1.04	해석요
	600×200	H-596×199×10×15	2,618	3,238	1.24	해석요	1,619	0.62	무보강
		H-600×200×11×17	2,617	3,629	1.39	해석요	1,815	0.69	무보강
		H-606×201×12×20	2,615	4,156	1.59	해석요	2,078	0.79	무보강
		H-612×202×13×23	2,614	4,693	1.80	해석요	2,346	0.90	무보강
	600×300	H-582×300×12×17	2,622	4,976	1.90	해석요	2,488	0.95	무보강
		H-588×300×12×20	2,620	4,950	1.89	해석요	2,475	0.94	무보강
		H-594×302×14×23	2,619	4,924	1.88	해석요	2,462	0.94	무보강
		H-600×302×14×26	2,617	7,099	2.71	해석요	3,549	1.36	해석요

※ 도움표의 H형강은 콤팩트단면 기준을 만족한다.

1) 소성패널존변형을 포함하는 건축물 강구조 설계기준(KDS 41 31 00)의 4.7-35 식 적용

2) $R_{u1}=2*M_{pn}/d_b$

3) $R_{u1}=M_{pn}/d_b$

도움표 4.4 기둥(SHN355)-보(SHN355), 협폭계열기둥

기둥(SHN355)	보(SHN355)		패널존전단강도[1] R_n (kN)	내부접합부			외부접합부		
형강치수	Type	형강치수		소요패널존강도[2] R_{u1} (kN)	DCR	패널존 보강여부	소요패널존강도[3] R_{u2} (kN)	DCR	패널존 보강여부
H-768×266×15×24	700×300	H-692×300×13×20	2,595	5,948	2.29	해석요	2,974	1.15	해석요
		H-696×300×13×22	2,594	6,369	2.45	해석요	3,184	1.23	해석요
		H-700×300×13×24	2,594	6,785	2.62	해석요	3,392	1.31	해석요
		H-702×301×14×25	2,593	7,129	2.75	해석요	3,565	1.37	해석요
H-792×300×14×22	250×175	H-244×175×7×11	2,742	1,700	0.62	무보강	850	0.31	무보강
	300×200	H-294×200×8×12	2,677	2,163	0.81	무보강	1,081	0.40	무보강
		H-298×201×9×14	2,673	2,500	0.94	무보강	1,250	0.47	무보강
	350×175	H-350×175×7×11	2,627	1,818	0.69	무보강	909	0.35	무보강
		H-354×176×8×13	2,624	2,128	0.81	무보강	1,064	0.41	무보강
	400×140	H-399×140×6×9	2,594	1,348	0.52	무보강	674	0.26	무보강
		H-403×141×7×11	2,592	1,618	0.62	무보강	809	0.31	무보강
	400×200	H-396×199×7×11	2,596	2,084	0.80	무보강	1,042	0.40	무보강
		H-400×200×8×13	2,594	2,440	0.94	무보강	1,220	0.47	무보강
	450×150	H-450×154×8×11	2,568	1,890	0.74	무보강	945	0.37	무보강
		H-454×154×8×13	2,566	2,105	0.82	무보강	1,053	0.41	무보강
	450×200	H-446×199×8×12	2,570	2,372	0.92	무보강	1,186	0.46	무보강
		H-450×200×9×14	2,568	2,752	1.07	해석요	1,376	0.54	무보강
		H-456×200×9×17	2,565	3,155	1.23	해석요	1,578	0.62	무보강
		H-460×201×10×19	2,563	3,521	1.37	해석요	1,761	0.69	무보강
	500×200	H-496×199×9×14	2,549	2,813	1.10	해석요	1,407	0.55	무보강
		H-500×200×10×16	2,547	3,198	1.26	해석요	1,599	0.63	무보강
		H-506×201×11×19	2,545	3,703	1.45	해석요	1,852	0.73	무보강
		H-514×202×12×23	2,542	4,363	1.72	해석요	2,181	0.86	무보강
	500×300	H-488×300×11×18	2,552	4,879	1.91	해석요	2,440	0.96	무보강
		H-494×300×11×21	2,550	5,509	2.16	해석요	2,754	1.08	해석요
	600×200	H-596×199×10×15	2,517	3,238	1.29	해석요	1,619	0.64	무보강

※ 도움표의 H형강은 콤팩트단면 기준을 만족한다.

1) 소성패널존변형을 포함하는 건축물 강구조 설계기준(KDS 41 31 00)의 4.7-35 식 적용

2) $R_{u1}=2*M_{pn}/d_b$

3) $R_{u1}=M_{pn}/d_b$

도움표 4.4 기둥(SHN355)-보(SHN355), 협폭계열기둥

기둥(SHN355)	보(SHN355)		패널존전단강도[1]	내부접합부			외부접합부		
형강치수	Type	형강치수	R_n (kN)	소요패널존강도[2] R_{u1} (kN)	DCR	패널존 보강여부	소요패널존강도[3] R_{u2} (kN)	DCR	패널존 보강여부
H-792×300×14×22	600×200	H-600×200×11×17	2,516	3,629	1.44	해석요	1,815	0.72	무보강
		H-606×201×12×20	2,515	4,156	1.65	해석요	2,078	0.83	무보강
		H-612×202×13×23	2,513	4,693	1.87	해석요	2,346	0.93	무보강
	600×300	H-582×300×12×17	2,521	4,976	1.97	해석요	2,488	0.99	무보강
		H-588×300×12×20	2,520	4,950	1.96	해석요	2,475	0.98	무보강
		H-594×302×14×23	2,518	4,924	1.96	해석요	2,462	0.98	무보강
		H-600×302×14×26	2,516	7,099	2.82	해석요	3,549	1.41	해석요
	700×300	H-692×300×13×20	2,496	5,948	2.38	해석요	2,974	1.19	해석요
		H-696×300×13×22	2,495	6,369	2.55	해석요	3,184	1.28	해석요
		H-700×300×13×24	2,494	6,785	2.72	해석요	3,392	1.36	해석요
		H-702×301×14×25	2,494	7,129	2.86	해석요	3,565	1.43	해석요
H-796×300×14×24	250×175	H-244×175×7×11	2,826	1,700	0.60	무보강	850	0.30	무보강
	300×200	H-294×200×8×12	2,749	2,163	0.79	무보강	1,081	0.39	무보강
		H-298×201×9×14	2,744	2,500	0.91	무보강	1,250	0.46	무보강
	350×175	H-350×175×7×11	2,689	1,818	0.68	무보강	909	0.34	무보강
		H-354×176×8×13	2,686	2,128	0.79	무보강	1,064	0.40	무보강
	400×140	H-399×140×6×9	2,650	1,348	0.51	무보강	674	0.25	무보강
		H-403×141×7×11	2,648	1,618	0.61	무보강	809	0.31	무보강
	400×200	H-396×199×7×11	2,653	2,084	0.79	무보강	1,042	0.39	무보강
		H-400×200×8×13	2,650	2,440	0.92	무보강	1,220	0.46	무보강
	450×150	H-450×154×8×11	2,619	1,890	0.72	무보강	945	0.36	무보강
		H-454×154×8×13	2,617	2,105	0.80	무보강	1,053	0.40	무보강
	450×200	H-446×199×8×12	2,621	2,372	0.90	무보강	1,186	0.45	무보강
		H-450×200×9×14	2,619	2,752	1.05	해석요	1,376	0.53	무보강
		H-456×200×9×17	2,616	3,155	1.21	해석요	1,578	0.60	무보강
		H-460×201×10×19	2,614	3,521	1.35	해석요	1,761	0.67	무보강

※ 도움표의 H형강은 콤팩트단면 기준을 만족한다.

1) 소성패널존변형을 포함하는 건축물 강구조 설계기준(KDS 41 31 00)의 4.7-35 식 적용

2) $R_{u1}=2*M_{pn}/d_b$

3) $R_{u1}=M_{pn}/d_b$

도움표 4.4 기둥(SHN355)-보(SHN355), 협폭계열기둥

기둥(SHN355)	보(SHN355)		패널존전단강도[1] R_n (kN)	내부접합부			외부접합부		
형강치수	Type	형강치수		소요패널존강도[2] R_{u1} (kN)	DCR	패널존 보강여부	소요패널존강도[3] R_{u2} (kN)	DCR	패널존 보강여부
H-796×300×14×24	500×200	H-496×199×9×14	2,596	2,813	1.08	해석요	1,407	0.54	무보강
		H-500×200×10×16	2,595	3,198	1.23	해석요	1,599	0.62	무보강
		H-506×201×11×19	2,592	3,703	1.43	해석요	1,852	0.71	무보강
		H-514×202×12×23	2,588	4,363	1.69	해석요	2,181	0.84	무보강
	500×300	H-488×300×11×18	2,600	4,879	1.88	해석요	2,440	0.94	무보강
		H-494×300×11×21	2,597	5,509	2.12	해석요	2,754	1.06	해석요
	600×200	H-596×199×10×15	2,559	3,238	1.27	해석요	1,619	0.63	무보강
		H-600×200×11×17	2,558	3,629	1.42	해석요	1,815	0.71	무보강
		H-606×201×12×20	2,556	4,156	1.63	해석요	2,078	0.81	무보강
		H-612×202×13×23	2,554	4,693	1.84	해석요	2,346	0.92	무보강
	600×300	H-582×300×12×17	2,563	4,976	1.94	해석요	2,488	0.97	무보강
		H-588×300×12×20	2,561	4,950	1.93	해석요	2,475	0.97	무보강
		H-594×302×14×23	2,560	4,924	1.92	해석요	2,462	0.96	무보강
		H-600×302×14×26	2,558	7,099	2.78	해석요	3,549	1.39	해석요
	700×300	H-692×300×13×20	2,533	5,948	2.35	해석요	2,974	1.17	해석요
		H-696×300×13×22	2,532	6,369	2.52	해석요	3,184	1.26	해석요
		H-700×300×13×24	2,531	6,785	2.68	해석요	3,392	1.34	해석요
		H-702×301×14×25	2,531	7,129	2.82	해석요	3,565	1.41	해석요
H-800×300×14×26	250×175	H-244×175×7×11	2,917	1,700	0.58	무보강	850	0.29	무보강
	300×200	H-294×200×8×12	2,826	2,163	0.77	무보강	1,081	0.38	무보강
		H-298×201×9×14	2,820	2,500	0.89	무보강	1,250	0.44	무보강
	350×175	H-350×175×7×11	2,756	1,818	0.66	무보강	909	0.33	무보강
		H-354×176×8×13	2,752	2,128	0.77	무보강	1,064	0.39	무보강
	400×140	H-403×141×7×11	2,707	1,618	0.60	무보강	809	0.30	무보강
	400×200	H-396×199×7×11	2,713	2,084	0.77	무보강	1,042	0.38	무보강
		H-400×200×8×13	2,710	2,440	0.90	무보강	1,220	0.45	무보강

※ 도움표의 H형강은 콤팩트단면 기준을 만족한다.

1) 소성패널존변형을 포함하는 건축물 강구조 설계기준(KDS 41 31 00)의 4.7-35 식 적용

2) $R_{u1}=2*M_{pn}/d_b$

3) $R_{u1}=M_{pn}/d_b$

도움표 4.4 기둥(SHN355)-보(SHN355), 협폭계열기둥

기둥(SHN355)	보(SHN355)		패널존전단강도[1] R_n (kN)	내부접합부			외부접합부		
형강치수	Type	형강치수		소요패널존강도[2] R_{u1} (kN)	DCR	패널존 보강여부	소요패널존강도[3] R_{u2} (kN)	DCR	패널존 보강여부
H-800×300×14×26	450×150	H-450×154×8×11	2,674	1,890	0.71	무보강	945	0.35	무보강
		H-454×154×8×13	2,671	2,105	0.79	무보강	1,053	0.39	무보강
	450×200	H-446×199×8×12	2,676	2,372	0.89	무보강	1,186	0.44	무보강
		H-450×200×9×14	2,674	2,752	1.03	해석요	1,376	0.51	무보강
		H-456×200×9×17	2,670	3,155	1.18	해석요	1,578	0.59	무보강
		H-460×201×10×19	2,667	3,521	1.32	해석요	1,761	0.66	무보강
	500×200	H-496×199×9×14	2,647	2,813	1.06	해석요	1,407	0.53	무보강
		H-500×200×10×16	2,645	3,198	1.21	해석요	1,599	0.60	무보강
		H-506×201×11×19	2,642	3,703	1.40	해석요	1,852	0.70	무보강
		H-514×202×12×23	2,638	4,363	1.65	해석요	2,181	0.83	무보강
	500×300	H-488×300×11×18	2,651	4,879	1.84	해석요	2,440	0.92	무보강
		H-494×300×11×21	2,648	5,509	2.08	해석요	2,754	1.04	해석요
	600×200	H-596×199×10×15	2,603	3,238	1.24	해석요	1,619	0.62	무보강
		H-600×200×11×17	2,602	3,629	1.39	해석요	1,815	0.70	무보강
		H-606×201×12×20	2,599	4,156	1.60	해석요	2,078	0.80	무보강
		H-612×202×13×23	2,597	4,693	1.81	해석요	2,346	0.90	무보강
	600×300	H-582×300×12×17	2,608	4,976	1.91	해석요	2,488	0.95	무보강
		H-588×300×12×20	2,606	4,950	1.90	해석요	2,475	0.95	무보강
		H-594×302×14×23	2,604	4,924	1.89	해석요	2,462	0.95	무보강
		H-600×302×14×26	2,602	7,099	2.73	해석요	3,549	1.36	해석요
	700×300	H-692×300×13×20	2,573	5,948	2.31	해석요	2,974	1.16	해석요
		H-696×300×13×22	2,572	6,369	2.48	해석요	3,184	1.24	해석요
		H-700×300×13×24	2,571	6,785	2.64	해석요	3,392	1.32	해석요
		H-702×301×14×25	2,570	7,129	2.77	해석요	3,565	1.39	해석요
H-802×301×15×27	250×175	H-244×175×7×11	3,137	1,700	0.54	무보강	850	0.27	무보강
	300×200	H-294×200×8×12	3,039	2,163	0.71	무보강	1,081	0.36	무보강

※ 도움표의 H형강은 콤팩트단면 기준을 만족한다.

1) 소성패널존변형을 포함하는 건축물 강구조 설계기준(KDS 41 31 00)의 4.7-35 식 적용

2) $R_{u1}=2*M_{pn}/d_b$

3) $R_{u1}=M_{pn}/d_b$

도움표 4.4 기둥(SHN355)-보(SHN355), 협폭계열기둥

기둥(SHN355)	보(SHN355)		패널존전단강도[1] R_n (kN)	내부접합부			외부접합부		
형강치수	Type	형강치수		소요패널존강도[2] R_{u1} (kN)	DCR	패널존 보강여부	소요패널존강도[3] R_{u2} (kN)	DCR	패널존 보강여부
H-802×301×15×27	300×200	H-298×201×9×14	3,033	2,500	0.82	무보강	1,250	0.41	무보강
	350×175	H-350×175×7×11	2,963	1,818	0.61	무보강	909	0.31	무보강
		H-354×176×8×13	2,958	2,128	0.72	무보강	1,064	0.36	무보강
	400×140	H-403×141×7×11	2,910	1,618	0.56	무보강	809	0.28	무보강
	400×200	H-396×199×7×11	2,916	2,084	0.71	무보강	1,042	0.36	무보강
		H-400×200×8×13	2,913	2,440	0.84	무보강	1,220	0.42	무보강
	450×150	H-450×154×8×11	2,874	1,890	0.66	무보강	945	0.33	무보강
		H-454×154×8×13	2,871	2,105	0.73	무보강	1,053	0.37	무보강
	450×200	H-446×199×8×12	2,877	2,372	0.82	무보강	1,186	0.41	무보강
		H-450×200×9×14	2,874	2,752	0.96	무보강	1,376	0.48	무보강
		H-456×200×9×17	2,870	3,155	1.10	해석요	1,578	0.55	무보강
		H-460×201×10×19	2,867	3,521	1.23	해석요	1,761	0.61	무보강
	500×200	H-496×199×9×14	2,845	2,813	0.99	무보강	1,407	0.49	무보강
		H-500×200×10×16	2,843	3,198	1.12	해석요	1,599	0.56	무보강
		H-506×201×11×19	2,839	3,703	1.30	해석요	1,852	0.65	무보강
		H-514×202×12×23	2,835	4,363	1.54	해석요	2,181	0.77	무보강
	500×300	H-488×300×11×18	2,850	4,879	1.71	해석요	2,440	0.86	무보강
		H-494×300×11×21	2,846	5,509	1.94	해석요	2,754	0.97	무보강
	600×200	H-596×199×10×15	2,798	3,238	1.16	해석요	1,619	0.58	무보강
		H-600×200×11×17	2,796	3,629	1.30	해석요	1,815	0.65	무보강
		H-606×201×12×20	2,794	4,156	1.49	해석요	2,078	0.74	무보강
		H-612×202×13×23	2,791	4,693	1.68	해석요	2,346	0.84	무보강
	600×300	H-582×300×12×17	2,803	4,976	1.78	해석요	2,488	0.89	무보강
		H-588×300×12×20	2,801	4,950	1.77	해석요	2,475	0.88	무보강
		H-594×302×14×23	2,798	4,924	1.76	해석요	2,462	0.88	무보강
		H-600×302×14×26	2,796	7,099	2.54	해석요	3,549	1.27	해석요

※ 도움표의 H형강은 콤팩트단면 기준을 만족한다.

1) 소성패널존변형을 포함하는 건축물 강구조 설계기준(KDS 41 31 00)의 4.7-35 식 적용

2) $R_{u1}=2*M_{pn}/d_b$

3) $R_{u1}=M_{pn}/d_b$

도움표 4.4 기둥(SHN355)-보(SHN355), 협폭계열기둥

기둥(SHN355)	보(SHN355)		패널존전단강도[1]	내부접합부			외부접합부		
형강치수	Type	형강치수	R_n (kN)	소요패널존강도[2] R_{u1} (kN)	DCR	패널존 보강여부	소요패널존강도[3] R_{u2} (kN)	DCR	패널존 보강여부
H-802×301×15×27	600×300	H-606×303×15×29	2,794	7,847	2.81	해석요	3,923	1.40	해석요
	700×300	H-692×300×13×20	2,765	5,948	2.15	해석요	2,974	1.08	해석요
		H-696×300×13×22	2,764	6,369	2.30	해석요	3,184	1.15	해석요
		H-700×300×13×24	2,763	6,785	2.46	해석요	3,392	1.23	해석요
		H-702×301×14×25	2,762	7,129	2.58	해석요	3,565	1.29	해석요
		H-708×302×15×28	2,760	7,894	2.86	해석요	3,947	1.43	해석요
H-808×302×16×30	300×200	H-294×200×8×12	3,344	2,163	0.65	무보강	1,081	0.32	무보강
		H-298×201×9×14	3,336	2,500	0.75	무보강	1,250	0.37	무보강
	350×175	H-350×175×7×11	3,250	1,818	0.56	무보강	909	0.28	무보강
		H-354×176×8×13	3,244	2,128	0.66	무보강	1,064	0.33	무보강
	400×140	H-403×141×7×11	3,185	1,618	0.51	무보강	809	0.25	무보강
	400×200	H-396×199×7×11	3,192	2,084	0.65	무보강	1,042	0.33	무보강
		H-400×200×8×13	3,188	2,440	0.77	무보강	1,220	0.38	무보강
	450×150	H-450×154×8×11	3,140	1,890	0.60	무보강	945	0.30	무보강
		H-454×154×8×13	3,136	2,105	0.67	무보강	1,053	0.34	무보강
	450×200	H-446×199×8×12	3,143	2,372	0.75	무보강	1,186	0.38	무보강
		H-450×200×9×14	3,140	2,752	0.88	무보강	1,376	0.44	무보강
		H-456×200×9×17	3,135	3,155	1.01	해석요	1,578	0.50	무보강
		H-460×201×10×19	3,131	3,521	1.12	해석요	1,761	0.56	무보강
	500×200	H-496×199×9×14	3,104	2,813	0.91	무보강	1,407	0.45	무보강
		H-500×200×10×16	3,101	3,198	1.03	해석요	1,599	0.52	무보강
		H-506×201×11×19	3,097	3,703	1.20	해석요	1,852	0.60	무보강
		H-514×202×12×23	3,092	4,363	1.41	해석요	2,181	0.71	무보강
	500×300	H-488×300×11×18	3,110	4,879	1.57	해석요	2,440	0.78	무보강
		H-494×300×11×21	3,105	5,509	1.77	해석요	2,754	0.89	무보강
	600×200	H-596×199×10×15	3,045	3,238	1.06	해석요	1,619	0.53	무보강

※ 도움표의 H형강은 콤팩트단면 기준을 만족한다.

1) 소성패널존변형을 포함하는 건축물 강구조 설계기준(KDS 41 31 00)의 4.7-35 식 적용

2) $R_{u1}=2*M_{pn}/d_b$

3) $R_{u1}=M_{pn}/d_b$

도움표 4.4 기둥(SHN355)-보(SHN355), 협폭계열기둥

기둥(SHN355)	보(SHN355)		패널존전단강도[1] R_n (kN)	내부접합부			외부접합부		
형강치수	Type	형강치수		소요패널존강도[2] R_{u1} (kN)	DCR	패널존 보강여부	소요패널존강도[3] R_{u2} (kN)	DCR	패널존 보강여부
H-808×302×16×30	600×200	H-600×200×11×17	3,043	3,629	1.19	해석요	1,815	0.60	무보강
		H-606×201×12×20	3,040	4,156	1.37	해석요	2,078	0.68	무보강
		H-612×202×13×23	3,037	4,693	1.54	해석요	2,346	0.77	무보강
	600×300	H-582×300×12×17	3,052	4,976	1.63	해석요	2,488	0.82	무보강
		H-588×300×12×20	3,049	4,950	1.62	해석요	2,475	0.81	무보강
		H-594×302×14×23	3,046	4,924	1.62	해석요	2,462	0.81	무보강
		H-600×302×14×26	3,043	7,099	2.33	해석요	3,549	1.17	해석요
		H-606×303×15×29	3,040	7,847	2.58	해석요	3,923	1.29	해석요
	700×300	H-692×300×13×20	3,005	5,948	1.98	해석요	2,974	0.99	무보강
		H-696×300×13×22	3,003	6,369	2.12	해석요	3,184	1.06	해석요
		H-700×300×13×24	3,002	6,785	2.26	해석요	3,392	1.13	해석요
		H-702×301×14×25	3,001	7,129	2.38	해석요	3,565	1.19	해석요
		H-708×302×15×28	2,999	7,894	2.63	해석요	3,947	1.32	해석요
		H-714×303×16×31	2,997	8,660	2.89	해석요	4,330	1.44	해석요
H-814×303×17×33	300×200	H-294×200×8×12	3,665	2,163	0.59	무보강	1,081	0.30	무보강
		H-298×201×9×14	3,655	2,500	0.68	무보강	1,250	0.34	무보강
	350×175	H-350×175×7×11	3,550	1,818	0.51	무보강	909	0.26	무보강
		H-354×176×8×13	3,543	2,128	0.60	무보강	1,064	0.30	무보강
	400×200	H-396×199×7×11	3,480	2,084	0.60	무보강	1,042	0.30	무보강
		H-400×200×8×13	3,475	2,440	0.70	무보강	1,220	0.35	무보강
	450×150	H-450×154×8×11	3,416	1,890	0.55	무보강	945	0.28	무보강
		H-454×154×8×13	3,412	2,105	0.62	무보강	1,053	0.31	무보강
	450×200	H-446×199×8×12	3,420	2,372	0.69	무보강	1,186	0.35	무보강
		H-450×200×9×14	3,416	2,752	0.81	무보강	1,376	0.40	무보강
		H-456×200×9×17	3,410	3,155	0.93	무보강	1,578	0.46	무보강
		H-460×201×10×19	3,406	3,521	1.03	해석요	1,761	0.52	무보강

※ 도움표의 H형강은 콤팩트단면 기준을 만족한다.

1) 소성패널존변형을 포함하는 건축물 강구조 설계기준(KDS 41 31 00)의 4.7-35 식 적용

2) $R_{u1}=2*M_{pn}/d_b$

3) $R_{u1}=M_{pn}/d_b$

도움표 4.4 기둥(SHN355)-보(SHN355), 협폭계열기둥

기둥(SHN355)	보(SHN355)		패널존전단강도[1] R_n (kN)	내부접합부			외부접합부		
형강치수	Type	형강치수		소요패널존강도[2] R_{u1} (kN)	DCR	패널존 보강여부	소요패널존강도[3] R_{u2} (kN)	DCR	패널존 보강여부
H-814×303×17×33	500×200	H-496×199×9×14	3,373	2,813	0.83	무보강	1,407	0.42	무보강
		H-500×200×10×16	3,369	3,198	0.95	무보강	1,599	0.47	무보강
		H-506×201×11×19	3,364	3,703	1.10	해석요	1,852	0.55	무보강
		H-514×202×12×23	3,358	4,363	1.30	해석요	2,181	0.65	무보강
	500×300	H-488×300×11×18	3,380	4,879	1.44	해석요	2,440	0.72	무보강
		H-494×300×11×21	3,374	5,509	1.63	해석요	2,754	0.82	무보강
	600×200	H-596×199×10×15	3,301	3,238	0.98	무보강	1,619	0.49	무보강
		H-600×200×11×17	3,299	3,629	1.10	해석요	1,815	0.55	무보강
		H-606×201×12×20	3,295	4,156	1.26	해석요	2,078	0.63	무보강
		H-612×202×13×23	3,292	4,693	1.43	해석요	2,346	0.71	무보강
	600×300	H-582×300×12×17	3,310	4,976	1.50	해석요	2,488	0.75	무보강
		H-588×300×12×20	3,306	4,950	1.50	해석요	2,475	0.75	무보강
		H-594×302×14×23	3,302	4,924	1.49	해석요	2,462	0.75	무보강
		H-600×302×14×26	3,299	7,099	2.15	해석요	3,549	1.08	해석요
		H-606×303×15×29	3,295	7,847	2.38	해석요	3,923	1.19	해석요
	650×350	H-635×328×18×31	3,280	9,119	2.78	해석요	4,560	1.39	해석요
	700×300	H-692×300×13×20	3,252	5,948	1.83	해석요	2,974	0.91	무보강
		H-696×300×13×22	3,250	6,369	1.96	해석요	3,184	0.98	무보강
		H-700×300×13×24	3,249	6,785	2.09	해석요	3,392	1.04	해석요
		H-702×301×14×25	3,248	7,129	2.20	해석요	3,565	1.10	해석요
		H-708×302×15×28	3,245	7,894	2.43	해석요	3,947	1.22	해석요
		H-714×303×16×31	3,243	8,660	2.67	해석요	4,330	1.34	해석요
H-841×291×15×22	250×175	H-244×175×7×11	3,056	1,700	0.56	무보강	850	0.28	무보강
	300×200	H-294×200×8×12	2,993	2,163	0.72	무보강	1,081	0.36	무보강
		H-298×201×9×14	2,989	2,500	0.84	무보강	1,250	0.42	무보강
	350×175	H-350×175×7×11	2,944	1,818	0.62	무보강	909	0.31	무보강

※ 도움표의 H형강은 콤팩트단면 기준을 만족한다.

1) 소성패널존변형을 포함하는 건축물 강구조 설계기준(KDS 41 31 00)의 4.7-35 식 적용

2) $R_{u1}=2*M_{pn}/d_b$

3) $R_{u1}=M_{pn}/d_b$

도움표 4.4 기둥(SHN355)-보(SHN355), 협폭계열기둥

기둥(SHN355)	보(SHN355)		패널존전단강도[1] R_n (kN)	내부접합부			외부접합부		
형강치수	Type	형강치수		소요패널존강도[2] R_{u1} (kN)	DCR	패널존 보강여부	소요패널존강도[3] R_{u2} (kN)	DCR	패널존 보강여부
H-841×291×15×22	350×175	H-354×176×8×13	2,941	2,128	0.72	무보강	1,064	0.36	무보강
	400×140	H-403×141×7×11	2,910	1,618	0.56	무보강	809	0.28	무보강
	400×200	H-396×199×7×11	2,914	2,084	0.72	무보강	1,042	0.36	무보강
		H-400×200×8×13	2,912	2,440	0.84	무보강	1,220	0.42	무보강
	450×150	H-450×154×8×11	2,887	1,890	0.65	무보강	945	0.33	무보강
		H-454×154×8×13	2,885	2,105	0.73	무보강	1,053	0.36	무보강
	450×200	H-446×199×8×12	2,889	2,372	0.82	무보강	1,186	0.41	무보강
		H-450×200×9×14	2,887	2,752	0.95	무보강	1,376	0.48	무보강
		H-456×200×9×17	2,884	3,155	1.09	해석요	1,578	0.55	무보강
		H-460×201×10×19	2,883	3,521	1.22	해석요	1,761	0.61	무보강
	500×200	H-496×199×9×14	2,868	2,813	0.98	무보강	1,407	0.49	무보강
		H-500×200×10×16	2,867	3,198	1.12	해석요	1,599	0.56	무보강
		H-506×201×11×19	2,865	3,703	1.29	해석요	1,852	0.65	무보강
		H-514×202×12×23	2,862	4,363	1.52	해석요	2,181	0.76	무보강
	500×300	H-488×300×11×18	2,871	4,879	1.70	해석요	2,440	0.85	무보강
		H-494×300×11×21	2,869	5,509	1.92	해석요	2,754	0.96	무보강
	600×200	H-596×199×10×15	2,838	3,238	1.14	해석요	1,619	0.57	무보강
		H-600×200×11×17	2,837	3,629	1.28	해석요	1,815	0.64	무보강
		H-606×201×12×20	2,836	4,156	1.47	해석요	2,078	0.73	무보강
		H-612×202×13×23	2,834	4,693	1.66	해석요	2,346	0.83	무보강
	600×300	H-582×300×12×17	2,842	4,976	1.75	해석요	2,488	0.88	무보강
		H-588×300×12×20	2,840	4,950	1.74	해석요	2,475	0.87	무보강
		H-594×302×14×23	2,839	4,924	1.73	해석요	2,462	0.87	무보강
		H-600×302×14×26	2,837	7,099	2.50	해석요	3,549	1.25	해석요
		H-606×303×15×29	2,836	7,847	2.77	해석요	3,923	1.38	해석요
	700×300	H-692×300×13×20	2,817	5,948	2.11	해석요	2,974	1.06	해석요

※ 도움표의 H형강은 콤팩트단면 기준을 만족한다.

1) 소성패널존변형을 포함하는 건축물 강구조 설계기준(KDS 41 31 00)의 4.7-35 식 적용

2) $R_{u1}=2*M_{pn}/d_b$

3) $R_{u1}=M_{pn}/d_b$

도움표 4.4 기둥(SHN355)-보(SHN355), 협폭계열기둥

기둥(SHN355)	보(SHN355)		패널존전단강도[1]	내부접합부			외부접합부		
형강치수	Type	형강치수	R_n (kN)	소요패널존강도[2] R_{u1} (kN)	DCR	패널존 보강여부	소요패널존강도[3] R_{u2} (kN)	DCR	패널존 보강여부
H-841×291×15×22	700×300	H-696×300×13×22	2,816	6,369	2.26	해석요	3,184	1.13	해석요
		H-700×300×13×24	2,816	6,785	2.41	해석요	3,392	1.20	해석요
		H-702×301×14×25	2,815	7,129	2.53	해석요	3,565	1.27	해석요
		H-708×302×15×28	2,814	7,894	2.80	해석요	3,947	1.40	해석요
H-845×291×15×24	250×175	H-244×175×7×11	3,139	1,700	0.54	무보강	850	0.27	무보강
	300×200	H-294×200×8×12	3,064	2,163	0.71	무보강	1,081	0.35	무보강
		H-298×201×9×14	3,059	2,500	0.82	무보강	1,250	0.41	무보강
	350×175	H-350×175×7×11	3,006	1,818	0.60	무보강	909	0.30	무보강
		H-354×176×8×13	3,002	2,128	0.71	무보강	1,064	0.35	무보강
	400×140	H-403×141×7×11	2,966	1,618	0.55	무보강	809	0.27	무보강
	400×200	H-396×199×7×11	2,970	2,084	0.70	무보강	1,042	0.35	무보강
		H-400×200×8×13	2,968	2,440	0.82	무보강	1,220	0.41	무보강
	450×150	H-450×154×8×11	2,938	1,890	0.64	무보강	945	0.32	무보강
		H-454×154×8×13	2,936	2,105	0.72	무보강	1,053	0.36	무보강
	450×200	H-446×199×8×12	2,940	2,372	0.81	무보강	1,186	0.40	무보강
		H-450×200×9×14	2,938	2,752	0.94	무보강	1,376	0.47	무보강
		H-456×200×9×17	2,935	3,155	1.08	해석요	1,578	0.54	무보강
		H-460×201×10×19	2,933	3,521	1.20	해석요	1,761	0.60	무보강
	500×200	H-496×199×9×14	2,916	2,813	0.96	무보강	1,407	0.48	무보강
		H-500×200×10×16	2,914	3,198	1.10	해석요	1,599	0.55	무보강
		H-506×201×11×19	2,911	3,703	1.27	해석요	1,852	0.64	무보강
		H-514×202×12×23	2,908	4,363	1.50	해석요	2,181	0.75	무보강
	500×300	H-488×300×11×18	2,919	4,879	1.67	해석요	2,440	0.84	무보강
		H-494×300×11×21	2,917	5,509	1.89	해석요	2,754	0.94	무보강
	600×200	H-596×199×10×15	2,879	3,238	1.12	해석요	1,619	0.56	무보강
		H-600×200×11×17	2,878	3,629	1.26	해석요	1,815	0.63	무보강

※ 도움표의 H형강은 콤팩트단면 기준을 만족한다.

1) 소성패널존변형을 포함하는 건축물 강구조 설계기준(KDS 41 31 00)의 4.7-35 식 적용

2) $R_{u1}=2*M_{pn}/d_b$

3) $R_{u1}=M_{pn}/d_b$

도움표 4.4 기둥(SHN355)-보(SHN355), 협폭계열기둥

기둥(SHN355)	보(SHN355)		패널존전단강도[1] R_n (kN)	내부접합부			외부접합부		
형강치수	Type	형강치수		소요패널존강도[2] R_{u1} (kN)	DCR	패널존 보강여부	소요패널존강도[3] R_{u2} (kN)	DCR	패널존 보강여부
H-845×291×15×24	600×200	H-606×201×12×20	2,877	4,156	1.44	해석요	2,078	0.72	무보강
		H-612×202×13×23	2,875	4,693	1.63	해석요	2,346	0.82	무보강
	600×300	H-582×300×12×17	2,884	4,976	1.73	해석요	2,488	0.86	무보강
		H-588×300×12×20	2,882	4,950	1.72	해석요	2,475	0.86	무보강
		H-594×302×14×23	2,880	4,924	1.71	해석요	2,462	0.85	무보강
		H-600×302×14×26	2,878	7,099	2.47	해석요	3,549	1.23	해석요
		H-606×303×15×29	2,877	7,847	2.73	해석요	3,923	1.36	해석요
	700×300	H-692×300×13×20	2,855	5,948	2.08	해석요	2,974	1.04	해석요
		H-696×300×13×22	2,854	6,369	2.23	해석요	3,184	1.12	해석요
		H-700×300×13×24	2,853	6,785	2.38	해석요	3,392	1.19	해석요
		H-702×301×14×25	2,852	7,129	2.50	해석요	3,565	1.25	해석요
		H-708×302×15×28	2,851	7,894	2.77	해석요	3,947	1.38	해석요
H-851×292×16×27	300×200	H-294×200×8×12	3,363	2,163	0.64	무보강	1,081	0.32	무보강
		H-298×201×9×14	3,357	2,500	0.74	무보강	1,250	0.37	무보강
	350×175	H-350×175×7×11	3,289	1,818	0.55	무보강	909	0.28	무보강
		H-354×176×8×13	3,284	2,128	0.65	무보강	1,064	0.32	무보강
	400×200	H-396×199×7×11	3,244	2,084	0.64	무보강	1,042	0.32	무보강
		H-400×200×8×13	3,240	2,440	0.75	무보강	1,220	0.38	무보강
	450×150	H-450×154×8×11	3,202	1,890	0.59	무보강	945	0.30	무보강
		H-454×154×8×13	3,200	2,105	0.66	무보강	1,053	0.33	무보강
	450×200	H-446×199×8×12	3,205	2,372	0.74	무보강	1,186	0.37	무보강
		H-450×200×9×14	3,202	2,752	0.86	무보강	1,376	0.43	무보강
		H-456×200×9×17	3,199	3,155	0.99	무보강	1,578	0.49	무보강
		H-460×201×10×19	3,196	3,521	1.10	해석요	1,761	0.55	무보강
	500×200	H-496×199×9×14	3,174	2,813	0.89	무보강	1,407	0.44	무보강
		H-500×200×10×16	3,172	3,198	1.01	해석요	1,599	0.50	무보강

※ 도움표의 H형강은 콤팩트단면 기준을 만족한다.

1) 소성패널존변형을 포함하는 건축물 강구조 설계기준(KDS 41 31 00)의 4.7-35 식 적용

2) $R_{u1}=2*M_{pn}/d_b$

3) $R_{u1}=M_{pn}/d_b$

도움표 4.4 기둥(SHN355)-보(SHN355), 협폭계열기둥

기둥(SHN355)	보(SHN355)		패널존전단강도[1] R_n (kN)	내부접합부			외부접합부		
형강치수	Type	형강치수		소요패널존강도[2] R_{u1} (kN)	DCR	패널존 보강여부	소요패널존강도[3] R_{u2} (kN)	DCR	패널존 보강여부
H-851×292×16×27	500×200	H-506×201×11×19	3,169	3,703	1.17	해석요	1,852	0.58	무보강
		H-514×202×12×23	3,165	4,363	1.38	해석요	2,181	0.69	무보강
	500×300	H-488×300×11×18	3,179	4,879	1.53	해석요	2,440	0.77	무보강
		H-494×300×11×21	3,176	5,509	1.73	해석요	2,754	0.87	무보강
	600×200	H-596×199×10×15	3,128	3,238	1.04	해석요	1,619	0.52	무보강
		H-600×200×11×17	3,127	3,629	1.16	해석요	1,815	0.58	무보강
		H-606×201×12×20	3,125	4,156	1.33	해석요	2,078	0.66	무보강
		H-612×202×13×23	3,122	4,693	1.50	해석요	2,346	0.75	무보강
	600×300	H-582×300×12×17	3,134	4,976	1.59	해석요	2,488	0.79	무보강
		H-588×300×12×20	3,132	4,950	1.58	해석요	2,475	0.79	무보강
		H-594×302×14×23	3,129	4,924	1.57	해석요	2,462	0.79	무보강
		H-600×302×14×26	3,127	7,099	2.27	해석요	3,549	1.14	해석요
		H-606×303×15×29	3,125	7,847	2.51	해석요	3,923	1.26	해석요
	650×350	H-635×328×18×31	3,114	9,119	2.93	해석요	4,560	1.46	해석요
	700×300	H-692×300×13×20	3,097	5,948	1.92	해석요	2,974	0.96	무보강
		H-696×300×13×22	3,096	6,369	2.06	해석요	3,184	1.03	해석요
		H-700×300×13×24	3,095	6,785	2.19	해석요	3,392	1.10	해석요
		H-702×301×14×25	3,094	7,129	2.30	해석요	3,565	1.15	해석요
		H-708×302×15×28	3,092	7,894	2.55	해석요	3,947	1.28	해석요
		H-714×303×16×31	3,091	8,660	2.80	해석요	4,330	1.40	해석요
H-859×293×17×31	300×200	H-294×200×8×12	3,722	2,163	0.58	무보강	1,081	0.29	무보강
		H-298×201×9×14	3,714	2,500	0.67	무보강	1,250	0.34	무보강
	350×175	H-350×175×7×11	3,625	1,818	0.50	무보강	909	0.25	무보강
		H-354×176×8×13	3,619	2,128	0.59	무보강	1,064	0.29	무보강
	400×200	H-396×199×7×11	3,565	2,084	0.58	무보강	1,042	0.29	무보강
		H-400×200×8×13	3,560	2,440	0.69	무보강	1,220	0.34	무보강

※ 도움표의 H형강은 콤팩트단면 기준을 만족한다.

1) 소성패널존변형을 포함하는 건축물 강구조 설계기준(KDS 41 31 00)의 4.7-35 식 적용

2) $R_{u1}=2*M_{pn}/d_b$

3) $R_{u1}=M_{pn}/d_b$

도움표 4.4 기둥(SHN355)-보(SHN355), 협폭계열기둥

기둥(SHN355)	보(SHN355)		패널존전단강도[1] R_n (kN)	내부접합부			외부접합부		
형강치수	Type	형강치수		소요패널존강도[2] R_{u1} (kN)	DCR	패널존 보강여부	소요패널존강도[3] R_{u2} (kN)	DCR	패널존 보강여부
H-859×293×17×31	450×150	H-450×154×8×11	3,510	1,890	0.54	무보강	945	0.27	무보강
		H-454×154×8×13	3,507	2,105	0.60	무보강	1,053	0.30	무보강
	450×200	H-446×199×8×12	3,514	2,372	0.68	무보강	1,186	0.34	무보강
		H-450×200×9×14	3,510	2,752	0.78	무보강	1,376	0.39	무보강
		H-456×200×9×17	3,505	3,155	0.90	무보강	1,578	0.45	무보강
		H-460×201×10×19	3,502	3,521	1.01	해석요	1,761	0.50	무보강
	500×200	H-496×199×9×14	3,473	2,813	0.81	무보강	1,407	0.41	무보강
		H-500×200×10×16	3,470	3,198	0.92	무보강	1,599	0.46	무보강
		H-506×201×11×19	3,466	3,703	1.07	해석요	1,852	0.53	무보강
		H-514×202×12×23	3,460	4,363	1.26	해석요	2,181	0.63	무보강
	500×300	H-488×300×11×18	3,479	4,879	1.40	해석요	2,440	0.70	무보강
		H-494×300×11×21	3,475	5,509	1.59	해석요	2,754	0.79	무보강
	600×200	H-596×199×10×15	3,412	3,238	0.95	무보강	1,619	0.47	무보강
		H-600×200×11×17	3,410	3,629	1.06	해석요	1,815	0.53	무보강
		H-606×201×12×20	3,407	4,156	1.22	해석요	2,078	0.61	무보강
		H-612×202×13×23	3,404	4,693	1.38	해석요	2,346	0.69	무보강
	600×300	H-582×300×12×17	3,420	4,976	1.46	해석요	2,488	0.73	무보강
		H-588×300×12×20	3,416	4,950	1.45	해석요	2,475	0.72	무보강
		H-594×302×14×23	3,413	4,924	1.44	해석요	2,462	0.72	무보강
		H-600×302×14×26	3,410	7,099	2.08	해석요	3,549	1.04	해석요
		H-606×303×15×29	3,407	7,847	2.30	해석요	3,923	1.15	해석요
	650×350	H-635×328×18×31	3,394	9,119	2.69	해석요	4,560	1.34	해석요
		H-641×329×19×34	3,391	9,929	2.93	해석요	4,964	1.46	해석요
	700×300	H-692×300×13×20	3,370	5,948	1.76	해석요	2,974	0.88	무보강
		H-696×300×13×22	3,369	6,369	1.89	해석요	3,184	0.95	무보강
		H-700×300×13×24	3,367	6,785	2.01	해석요	3,392	1.01	해석요

※ 도움표의 H형강은 콤팩트단면 기준을 만족한다.

1) 소성패널존변형을 포함하는 건축물 강구조 설계기준(KDS 41 31 00)의 4.7-35 식 적용

2) $R_{u1}=2*M_{pn}/d_b$

3) $R_{u1}=M_{pn}/d_b$

도움표 4.4 기둥(SHN355)-보(SHN355), 협폭계열기둥

기둥(SHN355)	보(SHN355)		패널존전단강도[1]	내부접합부			외부접합부		
형강치수	Type	형강치수	R_n (kN)	소요패널존강도[2] R_{u1} (kN)	DCR	패널존 보강여부	소요패널존강도[3] R_{u2} (kN)	DCR	패널존 보강여부
H-859×293×17×31	700×300	H-702×301×14×25	3,367	7,129	2.12	해석요	3,565	1.06	해석요
		H-708×302×15×28	3,365	7,894	2.35	해석요	3,947	1.17	해석요
		H-714×303×16×31	3,362	8,660	2.58	해석요	4,330	1.29	해석요
H-890×299×15×23	250×175	H-244×175×7×11	3,258	1,700	0.52	무보강	850	0.26	무보강
	300×200	H-294×200×8×12	3,187	2,163	0.68	무보강	1,081	0.34	무보강
		H-298×201×9×14	3,183	2,500	0.79	무보강	1,250	0.39	무보강
	350×175	H-350×175×7×11	3,132	1,818	0.58	무보강	909	0.29	무보강
		H-354×176×8×13	3,129	2,128	0.68	무보강	1,064	0.34	무보강
	400×140	H-403×141×7×11	3,094	1,618	0.52	무보강	809	0.26	무보강
	400×200	H-396×199×7×11	3,099	2,084	0.67	무보강	1,042	0.34	무보강
		H-400×200×8×13	3,096	2,440	0.79	무보강	1,220	0.39	무보강
	450×150	H-450×154×8×11	3,068	1,890	0.62	무보강	945	0.31	무보강
		H-454×154×8×13	3,066	2,105	0.69	무보강	1,053	0.34	무보강
	450×200	H-446×199×8×12	3,070	2,372	0.77	무보강	1,186	0.39	무보강
		H-450×200×9×14	3,068	2,752	0.90	무보강	1,376	0.45	무보강
		H-456×200×9×17	3,065	3,155	1.03	해석요	1,578	0.51	무보강
		H-460×201×10×19	3,063	3,521	1.15	해석요	1,761	0.57	무보강
	500×200	H-496×199×9×14	3,047	2,813	0.92	무보강	1,407	0.46	무보강
		H-500×200×10×16	3,046	3,198	1.05	해석요	1,599	0.52	무보강
		H-506×201×11×19	3,043	3,703	1.22	해석요	1,852	0.61	무보강
		H-514×202×12×23	3,040	4,363	1.44	해석요	2,181	0.72	무보강
	500×300	H-488×300×11×18	3,051	4,879	1.60	해석요	2,440	0.80	무보강
		H-494×300×11×21	3,048	5,509	1.81	해석요	2,754	0.90	무보강
	600×200	H-596×199×10×15	3,013	3,238	1.07	해석요	1,619	0.54	무보강
		H-600×200×11×17	3,012	3,629	1.20	해석요	1,815	0.60	무보강
		H-606×201×12×20	3,010	4,156	1.38	해석요	2,078	0.69	무보강

※ 도움표의 H형강은 콤팩트단면 기준을 만족한다.

1) 소성패널존변형을 포함하는 건축물 강구조 설계기준(KDS 41 31 00)의 4.7-35 식 적용

2) $R_{u1}=2*M_{pn}/d_b$

3) $R_{u1}=M_{pn}/d_b$

도움표 4.4 기둥(SHN355)-보(SHN355), 협폭계열기둥

기둥(SHN355)	보(SHN355)		패널존전단강도[1)] R_n (kN)	내부접합부			외부접합부		
형강치수	Type	형강치수		소요패널존강도[2)] R_{u1} (kN)	DCR	패널존 보강여부	소요패널존강도[3)] R_{u2} (kN)	DCR	패널존 보강여부
H-890×299×15×23	600×200	H-612×202×13×23	3,009	4,693	1.56	해석요	2,346	0.78	무보강
	600×300	H-582×300×12×17	3,017	4,976	1.65	해석요	2,488	0.82	무보강
		H-588×300×12×20	3,015	4,950	1.64	해석요	2,475	0.82	무보강
		H-594×302×14×23	3,014	4,924	1.63	해석요	2,462	0.82	무보강
		H-600×302×14×26	3,012	7,099	2.36	해석요	3,549	1.18	해석요
		H-606×303×15×29	3,010	7,847	2.61	해석요	3,923	1.30	해석요
	700×300	H-692×300×13×20	2,990	5,948	1.99	해석요	2,974	0.99	무보강
		H-696×300×13×22	2,989	6,369	2.13	해석요	3,184	1.07	해석요
		H-700×300×13×24	2,988	6,785	2.27	해석요	3,392	1.14	해석요
		H-702×301×14×25	2,988	7,129	2.39	해석요	3,565	1.19	해석요
		H-708×302×15×28	2,986	7,894	2.64	해석요	3,947	1.32	해석요
		H-714×303×16×31	2,985	8,660	2.90	해석요	4,330	1.45	해석요
H-894×299×15×25	250×175	H-244×175×7×11	3,346	1,700	0.51	무보강	850	0.25	무보강
	300×200	H-294×200×8×12	3,262	2,163	0.66	무보강	1,081	0.33	무보강
		H-298×201×9×14	3,257	2,500	0.77	무보강	1,250	0.38	무보강
	350×175	H-350×175×7×11	3,198	1,818	0.57	무보강	909	0.28	무보강
		H-354×176×8×13	3,194	2,128	0.67	무보강	1,064	0.33	무보강
	400×140	H-403×141×7×11	3,153	1,618	0.51	무보강	809	0.26	무보강
	400×200	H-396×199×7×11	3,158	2,084	0.66	무보강	1,042	0.33	무보강
		H-400×200×8×13	3,155	2,440	0.77	무보강	1,220	0.39	무보강
	450×150	H-450×154×8×11	3,122	1,890	0.61	무보강	945	0.30	무보강
		H-454×154×8×13	3,119	2,105	0.67	무보강	1,053	0.34	무보강
	450×200	H-446×199×8×12	3,124	2,372	0.76	무보강	1,186	0.38	무보강
		H-450×200×9×14	3,122	2,752	0.88	무보강	1,376	0.44	무보강
		H-456×200×9×17	3,118	3,155	1.01	해석요	1,578	0.51	무보강
		H-460×201×10×19	3,116	3,521	1.13	해석요	1,761	0.57	무보강

※ 도움표의 H형강은 콤팩트단면 기준을 만족한다.

1) 소성패널존변형을 포함하는 건축물 강구조 설계기준(KDS 41 31 00)의 4.7-35 식 적용

2) $R_{u1}=2*M_{pn}/d_b$

3) $R_{u1}=M_{pn}/d_b$

도움표 4.4 기둥(SHN355)-보(SHN355), 협폭계열기둥

기둥(SHN355)	보(SHN355)		패널존전단강도[1] R_n (kN)	내부접합부			외부접합부		
형강치수	Type	형강치수		소요패널존강도[2] R_{u1} (kN)	DCR	패널존 보강여부	소요패널존강도[3] R_{u2} (kN)	DCR	패널존 보강여부
H-894×299×15×25	500×200	H-496×199×9×14	3,097	2,813	0.91	무보강	1,407	0.45	무보강
		H-500×200×10×16	3,095	3,198	1.03	해석요	1,599	0.52	무보강
		H-506×201×11×19	3,092	3,703	1.20	해석요	1,852	0.60	무보강
		H-514×202×12×23	3,089	4,363	1.41	해석요	2,181	0.71	무보강
	500×300	H-488×300×11×18	3,101	4,879	1.57	해석요	2,440	0.79	무보강
		H-494×300×11×21	3,098	5,509	1.78	해석요	2,754	0.89	무보강
	600×200	H-596×199×10×15	3,057	3,238	1.06	해석요	1,619	0.53	무보강
		H-600×200×11×17	3,055	3,629	1.19	해석요	1,815	0.59	무보강
		H-606×201×12×20	3,053	4,156	1.36	해석요	2,078	0.68	무보강
		H-612×202×13×23	3,051	4,693	1.54	해석요	2,346	0.77	무보강
	600×300	H-582×300×12×17	3,062	4,976	1.63	해석요	2,488	0.81	무보강
		H-588×300×12×20	3,059	4,950	1.62	해석요	2,475	0.81	무보강
		H-594×302×14×23	3,057	4,924	1.61	해석요	2,462	0.81	무보강
		H-600×302×14×26	3,055	7,099	2.32	해석요	3,549	1.16	해석요
		H-606×303×15×29	3,053	7,847	2.57	해석요	3,923	1.28	해석요
	650×350	H-635×328×18×31	3,044	9,119	3.00	해석요	4,560	1.50	해석요
	700×300	H-692×300×13×20	3,029	5,948	1.96	해석요	2,974	0.98	무보강
H-900×300×16×28		H-696×300×13×22	3,028	6,369	2.10	해석요	3,184	1.05	해석요
		H-700×300×13×24	3,027	6,785	2.24	해석요	3,392	1.12	해석요
		H-702×301×14×25	3,026	7,129	2.36	해석요	3,565	1.18	해석요
		H-708×302×15×28	3,025	7,894	2.61	해석요	3,947	1.30	해석요
		H-714×303×16×31	3,024	8,660	2.86	해석요	4,330	1.43	해석요
	300×200	H-294×200×8×12	3,578	2,163	0.60	무보강	1,081	0.30	무보강
		H-298×201×9×14	3,572	2,500	0.70	무보강	1,250	0.35	무보강
	350×175	H-350×175×7×11	3,497	1,818	0.52	무보강	909	0.26	무보강
		H-354×176×8×13	3,492	2,128	0.61	무보강	1,064	0.30	무보강

※ 도움표의 H형강은 콤팩트단면 기준을 만족한다.

1) 소성패널존변형을 포함하는 건축물 강구조 설계기준(KDS 41 31 00)의 4.7-35 식 적용

2) $R_{u1}=2*M_{pn}/d_b$

3) $R_{u1}=M_{pn}/d_b$

도움표 4.4 기둥(SHN355)-보(SHN355), 협폭계열기둥

기둥(SHN355)	보(SHN355)		패널존전단강도[1] R_n (kN)	내부접합부			외부접합부		
형강치수	Type	형강치수		소요패널존강도[2] R_{u1} (kN)	DCR	패널존 보강여부	소요패널존강도[3] R_{u2} (kN)	DCR	패널존 보강여부
H-900×300×16×28	400×200	H-396×199×7×11	3,447	2,084	0.60	무보강	1,042	0.30	무보강
		H-400×200×8×13	3,443	2,440	0.71	무보강	1,220	0.35	무보강
	450×150	H-450×154×8×11	3,401	1,890	0.56	무보강	945	0.28	무보강
		H-454×154×8×13	3,398	2,105	0.62	무보강	1,053	0.31	무보강
	450×200	H-446×199×8×12	3,404	2,372	0.70	무보강	1,186	0.35	무보강
		H-450×200×9×14	3,401	2,752	0.81	무보강	1,376	0.40	무보강
		H-456×200×9×17	3,397	3,155	0.93	무보강	1,578	0.46	무보강
		H-460×201×10×19	3,394	3,521	1.04	해석요	1,761	0.52	무보강
	500×200	H-496×199×9×14	3,370	2,813	0.83	무보강	1,407	0.42	무보강
		H-500×200×10×16	3,368	3,198	0.95	무보강	1,599	0.47	무보강
		H-506×201×11×19	3,364	3,703	1.10	해석요	1,852	0.55	무보강
		H-514×202×12×23	3,360	4,363	1.30	해석요	2,181	0.65	무보강
	500×300	H-488×300×11×18	3,375	4,879	1.45	해석요	2,440	0.72	무보강
		H-494×300×11×21	3,371	5,509	1.63	해석요	2,754	0.82	무보강
	600×200	H-596×199×10×15	3,319	3,238	0.98	무보강	1,619	0.49	무보강
		H-600×200×11×17	3,318	3,629	1.09	해석요	1,815	0.55	무보강
		H-606×201×12×20	3,315	4,156	1.25	해석요	2,078	0.63	무보강
		H-612×202×13×23	3,313	4,693	1.42	해석요	2,346	0.71	무보강
	600×300	H-582×300×12×17	3,325	4,976	1.50	해석요	2,488	0.75	무보강
		H-588×300×12×20	3,323	4,950	1.49	해석요	2,475	0.74	무보강
		H-594×302×14×23	3,320	4,924	1.48	해석요	2,462	0.74	무보강
		H-600×302×14×26	3,318	7,099	2.14	해석요	3,549	1.07	해석요
		H-606×303×15×29	3,315	7,847	2.37	해석요	3,923	1.18	해석요
	650×350	H-635×328×18×31	3,304	9,119	2.76	해석요	4,560	1.38	해석요
	700×300	H-692×300×13×20	3,284	5,948	1.81	해석요	2,974	0.91	무보강
		H-696×300×13×22	3,283	6,369	1.94	해석요	3,184	0.97	무보강

※ 도움표의 H형강은 콤팩트단면 기준을 만족한다.

1) 소성패널존변형을 포함하는 건축물 강구조 설계기준(KDS 41 31 00)의 4.7-35 식 적용

2) $R_{u1}=2*M_{pn}/d_b$

3) $R_{u1}=M_{pn}/d_b$

도움표 4.4 기둥(SHN355)-보(SHN355), 협폭계열기둥

기둥(SHN355)	보(SHN355)		패널존전단강도[1] R_n (kN)	내부접합부			외부접합부		
형강치수	Type	형강치수		소요패널존강도[2] R_{u1} (kN)	DCR	패널존 보강여부	소요패널존강도[3] R_{u2} (kN)	DCR	패널존 보강여부
H-900×300×16×28	700×300	H-700×300×13×24	3,282	6,785	2.07	해석요	3,392	1.03	해석요
		H-702×301×14×25	3,281	7,129	2.17	해석요	3,565	1.09	해석요
		H-708×302×15×28	3,279	7,894	2.41	해석요	3,947	1.20	해석요
		H-714×303×16×31	3,278	8,660	2.64	해석요	4,330	1.32	해석요
H-906×301×17×31	300×200	H-294×200×8×12	3,909	2,163	0.55	무보강	1,081	0.28	무보강
		H-298×201×9×14	3,901	2,500	0.64	무보강	1,250	0.32	무보강
	350×175	H-354×176×8×13	3,803	2,128	0.56	무보강	1,064	0.28	무보강
	400×200	H-396×199×7×11	3,747	2,084	0.56	무보강	1,042	0.28	무보강
		H-400×200×8×13	3,743	2,440	0.65	무보강	1,220	0.33	무보강
	450×150	H-450×154×8×11	3,691	1,890	0.51	무보강	945	0.26	무보강
		H-454×154×8×13	3,688	2,105	0.57	무보강	1,053	0.29	무보강
	450×200	H-446×199×8×12	3,695	2,372	0.64	무보강	1,186	0.32	무보강
		H-450×200×9×14	3,691	2,752	0.75	무보강	1,376	0.37	무보강
		H-456×200×9×17	3,686	3,155	0.86	무보강	1,578	0.43	무보강
		H-460×201×10×19	3,682	3,521	0.96	무보강	1,761	0.48	무보강
	500×200	H-496×199×9×14	3,653	2,813	0.77	무보강	1,407	0.39	무보강
		H-500×200×10×16	3,650	3,198	0.88	무보강	1,599	0.44	무보강
		H-506×201×11×19	3,646	3,703	1.02	해석요	1,852	0.51	무보강
		H-514×202×12×23	3,640	4,363	1.20	해석요	2,181	0.60	무보강
	500×300	H-488×300×11×18	3,659	4,879	1.33	해석요	2,440	0.67	무보강
		H-494×300×11×21	3,655	5,509	1.51	해석요	2,754	0.75	무보강
	600×200	H-596×199×10×15	3,591	3,238	0.90	무보강	1,619	0.45	무보강
		H-600×200×11×17	3,589	3,629	1.01	해석요	1,815	0.51	무보강
		H-606×201×12×20	3,586	4,156	1.16	해석요	2,078	0.58	무보강
		H-612×202×13×23	3,583	4,693	1.31	해석요	2,346	0.65	무보강
	600×300	H-582×300×12×17	3,598	4,976	1.38	해석요	2,488	0.69	무보강

※ 도움표의 H형강은 콤팩트단면 기준을 만족한다.

1) 소성패널존변형을 포함하는 건축물 강구조 설계기준(KDS 41 31 00)의 4.7-35 식 적용

2) $R_{u1}=2*M_{pn}/d_b$

3) $R_{u1}=M_{pn}/d_b$

도움표 4.4 기둥(SHN355)-보(SHN355), 협폭계열기둥

기둥(SHN355)	보(SHN355)		패널존전단강도[1) R_n (kN)	내부접합부			외부접합부		
형강치수	Type	형강치수		소요패널존강도[2) R_{u1} (kN)	DCR	패널존 보강여부	소요패널존강도[3) R_{u2} (kN)	DCR	패널존 보강여부
H-906×301×17×31	600×300	H-588×300×12×20	3,595	4,950	1.38	해석요	2,475	0.69	무보강
		H-594×302×14×23	3,592	4,924	1.37	해석요	2,462	0.69	무보강
		H-600×302×14×26	3,589	7,099	1.98	해석요	3,549	0.99	무보강
		H-606×303×15×29	3,586	7,847	2.19	해석요	3,923	1.09	해석요
	650×350	H-635×328×18×31	3,572	9,119	2.55	해석요	4,560	1.28	해석요
		H-641×329×19×34	3,569	9,929	2.78	해석요	4,964	1.39	해석요
	700×300	H-692×300×13×20	3,548	5,948	1.68	해석요	2,974	0.84	무보강
		H-696×300×13×22	3,546	6,369	1.80	해석요	3,184	0.90	무보강
		H-700×300×13×24	3,545	6,785	1.91	해석요	3,392	0.96	무보강
		H-702×301×14×25	3,544	7,129	2.01	해석요	3,565	1.01	해석요
		H-708×302×15×28	3,542	7,894	2.23	해석요	3,947	1.11	해석요
		H-714×303×16×31	3,540	8,660	2.45	해석요	4,330	1.22	해석요
H-912×302×18×34	300×200	H-294×200×8×12	4,255	2,163	0.51	무보강	1,081	0.25	무보강
		H-298×201×9×14	4,245	2,500	0.59	무보강	1,250	0.29	무보강
	350×175	H-354×176×8×13	4,127	2,128	0.52	무보강	1,064	0.26	무보강
	400×200	H-396×199×7×11	4,060	2,084	0.51	무보강	1,042	0.26	무보강
		H-400×200×8×13	4,054	2,440	0.60	무보강	1,220	0.30	무보강
	450×150	H-454×154×8×13	3,988	2,105	0.53	무보강	1,053	0.26	무보강
	450×200	H-446×199×8×12	3,997	2,372	0.59	무보강	1,186	0.30	무보강
		H-450×200×9×14	3,992	2,752	0.69	무보강	1,376	0.34	무보강
		H-456×200×9×17	3,986	3,155	0.79	무보강	1,578	0.40	무보강
		H-460×201×10×19	3,982	3,521	0.88	무보강	1,761	0.44	무보강
	500×200	H-496×199×9×14	3,946	2,813	0.71	무보강	1,407	0.36	무보강
		H-500×200×10×16	3,943	3,198	0.81	무보강	1,599	0.41	무보강
		H-506×201×11×19	3,937	3,703	0.94	무보강	1,852	0.47	무보강
		H-514×202×12×23	3,931	4,363	1.11	해석요	2,181	0.55	무보강

※ 도움표의 H형강은 콤팩트단면 기준을 만족한다.

1) 소성패널존변형을 포함하는 건축물 강구조 설계기준(KDS 41 31 00)의 4.7-35 식 적용

2) $R_{u1}=2*M_{pn}/d_b$

3) $R_{u1}=M_{pn}/d_b$

도움표 4.4 기둥(SHN355)-보(SHN355), 협폭계열기둥

기둥(SHN355)	보(SHN355)		패널존전단강도[1]	내부접합부			외부접합부		
형강치수	Type	형강치수	R_n (kN)	소요패널존강도[2] R_{u1} (kN)	DCR	패널존 보강여부	소요패널존강도[3] R_{u2} (kN)	DCR	패널존 보강여부
H-912×302×18×34	500×300	H-488×300×11×18	3,954	4,879	1.23	해석요	2,440	0.62	무보강
		H-494×300×11×21	3,948	5,509	1.40	해석요	2,754	0.70	무보강
	600×200	H-596×199×10×15	3,871	3,238	0.84	무보강	1,619	0.42	무보강
		H-600×200×11×17	3,868	3,629	0.94	무보강	1,815	0.47	무보강
		H-606×201×12×20	3,865	4,156	1.08	해석요	2,078	0.54	무보강
		H-612×202×13×23	3,861	4,693	1.22	해석요	2,346	0.61	무보강
	600×300	H-582×300×12×17	3,880	4,976	1.28	해석요	2,488	0.64	무보강
		H-588×300×12×20	3,876	4,950	1.28	해석요	2,475	0.64	무보강
		H-594×302×14×23	3,872	4,924	1.27	해석요	2,462	0.64	무보강
		H-600×302×14×26	3,868	7,099	1.84	해석요	3,549	0.92	무보강
		H-606×303×15×29	3,865	7,847	2.03	해석요	3,923	1.02	해석요
	650×350	H-635×328×18×31	3,848	9,119	2.37	해석요	4,560	1.18	해석요
		H-641×329×19×34	3,845	9,929	2.58	해석요	4,964	1.29	해석요
		H-647×331×21×37	3,841	10,863	2.83	해석요	5,432	1.41	해석요
	700×300	H-692×300×13×20	3,819	5,948	1.56	해석요	2,974	0.78	무보강
		H-696×300×13×22	3,817	6,369	1.67	해석요	3,184	0.83	무보강
		H-700×300×13×24	3,815	6,785	1.78	해석요	3,392	0.89	무보강
		H-702×301×14×25	3,814	7,129	1.87	해석요	3,565	0.93	무보강
		H-708×302×15×28	3,812	7,894	2.07	해석요	3,947	1.04	해석요
		H-714×303×16×31	3,809	8,660	2.27	해석요	4,330	1.14	해석요
H-918×303×19×37	300×200	H-298×201×9×14	4,605	2,500	0.54	무보강	1,250	0.27	무보강
	400×200	H-400×200×8×13	4,378	2,440	0.56	무보강	1,220	0.28	무보강
	450×200	H-446×199×8×12	4,309	2,372	0.55	무보강	1,186	0.28	무보강
		H-450×200×9×14	4,304	2,752	0.64	무보강	1,376	0.32	무보강
		H-456×200×9×17	4,296	3,155	0.73	무보강	1,578	0.37	무보강
		H-460×201×10×19	4,291	3,521	0.82	무보강	1,761	0.41	무보강

※ 도움표의 H형강은 콤팩트단면 기준을 만족한다.

1) 소성패널존변형을 포함하는 건축물 강구조 설계기준(KDS 41 31 00)의 4.7-35 식 적용

2) $R_{u1}=2*M_{pn}/d_b$

3) $R_{u1}=M_{pn}/d_b$

도움표 4.4 기둥(SHN355)-보(SHN355), 협폭계열기둥

기둥(SHN355)	보(SHN355)		패널존전단강도[1] R_n (kN)	내부접합부			외부접합부		
형강치수	Type	형강치수		소요패널존강도[2] R_{u1} (kN)	DCR	패널존 보강여부	소요패널존강도[3] R_{u2} (kN)	DCR	패널존 보강여부
H-918×303×19×37	500×200	H-496×199×9×14	4,250	2,813	0.66	무보강	1,407	0.33	무보강
		H-500×200×10×16	4,245	3,198	0.75	무보강	1,599	0.38	무보강
		H-506×201×11×19	4,239	3,703	0.87	무보강	1,852	0.44	무보강
		H-514×202×12×23	4,231	4,363	1.03	해석요	2,181	0.52	무보강
	500×300	H-488×300×11×18	4,258	4,879	1.15	해석요	2,440	0.57	무보강
		H-494×300×11×21	4,252	5,509	1.30	해석요	2,754	0.65	무보강
	600×200	H-596×199×10×15	4,160	3,238	0.78	무보강	1,619	0.39	무보강
		H-600×200×11×17	4,157	3,629	0.87	무보강	1,815	0.44	무보강
		H-606×201×12×20	4,153	4,156	1.00	해석요	2,078	0.50	무보강
		H-612×202×13×23	4,148	4,693	1.13	해석요	2,346	0.57	무보강
	600×300	H-582×300×12×17	4,171	4,976	1.19	해석요	2,488	0.60	무보강
		H-588×300×12×20	4,166	4,950	1.19	해석요	2,475	0.59	무보강
		H-594×302×14×23	4,161	4,924	1.18	해석요	2,462	0.59	무보강
		H-600×302×14×26	4,157	7,099	1.71	해석요	3,549	0.85	무보강
		H-606×303×15×29	4,153	7,847	1.89	해석요	3,923	0.94	무보강
	650×350	H-635×328×18×31	4,133	9,119	2.21	해석요	4,560	1.10	해석요
		H-641×329×19×34	4,129	9,929	2.40	해석요	4,964	1.20	해석요
		H-647×331×21×37	4,125	10,863	2.63	해석요	5,432	1.32	해석요
		H-653×332×22×40	4,121	11,681	2.83	해석요	5,841	1.42	해석요
	700×300	H-692×300×13×20	4,098	5,948	1.45	해석요	2,974	0.73	무보강
		H-696×300×13×22	4,096	6,369	1.55	해석요	3,184	0.78	무보강
		H-700×300×13×24	4,094	6,785	1.66	해석요	3,392	0.83	무보강
		H-702×301×14×25	4,093	7,129	1.74	해석요	3,565	0.87	무보강
		H-708×302×15×28	4,090	7,894	1.93	해석요	3,947	0.97	무보강
		H-714×303×16×31	4,086	8,660	2.12	해석요	4,330	1.06	해석요
H-919×304×17×28	300×200	H-294×200×8×12	3,846	2,163	0.56	무보강	1,081	0.28	무보강

※ 도움표의 H형강은 콤팩트단면 기준을 만족한다.

1) 소성패널존변형을 포함하는 건축물 강구조 설계기준(KDS 41 31 00)의 4.7-35 식 적용

2) $R_{u1}=2*M_{pn}/d_b$

3) $R_{u1}=M_{pn}/d_b$

도움표 4.4 기둥(SHN355)-보(SHN355), 협폭계열기둥

기둥(SHN355)	보(SHN355)		패널존전단강도[1] R_n (kN)	내부접합부			외부접합부		
형강치수	Type	형강치수		소요패널존강도[2] R_{u1} (kN)	DCR	패널존 보강여부	소요패널존강도[3] R_{u2} (kN)	DCR	패널존 보강여부
H-919×304×17×28	300×200	H-298×201×9×14	3,839	2,500	0.65	무보강	1,250	0.33	무보강
	350×175	H-354×176×8×13	3,758	2,128	0.57	무보강	1,064	0.28	무보강
	400×200	H-396×199×7×11	3,712	2,084	0.56	무보강	1,042	0.28	무보강
		H-400×200×8×13	3,708	2,440	0.66	무보강	1,220	0.33	무보강
	450×150	H-450×154×8×11	3,666	1,890	0.52	무보강	945	0.26	무보강
		H-454×154×8×13	3,663	2,105	0.57	무보강	1,053	0.29	무보강
	450×200	H-446×199×8×12	3,669	2,372	0.65	무보강	1,186	0.32	무보강
		H-450×200×9×14	3,666	2,752	0.75	무보강	1,376	0.38	무보강
		H-456×200×9×17	3,662	3,155	0.86	무보강	1,578	0.43	무보강
		H-460×201×10×19	3,659	3,521	0.96	무보강	1,761	0.48	무보강
	500×200	H-496×199×9×14	3,635	2,813	0.77	무보강	1,407	0.39	무보강
		H-500×200×10×16	3,632	3,198	0.88	무보강	1,599	0.44	무보강
		H-506×201×11×19	3,629	3,703	1.02	해석요	1,852	0.51	무보강
		H-514×202×12×23	3,624	4,363	1.20	해석요	2,181	0.60	무보강
	500×300	H-488×300×11×18	3,640	4,879	1.34	해석요	2,440	0.67	무보강
		H-494×300×11×21	3,636	5,509	1.52	해석요	2,754	0.76	무보강
	600×200	H-596×199×10×15	3,583	3,238	0.90	무보강	1,619	0.45	무보강
		H-600×200×11×17	3,582	3,629	1.01	해석요	1,815	0.51	무보강
		H-606×201×12×20	3,579	4,156	1.16	해석요	2,078	0.58	무보강
		H-612×202×13×23	3,577	4,693	1.31	해석요	2,346	0.66	무보강
	600×300	H-582×300×12×17	3,589	4,976	1.39	해석요	2,488	0.69	무보강
		H-588×300×12×20	3,587	4,950	1.38	해석요	2,475	0.69	무보강
		H-594×302×14×23	3,584	4,924	1.37	해석요	2,462	0.69	무보강
		H-600×302×14×26	3,582	7,099	1.98	해석요	3,549	0.99	무보강
		H-606×303×15×29	3,579	7,847	2.19	해석요	3,923	1.10	해석요
	650×350	H-635×328×18×31	3,568	9,119	2.56	해석요	4,560	1.28	해석요

※ 도움표의 H형강은 콤팩트단면 기준을 만족한다.

1) 소성패널존변형을 포함하는 건축물 강구조 설계기준(KDS 41 31 00)의 4.7-35 식 적용

2) $R_{u1}=2*M_{pn}/d_b$

3) $R_{u1}=M_{pn}/d_b$

도움표 4.4 기둥(SHN355)-보(SHN355), 협폭계열기둥

기둥(SHN355)	보(SHN355)		패널존전단강도[1] R_n (kN)	내부접합부			외부접합부		
형강치수	Type	형강치수		소요패널존강도[2] R_{u1} (kN)	DCR	패널존 보강여부	소요패널존강도[3] R_{u2} (kN)	DCR	패널존 보강여부
H-919×304×17×28	650×350	H-641×329×19×34	3,565	9,929	2.78	해석요	4,964	1.39	해석요
	700×300	H-692×300×13×20	3,548	5,948	1.68	해석요	2,974	0.84	무보강
		H-696×300×13×22	3,547	6,369	1.80	해석요	3,184	0.90	무보강
		H-700×300×13×24	3,545	6,785	1.91	해석요	3,392	0.96	무보강
		H-702×301×14×25	3,545	7,129	2.01	해석요	3,565	1.01	해석요
		H-708×302×15×28	3,543	7,894	2.23	해석요	3,947	1.11	해석요
		H-714×303×16×31	3,541	8,660	2.45	해석요	4,330	1.22	해석요
H-923×305×18×30	300×200	H-294×200×8×12	4,135	2,163	0.52	무보강	1,081	0.26	무보강
		H-298×201×9×14	4,127	2,500	0.61	무보강	1,250	0.30	무보강
	350×175	H-354×176×8×13	4,034	2,128	0.53	무보강	1,064	0.26	무보강
	400×200	H-396×199×7×11	3,982	2,084	0.52	무보강	1,042	0.26	무보강
		H-400×200×8×13	3,977	2,440	0.61	무보강	1,220	0.31	무보강
	450×150	H-454×154×8×13	3,925	2,105	0.54	무보강	1,053	0.27	무보강
	450×200	H-446×199×8×12	3,932	2,372	0.60	무보강	1,186	0.30	무보강
		H-450×200×9×14	3,929	2,752	0.70	무보강	1,376	0.35	무보강
		H-456×200×9×17	3,923	3,155	0.80	무보강	1,578	0.40	무보강
		H-460×201×10×19	3,920	3,521	0.90	무보강	1,761	0.45	무보강
	500×200	H-496×199×9×14	3,892	2,813	0.72	무보강	1,407	0.36	무보강
		H-500×200×10×16	3,890	3,198	0.82	무보강	1,599	0.41	무보강
		H-506×201×11×19	3,885	3,703	0.95	무보강	1,852	0.48	무보강
		H-514×202×12×23	3,880	4,363	1.12	해석요	2,181	0.56	무보강
	500×300	H-488×300×11×18	3,898	4,879	1.25	해석요	2,440	0.63	무보강
		H-494×300×11×21	3,894	5,509	1.41	해석요	2,754	0.71	무보강
	600×200	H-596×199×10×15	3,833	3,238	0.84	무보강	1,619	0.42	무보강
		H-600×200×11×17	3,831	3,629	0.95	무보강	1,815	0.47	무보강
		H-606×201×12×20	3,828	4,156	1.09	해석요	2,078	0.54	무보강

※ 도움표의 H형강은 콤팩트단면 기준을 만족한다.

1) 소성패널존변형을 포함하는 건축물 강구조 설계기준(KDS 41 31 00)의 4.7-35 식 적용

2) $R_{u1}=2*M_{pn}/d_b$

3) $R_{u1}=M_{pn}/d_b$

도움표 4.4 기둥(SHN355)-보(SHN355), 협폭계열기둥

기둥(SHN355)	보(SHN355)		패널존전단강도[1] R_n (kN)	내부접합부			외부접합부		
형강치수	Type	형강치수		소요패널존강도[2] R_{u1} (kN)	DCR	패널존 보강여부	소요패널존강도[3] R_{u2} (kN)	DCR	패널존 보강여부
H-923×305×18×30	600×200	H-612×202×13×23	3,825	4,693	1.23	해석요	2,346	0.61	무보강
	600×300	H-582×300×12×17	3,840	4,976	1.30	해석요	2,488	0.65	무보강
		H-588×300×12×20	3,837	4,950	1.29	해석요	2,475	0.65	무보강
		H-594×302×14×23	3,834	4,924	1.28	해석요	2,462	0.64	무보강
		H-600×302×14×26	3,831	7,099	1.85	해석요	3,549	0.93	무보강
		H-606×303×15×29	3,828	7,847	2.05	해석요	3,923	1.02	해석요
	650×350	H-635×328×18×31	3,815	9,119	2.39	해석요	4,560	1.20	해석요
		H-641×329×19×34	3,812	9,929	2.60	해석요	4,964	1.30	해석요
		H-647×331×21×37	3,810	10,863	2.85	해석요	5,432	1.43	해석요
	700×300	H-692×300×13×20	3,792	5,948	1.57	해석요	2,974	0.78	무보강
		H-696×300×13×22	3,791	6,369	1.68	해석요	3,184	0.84	무보강
		H-700×300×13×24	3,789	6,785	1.79	해석요	3,392	0.90	무보강
		H-702×301×14×25	3,789	7,129	1.88	해석요	3,565	0.94	무보강
		H-708×302×15×28	3,787	7,894	2.08	해석요	3,947	1.04	해석요
		H-714×303×16×31	3,784	8,660	2.29	해석요	4,330	1.14	해석요
H-933×308×21×35	300×200	H-298×201×9×14	4,982	2,500	0.50	무보강	1,250	0.25	무보강
	400×200	H-400×200×8×13	4,776	2,440	0.51	무보강	1,220	0.26	무보강
	450×200	H-446×199×8×12	4,714	2,372	0.50	무보강	1,186	0.25	무보강
		H-450×200×9×14	4,709	2,752	0.58	무보강	1,376	0.29	무보강
		H-456×200×9×17	4,702	3,155	0.67	무보강	1,578	0.34	무보강
		H-460×201×10×19	4,697	3,521	0.75	무보강	1,761	0.37	무보강
	500×200	H-496×199×9×14	4,659	2,813	0.60	무보강	1,407	0.30	무보강
		H-500×200×10×16	4,655	3,198	0.69	무보강	1,599	0.34	무보강
		H-506×201×11×19	4,650	3,703	0.80	무보강	1,852	0.40	무보강
		H-514×202×12×23	4,642	4,363	0.94	무보강	2,181	0.47	무보강
	500×300	H-488×300×11×18	4,667	4,879	1.05	해석요	2,440	0.52	무보강

※ 도움표의 H형강은 콤팩트단면 기준을 만족한다.

1) 소성패널존변형을 포함하는 건축물 강구조 설계기준(KDS 41 31 00)의 4.7-35 식 적용

2) $R_{u1}=2*M_{pn}/d_b$

3) $R_{u1}=M_{pn}/d_b$

도움표 4.4 기둥(SHN355)-보(SHN355), 협폭계열기둥

기둥(SHN355)	보(SHN355)		패널존전단강도[1]	내부접합부			외부접합부		
형강치수	Type	형강치수	R_n (kN)	소요패널존강도[2] R_{u1} (kN)	DCR	패널존 보강여부	소요패널존강도[3] R_{u2} (kN)	DCR	패널존 보강여부
H-933×308×21×35	500×300	H-494×300×11×21	4,661	5,509	1.18	해석요	2,754	0.59	무보강
	600×200	H-596×199×10×15	4,578	3,238	0.71	무보강	1,619	0.35	무보강
		H-600×200×11×17	4,575	3,629	0.79	무보강	1,815	0.40	무보강
		H-606×201×12×20	4,571	4,156	0.91	무보강	2,078	0.45	무보강
		H-612×202×13×23	4,567	4,693	1.03	해석요	2,346	0.51	무보강
	600×300	H-582×300×12×17	4,588	4,976	1.08	해석요	2,488	0.54	무보강
		H-588×300×12×20	4,583	4,950	1.08	해석요	2,475	0.54	무보강
		H-594×302×14×23	4,579	4,924	1.08	해석요	2,462	0.54	무보강
		H-600×302×14×26	4,575	7,099	1.55	해석요	3,549	0.78	무보강
		H-606×303×15×29	4,571	7,847	1.72	해석요	3,923	0.86	무보강
	650×350	H-635×328×18×31	4,553	9,119	2.00	해석요	4,560	1.00	해석요
		H-641×329×19×34	4,549	9,929	2.18	해석요	4,964	1.09	해석요
		H-647×331×21×37	4,546	10,863	2.39	해석요	5,432	1.19	해석요
		H-653×332×22×40	4,543	11,681	2.57	해석요	5,841	1.29	해석요
		H-661×334×24×44	4,538	12,861	2.83	해석요	6,431	1.42	해석요
	700×300	H-692×300×13×20	4,522	5,948	1.32	해석요	2,974	0.66	무보강
		H-696×300×13×22	4,520	6,369	1.41	해석요	3,184	0.70	무보강
		H-700×300×13×24	4,518	6,785	1.50	해석요	3,392	0.75	무보강
		H-702×301×14×25	4,517	7,129	1.58	해석요	3,565	0.79	무보강
		H-708×302×15×28	4,514	7,894	1.75	해석요	3,947	0.87	무보강
		H-714×303×16×31	4,511	8,660	1.92	해석요	4,330	0.96	무보강
H-943×309×22×40	450×200	H-450×200×9×14	5,121	2,752	0.54	무보강	1,376	0.27	무보강
		H-456×200×9×17	5,112	3,155	0.62	무보강	1,578	0.31	무보강
		H-460×201×10×19	5,106	3,521	0.69	무보강	1,761	0.34	무보강
	500×200	H-496×199×9×14	5,056	2,813	0.56	무보강	1,407	0.28	무보강
		H-500×200×10×16	5,051	3,198	0.63	무보강	1,599	0.32	무보강

※ 도움표의 H형강은 콤팩트단면 기준을 만족한다.

1) 소성패널존변형을 포함하는 건축물 강구조 설계기준(KDS 41 31 00)의 4.7-35 식 적용

2) $R_{u1}=2*M_{pn}/d_b$

3) $R_{u1}=M_{pn}/d_b$

도움표 4.4 기둥(SHN355)-보(SHN355), 협폭계열기둥

기둥(SHN355)	보(SHN355)		패널존전단강도[1] R_n (kN)	내부접합부			외부접합부		
형강치수	Type	형강치수		소요패널존강도[2] R_{u1} (kN)	DCR	패널존 보강여부	소요패널존강도[3] R_{u2} (kN)	DCR	패널존 보강여부
H-943×309×22×40	500×200	H-506×201×11×19	5,043	3,703	0.73	무보강	1,852	0.37	무보강
		H-514×202×12×23	5,034	4,363	0.87	무보강	2,181	0.43	무보강
	500×300	H-488×300×11×18	5,066	4,879	0.96	무보강	2,440	0.48	무보강
		H-494×300×11×21	5,058	5,509	1.09	해석요	2,754	0.54	무보강
	600×200	H-596×199×10×15	4,949	3,238	0.65	무보강	1,619	0.33	무보강
		H-600×200×11×17	4,945	3,629	0.73	무보강	1,815	0.37	무보강
		H-606×201×12×20	4,940	4,156	0.84	무보강	2,078	0.42	무보강
		H-612×202×13×23	4,935	4,693	0.95	무보강	2,346	0.48	무보강
	600×300	H-582×300×12×17	4,962	4,976	1.00	해석요	2,488	0.50	무보강
		H-588×300×12×20	4,956	4,950	1.00	무보강	2,475	0.50	무보강
		H-594×302×14×23	4,951	4,924	0.99	무보강	2,462	0.50	무보강
		H-600×302×14×26	4,945	7,099	1.44	해석요	3,549	0.72	무보강
		H-606×303×15×29	4,940	7,847	1.59	해석요	3,923	0.79	무보강
	650×350	H-635×328×18×31	4,916	9,119	1.85	해석요	4,560	0.93	무보강
		H-641×329×19×34	4,912	9,929	2.02	해석요	4,964	1.01	해석요
		H-647×331×21×37	4,907	10,863	2.21	해석요	5,432	1.11	해석요
		H-653×332×22×40	4,903	11,681	2.38	해석요	5,841	1.19	해석요
		H-661×334×24×44	4,897	12,861	2.63	해석요	6,431	1.31	해석요
		H-669×336×26×48	4,891	14,050	2.87	해석요	7,025	1.44	해석요
	700×300	H-692×300×13×20	4,875	5,948	1.22	해석요	2,974	0.61	무보강
		H-696×300×13×22	4,873	6,369	1.31	해석요	3,184	0.65	무보강
		H-700×300×13×24	4,870	6,785	1.39	해석요	3,392	0.70	무보강
		H-702×301×14×25	4,869	7,129	1.46	해석요	3,565	0.73	무보강
		H-708×302×15×28	4,865	7,894	1.62	해석요	3,947	0.81	무보강
		H-714×303×16×31	4,861	8,660	1.78	해석요	4,330	0.89	무보강

※ 도움표의 H형강은 콤팩트단면 기준을 만족한다.

1) 소성패널존변형을 포함하는 건축물 강구조 설계기준(KDS 41 31 00)의 4.7-35 식 적용

2) $R_{u1}=2*M_{pn}/d_b$

3) $R_{u1}=M_{pn}/d_b$

제4장

국가건설기준센터(2019), KDS 41 31 00:2019 건축물 강구조 설계기준

국토해양부(2009), 건축구조기준 및 해설(KBC2009), 대한건축학회, 기문당

국토교통부(2014), 하중저항계수설계법에 의한 강구조설계기준, 한국강구조학회

한국강구조학회(2012), 건축강구조 표준접합상세지침(개정판), 구미서관

한국건축구조기술사회(2010), 강구조 내진설계매뉴얼, 구미서관

이철호(1996). 패널존 변형을 포함한 철골모멘트 골조의 탄성층간변위 근사해석, 한국강구조학회논문집, 제8권, 제4호, pp.105-113

이철호(2009a), 철골모멘트골조 및 중심가새골조의 내진설계의 기본원리 및 설계기준, 한국지진공학회 2009년 기술강습회

이철호(2009b), KBC2009에 따른 강구조건물의 내진설계, 한국강구조학회지

이철호(2010), 역량설계개념에 의한 강구조건물의 내진설계, 대한건축학회지

AISC(2016), Seismic Provisions for Structural Steel Buildings, American Institute of Steel Construction

Krawinker, H. 등(1975), Shear behavior of steel frame joints, Journal of the Structural Division, ASCE, Vol. 101, ST11: 2317-2336

Lee, C.H. and Uang, C.M. (1997), Analytical Modeling of Dual Panel Zone in Haunch Repaired Steel MRFs, Journal of structural engineering, ASCE, Vol. 123, No. 1, pp.20-29.

Lee, C.H. (1998), System seismic performance of haunch repaired steel MRFs: dual panel zone modeling and a case study, Structural Engineering and Mechanics, Techno-Press, Vol. 6, No. 2, pp.125-141.

Lee, C.H. and Chung, S.W. (2007), A Simplified Analytical Story Drift Evaluation of Steel Moment Frames with Radius-cut Reduced Beam Section, Journal of Constructional Steel Research, Vol. 63, pp.564-570.

집필진 (개정, 2021)

(가나다순)

집필위원장	최 선 규	선영구조기술사건축사사무소 대표
집 필 간 사	유 정 한	서울과학기술대학교 교수
집 필 총 무	김 태 진	(주)티아이구조기술사 사무소 대표
집 필 위 원	김 승 원	뉴테크구조기술사사무소 대표
	문 영 민	(주)에스코엔지니어링 대표
	박 대 영	(주)보루 기술고문
	심 현 주	현대제철(주) 과장
	이 승 혜	세종대학교 교수
	이 철 호	서울대학교 교수
	이 혜 원	(주)이원구조엔지니어링 대표
	정 석 재	(주)쓰리디엔지니어링 대표
	최 인 락	호서대학교 교수
	최 준 식	(주) 단이엔씨 대표
검 토 위 원	김 호 영	(주)씨온구조기술사사무소 대표
	양 재 근	인하대학교 교수
	이 은 택	중앙대학교 교수
자 문 위 원	김 상 식	(사)한국건축구조기술사회 회장
	신 경 재	(사)한국강구조학회 회장
	오 상 훈	부산대학교 교수
	채 흥 석	(주) 세진에스씨엠 대표

집필진 (제정, 2016)

(가나다순)

집필위원장	최 선 규	선영구조기술사건축사사무소 대표
집 필 간 사	김 태 진	(주)티아이구조기술사 사무소 대표
집 필 총 무	정 석 재	(주)쓰리디엔지니어링 대표
집 필 위 원	김 승 원	뉴테크구조기술사사무소 대표
	김 호 영	(주)씨온구조기술사사무소 대표
	박 대 영	(주)보루 기술고문
	양 재 근	인하대학교 교수
	이 은 택	중앙대학교 교수
	이 재 석	현대제철(주) 과장
	이 철 호	서울대학교 교수
	최 준 식	(주)단이엔씨 대표
검 토 / 자 문 위 원	김 석 구	(주)쓰리디엔지니어링 대표이사 회장
	김 승 철	(주)다원구조안전기술사사무소 대표
	김 원 기	호서대학교 교수
	김 종 호	(주)창민우구조컨설탄트 대표이사 회장
	최 문 식	단국대학교 명예교수

강구조 접합부 설계매뉴얼 정가 40,000원

저자 : (사) 한국강구조학회 / (사) 한국건축구조기술사회

발행인 : 임해진
발행처 : 도서출판 구미서관

인쇄 : 2021년 4월 8일
발행 : 2021년 4월 15일

등록 : 1979년 6월 29일 No.9-6호

주소 : 서울시 마포구 신촌로 2길 5-15 구미빌딩
전화 : 02-333-1101
팩스 : 02-335-2201
http://www.goomibook.com

ISBN : 979-11-6257-157-6 (93540)